DICTIONNAIRE TOPOGRAPHIQUE

DU

DÉPARTEMENT DU GARD

COMPRENANT

LES NOMS DE LIEU ANCIENS ET MODERNES

RÉDIGÉ

SOUS LES AUSPICES DE L'ACADÉMIE DU GARD

PAR M. E. GERMER-DURAND

MEMBRE DE CETTE ACADÉMIE

MEMBRE NON RÉSIDANT DU COMITÉ DES TRAVAUX HISTORIQUES ET DES SOCIÉTÉS SAVANTES

PARIS

IMPRIMERIE IMPÉRIALE

M DCCC LXVIII

D

16S
16

DICTIONNAIRE TOPOGRAPHIQUE

DE

LA FRANCE

COMPRENANT

LES NOMS DE LIEU ANCIENS ET MODERNES

PUBLIÉ

PAR ORDRE DU MINISTRE DE L'INSTRUCTION PUBLIQUE

ET SOUS LA DIRECTION

DU COMITÉ DES TRAVAUX HISTORIQUES ET DES SOCIÉTÉS SAVANTES.

DICTIONNAIRE TOPOGRAPHIQUE

DU

DÉPARTEMENT DU GARD

COMPRENANT

LES NOMS DE LIEU ANCIENS ET MODERNES

RÉDIGÉ

SOUS LES AUSPICES DE L'ACADÉMIE DU GARD

PAR M. E. GERMER-DURAND

MEMBRE DE CETTE ACADÉMIE

MEMBRE NON RÉSIDANT DU COMITÉ DES TRAVAUX HISTORIQUES ET DES SOCIÉTÉS SAVANTES

PARIS

IMPRIMERIE IMPÉRIALE

———

M DCCC LXVIII

INTRODUCTION.

Le département du Gard est compris entre les 43° 25′ et 44° 27′ de latitude septentrionale et les 0° 56′ et 2° 28′ de longitude orientale du méridien de Paris.

La ligne de partage des eaux est formée par la chaîne des Cévennes, qui se dirige, dans cette partie, du N. E. au S. O. Le département est ainsi divisé en deux bassins fort inégaux : l'un, dont les eaux vont à l'Océan et qui ne comprend que le canton de Trève ; l'autre, où tous les cours d'eau se rendent à la Méditerranée, et qui embrasse tout le reste du département. Les rivières du premier versant sont le Trevezel et la Dourbie : celle-ci reçoit le Trevezel et se jette dans le Tarn. Le Rhône et ses affluents (la Cèze et le Gardon), le Vistre, le Vidourle et l'Hérault (qui appartient au département du Gard pour la partie septentrionale de son cours) se jettent dans la Méditerranée.

Le département du Gard est borné : au N., par ceux de la Lozère et de l'Ardèche ; à l'E., par ceux de Vaucluse et des Bouches-du-Rhône ; au S., par la Méditerranée ; et enfin, à l'O., par les départements de l'Hérault et de l'Aveyron.

Il a, dans sa plus grande étendue :

Du N. au S., depuis le point où le Chassezac commence à faire limite entre le Gard et l'Ardèche jusqu'à l'embouchure du Petit-Rhône, 125 kilomètres ;

Et de l'O. à l'E., depuis Villeneuve-lez-Avignon jusqu'à la Dourbie, commune de Revens, 130 kilomètres.

L'étendue de sa superficie est de 582,867 hectares, qui se subdivisent de la manière suivante :

Terres labourables. 144,478ᵇ
Prairies.   12,661
Vignes.   75,217
Bois   117,441
Vergers, pépinières, jardins.   1,710

Oseraies, aunaies, saussaies.   1,368
Carrières et mines   8
Mares, canaux d'irrigation   678
Canaux de navigation.   369
Bruyères, marais, montagnes incultes, terres vagues.   117,713
Étangs.   2,937
Salins et marais salants.   1,801
Châtaigneraies, oliviers, mûriers   81,377
Propriétés bâties.   1,652
Routes, chemins et rues.   9,721
Rivières, ruisseaux, lacs.   10,621
Forêts nationales, domaines non privés.   1,066
Cimetières, presbytères, bâtiments publics.   102
Autres objets non imposables   844

Le sol du département forme un plan doublement incliné : de l'O. à l'E., du côté du Rhône, et du N. au S., du côté de la mer. Il contient 23 triangles de premier ordre, dont les sommets ont été déterminés à l'époque des travaux topographiques qui ont préparé le levé de la grande carte de France décrétée, le 3 février 1790, par l'Assemblée nationale.

Le climat est vif et chaud, et les changements de température et de saison sont presque toujours brusques. Le froid est rendu très-sensible par la violence et la continuité du vent du nord (*mistral*), qui règne pendant une grande partie de l'année. Les chaleurs deviennent souvent intolérables, par la rareté des pluies et le manque d'eau, pendant l'été. Malgré les maladies qu'occasionnent ces changements violents, le pays est en général salubre, excepté néanmoins du côté de la mer, où se trouvent les marais.

Il existe une assez grande différence de climat entre la partie montagneuse du département et la plaine qui s'étend de Nimes à la mer. Dans la première règnent tout l'hiver la neige et les brouillards; dans la seconde, au contraire, le froid est vif et la neige tombe très-rarement.

Au point de vue géologique, le département du Gard est une fraction de l'ensemble du bassin du Rhône. Par la variété de ses terrains, c'est à coup sûr un des plus curieux du midi de la France[1].

I. Dans la RÉGION HAUTE, qui comprend la totalité de l'arrondissement du Vigan et

[1] Nous avons emprunté les renseignements suivants, sur la constitution géologique du Gard, à l'*Annuaire du Gard* (année 1862), publié, sous les auspices du conseil général, par MM. Ernest et Charles Liotard.

la partie occidentale de celui d'Alais, on observe le *granit*, qui forme les fondements ou le noyau intérieur des montagnes schisteuses des Hautes-Cévennes, où il constitue un immense massif, dominant de tous côtés les formations voisines et s'élevant, dans quelques points, à 1,400 mètres et plus au-dessus du niveau de la mer. Ce corps de montagnes granitiques s'étend, de l'E. à l'O., depuis Saint-Jean-du-Gard jusqu'aux euvirons d'Alzon, sur une longueur de plus de 49 kilomètres.

Tout autour de cette grande masse granitique se montrent des schistes noirs et talqueux, alternant avec quelques couches calcaires, groupe de roches désigné généralement sous le nom de *terrain de transition*. C'est sur ces schistes anciens que repose aux environs du Vigan, et surtout aux environs d'Alais, le *terrain houiller,* si connu par ses riches couches de combustible. Au-dessus de la formation houillère on observe, dans quelques points assez restreints, une succession de couches de grès et de marnes rouges désignées sous le nom de *keuper,* étage qui constitue la partie supérieure du terrain triasique.

C'est sur le keuper que vient s'appliquer sur tout le revers occidental de la chaîne des Cévennes, qui court du S. S. O. au N. N. E., une suite de couches calcaires, argileuses et dolomitiques dont l'ensemble forme un terrain particulier d'une grande épaisseur, le *terrain jurassique*. Le terrain jurassique se subdivise en plusieurs étages particuliers, dont quelques-uns se rencontrent dans les Basses-Cévennes, et sont remarquables par les débris organiques qu'on y rencontre : le *lias*, les *marnes supraliasiques*, l'*oolithe inférieure,* l'*oxfordien* et le *corallien.*

II. La RÉGION MOYENNE du département, composée de la partie orientale de l'arrondissement d'Alais et de la totalité de celui d'Uzès, est constituée presque en entier par la *formation néocomienne*, par la *craie chloritée* et par les *argiles aptiennes*, étages qui font partie du *terrain crétacé*, dont l'étage supérieur, ou craie blanche, ne se trouve pas dans le midi de la France. La *craie chloritée* ou *grès vert* contient, dans l'arrondissement d'Uzès, de riches mines de lignite, d'autant plus utiles que la houille manque dans cette contrée.

III. Dans la RÉGION BASSE OU MARITIME, qui s'étend sur la totalité de l'arrondissement de Nimes, on observe les *terrains tertiaires moyens*, comprenant la *formation lacustre* et la *formation marine de la mollasse coquillière*. C'est ce dernier étage qui fournit l'excellente pierre de taille du Midi, qu'on exploite notamment aux environs de Beaucaire, de Sommière, de Galargues, d'Aiguesvives et de Mus. On trouve également dans cette région, principalement sur la plaine qui s'étend au sud, sur une ligne passant par Avignon, Nimes et Montpellier, le *terrain tertiaire supérieur* ou *dépôt subapennin*, composé de sables jaunes, de poudingues et de matières argileuses. Cette dernière formation est

A.

enfin elle-même recouverte, sur une assez grande partie de la plaine du Vistre et sur les collines de la Costière, par les *cailloux diluviens*, restes du dernier cataclysme auquel le globe a été soumis.

Les hauteurs des divers points culminants du département au-dessus du niveau de la mer sont très-inégales. En voici quelques-unes :

L'Aigoual, montagne au N. du Vigan, sommet ou signal de Cassini, 1,568 mètres. — Source de l'Hérault, commune de Valleraugue, 1,413 mètres. — Le Souquet, montagne, commune de Saint-Sauveur-des-Poursils, 1,344 mètres. — La Sérayrède, commune de Valleraugue, maison isolée, dont les eaux pluviales tombent, d'un côté, dans le bassin de l'Océan par le Trevezel et, de l'autre, dans le bassin de la Méditerranée par l'Hérault, 1,320 mètres ; c'est le point habité le plus élevé du département. — Le hameau de l'Espérou, commune de Valleraugue, 1,224 mètres. — La Barraque-de-Michel, commune de Saint-Sauveur-des-Poursils, 1,148 mètres. — Cessenades, commune de Malons, 1,007 mètres. — Malons, commune, 877 mètres. — Source du Gardon de Mialet, 852 mètres. — Revens, commune, 729 mètres. — Le Serre-de-Bouquet, sommet dit *le Guidon*, 631 mètres. — Trève, commune, 555 mètres. — Source du Vidourle, commune de Saint-Roman-de-Codière, 529 mètres. — La Grand'-Combe, 418 mètres. — Le Vigan, 224 mètres. — Saint-Ambroix, 215 mètres. — Le Puech-Deilaud, au N. de Nimes, 215 mètres. — Barjac, 170 mètres. — Alais, 136 mètres. — Nimes, Tourmagne, 112 mètres. — Beaucaire, château, 103 mètres.

Les grandes forêts sont très-rares dans le département ; toutefois on y trouve encore :

1° Les restes de la forêt Flavienne, entre Saint-Gilles et Aiguesmortes ; c'est la *Sylva Gothica, Sylva Godesca*, aujourd'hui *Sylve-Godesque* ;

2° La forêt de Miquel, sur la montagne de l'Espérou, commune de Valleraugue ;

3° La forêt de l'Aigoual, commune de Valleraugue ;

4° La forêt de l'Agre, commune de Saint-Sauveur-des-Poursils ;

5° La forêt domaniale de la Chartreuse de Valbonne ;

6° Les bois de Montclus et de Goudargues ;

7° La forêt de Portes, connue au moyen âge sous le nom de *Regudana* ou *Regordana Sylva*, et qui était traversée par la voie romaine de Nemausus à Gabalum ;

8° Les bois de Seynes et de Bouquet ;

9° Les bois de Campagnes et de Signan, près de Nimes ;

10° Le bois de Valaurie, près d'Anduze.

TABLEAU

DES ANCIENNES CIRCONSCRIPTIONS DU DÉPARTEMENT.

ÉPOQUE CELTIQUE.

Antérieurement à la conquête romaine, le territoire formant aujourd'hui le département du Gard était entièrement occupé par les *Volces Arécomiques;* ils étaient venus, vers l'an 400 avant J. C., remplacer sur ce sol les Ibéro-Ligures, qui l'avaient peuplé avant eux. Nous savons par les géographes anciens que les Volces Arécomiques s'étaient établis dans les diverses vallées arrosées par le Gardon et sur la rive droite du Rhône, que leur capitale était *Nemausus,* et qu'autour de cette capitale se groupaient vingt-quatre *oppida* moins importants (*ignobilia*). L'histoire ne nous en a pas transmis les noms; mais les textes épigraphiques, dont le trésor s'augmente chaque jour par de nouvelles découvertes, nous en ont conservé un certain nombre. L'étude de ces noms et l'identification incontestable de quelques-uns avec les localités qui ont remplacé ces anciens centres de population nous permettent d'entrevoir d'après quel système les habitants primitifs, ou au moins les Celtes, à l'époque de leur autonomie, s'étaient groupés sur cette partie du sol de la Gaule.

C'est par vallées que le pays était organisé. Dans la contrée montagneuse, l'*oppidum* était assis au point culminant de la vallée, et par conséquent près de la source du cours d'eau qui l'arrose, ou tout au moins dans la partie supérieure de ce cours d'eau; dans la plaine ou la région des marais, l'oppidum était situé d'ordinaire au confluent de deux rivières. L'oppidum et le cours d'eau qui occupait le fond de la vallée, grande ou petite, portaient (et portent encore presque toujours) le même nom. Ainsi l'oppidum des *Virinnenses,* VIRINNÆ (aujourd'hui *Védrines,* communes du Caylar et de Vauvert), se trouvait au confluent du *Vistre* et du *Rhôny;* — l'oppidum celtique dit *de Nages,* encore subsistant, commande la vallée du *Rhôny* (*Rouanis*), dont le nom latin, *Saravonicus,* est commun à ce cours d'eau et à un village annexe de Nages appelé aujourd'hui *Solorgues,* antérieurement *Sérorgues,* et *Saravonicos* dans une charte de 960 [1]; — celui des *Statumenses,* STATVMAE (aujourd'hui *Seynes*), était situé sur une

---

[1] Voy. le Dictionnaire aux mots RHÔNY et SOLORGUES.

ramification du Serre-de-Bouquet, où la rivière des *Seynes* prend sa source : — les *Vatrutenses* avaient pour oppidum Vᴀᴛʀᴠᴛᴇ (aujourd'hui *Vié-Cioutat*, commune de Monteils), sur une hauteur dont le pied est baigné au N. et à l'O. par la *Droude*.

Aux *oppida* que nous venons de citer, et à d'autres que nous pourrions citer encore, sont venus, après la conquête romaine, se superposer des *oppida* gallo-romains : aussi leur dénomination celtique s'est-elle souvent plus ou moins altérée ; parfois même elle semble avoir disparu tout à fait ; mais ce n'est jamais sans avoir laissé quelques traces. Ainsi le nom de Vᴀᴛʀᴠᴛᴇ a disparu, mais la rivière s'appelle encore la *Droude* ; et l'appellation populaire de *Vié-Cioutat* (Vetus-Civitas), que portent encore les ruines considérables de cet oppidum, nous avertit qu'il y a eu là jadis une petite ville gallo-romaine. Nous pouvons cependant signaler un oppidum purement celtique, perdu au milieu des bois, dans la partie montagneuse de l'ancien évêché d'Uzès, aux limites du Vivarais, qui a conservé encore aujourd'hui intacts sa forme et son nom celtiques : c'est celui du *Garn* (Cairn).

ADMINISTRATION ROMAINE.

Sous les Romains, auxquels les Volces Arécomiques se soumirent 121 ans avant Jésus-Christ, le territoire actuel du département du Gard fit d'abord partie de la *Province romaine* (114 ans avant J. C.). Sous Auguste, les Arécomiques furent incorporés à la *Narbonnaise*, créée par cet empereur en l'an 26 avant J. C. ; puis, quand la Narbonnaise fut divisée en deux provinces, la première et la seconde, la *Civitas Nemausensis* et son territoire firent partie de la *Première Narbonnaise*.

Vers la fin du ɪᴠᵉ siècle, sous Honorius, Uzès (*Ucecia*), qui n'avait été jusqu'alors qu'un *castrum* du *pagus Nemausensis*, devint à son tour une *civitas* et le chef-lieu du *pagus Ucecensis* ou *Uticensis*.

Le *pagus Nemausensis* est intégralement compris dans le département du Gard ; il n'en est pas tout à fait de même du *pagus Uceciensis*, comme nous le verrons tout à l'heure.

Le *pagus Nemausensis* était borné au N. par le *pagus Gabalitanus* et le *pagus Uceciensis*, qui arrivait de ce côté à deux lieues de Nîmes, et franchissait même le Gardon, qui semblerait devoir en être, dans cette partie inférieure de son cours, la limite naturelle ; à l'O., il était borné par le *pagus Rhutenensis* et le *pagus Lutevensis* ; au S., il avait pour limites le *pagus Magalonensis* et la mer ; à l'E., le *Petit-Rhône* et le *pagus Arelatensis*.

Le *pagus Uceciensis* s'étendait : au N., jusqu'au *pays des Helviens;* à l'O., il rencontrait le *pagus Gabalitanus* et le *pagus Nemausensis;* au S., encore le *pagus Nemausensis;* et enfin, à l'E., le Rhône.

Sous l'administration romaine, le territoire était traversé ou sillonné par des voies nombreuses et bien entretenues. La plus importante était la *via Domitia*, qui menait d'Italie en Espagne. Elle entrait dans le département en sortant d'Arles (ARELATE), remontait la rive droite du Rhône jusqu'à Beaucaire (VGERNVM), passait par Jonquières, Redessan, Manduel, entrait à Nimes par la porte d'Auguste et en ressortait par la porte de France; de là, elle se dirigeait sur la station d'*Ambrussum* (aujourd'hui dans l'Hérault, mais qui appartenait au *pagus Nemausensis*), en traversant Milhau (*Amiglavum*), Bernis, Uchau (*Ad Octavum*), Vestric, Codognan, Mus, Galargues, et franchissant le Vidourle sur un beau pont en pierre, dont plusieurs arches se voient encore.

De Nimes rayonnaient six autres voies, voies secondaires, dont les traces ont pu être reconnues; ce sont :

1° La voie de *Nemausus* à *Gabalum,* par le Malgoirès, Boucoiran, Ners (où elle traversait le Gardon sur un pont dont plusieurs arches subsistaient encore [1] au siècle dernier), Vézenobre (*Venedubrium*), Broucen (*Voroangus,* tout près d'Alais), Chamborigaud, Portes, Génolhac, Vielvic et Villefort. — Cette voie se bifurquait sur Anduze (ANDVSIA) entre Boucoiran et Ners, probablement avant de passer le Gardon.

2° La voie de *Nemausus* à *Albenate* (chez les Helviens), par Sainte-Anastasie (*Marbacum*), où elle franchissait le Gardon sur un pont situé en amont du pont du XIIIᵉ siècle, connu sous le nom de pont de Saint-Nicolas, Uzès (VCETIA), Valérargues, Lussan, Barjac, Vagnas, Vallon (*Aballo*) et Ruoms. (Des milliaires subsistent dans ces quatre dernières localités.)

3° La voie de *Nemausus* à *Alba Helviorum,* par Marguerittes, Sernhac, Sainte-Colombe (pont sur le Gardon [2], un peu en amont du pont suspendu de Remoulins), Valliguière, Bagnols (*Balneolæ*), le Pont-Saint-Esprit, Saint-Just-d'Ardèche (*Legernate*) et Bourg-Saint-Andéol (*Bergoiata*). — Cette voie se bifurquait sur Avignon (*Avenio*) après avoir passé le Gardon.

4° La voie de Nimes en Rouergue, par Montpezat, Quissac (*Cotiacum*), Sauve, Ganges (*Aganticum*) et le Vigan (AVICANTVS = *Arisitum*).

---

[1] J.-Fr. Séguier, *Notes manuscrites*, Bibl. de Nimes.

[2] On en voit encore la culée d'appui sur la rive droite.

5° La voie de Nîmes à Sommière (*Summidrium*), par Saint-Césaire, Nages (*Anagia*), Calvisson, Aujargues et Villevieille. Cette voie traversait le Rhôny sur un pont qui sert encore à la route actuelle.

6° La voie, plus récente, de Nîmes à Arles par Bellegarde (*Pons-Ærarius* de l'Itinéraire de Bordeaux à Jérusalem).

Il n'est pas un point du département où l'on n'ait découvert et où l'on ne découvre à chaque instant des restes d'*oppida*, de *villæ*, etc. qui prouvent qu'il fut alors un des points les plus peuplés et les plus florissants de la Narbonnaise.

DIVISIONS ECCLÉSIASTIQUES.

A l'époque où il fut fondé, en 393, l'évêché de Nîmes comprenait tout le pays des Volces Arécomiques, c'est-à-dire qu'il embrassait, outre le département du Gard, une assez grande partie du département de l'Hérault. En 419 on en détacha le diocèse d'Uzès, et il dut même céder une partie de son territoire pour la formation des diocèses de Maguelonne et de Lodève. En 798 il s'augmenta du petit diocèse d'*Arisitum*, qui, démembré de l'évêché d'Uzès en 526, revint alors, comme une compensation, à celui de Nîmes; en 1694, il fut de nouveau restreint par l'érection de l'évêché d'Alais.

La circonscription de l'évêché d'Uzès, depuis 419 jusqu'en 1790, ne subit de modification importante que celle que nous venons de signaler; c'est-à-dire qu'il fut, en 526, diminué du *pagus Arisitensis*, qui, deux siècles et demi plus tard, fut incorporé au diocèse de Nîmes. Il y eut bien, au commencement du xv° siècle, entre ces deux diocèses, quelques échanges de paroisses faisant limite; mais nous les avons notés dans le Dictionnaire, à propos des villages qui en furent l'objet.

Le diocèse d'Alais fut formé, en 1694, de sept archiprêtrés pris au diocèse de Nîmes, qui fut réduit à quatre.

Voici comment ces trois diocèses étaient composés avant leur suppression en 1790 :

I. Le DIOCÈSE DE NIMES comptait 88 paroisses, distribuées comme il suit entre ses quatre archiprêtrés :

1° Archiprêtré d'*Aimargues*, 16 paroisses ou prieurés-cures : Aiguesmortes, Aiguesvives, Aimargues, Beauvoisin, Bernis, le Caylar, Codognan, Galargues, Générac, Massillargues (aujourd'hui dans l'Hérault), Mus, Saint-Laurent-d'Aigouze, Uchau, Vauvert, Vergèze et Vestric;

2° Archiprêtré de *Nimes,* 28 paroisses ou prieurés-cures : Aubord, Bellegarde, Bezouce, Boissières, Bouillargues, Cabrières, Caissargues, Caveirac, Clarensac, Courbessac, Garons, Langlade, Lédenon, Manduel, Marguerittes, Milhau, Nages, Nimes, Pouls, Redessan, Rodilhan, Saint-Bonnet, Saint-Césaire, Saint-Cosme, Saint-Dionisy, Saint-Gervasy, Saint-Gilles, Sernhac;

3° Archiprêtré de *Quissac,* 24 paroisses ou prieurés-cures : Bragassargues, Brouzet, Cardet, Cassagnoles, Claret (aujourd'hui dans l'Hérault), Comiac, Corconne, Hortoux, Lédignan, Lézan, Liouc, Logrian, Maruéjols-en-Anduze, Massanes, Puechredon, Quissac, Rouret, Saint-Bénézet-de-Cheyran, Saint-Jean-de-Crieulon, Saint-Jean-de-Roques, Saint-Jean-de-Serres, Saint-Nazaire-des-Gardies, Sauteirargues (aujourd'hui dans l'Hérault), Vaquières (Hérault);

4° Archiprêtré de *Sommière,* 20 paroisses ou prieurés-cures : Aspères, Aubais, Aujargues, Calvisson, Carnas, Cinsens, Congéniès, Gailhan, Junas, Lèques, Maruéjols-en-Vaunage, Montpezat, Montredon, Parignargues, Saint-Clément, Saint-Étienne-d'Escattes, Sommière, Souvignargues, Villevieille, Villetelle (aujourd'hui dans l'Hérault).

II. Le DIOCÈSE D'UZÈS, comptant 207 paroisses, était divisé, au XVII° et au XVIII° siècle, en neuf doyennés, composés des localités suivantes[1] :

1° Doyenné de *Bagnols :* Bagnols, Bord, Cadenet, Carne, Carsan, Chusclan, Codolet, Colombiers, Conaux, Dona, Gaujac, Hermitage, Laudun, Mégrin, Montagu, Oursan, le Pin, Pougnadoresse, Sabran, Saint-Alexandre, Saint-Esprit, Saint-Estève-de-Sors, Saint-Georges, Saint-Gervais, Saint-Julien-de-Pestrin, Saint-Loup, Saint-Marcel-de-Careiret, Saint-Nazaire, Saint-Paul, Saint-Paulet-de-Caisson, Saint-Pons-de-la-Camp, Saint-Victor-de-la-Coste, Tresques, Valbonne (Chartreuse), Vénéjan.

2° Doyenné de *Cornillon :* Aigueses, la Bastide, Cameliers, Cornillon, le Gard, Goudargues, Issirac, Laval-Ardèche, Malataverne, Montclus, *Orgnac,* la Roque, Saint-André-de-Roquepertuis, Saint-André-d'Oulérargues, Saint-Cristol-de-Rodières, Saint-Julien-de-Peiroles, Saint-Laurent-de-Carnols, *Saint-Martin-de-la-Pierre,* Saint-Michel-d'Euzet, Salaxac, Verfeuil.

---

[1] Je relève ces noms de lieu, en en respectant l'orthographe, sur la carte dressée « par le sieur Gautier, ingénieur-architecte et inspecteur des ponts et chaussées de France..., et dédiée à Mgr Michel Poncet de La Rivière, évêque et comte d'Uzès, par J.-B. *Nolin*, géographe du roi», vers 1715. — Michel Poncet de Gard.

La Rivière fut évêque d'Uzès de 1677 à 1728. — Les noms en italique désignent les lieux qui n'ont point été compris dans le département du Gard; les noms entre crochets, ceux qui, appartenant au diocèse d'Uzès pour le temporel, relevaient, pour le spirituel, du diocèse de Viviers.

3° Doyenné de *Gravières* : [*Bane*], *Beaulieu*, *Becdejus*, Bedousses, *Berrias*, Bonnevaux, Bordesa, [*Brahic*], Brézis, *Casteljau*, Chambon, *Chambonas*, *Chandoulas*, la *Chassagne*, Chavagnac, *Combret*, Concoules, *Costeslades*, les Drouillèdes, Elzès, *Frigoulet*, la Lauze, Malons, [*Maubos*], *Naves*, Ponteils, *le Pouget*, la *Roque*, *Saint-André-de-Capcèze*, *Saint-Victor-de-Gravières*, la *Salette*, la *Salle*, les *Vans*, le *Vialu*, *Vielvic*, *Villefort*.

4° Doyenné de *Navacelle* : Alègre, Arlende, Auban-les-Allais, la Bedosse, Boisson, Bouquet, Brouset, le Clap, Euzet, les Femades, Fons-sur-Lussan, la Fontaine, la Liquière, le Logis, Lussan, Maletaverne, Méjanes-des-Allais, Méjanet-et-Louclap, Montels, Monts, Navacelle, les Plans, Saint-Étienne-d'Alensac, Saint-Hippolyte-de-Caton, Saint-Jean-de-Sairargues, Saint-Julien-de-Valgalgue, Saint-Just, Saint-Martin-de-Deaux, Saint-Martin-de-Valgalgue, Saint-Privat-le-Vieux, Saliès, Salindres, Sausine, Seine, Servas, Suson, Valcrose, Vaquières.

5° Doyenné de *Remoulins* : Aramont, Castillon-du-Gard, Collias, Domazan, Estézargues, Fournès, Montfrin, Pousilla, Remolin, Saint-Hilaire-d'Ozillan, Saint-Privat, Saint-Vincent-de-Laval, Thésiers, Valabrègue, Valeyguières, Vers.

6° Doyenné de *Saint-Ambroix* : Ausou, Avejan, Barjac, *Besciens*, Bouc, la *Cabane*, Claira, [*Couri*], les Mages, Mannas, Meiranes, Molinas, Montalet, *Moulin-de-Carlet*, Plauzoles, Potelières, Rochegude, Roquesadouille, Roubiac, Saint-Ambroix, *Saint-André-de-Crugère*, Saint-Brest, Saint-Denis, Saint-Étienne-de-Sermentine, Saint-Florens, *Saint-Giniès-de-Claisse*, Saint-Jean-de-Marvejols, Saint-Jean-de-Valeriscle, Saint-Julien-de-Cassagnas, Saint-Privat-de-Champclaux, *Saint-Privat-de-Claisse*, Saint-Privat-de-Rivière, *Saint-Sauveur-de-Crugère*, Saint-Victor-de-Malcap, Teyrargues, Tharau.

7° Doyenné de *Sauzet* : Aigremont, Boucairan, Brignon, la Calmette, Cannes, Castelnau, Clairan, la Clotte, Combas, Crespian, Cruviès, Dions, Domessargues, Estousens, Eyrolles, le Fesc, Fons-outre-Gardon, Fontanès, Gajan, Jouffe, Las-Cours, Lavaur, Martignargues, Maurensargues, Molesan, Montagnac, Montiniargues, Montmirat, Moussac, Ners, Nozières, Notre-Dame, Quillan, la Rouvière, Saint-Bauséli, Saint-Césaire-de-Gauzignan, Saint-Estève-de-Lon, Saint-Geniès-de-Malgoirès, Saint-Mamet, Saint-Maurice-de-Cazevieille, Saint-Saturnin, Saint-Théodorite, Sauzet, Sérignac, Valence, Venezobre, Vic.

8° Doyenné de *Sénéchas* : Aujac, *Bel*, Blannaves, Brenoux, *Candouloux*, *Castagnols*, Cessou, Chamborigaud, Charnavas, Chausses, le Cheyla, Dieusses, *les Frigières*, Genouillac, *Gourdouse*, Iverne, Limpostaïre, Malanches, Mas-Dieu, le Mas-Pont-du-Rastel, Notre-Dame-de-Laval-Gardon, Palmesalade, le Pech, *le Pertus*, Peyremale, Portes, les Pradels, Rousson, *Saint-Andiol,* Saint-Andiol-de-Trouillas, Sainte-Cécile-d'Andorge, *Saint-Maurice-de-Ventalon,* la Salle, Sénéchas, Tarabia, Toiras, *Tueil,* Ver.

9° Doyenné d'*Uzès :* Aigualiès, Argilliers, Arpaillargues, Aubarne, Aubessargues, Auchebien, Aureillac, Baron, la Bastide-d'Engras, la Baume, Belveset, Blauzac, Bordic, la Bruguière, Bruyès, la Capelle, Colorgues, Faussargues, Flaux, Foissac, Fonscouverte, Fontarèche, Guarigues, Guatiques, Jonquerolles, Larnac-Cruviers, Larque-de-Baron, Masmolène, Montaren, Russan, Sagrier, Saint-Chattes, Saint-Dazéry, Sainte-Anastasie, Saintes-Ouilles, Saint-Firmin, Saint-Hypolites-de-Montagut, Saint-Laurent-la-Vernède, Saint-Maximin, Saint-Midiers, Saint-Quintin, Saint-Siffret, Saint-Victor-des-Oules, Sanilhac, Serviès, Valabris, Vic.

III. Le DIOCÈSE D'ALAIS comptait, à l'époque de son érection, 84 paroisses, ainsi réparties entre les sept archiprêtrés démembrés du diocèse de Nimes :

1° Archiprêtré d'*Alais,* 10 paroisses : Alais, Cendras, Ribaute, Saint-Hilaire-de-Brethmas, Saint-Jean-du-Pin, Saint-Martin-d'Arènes, Saint-Paul-la-Coste, Soustelle, Vermeils, Vèzenobre.

2° Archiprêtré d'*Anduze,* 13 paroisses : Anduze, Bagard, Boisset, Corbès, Gaujac, Générargues, Mialet, Saint-Félix-de-Pallières, Saint-Jean-du-Gard, Saint-Martin-de-Saussenac, Saint-Pierre-de-Civignac, Saint-Sébastien-d'Aigrefeuille, Tornac.

3° Archiprêtré de *Meyrueis,* 7 paroisses : Gatuzières (aujourd'hui dans la Lozère), Lanuéjols, Meyrueis (Lozère), Notre-Dame-de-Bonheur ou l'Espérou (remplacée plus tard par Dourbie), Revens, Saint-Sauveur-des-Poursils, Trève.

4° Archiprêtré de *Saint-Hippolyte-du-Fort,* 13 paroisses : Aguzan, Baucels (aujourd'hui dans l'Hérault), la Cadière, Ceyrac, Conqueyrac, Cros, Durfort, Ferrières (aujourd'hui dans l'Hérault), Monoblet, Montolieu (aujourd'hui dans l'Hérault), Pompignan, Saint-Hippolyte-du-Fort, Sauve.

5° Archiprêtré de *la Salle,* 12 paroisses : Colognac, Peyroles, Saint-André-de-Valborgne, Saint-Bonnet-de-Salendrenque, Sainte-Croix-de-Caderle, Saint-Marcel-de-Fontfouillouse, Saint-Martin-de-Corconac, la Salle, Saumane, Soudorgues, Thoiras, Vabres.

6° Archiprêtré de *Sumène,* 10 paroisses : Cézas (et Saint-Pierre-de-Cambo, son annexe), Roquedur *sive* Saint-Pierre-de-Noalhan, la Rouvière, Saint-André-de-Majencoules, Saint-Julien-de-la-Nef, Saint-Laurent-le-Minier, Saint-Martial, Saint-Roman-de-Codière, Sumène, Valleraugue (avec ses annexes Ardailliès et Taleyrac).

7° Archiprêtré du *Vigan,* 19 paroisses : Alzon, Arre, Arrigas, Aulas (avec Bréau, son annexe), Aumessas, Avèze, Bez, Blandas, Campestre, Esparon, Luc, Mandagout, Molières, Montdardier, Pommiers, Rogues, Saint-Bresson-d'Hierle, le Vigan, Vissec.

Pour compléter ce tableau des circonscriptions diocésaines antérieures à 1790, nous devons ajouter que chacun de ces diocèses, considéré au point de vue administratif, comprenait encore un certain nombre de villages ou paroisses qui, pour le spirituel, dépendaient de quelque évêché limitrophe, et qui, par cette raison, ne figurent pas dans l'énumération ci-dessus. — Ainsi, dans le diocèse de Nimes, 6 paroisses de l'ancien *pays d'Argence* (viguerie de Beaucaire) relevaient de l'archevêché d'Arles : Beaucaire, Fourques, Jonquières, Meynes, Saint-Vincent et Saujan. — Dans le diocèse d'Uzès, 10 villages de la viguerie de Roquemaure dépendaient, pour le spirituel, de l'archevêché d'Avignon; c'étaient : Lirac, Montfaucon, Pujaut, Rochefort, Roquemaure, Saint-Geniès-de-Comolas, Saint-Laurent-des-Arbres, Sauveterre, Saze et Tavels. La viguerie de Saint-André-de-Villeneuve, composée seulement de Villeneuve-lez-Avignon et du village des Angles, relevait aussi d'Avignon. — On a vu plus haut[1] que 4 paroisses de la viguerie d'Uzès se rattachaient, pour le spirituel, à l'évêché de Viviers : Banc, Brahic, Courry et Malbosc. La paroisse de Courry a été comprise dans le département du Gard; les trois autres appartiennent à celui de l'Ardèche. — Enfin, dans le diocèse d'Alais, une partie des paroisses de Rogues et de Montdardier relevaient de Lodève pour le spirituel.

Par cette énumération, au cours de laquelle nous avons noté celles des paroisses de nos trois évêchés qui ne font plus actuellement partie du département du Gard, on voit que les diocèses de Nimes, d'Uzès et d'Alais furent presque intégralement compris dans ce département par les députés de la sénéchaussée de Nimes chargés, en 1790, de l'exécution des décrets de l'Assemblée nationale concernant la nouvelle division du royaume.

GOUVERNEMENT DES CARLOVINGIENS. — FÉODALITE.

Conquise par les Wisigoths, la Septimanie fut ensuite occupée ou plutôt ravagée par les Sarrasins. Les Barbares y avaient respecté l'organisation gallo-romaine, se contentant de se substituer aux fonctionnaires romains dans l'exercice du pouvoir. — Pépin le Bref reconquit la Septimanie en 759. Dès le ixe siècle, les comtes ou vicomtes, gouverneurs amovibles de certaines portions de territoire sous l'autorité des

---

[1] P. ix et x.

rois, se transformèrent en possesseurs héréditaires à peu près indépendants. Un *vicarius* était chargé d'administrer et de rendre la justice en leur nom. — C'est à cette époque qu'on peut remarquer, dans nos chartes, la synonymie presque constante du *comitatus* et du *pagus*, le premier finissant, au xe siècle, par remplacer l'autre.

Le comté de Nimes, devenu ensuite vicomté, était un fief du comté de Toulouse. Au xiiie siècle, les vicomtes de Nimes relevaient des rois d'Aragon.

Pendant la période féodale, le *pagus* ou *comitatus Nemausensis* était divisé en *vicariæ*. Voici celles dont les chartes nous ont révélé l'existence :

1° *Vicaria Andusiensis*, l'Andusenque;

2° *Vicaria-antre-duos-Quardones*, le canton actuel de Saint-André-de-Valborgne;

3° *Vicaria Salandrenca*, la Saladrenque;

4° *Vicaria Arisiensis*, l'archiprêtré du Vigan;

5° *Vicaria Vallis-Anagiæ*, la Vaunage;

6° *Vicaria Littoraria*, la région des Marais, entre la Vaunage et la mer.

Du *pagus* ou *comitatus Ucetiensis* nous n'avons jusqu'ici retrouvé que les noms et les limites (assez incertaines pour les deux premières) de quatre circonscriptions :

1° *Vicaria Caxoniensis*, partie inférieure de la vallée de la Cèze, ayant pour chef-lieu Bagnols. Elle formera plus tard, sous l'administration royale, les deux vigueries de Bagnols et de Saint-Saturnin-du-Port;

2° *Vicaria Planzes*, partie moyenne de la vallée de la Cèze;

3° *Vallis Miliacensis*, la vallée du Tave, ayant pour chef-lieu Laudun;

4° *Vicaria Medio-Gotensis*, le Malgoirès.

CAPÉTIENS. — ADMINISTRATION CIVILE, JUDICIAIRE ET MILITAIRE.

C'est en 1258 que la vicomté de Nimes fut vendue à saint Louis et incorporée au domaine royal, et en 1270 qu'eut lieu la réunion complète du pays de Languedoc. C'est aussi à partir de cette époque que sous l'influence de la royauté, chaque jour plus affermie, les diverses parties des pays réunis à la couronne reçurent une organisation générale et d'ensemble. La sénéchaussée de Beaucaire et de Nimes, créée dès 1215 par Simon de Montfort, devint en 1270 une sénéchaussée royale; elle comprenait, outre les deux diocèses de NIMES et d'Uzès, ceux de Mende, de Maguelonne, du Puy-en-Velay et de Viviers.

Le diocèse de Nimes se composa dès lors de *huit vigueries*, d'importance fort inégale :

1° Viguerie d'*Aiguesmortes*, composée de........	8	villes, villages ou communautés.
2° Viguerie d'*Alais*........................	26	
3° Viguerie d'*Anduze*.....................	36	
4° Viguerie de *Beaucaire*................	17	
5° Viguerie de *Lunel*.....................	5	
6° Viguerie de *Nimes*................	33	
7° Viguerie de *Sommière*.....................	74	
8° Viguerie du *Vigan-et-Meyrueis*..............	29	
	228	

Le diocèse d'Uzès comptait *cinq vigueries*, encore plus inégalement formées :

1° Viguerie de *Bagnols*, composée de..........	25	villes, villages ou communautés.
2° Viguerie de *Roquemaure*..................	14	
3° Viguerie de *Saint-André-de-Villeneuve*[1].......	2	
4° Viguerie de *Saint-Saturnin-du-Port*...........	1	
5° Viguerie d'*Uzès* (haute et basse).............	136	
	178	

La plupart de ces vigueries royales reproduisent, sous des dénominations parfois différentes, mais en conservant presque les mêmes circonscriptions, les vigueries féodales qui les avaient précédées, et qui n'étaient elles-mêmes que la reproduction plus ou moins exacte de circonscriptions antérieures. Ainsi la viguerie royale d'Anduze, c'est la viguerie féodale du même nom; la viguerie royale du Vigan-et-Meyrueis, c'est identiquement la *vicaria Arisiensis;* la *vicaria Littoraria* répond à la viguerie d'Aiguesmortes; enfin la *vicaria Vallis-Anagiæ* devient le noyau de la viguerie royale de Sommière.

Nous croyons devoir placer ici un tableau comparatif des localités composant les huit vigueries du diocèse de Nimes aux XIVᵉ, XVᵉ et XVIᵉ siècles. Nous l'avons dressé sur des documents authentiques et contemporains, dont les deux premiers ont été publiés par L. Ménard dans son *Histoire de la ville de Nimes,* t. III, preuves.

---

[1] D'après un document qui remonte à l'année 1313 (Ménard, *Histoire de la ville de Nimes,* t. II, pr. p. 11), la viguerie de Roquemaure et celle de Saint-André-de-Villeneuve paraissent n'en avoir d'abord formé qu'une seule, sous le nom de *vicaria Volobrice et Aramonis.*

TABLEAU DES HUIT VIGUERIES

COMPOSANT LE DIOCÈSE DE NIMES.

1384.	1435.	1539 [1].

I. — VIGUERIE D'AIGUESMORTES.

1384.	1435.	1539.
De Armasanicis...............	D'Aimargues................	Le lieu d'Eymargues.
De Caslario................	Du Caylar...................	Le Caillar.
De Sancto-Laurencio...........	De S. Laurens...............	Sainct-Laurens.
De Posqueriis...............	De Vauvert.................	Vaulvert.
(Voy. Vig. de Nimes)........	(Voy. Vig. de Nimes)........	Candiac.
De Sancto-Juliano.............	De S. Julian................	(Dioc. de Montpellier.)
De Melgorio................	(Dioc. de Maguelonne)........	Idem.
De Candilhanicis.............	Idem.....................	Idem.
De Mutationibus.............	Idem.....................	Idem.
De Peyrolis................	Idem.....................	Idem.

II. — VIGUERIE D'ALAIS.

1384.	1435.	1539.
De Villa Alesti..............	De la ville d'Alez.............	La ville d'Allez.
De Sancto-Christoforo..........	De S. Christofle..............	Sainct-Christol.
De Sancto-Ylario de Bretomanso...	De S. Ylaire de Brethmas.......	Sainct-Ylaire.
De Vicenobrio...............	De Vizenobre...............	Vezenobre.
De Pinu...................	Du Pin...................	Sainct-Iean-du-Pin.
De Sandrassio...............	De Sandras.................	Sandras.
De Sostella.................	De Soustelle................	Soustelle.
De Sancto-Paulo.............	De S. Pol de la Coste..........	Sainct-Pol la Coste.
De Arenis.................	D'Aurennes................	"
De Monthesiis...............	De Montezez...............	"
De Mejanis................	(Dioc. d'Uzès).............	(Dioc. d'Uzès.)
De Sancto-Privato............	Idem.....................	Idem.
De Sancto-Juliano Vallis-galgue....	Idem.....................	Idem.
De Sancto-Martino Vallis-galgue...	Idem.....................	Idem.
De Blannavis...............	Idem.....................	Idem.
De Valle..................	Idem.....................	Idem.
De Sancto-Andeolo...........	Idem.....................	Idem.

[1] *Tariffe universelle du diocèse de Nismes... tirée du presage universel... faict en l'an 1539... — A Nismes, par Sebastien Iaquy, 1598, in-4°.*

1384.	1435.	1539.

II. — VIGUERIE D'ALAIS. (SUITE.)

1384.	1435.	1539.
De Manso-Dei...........	(Dioc. d'Uzès).............	(Dioc. d'Uzès.)
De Sancto-Florencio...........	Idem....................	Idem.
De Sancto-Albano............	Idem....................	Idem.
De Martinhánicis.............	Idem....................	Idem.
De Doucio.................	Idem....................	Idem.
De Portis..................	Idem....................	Idem.
De Sancta-Cecilia de Andorgia.....	Idem..............	Idem.
De Chaucio.............'..	Idem....................	Idem.
De Castanholo et Sancto-Mauricio de Ventalono.	Idem.....	Idem.

III. — VIGUERIE D'ANDUZE.

1384.	1435.	1539.
De villa Andusie..............	De la ville d'Anduse...........	La ville d'Anduse.
De Buxctis.................	De Boisset.................	Boisset.
De Gereyranicis..............	De Gererargues	Generargues.
De Sancto-Sebastiano de Agrefolio..	De S. Sebastien d'Aigrefeuil......	Sainct-Sebastien.
De Sancto-Johanne de Gardonica...	De S. Jehan de Gardonnenque....	Sainct-Iean de Gardonnenques.
De Peyrola.................	De Peyrole.................	Peyrolles.
De Valle-Bornia..............	De Valborgne..............	Sainct-André de Valborne.
De Saumana................	De Saumane................	Saumane.
De Tornaco.................	De Tornac.................	Tournac.
De Marcilhanicis.............	De Massilhargues en Anduse......	Macillargues.
(Voy. Vig. de Sommière)......	//	Canaulles.
Idem....................	//	Argentières.
De Sancto-Nazario de Gardiis.....	De S. Nazaire des Gardes........	Sainct-Nazari des Gardies.
De Sancto-Martino de Sevinhanicis.	De S. Martin de Sevinhargues.....	Sauinhargues.
De Sancto-Johanne de Serris......	De S. Jehan de Serres.........	Sainct-Iean de Serres.
De Columberie.............. / De Agrimonte. .... \	De Colombiers et Aigremont......	Collombiers et Aigremont.
De Ledinhano...............	De Ledignan	Ladignan.
De Sancto-Benedicto...........	De S. Benczet.	Sainct-Beneizet.
De Sancto-Petro de Lesano.......	De Lezan...................	Lezan.
De Sancto-Andrea de Vabris......	De Vabres.	Vabrez.
De Sancto-Bonito de Salandrenca..	De S. Bonnet de Salendrenque....	Sainct-Bonet.
De Sancto-Petro de Sala.........	De S. Pierre de la Sale.........	Sainct-Pierre de la Salle.
De Colhonhaco..............	De Colognac................	Collognac.
De Sordanicis...............	De Sodorgues...............	Sodorgues.

1384.	1435.	1539.

III. — VIGUERIE D'ANDUZE. (*SUITE*.)

1384.	1435.	1539.
De Corconaco..............	De Corconnac.............	Saint-Martin de Corconat.
De Fonte-folhosio............	De S. Marsel de Fontfoillouse.....	Sainct-Marcel.
De Sancta-Cruce de Caderlio....	De Saincte-Croix de Caderlas......	Saincte-Croix de Caderles.
De Toyracio..............	De Thoiras.................	Toyras.
De Meleto...............	De Mellet.................	Mellet.
"	"	Corbez.
De Gaujaco................	De Gaujac.................	Gaujac.
De Logonhaco..............	De Logojac................	Sainct-Martin de Legauiac.
De Bagarnis...............	De Bagars	Bagardz.
De Ruppe-alta.............	De Ribeaute................	Ribeaulte.
De Vermellis..............	De Vermeïlz................	Vermel.
De Coyrano	De Coyran.................	Sainct-Saturnin de Coiran.
"	De Marsane.................	Massanes.
De Cassanholis.............	De Cassanholes..............	Cassagnolles.
De Marojolis...............	De Mareujolz en Anduse........	Marueiolz.

IV. — VIGUERIE DE BEAUCAIRE.

1384.	1435.	1539.
De villa Bellicadri............	De Beaucaire..............	La ville de Beaucaire.
"	"	Sainct-Pol.
De Furchis................	De Fourques...............	Fourques.
"	"	Jonquieres.
De Bellagarda..............	De Bellegarde.............	Bellegarde.
De Medenis..............	De Meynes................	Meynes.
De Sarnhaco...........	De Sarnhac	Sargnac.
De Sancto-Bonito............	De S. Bonnet..............	Sainct-Bonet.
De Clausona..............	De Clausone...............	(Dioc. d'Uzès.)
De Volobrica	(Dioc. d'Uzès)............	*Idem.*
De Aramone et Terminio	*Idem.*................	*Idem.*
De Theseriis et Orpilheriis......	*Idem.*................	*Idem.*
De Barsanicis..............	*Idem.*................	*Idem.*
De Remolinis..............	*Idem.*................	*Idem.*
De Fornesio..............	*Idem.*................	*Idem.*
De Castillione..............	*Idem.*................	*Idem.*
De Domasano..............	*Idem.*................	*Idem.*
De Strayranicis.............	*Idem.*................	*Idem.*
De Montefrino.............	*Idem.*................	*Idem.*

1384.	1435.	1539.

V. — VIGUERIE DE LUNEL.

1384.	1435.	1539.
De villa Lunelli	(Dioc. de Maguelonne)	(Dioc. de Montpellier.)
De villetis Lunelli.	Idem.	Idem.
De Sancto-Justo . . . . -. .	Idem.	Idem.
De Marcilhanicis.	De Massilhargues.	Masilhargues.
De Galasanicis	De Galargues	Gallargues.

VI. — VIGUERIE DE NIMES.

1384.	1435.	1539.
De villa Nemausi	De la ville de Nysmes	La ville et cité de Nismes.
De Calvicione.	De Calvisson.	Le lieu de Calvisson.
ii	ii	Livières.
De Aquisvivis	D'Aiguesvives.	Aiguesvives.
De Vergesiis.	De Vergeses.	Vergeses.
De Codonhano	De Coudonhan.	Codoignan.
De Anglada	De l'Anglade.	Langlade.
De Muris	De Murs.	Mus.
De Sancto-Dyonisio.	De S. Dionise.	Sainct-Dionisii.
De Congeniis	De Congenies.	Congenies.
De Clarenciaco.	De Clarensac.	Clarensac.
De Cavayraco.	De Cavairac.	Caucyrac.
De Bellovicino.	De Belvoysin	Beauvoisin.
De Boysseriis	De Boissieres	Boissieres.
De Candiaco.	De Candiac.	(Voy. Vig. d'Aiguesmortes.)
De Marojolis.	De Mareujolz.	Marueioux.
De Ardesano.	ii	ii
De Geneyraco.	De Generac	Generac.
De Albassio.	De Aubaix	Aubaix.
De Anagia	De Anages et Serorgues.	Nages de Serorgues.
De Vestrico	De Vestric.	Vestric.
De Uchavo	De Huchaut.	Uchau.
De Bernicio et Alborno. . . . . {	De Bernix	Bernis.
	De Auborn.	Le lieu de Bort.
De Sancto-Egidio et Stagello.	De S. Gille.	Sainct-Gilles.
De Margaritis.	De Marguerites.	Marguerites.
De Redessano	De Redessan.	Redessan.
De Mandolio.	De Mandueil.	Mandueil.
De Ameglavo	De Meillau.	Milhau.

1384.	1435.	1539.

VI. — VIGUERIE DE NIMES. (SUITE.)

1384.	1435.	1539.
De Besosia..................	De Bezouse.................	Besousse.
(Voy. Vig. d'Uzès)..........	De Perinhargues..............	Parignargues.
De Ledenone..............	De Ledenon.................	Ledenon.
De Pullis..................	De Polz....................	Pouls.
De Capresiis..............	De Cabrieres ....,	Cabrieres.
De Sancto-Cosma............	De S. Cosme et Ardesan........	Sainct-Cosme.
De Sancto-Gervasio.	De S. Gervaise..............	Sainct-Gervais.

VII. — VIGUERIE DE SOMMIÈRE.

1384.	1435.	1539.
De villa Sumìdrii.............	De la ville de Sommieres........	La ville de Sommieres.
De Villa-veteri...............	De Villevieille................	Villevielle.
De Junassio.................	De Junas...................	Iunas.
De Orianicis et Pondra.........	D'Orjargues et Pondre	Aujarges.
De Salvanbinicis.............	De Salvanhargues.............	Sauinhargues (Souvign.).
De Montepesato..............	De Montpesat...............	Montpesac.
De Pojolis	De Pojolz...................	Poujols.
//	//	Gaillan.
De Garnacio.................	De Carnas..................	Carnas.
	De S. Clement..............	Sainct-Clement.
De Lexis.	De Leques..................	Leques.
//	D'Aspres...................	Aspères.
//	De Salinhelles...............	Sallinelles.
De Monte-rotundo............	De Montredont..............	Monredon.
//	//	BAILLIAGE DE SAUVE.
De Salvio..................	De Salves..................	Le lieu de Sauve.
De Seyraco.................	De Ceyrac.	Ceyrac.
De Sancto-Saturnino Vallis-Pompiniani..................	De Pompignan.	Pompignan.
De Ferreriis.................	De Ferrieres................	Ferrieres.
De Monte-olivo..............	De Montolieu	Montolieu.
De Baucellis.................	De Bausselz.	Baulcels.
De Cezacio................	De Sezas et Cambon...........	Cezas.
De Campo-bono..............		Cambon.
De Cathedra................	De la Cadiere...............	La Cadiere.
De Sancto-Ypolito............	De S. Ypolite...............	Sainct-Ypolite.

c.

1384.	1435.	1539.

VII. — VIGUERIE DE SOMMIÈRE. (*SUITE.*)

1384.	1435.	1539.
De Agusano.................	D'Agusan..................	Agusan.
De Concayraco..............	De Conqucrac...............	Conqueirac.
De Sancto-Felice de Clareto......	De Claret..................	Cleret.
De Sauteyranicis..............	De Sautairargues.............	Sauterargues.
De Corcona.................	De Corconne...............	Corconne.
De Vaqueriis................	De Vacquieres..............	Vaquieres.
De Sancto-Vincentio de Brodeto...	De Brozet.................	Brozet.
De Lheuco.................	De Lhieuc.................	Lyouc.
De Quinciaco...............	De Quissac................	Quissac.
De Podiis Flavardi............	De Puyflavars..............	Puech-Flauard.
De Logriano................	De Logrian................	Lougrian.
//	De Comiac.................	//
//	//	Florian.
De Roqua.................	De Roque.................	Sainct-Iean de Roque.
//	//	Sainct-Iean de Cruolon.
De Socenaco................	De Soussenac..............	Sainct-Martin de Saussenac.
De Duroforti...............	De Durfort................	Durfort.
De Monogleto...............	De Monoblet...............	Manoublet.
De Croso..................	De Croz..................	Cros.
De Sancto-Romano de Codeyra....	De S. Romand de Codiere.......	Sainct-Roman de Codieres.
De Galbiaco................	De Galbiac................	Galbiac.
De Bragassanicis.............	De Bragassargues............	Bragassargues.
De Sancto-Felice de Paleria......	De S. Felix de Paillieres.........	Saint-Phelip de Palliere.
De Canolis.................	//	(Voy. Vig. d'Anduze.)
De Argenteriis..............	//	Idem.
De Vico...................	(Dioc. d'Uzès).............	(Dioc. d'Uzès.)
De Fisco..................	Idem....................	Idem.
De Combassio..............	Idem....................	Idem.
De Canniaco...............	Idem....................	Idem.
De Fontanesio..............	Idem....................	Idem.
De Monte-Mirato............	Idem....................	Idem.
De Crespiano...............	Idem....................	Idem.
De Sancto-Saturnino de Cleyrano..	Idem....................	Idem.
De Molasano...............	Idem....................	Idem.
De Montanhaco.............	Idem....................	Idem.
De Maurussanicis............	Idem....................	Idem.
De Serinhaco...............	Idem....................	Idem.
De Sancto-Theodorito.........	Idem....................	Idem.

1384.	1435.	1539.

VII. — VIGUERIE DE SOMMIÈRE. (*SUITE.*)

1384.	1435.	1539.
De Alayraco.................	(Dioc. de Maguelone)........	(Dioc. de Montpellier.)
De Laureto.................	*Idem*...................	*Idem.*
De Ruppe-Ayneria...........	*Idem*...................	*Idem.*
De Sancto-Martino de Londris....	*Idem*...................	*Idem.*
De Pegayrolis et Bodia.........	*Idem*,.................	*Idem.*
De Castro de Londris..........	*Idem*...................	*Idem.*
De Sancta-Cruce de Fontanesio et de Quintinhanicis..............	*Idem*..................	*Idem.*
De Pradis..................	*Idem*.................	*Idem.*
De Roveto	*Idem*..................	*Idem.*
De Sancto-Genesio Monialium.....	*Idem*..................	*Idem.*
De Restancleriis..............	*Idem*.................	*Idem.*
De Bello-loco...............	*Idem*,................	*Idem.*
De Sancto-Desiderio...........	*Idem*,.................	*Idem.*
De Monte-Lauro..............	*Idem*.................	*Idem.*
De Sancto-Christoforo..........	*Idem*.................	*Idem.*
De Buxedone...............	*Idem*.................	*Idem.*
De Sancto-Felice de Sinistranicis..	*Idem*.................	*Idem.*
De Sulsinis.................	*Idem*.................	*Idem.*

VIII. — VIGUERIE DU VIGAN.

1384.	1435.	1539.
De Vicano..................	De la ville du Vigan...........	La ville du Vigan.
//	De la paroisse du Vigan........	La Parroisse dudit Vigan.
De Avolacio................	D'Aulas...................	Aulas.
//	//	Bren et Breneize.
//	"	Arphi.
De Mayrosio................	De Meireux	Meyrueys.
//	//	La Parroisse dudit Meyrueis.
De Gratuseriis...............	De Gratusieres..............	Gratusieres.
De Sancto-Salvatore de Pojolis.....	De S. Salvador des Portilz........	Sainct-Saluador.
De Sancto-Laurencio de Lanuojolis..	De Laneujols................	La Nueiolz.
.//	De Treves et Revent........... {	Treves. Raven.
//	De Durbie..................	Durbie.
//	D'Olmessas.................	Almessas.
De Arrio.................	D'Arry....................	Arre.

1384.	1435.	1539.

VIII. — VIGUERIE DU VIGAN. (SUITE.)

1384.	1435.	1539.
De Sancto-Martino de Vercio......	De S. Martin de Bez............	Bès.
De Sancto-Verano de Sperono.....	De S. Veran d'Esparon.........	Asperron.
De Moleriis.................	De Molieres.................	Mollières.
De Sumena.................	De Sumene.................	Sumene.
De Sancto-Martiali..........	De S. Marsal...............	Sainct-Marsault.
De Roveria.................	De la Roviere..............	La Rovyere.
De Valle-Araugia...........	De Valeraugue.............	Valaraugue.
De Sancto-Gregorio de Mandagoto..	De Mandagoth..............	Mandajol.
De Magencolis..............	De Magencoles..............	Sainct-André de Magencolles.
De Arrigassio..............	D'Arigas...................	Arigas.
De Alsono.................	D'Alzon...................	Alson.
De Campestris.............	De Campestre..............	Campestre.
De Viridissico..............	De Vissec.................	Vissec.
De Blandaco...............	De Blandas................	Blandas.
De Sancto-Felice de Rogis.......	De Rogues.................	Rogues.
De Monte-Desiderio...........	De Montdardier.............	Moundardier.
De Pomeriis...............	De Pommiers..............	Pomiers.
De Beata-Maria de Avesia.......	D'Aveze..................	Aveze.
De Sancto-Brissio...........	De S. Bres d'Irle...........	Sainct-Bresson.
De Sancto-Petro de Anolhano.....	D'Anolhan.................	Roqueduc.
De Navi...................	De S. Julian de la Nef........	Sainct-Jullien de la Nau.
De Sancto-Laurentio de Arisdio....	De S. Laurens du Mynier.......	Sainct-Laurens du Meinier.

Chacune des vigueries de la sénéchaussée avait à sa tête un viguier, administrant sous l'autorité du sénéchal et rendant la justice, sauf les cas royaux.

Cette organisation générale fut modifiée au XVIIe siècle pour le gouvernement civil et militaire. Pour la police et les finances, les trois diocèses de Nimes, d'Uzès et d'Alais appartenaient à la généralité de Montpellier, où résidait l'intendant. Cet *intendant* était représenté, dans chacun des trois diocèses, par des *subdélégués*.

Le diocèse de Nimes était divisé en deux *départements* :

1° Celui de *Nimes,* ayant un subdélégué pour tout le diocèse, excepté Beaucaire : ce subdélégué résidait à Nimes;

2° Celui de *Beaucaire,* ayant un subdélégué pour la ville et le port de Beaucaire seulement.

Le diocèse d'Uzès avait trois départements :

1° Celui de *Villeneuve-lez-Avignon*, où résidait un subdélégué ;

2° Celui du *Pont-Saint-Esprit*, avec un subdélégué ;

3° Celui d'*Uzès*, avec un subdélégué dont l'administration embrassait les deux vigueries d'Uzès : la haute ou les Cévennes, et la basse ou la Côte-du-Rhône, à l'exception des deux petites vigueries du Pont-Saint-Esprit et de Villeneuve-lez-Avignon.

Le diocèse d'Alais était partagé en deux départements :

1° Celui du *Vigan*, où résidait un subdélégué dont l'autorité s'étendait à tout le diocèse, sauf la ville d'Alais ;

2° Celui d'*Alais*, avec un subdélégué pour la ville d'Alais seulement.

L'administration de la justice avait été modifiée dès le xvie siècle par la création du présidial de Nimes, érigé au mois de mai 1551, en conséquence de l'édit général donné par Henri II au mois de janvier précédent.

Le ressort du sénéchal et siége présidial de Nimes, fort étendu à l'origine, comprenait les sept diocèses qui ont continué de former, dans l'assemblée des états généraux de Languedoc, ce qu'on appelait encore en 1789 la *sénéchaussée de Nimes ;* mais l'érection du présidial du Puy-en-Velay et de celui de Montpellier, la création de l'immédiat, accordé au juge d'appeaux d'Alais et aux officiers du duché-pairie d'Uzès, le diminuèrent peu à peu. Au xviiie siècle, il s'étendait encore sur les diocèses de Nimes, Uzès, Alais, Mende et Viviers, et comprenait plusieurs bailliages et des juridictions royales, parmi lesquelles nous devons mentionner, à Nimes, la cour des Conventions royales, créée en 1278. Ce fut d'abord un tribunal de commerce, qui se fondit, au xvie siècle, dans la Cour royale ordinaire de Nimes, laquelle porta depuis lors le titre de *Cour royale ordinaire et scel rigoureux des conventions royales de Nimes.* Cette juridiction, qui s'étendait sur tous les lieux et villages de la viguerie de Nimes, fut réunie au présidial par édit du mois d'avril 1749.

Le sénéchal et siége présidial de Nimes était composé de trente-sept officiers, savoir : le sénéchal, deux présidents, quatre lieutenants généraux, un lieutenant principal, un lieutenant particulier et un lieutenant laïc, un chevalier d'honneur, vingt-deux conseillers (y compris un conseiller clerc et deux conseillers honoraires), deux avocats du roi, un procureur du roi et un greffier en chef.

On sait que, sous Louis XIV, la France fut partagée en trente-sept grands gouvernements militaires. Le gouvernement de Languedoc était un des plus importants. Le gouverneur de Languedoc résidait à Toulouse. La province était partagée en trois grandes lieutenances : le Haut-Languedoc, le Bas-Languedoc et les Cévennes. Les diocèses de Nimes, d'Uzès et d'Alais formaient, avec ceux de Mende, du Puy-en-Velay et de Viviers, la lieutenance générale des Cévennes, dont le commandant résidait à Montpellier.

L'autorité militaire avait pour représentants,

Dans le diocèse de Nimes :

1° A *Nimes*, un gouverneur du château et commandant de la ville, un lieutenant de roi, un major, un aide-major, un capitaine des portes;

2° A *Sommière*, un gouverneur, un lieutenant de roi, un major;

3° A *Beaucaire*, un gouverneur;

4° A *Aiguesmortes*, un gouverneur et viguier, un lieutenant de roi, un major:

5° Au *fort de Peccais*, un gouverneur, un lieutenant de roi, un major;

Dans le diocèse d'Uzès :

1° A *Uzès*, un commandant;

2° Au *Pont-Saint-Esprit*, un gouverneur, un lieutenant de roi, un major;

3° A *Villeneuve-lez-Avignon*, un gouverneur, un commandant des deux côtés du Rhône depuis le Pont-Saint-Esprit jusques et près de Villeneuve;

4° A *Roquemaure*, un gouverneur;

5° Au *fort Saint-André* (près de Villeneuve-lez-Avignon), un gouverneur, un lieutenant de roi;

Dans le diocèse d'Alais :

1° A *Alais*, un gouverneur, un commandant, un major, un aide-major, un capitaine des portes:

2° A *Saint-Hippolyte-du-Fort*, un gouverneur, un commandant, un major;

3° A *Sauve*, un commandant;

4° A *Anduze*, un commandant.

La prévôté et maréchaussée générale de la province de Languedoc avait, dans le diocèse de Nimes, trois brigades : deux à *Nimes*, une à *Sommière*.

Dans le diocèse d'Uzès, deux brigades : une à *Bagnols*, une à *Remoulins;*

Dans le diocèse d'Alais, une seule, qui résidait à *Alais*.

Nous n'avons rien dit des états généraux de Languedoc, l'organisation en étant bien connue. Nous avons d'ailleurs eu soin de mentionner dans le Dictionnaire les villes et communautés qui y envoyaient des députés, et nous en donnons ici les noms : Aimargues, Alais, Anduze, Aramon, Bagnols, Barjac, Beaucaire, Massillargues (aujourd'hui du département de l'Hérault), Milhau, Montfrin, Nimes, le Pont-Saint-Esprit,

Roquemaure, Saint-Ambroix, Saint-Hippolyte-du-Fort, Sauve, Sommière, Uzès, Valabrègue, les Vans (aujourd'hui du département de l'Ardèche), le Vigan.

Les décrets de l'Assemblée nationale des 9 janvier, 16 et 26 février 1790 divisèrent
la France en 83 départements. Le Gard fut un des huit formés de l'ancienne province
de Languedoc. Il fut dès lors constitué dans ses limites actuelles, mais partagé dans
les huit districts suivants :

District d'*Alais*	9 cantons,	62 communes.
District de *Beaucaire*	4	27
District de *Nimes*	7	30
District du *Pont-Saint-Esprit.*...........	5	39
District de *Saint-Hippolyte*..............	4	29
District de *Sommière.*	5	52
District d'*Uzès.*.....................	18	104
District du *Vigan.*...................	8	39
En tout.........	60 cantons,	382 communes.

La constitution de l'an III supprima les districts, tout en conservant la division can-
tonale arrêtée en janvier 1790. En l'an VIII, le département du Gard fut partagé en
quatre arrondissements de sous-préfectures : Alais, Nimes, Uzès et le Vigan. Nous
avons eu soin de constater les modifications survenues à cet état de choses par suite
de suppressions ou d'érections de cantons ou de communes : on les trouvera dans le
Dictionnaire.

En ce moment (septembre 1868), le département du Gard compte 40 cantons,
composés de 345 communes. En voici le tableau [1] :

I. ARRONDISSEMENT D'ALAIS.

(11 cantons, 98 communes, 123,274 habitants.)

1° CANTON D'ALAIS (Est).

(11 communes, 16,799 habitants.)

. Alais (Est), Méjanes-lez-Alais, Mons, les Plans, Rousson, Saint-Hilaire-de-Brethmas, Saint-Julien-
de-Valgalgue, Saint-Martin-de-Valgalgue, Saint-Privat-des-Vieux, Salindres, Servas.

[1] Le chiffre de la population est celui du dernier recensement, qui a eu lieu en 1866.

Gard.   D

2° CANTON D'ALAIS (Ouest).
(6 communes, 15,316 habitants.)

Alais (Ouest), Cendras, Saint-Christol-lez-Alais, Saint-Jean-du-Pin, Saint-Paul-la-Coste, Soustelle

3° CANTON D'ANDUZE.
(8 communes, 10,126 habitants.)

Anduze, Bagard, Boisset-et-Gaujac, Générargues, Massillargues, Ribaute, Saint-Sébastien-d'Aigre
feuille. Tornac.

4° CANTON DE BARJAC.
(7 communes, 6,041 habitants.)

Barjac, Méjanes-le-Clap, Rivières-de-Theyrargues, Rochegude, Saint-Jean-de-Maruéjols-et-Avejan
Saint-Privat-de-Champclos, Tharaux.

5° CANTON DE BESSÈGES [1].
(5 communes, 14,294 habitants.)

Bessèges, Bordezac, Castillon-de-Gagnère, Peyremale, Robiac.

6° CANTON DE GÉNOLHAC.
(10 communes, 14,820 habitants.)

Aujac, Bonnevaux-et-Hiverne, Chambon, Chamborigaud, Concoules, Génolhac, Malons-et-Elze
Ponteils-et-Brézis, Portes, Sénéchas.

7° CANTON DE LA GRAND'COMBE.
(6 communes, 14,283 habitants.)

Blannaves, la Grand'Combe, la Melouse, Laval, Sainte-Cécile-d'Andorge, les Salles-du-Gardon.

8° CANTON DE LÉDIGNAN.
(12 communes, 4,509 habitants.)

Aigremont, Boucoiran-et-Nozières, Cardet, Cassagnoles, Domessargues, Lédignan, Lézan, Marué
jols-lez-Gardon, Massannes, Mauressargues, Saint-Bénézet-de-Cheyran, Saint-Jean-de-Serres.

---

[1] Une loi du 8 juillet de la présente année (1868) vient de créer ce canton, en le formant de deux communes (Bordezac et Peyremale) détachées du canton de Génolhac et de trois autres communes (Bessèges Castillon-de-Gagnère, Robiac) distraites de celui de Saint-Ambroix.

9° CANTON DE SAINT-AMBROIX.
(14 communes, 15,288 habitants.)

Allègre, Bouquet, Courry, les Mages, Meyrannes, Navacelle, Potellières, Saint-Ambroix, Saint-Brès, Saint-Denys, Saint-Florent, Saint-Jean-de-Valeriscle, Saint-Julien-de-Cassagnas, Saint-Victor-de-Malcap.

10° CANTON DE SAINT-JEAN-DU-GARD.
(3 communes, 5,361 habitants.)

Corbès, Mialet, Saint-Jean-du-Gard.

11° CANTON DE VÉZENOBRE.
(17 communes, 6,347 habitants.)

Brignon, Brouzet, Castelnau-et-Valence, Cruviers-et-Lascours, Deaux, Euzet, Martignargues, Monteils, Ners, Saint-Césaire-de-Gauzignan, Saint-Étienne-de-l'Olm, Saint-Hippolyte-de-Caton, Saint-Jean-de-Ceirargues, Saint-Just-et-Vaquières, Saint-Maurice-de-Casesvieilles, Seynes, Vézenobre.

II. ARRONDISSEMENT DE NIMES.
(11 cantons, 73 communes, 159,793 habitants.)

1° CANTON D'AIGUESMORTES.
(2 communes, 5,626 habitants.)

Aiguesmortes, Saint-Laurent-d'Aigouze.

2° CANTON D'ARAMON.
(10 communes, 12,380 habitants.)

Aramon, Comps, Domazan, Estézargues, Meynes, Montfrin, Saint-Bonnet, Sernhac, Théziers, Valabrègue.

3° CANTON DE BEAUCAIRE.
(4 communes, 15,384 habitants.)

Beaucaire, Bellegarde, Fourques, Jonquières-et-Saint-Vincent.

4° CANTON DE MARGUERITTES.
(8 communes, 8,425 habitants.)

Bezouce, Cabrières, Lédenon, Manduel, Marguerittes, Poulx, Redessan, Saint-Gervasy.

5° CANTON DE NIMES (1er canton).
(2 communes, 25,125 habitants.)

Milhau, Nimes (1er canton).

6° CANTON DE NIMES (2e canton).
(1 commune, 22,570 habitants.)

Nimes (2e canton).

7° CANTON DE NIMES (3e canton).
(3 communes, 18,296 habitants.)

Bouillargues, Garons, Nimes (3e canton).

8° CANTON DE SAINT-GILLES.
(2 communes, 9,091 habitants.)

Générac, Saint-Gilles.

9° CANTON DE SAINT-MAMET.
(13 communes, 7,213 habitants.)

Caveirac, Clarensac, Combas, Crespian, Fons-outre-Gardon, Gajan, Montmirat, Montpezat, Moulézan-et-Montagnac, Parignargues, Saint-Bauzély-en-Malgoirès, Saint-Cosme-et-Maruéjols, Saint-Mamet.

10° CANTON DE SOMMIÈRE.
(18 communes, 16,328 habitants.)

Aiguesvives, Aspères, Aubais, Aujargues, Boissières, Calvisson, Congéniès, Fontanès, Junas, Langlade, Lèques, Nages-et-Solorgues, Saint-Clément, Saint-Dionisy, Salinelles, Sommière, Souvignargues, Villevieille.

11° CANTON DE VAUVERT.
(12 communes, 19,355 habitants.)

Aubord, Aimargues, Beauvoisin, Bernis, Codognan, Galargues, le Caylar, Mus, Uchau, Vauvert, Vergèze, Vestric-et-Candiac.

III. ARRONDISSEMENT D'UZÈS.
(8 cantons, 99 communes, 86,433 habitants.)

1° CANTON DE BAGNOLS.
(17 communes, 16,446 habitants.)

Bagnols, Cavillargues, Chusclan, Codolet, Connaux, Gaujac, Orsan, le Pin, la Roque, Sabran,

Saint-Étienne-des-Sorts, Saint-Gervais, Saint-Michel-d'Euzet, Saint-Nazaire-lez-Bagnols, Saint-Pons-la-Calm, Tresques, Vénéjan.

2° CANTON DE LUSSAN.

(12 communes, 6,100 habitants.)

La Bastide-d'Engras, Belvézet, la Bruguière, Fons-sur-Lussan, Fontarèche, Lussan, Pougna-doresse, Saint-André-d'Olérargues, Saint-Laurent-la-Vernède, Saint-Marcel-de-Carreiret, Valérar-gues, Verfeuil.

3° CANTON DU PONT-SAINT-ESPRIT.

(16 communes, 15,125 habitants.)

Aiguèze, Carsan, Cornillon, le Garn, Goudargues, Issirac, Laval-Saint-Roman, Montclus, le Pont-Saint-Esprit, Saint-Alexandre, Saint-André-de-Roquepertuis, Saint-Christol-de-Rodières, Saint-Julien-de-Peyrolas, Saint-Laurent-de-Carnols, Saint-Paulet-de Caisson, Salazac.

4° CANTON DE REMOULINS.

(9 communes, 6,504 habitants.)

Argilliers, Castillon-du-Gard, Colias, Fournès, Pouzilhac, Remoulins, Saint-Hilaire-d'Ozilhan, Valliguière, Vers.

5° CANTON DE ROQUEMAURE.

(9 communes, 12,053 habitants.)

Laudun, Lirac, Montfaucon, Roquemaure, Saint-Geniès-de-Comolas, Saint-Laurent-des-Arbres, Saint-Victor-la-Coste, Sauveterre, Tavels.

6° CANTON DE SAINT-CHAPTE.

(16 communes, 8,602 habitants.)

Aubussargues, Barron, Bourdic, la Calmette, Colorgues, Dions, Foissac, Garrigues-et-Sainte-Eulalie, Montignargues, Moussac, la Rouvière-en-Malgoirès, Sainte-Anastasie, Saint-Chapte, Saint-Dézéry, Saint-Geniès-en-Malgoirès, Sauzet.

7° CANTON D'UZÈS.

(15 communes, 14,642 habitants.)

Aigaliers, Arpaillargues-et-Aureillac, Blauzac, la Capelle-et-Mamolène, Flaux, Montaren-et-Saint-Médier, Saint-Hippolyte-de-Montaigu, Saint-Maximin, Saint-Quentin, Saint-Siffret, Saint-Victor-des-Oules, Sanilhac-et-Sagriès, Serviers-et-la-Baume, Uzès, Valabrix.

8° CANTON DE VILLENEUVE-LEZ-AVIGNON.

(5 communes, 6,951 habitants.)

Les Angles, Pujaut, Rochefort, Saze, Villeneuve-lez-Avignon.

IV. ARRONDISSEMENT DU VIGAN.

(10 cantons, 75 communes, 60,247 habitants.)

1° CANTON D'ALZON.
(6 communes, 4,242 habitants.)

Alzon. Arrigas, Aumessas. Blandas, Campestre-et-Luc, Vissec.

2° CANTON DE QUISSAC.
(10 communes, 4,494 habitants.)

Bragassargues, Brouzet-et-Lionc, Cannes-et-Clairan, Carnas, Corconne, Gailhan-et-Sardan. Hortoux-et-Quilhan, Quissac, Saint-Théodorit, Vic-le-Fesq.

3° CANTON DE SAINT-ANDRÉ-DE-VALBORGNE.
(5 communes, 4,160 habitants.)

Peyroles, Saint-André-de-Valborgne, Saint-Marcel-de-Fontfouillouse, Saint-Martin-de-Corconac, Saumane.

4° CANTON DE SAINT-HIPPOLYTE-DU-FORT.
(6 communes, 6,719 habitants.)

La Cadière, Cambo. Conqueirac, le Cros, Pompignan, Saint-Hippolyte-du-Fort.

5° CANTON DE LA SALLE.
(9 communes, 6,084 habitants.)

Cologuac. Monoblet, Saint-Bonnet-de-Salendrenque, Sainte-Croix-de-Caderle, Saint-Félix-de-Pallières, la Salle, Soudorgues, Thoiras, Vabres.

6° CANTON DE SAUVE.
(9 communes, 4,739 habitants.)

Canaules-et-Argentières, Durfort-et-Saint-Martin-de-Saussenac, Fressac, Logrian-et-Comiac-de-Florian. Puechredon, Saint-Jean-de-Crieulon, Saint-Nazaire-des-Gardies, Sauve, Savignargues.

7° CANTON DE SUMÈNE.
(8 communes, 6,514 habitants.)

Cézas. Roquedur, Saint-Bresson, Saint-Julien-de-la-Nef, Saint-Laurent-le-Minier, Saint-Martial, Saint-Roman-de-Codière, Sumène.

8° CANTON DE TRÈVE.
(6 communes, 3,430 habitants.)

Causse-Bégon. Dourbie, Lanuéjols, Revens, Saint-Sauveur-des-Poursils, Trève.

9° CANTON DE VALLERAUGUE.

(3 communes, 6,454 habitants.)

La Rouvière, Saint-André-de-Majencoules, Valleraugue.

10° CANTON DU VIGAN.

(13 communes, 13,411 habitants.)

Arphy, Arre, Aulas, Avèze, Bez-et-Esparron, Bréau-et-Salagosse, Mandagout, Mars, Molières, Montdardier, Pommiers, Rogues, le Vigan.

LISTE ALPHABÉTIQUE

DES SOURCES

OÙ L'ON A PUISÉ LES RENSEIGNEMENTS CONTENUS DANS CE DICTIONNAIRE.

I. — COLLECTIONS ET FONDS MANUSCRITS.

Abbayes de Cendras, Notre-Dame-des-Fonts, Saint-André-de-Villeneuve, Saint-Baudile-lez-Nimes, Saint-Gilles, Saint-Pierre-de-Sauve, Tornac, Valsaure. — Archives du Gard.

Aiguesmortes. — Arch. de cette comm. — A la mairie d'Aiguesmortes.

Aiguesvives. — Compoix de la commune d'Aiguesvives, xvii° siècle. — Arch. du Gard.

Alzon. — Papiers de la fam. Daudé d'Alzon. — Arch. particul., maison d'Alzon, au Vigan.

André (Sauvaire), notaire d'Uzès, xv° siècle. — Arch. du Gard.

Archives hospitalières de Nimes. — A l'hôpital général de Nimes.

Archives municipales de Nimes. — A l'hôtel de ville de Nimes.

Arifon (François), notaire d'Uzès, xvi° siècle. — Arch. du Gard.

Armorial de Nimes et d'Uzès. — Bibl. de Nimes, manuscrits, fonds d'Aubais.

Arre. — Compoix de cette commune, xvii° siècle. — A la mairie d'Arre.

Arrigas. — Cadastre de cette commune. — A la mairie d'Arrigas.

Astier (Pierre), notaire d'Uzès, xvii° siècle. — Arch. commun. de Sanilhac.

Aubais (Manuscrits d'). — Biblioth. de Nimes, 13,855.

Aubord. — Compoix de cette comm., xvi° siècle. — Arch. du Gard.

Aubussargues. — Charte d'un seigneur d'Aubussargues, xiv° siècle. — Communiquée par M. le marquis Camille de Valfons.

Aulas. — Compoix de cette commune, xvii° siècle. — A la mairie d'Aulas.

Aumessas. — Cadastre de cette comm. — A la mairie d'Aumessas.

Avignon. — Inscriptions du musée Calvet.

Baume (Ch.-Jos. de La). Relation historique de la révolte des Fanatiques ou des Camisards. — Biblioth. de Nimes, 13,846.

Beaucaire. — Archives de cette comm. — A la mairie de Beaucaire.

Benoist (Simon), notaire de Nimes, xv° siècle. — Arch. du Gard.

Bez-et-Esparron. — Cadastre de cette comm. — A la mairie de Bez.

Bibliothèque du grand séminaire de Nimes. — Voy. Documents sur Uzès.

Bilanges (J.), notaire du Vigan, xvi° siècle. — Arch. de la fam. d'Alzon.

Blandas. — Arch. commun. — A la mairie de Blandas.

Blisson, notaire de Bagnols, xvi° siècle. — Étude de M° Romanet, notaire à Cornillon.

Boissières. — Archives de cette comm. — A la mairie de Boissières.

Borrafin (Léger), notaire d'Uzès, xv° siècle. — Arch. du Gard.

Bourely, notaire du Vigan, xv° siècle. — Arch. du Gard.

Bréau-et-Salagosse. — Cadast. de cette comm. — A la mairie de Bréau.

Bruguier, notaires de Nimes, xvi° et xvii° siècles. — Arch. du Gard.

Brun (Jean et Étienne), notaires de Saint-Geniès-en-Malgoirès. — Arch. commun. de Remoulins.

Bullaire de Saint-Gilles. Recueil de documents originaux formé par M. Hector Mazer et donné par lui à l'église paroissiale de Saint-Gilles, dans le trésor de laquelle il est actuellement conservé.

Cadastre et Plans anciens et modernes de la commune de Nimes. — Arch. munic. de Nimes.

Notre-Dame-de-Bonheur. — Voy. *Cartulaire.*

Notre-Dame de Nimes. — Voy. *Cartulaire.*

Novi, notaire de Nimes, xviii° siècle. — Arch. hospit. de Nimes.

Peladan (Louis), notaire de Saint-Geniès-en-Malgoirès, xv° siècle. — Arch. du Gard.

Pitot (Henri), notaire d'Aramon, xvii° siècle. — Étude de M° Boyer, notaire à Aramon.

Pouillé de Saint-Gilles. — Biblioth. de Nimes, 13,831.

Pouillé du diocèse de Nimes. — Bibl. de Nimes, 13,831.

Pouillé du diocèse de Nimes, 1729. — Arch. du Gard.

Prieuré de la Magdeleine hors les murs de Nimes. — Chartes et reconnaissances, communiqnées par M. l'abbé Teissonnier, directeur au grand séminaire de Nimes.

Prieuré de Saint-Nicolas-de-Campagnac. — Arch. du Gard ; Arch. hospit. de Nimes.

Prieuré de Souvignargues. — Arch. du Gard.

Procès-verbal du département de Nimes, 1790. — Arch. du Gard.

Psalmody. — Voy. *Cartulaire.*

Pujaut. — Arch. de cette comm. — A la mairie de Pujaut.

Razoris (Aldebert), notaire du Vigan. — Arch. partic. de la fam. d'Alzon.

Registre-copie de Lettres royaux de la sénéchaussée de Beaucaire et de Nimes, pour les années 1461 et 1462. — Arch. munic. de Nimes.

Remoulins. — Arch. de cette comm. — A la mairie de Remoulins.

Répartition du subside pour la guerre de Flandre, 1314. — Arch. munic. de Nimes.

Robichon, notaire d'Uzès, xvi° siècle. — Arch. du Gard.

Robin, notaire de Calvisson, xvi° siècle. — Arch. du Gard.

Roquedur. — Cadastre de cette comm. — A la mairie de Roquedur.

Rostang (Étienne), notaire d'Anduze, xv° siècle. — Arch. du Gard.

Rotulus ecclesiarum diocesis Uticensis, 1314. — Arch. munic. de Nimes.

Rozel. — Papiers provenant de cette fam. — Arch. hospit. de Nimes.

Saint-André-de-Majencoules. — Compoix de cette comm., xviii° siècle. — A la mairie de Saint-André-de-Majencoules.

Saint-André-d'Olérargues. — Arch. de cette comm. — A la mairie de Saint-André-d'Olérargues.

Saint-André-de-Villeneuve. — Voy. *Cartulaire.*

Saint-Christol-de-Rodières. — Compoix de cette comm., 1736. — Arch. du Gard.

Saint-Cosme. — Compoix de cette commune, 1737. — Arch. du Gard.

Saint-Dézéry. — Compoix de cette comm., 1737. — Arch. du Gard.

Saint-Privat. — Archives de ce château. — A Saint-Privat.

Saint-Privat-de-Champclos. — Arch. de cette comm. — A la mairie de Saint-Privat-de-Champclos.

Saint-Sauveur-de-la-Font. — Voy. *Cartulaire.*

Séguin, notaire de Nimes, xviii° siècle. — Arch. hospit. de Nimes.

Séguret. — Papiers provenant de cette fam., xvii° et xviii° siècles. — Arch. hospit. de Nimes.

Solier (Antoine du), notaire d'Uzès, xvi° siècle. — Arch. du Gard.

Taula (La) del Possessori de Nismes, 1479. — Arch. munic. de Nimes.

Teissier (Antoine), notaire du Vigan, xvii° siècle. — Arch. particul. de la fam. d'Alzon.

Ursy, notaires de Nimes, xvi° et xvii° siècles. — Arch. du Gard.

Uzès. — Arch. munic. — A l'hôtel de ville d'Uzès.

Valette. — Papiers de cette famille. — Arch. hospit du Gard.

Valleraugue. — Cad. de cette comm. — A la mairie de Valleraugue.

Valliguière. — Arch. de cette comm. — A la mairie de Valliguière.

Vidal, notaire de Nimes, xviii° siècle. — Arch. hospit. de Nimes.

Vigan (Le). — Arch. munic. — A l'hôtel de ville du Vigan.

II. — OUVRAGES IMPRIMÉS.

Achery (Dom Luc d'). *Spicilegium veterum aliquot scriptorum....*; Paris, 1655-1677, 13 vol. in-4°.

Albanès (L'abbé). *Dénombrement des feux appartenant à la famille de Grimoard* (Mém. de la Soc. de la Lozère, t. XVII, p. 79).

Alègre (Léon). *Le Camp de César de Laudun, près Bagnols (Gard)*; Paris, Impr. imp., 1866, broch. in-8°.

Arman (A.). *Tablettes militaires de l'arrondissement du Vigan*; Nimes, 1814, 1 vol. in-8°.

Ausone. *Ordo nobilium urbium.*

Bauyn (Bonav.), évêque d'Uzès. *Recueils de mandements* (bibl. de Nimes, n° 1109).

Berthault et Ducros. *Carte routière générale du Languedoc,* et *Cartes des*

diocèses du Languedoc, comprenant les sénéchaussées de Toulouse, Carcassonne, Beaucaire et Nismes, dressées par Ducros, ingénieur, et gravées par Berthault, en cinq feuilles.

Beugnot (Comte Arthur). *Les Olim, ou registres des arrêts rendus par la cour du Roi,* 4 vol. in-4° (Collection de doc. inéd. sur l'hist. de France).

Bèze (Théod. de). *Histoire ecclésiastique des églises réformées du royaume de France;* Anvers, 1580, 3 vol. in-8°.

Boisson (Émile). *De la ville de Sommières, depuis son origine jusqu'à la révolution de 1789;* Lunel, 1849, 1 vol. in-8°.

Boudard (P.-L.). *Numismatique ibérienne;* Béziers, 1858, 1 vol. in-4°.

Bouquet (Dom). *Rerum gallicarum et francicarum scriptores;* Paris, 21 v. in-folio.

Burdin (G. de). *Documents historiques sur le Gévaudan;* Toulouse, 1841, 2 vol. in-8°.

Cassini, de Montigny et Perronet. *Carte générale de la province de Languedoc, par ordre et aux frais des États,... réduite sur l'échelle d'une ligne pour 500 toises.* — Plus 23 feuilles contenant les diocèses séparés, 1781-89.

Castelnau d'Essenault (Marquis de). *Notice archéologique sur l'église collégiale d'Uzeste (Gironde).* (Apud *Revue des Soc. savantes,* 4° série, t. VI, p. 533, nov. 1867).

Charvet (Gratien). *Le château de*

Gard.

Saint-Privat, broch. in-8°, Uzès, 1867.

Colson (Achille). *Recherches sur l'étymologie des noms de lieu terminés en* ARGUES, *appartenant aux départements du Gard et de l'Hérault;* Nimes (1851), in-8°.

Combes (Claude). *Tarife universelle du diocèse de Nimes, suivant la délibération tenue l'an 1582.....;* Nimes, 1598, in-4°

Courrier du Gard, journal politique et littéraire, publié à Nimes, 1831-1868, Clavel-Ballivet, éditeur.

Dachery. — Voy. Achery (Dom Luc d').

Dénombrement de la sénéchaussée de Beaucaire et de Nimes. (Apud Ménard, t. III, *Preuves,* p. 80.)

Desjardins (Ernest). *Études sur les embouchures du Rhône;* Paris, 1866, 1 vol. grand in-4°.

Donat (J.-V.). *Documents historiques pour servir à l'histoire de Beaucaire;* Beaucaire, 1867, 5 livr. in-8°.

Duclaux-Monteils, Marette et Max. d'Hombres. *Recherches historiques sur la ville d'Alais;* Alais, 1860, 1 vol. in-8°.

Ducros. — Voy. Berthault.

Dumas (Émilien). *Carte géologique de l'arrond. du Vigan, 1844; de l'arrond. d'Alais, 1845; de l'arrond. de Nimes, 1850* (l'arrond. d'Uzès n'est pas encore publié).

Étienne de Byzance. Περὶ πόλεων.

Flodoard. *Historia Remensis ecclesiæ;* Paris, 1611, in-8°.

Forton (Le chev. de). *Nouvelles Recherches pour servir à l'histoire de la ville de Beaucaire;* Avignon, 1836, in-8°.

Gallia christiana in provincias ecclesiasticas distributa...; Parisiis, 1716-1759 (VIᵉ volume).

Gastelier de La Tour (D.-F.). *Armorial des États de Languedoc;* Paris, 1767, in-4°.

Gautier (H.). — Voy. Nolin (J.-B.).

Généalogie de la maison de Châteauneuf de Randon, in-4°, sans date (bibl. de Nimes, 12,288).

Germain (Alex.). *Histoire du commerce de Montpellier;* Montpellier, 1854, 2 vol. in-8°.

Germer-Durand (Eug.). *Le prieuré et*

le pont de Saint-Nicolas-de-Campagnac; Nimes, 1864, in-8°.

Gregorii, Turonensis episcopi, *Historiæ Francorum libri X;* Parisiis, 1610, in-8°.

Grillié (Nicolas de), évêque d'Uzès. *Ordonnances synodales pour le diocèse d'Uzès;* Montpellier, 1654, in-12.

Guérard (Benj.). *Cartulaire de Saint-Victor de Marseille,* 2 vol. in-4° (coll. de Docum. inédits sur l'hist. de France).

Guirau (Gaillard). *Style ou formulaire des lettres qui se dépêchent ez cours de Nismes;* Nimes, 1651, in-12.

Hombres (Max. d'). — Voy. Duclaux-Monteils.

Itinerarium a Burdegala Hierosolymam usque.

Itinerarium provinciarum. (Connu sous le nom d'*Itinéraire d'Antonin.*)

Jacquemin. *Guide du voyageur dans Arles;* Arles, 1835, in-8°.

Journal de Nismes, 1786-1790, 5 vol. in-8° (Rédacteur : J.-M. Boyer-Brun).

Journal d'Uzès, 1865-68, in-4° (éditeur : H. Malige).

Lamothe (A. Bessot de). *Inventaire-sommaire des Archives communales antérieures à 1790. Ville d'Uzès.* — Paris, 1868, grand in-4°.

Liolard (Ernest et Charles). *Annuaire du département du Gard, 1853-68;* Nimes, Clavel-Ballivet, in-12 de 800 à 1,000 pages.

Mabillon (Dom J.) et dom L. d'Achery. *Acta Sanctorum ordinis S. Benedicti, etc.;* Lutetiæ Parisiorum, 1668, in-folio.

Mabillon (Dom J.). *De re diplomatica,* édit. de Naples, 1780, 2 vol. in-fol.

Marette. — Voy. Duclaux-Monteils.

Ménard (Léon). *Histoire civile, ecclésiastique et littéraire de la ville de Nismes, avec des notes et les preuves;* Paris, 1750-58, 7 vol. in-4°.

Mercier de Morière (Le). *Carte hydraulique du département du Gard,* 1861, 1 feuille in-plano.

Montigny (De). — Voy. Cassini.

Nolin (J.-B.). *Carte du diocèse d'Uzès,* dressée par H. Gautier et gravée par J.-B. Nolin; Paris (vers 1715), une feuille in-plano.

Nomenclature des communes et hameaux

du département du Gard; Nimes, 1824, broch. in-fol.

Pelet (Aug.). *Essai sur l'enceinte romaine de Nimes;* Nimes, 1861, br. in-8°.

Perronet. — Voy. Cassini.

Plans anciens de la ville de Nimes. (bibl. de Nimes, 2574-2580, supp.).

Porcellets de Maillane (Des). *Recherches histor. et chronol. sur Beaucaire;* Avignon, 1718, in-8°.

Procès-verbaux du Conseil général du Gard; Nimes, 1854-1868, in-4°.

Puylaurens (Guill. de). *Chronica* (apud D. Bouquet, *Rerum gall. et franc. scriptores*).

Rivoire (Hector). *Statistique du département du Gard;* Nimes, 1842, 2 vol. in-4°.

Rocheblave. *Carte de la baronnie du Caila,* levée sur les lieux, 1726.

Rochetin (Louis). *Recherches histor. sur Uzès* (Journal d'Uzès, 1866-68).

Rohan. *Mémoires* (édit. Petitot).

Sanson. *Carte du comté de Provence,* 1705.

Saussaye (De La). *Numismatique de la Gaule narbonnaise,* 1842, in-4°.

Strabon. *Rerum geographicarum libri XVII* (collection Didot).

Teissier-Rolland (J.). *Les eaux de Nimes;* Nimes, 4 forts vol. in-8°.

Teulet. *Layettes du Trésor des chartes;* Paris, 1863, 2 vol. in-4°.

Theodulfi, Aurelianensis episcopi, opera Jac. Sirmondi cura et studio edita...; Parisiis, 1646, in-8°.

Thou (J.-A. de). *Historiarum sui temporis libri CXXXVIII, ab anno 1546 ad annum 1607;* Londini, 1733, 7 vol. in-folio.

Trenquier (Eugène). *Mémoire pour servir à l'histoire de la ville de Montfrin;* Nimes, 1847, in-8°.

Trenqnier (Eugène). *Notice sur différentes localités du Gard;* Nimes, 1852, 1 vol. in-8°.

Vaissette (Dom). *Histoire générale de Languedoc...;* Paris, 1730, 5 vol. in-fol.

Valois (Adrien de). *Notitia Galliarum ordine litterarum digesta;* Paris, 1675, in-folio.

Viguier (A.-L.-G.). *Notice sur la ville d'Anduze et ses environs;* Montpellier, 1823, in-8°.

EXPLICATION

ABRÉVIATIONS EMPLOYÉES DANS LE DICTIONNAIRE.

abb.	abbaye.
acad.	académie.
anc.	ancien.
ann. O. S. B.	annales ordinis S. Benedicti.
ann.	annuaire.
antiq.	antiquités.
ap.	apud.
archev.	archevêché.
archipr.	archiprêtré.
arch.	archives.
armor.	armorial.
arrond.	arrondissement.
auj.	aujourd'hui.
B. M.	Beata Maria.
bibl.	bibliothèque.
Bonh.	Bonheur.
bull.	bullaire.
bullet.	bulletin.
cab.	cabinet.
cad.	cadastre.
c^{on}	canton.
cart.	cartulaire.
cath.	cathédral.
chapell.	chapellenie.
chap.	chapitre.
ch.	charte.
chât.	château.
châtell.	châtellenie.
c. col.	colonne.
comm^{rie}.	commanderie.
comm.	communal.
c^{ne}	commune.
comp.	compoix.
cop.	copie.
delph.	delphinal.
dénombr.	dénombrement.
dép^t, départ.	département, départemental.

détr.	détruit.
dioc.	diocèse.
dom.	domaine.
eccl.	ecclesia.
eccl.	ecclésiastique.
égl.	église.
enc.	enceinte.
episc.	episcopus.
év.	évêque, évêché.
fam.	famille.
f.	ferme.
f°	folio.
Franq. Franquev.	Franquevaux.
G. Christ. Gall. Christ.	Gallia Christiana.
gén. généal.	généalogie, généalogique.
géol.	géologique.
gr. sém.	grand séminaire.
h. ham.	hameau.
H. de L.	Histoire générale de Languedoc.
hist.	historique.
hosp.	hospitalières.
hydr.	hydraulique.
inscr.	inscription.
insin.	insinuations.
instr.	instrumenta.
inv.	inventaire.
jurisd.	jurisdictio.
lay.	layette.
lettr. pat.	lettres patentes.
lettr. roy.	lettres royaux.
m. de c., m. de camp.	maison de campagne.
m. is.	maison isolée.
mss	manuscrits.
Mars.	Marseille.
mém.	mémoires.
Mén.	Ménard.
mérov.	mérovingien.

m.	mètre.	rel.	relation.
mon.	monachus.	rép.	répartition.
monn.	monnaie.	riv.	rivière.
mont.	montagne.	rom.	romain.
m⁻	moulin.	rot.	rotulus.
m. à v.	moulin à vent.	roy.	royal.
munic.	municipal.	ruiss.	ruisseau.
mus.	musée.	S. S'	Saint.
Nem.	Nemausensis.	seign.	seigneurie.
nom.	nomenclature.	sénéch.	sénéchaussée.
not.	notaire.	s'	siècle.
notar.	notariat.	soc.	société.
N.-D.	Notre-Dame.	stat.	statistique.
p.	page.	subs.	subside.
pap.	papiers.	suppl.	supplément.
poss.	possessori.	territ.	territoire.
pr.	preuves.	t.	tome.
princip.	principauté.	Tr. des ch.	Trésor des chartes.
Psalm.	Psalmody.	troub.	troubadour.
q.	quartier cadastral.	v.	vers.
rech.	recherches.	vig.	vignerie.
rec.	recueil.	vill.	village.
réf.	réformé.	vit.	vita.
reg.	registre.	voy.	voyez.

DICTIONNAIRE TOPOGRAPHIQUE

DE

LA FRANCE.

DÉPARTEMENT

DU GARD.

A

Abadi (L'), c^{ne} de Ponteils-et-Brézis. — *Maison de l'Abadi* (Rivoire, *Statist. du Gard*, II, 681).

Abadié (L'), f. et chapelle ruinée, c^{ne} de Bonnevaux. — *La Badie*, 1789 (carte des États).

Abadie (L'), h. c^{ne} de Saint-Jean-de-Valeriscle.

Abaisses (la Paro de las), f. c^{ne} de Saint-Sauveur-des-Poursils.

Abau (L'), ruisseau, c^{ne} de Bonnevaux; il se jette dans la Gagnère sur le territ. de la c^{ne} de Malbos (Ardèche).

Abauzit, f. c^{ne} d'Uzès (arch. munic. de Nimes, plans, anc. cadastres).

Abbaye (L'), f. c^{ne} de Saint-Gilles (Ann. du Gard, 1862, p. 656).

Abbé (L'), f. c^{ne} d'Aiguesmortes. — Salins, et chapelle ruinée connue sous le nom de *la Désirade*. — *La tour du port de l'Abat*, 1615 (Ménard, t. V, p. 379).

Abbé (L'), f. c^{ne} de Beaucaire.

Abbesse (L'), f. c^{ne} d'Alais. — Appartenait à l'abbaye roy. de Notre-Dame-des-Fonts : voy. ce nom.

Abelliers (Les), f. auj. détr. c^{ne} d'Arrigas. — *Mansus de Abelleriis*, 1263 (pap. de la fam. d'Alzon).

Abels (Les), ruiss. qui prend sa source sur la c^{ne} de Valleraugue et se jette dans le Cros sur le territoire de la même c^{ne}.

Abels (Les), q. c^{ne} de Sanilhac. — *Les Abels, sive Cougoult* (cad. de Sanilhac).

Abilon, bois, c^{ne} de la Grand'Combe. — *Nemus seu foresta vocata de Abilhono, sita prope locum de Portis*, 1345 (cart. de la seign. d'Alais, f° 31).

Abourit (L'), bois, c^{ne} de Laval.

Abric (L'), f. c^{ne} de Saint-André-de-Majencoules. — *Labric*, 1789 (carte des États).

Abrics (Les), ruiss. qui prend sa source sur la c^{ne} de Valleraugue et se jette dans le Cros sur le territoire de la même c^{ne}.

Abrits (Les), f. c^{ne} de Saint-André-de-Valborgne. — *Locus de Abritas*, 1175 (cart. de Franquevaux). — *Mansus dels Abricxis, parrochiæ Sancti Andreæ de Vallebornes*, 1275 (cart. de N.-D. de Bonh. ch. 108).

Acqueria, f. c^{ne} de Saint-Laurent-des-Arbres.

Adams (Les), f. c^{ne} de Corbès.

Adavum, lieu détruit, au bord du Rhône, près de la brèche de Saint-Denys, c^{ne} de Saujan. — *Territorium de villa Adavo, in loco ubi dicunt Laxa-Jovis, in agro Argentiæ*, 1201 (cart. de Saint-Victor de Marseille, ch. 187).

Adchot, f. c^{ne} de Marguerittes.

Adger, f. c^{ne} de Saint-Hilaire-de-Brethmas.

Adrech (L'), f. c^{ne} de Trèves.

Adrech (L'), ruisseau qui prend sa source sur la c^ne d'Avèze et se jette dans la Glèpe sur le territoire de la même c^ne.

Adrech-de-Brouzet (L'), f. c^ne de Valleraugue.

Adrech-del-Gazel (L'), f. c^ne de Valleraugue.

Ériol (L'), f. c^ne de Saint-Cosme, auj. détr. — *Lauriol*, 1737 (compoix de Saint-Cosme).

Affourtit, f. c^ne de Nimes. — *Odennus superior et Odennus subterior*, 956 (Hist. de Lang. II, pr. col. 98). — *Mansus Odonencus, in decimaria de Carayraco*, 1311 (cart. de St-Sauveur-de-la-Font). — *Mansus Odonencus sive Audana*, 1380 (compoix de Nimes). — *Lo grand Oden et lo petit Oden*, 1479 (la Taula del Possessori de Nismes). — *Les Audens*, 1671 (compoix de Nimes). — *Mas des Audens*, 1784 (*ibid.*). — *Mas-du-Guet*, 1789 (carte des États).

Agal (L'), ruiss. qui prend sa source sur la c^ne de Cambo et se jette dans la Vidourle sur le territoire de la c^ne de Saint-Hippolyte-du-Fort.

Agal (L'), ruiss. qui prend sa source à la chaussée de Planque, c^ne de Liouc, et se jette dans le Vidourle un peu au-dessous de Quissac.

Agas (L'), abime, c^ne de Méjanes-le-Clap.

Agasses (Les), f. et île du Rhône, c^ne d'Aramon. — *Igace*, 1627 (carte de la princip. d'Orange). — *Les Agaces*, 1637 (Pitot, not. d'Aramon).

Agasses (Les), f. c^ne de Beauvoisin. — *Mas-des-Agasses*, 1627 (arch. commun. de Beauvoisin).

Agasses (Les), f. c^ne de Bellegarde.

Agasses (Les), f. c^ne de Saint-Hippolyte-de-Montaigu.

Agau (L'), ruiss. de la fontaine de Nimes; il prend ce nom dans son parcours à travers la ville. — *Cagantiolus*, 940 (cart. de N.-D. de Nimes, ch. 15). — *Rivus*, 995 (*ibid.* ch. 2). — *Aqualis*, 1223 (chap. de Nimes, arch. dép.). — *Aqualis, l'Agal*, 1380 (compoix de Nimes).

Le ruisseau *Cagantiolus* a laissé son nom à la rue Caguensol (auj. rue Guizot), l'une des principales rues de Nimes au moyen âge.

Agau (L'), ruiss. qui prend sa source sur la c^ne de Saint-Bauzély-en-Malgoirès et se jette dans la Braüne sur le territ. de la c^ne de la Rouvière-en-Malgoirès. — Parcours : 8 kilomètres.

Agau (L'), ruiss. produit par la fontaine de Saint-Cosme, qui prend sa source dans le territ. de la c^ne de Galargues; il se joint au Bazil sur le territ. de la même c^ne.

Agau (L'), ruiss. qui prend sa source au Serre-Brugal, c^ne de Saint-Gilles, et va se perdre dans le marais de Scamandre, même c^ne. — *Villa quæ dicitur Agals, in terminio de villa sancti Egidii, in comitatu Nemau-*

sense, 1064-1076 (cart. de Saint-Victor à Marseille, ch. 168).

Agau-de-Nages (L'), ruiss. qui prend sa sour[ce] c^ne de Nages et se jette dans le Rhôny sur [le territ.] de la même c^ne. — *La Rieyre-de-Nage[s]* (J. Ursy, not. de Nimes). — *L'Arrière-d[...]* 1812 (notar. de Nimes).

Agel, lieu détruit, c^ne de Nimes. — *Term[...] Agello*, 956 (Hist. de Lang. II, pr. col.[...] *In loco Agals*, 1064-1076 (cart. de Sai[nt-Victor] de Marseille, ch. 168). — *Agels*, 1380 (c[ompoix de] Nimes); 1479 (la Taula del Poss. de Nis[mes]). Au cadastre, section JJ, *Agels*.

Agreffes (Les), q. c^ne du Vigan.

Agrigolerium, lieu inconnu, c^ne de Saint-H[ippolyte-] du-Fort. — *Agrigolerium*, 1321 (chap. d[...] arch. départ.).

Agrine (L'), ruiss. qui prend sa source à F[...] se jette dans le Carriol sur le territ. de [...] c^ne.

Agrines (Les), h. c^ne de Saint-Martial.

Agrines (Les), q. c^ne de Saint-André-de-Majen[...]

Agrinié (L'), f. — Voy. Lagrinié.

Agriniers (Les), f. c^ne de Valleraugue.

Agrutiers (Les), f. c^ne du Caylar, auj. détruit[e]. *Agrez*, 1532 (chapellenie des Quatre-P[...] Vauvert, arch. hosp. de Nimes). — *Los[...] sive Camp-de-Dieu*, 1624 (*ibid.*).

Agual-Mort (L'), roubine, auj. desséchée[...] Saint-Laurent-d'Aigouze. — *Aqualis Mortu[a]* (cart. de Psalmody).

Aguilador, mont. c^ne d'Alzon. — *Mons Agu[...] pertinentiis mansi de Manso, parrochiæ San[c-]tini-de-Alzono*, 1263 (pap. de la fam. d'A[...] *Laguilador*, 1315 (*ibid.*). — *Laguilador, s[...] Freja*, 1371 (*ibid.*).

Aguillon (L'), f. c^ne de Saint-Mamet.

Aguillon (L'), riv. qui prend sa source à Val[...] traverse ensuite les c^nes de Lussan et de V[...] se jette dans la Cèze au moulin Bez, c^ne [...] dargues. — Parcours : 19 kilomètres.

Agulhons (Les), bois, c^ne de Laval.

Aguzan, vill. c^ne de Conqueriac. — *Locus de [...]* 1314 (arch. munic. de Nimes). — *Ang[...] Aguzanum*, 1384 (dénombr. de la sén[échaussée de] Nimes). — *Parochia Sancti-Martini de [...] nemausensis diocesis*, 1472 (A. Razoris, [not.] Vigan.) — *Le Prieuré Saint-Martin d'Agusa[n]* (insin. ecclés. du dioc. de Nimes, G. 15).

Aguzan n'est compté que pour un feu [...] dans le dénombrement de 1384. — *Aguza[n]* d'azur, à un dextrochère tenant empoign[...]

flèches, le tout d'or. — Réuni à la cᵐᵉ de Conqueirac par décret du 14 nov. 1809.

AIGALADE (L'), ruiss. qui prend sa source au Puits-de-Revessat, cⁿᵉ de Combas, et se jette dans le Vidourle sur le territ. de la cⁿᵉ de Villevieille, après avoir traversé celles de Montpezat et de Souvignargues. — *In ripa de Aqua-lata, in terminium Sancti-Andreæ de Silvagnanicus*, 1031 (cart. de N.-D. de Nimes, ch. 213). — *La rivière d'Aigalade*, 1727 (arch. départ. c. 688). — Parcours : 10,500 mètres.

On trouve quelquefois le nom de ce ruisseau écrit à tort *les Galades* ou *les Calades*.

AIGALIERS, cⁿ d'Uzès. — *Aguilerium*, 1108 (cart. de N.-D. de Nimes, ch. 176). — *Aquilerium*, 1384 (dénombr. de la sénéch.). — *Aigaliez*, 1694 (armor. de Nimes). — *Aigualiès*, 1715 (J. B. Nolin, *Carte du dioc. d'Uzès*); 1752 (arch. départ. c. 1308).

Aigaliers appartenait à la viguerie et au diocèse d'Uzès, doyenné d'Uzès. Il est porté pour *8 feux* dans le dénombrement de 1384. — Une portion de la justice du mandement d'Aigaliers et de ses dépendances appartenait au duc d'Uzès, en vertu de l'échange fait avec le roi en 1721. — Aigaliers et son mandement ressortissaient au sénéchal d'Uzès. — MM. de Brueys, Goirand de la Baume, de Vergèze d'Aubussargues, Causse, seigneur de Serviers, et le prieur de Brueys y avaient des fiefs nobles. — Les armoiries d'Aigaliers sont : *de sable, à une fasce losangée d'or et de gueules.*

AIGLADINE, h. cⁿᵉ de Mialet. — *Egledines* (Th. de Bèze, *Hist. des égl. réf.* t. I, p. 340).

AIGOUAL (L'), montagne, cⁿᵉ de Valleraugue. — *Marcha Algoaldi*, 1238 (cart. de N.-D. de Bonh. ch. 25). — *Mons Aigoaldi*, 1249 (*ibid.* ch. 45).

Les forêts qui couvrent cette montagne, la plus élevée du département (1,568 m. au-dessus du niveau de la mer), sont connues sous le nom de *Bois de Calcadis*, *Forêts de l'Aigoual*, et (par suite d'une erreur évidente) *Bois des Goïls*, sur la carte des États (1789).

AIGREFEUILLE, château ruiné, cⁿᵉ de Saint-Sébastien-d'Aigrefeuille. — *Lou chastel de Vrefueil*. 1346 (cart. de la seign. d'Alais, fᵒ 43).

AIGREMONT, cⁿ de Lédignan. — *De Acre-Munto*, 957 (cart. de N.-D. de Nimes, ch. 201). — *De Acro-Monte*, 1060 (*ibid.* ch. 200). — *Acer-Mons*, 1162 (Hist. de Lang. II, pr. col. 590). — *Sanctus-Petrus de Acro-Monte*, 1273 (chap. de Nimes, arch. dép.). — *De Acri-Monte*, 1298 (cart. de Saint-Sauveur-de-la-Font). — *Villa et parochia Acrimontis*, 1345 (cart. de la seign. d'Alais, fᵒ 35). — *De Agrimonte*, 1384 (dénomb. de la sénéch.). — *Locus Acrimontis*,

1461 (reg.-cop. de lettr. roy. E, v). — *La commᵗᵉ d'Aigremont*, 1633 (arch. départ. c. 745).

Aigremont appartenait au diocèse d'Uzès, et, en 1384, ne comptait que *4 feux.* — Le prieuré de Saint-Pierre d'Aigremont faisait partie du doyenné de Sauze; il était à la collation de l'abbé de Lussan(?), 1620 (insin. eccl. du dioc. d'Uzès). La collation de la vicairie de ce prieuré appartenait en plein à l'évêque d'Uzès.

AIGRUN, f. cⁿᵉ de Bellegarde. — *Le Mas-des-Gruns*, 1557 (J. Ursy, not. de Nimes). — *La métairie d'Aigrun*, 1770 (plans de J. Rollin, archit.).

Ce domaine appartenait à la famille nimoise des Rozel pendant le XVIᵉ et le XVIIᵉ siècle (arch. hosp. de Nimes).

AIGUAISSAL, h. cⁿᵉ de Concoules. — *Aiguesal*, 1789 (carte des États).

AIGUEBELLE, h. cⁿᵉ de Brouzet (arrond. du Vigan). — *Le lieu d'Aiguebelle*, 1547 (J. Ursy, not. de Nimes).

AIGUEBELLE, h. cⁿᵉ de Génolhac.

AIGUEBELLE, f. cⁿᵉ du Vigan. — *Mansus de Aqua-Bella, parrochiæ de Vicano*, 1263 (pap. de la fam. d'Alzon). — *Territorium vulgariter dictum de Aygabella*, 1472 (A. Razoris, not. du Vigan).

AIGUEBLANQUE, bois, cⁿᵉ d'Euzet. — *Devois et bois d'Aigueblanque, terroir d'Euzet*, 1721 (biblioth. du gr. sémin. de Nimes).

Le duc d'Uzès en était seul seigneur justicier, en vertu de l'échange fait avec le roi en 1721.

AIGUEBLANQUE (L'), ruiss. qui prend sa source dans la cⁿᵉ de Colorgues et se joint au Gardon sur le territ. de celle de Saint-Chapte.

AIGUEDONNE, h. cⁿᵉ de Cézas.

AIGUEBONNE, h. cⁿᵉ de Lanuéjols. — *Mansus de Aqua-Bona, parrochie Sancti-Laurencii de Lanuejol*, 1309 (cart. de N.-D. de Bonh. ch. 72). — *Mansus de Aqua-Bona, parrochiæ Sancti-Laurentii de Lanuojol*, 1391 (pap. de la fam. d'Alzon).

AIGUEBOULIDE (L'), m. de camp. cⁿᵉ de Nimes. — *Poux-Vieilh*, 1503 (arch. hosp. de Nimes). — *Puits-des-Antiquailles*, 1671 (compoix de Nimes). — *Puits-de-Fontanes*, 1771 (*ibid.*).

AIGUEGER, ruiss. qui prend sa source sur la cⁿᵉ de Saumane et s'y jette dans le Gardon de Saint-Jean-du-Gard. — *Le vallat d'Aiguejet*, 1606 (insin. eccl. du dioc. de Nimes, Gb. 10).

AIGUESBONNES, f. cⁿᵉ de Blannaves. — Appelée aussi *la Bruguière.*

AIGUESMONTES, arrond. de Nimes. — *Aquæ-Mortuæ*, 1248 (Mén. I, pr. p. 78, c. 1). — *Villa Aquarum Mortuarum*, 1294 (*ibid.* p. 133, c. 2). — *Bonaper-Forsa*, 1248 (*ibid.* p. 78, c. 2). — C'est ce nom languedocien que les consuls et les habitants d'Aiguesmortes demandèrent à saint Louis pour leur ville : *Quum nomen habeat orribile et odiosum, aliud nomen bonum et famosum et placabile, quod sit tale : Bona-per-Forsa*. Mais ce nom n'a point prévalu.

Fondée au commencement du xII^e siècle sur l'emplacement de la tour Matafère (voy. MATAFERA), rebâtie et agrandie par saint Louis, qui en acquit le territoire par un échange avec les religieux de l'abbaye de Psalmody, en 1248, Aiguesmortes était, dès le xIV^e siècle, le chef-lieu d'une viguerie de la sénéch. de Nîmes, comprenant neuf localités assez importantes, dont cinq appartiennent auj. au département de l'Hérault (Candillargues, Saint-Julien-de-Corneillac, Mauguio, Mudaisons, Pérols). Celles qui font encore partie du Gard sont : Aimargues, le Caylar, Saint-Laurent-d'Aigouze et Vauvert. — Aiguesmortes dépendait de l'abbaye de Psalmody, qui, en vertu de la bulle de sécularisation de Paul III (13 déc. 1537), fut transformée en un chapitre collégial, dont la résidence fut fixée à Aiguesmortes. Lors de l'érection de l'évêché d'Alais, en 1694, ce chapitre fut transféré à Alais, et devint chapitre cathédral, par sa réunion avec la collégiale de Saint-Jean d'Alais. — Aiguesmortes, au xVIII^e siècle, ressortissait au sénéchal de Montpellier. On y comptait, en 1734, 520 feux, et 782 en 1789.

Aiguesmortes porte pour armoiries : *d'or, à un S. Martin de carnation, vêtu d'azur, monté sur un cheval de gueules, et partageant avec son cimeterre un manteau de gueules, pour en donner la moitié à un pauvre estropié, de carnation, qui lui demande l'aumône.*

AIGUESVIVES, c^ᵉ de Sommière. — *Sanctus-Petrus de Aquaviva*, 1099 (cart. de Psalmody). — *Aqua-Viva*, 1125 (*ibid.*). — *Aquæ-Vivæ*, 1322 (Mén. II, pr. p. 33, c. 2). — *Aquæ-vivæ*, 1384 (dénombr. de la sénéch.). — *Sainct-Pierre d'Aiguesvives*, 1625 (insin. eccl. du dioc. de Nîmes, G. 16). — *Saint-Pierre-aux-Liens d'Aiguesvives*, 1733 (*ibid.* G. 28).

Aiguesvives appartenait à la viguerie d'Aiguesmortes et à l'archiprêtré de Nîmes. Le prieuré simple et séculier de Saint-Pierre d'Aiguesvives, uni en 1694 à la mense capitulaire de l'église cathédrale d'Alais, valait 2,000 livres. La terre d'Aiguesvives était une de celles sur lesquelles furent assignées les rentes données, en 1303, par Philippe le Bel à Guillaume de Nogaret; elle a été possédée, jusqu'en 1789, par les marquis de Calvisson, ses descendants. — L'estimation de 1322 nous apprend que le village d'Aiguesvives avait alors 73 feux; le dénombrement de 1384 ne lui

en donne plus que 10; les derniers recensements antérieurs à 1790 lui attribuent 250 feux et 950 habitants.

AIGUESVIVES, f. c^{ses} de Saint-Gilles et de Générac. — *Aqua-viva, villa*, 879 (Mén., 1, pr. p. 12, c. 1). — *Ayguesvives*, 1521 (cart. de Franquevaux).

AIGUÈZE, c^{on} du Pont-Saint-Esprit. — *Aigueda*, 1196 (Lay. du Tr. des ch. t. I, p. 32-33). — *Ayguedo*, 1384 (dénomb. de la sénéch.). — *Locus Ayguedinis*, 1461 (reg.-copie de lettr. roy. E, v). — *Sanctus-Dionisius de Ayggedine*, 1462 (*ibid.* E, v). — *Sainct-Denys d'Aiguèze*, 1555 (J. Ursy, not. de Nîmes). — *Ayguezes*, 1557 (*ibid.*). — *Aiguedines* (Mén., t. VII, p. 652). — *Le prieuré Nostre-Dame* (sic) *d'Aiguèze*, 1620 (insin. eccl. du dioc. d'Uzès).

Aiguèze était, avant 1790, du diocèse d'Uzès, de la viguerie de Bagnols et du doyenné de Cornillon. — Le prieuré de Saint-Denys d'Aiguèze, qui, au xVII^e siècle, se trouvait sous l'invocation de Notre-Dame, était à la collation de l'évêque d'Uzès. — Le dénombrement de 1384 attribue à Aiguèze *9 feux*, en y comprenant le hameau de Saint-Martin-de-la-Pierre, aujourd'hui dans l'Ardèche. Aiguèze porte pour armoiries : *d'azur, à un pal losangé d'argent et de sinople.*

AIGUILLE (L'), f. c^{ne} d'Anduze. — *L'Agulhe*, 1561 et 1566 (J. Ursy, not. de Nîmes).

AIGUILLE (L'), ruiss. qui a sa source dans les bois de la Chartreuse de Valbonne, c^{ne} de Saint-Paulet-de-Caisson, et se jette dans l'Ardèche.

AIGUILLE (L'), pic de calcaire mollasse dans lequel est taillé en partie le château de Saint-Roman, c^{ne} de Beaucaire, qui en a pris le nom de *Saint-Roman-de-l'Aiguille*. — Voy. SAINT-ROMAN-DE-L'AIGUILLE.

AILFOU, q. c^{ne} de Saint-Sauveur-des-Poursils. — *Il-Faou*, 1812 (notar. de Nîmes).

AIMARGUES, c^{on} de Vauvert. — *Armasanica, in Littoraria*, 813 (Mabill. Ann. O. S. B. II, ad ann. n° 13). — *Armacianicus*, 931 (cart. de N.-D. de Nîmes, ch. 121). — *Villa Armacianicus*, 944 (*ibid.* ch. 115). — *Armacianicus*, 961 (*ibid.* ch. 116). — *In comitatu Nemausense, in Littoraria, in terminium de villas Armacianicas*, 961 (Hist. de Lang. II, pr. col. 113). — *Villa Armatianicus*, 965 (cart. de N.-D. de Nîmes, ch. 112 et 128). — *Armatianicæ*, 965 (Hist. de Lang. II, pr. col. 115). — *Armacianicus*, 1007 (cart. de N.-D. de Nîmes, ch. 116). — *Villa Armacianicus*, 1015 (*ibid.* ch. 129). — *Armatianicus*, 1027 (*ibid.* ch. 72). — *Villa Armacianicus*, 1031 (*ibid.* ch. 147). — *Mansus de Armadanicis*, 1080 (*ibid.* ch. 110). — *Armadanicæ, Armasanicæ*, 1102 (cart. de Psalm.).

— *Armadanicæ*, 1145 (Hist. de Lang. II, pr. col.
508). — *Armasanicæ*, 1256 (Mén. I, pr. p. 83,
c. 2). — *Armasanicæ*, 1384 (dénombr. de la sénéch.). — *Armargues*, 1435 (Mén. III, pr. p. 254,
c. 1). — *Emargues*, 1447 (*ibid.* p. 268, c. 2). —
Locus Armazanicarum, 1462 (reg.-cop. de lettr.
roy. E, v). — *Eymargues*, 1572 (J. Ursy, not. de
Nimes).

Avant 1790, Aimargues avait le titre de baronnie
et députait aux États. Cette petite ville faisait partie
de la viguerie d'Aiguesmortes. Elle était le siége
d'un des quatre archiprêtrés du diocèse de Nimes.
Le prieuré simple et séculier de Saint-Saturnin
d'Aimargues était uni à la mense abbatiale de Saint-
Ruf et valait 4,000 livres. — Le dénombrement
de 1384 donne à Aimargues 50 feux; en 1762, on
en comptait 400; en 1789, 440. — La justice
d'Aimargues dépendait de l'ancien patrimoine du
duché-pairie d'Uzès. — Comme armoiries, Aimargues porte : *d'azur, à une rivière d'argent ombrée
d'azur, sur laquelle est une croix flottant à dextre,
de sable.*

Aire-Majores, lieu inconnu de la c^ne d'Aimargues. —
*In loco que vocant Airas-Majores, in terminium de
villa Armacianicus*, 1015 (cart. de N.-D. de Nimes,
ch. 129).

Airan, f. et source, c^ne d'Uzès.— *Eyran*, 1562 (J. Ursy,
not. de Nimes). — *Airan*, 1631 (arch. départ.
c. 1474). — C'est l'une des deux sources qui ali-
mentaient l'aqueduc romain.

Aire-de-Pinard, f. c^ne de Montdardier. — On écrit
aussi *l'Aire-du-Penard.*

Aires (Les), f. c^ne d'Aspères. — *Mas-des-Aires*, 1812
(notar. de Nimes).

Aires (Les), f. c^ne de Meynes.

Airette (L'), f. c^ne de Saint-André-de-Valborgne. —
*Mansus de Aireta, parrochie Sancti Andree de Val-
lebornia*, 1275 (cart. de N.-D. de Bonh. ch. 109).

Aire-Ventouse, f. c^ne de Molières. — *Mansus de Area-
Ventosa, in terminio Tessonæ*, 1164 (cart. de N.-D.
de Bonh. ch. 61). — *P. de Area-Ventosa*, 1371
(pap. de la fam. d'Alzon). — *Mansus de Area-Ventosa, parrochiæ Sancti-Johannis de Moleriis*, 1434
(Ant. Montfajon, not. du Vigan); 1439 (*ibid.*).

Aire-Vieille, h. c^ne de Saint-Paul-la-Coste.

Airole, lieu aujourd'hui inconnu de la c^ne de Marguerittes. — *Ubi vocant Airolas*, 974 (cart. de N.-D. de
Nimes, ch. 60). — *Ad Airolas*, 1217 (Mén. I, pr.
p. 59, c. 1).

Airole, lieu auj. inconnu de la c^ne de Vauvert. —
Airolæ, 1174 (cart. de Psalm.). — *Ad Airolas, in
via de Airolis*, 1215 (cart. de Franq.).

Airoles, h. c^ne d'Alzon. — *Mansus de Aurayrolis, parochiæ Alzoni*, 1466 (J. Montfajon, not. du Vigan).
— *Mansus de Ayrayrolis* (sic), *parochiæ Alzoni*,
1513 (A. Bilanges, not. du Vigan).

Airoles, f. c^ne de Dions, sur l'emplacement de l'ancien
prieuré de *St-Théodorit-d'Airoles* : voy. ce nom. —
Eyrolles, 1715 (J.-B. Nolin, *Carte du dioc. d'Uzès*).

Airolle (L'), f. c^ne de Carnas.

Airolle (L'), f. c^ne de Saint-André-de-Valborgne. —
* *Lairolle*, 1789 (carte des États).

Airolle (L'), f. c^ne de Valleraugue.

Airolle (L'), m^in, c^ne de Saint-Félix-de-Pallières. —
Lairolle, 1807 (notar. de Nimes).

Airolle (L'), m^in, sur l'Auzonnet, c^ne de Saint-Julien-de-
Cassagnas.— *Eyroles*, 1731 (arch. départ. c. 1474).

Airolles, f. c^ne de Sumène.

Airollette (L'), f. et papeterie, c^ne de Saint-Julien-
de-Cassagnas.

Airsec, f. c^ne de Colognac.

Alairac, m^in, c^ne de Sommières, sur le Vidourle.

Alais, chef-lieu d'arrond. — *Alesto* (monn. mérov.).
— *Alestum*, 1120 (chap. de Nimes, arch. départ.).
— *Alest*, v. 1190 (Gaucelin Faidit, troub.). — *La
villa d'Alest*, 1200 (ch. romane d'Alais, ap. Beu-
gnot, *Olim*, III; J. M. Marette, *Rech. histor. sur
Alais*, p. 420). — *Castrum et villa Alesti*, 1243
(Mén., I, pr. p. 76, c. 1). — *Villa Alesti*, 1345
(cart. de la seign. d'Alais, f° 33, 36, 40); 1346
(*ibid.* f° 44); 1384 (dénombr. de la sénéch.). —
Alest, 1344 (*ibid.* f° 29); 1346 (*ibid.* f° 42); 1376
(*ibid.* f° 12). — *Alez, Allès*, 1435 (Mén. III, pr.).
— *Villa d'Alest*, 1461 (reg.-cop. de lettr. roy. E,
iv). — *Ecclesia collegiata Sancti-Johannis, de
Alesto*, 1462 (*ibid.* E, v).

Alais, possédé, dès le xiie siècle, par la maison
d'Anduze, passa par confiscation à Humbert, dauphin du Viennois, en 1344, et fit dès lors partie
de la sénéch. de Beaucaire et de Nimes. C'était, en
1384, le chef-lieu d'une viguerie de cette sénéch.
comprenant 25 villages, qui appartiennent encore
auj. à l'arrond. d'Alais, à l'exception d'un seul, *Saint-
Maurice-de-Ventalon*, et son annexe, *Castagnols*, qui
font partie de l'arrond. de Florac (Lozère). Alais
comptait alors 80 feux, et, en 1789, 2,473. — La
baronnie d'Alais a passé successivement aux familles
de Montmorency, de Conti, de Castries, de Pelet;
avant 1789, elle appartenait aux Cambis.— Le comte
d'Alais avait la première place et la première voix
aux États. La ville d'Alaisy envoyait deux députés.

Alais devint, en 1694, le siége d'un évêché composé des sept archiprêtrés d'Alais, Anduze, Saint-
Hippolyte-du-Fort, la Salle, Sumène, le Vigan et

Meyrueis, qu'on détacha du diocèse de Nimes. Cet évêché fut supprimé en 1790. — L'archiprêtré d'Alais n'avait qu'une dizaine de paroisses.

En 1790, lors de l'organisation du département, Alais fut le chef-lieu d'un district renfermant neuf cantons : Alais, Anduze, Génolhac, Laval, Lédignan, Saint-Alban, Saint-Ambroix, Saint-Jean-du-Gard et Vézenobre. L'arrondissement d'Alais comprend soixante-quatre communes.

Les armoiries d'Alais sont : *de gueules, à un demi-vol à dextre, d'argent.*

ALAUZÈNE (L'), ruiss. qui prend sa source sur la c^{ne} de Seynes, traverse celles de Saint-Just et des Plans et se jette dans l'Auzonnet sur le territ. de Navacelle. — Parcours : 1,500 mètres.

ALBAGNE (L'), ruiss. qui prend sa source au mont Saint-Guiral et se jette dans l'Aumessas sur le territ. de la c^{ne} d'Aumessas. — *La rivière d'Albaigne*, 1637 (pap. de la fam. d'Alzon).

ALBARET, f. et mⁱⁿ, c^{ne} de Sommière, sur la Corbière. — *Soulas*, 1789 (carte des États).

ALBOUIS et ALBOUISSET, ff^{es}, c^{ne} de Saint-Sauveur-des-Pourcils, auj. détruites.

ALDERNET (L'), h. c^{ne} de Sainte-Croix-de-Caderle.

ALESTENC (L'), territ. et viguerie d'Alais. — *Vicaria Alestenqui*, 1335 (cart. de la seign. d'Alais, f° 19). — *Terra Alestensis*, 1345 (ibid. f° 1). — *Vicaria Alestensis*, 1359 (ibid. f° 3). — *Baronia Alesti et Alestenci*, 1370 (ibid. f° 35). — *Vicaria Alestenci*, 1376 (ibid. f° 12). — *Vicaria Alesti*, 1434 (Mén. III, pr. p. 246, c. 1).

ALESTI, f. c^{ne} de Nimes. — *Podiolacum*, 1255 (chap. de Nimes, arch. départ.). — *Loco vocato Posilhacum, in decimaria Sancti-Baudilii*, 1318 (cart. de Saint-Sauveur-de-la-Font). — *Clausum a Posilhac*, 1380 (comp. de Nimes). — *Podilhac*, 1435 (cart. de Saint-Sauveur-de-la-Font). — *Padilhac, Pozilhac sive Poradis*, 1692 (arch. hosp. de Nimes). — *Mas-d'Alesti*, 1774 (comp. de Nimes). — Relevait du monastère de Saint-Baudile et de celui de Saint-Sauveur-de-la-Font.

ALEYRAC, h. c^{ne} d'Issirac. — *Locus de Aleyraco*, 1461 (reg.-cop. de lettr. roy. E, v); 1522 (Andr. de Costa, not. de Barjac).

ALEYRAC, mⁱⁿ sur le ruiss. de la Fontaine de Nimes, détr. en 1744. — *Loco ubi vocant Alairaco, ante ipsa civitate*. 1031 (cart. de N.-D. de Nimes, ch. 47). — *Alairacum*, 1151 (Mén. I, pr. p. 32, c. 2). — *Alnirac*, 1208 (ibid. p. 44, c. 1). — *Campus de Alayraco*, 1221 (chap. de Nimes, arch. départ.). — *Molinus de Aleyraco*, 1273 et 1284 (ibid.). — *Molin d'Aleyrac*, 1380 (comp. de Nimes). — *Al*

Gor de Leyrac, 1479 (la Taula del Possessori de Nismes).

ALEYRAC, anc. chât. c^{ne} de Saint-Marcel-de-Fontfouillouse. — *Castrum et mandamentum de Alayraco*, 1345 (cart. de la seign. d'Alais, f° 35). — *P. de Alairaco* (Mén. III, pr. p. 49, c. 1).

ALGUES (LES), f. c^{ne} de la Salle.

ALGUES (LES), q. c^{ne} du Vigan.

ALHUDIÈNES (LES), f. auj. détr. c^{ne} de Molières. — *Alhuderiæ*, 1512 (A. Bilanges, not. du Vigan).

ALHUGUENS (LES), f. c^{ne} de Blauzac. — *Alhueille, paroisse de Sagriès*, 1535 (Sauv. André, not. d'Uzès).

ALLARENQUE (L'), ruiss. qui prend sa source sur le territ. de la c^{ne} de Saint-Bénézet-de-Cheyran, traverse celles de Lédignan et de Massanes et se jette dans le Gardon d'Anduze sur le territ. de cette dernière c^{ne}. — Parcours : 6,500 mètres.

ALLÈGRE, c^{on} de Saint-Ambroix. — *Castrum de Alegrio, diocesis Uticensis*, 1308 (Mén. I, pr. p. 193, c. 1). — *Castrum de Alegrio et ejus mandamentum*, 1345 (cart. de la seign. d'Alais, f° 32 et 33). — *Alegrium*, 1384 (dénombr. de la sénéch.).

Allègre était du diocèse et de la viguerie d'Uzès. — Le prieuré de Saint-Félix d'Allègre appartenait au doyenné de Navacelle. — En 1384, on n'y comptait que 5 feux, y compris son annexe Auzon. — Avant 1790, la communauté d'Allègre, Auzon et Boisson portait pour armoiries : *d'azur, à une bande losangée d'or et de sable.*

ALLÈGRE, h. c^{ne} de Génolhac. — *Allègre*, 1732 (arch. départ. c. 1478). — *Les Allègres*, 1789 (carte des États).

ALLÈGRE, h. c^{ne} de Lussan.

ALLÈGRE (L'), f. c^{ne} de Saint-Brès.

ALLÈGRES (LES), h. c^{ne} de Bonnevaux-et-Hiverne.

ALLEMANDE (L'), f. auj. détr. c^{ne} d'Aiguesvives.

ALLEMANDES (LES), f. c^{ne} d'Alais.

ALLEMANDES (LES), f. c^{ne} de Beaucaire. — *L'Allemand*, 1720 (Forton, *Nouv. Recherches hist. sur Beaucaire*, p. 300).

ALLIÈS, f. c^{ne} d'Anduze.

ALOIN, f. c^{ne} de Montfrin, détr. par le Rhône en 1677 (E. Trenquier, *Mén. sur Montfrin*).

ALONDEL, f. c^{ne} d'Aimargues. — *Allondel, sive Prat-Viel*, 1514 (chapellenie des Quatre-Prêtres ou de N.-D. de Vauvert, arch. hosp. de Nimes).

ALTARICUS, lieu inconnu de la c^{ne} de Caveirac. — *Mansus de Altarico*, 893 (cart. de N.-D. de Nimes, ch. 124).

ALTEYRAC, h. c^{ne} de Chamborigaud. — *P. de Altaraco, in parochia de Chaussio*, 1373 (dénombr. des feux de la fam. de Grimoard). — *Alteirat*, 1789 (carte des États). — *Alterac* (carte géol. du Gard).

ALZON, arrond. du Vigan. — *Ecclesia parochialis sancti Martini de Alsone, in episcopatu Nemausensi*, 1113 (cart. de Saint-Victor de Marseille, ch. 848). — *Cella de Alsone, in episcopatu Nemausensi*, 1135 (*ibid.* ch. 844). — *Apud Alsonem*, 1217 (*ibid.* ch. 891). — *De Alson*, 1233 (Mén. I, pr. p. 73, c. 1). — *Ecclesia Sancti-Martini de Alzono*, 1240 (cart. de N.-D. de Bonh. ch. 42). — *Parrochia Sancti-Martini de Alzono*, 1271 (pap. de la fam. d'Alzon). — *Locus de Alsono*, 1314 (aides pour la guerre de Flandre, arch. munic. de Nimes). — *Prioratus de Alzone, Nemausensis diocesis*, 1337 (cart. de Saint-Victor de Marseille, ch. 1131). — *Alsonum*, 1384 (dénombr. de la sénéch.). — *Ecclesia Santi-Martini de Alsono*, 1410 (pap. de la fam. d'Alzon). — *Prieuré Saint-Martin-d'Alzon*, 1589 (insin. eccl. du dioc. de Nimes, G. 16).

Alzon faisait partie de l'archiprêtré d'*Arisdium* ou du Vigan et de la viguerie du Vigan-et-Meyrueis. — On n'y comptait que 3 feux en 1384. — Le prieuré de Saint-Martin-d'Alzon dépendait de l'abbaye de Saint-Victor de Marseille. — Les armoiries d'Alzon sont : *d'or, à trois daims passants, de sable, ailés d'argent, posés 2 et 1.*

ALZON (L'), rivière qui prend sa source à Mamolène, c^ne^ de la Capelle, traverse celles de Valabrix, Saint-Quentin, Saint-Victor-des-Oules, Uzès, Saint-Maximin, Argilliers et Colias, et se jette dans le Gardon sur le territ. de cette dernière commune. — *Molinus qui est in pago Uxetico, super rivo Alsone*, 923 (cart. de N.-D. de Nimes, ch. 62). — *Riperia Alzonis*, 1316 (mss d'Aubais, biblioth. de Nimes, 13,855). — *Auzon*, 1607 (arch. communales de Colias). — Parcours : 21,600 mètres.

ALZON (L'), ruiss. qui prend sa source à la f. de Malbouisset, c^ne^ de Saint-Paul-la-Coste, et se jette dans le Gardon après avoir traversé les c^nes^ de Saint-Jean-du-Pin et de Saint-Christol. — Il porte aussi le nom d'*Arènes*. — Parcours : 10,200 mètres.

ALZONENQUE (L'), portion du *pagus Arisitensis*, qui comprenait une grande partie du canton actuel d'Alzon, le long de la Vis, appelée autrefois rivière d'Alzon, rivière d'Alzonenque. — *Mansus dictus de Alzonenca*, 1371 (pap. de la fam. d'Alzon). — *Mansus de Alsono, in costa de Roqua-Cortet*, 1410 (*ibid.*) — *Mandement d'Alzonenque*, 1679 (*ibid.*). — Voy. AURIÈRES.

AMALETH (L'), ruiss. qui prend sa source sur le territ. de Génolhac et se jette dans l'Homol à Sénéchas. — Parcours : 5,200 mètres.

AMARETS (LES), q. c^ne^ de Blandas. — 1768 (arch. comm. de Blandas).

AMARINES (LES), f. c^ne^ de Montfrin, emportée par le Rhône en 1677. — *Le Centenier*, 1677 (Eug. Trenquier, *Mém. sur Montfrin*).

AMARINETTES (LES), ruisseau qui prend sa source sur la c^ne^ de Valleraugue et se jette dans l'Hérault sur le territ. de la même c^ne^.

AMEILLENS (LES), h. c^ne^ de Soustelle. — 1733 (arch. départ. c. 1481). — *Les Amiliens*, 1789 (carte des États).

AMELIERS (LES), h. c^ne^ de Monoblet. — *Les Amelliés*, 1789 (carte des États).

AMÉRIQUE (L'), f. c^ne^ de Vauvert. — 1789 (carte des États).

AMEULIERS (LES), f. sur les c^nes^ de Nimes et de Caveirac, auj. détruites. — *Poux-de-l'Ameulier, Court-de-l'Ameulier*, 1671 (comp. de Nimes).

AMILHAC, h. c^ne^ de Fontarèche. — *In valle Miliacense, in comitatu Uzetico*, v. 1050 (cart. de Saint-Victor de Mars. ch. 193). — *H. de Millac*, 1218 (Mén. I, pr. p. 68, c. 2). — *Le fief d'Ameliac, territ. de Fontarèche*, 1721 (bibl. du gr. sémin. de Nimes). — *Amaliac*, 1789 (carte des États). — Ce fief appartenait, au XVIIIe siècle, à M. de Rossel de Fontarèche. — Voy. VALLIS MILIACENSIS.

AMOUROUX, f. c^ne^ des Plans. — 1731 (arch. départ. c. 1473).

AMOUX (L'), ruiss. qui prend sa source sur la c^ne^ de Mialet, traverse celles de Saint-Sébastien-d'Aigrefeuille, de Générargues et d'Anduze et se jette dans le Gardon au-dessus d'Anduze. — Parcours : 9,400 mètres.

ANDABIAC, h. c^ne^ de Lussan. — *Audabiac*, 1789 (carte des États).

ANDIOLE (L'), ruiss. qui prend sa source sur la c^ne^ de Saint-Marcel-de-Carreiret, traverse celle de Sabran et se jette dans la Cèze au moulin Bez, c^ne^ de Sabran. — DIIONA (inscr. d'un autel votif trouvé en 1849 aux environs de Bagnols; cabinet de M. L. de Bérard, à Nimes). — *La Vionne*, 1789 (carte des États). — *L'Audiole*, 1828 (notar. de Nimes).

ANDORGE (L'), ruiss. qui prend sa source sur le territ. de la c^ne^ de Sainte-Cécile-d'Andorge et s'y jette dans le Gardon. — *Rivus de Andorgia*, 1461 (reg.-cop. de lettr. roy. E, IV, f° 76).

ANDRÉ, f. c^ne^ de Sommière.

ANDRIEU, f. c^ne^ de Blandas. — 1641 (pap. de la fam. d'Alzon).

ANDRON, f. c^ne^ d'Aimargues. — Elle donne son nom à un ruiss. qui y a sa source et va se jeter dans le Vistre sur la c^ne^ du Caylar.

ANDUSENQUE (L'), petite contrée du comté de Nimes. — *Surburbio castro Andusianense, in territorio Nemau-*

sensi, 810 (Hist. de Lang. II, pr. col. 7) et 898 (*ibid.*). — *In agice Andusiense, in pago Nemausense*, 915 (cart. de N.-D. de Nimes, ch. 187). — *Castrum Andusiense*, 927 (Mén. I, pr. p. 19, c. 2). — *Castrum Andusense*, 984 (cart. de N.-D. de Nimes, ch. 185 et 186). — *Castrum Andusiense*, 1020 (Hist. de Lang. II, pr. col. 173). — *Terminium Andusianicum*, 1049 (*ibid.* col. 201). — *Castrum Andusianum*, 1060 (*ibid.* col. 239). — *Andusencum*, 1099 (cart. de Psalmody). — *Andusenc*, 1175 (Lay. du Tr. des ch. t. I, p. 4). — *Castrum Andusie*, 1243 (Mén. I, pr. p. 76, c. 1). — *Andusiense*, 1269 (*ibid.* p. 91, c. 2). — *Anduysenque*, 1344 (cart. de la seign. d'Alais, f° 30). — *Terra Andusiensis, baronia de Andusia et Andusenqua*, 1345 (*ibid.* f° 1). — *Andusesia, sive Andusenqua*, 1345 (*ibid.* f° 34). — *Vicaria Andusie et Andusenqui*, 1376 (*ibid.* f° 26). — *Andusiense*, 1376 (*ibid.* f° 35). — *Vicaria de Andusia*, 143*h* (Mén. III, p. 246, c. 2).—*Andusenc*, 1435 (*ibid.* p. 89, c. 2). — *Archipresbiteratus Anduzie et Anduzenci*, 1462 (reg.-cop. de lettr. roy. E, v).

L'Andusenque était du diocèse d'Uzès dès le v° siècle. Ce pays en fut détaché en 526, lors de la création de l'évêché d'*Arisitum*. Réuni en 798 à l'évêché de Nimes, il devait encore en être distrait, neuf siècles plus tard, au profit de l'évêché d'Alais, fondé en 1694. Depuis 1822, il a fait retour au diocèse de Nimes, ainsi que tout le reste de l'évêché d'Alais.

Anduron, f. c°° de Valliguière. — *Andusio*, 1312 (arch. commun. de Valliguière). — *Anduzon*, 1789 (carte des États).

Anduze, arrond. d'Alais. — ANDVSIA (inscr. du Mus. de Nimes, n° 26). — *Anduzia*, 914 (Mén. I, pr. p. 17, c. 1). — *Anduza*, 1015 (Ach. Colson, ap. Mém. de l'Acad. du Gard, 1851). — *Andusa*, 1022 (cart. de N.-D. de Nimes, ch. 153, et Hist. de Lang. II, pr. col. 173, sous la date 1020). — *Andusa*, 1037 (Ach. Colson, Mém. de l'Acad. du Gard). — *Andusia*, 1102 (cart. de Psalm.). — *Andusia*, 1190 (chap. de Nimes, arch. départ. G. 2) et 1198 (cart. de Franq.). — *Villa Andusie*, 1243 (Mén. I, pr. p. 7, c. 1). — *Ville d'Anduse*, 1345 (cart. de la seign. d'Alais, f° 1); 1346 (*ibid.* f° 42). — *Villa de Andusia*, 1376 (*ibid.* f° 13). — *Andusia*, 1384 (dénombr. de la sénéch.). — *Andusa*, 1428 (Ach. Colson. Mém. de l'Acad. du Gard). — *Anduzia*, 1461 (reg.-cop. de lettr. roy. E, iv).

En 1294, Anduze était déjà le chef-lieu d'une viguerie royale, comprenant 35 villages, dont 24 appartiennent auj. à l'arrond. du Vigan et 11 seu-

lement à celui d'Alais. Anduze était aussi, avant 1790, le chef-lieu d'un archiprêtré composé de 20 paroisses et l'un des 7 que comptait l'évêché d'Alais. — La seigneurie d'Anduze était une des plus anciennes du Languedoc. En 1380, ceux qui en portaient le titre avaient déjà entrée aux États de la province. — En 1447, le viguier d'Anduze avait aussi son entrée aux États. D'après le dénombrement de 1384, Anduze avait, à cette époque, 80 feux: on en comptait 1,108 en 1789.

Les armoiries d'Anduze sont : *d'azur, à un château d'argent, ouvert et ajouré, donjonné de trois tourelles crénelées de même, le tout maçonné de sable.*

Angeau (Pic d'), montagne, c°° de Saint-Laurent-le-Minier. — *Pic d'Anjeu*, 1789 (carte des États).

Anglades (Les), f. auj. détr. c°° d'Arrigas. — *Mansus de las Anglades*, 1263 (pap. de la fam. d'Alzon).

Anglades (Les), q. c°° du Vigan.

Anglanèdes (Les), f. c°° de Valleraugue.

Anglas, f. c°° de Vauvert, sur l'emplacement de l'ancien prieuré de Saint-Martin-d'Anglas : voy. ce nom. — *Angulares*, 1123 (cart. de Psalm.). — *Agglas*, 1125 (*ibid.*). — *Anglars*, 1146 (Lay. du Tr. des ch. t. I, p. 62 et 63); 1165 (cart. de Psalm.). —*Anglarium*, 1517 (*ibid.*).—*Mas-d'Anglas*, 1726 (carte de la baronnie du Caila).

Angles (Les), c°° de Villeneuve-lez-Avignon. — *Villa de Angulis*, 1292 (Mén. I, pr. p. 115, c. 1). — *Anguli*, 1384 (dénombr. de la sénéch.). — *Le prieuré des Angles*, 1620 (insin. eccl. du dioc. d'Uzès). — *Les Anges*, 1627 (carte de la princip. d'Orange).

La commune des Angles appartenait, avant 1790, à la viguerie de Saint-André-de-Villeneuve, auj. Villeneuve-lez-Avignon, et relevait pour le spirituel de l'archevêché d'Avignon, et pour le temporel, du diocèse d'Uzès. — L'abbé de Saint-André était prieur des Angles. — On y comptait 8 feux en 1384. — Les armoiries des Angles sont : *de sinople, à un pal losangé d'argent et de sinople.*

Anglaviels (Les), h. et m°°, c°° de Valleraugue. — *G. de Anglavielh*, 1228 (cart. de N.-D. de Bonh. ch. 29).

Antelme, f. c°° de Laudun.

Antignargues, h. c°° d'Aigremont. — *Entrinnanica*, 1273 (chap. de Nimes, arch. départ.). — *Entrinnanègues*, 1275 (*ibid.*).

Antoron, f. c°° de Ners.

Apostoly (L'), h., c°° de Chamborigaud. — *Locus de Apostolico*, 1373 (dénombr. des feux de la fam. de Grimoard). — *Al Apostoli*, 1433 (Mén. III, pr. p. 236, c. 2). — *Al Appostoli*, 1434 (*ibid.* p. 238, c. 2). — *L'Apostoli*, 1732 (arch. départ. c. 1478).

— De 1790 à 1817, ce hameau faisait partie de la commune de Génolhac (Mén. III, pr. p. 73).

APPENETS (LES), h. c^ne de la Melouse.

APPENS (LES), h. c^ne de la Melouse.

APTEL, f. c^ne de Vauvert. — *Mas-de-Bord*, 1789 (carte des États).

ARABLES (LES), f. c^ne de Sainte-Anastasie, auj. détruite. — *Les Arabes*, 1823 (notar. de Nimes).

ARAMON, arrond. de Nimes. — *Aramonum*, 1002 (cart. de Psalm.). — *Aramon*, 1226 (Mén. I, pr. p. 70, c. 1). — *Villa de Aramone*, 1256 (*ibid.* pr. p. 83, c. 2). — *Aramon*, 1337 (cart. de Saint-Sauveur-de-la-Font). — *Aramo*, 1384 (dénombr. de la sénéch.). — *Locus de Aramone*, 1461 (reg.-cop. de lettr. roy. E, v). — *Port et passage de la villa d'Armont, sur la rivière du Rosne*, 1461 (*ibid.*). — *Sainct-Pancrassi d'Aramon*, 1547 (J. Ursy, not. de Nimes). — *Aramon*, 1551 (arch. départ. C. 1333). — *Aramont*, 1637 (Pitot, not. d'Aramon). — *Aramont*, 1715 (J.-B. Nolin, *carte du diocèse d'Uzès*). — *Ara-Montis* (H. Rivoire, *Statistique du Gard*, II, p. 483).

Quoique faisant partie de la viguerie de Beaucaire, qui relevait de l'archevêché d'Arles, Aramon appartenait avant 1790 à l'évêché d'Uzès, doyenné de Remoulins, et devint en 1744 le siége d'une conférence ecclésiastique de ce diocèse. — L'archidiacre d'Uzès était prieur du prieuré de Saint-Pancrace d'Aramon, lequel était à la collation de l'évêque. — Lors du dénombrement de 1384, on y comptait 42 feux, y compris Saint-Martin-du-Terme. En 1750, cette ville avait 520 feux et 2,200 habitants; en 1789, 613 feux.

Aramon était une des sept villes du diocèse d'Uzès qui envoyaient, par tour, un député aux États de la province. — Comme armoiries, la ville d'Aramon porte : *d'argent, à une montagne de sinople; au sommet, un autel antique, avec une flamme de gueules*. Légende : ARA-MONTIS. — L'armorial de 1694 les blasonne un peu différemment : *d'azur, à une montagne d'argent, sommée d'un autel d'or enflammé de gueules*. (Point de légende.)

ARAMONS (LES), f. c^ne de Vergèze, depuis longtemps détruite. — *Villa Alamones, in valle Anagia*, 918 (cart. de N.-D. de Nimes, ch. 132).

ARASSE, h. c^ne de Lussan.

ARBAUD, f. c^ne de Redessan.

ARBON, f. c^ne de Beaucaire. — *Darbon*, 1789 (carte des États). — *Mas-d'Albon*, 1812 (notar. de Nimes).

ARBOUS, h. c^ne de Saint-Jean-du-Gard.

ARBOUS (L'), f. c^ne de la Melouse. — *J. de Arbusio*, 1376 (cart. de la seign. d'Alais, f° 23).

ARBOUS (L'), f. c^ne de Molières.

ARBOUSSAS, bois, c^ne de Verfeuil.

ARBOUSSE, h. c^ne de Laval. — *Locus de Arbucio*, 1292 (chap. de Nimes, arch. départ.). — *L'Arboux*, 1731 (arch. départ. C. 1475).

ARBOUSSE, h. c^ne de Saint-Jean-du-Gard. — *B. Albusserii*, 1376 (cart. de la seign. d'Alais, f° 17).

ARBOUSSE, h. c^ne de Saint-Julien-de-Valgalgue.

ARBOUSSE, h. c^ne de Soustelle.

ARBOUSSET, f. c^ne d'Anduze.

ARBOUSSIER, h. c^ne de Saint-Martin-de-Corconac.

ARBOUSSIÉ (L'), bois, c^ne de Sauzet. — *Nemus de Arbosserio*, 1310 (Mén. I, pr. p. 164, c. 1).

ARBOUSSIÈRE (L'), ruiss. qui prend sa source à Durfort et se jette dans celui de Pisse-Cabre sur le territ. de la même commune.

ARBOUSSINE, f. c^ne de Saint-Laurent-le-Minier.

ARBOUX (L'), h. c^ne des Mages.

ARBOUX (L'), h. c^ne de Mandagout. — *Mansus del Arbox, parochie de Mandagoto*, 1224 (cart. de N.-D. de Bonh. ch. 43). — *Mansus de Arbucio, jurisd. et parrochia de Mandagoto*, 1472 (A. Razoris, not. du Vigan). — *Mansus de Arbusio, parochiæ de Mandagoto*, 1513 (A. Bilanges, not. du Vigan).

ARBOUX (L'), f. c^ne de Mialet.

ARBOUX (L'), h. c^ne de Saint-Florent.

ARCHIMBELLE (L'), f. c^ne de Flaux.

ARCQUE, h. château ruiné et bois, c^ne de Barron. — *Larque-de-Baron*, 1715 (J.-B. Nolin, *Carte du dioc. d'Uzès*).

ARCQUETS (LES), restes d'antiquité, auj. disparus, c^ne de Calvisson. — *Les Arcquets*, 1563 (J. Ursy, not. de Nimes).

ARDAILLIÈS, h. c^ne de Saumane. — *Lardeilliers*, 1812 (notar. de Nimes). — *Ardalié* (Em. Dumas, *Carte géol. du Gard*).

ARDAILLIÈS, h. c^ne de Valleraugue. — *Mansus de Ardelenis, parochie Sancti-Martini Vallis-Heraugie*, 1461 (reg.-cop. de lettr. roy. E, iv). — *P. dominus de Ardeleriis*, 1513 (A. Bilanges, not. du Vigan). — *Les Ardaliès*, 1551 (arch. départ. C. 1807).

ARDÈCHE (L'), rivière qui sert de limite septentrionale au département sur les c^nes du Garn, d'Aiguèze, de Saint-Paulet-de-Caisson et du Pont-Saint-Esprit. — *ATB [ica]* (inscr. des Arènes de Nimes). — *Ertica, Entica* (chartes, *Bull. de l'Acad. Delph.* t. V).

ARDEMAN, lieu inconnu, c^ne de Vauvert. — *Qui vulgo dicitur Ardeman*, 1143 (cart. de Franq. Hist. de Lang. II, pr. col. 502).

ARDESSAN, h. c^ne de Saint-Cosme. — *Arderancum, Airancum*, 918 (cart. de N.-D. de Nimes, ch. 132).

— *Ardenancum*, 1021 (*ibid.* ch. 133). — *Arderanum*, 1121 (Hist. de Lang. II, pr. col. 419). — *Arderagum*, 1144 (Mén. I, pr. p. 32, c. 1). — *Ardairancum*, 1169 (chap. de Nimes, arch. départ.). — *Arderanum*, 1322 (Mén. II, pr. p. 34, c. 2). — *Ardesanum*, 1384 (dénombr. de la sénéch.). — *Ardezanum*, 1386 (Rép. du Subs. de Charles VI). — *Ardezan*, 1582 (arch. comm. de Boissières).

Le village d'Ardessan, compté pour 5 feux, dans l'Assise de 1322, ne l'est plus que pour un demi-feu dans le dénombrement de 1384 (Mén. II, pr. p. 34, c. 1; VII, p. 627, c. 1).

Andisson, m. de camp. c^ne de Nimes. — *Mas-d'Ardisson*, 1774 (comp. de Nimes).

Ardoise, h. c^ne de Laudun. — *Lardoise*, 1627 (carte de la princip. d'Orange). — *L'Ardoise*, 1705 (arch. départ. C. 1405).

Anénas (L'), h. c^ne de Blannaves.

Anénas (L'), f. c^ne de Fontanès, auj. détruite. — *Mansus de Arenaco, in jurisdictione loci de Fontanesio*, 1461 (reg.-cop. de lett. roy. E, iv, f° 71). — Voy. Tour-de-Pintard.

Arénas (Les), carrière de sable argileux, c^ne de Nimes, exploitée jusqu'au xvie siècle. — *Subtus Arena*, 1093 (cart. de N.-D. de Nimes, ch. 162; Mén. I, pr. p. 23, c. 2). — *Arenaria*, 1261 (*ibid.* p. 86, c. 1). — *Als Areniés*, 1380 (comp. de Nimes). — *Los Arenyés*, 1479 (la Taula del Possess. de Nismes). — *La Combo dou Sengle*, 1503 (arch. hosp. de Nimes). — *Les Areniés-Vielhes, sive la Sengle*, 1692 (*ibid.*).

Arénasses (Les), f. c^ne de Saint-Sauveur-des-Poursils, auj. détruite.

Arène (L'), ruisseau qui prend sa source sur la c^ne de Vauvert et se jette dans le Vistre, sur le territoire de cette même commune, entre le moulin d'Étienne et le moulin des Quatre-Prêtres. — *Vallatum de Harenis*, 1215 (cart. de Franq.). — *Le Vallat des Arènes*, 1522 (chapellen. des Quatre-Prêtres, arch. hosp. de Nimes). — *Vallat de l'Arène*, 1557 (*ibid.*).

Arènes, h. c^ne d'Alais. — *Parochia de Arenis*, 1345 (cart. de la seign. d'Alais, f° 33). — *Arenæ*, 1384 (dénombr. de la sénéch.).

Arènes n'est compté que pour 1 feu dans le dénombrement de la viguerie d'Alais, fait en 1384. — C'était un prieuré dépendant de la commanderie des Templiers d'Alais.

Arènes, f. c^ne du Vigan. — *Territorium de Arenis*, 1318 (pap. de la fam. d'Alzon). — *Arrenes*, 1570 (*ibid.*).

Arènes devint, au xvie siècle, un fief appartenant à la famille Barral, du Vigan, qui en prit le nom.

Arènes (Les), amphithéâtre romain de Nimes. — *In castro Arene*, 898 (cart. de N.-D. de Nimes, ch. 179). — *Prope ipsas Arenas*, 1031 (*ibid.* ch. 41). — *Castrum de Arena*, 1060 (*ibid.* ch. 22). — *Castrum Arenarum*, 1130 (Mén. I, pr. p. 8, c. 2). — *Bedozii, de Arenis*, 1200 (arch. départ. chap. de Nimes); 1207 (Mén. I, pr. p. 42, c. 2). — *Castrum de Harenis*, 1219 (*ibid.* pr. p. 68, c. 1). — *Castrum Arenarum*, 1270 (*ibid.* pr. p. 92, c. 1); 1355 (*ibid.* II, pr. p. 164, c. 2).

Depuis que les Visigoths y avaient bâti une forteresse, l'amphithéâtre des Arènes était devenu un bourg considérable, peuplé et défendu par la noblesse militaire. Les *Chevaliers des Arènes* formaient dans la cité un corps à part, qui était représenté dans le conseil de ville par deux consuls sur huit.

Arènes (Les), chapelle auj. ruinée, c^ne d'Aimargues. — *Capella Arenarum, apud Armasanicas*, 1476 (chap. des Quatre-Prêtres, arch. hosp. de Nimes). — *La capelle des Arènes*, 1524 (*ibid.*). — *La chapelle des Arènes, à Aimargues*, 1734 (arch. départ. C. 1023).

Arènes (Les), f. c^ne de Laudun. — *Les Arrenes*, 1789 (carte des États).

Argelas (Les), f. c^ne de Jonquières-et-Saint-Vincent, déjà détruite au xviie siècle. — *Le Claux-de-Largillas*, 1589 (comp. de Jonquières-et-Saint-Vincent).

Argellas (Les), f. c^ne de Montfrin, auj. détruite (E. Trenquier, *Mém. sur Montfrin*).

Argence (Terre d'). — *Ager Argenteus, Terra Argenciæ, Territorium Argenciæ*, 825 (Hist. de Lang. I, pr. col. 63). — *Terra de Argencia*, 1037 (*ibid.* II, pr. col. 200). — *Argentia*, 1070 (*ibid.* col. 277). — *Tota Argentia*, 1096 (*ibid.* col. 343); 1105 (*ibid.* col. 360). — *Novalia Argentiæ*, 1168 (*ibid.* col. 578). — *Ager Argentiæ, in comitatu Arelatensi*, 1201 (cart. de Saint-Victor de Marseille, t. I, ch. 187); 1644 (arch. départ. C. 61). — *Le Petit-Argence* et le *Grand-Argence*, 1674 (Rec. H. Mazer).

La terre d'Argence, donnée à Raymond de Saint-Gilles par l'archevêque d'Arles en 1075, provenait la portion de l'archidiocèse d'Arles qui est à la droite du Rhône. Elle était bornée : à l'E., par le Rhône; à l'O., par les territoires de Bellegarde, de Manduel et de Redessan; au S., par le Petit-Rhône; et au N., par le territoire de Saint-Bonnet et le Gardon. Elle comprenait les onze paroisses suivantes : Argence, Bassargues, Beaucaire, Clausonne, Comps, Fourques, Jonquières, Meynes, Saint-Paul-Valor, Saint-Vincent-de-Cannois et Saujan. Cinq de ces paroisses (Bassargues, Beaucaire, Clausonne, Fourques et Meynes) furent incorporées à la viguerie de Beaucaire, à l'époque où cette viguerie fut formée (1221).

. — On distingua plus tard le Petit-Argence et le Grand-Argence. Le Petit-Argence était une commanderie démembrée, au xviii° siècle, du grand-prieuré de Saint-Gilles, tandis que le Grand-Argence continuait d'en faire partie (arch. départ. C. 796).

ARGENSON (L'), ruiss. qui prend sa source sur la c⁰ᵉ de. Rousson et va se jeter dans l'Auzonnet à la limite du territ. de cette commune.

ARGENTAN, h. c⁰ᵉ des Salles-du-Gardon. — *Mansus de Argento-Clausu*, 1345 (cart. de la seign. d'Alais, f° 33). — *Argentan*, 1733 (arch. départ. C. 1481).

ARGENTESSE (L'), riv. qui prend sa source sur le territ. de la c⁰ᵉ de Cézas, arrose celles de Cambo et de la Cadière et se jette dans le Vidourle sur le territ. de la c⁰ᵉ de Saint-Hippolyte-du-Fort. — *Argentessa*, 1321 (chap. de Nîmes, arch. départ.). — *Le ruisseau d'Argentesse*, 1773 (arch. départ. C. 1836).— Parcours : 9,900 mètres.

ARGENTIÈRE, f. c⁰ᵉ de Valabrègue.—*Largentière*, 1789 (carte des États).

ARGENTIÈRE (L'), f. c⁰ᵉ de Logrian.

ARGENTIÈRE (L'), f. c⁰ᵉ de Saint-Gilles, sur l'emplacement de la ville grecque d'Héraclée. — Voy. SAINT-GILLES.

ARGENTIÈRES, vill. c⁰ᵉ de Sauve. — *Argenteriæ*, 1384 (dénombr. de la sénéch.). — *L'Argentière*, 1538 (arch. départ. C. 789). — *Largentière* (Em. Dumas, *Carte géol. du Gard*).

On y comptait, en 1384, 6 feux, et le même nombre en 1734. — Un décret du 15 juin 1812 a réuni Argentières à Canaules.

ARGEBOLLES, f. c⁰ᵉ de Saint-Hilaire-d'Ozilhan.

ARGET, f. c⁰ᵉ de Sénéchas.

ARGILÈS, f. c⁰ᵉ du Vigan. — *Stef. de Arzilerio*, 1254 (cart. de N.-D. de Bonh., ch. 94).

ARGILIQUIÈRE (L'), carrière de sable argileux pour les tuileries, c⁰ᵉ de Bouillargues. — *Ad Argilarios*, 920 (cart. de N.-D. de Nîmes, ch. 14). — *Arigilio*, 943 (*ibid.* ch. 14). — *Ad Crosum de Na-Rosolza*, 1380 (comp. de Nîmes). — *L'Argiliquieyre*, 1479 (la Taula del Poss. de Nismes). — *La Jaliquieyra*, 1503 (arch. hosp. de Nîmes). — *Cros de la Rousse*, *Largeliquière*, 1671 (comp. de Nîmes). — *Troulhet, sive Grimaudy*, 1730 (pap. de la fam. Séguret, arch. hosp. de Nîmes).

ARGILLIERS, c⁰ⁿ de Remoulins. — *Ecclesia de Argile-'riis*, 1314 (Rot. eccl. arch. munic. de Nîmes). — *Argilleriæ*, 1384 (dénombr. de la sénéch.), — *De Argileriis*, 1459 (Gall. christ. t. VI, col. 311). — *Arzillers*, *Argeliés*, 1607 (arch. comm. de Colias), 1637 (arch. départ. C. 1286).

Argilliers était, avant 1790, du doyenné d'Uzès, et de la viguerie très-considérable dont Uzès était le

chef-lieu. On ne comptait, en 1384, qu'un feu et demi à Argilliers, dont les armoiries sont : *d'azur, à un pal losangé d'argent et de sable*. — Le prieuré d'Argilliers était uni à la prévôté de la cathédrale d'Uzès. — Ce lieu ressortissait au sénéchal d'Uzès. — La seigneurie était possédée, au xviii° siècle, en partie par M. de Froment, baron de Castille, et en partie par M. le marquis de Montpezat.

ARGILLIERS (COL DES), montagne, c⁰ᵉ d'Anduze.

ARGILLIERS (LES), f. c⁰ᵉ de Montclus. — 1780 (arch. départ. C. 1652).

ARIAS (L'), ruiss. qui prend sa source sur la c⁰ᵉ de Rousson et se jette dans l'Avène à la Cavalerie, c⁰ᵉ de Saint-Privat-des-Vieux. — *L'Allias*, 1789 (carte des États). — *Azias* (carte hydr. du Gard). — Parcours : 6,900 mètres.

ARIASSE (L'), ruiss. qui prend sa source sur la c⁰ᵉ de Générac et traverse celle d'Aubord, sur le territoire de laquelle il se jette dans un vallat du Vistre.

ARIÈGES (LES), f. c⁰ᵉ de Thoiras. — 1542 (arch. départ. C. 1803).

ARISITUM, PAGUS ARISITENSIS.—*Civitas Arisitana*, 542 (Vit. S. Germ.).— *Vicus Arisitensis*, *Arisitum* (Greg. Turon. *Hist. Franc.* l. v, col. 5). — *Arisidium*, 653 (*Vit. Chlod. episc. Mett.*; Flodoard, *Hist. rem.* l. ii, c. 5; *Généalogie de Charlemagne*, publ. par Canisius). — *Arissiense*, 889 (cart. de N.-D. de Nîmes, ch. 190). — *Vicaria que dicitur Arisito*, 895 (*ibid.* ch. 149). — *In agicem Arisense*, 912 (*ibid.* ch. 194); 926 (*ibid.* ch. 193); 928 (*ibid.* ch. 195). — *In vicaria Arisense*, 957 (*ibid.* ch. 191). — *In agice Arissensi*, 1009 (*ibid.* ch. 189). — *Arisde*, 1024 (*ibid.* ch. 32). — *In pago Arisdensi*, 1108 (*ibid.* ch. 32). — *Terra Arisdensis*, *Arisdienses procere*, *Arisde*, 1228 (Mén. I, pr. p. 71, c. 1). — *P. archipresbiter Arisdensis*, 1236 (cart. de N.-D. de Bonh. ch. 18, 25, 36, etc.). — *Arisitum* (Mon. Affligh. *Ind. Sctorum stirp. reg.*) — *Terra Arisdii*, 1261 (pap. de la fam. d'Alzon); 1275 (*ibid.*). — *Terra et baronia Arisdii*, 1357 (*ibid.*). — *Arisdium*, 1384 (dénombr. de la sénéch.). — J. *Andreæ, regens Arisdii*, 1417 (Ant. Montfajon, not. du Vigan).

L'évêché d'*Arisitum*, fondé par Théodebert, roi d'Austrasie, en 526, fut formé d'une partie du diocèse d'Uzès et réuni à celui de Nîmes vers 798. Il comprenait le Vigan, la baronnie d'Hierle, Saint-Hippolyte-du-Fort, Sauve, Alais, Anduze, Vèzenobre, et Meyrueis (qui fait auj. partie de la Lozère). Le chef-lieu de cet évêché, *Arisitum*, n'était autre que la petite ville qui prit, au x° siècle, le nom de *Vicanum*, par apocope de son nom gallo-romain

2.

Avicantus, le Vigan, et qui est située tout près de l'endroit où l'*Arre* reçoit la fontaine d'*Isis*. — Au XIII° siècle, lors de la formation des vigueries, le territoire de l'évêché d'*Arisitum* fut partagé entre la viguerie du Vigan-et-Meyrueis et celles d'Anduze et d'Alais; la seigneurie de Sommière eut Sauve, avec quelques paroisses.

ARIVAL (L'), h. c⁰° de Pontcils-et-Brézis. — *L'Aribal*, 1737 (Séguin, not. de Nimes). — *Laribal*, 1789 (carte des États).

ARLENDE, h. c⁰° d'Allègre. — *Arlendium*, 1523 (chap. de Nimes, arch. départ.). — *Arlempdes*, 1551 (J. Ursy, not. de Nimes). — *Le prieuré Nostre-Dame d'Arlendie*, 1620 (insin. eccl. du diocèse d'Uzès). — 1715 (J.-B. Nolin, *Carte du dioc. d'Uzès*). — *Arlende*, 1731 (arch. départ. C. 1478).

Le prieuré Notre-Dame d'Arlende, ainsi que son annexe Saint-Jean-de-Suzon, était uni à la sacristie du monastère de Goudargues. L'évêque d'Uzès le conférait sur la présentation du prieur de Goudargues.

ARLENDE, ruiss. qui prend sa source dans les bois de la c⁰° de Bouquet et se jette dans l'Auzonnet sur la c⁰° d'Allègre.

ANLUSE, f. c⁰° de Quissac.

ARMAND, f. c⁰° d'Avèze.

ARMAND, f. c⁰° de Saint-Denis.

ARMAS (LES), f. c⁰° de Jonquières-et-Saint-Vincent, auj. détruite. — *Mas du Campanyer*, *les Hermassons*, 1589 (comp. de Jonquières-et-Saint-Vincent).

ARMATIANICUS, lieu inconnu de la c⁰° de Nimes, territ. de Courbessac. — *In terminium de villa Curbissatis, ubi vocant Armatianicus*, 971 (cart. de N.-D. de Nimes, ch. 90).

ARMES (LES), bois, c⁰° de Concoules.

ARNAC (L'), f. c⁰° de Saze, auj. détruite. — 1637 (Pitot, not. d'Aramon).

ARNAL, f. c⁰° de Portes. — *Arnes* (sic), *mandement de Peiremale*, 1737 (arch. départ. C. 1490).

ARNAL, f. c⁰° de Vézenobre.

ARNALDIE (L'), f. c⁰° de Génolhac. — 1515 (arch. départ. C. 1647).

ARNALS (LES), h. c⁰° de Malons-et-Elze. — *Les Arnas*, 1789 (carte des États).

ARNASSAN, f. c⁰° de Cardet.

ARNAUD, f. c⁰° de Vestric-et-Candiac. — *Mascle*, 1789 (carte des États).

ARNAUDE (L'), ruiss. qui prend sa source au hameau de Lalle, c⁰° de Saint-Félix-de-Pallières, et se jette dans la Salindres sur le territoire de la même commune. — Parcours : 2 kilomètres.

ARNAUDS (LES), h. c⁰° de Thoiras.

ARNAVE (L'), ruiss. qui prend sa source sur la c⁰° de Saint-Alexandre et se jette dans le Rhône sur le territoire de la même commune. — Parcours : 5,400 mètres.

ARNAVESSES (LES), f. c⁰° du Caylar, auj. détruite. — *Los Arnavez*, 1623 (chapell. des Quatre-Prêtres, arch. hosp. de Nimes). — *La Combe des Arnavez*, 1697 (*ibid.*).

ARNÈDE (L'), f. c⁰° de Saze, détr. au XVII° siècle. — *St. de la Harnede*, 1294 (Mén. I, pr. p. 128, c. 2). — *L'Arnède*, 1637 (Pitot, not. d'Aramon).

ARNÈDE (LA HAUTE et BASSE), q. c⁰° de Remoulins.

ARNIER (L'), f. c⁰° d'Aimargues. — *Larnier*, 1812 (notar. de Nimes).

ARPAILLARGUES, c⁰° d'Uzès. — *Arpallanicœ*, 1207 (Mén. I, pr. p. 44, c. 1). — *P. de Arpallanicis*, 1258 (arch. des Bouches-du-Rhône, ordre de Malte, Argence, 58); 1292 (chap. de Nimes, arch. départ.). — *Locus de Arpalhanicis*, 1381 (ch. de la seign. d'Aubussargues, cab° de M. le marquis de Valfons). — *Arpalhanicœ*, 1384 (dénombr. de la sénéch.). — *Arpalhargues*, 1549 (arch. départ. C. 1328). — *Prieuré de Saint-Christol d'Arpalhargues*, 1605 (Forton, *Nouv. Rech. sur Beauc.* p. 372). — *Paillargues*, 1669 (arch. départ. C. 1352).

Arpaillargues était, avant 1790, de la viguerie et du diocèse d'Uzès, doyenné d'Uzès. Le dénombr. de 1384 lui donne 9 feux.— Un décret du 18 sept. 1813 a réuni la c⁰° d'Aureillac à celle d'Arpaillargues. — Le prieuré de Saint-Christol d'Arpaillargues était uni au chapitre de l'église collégiale de Beaucaire (arch. départ. G. 29, suppl.).— Le fief et la justice d'Arpaillargues appartenaient, en 1721, au marquis de Montmaur.

ARPHY, c⁰° du Vigan. — *Mansus de Arfino, parrochia de Aulacio*, 1417 (A. Montfajon, not. du Vigan); 1446 (pap. de la fam. d'Alzon). — *Arphi*, 1617 (arch. départ. C. 85); 1634 (*ibid.* C. 447). — *Aray*, 1694 (armor. de Nimes). — *Arphi*, 1789 (carte des États).

Arphy n'était, avant 1790, qu'un hameau de la paroisse d'Aulas, archiprêtré et viguerie du Vigan. En 1384, il est compté pour 2 feux. — Arphy porte : *d'azur à une fasce d'or, accompagnée de trois arcs couchés de même, 2 en chef et 1 en pointe*.

ARQUE (L'), ruiss. qui prend sa source sur la c⁰° de Caveirac et s'y jette dans le Rhône. — *Arche de Cavairaco*, 1144 (Mén. I, pr. p. 32, c. 1); 1195 (*ibid.* p. 41, c. 2). — *Font-d'Arque*, 1618 (comp. de Caveirac). — *Font-d'Arc* (Em. Dumas, *Carte géol. du Gard*).

ARQUES (LES), restes de l'aqueduc romain, c⁰° de

Nimes, territ. de Courbessac. — *Ad Archas*, 1380 (comp. de Nimes). — *Las Arquas*, 1479 (la Taula del Possess. de Nismes). — *Les Arques*, 1692 (arch. hosp. de Nimes).

ARRE, c^on du Vigan. — *Ecclesia d'Arri*, 1225 (cart. de N.-D. de Bonh. ch. 36). — *A. de Arre*, 1244 (*ibid.* ch. 21). — *Parrochia Beatæ-Mariæ de Arre*, 1263 (pap. de la fam. d'Alzon). — *Arrium et ejus mandamentum*, 1314 (Guerre de Fl. arch. munic. de Nimes).—*Arrium*, 1384 (dénombr. de la sénéch.). — *Le lieu d'Arre, seigneurie appartenant à Sire Claude de Vabres*, 1544 (J. Ursy, not. de Nimes). — *Le prieuré Notre-Dame d'Arre*, 1587 (insin. eccl. du dioc. de Nimes).

Arre était, avant 1790, de l'archiprêtré et de la viguerie du Vigan. Ce lieu n'est porté que pour un feu dans le dénombr. de 1384. — Arre porte : *de sinople, à une tour d'argent, sénestrée d'un avant-mur de même, maçonné de sable.*

ARRE (L'), rivière qui prend sa source au hameau de l'Estelle, c^ne d'Alzon, traverse celles d'Arrigas, d'Aumessas, d'Arre, de Bez, de Molières, d'Avèze, du Vigan, et se jette dans l'Hérault au Pont-d'Hérault. — La longueur de ce cours d'eau est de 20,300 mètres. — *Inter stratam qua itur de Vicano versus Arrium et ripperiam de Arrio*, 1306 (cart. de N.-D. de Bonh. ch. 2). — *Ripperia de Arrio*, 1318 (pap. de la fam. d'Alzon); 1473 (*ibid.*). — *Fleuve d'Arre*, 1780 (*ibid.*).

ARRIGAS, c^on d'Alzon. — *Ecclesia parochialis Sancti-Petri de Arigaz*, — *de Ariges*, 1113 (cart. de Saint-Victor de Mars. ch. 848). — *Cella Sancti-Petri de Arigaz*, *in episcopatu Nemausensi*, 1135 (*ibid.* ch. 844). — *Monasterium Sancti-Petri de Arigaç* (*ibid.*). — *B. prior de Arigatio*, 1241 (cart. de N.-D. de Bonh. ch. 32). — *Arrigassium*, 1384 (dénombr. de la sénéch.). — *Parrochia Sancti-Genesii-* (sic) *de-Arigacio*, 1502 (A. de Massaporcis, not. du Vigan).— *Arigas*, 1603 (ins. eccl. du dioc. de Nimes, G. 10).

Arrigas était de l'archiprêtré et de la viguerie du Vigan, et n'est compté que pour 2 feux dans le dénombrement de la sénéchaussée fait en 1384.— Arrigas porte : *bandé d'or et d'azur, à un chef de sable, chargé d'un aigle d'or.*

ARRIGAS (L'), ruiss. qui prend sa source à Bonnal, f. de la c^ne d'Arrigas, au mont Lengas, et se jette dans l'Arre sur le territ. de la même commune. — 5,600 mètres de parcours. — *Ripperia Arigadeti*, 1250 (pap. de la fam. d'Alzon). — *Ripperia de Arigadet*, 1337 (*ibid.*).

ARRIGET (L'), h. c^ne d'Aujac. — *Larriget*, 1789 (carte des États).

ANTIFEL, f. c^ne de Bagnols.

ANTIGUE (L'), ruiss. qui prend sa source sur la c^ne de Pompignan, près du h. de Quintanel, et se jette dans le Vidourle sur le territ. de Sauve, après avoir reçu le Rieumassel. — Son parcours est de 12,500 mètres.

ANTILHOUX, f. c^ne de Calvisson, auj. détruite. — 1567 (J. Ursy, not. de Nimes).

ARVIGNAN, f. c^ne de Colias, auj. détr. — *Arvignane*, 1607 (arch. comm. de Colias).

ASCLIÉ (COL DE L'), dans la mont. du Liron, entre les c^nes de la Rouvière et de Saint-Martin-de-Corconac. — *Col-de-l'Aselier*, 1737 (arch. départ. C. 524).

ASERRE, f. c^ne de Salindres. — *Laserre*, 1816 (notar. de Nimes).

ASIMENTS (LES), h. c^ne de Crespian.

ASPE (L'), f. c^ne de Bourdic. — *Laspe*, 1721 (bibl. du gr. sém. de Nimes).—1731 (arch. départ. C. 1473). — Mme de Galissard en était alors seigneur.

ASPE (L'), f. c^ne de Colias, auj. détr. — *Laspe*, 1607 (arch. comm. de Colias).

ASPÈRE, h. c^ne de Tornac. — *Spère* (carte géol. du Gard).

ASPÈRES, c^ne de Sommière. — *Asperæ, in pago Magalonensi*, 815 (cart. de Psalm.). — *Asperas*, 1099 (*ibid.*). — *Asperæ*, 1207 (Mén. I, pr. p. 44, c. 1); 1283 (*ibid.* p. 208, c. 2); 1384 (dénombr. de la sénéch.); 1386 (répart. du subs. de Charles VI). —*Aspères*, 1605 (insin. ecclésiastiques du dioc. de Nimes).

Aspères était du mandement de Montredon (compris auj. dans la c^ne de Salinelles) et de la viguerie de Sommière. Le prieuré de Saint-Pierre d'Aspères faisait partie de l'archiprêtré de Sommière ; il était uni, comme Montredon et Salinelles, à la cathédrale d'Alais, mense d'Aiguesmortes. — Le mandement de Montredon, dans lequel Aspères était compris, comptait en 1384 26 feux (arch. départ. C. 2).

ASSAS (CHÂTEAU D'), f. c^ne de Blandas. — *Château d'Arsas*, 1763 (arch. comm. de Blandas).

ASTIEN, f. c^ne de Saint-Laurent-des-Arbres.

ASTRIÈS, h. c^ne de Saint-Christol-lez-Alais. — *Astris*, 1789 (carte des États). — *Astrit*, 1812 (notar. de Nimes).

ATTUECH, h. c^ne de Massillargues. — *Mansus de Atogiis, in parochia Sancti-Marcelli* (Massillargues), 1345 (cart. de la seign. d'Alais, f° 35). — *Tuech*, 1764 (arch. départ. C. 142).

Avant 1790, la communauté de Massillargues-et-Attuech portait pour armoiries : *d'azur, à une main dextre d'argent, tenant une massue d'or.*

AUBAC, f. c^ne de Fontanès. — *Le debvois d'Aubac ; les*

maisonages d'Aubac, 1616 (arch. comm. de Combas).

Aubagnac, f. c^ne de Bagnols.

Aubais, c^on de Sommière. — *Albais*, 1095 (cart. de Psalm.). — *Albassium*, 1125 (*ibid.*). — *Albatium*, 1155 (*ibid.*). — *Castrum Albacii*, 1179 (Dachery, *Spic.* X, 174). — *B. de Albasio*, 1210 (Lay. du Tr. des ch. I, p. 356). — *Albasium*, 1210 (Mén. t. I, pr. p. 49, c. 1). — *Albays*, 1270 (*ibid.* p. 92, c. 1). — *Albassium*, 1384 (dénombr. de la sénéch.). —*Albacium*, 1457 (Demari, not. de Calvisson). — *La Bays*, 1557 (J. Ursy, not. de Nimes). — *Prieuré Saint-Nazaire-et-Notre-Dame d'Aubays*, 1612 (insin. ecclés. du dioc. de Nimes, G. 12). — *La commanderie d'Aubais*, 1711 (arch. départ. C. 795).

Aubais était compris dans la viguerie de Nimes. Le dénombrement de 1384 ne lui donne que 5 feux; en 1750, on y comptait 160 feux et 700 habitants. — Le prieuré simple et séculier d'Aubais faisait partie de l'archiprêtré de Sommière; uni à la cathédrale d'Alais, mense d'Aiguesmortes, il valait 2,000 livres. — La terre d'Aubais, qui avait appartenu à l'ancien domaine des vicomtes de Nimes, fut, par lettres patentes du mois de mai 1724, érigée en marquisat en faveur de Charles de Baschi, l'un des érudits les plus distingués du XVIIIe siècle, et qui fut, avec Léon Ménard, l'éditeur des *Pièces fugitives pour servir à l'histoire de France*. Ce marquisat était formé de cinq paroisses ou clochers : Aubais, Gavernes, Junas, Mauressargues et Saint-Nazaire. — Aubais porte pour armoiries : *de sable, à une montagne d'or, sommée d'une croix de même, soutenue d'un ruisseau de sinople*.

Aubanas, h. c^ne de Blannaves. — *Aubenas*, 1789 (carte des États).

Aubanel, f. sur les c^nes de Saint-Gilles et de Générac.

Aubarine, h. c^ne de Rochegude.

Aubarne, vill. c^ne de Sainte-Anastasie. — *Locus de Albarna, mandamenti Sanctæ-Anastasiæ*, 1488 (Sauv. André, not. d'Uzès). — *Le four d'Aubarne*, 1736 (arch. départ. C. 130; E. G.-D. *Prieuré de Saint-Nic. de Campagnac*, p. 14, note).

Aubarne (L'), f. c^ne de Nimes. — *Ubi vocant Albarna*, 971 (cart. de N.-D. de Nimes, ch. 90). — *In loco vocato Albarna*, 1380 (comp. de Nimes).

Aubay, f. c^ne de Nimes. — *A Pauta-Ribauta*, 1380 (comp. de Nimes). — *Espauta-Ribauta*, 1479 (la Taula del Possess. de Nismes). — *Al-Plan-del-Castellan, sive a Pauta-Ribauta*, 1503 (arch. hosp. de Nimes). — *Les Pautes-Ribaudes*, 1505 (*ibid.*). — *Mas de Bonnail*, 1608 (*ibid.*). — *Mas d'Aubay*, 1774 (comp. de Nimes).

Aube (L'), f. auj. détruite, c^ne de Manduel. — *Ad Albam*, 1274 (chap. de Nimes, arch. départ.). — *A Las Aubes*, 1578 (pap. de la fam. de Rozel).

Auberge (L'), f. c^ne de Vézenobre.

Auberts (Les), h. c^ne de Goudargues. — *Les Auberts*, 1789 (carte des États).

Aubesalous, f. c^ne de Valleraugue.

Aubespy (L'), h. c^ne de Dourbie.

Aubessas, h. c^ne de Rousson. — *Mansus de Albussaco*, 1345 (cart. de la seign. d'Alais, f° 35). — *Aubussac*, 1732 (arch. départ. C. 1478). —*Aubussas*, 1789 (carte des États).

Aubezier (L'), f. auj. détruite, c^ne de Saint-Sauveur-des-Poursils. — *Mansus de l'Albezier, in villa de Calmo-Rivo, in parrochia Sancti-Salvatoris*, 1224 (cart. de N.-D. de Bonh. ch. 43); 1237 (*ibid.* ch. 22).

Aubezier (L'), ruiss. qui prend sa source dans les bois de Saint-Sauveur-des-Poursils, sur le territoire du village de Camprieu, et se jette dans le ruisseau de Bonheur un peu au-dessus de la Barraque-de-Michel, même commune.

Aubignac, h. c^ne de Mialet. — *Elbignac*, 1461 (reg.-cop. de lettr. roy. E, iv). — *Locus de Aubinhaco*, 1517 (arch. cart. de Saint-Sauveur-de-la-Font). — *Le mas d'Elbignac, paroisse de Saint-André de Méallet*, 1562 (J. Ursy, not. de Nimes). — *Aubagnac*, 1824 (Nomencl. des comm. et ham. du Gard).

Aubord, c^on de Vauvert. — *In Alburno*, 879 (Mén. I, pr. p. 12, c. 1). — *In terminio de Alborno, in suburbio Nemausense*, 1078 (cart. de N.-D. de Nimes, ch. 170). — *Prioratus Sancti-Martini del Born*, 1266 (chap. de Nimes, arch. départ. G. 162). — *Albornum*, 1322 (Mén. II, pr. p. 36, c. 2); 1384 (dénombr. de la sénéch.). — *Prieuré Saint-Martin d'Aubort, du Bord*, 1590 (insin. ecclés. du dioc. de Nimes). — *Auborn*, 1685 (chap. de Nimes, arch. départ.).

L'estimation de 1322 pour l'assise de Calvisson (Mén. II, pr. p. 36, c. 2) nous apprend qu'à cette époque on comptait 70 feux dans les deux villages réunis de Bernis et d'Aubord. En 1384, ces deux localités, encore unies, n'en ont plus que 30; en 1750, Aubord seul avait 20 feux et 100 habitants. — Aubord était compris dans la viguerie de Nimes. — Le prieuré-cure de Saint-Martin d'Aubord faisait partie de l'archiprêtré de Nimes et valait 2,500 livres; l'évêque de Nimes en était le collateur.

Aubras, f. c^ne de Sainte-Cécile-d'Andorge.

Aubussargues, c^on de Saint-Chapte. — *Villa de Albussanicis*, 1381 (ch. d'Aubuss. cab^t de M. le marquis de Valfons). — *Albusanicæ*, 1384 (dénombr. de la sénéch.). — *Aubussargues*, 1547 (arch. départ. C. 1314). — *Albussargues*, 1557 (J. Ursy, not. de

Nimes). — *Le prieuré Saint-Pierre d'Aubussargues*, 1620 (insin. ecclés. du dioc. d'Uzès). — *Aubessargues*, 1715 (J.-B. Nolin, *Carte du diocèse d'Uzès*). — *Les Aubussargues*, 1721 (Robichon, not. d'Uzès); 1736 (arch. départ. C. 1303).

Aubussargues était, avant 1790, de la viguerie et du doyenné d'Uzès. Le prieuré de Saint-Pierre d'Aubussargues était à la collation de l'évêque d'Uzès. — En 1721, la seigneurie d'Aubussargues appartenait à la famille de Vergèze. — Le dénombrement de 1384 lui attribue 6 feux. — Aubussargues porte : *de sinople, à un pal losangé d'or et de sable*.

AUCHABIAN, f. c^ne de Brueys. — *Auchebien*, 1715 (J.-B. Nolin, *Carte du dioc. d'Uzès*).

AUDABIAS, h. c^ne de Saint-Jean-du-Pin.

AUDIFFRET, f. c^ne de Jonquières-et-Saint-Vincent. — *Mas de M. d'Arnaud de la Cassagne, sive La Crozette*, 1589 (comp. de Jonquières-et-Saint-Vincent).

AUDRAN, f. c^ne de Redessan.

AUDDY, f. c^ne de Calvisson.

AUDUSSORGUES, f. c^ne de Mialet. — 1543 (arch. départ. C. 1778).

AUGÈNE, f. c^ne de Saint-Jean-de-Serres. — *Augenyes*, 1565 (J. Ursy, not. de Nimes).

AUGENTET (L'), f. c^ne de Nimes, territ. de Courbessac, anj. détr. — *Loco dicto Laugentet, ultra Corbessacium*, 1380 (comp. de Nimes).

AUGIER, f. c^ne de Valabrègue.

AUGUSTINES (LES), chapelle ruinée et f. c^ne de Seynes.

Les religieuses de ce monastère se réunirent aux Bénédictines de Saint-Félix-de-Montseau (Hérault); la commune de Saint-Just-et-Vaquières continua de leur payer une redevance (arch. départ. C. 1281 et 1316).

AUGUSTINS (LES), chapelle ruinée et m^in, c^ne de Seynes. — *Monasterium de Augustinis, Uticensis diocesis*, 1295 (Mén. I, pr. p. 135, c. 1). — *Le prieuré Saint-Bausille de Ceynes-et-Augustins*, 1620 (insin. ecclés. du dioc. d'Uzès).

Ce monastère, ruiné de bonne heure, avait été annexé au prieuré régulier de Saint-Baudile de Seynes. — Voy. SEYNES.

AUJAC, c^ne de Génolhac. — *Aujacum*, 1384 (dénombr. de la sénéch.). — *Le prieuré Sainct-Martin d'Aujac*, 1620 (insin. ecclés. du dioc. d'Uzès); 1715 (J.-B. Nolin, *Carte du dioc. d'Uzès*); 1737 (arch. départ. C. 1490).

Aujac était, avant 1790, de la viguerie et du dioc. d'Uzès, doyenné de Sénéchas. — On n'y comptait qu'un seul feu en 1384. — Saint-Martin d'Aujac était un prieuré régulier à la collation de l'abbé de Saint-Ruf de Valence.

La communauté d'Aujac-et-Aujaguet avait pour armoiries : *d'hermines, à un chef losangé d'argent et de sinople*.

AUJAGUET, h. c^ne d'Aujac. — *Aujaguet*, 1547 (arch. départ. C. 1317); 1634 (*ibid.* C. 1289). — *Bas-Aujac*, 1789 (carte des États). — *Aujarguet* (carte géol. du Gard).

AUJARGUES, c^on de Sommière. — *Abbatia Sancti-Martini de Orianiches*, 1119 (bullaire de Saint-Gilles; Mén. I, pr. p. 29, c. 1). — *Orianicæ*, 1151 (*ibid.* p. 33, c. 1). — *Orjanègues*, 1179 (cart. de Psalm.). — *Orianicæ*, 1384 (dénombr. de la sénéch.). — *Aujargues*, 1669 (arch. départ. C. 730). — *Le prieuré Saint-Martin d'Orjargues*, 1696 (insin. ecclés. du dioc. de Nimes, G. 22).

Aujargues était de la viguerie et de l'archiprêtré de Sommière et du dioc. de Nimes. En 1384, on n'y comptait que 7 feux, y compris Pondre, qui était alors son annexe, et qui appartient aujourd'hui à la commune de Villevieille. — Le prieuré de Saint-Martin d'Aujargues avait appartenu longtemps à l'abbaye de Saint-Gilles, qui le céda à l'évêque de Nimes. En 1740, ce prieuré valait 1,000 livres et l'évêque de Nimes en était le collateur.

AUJOL (L'), f. c^ne de Roquedur.

AULAS, bois, c^ne de Navacelle.

AULAS, c^on du Vigan. — D. de *Aulacio*, 1001 (pap. de la fam. d'Alzon). — *Villa que vocant Aulaz, in pago Arisdensi*, 1108 (cart. de N.-D. de Nimes, ch. 188). — *Ecclesia de Aulatis*, 1156 (cart. de N.-D. de Nimes, ch. 84). — B. de *Aulaton*, 1218 (cart. de Saint-Victor de Mars. ch. 1000). — *R. prior de Aulatio*, 1239 (cart. de N.-D. de Bonh. ch. 31). — *Sanctus-Martinus de Aulaz*, 1284 (chap. de Nimes, arch. départ.). — *Locus de Aulacio*, 1314 (Guerre de Flandre, arch. munic. de Nimes). — *Avolacium*, 1384 (dénombr. de la sénéch.). — *Aulacium, in baronia Arisdii*, 1423 (pap. de la fam. d'Alzon). — *Aulacium*, 1461 (reg.-cop. de lettr. roy. E, IV, f° 16); 1617 (arch. départ. C. 857).

Aulas était, avant 1790, de la viguerie du Vigan et Meyruis et de l'archiprêtré d'*Arisdium* ou du Vigan. On y comptait 17 feux en 1384. — Les armoiries d'Aulas sont : *d'or, à un aigle de sable, avec un chef d'azur, chargé de trois tours d'argent*.

AULAS (RIVIÈRE D') : elle prend sa source dans la mont. de l'Espérou, c^ne de Valleraugue, traverse celles d'Arphy, d'Aulas, de Bréau, du Vigan, de Molières, et se jette dans l'Arre en face d'Avèze. — Voy. COUDOULOUX.

AUMESSAS, c^on d'Alzon. — *Stare caminatæ de Ulmensacio*, 1248 (cart. de N.-D. de Bonh. ch. 105). — *Ecclesia de Olmensatio*, 1276 (*ibid.* ch. 105). — *De Olmensacio*, 1309 (*ibid.* ch. 111). — *Locus de Olmessacio*, 1314 (Guerre de Flandre, arch. munic. de Nimes). — *Castrum seu villa Olmessacii, et ejus mandamentum*, 1321 (pap. de la famille d'Alzon). — *Villa de Holmnessatio*, 1391 (*ibid.*). — *Locus de Holmessacio, Nemausensis diocesis*, 1420 (J. Mercier, not. de Nimes). — *Olmessas*, 1435 (rép. du subs. de Charles VII). — *Ecclesia Sancti-Ylarii de Olmessacio*, 1502 (A. de Massepore, not. du Vigan).

Aumessas est omis (j'ignore pourquoi) dans le dénombrement de 1384. Ce village faisait partie de la viguerie et de l'archiprêtré du Vigan. Il porte : *d'argent, à un aigle de sable.*

AUMESSAS, ruiss. qui prend sa source au mont Lengas et se jette dans l'Arre sur le territoire même d'Aumessas. — 7,300 mètres de parcours.

AUMET (L'), f. cᵐᵉ de Saint-Martial.

AUPIAS (LAS), chât. et f. cⁿᵉ de Saint-Marcel-de-Carreiret. — *Les Opiats*, 1742 (insin. ecclés. du dioc. de Nimes, G. 27). — Cette seigneurie appartenait à la famille Bruneau d'Ornac.

AUQUIER, f. cⁿᵉ de Souvignargues. — *Lauquin*, 1547 (arch. départ. C. 1809).

AURE (L'), f. cⁿᵉ de Colias, auj. détr. — *La Aure*, 1607 (arch. comm. de Colias).

AUREILLAC, cⁿᵉ d'Uzès. — *Auriach*, 1107 (cart. de Psalm.). — *Aurelhacum*, 1384 (dénombr. de la sénéch.). — *Aureilhac*, 1535 (Sauv. André, not. d'Uzès). — *Aurillac-les-Uzès*, 1721 (Robichon, not. d'Uzès). — 1736 (arch. départ. C. 1803).

Aureillac était, avant 1790, de la viguerie et du doyenné d'Uzès. Le prieuré de Notre-Dame-des-Anges d'Aurcillac était à la collation de l'évêque d'Uzès, ainsi que la chapellenie de Saint-Roch du même lieu. — On ne comptait à Aureillac que 3 feux et demi en 1384. — La communauté d'Aureillac payait annuellement une maille d'or à la dame d'Arpaillargues (arch. départ. C. 1352). — Le marquis de Montmaur en était seigneur. — Ce lieu ressortissait au sénéchal d'Uzès. — Aureillac est auj. réuni à Arpaillargues. — Ses armoiries sont : *d'argent, à une bande losangée d'argent et de sable.*

AURÉJAN, f. cⁿᵉ de Garsan.

AURIASSES (LES), f. cⁿᵉ de Saint-Gilles. — *Auriasse*, 1549 (arch. départ. C. 774).

AURIÈRES (LES), f. et bois, cⁿᵉ d'Alzon. — *Mansus de Aureriis*, 1263 (pap. de la fam. d'Alzon). — *Aureriæ, sive Roca-Cortet, parrochiæ de Arrigatio*, 1371 (*ibid.*). — *Mansus de Aureriis, parrochiæ Alzoni*, 1466 (J. Montfajon, not. du Vigan).

AURIOL (L'), ruiss. qui prend sa source sur la cⁿᵉ de

Deaux et se jette dans le Gardon sur le territoire de la cⁿᵉ de Vèzenobre.

AURIOL (L'), ruiss. qui prend sa source sur la cⁿᵉ de Valleraugue et se jette dans l'Hérault sur le territ. de la même cⁿᵉ.

AURIOL (L'), ruiss. — Voy. LAURIOL.

AURIOLS, f. cⁿᵉ de Pujaut.

AURIOUL, h. cⁿᵉ de Comps.

AUSON, f. cⁿᵉ de Sernhac.

AUSSON (L'), ruiss. qui prend sa source sur la cⁿᵉ de la Cadière et sort du département pour aller se jeter dans l'Hérault sur le territ. de Saint-Bauzile-de-Putois. — *L'Alzon* (Mercier de La Morière, *Carte hydr. du Gard*).

AUTEIRAC, f. cⁿᵉ de Saint-Jean-de-Maruéjols. — *Pailler-Viel, sive Le Béal*, 1648 (Griolet, not. de Barjac).

AUTIÉS, f. cⁿᵉ de Tornac (h. de Taupessargues). — *Les Autiers*, 1789 (carte des États).

AUTURES (LES), f. cⁿᵉ du Caylar, auj. détr. — *Les Auteures*, 1528 (chapell. des Quatre-Prêtres, arch. hosp. de Nimes).

AUVIS (LES), f. cⁿᵉ de Flaux.

AUZAL (L'), ruiss. qui prend sa source sur la cⁿᵉ de Valleraugue et se jette dans l'Hérault sur le territ. de la même cⁿᵉ.

AUZAS, h. cⁿᵉ de Saint-Jean-du-Pin.

AUZEIROLLES, f. cⁿᵉ de la Grand'Combe.

AUZIÈRE, f. cⁿᵉ de Mons.

AUZIÈRE, f. cⁿᵉ de Saint-Gilles.

AUZIGUE, ruiss. qui prend sa source sur la cⁿᵉ de Sabran et va se jeter dans le Tave sur le territ. de la cⁿᵉ de Cavillargues. — Parcours : 6 kilomètres.

AUZILLARGUES, h. cⁿᵉ de Saint-André-de-Valborgne. — *P. de Ausinhanicis*, 1474 (J. Brun, not. de Saint-Geniès-en-Malgoirès).

AUZON, vill. cⁿᵉ d'Allègre. — *Alsonum, vicarie Ucetici*, 1345 (cart. de la seign. d'Alais, fᵒ 34). — *Alsonum*, 1384 (dénombr. de la sénéch.). — *Prioratus de Alzono*, 1470 (Sauv. André, not. d'Uzès). — *Prioratus Sancti-Privati Alzonis, secus Sanctum-Ambrosium*, 1532 (Mercier, not. d'Uzès). — *Auson*, 1549 (arch. départ. C. 1319). — *Le prieuré Sainct-Pancrassi* (sic) *d'Aulzon*, 1620 (insin. ecclés. du dioc. d'Uzès). — *Auzon*, 1637 (arch. départ. C. 1286). — *Ausou*, 1715 (J.-B. Nolin, *Carte du dioc. d'Uzès*). — *Auzon*, 1731 (arch. départ. C. 1478).

Dès le XVIIᵉ siècle, Auzon faisait déjà partie, avec Boisson, de la communauté d'Allègre. Pour le nombre de feux et les armoiries, voy. ALLÈGRE. — Le prieuré régulier de Saint-Privat d'Auzon, du doyenné de Saint-Ambroix, était à la collation de l'évêque d'Uzès.

Auzonnet (L'), riv. qui a sa source sur la c⁰ᵉ de Portes, traverse celles de Saint-Florent, de Saint-Jean-de-Valérisele, des Mages, de Saint-Julien-de-Cassagnas, d'Allègre et de Rivières, et se jette dans la Cèze sur le territoire de cette dernière commune. — Parcours : 26 kilomètres.

Auzonnette (L'), ruiss. qui prend sa source sur la c⁰ᵉ de Saint-Just et-Vaquières et se jette dans l'Auzonnet sur le territoire de la c⁰ᵉ d'Allègre.

Avédon, f. c⁰ᵉ de Saint-Quentin. — Avédon, 1721 (bibl. du gr. sém. de Nimes); 1731 (arch. départ. C. 1474). — Au xviiⁱᵉ siècle, ce fief appartenait à M. de Dampmartin, d'Uzès.

Avedon (L'), ruiss. qui prend sa source sur le domaine de la Tour, c⁰ᵉ d'Uzès, et se jette dans l'Alzon sur la c⁰ᵉ de Saint-Maximin.

Avègne (L'), ruiss. qui prend sa source sur la c⁰ᵉ de Valérargues et va se jeter dans l'Aguillon sur celle de Verfeuil. — Davégne, 1789 (carte des États).

Avejan, c⁰ⁿ de Barjac. — Avejanum, 1272 (Mén. I, pr. p. 96, c. 2). — Locus de Aveiano, 1346 (notes mss. de Mén. bibl. de Nimes); 1384 (dénombr. de la sénéch.). — Prioratus de Aveiano, 1470 (Sauv. André, not. d'Uzès). — Avejan, 1550 (arch. départ. C. 1321); 1557 (J. Ursy, not. de Nimes). — Le prieuré Saint-Pierre-d'Avejant, 1620 (insin. eccl. du dioc. d'Uzès).

Avejan était, avant 1790, de la viguerie d'Uzès et du doyenné de Saint-Ambroix. — Le prieuré séculier de Saint-Pierre d'Avejan était à la nomination de l'évêque, ainsi que la chapellenie de Saint-Sébastien dudit lieu. — Le dénombrement de 1384 ne donne à cette communauté qu'un feu et demi. — Avejan a été réuni à Saint-Jean-de-Maruéjols par un décret du 31 janvier 1813. — Les armoiries d'Avejan sont : d'argent, à une fasce losangée d'argent et de sinople.

Aven, abîme, c⁰ᵉ de Navacelle.

Aven, abîme, c⁰ᵉ de Sauve. — Appelé aussi le Père (voy. ce nom).

Avène (L'), ruiss. qui prend sa source au mont Rouvergne, c⁰ᵉ de la Grand'Combe, traverse celles de Saint-Florent, Rousson, Salindres, Saint-Privat-des-Vieux, et se jette dans le Gardon sur la c⁰ᵉ de Saint-Hilaire-de-Brethmas. — L'Avèze, 1644 (arch. départ. C. 811). — Auguègne, 1862 (Ann. du Gard, p. 690). — Parcours : 20,900 mètres.

Avès, bois, c⁰ᵉ de Laval.

Avesque, f. c⁰ᵉ de Sauve.

Avèze, c⁰ⁿ du Vigan. — B. de Aveda, 1150 (cart. de N.-D. de Bonh. ch. 52). — Ecclesia de Aveda, 1156 (cart. de N.-D. de Nimes, ch. 84). — Ecclesia Beata-Mariæ de Aveza, 1262 (cart. de N.-D. de Bonh. ch. 40 et 41). — Villa et inandamentum de Aveza, 1311 (pap. de la fam. d'Alzon). — Beata Maria de Avesia, 1384 (dénombr. de la sénéch.). — Aveze, 1435 (rép. du subs. de Charles VII). — Locus de Advesia, diocesis Nemausensis, 1466 (J. Montfajon, not. du Vigan). — Notre-Dame d'Aveze, 1589 (insin. eccl. du dioc. de Nimes). — (Mén. IV, p. 155).

Avèze faisait partie de la viguerie et de l'archiprêtré d'Arisdium ou du Vigan. — Le dénombrement de 1384 ne lui donne que 2 feux. — La seigneurie d'Avèze appartenait, en 1554, à Claude de Vabres. — Le château actuel est la propriété de la famille de Montcalm.

Avinières, h. c⁰ᵉ de Cendras. — Aveneriæ, 1226 (Mén. I, pr. p. 70, c. 2). — Voy. Saint-André-des-Avinières.

Ayasse (L'), f. c⁰ᵉ de Chamborigaud. — 1731 (arch. départ. C. 1475).

Ayrolles, f. c⁰ᵉ d'Anduze. — Areolæ, 1210 (Mén. I, pr. p. 48, c. 2).

Ayrolles, f. c⁰ᵉ de Dions. — Hareolæ, 1230 (chap. de Nimes, arch. départ.). — Airolæ, 1254 (Gall. Christ. t. VI, p. 305). — Voy. Saint-Théodorit-d'Ayrolles.

Ayrolles, f. c⁰ᵉ de Saint-Christol-lez-Alais.

Ayrolles (Les), bois, c⁰ᵉ de Rivières-de-Theyrargues. — 1637 (arch. départ. C. 1286).

Azimaux (Les), f. c⁰ᵉ de Vergèze, auj. détr. — 1739 (pap. de la fam. Séguret, arch. hosp. de Nimes).

Azinières (Les), bois, c⁰ᵉ d'Avèze.

B

Babarel, f. c⁰ᵉ des Salles-du-Gardon.

Babau, f. c⁰ᵉ de Vauvert, auj. détr. — Babaou, 1384 (chapellenie des Quatre-Prêtres, arch. hosp. de Nimes); 1525, 1557 (ibid.).

Bacone (La), bois, c⁰ᵉ d'Uzès. — Le devois de la Ba-
Gard.

cone, terroir de Saint-Firmin, 1721 (bibl. du gr. sém. de Nimes). — Le duc d'Uzès en était seigneur, en vertu de l'échange fait avec le roi en 1721.

Badaffière (La), bois, c⁰ᵉ de Cassagnolles. — 1541 (arch. départ. C. 1795).

3

BADAFFIÈRE (LA), f. cne du Caylar, auj. détr. — 1619 (chapellenie des Quatre-Prêtres, arch. départ.).

BAGAR, f. cne de Sauve.

BAGARD, cne d'Anduze. — *Bagarnæ*, 1298 (cart. de Saint-Sauveur-de-la-Font). — *Parochia de Bagarnis*, 1345 (cart. de la seign. d'Alais, fo 35); 1384 (dénombr. de la sénéch.). — *Ecclesia de Bagarnis*, 1386 (rép. du subs. de Charles VI). — *Bagars*, 1435 (rép. du subs. de Charles VII). — *Le prieuré Sainct-Saturnin de Bagardz*, 1617 (insin. eccl. du dioc. de Nimes, G. 13).

Bagard était, avant 1790, de la viguerie et de l'archiprêtré d'Anduze, dioc. de Nimes. – On n'y comptait que 3 feux en 1384. — Bagard porte : *d'azur, à une bande d'argent, accompagnée en chef d'un lion rampant contre la bande.*

BAGARD, h. cne de Barron.

BAGAREL (GRAND et PETIT), cne du Caylar, îles formées par le Vistre et le Vieux-Vistre ou Gerle. — 1726 (carte de la baronnie du Caylar).

BAGATELLE, f. cne du Vigan.

BAGNE (LA), ruiss. qui a sa source sur la cne de Saint-Gervais et se jette dans la Cèze sur le territ. de la même commune. — 1,800 mètres de parcours.

BAGNÈRE (LA), ruiss. qui prend sa source sur la cne de Saint-Maurice-de-Casevieilles et se jette dans la Droude sur le territ. de la même commune.

BAGNOLS, arrond. d'Uzès. — *Baniolas*, 1119 (cart. de Psalm.). — *Balneolæ*, 1281 (Mén. I, pr. p. 108, c. 1). — *Balneolum*, 1307 (chap. de Nimes, arch. départ.). — *Balneolæ*, 1377 (cart. de la seign. d'Alais, fo 55); 1384 (cart. de la sénéch.). — *Villa Balneolarum*, 1461 (reg.-cop. de lettr. roy. E, iv). — *Baingneux*, *Baignolz*, *la ville de Bagnox*, 1461 (ibid. E, v). — *Bagnolz*, 1550 (arch. départ. C. 1322). — *Baignoulx*, 1570 (J. Ursy, not. de Nimes). — *Le prieuré Sainct-Jean de Bagnolz*, 1620 (insin. eccl. du dioc. d'Uzès).

Bagnols était, avant 1790, le chef-lieu d'une viguerie royale comprenant 25 villages, qui font encore aujourd'hui partie du département du Gard et de l'arrond. d'Uzès, à l'exception d'un seul, Saint-Martin-de-la-Pierre, compris dans le dép. de l'Ardèche, cne de Saint-Just d'Ardèche. — Bagnols était, de plus, le chef-lieu d'un des plus importants archiprêtrés du dioc. d'Uzès. — Le prieuré de Saint-Jean de Bagnols, uni à l'office du vestiaire de la cathédrale d'Uzès, était à la collation du prévôt du chapitre. — Le dénombrement de 1384 donne à Bagnols 115 feux, chiffre considérable pour l'époque; celui de 1789, 1085 feux. — Cette ville députait aux États alternativement avec le Pont-Saint-Esprit.

La ville de Bagnols doit son nom (*Balneolæ*) à une source d'eaux minérales qui sort de la montagne de *Lancise*, à 600 mètres de la ville, et qui paraît avoir été connue des Romains. Ces eaux jouirent d'une grande célébrité, pour la guérison de la lèpre, jusqu'au xviie siècle. En 1606, l'éboulement d'une partie de la montagne sablonneuse de Lancise fit disparaître presque entièrement ces eaux, ou du moins fit perdre à ce qui en reste toute efficacité.

La ville de Bagnols porte : *de gueules, à trois tinettes ou cuvettes d'or, suspendues chacune à un anneau par trois cordons de même, posées 2 en chef et 1 en pointe; et un chef cousu de sinople, chargé de trois fleurs de lis d'or.*

BAGNOUX, f. cne de Calvisson, auj. détr. — *Bagnolum villa*, 1060 (cart. de N.-D. de Nimes, ch. 76). — *Banhour*, 1567 (arch. départ. G. 287). — *Le Pont-de-Bagnols*, 1580 (Robin, not. de Calvisson). — Il y a en effet, à cet endroit, un pont romain sur le Rhôny.

BAGUARES, f. cne de la Capelle-et-Mamolène.

BAGUET, f. et min, cne de Saint-Gilles.

BAGUETTES (LES), h. cne de Saint-André-de-Valborgne.

BAGUIER, f. cne de Logrian.

BAISSAC, h. cne de Saint-Paul-la-Coste.

BAISSASSE (LA), ruiss. qui prend sa source à Fontbonne, cne de Villevieille, et se jette dans le Vidourle sur le territ. de Sommière.

BAÏSSE-DE-JAPHET (LA), étang, cne de Saint-Gilles.

BAÏSSES (LES), marais auj. desséché, cne du Caylar, sur les bords du Rhôny. — 1619 (chapellenie des Quatre-Prêtres, arch. départ.).

BAÏSSES (LES), marais formés par les inondations du Gardon, cne de Comps.

BAIX (LE), ruiss. qui prend sa source sur la cne de Saint-Jean-de-Serres, traverse celle de Canaules-et-Argentières et se jette dans le Crieulon sur le territ. de la cne de Logrian-et-Comiac-de-Florian. — *Biotum*, 1236 (chap. de Nimes, arch. départ.). — *Riperia d'Emi-Biot*, 1253 (ibid.). — *Le Bayle*, 1642 (ibid.). — Parcours : 11,200 m.

BALCOUN, f. cne de Saint-Jean-de-Crieulon. — *Mas-Balcous*, 1550 (J. Ursy, not. de Nimes). — *Beaucous*, 1812 (notar. de Nimes).

BALCOUZE (LA), ruiss. qui prend sa source au Col-du-Bez, cne de Saint-Martial, et se jette dans le Rieutort ou Ensumène sur le territ. de la même cne. — Son parcours est de 6,100 m. — *Territorium et vallatum de Balcosa*, 1472 (A. Razoris, not. du Vigan).

BALDET, f. cne de Saint-Martial.

BALLÈVE (LA), h. cne de Concoules.

BALME (LA), h. c^ne du Cros.

BALMOUILLE, f. c^ne de Montaren-et-Saint-Médier.

BALOUNENC, h. c^ne de la Rouvière (le Vigan).

BALOUNIÈRES (LES), f. c^ne de Saint-Laurent des-Arbres. — Balouvières, 1786 (arch. départ. C. 1666).

BALSET (LE), m^in, c^ne de Saint-Sauveur-des-Pourcils.

BALTAT, h. c^ne de Saint-André-de-Valborgne.

BANCAL, h. c^ne de Monoblet.

BANCEL, h. c^e de Carnas. — Bandel, 1863 (notar. de Nimes).

BANE, f. c^ne de Courry. — 1768 (arch. départ. C. 1646).

BANE, h. c^e de Portes. — Mansus de Baneto, in castro de Portis, 1345 (cart. de la seign. d'Alais, f^t 32 et 41). — Banc, 1732 (arch. départ. C. 1481). — Bang, 1750 (ibid. C. 1532).

BANES, bois, c^ne de Vabres.

BANIÈRES, f. c^e du Caylar, auj. détr. — 1619 (chapellenie des Quatre-Prêtres, arch. hosp. de Nimes).

BANIÈRES, h. c^ne de Saint-Jean-du-Gard. — Baneriæ, 1308 (Mén. I, pr. p. 203, c. 2).

BANNASSAC, f. c^ne de Saint-Ambroix, sur une montagne du même nom. — Le château de Banassac, 1622 (arch. départ. c. 1215). — Banassat (carte géol. du Gard).

BANNIÈRES, f. c^ne de Milhaud. — Bagnerias, 1004 (cart. de Psalm.). — Mansus de Banneriis, in decimaria Sancti-Cezarii, 1237 (cart. de Saint-Sauveur-de-la-Font.). — Loco vocato de Banneriis, 1306 (ibid.). — In Banhieyras, 1380 (compoix de Nimes). — Banyeiras, 1409 (la Taula del Poss. de Nismes).

BANQUE (LA), h. c^ne de Canaules-et-Argentières.

BANS, h. c^ne de Chamborigaud.

BARALIÈRE (LA), h. c^ne de Sabran.

BARANCS (LES), f. c^ne de Saint-Cosme, auj. détruite.

BARASQUE (LA), chât. ruiné, c^ne de Saint-Étienne-des-Sorts.

BARBET, f. c^ne de Fontanès. — 1731 (arch. départ. C. 1476).

BARBEZIEUX (LE), ruiss. qui a sa source sur le territ. de l'anc. communauté de Saint-Andéol-de-Trouillas, traverse la c^ne de la Grand'Combe et se jette dans le Gardon en face des Salles-du-Gardon.

BARBIN, f. c^ne de Nimes. — La Barben, 1671 (comp. de Nimes). — Le Barbin, 1704 (C. J. de La Baume, Rel. inéd. de la rév. des Camis.).

BARBORAS, f. c^ne de Rousson.

BARBOT, f. c^ne de Saint-Just-et-Vaquières.

BARBUSSE, f. c^e de Fontanès. — La Barbasse, 1731 (arch. départ. C. 1476).

BARBUSSE, f. c^ne de Tornac. — Mansus de Barbegeria, 1345 (cart. de la seign. d'Alais, f° 35).

BARBUSSES (LES), f. c^ne de Savignargues, auj. détr. —

Ad Barbussas, 1260 (chap. de Nimes, arch. départ.). — Mansus de Barbussis, parrochie Beatæ-Mariæ de Columberiis, Nemausensis diocesis, 1463 (Peladan, not. de Saint-Geniès-en-Malgoirès).

BARBUT, f. c^ne de Générac.

BARBUT, f. c^ne de Redessan.

BARBUTS (LES), f. c^ne de Saint-André-de-Valborgne. — Mansus dels Barbusses, parochie Sancti Andreæ de Valle-Bornes, 1275 (cart. de N.-D. de Bonh. ch. 108). — Le mas des Barbuts, 1552 (arch. départ. C. 1776).

BARÈZE (LA), f. c^ne de Boisset-et-Gaujac.

BARGUE, f. c^ne de Trèves.

BARILLAN, f. c^ne de Beauvoisin, auj. détruite.

BARJAC, arrond. d'Alais. — Castrum de Barjaco, 1186 (Gén. des Châteauneuf-Randon, p. 4); 1211 (Gall. Christ. t. VI, p. 304). — Barjacum, 1294 (Mén. I, pr. p. 132, c. 1). — Locus de Barjaco, 1376 (cart. de la seign. d'Alais, f° 24). — 1384 (dénombr. de la sénéch.). — Barjacum, 1461 (reg.-cop. de lettr. roy. E, v). — Mandamentum Barjacii, 1598 (André de Costa, not. de Barjac). — Barjac, 1550 (arch. départ. C. 1321); 1584 (Griolet, not. de Barjac). — Bargeac, 1610 (ibid.). — Voy. SAINT-LAURENT-DE-MALHAC.

Barjac était, avant 1790, une baronnie dont les seigneurs avaient entrée aux États de Languedoc. Cette petite ville faisait partie de la viguerie d'Uzès et du doyenné de Saint-Ambroix. On n'y comptait en 1384 que 12 feux, y compris son annexe Bessas, qui appartient auj. au dép. de l'Ardèche; le dénombrement de 1789 lui en donne 319. — L'armorial de 1694 blasonne ainsi les armes de Barjac; d'or, à une croix losangée d'or et de sable ; — Gastelier de La Tour : d'azur, à la croix d'argent, le pied pommelé et fiché de même, cantonnée de quatre étoiles d'or.

BARJAC, f. c^ne de Saint-Gilles.

BARJAC, f. c^ne de Saint-Hippolyte-de-Caton.

BARJAC, h. c^ne de Monteils.

BARJAC, h. c^ne de Trèves.

BARLATIÈRES (LES), f. c^ne de Rochefort. — Les Berlatières, 1863 (notar. de Nimes).

BARLAUDE (LA), ruiss. qui prend sa source sur la c^ne de Deaux et se jette dans le Gardon sur le territ. de Vézenobre.

BARMA (LE), h. c^ne de Thoiras.

BARNIER, f. c^ne de Nimes. — Château-Barnier (carte géol. du Gard).

BARONNE (LA), f. et m^in c^ne de Saint-Privat-des-Vieux.

BARRAILLE, h. c^ne du Cros.

BARRAL, f. c^ne de Blandas. — Mansus de Barrali, parrochiæ de Blandacio, 1502 (A. de Massaporcis, not.

3.

du Vigan). — *Mansus de Barraleto, sive de Campas-Vaccaressas, parochiæ Blandacü*, 1513 (A. Bilanges, not. du Vigan). — *Le Barrail*, 1789 (carte des États).

BARRAL, f. c^ne de Monoblet.

BARRALET (LE), f. c^ne de Colognac. — *Baralet*, 1789 (carte des États).

BARRAQUE (LA), f. c^ue d'Arphy.

BARRAQUE (LA), f. c^ne d'Aujac.

BARRAQUE (LA), f. c^ne de Brueys.

BARRAQUE (LA), m. is. c^ne de la Cadière.

BARRAQUE (LA), f. c^ne de Canaules-et-Argentières.

BARRAQUE (LA), f. c^ne de Fontarèche.

BARRAQUE (LA), m. is. c^ue de Gajan.

BARRAQUE (LA), m. is. c^ne d'Hortoux-et-Quilhan. — *Le Gentilhomme*, 1789 (carte des États).

BARRAQUE (LA), f. c^ne de la Melouse.

BARRAQUE (LA), f. c^ue de Monteils. — *Le Clapier*, 1789 (carte des États).

BARRAQUE (LA), f. c^ne des Plans.

BARRAQUE (LA), f. c^ne de Puechredon.

BARRAQUE (LA), m. is. c^ne de Saint-Hilaire-de-Brethmas.

BARRAQUE (LA), f. c^ne de Saint-Roman-de-Codières.

BARRAQUE (LA), f. c^ne de la Salle.

BARRAQUE (LA), f. c^ne de Saumane.

BARRAQUE-D'AUBANEL (LA), m. is. c^ne de Codognan. — *Les Barraques de Codognan*, 1768 (arch. départ. C. 1141).

BARRAQUE-DE-LA-FONT-SAINT-PEYRE, m. is. c^ne de Parignargues.

BARRAQUE-DE-L'EUZE (LA), m. is. c^ne de Thoiras.

BARRAQUE-DE-MASSIÈS (LA), f. c^ne de Thoiras.

BARRAQUE-DE-MICHEL (LA), f. c^ne de Saint-Sauveur-des-Poursils. — *Mansus de Praclaux*, 1150 (cart. de N.-D. de Bonh. ch. 46). — *Mansus Prati-Clausi*, 1158 (ibid. ch. 50). — *Apud Pratclaux*, 1234 (ibid. ch. 22). — *Mansus de Pratclaux*, 1238 (ibid. ch. 45 et 31). — *Mansus de Pratclaux, scitus in parochia Sancti-Salvatoris de Porcillis*, 1309 (ibid. ch. 87).

BARRAQUE-DES-JONCS (LA), m. is. c^ne de Parignargues.

BARRAQUE-D'EUZET (L'), f. c^ne d'Euzet.

BARRAQUE-DE-SEGOURS (LA), m. is. c^ne de Saint-Jean-du-Gard.

BARRAQUE-SAINTE-CROIX (LA), m. is. c^ne d'Euzet.

BARRAQUES (Les), h. c^ne de Fons. — *La Barraque-de-Fons*, 1744 (Nicolas, not. de Nimes).

BARRAQUES (Les), h. c^ne de Gailhan.

BARRAQUES (Les), h. c^ne de Galargues.

BARRAQUES (Les), h. c^ne de Langlade.

BARRAQUETTE (LA), h. et m^in, c^ne de Chamborigaud. — 1731 (arch. départ. C. 1475).

BARRAQUETTE (LA), f. c'^e de Durfort.

BARRAQUETTE (LA), m. is. c^ne de Marguerittes, près de l'emplacement du prieuré détruit de Notre-Dame-de-l'Agarne.

BARRAQUETTE (LA), f. c^ne de Saint-Félix-de-Pallières.

BARRAQUETTE (LA), f. sur les c^nes de la Salle et de Saint-Bonnet-de-Salendrenque.

BARRAQUETTE (LA), f. c^ne de Thoiras.

BARRE, montagne, c^ne de Malons-et-Elze.

BARRE (LA), f. c^ne de Valleraugue, près du hameau de Taleyrac.

BARRES (Les), f. c^ne de Montfrin, auj. détruite (E. Tronquier, *Mém. sur Montfrin*). — Le nom est resté au cadastre.

BARRES (Les), f. c^ne de Tresques.

BARRIEL, f. c^ue de Tornac.

BARRIÈRE, f. c^ne de Calvisson, auj. détruite. — *Barreria*, 1220 (Mén. I, pr. p. 68, c. 2). — *Barrieyre*, 1567 (J. Ursy, not. de Nimes).

BARRIÈRE, f. c^ne des Mages. — *La métairie de Barrière, paroisse de Saint-Jean-de-Valeriscle*, 1731 (arch. départ. C. 1474).

BARRIÈRE, h. c^ne de Saint-Jean-du-Pin. — *Barreria*, 1233 (chap. de Nimes, arch. départ.). — *Mansus de Barreria, parrochie de Pinu*, 1508 (Gaucel. Calvin, not. d'Anduze).

BARRON, c^on de Saint-Chapte. — *Castrum de Barrono*, 1211 (Gall. Christ. t. VI, p. 304). — *Bastida de Baronno*, 1226 (bibl. du gr. sém. de Nimes). — *Barronum*, 1384 (dénombr. de la sénéch.) — *Barron*, 1547 (arch. départ. C. 1313). — *Le prieuré Sainct-Jean-Bautiste de Barron*, 1620 (insin. eccl. du dioc. d'Uzès). — *Baron*, 1715 (J.-B. Nolin, *Carte du dioc. d'Uzès*). — *Dère-la-Montagne*, 1793 (arch. départ. L. 393).

Barron était, avant 1790, de la viguerie et du doyenné d'Uzès. — Le prieuré de Barron était uni à l'église collégiale de Notre-Dame-la-Neuve d'Uzès. — C'était, au XIIIe siècle, un fief d'où relevaient les villages de *Bezuc* et de *Probiac*. Il n'est compté pourtant que pour 6 feux dans le dénombrement de 1384. — Les armoiries de Barron sont : *d'or, à une bande losangée d'or et d'azur*.

BARRY, f. c^ne de Valleraugue.

BARTAS-DU-CAYLAR (LE), f. c^ne d'Aiguesmortes, aujourd'hui détruite. — 1726 (carte de la baronnie du Caylar).

BARTASSIÉ (LE), f. c^ne de Saint-Jean-du-Gard.

BARTHELASSE (LA), île du Rhône, c^ne de Villeneuve-lez-Avignon, réunie au départ. de Vaucluse par une loi du 10 juillet 1856.

BARTHRE (LE), h. c^ne de Bonnevaux-et-Hiverne.

BARTRAS (LE), f. c^{ne} de Bonnevaux-et-Hiverne.

BARTRAS (LE), bois, c^{ne} de Saint-Christol-de-Rodières.

BARUTEL, montagne et carrière de pierre, c^{ne} de Nimes. — *Baritellum*, 1208 (Mén. I, pr. p. 44, c. 2). — *Barutel*, 1671 (compoix de Nimes).

BASSARGUES, lieu détruit, c^{ne} de Montfrin. — *Barcianicæ*, 1209 (chap. de Nimes, arch. départ.). — *Barsanicæ*, 1384 (dénombr. de la sénéch.).

    Bassargues était un des seize villages de la viguerie de Beaucaire. — On n'y comptait qu'un feu en 1384. — C'était encore, au commencement du xve siècle, un fief relevant de la seigneurie de Montfrin. Le nom seul est resté au cadastre de la c^{ne} de Montfrin.

BASSE-HABITARELLE (LA), f. c^{ne} de Saint-Geniès-en-Malgoirès.

BASSES (LES), bois, c^{ne} de Monoblet.

BASSET, q. c^{ne} de Remoulins.

BASSINET (LE), f. c^{ne} de Saint-Geniès-en-Malgoirès.

BASSOULS, h. c^{ne} de Malons-et-Elze. — *Bassoul*, 1789 (carte des États).

BASTARDEL (LE), ruiss. qui a sa source à la Font-du-Pigeon, c^{ne} de Manduel, et se jette dans le Buffalon sur le territ. de la même commune.

BASTIDE (LA), f. c^{ne} d'Aiguesmortes.

BASTIDE (LA), bois, c^{ne} de la Bastide-d'Engras.

BASTIDE (LA), ruiss. qui prend sa source à la Bastide, c^{ne} de Gailhan, et se jette dans le Vidourle sur le territ. de la même commune.

BASTIDE (LA), f. c^{ne} de Beaucaire. — *Mas-de-la-Bastide*, 1822 (notar. de Nimes).

BASTIDE (LA), f. c^{ne} de Cabrières.

BASTIDE (LA), f. c^{ne} de Chamborigaud. — 1731 (arch. départ. C. 1475).

BASTIDE (LA), f. c^{ne} de Gailhan. — *Mansus de Bastida*, 1253 (chap. de Nimes, arch. départ.).

BASTIDE (LA), f. c^{ne} de Nimes. — *Bastida*, 1139 (chap. de Nimes, arch. départ.). — *Ad Bastidam*, 1380 (compoix de Nimes).

BASTIDE (LA), f. c^{ne} de Peyroles. — 1551 (arch. départ. C. 1771).

BASTIDE (LA), f. c^{ne} de la Rouvière (le Vigan).

BASTIDE (LA), f. c^{ne} de Saint-Florent.

BASTIDE (LA), f. c^{ne} de Saint-Jean-du-Gard.

BASTIDE (LA), h. c^{ne} de Saint-Martial.

BASTIDE (LA), f. c^{ne} de Saint-Sébastien-d'Aigrefeuille. — *La Fontaine de la Bastide*, 1783 (arch. départ. C. 516).

BASTIDE (LA), h. c^{ne} de la Salle.

BASTIDE (LA), f. c^{ne} de Sommière.

BASTIDE (LA), f. c^{ne} de Soustelle.

BASTIDE (LA), f. c^{ne} de Sumène.

BASTIDE (LA), h. c^{ne} de Trèves.

BASTIDE (LA GRANDE-), f. c^{ne} de Pujaut. — 1787 (arch. départ. C. 1634).

BASTIDE-D'ENGRAS (LA), c^{on} de Lussan. — *Bastida d'En-Gras*, 1211 (Gall. Christ. t. VI, p. 304); 1254 (bibl. du gr. sémin. de Nimes); 1384 (dénombr. de la sénéch.). — *Locus de Bastida d'En-Gras*, 1566 (insin. eccl. du dioc. de Nimes, arch. départ. G. 3). — *La Bastide-d'Engras*, 1634 (arch. départ. C. 1285).

    La Bastide-d'Engras était, avant 1790, de la viguerie et du diocèse d'Uzès, doyenné d'Uzès. — Le dénombrement de 1384 lui donne 4 feux. — Jacques de La Fare, vicaire général de l'évêque d'Uzès Jean de Saint-Gelais, était, au xvie siècle, seigneur en totalité du lieu de la Bastide-d'Engras. — Les armoiries sont : *d'hermines, à un pal losangé d'argent et d'azur*.

BASTIDE-DES-GRANIERS (LA), f. c^{ne} de Saze. — 1637 (Pitot, not. d'Aramon).

BASTIDE-D'ORNIOLS (LA), vill. c^{ne} de Goudargues. — *Bastida de Ornoliis*, 1121 (Gall. Christ. t. VI, p. 304). — *Ecclesia de Orniols*, 1204 (ibid.). — *Ecclesia de Orniolis*, 1314 (Rot. eccl. arch. munic. de Nimes). — *Prioratus Sancti-Laurentii de Orneolis*, 1518 (Griolet, not. de Barjac). — *La Bastide-d'Orniols*, 1612 (ibid.). — *Le prieuré Saint-Laurent de la Bastide*, 1620 (insin. eccl. du dioc. d'Uzès). — *La Bastide*, 1715 (J.-B. Nolin, *Carte du dioc. d'Uzès*).

    Le prieuré à simple tonsure de Saint-Laurent-d'Orniols appartenait au doyenné de Cornillon; il était uni à l'infirmerie du monastère de Goudargues. L'évêque d'Uzès en avait la collation, sur la présentation du prieur de Goudargues.

BASTIDE-DU-BRECHET (LA), f. c^{ne} d'Aramon, détr. par le Rhône. — 1637 (Pitot, not. d'Aramon).

BASTIDE-NEUVE (LA), f. auj. détruite, c^{ne} d'Aramon. — Le nom est resté au cadastre.

BASTIDE-NEUVE (LA), f. c^{ne} de Pujaut.

BASTIDE-NEUVE (LA), f. c^{ne} de Théziers.

BASTIDE-VIEILLE (LA), f. c^{ne} d'Aramon. — *La Bastide-Bouscadière*, 1637 (Pitot, not. d'Aramon).

BASTY, f. c^{ne} de Sabran.

BATAILLE, f. c^{ne} de Sabran.

BATEJADE (LA), f. c^{ne} d'Alais. — *Les Batailles* (Rech. hist. sur Alais).

BATTIFORT, f. c^{ne} d'Aubais.

BAU, mⁱⁿ, c^{ne} de Mialet, sur le Gardon.

BAUBIAC, f. c^{ne} de Brouzet. — *Le mas de Balbian, paroisse de Saint-Vincent-de-Brozet*, 1558 (J. Ursy, not. de Nimes). — *Beaubiac* (carte géol. du Gard).

BAUDOIN, f. c^ne de Saint-Félix-de-Pallières.

BAUDRAN, q. c^ne de Remoulins.

BAUJAC, f. c^ne de Calvisson, auj: détruite.

BAUJEAN, f. c^ne de Beaucaire.

BAUJIS, f. c^ne de Saint-Bresson.

BAUJOUX, f. c^ne d'Alais.

BAUMAURIOL (LA), f. c^ne de Bez-et-Esparron.

BAUME (LA), c^on d'Uzès. — *Ecclesia de Balma*, 1314 (Rôt. eccl. arch. munic. de Nimes). — *Balma*, 1384 (dénombr. de la sénéch.). — *La Baulme*, 1549 (arch. départ. C. 1328).

Réuni depuis 1790 à Serviers, pour former la c^ne de Serviers-et-la-Baume, ce village était autrefois de la viguerie et du doyenné d'Uzès. — On n'y comptait qu'un feu en 1384. — Ce lieu ressortissait au sénéchal d'Uzès. — M. Goirand, d'Uzès, en était seigneur au XVIIIe siècle. — Les armoiries de la Baume sont : *de sable, à un chef losangé d'argent et de gueules.*

BAUME (LA), h. c^ne d'Arre. — *Mansus de Balma, parochiæ Ari*, 1407 (pap. de la fam. d'Alzon). — 1513 (A. Bilanges, not. du Vigan).

BAUME (LA), f. c^ne de Cendras.

BAUME (LA), f. c^ne d'Estézargues. — *La Beaume*, (E. Trenquier, *Not. sur quelques localités du Gard*).

BAUME (LA), f. c^ne de Montfrin. — *La Beaume* (Trenq. *Mém. sur Montfrin*).

BAUME (LA), m. is. c^ne de Saint-Sauveur-des-Pourcils.

BAUME (LA), h. c^ne de Valleraugue.

BAUME-BASSE (LA), f. c^ne de Peyroles.

BAUME-BERTRAND (LA), f. c^ne de Valliguière, auj. détr. — *An Balmo Bertranno*, 1521 (arch. comm. de Valliguière).

BAUME-DE-PASQUE (LA), caverne à ossements, c^ne de Colias (E. Trenquier, *Not. sur quelques localités du Gard*).

BAUME-HAUTE (LA), f. c^ne de Peyroles.

BAUMEL, h. c^ne du Cros. — *Beaumel*, 1789 (carte des États).

BAUMEL, f. c^ne de Sardan. — *Baunel* (carte géol. du Gard).

BAUMELLE (LA), h. c^ne de Causse-Bégon.

BAUMELLE (LA), h. c^ne de Mialet. — *La Beaumelle* (carte géol. du Gard).

BAUMELLE (LA), ruiss. qui prend sa source sur la c^ne de Mialet et se jette dans le Gardon sur le territ. de la même commune. — *La Beaumelle* (H. Rivoire, *Statist. du Gard*).

BAUMELLE (LA), h. c^ne de Saint-Sébastien-d'Aigrefeuille.

BAUMELLE (LA), f. c^ne de Salindres.

BAUMELLES (LES), h. c^ne de Mandagout.— *Territorium de las Balmelas*, 1320 (pap. de la fam. d'Alzon).

— *Mansus de Balmellis, parrochiæ Sancti-Gregorii de Mandagoto*, 1417 (A. Montfajon, not. du Vigan).

— *Beaumèles* (carte géol. du Gard).

BAUMELLES (LES), h. c^ne de Saint-Marcel-de-Fontfouillouse. — *Les Beaumelles*, 1789 (carte des États).

BAUMES (LES), f. c^ne de Montclus. — 1780 (arch. départ. C. 1452).

BAUMES (LES), f. c^ne de Vissec. — *Mansus de las Balmas, parochiæ de Virisicco*, 1466 (J. Montfajon, not. du Vigan).

BAUMETTE (LA), h. c^ne de Saint-Jean-du-Gard. — *La Beaumette* (carte géol. du Gard).

BAUMETTES (LES), f. c^ne de Valleraugue.

BAUQUIÈS, f. c^ne du Vigan. — *Territorium de Balquiers*, 1280 (pap. de la fam. d'Alzon). — *Territorium de Balqueriis*, 1331 (ibid.). — *De Blaqueriis*, 1380 (ibid.); 1430 (A. Montfajon, not. du Vigan); 1436 (ibid.).

BAUSSAC, f. c^ne de Tresques.

BAUZEILLE, f. c^ne de Vergèze, auj. détr. — 1730 (pap. de la fam. Séguret, arch. hosp. de Nimes). — *Blauzague* (ibid.)

BAUZI, f. c^ne de Saint-Martin-de-Corconac, sur une montagne du même nom.

BAUZON, f. c^ne de Saint-Christol.

BAVIÈRE (LA), ruiss. qui prend sa source sur la c^ne de Montignargues et se jette dans la Braüne sur le territ. de la Rouvière-en-Malgoirès.

BAYLE (LE), f. sur les c^nes de Fressac et de Monoblet.

BAYNE, f. c^ne de Saint-Gervais.

BAYTE (LA), f. c^ne de Saint-Florent.

BATTE (LA), f. c^ne de Saint-Roman-de-Codières.

BAZINE (LA), f. c^ne de Bagnols.

BÉATRIX (LA), f. c^ne de Blannaves.

BEAU, h. c^ne de Chamborigaud.

BEAUCAIRE, arrond. de Nimes. — Οὔγερνον (Strab. l. IV, c. 1). — VGERNENSES (Inscr. trouv. à Beaucaire et déposée dans la chapelle du château). — *Ugerno* (Tab. Theod.). — *Ugernum* (Itin. Ant.). — *Ugernon, quæ confinatur cum Arelaton* (Anon. Rav.). — *Ugernum* (Sid. Apoll. Pan. Avit. v. 571; Greg. Turon.). — *Castrum Odjerno, in ripa Rhodani* (Joh. Biclar, Chron. p. 156). — *Castrum de Ugerno*, 1020 (Hist. de Lang. II, pr. col. 174). — *Castrum Belaurum*, 1070 (ibid. col. 277). — *Castrum Bellicadri*, 1096 (ibid. col. 343). — *Bellicadrum*, 1102 (cart. de Psalm). — *Belcariensis*, 1117 (cart. de N.-D. de Nimes, ch. 165). — *Castrum de Belcayra*, 1121 (Mén. I, pr. p. 31, c. 1). — *Bellicadrum*, 1178 (Hist. de Lang. II, pr. col. 517); 1218 (Mén. I, pr. p. 64, c. 1). — *Belliquadrum*, 1226 (Hist. de Lang. II, pr. col. 560). — *Bauquaire*, 1294 (Mén. I, pr. p. 135, c. 1). — *Bieuchayre, Bieuquaire*, 1302 (*ibid.* p. 144, c. 2). — *Beaucaire*, 1435 (rép. du subs. de Charles VII). — *Locus Bellicadri, diœcesis Arelatensis*, 1461 (reg.-cop. de lettr. roy. E, IV).

Beaucaire était, dès 835, le chef-lieu de l'*Ager Argenteus* (voy. ARGENCE), échangé en 825 par Leibulfe, comte d'Arles, avec Nothon, archevêque d'Arles. En 1229, il devint le chef-lieu d'une viguerie royale, comprenant 23 bourgs ou villages. Cette même viguerie, en 1384, avait perdu les villages de Comps, Clausonnette, Jonquières, la Reyre-Anglade, Saint-Privat-du-Gard, Saint-Roman et Saint-Vincent; quelques-uns, comme Clausonnette, là Reyre-Anglade et Saint-Roman, étant devenus trop peu importants pour former des communautés, et les autres ayant été incorporés à des vigueries voisines, comme Saint-Privat-du-Gard, par exemple, qui, dans le dénombrement de 1384, appartient à la viguerie d'Uzès. La viguerie de Beaucaire était comprise dans la sénéchaussée dite *de Beaucaire-et-de-Nîmes*, parce que, à l'origine, Beaucaire avait été le siége de cette sénéchaussée, bientôt transférée à Nîmes. — Pour le spirituel, la viguerie de Beaucaire appartenait à l'archidiocèse d'Arles. Avant 1790, Beaucaire possédait une église collégiale sous le titre de Notre-Dame-des-Pommiers. Cette église avait été d'abord un prieuré régulier, fondé au XIᵉ siècle, soumis plus tard à l'abbaye de la Chaise-Dieu, et sécularisé en 1597 par le pape Clément VIII. — Beaucaire est resté célèbre par sa foire, déja mentionnée dans un acte de 1168 (cart. de Franquevaux). Les priviléges en ont été concédés, dit-on, en 1217, par Raymond VI, comte de Toulouse. — En 1447, la viguerie de Beaucaire était représentée aux États de Languedoc par un des consuls ou syndics de la ville de Beaucaire, qui y entrait deux années de suite avec le syndic de Sauve, et la troisième année avec celui de Marsillargues (auj. du dép. de l'Hérault). Beaucaire était une des cinq villes du diocèse de Nîmes qui, avant 1790, envoyaient par tour un député aux États. — En 1384, Beaucaire comptait 160 feux, chiffre très-considérable pour le temps; le recensement de 1651 lui donne 4,495 habitants; celui de 1709, 7,000; celui de 1734, 1,660 feux, et celui de 1744, 1,300 feux et 6,500 habitants; en 1789, 2,041 feux. Beaucaire devint, en 1790, le chef-lieu d'un district comprenant les cantons d'Aramon, de Beaucaire, de Montfrin et de Villeneuve-lez-Avignon. — Beaucaire porte : *écartelé d'or et de gueules, l'écu sommé de trois fleurs de lys d'or et accolé du collier de Saint-Michel.*

BEAUCHAMP, f. cᵐᵉ de Rochefort. — *Beauchant*, 1789 (carte des États).

BEAUCHAMP, f. cⁿᵉ de Sauveterre.

BEAUGÈZE, f. cⁿᵉ de Vergèze, auj. détruite.

BEAULIEU, f. cⁿᵉ de Beaucaire.

BEAULIEU, h. cⁿᵉ de Mandagout. — *Locus vulgariter nuncupatus de Biauliech, parochiæ de Mandagoto;* — *vallatum de Biauliech*, 1472 (A. Razoris, not. du Vigan).

BEAULIEU, f. cⁿᵉ de Marguerittes.

BEAUMONT, ruiss. qui prend sa source sur la cⁿᵉ de Poulx et se jette dans le Gardon sur la cⁿᵉ de Colias. — *De Bello-Monte*, 1254 (bibl. du gr. sém. de Nîmes). — *Le bois de Laval ou Beaumont*, 1723 (arch. comm. de Colias).

BEAUREGARD, f. et chât. cⁿᵉ de Saint-André-de-Majencoules. — *Rancum Belregardi, confrontatum cum riperia de Corbieyra*, 1472 (A. Razoris, not. du Vigan).

BEAUREGARD, tour ruinée, cⁿᵉ de Saint-Dézéry. — *Le Moulin-de-Janet*, 1776 (comp. de Saint-Dézéry).

BEAURIVAGE, f. cⁿᵉ d'Anduze.

BEAUSÉJOUR, m. is. cⁿᵉ d'Avèze.

BEAUSSE (LA), bois, cⁿᵉ de Deaux.

BEAUVAIRE, f. cⁿᵉ de Connaux.

BEAUVESET, h. cⁿᵉ de Saint-Alexandre.

BEAUVOIR, f. cⁿᵉ de Beaucaire.

BEAUVOIR, h. cⁿᵉ de Soudorgues.

BEAUVOISIN, cⁿᵉ de Vauvert. — *Tovana*, 821 (cart. de Psalm.); 879 (Mén. I, pr. p. 12, c. 1). — *Bellovicinum*, 1027 (cart. de N.-D. de Nîmes, ch. 184); 1102 (cart. de Psalm.). — *Castrum Belvedin*, 1121 (Hist. de Lang. II, pr. col. 419). — *Ecclesia de Bellovicino*, 1156 (cart. de N.-D. de Nîmes, ch. 84). — *Castrum de Velvezin*, 1197 (Hist. de Lang. III, pr. col. 146). — *Bellovicinum*, 1384 (dénombr. de la sénéch.). — *Ecclesia de Bellovicino*, 1386 (rép. du subs. de Charles VI). — *Belvoysin*, 1435 (rép. du subs. de Charles VII). — *Prieuré Sainct-Thomas de Beauvoysin*, 1554 (J. Ursy, not. de Nîmes). — *Beauvesin*, 1575 (*ibid.*).

Beauvoisin faisait partie, avant 1790, de la viguerie et du diocèse de Nîmes, archiprêtré d'Aimargues. Le prieuré de Saint-Thomas de Beauvoisin, uni à la précentorie de la cathédrale de Nîmes, valait 2,700 livres. — Beauvoisin est compté pour 9 feux dans le dénombrement de 1384; celui de 1744 lui donne 20 feux et 120 habitants. — Beauvoisin possède un château bâti sur une hauteur, d'où l'on aperçoit les Alpes et les Pyrénées; quelques parties de cet édifice remontent au XIIIᵉ siècle.

BEAUX (LES), f. cⁿᵉ de Durfort.

BÉBIAN, f. c^{ne} d'Uchau, auj. détruite. — Le nom est resté au cadastre.

BEC (LE), h. c^{ne} de Montclus. — *Mansus de Bech, mandamenti Montis-Clusi*, 1522 (Andr. de Costa, not. de Barjac).

BÉCÈDE (LA), f. c^{ne} de Saint-André-de-Valborgne.

BÉCÈDE (LA), h. c^{ne} de Saint-Marcel-de-Fontfouillouse.

BÉCÈDE (LA), vill. c^{ne} de Valleraugue. — *Mansus de la Besseda, parochiæ Vallis-Eraugiæ*, 1466 (J. Montfajon, not. du Vigan). — *La Bessède*, 1789 (carte des États).

BÉCELÈDE (LA), f. c^{ne} de Saumane. — *Mas de la Bessedelle*, 1606 (insin. eccl. du dioc. de Nimes, G. 3).

BECEUCLES, montagne, c^{ne} de Saint-Sauveur-des-Poursils. — *Cap-du-Devès*, 1789 (carte des États).

BÉCHARD, f. c^{ne} de Marguerittes.

BECK, chât. et f. c^{ne} de Vauvert. — *Bech*, 1557 (chapellenie des Quatre-Prêtres, arch. hosp. de Nimes).

BECMIL, chât. ruiné, c^{ne} de Salindres. — *Villa de Bocmil*, 1211 (Gall. Christ. t. VI, 304; E. G.-D. *Prieuré de Saint-Nic. de Camp.* p. 54).

BEDILHAN, lieu détruit, c^{ne} de Calvisson. — BIΔIAΛANO (inscr. celt. du Nymph. de Nimes). — *Villa Bitiliano, in valle Anagia, in territorio civitatis Nemausensis*, 926 (cart. de N.-D. de Nimes, ch. 145). — *In terminios de villa Bidiliane, in Valle Anagia*, 1011 (*ibid.* ch. 137). — *A. de Bedillano*, 1168 (Lay. du Tr. des ch. t. I, p. 91). — *J. de Vedillano*, 1247 (chap. de Nimes, arch. départ.). — *Bedilhan*, 1567 (arch. départ. G. 287). — *Puech-Petilhan* (cad. de Calvisson).

BÉDILHE, f. c^{ne} de Cézas.

BEDOSSE (LA), f. c^{ne} de Cendras. — *Mansus Johannis Bedocii*, 1345 (cart. de la seign. d'Alais, f° 33). — 1715 (J.-B. Nolin, *Carte du dioc. d'Uzès*).
C'était une dépendance de la commanderie que les Templiers avaient à Alais.

BEDOUS, f. auj. détr. c^{ne} de Mandagout. — *Mansus de Bedos*, 1218 (cart. de Saint-Victor de Marseille ch. 1000). — 1280 (pap. de la fam. d'Alzon).

BEDOUS (Le), ruiss. qui prend sa source au Cap-des-Mourèses, c^{ne} du Vigan, traverse la c^{ne} de Mandagout et se jette dans l'Arre sur le territ. de la c^{ne} de Saint-André-de-Majencoules. — *Territorium et vallatum de Bedos*, 1472 (A. Razoris, not. du Vigan).

BEDOUSSE (LA), f. c^{ne} de Saint-Bresson. — 1548 (arch. départ. C. 1781).

BEDOUSSES (LES), HAUTE et BASSE, h. c^{ne} d'Aujac. — 1715 (J.-B. Nolin, *Carte du dioc. d'Uzès*).

BEDOUSSES (LES), h. c^{ne} de Sénéchas. — *Mansus de Bedossaria*, 1345 (cart. de la seign. d'Alais, f° 32 et 41). — *Bedousse*, 1737 (arch. départ. C. 1490).

BÉGON, f. c^{ne} d'Aiguesvives. — *Mirabeau*, 1789 (carte des États).

BÉGUDE (LA), m. is. c^{ne} d'Allègre.

BÉGUDE (LA), m. is. c^{ne} de Barron.

BÉGUDE (LA), m. is. c^{ne} d'Orsan.

BÉGUDE (LA), h. c^{ne} de Sainte-Anastasie.

BÉGUDE (LA), m. is. c^{ne} de Saint-André-d'Olérargues. — *La Bégude-Chapelude*, 1731 (arch. départ. C. 1474).

BÉGUDE (LA), m. is. et chapelle ruinée, c^{ne} de Saint-Geniès-de-Comolas.

BÉGUDE (LA), m. is. c^{ne} de Saint-Victor-de-Malcap. — *Le Logis*, 1715 (J.-B. Nolin, *Carte du dioc. d'Uzès*).

BÉGUDE-BASSE (LA), f. c^{ne} de Chamborigaud.

BÉGUDE-BLANCHE (LA), m. is. c^{ne} des Angles.

BÉGUDE-BLANCHE (LA), m. is. c^{ne} de Comps.

BÉGUDE-BLANCHE (LA), m. is. c^{ne} de la Rouvière-en-Malgoirès. — *La Bégude-Blanque*, 1577 (J. Ursy, not. de Nimes).

BÉGUDE-DE-REYMOND (LA), h. c^{ne} de Remoulins.

BÉGUDE-DE-SERNHAC (RUISS. DE LA), sort de l'étang de Clausonne, c^{ne} de Meynes, et se jette dans le Gardon sur le territ. de la c^{ne} de Montfrin. — *Le ruisseau de Malentrin*, 1760 (arch. départ. C. 1127). — *Vallat-de-Bournègre*, 1789 (carte des États).

BÉGUDE-HAUTE (LA), m. is. c^{ne} de Blauzac. — *Bégude Saint-Nicolas, près Uzès*, 1640 (délib. du cons. de ville, arch. munic. de Nimes, L, 21, f° 16 v°).

BÉGUDE-HAUTE (LA), f. c^{ne} de Chamborigaud.

BÉGUDES (LES), h. c^{ne} de Vers. — — *Las Bégudes-de-Vers*, 1608 (arch. comm. de Colias). — *La Bégude-de-Vers*, 1624 (arch. du chât. de Saint-Privat).

BÉJAUNES (LES), bois, c^{ne} de la Cadière.

BELAIR, f. c^{ne} de Carnas.

BELAIR, f. c^{ne} de Ners.

BELAIR, f. c^{ne} de Rochefort.

BELAIR, f. c^{ne} de Saint-Gilles.

BELAIR, f. c^{ne} de Saint-Michel-d'Euzet.

BELAIR, f. c^{ne} de Saint-Paulet-de-Caisson.

BELAU, f. c^{ne} de Saint-André-de-Roquepertuis.

BELBUIS, h. c^{ne} de Rochegude. — *Belbuys*, 1789 (carte des États).

BELÈZE (LA), f. c^{ne} de Saint-Hippolyte-du-Fort, auj. détruite.

BELFORT, h. c^{ne} de Blandas. — *Terræ de Belfort*, 1263 (pap. de la fam. d'Alzon). — *Castrum de Belfortis*, 1337 (*ibid.*). — *De Belloforti*, 1410 (*ibid.*). — *Castrum de Belloforti*, 1466 (J. Montfajon, not. du Vigan). — *Mandement de Belfourtès*, 1730 (comptes des coll. du dioc. d'Alais, arch. départ. C. 1473). — *Beaufort*, 1789 (carte des États).

BÉLIZAC, f. c^{ne} de la Salle.

BELLEAU, f. c^{ne} de Villevieille.

BELLEBARRE, mⁱⁿ à vent ruiné, c^{ne} de Bouillargues. — *Bellebarre, sive Roques*, 1671 (comp. de Nimes).

BELLECROIX, h. c^{ne} d'Uzès.

BELLEFONTAINE, f. c^{ne} de Vauvert.

BELLEGARDE, c^{on} de Beaucaire. — *Castrum Bellæ-Gardæ*, 1208 (chap. de Nimes, arch. départ.). — *Castrum de Bellagarda*, 1210 (Mén. I, pr. p. 50, c. 1). — *In decimaria ecclesie de Bellagarda*, 1322 (cart. de Saint-Sauv. de la Font). — *Bellagarda*, 1384 (dénombr. de la sénéch.). — *Bellegarde*, 1435 (rép. du subs. de Charles VII). — *Locus de Bellagarda, diocesis Nemausensis*, 1474 (J. Brun, not. de Saint-Geniès-en-Malgoirès). — *Ad castrum sive turrem Bellegarde* (ibid.). — *Le prieuré de Sainct-Jean de Bellegarde*, 1697 (insin. eccl. du dioc. de Nimes, G. 25).

Bellegarde faisait partie de la viguerie de Beaucaire et appartenait, pour le spirituel, à l'archidiocèse d'Arles. — On y comptait, en 1384, 8 feux, et, en 1744, 110 feux et 450 habitants. — La tour de Bellegarde, auj. en ruine, est célèbre par les siéges qu'elle a soutenus au moyen âge et au XVIe siècle. — La justice de Bellegarde dépendait de l'ancien patrimoine du duché-pairie d'Uzès.

BELLE-OREILLE, f. c^{ne} de Vauvert, auj. détr. — Le nom est resté au cadastre,

BELLEPOÊLE, h. c^{ne} de Génolhac. — *Bellepoile*, 1515 (arch. départ. C. 1647); 1732 (ibid. C. 1478).

BELLERIVE, f. c^{ne} d'Avèze.

BELLEVAL, f. c^{ne} de Beaucaire.

BELLEVISTE, f. c^{ne} d'Aimargues. — 1726 (carte de la baronnie du Caylar). — *Bellevue*, 1862 (notar. de Nimes).

BELLEVUE, f. c^{ne} d'Avèze.

BELLEVUE, m. de c. c^{ne} de Bouillargues. — *Bellecoste*, 1789 (carte des États).

BELLEVUE, f. c^{ne} de Cavillargues.

BELLEVUE, m. is. c^{ne} de Remoulins.

BELLEVUE, f. c^{ne} de Saint-Césaire-de-Gauzignan.

BELON, f. c^{ne} de Nimes.

BELOT, f. c^{ne} de Nimes.

BELVEZET, c^{on} de Lussan. — *Locus de Bellovisu*, 1272 (Mén. I, pr. p. 95, c. 2); 1308 (ibid. p. 181, c. 91); 1384 (dénombr. de la sénéch.). — *Le prieuré Sainct-André de Belvezé*, 1690 (insin. eccl. du dioc. d'Uzès). — *Le château de Belvèze*, 1622 (arch. départ. C. 1215). — *Belveset*, 1715 (J.-B. Nolin, Carte du dioc. d'Uzès).

Belvezet était, avant 1790, de la viguerie et du diocèse d'Uzès, doyenné d'Uzès. — L'évêque d'Uzès était collateur du prieuré de Saint-André de Bel-

vezet. — La justice de Belvezet dépendait de l'ancien patrimoine du duché-pairie d'Uzès. On n'y comptait, en 1384, que 4 feux et demi. — Les armoiries de Belvezet sont : *de sinople, à une fasce losangée d'argent et de gueules.*

BELVEZET, h. c^{ne} de Belvezet, près des ruines du vieux château de Belvezet.

BELVEZET, f. c^{ne} de Saint-Brès.

BELVEZET, h. c^{ne} de Saint-Jean-de-Maruéjols.

BENJAMIN, f. c^{ne} de Saint-Mamet. — 1866 (notar. de Nimes).

BÉOL (LE), ruiss. qui prend sa source à la f. du Repos, c^{ne} d'Aramon, et se jette dans le Rhône sur le territoire de la même c^{ne}.

BERCAN, f. c^{ne} de Saint-Gervais. — *G. de Berchano*, 1261 (Notes mss. de Mén. bibl. de Nimes, n° 13,823).

BERGAIROLLES, f. c^{ne} de Saint-Paul-la-Coste. — *Mansus de Brugayrolis, in parochia Sancti-Pauli de Consta*, 1349 (cart. de la seign. d'Alais, f° 48).

BERGERIE-DE-LA-BOURRY, f. c^{ne} de Vauvert.

BERGENIES (LES), f. c^{ne} de Combas.

BERGERIES (LES), f. c^{ne} de Sumène.

BERGERON, f. c^{ne} de Logrian.

BERLAUDE, f. c^{ne} de Vèzenobre.

BERNARD, f. c^{ne} de Souvignargues.

BERNARDIN, f. c^{ne} de Saint-Florent.

BERNAS, h. c^{ne} de Montclus.

BERNAT, h. c^{ne} de Saint-Marcel-de-Fontfouillouse.

BERNIS, c^{on} de Vauvert. — *Villa Bernices, in comitatu Nemausense*, 920 (cart. de N.-D. de Nimes, ch. 14). — *Castrum de Bernizes*, 1007 (ibid. ch. 114). — *De Bernizo*, 1027 (ibid. ch. 126). — *De Bernice*, 1031 (ibid. ch. 47); 1080 (ibid. ch. 91). — *De Bernicis*, 1108 (ibid. ch. 164). — *Ecclesia Sancti-Andreæ de Berniz*, 1119 (Mén. I, pr. p. 29, c. 1). — *Bernicium*, 1152 (Hist. de Lang. t. II, pr. col. 538). — *Lo castel de Berniz*, 1159 (ibid. col. 573). — *Bernitium*, 1218 ((Mén. I, pr. p. 64, c. 1). — *Bernicium*, 1346 (cart. de la seign. d'Alais, f° 1). — *Bernicium*, 1384 (dénombr. de la sénéch.). — *Bernix*, 1435 (rép. du subs. de Charles VII). — *Sainct-Andrieu de Bernis*, 1521 (cart. de Franq.). — *Castellum Bernicianse*, 1692 (insin. eccl. du dioc. de Nimes, G. 22). — *Saint-André de Bernis* (Ménard, t. III, p. 266).

Bernis, avant 1790, était compris dans la viguerie et le dioc. de Nimes, archiprêtré d'Aimargues. On y comptait en 1384, 30 feux, avec Aubord, son annexe. En 1744, Ménard donne à Bernis seul 200 feux et 900 habitants. — Le prieuré Saint-André de Bernis, uni pour une portion à la mense épiscopale d'Alais, valait 3,000 livres.

Gard.

4

Bernon, f. c⁰ⁿ de Tresques.

Bernet, h. c⁰ⁿ de Bagnols.

Bernet, h. c⁰ⁿ d'Orsan.

Berthaud, f. c⁰ⁿ de Saint-Gilles.

Berthezène, bois, c⁰ⁿ d'Aigaliers. — 1863 (notar. de Nismes).

Berthezène, f, c⁰ⁿ de Valleraugue.

Bertrand, f. c⁰ⁿ d'Aramon.

Bertranet, bois, c⁰ⁿ de Chusclan.

Bertranet, h. c⁰ⁿ de Valabrègue.

Bérusse (La), h. c⁰ⁿ de Peyremale.

Bès (Les), h. c⁰ⁿ de Valleraugue.

Bèses, f. c⁰ⁿ de Saint-Jean-du-Pin.

Bessases, lieu détruit, c⁰ⁿ de Nismes. — Loco vocato de Bozaz, 1215 (cart. de Franq.). — Bessases, 1479 (la Taula del Poss. de Nismes).

Bessède (La), h. c⁰ⁿ de Saint-Hippolyte-de-Caton.

Bessède (La), h. c⁰ⁿ de Saint-Martin-de-Corconac.

Bessède (La), m⁰ⁿ, c⁰ⁿ de Valleraugue, à l'embouchure du ruiss. de la Pieyre dans l'Hérault.

Bessèges, c⁰ⁿ de Saint-Ambroix. — Locus de Balzeguis, 1318 (cart. de Saint-Sauveur-de-la-Font). — Besigiæ, 1410 (Mén. III, pr. p. 203, c. 2); 1750 (arch. départ. C. 1581).

Avant 1790, Bessèges n'était qu'un hameau de la paroisse de Saint-Andéol-de-Robiac, comprise alors dans la viguerie et le dioc. d'Uzès, archiprêtré de Saint-Ambroix. Il continua d'être annexé à la c⁰ⁿ de Robiac jusqu'en 1857, où une loi du 17 juin l'érigea en commune.

Besses (Les), h. c⁰ⁿ de Bonnevaux-et-Hiverne.

Bessettes (Les), tuileries, c⁰ⁿ d'Argilliers.

Bessières, f. c⁰ⁿ de Pompignan.

Bestrousse (La), f. c⁰ⁿ de Calvisson, auj. détr. — Le nom est resté au cadastre. — La Bestroux, 1864 (notar. de Nimes).

Bétargues, f. c⁰ⁿ de Massillargues. — Mas-de-Butargues, 1612 (insin. eccl. du diocèse de Nimes, G. 12). — Buttargues, 1863 (notar. de Nimes).

Beth, h. c⁰ⁿ de Lussan. — 1780 (arch. dép. C. 1652).

Beys (Le), h. c⁰ⁿ de Robiac.

Bez, c⁰ⁿ du Vigan. — G. de Bers, 1158 (cart. de N.-D. de Bonh. ch. 50). — Besium, 1254 (chap. de Nimes, arch. départ.). — Parrochia de Bers, de Bercio, 1320 (pap. de la m. d'Alzon). — Sanctus-Martinus de Bersio, 1384 (dénombr. de la sénéch.). — Parrochia de Besio, 1407 (pap. de la lam. d'Alzon). — Sainct-Martin de Bez, 1435 (rép. du subs. de Charles VII). — Le prieuré Sainct-Martin Bez, 1579 (insin. eccl. du dioc. de Nimes, G. 5).

Bez faisait partie, avant 1790, de la viguerie du Vigan-et-Meyrueis et du diocèse de Nimes, archi-

prêtré d'Arisdium ou du Vigan. — Le dénombrement de 1384 ne lui attribue que 2 feux. — Réuni à Esparon, il forme aujourd'hui la c⁰ⁿ de Bez-et-Esparon. — Bez porte, pour armoiries : de gueules, à trois besans d'argent, posés 2 et 1.

Bezon, h. c⁰ⁿ de Bonnevaux. — Bezons, 1723 (arch. dép. C. 1235). — Bezou, 1789 (carte des États).

Bezon (Le), ruiss. qui prend sa source au h. de Bezon, c⁰ⁿ de Bonnevaux, et se jette dans la Conne sur le territ. de la commune de Coucoules. — Parcours : 3,500 mètres.

Bezorgues, f. c⁰ⁿ de Saint-Geniès-de-Comolas.

Bezouce, c⁰ⁿ de Nimes. — Biducia, 1146 (Hist. de Lang. II, pr. col. 514). — Bezos, 1170 (cart. de Franq.). — Bedocia, 1187 (ibid.). — Bezoucia, 1210 (Mén. I, pr. p. 52, c. 1). — Bezocia, 1217 (Lay. du Tr. des ch. t. I, p. 356). — Villa de Bezoucia, 1269 (Mén. I, pr. p. 91, c. 2). — Besousse, 1316 (E. G.-D. Le Prieuré de Saint-Nic. de Camp. p. 82). — Besocia, 1383 (Mén. III, pr. p. 50, c. 1); 1384 (dénombr. de la sénéch.). — Ecclesia de Bezocia, 1386 (rép. du subs. de Charles VI). — Bezouse, 1435 (rép. du subs. de Charles VII). — Bedotia, 1461 (reg.-cop. de lettr. roy. E, iv). — Locus de Besossa, 1474 (J. Brun, not. de Saint-Geniès-en-Malgoirès). — Le fort de Bezouce, 1576 (arch. départ. C. 634). — Prieuré Sainct-André de Bezouce, 1579 (insin. eccl. du dioc. de Nimes, G. 5). — Besousse, 1619 (chap. de Nimes, arch. départ.).

Bezouce faisait partie, avant 1790, de la viguerie et du dioc. de Nimes, archiprêtré de Nimes. On y comptait en 1384, 17 feux; en 1744, 100 feux et 400 habitants. — Le prieuré de Saint-André de Bezouce, uni pour un tiers à la mense épiscopale de Nimes, valait 3,000 livres. — La terre de Bezouce, qui avait été d'abord du domaine des vicomtes de Nimes, passa ensuite aux comtes de Toulouse, et de ceux-ci au domaine royal, après les troubles des Albigeois. En 1269, l'évêque de Nimes l'acquit du roi par échange, et elle est demeurée jusqu'en 1790 au domaine épiscopal ; toutefois les seigneurs d'Uzès y avaient encore, en 1316, des droits de justice.

Bezoyer, h. c⁰ⁿ de Saint-Victor-la-Coste.

Bezuc, h. c⁰ⁿ de Barron. — Bezucum, 1188 (cart. de Franquevaux). — B. de Besuco, 1210 (cart. de la seign. d'Alais, f³ 3).

Bidoffe (La), f. c⁰ⁿ de Valleraugue.

Bidousses, h. c⁰ⁿ du Vigan.

Bijou (Le), ruiss. qui prend sa source à la Combe-de-Bijour, c⁰ⁿ de Bordezac, et se jette dans le ruiss. de Lalle sur le territ. de la même commune.

Bilange, f. c⁰ⁿ de Quissac.

Bimard, f. c^{ne} de Garons. — *Les Bimardes*, 1812 (notar. de Nimes).

Binquet, h. c^{ne} de la Rouvière (le Vigan).

Bions, h. c^{ne} d'Arphy.

Bions, f. c^{ne} de Bellegarde. — *Bionum, villa*, 879 (Mén. I, pr. p. 12, c. 1). — *Villa de Bion*, 1119 (*ibid.* p. 29, c. 1).—*Bions*, 1160 (*ibid.* p. 37, c. 1). — *Honor de Bions*, 1322 (cart. de Saint-Sauveur-de-la-Font).

Bions appartenait à l'abbaye de Saint-Gilles.

Biordonnes (Les), f. c^{ne} de Saint-Julien-de-Peyrolas.

Bises (Les), Haute et Basse, h. c^{ne} de Concoules. — *Mansus de Bisa*, 1212 (gén. des Châteauneuf-Randon, bibl. de Nimes, 13,855).

Bitabelle (La), h. c^{ne} de Laval. — *La Bittarelle*, 1731 (arch. départ. C. 1475). — *L'Habitarelle*, 1812 (notar. de Nimes).

Bizac, h. c^{ne} de Calvisson. — *Villa Bizagum*, 876 (cart. de N.-D. de Nimes, ch. 29). — *Villa Bidagum, in Valle-Anagia; Sancta-Maria de Bizago*, 890 (*ibid.* ch. 139). — *Villa Bizagium*, 893 (*ibid.* ch. 140). — *In terminium de Bizaco, in Valle-Anagia*, 1092 (*ibid.* ch. 29). — *Ecclesia de Bizaco*, 1156 (*ibid.* ch. 84). — *Bizacum*, 1190 (chap. de Nimes, arch. départ.). — *Locus de Bizaco*, 1322 (Mén. II, pr. p. 32, c. 2). — *Ecclesia de Bisaco*, 1386 (rép. du subs. de Charles VI). — *Bizac*, 1755 (Nicolas, not. de Nimes).

La terre de Bizac, donnée à l'eglise de Nimes dès le ixe siècle, passa ensuite au domaine royal et fut comprise parmi celles de l'*Assise* de Calvisson. L'estimation de 1322 nous apprend que ce village était une dépendance de Calvisson, et ne faisait avec lui qu'un même *consulat* ou une même communauté, ainsi que ceux de Cinsens et de Razil.

Bizerty (Grand et Petit), f. c^{ne} de Saint-Gilles.

Bizettière (La), f. c^{ne} de Saint-Dézéry, aujourd'hui détruite. — *La Bigettière*, 1776 (compoix de Saint-Dézéry).

Bizou (Le), f. c^{ne} de Vabres.

Bizournet (Le), f. c^{ne} de Thoiras.

Blacairargues, f. c^{ne} de Villevieille. — 1547 (arch. départ. C. 1809).

Blache (La), chât. et f. c^{ne} du Pont-Saint-Esprit.

Blachère (La), f. c^{ne} de Carsan.

Blachère (La), h. c^{ne} de Ponteils-et-Brézis.—*Mansus de Blaqueria*, 1212 (gén. des Châteauneuf-Randon, bibl. de Nimes, 13,855). — *La Blachère*, 1721 (Bull. de la soc. de Mende, t. XVI, p. 160).

Blachères, f. c^{ne} de Portes.

Blacoux, h. c^{ne} de Cardet. — *Blacou*, 1789 (carte des États).

Blanc, f. c^{ne} d'Aubais.

Blanc, f. c^{ne} de Saint-Paulet-de-Caisson.

Blancard, f. c^{ne} de Sernhac.

Blanchet, f. c^{ne} de Villeneuve-lez-Avignon.

Blanchissage (Le), h. c^{ne} de Saint-Julien-de-Peyrolas.

Blanchissage (Le), f. c^{ne} d'Uzès. — *La métairie du Blanchissage, commune de Saint-Firmin*, 1731 (arch. départ. C. 1472).

Blandas, c^{on} d'Alzon. — *Ecclesia quæ est fundata in honore Sancto Baudilio, sub castro Exunatis, in Arisiense*, 921 (cart. de N.-D. de Nimes, ch. 177). — *Villa Blandatis*, 921 (*ibid.* ch. 177). — *R. de Blandas*, 1150 (cart. de N.-D. de Bouh. ch. 52); 1164 (*ibid.* ch. 61). — *Blandas*, 1256 (Mén. I, pr. p. 83, c. 1). — *Blandacum*, 1384 (dénombr. de la sénéch.). — *Sanctus-Baudilius de Blandatio*, 1391 (pap. de la fam. d'Alzon). — *Blandas*, 1435 (rép. du subs. de Charles VII). — *Parrochia de Blandasio*, 1450 (pap. de la fam. d'Alzon). — *Baudilacium*, 1491 (Borély, not. du Vigan). — *Le prieuré Sainct-Bausile de Blandas*, 1589 (insin. eccl. du dioc. de Nimes). — *La communauté de Blandas*, 1590 (arch. départ. C. 841).

Blandas était, avant 1790, de la viguerie du Vigan-et-Meyrueis et du dioc. de Nimes, archiprêtré d'Arisdium ou du Vigan. — On n'y comptait en 1384 que 3 feux. — Blandas porte : *d'azur, à trois chevrons d'argent.*

Blandier (Le), f. c^{ne} de Peyremale. — *Blaudier*, 1789 (carte des États).

Blanhas, lieu inconnu, c^{ne} de Caveirac. — *Ubi vocant Blagnaces, in terminium de villa Cavarinco*, 893 (cart. de N.-D. de Nimes, ch. 124). — *En Blanhias, dismerie de Cavairac*, 1576 (Robin, not. de Calvisson).

Blannas, f. c^{ne} de Saint-Sébastien-d'Aigrefeuille.

Blannaves, c^{on} de la Grand'Combe. — *La parroisse de Blanavie*, 1345 (cart. de la seign. d'Alais, f° 43). — *Parrochia Sancti-Petri de Blannavis*, 1349 (*ibid.* f° 48). — *Blanuave*, 1384 (dénombr. de la sénéch.). — *Blannavez*, 1694 (Armor. de Nimes).

Blannaves était, avant 1790, de la viguerie d'Alais et du diocèse d'Uzès, doyenné de Sénéchas. — Le prieuré régulier de Saint-Pierre de Blannaves était à la collation de l'abbé de Saint-Victor de Marseille, et à la présentation de l'ouvrier de la cathédrale de Saint-Pierre de Montpellier. — L'évêque d'Uzès n'avait que la collation de la vicairie, dont la présentation appartenait au prieur du lieu. — Ce village n'est porté dans le dénombrement de 1384 que pour 2 feux et demi. — Les armoiries

4.

de Blannaves sont : *d'azur, à trois flambeaux d'or, allumés de gueules et rangés en pal.*

Blanquefort, h. c⁰ˢ d'Arrigas. — *P. de Blancafort,* 1245 (cart. de N.-D. de Bonh. ch. 16). — *Mansus de Blancafort,* 1337 (pap. de la fam. d'Alzon). — *Vallatum de Blanchefort,* 1483 (*ibid.*).

Blaquette (La), f. cⁿᵉ de Laval-Saint-Roman.

Blaquier, f. c⁰ˢ de Colognac.

Blaquière (La), f. cⁿᵉ de Cendras. — *Blaqueria,* 1170 (Rech. hist. sur Alais).

Blaquière (La), f. cⁿᵉ du Cros. — *Mansus del Blanquié,* 1472 (A. Razoris, not. du Vigan).

Blaquière (La), f. cⁿᵉ de Montfrin, auj. détruite. — (Trenquier, *Mém. sur Montfrin*).

Blaquière (La), h. cⁿᵉ de Peyroles.

Blaquière (La), h. cⁿᵉ de Pommiers. — *Mansus de Blaqueria,* 1268 (pap. de la fam. d'Alzon). — *Mansus de Blaqueria, parochiæ de Pomeriis,* 1466 (J. Montfajon, not. du Vigan).

Blaquière (La), h. cⁱᵉ de Savignargues. — *Blaqueria,* 1160 (chap. de Nîmes, arch. départ.). — *Mansus de Blanqueria,* 1345 (cart. de la seign. d'Alais, f° 35). — *Hospicium mansi de Blaqueria, in decimaria Sancti-Martini de Savinhanicis,* 1463 (L. Peladau, not. de Saint-Geniès-en-Malgoirès).

Blaquière (La), h. cⁿᵉ de Saint-Privat-de-Champclos.

Blaquis, h. c⁰ᵉ de la Rouvière (le Vigan).

Blateiras, h. cⁿᵉ de Générargues.

Blatiès (Les), h. cⁿᵉ de Bagard.

Blaud (Le), ruiss. qui prend sa source sur la cⁿᵉ de Saze et se jette dans le Rhône sur le territoire de la même commune.

Blauzac, c⁰ⁿ d'Uzès. — *Blandacum,* 1147 (Hist. de Lang. II, pr. col. 502). — *Castrum de Blanzach,* 1156 (*ibid.* col. 561). — *G. de Blazach,* 1156 (Lay. du Tr. des ch. t. I, p. 77). — *Blausacum,* 1165 (cart. de Psalm.). — *B. de Blandiaco,* 1210 (cart. de la seign. d'Alais, f° 46). — *Blandiacum,* 1226 (Mén. I, pr. p. 70, c. 2); 1237 (cart. de Saint-Sauveur-de-la-Font). — *Blausacum,* 1252 (*ibid.*). — *Ecclesia de Blandiaco,* 1314 (Rotul. eccl. arch. munic. de Nîmes). — *Locus de Blandiaco,* 1461 (reg.-cop. de lettr. roy. E. iv, f° 67). — *Blauzat,* 1533 (F. Arifon, not. d'Uzès). — *Blaudiac,* 1539 (cart. de Psalm.). — *Le prieuré de Notre-Dame de Blauzac,* 1612 (insin. eccl. du dioc. de Nîmes, G. 12). — *Blauzac,* 1636 (arch. départ. C. 1299). — *Blauzat,* 1694 (Armor. de Nîmes).

Blauzac était de la viguerie et du diocèse d'Uzès, doyenné d'Uzès. Il ne figure pourtant ni dans cette viguerie, ni dans aucune autre de la sénéchaussée, sur le dénombrement de 1384. — Le prieuré de Notre-Dame de Blauzac était à la collation de l'évêque d'Uzès, ainsi que la chapellenie de Sainte-Croix, fondée dans cette église par M. Pierre de Valle-Fontibus et les conseillers du lieu. — En 1156, le roi Louis VII donna le château de Blauzac à l'évêque d'Uzès. — Le prieuré de Blauzac était à l'origine sous le patronage de S. Baudile, dont il porte le nom (*Blandiacum, Blaudiacum,* altération de *Baudilacum*); ce n'est qu'assez tard qu'apparaît le vocable de *Notre-Dame.* — Blauzac ressortissait, pour la justice, au sénéchal d'Uzès. — La seigneurie de Blauzac appartenait, vers le milieu du xviii° siècle, à la famille d'Arbaud, de Nîmes. — MM. Rafin et Larnac, d'Uzès, y avaient des fonds nobles, ainsi que le prieur du lieu. — Blauzac porte : *de gueules, à un homme à cheval, armé, le tout d'argent.*

Blisson, f. c⁰ᵉ de Vauvert. — *Mas-de-Blisson,* 1726 (carte de la baronnie du Caylar).

Blondin, f. cⁿᵉ d'Aujargues, à la source de la Corbière.

Boc (Le), h. cⁿᵉ de Saint-Alexandre.

Bocq (Le), f. c⁰ᵉ de Saint-Nazaire-des-Gardies.

Bodoly, f. cⁿᵉ de Pujaut.

Bois (Le), f. cⁿᵉ de Saint-Florent.

Bois (Le Grand-), f. cⁿᵉ de la Salle.

Bois (Le Ruisseau des), prend sa source dans les bois de Caveirac et se jette dans le Rhôny sur le territ. de la même commune.

Bois (Le Ruisseau des), prend sa source à la ferme de Fontfrède, cⁿᵉ de Robiac, et se jette dans la Cèze sur le territ. de la même commune.

Bois-Comtal, île du Rhône, cⁿᵉ de Fourques. — *Boscus-Comitalis,* 1143 (cart. de Psalm.); 1209 (Trenquier, *Mém. sur Montfrin*).

Bois-de-Bertrand, f. cⁿᵉ de Ponteils-et-Brézis.

Bois de Candiac, bois auj. défrichés, cⁿᵉˢ d'Uchau et de Vestric-et-Candiac.

Bois de Conque, bois, cⁿᵉ de Montaren.

Bois de Roy (Le), bois, cⁿᵉ de Salinelles. — 1609 (arch. départ. C. 743).

Bois des Cades, bois, cⁿᵉ de Saint-Just-et-Vaquières.

Bois du Roi, bois, cⁿᵉ de Serviers (Mén. t. II, p. 174).

Bois Faisan, bois, auj. défriché, cⁿᵉ de Nîmes (Mén. t. II, p. 21).

Boisfontaine, f. cⁿᵉ de Nîmes.

Boissac, h. cⁿᵉ de Saint-Paul-la-Coste.

Boisserolles, f. cⁿᵉ de Nîmes.

Boisserolles, h. cⁿᵉ de Saint-Martin-de-Corconac. — *Mansus de Boyssayroliis, in mandamento de Salendrenca,* 1345 (cart. de la seign. d'Alais, f° 35).

Boisseson (Le), ruiss. qui prend sa source au mont Brion, sur la cⁿᵉ de Saint-Jean-du-Gard, et se jette dans le Gardon sur le territ. de la même c⁾ᵉ. — Parcours : 3,400 m.

BOISSET, c⁽ᵒⁿ⁾ d'Anduze. — *Parochia de Buxetis*, 1345 (cart. de la seign. d'Alais, f° 35). — *Buxeta*, 1384 (dénombr. de la sénéch.). — *Boisset*, 1435 (rép. du subs. de Charles VII). — *Sainct-Saturnin de Boysset-lez-Anduse*, 1554 (J. Ursy, not. de Nimes), — *Le prieuré Sainct-Saturnin de Boisset*, 1636 (insin. eccl. du dioc. de Nimes, G. 17).

Boisset faisait partie de la viguerie d'Anduze et du dioc. de Nimes, archiprêtré d'Anduze. En 1384, il n'est compté que pour un feu. — Boisset forme avec Gaujac la commune de Boisset-et-Gaujac. — Boisset porte : *d'azur, à trois arbres de buis arrachés, d'or, posés 2 et 1.*

BOISSET, f. et bois, c⁽ⁿᵉ⁾ d'Argilliers.

BOISSET (LE), f. c⁽ⁿᵉ⁾ de Saint-Sébastien-d'Aigrefeuille.

BOISSETTES (LES), h. c⁽ⁿᵉ⁾ de Meyrannes.

BOISSIER, f. c⁽ⁿᵉ⁾ de Vauvert.

BOISSIÈRE, f. c⁽ⁿᵉ⁾ de Langlade.

BOISSIÈRE, f. c⁽ⁿᵉ⁾ de Meyranes.

BOISSIÈRE, f. c⁽ⁿᵉ⁾ de Saint-Victor-des-Oules.

BOISSIÈRE (LA), h. c⁽ⁿᵉ⁾ de Bez-et-Esparon. — *Mansus de Buxeria*, 1320 (pap. de la fam. d'Alzon). — *La Brossière*, 1391 (*ibid.*). — *Serrum de la Borsyera*, de la *Boysseria*, 1539 (*ibid.*).

BOISSIÈRE (LA), h. c⁽ⁿᵉ⁾ de Malons-et-Elze. — 1711 (Bull. de la soc. de Mende, t. XVI, p. 160).

BOISSIÈRE (LA), bois, c⁽ⁿᵉ⁾ de Poulx.

BOISSIÈRE (LA), f. c⁽ⁿᵉ⁾ de Sagriers. — *La Boissieyre*, 1698 (insin. eccl. du dioc. de Nimes, G. 23).

M. de Baudan-Trescol en était seigneur en 1721.

BOISSIÈRE (LA), f. c⁽ⁿᵉ⁾ de Saint-Hippolyte-du-Fort.

BOISSIÈRE (LA), h. c⁽ⁿᵉ⁾ de Saint-Sauveur-des-Poursils.
— *Mansus de la Boyseria, qui est infra terminos parrochiœ Sancti-Salvatoris*, 1224 (cart. de N.-D. de Bonh. ch. 43).

BOISSIÈRE (LA), ruiss. qui prend sa source à Ségoussas, c⁽ⁿᵉ⁾ de Rousson, et se jette dans le Camelier sur le territ. de la c⁽ⁿᵉ⁾ de Navacelle. — *Riperia de Boyseria*, 1462 (reg.-cop. de lettr. roy. E, v). — *L'Aubaron* (carte hydr. du Gard). — Parcours : 4,800 mètres.

BOISSIÈRES, c⁽ᵒⁿ⁾ de Sommière. — *In terminium de villa Buxaria*, 895 (cart. de N.-D. de Nimes, ch. 149). — *Boixeras*, 1121 (Hist. de Lang. II, pr. col. 419). — *Ecclesia de Bosseriis*, 1156 (cart. de N.-D. de Nimes, ch. 84). — *Boiseriæ*, 1273 (cart. de Franq.). — *Buxerium*, 1290 (chap. de Nimes, arch. départ.). — *Boysseriae*, 1322 (Mén. II, pr. p. 37, c. 1); 1384 (dénombr. de la sénéch.). — *Ecclesia de Boycheriis*, 1386 (rép. du subs. de Charles VI).

— *SS. Cyricius et Julitta de Boysseriis*, 1425 (chap. de Nimes, arch. départ.). — *Boissières*, 1435 (rép. du subs. de Charles VII). — *Boyssières*, 1550 et 1554 (J. Ursy, not. de Nimes). — *Le prieuré Sainct-Cyris de Boissières*, 1692 (insin. eccl. du dioc. de Nimes, G. 22). — *Le prieuré Saint-Cyrice et Sainte-Julitte de Boissières*, 1706 (arch. départ. G. 206).

Boissières faisait partie de la viguerie et du diocèse de Nimes, archiprêtré de Nimes. — Le prieuré simple et séculier des SS. Cyrice-et-Julitte était uni à la mense capitulaire de Nimes et valait 1,400 livres. — En 1322, lors de l'*Assise* de Calvisson, on comptait à Boissières 19 feux; en 1384, à l'époque du dénombrement de la sénéchaussée, seulement 4; en 1744, 40 feux et 170 habitants.

BOISSIÈNES (LES), f. c⁽ⁿᵉ⁾ de Valleraugue.

BOISSILLES, f. c⁽ⁿᵉ⁾ de Castillon-de-Gagnère.

BOISSON, vill. c⁽ⁿᵉ⁾ d'Allègre. — *Boisson*, 1219 (Mén. I, pr. p. 58, c. 1). — *Sainct-Philis de Boyssons*, 1620 (insin. eccl. du dioc. d'Uzès); 1715 (J.-B. Nolin, *Carte du dioc. d'Uzès*); 1722 (arch. départ. C. 1478).

Avant 1790, Boisson, réuni à Allègre et à Auzon, formait une communauté de la viguerie et du diocèse d'Uzès, doyenné de Navacelle. — Le prieuré de Saint-Félix de Boisson était à la collation de l'évêque d'Uzès. — Voy. pour les armoiries, ALLÈGRE.

BOISSON, c⁽ⁿᵉ⁾ de Bez-et-Esparon. — *Mansus del Boisson*, 1301 (somm. du fief de Caladon). — *Mas-des-Combes, autrement del Boisson*, 1503 (*ibid.*).

BOISSON, h. c⁽ⁿᵉ⁾ de Robiac.

BOISSONADE (LA), h. c⁽ⁿᵉ⁾ de Pontcils-et-Brézis.

BOISSONADE (LA), h. c⁽ⁿᵉ⁾ de Saint-Marcel-de-Fontfouillouse.

BOITIÉ (LA), h. c⁽ⁿᵉ⁾ de Saint-Roman-de-Codières.

BOLBEDERLE, lieu inconnu de la c⁽ⁿᵉ⁾ de Langlade. — *In loco quem vocant Bolbederias, infra villa Colonicas, in Valle-Anagia*, 1060 (cart. de N.-D. de Nimes, ch. 78). — *Boillederia, in decinaria de Anglata*, 1333 (chap. de Nimes, arch. départ.).

BOMBACUL, h. c⁽ⁿᵉ⁾ de Carnas. — *Bombacul*, 1789 (carte des États).

BOMPERRIER, f. c⁽ⁿᵉ⁾ de la Rouvière (le Vigan).

BOMPERRIER (LE), ruiss. qui prend sa source à la mont. de l'Aire-de-Côte et se jette dans la Borgne sur le territ. de la c⁽ⁿᵉ⁾ de Saint-André-de-Valborgne.

BONAUD, f. c⁽ⁿᵉ⁾ de Pujaut.

BONDAVIN, f. détr. auj. c⁽ⁿᵉ⁾ de Redessan. — 1692 (arch. hosp. de Nimes). — Le nom est resté au cadastre.

BONHEUR (LE), ruiss. qui prend sa source à la Sérayrède, c⁽ⁿᵉ⁾ de Valleraugue, disparaît dans l'abîme de Bramabiaou et, après avoir reparu, va se jeter dans le Trévezels sur la c⁰ᵉ de Saint-Sauveur-des-Pour- sils. — *Aqua de Calmrieu*, 1150 (cart. de N.-D. de Bonh. ch. 46). — *Aqua de Calmriu*, 1238 (ibid. ch. 45). — *Vallatum de Campo-Rivo*, 1265 (ibid. ch. 47).

Boniol, h. cᵐᵉ de Castillon-de-Gagnère. — *Bouniol, paroisse de Castillon-de-Courri*, 1750 (arch. départ. C. 1531).

Bonnal, h. cⁿᵉ de la Salle.

Bonnaure. — Voy. Notre-Dame-de-Bonheur.

Bonnaure, f. cᵐᵉ de Barjac.

Bonnaire, chât. détr. dans l'enceinte de la cⁿᵉ de Colias. — *Castrum de Bone-Aure, situm in loco de Coliaco*, 1532 (V. Mercier, not. d'Uzès).

Bonnebelle, bois, cⁿᵉ de Tornac.

Bonnelouche (Le Serre-de-), mont. cⁿᵉ de Saint-Martin-de-Corconac.

Bonnels, h. cᵉᵉ d'Arrigas. — *Territorium vocatum de Bonnali*, 1284 (pap. de la fam. d'Alzon). — *Mansus de la Bonaldia*, 1337 (ibid.). — *Vallatum de Bonels, sive de la Varayre*, 1337 (ibid.). — *Le village de Bonnels, parroisse d'Arigas*, 1709 (ibid.). — *Bonnal*, 1860 (notar. de Nîmes).

Bonnery, f. cᵉᵉ de Monoblet.

Bonnet, f. cᵐᵉ d'Aiguesmortes.

Bonnet, f. cⁿᵉ de Ponteils-et-Brézis.

Bonnevaux, cⁿ de Génolhac. — *Bonæ-Valles*, 1384 (dénombr. de la sénéch.). — *Bonnevaulx*, 1547 (arch. départ. C. 1317); 1634 (ibid. C. 1288). — *Bonnevaux*, 1721 (Bull. de la soc. de Mende, t. XVI, p. 161).

Bonnevaux était, avant 1790, de la viguerie et du diocèse d'Uzès, doyenné de Gravières (auj. dans l'Ardèche). — On y comptait 3 feux en 1384. — On trouve à quelque distance de Bonnevaux les ruines d'un monastère fondé au ixᵉ siècle, et appelé encore auj. l'Abadié (voy. ce nom). — Le prieuré de Saint-Théodorit de Bonnevaux relevait de l'abbaye de Saint-Ruf de Valence. — Ce lieu ressortissait au sénéchal d'Uzès. — Un décret du 8 octobre 1813 a réuni, pour en faire la cⁿᵉ de Bonnevaux-et-Hiverne, les deux villages d'Hiverne et de Bonnevaux, qui sont séparés par la Cèze. — Bonnevaux porte : *d'hermines, à un chef losangé d'argent et de sable.*

Bonte (La), h. cᵐᵉ de Mialet.

Bontes (Les), h. cⁿᵉ de Tresques. — *Le Mas-de-Boutes*, 1812 (notar. de Nîmes).

Bontières (Les), h. cⁿᵉ de Fontarèche.

Bord, f. cᵐᵉ du Caylar. — *Métérie de M. de Bord*, 1726 (carte de la baronnie du Caylar). — *Borde* (carte géol. du Gard).

Bord, h. et chât. ruiné, cⁿʳ de Laudun. — *Castrum de*

Born, 1211 (Gall. Christ. t. VI, p. 304). — *Hord* (A. Delacroix, *Fleur. d'Occitanie*).

Bordarié (La), q. cⁿᵉ de Mialet. — 1543 (arch. départ. C. 1778).

Bordarié (La), ruiss. qui prend sa source sur la cᵉᵉ de Bessas (Ardèche) et se jette dans le Roméjac sur le territ. de la cⁿᵉ de Barjac. — Parcours : 5,200 mètres.

Bordel, h. cⁿᵉ de Castillon-de-Gagnère.

Bordel (Le), f. cⁿᵉ d'Aimargues, auj. détr. — *Bordellum*, 1209 (cart. de Psalm.). — Le nom est resté au cadastre.

Bordezac, cⁿ de Génolhac. — *Homines mansi de Bordesaco*, 1345 (cart. de la seign. d'Alais, fᵒ 32 et 41). — *Bordesa*, 1715 (J.-B. Nolin, *Carte du dioc. d'Uzès*). — *Bordezac*, 1737 (arch. départ. C. 1490). — *Bourdezat*, 1789 (carte des États).

Avant l'ordonnance du 14 juin 1841, qui l'a érigé en commune, Bordezac avait dépendu successivement des communes d'Aujac et de Peyremale. — Avant 1790, c'était une communauté qui ressortissait au sénéchal d'Uzès.

Borgne, f. cⁿᵉ de Saint-Marcel-de-Fontfouillouse.

Borgne (La), ruiss. qui prend sa source à la montagne de l'Aire-de-Côte et se jette dans le Gardon sur le territ. de la cⁿᵉ de Saint-André-de-Valborgne.

Borian, lieu inconnu de la cᵉᵉ de Galargues. — *Borian*, 1457 (Demari, not. de Calvisson).

Borie (La), f. cⁿᵉ de Barjac.

Borie (La), f. cⁿᵉ de Cendras.

Borie (La), f. cⁿᵉ de Corbès.

Borie (La), île du Rhône, cⁿᵉ de Laudun. — *La Berre*, 1627 (carte de la princip. d'Orange).

Borie (La), f. cⁿᵉ de Monoblet.

Borie (La), f. cⁿᵉ de la Rouvière (le Vigan). — *G. de Boria, prior Vallis-Eraugiæ*, 1251 (cart. de N.-D. de Bonh. ch. 26).

Borie (La), f. cⁿᵉ de Saint-Jean-du-Gard.

Borie (La), f. cⁿᵉ de Vabres.

Borie (La Grande-), f. cⁿᵉ de Soudorgues.

Borie-d'Arre (La), f. cⁿᵉ de Rogues.

Borie-de-Cros (La), f. cⁿᵉ de Lannéjols. — *Præceptoria Bastite du Cros*, 1461 (reg.-cop. de lettr. roy. E, v). — *La Borie de Gras* (carte géol. du Gard).

Borie-de-Loudatier (La), f. cⁿᵉ de Soudorgues.

Borie-de-Pontels (La), f. cⁿᵉ de Valleraugue.

Borie-du-Pont (La), f. cⁿᵉ de Dourbie.

Borie-Neuve (La), f. cⁿᵉ de la Salle.

Bories (Les), h. cⁿᵉ de Chamborigaud. — 1731 (arch. départ. C. 1475).

Boriette (La), f. cⁿᵉ de Saint-Bonnet-de-Salindrenque.

Boriette (La), f. c^{ne} de Saint-Martial.,

Boriette (La), f. c^{ne} de la Salle.

Bornègre (Le), ruiss. qui prend sa source sur la c^{ne} d'Argilliers et se jette dans l'Alzon sur le territ. de la même commune.

Borrel, f. c^{ne} de Colias, auj. détruite. — 1607 (arch. comm. de Colias).

Bos, h. c^{ne} de Ponteils-et-Brézis. — *Le Bos, métairie de la paroisse de Ponteils*, 1766 (arch. dép. C. 1580).

Bosc, f. c^{ne} de Portes.

Bosc (Le), h. c^{ne} de Bez-et-Esparon. — *Mansus de Bosco, de Bosqueto*, 1320 (pap. de la fam. d'Alzon) ; 1407 (*ibid.*).

Bosc (Le), h. c^{ne} de Saint-André-de-Majencoules.

Bosc-de-Dun (Le), bois, c^{ne} de Roquedur. — 1551 (arch. départ. C. 1796). — *Le Bois-de-Du*, 1705 (*ibid.* C. 479).

Bosc-des-Menudes (Le), bois, auj. défriché, c^{ne} de Colias. — 1607 (arch. comm. de Colias).

Bosch, h. c^{ne} de Bonnevaux-et-Hiverne. — *Bosc*, 1789 (carte des États).

Boschets (Les), h. c^{ne} d'Aujac.

Bos-d'Aou-Cardaire, bois, auj. défr. c^{ne} de Colorgues.

Bosquanet (Le), f. c^{ne} de Chamborigaud. — 1731 (arch. départ. C. 1475).

Bosquets (Les), bois, c^{ne} d'Euzet.

Bouat, f. c^{ne} d'Anduze.

Boubaux, h. c^{ne} de la Melouze. — *Locus de Bobals, parrochiæ Sanctæ-Cæciliæ de Melosa*, 1314 (Guerre de Fl. arch. munic. de Nimes).

Bouc, h. c^{ne} de Potellières. — 1715 (J.-B. Nolin, *Carte du dioc. d'Uzès*) ; 1732 (arch. départ. C. 1478).

Boucanet (Le), plage d'Aiguesmortes.

Bouchère (La), f. c^{ne} de Meyrannes.

Bouchet, f. c^{ne} de Beaucaire. — *Mas-de-Bouschet*, 1789 (carte des États). — *Boschet*, 1812 (notar. de Nimes).

Bouchet, f. c^{ne} de Nimes.

Bouchet (Le), h. c^{ne} de Bonnevaux-et-Hiverne.

Boucoiran, c^{on} de Lédignan. — *Bocoiranum*, 1027 (cart. de N.-D. de Nimes, ch. 76) ; 1108 (*ibid.* ch. 176). — *Castrum de Bocoirano*, 1210 (Hist. de Lang. III, pr. col. 224 ; cart. de la seign. d'Alais, f° 3). — *Bocoiranum*, 1220 (Mén. I, pr. p. 68, c. 2). — *Bocoyranum*, 1237 (chap. de Nimes, arch. départ.). — *Bocoyranum*, 1384 (dénombr. de la sénéch.). — *Locus de Becoyrano*, 1461 (reg.-cop. de l'offic. roy. E, v). — *Prioratus et beneficium Beatæ-Mariæ de Bocoyrano, Uticensis diocesis*, 1463 (L. Peladan, not. de Saint-Geniès-en-Malgoirès). — *Bocqueyran*, 1555 (J. Ursy, not. de Nimes). — *Bo-*

coyran, 1561 (L. Peladan, not. de Saint-Geniès-en-Malgoirès). — *Saint-Pierre de Boucoirand*, 1620 (insin. eccl. du dioc. d'Uzès). — *Bouqueyran*, 1695 (insin. eccl. du dioc. de Nimes, G. 22). — *Boucairan*, 1715 (J.-B. Nolin, *Carte du dioc. d'Uzès*). — *Le prieuré de Notre-Dame de Boucoiran* (Mén. t. III, p. 266).

Boucoiran faisait partie, avant 1790, de la viguerie et du diocèse d'Uzès, doyenné de Sauzet. — Le prieuré de Saint-Pierre de Boucoiran était à la collation de l'abbé de la Chaise-Dieu, en Auvergne. La vicairie était à la présentation du prieur du lieu et à la collation de l'évêque d'Uzès. — On y comptait 18 feux en 1384. — Un décret du 18 janvier 1813 a réuni le village de Nozières à la commune de Boucoiran, qui depuis lors prend le nom de Boucoiran-et-Nozières. — Boucoiran porte : *de sinople, à une fasce losangée d'or et de sinople.*

Boucouse (La), f. c^{ne} de Laval-Saint-Roman.

Boudène (La), h. c^{ne} de Générargues.

Boudène (La), f. c^{ne} de Peyremale.

Boudonne (La), f. c^{ne} de Blannaves. — *Boudonne*, 1789 (carte des États).

Boudonnes (Les), h. c^{ne} de Saint-André-de-Majencoules.

Boudougne (La), bois, c^{ne} de Saint-Félix-de-Pallières.

Boudouine (La), f. c^{ne} de Saint-Gilles, auj. détruite. — Le nom est resté au cadastre.

Boudran, f. c^{ne} de Villevieille. — *Deleuze*, 1789 (carte des États).

Boudre (La), f. c^{ne} de Tharaux. — *La Coste*, 1789 (carte des États).

Boudres, f. et marais, c^{ne} d'Aiguesmortes. — *Les Boudes*, 1746 (arch. départ. C. 14).

Bougarel, h. c^{ne} de Saint-Victor-la-Coste.

Bougarelle, q. c^{ne} de Bouillargues, territ. de Caissargues, près de l'emplacement de l'ancienne église rurale de N.-D. de Bethléem. — *Bogarella*, 1479 (la Taula del Poss. de Nimes).

Bougènes, h. c^{ne} de Soustelle. — *Bougerès*, 1789 (carte des États).

Bouigues, f. c^{ne} de Saint-André-de-Valborgne.

Bouilhas, h. c^{ne} de Tresques.

Bouillargues, c^{on} de Nimes. — *Bulianicus*, 916 (cart. de N.-D. de Nimes, ch. 67). — *In terminium de villa Bolianicus, in territorio civitatis Nemausensis*, 927 (*ibid.* ch. 89). — *Villa quæ vocatur Bulianicus, in comitatu Nemausense*, 1060 (*ibid.* ch. 88). — *Bollanicæ*, 1100 (chap. de Nimes, arch. départ.). — *Ecclesia de Bollanicis*, 1156 (cart. de N.-D. de Nimes, ch. 84). — *Decimaria Sancti-Felicis de Boi-*

lanicis, 1172 (Lay. du Tr. des ch. t. I, p. 104). — *P. de Bollanicis*, 1200 (chap. de Nimes, arch. départ.). — *Tenementum de Boillanicis vulgariter appellatum*, 1277 (Mén. I, pr. p. 103, c. 1). — *Villa de Bol- hanicis*, 1310 (*ibid.* p. 163, c. 1). — *Ecclesia de Bolianicis*, 1386 (rép. du subs. de Charles VI). — *Locus de Bolhanicis*, 1400 (Mén. III, pr. p. 150, c. 2); 1405 (*ibid.* p. 190, c. 2); 1420 (J. Mercier, not. de Nimes). — *Bolhargues*, 1479 (la Taula del Poss. de Nismes). — *Le prieuré Sainct-Félix de Bolhargues*, 1555 (chap. de Nimes, arch. départ.). — *Bouillargues*, 1706 (arch. départ. G. 206).

Avant 1790, Bouillargues faisoit partie inté- grante du *taillable* et du *consulat* de Nimes : voilà pourquoi il ne figure pas dans le dénombrement de la sénéchaussée fait en 1384. — On y comptait 16 feux à l'époque de l'*Assise* de Calvisson, c'est-à- dire en 1322. — En 1744, Ménard donne à Bouil- largues 110 feux et 460 habitants. — La haute et basse justice de Bouillargues, excepté deux portions du *ban* réservées aux consuls de Nimes, appartenait au seigneur de Manduel. — Le prieuré simple et séculier de Saint-Félix de Bouillargues, uni à la mense capitulaire de Nimes, valait 1,200 livres; il avait pour annexe le prieuré rural de Saint-Denys de Vendargues.

BOUILLARGUES, f. c⁰⁰ de Sumène.

BOUILLENS (LES), f. et source d'eaux minérales, c⁰⁰ de Vergèze.

BOUIS (LE), h. c⁰⁰ de Saint-André-de-Majencoules. — *G. de Buxo*, 1357 (pap. de la fam. d'Alzon). — *Molendinum de Buxo*, 1446 (*ibid*).

BOUISSAS (LE), f. c⁰⁰ de Cornillon.

BOUISSE (LA), f. c⁰⁰ d'Avèze.

BOUISSIÈRES (LES), f. c⁰⁰ de Jonquières-et-Saint- Vincent.

BOUISSONARGUES, f. c⁰⁰ de Chamborigaud. — 1731 (arch. départ. C. 1475).

BOUISSONS (LES), f. c⁰⁰ de Montclus. — 1780 (arch. départ. C. 1652).

BOUJAC, f. c⁰⁰ de Colognac.

BOUJAC, h. c⁰⁰ de Saint-Christol-lez-Alais. — *Bouzac*, 1812 (notar. de Nimes). — *Sur les bords du Gra- bieu*, *près de Saint-Lazare* (Rech. hist. sur Alais, p. 266).

BOUJERLAN, bois, c⁰⁰ de Boisset-et-Gaujac.

BOULADOUX (LES), f. c⁰⁰ de Mauressargues, auj. détr.

BOULAINE, f. c⁰⁰ d'Aimargues. — *Mas-du-Juge*, 1726 (carte de la baronnie du Caylar).

BOULAS (LE), f. c⁰⁰ de Laudun.

BOULBON, f. c⁰⁰ de Nimes, sur l'emplacement de l'an- cienne église rurale de SAINT-GUILHEM-DE-VIGNOLES

(voy. ce nom). — *Mas-de-Bourbon*, 1671 (com- poix de Nimes).

BOULCHADOU, h. c⁰⁰ de Courry.

BOULIAC, f. c⁰⁰ de Tresques.

BOULIDOU (LE), source, c⁰⁰ d'Alzon. — *Fon-de-Bolhi- dos*, 1539 (pap. de la fam. d'Alzon).

BOULIDOU (LE), f. c⁰⁰ de Junas.

BOULIDOU (LE), lieu détruit de la c⁰⁰ de Nimes. — *Ad Bollidoz*, 1380 (compoix de Nimes). — *Le Boulidou* (cad. de Nimes).

BOULIDOUX (LES), q. c⁰⁰ de Saint-Hippolyte-du-Fort. — 1549 (arch. départ. C. 1790)

BOULIECH, h. c⁰⁰ du Vigan. — *Mansus de Bolegio, par- rochiœ de Vicano*, 1357 (pap. de la fam. d'Alzon). — *De Bolesio*, 1447 (*ibid.*). — *Bouliech*, 1634 (arch. départ. C. 447). — *Castel de Boulhie, taillable de Roquedur*, 1730 (*ibid.* c. 473). — *Bouilhès*, 1789 (carte des États).

BOULLES (LES), f. c⁰⁰ d'Aimargues.

BOULOUZARGUES, f. c⁰⁰ de Codognan et de Vauvert, sur l'emplacement de l'ancien prieuré rural de SAINT- VINCENT-D'OLOZARGUES (voy. ce nom). — *Villa Bo- nantianicus*, 1004 (cart. de Psalm.). — *Villa Holon- zanicus*, 1031 (cart. de N.-D. de Nimes, ch. 109).

BOULSEGURE, f. c⁰⁰ de Cros.

BOU. SEGURE, f. c⁰⁰ de Roquedur. — *Bolsegur*, 1539 (pap. de la fam. d'Alzon).

BOULTOU (LE), f. c⁰⁰ de Dourbie. — *Le mas del Voltu*, 1514 (pap. de la fam. d'Alzon). — *Boultou*, 1789 (carte des États).

BOULZE (LA), h. c⁰⁰ de Mialet.

BOUQUET, c⁰⁰ de Saint-Ambroix. — *Castrum de Bu- cheto*, 1156 (Hist. de Lang. II, pr. col. 561). — *R. de Boqueto*, 1210 (cart. de la seign. d'Alais, f° 3). — *Castellum de Bochet*, 1243 (Gall. Christ. t. VI, col. 626). — *Boquetum*, 1384 (dénombr. de la sénéch.). — *Saint-Martin de Bouquet*, 1549 (arch. départ. C. 1319); 1552 (*ibid.* C. 793). — *Le prieuré Sainct-Martin de Bouquet*, 1620 (insin. eccl. du dioc. d'Uzès).

Bouquet, avant 1790, faisait partie de la vigue- rie et du diocèse d'Uzès, doyenné de Navacelle. — On n'y comptait, en 1384, que 4 feux. — Saint- Martin de Bouquet était un prieuré régulier à la col- lation de l'abbé de Saint-Gilles. — L'évêque d'Uzès avait la collation de la vicairie, sur la présentation du prieur du lieu. — On y remarque un château sur une montagne appelée *Bouquet* et qui a donné son nom au village. — M. Julien, de Malérargues, en était seigneur en 1721. — Bouquet porte : *d'or, à une barre losangée d'or et d'azur*.

BOUQUET, m⁰⁰, c⁰⁰ d'Uzès, sur l'Alzon.

Bourras, f. c^{ne} de Saint-Roman-de-Codières. — *Bourras*, 1789 (carte des États).

Bourrasse, bois, c^{ne} de Bouquet.

Bourrassol, f. c^{ne} d'Aspères.

Bourbon, f. c^{ne} de Connaux.

Bourdeilles, q. c^{ne} de Saint-Marcel-de-Fontfouillouse. — 1553 (arch. départ. C. 1791).

Bourdéliac, h. c^{ne} de Saint-André-de-Valborgne. — *Bordelianum*, 1078 (cart. de N.-D. de Nimes, ch. 171). — *Bourdeille*, 1548 (J. Ursy, not. de Nimes).

Bourdic, c^{on} de Saint-Chapte. — *Locus de Bordico*, 1208 (Mén. I, pr. p. 46, c. 2). — *Castrum de Bordico*, 1211 (Gall. Christ. t. VI, p. 304). — G. *de Bordico*, 1251 (cart. de N.-D. de Bonh. ch. 26). — *Bordicum*, 1310 (Mén. I, pr. p. 181, c. 2); 1384 (dénombr. de la sénéch.); 1462 (reg.-cop. de lettr. roy. E. v). — *Bourdic*, 1547 (arch. départ. C. 1313). — *Le prieuré de Saint-Jean de Bourdit*, 1620 (insin. eccl. du dioc. d'Uzès). — *Bordic*, 1715 (J.-B. Nolin, *Carte du dioc. d'Uzès*). — *Bourdy*, 1727 (insin. eccl. du dioc. de Nimes, G. 27).

Bourdic était, avant 1790, de la viguerie et du doyenné d'Uzès. C'était un prieuré régulier, uni au monastère de Saint-Nicolas de Campagnac, et à la collation du prieur de Saint-Nicolas. — Le dénombrement de 1384 ne lui donne que 4 feux. — La seigneurie de Bourdic, au commencement du XVIIIe siècle, appartenait à la famille Galissart. Ce lieu ressortissait au sénéchal d'Uzès. — Les armoiries de Bourdic sont : *d'argent, à une bande losangée d'argent et de sinople*.

Bourdiguet, h. c^{ne} d'Aigaliers.

Bourdiguet (Le), ruiss. qui prend sa source sur la c^{ne} de Brueys, traverse celles de Foissac, Aubussargues, Aureillac et Bourdic, et se jette dans le Gardon sur le territ. de Russan. — *La Bourdiguette*, 1789 (carte des États). — Parcours : 18,200 mètres.

Bourdillan, f. c^{ne} de Bagnols. — *Boudillan*, 1863 (notar. de Nimes).

Bourel, f. c^{ne} de Saint-Julien-de-la-Nef.

Bourel (Le), ruiss. qui prend sa source au h. de Coulis, c^{ne} de Bonnevaux, et se jette dans l'Abau à la ferme des Thomasses, même commune.

Bourélie (La), f. c^{ne} du Pont-Saint-Esprit.

Bouret, f. c^{ne} de Fourques.

Bourg (Le), h. c^{ne} de Saint-André-de-Valborgne.

Bourgarel, q. c^{ne} de Remoulins.

Bourges, f. c^{ne} de Bouillargues. — *Ad ipso Burgo*, 941 (cart. de N.-D. de Nimes, ch. 50). — *Bourgas*, 1127 (chap. de Nimes, arch. départ.). — *La Buerga*, 1380 (compoix de Nimes). — *La Burguo*, 1479

(la Taula del Poss. de Nismes). — *Boargas*, 1648 (arch. hosp. de Nimes). — *La Burgue*, 1671 (compoix de Nimes).

Bourgidou (Le Canal du), fait communiquer le canal de Beaucaire à Aiguesmortes avec le canal de Sylvéréal et la roubine de Peccais. — *Petit canal de la Roubine*, 1789 (carte des États).

Bourgidou (Le Vieux-), canal parallèle au précédent ; aujourd'hui abandonné, il n'a pas de débouché.

Bourgnac, f. c^{ne} de Saint-Brès.

Bourgnole, h. c^{ne} de Saint-Marcel-de-Fontfouillouse.

Bourg-Saint-Jean (Le), h. c^{ne} de Saint-Jean-de-Valeriscle.

Bourguet, f. c^{ne} d'Uzès.

Bourguet (Le), f. c^{ne} de Saint-Paul-la-Coste.

Bourguette (La), f. c^{ne} de Courry. — 1768 (arch. départ. C. 1846).

Bouriant, h. c^{ne} d'Aiguèze. — *Borian*, 1789 (carte des États).

Bourjoy (Le), f. c^{ne} de Sumène.

Bourlu (Le), ruiss. qui prend sa source sur la c^{ne} de Cardet et se jette dans l'Allarenque sur le territoire de la même commune.

Bournaves, vill. c^{ne} de Malons. — *Bournat, paroisse de Malons*, 1721 (Bull. de la Soc. de Mende, t. XVI, p. 161).

Bournaves (Le), ruiss. qui prend sa source au h. de Liquemaille, c^{ne} de Malons, et se jette dans la Cèze au h. de Conflans, c^{ne} de Ponteils. — Parcours : 3,500 mètres.

Bournavettes, h. c^{ne} de Ponteils. — *Locus de Bornavetis*, 1212 (Généal. des Châteauneuf-Randon).

Bournèze, f. c^{ne} de Calvisson, auj. détruite. — Le nom est resté au cadastre.

Bournély, f. c^{ne} d'Aiguesmortes.

Bousanquet, h. c^{ne} de Colognac.

Bousanquet, f. c^{ne} de Sommière.

Bousanquet (Le), f. c^{ne} de Saint-Martial. — *Bosanquet*, 1789 (carte des États).

Bouscaras (Le), f. c^{ne} de Théziers, auj. détr. — *Bouscaras, sive Carreyrol de Fournès*, 1637 (Pitot, not. d'Aramon). — *Courloubier, sive Bouscaras*, 1828 (notar. de Nimes).

Bouscarasse (La), f. c^{ne} de Sainte-Croix-de-Caderle.

Bouscas (Le), f. c^{ne} de Saint-Florent.

Bouscharen, f. c^{ne} de Vauvert.

Bouschet (Le), h. c^{ne} de Ponteils-et-Brézis.

Bousiges (Les), h. c^{ne} de Portes. — *Mansus de Bosigiis, qui est juxta Portas*, 1294 (Mén. I, pr. p. 132, c. 1). — *Les Bouziges, mandement de Peiremale*, 1737 (arch. départ. C. 1490).

Bousigou (Le), h. c^{ne} de Cambo.

Bousor, h. c^{ne} de Massillargues,

Gard.

Bousquéry, f. c^{ne} de Sommière. — Elle a appartenu à l'évêque Esprit Fléchier.

Bousquet, h. c^{ne} de Fressac.

Bousquet, f. c^{ne} de Saint-Maurice-de-Casesvieilles.

Bousquet (Le), f. c^{ne} de Sainte-Croix-de-Caderle.

Bousquet (Le), f. c^{ne} de Saint-Gilles. — *La métairie du Bousquet, quartier des Ribières*, 1734 (insin. eccl. du dioc. de Nimes, G. 28). — *Mas-de-Coustan*, 1789 (carte des États).

Bousquet (Le), f. c^{ne} de Saint-Martial.

Bousquet (Le), f. c^{ne} de Saint-Roman-de-Codières.

Bousquet (Le), h. c^{ne} de Tresques.

Bousquet (Le Grand-), f. c^{ne} de Saint-Laurent-d'Aigouze. — *Le bien noble du Bousquet*, 1711 (arch. départ. C. 795). — *Le Bousquet du duc d'Uzès*, 1726 (carte de la baronnie du Cayla).

Bousquet (Le Petit-), f. c^{ne} de Saint-Laurent-d'Aigouze. — *Le Bosquet*, 1557 (chapellenie des Quatre-Prêtres, arch. hosp. de Nimes). — *Le Bousquet de M. de Monié*, 1726 (carte de la baronnie du Cayla).

Bousquets (Les), h. c^{ne} de Soudorgues.

Bousquette (La), h. c^{ne} du Pont-Saint-Esprit. — *La Bousquète*, 1731 (arch. départ. C. 1476).

Bousquetrolles (Les), f. c^{ne} de Valleraugue.

Bousquillet (Le), bois, c^{ne} de Saint-Christol-de-Rodières. — *Le Bousquillet, sive Cannarille*, 1773 (compoix de Saint-Christol-de-Rodières).

Boussargues, h. c^{ne} de Sabran. — *Brossanicæ*, 1384 (dénombr. de la sénéch.). — *Le prieuré de Boussargues*, 1620 (insin. eccl. du dioc. d'Uzès). Boussargues faisait partie de la vig. de Bagnols et du dioc. d'Uzès, doyenné de Bagnols. — Il n'est compté que pour 1 feu dans le dénombr. de 1384.

Boussonnat, f. c^{ne} d'Aiguesmortes.

Boussugues, f. c^{ne} du Vigan. — *Territorium de las Boziyas*, 1331 (pap. de la fam. d'Alzon). — *Territorium vulgariter dictum a las Bozigas*, 1430 (Ant. Montfajon, not. du Vigan). — *Les Bossugues*, 1824 (Nomencl. des communes et hameaux du Gard).

Bousy (La), f. c^{ne} de Flaux.

Boutignane (La), f. c^{ne} de Montfrin, emportée par le Rhône en 1676 (Trenquier, *Mémoire sur Montfrin*).

Boutin, f. c^{ne} de Pujaut.

Boutonnet, h. c^{ne} de Saint-André-de-Valborgne.

Boutonnet, f. c^{ne} de Villevieille.

Boutugade, f. auj. détr. c^{ne} de Garons. — *Budigariæ*, 943 (cart. de N.-D. de Nimes, ch. 80). — *Modegarie*, 992 (*ibid.* ch. 7). — *Botugal*, 1479 (la Taula del Poss. de Nismes). — *Bautugade*, 1671 (comp. de Nimes).

Bouvet (Le), h. c^{ne} de Saint-Roman-de-Codières.

Bouvien, f. c^{ne} de Générargues.

Bouzène, h. c^{ne} de Tornac. — *bvdenicenses* (inscr. de l'ermitage de Colias). — *G. de Bozene*, 1211 (cart. de N.-D. de Bonh. ch. 33). — *Bozena*, 1482 (Mém. gén. du marq. d'Aubais, bibl. de Nimes). — *Bozène*, 1558 (J. Ursy, not. de Nimes). — *Bouzène*, 1763 (arch. départ. C. 525).

Bouzigues (Les), lieu détr. c^{ne} de Nimes. — *Locus ubi vocant Bodigas*, 1046 (cart. de N.-D. de Nimes, ch. 39). — *Bodichas, que sunt super pratum vicecomitalem*, 1146 (Hist. de Lang. II, pr. col. 514). — *A las Bosigas, ad carrayronum de Bosigiis*, 1380 (comp. de Nimes). — *Bosigues*, 1479 (la Taula del Poss. de Nismes). — *Tres-Peyres ou Bouzigues*, 1700 (arch. départ. G. 200).

Bouzigues (Les), f. c^{ne} de Valleraugue.

Bouzon, h. c^{ne} de Colognac.

Bouzon (Le), ruiss. qui prend sa source à la ferme de la Fosse, c^{ne} de Colognac, et se jette dans la Coulègne sur le territ. de la même c^{ne}.

Bouzon (Le Petit-), f. c^{ne} de la Salle.

Boyer, f. c^{ne} de Saint-Gilles.

Boysset, f. c^{ne} de Colias. — *Mas-de-Boysset*, 1607 (arch. comm. de Colias).

Boysson-Redon, bois, c^{ne} de Nimes, auj. défriché. — 1479 (la Taula del Poss. de Nismes). — *Buisson-Redon*, 1671 (comp. de Nimes).

Bozène, f. c^{ne} de Saint-André de Valborgne. — 1552 (arch. départ. C. 1777).

Bragabousse, f. c^{ne} de Boz-et-Esparon.

Bragassargues, c^{on} de Quissac. — *In terminium de Bragancianicus, in castro Salavense, in territorio civitatis Nemausensis*, 959 (cart. de N.-D. de Nimes, ch. 152). — *B. de Braganzanicis*, 1157 (chap. de Nimes, arch. départ.). — *Bragassanicæ*, 1384 (dénombr. de la sénéch.). — *Bragassargues*, 1435 (rép. du subs. de Charles VII). — *Bragassanicæ*, 1501 (chap. de Nimes, arch. départ.). — *Braguesargues*, 1566 (J. Ursy, not. de Nimes). — *Le prieuré Saint-Estienne de Braguessargues*, 1579 (insin. eccl. du dioc. de Nimes). — *La communauté de Bragassargues*, 1637 (arch. départ. C. 746). Bragassargues faisait jadis partie de la viguerie de Sommière et de l'archiprêtré de Quissac. — On n'y comptait, en 1384, qu'un feu et demi. — Le prieuré-cure Saint-Étienne de Bragassargues, auquel fut annexé dès le XVIe siècle celui de Saint-Pons-de-Galbiac, valait 1,600 livres; il était à la collation de l'évêque de Nimes. — Les armoiries de Bragassargues sont : *d'azur, à trois rochers d'argent, mouvants de la pointe, et un chef d'argent chargé de trois étoiles de gueules*.

BRAGOUZE, f. auj. détruite, c^{ne} de Sainte-Anastasie. — 1547 (arch. départ. C. 1658).

BRABIC, f. c^{ne} de Saint-Jean-de-Valeriscle. — 1731 (arch. départ. C. 1474). — *Brahy*, 1789 (carte des États).

BRAMABIAOU, abîme, c^{ne} de Saint-Sauveur-des-Poursils. — C'est dans cet abîme que disparaît le ruisseau de Bonheur.

BRAMASSET, f. c^{ne} de Saint-Gilles. — *Beauchêne*, 1845 (notar. de Nimes).

BRAMEFÈNE, q. c^{ne} de Sainte-Anastasie. — 1547 (arch. départ. C. 1658).

BRANOUX, h. c^{ne} de Blannaves. — *J. de Branosco*, 1339 (cart. de la seign. d'Alais, f° 18). — *Lou maiz de Branasco, en la parroisse de Blanavie*, 1346 (*ibid.* f° 43). — *Brénoux*, 1635 (arch. dép. C. 1291). — *Brenoux*, 1715 (J.-B. Nolin, *carte du dioc. d'Uzès*).

BRANOUX (LE), ruiss. qui prend sa source sur la c^{ne} de Blannaves et se jette dans le Gardon sur le territ. de la c^{ne} des Salles-du-Gardon.

BRASQUE, lieu inconnu de la c^{ne} de Saint-Gilles. — *Brascha, villa*, 879 (Mén. I, pr. p. 12, c. 1).

BRASQUETTES (LES), f. c^{ne} de Valleraugue.

BRASSERIE (LA), f. c^{ne} de Beaucaire. — *La Brassière*, 1855 (notar. de Nimes).

BRASSERIE (LA), f. c^{ne} de Logrian.

BRASSÈVE, f. et salins, c^{ne} d'Aiguesmortes.

BRASSIÈRE (LA), ruiss. de la c^{ne} d'Aramon, qui prend sa source aux Palus et se jette dans le Rhône.

BRAUNA (LA), f. c^{ne} de Saint-Christol-de-Rodières. — 1773 (compoix de Saint-Christol-de-Rodières).

BRAUNE (LA), ruiss. qui prend sa source dans les collines de Saint-Mamet, traverse les c^{nes} de Parignargues, de Gajan, de Saint-Bauzély, de la Rouvière-en-Malgoirès et de la Calmette, et se jette dans le Gardon sur le territ. de la c^{ne} de Dions. — *Flumen de Brauna*, 1463 (L. Peladan, not. de Saint-Geniès-en-Malgoirès). — *La rivière de Brauhne*, 1557 (J. Ursy, not. de Nimes). — *Le vallat de Branuho*, 1576 (*ibid.*).

BRÉAU, c^{on} du Vigan. — *Mansus de Breono, parrochiæ Sancti-Martini de Aulacio*, 1331 (somm. du fief de Caladon). — *Mansus de Breono, parrochiæ de Aulacio*, 1417 (Ant. Montfajon, not. du Vigan); 1444 (P. Montfajon, not. du Vigan). — *Mansus de Breone*, 1461 (reg.-cop. de lettr. roy. E, iv, f° 16). — *Mansus de Breono, parrochiæ Aulacii*, 1513 (A. Bilanges, not. du Vigan). — *Breau*, 1581 (arch. départ. C. 891); 1634 (*ibid.* C. 447). — *Mas de Bréau*, 1693 (Ant. Teissier, not. du Vigan).

Bréau ne figure dans aucun des dénombrements anciens de la sénéchaussée. Jusqu'en 1595, il faisait partie intégrante de la c^{ne} d'Aulas. — Réuni à Salagosse par ordonn. du 13 mai 1818, il forme aujourd'hui une commune. En 1694, Bréau reçut, en qualité de communauté indépendante, les armoiries suivantes : *de sinople, à un taureau furieux, d'or*.

BRÉAUNÈZE (LA), ruiss. qui prend sa source au col du Minier, à l'entrée de la Montagne-Basse d'Aulas, et se jette dans la rivière d'Aulas ou Coudouloux sur le territ. de la c^{ne} de Bréau-et-Salagosse. — Parcours : 8,600 m. — *Ripperia de Breoneza*, 1440 (pap. de la fam. d'Alzon). — *La rivière Bréonèze*, 1507 (*ibid.*).

BRÉNAS, f. c^{ne} de Montclus. — 1780 (arch. départ. C. 1652).

BRENNES, lieu détr. c^{ne} de Redessan. — *Locus de Brena*, 1146 (Hist. de Lang. II, pr. col. 514). — *Territorium et tenementum de Brena*, 1310 (Mén. I, pr. p. 163, c. 2). — *La méterie de Breyne*, 1566 (J. Ursy, not. de Nimes). — Le nom est resté au cadastre. — Voy. Mén. t. II, p. 32, et t. VII, p. 627.

Brennes était de la dépendance du seigneur de Manduel, qui en avait la haute et basse justice. On voit par l'*Assise* de Calvisson que ce village, en 1310, ne se composait que de deux métairies.

BRÈS, f. c^{ne} de Goudargues. — 1731 (arch. départ. C. 1474). — C'est une ancienne grange des Templiers.

BRÈS (LE), h. c^{ne} de Saint-Sébastien-d'Aigrefeuille. — *Saint-Brès*, 1789 (carte des États).

BRÉSIS, lieu de la c^{ne} d'Alais, sur la rive droite du Gardon. — *Prusianum* (Sid. Apoll. lib. II, ep. 9). — *Bresium* (Mém. de l'Acad. des Inscr. t. III, p. 282).

BRESQUET (LE), f. c^{ne} de Bagnols.

BRESSELIER, bois, c^{ne} de Lanuéjols. — *Lo Puech del Breselié, in territorio grangiæ de Sevelieriis*, 1461 (reg.-cop. de lettr. roy. E, v).

BRESSONS (LES), f. c^{ne} de Valleraugue.

BRESSOUILLANDE, lieu compris auj. dans l'enceinte de la c^{ne} de Vauvert. — *Bressola*, 1292 (cart. de Psalm.). — *Brosselhandes*, 1557 (chapellenie des Quatre-Prêtres, arch. hosp. de Nimes).

BREST, f. c^{ne} de Beaucaire.

BRESTALOU (LE), ruiss. qui prend sa source sur la c^{ne} de Lauret (Hérault), entre dans le dép. du Gard, traverse les c^{nes} de Brouzet et de Sardan et se jette dans le Vidourle sur le territoire de cette dernière.

BRÉTEGNAC, f. c^{ne} de Crespian. — *Bertegnac*, 1864 (notar. de Nimes).

BRETON, f. c^{ne} de Castillon-du-Gard — *Mas-de-Breton, paroisse de Castillon*, 1721 (bibl. du gr. sém. de Nimes).

La justice de ce domaine dépendait de l'ancien patrimoine du duché-pairie d'Uzès.

5.

Breton, h. c⁰ˢ de Saint-André-de-Majencoules. — *Mansus de Breton, qui est in parrochia Sancti-Andreæ de Magencolis*, 1224 (cart. de N.-D. de Bonh. ch. 43). — *Mansus de Bretone, parrochiæ Sancti-Andreæ de Majencolis*, 1513 (A. Bilanges, not. du Vigan). — *Mansus de Bretoux*, 1537 (pap. de la famille d'Alzon).

Brezines (Les), f. c⁰ᵉ de Mus.

Brézis, c⁰ⁿ de Genolhac. — *Castrum de Brisitio*, 1382 (cart. de Franquevaux). — *Bricium*, 1384 (dénombr. de la sénéch.).

Brézis faisait partie de la viguerie et du diocèse d'Uzès, doyenné de Gravières (auj. département de l'Ardèche). — On n'y comptait que 2 feux en 1384. — Le château de Brézis est fort ancien et paraît remonter jusqu'au ix⁰ siècle. — Un décret du 4 mai 1812 a réuni Brézis à Ponteils. — Les armoiries de Brézis sont : *de sable, à un chef losangé d'argent et de sable.*

Brezuns (Les), h. c⁰ᵉ de Saint-André-de-Roquepertuis. — *Aïbrezen*, 1789 (carte des États).

Briançon (Le), ruiss. qui prend sa source à la ferme de la Baume, sur la c⁰ᵉ d'Estézargues, traverse celles de Domazan, de Théziers et de Montfrin, et se jette dans le Rhône sur le territoire de cette dernière commune. — Parcours : 9,500 mètres.

Briançon (Le), ruiss. qui prend sa source sur la c⁰ᵉ de Saint-Just-et-Vaquières, traverse celles d'Euzet et de Saint-Hippolyte-de-Caton et va se jeter dans la Candoulière sur le territoire de cette dernière commune. — On l'appelle aussi *Troubadous.*

Brié (Le), ruiss. qui prend sa source sur la c⁰ᵉ de Combas et se jette dans le Vidourle sur le territ. de Fontanès. — *Le valat de Brye, la rivière de Brye*, 1616 (arch. comm. de Combas).

Briel (Le), f. c⁰ᵉ de Générargues.

Brigade-Noire (La), poste de douaniers, c⁰ⁿ d'Aiguesmortes.

Brignon, c⁰ⁿ de Vézenobre. — BRIGINN [ones] (inscr. du musée de Nimes). — *Brinno*, 1108 (cart. de N.-D. de Nimes, ch. 176). — *Brinnonum*, 1207 (Mén. I, pr. p. 44, c. 1); 1237 (chap. de Nimes, arch. départ.). — *Brinno*, 1273 (Hist. de Lang. III, pr.). — *Brinnonum*, 1281 (Mén. I, pr. p. 108, col. 1). — *Ecclesia de Brinjono*, 1314 (Rot. eccl., arch. munic. de Nimes). — *Brinhonum*, 1381 (Mén. III, pr. p. 46, c. 1); 1384 (dénombr. de la sén.). — *Brignon*, 1547 (arch. départ. C. 1314). — *Brinhon*, 1553 (J. Ursy, not. de Nimes).

Brignon était compris dans la viguerie et l'évêché d'Uzès, doyenné de Sauzet. Le prieuré séculier de Saint-Paul de Brignon était à la collation de l'évêque d'Uzès. — Brignon est compté pour 6 feux dans le dénombrement de 1384. — La justice de Brignon appartenait au marquis de Calvières. — Ce lieu ressortissait au sénéchal d'Uzès. — Brignon porte pour armoiries : *de vair, à un chef losangé d'argent et d'azur.*

Brignon, f. c⁰ᵉ de Marguerittes.

Brin, h. c⁰ⁿ de Concoules. — *Brim*, 1212 (Généal. des Châteauneuf-Randon).

Brion, mont. c⁰ᵉ d'Anduze. — *Bryons* (Rivoire, *Stat. du Gard*).

Brique (La), f. c⁰ᵉ de Saint-Martin-de-Corconac. — *L'Abric*, 1773 (comp. de Saint-Martin-de-Corconac).

Brisepain, f. c⁰ᵉ de Lédenon, auj. détr. — *Brizepan*, 1558 (J. Ursy, not. de Nimes).

Brissac, h. c⁰ᵉ de Rousson. — 1732 (arch. départ. C. 1478). — *Saint-Nazaire-de-Brissac*, 1789 (carte des États).

Bro (Le), h. c⁰ᵉ de Lanuéjols. — *Mansus de la Brugdoira, ecclesiæ de Lanuejol*, 1241 (cart. de N.-D. de Bonh. ch. 32). — *Mansus de la Brugdoyra, parrochiæ Sancti-Laurentii de Lanuojol*, 1391 (pap. de la fam. d'Alzon).

Brocen, lieu détruit, c⁰ᵉ d'Alais. — *Voroangus, Vorocingus* (Sid. Apoll. lib. II, ep. 9). — *Pont-de-Brouzin* ou *Pont-R04pt*, emporté, au xiiiᵉ siècle, par une inondation du Gardon (Recherches historiques sur Alais).

Brose (La), ruiss. qui prend sa source dans les bois de Valbonne et se jette dans l'Aiguille sur le territ. de la c⁰ᵉ de Saint-Paulet-de-Caisson.

Brosse (La), f. c⁰ᵉ du Pont-Saint-Esprit.

Braoual, f. c⁰ᵉ de Saint-Julien-de-la-Nef. — *Mas-Brouat*, 1824 (notar. de Nimes).

Brouasse-de-la-Croux (La), bois, c⁰ᵉ de Malons, auj. défriché.

Broue (La), f. c⁰ᵉ d'Arphy. — *Territorium de Broas, parrochiæ de Aulacio*, 1366 (pap. de la fam. d'Alzon).

Braouilhet (Le), f. c⁰ᵉ de Saint-Laurent-le-Minier. — *Brouil*, 1789 (carte des États).

Broussan, f. c⁰ᵉ de Bellegarde. — *Brucianum, villa*, 879 (Mén. I, pr. p. 12, c. 1). — *Brocianum*, 1060 (cart. de N.-D. de Nimes, ch. 92). — *Brosaniensis*, 1107 (*ibid.* ch. 138). — *Brocianum*, 1115 (*ibid.* ch. 79); 1145 (Lay. du Tr. des ch. t. I, p. 60). — *Brozanum*, 1146 (*ibid.* p. 62-63). — *Brocianum*, 1160 (Mén. I, pr. p. 36, c. 2); 1180 (cart. de Psalm.). — *Brossanum*, 1294 (Mén. I, pr. p. 126, c. 1). — *Broussan*, 1721 (bibl. du gr. sémin. de Nimes).

Le lieu de Broussan était compris dans la communauté de Bellegarde, et le prieuré de Saint-Vincent-de-Broussan (voy. ce nom) était, comme celui de Saint-Jean-de-Bellegarde, auquel il fut annexé dès le xiii° siècle, uni à la mense capitulaire de Nimes. — La justice de Broussan dépendait de l'ancien patrimoine du duché-pairie d'Uzès.

Brousse (La), f. c⁰ᵉ d'Aramon. — 1637 (Pitot, not. d'Aramon).

Brousses (Les), h. c⁰ᵉ de Saint-Florent.

Brousses (Les), f. c⁰ᵉ de Saint-Jean-de-Valeriscle. — Les Brousses, sive la Valette, 1812 (notar. de Nimes).

Broussière (La), f. c⁰ᵉ de Saint-Florent.

Broussières (Les), bois, c⁰ᵉ de Saint-Quentin. Appartenait au duc d'Uzès pour la justice et la foncialité.

Broussons (Les), ruiss. qui prend sa source au h. de Germau, c⁰ᵉ de Robiac, et se jette dans la Cèze sur le territ. de la même commune.

Brouzet, c⁰ᵉ de Quissac. — Ecclesia Sancti-Vincentii de Brodeto, 957 (cart. de N.-D. de Nimes, ch. 201). — Ecclesia de Brodeto, 1156 (ibid. ch. 84). — Broditum, 1245 (Mén. I, pr. p. 32, c. 2). — Sanctus-Vincentius de Brodeto, 1384 (dénombr. de la sén.). — Brozet, 1435 (rép. du subs. de Charles VII). — Sanctus-Vincencius de Brozeto, 1501 (chap. de Nimes, arch. départ.); 1517 (ibid.). — Le prieuré de Saint-Vincent-de-Brouzet, 1706 (arch. départ. G. 206).

Avant 1790, Brouzet faisait partie de la viguerie de Sommière et du diocèse de Nimes, archiprêtré de Quissac. — Le dénombrement de 1384 lui donne 4 feux. — Le prieuré simple et séculier de Saint-Vincent de Brouzet était uni à la mense capitulaire de la cathédrale de Nimes et valait 2,000 livres. — Un décret de 1863 a réuni la c⁰ᵉ de Brouzet à celle de Liouc. — Brouzet porte : d'argent, à un sanglier de sable, sortant d'un bois de sinople.

Brouzet, c⁰ᵉ de Vézenobre. — Brodetum, 1174 (cart. de Psalm.). — Broditum, 1247 (chap. de Nimes, arch. départ.); 1192 (ibid.). — Brodetum, 1308 (Mén. I, pr. p. 173, c. 1). — Ecclesia de Broseto, 1314 (Rot. eccl., arch. munic. de Nimes). — Brozetum, 1384 (dénombr. de la sénéch.). — Ecclesia de Brozens, 1386 (rép. du subs. de Charles VI). — La communauté de Brouzet, 1547 (arch. départ. C. 1314). — Le prieuré Sainete-Cécile de Brouzens, 1590 (insin. eccl. du dioc. de Nimes). — Brouset, 1715 (J.-B. Nolin, carte du dioc. d'Uzès); 1752 (arch. départ. C. 1308) : voy. Rech. hist. sur Alais, p. 266.

Brouzet appartenait, avant 1790, à la viguerie et au diocèse d'Uzès, doyenné de Navacelle. — Le prieuré de Sainte-Cécile de Brouzet fut, au xvi° siècle, annexé à celui de Saint-Pierre de Navacelle. — On n'y comptait que 2 feux en 1384. — Ce lieu ressortissait au sénéchal d'Uzès. — M. Faucon de Lagette en était seigneur au xviii° siècle. — Les armoiries de Brouzet sont : de sinople, à un chef losangé d'argent et d'azur.

Brouzet (Le), h. c⁰ᵉ d'Aujac.

Bru (Le), f. c⁰ᵉ de Sommière.

Bruéges (Le), ruisseau qui prend sa source au Mas-Moreau, c⁰ᵉ de Saint-Privat-des-Vieux, et se jette dans le Grabieu sur le territ. de la c⁰ᵉ d'Alais.

Brueis, vill. c⁰ᵉ d'Aigaliers. — BRVGETIA (inscr. du musée de Nimes). — Prioratus Beatæ-Mariæ de Brueyssio, 1470 (Sauv. André, not. d'Uzès). — Brugesia, 1488 (Mén. III, pr.). — Bruyès, 1489 (ibid.). — Locus de Brueys, 1492 (Sim. Benoît, not. de Nimes). — Locus de Brueyssio, 1501 (J. Bourelli, not. de Nimes). — Brueys, 1535 (pap. de la fam. Du Merlet). — Notre-Dame-de-Bruyès, 1620 (insin. eccl. du dioc. d'Uzès). — Bruyes, 1715 (J.-B. Nolin, carte du dioc. d'Uzès); 1789 (carte des États).

Le prieuré séculier de Notre-Dame-de-Brueis porte parfois le titre de Saint-Pierre-de-Brueys : Beneficium Beati-Petri de Brueyssio, 1484 (Sauv. André, not. d'Uzès); — Parrochia Sancti-Petri de Brueyssio, 1532 (Vid. Mercier, not. d'Uzès). — Brueis appartenait à la viguerie et au diocèse d'Uzès, doyenné d'Uzès. — Ce prieuré était à la collation de l'évêque d'Uzès.

Bruel (Le), f. c⁰ᵉ de Bréau, sur une montagne du même nom. — Mansus de Brolio, parochiæ de Aulatio, 1320 (pap. de la fam. d'Alzon); 1440 (ibid.).

Bruel (Le), h. c⁰ᵉ de Saint-André-de-Valborgne. — Brolium, 1162 (cart. de Saint-Sauveur-de-la-Font). — Mansus de Brolio, in parrochia Sancti-Andreæ de Vallebornha, 1275 (cart. de N.-D. de Bonheur, ch. 108).

Brugade (La), f. c⁰ᵉ de Laval. — 1737 (arch. départ. C. 1790).

Brugal (Le), h. c⁰ᵉ de Laval. — Le Brugas, 1812 (notar. de Nimes).

Brugas (Le), f. c⁰ᵉ de Saint-André-de-Majencoules.

Brugas (Le), ruisseau qui prend sa source sur la c⁰ᵉ de Valleraugue et se jette dans le Cros, affluent de l'Hérault, sur le territ. de la même commune.

Brugèdes (Les), h. c⁰ᵉ de Sénéchas. — Les Frigières, 1715 (J.-B. Nolin, carte du dioc. d'Uzès). — La Brugède, mandement de Peiremale, 1737 (arch. départ. C. 1490). — Bruyèdes, 1789 (carte des États).

Brugerette (La), h. c⁰ᵉ d'Aigaliers.

Bruget (Le Vieux et le Nouveau), hameaux, c⁰ˢ de Cornillon.

Brugueirolles, h. cⁿᵉ de Mialet. — *Mansus de Brugayroliis, in parrochia de Meleto*, 1345 (cart. de la seign. d'Alais, f° 35).

Brugueirolles, h. cⁿᵉ de Saint-Paul-la-Coste.

Brugueirolles (Les), ruiss. qui prend sa source sur la cⁿᵉ de Saint-Paul-la-Coste et va se jeter dans le Galeizon sur le territ. de la même commune.

Bruguié (Le), f. cⁿᵉ de Saumane.

Bruguier (Le), f. cⁿᵉ d'Alais.

Bruguier (Le), f. cⁿᵉ de Monoblet.

Bruguier (Le), h. cⁿᵉ de Saint-Roman-de-Codières.

Bruguière (La), cⁿ de Lussan. — *Villa Brugariæ*, 890 (Hist. de Lang. II, pr. col. 26). — *Villa Brugeriæ*, 1096 (*ibid.* col. 344). — *Brugeriæ*, 1205 (cart. de l'aalm.). — *Bastida de Brugueria*, 1211 (Gall. Christ. t. VI, p. 304). — *Brugeria*, 1384 (dénombr. de la sénéch.). — *Le prieuré de Saint-Laurens de la Bruguière*, 1563 (J. Ursy, not. de Nimes).

La Bruguière faisait partie, avant 1790, de la viguerie et du diocèse d'Uzès, doyenné d'Uzès. — Ce village, en 1384, n'était imposé que pour 2 feux. — Il avait été donné, en 1096, à l'église du Puy par Raymond, comte de Toulouse. — Ce lieu ressortissait au sénéchal d'Uzès. — La seigneurie appartenait, au xviiiᵉ siècle, à M. de Carme. — La Bruguière porte : *de sable, à un pal losangé d'argent et de sinople.*

Bruguière (La), f. cⁿᵉ d'Arrigas. — *Mansus de Brugueria, parrochiæ Arigacii*, 1466 (J. Montfajon, not. du Vigan). — *Mansus de Brugueria, parrochiæ Sancti-Genesii de Arigacio*, 1502 (A. de Massaporcis, not. du Vigan).

Bruguière (La), f. cⁿᵉ du Pont-Saint-Esprit. — 1731 (arch. départ. C. 1476). — *Les Bruyères*, 1866 not. de Nimes).

Bruguière (La), h. cⁿᵉ de Générargues. — *Brugeriæ*, 1308 (Mén. I, pr. p. 224, c. 1). — *A. de Brugeria*, 1376 (cart. de la seign. d'Alais, f° 65).

Bruguière (La), h. cⁿᵉ de Mandagout. — *Mansus de Brugueria, parrochiæ de Mandagoto*, 1472 (A. Razoris, not. du Vigan).

Bruguière (La), bois, cⁿᵉ de Lussan.

Bruguière (La), ruiss. qui prend sa source sur la cⁿᵉ de Saint-Bénézet et se jette dans le Gardon sur le territ. de la cⁿᵉ de Boucoiran.

Bruguiérette (La), f. cⁿᵉ d'Aigaliers.

Brun, f. cⁿᵉ de Saint-Gilles.

Brun, f. cⁿᵉ de Saint-Mamet.

Brune (La), f. cⁿᵉ de Saumane.

Brunel, h. cⁿᵉ de Domessargues.

Bruteau (Le Grand et le Petit), îles du Rhône, cⁿᵉ de Saint-Étienne-des-Sorts.

Brutel, f. cⁿᵉ de Bagnols.

Brutère (La), f. cⁿᵉ de Cornillon. — *La Bruière*, 1789 (carte des États).

Bruyère (La), f. cⁿᵉ de Tornac.

Buade, f. cⁿᵉ d'Aimargues.

Buchet (Le), h. cⁿᵉ de Ponteils.

Buffalon (Le), ruiss. qui prend sa source sur la cⁿᵉ de Lédenon, traverse celles de Bezouce, de Redessan et de Manduel, et va se jeter dans le Vistre sur le territ. de la cⁿᵉ de Bouillargues. — *Buphalones, rius Bufalones*, 943 (cart. de N.-D. de Nimes, ch. 81). — *Rius quem vocant Bufalone*, 1031 (*ibid.* ch. 82). — *Bufalone*, 1050 (*ibid.* ch. 87). — *Buffalon*, 1479 (la Taula del Poss. de Nismes); 1548 (arch. départ. C. 1770). — *Buffelon*, 1671 (compoix de Nimes). — Le parcours de ce ruisseau est de 9,500 mètres.

Buffininière (La), ruiss. qui prend sa source à la montagne de Lacan, cⁿᵉ d'Anduze, et se jette dans le Gardon.

Buis (Le), h. cⁿᵉ de Robiac. — *Buits* (Trenquier, *Notes sur quelques localités du Gard*).

Buissières (Les), bois, cⁿᵉ de Dions.

Buisson (Le), bois, cⁿᵉ de Bouquet.

Buisson (Le), h. cⁿᵉ du Cros.

Buisson (Le), h. cⁿᵉ de Ponteils-et-Brézis.

Buisson (Le), f. cⁿᵉ de Saint-Michel-d'Euzet.

Buradou, f. cⁿᵉ de Calvisson.

Buret, f. cⁿᵉ de Lèques.

Burgairol (Le), h. cⁿᵉ de Thoiras.

Busignargues, f. cⁿᵉ de Sommière.

Bussas, f. cⁿᵉ de Colognac.

Bussas, h. cⁿᵉ de Saint-Martin-de-Corconac.

C

Cabanarié (La), f. cⁿᵉ de Nimes, auj. détr. — *La Cabanarié Bertrandi Vallati, prope Areas-Veteres*, 1380 (compoix de Nimes). — *La Cabanarié*, 1479 (la Taula del Poss. de Nismes); 1671 (compoix de Nimes). — *La Cabanarié à Saint-Césaire*, 1692 (arch. hosp. de Nimes).

CABANASSE (LA), f. cⁿᵉ de Poulx. — *D. de Cabannas*, 1218 (Lay. du Tr. des ch. t. I, p. 91).

CABANASSE (LA), f. cⁿᵉ de Saint-Mamet, auj. détruite.

CABANE (LA), mont. cⁿᵉ d'Alais.

CABANE (LA), h. cⁿᵉ de Bordezac.

CABANE (LA), f. cⁿᵉ de Carnas.

CABANE (LA), f. cⁿᵉˢ de Durfort et de Saint-Martin-de-Saussenac.

CABANE (LA), f. et bois, cⁿᵉ de Nimes. — *Cabasna*, 943 (cart. de N.-D. de Nimes, ch. 12). — *Ubi vocant Cabana*, 1031 (*ibid.* ch. 75). — *La Cabana d'En-Francès*, 1380 (compoix de Nimes). — *La Cabanne*, 1671 (*ibid.*). — *Les bois de Cabanes*, 1704 (C.-J. de La Baume, *Rel. inéd. de la rév. des Cam.*). — *Le domaine de Cabanes*, 1743 (arch. départ. G. 227 et 228).

CABANE (LA), f. cⁿᵉ de Saint-Alexandre. — *Mansus de Cabana*, *Uticensis diocesis*, 1523 (A. de Costa, not. de Barjac).

CABANE (LA), f. cⁿᵉ de Saint-Théodorit.

CABANE (LA), h. cⁿᵉ de Vabres.

CABANE (LA), f. cⁿᵉ de Vénéjan.

CABANE (LA), f. cⁿᵉ de Villevieille.

CABANE (LA GRAND'), f. cⁿᵉ d'Aimargues.

CABANE (LA GRAND'), f. cⁿᵉ de Bellegarde.

CABANE-DE-MIRABEAU (LA), m. is. cⁿᵉ de Saint-Laurent-d'Aigouze, au bord de la Cubelle.

CABANE-DE-PONTIER (LA), f. cⁿᵉ d'Uzès (anc. cadastre, arch. munic. de Nimes).

CABANE-DE-ROUSSELIER (LA), f. cⁿᵉ d'Aimargues.

CABANE-DES-HOUMES (LA), f. cⁿᵉ d'Aramon, auj. détr. — 1637 (Pitot, not. d'Aramon).

CABANE-DU-PASTRE (LA), m. isolée, cⁿᵉ d'Aramon, auj. détr. — 1637 (Pitot, not. d'Aramon).

CABANELLE, f. cⁿᵉ de Sumène.

CABANES (LES), bois, cⁿᵉ de Domessargues.

CABANES (LES), f. auj. détruite, cⁿᵉ de Montfrin (E. Trenquier, *Mém. sur Montfrin*).

CABANES (LES), bois, commune de Saint-Just-et-Vaquières.

CABANES-DE-VAUVERT (LES), cⁿᵉ de Vauvert. — *Les Cabanes-d'Altet*, 1726 (carte de la baronnie du Caylar).

CABANETTE (LA), f. cⁿᵉ de Cassagnoles. — *Mansus de Cabaneta*, 1522 (chap. de Nimes, arch. départ.).

CABANETTE (LA), f. cⁿᵉ de Fourques. — *La petite cabane d'Argence, vulgairement appelée la Cabane de Barrau*, 1674 (Rec. H. Mazer). La justice de ce domaine dépendait de l'ancien patrimoine du duché-pairie d'Uzès.

CABANETTE (LA), f. cⁿᵉ de Saint-Sébastien-d'Aigrefeuille.

CABANE-VIEILLE (LA), h. cⁿᵉ de Saint-Martial.

CABANIS (LE), f. cⁿᵉ de Chambon. — *Chabanis*, 1789 (carte des États).

CABANIS (LE), f. cⁿᵉ du Cros.

CABANIS (LE), f. cⁿᵉ de Durfort.

CABANIS (LE), h. cⁿᵉ de Mialet. — *Mansus de Cabanis, in parrochia de Sancto-Paulo de Consta*, 1376 (cart. de la seign. d'Alais, f° 48).

CABANIS (LE), h. cⁿᵉ de Monoblet.

CABANIS (LE), h. cⁿᵉ de Roquedur.

CABANIS (LE), f. cⁿᵉ de Saint-Geniès-de-Comolas. — 1550 (J. Ursy, not. de Nimes).

CABANISSE (LA), bois, cⁿᵉ de Saint-Félix-de-Pallières.

CABANON, f. et bois, cⁿᵉ de Nimes. — *Seigneurie et devois de Cabanon*, 1436 (arch. dép. G. 226 et 228). — *Les bois de Cabanon*, 1704 (C.-J. de La Baume, *Rel. inéd. de la rév. des Cam.*). — 1706 (arch. départ. G. 206).

CABANOULE, f. cⁿᵉ d'Anduze.

CABAREL, f. cⁿᵉ de Crespian.

CABARESSE, h. cⁿᵉ de Salazac. — 1781 (arch. départ. C. 1656).

CABARET, m. is. cⁿᵉ de Souvignargues.

CABASSON (LE), ruiss. qui prend sa source sur la cⁿᵉ de Beauvoisin et se jette dans le Vistre sur le territ. de la même commune.

CABIAC, h. cⁿᵉ de Saint-Privat-de-Champclos. — *Le lieu de Cabiac*, 1714 (arch. comm. de Saint-Privat-de-Champclos).

CABIAS, h. cⁿᵉ de Saint-Jean-du-Pin.

CABRAL (LE), ruiss. qui prend sa source sur la cⁿᵉ de Valleraugue et se jette dans l'Hérault sur le territ. de la même commune.

CABRAU, h. cⁿᵉ de Cornillon.

CABREDÉES (LES), ruiss. qui prend sa source sur la cⁿᵉ de Saint-Félix-de-Pallières et se jette dans l'Ourne sur le territ. de la cⁿᵉ d'Anduze. — *Cabredées sive Valéraube*, 1812 (notar. de Nimes).

CABREIROLLES, f. cⁿᵉ de Marguerittes, auj. détruite. — *Cabreyrolas*, 1479 (la Taula del Poss. de Nismes). — *Cabreyrolle*, 1671 (compoix de Nimes). — Le nom est resté au cadastre.

CABREVAIRE, q. cⁿᵉ de Manduel. — *Ad Capram-Vairam, in decimaria ecclesie de Mandolio*, 1274 (chap. de Nimes, arch. départ.).

CABRIDANIÉ (LA), f. auj. détr. cⁿᵉ du Vigan. — *Mansus de Cabrideriis*, 1263 (pap. de la fam. d'Alzon). — *Territorium de Cabridaria, alias de Balcrosa*, 1444 (*ibid.*). — *La Capridorie*, 1550 (arch. départ. C. 1812).

CABRIÉ (LE), h. cⁿᵉ de la Rouvière (le Vigan). — *La*

ferme de Cabrié, 1695 (arch. départ. G. 28). — *Cabriès*, 1765 (Nicolas, not. de Nimes).

CABRIEIROUX, h. c^{ne} de Saint-Jean-du-Gard. — *Cabreyroux*, 1605 (insin. eccl. du dioc. de Nimes).

CABRIER (LE), ruiss. qui prend sa source sur le territ. du h. de Camprieu, c^{ne} de Saint-Sauveur-des-Pourcils, et se jette dans le Bonheur sur le même territ.

CABRIÈRE (LA), quartier de la c^{ne} de Calvisson, où se trouvait la léproserie. — *La Cabrieyra*, 1612 (Robin, not. de Calvisson).

CABRIÈRES, c^{ne} de Marguerittes. — *Villa Cabrerias*, 978 (cart. de N.-D. de Nimes, ch. 96); 996 (*ibid.* ch. 95). — *Cabreria*, 1054 (Hist. de Lang. II, pr.). — *Capraria*, 1066 (*ibid.*). — *Cabreriæ*, 1156 (*ibid.*). — *Caprariæ*, 1310 (Mén. I, pr. p. 164, c. 1). — *Capresiæ*, 1384 (dénombr. de la sénéch.). — *Ecclesia de Capreriis*, 1386 (rép. du subs. de Charles VI). — *Cabrieres*, 1435 (rép. du subs. de Charles VII). — *Locus de Capreriis*, 1494 (Dapchuel, not. de Nimes). — *Le prieuré Sainct-Jehan-Baptiste de Cabrieres*, 1601 (insin. eccl. du dioc. de Nimes).

Cabrières était, avant 1790, de la viguerie et du diocèse de Nimes, archiprêtré de Nimes. — On y comptait 8 feux en 1384, et en 1744, 80 feux et 350 habitants. — Le prieuré-cure de Saint-Jean-Baptiste de Cabrières valait 2,000 livres; l'évêque de Nimes en était le collateur.

CABRIÈRES, bois, c^{ne} de Fontarèche. — *Le fief de Cabrières, territoire de Fontarèche*, 1721 (bibl. du gr. sém. de Nimes). — Ce fief appartenait, au XVIIIe siècle, à M. de Rossel de Fontarèche.

CABRIÈRES, f. c^{ne} de Saint-Césaire-de-Gauzignan.

CABRIÈRES, f. c^{ne} de Saint-Nazaire-des-Gardies.

CABRIÈS, h. c^{ne} de Saint-Sébastien-d'Aigrefeuille.

CABRIT (LE), ruiss. qui prend sa source sur la c^{ne} de Valleraugue et se jette dans l'Hérault sur le territ. de la même commune.

CABROL, f. c^{ne} de Cornillon.

CABROL, f. c^{ne} de Soudorgues.

CABUSSANGUES, f. c^{ne} de Colorgues, auj. détr. — Le nom est resté au cadastre.

CACHARD, f. c^{ne} de Saint-Jean-du-Gard.

CADABUEGU, f. c^{ne} d'Anduze.

CADANET, f. c^{ne} de Cornillon.

CADARACHE, f. c^{ne} de Roquemaure. — 1778 (arch. départ. C. 1654).

CADE (LA), f. c^{ne} de Valleraugue.

CADE (LE), f. c^{ne} de Cavillargues.

CADE (LE), f. c^{ne} de Saint-Jean-du-Gard.

CADE (LE), f. c^{ne} de Théziers. — 1637 (Pitot, not. d'Aramon).

CADENÈDE (LA), bois, c^{ne} de Saint-Félix-de-Pallières.

CADENÈDES (LES), bois, c^{ne} de Laval.

CADENET, égl. ruinée, c^{ne} de Chusclan. — *Ecclesia de Cadeneto*, 1314 (rot. eccl. arch. munic. de Nimes).

Il y avait là une villa romaine considérable, aujourd'hui ensevelie dans le Rhône. — Le prieuré de Cadenet était du diocèse d'Uzès, doyenné de Bagnols.

CADENETS (LES), f. c^{ne} de Crespian, auj. détruite.

CADENS. — Voy. SAINT-CLÉMENT-DE-CADENS.

CADEREAU, nom donné à plusieurs ruisseaux qui prennent leur source dans les garrigues au nord de Nimes. On distingue :

1° Le *Cadereau du Payrel*, qui prend sa source au Mas-Granon et conserve ce nom jusqu'au moment où il reçoit le Cadereau de Mirabels, avant d'entrer dans l'enceinte du Nimes romain. — *Cadaraucus de Payrello*, 1380 (compoix de Nimes).

2° Le *Cadereau de Mirabels*, qui prend sa source dans le bois de Vaqueirolles et se jette dans le précédent un peu avant le pont dit *du Chemin-de-Sauve*. — *Cadaraucus de Mirabellis*, 1380 (compoix de Nimes). — *Cadarault de Mirabelz*, 1479 (la Taula del Poss. de Nimes). — *Cadaraud de Mirabels*, 1671 (compoix de Nimes); 1700 (arch. départ. G. 206).

3° Le *Cadereau de Montaury*. C'est le nom que portent les deux Cadereaux précédents, réunis dans leur parcours à travers l'enceinte romaine. C'était la limite du Champ-de-Mars et de l'Hippodrome. — *Fossatum Campi Marcii*, 1194 (Mén. I, pr. p. 40, c. 2). — *Cadaraucus de Carceribus*, 1233 (chap. de Nimes, arch. départ.). — *Cadaraucium, juxta Sanctum-Laurencium*, 1430 (Mén. III, pr. p. 306, c. 1). — *Cadaraud de Montaury*, 1671 (compoix de Nimes). — *Caderau de Saint-Laurent*, 1700 (arch. départ. G. 206). — Le Cadereau de Montaury sort de Nimes au pont du chemin de Montpellier, et, après avoir parcouru la plaine, il va se jeter dans le Vistre près de la métairie de Galofres, c^{ne} de Nimes.

4° Le *Cadereau de Saint-Césaire* prend sa source à la métairie de Santy, c^{ne} de Nimes, passe près du village de Saint-Césaire, qui lui donne son nom, et va se jeter dans le Vistre sur le territ. de la c^{ne} de Milhaud. — *Cadaraucus Sancti-Cezarii*, 1380 (compoix de Nimes). — *Cadaraud de Saint-Cezary*, 1479 (la Taula del Poss. de Nismes). — *Cadarau de Saint-Sézari*, 1671 (compoix de Nimes).

5° Le *Cadereau du chemin de Beaucaire* ou *du chemin d'Avignon*. C'est le nom donné à la *Font-de-Calvas* (voy. ce nom) depuis le point où elle approche de Nimes et traverse le chemin d'Avignon jusqu'au moment où elle se perd dans les fossés de la route de Beaucaire. — *Cadaraucus itineris Bellicadri, Cadaraucus Bellicadri*, 1380 (compoix de Nimes).

CADERLE, h. c^{ne} de Saint-Jean-du-Gard.

CADEUT, h. c^{ne} de la Grand'Combe.

CADIÈRE (LA), c^{on} de Saint-Hippolyte-du-Fort. — *Prioratus de Cathedra*, 1330 (pap. de la fam. d'Alzon). —— *Locus de Cathedra*, 1384 (dénombr. de la sénéch.). — *La Cadière*, 1435 (rép. du subs. de Charles VII). — *Cathedra*, 1501 (chap. de Nimes, arch. départ.). — *La Cadière*, 1547 (J. Ursy, not. de Nimes). — *Le prieuré de Sainct-Michel de la Cadière*, 1579 (insin. eccl. du dioc. de Nimes).

La Cadière était, avant 1790, de la viguerie de Sommière et du dioc. de Nimes (Alais), archiprêtré de Saint-Hippolyte-du-Fort. — On n'y comptait qu'un feu et demi en 1384. — Jean de la Roque, coseigneur de la Roque-Aynier (auj. dans l'Hérault), était seigneur de la Cadière en 1501. — La Cadière porte pour armoiries : *d'azur, à une Notre-Dame d'argent assise dans une chaise à dossier d'or.*

CADIGNAT, f. c^{ne} de Sabran. — *La dame de Cadignac*, 1731 (arch. départ. C. 1473). — *Cadignac*, 1789 (carte des États).

CADOINE, f. c^{ne} de Montpesat, auj. détr. — *Caduène*, 1817 (notar. de Nimes). — Le nom est resté au cadastre.

CAGARAULE (LA), ruiss. qui prend sa source au h. de Fontanille, c^{ne} de Calvisson, et se jette dans le Rhôny sur le territ. de la c^{ne} de Boissières. — *Cagalaure*, 1567 (chap. de Nimes, arch. départ.). — *Cagerole*, 1619 (*ibid.*). — On l'appelle aussi *le Vallat-de-la-Calade*, parce qu'il coupe l'ancienne voie romaine.

CAGAROULIER (LE), f. c^{ne} de Saint-Cosme.

CAGOFER, bois, c^{ne} d'Allègre. — *Caguefer, sive la Batistoune*, 1816 (notar. de Nimes).

CAGUEROLE (LA), f. et mⁱⁿ, c^{ne} d'Aubord. — *Cagaraule*, 1789 (carte des États).

CAIRADES (LES), f. c^{ne} de Courry.

CAIREL (LE), mont. c^{ne} du Cros.

CAIRIER (LE), bois, c^{ne} de Saint-Christol-de-Rodières. — *La Cairié, sive les Crozes*, 1773 (compoix de Saint-Christol-de-Rodières).

CAIBIER (LE), f. c^{ne} de Saint-Sébastien-d'Aigrefeuille. — *Territorium del Cayre, in parrochia Sancti-Sebastiani de Agrifolio*, 1429 (Et. Rostang, not. d'Anduze).

CAIROL, f. c^{ne} d'Avèze.

CAIROL, q. c^{ne} de Sainte-Anastasie. — 1733 (arch. comm. de Sainte-Anastasie).

CAISSARGUES, vill. c^{ne} de Bouillargues. — *Caxanicus*, 956 (cart. de N.-D. de Nimes, ch. 20). — *Caissanicus*, 994 (*ibid.* ch. 70). — *Caxanicus*, 1007 (*ibid.* ch. 114). — *Kassanguis*, 1060 (Hist. de Lang. II, pr. col. 267). — *Caxanicæ, Cassanicæ, Casanicæ*, 1076 (*ibid.* col. 292). — *In territorio Sancti-Salvatoris de Caissanicis; Caixanicæ, Caxanicæ, Caixanègues*, 1114 (cart. de N.-D. de Nimes, ch. 65). — *Sanctus-Salvator de Caisanigues*, 1119 (bullaire de Saint-Gilles). — *Castrum de Caxanicis*, 1208 (Mén. I, pr. p. 46, c. 1). — *Ecclesia Sancti-Salvatoris de Cassanicis*, 1266 (*ibid.* p. 87, c. 2). — *Cayssanicæ*, 1310 (*ibid.* p. 164, c. 2). — *Cayssanicæ ultra Vistrum*, 1380 (compoix de Nimes). — *Ecclesia de Caysanicis*, 1386 (rép. du subs. de Charles VI). — *Caissanicæ*, 1405 (Mén. III, pr. p. 191, c. 1). — *Caissargues*, 1479 (la Taula del Poss. de Nismes). — *Quessargues*, 1518 (arch. hosp. de Nimes). — 1589 (compoix de Jonquières-et-Saint-Vincent). — *Cayssargues*, 1671 (compoix de Nimes).

Caissargues était (comme Bouillargues, dont il est encore aujourd'hui une annexe) du taillable et consulat de Nimes. — Caissargues comptait, en 1744, 80 feux et 150 habitants. — Au xive siècle, les seigneurs de Manduel possédaient la haute justice de Caissargues. — Le prieuré simple et séculier de Saint-Sauveur de Caissargues, auquel avait été annexé dès le xvie siècle le prieuré rural de Notre-Dame-de-Bethléem (voy. ce nom), relevait de l'archiprêtré de Nimes et valait 4,000 livres. L'abbé de Saint-Gilles en était le collateur.

CAITIVEL (LE), h. c^{ne} de Chamborigaud.

CAITIVES (LES), étang, c^{ne} d'Aiguesmortes.

CAL (LE), h. c^{ne} de Navacelle. — *Cals*, 1824 (nomencl. des comm. et ham. du Gard).

CALADES (LES), h. c^{ne} de la Grand'Combe. — On y distingue les restes d'une voie romaine, d'où est venu le nom de ce hameau.

CALADON, h. c^{ne} d'Aumessas. — *Mansus R. de Calador*, 1167 (cart. de N.-D. de Bonh. ch. 53). — *A. del Calador*, 1245 (*ibid.* ch. 16, 28, 35). — *Castrum de Calatorio, et ejus mandamentum*, 1391 (pap. de la fam. d'Alzon). — *Castrum de Calatorio*, 1391 (*ibid.*). — *Locus de Calatorio*, 1461 (reg.-cop. de lettr. roy. E, v.). — *Castrum de Calatorio, parrochia de Olmessacio*, 1513 (A. Bilanges, not. du Vigan).

CALAIS, f. c^{ne} d'Aspères.

CALAIS, f. c^{ne} de Villevieille. — *Villa Colia*, 931 (cart. de N.-D. de Nimes, ch. 121). — *Callet*, 1789 (carte des États). — *Calet*, 1864 (notar. de Nimes).

CALARMEGAN, f. et île du Rhône, c^{ne} d'Aramon.

CALCADIS, bois, c^{ne} de Valleraugue.

CALCADIS, f. auj. détr. c°° de Mandagout. — *Mansus de Calcadis, infra parrochiam de Mandagoto, in pertinenciis mansi de Navesio,* 1472 (A. Razoris, not. du Vigan).

CALLES (LES), f. c°° de Valleraugue.

CALMETTE (LA), c°° de Saint-Chapte. — *Villa que nuncupant Calmes, in comitatu Uzetico,* 1027 (cart. de N.-D. de Nimes, ch. 206). — *Calmi,* 1108 (*ibid.* ch. 176). — *Ecclesia de Calmis, in Uticensi episcopatu,* 1156 (*ibid.* ch. 84). — *Ad pontem fisce de Calmeta,* 1237 (chap. de Nimes, arch. départ.). — *Castrum de Calmeta,* 1252 (*ibid.*). — *Villa et tenementum de Calmeta,* 1277 (Mén. I, pr. p. 107, c. 1). — *Calmeta,* 1313 (cart. de Saint-Sauveur-de-la-Font); 1381 (Mén. III, pr. p. 34, c. 2; p. 65, c. 2); 1384 (dénombr. de la sénéch.). — *Locus de Calmeta, Uticensis diocesis,* 1463 (L. Peladan, not. de Saint-Geniès-en-Malgoirès). — *La Calmette,* 1591 (arch. départ. C. 842). — *Le prieuré Saint-Julien de la Calmette,* 1696 (insin. eccl. du dioc. de Nimes); 1752 (arch. départ. C. 1308; Mén. IV, p. 203).

La Calmette faisait partie, avant 1790, de la viguerie et du diocèse d'Uzès, doyenné de Sauzet; mais le précenteur de la cathédrale de Nimes en était prieur, et siégeait à ce titre dans les synodes du diocèse d'Uzès. — On y comptait 9 feux en 1384. — On trouve sur cette commune des restes de la voie romaine qui allait en Gévaudan. — La Calmette porte pour armoiries : *de vair, à une fasce losangée d'argent et de sable.*

CALMETTE (LA), f. c°° de Fons-sur-Lussan.

CALMETTE (LA), f. c°° de Villevieille.

CALM-MARCILLANE (LA), q. c°° de Colias. — *Costa-Nigra, sive de sot la Calm-Marcilhana,* 1311 (arch. comm. de Colias).

CALVAIRE (LE), mont. c°° de Beaucaire.

CALVAIRE (LE), mont. c°° de Saint-Gervasy.

CALVAS, f. c°° de Nimes. — *Mansus Monacorum (servit priori Sancti-Baudilii); Mansus Sancti-Baudilii,* 1380 (compoix de Nimes). — *Mas-des-Mourgues,* 1671 (*ibid.*). — *Mas de Calvas,* 1824 (notar. de Nimes).

CALVIAC, f. c°° de la Salle.

CALVIÈRE, f. c°° d'Aiguesmortes.

CALVIÈRE, f. c°° de Saint-Gilles.

CALVIÈRE, f. c°° de Valabrègue. — 1726 (bibl. du gr. sém. de Nimes). — Il y avait un bac sur le Rhône.

CALVISSON, c°° de Sommière. — *In terminium de Calvitione,* 1060 (cart. de N.-D. de Nimes, ch. 76). — *Castrum Calvitionis,* 1107 (*ibid.* ch. 138). — *Cauvisson,* 1112 (Hist. de Lang. II, pr. col. 375). — *Sanctus-Saturninus de Calvicino,* 1114 (cart. de Saint-Sauv.-de-la-Font). — *Calvicio,* 1125 (Hist. de Lang. II, pr. col. 426). — *Ecclesia de Calvitione,* 1156 (cart. de N.-D. de Nimes, ch. 84). — *Castrum de Calvincione,* 1157 (chap. de Nimes, arch. dép.). — *Calvissio,* 1310 (Mén. I, pr. p. 160, c. 2). — *Calvicio,* 1384 (dénombr. de la sénéch.). — *Calvitio,* 1386 (rép. du subs. de Charles VI). — *Calvisson,* 1433 (Mén. III, pr. p. 237, c. 1); 1435 (rép. du subs. de Charles VII). — *Cauvisson,* 1436 (Mén. III, pr. p. 256, c. 2). — *Locus de Calvissone,* 1461 (reg.-cop. de lettr. roy. E, v). — *Le prieuré Saint-Saturnin de Calvisson,* 1605 (insin. eccl. du dioc. de Nimes). — *Calvissac, Caulvisson,* 1636 (cart. de Saint-Sauv.-de-la-Font).

Calvisson faisait partie de la viguerie et du diocèse de Nimes, archiprêtré de Sommière. — On y comptait, en 1322, 40 feux et comprenant Bizac, Cinsans et Livières, ses annexes; le dénombrement de 1384 ne lui en donne plus que 36; mais en 1734 Calvisson se compose de 346 feux, en 1744 de 500 et en 1749 de 641 feux et 2,000 habitants. — La terre de Calvisson, qui avait d'abord appartenu aux vicomtes de Nimes, était passée sous saint Louis au domaine royal. — En 1305, le roi Philippe le Bel la donna à Guillaume de Nogaret. Dès le XVe siècle, érigée en baronnie, elle donnait entrée aux États. En 1644, elle fut érigée en marquisat en faveur de Jean-Louis Louet de Nogaret, l'un des trois lieutenants du roi en Languedoc. Ce marquisat fut formé des dix-neuf paroisses suivantes : Aiguesvives, Aubord, Aujargues, Bizac, Calvisson, Cinsans, Clarensac, Codognan, Congénies, Langlade, Livières, Maruéjols-en-Vaunage, Mus, Parignargues, Pondres, Saint-Dionisy, Saint-Pancrace (*Blancassi*), Uchaud et Vergèze. — Le prieuré de Saint-Saturnin de Calvisson (auquel avaient été annexés, vers la fin du XVIe siècle, ceux de Notre-Dame-de-Bizac et de Saint-Martin-de-Livières) était réuni à la mense capitulaire de la cathédrale de Nimes et valait 3,300 livres; le vestiaire du chapitre en était prieur.

CALY (LA), ruiss. qui a sa source sur la c°° de Valleraugue et se jette dans le Taleyrac, affluent de l'Hérault, sur le territ. de la même c°°.

CAMARAS, q. c°° de Saint-Jean-du-Pin. — *Territorium de Camaras; scrrum de Camaracio, in parrochia Sancti-Johannis de Pinu,* 1402 (Dur. du Moulin, not. d'Anduze).

CAMASSO, f. c°° de Rogues.

CAMBADE (LA), f. c°° de Saint-Quentin. — 1731 (arch. départ. C. 1474).

CAMBARNIER, f. c°° de Méjanes-le-Clap.

CAMBESSÈDES, f. c⁰ᵉ d'Avèze.

CAMBIS, f. c⁰ᵉ de Gajan. — *In loco vocato Cambic, in jurisdictione de Gajanis*, 1463 (L. Peladan, not. de Saint-Geniès-en-Malgoirès).

CAMBIS (LE), f. c⁰ᵉ de Générac. — *Cambicum*, 1273 (cart. de Saint-Sauv.-de-la-Font).

CAMBLAT, f. c⁰ᵉ de Colognac.

CAMBO, c⁰ⁿ de Saint-Hippolyte-du-Fort. — *In Cambone, ubi aqua Vitusilis discurrit*, 1060 (cart. de N.-D. de Nîmes, ch. 178). — *Campus-Bonus*, 1384 (dénombr. de la sénéch.). — *Cambon*, 1435 (rôp. du subs. de Charles VII); 1548 (arch. départ. C. 790). — *Le prieuré Saint-Pierre de Cambo*, 1579 (insin. eccl. du dioc. de Nîmes).

Cambo faisait partie, avant 1790, de la viguerie de Sommière et du dioc. de Nîmes (Alais), archiprêtré de Saint-Hippolyte-du-Fort. — Le dénombrement de 1384 ne lui donne qu'un demi-feu. — Cambo porte pour armoiries : *d'argent, à trois chevrons de gueules*.

CAMBON, h. c⁰ᵉ d'Aumessas. — *Mansus de Cambono, parrochiæ Olmessacü*, 1513 (A. Bilanges, not. du Vigan).

CAMBON, f. c⁰ᵉ de Saint-Gilles.

CAMBON, f. c⁰ᵉ de Sumène.

CAMBON (LE), f. c⁰ᵉ de Saint-André-de-Majencoules. — *Mansus del Cambo, parrochiæ de Magencolis*, 1235 (cart. de N.-D. de Bonheur, ch. 17); 1287 (*ibid.* ch. 110). — *Mansus del Cambo, parrochiæ Sancti-Andreæ de Magencolis*, 1472 (Ald. Razoris, not. du Vigan).

CAMBON (LE), f. c⁰ᵉ de Saint-Jean-du-Gard.

CAMBONNET (LE), f. c⁰ᵉ de Saint-Martin-de-Corconac.

CAMBONS (LES), f. c⁰ᵉ de Valleraugue.

CAMBOUDE, f. c⁰ᵉ de Colorgues.

CAMBOULAN, f. c⁰ᵉ de Saint-Marcel-de-Fontfouillouse.

CAMBOULAN, f. c⁰ᵉ de Saint-Martial.

CAMBOUX (LES), h. c⁰ᵉ de Sainte-Cécile-d'Andorge.

CAMCABANEL, f. c⁰ᵉ de Chusclan.

CAMDURON, h. c⁰ᵉ de la Rouvière (le Vigan).

CAMELLIERS, lieu détr. c⁰ᵉ de Goudargues.— *Le prieuré de Camillier*, 1620 (insin. eccl. du dioc. d'Uzès). — *Cameliers*, 1715 (J.-B. Nolin, *carte du diocèse d'Uzès*).

C'était un prieuré du doyenné de Cornillon, puis seulement une vicairie à la présentation du prieur de Goudargues et à la collation de l'évêque d'Uzès.

CAMFÉREN, f. c⁰ᵉ de Bernis, auj. détr. - - *Caferen*, 1812 (notar. de Nîmes). — *Conférin-et-les-Justices*, au cadastre.

CAMIAS, h. c⁰ᵉ de Saint-André-de-Majencoules. — *Mansus de Camiaz, qui est in parochia Sancti-Andree de*

Magencolis, 1224 (cart. de N.-D. de Bonh. ch. 43); 1256 (*ibid.* ch. 111). — *Mansus de Camias, parrochiæ Sancti-Andreæ de Magencolis*, 1430 (A. Montfajon, not. du Vigan). — *Valatum de Camiassio*, 1513 (A. Bilanges, not. du Vigan).

CAMNAU, f. c⁰ᵉ de Saint-Jean-du-Gard, sur une montagne du même nom. — *B. de Calamonte*, 1345 (cart. de la seign. d'Alais, f° 34).

CAMONT, f. et chât. c⁰ᵉ de Saint-Martin-de-Valgalgue. — *Mansus de Campmons, parrochiæ Sancti-Juliani de Vallegalga*, 1345 (cart. de la seign. d'Alais, f° 33). — *Le lieu de Canmons*, 1346 (*ibid.* f° 43).

CAMP (LA), f. c⁰ᵉ de Roquedur. — *Villa Calmes, sub castro Exunatis, in agice Arisense, in pago Nemausense*, 912 (cart. de N.-D. de Nîmes, ch. 194). — *Mansus de la Calm, parrochiæ Sancti-Petri de Anolhano*, 1417 (Ant. Montfajon, not. du Vigan); 1469 (A. Razoris, not. du Vigan).

CAMP (LA), h. c⁰ᵉ de Saint-Jean-du-Gard.

CAMP (LE), h. c⁰ᵉ de Saint-Martin-de-Corconac.

CAMP (LE), h. c⁰ᵉ de Soudorgues.

CAMPAGNAC, h. c⁰ᵉ de Sainte-Anastasie. — *Beneficium de Campaniaco*, 896 (Gall. Christ. t. VI, instr. eccl. Utic. p. 293). — *Campanhac*, 1533 (Fr. Arifon, not. d'Uzès). — Voy. SAINT-NICOLAS-DE-CAMPAGNAC.

CAMPAGNES, f. et bois, c⁰ᵉ de Nîmes. — *In terminium de villa Campanias superiore*, 916 (cart. de N.-D. de Nîmes, ch. 67). — *Villa Campania; Campanium*, 916 (*ibid.* ch. 68). — *Ubi vocant Campanias, in terminium de vilare disrupto quem vocant Simplicianicus*, 923 (*ibid.* ch. 66). — *Villa Campanias*, 994 (*ibid.* ch. 70). — *Campaniæ*, 1080 (*ibid.* ch. 63); 1114 (*ibid.* ch. 65); 1145 (Mén. I, pr. p. 32, c. 2); 1215 (cart. de Franquev.). — *Campanhes*, 1521 (*ibid.*). — *Campagne*, 1700 (arch. départ. G. 206).

Le fief de Campagnes dépendait, avant 1790, des chevaliers de Malte. Le bois, beaucoup plus considérable alors qu'aujourd'hui, appartenait au chapitre de la cathédrale de Nîmes.

CAMPAGNOLLES, f. et bois, c⁰ᵉ de Générac. — *Grangia de Campainolis*, 1215 (cart. de Franquev.). — *Campanniolæ*, 1220 (*ibid.*). — *Campanolhes*, 1521 (*ibid.*). — *Campanholes*, 1671 (comp. de Nîmes). — *Campagnoles*, 1701 (arch. départ. C. 40).

Campagnolles était, avant 1790, un fief appartenant, comme celui de Campagnes, aux chevaliers de Malte, qui l'avaient acquis de l'abbaye de Franquevaux.

CAMPAGNOLLES, f. c⁰ᵉ de Valliguière. — *Campaniolæ*, 1522 (arch. comm. de Valliguière).

CAMPAGNOLLES (LE), ruiss. qui prend sa source sur la cⁿᵉ de Générac et se jette dans le Vistre sur le territ. de celle d'Aubord.

CAMPAGNON (LE), ruiss. qui a sa source sur la cⁿᵉ de Générac, traverse un coin du territ. de Milhaud et se jette dans l'Escaillon, à la limite des territ. de Milhaud et d'Aubord. — *Campanhon*, 1592 (comp. d'Aubord).

CAMPAILLOU, f. cⁿᵉ de Montdardier.

CAMPANÈZES, f. cⁿᵉ de Saint-Sébastien-d'Aigrefeuille.

CAMPASSERY, f. cⁿᵉ de Colias, auj. détr. — 1607 (arch. comm. de Colias).

CAMPASSES (LES), f. cⁿᵉ de Corconne.

CAMP-AURIOL, f. cⁿᵉ de la Rouvière (le Vigan).

CAMP-AURIOL, f. cⁿᵉ de Lédenon, auj. détr. — 1557 (J. Ursy, not. de Nîmes).

CAMPAURIOL, q. cⁿᵉ de Montmirat. — *In decimaria Beatæ-Mariæ de Jossa, loco vocato Campauriol; vallatum de Campauriol*, 1463 (L. Peladan, not. de Saint-Geniès-en-Malgoirès).

CAMP-BERNARD, f. cⁿᵉ de Valleraugue.

CAMP-BERTIN, bois, cⁿᵉ de Crespian. — *Cambertin* (Rivoire, *Statist. du Gard*).

CAMP-BORDE, f. cᵗᵉ de Méjanes-lez-Alais.

CAMPBOULIER, f. cⁿᵉ de Langlade. — *Camp-Bouyé*, 1577 (J. Ursy, not. de Nîmes).

CAMPCLOS, f. cⁿᵉ de Dourbie. — *Le mas de Campclaux, parroisse de Dourbie*, 1514 (pap. de la fam. d'Alzon). — *Le masage de Canclaux, parroisse de Dourbie*, 1709 (*ibid.*).

CAMP-DE-BEZ, f. cⁿᵉ de la Rouvière (le Vigan).

CAMP-DEL-FRAY, f. cⁿᵉ de Soustelle.

CAMP-DE-MADOU, f. cⁿᵉ du Vigan.

CAMP-D'IERLE, f. cⁿᵉ de Thoiras. — 1542 (arch. départ. C. 1803).

CAMP-DU-FOUR, f. cⁿᵉ de Saint-Cosme.

CAMP-DU-ROUSSIN, f. cⁿᵉ de Remoulins.

CAMPEIRIGOUS, f. et mⁱⁿ, cⁿᵉ de Saint-Sébastien-d'Aigrefeuille. — *Camperioux*, 1789 (carte des États).

CAMPEIRIGOUX, f. cⁿᵉ de la Calmette, auj. détr. — *Loco qui dicitur ad Campum-Peiregos*, 1214 (chap. de Nîmes, arch. départ.).

CAMPEL (LE), h. cⁿᵉ de Sainte-Croix-de-Caderle.

CAMPELS (LES), f. cⁿᵉ de Montdardier. — *Mansus de Campellis*, 1439 (pap. de la fam. d'Alzon).

CAMPELS (LES), h. cⁿᵉ de Soustelle.

CAMPESTRE, cⁿᵉ d'Alzon. — *Parochia de Campestre*, 1234 (cart. de N.-D. de Bonh. ch. 22). — *Turris et fortalicia de Campestre*, 1261 (pap. de la fam. d'Alzon). — *Caussium, Caucium de Campestre* (*ibid.*). — *Villa de Campestre* (*ibid.*). — *Parrochia Sancti-Johannis de Campestre*, 1271 (*ibid.*). — *Castrum de Campestrio*,

1303 (*ibid.*). — *Sanctus-Johannes de Campestre*, *sive ecclesia de Columberio*, 1307 (*ibid.*). — *Locus de Campestre*, 1314 (Guerre de Fl. arch. municip. de Nîmes). — *Campestrœ*, 1384 (dénombr. de la sénéch.). — *Campestrium*, 1430 (Ant. Montfajon, not. du Vigan). — *Campestre*, 1435 (rép. du subs. de Charles VII). — *Le prieuré Saint-Jean de Campestre*, 1589 (insin. eccl. du dioc. de Nîmes).

Campestre, avant 1790, faisait partie de la viguerie du Vigan-et-Meyrueis et du diocèse de Nîmes, archiprêtré d'*Arisdium* ou du Vigan. — On y comptait 4 feux en 1384. — Un décret du 21 septembre 1812 a réuni Luc à Campestre pour en former la commune dite de *Campestre-et-Luc*. — Campestre porte : *d'or, à une gerbe de sinople*.

CAMPESTRET, h. cⁿᵉ d'Aumessas. — *Mansus de Campestret*, 1160 (cart. de N.-D. de Bonh. ch. 60). — *Mansus de Campestreto, parrochiæ Olmessacii*, 1513 (A. Bilanges, not. du Vigan).

CAMPET (LE), bois, cⁿᵉ de la Cadière. — 1714 (arch. départ. G. 274).

CAMPEYRON, f. cⁿᵉ de Calvisson, auj. détruite. — 1615 (chap. de Nîmes, arch. départ.). — Au cadastre : *Campeyron sive Cuyères*.

CAMP-FAULQUIER, f. cⁿᵉ de Théziers. — 1637 (Pitot, not. d'Aramon).

CAMPFUEL, f. cⁿᵉ de Sainte-Anastasie. — *Campufuel*, 1789 (carte des États).

CAMPGAILHAN, f. cⁿᵉ de Ribaute.

CAMP-GUILLAUMET, f. cⁿᵉ de Saint-Jean-du-Gard. *Loco vulgariter dicto Campo-Guilhalmet*, 1461 (reg.-cop. de lettr. roy. E. IV).

CAMPHIGOUX, h. cⁿᵉ de Soustelle. — *H. de Manso-Hugonis*, 1345 (cart. de la seign. d'Alais, f° 34).

CAMPIS, h. cⁿᵉ de Saint-Roman-de-Codières.

CAMPIS, h. cⁿᵉ du Vigan, composé de Campis-Haut et de Campis-Bas. — *Mansus de Campicio, parrochiæ Sancti-Petri de Vicano*, 1346 (pap. de la fam. d'Alzon). — *Mansus* 1430 (A. Montfajon, not. du Vigan). — *Mansus superior de Campiscio*, 1472 (A. Razoris, not. du Vigan). — *Mansus inferior de Campissio, parrochiæ Sancti-Petri de Vicano* (*ibid.*).

CAMP-JAUSAIN, f. cⁿᵉ de Saint-Sauveur-des-Poursils.

CAMPLANIER, plateau du bois de Vaqueirolles, cⁿᵉ de Nîmes. — *Camplannes*, 1380 (comp. de Nîmes). — *Camplignier*, 1671 (*ibid.*). — *Camplagner*, au cadastre actuel.

CAMPLO, h. cⁿᵉ de Sondorgues.

CAMPLONG, f. cⁿᵉ de Cabrières, auj. détruite. — 1495 (Dapchuel, not. de Nîmes).

CAMPLONG, f. cⁿᵉ de Montpesat.

CAMPLONG, f. cⁿᵉ de Peyroles.

CAMPMAS, f. auj. détruite, c^{hl} de Caveirac. — *Campus-Major*, 1311 (cart. de Saint-Sauv.-de-la-Font).

CAMPMAS, f. c^{ne} de Mars.

CAMPMAS, f. et fontaine, c^{ne} de Montdardier. — *Mansus de Campo-Amato, prope Molerias*, 1246 (pap. de la fam. d'Alzon). — *Territorium de Campamato*, 1309 (cart. de N.-D. de Bonh. ch. 79). — *Territorium de la Font de Campamat*, 1410 (somm. du fief de Caladon).

CAMPMAS, f. c^{ne} de Valleraugue.

CAMP-MÉGIER, q. c^{ne} de Saint-Jean-du-Pin. — *Territorium de Campo-Megerio, in parrochia Sancti-Johannis de Pinu*, 1402 (Dur. du Moulin, not. d'Anduze).

CAMP-MÉJAN, f. c^{ne} du Caylar. — *Campus-Meianus*, 1003 (cart. de Psalm.). — *Cap-Méjean*, 1822 (notar. de Nimes).

CAMP-NEUF (LE), f. c^{ne} de Soustelle.

CAMPONNE (LA), f. et ruisseau, c^{ne} d'Aulas.

CAMPOUSSIN, section du cad. de Montfrin.

CAMPREDON, q. c^{ne} de Langlade. — *In loquo qui vocatur ad Campum-Rotundum, in parochia Sancti-Juliani de Anglata*, 1165 (chap. de Nimes, arch. départ.).

CAMPREDON, q. c^{ne} de Nimes. — 1477 (arch. départ. G. 204).

CAMPREDON, h. c^{ne} de Saint-Martial.

CAMPREDON, f. c^{ne} de Sumène.

CAMPREDON, f. c^{ne} de Valleraugue, au h. de Taleyrac. — *G. de Campo-Rotundo*, 1241 (cart. de N.-D. de Bonh. ch. 32).

CAMP-RICARD, f. c^{ne} de Gailhan.

CAMPRIÈS, f. c^{ne} d'Uzès.

CAMPRIEU, vill. c^{ne} de Saint-Sauveur-des-Poursils. — *Villa de Calmo-Rivo*, 1234 (cart. de N.-D. de Bonh. ch. 22). — *Mansus de Campo-Rivo*, 1265 (ibid. ch. 47); 1309 (ibid. ch. 87). — *Locus de Campo-rivo*, 1314 (Guerre de Fl. arch. munic. de Nimes). — *Villa de Campo-Rivo*, 1478 (insin. eccl. du dioc. de Nimes).

CAMPS (LES), h. c^{ne} de Saint-Marcel-de-Fontfouillouse.

CAMPSEVY, f. c^{nes} d'Arre et de Bez-et-Esparron.— *Campsavy*, 1538 (pap. de la fam. d'Alzon). — *Camsevi* (carte géol. du Gard).

CAMPUGET, f. c^{ne} de Manduel. — *Campuget* (Ménard, t. VII, p. 627).

ÇAMP-VERMEIL, f. c^{ne} d'Arpaillargues.

CAMP-VERMEIL, f. c^{ne} de Caveirac, auj. détr. — *Campus-Rubeus, in decimaria de Caveiraco*, 1317 (cart. de Saint-Sauv.-de-la-Font).

CAMVIEL, h. c^{ne} d'Issirac.

CANA, f. c^{ne} de Junas.

CANABIAS, h. c^{ne} de Rousson. — 1732 (arch. départ. C. 1478); 1777 (ibid. C. 1606).

CANABIÈRE (LA), ruiss. qui a sa source sur la c^{ne} de Bouquet et va se jeter dans l'Aguillon, au hameau de Valcrose, c^{ne} de Lussan.

CANABOU (LE), ruiss. qui prend sa source sur la c^{ne} de Cabrières et se jette dans le Vistre à Couloures, c^{ne} de Marguerittes. — Parcours : 7 kilomètres.

CANABOU (LE VIEUX-), ancien lit du Canabou; il va du Mas-Belon, c^{ne} de Nimes, aux fossés de la route d'Avignon, c^{ne} de Saint-Gervasy, où il se perd.

CANAGUIÈRES, h. c^{et} de Trèves. — *Canaguière*, 1789 (carte des États).

CANAL DE BEAUCAIRE. — Le canal de Beaucaire met le Rhône en communication avec le port d'Aiguesmortes, en traversant toute la région marécageuse du dép. du Gard. — Achevé au commencement de notre siècle, il a mis à profit plusieurs *roubines* ou rigoles d'écoulement qui avaient été creusées dès le moyen âge; la plus considérable était la *Roubine de Pharaon*, entre Beaucaire et Saint-Gilles. — *A rubina Sancti-Ægidi, quæ appellatur Pharaonis, usque ad Sanctum-Genesium*, 1157 (Mén. I, pr. p. 36, c. 2).

Pour les canaux du Bourgidou, — de la Capette, — de la Radelle, — de la Roubine (Grande-), voy. ces noms.

CANALET (LE), canal faisant communiquer directement l'étang du Repausset, c^{ne} d'Aiguesmortes, avec celui de Mauguio (Hérault).

CANALS (LES), h. c^{ne} d'Aumessas.

CANALVIEL, canal allant d'Aiguesmortes au Grau-Louis (Hérault), auj. à moitié ensablé.

CANARDS (LES), île du Rhône, c^{ne} de Fourques.

CANAU (LA), f. c^{ne} de Tornac. — *B. de Canaco*, 1376 (cart. de la seign. d'Alais, f° 18).

CANAULES, c^{on} de Sauve. — *P. de Canaolis*, 1178 (chap. de Nimes, arch. départ.). — *Canavellæ*, 1310 (Mén. I, pr. p. 204, c. 2). — *Canolæ*, 1384 (dénombr. de la sénéch.). — *Locus de Canaulis, parrochiæ Sancti-Nazarii de Gardiis*, 1437 (Et. Rostang, not. d'Anduze). — *Locus de Canaulis, Nemausensis diocesis*, 1463 (L. Peladan, not. de Saint-Geniès-en-Malgoirès). — *Canaules*, 1547 (arch. départ. C. 789).

Canaules faisait partie de la viguerie de Sommière et du diocèse de Nimes, archiprêtré de Quissac. — Le dénombrement de 1384 ne lui attribue que 2 feux. — Le prieuré de Canaules, annexé de bonne heure à celui de Saint-Nazaire-des-Gardies, était uni au monastère de Tornac et valait à lui seul 3,500 livres. Le roi en était le collateur. — L'abbé

de Sauve était seigneur de Canaules. — Un décret du
15 juin 1812 a réuni Canaules à Argentières pour
en faire la commune de *Canaules-et-Argentières.*

CANAUX (LES), ruiss. qui prend sa source sur la c^ne du
Garn et sort du départ. pour aller se jeter dans le
More, affluent de l'Ardèche.

CANAVÈRES, f. c^ne de Saint-Gilles. — *Terra de Canabe-
riis,* 1259 (arch. des Bouches-du-Rhône, Ordre de
Malte, Argence, n° 58).

CANAVÈNES, rigole d'écoulement des marais de Scamandre (voy. ce nom) dans le Petit-Rhône.

CANDÉLAÏRE (LA), q. c^ne de Saint-Marcel-de-Fontfouillouse. — 1553 (arch. départ. C. 1792).

CANDESORGUES, f. c^ne de Saint-Roman-de-Codières. —
Canduzorgues, 1824 (nomencl. des comm. et ham.
du Gard).

CANDIAC, c^ne de Vauvert. — *Candiacum,* 1099 (cart. de
Psalm.); 1125 (*ibid.*). — *Candiat,* 1146 (Hist. de
Lang. II, pr. col. 516). — *Candiacum,* 1384 (dé-
nombr. de la sénéch.). — *Candiac,* 1435 (rép. du
subs. de Charles VII). — *Le prieuré Saint-Pierre de
Candiac,* 1617 (insin. eccl. du dioc. de Nimes). —
Le Pont de Candiac, 1622 (arch. départ. C. 856).

Candiac faisait partie, avant 1790, de la viguerie
et du diocèse de Nimes, archiprêtré d'Aimargues.
— On n'y comptait qu'un feu et demi en 1384
et qu'un seul en 1734. — Candiac ne se compose
plus guère aujourd'hui que d'un grand château
bâti en 1630 et possédé naguère par la famille de
Montcalm. — Le prieuré Saint-Pierre-de-Candiac,
uni à la mense capitulaire de la cathédrale d'Alais,
valait 1,000 livres; l'évêque d'Alais en était le collateur. — Il y avait à Candiac, avant la Révolution,
un bois de chênes verts de haute futaie, le seul qu'il
y eût dans tout le Bas-Languedoc. — Par arrêté
préfectoral du 24 mai 1808, les territoires de
Candiac et de Vestric ont été réunis et forment aujourd'hui la commune de *Vestric-et-Candiac.*

CANDOULLIÈRE (LA), ruiss. qui prend sa source sur la
c^ne de Saint-Maurice-de-Casesvieilles, traverse celles
d'Euzet et de Saint-Hippolyte-de-Caton et se jette
dans la Droude sur le territ. de Saint-Étienne-de-
l'Olm. — Parcours : 9,500 mètres.

CANDOULLIÈRES (LES), bois, c^ne de Colorgues.

CANEBIÈRE (LA), h. c^ne de Portes.

CANELIER (LE), f. c^ne de Saint-Félix-de-Pallières.

CANELLIER (LE), ruiss. qui a sa source sur la c^ne des
Plans et se jette dans l'Aubaron sur le territ. de la
même commune.

CANET, h. c^ne d'Aiguesmortes.

CANET, f. c^ne de Rousson. — 1732 (arch. départ. C.
1478).

CANNABIÈRE (LA), ruiss. qui prend sa source sur la c^ne
de Barron et va se jeter dans la Candoullière sur le
territ. de la c^ne de Saint-Maurice-de-Casesvieilles.

CANNAC, vill. auj. détr. c^ne de Combas. — *Canniacum,*
1384 (dénombr. de la sénéch.). — *Territorium
et jurisdictio de Canniaco,* 1469 (arch. comm. de
Combas). — *Le terroir de Combas-et-Cannac,* 1616
(*ibid.*).

Cannac, qui était, vers la fin du xive siècle, une
communauté peu considérable, puisqu'elle n'est
comptée que pour un demi-feu dans le dénombrement de 1384, doit avoir été, vers la fin du xvie s^e,
absorbé par la communauté de Combas. — La
transaction de mars 1616 dit positivement : « Le ter-
« ritoire et juridiction de *Cannac,* pour lors inclus et
« uni avec la juridiction de Combas. »

CANNES, c^on de Quissac. — *Cannetum,* 1388 (chap. de
Nimes, arch. départ.). — *Prioratus Beatæ-Mariæ
de Cannis,* 1573 (insin. eccl. du dioc. de Nimes).
— *Le prieuré Nostre-Dame de Cannès,* 1620 (insin.
eccl. du dioc. d'Uzès). — *Cannes,* 1636 (arch.
départ. C. 1299); 1734 (*ibid.* C. 1265).

Cannes appartenait à la viguerie de Sommière et
au diocèse d'Uzès, doyenné de Sauzet. — Ce prieuré,
qui avait pour annexe Saint-Saturnin-de-Clairan,
était à la collation de l'évêque d'Uzès et à la présentation du seigneur de Montpezat. — Cannes ne figure
pas dans le dénombrement de 1384. — Dès l'organisation du département, en 1790, on a réuni
Cannes à Clairan pour en former la commune de
Cannes-et-Clairan. — Cannes porte pour armoiries : *d'hermine, à une fasce losangée d'argent et de
sable.*

CANNES, bois, c^ne de Quissac (Rivoire, *Statist. du Gard*).

CANNET, h. c^ne de Saint-Paulet-de-Caisson.

CANON (LE), h. c^ne de Sauveterre. — *Canom,* 1824
(nomencl. des comm. et ham. du Gard).

CANOULLES, ruiss. qui prend sa source sur la c^ne de
Colias et se jette dans l'Alzon sur le territ. de la
même commune. — *Le vallat de Canoures,* 1607
(arch. comm. de Colias).

CANOURGUE (LA), f. c^ne de Campestre. — *La Canorga,*
1420 (pap. de la fam. d'Alzon). — *Terra dominorum
canonicorum de Bonheur,* 1512 (*ibid.*).

CANROC, f. c^ne de Bessèges. — Voy. COUROC (LE).

CANTAREL (LE), ruiss. qui prend sa source à Castelnau
et se jette dans le Gardon sur le territ. de la c^ne de
Brignon. — Parcours : 4,300 mètres.

CANTARÈNE (LA), ruiss. qui prend sa source à Labau,
c^ne d'Anduze, et se jette dans le Gardon sur le
territ. de la même commune. — 1823 (Viguier,
Notice sur Anduze).

CANTE-CIGALE, f. c^ne de Vestric-et-Candiac.

CANTE-COGUL, f. c^ne de Nimes, auj. détruite. — *Clausum de Cantacogul, ad Nemausum*, 1233 (chap. de Nimes, arch. départ.).

CANTECORPS, mont. c^ne de Boisset-et-Gaujac. — *Podium de Cantocorpo, confrontatum cum ripperia Gardonis, in parrochia de Buxetis*, 1402 (J. du Moulin, not. d'Anduze). — *Territorium de Canto-Corpz*, 1429 (Et. Rostang, not. d'Anduze).

CANTEDUC, l'une des sept collines du Nimes romain. — *Podium-Combretum, ad murum veterem Nemausi*, (cart. de Saint-Sauveur-de-la-Font). — *Mons de Cumberto*, 1160 (*ibid.*). — *Puech-Combret*, 1761 (comp. de Nimes). — *Puech-Canteduc*, 1861 (Aug. Pelet, *Essai sur l'enc. rom. de Nimes*).

CANTEMERLE, ruiss. c^ne du Vigan. — *Candomergal*, 1280 (pap. de la fam. d'Alzon).

CANTEPERDRIX, f. c^ne de Beaucaire. — 1630 (Forton, *Nouv. Rech. histor. sur Beaucaire*). — Réunie plus tard au *Mas-de-Peyre*: voy. ce nom.

CANTEPERDRIX, f. c^ne de Manduel, auj. détr. — *Canteperdis*, 1553 (J. Ursy, not. de Nimes). — Le nom est resté au cadastre.

CANTEPERDRIX, nom d'une section du cad. de Montfrin (Trenquier, *Mém. sur Montfrin*).

CANTEPERDRIX, f. c^ne de Nimes, auj. détruite. — *Cantaperdrix, supra Sanctum-Baudilium*, 1505 (arch. hosp. de Nimes).

CANTERANE, ruiss. c^ne de Pommiers. — *Vallatum de Canterannas*, 1320 (pap. de la fam. d'Alzon).

CANTERANE (LA), ruiss. qui prend sa source dans le bois de Fouiller, c^e de Crespian, et se jette dans le Doulibre sur le territ. de la même commune.

CANTERONNE (LA), ruiss. qui prend sa source au Pouget, hameau de la c^ne de Sumène, et se jette dans le Rieurtort ou Ensumène sur le territ. de la même commune.

CANTON (LE), h. c^ne de Rogues.

CANTON-DE-RAZIC (LE), f. c^ne de Vauvert, aujourd'hui détruite. — *Le Canon de Razic*, 1390 (chapellenie des Quatre-Prêtres, arch. hosp. de Nimes); 1450 (*ibid.*).

CAOU (LA), bois, c^ne de Cavillargues (Rivoire, *Statist. du Gard*).

CAOU (LA), mont. et bois, c^ne d'Orsan.

CAOUS (LAS), mont. et bois, c^ne de Carnas.

CAP-DE-COSTE (LE), f. et mont. c^ne d'Arphy.

CAP-DEL-PRAT (LE), f. c^ne de Peyroles.

CAP-DE-RIEUSSET, f. c^ne de Soustelle. — *Cap-de-Riousset*, 1789 (carte des États).

CAP-DES-MOURÈZES (LE), montagne, c^ne du Vigan. — Voy. MOURÈZES.

CAPELAN (LE), montagne, c^ne d'Anduze.

CAPELAN (LE), f. c^ne de Nimes.

CAPELLE (LA), c^on d'Uzès. — *Bastida de Capella*, 1121 (Gall. Christ. t. VI, p. 619). — *Capella-Sernhaqueti*, 1384 (dénombr. de la sénéch.). — *La Capelle*, 1549 (arch. départ. C. 1328); 1715 (J.-B. Nolin, *Carte du dioc. d'Uzès*).

La Capelle appartenait, avant 1790, à la viguerie et au diocèse d'Uzès, doyenné d'Uzès. — On n'y comptait qu'un feu et demi en 1384. — L'étang qui se trouvait au bas du coteau où est situé le village de la Capelle n'a été desséché qu'au commencement de ce siècle. — On remarque à la Capelle quelques vestiges d'antiquité, un vieux château et une tour en ruines. — Dès avant l'organisation du département en 1790, la Capelle était réunie au village voisin de Mamolène; un arrêté du 11 messidor an x rendit à chacune de ces localités une existence communale indépendante. Réunies de nouveau par un décret de 1814, elles forment encore aujourd'hui la commune dite de *la Capelle-et-Mamolène*. — Ces deux communautés réunies reçurent, en 1694, les armoiries suivantes : *d'or, à une fasce losangée d'argent et de sinople.*

CAPELLE (LA), f. c^ne de Saint-Bonnet-de-Salindrenque.

CAPETTE (CANAL DE LA), fait communiquer, à partir de Gallician, c^ne de Vauvert, le canal de Beaucaire à Aiguesmortes avec le Petit-Rhône et avec le canal de Sylvéréal.

CAPETTE (LA), f. c^ne de Saint-Gilles. — *La Capète*, 1701 (arch. départ. C. 40). — *Mas-de-Capet*, 1822 (notar. de Nimes).

CAPLAT, f. c^ne du Vigan.

CAPORIE, f. c^ne de Méjanes-le-Clap. — *Capourille*, 1789 (carte des États).

CAPOULIÈRES (LES), f. c^ne d'Aramon. — 1637 (Pitot, not. d'Aramon).

CAPUCINS (LES), couvent ruiné, c^ne du Pont-Saint-Esprit.

CAQUEMAUX, bois sur les c^nes de Moulezan et de Montagnac.

CARABASSAS, f. c^ne du Vigan.

CARAL, f. c^ne de Robiac. — *Carat*, 1789 (carte des États).

CARAL, h. c^ne de Saint-Florent.

CARAMAULE, f. c^ne de Saint-Denys. — *Charamaule*, 1789 (carte des États).

CARAMEAU, h. c^ne de Pompignan.

CARBONIAYROL (LE), q. c^ne de Thoiras. — 1542 (arch. départ. C. 1803).

CARBONNIÈRE (LA), q. c^ne de Cassagnoles. — 1541 (arch. départ. C. 1750).

CARDENAU, f. c^ne de Saint-Jean-de-Crieulon.

CARDET, c^on de Lédignan. — *Sainct-Saturnin de Cardet*, 1554 (J. Ursy, not. de Nimes). — *Le prieuré de Cardet*, 1693 (arch. départ. G. 37).

Cardet ne se rencontre dans aucune des vigueries recensées en 1384, sans doute parce que cette localité n'avait pas alors assez d'importance; mais elle était comprise dans la viguerie de Sommière et le diocèse de Nimes, archiprêtré de Quissac. — Le prieuré de Saint-Saturnin de Cardet, uni à la mense épiscopale de Nimes, valait, en 1693, 1,765 livres, plus 3 moutons, et au XVIIIe siècle, 2,200 livres. — Cardet porte : *d'azur, à un croissant d'or et à une bordure crénelée de sept pièces de même.*

CARLONG, f. c^ne de Saint-Cosme-et-Maruéjols. — *Carlon*, 1828 (notar. de Nimes).

CARLOT, f. c^ne de Manduel. — *Mas-de-Carlot*, 1789 (carte des États).

CARME, h. et m^in, c^ne de Sabran. — *Carne*, 1715 (J.-B. Nolin, *Carte du dioc. d'Uzès*).

CARMES (LES), monastère situé en dehors et près des murs de Nimes, sur l'emplacement de l'église paroissiale dite de *Saint-Baudile*. — *Fratres de Monte-Carmelo Nemausi*, 1263 (Mén. I, notes, p. 101, c. 2). — *Ala Carmes*, 1380 (comp. de Nimes). — *Porpresia Carmelitarum*, 1380 (ibid.). — *La Porte des Carmes*, 1680 (ibid.).

CARMES (LES), q. c^ne de Pujaut.

CARMIGNAN, f. c^ne de Bagnols.

CARNAS, c^ne de Quissac. — *Carnacium*, 1384 (dénombr. de la sénéch.). — *Carnas*, 1435 (rép. du subs. de Charles VII). — *Sanctus-Johannes de Carnacio*, 1579 (insin. eccl. du diocèse de Nimes). — *Le prieuré Saint-Jean-Baptiste de Carnas*, 1747 (ibid. G. 31).

Carnas faisait partie, avant 1790, de la viguerie de Sommière et du diocèse de Nimes, archiprêtré de Sommière. — Ce village ne se composait que de 2 feux en 1384. — On trouve sur cette commune un vieux château et un bois, tous deux du nom de Carnas. — Le prieuré simple et régulier de Saint-Jean-Baptiste de Carnas (en y comprenant celui de Saint-Martin-de-Monteils, qui lui fut annexé à la fin du XVIe siècle) valait 1,000 livres; l'abbé d'Aniane en était le collateur.

CABNOULÈS, h. c^ne de Saint-Sébastien-d'Aigrefeuille. — *B. de Carnolis*, 1345 (cart. de la seign. d'Alais, f° 35). — *Mansus de Carnolesio, in parrochia Sancti-Sebastiani de Agrifolio*, 1402 (Dur. du Moulin, not. d'Anduze).

CARON, f. sur les c^nes de Gaujac et de Connaux.

CANOUX, f. c^ne de Calvisson, auj. détruite. — 1567

(chap. de Nimes, arch. départ.). — *Les Carraoux-de-Bizac*, au cadastre.

CARREIRET, h. c^ne de Saint-Marcel-de-Carreiret.

CARREINON, f. c^ne d'Uzès.

CARREISSE (LA), ruiss. qui prend sa source dans les bois de Valbonne, à la ferme de la Mangarelle, c^ne de Saint-Paulet-de-Caisson, et se jette dans le Sablier sur le territ. de la même commune.

CARRÉOL (LE), ruiss. qui prend sa source à la montagne de Peyremale, c^ne de Bagard, et se jette dans le Gardon sur le territ. de la c^ne de Ribaute. — *Vallatum de Carriolo, in parrochia Sancti-Saturnini de Bagarnis*, 1429 (Et. Rostang, not. d'Anduze). — *Le Vallat-de-Fontvive*, 1789 (carte des États). — *Carriol* (carte géol. du Gard).

CARREVIEILLE, h. c^ne de Saint-Jean-du-Pin. — *Mansus de Cara-Vielha, parrochie de Pinu*, 1508 (Gaucelm. Calvin, not. d'Anduze). — *Carevieille*, 1789 (carte des États).

CARREYROLLES (LES), bois, c^ne de Saint-Cosme-et-Maruéjols.

CARRIÈRE, m^in, c^ne d'Aiguesvives, sur le Vidourle.

CARRIÈRE, h. c^ne de Pougnadoresse.

CARRIÈRE (LA), h. c^ne d'Arphy. — *Mansus de Carreria, parrochia de Aulacio*, 1513 (A. Bilanges, not. du Vigan).

CARRIÈRE (LA), f. c^ne de Saint-Bonnet-de-Salindrenque.

CARRIÈRE (LA), f. auj. détruite, c^ne de Saint-Bresson. — *Mansus de Carreria, parrochia Sancti-Brixii de Arisdio*, 1469 (A. Razoris, not. du Vigan).

CARRIÈRE (LA), h. c^ne de Saumane.

CARRIÈRE (LA), h. c^ne de Soudorgues.

CARS (LES), q. c^ne du Garn.

CARS (LES), q. c^ne d'Uzès.

CARSALADE, f. c^ne de Bagard.

CARSAN, c^on du Pont-Saint-Esprit. — *G. de Carensano*, 1224 (cart. de Saint-Victor de Marseille, ch. 714). — *Claustrum et prioratus Beate-Marie de Carsan*, 1265 (Gall. Christ. t. VI, p. 308). — *Carsanum*, 1320 (D'Aigrefeuille, *Hist. de Montp.* t. II, p. 84). — *Prioratus Eremi Beatæ-Mariæ de Carsan et Embrarum*, 1619 (insin. eccl. du dioc. d'Uzès). — *Carsan* (Ménard, t. VII, p. 652, où on lit, par suite d'une faute d'impression, *Carnas*).

Bien qu'on ne rencontre pas le nom de Carsan dans le dénombrement de la sénéchaussée fait en 1384, ce lieu existait déjà à cette époque. La seigneurie de Carsan-et-Montaigu appartenait à la chartreuse de Valbonne. — Avant 1790, Carsan faisait partie de la viguerie de Bagnols et du diocèse d'Uzès, archiprêtré du Pont-Saint-Esprit. Il formait alors, avec le hameau de Montaigu, son annexe, une communauté portant le nom de Carsan-et-Montaigu. — Cette communauté reçut pour armoiries, en 1694 : *de gueules, à une fasce losangée d'argent et de sable.*

CARTAIRADE, f. auj. détr. c^{ne} d'Arre. — *Mansus de Cartayrada*, 1407 (pap. de la fam. d'Alzon).

CASALET, f. c^{ne} de Fressac.

CASAULX, f. c^{ne} de Barjac. — 1621 (Griolet, not. de Barjac).

CASCANEL, bois, c^{ne} de Laudun.

CASEBONNE, h. c^{ne} d'Arrigas. — *Mansus de Casabona*, 1263 (pap. de la fam. d'Alzon); 1320 (*ibid.*). — *Vallatum, riperia de Casabona*, 1571 (*ibid.*). — *Cazebone*, 1789 (carte des États).

CASENOVE, f. c^{ne} de Saint-Paul-la-Coste. — *Mansus de Casa-Nova*, 1376 (cart. de la seign. d'Alais, f° 48). — *Territorium de Casanova, sive de Barban*, 1402 (Dur. du Moulin, not. d'Anduze). — *Carnove*, 1789 (carte des États).

CASEVIEILLE, h. c^{ne} d'Alzon. — *Mansus Casa-Viella*, 1213 (pap. de la fam. d'Alzon). — *Tenementum de Casa-Veteri*, 1286 (*ibid.*). — *Casa-Vehela* (sic), 1312 (*ibid.*). — *Territorium de Caza-Vielha, infra parochiam de Alzono*, 1466 (J. Montfajon, not. du Vigan).

CASESVIEILLES, h. c^{ne} de Sainte-Cécile-d'Andorge. — *Mansus de Caseis-Veteribus*, 1345 (cart. de la seign. d'Alais, f°s 31, 33 et 42).

CASESVIEILLES, f. c^{ne} de Saint-Paul-la-Coste. — *Mansus de Casas-Vialhas, in parrochia Sancti-Pauli-de-Consta*, 1376 (cart. de la seign. d'Alais, f° 48).

CASSAGNE, mont. c^{ne} d'Avèze, d'où sort la source d'Isis. — *Territorium de Cassanhis*, 1430 (A. Montfajon, not. du Vigan).

CASSAGNE (LA), h. c^{ne} de Laval.

CASSAGNE (LA GRANDE-), f. c^{ne} de Saint-Gilles. — *Le domaine de la Cassagne, du territoire de Garons*, 1518 (arch. départ. G. 31). — *La Cassanhe*, 1557 (J. Ursy, not. de Nimes).

CASSAGNE (LA PETITE-), f. c^{ne} de Saint-Gilles. — *Mas-d'Aguet*, 1789 (carte des États). — *Mas-d'Hector-Mazer*, 1812 (notar. de Nimes).

CASSAGNETTE (LA), h. c^{ne} de Laval.

CASSAGNETTE (LA), f. c^{ne} de Montclus.

CASSAGNETTE (LA), f. c^{ne} de Saint-Gilles. — *Mas-Neuf*, 1816 (notar. de Nimes).

CASSAGNOL, f. c^{ne} de Salazac. — *Cassagnols*, 1781 (arch. départ. C. 1656).

CASSAGNOLES, c^{ne} de Lédignan. — *Cassainolæ*, 1175 (cart. de Franquev.). — *Cassanolæ*, 1277 (chap. de Nimes, arch. départ.). — *Villa de Cassanolis et*

ejus mandamentum; Cassanhol, 1294 (Mén. I, pr. p. 132, c. 1). — *Parrochia de Chassanholis*, 1345 (cart. de la seign. d'Alais, f° 35). — *Cassanholæ*, 1384 (dénombr. de la sénéch.). — *Ecclesia de Cassanhiolis*, 1386 (rép. du subs. de Charles VI). — *Parrochia Sancti-Martini de Cassanholis*, 1389 (J. du Moulin, not. d'Anduze). — *Cassanholes*, 1435 (rép. du subs. de Charles VII). — *Castrum de Cassanholis*, 1522 (chap. de Nimes, arch. départ.). — *Cassagnoles*, 1634 (arch. départ. C. 1291).

Cassagnoles faisait partie de la viguerie d'Anduze et du diocèse de Nimes, archiprêtré de Quissac. — Ce lieu n'avait que 3 feux et demi, au dénombrement de 1384; il en avait 66 en 1734. — Le prieuré simple et séculier de Saint-Martin-de-Cassagnoles était uni à la mense capitulaire de l'église cathédrale de Nimes et valait 2,000 livres. — Cassagnoles porte pour armoiries : *d'azur, à un saint Martin au naturel, à cheval, et donnant la moitié de son manteau à un pauvre, de même.*

CASSANAS, f. c^{ne} de Dourbie. — *Le masage de Cassanas, parroisse de Dourbie*, 1709 (pap. de la fam. d'Alzon). — *Carsenas*, 1789 (carte des États).

CASSANAS (LE), ruiss. qui prend sa source au mont Lengas, sur la ferme dite la Grandès-Haute, c^{ne} de Dourbie, et se jette dans la Dourbie sur le territ. de la même commune. — *Carsenas*, 1789 (carte des États).

CASSANDE (LA), ruiss. qui a sa source à la Roquette, au territ. de Générac, et se perd dans les marais de Saint-Gilles. — Ce nom devrait s'écrire *la Cassanhe* ou *la Cassagne.*

CASSEPÈNE, f. c^{ne} de Saint-Laurent-d'Aigouze.

CASSOUBIÈS, h. c^{ne} de Monoblet.

CASTANDEL (LE), f. c^{ne} de Saint-Paul-la-Coste.

CASTANET (LE), h. c^{ne} de Blannaves. — *Mansus de Castaneto*, 1345 (cart. de la seign. d'Alais, f°s 32 et 41).

CASTANET (LE), h. c^{ne} de Saint-André-de-Valborgne. — *Mansus de Castaneto, in parrochia Sancti-Andreæ de Vallebornia*, 1275 (cart. de N.-D. de Bonh. ch. 108).

CASTANET (LE), h. c^{ne} de Saint-Roman-de-Codières. — *Mansus del Castanet des Perdutz, parrochiæ Sancti-Romani de Coderiis*, 1513 (A. Bilanges, not. du Vigan). — *Le Castanet-Perdut*, 1789 (carte des États).

CASTANET (LE), h. c^{ne} de Sumène. — *Mansus de Castaneto, parochiæ de Sumena*, 1513 (A. Bilanges, not. du Vigan).

CASTANET-VIEL (LE), f. c^{ne} de Sénéchas.

CASTANIÉ (LE), f. c^{ne} de Saint-Roman-de-Codières,

CASTEL, q. c^{ne} de Nages.

CASTEL, q. c^{ne} de Saint-Gilles. — *Loco vocato Al-Castel, in decimaria Sancti-Egidii*, 1298 (cart. de Saint-Sauv.-de-la-Font).

CASTELBOC, f. auj. détruite, c^{ne} de Saint-André-de-Majencoules. — *Mansus de Castelboc, situs in manso de Petra-Grossa, infra parochiam Sancti-Andreæ de Majencolis*, 1472 (A. Razoris, not. du Vigan). — Voy. PEYREGROSSE.

CASTELCON, château ruiné, c^{ne} de Valleraugue. — On dit aussi, par corruption, *Castelfort*.

CASTEL-DU-VIGAN (LE), ruines de l'antique château d'*Erunas*, c^{ne} de Roquedur. — *Le Castel du Vigan, du taillable de Roquedur*, 1730 (arch. départ. C. 473).

CASTELLAS (LE), château ruiné, c^{ne} de Langlade.

CASTELLAS (LE), château ruiné, c^{ne} de Peyremale. — *Château-Vieux*, 1789 (carte des États).

CASTELLAS (LE), q. c^{ne} de Saint-Dionisy.

CASTELLAS (LE), h. c^{ne} de Saint-Martin-de-Corconac.

CASTELLAS (LE), château ruiné, c^{ne} de Théziers (Mén. t. VII, p. 650).

CASTELLAS-DU-BORD, château ruiné, c^{ne} de Roquemaure.

CASTELLETS-BAS (LES), q. c^{ne} de Sauve.

CASTEL-MERLUS, h. c^{ne} de Saint-André-de-Valborgne.

CASTELNAU, c^{on} de Vézenobre. — *Castrum de Castro-Novo*, 1211 (Gall. Christ. t. VI, p. 304). — *Castrum-Novum*, 1384 (dénombr. de la sénéch.). — *Castelnau*, 1547 (arch. départ. C. 1314). — *Le prieuré Saint-Martin-de-Valz, autrement Chasteauneuf-de-Boyrian*, 1620 (insin. eccl. du dioc. d'Uzès). — *Castelnau*, 1731 (arch. départ. C. 1474).

Castelnau appartenait, avant 1790, à la viguerie et au diocèse d'Uzès, doyenné de Sauzet. Ce prieuré était à la collation de l'évêque d'Uzès. — On n'y comptait qu'un feu en 1384. — Le château de Castelnau, fort bien conservé, a été reconstruit au XVIe siècle; mais il a des parties qui peuvent remonter jusqu'au IXe. — A peu de distance de Castelnau, on trouve les ruines de l'église d'un village disparu dès le XVe siècle et qui s'appelait *Sainte-Croix-de-Borias* : voy. ce nom. — Un décret du 21 septembre 1813 a réuni Valence à Castelnau, pour en former la commune de *Castelnau-et-Valence*. — La communauté de Castelnau reçut, en 1694, les armoiries suivantes : *de sinople, à un pal losangé d'or et d'azur.*

CASTELNAU, f. c^{ne} de Valabrix. — *Le domaine de Castelnau*, 1721 (bibl. du gr. sém. de Nimes).

La justice de ce domaine appartenait, en 1721, à M. de Pujolas.

CASTELVIEL (LE), bois, c^{ne} d'Aigaliers.

CASTEL-VIEUX, q. c^{ne} de Montdardier.

CASTIGNARGUES, f. c^{ne} de Saint-Théodorit. — *Castinhargues*, 1501 (chap. de Nimes, arch. départ.).

CASTILLE, h. c^{ne} d'Argilliers. — *Le fief de Castille, terroir d'Uzès*, 1721 (bibl. du gr. sém. de Nimes).

Le marquis de Montmaur en était seigneur en 1721.

CASTILLON-DE-GAGNÈRE, c^{on} de Saint-Ambroix. — *Castrum Castillionis*, 1345 (cart. de la seign. d'Alais, f°s 32 et 33). — *Castrum Castellionis* (*ibid.* f° 41). — *Castillio*, 1384 (dénombr. de la sénéch.). — *Castillon-de-Courri*, 1549 (arch. départ. C. 1319); 1634 (*ibid.* C. 1289). — *Castillon-de-Courry*, 1694 (armor. de Nimes). — *Castillon-de-Courry*, 1735 (arch. départ. C. 1304).

Castillon-de-Courry appartenait, avant 1790, à la viguerie et au diocèse d'Uzès. — Cette commune a pris le nom de Castillon-de-Gagnère en vertu d'une ordonnance royale du 14 juin 1841. — On y remarque les ruines d'un antique château, sur une hauteur à pic. — Lors du dénombrement de 1384, on y comptait 3 feux et demi. — Ses armoiries sont : *de sinople, à une fasce losangée d'argent et d'azur.*

CASTILLON-DU-GARD, c^{on} de Remoulins. — *Castilio*, 1207 (arch. comm. de Valliguière). — *Castellione*, 1211 (Gall. Christ. t. VI, p. 304); 1254 (*ibid.* p. 305). — *Castilio*, 1265 (arch. départ. H. 3). — *Castrum Castilionis*, 1307 (arch. comm. de Valliguière). — *Castilio*, 1384 (dénombr. de la sénéch.). — *Locus Castilhonis*, 1495 (Lég. Borrafin, not. d'Uzès). — *Castilhon*, 1551 (arch. départ. C. 1332). — *Le prieuré Saint-Cristofle de Castilhon*, 1620 (insin. eccl. du dioc. d'Uzès). — *Castilion-du-Gard*, 1694 (armor. de Nimes); 1715 (J.-B. Nolin, *Carte du dioc. d'Uzès*).

Castillon-du-Gard faisait partie de la viguerie de Beaucaire et du diocèse d'Uzès, doyenné de Remoulins. — Le prévôt de la cathédrale d'Uzès était seigneur de Castillon. — Le prieuré de ce lieu était uni au convent du Pont-Saint-Esprit. — La vicairie était à la présentation du prieur et à la collation de l'évêque d'Uzès. — On y comptait 9 feux en 1384, et en 1744, 87 feux et 450 habitants. — Des bois communaux couvrent la majeure partie du territoire de cette commune. — Ses armoiries sont : *d'argent, à une bande losangée d'or et d'azur.*

CASTILLONNES (LES), montagne, c^{ne} de Domazan.

CASTY (LE), h. et bois, c^{ne} d'Allègre.

CATALAN, f. c^{ne} de Chamborigaud.

CATAPOULS, f. c^{ne} de Sommière.

CATREMIAU, f. c^{ne} de Serviers. — 1710 (arch. départ. C. 1669).

CATIVIEL (LE), f. c^{ne} de Mons.
CATON. — Voy. MAS-DE-LA-VAQUE.
CAUCALAN, h. c^{ne} de Dourbie. — Le mas de Caucalat, parroisse de Dourbie, 1514 (pap. de la fam. d'Alzon). — Le masage de Caucalon, parroisse de Dourbie, 1709 (ibid.).
CAUCANAS, h. c^{ne} de Montdardier.
CAULET (LE), f. c^{ne} de Rogues.
CAUMAL, f. c^{ne} de Saint-Martial.
CAUMELS (LES), h. c^{ne} du Vigan. — Territorium de Calmels, 1331 (pap. de la fam. d'Alzon). — Mansus de Calmelho, parrochiæ Sancti-Petri de Vicano, 1472 (A. Razoris, not. du Vigan).
CAUNELLE, h. c^{ne} de Saint-Nazaire-des-Gardies.
CAUQUIÈRE (LA), f. c^{ne} de Montdardier.
CAUQUILLON, f. c^{nes} de Vauvert et du Caylar. — Le Cauquilhon, 1726 (carte de la bar. du Caylar).
CAUBAC, h. c^{ne} de Tresques.
CAUSINADEL (LE), ruiss. qui prend sa source sur la c^{ne} de Saint-Brès et se joint à la Cèze sur le territ. de la même commune.
CAUSSANEL (LE), bois, c^{ne} de Blandas. — Le devois du Caussanel, 1739 (arch. comm. de Blandas).
CAUSSE, f. c^{ne} de Sumène.
CAUSSE-BÉGON, c^{on} de Trèves. — In Causse-Bego, 1321 (pap. de la fam. d'Alzon). — Mansus Begonis, parochiæ Beatæ-Mariæ de Trivio, 1529 (ibid.). — Le Causse-Bégon, 1789 (carte des États).

Causse-Bégon a fait partie de la communauté de Trèves jusque vers la fin du XVIIe siècle; il en fut détaché à cette époque pour former, avec la Baumelle et les Ubertariès, une communauté séparée (arch. départ. C. 664-667). Il faisait partie de la viguerie du Vigan-et-Meyrueis et de l'archiprêtré de Meyrueis. — Cette communauté porte pour armoiries : de gueules, à une tour d'argent, surmontée de trois fleurs de lys de même, rangées en chef.

CAUSSEVIN, q. c^{ne} de Générac.
CAUSSIES (LES), f. c^{ne} de Blannaves.
CAUSSONILLES, h. c^{ne} de Saint-Julien-de-Valgalgue. — P. de Caussonilhis, parochiæ Sancti-Juliani, 1345 (cart. de la seign. d'Alais, f° 33).
CAUVALAT, eaux minérales, c^{ne} du Vigan.
CAUVAS, h. c^{ne} de Montdardier. — Mansus de Calvacio, parrochiæ Montis-Desiderii, 1444 (P. Montfajon, not. du Vigan). — Gros-de-Cauvas, 1812 (notar. de Nimes). — Saut-de-Cauvas, 1816 (ibid.). — Coubas (cad. de Montdardier).
CAUVAS, f. c^{ne} de Salindres.
CAUVEL, h. c^{ne} d'Alais.
CAUVEL, h. c^{ne} d'Arrigas.

CAUVELET (LE), f. c^{ne} de Saint-André-de-Majencoules.
CAUVIAC, h. c^{ne} de Quissac (carte géol. du Gard).
CAUVIAC, h. c^{ne} de Saint-Jean-de-Maruéjols.
CAVAILLAC, f. c^{ne} de Molières. — Strata de Cavalac, 1164 (cart. de N.-D. de Bonh. ch. 61). — Territorium de Cavallaco, 1250 (somm. du fief de Caladon). — Cavallac, 1284, 1386 (ibid.). — Territorium de Cavalhaco, in terra Arisdii, 1450 (pap. de la fam. d'Alzon).
CAVAIRARGUES, lieu détruit, c^{ne} de Calvisson. — Ubi vocant Calvarianicus, infra villa Bitiliano, in Valle-Anagia, 926 (cart. de N.-D. de Nimes, ch. 145). — Castrum de Calveizingues, 1121 (Hist. de Lang. II, pr. col. 419). — Calvenzanègues, 1202 (chap. de Nimes, arch. dép.). — Cavayrargues, 1567 (arch. départ. G. 287). — Caveyrargues, 1790 (notar. de Nimes); 1858 (ibid.).
CAVALADE (LA), bois, c^{ne} de Bagard.
CAVALADE (LA), f. c^{ne} de Saumane, sur une montagne du même nom.
CAVALERIE (LA), f. c^{ne} de Saint-Privat-des-Vieux.
CAVALET, f. c^{ne} de Saint-Gilles. — Cavalessa, 1255 (chap. de Nimes, arch. départ.). — Cavalès, 1549 (arch. départ. C. 774). — La commanderie de Cavaletz, dépendant du terroir de Saint-Gilles, 1674 (Rec. H. Mazer). — Cavalet, 1701 (arch. départ. C. 40). — Cavaleis, 1828 (notar. de Nimes).
CAVEIRAC, c^{on} de Saint-Mamet. — In terminium de villa Cavariaco, 893 (cart. de N.-D. de Nimes, ch. 124). — Villa Cavariago, in vicaria Valle-Anagia, 931 (ibid. ch. 121). — In terminium de villa Cavairago, 979 (ibid. ch. 125). — Villa que vocant Cavairaco, 1060 (ibid. ch. 122). — Cavairacum, 1144 (Mén. I, pr. p. 32, c. 1). — Ecclesia de Cavairaco, 1156 (cart. de N.-D. de Nimes, ch. 84). — Cavairacum, 1185 (Mén. I, pr. p. 40, c. 1). — Cavayracum, 1195 (ibid. p. 41, c. 2). — Cavairac, 1208 (ibid. p. 44, c. 2). — Cavayracum, 1322 (Mén. II, pr. p. 37, c. 1). — Prioratus Sancti-Adriani de Cavairaco, 1350 (chap. de Nimes, arch. départ. G. 162). — Cavayracum, 1384 (dénombr. de la sénéch.); 1386 (rép. du subs. de Charles VI). — Cavairac, 1435 (rép. du subs. de Charles VI). — Locus de Cavayraco, 1461 (reg.-cop. de lettr. roy. E. v.). — Le prieuré Saint-Adrien de Caveyrac, 1692 (insin. eccl. du dioc. de Nimes); 1706 (arch. départ. G. 206).

Caveirac faisait partie de la viguerie et du diocèse de Nimes, archiprêtré de Nimes. — En 1322, l'Assise de Calvisson y compte 4 feux nobles et 37 non nobles; lors du dénombrement de 1384, il n'y en a plus que 6 en tout. Le recensement de 1744 donne 70 feux et 300 habitants. — Caveirac ne fut compris que pour la haute justice seulement dans l'Assise de Calvisson; la moyenne et la basse étaient alors possédées par un seigneur particulier, Raymond Buade, d'Aimargues. — Le prieuré Saint-Adrien de Cáveirac fut uni dès 1350 au second archidiaconé de la cathédrale de Nimes, dont le prévôt du chapitre était titulaire; ce prieuré valait 3,600 livres. — Avant la Révolution, Caveirac possédait un château et un parc magnifique, dessiné par Lenôtre sur le plan des jardins de Versailles.

CAVEIRAC, bois, c^{ne} de Parignargues.

CAVENAC, mⁱⁿ, c^{ne} de Saint-Jean-de-Maruéjols, sur la Claisse.

CAVÈNE, f. c^{ne} de Saint-Privat-de-Champclos. — 1637 (Griolet, not. de Barjac).

CAVILLARGUES, c^{on} de Bagnols. — *Cavilhanicœ*, 1384 (dén. de la sén.). — *Cauverglanicœ*, 1384 (Mén. III, pr. p. 66 c. 1). — *Cavilhargœ*, 1455 (chap. de Nimes, arch. départ.). — *Prioratus de Cavilhanicis*, 1470 (S. André, not. d'Uzès). — *La communauté de Cavilhargues*, 1550 (arch. dép. C. 1322). — *Le prieuré Sainct-Pierre de Couvilharges*, 1620 (insin. eccl. du dioc. d'Uzès). — *Caviliargues*, 1627 (arch. dép. C. 1295); 1694 (armor. de Nimes). — *Cavilhargues*, 1697 (insin. eccl. du dioc. de Nimes, G. 23). — *Cavilhargues, en la baronnie de Sabran*, 1702 (arch. comm. de Saint-André-d'Olérargues).

Cavillargues était, avant 1790, de la viguerie de Bagnols et du diocèse d'Uzès, doyenné de Bagnols. — Le prieuré de Saint-Pierre de Cavillargues était à la collation de l'évêque d'Uzès. — En 1384, ce lieu était imposé à raison de 8 feux. — On y a trouvé des débris d'antiquité et des restes d'une voie romaine. — Cavillargues porte: *d'azur, à une bande banrgée d'or et d'azur.*

CAXONIENSIS (VALLIS), vallée inférieure de la Cèze. Elle formait, à l'époque carlovingienne, une viguerie ayant pour chef-lieu Bagnols (*Balneolœ*), et plus tard, sous l'administration royale, les deux vigueries de Bagnols et de Saint-Saturnin-du-Port. — *Vallis Caxoniensis*, 756 (Mabillon, *De re dipl.*). — *Vallis Caxonica*, 816 (cart. de Psalm.). — *Vicaria Caxoniensis*, 945 (Hist. de Lang. II, pr. col. 87). — *Vallis Mazonica* (sic), 1156 (*ibid.* col. 561). — *Vallis Catonica*, 1224 (chap. de Nimes, arch. dép.). — Voy. SAINT-PAULET-DE-CAISSON.

CAYLA (LE), f. c^{ne} d'Avèze. — *Le Caille*, 1789 (carte des États). — *Le Caylar*, 1863 (notar. de Nimes).

CAYLA (LE), f. c^{ne} de Monoblet. — *Le Cailla*, 1789 (carte des États).

CAYLA (LE), h. c^{ne} de Saint-Martial. — *Le Cayla*, 1553 (arch. départ. C. 1793). — *Le Caila*, 1789 (carte des États).

CAYLA (LE), h. c^{ne} de Saint-Paul-la-Coste.

ÇAYLA (LE), h. c^{ne} de Saint-Roman-de-Codières. — *Le Caila*, 1789 (carte des États).

CAYLA (LE), h. c^{ne} de Sumène. — *Le Cailla*, 1789 (carte des États).

CAYLAR (LE), c^{on} de Vauvert. — *Castellus*, 675 (Duchesne, *Franc. Script.* I, 850). — *Castellare*, 1018 (cart. de Psalm.). — *Caislar*, 1060 (cart. de N.-D. de Nimes, ch. 199). — *Castlar*, 1096 (cart. de Psalm.). — *Sanctus-Stephanus de Castlar*, 1119 (bullaire de Saint-Gilles). — *Castlarium*, 1134 (cart. de N.-D. de Nimes, ch. 167); 1158 (Hist. de Lang. II, pr.). — *Caslarium*, 1243 (arch. départ. H. 2); 1384 (dénombr. de la sénéch.). — *Ecclesia de Caslario*, 1386 (rép. du subs. de Charles VI). — *Le Caylar*, 1435 (rép. du subs. de Charles VII). — *Locus de Caylario*, 1461 (reg.-cop. de lett. roy. E. v).

Le Caylar appartenait à la viguerie d'Aiguesmortes et au diocèse de Nimes, archiprêtré d'Aimargues. — Il figure pour 11 feux dans le dénombrement de 1384. — Le prieuré simple et séculier de Saint-Étienne du Caylar, en y comprenant celui de Saint-Gilles-le-Vieux, son annexe, valait 4,000 livres; tous deux étaient unis à la mense capitulaire de la cathédrale de Montpellier. — La terre et le château du Caylar appartenaient, en 1112, au vicomte de Nimes, Bernard Athon. — Au xvie s^e, cette terre passa par mariage dans la famille de Baschi, qui la possédait encore au milieu du siècle dernier; elle avait le titre de baronnie. — On trouve au Caylar de nombreux et remarquables restes d'antiquités. — Le Caylar porte pour armoiries: *d'argent, à un saule de sinople.*

CAYLARET (LE), h. c^{ne} d'Alzon. — *Mansus de Castellari*, 1261 (pap. de la fam. d'Alzon). — *Mansus de Castlario*, 1271 (*ibid.*). — *Mansus del Caylar, in parrochia Sancti-Martini de Alzono, in districtu et juridictione castri de Rocaffolio*, 1308 (*ibid.*). — *Mansus de Castlar, mansus del Caslar*, 1323 (*ibid.*). — *Mansus de Caylareto, parrochiœ de Alzono*, 1469 (A. Razoris, not. du Vigan). — *Le Caylaret*, 1697 (insin. eccl. du dioc. de Nimes). — *Le Cailaret*, 1789 (carte des États).

CAYLOU (LE), h. c^{ne} de Saumane. — *R. de Caslup*, 1174 (cart. de N.-D. de Bonh. ch. 31). — *Castlu:* (*ibid.*).

CAYRE (LE), f. c^{ne} de Concoules.

CAZALET, f. c^{ne} de Junas.

CAZALET, f. c^{ne} de Valleraugue.

CAZALET (LE), ruiss. qui prend sa source à la ferme des Fontettes, c^{ne} de Monoblet, traverse celles de Fressac et de Durfort et se jette dans le Vidourle sur le territ. de la c^{ne} de Sauve. — *Le Crespenon* (cart. géol. du Gard). — *Le Ribou* (carte hydr. du Gard). — Parcours : 9,500 mètres.

CAZALET (LE), ruiss. qui prend sa source sur la c^{ne} de Valleraugue et se jette dans l'Hérault sur le territ. de la même commune.

CAZALIS, f. c^{ne} de Boisset-et-Gaujac. — *Mansus de Casalicio, parrochiæ Sancti-Saturnini de Buxetis,* 1403 (J. du Moulin, not. d'Anduze).

CAZAUX (LES), île du Rhône, c^{ne} d'Aramon.

CAZAUX (LES), h. c^{ne} de Saint-Jean-du-Pin. — *B. de Casalibus,* 1376 (cart. de la seign. d'Alais, f° 48).

CAZEVIEILLE, h. c^{ne} de Saint-Jean-du-Pin. — *Carrevieille* (carte géol. du Gard).

CEILLIER (LE), f. c^{ne} de Saint-André-d'Olérargues.

CÉLAS, h. c^{ne} de Mons.

CELLE (LA), f. c^{ne} de Roquedur. — *Villa Serla, sub castro Exunatis, in Arisiense, in pago Nemausense,* 921 (cart. de N.-D. de Nîmes, ch. 177). — *Lo mas de la Cela, infra parrochiam de Rocaduno,* 1513 (A. Bilanges, not. du Vigan).

La Celle a été acquise par M. Gabr. de Bonald en février 1866.

CELLETTES (LES), h. c^{ne} de Saint-Gervais. — *Les Célestes,* 1865 (notar. de Nîmes).

CENDRAS, c^{on} d'Alais. — *Sandrassium,* 1384 (dénombr. de la sénéch.). — *Sandras,* 1435 (rép. du subs. de Charles VII). — *Le Puech-de-Cendras,* 1789 (carte des États).

Ce village, qui a pris son nom de l'ancienne abbaye de Saint-Martin-de-Cendras, faisait partie de la viguerie d'Alais et du diocèse de Nîmes, archiprêtré d'Alais. — On y comptait 5 feux en 1384. — Le territoire de cette commune renferme une mine de houille; on y remarque les ruines de l'ancien château de la Fare. — Ses armoiries sont : *de gueules, à trois fers d'or, et une hache d'armes, en pal, d'argent, brochante sur le tout.* — Voy. NOTRE-DAME-DE-CENDRAS et SAINT-MARTIN-DE-CENDRAS.

CERCAFIOT, f. c^{ne} de Saint-Julien-de-Valgalgue. — *Serre-Gafiot,* 1789 (carte des États).

CERVONS, h. c^{ne} de Bragassargues.

CÉSÉRAC (BAS-), f. c^{ne} de Montfrin, emportée par le Rhône en 1676. — *Cogné-de-Taboul* (Trenquier, *Mém. sur Montfrin*). — *Cézerac,* 1790 (bibl. du gr. sém. de Nîmes).

CÉSÉRAC (HAUT-), f. c^{ne} de Montfrin, démolie par le Rhône en 1660 (Trenquier, *Mém. sur Montfrin*).

CESSENADE, f. c^{ne} de Saint-Paul-la-Coste.

CESSENADES, h. c^{ne} de Malons. — *Sessenades* (carte géol. du Gard).

CESSENAS, f. auj. détr. c^{ne} de Molières. — *Cessenatium, alias Balmigua, parrochiæ de Moleriis,* 1372 (pap. de la fam. d'Alzon). — *Cessenas, alias Balmigo, territoire de Molières,* 1512 (*ibid.*).

CESSOUX, h. c^{ne} de Portes. — *Mansus de Sersonibus-Inferioribus,* 1345 (cart. de la seign. d'Alais, f° 32 et 42). — *Cessou,* 1715 (J.-B. Nolin, *Carte du dioc. d'Uzès*). — *Cessoux,* 1733 (arch. départ. C. 1481); 1787 (*ibid.* C. 1490).

CÉVENNES (LES), chaîne de montagnes dans la partie septentrionale du département. — *Cebenna* (César, VII, 56). — *Gebenna* (Pline, III, 4 ; Lucain, I, v. 434). — *Gebennæ; Gebennici montes* (Pomp. Méla, II, 5). — Τὸ Κέμμενον ὄρος (Strab. IV, p. 128). — *Sabainatis,* 945 (Hist. de Lang. II, pr. col. 87). — *Valles Gebennicæ,* 1693 (Gall. Christ. t. VI, p. 225).

CEYRAC, c^{on} de Saint-Hippolyte-du-Fort. — *Seyracum,* 1384 (dén. de la sén.). — *Ceyrac,* 1435 (rép. du subs. de Charles VII). — *Locus de Seyraco,* 1472 (Ald. Razoris, not. du Vigan). — *Sanctus-Ægidius de Soyraco,* 1579 (insin. eccl. du dioc. de Nîmes).

Ceyrac faisait partie de la viguerie de Sommière et du diocèse de Nîmes, archiprêtré de Saint-Hippolyte-du-Fort. — On n'y comptait qu'un feu en 1384. — Le village de Ceyrac a été réuni à la commune de Conqueirac, en même temps qu'Aguzan, par un décret du 14 novembre 1809. — Les armoiries de Ceyrac sont : *d'argent, à un lion de sable.*

CEYRARGUES. — Voy. SAINT-JEAN-DE-CEIRARGUES.

CEZARENCA (VALLIS), vallée comprenant le cours supérieur de la Cèze. — *In valle Cezarenca,* 1240 (bull. de la Soc. de la Lozère, t. XV).

CÉZAS, c^{on} de Sumène. — *In terminium de Ezatis, in castro Salavense,* 959 (cart. de N.-D. de Nîmes, ch. 152). — *Cezacium,* 1384 (dén. de la sén.). — *Sézas,* 1435 (rép. du subs. de Charles VII). — *Le prieuré Saint-Martin de Cézas,* 1579 (insin. eccl. du dioc. de Nîmes); 1734 (*ibid.* G. 28).

Cézas faisait partie, avant 1790, de la viguerie de Sommière et du diocèse de Nîmes, archiprêtré de Sumène. — Il n'est imposé que pour un feu en 1384. — On remarque sur le territoire de cette commune une montagne très-élevée appelée *la Fage;* un versant appartient à la commune de Cézas et l'autre à celle de Cambo. — Cézas porte : *d'or, à un aigle à deux têtes, de sable.*

CÈZE (LA), rivière qui prend sa source à Saint-André-de-Capcèze (Lozère), entre dans le département sur le territ. de la c^{ne} de Ponteils et, après en avoir arrosé toute la partie septentrionale, se jette dans le Rhône sur le territ. de la c^{ne} de Codolet. — *Cicer*, 817 (Hist. de Lang. t. I, pr. *Dipl. de Louis le Débonnaire*). — *Fluvius Cicers*, 1242 (Gall. Christ. t. VI, p. 618). — *Cisser*, 1384 (dénombr. de la sénéch.). — Parcours : 96 kilomètres. — Voy. CEZANENCA (VALLIS).

CHABANEL, f. c^{ne} d'Uchaud. — *Villèle*, 1789 (carte des États).

CHABERTARIÉ (LA), h. c^{ne} de Ponteils-et-Brézis.

CHABOTTE (LA), h. c^{ne} de Ponteils.— *Chabottes*, 1721 (bullet. de la Soc. de Mende, t. XVI, p. 160). — *Chabot*, 1789 (carte des États).

CHABRIAC, f. c^{ne} de Barjac. — *Cabriac*, 1619 (Griolet, not. de Barjac).

CHABRIEN, f. c^{ne} de Sainte-Cécile-d'Andorge.

CHAFFRE (LE), abîme, c^{ne} de Calvisson. — *Creux-du-Chaffre*, 1812 (notar. de Nîmes).

CHALAPT, h. c^{ne} de Sénéchas. — *Chalapt, dans le mandement de Peyremale*, 1737 (arch. départ. C. 1490). — *Chalap*, 1789 (carte des États).

CHALCIER (LE), ruiss. qui prend sa source sur la c^{ne} de Bonnevaux et se jette dans l'Abau sur le territ. de la même commune.

CHALEILA, h. c^{ne} de Robiac.

CHALRAZE, h. c^{ne} de Sainte-Cécile-d'Andorge. — *Chalzère*, 1812 (notar. de Nîmes). — *Chalrage* (carte géol. du Gard).

CHALVIDAN, f. c^{ne} de Chamborigaud.

CHALVIDAN, f. c^{ne} de Nîmes.

CHAMBON, c^{ne} de Génolhac. — 1715 (J.-B. Nolin, *Carte du dioc. d'Uzès*). — *Chambon, dans la paroisse de Portes*, 1733 (arch. départ. C. 1481); 1737 (*ibid.* C. 1490).

Le village de Chambon a été érigé en commune par une ordonnance royale du 21 octobre 1839; ce n'était auparavant qu'un hameau de la commune de Portes.

CHAMBON, f. c^{ne} de Ponteils.

CHAMBONNET, h. et chât. c^{ne} de Ponteils-et-Brézis. — 1757 (arch. départ. C. 1338). — *Les Chambonetz*, 1789 (carte des États; Rivoire, *Statist. du Gard*, t. II, p. 681).

CHAMBONNET (LE), h. c^{ne} de Peyremale.

CHAMBOREDON, h. c^{ne} de Chambon. — 1737 (arch. départ. C. 1490). — *Chambordon*, 1750 (*ibid.* C. 1532). — *Chambourdon*, 1789 (carte des États).

CHAMBORIGAUD, c^{on} de Génolhac. — *Homines de Cambono-Rigaudo*, 1345 (cart. de la seign. d'Alais, f° 31). — *Champon-Regaut*, 1346 (*ibid.* f° 42). — *Locus de Chamboneto-Rigaudi*, 1460 (reg.-cop. de lettr.

roy. E, iv). — *Locus de Chambourrigault, parrochie B.-M. de Chausses*, 1461 (*ibid.*). — *Chamborigaud*, 1548 (arch. départ. C. 1317). — *Chamberigaus*, 1694 (armor. de Nîmes). — *Chambourigaud*, 1697 (insin. eccl. du dioc. de Nîmes, G. 22).

Chamborigaud n'était d'abord qu'un hameau de la paroisse Notre-Dame-de-Chausses : voy. ce nom. Il ne figure dans aucun dénombrement ancien. — Au xviii° siècle, c'est une paroisse du diocèse d'Uzès, doyenné de Sénéchas. — On rencontre sur plusieurs points de cette commune des traces d'une voie romaine. — En 1694, la communauté de Chausses-et-Chamborigaud reçut des armoiries ainsi blasonnées par l'Armorial de Nîmes : *d'or, à une croix losangée d'or et de gueules.*

CHAMBOURDON, f. c^{ne} de Beaucaire.

CHAMBOUREN, f. c^{ne} de Chamborigaud.

CHAMBOVERNES, f. c^{ne} de Chambon. — *Chamboverne, dans le mandement de Peyremale*, 1737 (arch. départ. C. 1490).

CHAMCLAUS, hameau, c^{ne} de Sainte-Cécil-d'Andorge. — *Mansus de Clauso-Claustri* (cart. de la seign. d'Alais, f° 32 et 41). — *Champclos*, 1812 (notar. de Nîmes).

CHAMMONT, h. c^{ne} de Ponteils.

CHAMPAURIOL, f. c^{ne} de Laval. — *Champoriol*, 1731 (arch. départ. C. 1475).

CHAMPAURUS, h. c^{ne} de Génolhac.

CHAMPCLAUSON, h. c^{ne} de la Grand'Combe. — *J. de Campo-Clauso*, 1370 (cart. de la seign. d'Alais, f° 23).

CHAMP-DE-MARS, quartier de Nîmes comprenant, au temps des Romains, le Champ-de-Mars et l'Hippodrome, et qui fut laissé en dehors des remparts construits au moyen âge. — *In loco ubi vocant Talamo*(sic)*-Marcio, in ribaria Fontis-Majoris*, 957 (cart. de N.-D. de Nîmes, ch. 16). — *Ubi vocant Campo-Marcio*, 1060 (*ibid.* ch. 22). — *In loco ubi vocant ad Campum-Marcium*, 1092 (*ibid.* ch. 30). — *Fossatum Campi-Marcii*, 1194 (Ménard, I, pr. p. 40, c. 2; p. 41, c. 2). — *Rue appelée de Campo-Marcio*, 1610 (arch. hosp. de Nîmes).

CHAMPMAUREL (LE), ruiss. qui prend sa source sur la c^{ne} de Blannaves et va se jeter dans le Gardon sur le territ. de la même commune.

CHAMPS-DE-L'ÉGLISE (LES), q. c^{ne} d'Aumessas.

CUANARD, f. c^{ne} de Saint-Gilles. — *Mas-de-Chanar*, 1828 (notar. de Nîmes).

CHANDOULLIÈRE (LA), ruiss. qui prend sa source sur la c^{ne} de Malons et se jette dans la Cèze. — Parcours : 6 kilomètres.

CHANTEPERDRIX, h. c^{ne} de Portes.

CHANTILLY, f. c^{ne} d'Alais.

CHAPEL, f. cⁿᵉ de Vauvert. — *Méterie de M. Chapel*, 1726 (carte de la bar. du Caylar). — *Le Chapeua*, 1828 (notar. de Nimes).

CHAPELAS, f. cⁿᵉ de Saint-Paulet-de-Caisson.

CHAPELLE, f. cⁿᵉ d'Aimargues.

CHAPELLE, f. cⁿᵉ d'Arpaillargues-et-Aureillac.

CHAPELLE (LA), f. cⁿᵉ de Concoules. — 1731 (arch. départ. C. 1474).

CHAPELLE (LA), h. cⁿᵉ de Montmirat.

CHAPELLE (LA), h. cⁿᵉ de Ponteils-et-Brézis.

CHAPELLE (LA), f. cⁿᵉ de Valleraugue.

CHARAMELLE, f. cⁿᵉ de Peyremale.

CHARASSE (LA), h. cⁿᵉ de Saint-Alexandre.

CHARAVEL, h. cⁿᵉ de Sabran (Ménard, t. VII, p. 652).

CHARBONNIER (LE), bois, cⁿᵉ de Saint-Gervais.

CHARBONNIÈRE (LA), f. cⁿᵉ de Saint-Félix-de-Pallières.

CHARENCONNE, f. cⁿᵉ de Beaucaire. — *Chalençon*, 1492 (Forton, *Nouv. rech. hist. sur Beaucaire*).

CHARENTON, f. cⁿᵉ de Saint-Gilles.

CHARITÉ (LA), église auj. détruite, cⁿᵉ de Beaucaire. Bâtie en 1719, cette église fut démolie en 1807 pour creuser le bassin du canal. Elle était hors de la ville, un peu à gauche en sortant par la rue des Couvertes (Forton, *Nouv. rech. hist. sur Beaucaire*, p. 393).

CHARLOT, f. cⁿᵉ de Dions.

CHARLOT, f. cⁿᵉ de Foissac. — *Mas-de-Charlot*, 1789 (carte des États).

CHARMETTES (LES), m. de camp. cⁿᵉ d'Anduze.

CHARNAVAS, h. cⁿᵉ de Sénéchas. — 1715 (J.-B. Nolin, *Carte du dioc. d'Uzès*). — *Charnavès*, 1743 (Séguin, not. de Nimes). — *Charvanas*, 1789 (carte des États).

CHARNOLOU, f. cⁿᵉ de Chamborigaud.

CHARNES, h. cⁿᵉ de Bonnevaux.

CHARNIÈRES, h. cⁿᵉ de Courry.

CHARRON, f. cⁿᵉ de Saint-Laurent-d'Aigouze. — *Méterie de Charron*, 1726 (carte de la bar. du Caylar). — *Chasron*, 1789 (carte des États). — *Mas-de-Charron* (carte géol. du Gard).

CHASSAC, h. cⁿᵉ d'Aujac. — *Chasac*, 1243 (cart. de Franq.). — *Locus de Chassaco, parrochie de Aujaco, Uticensis dioc.*, 1462 (reg.-cop. de lettr. roy. E, v).

CHASSANIS, f. cⁿᵉ de Nimes.

CHASSEZAC (LE), rivière qui prend sa source dans le départ. de la Lozère et se jette dans l'Ardèche. — Cette rivière sert un instant de limite aux départements du Gard et de l'Ardèche, sur le territ. de la cⁿᵉ de Malons.

CHÂTEAU (LE), f. cⁿᵉ d'Arphy.

CHÂTEAU (LE), f. cⁿᵉ d'Aujargues.

CHÂTEAU (LE), m. isolée, cⁿᵉ de Boissières.

CHÂTEAU (LE), f. cⁿᵉ de Castillon-du-Gard.

CHÂTEAU (LE), f. cⁿᵉ de Générac.

CHÂTEAU (LE), f. cⁿᵉ de Lannéjols.

CHÂTEAU (LE), f. cⁿᵉ de Rogues.

CHÂTEAU (LE), q. cⁿᵉ de Saint-Gervais.

CHÂTEAU (LE), f. cⁿᵉ de Saint-Laurent-le-Minier.

CHÂTEAU (LE), f. cⁿᵉ de Servas.

CHÂTEAU (LE), f. cⁿᵉ de Soustelle.

CHÂTEAU (LE), f. cⁿᵉ de Vabres.

CHÂTEAU-BOUSQUET (LE), f. cⁿᵉ d'Aulas.

CHÂTEAU-D'ASSAS (LE), f. autrefois fortifiée, cⁿᵉ de Blandas.

CHÂTEAU-D'EAU (LE), f. cⁿᵉ de Vézenobre.

CHÂTEAU-DE-LEUZE (LE), f. cⁿᵉ de Saint-Laurent-des-Arbres.

CHÂTEAU-DE-SAINT-ÉTIENNE (LE), f. cⁿᵉ de Saint-Victor-de-Malcap.

CHÂTEAU-DE-SAINT-SÉBASTIEN (LE), f. cⁿᵉ de Saint-Sébastien-d'Aigrefeuille.

CHAUDEBOIS (LE), ruiss. qui prend sa source sur la cⁿᵉ d'Arre et se jette dans l'Arre sur le territ. de la même commune. — *Valat Codbois*, 1303 (pap. de la fam. d'Alzon).

CHAUDEBOIS (LE), ruiss. qui prend sa source sur la cⁿᵉ de Saint-Jean-du-Pin et se jette dans le Gardon sur le territ. de la cⁿᵉ d'Alais. — *Chaud-de-Bois*, 1850 (notar. de Nimes).

CHAUFOURNIER (LE), f. cⁿᵉ de Saint-Jean-de-Serres.

CHAULANDY, f. cⁿᵉ du Pin.

CHAUMONT, f. cⁿᵉ d'Aiguesmortes. — *Caumon*, 1789 (carte des États).

CHAUREY, f. cⁿᵉ d'Aiguesmortes, auj. détruite. — 1726 (carte de la bar. du Caylar).

CHAUSSÉE-NEUVE (LA), f. cⁿᵉ de Saint-André-de-Valborgne.

CHAUSSÈNE, h. cⁿᵉ de Sainte-Cécile-d'Andorge.

CHAUSSES, vill. cⁿᵉ de Chamborigaud. — *Parrochia Beatae-Marie de Clauso* (sic), 1345 (cart. de la seign. d'Alais, fᵒ 32 et 42). — *La parroisse de Chausoy*, 1346 (ibid. fᵒ 43). — *Parochia Beatæ-Mariæ de Chaussio*, 1373 (bull. de la Soc. de la Lozère, t. XVII). — *Chaucium*, 1384 (dénombr. de la sénéch.). — *Parrochia Beatæ-Mariæ de Chausses*, 1461 (reg.-cop. de lettr. roy. E, IV). — *Chausse*, 1557 (J. Ursy, not. de Nimes). — *Le prieuré de Chaussy*, 1620 (insin. eccl. du dioc. d'Uzès). — *Notre-Dame-de-Chausses*, 1789 (carte des États).

Chausses faisait partie de la viguerie d'Alais et du diocèse d'Uzès, doyenné de Sénéchas. — On y comptait 23 feux en 1373 et 1 seulement en 1384. — Avant 1789, Chausses, réuni à Chamborigaud, formait une communauté du diocèse d'Uzès. — Voy. pour les armoiries l'article CHAMBORIGAUD.

CHAUSSEVIEILLE, f. c^{ce} d'Argilliers.

CHAUVEL, f. c^{ce} de Castillon-du-Gard.

CHAVANIAC, h. c^{ce} de Castillon-de-Gagnère. — *Chavagnac*, 1715 (J.-B. Nolin, *Carte du dioc. d'Uzès*). — *Chevanas, paroisse de Castillon-de-Courry*, 1750 (arch. départ. C. 1531).

CHAZE (LA), h. c^{ce} de Ponteils-et-Brézis.

CHAZEL, h. c^{ce} de Lussan. — *Villa que vocant Casellas, in comitatu Uzeticense*, 1031 (cart. de N.-D. de Nimes, ch. 213).

CHAZENEUVE, h. c^{ce} de Chambon. — *Chaseneuve, paroisse de Sénéchas*, 1750 (arch. départ. C. 1581).— *Chaveneuve*, 1789 (carte des États).

CHAYLARD (LE), h. et chât. ruiné, c^{ce} d'Aujac. — *Bastida nova de Castlar, in parochia de Auiac*, 1209 (Gall. Christ. t. VI, p. 624). — *Le Cheyla*, 1715 (J.-B. Nolin, *Carte du dioc. d'Uzès*).

CHEILONE (LA), f. c^{ce} de Nimes. — *Vallis Aquilina*, 1144 (Mén. I, pr. p. 32, c. 1). — *Vallis Acquilena*, 1157 (ibid. p. 35, c. 1). — *Vallis Aquilena*, 1185 (ibid. p. 40, c. 1); 1195 (ibid. p. 41, c. 1). —*Vallis Agalena*, 1380 (compoix de Nimes). — *Vallis Acquilena*, 1463 (Mén. III, pr. p. 314, c. 1). — *Vallée-Equiline*, 1671 (compoix de Nimes). — *La Cheylone*, 1750 (ibid.).

CHEMINS ANCIENS, CONNUS AU MOYEN ÂGE :

Chemin de Nimes à Alais. Il passait par la Calmette, Boucoiran, Ners et Vézenobre. — *Caminus romieus, in territorio de Calmeta*, 1234 (chap. de Nimes, arch. départ.).

Chemin de Nimes à Arles. — *Via Arlatensis*, 923 (cart. de N.-D. de Nimes, ch. 24). — *Iter Aretatense*, 1380 (comp. de Nimes).—*Pont-d'Arle, sur lo camin d'Arle*, 1479 (la Taula del Poss. de Nismes). — *Le chemin d'Arles*, 1671 (comp. de Nimes). Ce chemin se dirigeait par Bouillargues, Bellegarde et Fourques.

Chemin de Nimes à Avignon. — *Ad iter Avinionis*, 1380 (comp. de Nimes). — *Le camin d'Avinhon*, 1479 (la Taula del Possess. de Nismes). Ce chemin passait par Saint-Gervasy, Bezouce, Remoulins et Villeneuve-lez-Avignon.

Chemin de Nimes à Beaucaire. — *Caminus romeus, in territorio Bellicadri*, 1252 (cart. de Saint-Sauveur-de-la-Font). — *Ad caminum romeum*, 1275 (chap. de Nimes, arch. départ.). — *Iter Bellicadri*, 1380 (comp. de Nimes). — *Camin de Belcayre*, 1479 (la Taula del Possess. de Nismes). — *Chamin Romieu à Manduel*, 1540 (pap. de la famille de Rozel). Ce chemin suivait la voie Domitienne jusqu'au hameau de Curebousset, et de là, prenant plus au

nord, traversait les villages de Saint-Vincent et de Jonquières.

Chemin de Nimes à Montpellier. — *Via Munita, Guardia monedilis*, 1084 (cart. de Psalm.). — *Cami de la Mounède*, 1380 (comp. de Nimes). — *Camin de France*, 1479 (la Taula del Possess. de Nismes). — *Camin roumieux*, 1592 (comp. de Bernis). Ce chemin suivait presque constamment la voie Domitienne, passait par Milhaud, Bernis, Uchau, et traversait le Vidourle sur la commune de Galargues.

Chemin de Nimes en Rouergue. — *Caminus Ferratus*, 1420 (pap. de la fam. d'Alzon). — *Camy-Ferrat*, 1599 (comp. de Bez-et-Esparron).

Chemin de Nimes à Sauve, traversant la partie occidentale des Garrigues de Nimes, passait par Saint-Pierre-de-Vaquières, Montpezat, Vic-le-Fesc et Quissac. — *Iter quo itur ad Salvium; Caminus de Salve*, 1380 (comp. de Nimes). — *Camin de Vacairolles*, 1479 (la Taula del Possess. de Nismes).

Chemin de Nimes à Sommière. — *Via publica quae de Nemauso in valle Anagia discurrit*, 893 (cart. de N.-D. de Nimes, ch. 124). — *Iter antiquum de Sumidrio*, 1380 (comp. de Nimes). — *Chemin vieux de Somières ou de Vaunatge*, 1692 (arch. hosp. de Nimes). Ce chemin passait par Saint-Césaire, Nages, Calvisson, Congéniès, Aujargues et Villevieille.

Chemin de Nimes à Uzès. — *Le chemin des Oules*, 1671 (comp. de Nimes). Ce nom lui venait des *oules* ou vases en terre des poteries de Saint-Quentin, qui arrivaient à Nimes par cette voie. Il traversait directement au nord les garrigues de Nimes et passait le Gardon sur le pont de Saint-Nicolas-de-Campagnac.

Chemin de Nimes à Vauvert. — *Camin de Valvert, subtus crucem*, 1380 (comp. de Nimes). — *Le camin delz Malz*, 1479 (la Taula del Possess. de Nismes). — *Le chemin des Mulets*, 1671 (compoix de Nimes). — *Camin des Mioux*, 1692 (arch. hosp. de Nimes).

Le chemin de Caissargues. — C'était la tête du chemin de Nimes à Saint-Gilles; il rencontrait le précédent un peu au delà de Caissargues. — *Caminus-Ferratus, in territorio Nemausi*, 1347 (cart. de Saint-Sauv.-de-la-Font). — *Iter Ferratum de Cayssanicis*, 1380 (comp. de Nimes).

Le chemin de Canaux. — *Iter de Canals; iter de Quanals; iter de Ganals*, 1380 (comp. de Nimes). — *Iter de Canals*, 1400 (Mén. III, pr. p. 148, c. 2). — *Lo camin de Canalz*, 1479 (la Taula del Possess. de Nismes). — *Lo camin de Canaux*, 1557 (chapellenie des Quatre-Prêtres, arch. hosp. de Nimes). — *Vie Crose; carriere Crose*, 1594 (comp. d'Aubord).

Ce chemin suit presque constamment le cours du Vistre, de Cabrières au Caylar, et traverse les communes de Saint-Gervasy, Marguerittes, Manduel, Bouillargues, Milhaud, Aubord et Vauvert.

Le *chemin des Cercles* allait de Nimes au Grand-Mas-de-Seynes, en passant par le Mas-de-la-Vaque. — *Chemin du Cercle*, 1671 (comp. de Nimes). — *Les Chemins des Cercles*, 1704 (C.-J. de La Baume, Rel. inéd. de la rév. des Camis.). — Ce nom a passé des anciens compoix dans le cadastre.

Le *chemin des Marais*, partant de Calvisson, suit le cours du Rhôny jusqu'au Pont-de-l'Hôpital, c^ne d'Aimargues, et descend de là, par Saint-Laurent-d'Aigouze, jusqu'à Aiguesmortes. — *Via qui de Valle Anagia in Litorariam discurrit*, 923 (cart. de N.-D. de Nimes, ch. 66).

Le *chemin des Vaches*, se détachant de la route de Nimes à Montpellier un peu après Uchau, se dirigeait vers Aiguesmortes en traversant Aimargues et Saint-Laurent-d'Aigouze. — *Via Vacaressia*, 1054 (cart. de Psalm.). — *Loco vocato Salsayregas, vie Vacaresse; via Vaquaressa, in dominio Tamarleti*, 1310 (Mén. I, pr. p. 221, c. 1).

CHEMIN-DE-SAUSSINE (BOIS DU), c^ne de Bouquet.

CHEMIN-FRANÇOIS (LE), q. c^ne de Valabrègue, où était un bac sur le Rhône. — 1724 (bibl. du gr. sém. de Nimes). — *La Carrière-Française*, 1790 (ibid.).

CHÊNE (LE), f. c^be de Saint-Hippolyte-du-Fort.

CHEVAL-BLANC (LE), f. c^ne de Saint-Jean-de-Maruéjols. — 1731 (arch. départ. C. 1475).

CHEVAL-VERT (LE), m. isolée, c^ne de Saint-Hilaire-de-Brethmas.

CHEYRAN, vill. auj. détr. c^ne de Saint-Bénézet : voy. ce nom. — *Parrochia de Coyrano*, 1345 (cart. de la seigneurie d'Alais, f° 35). — *Parochia Sancti-Saturnini (ibid.)*. — *Locus de Coyrano*, 1384 (dénombr. de la sénéch.). — *Coyran*, 1435 (rép. du subs. de Charles VII). — *Sanctus-Saturninus de Coyrano*, 1437 (Et. Rostang, not. d'Anduze). — *Saint-Saturnin de Coiran*, 1582 (Tarif univ. du dioc. de Nimes). — *Saint-Saturnin*, 1715 (J.-B. Nolin, Carte du dioc. d'Uzès).

La paroisse Saint-Saturnin-de-Cheyran appartenait au diocèse d'Uzès, doyenné de Sauzet. — Elle ne comptait que 2 feux en 1384.

CHIFFRE (LE), f. c^ne de Durfort.

CHIRAC, f. et chât. c^be de Bagard. — Voy. GIRAC.

CHIVALAS (LE), ruiss. qui prend sa source sur la c^ne de Milhau et se jette dans le Vistre sur le territ. de la même commune.

CHOISITY, f. c^ne d'Aramon. — *Chasity* (carte géol. du Gard).

CHRISTIN, f. c^ne de Sommière.

CHRISTOL, h. c^ne de Lussan. — Le véritable nom est *Saint-Christol*, donné par la carte des États. — Voy. SAINT-CHRISTOL.

CHUSCLAN, c^on de Bagnols. — *Villa Genescanicus, in vicaria Caxoniensi*, 945 (Hist. de Lang. II, pr. c. 87). — *Prioratus de Chuzclan*, 1121 (Gall. Christ. t. VI, p. 619). — *Chausclanum*, 1384 (dénombr. de la sénéch.). — *Chusclan*, 1550 (arch. départ. C. 1322). — *Cheizclan*, 1694 (armor. de Nimes).

Chusclan faisait partie de la viguerie de Bagnols et du diocèse d'Uzès, archiprêtré de Bagnols. — En y comprenant Saint-Émétéri, son annexe, on n'y comptait en 1384 que 9 feux. — Les armoiries de Chusclan sont : *d'azur, à une barre losangée d'argent et de sable*.

CIMAS (LES), f. c^ne de Rousson. — 1732 (arch. départ. C. 1478).

CINSENS, h. c^ne de Calvisson. — *Villa Cincianum*, 837 (dipl. de Louis le Débonnaire, ap. Hist. de Lang. I, pr.). — *Sincianum*, 991 (ibid. II, pr.). — *Cincianum*, 1138 (cart. de Saint-Sauv.-de-la-Font). — *Sinzanum*, 1157 (chap. de Nimes, arch. départ.). — *Sinsanum*, 1393 (Mén. III, pr. p. 136, c. 2). — *Sainzens*, 1557 (chap. de Nimes, arch. départ.). — *Cinqcens*, 1650 (G. Guiran, Style de la Cour roy. ord. de Nimes). — *Sinsan* (Mén. VII, p. 625).

Le hameau de Cinsens a toujours été incorporé, comme *Bizac* et *Razil* (voy. ces noms), à la communauté de Calvisson. L'Assise de Calvisson ne nous donne point à part le nombre des feux qui composaient alors ce village; le dénombrement de 1384 non plus. En 1744, on y comptait 25 feux et 100 habitants. — Malgré son peu d'importance et bien que faisant partie, pour le temporel, de la communauté de Calvisson, Cinsens n'a pas cessé jusqu'en 1790 d'avoir le titre de paroisse sous le nom de *Saint-Martin-de-Cinsens*. — En 1644, lors de la création du marquisat de Calvisson, Cinsens fut compris au nombre des dix-neuf paroisses dont il se composait.

CITADELLE (LA), f. c^ne de Bagnols.

CIVADIÈRE (LA), f. c^ne de Méjanes-le-Clap. — 1731 (arch. départ. C. 1475).

CLAIRAC, h. c^be de Meyrannes.

CLAIRAC, h. c^ne de Peyroles. — *Mansus de Clayraco, in parochia de Payrola*, 1345 (cart. de la seign. d'Alais, f° 35).

CLAIRAC, h. c^ne de Robiac. — *Mansus de Clayraco, mandamenti castri de Monte-Aleno*, 1345 (cart. de la seign. d'Alais, f⁰ˢ 32 et 41). — *Claira*, 1715 (J.-B. Nolin, *Carte du dioc. d'Uzès*).

CLAIRAN, cᵒⁿ de Quissac. — *Clairanum*, 1273 (chap. de Nîmes, arch. départ.). — *Ecclesia de Clairano*, 1314 (Rot. eccl. arch. comm. de Nîmes). — *Sanctus-Saturninus de Cleyrano*, 1384 (dénombr. de la sénéch.). — *Sanctus-Saturninus de Clayrano*; *prioratus Sancti-Saturnini de Gayrano*, 1461 (reg.-cop. de lettr. roy. E, v, f⁰ 118).

Clairan faisait partie, en 1790, de la viguerie de Sommière et du diocèse d'Uzès, doyenné de Sauzet. — On n'y comptait qu'un feu en 1384. — Ce prieuré, uni à celui de Notre-Dame-de-Cannes, était à la collation de l'évêque d'Uzès et à la présentation de M. de Montpezat. — Dès l'organisation du département, Clairan, réuni à Cannes, a formé la cᵉ de Cannes-et-Clairan. — Les armoiries de Clairan sont : *de vair, à une fasce losangée d'or et d'azur.*

CLAIRE-FARINE, f. cⁿᵉ de Saint-Gilles. — *Clare-Farine*, 1549 (arch. départ. C. 774); 1773 (*ibid.* C. 1597).

CLAISSE (LA), ruiss. qui prend sa source sur la cᵉ de Saint-André-de-Crugières (Ardèche), entre dans le département du Gard sur la cⁿᵉ de Saint-Jean-de-Maruéjols et se jette dans la Cèze sur le territ. de cette même commune. — Parcours : 4 kilomètres.

CLAMENS, h. cⁿᵉ de Campestre-et-Luc.

CLAMONT, f. cᵇᵉ de Peyremale. — *Clamoux, dans la paroisse de Portes*, 1733 (arch. départ. C. 1481); 1737 (*ibid.* C. 1490).

CLAOU (LE), ruisseau qui prend sa source à Combe-Sourdière, cᵘᵉ de Puechredon, et se jette dans la Royanne sur le territ. de la même commune.

CLAPARÈDE (LA), h. cⁿᵉ de Pompignan. — *Clapareda*, 1237 (Mén. I, pr. p. 83, c. 1).

CLAPAROUSE (LA), f. cⁿᵉ de Revens.

CLAPAYROLS (LES), bois, cⁿᵉ de Domessargues. — 1237 (chap. de Nîmes, arch. départ.).

CLAPEYROLLE (LA), bois, cⁿᵉ de Gaujac.

CLAPEYROLLES (Lᵉs), bois, cⁿᵉ d'Euzet.

CLAPISSE, f. cⁿᵉ de Saint-André-de-Valborgne. — 1552 (arch. départ. C. 1777).

CLAPISSES (LES), f. cᵇˢ de Combas.

CLAPOUSE (LA), ruiss. qui prend sa source sur la cᵉ de Bonnevaux et va se jeter dans l'Abau sur le territ. de la même commune.

CLAPOUSE (LA), ruiss. qui prend sa source sur la cᵉ de Bréau-et-Salagosse et se jette dans le Rieu sur le territ. de la même commune.

CLAPOUSE (LA), bois, cⁿᵉ de Quissac.

CLAPOUSES (LES), f. cⁿᵉ de Génolhac.

CLAPPICES, h. cⁿᵉ d'Aulas. — *Mansus de Clapissis, parochia Aulacii*, 1466 (J. Montfajon, not. du Vigan).

CLARENSAC, cᵒⁿ de Saint-Mamet. — *Clarentiacum*, 1027 (cart. de N.-D. de Nîmes, ch. 126). — *Clarenzagum*, 1121 (Hist. de Lang. II, pr. c. 419). — *Clarenzacum*, 1125 (*ibid.* c. 512). — *Clarenciacum*, 1151 (*ibid.* c. 560). — *Clarenzac*, 1155 (chap. de Nîmes, arch. départ.). — *Clarensiacum*, 1161 (Mén. I, pr. p. 38, c. 1). — *Clarenciacum*, 1208 (*ibid.* p. 44, c. 1). — *Decinaria Sancti-Andreæ de Clarenciaco*, 1298 (cart. de Saint-Sauv.-de-la-Font). — *Clarenciacum*, 1322 (Mén. II, pr. p. 35, c. 1). — *Clarenciacum*, 1383 (*ibid.* III, pr. p. 51, c. 1). — *Clarenciacum*, 1384 (dénombr. de la sénéch.). — *Clarensiacum*, 1386 (rôp. du subs. de Charles VI). — *Clarenzac*, 1435 (rôp. du subs. de Charles VII). — *Locus de Clarenciaco*, 1461 (reg.-cop. de lettr. roy. E, v). — *Saint-André de Clarensac*, 1706 (arch. départ. G. 206).

Clarensac dépendait, avant 1790, de la viguerie et du diocèse de Nîmes, archiprêtré de Nîmes. — L'Assise de Calvisson y compte 190 feux, dont 6 nobles; le dénombrement de 1384, seulement 20 feux, et celui de 1744, 210 feux et 850 habitants. — Le prieuré de Saint-André de Clarensac était uni à la mense capitulaire de Nîmes et valait 2,500 livres. — Ce lieu ressortissait à la Cour royale ordinaire de Nîmes. — La terre de Clarensac, possédée dès le xiiᵉ siècle par divers seigneurs particuliers en pariage avec le roi, fut du nombre de celles sur lesquelles furent assignées, en 1322, les rentes données à Guillaume de Nogaret par Philippe le Bel. — Des fortifications de Clarensac, élevées du xviᵉ siècle pendant les guerres de religion, il reste quatre tours en assez bon état.

CLARIS (LE), ruiss. qui prend sa source sur la cⁿᵉ de Valleraugue et se jette dans le Taleyrac, affluent de l'Hérault, sur le territ. de la même commune.

CLAROU, h. cⁿᵉ de la Salle.

CLAROU, f. cⁿᵉ de Valleraugue.

CLAROU (LE), ruiss. qui a sa source au Pic de Ferrèze, cⁿᵉ de Valleraugue, et se jette dans l'Hérault sur le territ. de la même commune.

CLARY, bois, cⁿᵉ de Remoulins.

CLARY, château et bois, cⁿᵉ de Roquemaure. — 1737 (arch. départ. C. 2).

CLASTRE (LA), f. cⁿᵉ de Sauilhac, sur les ruines de l'anc. prieuré rural de SAINT-LAURENT-DE-VALSÉGANE (voy. ce nom). — *Terra ecclesiæ Sancti-Laurentii*, 1523 (P. Martin, not. d'Uzès). — *La terre de la Clastre, où était anciennement la maison d'habitation des prieurs du bénéfice de Saint-Laurent-de-Valségane, au lieu de Senilhac*, 1613 (P. Astier, not. d'Uzès). — *La maison claustralle au terroir de*

Valségane, 1641 (Jacq. Froment, not. de Sanilhac). — Le domaine de Valségane, appellé aujourd'hui la Clastre, 1766 (arch. comm. de Colias). — La métairie de la Clastre, paroisse de Senilhac, 1791 (Genestière, not. de Vers).

CLAUD (LE), ruisseau qui prend sa source sur la c^{ne} de Cardet et se jette dans le Gardon sur le territ. de la même commune.

CLAUMÉJAN, f. auj. détruite, c^{ne} de Meynes.

CLAUSADE (LA), f. et m^{in}, c^{ne} de Calvisson. — Clausada, in tenemento de Folhaqueto, 1138 (cart. de Saint-Sauv.-de-la-Font).

CLAUSE (LA), q. c^{ne} de Blauzac. — Loco dicto A la Clausa, in territorio de Blandiaco, 1531 (Fr. Arifon, not. d'Uzès).

CLAUSEL. — Voy. MAS-CLAUSEL.

CLAUSELS (LES), f. auj. détruite, territ. de Courbessac, c^{ne} de Nimes. — Ad Clausels, prope Sanctum-Johannem de Corbessaco, 1380 (comp. de Nimes).

CLAUSES (LES), bois, c^{ne} de Mons.

CLAUSONNE, h. c^{ne} de Meynes. — Clausonna, 1205 (cart. de Saint-Sauv.-de-la-Font). — Clausona, 1226 (Mén. I, pr. p. 70, c. 2). — Clausona, 1384 (dénombr. de la sénéch.). — Clausonne, 1435 (rép. du subs. de Charles VII).

Clausonne était autrefois un village de la viguerie de Beaucaire; il relevait, pour le spirituel, du diocèse d'Arles. — On y comptait 2 feux en 1384. — Ce n'est plus aujourd'hui qu'un château, dépendant de la c^{ne} de Meynes.

CLAUSONNETTE, f. c^{ne} de Sernhac.

Ce domaine, aujourd'hui détaché du précédent, ne formait originairement avec lui qu'un seul et même domaine. Ce n'est qu'à partir du XVIe siècle qu'il eut des seigneurs particuliers.

CLAUX (LE), q. c^{ne} d'Aujargues. — Cleaux, 1863 (notar. de Nimes).

CLAUX (LE), f. c^{ne} de Laudun.

CLAUX (LE), h. c^{ne} de Peyremale. — 1733 (arch. départ. C. 1481).

CLAUX (LE), f. c^{ne} de Saint-Chapte.

CLAUX (LE), h. c^{ne} de Saumane. — Le Claux, 1606 (insin. eccl. du dioc. de Nimes).

C'était un fief relevant du seigneur du Cambonnet.

CLAUX-RAMEL, q. c^{ne} de Blauzac. — En Claus-Ramel, in territorio de Blandiaco, 1531 (Fr. Arifon, not. d'Uzès).

CLAUZELS (LES), h. c^{ne} de Saint-Christol-lez-Alais. — De Clusello; de Cluzellis, 1310 (Mén. I, pr. p. 195, c. 1; p. 198, c. 1).

CLAVEL (LE), ruiss. qui prend sa source sur la c^{ne} de Valleraugue et se jette dans l'Hérault sur le territ. de la même commune.

CLAVEL-DE-BONNEAU (LE), f. c^{ne} de Codognan.

CLAVEL-DU-GUY-COMMUN (LE), f. c^{ne} de Codognan.

CLAVEYROLLE, h. c^{ne} de Saint-Bonnet-de-Salindrenque.

CLAVIÈRE, f. c^{ne} d'Alais.

CLAVIN, f. c^{ne} de Bagnols.

CLÈDE (LA), f. c^{ne} de Laval.

CLÈDE (LA), f. c^{ne} de Soustelle.

CLÈDE-BASSE (LA), f. c^{ne} de Saint-Hippolyte-du-Fort.

CLÈDE-HAUTE (LA), f. c^{ne} de Saint-Hippolyte-du-Fort.

CLÉDETTE (LA), f. c^{ne} de la Salle.

CLÉE-DE-MADAME (LA), f. c^{ne} de Montdardier.

CLÉE-DE-ROQUE (LA), f. c^{ne} de Sumène.

CLEIRAN, f. c^{ne} de Saint-Gilles, aujourd'hui réunie au domaine de Loubes : voy. ce nom.

CLÉMENTINE (LA), f. c^{ne} d'Alais.

CLÉNI, f. — Voy. CLUNY.

CLET, f. c^{ne} de Meyrannes. — Mansus de Clet, mandamenti de Monte-Aleno, 1345 (cart. de la seigneurie d'Alais, f°s 32 et 41).

CLICAN (LE VALLAT DE), ruiss. qui prend sa source au cap des Mourèses, c^{ne} du Vigan, et se jette dans l'Arre sur le territoire de la même commune. — Vallatum quod est inter Morese et Gauiac, 1218 (cart. de Saint-Victor de Marseille, ch. 1000). — Le Vallat de Clican, 1632 (pap. de la fam. d'Alzon).

CLOPS (LE), h. c^{ne} de Peyremale.

CLOS (LE), f. c^{ne} de Valleraugue.

CLOS-ARNAUD (LE), f. c^{ne} de Vestric-et-Candiac.

CLOS-D'AURIAC (LE), f. c^{ne} de Nimes. — Clausum d'En-Auriac; mansus d'En-Auriac, 1380 (compoix de Nimes). — Clausum de Noriac, in decimaria Beatæ-Mariæ, 1412 (arch. hosp. de Nimes). — Clos de Lauriac, 1671 (comp. de Nimes). — Combe d'Auriac, 1704 (ibid.). — La méterie d'Aurias, 1759 (Nicolas, not. de Nimes). — Claux-d'Auriac, sive Male-Carrière, 1774 (comp. de Nimes).

CLOS-DE-BASTONY (LE), f. c^{ne} de Fourques.

CLOS-DE-FONTON (LE), f. c^{ne} de Beaucaire.

CLOS-DE-LA-PIÈCE (LE), bois, c^{ne} de Saint-Just-et-Vaquières.

CLOS-DE-SAINT-ANDRÉ (LE), f. c^{ne} de Bezouce. — Le Clos de la Bénédiction, 1818 (notar. de Nimes).

CLOS-DE-TRONC (LE), f. c^{ne} d'Arpaillargues-et-Aureillac.

CLOS-DU-ROI (LE), f. c^{ne} de Valabrègue.

CLOS-GAILLARD (LE), bois, c^{ne} de Nimes.

CLOS-MÉJAN (LE), f. c^{ne} de Pujaut.

CLOS-PORTAL (LE), f. c^{ne} de Barjac.

CLOS-VERTS (LES), collines de la c^{ne} de Saint-Hippolyte-de-Caton.

CLOTTE (LA), f. et m^{in}, c^{nes} de Sommière et de Salinelles, sur le Vidourle. — 1570 (J. Ursy, not. de Nimes); 1610 (pap. de la famille de Rozel). —

8.

Le château de la Clote, 1696 (arch. départ. C. 4). — 1715 (J.-B. Nolin, *Carte du dioc. d'Uzès*).

Le fief de la Clotte, qui appartenait, au milieu du xvi° siècle, à un seigneur du nom de Guillaume Bruneau, fut acquis en 1592 par un membre de la famille nîmoise des Rozel, alors président à la cour des Aides de Montpellier.

CLUCHIER, h. c°° du Gard.

CLUNY, f. c°° de Saint-André-de-Majencoules. — On trouve aussi ce nom écrit *Cuny* et *Cléni.*

CLUS (LE), carrière de pierre de taille, c°° de Mus.

COASSE (LA), f. c°° de Remoulins.

COASSE (LA), chaîne de collines boisées qui s'étendent, sur la commune de Remoulins, de Lafoux au Pont du Gard. Elle appartenait aux seigneurs de Saint-Privat. — *Coassa*, 1303 (Trenquier, *Notices sur quelques localités du Gard*). — *Cohassa*, 1325 (arch. du chât. de Saint-Privat). — *Cohassa sivé Garonia*, 1418 (*ibid.*). — *La terre de la Couasse*, 1551 (arch. départ. C. 1339); 1620 (*ibid.* C. 1298). — *La Couasse*, 1789 (carte des États).

COCULADE, h. c°° de Quissac. — *Mas de Cogulan, sive l'Arnaudarié*, 1547 (J. Ursy, not. de Nimes). — *Coquilhade*, 1824 (nomencl. des comm. et ham. du Gard).

CODES (LES), bois, c°° de Castillon-du-Gard.

CODOGNAN, c°° de Vauvert. — *Codonianum*, 1094 (cart. de Psalm.). — *Codognanum*, 1225 (*ibid.*). — *Codonhanum*, 1384 (dénombr. de la sénéch.). — *Ecclesia de Codonhiano*, 1386 (rép. du subs. de Charles VI). — *Codonhanum*, 1405 (Mén. I, pr. p. 191, c. 1). — *Coudonham*, 1435 (rép. du subs. de Charles VII). — *Le prieuré Sainct-André de Codonhan*, 1579 (insin. eccl. du dioc. de Nimes). — *Codoignan*, 1582 (Tar. univ. du dioc. de Nimes. — *La communauté de Codognan*, 1591 (arch. départ. C. 842). — *Coudonian*, 1650 (G. Guiran, *Style de la Cour roy. ord. de Nimes*).

Codognan faisait partie de la viguerie de Nimes et du diocèse de Nimes, archiprêtré d'Aimargues. — On y comptait 22 feux en 1322, 2 seulement en 1384, 80 feux et 330 habitants en 1744. — La haute et basse justice de Codognan appartenait au seigneur de Calvisson; aussi, lors de la création du marquisat de Calvisson, en 1644, la paroisse de Saint-André de Codognan fut-elle une des dix-neuf qui contribuèrent à le former. — Le prieuré simple et séculier de Saint-André de Codognan était uni à la mense capitulaire d'Alais, comme ayant appartenu à l'abbaye de Psalmodi, et valait 1,200 livres. Il était à la collation de l'évêque d'Alais.

CODOLET, c°° de Bagnols. — *Ecclesia de Codoleto*, 1314 (Rotul. eccl. arch. munic. de Nimes). — *Sanctus Michael de Codoleto*, 1384 (dénombr. de la sénéch.). — *Codolet*, 1435 (Mén. III, pr. p. 254, c. 2). — *Codoletum*, 1459 (*ibid.* p. 293, c. 1). — *Locus de Codoleto, Uticensis diocesis*, 1461 (reg.-cop. de lettr. roy. E, iv). — *Codolet*, 1550 (arch. départ. C. 1322). — *Coudolet*, 1565 (J. Ursy, not. de Nimes). — *Coudoulet*, 1627 (carte de la princ. d'Orange). — *Codolet*, 1627 (arch. départ. C. 1294). — *Le port de Codolet*, 1634 (*ibid.* C. 1297). — *Codoletum, Codolet* (Mén. VII, p. 652).

Avant 1790, Codolet appartenait à la viguerie de Bagnols et au diocèse d'Uzès, doyenné de Bagnols. — Le prieuré de Saint-Michel de Codolet était à la collation de l'évêque d'Uzès. — En 1384, ce village ne se composait que de 6 feux. — Il avait un fort sur le Rhône pour surveiller et empêcher l'introduction en France par contrebande des sels venant du comtat Venaissin. — Codolet porte : *d'argent, à une fasce losangée d'or et de gueules.*

CODOLIER (LE), f. c°° d'Aubord, auj. détruite. — *Ubi vocant Codoledo, in terminio de Alborno, in suburbio Nemausense*, 1078 (cart. de N.-D. de Nimes, ch. 106). — *Le Codollié*, 1595 (compoix d'Aubord).

CODOLS, f. c°° de Nimes, sur l'emplacement de l'ancien prieuré rural de SAINT-ANDRÉ-DE-CODOLS : voy. ce nom. — *In terminium de villa Codolo*, 1031 (cart. de N.-D. de Nimes, ch. 94). — *Codols*, 1169 (chap. de Nimes, arch. départ.). — *Codol*, 1208 (Mén. I, pr. p. 44, c. 1). — *Codoli*, 1216 (*ibid.* p. 54, c. 1). — *A. de Codolis*, 1345 (cart. de la seign. d'Alais, f° 3). — *Crozes de Codols, Crosi de Codolis*, 1380 (comp. de Nimes). — *Codolz*, 1479 (la Taula del Possess. de Nismes); 1551 (arch. départ. G. 206); 1554 (J. Ursy, not. de Nimes). — *Coudols, sive Roqueirol*, 1671 (comp. de Nimes; Mén. VII, p. 627).

CODONEL, f. c°° de Saint-Gilles. — *Mas-de-Martin*, 1789 (carte des États).

COETLOGON, f. c°° de Beaucaire. — *Mas-neuf-de-Collogon*, 1828 (notar. de Nimes). — *Collogon ou Mas-de-Lèque*, 1860 (*ibid.*). — Voy. LÈQUE (LA).

COFFOLEN, f. c°° de Galargues, auj. détruite. — *Ad Coffolen, Cofolin*, 1423 (arch. munic. de Nimes, E. iii). — *Cafoulen*, 1828 (notar. de Nimes).

COFFOURS (LE), ruiss. qui prend sa source sur le territ. de la c°° de Valleraugue et se jette dans la rivière de Bonheur sur le territ. de la même commune. — *Tenementa dels Coforsals*, 1254 (cart. de N.-D. de Bonh.).

COGOL, q. c°° de Langlade. — *In loquo qui vocatur Cogol, in parochia Sancti-Juliani de Anglata*, 1165 (chap. de Nimes, arch. départ.).

Cocolière (La), f. c⁹ᵉ de Valleraugue. — 1551 (arch. départ. C. 1806).

Cogulliers (Les), f. cⁿᵉ de Combas. — *Mellarèdes,* 1828 (notar. de Nimes).

Coirane (La), section du cadastre de Montfrin. — *La Couirane,* 1790 (bibl. du gr. sémin. de Nimes).

Colbeuf, f. cⁿᵉ de Chamborigaud.

Colcrubairol (Le), ruiss. qui a sa source à la Combe-des-Pors, cⁿᵉ de Cannes-et-Clairan, et se jette dans la Courme sur le territ. de la même commune.

Col-de-la-Brousse (Le), mont. cⁿᵉ de Saint-André-de-Valborgne. — 1552 (arch. départ. C. 1777).

Col-de-la-Fosse (Le), montagne, cⁿᵉ de Saint-Martial.

Col-de-Nougiot (Le), f. cⁿᵉ de Valleraugue.

Col-du-Bez (Le), montagne, cⁿᵉ de Saint-Martial.

Col-du-Moulet (Le), colline, cⁿᵉ de Nimes. — 1671 (comp. de Nimes).

Cole-de-Long (La), f. cⁿᵉ de Bordezac. — *Côte-de-Long,* 1789 (carte des États).

Colias, cᵒⁿ de Remoulins. — Colliaco (Triens mérovingien). — *Coliaz,* 1151 (Hist. de Lang. II, pr.). — *Coliacum,* 1188 (cart. de Franq.). — *Castrum de Coliaco,* 1208 (généal. des Châteauneuf-Randon). — *Coliacum,* 1215 (cart. de Franq.). — *Coliatz,* 1217 (Mén. I, pr. p. 57, c. 1). — *Coliatz,* 1237 (cart. de Saint-Sauv.-de-la-Font); 1265 (arch. départ. H. 3). — *Castrum de Colias,* 1290 (chap. de Nimes, arch. départ.). — *Coliacum,* 1384 (dénombr. de la sénéch.). — *Locus de Coliaco,* 1388 (arch. comm. de Colias). — *Ecclesia Sancti-Vincentii de Coliaco,* 1408 (ibid.). — *Le lieu de Coulhas,* 1618 (Jacq. Daraussin, not. de Colias). — *Collias,* 1715 (J.-B. Nolin, Carte du dioc. d'Uzès). — *Coillas,* 1718 (Rech. hist. sur Beaucaire, p. 172). — *Couillas,* 1746 (Nicolas, not. de Nimes). — *La Chapelle-lez-Uzès, ci-devant Collias,* 1788 (arch. départ. C. 1348). — *Montpezat-lez-Uzès,* 1789 (carte des États). — *La commune de Collias ou la Chapelle, ci-devant Montpezat,* 1791 (Genestière, not. de Vers). — *Coliacum, Colias* (Mén. VII, p. 653).

Colias faisait partie de la viguerie et du diocèse d'Uzès, doyenné de Remoulins. — On y comptait 15 feux en 1384 et 140 en 1734. — Le prieuré régulier de Saint-Vincent de Colias, uni au chapitre cathédral d'Uzès, était à la collation du prévôt; l'évêque était collateur des deux chapellenies de Saint-Pierre et de Saint-Paul, fondées dans cette église par les consuls de Colias, qui en étaient les jus-patrons. — Le château de Colias, qui subsiste encore, ne date que de la fin du xviᵉ siècle; celui du moyen âge occupait tout auprès un emplacement qu'on appelle aujourd'hui le *Castelas.* — La famille de Mont-

pezat devint, à la fin du xviᵉ siècle, propriétaire de cette seigneurie pour les cinq sixièmes; et, au xviiiᵉ siècle, elle obtint de remplacer, dans l'usage administratif, le nom de *Colias* par celui de *Montpezat-lez-Uzès,* qui disparut en 1790. — Ce lieu ressortissait au sénéchal d'Uzès. — Les armoiries de la communauté de Colias, d'après l'Armorial de Nimes, sont : *d'hermines, à un pal losangé d'or et d'azur.*

Colle (La), f. cⁿᵉ de Colognac.

Collet-de-Brin (Le), f. cⁿᵉ de Concoules.

Colognac, cᵒⁿ de la Salle. — *Colhonhacum,* 1384 (dénombr. de la sénéch.). — *Colognac,* 1435 (rép. du subs. de Charles VII). — *Sanctus-Brixius de Colonhaco,* 1461 (reg.-cop. de lettr. roy. E, iv, f° 91). — *Collognac, viguerie d'Anduze,* 1582 (Tar. univ. du dioc. de Nimes). — *Colonhacum, Colognac* (Mén. VII, p. 655).

Colognac, avant 1790, faisait partie de la viguerie d'Anduze et du diocèse de Nimes, archiprêtré de la Salle. — Ce village n'était imposé, en 1384, qu'à raison de 2 feux et demi. — Sur le territoire de cette commune se trouve une haute montagne qui porte le nom de *Coulègne,* comme le ruisseau qui y prend sa source. — Les armoiries de Colognac sont : *de sable, à un lion d'or.*

Colombet, f. cⁿᵉ de Carsan.

Colombier (Le), f. cⁿᵉ d'Alais.

Colombier (Le), f. et mⁱⁿ, cⁿᵉ d'Alzon.

Colombier (Le), f. cⁿᵉ de Boisset-et-Gaujac. — *Territorium de Cymiterio Judeorum, sive de Arbusseto, in parrochia de Buxetis; Columberium vocatum del Arbosset, in parrochia de Buxetis,* 1437 (Et. Rostang, not. d'Anduze).

Colombier (Le), île du Rhône, cⁿᵉ de Codolet.

Colombier (Le), f. cⁿᵉ de Chusclan.

Colombier (Le), f. cⁿᵉ de Mus.

Colombier (Le), f. cⁿᵉ du Pont-Saint-Esprit. — *Le Colombier de la Roche,* 1731 (arch. départ. C. 1476).

Colombier (Le), h. cⁿᵉ de Saint-Julien-de-Peyrolas.

Colombier (Le), f. cⁿᵉ de Vabres. — 1549 (arch. départ. C. 1779).

Colombier-Redon (Le), f. cⁿᵉ de Sabran.

Colombiers, vill. cⁿᵉ de Sabran. — *Locus de Columberiis,* 1169 (chap. de Nimes, arch. départ.; Mén. VII, p. 652).

Quoiqu'il ne figure sur aucun dénombrement, le village de Colombiers existait au moyen âge; il faisait partie de la viguerie de Bagnols et du diocèse d'Uzès, doyenné de Bagnols.

Colonges, h. cⁿᵉ de Verfeuil. — *Colonges,* 1721 (bibl. du gr. sémin. de Nimes).

Le marquis d'Aulan en était alors seigneur.

COLONNES (LES), q. c^ne de Nages-et-Solorgues. — 1548 (arch. départ. C. 1800).

COLORGUES, c^on de Saint-Chapte. — *Ecclesia de Colonicis*, 1314 (Rotul. eccl. arch. munic. de Nimes). — *Colonicæ*, 1384 (dénombr. de la sénéch.); 1482 (Mén. t. IV, p. 6; pr. p. 24, c. 1; t. VII, p. 652). — *La communauté de Colorgues*, 1547 (arch. départ. C. 1313). — *Le château de Colorgues*, 1622 (*ibid.* C. 1215). — *Collorgues* (Rivoire, *Statist. du Gard*, t. II, p. 555).

Colorgues faisait partie de la viguerie et du dioc. d'Uzès; on y comptait 3 feux en 1384. — Le prieuré de Saint-André de Colorgues était du doyenné d'Uzès. C'était un prieuré régulier uni au monastère de Saint-Nicolas-de-Campagnac; l'abbé ou prieur de Saint-Nicolas en était collateur. — Le fief de Colorgues appartenait, en 1721, à MM. de Rozel et de La Tour, de Nimes. — Colorgues porte pour armoiries : *d'azur, à un pal losangé d'argent et d'azur.*

COLORGUES, f. c^ne de Saint-Siffret.

COLORGUES, lieu détruit, c^ne de Langlade. — *Villa quam nominant Colonicas, in vicaria Valle-Anagia, in territorio civitatis Nemausensis*, 931 (cart. de N.-D. de Nimes, ch. 121). — *In terminium de villa Colonices, in comitatu Nemausense*, 939 (*ibid.* ch. 120); 964 (*ibid.* ch. 119). — *Villa que vocant Colonices, in comitatu Nemausense*, 1081 (*ibid.* ch. 118). — *Villa Colonicas, in Valle-Anagia, in comitatu Nemausensis*, 1060 (*ibid.* ch. 78). — *Villa que vocatur Colonicas, in Valle-Enagia, in comitatu Nemausense*, 1090 (*ibid.* ch. 117). — *Colonzes villa*, 1149 (Lay. du Trés. des ch. t. I, p. 64). — *In terminio de Colonicis, in decimaria Sancti-Juliani de Anglata*, 1160 (chap. de Nimes, arch. départ.). — *Colonegues*, 1169 (*ibid.*). — *Notre-Dame-de-Colorgues*, 1720 (insin. ecclés. du dioc. de Nimes). — Le nom de *Coulorgues* en est resté à un quartier cadastral de la commune de Langlade.

COLOURES, f. c^ne de Marguerittes, sur l'emplacement du prieuré rural de SAINT-THOMAS-DE-COLOURES : voy. ce nom. — *Villa Colonicis, in territorio civitatis Nemausensis*, 928 (cart. de N.-D. de Nimes, ch. 197). — *Villa Colonizes*, 947 (*ibid.* ch. 59). — *Villa Colunzes, in comutatu Nemausensis*, 997 (*ibid.* ch. 58). — *Villa Colonices*, 1015 (*ibid.* ch. 44). — *Colunzes*, 1208 (Mén. I, pr. p. 146, c. 2). — *Colonzes*, 1243 (*ibid.* p. 81, c. 1). — *Locus de Colozes*, 1310 (*ibid.* p. 162, c. 2). — *Coulousets, Colioure* (Mén. t. VII, p. 628; t. II, p. 32). — *Vié-Couloure*, 1824 (notar. de Nimes).

COMBAJARGUES, f. c^ne d'Alzon, auj. détruite. — *Territorium de Combajagua, in parrochia Alsoni*, 1437

(pap. de la fam. d'Alzon). — *La terre de Combajague*, 1715 (*ibid.*).

Guillaume Faucon, juge de la cour royale ordinaire de Nimes en 1485, était seigneur en partie de la terre de Combajargues (Mén. t. VI, *Success. chronol.* p. 12, c. 2).

COMBALBERT, h. c^ne de Trèves. — *Combe-Alvert*, 1789 (carte des États).

COMBARNOLS, h. c^ne de Dourbie. — *B. de Cumba-Arnaldi*, 1262 (pap. de la fam. d'Alzon). — *Mansus de Combarnols, parrochiæ Nostræ-Dominæ de Durbia*, 1514 (*ibid.*).

COMBAS, c^ne de Saint-Mamet. — *Villa quam vocant Combatio, in vicaria Valle-Anagia*, 931 (cart. de N.-D. de Nimes, ch. 121). — *Villa Combatis*, 1099 (cart. de Psalm.). — *Villa de Cumbas*, 1185 (*ibid.*). — *Villa de Combaz*, 1223 (généal. des Châteauneuf-Randon). — *Combassinn*, 1384 (dénomhr. de la sénéch.). — *Locus de Combatio*, 1461 (reg.-cop. de lettr. roy. E. IV, f° 21). — *Le terroir de Combas-et-Cannac*, 1616 (arch. commun. de Combas). — *Le prieuré Sainct-Brès de Combas*, 1620 (insin. eccl. du dioc. d'Uzès). — *La communauté de Combas*, 1620 (arch. départ. C. 1298).

Combas, avant 1790, faisait partie de la viguerie de Sommière et du diocèse d'Uzès, doyenné de Sauzet. — Le prieuré de Saint-Brès de Combas était uni à la mense capitulaire de N.-D. d'Aiguesmortes; la vicairie était à la présentation du prieur et à la collation de l'évêque d'Uzès. — On comptait 6 feux à Combas en 1384. — On remarque sur le territoire de cette commune une ancienne tour, vulgairement appelée *la Tour des Sarrasins*. — Combas porte : *d'or, à une fasce losangée d'argent et de gueules.*

COMBE (LA), f. c^ne de Fontanès. — *Lacombe* (carte géolog. du Gard).

COMBE (LA), f. c^ne de Lirac, près de la Sainte-Baume de Lirac. — 1780 (arch. départ. C. 1650).

COMBE (LA), f. c^ne de Mandagout. — *Mansus de Cumba, jurisdictionis in parrochiæ de Mandagoto*, 1472 (A. Razoris, not. du Vigan).

COMBE (LA), f. c^ne de Mus.

COMBE (LA), f. c^ne de Saint-Laurent-le-Minier.

COMBE (LA), f. c^ne du Vigan. — *Mansus de Cumba, parrochiæ de Vicano*, 1437 (pap. de la fam. d'Alzon); 1446 (*ibid.*).

COMBE-ARNAVE (LA), f. c^ne de Carsan.

COMBEBELLE, f. c^ne d'Aumessas.

COMBEBONNE, ruiss. qui prend sa source sur la c^ne de Saint-Martial et se jette dans la Balcouze sur le territoire de la même c^ne. — Parcours : 4,800 mètres.

COMBEBONNE, ruiss. qui prend sa source à la ferme de Peyridier, cⁿᵉ de Valleraugue, et se jette dans l'Hérault sur le territ. de la même commune.

COMBECAUDE, f. cⁿᵉ du Vigan. — *Territorium vulgariter dictum Comba-Cauda, infra pertinentias mansi de Croalono* 1430 (A. Montfajon, not. du Vigan); 1472 (A. Razoris, not. du Vigan).

COMBE-CAYLANE (LA), q. cⁿᵉ de Saint-Brès. — 1552 (arch. départ. C. 1782).

COMBE-CHRÉTIENNE (LA), q. cⁿᵉ de Saint-Jean-du-Pin. — *Terræ vocatæ de Cumba-Christiana, in parrochia Sancti-Johannis de Pinu*, 1402 (Et. Rostang, not. d'Anduze).

COMBE-CREUSE (LA), q. cⁿᵉ de Peyrolles. — 1551 (arch. départ. C. 1771).

COMBE-D'AURIAC (LA), q. cⁿᵉ de Thoiras. — *La Combe-Doria*, 1552 (arch. départ. C. 1804).

COMBE-DE-BIJOUR (LA), f. cⁿᵉ de Portes.

COMBE-DE-BOISSON (LA), f. cⁿᵉ de Saint-Bauzély-en-Malgoirès.

COMBE-DE-CAMPAGNOLE (LA), q. cⁿᵉ de Valliguière. — *La Cumba-de-Campanhalos*, 1522 (comp. de Valliguière).

COMBE-DE-GÉRAUD (LA), q. cⁿᵉ de Puechredon. — *Cumba de Geraou, in parrochia de Podiis-Flavardis*, 1501 (chap. de Nimes, arch. départ.).

COMBE-DE-L'AVEN (LA), q. cⁿᵉ de Colias. — *Cumba de Avenco, Planum Avenqui*, 1311 (arch. comm. de Colias).

COMBE-DE-LA-VIE (LA), f. cⁿᵉ de Valleraugue.

COMBE-NÈGRE (LA), ruiss. qui prend sa source sur la cⁿᵉ de Saint-Just-et-Vaquières et se jette dans la Droude sur le territ. de la même commune.

COMBE-D'ENFER (LA), bois, cⁿᵉ d'Orsan.

COMBE-DES-PLANTIERS (LA), q. cⁿᵉ de Saint-Jean-du-Gard. — 1552 (arch. départ. C. 1784).

COMBE-DE-TOMBE-ÉCRITE (LA), q. cⁿᵉ de Colias. — *A la Combe, au terroir de Collias*, 1618 (Guill. Colomb, not. de Blauzac). — *La Combe-de-Tombe-écrite*, 1723 (arch. comm. de Colias). — *La Combe-de-Tombevif*, 1726 (*ibid.*).

COMBE-DU-MAS (LA), f. cⁿᵉ d'Estézargues.

COMBE-DU-MORT (LA), bois, cⁿᵉ de Combas.

COMBE-FERRÉOL (LA), bois, cⁿᵉ de Laudun.

COMBE-GÉLOSE (LA), q. cⁿᵉ de Mialet. — 1543 (arch. départ. C. 1778).

COMBELLES (LES), f. cⁿᵉ de Causse-Bégou.

COMBE-MÉDAILLE (LA), bois, cⁿᵉ de Saint-Gervasy.

COMBE-MÉGÈRE (LA), f. cⁿᵉ de Saint-André-de-Roquepertuis.

COMBE-MELLIÈRE (LA), q. cⁿᵉ de Combas. — *Combe-de-Mellières*, 1616 (arch. de Combas).

COMBE-MIGÈRE (LA), f. cⁿᵉ de Vauvert. — *Combe-Mézière, sive Puech-de-la-Galine* (comp. de Vauvert). — Voy. PUECH-DE-LA-GALINE.

La Combe-Migère dépendait autrefois du domaine de Franquevaux.

COMBE-OBSCURE (LA), q. cⁿᵉ de Valleraugue. — 1551 (arch. départ. C. 1806).

COMBE-REDONDE (LA), f. cⁿᵉ de Portes.

COMBES (LES), f. cⁿᵉ d'Aigremont.

COMBES (LES), h. cⁿᵉ de Castillon-de-Gagnère. — 1750 (arch. départ. C. 1531).

COMBES (LES), f. cⁿᵉ de Chamborigaud.

COMBES (LES), q. cⁿᵉ de Goudargues. — *Ad Combas, in jurisdictione loci de Godarcicis*, 1523 (A. de Costa, not. de Barjac).

COMBES (LES), h. cⁿᵉ de Robiac.

COMBES (LES), f. cⁿᵉ de la Rouvière-en-Malgoirès. — 1576 (J. Ursy, not. de Nimes).

COMBES (LES), h. cⁿᵉ de Sabran (Mén. t. VII, p. 652).

COMBES (LES), h. cⁿᵉ de Sainte-Croix-de-Caderle.

COMBES (LES), q. cⁿᵉ de Sainte-Eulalie. — 1734 (arch. départ. C. 1259).

COMBES (LES), h. cⁿᵉ de Saint-Roman-de-Codières.

COMBES-CAUDES (LES), f. et ruisseau, cⁿᵉ de Valleraugue. — *Combescaudes, sive Peyrefscade* (cad. de Valleraugue).

COMBESCURE, f. cⁿᵉ de la Rouvière (le Vigan).

COMBESCURE, f. cⁿᵉ de Saint-Félix-de-Pallières.

COMBES-DE-VALLIGUIÈRE (LES), bois et gorges, cⁿᵉ de Valliguière. — *Las Cumbetas*, 1522 (arch. comm. de Valliguière).

COMBE-SIMERLE (LA), bois, cⁿᵉ de Nimes.

COMBE-SOURDIÈRE (LA), q. cⁿᵉ de Puechredon.

COMBET (LE), f. cⁿᵉ de Saint-Martial.

COMBETTE (LA), q. cⁿᵉ du Cros. — *In parrochia de Croso, loco vocato a la Cumbeta*, 1417 (chap. de Nimes, arch. départ.).

COMBETTE (LA), f. cⁿᵉ de Laval.

COMBETTE (LA), f. cⁿᵉ de Mandagout. — *Mansus de Combis, jurisdictionis et parrochiæ de Mandagotu*, 1472 (A. Razoris, not. du Vigan).

COMBLE, f. cⁿᵉ de Caveirac.

COMEIRAS, h. cⁿᵉ de Rousson. — *Cameiras*, 1732 (arch. départ. C. 1478). — *Comeyras*, 1789 (carte des États).

COMEIRAS, h. cⁿᵉ de Trèves. — *Mansus de Comairas*, 1244 (cart. de N.-D. de Bonh. ch. 21). — *Mansus de Comairacio*, 1285 (*ibid.* ch. 103). — *Mansus de Comayrasio*, 1321 (pap. de la fam. d'Alzon). — *Mas de Comeyras*. 1514 (*ibid.*). — *Le masage de Comeyras*, 1709 (*ibid.*).

COMBET, h. cⁿᵉ de Génolhac.

Comeyro, h. c^{ne} de Saint-Bresson. — *Mansus de Comayra, parrochiæ Sancti-Brixii de Arisdio*, 1466 (J. Montfajon, not. du Vigan); 1469 (A. Razoris, not. du Vigan). — *Le Mas-de-Comayre*, 1548(arch. dép. G. 1781). — *Commeiro* (carte géol. du Gard).

Comeyro (Le), ruiss. qui prend sa source au h. de Comeyro, c^{ne} de Saint-Bresson, et se jette dans la Vis sur le territ. de la c^{ne} de Saint-Laurent-le-Minier.

Comiac, c^{on} de Sauve. — *Comiacum*, 1384 (dénombr. de la sénéch.). — *Comiac*, 1435 (rép. du subs. de Charles VII). — *Florian de Comiac, balhiage de Sauve*, 1582 (Tar. univ. du dioc. de Nimes). — *Le prieuré Sainct-Estienne-de-Commiac*, 1695 (insin. eccl. du dioc. de Nimes).

Comiac, en 1384, faisait partie de la viguerie de Sommière (plus tard bailliage de Sauve) et du diocèse de Nimes, archiprêtré de Quissac; on n'y comptait alors qu'un demi-feu. — Le prieuré simple et régulier de Saint-Étienne de Comiac, annexé à l'office claustral d'infirmier de l'abbaye de Sauve, valait 600 livres; l'abbé de Sauve en était le collateur. — Une ordonnance royale du 22 novembre 1829 a réuni Comiac, en même temps que Florian, à la c^{ne} de Logrian, qui depuis lors a pris le nom de *Logrian-et-Comiac-de-Florian*.

Commeiras, bois, c^{ne} de Pompignan.

Commun (Le), étang, c^{ne} d'Aiguesmortes.

Compastre (Le), q. c^{ne} de Saint-Dionisy. — 1548 (arch. départ. G. 1781).

Compère (Le), f. c^{ne} de Saint-Julien-de-Peyrolas.

Complone, abîme, c^{ne} de Saint-Sébastien-d'Aigrefeuille.

Comps, c^{on} d'Aramon. — *Ecclesia Beatæ-Mariæ de Comps*, 1275 (arch. comm. de Montfrin). — *Locus de Coms*, 1400 (Mén. III, pr. p. 154, c. 1). — *Coms*, 1433 (*ibid.* p. 244, c. 1). — *Le prieuré Nostre-Dame de Comps*, 1675 (insin. eccl. du dioc. de Nimes).

Comps ressortissait au diocèse d'Arles pour le spirituel et faisait partie de celui d'Uzès pour la taille et la répartition des charges de la province. — Ce village, qui dépendait de la terre d'Argence, appartenait originairement à la viguerie de Beaucaire : voy. ce nom. On ne le rencontre cependant pas sur les listes du dénombrement de 1384, sans doute parce qu'il était alors confondu avec la communauté de Valabrègue. — On y comptait, en 1744, 250 feux et 1,000 habitants.

Comps, f. c^{ne} de Saint-Julien-de-Peyrolas.

Comte (Le), île du Rhône, c^{ne} de Beaucaire.

Concoules, c^{on} de Génolhac. — *B. de Concolas*, 1176 (cart. de Franq.). — *Coucol*, 1212 (généal. des Châteauneuf-Randon). — *Parrochia de Concolis*,

1345 (cart. de la seign. d'Alais, f° 35). — *Concolæ*, 1384 (dénombr. de la sénéch.). — *Prioratus Sancti-Stephani de Concolis, Uticensis diocesis*, 1461 (reg.-cop. de lettr. roy. E, iv). — *Sainct-Estienne de Concolles*, 1462 (*ibid.* E. v). — *Cocoles*, 1551 (J. Ursy, not. de Nimes). — *Cogulan*, 1622 (chap. de Nimes, arch. départ.). — *Concoules*, 1634 (arch. départ. C. 1288). — *La paroisse de Concoules*, 1721 (bull. de la Soc. de Mende, t. XVI, p. 159 et 164). — *Concolæ, Concoules* (Mén. VII, p. 653).

Avant la Révolution, Concoules faisait partie de la viguerie et du diocèse d'Uzès, doyenné de Gravières (auj. dans l'Ardèche). — On n'y comptait que 2 feux en 1384. — Le prieuré régulier de Saint-Étienne de Concoules était à la présentation du prieur de Saint-Baudile de Nimes et à la collation de l'évêque d'Uzès. — Concoules ressortissait au sénéchal d'Uzès. — Le prieur était seigneur justicier pour une portion. — Ce village possède une église fort ancienne et porte pour armoiries : *d'or, à une fasce losangée d'argent et de sable.*

Condamine (La), f. c^{ne} d'Aumessas. — *Mansus de Condamina*, 1213 (pap. de la famille d'Alzon); 1314 (*ibid.*); 1430 (A. Montfajon, not. du Vigan). — *Le Mas de la Condamine*, 1724 (pap. de la famille d'Alzon).

Condamine (La), f. c^{ne} de Bouillargues. — *Condomina*, 1252 (cart. de Saint-Sauveur-de-la-Font). — *Condamina Sancti-Baudilii*, 1380 (comp. de Nimes). — *Les Condamines*, 1671 (*ibid.*).

Condamine (La), portion du territoire de Sommière cédée par saint Louis à l'abbaye de Psalmodi, en échange du territoire d'Aiguesmortes. — *Condamina*, 1248 (E. Boisson, *De la ville de Sommières*).

Condamines (Les), q. c^{ne} de Colias. — *A las Condamines, terroir et jurisdiction de Collias*, 1618 (G. Colomb, not. de Blauzac).

Condoule, lieu détruit et fontaines, c^{ne} de Gajan. — CANDVA (inscr. monum. trouvée sur l'emplacement même). — *Coudaou*, 1863 (notar. de Nimes).

Conduzorgues, h. c^{ne} de Montdardier. — *G. de Conduzonicis*, 1444 (P. Montfajon, not. du Vigan). — *Condesorgues* (cad. de Montdardier).

Conduzorgues, ruiss. qui prend sa source au h. de Conduzorgues, c^{ne} de Montdardier, et se jette dans la Vis sur la c^{ne} de Gorniès (Hérault).

Confine (La), bois, c^{ne} de Colias. — *Le ténement de la Couffine, Soupètes et Carton*, 1723 (arch. départ. C. 1749); 1744 (arch. commun. de Colias).

Conflans, h. c^{ne} de Ponteils-et-Brézis. — 1766 (arch. départ. C. 1580).

Congéniès, c⁰ⁿ de Sommière. — *Congenias*, 1060
(cart. de N.-D. de Nimes, ch. 200). — *Ecclesia Sanctæ-Mariæ de Congeniis; ecclesia Sancti-Andreæ de
Congeniis*, 1156 (*ibid.* ch. 84). — *Mansus de Congeniis*, 1169 (chap. de Nimes, arch. départ.); 1203
(Mén. I, pr. p. 44, c. 2). — *Congieniæ*, 1226 (*ibid.*
p. 70, c. 2). — *Congenia*, 1384 (dénombr. de la
sénéch.). — *Ecclesia de Conjeniis*, 1386 (rép. du
subs. de Charles VI). — *Congénies*, 1435 (rép. du
subs. de Charles VII). — *Locus de Congeniis*, 1492
(Sim. Benoist, not. de Nimes). — *Congenies*,
1582 (Tar. univ. du dioc. de Nimes); 1650 (G.
Guiran, *Style de la cour roy. ord. de Nimes*). — *Le
prieuré Notre-Dame de Congéniès*, 1706 (arch. dép.
G. 206). — *Congègne*, 1721 (bibl. du gr. sém. de
Nimes).

Congéniès, avant 1790, faisait partie de la viguerie et du dioc. de Nimes, archiprêtré de Sommière.
— On y comptait 10 feux en 1384, et en 1744,
43 feux et 180 habitants. — Dès le XIIᵉ siècle il
existait en ce lieu deux églises, l'une sous l'invocation de saint André, l'autre sous celle de Notre-
Dame; elles furent réunies en 1266. — Le prieuré
simple et séculier de Notre-Dame-de-Congéniès
était uni à la mense capitulaire de la cathédrale de
Nimes et valait, au XVIIIᵉ siècle, 1,500 livres. —
Notre-Dame-de-Congéniès fut une des dix-neuf
paroisses qui, en 1644, formèrent le marquisat de
Calvisson. — La justice de Congéniès dépendait
de l'ancien patrimoine du duché-pairie d'Uzès.

Congoussac, h. c⁰ᵉ de Chamborigaud. — *Cogozac*,
1050 (Hist. de Lang. II, pr. c. 217). — *Villa
de Cogociago*, 1112 (cart. de N.-D. de Nimes,
ch. 141). — *Mansus et territorium de Cogosaco*,
1294 (Mén. I, pr. p. 132, c. 1). — *Congoussat*,
1731 (arch. départ. C. 1475).

Congoussac, bois, c⁰ᵉ de Lussan. — *Le devois de Congoussac*, 1721 (bibl. du gr. sém. de Nimes).

Mylord Drummond de Melfort en était seigneur
au XVIIIᵉ siècle.

Connaux, c⁰ⁿ de Bagnols. — *Connaussium*, 1384
(dénombr. de la sénéch.); 1550 (arch. départ. C.
1322). — *Connaux*, 1620 (insin. eccl. du dioc.
d'Uzès); 1628 (arch. départ. C. 1293). — *Conau*,
1694 (armorial de Nimes). — *Conaux*, 1715
(J.-B. Nolin, *Carte du dioc. d'Uzès*). — *Conaussium, Conaut* (Mén. VII, p. 652).

Connaux faisait partie de la viguerie et du diocèse
d'Uzès, doyenné de Bagnols. — Le prieuré de Connaux et celui de Saint-Paul, son annexe, étaient
unis au monastère du Pont-Saint-Esprit; la vicairie
de Connaux était à la présentation du prieur du lieu

et à la collation de l'évêque d'Uzès. — Le dénombrement de 1384 donne 8 feux à Connaux. — Suivant la tradition, ce lieu aurait porté autrefois le
nom de *Daton*. Avant le XIIIᵉ sᵉ, le territoire de Connaux n'était qu'un terrain marécageux; il fut *cana-
lisé* et défriché par les Bénédictins de Saint-Pierre-
de-Castres (voy. ce nom). — Connaux porte pour
armoiries : *de vair, à un pal losangé d'argent et
d'azur*.

Conne (La), ruiss. qui prend sa source au bois des
Armes, c⁰ᵉ de Concoules, et se jette dans la Cèze
au hameau de Conflans, c⁰ᵉ de Ponteils, qui en
prend son nom (*confluens*). — Son parcours est
de 4,300 mètres.

Connillière, chât. ruiné, c⁰ᵉ d'Alais. — *Conilheria*,
1223 (chap. de Nimes, arch. départ.). — *Castrum
de Conilheriis*, 1376 (cart. de la seign. d'Alais,
f⁰ 48). — *Conilhère*, 1789 (carte des États; Rech.
hist. sur Alais, p. 266).

L'église collégiale de Saint-Jean d'Alais avait une
chapellenie du titre de *Saint-Michel-de-Conilhières*,
autrefois *Sainte-Lucie*, 1610 (insin. eccl. du dioc.
de Nimes, G. 12).

Conort, h. c⁰ᵉ de Bordezac.

Conque (La), q. c⁰ᵉ d'Arrigas.

Conqueirac, c⁰ⁿ de Saint-Hippolyte-du-Fort. — *G. de
Concayrac*, 1256 (Mén. I, pr. p. 83, c. 1). —
Concayracum, 1384 (dénombr. de la sénéch.). —
Concayratum, 1405 (Mén. III, pr. p. 189, c. 1).
— *Conquerac*, 1435 (rép. du subs. de Charles VII).
— *Parrochia Sancti-Andreæ de Conqueyraco*, 1472
(A. Razoris, not. du Vigan). — *Conqueyrac, bal-
liage de Sauve*, 1582 (Tarif univ. du diocèse de
Nimes).

Conqueirac faisait partie de la viguerie de Sommière (plus tard du bailliage de Sauve) et de l'archiprêtré de Saint-Hippolyte-du-Fort. — On y
comptait 5 feux en 1384. — Le prieuré simple et
séculier de Saint-André de Conqueirac, quoique
enclavé dans le diocèse d'Alais à l'époque de l'érection de ce diocèse, était demeuré uni à la mense
capitulaire de Nimes. — On remarque sur la c⁰ᵉ
de Conqueirac les ruines du vieux château de
la Roquette et la *baume* ou grotte qui porte le
même nom. — Un décret du 14 novembre 1809
a réuni à Conqueirac les villages de Ceyrac et
d'Aguzan (voy. ces noms). — Les armoiries de la
communauté de Conqueirac sont : *de gueules, à
une fasce d'or, accompagnée de trois coquilles de
même*.

Conques (Les), f. c⁰ᵉ de Saint-Martial. — *Las Conquas*,
1300 (pap. de la fam. d'Alzon).

Conques (Les), h. cⁿᵉ de Saint-Paul-la-Coste. — *Mansus de Conquis, in parrochia Sancti-Pauli de Consta*, 1376 (cart. de la seign. d'Alais, f° 48).

Conques (Les), q. cⁿᵉ de Sanilhac. — *Au terroir de Senilhac appellé Conques*, 1633 (Isaac Froment, not. de Sanilhac).

Conques (Les), f. cⁿᵉ de Sauveterre.

Conques (Les), b. cⁿᵉ de Tornac.

Conquet (Le), q. cⁿᵉ de Colias. — *Au terroir de Collias appellé au Conquet*, 1618 (G. Colomb, not. de Blauzac).

Conquières (Les), bois, cⁿ d'Aiguèze.

Conroc (Le), f. et mont. cⁿᵉ de Bessèges. — *Canroc* (nomencl. des cⁿᵉˢ et ham. du Gard).

Consoules (Les), f. cⁿᵉ de Vauvert.

Constant, f. cⁿᵉ de Saint-Christol-lez-Alais.

Conte (Le), f. cⁿᵉ du Cros.

Contensargues, f. cⁿᵉˢ de Vauvert et du Caylar, auj. détruite. — *Mansus Constantianicus*, 1070 (cart. de Psalm.); 1165 (*ibid.*). — *Constantianicæ*, 1348 (arch. comm. de Vauvert). — *Condansargues*, 1726 (carte de la bar. du Caylar).

Contrat (Le), marais, aujourd'hui desséché, sur les cⁿᵉˢ de Beaucaire et de Bellegarde. — *Territorium pascatgii de Contractu*, 1239 (Rech. hist. sur Beaucaire, p. 207). — *Le Contract, terroir de Bellegarde*, 1551 (arch. départ. C. 42); 1746 (de Forton, *Nouv. rech. hist. sur Beaucaire*).

Contrat-de-la-Combe (Le), q. cⁿᵉ de Saint-Gilles. — 1548 (arch. départ. C. 1787).

Contre, f. cⁿᵉ de Vabres.

Contre (Le), q. cⁿᵉ d'Aulas.

Contrôle (Le), f. cⁿᵉ de Bagnols.

Contry, f. cⁿᵉ de Saint-Félix-de-Pallières.

Contry (Le), ruiss. qui prend sa source à la f. de Lacan, cⁿᵉ de Saint-Félix-de-Pallières, traverse le territoire de Monoblet et va se jeter dans le Crespenon ou Cazalet sur le territ. de la cⁿᵉ de Fressac. — *Conturby* (carte hydr. du Gard). — Parcours : 3,500 mètres.

Corbès, cⁿ de Saint-Jean-du-Gard. — *Parochia de Corbessio*, 1345 (cart. de la seign. d'Alais, f° 35). — *Prioratus Sancti-Michaelis de Corbessio*, 1463 (L. Peladan, not. de Saint-Geniès-en-Malgoirès). — *Corbes, Corbez, viguerie d'Anduze*, 1582 (Tar. univ. du diocèse de Nimes). — *Le prieuré Sainct-Michel-de-Courbès*, 1605 (insin. eccl. du dioc. de Nimes).

Le village de Corbès était déjà une paroisse au xivᵉ siècle; cependant on n'en trouve pas le nom dans les dénombrements du moyen âge. — On remarque sur cette commune la belle grotte de Va-

lauri, dans la montagne du même nom. — En 1694, Corbès reçut les armoiries suivantes : *d'azur, à un flambeau d'or, enflammé de gueules*.

Corbessas, h. cⁿᵉ de Cendras. — *Les Courbessas*, 1789 (carte des États).

Corbière (La), f. cⁿᵉ d'Aiguesmortes.

Corbière (La), ruiss. qui prend sa source sur la cⁿᵉ d'Aujargues, traverse celle de Villevieille et va se jeter dans le Vidourle sur le territ. de la cⁿᵉ de Sommière.

Corcaresse, q. cⁿᵉ de Bréau-et-Salagosse.

Corconne, cⁿ de Quissac. — *Ecclesia Sancti-Stephani de Corconna*, 1119 (bullaire de Saint-Gilles; Mén. I, pr. p. 28, c. 2). — *Corconna*, 1188 (cart. de Franquev.). — *Corcona*, 1384 (dénombr. de la sénéch.); 1405 (Mén. III, pr. p. 188, c. 2). — *Corconne*, 1435 (rép. du subs. de Charles VII); 1549 (arch. départ. C. 788). — *Corconna*, 1579 (insin. eccl. du dioc. de Nimes). — *Corconna, balhage de Sauve*, 1582 (Tar. univ. du dioc. de Nimes). — *Corcone*, 1633 (arch. départ. C. 745). — *Le prieuré Sainct-Estienne-de-Corconne*, 1660 (insin. eccl. du dioc. de Nimes).

Corconne, avant 1790, appartenait à la viguerie de Sommière (plus tard au bailliage de Sauve) et au diocèse de Nimes, archiprêtré de Quissac. — On y comptait 3 feux et demi en 1384. — Le prieuré simple et séculier de Saint-Étienne de Corconne valait 2,500 livres, et l'abbé de Saint-Gilles en était le collateur. — Sur une élévation qui domine le village, on voit encore les ruines du château de Corconne; situé à l'entrée des Cévennes, il était regardé comme une place importante. — Corconne porte : *d'azur, à deux montagnes d'or, mouvantes des deux flancs de l'écu, celle à dextre, sommée d'une croix d'argent; et celle à sénestre, d'un château de même, maçonné de sable*.

Cordeliers (Les), couvent ruiné, cⁿᵉ de Bagnols.

Corbaux (Les), île du Rhône, cⁿᵉ d'Aramon.

Cornac, f. cⁿᵉ de Chambon. — *Cornal, mandement de Peyremale*, 1737 (arch. dép. C. 1490). — *Cornat*, 1789 (carte des États).

Cornadel, h. cⁿᵉ de Générargues. — *Cournadel*, 1789 (carte des États).

Cornelly, h. et chât. cⁿᵉ de la Salle. — *Cornéty*, 1789 (carte des États).

Cornier, h. cⁿᵉ d'Aumessas. — *Al Cornier*, 1350 (pap. de la fam. d'Alzon). — *Le Cornié*, 1789 (carte des États).

Cornille (La), q. cⁿᵉ de Remoulins. — *La Cournilhe* (cad. de Remoulins).

Cornillon, cⁿ du Pont-Saint-Esprit. — *Castrum de*

Cornilhone, 1121 (Gall. Christ. t. VI, p. 619). —
Cornillonum, 1214 (Mén. I, pr. p. 53, c. 2). —
Cornilho, 1272 (*ibid.* p. 96, c. 2). — *Locus Cornilionis*, 1376 (cart. de la seign. d'Alais, f° 19). —
Cornilhio, 1384 (dénombr. de la sénéch.).— *Locus de Cornillione*, 1461 (reg.-cop. de lettr. roy. E, v).
— *Cornilhon*, 1550 (arch. départ. C. 1324);
1573 (*ibid.* C. 846). — *Cornilhon*, 1566 (J. Ursy, not. de Nimes).— *Le prieuré Sainct-Pierre-de-Cournilhon*, 1620 (insin. eccl. du dioc. d'Uzès). — *Cornillon*, 1736 (arch. départ. C. 1303).— *Cornilhio, Cornillion* (Mén. VII, p. 653).

Cornillon faisait partie de la viguerie et du diocèse d'Uzès, doyenné de Bagnols. — Le prieuré de Cornillon et celui de Gros, son annexe, étaient à la collation de l'évêque d'Uzès. — En 1384, on y comptait 7 feux. — Tout le territoire de cette commune est couvert de vestiges d'antiquités.— Ce lieu ressortissait au sénéchal d'Uzès. La seigneurie de Cornillon appartenait à la famille de Sibert, au XVII° et au XVIII° siècle. — Les armoiries sont : *de gueules, à une fasce losangée d'argent et de gueules.*

Correnson, f. c°° de Roquemaure.
Correnson, f. c°° de Sernhac.
Costanelle (La), f. c°° de Saint-Bresson. — 1548 (arch. départ. C. 1781).
Coste (La), f. c°° d'Arphy.
Coste (La), f. c°° d'Arre.
Coste (La), f. c°° d'Aumessas.
Coste (La), f. c°° de Cannes-et-Clairan.
Coste (La), f. c°° de Conqueirac. — *Mansus de la Costa; mansus de la Costa del Royx, parochiæ Sancti-Martini de Agusano*, 1472 (Ald. Razoris, not. du Vigan). — *Lacoste* (carte géol. du Gard).
Coste (La), f. c°° de Générargues. — *Mansus de Costa, in parrochia de Gerayranicis*, 1345 (cart. de la seign. d'Alais, f° 35).
Coste (La), f. et m°, c°° de Génolhac.
Coste (La), f. c°° de Langlade.
Coste (La), h. c°° de Mons.
Coste (La), c°° de Roquedur. — *Mansus de Costa, parochiæ Sancti-Petri de Anolhano*, 1466 (J. Montfajon, not. du Vigan).
Coste (La), f. c°° de Rousson. — *Lacoste*, 1732 (arch. départ. C. 1478).
Coste (La), h. c°° de Saint-André-de-Majencoules. — *Mansus de Costa, in parochia Sancti-Andreæ de Magencolis*, 1275 (cart. de N.-D. de Bonh.); 1312 (pap. de la fam. d'Aizon). — *La Cotte*, 1789 (carte des États).
Coste (La), f. c°° de Saint-Just-et-Vaquières. — *Lacoste*, 1824 (nomencl. des c°° et ham. du Gard).

Coste (La), bois, c°° de Saint-Martial.
Coste (La), h. c°° de Saint-Martin-de-Valgalgue.
Coste (La), f. c°° de la Salle.
Coste (La), h. c°° de Soudorgues.
Coste (La), m°, c°° de Sumène.
Coste-Basse, q. c°° de Calvisson.
Costebelle, f. sur les c°° de Cabrières et de Lédenon, auj. détruite. — *Costabelle*, 1495 (Dapchuel, not. de Nimes). — *Costabella*, 1497 (*ibid.*).
Costebelle, bois, c°° de Carsan.
Costebelle, section du cadastre de Montfrin.
Costebelle, bois, c°° de Tharaux.
Costecaude, q. c°° de Collias. — *A Coste-Caude, terroir et jurisdiction de Collias*, 1618 (G. Colomb, not. de Blauzac).
Coste-d'Arbous (La), f. c°° de Roquedur. — *Mansus de-Costa-Inferiori, parrochiæ Sancti-Petri de Anolhano, emptus a Francisco Arbusii*, 1525 (A. Bilanges, not. du Vigan). — *La Coste-Souterraine, parroisse de Saint-Pierre-de-Roquedur*, 1551 (arch. départ. C. 1785).
Coste-Faisante (La), bois, c°° de Cornillon.
Coste-Haute, q. c°° de Calvisson.
Coste-Hermau (La), f. c°° du Vigan.
Coste-Maure (La), q. c°° de Valleraugue. — 1551 (arch. départ. C. 1807).
Coste-Rouge (La), f. c°° de Saint-Jean-du-Gard. — 1552 (arch. départ. C. 1783).
Costes (Les), bois, c°° de Corconne.
Costes (Les), bois, c°° de Domessargues.
Costes (Les), f. c°° de Sainte-Anastasie. — 1547 (arch. départ. C. 1658).
Costière (La), h. c°° de Vauvert. — *La Costière-des-Marais*, 1624 (chapellenie des Quatre-Prêtres, arch. hosp. de Nimes). — *La Costière-de-Vauvert*, 1827 (notar. de Nimes).
Costille (La), f. c°° de Bouillargues. — *La Costilha*, 1380 (comp. de Nimes).— *Costille*, 1479 (la Taula del Possess. de Nismes). — *La Coustille, sive la terre de Saint-Bauzile*, 1671 (comp. de Nimes). — *Saint-Blaize, sive Peteloup*, 1739 (pap. de la fam. Séguret, arch. hosp. de Nimes). — *Mas de la Costille*, 1825 (notar. de Nimes).— *La Coustelle*, 1827 (*ibid.*).

La Costille était un petit fief de la maison de Calvisson, dont la justice fut inféodée, au commencement du XVIII° siècle, à François Huc du Merlet, conseiller au présidial de Nimes.

Costou, f. c°° de Valleraugue.
Costubague, h. c°° de Mandagout. — *Mansus de Costubagua*, 1224 (cart. de N.-D. de Bonh. ch. 43). — *Terra de Costubagua*, 1275 (*ibid.* ch. 110). —

Locus de Costubagua, castri de Mandagoto, 1314 (Guerre de Fl. arch. munic. de Nimes). — *Mansus de Costubagua, parochiæ Mandagoto*, 1472 (Ald. Razoris, not. du Vigan). — *Coste-Ubague*, 1789 (carte des États).

Côtes-de-Callougres, bois, c^ne de Verfeuil. — Voy. Colongres.

Côtes-de-Nages (Les), q. c^ne de Nages-et-Solorgues. — 1548 (arch. départ. C. 1800).

Coton, f. c^be de Chamborigaud.

Coucaret, m^in, c^ne de Belvezet.

Coucouinon, q. c^be de Remoulins.

Coudonier (Le), f. c^ne de Saint-Martial. — *Mansus del Codonia, parochia Sancti-Marcialis*, 1469 (Ald. Razoris, not. du Vigan).

Coudoulière (La), f. c^ne de Roquemaure. — 1695 (arch. départ. C. 1653).

Coudouloux, h. c^ne de Générargues. — *Codolos*, 1352 (cart. de Franq.). — *Codolloux*, 1557 (J. Ursy, not. de Nimes).

Coudouloux (Le), ruisseau. — *Riperia Codolonis*, 1446 (pap. de la fam. d'Alzon); 1513 (A. Bilanges, not. du Vigan). — Voy. Aulas (Rivière d').

Coufis (Les), h. c^ne de Saint-Martin-de-Corconac.

Couguioul, f. c^be de Sauve.

Coularou, f. et usine, c^be du Vigan. — *Serrum de Elzias de Rocaduno, domini de Croalono*, 1305 (pap. de la fam. d'Alzon). — *Mansus de Croalono*, 1430 (A. Montfajon, not. du Vigan). — *Territorium de Croalono, alias Peyre-Pezolh* (*ibid.*). — *Mansus de Crohalono, parochia Vicani*, 1513 (A. Bilanges, not. du Vigan).

Coularou (Le), ruiss. qui prend sa source sur la c^ne de Saint-Bresson et se jette dans l'Arre sur le territ. de la c^ne du Vigan. — *Riperia de Colaro*, 1330 (pap. de la fam. d'Alzon). — *Riperia descendens versus mansum de Croalono*, 1430 (A. Montfajon, not. du Vigan). — *Riperia de Coralono*, 1461 (reg.-cop. de lettr. roy. E, v). — *Riperia de Crohalono*, 1513 (A. Bilanges, not. du Vigan). — Parcours : 4,800 mètres.

Coulègne (La), ruiss. qui prend sa source au mont Coulègne, c^ne de Colognac, et se jette dans la Salindre sur le territ. de la c^ne de la Salle. — Parcours : 4,400 mètres.

Coulès (Le), ruiss. qui prend sa source au bois de Paris, c^ne d'Aspères, et se jette dans le Vidourle sur le territ. de la c^ne de Salinelles. — *Pont-de-Coulès*, 1754 (plans de l'archit. G. Rollin).

Coulet (Le), f. c^ne de Connaux.

Coulet (Le), f. c^ne de Saint-Gilles.

Coulet (Le), f. c^ne d'Uzès. — *La métairie du Coulet,*

paroisse de Saint-Firmin, 1731 (arch. départ. C. 1473).

Coulis, h. c^ne de Bonnevaux.

Coulisse, f. c^ne de la Rouvière (le Vigan). — *Mansus et vallatum de Colissas, parochia Beatæ-Mariæ de Roveria*, 1472 (Ald. Razoris, not. du Vigan).

Coulombeiral, h. c^ne de Saint-Théodorit.

Coulon, h. c^ne d'Issirac.

Coulorgues, h. c^ne de Bagnols.

Coulourier, dom. c^ne de Saint-Césaire-de-Gauzignan. — *Le fief de Coulourbier*, 1721 (bibl. du gr. sém. de Nimes).

M. Fromental en était seigneur au XVIIIe siècle.

Couloustrine, q. c^ne de Bréau-et-Salagosse.

Coumette (La), mont. c^ne de Valleraugue. — *Strata Aigoaldi, sicut transit per crinem de la Calmeta*, 1150 (cart. de N.-D. de Bonh. ch. 46). — *Vallatum de Pratclaus, sicut transit per crinem de la Calmeta*, 1238 (*ibid.* ch. 45). — *Strata de Camel*, 1249 (*ibid.* ch. 20).

Coumoulet, m^ins sur le Vidourle, c^ne de Salinelles.

Couniot, h. c^ne de Saint-Roman-de-Codières.

Counon, f. c^ne de Montdardier.

Coupe-d'Or, q. c^ne de Nimes. — 1604 (arch. départ. G. 205).

Coupiac, f. c^ne de Saint-Sauveur-des-Poursils.

Coupiargues, f. c^ne de Gailhan-et-Sardan, aujourd'hui détruite.

Couppa, f. c^ne de Tresque.

Couquenol (Le), ruiss. qui prend sa source sur la c^ne de Mars et se jette dans le Rancaize sur le territ. de la même c^ne.

Courac (Le), f. c^ne de Saint-André-de-Roquepertuis.

Courbe (La), f. et salin, c^ne d'Aiguesmortes.

Courbessac, vill. c^ne de Nimes. — *In terminium de villa Curbissatis*, 971 (cart. de N.-D. de Nimes, ch. 90). — *Villa Corbessatis, mansus de Corbessatis*, 1080 (*ibid.* ch. 91). — *Ecclesia Sancti-Eugenii de Corbessat*, 1119 (bullaire de Saint-Gilles; Mén. 1, pr. p. 29, c. 1). — *Corbessaz*, 1121 (Hist. de Lang. II, pr. c. 419); 1208 (Mén. I, pr. p. 44, c. 1). — *Corbessatz*, 1233 (chap. de Nimes, arch. départ.). — *Sanctus-Augen, servit ecclesiæ Sancti-Johannis de Corbessatz*, 1380 (comp. de Nimes). — *Corbessacium*, 1405 (Mén. III, pr. p. 189, c. 2). — *Sant-Eugen, a Corbessac*, 1479 (la Taula de Poss. de Nismes). — *Corbessacum*, 1568 (J. Ursy, not. de Nimes). — *Sainct-Augen*, 1671 (comp. de Nimes). — *Saint-Jean-de-Courbessac*, 1776 (arch. départ. G. 206).

Courbessac était, dès le XIIe siècle, un village sur lequel était établie une dimerie du chapitre de

Nimes. — Comme Courbessac, aujourd'hui encore incorporé à la c⁽ᵉ⁾ de Nimes, a toujours fait partie du taillable et du consulat de Nimes, on n'en rencontre le nom sur aucun dénombrement ancien; toutefois, nous savons par Ménard (t. VII, p. 617) que ce village se composait, vers 1750, de 43 feux et de 180 habitants. — Le prieuré simple et séculier de Saint-Jean de Courbessac était uni à la mense capitulaire de Nimes et valait 2,000 livres.

COURBESSAS, h. c⁽ᵉ⁾ des Salles-du-Gardon. — *Mansus de Corbessacio*, 1376 (cart. de la seign. d'Alais, f⁰ 48).

COURBIÈRE, h. c⁽ᵉ⁾ de la Rouvière (le Vigan).

COURCHAC, h. détruit par un éboulement, c⁽ᵉ⁾ de Bez-et-Esparron. — *Mansus de Corchaco*, 1310 (pap. de la famille d'Alzon). — *Courchaque* (cad. de Bez-et-Esparron).

COURCOULOUSES (LES), f. c⁽ᵉ⁾ de Saint-Florent. — *Mas-de-Courcoulouse*, 1790 (notar. de Nimes).

COURLAS, h. c⁽ᵉ⁾ de Rochegude. — *Corlas*, 1577 (J. Ursy, not. de Nimes). — *Courlaz*, 1621 (Griolet, not. de Barjac). — *Le château de Courlas*, 1622 (arch. départ. C. 1215).

COURLAS, h. c⁽ᵉ⁾ de Saint-Julien-de-Valgalgue.

COURME (LA), riv. qui prend sa source sur la c⁽ᵉ⁾ de Saint-Bénézet, traverse celles de Montagnac, Moulezan, Montmirat, Cannes-et-Clairan, Saint-Théodorit, et se jette dans le Vidourle sur le territoire de la c⁽ᵉ⁾ de Vic-le-Fesq. — *Le pont de Courme*, 1760 (arch. départ. C. 1128). — Parcours: 15,800 mètres.

COURMEIRET (LE), ruiss. qui prend sa source dans les pâtus de Jouffe, c⁽ᵉ⁾ de Montmirat, et se jette dans la Courme sur le territ. de la même commune. — *Cormareda*, 1247 (chap. de Nimes, arch. dép.). — *In decimaria Beatæ-Mariæ de Joffa, territorium vocatum de las Ayguieyras; vallatum de las Ayguieyras*, 1463 (L. Peladan, not. de Saint-Geniès-en-Malgoirès). — *Le Vallat-de-Courneiret*, 1812 (notar. de Nimes). — *Courneizet*, 1822 (*ibid.*).

COURNIER, h. c⁽ᵉ⁾ de Vabres.

COURNIÉRET, h. c⁽ᵉ⁾ de Chamborigaud.

COURNON, f. c⁽ᵉ⁾ de Nimes. — *Le Mas-de-Cournon*, 1704 (*Relat. inéd. de la rév. des Cam.* par C.-J. de La Baume, ms. de la bibl. de Nimes).

COURONNE (LA) f. c⁽ᵉ⁾ de Montdardier.

COURONNE (LA), f. c⁽ᵉ⁾ de Pujaut. — *La métairie de la Couronne*, 1730 (arch. départ. c. 1472).

COURRÈGES (LES), q. c⁽ᵉ⁾ de Saint-Gilles. — *Les Corrèges supérieure et inférieure*, 1546 (Rec. H. Mazer); 1780 (arch. départ. C. 67).

COURRIN, f. c⁽ᵉ⁾ de Roquedur.

COURAY, c⁽ᵒⁿ⁾ de Saint-Ambroix. — *Curium*, 1384 (dénombr. de la sénéch.). — *Coury*, 1715 (J. B. Nolin, *Carte du dioc. d'Uzès*). — *Curium, Courri* (Mén. VII, p. 653).

Courry faisait partie, pour le temporel, du diocèse d'Uzès, doyenné de Saint-Ambroix; mais pour le spirituel il relevait de l'évêché de Viviers. — On n'y comptait en 1384 qu'un feu et demi.

COURT, f. c⁽ᵉ⁾ d'Aramon. — *Mas-de-Martin*, 1789 (carte des États).

COURTET (GRAND- et PETIT-), f. c⁽ᵉ⁾ d'Aiguesmortes. — *Courtet*, 1549 (arch. départ. C. 774); 1755 (*ibid.* C. 60).

COURTOUS, f. c⁽ᵉ⁾ de Beaucaire.

COURTOIS, f. c⁽ᵉ⁾ de Fourques.

COUSE, h. c⁽ᵉ⁾ de Saint-Jean-de-Valeriscle. — *Le lieu de Couse*, 1735 (insin. eccl. du dioc. de Nimes). — *Couzet*, 1745 (Nicolas, not. de Nimes). — *Couge*, 1789 (carte des États).

COUSINES (LES), f. c⁽ᵉ⁾ de Mandagout. — *A. de la Guisonia*, 1244 (cart. de N.-D. de Bonh. ch. 21). — *Mansus de Gosinaria, parochiæ de Mandagoto*, 1469 (Ald. Razoris, not. du Vigan). — *Mansus de la Guisonaria; mansus de Gisoneria, parochiæ de Mandagoto*, 1472 (*ibid.*). — *La Cousinarié*, 1789 (carte des États).

COUSSA (LE), f. et m⁽ⁱⁿ⁾, c⁽ᵉ⁾ des Mages.

COUSTAN, f. c⁽ᵉ⁾ de Nimes.

COUSTETTE (LA), f. c⁽ᵉ⁾ de Valleraugue.

COUTACH, mont. et bois, c⁽ᵉ⁾ de Quissac.

COUTE, étang, c⁽ᵉ⁾ de Saint-Gilles.

COUTELIER, f. c⁽ᵉ⁾ de Saint-Gilles.

COUTELLE (LA), f. c⁽ᵉ⁾ de Cannes-et-Clairan.

COUTELLE (LA), f. c⁽ᵉ⁾ de Durfort.

COUTELLE (LA), f. c⁽ᵉ⁾ de Sabran.

COUTELLE (LA), f. c⁽ᵉ⁾ de Soudorgues.

COUTELLE (LA), f. c⁽ᵉ⁾ du Vigan.

COUTELOU (LE), f. c⁽ᵉ⁾ de Saint-Ambroix.

COUTET (LE), f. c⁽ᵉ⁾ de Saumane, sur une montagne du même nom.

COUVAIRON (LE), h. c⁽ᵇᵉ⁾ de Saint-Paul-la-Coste.

COUVRAN (LE), q. c⁽ᵉ⁾ de Calvisson.

COYRAL (LE), f. c⁽ᵉ⁾ de Nimes, aujourd'hui détruite. — *Mansus de Coirano*, 1169 (chap. de Nimes, arch. dép.). — *El Coyral, au chemin vieux de Sommières*, 1692 (arch. hosp. de Nimes).

CRATOUL, h. c⁽ᵉ⁾ d'Issirac.

CRAU (LA), f. c⁽ᵇᵉ⁾ de Manduel.

CRÉAL, f. c⁽ᵉ⁾ de Robiac.

CRÉMADE (LA), f. et mont., c⁽ᵉ⁾ de Bréau-et-Salagosse. — *Le serre de la Crémade* (cad. de Bréau-et-Salagosse).

CRÉMADE (LA), f. cᵐᵉ de Gaïargues, auj. détruite.

CRÉMADE (LA), f. cᵐᵉ de Saint-Brès. — 1552 (arch. départ. C. 1782).

CRÉMAL, f. cᵐᵉ de Corconne.

CRÉMAT, f. cᵐᵉ de Monoblet.

CRÉMAT (LE), q. cᵐᵉ de Saint-André-de-Valborgne. — 1552 (arch. départ. C. 1776).

CRÉMATS (LES), h. cᵒⁿ de Soudorgues.

CRÉPELOUP, f. cᵐᵉ d'Alais. — *Mineriæ ferri loci vocati de Crepalupo*, 1345 (cart. de la seign. d'Alais, fᵒ 33). — *Trepaloux*, 1789 (carte des États). — *Trepeloup* (carte géol. du Gard).

CRÈS (LE), f. cᵐᵉ d'Anduze.

CRÈS (LE), f. cᵐᵉ d'Arrigas. — *Mansus del Cres*, 1263 (pap. de la fam. d'Alzon). — *Mansus et vallatum de Cressio*, 1315 (*ibid.*) — *Mansus de Cretio*, 1375 (*ibid.*).

CRÈS (LE), h. cᵐᵉ de Pompignan.

CRÈS (LE), mont. cᵐᵉ de Vézenobre.

CRESPIAN, cᵒⁿ de Saint-Mamet. — *Crispianum*, 1138 (cart. de Saint-Sauveur-de-la-Font). — *Ecclesia de Crispiano*, 1314 (Rotul. eccl. arch. munic. de Nîmes). — *Crespianum*, 1384 (dénomb. de la sén.). — *Ecclesia Sancti-Vincencii de Crispiano, Uticensis diocesis*, 1463 (L. Peladan, not. de Saint-Geniès-en-Malgoirès). — *Le territoire et juridiction de Crespian*, 1616 (arch. comm. de Combas). — *La communauté de Crespian*, 1636 (arch. départ. C. 1299). — *Le prieuré Saint-Vincent de Crespian*, 1735 (insin. eccl. du dioc. de Nîmes). — Crespian faisait partie, avant 1790, de la viguerie de Sommières et du diocèse d'Uzès, doyenné de Sauzet. — Ce village ne se composait que de 2 feux en 1384. — Le prieuré de Saint-Vincent de Crespian était à la collation de l'évêque d'Uzès et à la présentation du seigneur de Combas. — Crespian porte pour armoiries : *de vair, à une fasce losangée d'or et de sable*.

CRESPINOU, f. cᵐᵉ de Méjanes-le-Clap. — *Le Crespinon, métairie de la paroisse de Méjanes-le-Clap*, 1773 (arch. départ. C. 1597). — *Crespinon*, 1789 (carte des États).

CRESTAT (LE), f. cᵐᵉ d'Arphy.

CREUSE (LA), f. cᵐᵉ de Montdardier. — *La Creuze, métairie de la paroisse de Saint-Laurent-le-Minier*, 1550 (arch. départ. C. 1789). — *Crinse*, 1789 (carte des États).

CREUSE (LA), ruiss. qui prend sa source à la montagne de la Tude, cᵐᵉ de Montdardier, et se jette dans la Vis sur le territ. de la même commune. — *La Crinze* (cad. de Montdardier). — Parcours : 4,300 mètres.

CREUX-DE-NADAU (LE), abîme, cᵐᵉ d'Aiguesvives. — Il déborde tous les quinze ou vingt ans et inonde le village d'Aiguesvives.

CREUX-DES-CANARDS (LE), mare, aujourd'hui en partie comblée, dans la plaine du Vistre, cᵐᵉ de Nîmes.

CRÈVECON, f. cᵐᵉ d'Aimargues, aujourd'hui détruite. — *Crèbecor, dîmerie de Saint-Saturnin d'Aimargues*, 1596 (chapellenie des Quatre-Prêtres, arch. hosp. de Nîmes).

CRIEULON (LE), ruiss. qui prend sa source sur la cᵐᵉ de Saint-Martin-de-Saussenac, traverse celles de Durfort, Saint-Jean-de-Crieulon, Logrian, Quissac, et va se jeter dans le Vidourle sur le territ. de la commune d'Hortoux-et-Quilhan. — Parcours : 14,500 mètres.

CROISETTE (LA), grau, auj. comblé, entre le grau Louis et le grau du Roi, cᵐᵉ d'Aiguesmortes.

CROIX (LA), f. cᵐᵉ de Combas.

CROIX (LA), h. cᵐᵉ de Robiac.

CROIX (LA), bois, cᵐᵉ de Saint-Gervasy.

CROIX (LA), f. cᵐᵉ de Saint-Laurent-des-Arbres.

CROIX (LA), f. et usine, cᵐᵉ du Vigan.

CROIX-DE-BÉRAUDE (LA), f. cᵐᵉ de Roquemaure. — 1695 (arch. départ. C. 1653).

CROIX-DE-FER (LA), h. cᵐᵉ de Bagnols.

CROIX-DE-PITOT (LA), f. cᵐᵉ de Meynes. — *La Croix-de-Pitot*, 1773 (arch. départ. C. 1142).

CROIX-DE-SAINT-FERRÉOL (LA), q. cᵐᵉ d'Uzès.

CROIX-DE-SAINT-JEAN, q. cᵐᵉ de Blandas.

CROIX-DE-SAUMANE (LA), f. cᵐᵉ de Saumane. — *Le mas de la Croix-de-Saumane*, 1539 (arch. dép. C. 1773).

CROIX-DES-VENTS (LA), f. cᵐᵉ de Soustelle. — *La Croix-des-Vans*, 1789 (carte des États).

CROIX-DE-VENDRAS (LA), q. cᵐᵉ de Lussan. — 1702 (arch. comm. de Saint-André-d'Olérargues).

CROIX-DU-CAUSSE (LA), q. cᵐᵉ de Rogues. — *La Croix-du-Cosse*, 1555 (arch. départ. C. 1772).

CROIX-DU-TRIBE (LA), q. cᵐᵉ de Vabres. — 1553 (arch. départ. C. 1772).

CROIX-HAUTE (LA), faubourg de Saint-Hippolyte-du-Fort.

CROIX-TOMBÉE (LA), q. cᵐᵉ de Montfrin. — 1790 (bibl. du gr. sém. de Nîmes).

CROMPE (LA), bois, cᵐᵉ de Saint-Paulet-de-Caisson.

CROMPE (LA), h. cᵐᵉ de Saze.

CROS (LE), cᵒⁿ de Saint-Hippolyte-du-Fort. — *Ecclesia de Sancto-Vincencio de Croso*, 1314 (Rotul. eccl. arch. munic. de Nîmes). — *Crosum*, 1384 (dénombr. de la sénéch.); 1404 (Mén. pr. p. 190, c. 2). — *Parrochia de Crozo*, 1417 (chap. de Nîmes, arch. dép.). — *Croz*, 1435 (rép. du subs. de Charles VII). — *Le prieuré de Sainct-Vincens du Cros*, 1579 (insin.

eccl. du dioc. de Nimes).— *Crotz, balhage de Sauve*, 1582 (Tar. univ. du dioc. de Nimes).

Avant 1790, le Cros faisait partie de la viguerie de Sommière (plus tard bailliage de Sauve) et du diocèse de Nimes, archiprêtré de Saint-Hippolyte-du-Fort. — Le Cros ne se composait que de 3 feux en 1384. — Entre les montagnes du Caïrel et de la Fage, qui se trouvent sur le territ. de cette commune, s'élèvent les vieilles ruines du château de Saint-Roman. — Le Cros porte : *d'argent, chapé de gueules, à trois roses, deux en chef et une en pointe, de l'une en l'autre.*

CROS (LE), h. c⁰ᵉ d'Arre. — *Roque-Degolade*, 1300 (somm. du fief de Caladon). — *Mas ou terroir du Cros*, 1318 (*ibid.*). — *Mansus de Croso*, 1407 (pap. de la fam. d'Alzon). — *Mansus de Croso, parochiæ Arii*, 1513 (A. Bilanges, not. du Vigan).

CROS (LE), h. c⁰ᵉ de Bragassargues.

CROS (LE), lieu et prieuré détruits, c⁰ᵉ de Cornillon. — *Prioratus de Croso*, 1314 (Rotul. eccl. arch. mun. de Nimes). — *Le prieuré de Crosse*, 1620 (insin. eccl. du dioc. d'Uzès, G. 29, suppl. fᵒ XI vᵉ).

Ce prieuré, qui devint de bonne heure une annexe de celui de Cornillon, était uni à la chartreuse de Valbonne. C'était, au XVIIᵉ siècle, un prieuré à simple tonsure.

CROS (LE), f. c⁰ᵉ de Rogues. — *Locus de Croso*, 1314 (Guerre de Flandre, arch. munic. de Nimes).

CROS (LE), h. c⁰ᵉ de Saint-Marcel-de-Fontfouillouse. — *H. de Croso*, 1346 (cart. de la seign. d'Alais, fᵒ 4).

CROS (LE), q. c⁰ᵉ de Sanilhac. — *Terroir de Senilhac, appelé au Cros*, 1633 (Isaac Froment, not. de Sanilhac).

CROS (LE), f. c⁰ᵉ de Sommière.

CROS (LE), h. c⁰ᵉ de Valleraugue. — *Pont-du-Cros*, (cad. de Valleraugue).

CROS, (LE), ruiss. qui prend sa source aux Traverses, c⁰ᵉ de Valleraugue, et se jette dans l'Hérault sur le territ. de la même commune.

CROS-D'AUFAN (LE), f. c⁰ᵉ de Saint-Dézéry. — 1618 (arch. départ. C. 1664).

CROS-DE-BONHOMME (LE), q. c⁰ᵉ de Colias. — 1607 (arch. comm. de Colias).

CROS-DE-BOUSQUET (LE), q. c⁰ᵉ de Saint-Christol-de-Rodières. — 1750 (arch. départ. C. 1662).

CROS-DE-L'ASSEMBLÉE (LE), q. c⁰ᵉ de Nimes, au chemin de Sauve, lieu où se réunissaient les protestants de Nimes quand le culte public leur était défendu. — Appelé aussi : *Cros-du-Pissadou*.

CROS-D'EN-DAILH (LE), q. c⁰ᵉ de Saint-Laurent-d'Aigouze. — 1547 (arch. départ. C. 1788).

CROS-DU-MÛRIER (LE), bois, c⁰ᵉ de Bouquet.

CROSE (LA), f. c⁰ᵉ de Roquemaure. — 1695 (arch. départ. C. 1653).

CROSES (LES), f. c⁰ᵉ de Valleraugue.

CROS-GAREN, f. c⁰ᵉ de Saint-Jean-du-Gard.

CROS-LAYRON, quartier dans les garrigues de Nimes. — 1266 (arch. départ. G. 252); 1428 (*ibid.*); 1760 (*ibid.*).

CROTE (LA), f. c⁰ᵉ de la Rouvière (le Vigan).

CROTTE (LA), f. c⁰ᵉ de Sumène.

CROTTES (LES), h. c⁰ᵉ d'Aumessas.

CROTTES (LES), f. c⁰ᵉ de Laudun.

CROTTES (LES), f. c⁰ᵉ de Nimes. — *G. de Crotas*, 1207 (Mén. I, pr. p. 44, c. 2). — *Mas-des-Crottes*, 1865 (notar. de Nimes).

CROTTES (RUISSEAU DES). — Il prend sa source dans les garrigues de Nimes, près de la ferme des Crottes, et se jette dans la Font-Saint-Peyre sur le territ. de la c⁰ᵉ de Gajan.

CROUPIA, h. c⁰ᵉ d'Alais.

CROUS (LA), h. c⁰ᵉ de Cézas.

CROUSILLE (LA), f. c⁰ᵉ de Saint-Bresson. — *Mansus de Crouzilhada*, 1446 (A. Montfajon, not. du Vigan).

CROUSSETTE (LA), f. c⁰ᵉ de Soustelle.

CROUSTE-SÈQUE, bois, c⁰ᵉ de Bouquet.

CROUZAT, h. et chât. c⁰ᵉ de Chamborigaud. — *G. de Crosato*, 1256 (Mén. I, pr. p. 84, c. 2). — *Le Croizat*, 1731 (arch. départ. C. 1475).

CROUZEL, f. c⁰ᵉ de Valleraugue. — *Crouzet*, 1789 (carte des États).

CROUZET, f. c⁰ᵉ d'Arrigas. — *Mansus de Croseto, parrochiæ Arigassii*, 1513 (A. Bilanges, not. du Vigan). — *La montagne du Crouzet, dans la paroisse d'Arrigas*, 1733 (arch. départ. C. 1825).

CROUZET, h. c⁰ᵉ de Bouquet.

CROUZET, h. c⁰ᵉ du Cros.

CROUZET, h. c⁰ᵉ de Saint-Bresson. — *Grossetum, in suburbio castro Exunatis, in vicaria Arisiense*, 957 (cart. de N.-D. de Nimes, ch. 191). — *Mansus de Croseto, parrochiæ Sancti-Brixii de Arisdio*, 1309, 1320, 1342 (pap. de la fam. d'Alzon).

CROUZET (LE), ruiss. qui prend sa source aux Bidousses, c⁰ᵉ du Vigan, et se jette dans l'Arre sur le territ. de la même commune.

CROUZETTE, bois, c⁰ᵉ de Gaujac.

CROUZETTE (LA), f. c⁰ᵉ d'Avèze. — *Mansus de la Crozeta*, 1446 (A. Montfajon, not. du Vigan).

CROUZETTE (LA), f. c⁰ᵉ de la Roque.

CROUZOULS, h. c⁰ᵉ de Saint-Florent. — *Crozouls*, 1789 (carte des États).

CRUSSOL, h. c⁰ᵉ du Pont-Saint-Esprit.

CAUVELLIERS (LES), h. cⁿᵉ de la Cadière. — *Curvel-lières*, 1789 (carte des États).

CRUVIERS, cᵒⁿ de Vézenobre. — *Cruverium*, 1247 (chap. de Nimes, arch. départ.). — *Locus de Cruviers*, 1294 (Mén. I, pr. p. 132, c. 1). — *Cruverix*, 1384 (dénombr. de la sénéch.). — *Locus de Cruveriis*, 1461 (reg.-cop. de lettr. roy. E, v). — *Sanctus-Baudilius de Cruveriis*, 1488 (S. André, not. d'Uzès). — *Cruviès*, 1547 (arch. départ. C. 1314). — *Saint-Bauzile de Cruviers-et-Lascours*, 1636 (insin. eccl. du dioc. de Nimes). — *Cruverii, Cruviers* (Mén. VII, p. 653).

Cruviers appartenait à la viguerie et au diocèse d'Uzès, doyenné de Sauzet. — Ce prieuré, comme celui de Boucoiran, était à la collation de l'abbé de la Chaise-Dieu; l'évêque d'Uzès n'était collateur que de la vicairie sur la présentation du prieur. — En 1384, on ne comptait à Cruviers qu'un feu et demi. — Bien que réunis dès le XVIIᵉ siècle sous le rapport spirituel, Cruviers et Lascours ont formé jusqu'en 1790 deux communautés indépendantes; mais, depuis cette époque, ces deux villages forment la cⁿᵉ de Cruviers-Lascours. La seigneurie de Cruviers-et-Lascours appartenait en 1721 au marquis de Calvières. — Cruviers ressortissait au sénéchal d'Uzès. — Il reçut, en 1694, les armoiries suivantes : *de vair, à un chef losangé d'or et d'azur.*

CRUVIERS, h. cⁿᵉ de Montaren. — Voy. LARNAC-CRUVIERS.

M. Delgas, d'Uzès, était seigneur de Cruviers au XVIIIᵉ siècle.

CRUZELS (LES), h. cⁿᵉ de Vénéjan.

CUBELLE (LA), ruis. qui prend sa source sur la cⁿᵉ d'Aubais, traverse celles d'Aiguesvives, de Galargues, d'Aimargues, et se jette dans le Vistre sur le territ. de la cⁿᵉ du Caylar. — *La rivière de Cubelle*, 1777 (arch. départ. C. 373). — *Le Cubella*, 1812 (notar. de Nimes). — *L'Acque-Belle*, 1862 (Courr. du Gard, 3 décembre).

CUÈGNE (LA), bois, cⁿᵉ de Saint-Marcel-de-Carreiret.

CUN (LE), h. cⁿᵉ de Pommiers. — *Mansus de Cuneo*, 1347 (pap. de la fam. d'Alzon). — *Le mas de Cung*, *les Cungs*, 1747 (*ibid.*).

CUNY, f. — Voy. CLUNY.

CUREBOUSSOT, h. cⁿᵉ de Redessan. — *Mas-d'Aufan*, 1812 (notar. de Nimes).

CURÉE (LA), h. cⁿᵉ de Mandagout.

CUREL (LE), h. cᵒⁿ d'Alzon. — *Mansus de Rodossas*, *Redossatium*, 1263 (pap. de la fam. d'Alzon). — *Boscus de Redorsas*, 1263 (*ibid.*). — *Molendinum de Redoussas*, 1271 (*ibid.*). — *G. de Redorsaco*, 1347 (*ibid.*).— *Mansus de Curello, del Curel*, 1507 (A. Bilanges, not. du Vigan). — *Vallat du Curel*, 1760 (pap. de la fam. d'Alzon).

CURIÈRES (LES), h. cⁿᵉ de Thoiras.

CURNIER, f. cⁿᵉ de Nimes.

CUZELLE (LA), f. cⁿᵉ d'Avèze.

CYBÈLE, ruiss. qui prend sa source sur la f. de la Bastide, cⁿᵉ de Nimes, et se jette dans le Vistre sur le territ. de la même commune. — *Le Vallat-de-Cibèle*, 1631 (comp. de Nimes). — *Le ruisseau de Cibelle*, 1750 (arch. départ. G. 263).

D

DAILLENS, f. cⁿᵉ de Roquedur.

DALADERT (LE), f. cⁿᵉ d'Aiguesmortes. — *Daladers*, 1549 (arch. départ. C. 774). — *Le Daladel*, 1755 (*ibid.* C. 60).

DAMGUISE, f. cⁿᵉ de Saint-Gervais.

DAROUSSET, f. cⁿᵉ de Saint-Siffret. — 1731 (arch. dép. C. 1474).

DARRAS, f. cⁿᵉ de Lussan.

DARVIEU, h. cⁿᵉ de Logrian.

DASSARGUES, lieu détruit, cⁿᵉ d'Aiguesmortes.— *Villa Athatianica, ecclesia*, 1099 (cart. de Psalm.). — *Villa Athatyanica*, 1115 (*ibid.*). — *Villa Attassyanica*, 1123 (*ibid.*). — *Adasanicæ, Dazanegues*, 1171 (*ibid.*). — *Dassanegues*, 1179 (cart. de Franq.).— *Anissianum*, 1266 (cart. de Psalm.).— *Dassargues* (*ibid.* passim). — Voy. NOTRE-DAME-DE-DASSARGUES.

DASSOUREL, f. cⁿᵉ de Flaux.

DAUDÉ, f. cⁿᵉ de Valleraugue.

DAUGERY, f. cⁿᵉ de Fourques.

DAUMAS, f. cⁿᵉ de Vauvert.

DAUTUNES (LES), f. cⁿᵉ de Laval.

DAVALADOU (LE), f. cⁿᵉ de Sainte-Cécile-d'Andorge.

DAVELAN, f. cⁿᵉ de Saint-Gilles.

DAYRE, f. cⁿᵉ de Saint-Just-et-Vaquières.

DEAUX, cᵒⁿ de Vézenobre. — *Villa que nominant Delcis, in comitatu Uzetico*, 955 (cart. de N.-D. de Nimes, ch. 175). — *Dau*, 1157 (arch. dép. H, 5; Mén. I, pr. p. 36, c. 1). — *P. de Deulx, Deur*, 1224 (cart. de N.-D. de Bonh. ch. 15). — *Deucium*, 1362 (Gall. Christ., t. VI, p. 630). — *La paroisse de Daus*, 1376 (cart. de la seign. d'Alais, fᵒ 43).— *Deucium*, 1381 (charte d'Aubuss.); 1384 (dénombr. de la sénéch.); 1410 (Mén. III, pr. p. 200, c. 2). — *Deaux*, 1547 (arch. départ. C. 1314). — *S. Martin de Deaux*, 1715 (J.-B. Nolin, *Carte du dioc. d'Uzès*). — *Le prieuré de Saint-Martin-de-Deaux*, 1727 (insin. eccl. du dioc. de Nimes; Mén. I, pr. p. 9, c. 1).

Deaux faisait partie de la viguerie d'Alais et du diocèse d'Uzès, doyenné de Navacelle. — Le prieuré de Saint-Martin de Deaux était à la présentation du prieur de Vézenobre et à la collation de l'évêque d'Uzès. — En 1384, le village de Deaux ne se composait que de 2 feux. — On y remarque les restes encore assez bien conservés d'une maison du XIVe siècle, dont on attribue la construction au cardinal de Deaux. — Cette communauté était du ressort du sénéchal d'Uzès. — M. P. Rouvière y possédait des fonds nobles en 1791. — Les armoiries de Deaux sont : *d'or, à une croix losangée d'argent et de sable.*

DEILAUX, f. c[ne] de Dions. — *Deylaud*, 1810 (notar. de Nimes).

DELFRE (LE), h. c[ne] d'Arrigas. — *Mansus del Deffre, parochiæ de Arigatio*, 1466 (J. Montfajon, not. du Vigan).

DELMAS, h. c[ne] d'Alzon.

DELMAS, f. c[ne] de Saint-Bresson.

DELOCHE, f. c[ne] de Nimes.

DELON, f. c[ne] de Sommière.

DELPUECH, f. c[ne] de Vauvert. — *Mas-de-Rey*, 1789 (carte des États).

DENT-DE-MERCOU (LA), rochers, c[ne] de Roquemaure.

DENT-DE-SIGNAC (LA), rochers, c[ne] de Bagnols.

DERBÈZE (LA), ruiss. qui prend sa source sur la c[ne] de Vénéjan et se jette dans la Cèze sur le territ. de la c[ne] de Bagnols. — Il s'appelle aussi *la Passadouire*.

DÉROUCADES (LES), rochers éboulés, c[ne] de Bez-et-Esparron.

DÉSANDRÉS, f. c[ne] de Rochefort.

DESMARETS, f. c[ne] d'Aiguesmortes.

DÉTOURRE (LA), f. c[ne] de Portes.

DEUX-VIERGES (LES). — Voy. SAINT-AMANS-DES-DEUX-VIERGES.

DÈVE, bois, c[ne] de Barron.

DEVÈS (GRAND- et PETIT-), bois, aujourd'hui défriché, c[ne] de Beaucaire.

DEVÈS (LE), h. c[ne] d'Aramon. — 1637 (Pitot, not. d'Aramon).

DEVÈS (LE), h. c[ne] de Castillon-de-Gagnère.

DEVÈS (LE), h. c[ne] de Saint-Roman-de-Codière.

DEVÈS (LE), ruiss. qui prend sa source au Devès, c[ne] d'Aramon, et va se jeter dans le Rhône sur le

Gard.

territ. de la même commune. — Parcours : 4,800 mètres.

DEVÈS-DE-CALVAS (LE), bois, c[ne] de Rogues. — 1555 (arch. départ. C. 1772).

DEVÈS-VIEL (LE), bois, c[ne] de Générac.

DEVÈZE, f. c[ne] de Nimes.

DEVÈZE (LA), f. c[ne] de Blannaves.

DEVÈZE (LA), f. c[ne] de Jonquières-et-Saint-Vincent.

DEVÈZE (LA), f. c[ne] de Quissac.

DEVÈZE (LA), h. c[ne] de Saint-Florent.

DEVÈZE (LA), f. c[ne] de Saint-Martial.

DEVÈZE (LA), bois, c[ne] de la Salle. — 1553 (arch. départ. C. 1797).

DEVÈZE (LA), ruiss. qui prend sa source au Quier, c[ne] de Mars, et se jette dans le Rat sur le territ. de la c[ne] de Bréau.

DEVÉZETTE (LA), f. c[ne] de la Salle.

DEVÉZON (LE), bois, c[ne] de Bezouce.

DEVÉZON (LE), bois, c[ne] de Valliguière. — *Le Deveson*, 1522 (arch. comm. de Valliguière).

DEVOIS (LE), f. c[ne] de Montpezat.

DEVOIS (LE), f. c[ne] de Ners.

DEVOIS (LE), f. c[ne] de Peyremale.

DEVOIS (LE), h. c[ne] de Portes.

DIABÉLARON, f. c[ne] de Valleraugue.

DIEUSES, h. aujourd'hui c[ne] de Chambon, auparavant de la c[ne] de Sénéchas. — *Dieusses*, 1715 (J.-B. Nolin, *Carte du diocèse d'Uzès*). — *Devisse* (sic), *mandement de Peiremale*, 1737 (arch. départ. C. 1498). — *Dieuse*, 1789 (carte des États).

DIEUSSE, h. c[ne] de Saint-Brès. — *Dieuse*, 1789 (carte des États). — *Dieusse* (Mén. VII, p. 653).

DÎME (LA), f. c[ne] d'Aimargues.

DIONS, c[on] de Saint-Chapte. — *Dion*, 1157 (Mén. I, pr. p. 35, c. 1). — *Dions*, 1170 (chap. de Nimes, arch. départ.). — *Villa de Dion*, 1211 (bibl. du gr. sémin. de Nimes). — *Dyon*, 1256 (Mén. I, pr. p. 83, c. 1). — *Dyons*, 1274 (généal. des Châteaurandon). — *Villa de Dion*, 1290 (Hist. de Lang. III, pr.). — *Ecclesia de Dyono*, 1314 (Rotul. eccl. arch. munic. de Nimes). — *Dyons*, 1384 (dénombr. de la sénéch.). — *Dions*, 1384 (Mén. III, pr. p. 67, c. 1). — *Dyonicæ*, 1388 (ibid. p. 93, c. 2). — *Locus de Duons, Uticensis diocesis*, 1463 (L. Peladan, not. de Saint-Geniès-en-Malgoirès). — *Dioms*, 1531 (F. Arifon, not. d'Uzès). — *Duons*, 1553 (J. Ursy, not. de Nimes). — *Le prieuré-cure Saint-Pierre de Dions*, 1733 (insin. eccl. du dioc. de Nimes). — *Dyons, Dions* (Mén. VII, p. 653).

Dions, avant 1790, faisait partie de la viguerie et du diocèse d'Uzès. — On y comptait 7 feux en 1384. — Le prieuré de Saint-Pierre de Dions dépendait du doyenné de Sauzet; il était à la collation de l'évêque d'Uzès. — Les armoiries de Dions sont : *de vair, à une fasce losangée d'argent et de sinople.*

DITIANUM, lieu détruit, c^ne de Bernis. — *Ditiano, sive Bellona, sive Curtinellas*, 920 (cart. de N.-D. de Nimes, ch. 14).

DIZIER, h. c^ne de Lussan.

DOCTRINAIRES (LES), chapelle à Beaucaire, bâtie vers le milieu du XVIIe siècle pour le collège des Doctrinaires de Beaucaire. Elle a été achetée par l'administration du canal, qui l'a convertie en magasin (Forton, *Nouv. Rech. hist. sur Beaucaire*, p. 393).

DOCTRINAIRES (LES), église succursale à Nimes, à l'entrée du faubourg des Prêcheurs. — C'est aujourd'hui la paroisse de Saint-Charles.

DOMAZAN, c^on d'Aramon. — *Villa de Domezano*, 1211 (Gall. Christ. t. VI, p. 304). — *Villa de Domazano*, 1294 (Mén. I, pr. p. 119, c. 1). — *Domazanum*, 1312 (arch. comm. de Vallig.). — *Ecclesia de Domazano*, 1314 (Rotul. eccl. arch. munic. de Nimes). — *Domazanum*, 1384 (dénombr. de la sénéch.). — *Locus de Domassano, diocesis Uticensis*, 1474 (J. Brun, not. de Saint-Geniès-en-Malgoirès). — *Duncampium*, 1617 (J.-A. de Thou, *Hist.*). — *Daumazan*, 1620 (insin. eccl. du dioc. d'Uzès). — *La communauté de Domazan*, 1620 (arch. départ. C. 1776). — *Doumazan*, 1637 (Pitot, not. d'Aramon).

Domazan faisait partie de la viguerie de Beaucaire et du diocèse d'Uzès. — Le prieuré de Domazan, du doyenné de Remoulins, était uni au chapitre de Villeneuve-lez-Avignon. — En 1384, ce village se composait de 8 feux; en 1675, de 20 feux et de 90 habitants; en 1744, de 60 feux et de 270 habitants. Il faisait partie de la baronnie de Rochefort. — On y voit une église du XIIIe siècle, qui offre des traces de fortification. — Sur tout le territoire de la c^ne on trouve des restes d'antiquités. — Les armoiries de Domazan sont : *de sable, à une fasce losangée d'or et de sable.*

DOMERGAL, q. c^ne de Saint-André-de-Valborgne. — 1552 (arch. départ. C. 1776).

DOMERGUE, f. c^ne de Chamborigaud.

DOMESSARGUES, c^on de Lédignan. — *Sanctus-Stephanus de Domesanicis*, 1235 (chap. de Nimes, arch. départ.). — *Domensanègues*, 1237 (Mén. I, pr. p. 73, c. 1). — *Domensaanicæ; Domenssanengues*, 1247 (chap. de Nimes, arch. départ.). — *Domessanicæ*, 1293 (*ibid.*); 1310 (Mén. I, pr. p. 164, c. 1). — *Ecclesia de Domessanicis*, 1314 (Rotul. eccl. arch. munic. de Nimes). — *Domessanicæ*, 1384 (dénombr. de la sénéch.). — *Sanctus-Stephanus de Domessanicis, Uticensis diocesis*, 1421 (cart. de Saint-Sauveur-de-la-Font). — *Sainct-Estienne de Domensan*, 1456 (chap. de Nimes, arch. départ.). — *Domesargues*, 1461 (reg.-cop. de lettr. roy. E, IV). — *Domessargues*, 1555 (J. Ursy, not. de Nimes). — *Le prieuré Sainct-Estienne de Domessargues*, 1598 (insin. eccl. du dioc. de Nimes). — *Le prieuré Sainct-Pierre* (sic) *de Domessargues*, 1620 (insin. eccl. du dioc. d'Uzès). — *Domessanicæ, Domssargues* (Mén. VII, p. 653).

Domessargues appartenait, avant 1790, à la viguerie et au diocèse d'Uzès, doyenné de Sauzet. — Le prieuré simple de Saint-Étienne de Domessargues était à la présentation de l'abbesse de Saint-Sauveur-de-la-Font de Nimes et à la collation de l'évêque d'Uzès. — Ce lieu ne se composait que de 3 feux en 1384. — La seigneurie de Domessargues appartenait, en 1721, à M. de Froment, d'Uzès. — Ce lieu ressortissait au sénéchal d'Uzès. — Il porte pour armoiries : *d'azur, à un château de trois tours d'argent, la porte ouverte, sous l'arcade de laquelle il y a un lion rampant, d'or.*

DOMINARGUES, f. c^ne de Connaux. — *In terminio que nominant Ad-Ipsos-Alodes, in valle Melcianense, in comitatu Uzetico*, 1010 (cart. de Saint-Victor de Mars. ch. 198). — *R. de Dominaco*, 1218 (Mén. I, pr. p. 69, c. 1).

DOMINICAINS (LES), chapelle et couvent à Alais. — *Église des PP. Dominiquains*, 1750 (plans de l'archit. J. Rollin).

DOMPTAÎRE (LE), f. c^ne de Beaucaire.

DONADILLE, f. c^ne de Marguerittes.

DONAT, h. c^ne de Sabran. — *Mansus de Donato*, 1461 (reg.-cop. de lettr. roy. E, IV, f° 118). — *Dona*, 1715 (J.-B. Nolin, *Carte du dioc. d'Uzès*). — *Donnat*, 1824 (nomencl. des c^nes et ham. du Gard).

DONNABEL, h. c^ne de Génolhac. — *Donarel*, 1515 (arch. départ. C. 1647).

DONNES (LES), f. c^ne d'Aiguesvives, auj. détruite. — Le nom est resté au cadastre.

DOZELLE (LA), f. c^ne d'Aiguesmortes.

DORGUE (LA), ruiss. qui prend sa source sur la c^ne de Saze et se jette dans le Rhône sur le territ. de la même commune. — *Le vallat de la Dorgue*, 1637 (Pitot, not. d'Aramon).

DOBIVELLE (LA), f. c^ne de Saint-Dézéry. — *Le Cros d'Orivel*, 1776 (comp. de Saint-Dézéry).

DOUCET, f. c^ne du Vigan.

DOUCETTE (LA), f. c^ne de Salindres.

DOUDON, f. c^ne de Saumane.

DOULIBRE (LE), ruiss. qui prend sa source à la Font-de-Grazilhes, c^ne de Crespian, et se jette dans le

Vidourle sur le territ. de la commune de Vic-le-Fesq. *

Doulobi (Le), ruiss. qui prend sa source sur la c^{ne} de Banne (Ardèche) et se jette dans le Gardon au h. du Devès, c^{ne} de Castillon-de-Gagnère. — On appelle aussi ce ruisseau la Doulobie.

Doume (La), plateau sur les c^{nes} de Domazan et d'Aramon. — La Plane d'Oume, la Plane d'Ourme, 1637 (Pitot, not. d'Aramon).

Doumeloux (Le), ruiss. qui prend sa source sur la c^{ne} de Valleraugue et se jette dans l'Hérault sur le territ. de la même commune.

Dourbie, c^{on} de Trèves. — Ecclesia de Dorbia, cum capellis suis de Valle-Garnita et de Rocafolio, 1156 (cart. de N.-D. de Nimes, ch. 84). — Locus de Dorbia, ecclesia de Dorbia, 1262 (pap. de la fam. d'Alzon). — Ecclesia de Durbia, 1274 (cart. de N.-D. de Bonh. ch. 93 et 94). — Durbie, 1435 (rép. du subs. de Charles VII). — Durbie, viguerie du Vigan, 1582 (Tar. univ. du dioc. de Nimes). — Le prieuré Notre-Dame de Dourbie, 1695 (insin. eccl. du dioc. de Nimes). — Durbia, Dourbies (Mén. VII, p. 655).

Dourbie faisait partie de la viguerie du Vigan-et-Meyrueis et du diocèse de Nimes, archiprêtré de Meyrueis. — Ce lieu n'est pas nommé dans le dénombrement de 1384; mais, à en juger par la somme à laquelle cette communauté est imposée en 1435, elle devait compter, au commencement du xve siècle, de 6 à 7 feux. — Le prieuré de Notre-Dame de Dourbie, quoique enclavé dans l'évêché d'Alais en 1694, n'en demeura pas moins uni à la mense épiscopale de Nimes.

Dourbie (La), riv. qui prend sa source dans les bois de Montals, sur l'Espérou, traverse le territ. de la c^{ne} de Dourbie, entre dans le département de l'Aveyron et va se jeter dans le Tarn à Millau. — Flumen Durbiæ, 1278 (cart. de N.-D. de Bonh. ch. 101; 1309 (ibid. ch. 88). — Fluvius Durbiæ, 1514 (pap. de la fam. d'Alzon). — Parcours : 20,700 mètres.

Dourquier (Le), f. c^{ne} de Saint-Jean-de-Valeriscle.

Draille (La), f. c^{ne} de Verfeuil.

Driolbes (Les), f. c^{ne} de Saint-Roman-de-Codière.

Driolle (La), f. c^{ne} d'Anduze.

Drivo, f. c^{ne} de Blauzac.

Drossin, h. c^{ne} de Crespian. — Villa Draucino, 1024 (cart. de N.-D. de Nimes, ch. 22). — Draucinum, 1145 (Lay. du Trésor des chartes, t. I, p. 60).

Droude (La), ruiss. qui prend sa source sur la c^{ne} de Saint-Just-et-Vaquières, traverse celles de Mons,

Méjanes-lez-Alais, Monteils, Saint-Étienne-de-l'Olm, Montignargues, Saint-Césaire-de-Gauzignan, Cruviers, et se jette dans le Gardon sur le territ. de la commune de Brignon. — Parcours : 25,000 mètres.

Drouilllèdes (Les), h. c^{ne} de Peyremale. — 1715 (J.-B. Nolin, Carte du diocèse d'Uzès). — Les Droulhèdes, 1733 (arch. départ. C. 1481); 1817 (notar. de Nimes).

Druiye (La), mont. c^{ne} de Saint-Sébastien-d'Aigrefeuille. — On y trouve huit galgals, en partie détruits. — Vallatum de Drulho, in parrochia Sancti-Sebastiani de Agrifolio, 1429 (Dur. du Moulin, not. d'Anduze).

Drulhe (La), q. c^{ne} de Saint-Jean-du-Gard. — 1552 (arch. départ. C. 1783).

Drulhes, h. c^{ne} de Saint-Martin-de-Valgaigue. — Drulia, 1027 (cart. de N.-D. de Nimes, ch. 154). — Drulla, 1155 (chap. de Nimes, arch. départ.). — B. de Drulha, 1345 (cart. de la seign. d'Alais, f° 35).

Dubesse (La), f. c^{ne} du Pont-Saint-Esprit. — 1731 (arch. départ. C. 1476).

Dubois, f. c^{ne} de Connaux.

Dumas, f. c^{ne} de Fontanès.

Dumas, f. c^{ne} de Montpezat.

Dumoulin, f. c^{ne} de Beaucaire.

Duplice, f. c^{ne} de Valabrègue.

Duplissis, f. c^{ne} de Comps.

Duquène, f. c^{ne} de Carsan.

Durand, f. c^{ne} de Valabrègue.

Durfort, c^{on} de Sauve. — Duro-Fortis, 1281 (Mén. I, pr. p. 108, c. 1). — Sanctus-Thomas de Duro-Forti, 1310 (ibid. p. 160, c. 2). — P. de Duroforti, 1316 (mss d'Aubais, bibl. de Nimes, 13,855). — Locus de Duroforti, 1384 (dénombr. de la sénéch.); 1452 (Mén. III, pr. p. 160, c. 2). — Durfort, 1435 (rép. du subs. de Charles VII). — Disfort, 1555 (J. Ursy, not. de Nimes). — Durfort, bailliage de Sauve, 1582 (Tar. univ. du dioc. de Nimes). — Le prieuré de Saint-Thomas de Durfort, 1598 (insin. eccl. du dioc. de Nimes).

Durfort, avant 1790, faisait partie de la viguerie de Sommière (plus tard du bailliage de Sauve) et du diocèse de Nimes, archiprêtré de Sauve. — On y comptait 6 feux en 1384. — Le château de Durfort remontait au xiiie siècle; il a été détruit et vendu à l'époque de la Révolution. — On trouve sur le territoire de cette commune une mine d'alquifoux et une grotte à ossements, ainsi que les ruines d'une villa antique, auxquelles on a donné le nom de Ville de Mus : voy. Mus. — Un décret du 17 novembre 1862 a réuni à Durfort la c^{ue} de Saint-Martin-de-Saussenac. — Durfort porte : *écartelé, au premier et au quatrième, d'argent à une bande d'azur; au deuxième et troisième, de gueules.*

Duzas, h. c^{ne} de Dourbie. — *D. de Duzacio*, 1262 (pap. de la fam. d'Alzon). — *Lo mas de Duzas, paroisse de Notre-Dame de Dourbie*, 1514 (*ibid.*). — *Le masage de Duzas, paroisse de Dourbie*, 1709 (*ibid.*).

E

Eau-de-Daniel, Eau-d'Aguet, source, c^{ne} d'Alais (Rech. histor. sur Alais).

Eaux (Les), q. c^{ne} de Colias. — 1607 (arch. comm. de Colias).

Ébisse, bois, c^{ne} de Saint-Laurent-de-Carnols.

Égallière (L'), q. c^{ne} de Mialet. — 1543 (arch. départ. C. 1778).

Égals (Les), q. c^{ne} de Bréau-et-Salagosse. — *Les Égals et Fontenelle* (cad. de Bréau-et-Salagosse).

Église (L'), f. c^{ne} de Boucoiran. — *Mansus de Ecclesia*, 1188 (cart. de Franq.).

Église (L'), f. c^{ne} de la Cadière. — 1549 (arch. départ. C. 1786).

Église (L'), f. c^{ne} de Cardet.

Église (L'), h. c^{ne} du Cros.

Église (L'), f. c^{ne} de Saumane. — 1539 (arch. départ. C. 1773).

Églisette (L'), chapelle ruinée et puits de mine, c^{ne} de Saint-Jean-du-Pin.

Eilat, f. c^{ne} du Vigan. — *Mas-d'Eylat* (cad. du Vigan).

Elbec (L'), ruiss. qui prend sa source à la Coulisse, c^{ne} de la Rouvière (le Vigan), et va se jeter dans l'Hérault sur le territ. de la même commune.

Else (L'), f. et moulin, c^{ne} du Vigan. — *Molendinum situm loco vocato del Elze*, 1306 (papiers de la fam. d'Alzon); 1340 (*ibid.*). — *Molendinum situm in territorio de Ylice*, 1430 (A. Montfajon, not. du Vigan).

Elze, c^{ne} de Génolhac. — *Loco ubi vocant Ilice, in castro Andusiense vel Salavense*, 1022 (cart. de N.-D. de Nimes, ch. 153). — *Mansus de Ylice*, 1027 (*ibid.*). — *Mansus de Ylice*, 1294 (Mén. I, pr. p. 132, c. 1). — *Locus de Illice*, 1384 (dénombr. de la sénéch.). — *Locus de Ylice, parrochiæ de Malons, Uticensis diocesis*, 1462 (reg.-cop. de lettr. roy. E, v). — *Elzès*, 1548 (arch. départ. C. 1317). — *Elzès*, 1715 (J.-B. Nolin, *Carte du diocèse d'Uzès*). — *Eilze*, 1721 (bull. de la Soc. de Mende, t. XVI, p. 161). — *Illix, Elzes* (Mén. VII, p. 653).

Elze faisait partie de la viguerie et du diocèse d'Uzès, doyenné de Gravières (auj. dans l'Ardèche).

— Sous le rapport spirituel, ce village a toujours dépendu de la paroisse de Malons; mais, au temporel, il formait, réuni à Pourcharesses (aujourd'hui dans la Lozère), une communauté particulière. — Cette petite communauté comptait 2 feux et demi en 1384. — Une ordonnance royale du 21 septembre 1816 a réuni Elze à la c^{ne} de Malons, qui porte depuis cette époque la dénomination de *Malons-et-Elze*. — Le duc d'Uzès, en vertu de l'échange fait avec le roi en 1721, était seul seigneur justicier d'Elze; cependant Mme d'Agrain y prétendait une portion. — Ce lieu ressortissait au sénéchal d'Uzès. — La communauté d'Elze-et-Pourcharesses portait pour armoiries : *de gueules, à une fasce losangée d'or et de sable.*

Elze (L'), f. c^{ne} de Robiac.

Elzière (L'), f. c^{ne} de Chamborigaud. — 1731 (arch. départ. C. 1475).

Elzière (L'), h. c^{ne} de Mars. — *Le mas de l'Euzière, dans la vallée de Mars, paroisse d'Aulas*, 1507 (pap. de la fam. d'Alzon). — *Les Elzières* (cad. de Mars).

Elzière (L'), h. c^{ne} de Peyremale. — 1733 (arch. dép. C. 1485). — *Lelzière*, 1789 (carte des États).

Elzière (L'), f. c^{ne} de Saint-André-de-Majencoules, auj. réunie au h. de Valbonne. — *Mansus de Helzeria, in manso de Vallebona, parrochiæ Sancti-Andreæ de Majencolis*, 1469 (A. Razoris, not. du Vigan).

Elzière-Vieille (L'), f. c^{ne} de Saint-Martin-de-Corconac. — *L'Elzieyre-Vielhe*, 1606 (insin. eccl. du dioc. de Nimes).

Émalins (Les), h. c^{ne} de Saint-Gervais. — *Les Maleins*, 1789 (carte des États). — *Les Malins*, 1827 (notar. de Nimes).

Embarbes, f. c^{ne} de Vauvert, aujourd'hui détruite. — *Mansus d'En-Barbe*, 1384 (chapellen. des Quatre-Prêtres, arch. hosp. de Nimes). — *Lo bosc d'Embarbo*, 1528 (*ibid.*). — *Côte-d'Embarbes*, 1866 (pr.-verb. du conseil général du Gard).

Éménardarié (L'), f. c^{ne} de Saint-André-de-Majencoules, aujourd'hui réunie au hameau du Villaret.

— *Mansus de la Emenardaria, infra parrochiam Sancti-Andreæ de Majencolis. Quiquidem mansus situs est in manso de Vilareto,* 1472 (A. Razoris, not. du Vigan).

ÉMISSERS, bois, c^ne de Saint-Sébastien-d'Aigrefenille.

ENCISE (L'), montagne, c^ne de Mialet. — 1343 (arch. départ. C. 1778).

ENCLOS-DE-SAINT-MAMET (L'), f. c^ne de Saint-Siffret.

ENDEVIEILLE, f. c^ne du Vigan. — *Honor de Diviella, in parrochia Sancti-Petri de Vicano,* 1218 (cart. de St-Victor de Mars. ch. 100). — *Vallatum descendens de Devielha,* 1430 (A. Montfajon, not. du Vigan). — *Territorium d'En-Devielha, alias el Calmelho, parrochiæ Vicani,* 1472 (A. Razoris, not. du Vigan). — *Inde-Vieille* (cad. du Vigan). — *Fondeville,* 1789 (carte des États); *Fondevieille* (carte géol. du Gard), — erreurs par mauvaise lecture.

ENDEZENDES (LES), f. c^ne de Malons-et-Elze. — *Endezèdes,* 1812 (notar. de Nimes).

ENDRIMES, f. c^ne de Saint-Martial.

ENDBUNE (L'), bois, c^ne de Saint-Sauveur-des-Poursils. — *Lendrune,* 1812 (notar. de Nimes).

EN-GACHE, q. c^ne de Saint-Jean-de-Serres. — 1549 (arch. départ. C. 1785).

ENJOURNADE (L'), h. c^ne d'Avèze.

ENSE, h. c^ne du Vigan. — *Territorium vocatum dal Ensa, parrochiæ de Vicano,* 1293 (pap. de la fam. d'Alzon). — *Mas d'Ense,* 1422 (*ibid.*). — *Terra Ence,* 1438, 1468 (*ibid.*). — *Territorium de Ensa, parrochiæ Sancti-Petri de Vicano,* 1472 (A. Razoris, not. du Vigan). — *Ense, sive Tessan,* 1481 (pap. de la fam. d'Alzon).

ENSUMÈNE (L'). — Voy. RIEUTORT.

ENTRAIGUES, f. c^ne d'Arrigas. — *G. de Entraigues,* 1224 (cart. de N.-D. de Bonh. ch. 15). — *Territorium d'Entraigues,* 1300 (sommier du fief de Caladon); 1589 (pap. de la fam. d'Alzon). — *Mas d'Intrègues* (cad. d'Arrigas).

ENTRE-DEUX-GARDONS. — *Vicaria que nominant Antreduos-Quardones, in castris Andusiensis, in agentiis Nemausensis, in pago Nemausensi,* 984 (cart. de N.-D. de Nimes, ch. 186). — La viguerie d'Entredeux-Gardons renfermait, au xe siècle, toute la partie de l'Andusenque comprise entre le Gardon de Mialet et le Gardon de Saint-Jean, depuis leurs sources jusqu'à leur réunion au-dessus d'Anduze. La partie supérieure de cette viguerie appartient aujourd'hui à la Lozère, et la partie inférieure a formé, dans le Gard, les cantons actuels de Saint-André-de-Valborgne et de Saint-Jean-du-Gard.

ENTREVAUX, f. c^ne de Saint-Denys. — *Entremos,* 1789 (carte des États).

ENTREVIGNES, f. c^ne de Vergèze, sur l'emplacement de l'ancien prieuré rural de SAINT-ANDRÉ-D'ENTREVIGNES : voy. ce nom.

ENVERS-DES-CODES (L'), bois, c^ne de Saint-Just-et-Vaquières.

ERMITAGE (L'), c^ne de Colias. — Ruines de la chapelle de Saint-Vérédème. — Voy. SAINT-VÉRÉDÈME.

ERMITAGE (L'), c^ne de Marguerittes, sur l'aqueduc romain.

ERMITAGE (L'), chapelle ruinée, c^ne de Villeneuve-lez-Avignon.

ERMITAGE (L'), autre chapelle ruinée, même commune.

ERMITE (L'), f. c^ne de Saint-Jean-du-Gard.

ESCABASSADES (LES), q. c^ne de Bréau-et-Salagosse.

ESCADIONS (LES), h. c^ne de Chambon.

ESCAILLON (L'), f. c^ne de Générac. — *Escalion,* 1863 (notar. de Nimes).

ESCAILLON (L'), ruiss. qui prend sa source sur la f. de Campagnolles, c^ne de Générac, traverse la c^ne d'Aubord et se jette dans le Vistre un peu au-dessus du moulin Fouquet, c^ne d'Aubord.

ESCALETTE (L'), f. c^ne d'Uzès. — Écrit parfois *Lescalette.*

ESCALHONE (L'), q. c^ne de Remoulins.

ESCALIER (L'), h. c^ne d'Aujac.

ESCALIER (L'), bois, c^ne de Poulx.

ESCALIER-DE-VERRE (L'), rochers, c^ne de Roquemaure. — *L'Escalier,* 1695 (arch. départ. C. 1653).

ESCALIER-DE-VERRE (L'), rochers, c^ne de Vauvert. — *L'Escalier-de-Veyre,* 1812 (notar. de Nimes).

ESCARGE (L'), f. c^ne de Roquemaure. — 1778 (arch. départ. C. 1655).

ESCARIEUX, h. c^ne de Saint-Martin-de-Valgalgue.

ESCARLESSES (LES), bois, c^ne de Nimes.

ESCARPE (L'), f. c^ne de Domazan.

ESCATTES, f. c^ne de Congéniès. — *Jasses* (carte géol. du Gard).

ESCATTES, h. c^ne de Souvignargues. — *Savinhargues et Escatte, viguerie de Sommières,* 1582 (Tarif univ. du dioc. de Nimes). — *Mas-d'Escatte* (carte géol. du Gard). — Voy. SAINT-ÉTIENNE-D'ESCATTES.

ESCATTES (L'), ruiss. qui prend sa source sur la c^ne de Congéniès, traverse celle de Calvisson et va se jeter dans le Rhôny un peu au-dessus de la ferme de Lorieux, c^ne de Calvisson. — Parcours : 8 kilomètres.

ESCAUNIES, f. et forêt défrichée, c^ne de Blannaves. — *Foresta de Portis et de Eschaleriis,* 1345 (cart. de la seigneurie d'Alais, f° 31). — *Nemus seu foresta de Eschaleriis* (*ibid.* f° 32).

ESCLACHADE (L'), f. c^ne de Valleraugue. — 1551 (arch. départ. C. 1806).

Esclades, bois, c^{ne} de Saint-Julien-de-Peyrolas.

Esclai-iès, f. c^{ne} de Mialet.

Esclots (Les), f. c^{ne} de Nimes.

Escole (L'), h. c^{ne} de Castillon.

Escombière (L'), f. c^{ne} de Flaux.

Escudien, île du Rhône, c^{ne} de Montfrin.

Escut (L'), f. c^{ne} de Saint-Dionisy. — 1548 (arch. départ. C. 1781).

Esparcier (L'), ruiss. qui prend sa source sur la c^{ne} de Saint-Chaple et se jette dans le Bourdiguet sur le territ. de la même commune.

Esparron, c^{on} du Vigan. — *P. de Sparro*, 1069 (pap. de la fam. d'Alzon). — *Sparro*, 1080 (cart. de N.-D. de Nimes, ch. 91); 1108 (*ibid.* ch. 176). — *B. de Esparro*, 1244 (cart. de N.-D. de Bonh. ch. 21); 1252 (*ibid.* ch. 31). — *R. de Sparrono*, 1275 (pap. de la fam. d'Alzon). — *Castrum de Esparrono*, 1320, 1330 (*ibid.*). — *Sanctus-Veranus de Sperono*, 1384 (dénombr. de la sénéch.). — *Sant-Veran d'Esparon*, 1435 (rép. du subs. de Charles VII). — *Prioratus Sancti-Verani de Esparrono*, 1444 (P. Montfajon, not. du Vigan). — *Locus de Sparrono*, parrochiæ de Bessio, 1513 (A. Bilanges, not. du Vigan). — *Asperron, viguerie du Vigan*, 1582 (Tar. univ. du dioc. de Nimes).

Esparron faisait partie de la viguerie du Vigan-et-Meyrueis et du diocèse de Nimes, archiprêtré d'Arisdium ou du Vigan. — On n'y comptait qu'un demi-feu en 1384. — Dès le XVIe siècle, ce village avait été uni à la paroisse de Bez. Sous le rapport administratif, ces deux communes n'en forment qu'une aujourd'hui. — Toutefois Esparron n'est plus aujourd'hui de la paroisse de Bez : il appartient à celle de Molières.

Esparron, f. c^{ne} d'Aiguesmortes.

Espase, f. c^{ne} de Saint-Hippolyte-du-Fort.

Espeiran, f. c^{ne} de Saint-Gilles, sur l'emplacement de l'ancien prieuré rural de Saint-Félix-d'Espeiran : voy. ce nom. — *Aspiranum villa*, 879 (Mén. I, pr. p. 112, c. 1). — *Espeyranum*, 1386 (rép. du subs. de Charles VI). — *Espeyrant*, 1828 (notar. de Nimes). — *Speiran* (Mén. VII, p. 631).

C'était, au moyen âge, un village dépendant de l'abbaye de Saint-Gilles. Les abbés y ont eu jusqu'à la Révolution une résidence d'été, au milieu de bois aujourd'hui en grande partie défrichés. — Ces bois sont de nos jours tout ce qui reste de la *forêt Flavienne*, où Wamba rencontra saint Gilles; on y montre encore la grotte de l'ermite.

Espeisses (Les), bois, c^{ne} de Nimes. — *Divisia d'Espeissal*, 1144 (Mén. I, pr. p. 32, c. 1). — *Speissals*, 1185 (*ibid.* p. 40, c. 2). — *Devesia de Speissas*, 1195 (*ibid.* p. 41, c. 2). — *Devesia de Espeissis*, 1463 (Mén. III, pr. p. 314, c. 2). — *Devois des Espeisses*, 1671 (comp. de Nimes). — *Les Espeisses*, 1704 (C.-J. de La Baume, *Rel. inéd. de la rév. des Cam.*). — *Bois-des-Espeisses, sive Puech-Mazel*, 1706 (arch. dép. G. 206). — Voy. Puech-Mézel.

Espéluque (L'), grotte, c^{ne} de Saint-Bonnet. — *La Péluque*, 1552 (arch. départ. C. 1780).

Espéluques (Les), grotte, c^{ne} de Dions.

Espérandieu, f. c^{ne} de Deaux. — *Mas-Espérandieu*, 1824 (nomencl. des c^{nes} et ham. du Gard).

Espérelle (L'), f. autrefois h. c^{ne} de Vissec.

Espériès, h. c^{ne} de Valleraugue. — *Aspériès*, 1789 (carte des États). — *Espériès* (cad. de Valleraugue).

Espériès, h. c^{ne} du Vigan.

Espérou (L'), mont. et bois, c^{nes} de Dourbie et de Valleraugue.

Espérou (L'), h. c^{ne} de Valleraugue. — *Bastita in montana Oxillione, et appellatur Speronis*, 1080 (Hist. de Lang. II, pr. col. 298). — *Strata qua itur de Mairosio versus Speronem*, 1265 (cart. de N.-D. de Bonh. ch. 47). — *Locus de Lespero*, 1461 (reg.-cop. de lettr. roy. E, v). — *Mansus de Sperono*, 1472 (A. Razoris, not. du Vigan). — *Le haras de l'Espérou*, 1764 (arch. départ. C. 1833).

Espessargues, f. auj. détr. c^{ne} de Colias. — *Espeissargues*, 1607 (arch. comm. de Colias).

Espigarié (L'), h. c^{ne} du Vigan. — *Mansus de Espiguaria*, 1391 (pap. de la fam. d'Alzon). — *Lespigarié*, 1789 (carte des États).

Espinassoux, h. c^{ne} de Lanuéjols. — *El Espinzol*, 1162 (cart. de N.-D. de Bonh. ch. 54). — *Mansus de Espinassos, in parrochia de Nugulo*, 1244 (*ibid.* ch. 38). — *Mansus vocatus dels Espinassos, parrochiæ Sancti-Laurencii de Lanuejol*, 1289 (*ibid.* ch. 102, 103); 1309 (*ibid.* ch. 62). — *Le mas de l'Espinassoux, dépendant de la paroisse de Lanuéjol*, 1604 (arch. départ. G. 20); 1630 (*ibid.* G. 1).

Espinassoux (L'), ruiss. qui prend sa source sur la c^{ne} de Salinelles et se jette dans le Vidourle sur le territ. de la même commune.

Espinaux, h. c^{ne} de Saint-Privat-des-Vieux. — *Locus de Spinacio, extra Alestum*, 1345 (cart. de la seign. d'Alais, f° 33). — *Espinaux*, 1633 (arch. départ. C. 1290); 1783 (*ibid.* C. 516).

Espitalet (L'), f. c^{ne} de Bagard. — Anc. dépendance de la comm^{rie} des Templiers d'Alais (*Rech. hist. sur Alais*).

Espradau, f. c^{ne} de Saint-Ambroix. — Devrait s'écrire : *Les Pradaux*.

ESQUIELLE (L'), ruiss. qui prend sa source sur la c^{ne} de Saint-Bauzély-en-Malgoirès et va se jeter dans la Braüne sur le territ. de la c^{ne} de la Rouvière-en-Malgoirès : voy. AGAU (L'). — *Aqua de Squiela*, 1234 (chap. de Nimes, arch. départ.). — *In loco Sancti-Genesii de Mediogoto, prope Squielam ; aqualis de Squiela*, 1463 (L. Peladan, not. de Saint-Geniès-en-Malgoirès).

ESSARTS (LES), ham. c^{ne} des Angles. — *Yssarti, les Issarts* (Mén. VII, p. 652). — *La terre des Essarts, indépendante d'aucun consulat, entre les terroirs d'Avignon, de Barbentane, de Saze, des Angles, d'Aramon et de Rochefort*, 1711 (arch. départ. C. 1337). — *Les Essards*, 1789 (carte des États).

Le prince de Galéan et le marquis de Forbin-Sainte-Croix en étaient seigneurs (arch. départ. C. 1342).

ESSERT (L'), f. c^{ne} de Valleraugue.

ESTAGEL, f. c^{ne} de Saint-Gilles, sur l'emplacement de l'ancien prieuré rural de SAINTE-CÉCILE-D'ESTAGEL : voy. ce nom. — *Mansus de Stagello, positus in valle Sinnani*, 1317 (arch. commun. de Vauvert). — *Stagellum*, 1384 (dénombr. de la sénéch.). — *Estagel*, 1548 (arch. départ. C. 1787). — *Stagel* (Mén. VII, p. 631).

C'était, au moyen âge, un village dépendant de l'abbaye de Saint-Gilles et situé sur son territoire. — Dans le dénombrement de 1384, il est annexé à la ville de Saint-Gilles : *De Sancto-Ægidio et Stagello, ubi sunt foci XL*.

ESTAQUES (LES), salin, c^{ne} d'Aiguesmortes.

ESTEL (L'), bois, c^{ne} de Castillon-du-Gard. — *Honor de Estelz*, 1156 (Hist. de Lang. II, pr. col. 561). — *Le bois de Lestel, paroisse de Castillon-du-Gard*, 1721 (bibl. du gr. sémin. de Nimes).

ESTEL (L'), ruiss. qui prend sa source sur la c^{ne} de Saze et se jette dans le Rhône sur le territ. de la même commune. — *Le Vallat de l'Estel*, 1637 (Pitot, not. d'Aramon).

ESTELLE, h. c^{ne} d'Arrigas. — *Serrum Stelles*, 1315 (pap. de la famille d'Alzon). — *Mansus de Stela*, 1375 (*ibid.*). — *Territorium de Stela*, 1472 (Ald. Razoris, not. du Vigan).

ESTELLE (L'), ruisseau. — *Ripperia de Stela*, 1371 (pap. de la fam. d'Alzon). — *Rivière d'Estelle ou Arret*, 1645 (*ibid.*). — On appelait ainsi le cours supérieur de l'Arre.

ESTERLE (L'), f. c^{ne} de Peyrolles. — 1551 (arch. départ. C. 1771).

ESTEUZEN, lieu détr. à l'extrémité nord des garrigues de Nimes. — *Estelzin*, 1144 (Mén. I, pr. p. 32, c. 1). — *Estezin*, 1185 (*ibid.* I, pr. p. 40, c. 1).

— *Esteuzen*, 1195 (*ibid.* p. 41, c. 2); 1252 (chap. de Nimes, arch. départ.). — *Estauza*, 1463 (Mén. III, pr. p. 314, c. 1). — *Estauzenc*, 1546 (J. Ursy, not. de Nimes). — *Le devois d'Estauzen*. 1671 (comp. de Nimes). — *Estauzens*, 1715 (J.-B. Nolin, *Carte du dioc. d'Uzès*). — Voy. NOTRE-DAME-D'ESTAUZEN.

C'était une ferme construite sur l'emplacement de l'ancien prieuré rural de Notre-Dame-d'Estauzen, déjà ruiné au xvie siècle.

ESTÉZARGUES, c^{on} d'Aramon. — *Strairanègues*, 1237 (cart. de Saint-Sauv.-de-la-Font; Mén. I, pr. p. 73. c. 1). — *Villa de Estrahanicis*, 1312 (arch. comm. de Valliguière). — *Estressargues*, 1323 (*ibid.*). — *Strayranicæ*, 1384 (dénombr. de la sénéch.). — *Strazanicae*, 1412 (Trenquier, *Not. sur quelq. local. du Gard*). — *Locus de Stresanicis, Uticensis diocesis*, 1474 (J. Brun, not. de Saint-Geniès-en-Malgoirès). — *Sainct-Gérard d'Estézargues*, 1620 (insin. eccl. du dioc. d'Uzès). — *La communauté d'Estézargues*, 1620 (arch. départ. C. 1298). — *Stésargues* (Mén. VII, p. 649).

Estézargues faisait partie de la viguerie de Beaucaire en 1384, mais fut rattaché plus tard, pour le temporel comme pour le spirituel, à la viguerie et au diocèse d'Uzès, doyenné de Remoulins. — Le prieuré de Saint-Gérard d'Estézargues, uni au chapitre cathédral d'Uzès, était à la collation du prévôt de ce chapitre. — En 1435 (rép. du subs. de Charles VII), ce village ne figure plus sur la liste de la viguerie de Beaucaire. — En 1384, on y comptait 5 feux, et en 1744, 40 feux et 160 habitants. — La terre d'Estézargues était du nombre de celles qui formaient la baronnie de Rochefort. — Estézargues portait : *de vair, à un pal losangé d'or et d'azur*.

ESTRADE (L'), f. c^{ne} de Mialet. — 1543 (arch. départ. C. 1778).

ESTRADE (L'), q. c^{ne} de Valliguière. — *Darriès l'Estrada*, 1522 (comp. de Valliguière).

ESTRANGOLAT (L'), q. c^{ne} de Valleraugue. — 1551 (arch. départ. C. 1806).

ESTRAPADOUR (L'), f. c^{ne} de Saint-Martin-de-Corconac. — 1553 (arch. départ. C. 1794).

ESTRÉCHURE (L'), h. c^{ne} de Saint-Martin-de-Corconac.

ÉTANG (L'), h. c^{ne} des Angles.

ÉTANG-SALÉ (L'), étang, c^{ne} de Saint-Maurice-de-Casesvicilles.

ÉTORNAYRES (LES), q. c^{ne} de Saint-Christol-de-Rodières. — 1750 (arch. départ. C. 1662).

EURE (L'), source, sur la c^{ne} d'Uzès. — VRA.FONS (inscript. du Musée de Lyon, trouvée à Nimes). — *Lo prat de la Font d'Ura; Fonte d'Ura*, 1476 (Sauv.

André, not. d'Uzès). — *Molendinum bladerium domini Uticensis episcopi, dictum de la Font d'Ura*, 1488 (*ibid.*). — C'est cette source qui, avec celle d'Airan (voy. ce nom), alimentait l'aqueduc romain dit du Pont-du-Gard. — Parcours : 300 mètres.

Euze (L'), f. c^ne de Blandas.

Euze (L'), f. c^ne du Cros.

Euzet, c^on de Vézenobre. — *Heusetum*, 1384 (dénombr. de la sénéch.). — *Euset*, 1547 (arch. départ. C. 1314). — *Sainct-Martin-d'Euzet*, 1620 (insin. eccl. du dioc. d'Uzès). — *Euzet*, 1715 (J.-B. Nolin, *Carte du dioc. d'Uzès*). — *Yeuzet*, 1745 (Mand. de l'év. d'Uzès, bibl. de Nimes, 1109). — *Ieuset* (Mén. VII, p. 653).

Euzet appartenait, avant 1790, à la viguerie et au diocèse d'Uzès, doyenné de Navacelle. — Le prieuré d'Euzet était à la collation de l'abbé de la Chaise-Dieu; la vicairie, à la présentation du prieur et à la collation de l'évêque d'Uzès. — On n'y comptait que 2 feux en 1384. — Cette c^ne possède sur son territoire une source d'eaux minérales assez fréquentée. — Les armoiries d'Euzet sont : *de gueules, à un pal losangé d'argent et de gueules.*

Euzière (L'), h. c^ne de Soudorgues. — *B. de Euseria*, 1345 (cart. de la seign. d'Alais, f° 35).

Euzières (Les), bois, c^ne d'Euzet.

Évesquat (L'), f. c^ne d'Uzès.

Exil, f. c^ne de Saumane.

Eygadières (Les), q. c^ne de Colias. — 1607 (arch. comm. de Colias).

Eyroles, f. c^ne d'Arrigas.

Eyrolles, f. c^ne d'Aumessas.

Eyrolles, f. c^ne de Saint-Quentin. — 1731 (arch. départ. C. 1474).

Eyzac, h. c^ne de Saint-Just-et-Vaquières. — *Castrum de Essat*, 1211 (Gall. Christ. t. VI, p. 304). — *Loco dicto Plan-d'Ayzac, sive de Argelegos*, 1461 (reg.-cop. de lettr. roy. E, iv, f° 8). — *Mas-d'Aisac*, 1789 (carte des États).

Ezort, f. c^ne de Combas.

F

Fabiargues, h. c^ne de Saint-Ambroix. — *Mansus de Fabayranicis*, 1345 (cart. de la seign. d'Alais, f° 33). — *Faviargues*, 1634 (arch. départ. C. 1657); 1789 (carte des États).

Fabre, f. c^ne de Jonquières-et-Saint-Vincent. — *Mas-des-Jésuites*, 1789 (carte des États).

Fabre, f. c^ne de Monoblet.

Fabre, f. c^ne de Saint-Cosme-et-Maruéjols.

Fabre, f. c^ne de Saint-Privat-des-Vieux.

Fabre (Le), h. c^ne de Colognac.

Farré (Le), f. c^ne de Saint-Brès. — 1550 (arch. départ. C. 1782).

Fabrègue (La), h. c^ne d'Arrigas. — *Terra Fabrorum, parrochiæ de Arrigassio*, 1320 (pap. de la fam. d'Alzon). — *Mansus de Fabrias*, 1371 (*ibid.*). — *Mansus de Fabricis*, 1537 (*ibid.*). — *La Fabrie* (carte géol. du Gard).

Fabrègue (La), h. c^ne de Bouillargues.

Fabrègue (La), h. c^ne de Castillon-de-Gagnère.

Fabrègue (La), f. c^ne de Saint-Bonnet-de-Salindrenque. — 1552 (arch. départ. C. 1780).

Fabrègue (La), f. c^ne de Saint-Bresson. — *Mansus de Fabrica, parrochiæ Sancti-Brixii*, 1320 (pap. de la famille d'Alzon); 1371 (*ibid.*). — *G. de Fabrica*, 1466 (J. Montfajon, not. du Vigan). — *Le mas de la Fabrègue*, 1548 (arch. départ. C. 1781).

Fabrègue (La), f. c^ne de Saint-Jean-du-Gard.

Fabrègue (La), f. c^ne de Saint-Sébastien-d'Aigrefeuille. — *Fabricæ*, 1345 (cart. de la seign. d'Alais, f° 35). — *Mansus de Fabrica, in parrochia Sancti-Sebastiani de Agrifolio*, 1429 (Dur. du Moulin, not. d'Anduze).

Fabrègue (La), h. c^ne de Soudorgues. — 1542 (arch. départ. C. 1803).

Fabrègue (La), f. c^ne du Vigan. — *Mansus de Fabrica*, 1338 (chap. de Nimes, arch. départ.).

Fabreguette (La), f. c^ne de la Salle. — 1553 (arch. départ. C. 1797).

Fabres (Les), f. c^ne de Tresques.

Fabrette (La), f. c^ne de Dourbie. — *Mas de Fabret* (cad. de Bréau-et-Salagosse).

Fabrié (La), f. c^ne d'Alzon. — *Mansus de Bufeneriis*, 1263 (pap. de la fam. d'Alzon). — *Mansus de Buffanieyra*, 1371 (*ibid.*). — *Le mas de la Fabrié*, 1514 (*ibid.*). — *Le Vallat de Buffinières*, 1649 (*ibid.*).

Fabrique (La), f. c^ne de Bagnols.

Fabrique (La), f. c^ne de Nimes.

Fabrique (La), f. c^ne de Saint-Félix-de-Pallières.

Fabrique-de-Faïence (La), f. sur les c^nes de Connaux et de Gaujac.

Fabris (Les), h. c^ne de Barron.

Fage (La), f. c^ne de Cambo, sur la montagne du même nom.

Fage (La), f. c^ne de Cruviers-Lascours.

FAGE (LA), h. c^ne de Mialet.

FAGE (LA), mont. c^ne d'Anduze.

FAGE (LA), mont. sur les c^nes de Cambo, Cézas et Cros.

FAGE (LA), mont. c^ne de Sumène.

FAGE (LA), ruiss. qui prend sa source à la mont. de la Fage, c^ne de Cézas, et se jette dans le Vidourle à Saint-Hippolyte-du-Fort.

FAGET (LE), h. c^ne de Malons-et-Elze.

FAILLE (LA), ruiss. qui prend sa source sur la c^ne de Servas et se jette dans l'Alauzène sur le territoire de la même c^ne.

FAÏSSE (LA), f. c^ne de Saint-Hilaire-de-Brethmas.

FAÏSSES (LES), f. c^ne de Mandagouf. — *Territorium de Fascia*, 1275 (cart. de N.-D. de Bonh. ch. 41). — *Mansus de Faxis, parrochiæ de Mandagoto*, 1472 (A. Razoris, not. du Vigan).

FAÏSSES (LES), f. c^ne de Méjanes-le-Clap.

FAÏSSES (LES), f. auj. détruite, c^ne du Vigan. — *Mansus vocatus de Fayssis, in pertinentiis mansi de Loves*, 1472 (A. Razoris, not. du Vigan). — Voy. LAUVES.

FAÏSSETTE (LA), f. c^ne de Saint-Jean-du-Gard.

FAÏSSOLE (LA), f. c^ne de Valleraugue.

FAJOLE (LA), ruiss. qui prend sa source sur la c^ne de Valleraugue et se jette dans l'Hérault, rive gauche, sur le territ. de la même commune.

FAL (LE), f. c^ne de Robiac.

FALGEROLLES, f. c^ne de Chamborigaud. — 1731 (arch. départ. C. 1475).

FALGUIÈRE (LA), f. c^ce de Bez-et-Esparron. — *Mansus de Figayrollis*, 1320 (pap. de la fam. d'Alzon).

FALGUIÈRE (LA), f. c^ne de Montdardier. — *G. de Felgueria, parrochiæ de Monte-Desiderio*, 1309 (cart. de N.-D. de Bonh. ch. 7 et 10). — *Mansus de la Faulgueria*, 1415 (somm. du fief de Caladon). — *Mansus de la Felgueria, parrochiæ Montis-Desiderii*, 1466 (J. Montfajon, not. du Vigan).

FALGUIÈRES (LES), h. c^ne de Saint-Laurent-le-Minier. — *Mansus de las Figuieiras*, 1407 (pap. de la fam. d'Alzon).

FALI (LE), f. c^ne de Saint-Hippolyte-de-Caton.

FALLADE, h. c^ne de Carnas.

FALLY, h. c^ne de Cannes-et-Clairan.

FAN, chât. c^ne de Lussan.

FANGERENNE (LA), ruiss. qui a sa source sur la c^ne de Valleraugue et se jette dans l'Hérault sur le territ. de la même commune.

FANFERLIN, f. c^ne de Beaucaire.

FANGAÏRE (LE), ruiss. qui prend sa source sur la c^ne de Vauvert et se jette dans le Vistre. — *Vallat de Fangaïre*, 1476 (chapellen. des Quatre-Prêtres, arch. hosp. de Nîmes).

FANGES (LES), f. c^ne de Bellegarde.

FANGOUSE, f. c^ne d'Aiguèsmortes.

FARAN, f. c^ne de Saint-Jean-de-Valeriscle.

FARE (LA), chât. c^ne de Cavillargues.

FARE (LA), f. c^ne de Cendras.

FARE (LA), f. c^ne de Deaux.

FARE (LA), f. c^ne de Saint-Paulet-de-Caisson.

FARE (LA), f. c^ne de Vénéjan.

FARELLE (LA), f. c^ne de Saint-Bonnet-de-Salindrenque. — *E. de La Farela*, 1042 (Hist. de Lang. II, pr. col. 201). — *Le lieu de La Farelle*, 1577 (J. Ursy, not. de Nîmes).

FARELLE (LA), ruiss. qui prend sa source sur la c^ne de Saint-André-de-Valborgne, entre la Fare-Haute et la Fare-Basse (voy. ci-dessous LES FARES), et va se jeter dans le Gardon sur le territ. de la même commune.

FARELLE (LA), ruiss. qui prend sa source sur la c^ne de Valleraugue et se jette dans l'Hérault sur le territ. de la même commune.

FARES (LES) — HAUTE et BASSE, — h. c^ne de Saint-André-de-Valborgne. — *B. de Fara*, 1249 (cart. de N.-D. de Bonh. ch. 20); 1254 (*ibid.* ch. 94): 1275 (*ibid.* ch. 108). — *Mansus de Fara*, 1461 (reg.-cop. de lettr. roy. E, IV, f° 16). — *Le château de la Fare*, 1550 (arch. départ. C. 786). — *La Farre-Sobeyrane*, 1552 (*ibid.* C. 1776).

FARGASSE (LA), f. c^ne de Chamborigaud. — 1731 (arch. départ. C. 1475).

FARGON (LE), h. c^ne de Malons-et-Elze. — 1721 (bull. de la Soc. de Mende, t. XVI, p. 160).

FARGUE (LA), f. c^ne de Saint-Sauveur-des-Poursils.

FARGUIER, f. c^ne de Saint-Roman-de-Codière.

FARJON, f. c^ne de Vauvert.

FARRAGUI (LE), h. c^ne de la Melouse.

FAU (LE), h. c^ne d'Aujac. — *F. de Favo*, 1327 (cart. de la seign. d'Alais, f° 18). — *Le Fau*, 1659 (arch. départ. C. 1657). — *Faux* (carte géol. du Gard).

FAU (LE), f. auj. détr. c^ne de Saint-Sébastien-d'Aigrefeuille. — *Territorium de Favo; vallatum de Favo; caminus quo itur versus Favum; iter publicum de Favo, in parrochia Sancti-Sebastiani de Agrifolio*, 1402 (Dur. du Moulin, not. d'Anduze).

FAUCHÉ, f. c^ne d'Aiguesmortes.

FAUGÈRE (LA), f. c^ne de Sainte-Cécile-d'Andorge.

FAUGUIÈRE (LA), h. c^ne de Saint-Nazaire-des-Gardies. — *La Faugière*, 1789 (carte des États).

FALQUETS (LES), f. c^ne de Saint-Just-et-Vaquières.

FAURE, f. c^ne de Carsan.

FAURE, f. c^ne de Lèques.

FAUS (LE), bois, c^ne de Saint-Martin-de-Corconac.

FAUSSE (LE), bois, c^ne de Valleraugue.

FAUVETTE (LA), f. c^{ne} d'Anduze.

FAUX (LE), ruiss. qui prend sa source aux Périérets, c^{ne} de la Melouse, et se jette dans le Galeizon sur le territ. de la même commune.

FAVAROL (LE), ruiss. qui prend sa source sur la c^{ne} de Saint-Christol-lez-Alais et se jette dans le Carriol sur le territ. de la c^{ne} de Bagard. — *Le Vallat de Jérusalem*, 1789 (carte des États).

FAVATEL, f. c^{ne} de Valleraugue.

FAVÈDE (LA), h. c^{ne} de Laval. — *G. de Fayeto*, 1349 (cart. de la seign. d'Alais, f° 49). — *Favède*, 1715 (arch. commun. de Laval); 1733 (arch. départ. C. 1481).

FAVEIRAL (LA), ruiss. qui prend sa source à la Barraque, c^{ne} de Monteils, et se jette dans la Droude sur le territ. de la même commune.

FAVEIROLLES, h. c^{ne} de Saint-Marcel-de-Fontfouillouse.

FAVENTINE, f. c^{ne} du Cros. — *P. de Faventina*, 1321 (chap. de Nimes, arch. départ.).

FAVEROLLES, ruiss. qui prend sa source dans la montagne appelée l'Aire-de-Côte et se jette dans la Borgne sur le territ. de la c^{ne} de Saint-André-de-Valborgne.

FAVET, f. c^{ne} d'Aiguesmortes.

FAVIER, h. c^{ne} de Saint-André-de-Majencoules. — *La Favie*. 1789 (carte des États).

FAVIÈRES (LES), h. c^{ne} de la Rouvière (le Vigan).

FAZIBAGUE, q. c^{ne} de Bréau-et-Salagosse.

FÉDIÈRES (LES), ruiss. qui prend sa source sur la c^{ne} de Valleraugue et se jette dans l'Hérault sur le territ. de la même commune.

FEISSETTE (LA), f. c^{ne} de Rochefort.

FELGEIROLLE (LA), h. c^{ne} de Castillon-de-Gagnère.

FELGÈRE (LA), h. c^{ne} de Concoules. — *Villa de Felgueria*, 1212 (général. des Châteauneuf-Randon). — *P. Felgerie*, 1294 (Mén. I, pr. p. 124, col. 2). *La Felgère*, 1721 (bull. de la Soc. de Mende, t. XVI, p. 109. — *Felguère*. 1789 (carte des États).

FÉLINES, f. c^{ne} de Générargues. — *Mansus de Fellinis, parrochiæ Beatæ-Mariæ de Greneyranicis*, 1389 (J. du Moulin, not. d'Anduze).

FELJAS, h. c^{ne} de Pontcils-et-Brézis.

FELTROU, h. c^{ne} de Sumène. — *Feltrou*. 1789 (carte des États).

FEMADE (LA), f. c^{ne} de Saint-Martin-de-Corconac. — 1553 (arch. départ. C. 1794).

FEMADES (LES), f. c^{ne} de Saint-Hippolyte-du-Fort. — 1549 (arch. départ. C. 1790).

FENADOU (LE), h. c^{ne} de Portes. — *La Fenadou*, 1721 (bull. de la Soc. de Mende, t. XVI, p. 164); 1734 (arch. départ. C. 1484).—*Lafenadou*, 1817 (notar. de Nimes). — *L'Affenadou*, 1850 (ibid.).

— Cette dernière forme est sans doute la véritable orthographe.

FENOUILLÈRE (LA), q. c^{ne} de Saint-Dézéry. — 1776 (arch. départ. C. 1665).

FENOUILLET (LE), h. c^{ne} de Valleraugue. — *Mansus de Fenolheto*, 1301 (pap. de la fam. d'Alzon).

FENOUILLET (LE), ruiss. qui prend sa source sur la c^{ne} de Montmirat et se jette dans le ruisseau des Ayguières, affluent de la Courme, sur le territ. de la même c^{ne}. — *Vallatum de Fenolheto, in decimaria Beatæ-Mariæ de Joffa*, 1463 (L. Peladan, not. de Saint-Geniès-en-Malgoirès).

FENOUILLET (LE), q. c^{ne} de Remoulins. — *Fenouye* (cad. de Remoulins).

FÉRET, f. c^{ne} de la Rouvière (le Vigan). — *Ferret*, 1789 (carte des États).

FÉRIÉ, h. c^{ne} de Saint-Roman-de-Codière.

FÉRON, mont. sur les c^{nes} de Nimes, de Poulx et de Cabrières. — *Conroci*, 1144 (Mén. I, pr. p. 32, c. 1); 1185 (ibid. p. 40, c. 1); 1195 (ibid. p. 41, c. 2). — *Cavarrocas*, 1237 (chap. de Nimes, arch. départ.). — *Conroci*, 1405 (Mén. III, pr. p. 314, c. 1). — *Mont-Féron* (carte géol. du Gard). · *Côte-Féronne*, 1862 (notar. de Nimes).

FÉRONES (LES), f. c^{ne} de Valleraugue.

FERRAUD, bois, c^{ne} de Saint-Bonnet.

FERREIROLLES, h. c^{ne} de Saint-Privat-de-Champclos. — *Castrum de Ferreirols*, 1211 (Gall. Christ. t. VI, p. 304). — *Le lieu de Ferreyroles*, 1557 (J. Ursy, not. de Nimes). — *Le chasteau de Féreyroles*, 1622 (arch. départ. C. 1215). — *Le mandement de Ferreyrolles*, 1714 (arch. commun. de Saint-Privat-de-Champclos).—*Ferreiroles*, 1731 (arch. départ. C. 1475); 1773 (ibid. C. 1597).

FERRIÈRE (LA), h. c^{ne} de Meyrannes. — *Homines de Ferreria, mansus de Ferreria*, 1245 (cart. de la seign. d'Alais, f°s 32 et 41). — *La Férière*, 1789 (carte des États).

FERRIÈRES (LES), h. c^{ne} d'Aumessas. — *G. de Ferreriis*, 1265 (cart. de N.-D. de Bonh. ch. 47); 1309 (ibid. ch. 62). — *Mansus de Ferreriis, parrochia Sancti-Ylarii de Olmessacio*, 1502 (A. de Massaporcis, not. du Vigan). — *Mas de Ferrières*, 1572 (J. Ursy, not. de Nimes).

FERRIÈRES (LES), f. c^{ne} de Saint-Laurent-le-Minier. — *Locus de Ferrariis*, 1320 (pap. de la fam. d'Alzon).

FÉRUSSAC, f. c^{ne} de Saint-Julien-de-la-Nef. — *Le Mas de Ferrussac*, 1549 (arch. départ. C. 1786).

FÈS (LE), ruiss. qui prend sa source dans les bois de Lens, c^{ne} de Combas, et se jette dans le Brié sur le territ. de la même commune.

FESC (LE), q. c^{ne} d'Aimargues. — *Loco vulgariter dicto* lo Fesc, in decimaria Sancti-Silvestri de Tellano, 1462 (reg.-cop. de lettr. roy. E, v). — Le Fesc, 1551 (arch. départ. C. 1809).

Fesc (Le), q. c^{ne} de Combas. — Le Fesc, ou Singlas, 1863 (notar. de Nîmes).

Fesc (Le), h. c^{ne} de Laval. — Le Fès, 1789 (carte des États).

Fesc (Le), f. c^{ne} de Saint-André-de-Valborgne. — Le mas du Fesc, 1552 (arch. départ. C. 1776).

Fesc (Le), f. auj. détruite, c^{ce} de Saint-Paul-la-Coste. — Mansus de Fesco, in parrochia Sancti-Pauli-de-Consta, 1376 (cart. de la seign. d'Alais, f° 48).

Fescal (Le), f. c^{ne} de Villevieille. — 1547 (arch. départ. C. 1809).

Fescou (Le), f. c^{ce} de Saint-André-de-Majencoules.

Fesq (Le), f. c^{ne} d'Aulas. — Le mas del Fesq, paroisse d'Aulas, 1693 (Ant. Teissier, not. du Vigan).

Fesq (Le), vill. c^{ne} de Vic-le-Fesq. — Tenementum Fiscarum, in riperia Viturli, 1310 (Mén. I, pr. p. 164, c. 2). — Fiscum, 1384 (dénombr. de la sénéch.). — Le Fez, 1694 (armorial de Nîmes). — Le Fesc, 1715 (J.-B. Nolin, Carte du dioc. d'Uzès).

Ce village, qui en 1384 formait une communauté peu considérable (elle n'est comptée que pour 1 feu), mais indépendante, fut de bonne heure annexé à Vic. — Même avant l'organisation de 1790, cette communauté portait le nom de Vic-le-Fesq. — Pour les armoiries, voy. Vic-le-Fesq.

Fesq (Le), bois, c^{ne} de Vic-le-Fesq.

Fesquet (Le), f. c^{ce} de Saint-André-de-Valborgne. — Mansus de Fesqueto, parrochiæ Sancti-Andreæ de Valle-Bornia, 1314 (guerre de Fl., arch. munic. de Nîmes). — Mansus de Fesqueto, mandamenti castri de Folhaquerio, 1376 (cart. de la seign. d'Alais, F° 46). — Le Fesquet, 1552 (arch. dép. C. 1777).

Feudils (Les), f. c^{ne} de Sainte-Anastasie, auj. détruite.

Feuillade (La), f. c^{ne} de Nîmes. — Centenaria, 916 (cart. de N.-D. de Nîmes, ch. 67); 923 (ibid. ch. 62). — Centencria, 1200 (chap. de Nîmes, arch. dép.). — Senteneria, la Sentenieyra, 1380 (comp. de Nîmes). — Centeniere, 1479 (la Taula del Possess. de Nismes). — La Centinère, 1518 (arch. dép. G. 205). — Centinières, 1671 (comp. de Nîmes).

Fève (La), bois, c^{ce} de Saint-Privat-de-Champclos.

Fézille (La), f. c^{ne} de Portes. — La Felzille, 1812 (notar. de Nîmes).

Fialgouse, f. c^{ne} de Soustelle. — Mansus de Felgoso, in parrochia de Sostella, 1376 (cart. de la seigneurie d'Alais, f° 48).

Fialgouse (Le Serre-de-), q. c^{ne} d'Arrigas.

Fiargoux, f. c^{ne} de la Rouvière (le Vigan). — Fialgouse, 1813 (notar. de Nîmes).

Ficou, f. c^{ne} de Roquedur. — P. de Ficulneis, 1164 (cart. de N.-D. de Bonh. ch. 61). — Ficou, 1710 (pap. de la famille d'Alzon).

Fiergalas, q. c^{ne} de Bréau-et-Salagosse.

Figaïrarié (La), h. c^{ne} de Mandagout. — Mansus de las Figuieyras, jurisdictionis et parrochiæ de Mandagoto, 1472 (A. Razoris, not. du Vigan).

Figairolles, h. c^{ce} de Valleraugue. — Figueyrolles (cad. de Valleraugue).

Figanès, f. c^{ce} de Bellegarde.

Figaret, f. c^{ne} de Saint-André-de-Majencoules. — Le Figuaret, 1551 (arch. départ. C. 1775).

Figaret, chât. et f. c^{ne} de Saint-Hippolyte-du-Fort.

Figaret, h. c^{ne} de Saint-Julien-de-la-Nef. — Mansus de Figuareto, parrochiæ Sancti-Juliani de Navi, 1430 (A. Montfajon, not. du Vigan); 1469 (Ald. Razoris, not. du Vigan). — Le Figaret, 1549 (arch. départ. C. 1786).

Figère (La), h. c^{ne} de Bonnevaux.

Figiairolles, h. c^{ne} de Courry. — La Figeiroles, 1768 (arch. départ. C. 1646).

Figneaux (Les), h. c^{ne} du Cros.

Figueirolles, q. c^{ne} de Vergèze. — 1548 (arch. départ. C. 1811).

Figuière (La), h. c^{ne} de Saint-Roman-de-Codière. — R. de Figueria, 1227 (Mén. I, pr. p. 82, c. 2).

Figuière (La), f. c^{ne} de Tornac. — Felgariæ, 927 (Mén. I, pr. p. 20, c. 1). — Figueria, 1170 (chap. de Nîmes, arch. départ.). — Mansus de Fugeria, parrochiæ Sancti-Baudilii de Tornaco, 1437 (Et. Rostang, not. d'Anduze).

Fijon, f. c^{ne} de Laudun.

Filibert, f. c^{ne} de Calvisson.

Fillech, f. c^{ne} du Cros. — Ficlech, 1789 (carte des États).

Fine, f. c^{ne} de Sommière.

Finiels, f. c^{ne} d'Arphy.

Finiels, f. c^{ne} du Cros.

Finonne, f. c^{ne} de Génolhac.

Finot, f. c^{ne} de Bellegarde. — La Cabane de Finol, 1789 (carte des États).

Fiougarasse, f. c^{ce} de Mialet.

Fious (Le), ruiss. qui prend sa source sur la c^{ne} de Valleraugue et se jette dans l'Hérault sur le territ. de la même commune.

Firminargues, f. c^{ne} de Montaren. — Firminhanicæ, 1254 (bibl. du gr. sém. de Nîmes). — Firminargie, Fulminargium, Fulminargues, 1526 (arch. munic. d'Uzès). — Ferminargues, parroisse de Montaren, 1721 (bibl. du gr. sém. de Nîmes).

C'était un fief dont la justice dépendait en totalité de l'ancien patrimoine du duché-pairie d'Uzès.

FIRMINEAU, f. c^{ne} de Beaucaire. — 1789 (carte des États). — *Firminaud*, 1812 (notar. de Nimes).
FLAQUIER (LE), f. c^{ne} de Soustelle.
FLAUGIÈRE, mⁱⁿ, c^{ne} de Gajan, sur la Braüne.
FLAUX, c^{on} d'Uzès. — *Mansus de Flaus*, 1226 (bibl. du grand séminaire de Nimes); 1254 (Gall. Christ. t. VI, p. 305). — *Villa de Flaus*, 1294 (Mén. I, pr. p. 119, c. 1). — *Flaucium*, 1314 (Rot. eccl. arch. commun. de Nimes); 1384 (dénombr. de la sénéch.). — *Flaux*, 1549 (arch. départ. C. 1328); 1562 (J. Ursy, not. de Nimes). — *Le prieuré Sainct-Pierre de Flaux*, 1620 (insin. eccl. du dioc. d'Uzès). — *Flaux*, 1637 (arch. départ. C. 1286). — *Fleaus*, 1694 (armorial de Nimes). — *Flaux* (Ménard, t. VII, p. 653).

Flaux était, avant 1790, de la viguerie et du diorèse d'Uzès, doyenné d'Uzès. — Le prieuré de Saint-Pierre de Flaux était à la collation de l'évêque d'Uzès. — Ce village n'est compté que pour 2 feux en 1384. — Il ressortissait au sénéchal d'Uzès. — La seigneurie de Flaux appartenait en 1721 à M. de la Martinière, d'Avignon; elle passa plus tard à M. Verdier, d'Uzès. — Les armoiries de Flaux sont : *de vair, à un pal losangé d'or et de gueules*.

FLÉCHIER, f. c^{ne} de Nimes.
FLESQUE (LA), q. c^{ne} d'Uzès. — 1544 (arch. commun. d'Uzès, GG. 7).
FLESSINES, f. c^{ne} de Saint-Bresson. — *Flexus*, 838 (Hist. de Lang. I, pr.). — *G. de Flexieyras, loci Sancti-Laurencii de Minerio*, 1513 (A. Bilanges, not. du Vigan).
FLEURI, f. c^{ne} de Cambo.
FLOIRAC, lieu détruit, c^{ne} de Nimes. — *Vilare que nuncupant Floiraco, in parrochia Sancta-Perpetua, infra ipsa villa que nuncupant Vinosolo, in territorio civitatis Nemausensis*, 1050 (cart. de N.-D. de Nimes, ch. 166; Mén. I, pr. p. 22, c. 1). — *Floiracum*, 1207 (ibid. p. 44, c. 1). — *Florac* (Ménard, t. VII, p. 628).
FLORAC, f. c^{ne} de Portes.
FLORIAN, h. c^{ne} de Logrian-et-Comiac-de-Florian. — *Florian de Comiac, balhage de Sauve*, 1582 (Tar. univ. du dioc. de Nimes). — *La communauté de Florian-de-Comiac*, 1735 (arch. départ. C. 754).

On y comptait 2 feux seulement en 1734 (arch. départ. C. 1030).
FLOURAN, lieu détr. c^{ne} de Calvisson. — *Florega*, 1138 (cart. de Saint-Sauv.-de-la-Font). — *Flouran*, 1461 (Robin, not. de Calvisson); 1567 (arch. départ. G. 287). — *Fleurane*, 1828 (notar. de Nimes).
FLURAC, f. et abîme, c^{ne} de Montdardier. — *Villa que vocant Frodnaco, subtus castro Exunatis, in arice* (sic

pro *agice*) *Arissense, in comitatu Nemausense*, 1009 (cart. de N.-D. de Nim. ch. 189). — *J. de Floraco*, 1262 (cart. de N.-D. de Bonh. ch. 40). — *G. de Floiraco*, 1309 (pap. de la fam. d'Alzon). — *Floirac*, 1789 (carte des États). — *Frugnat*, 1860 (notar. de Nimes. — *Flouirac* (cad. de Montdardier).
FOBIE (LA), ruiss. qui prend sa source sur la c^{ne} d'Aumessas, au mont Lengas, et se jette dans le Bavezou ou rivière d'Aumessas sur le territ. de la même commune.
FOCAUSSIN, h. c^{ne} de Saint-Paulet-de-Caisson.
FOISSAC, c^{on} de Saint-Chapte. — *Ecclesia de Foissaco*, 1292 (bibl. du gr. sémin. de Nimes); 1314 (Rot. eccl. arch. munic. de Nimes). — *Foyssncum*, 1384 (dénombr. de la sénéch.). — *Le prieuré Sainct-Euzébie de Foissac*, 1620 (insin. eccl. du dioc. d'Uzès). — *Foissac*, 1634 (arch. départ. C. 1280); 1752 (ibid. C. 1308; Ménard, t. VII, p. 653).

Avant 1790, Foissac faisait partie de la viguerie et du diocèse d'Uzès, doyenné d'Uzès. — On y comptait 2 feux en 1384. — Le prieuré de Saint-Eusèbe de Foissac était à la collation de l'évêque d'Uzès. — Foissac ressortissait au sénéchal d'Uzès. — M. P. Rouvière, d'Uzès, y avait des fonds nobles, au XVIIIe siècle. — Foissac porte pour armoiries : *de sinople, à un pal losangé d'or et de sinople*.

FOISSAGUET (LE), bois, c^{ne} de Foissac.
FOL (LE), f. c^{ne} de Saint-Marcel-de-Fontfouillouse. — 1553 (arch. départ. C. 1792).
FOLEZIT, f. c^{ne} de Saint-Michel-d'Euzet.
FOLIA, lieu détr. c^{ne} de Redessan. — *Locus ubi vocant Follia, in terminium de villa Reditiano, in comitatum Nemausensis*, 1031 (cart. de N.-D. de Nimes, ch. 82). — *Locus Folia-dabat*, 1308 (Mén. I, pr. p. 221, c. 1).
FOLLAQUIER (LE), h. c^{ne} de Saint-André-de-Valborgne. — *Foillacherius*, 1160 (Mén. I, pr. p. 46, c. 1). — *Fullacherium*, 1208 (ibid. p. 44, c. 2). — *B. de Folhaquerio*, 1237 (cart. de N.-D. de Bonh. ch. 25). — *Castrum de Fullaquerio*, 1294 (Mén. I, pr. p. 132, c. 1). — *Fulhaquerium*, 1300 (cart. de Psalm.). — *Mandamentum de Fohalhaquerio*, 1345 (cart. de la seign. d'Alais, f° 35). — *Castrum de Folhaquerio*, 1376 (ibid. f° 48). — *Locus de Folhaquerio*, 1461 (reg.-cop. de lettr. roy. E, IV, f° 16). — *La chapelle de Follaquier*, 1552 (arch. départ. C. 1776). — *Follaquier*, 1557 (J. Ursy, not. de Nimes). — *Foulhaquié*, 1602 (ibid.).
FOLLAQUIER (LE), q. c^{ne} de Saint-Brès. — 1550 (arch. départ. C. 1782).
FON (LA), source, c^{ne} de Saint-Dionisy. — 1548 (arch. départ. C. 1781).

Fonds (Les), bois, c⁰ᵉ de Bagnols, autrefois c⁰ᵉ de Saint-Nazaire.

Fons, c⁰ⁿ de Saint-Mamet. — *Fontes*, 1108 (cart. de N.-D. de Nimes, ch. 176); 1380 (Mén. III, pr. p. 67, c.1). — *Fontes citra Gardonum*, 1384 (dénombr. de la sénéch.). — *Decimaria Sancti-Saturnini de Fontibus, Uticensis diocesis*, 1463 (L. Peladan, not. de Saint-Geniès-en-Malgoirès). — *Locus de Fontibus*, 1557 (J. Ursy, not. de Nimes). — *Le prieuré Saint-Saturnin du lieu de Fons*, 1727 (insin. eccl. du dioc. de Nimes, G.27). — *Fons-outre-Gardon*, 1744 (mand. de l'évêque d'Uzès, bibl. de Nimes, 1109).

Fons appartenait, avant 1790, à la viguerie et au diocèse d'Uzès, doyenné de Sauzet. — Le prieuré de Saint-Saturnin de Fons-outre-Gardon était séculier et conféré par l'évêque d'Uzès. — On ne comptait à Fons, en 1384, que 2 feux. — Les justice et fief de Fons-outre-Gardon appartenaient, en 1721, à M. de Cambis. Le prieur du lieu y possédait des fonds nobles. — Fons-outre-Gardon porte pour armoiries : *d'or, à un pal losangé d'argent et d'azur.*

Fons, h. c⁰ᵉ de Saint-Julien-de-Valgalgue.

Fons (La), ruiss. qui prend sa source sur la c⁰ᵉ de Saint-Julien-de-Valgalgue et se jette dans le Grabieux sur le territ. de la c⁰ᵉ de Saint-Martin-de-Valgalgue.

Fons (La), ruiss. qui prend sa source au h. de la Salle, c⁰ⁿ de Roquedur, et se jette dans l'Hérault sur le territ. de la même commune.

Fons (Las), h. c⁰ᵉ de Molières. — *Mansus de Fontibus*, 1320 (pap. de la fam. d'Alzon). — *Mansus de La Fos*, 1380 (ibid.). — *Mansus de Fontibus*, 1513 (A. Bilanges, not. du Vigan).

Fonsange, h. c⁰ⁿ de Quissac. — *Fonsanche* (carte géol. du Gard). — Eaux minérales.

Fons-Fournels, montagne, c⁰ᵉ de Trèves.

Fons-sur-Lussan, c⁰ⁿ de Lussan. — *Ad Fontem, in vicaria Caxoniensi*, 945 (Hist. de Lang. II, pr. c. 87). — *Fontes prope Lussanum*, 1384 (dénombr. de la sénéch.). — *Locus et jurisdictio de Fontibus-supra-Lussanum; Fons-lez-Lussan*, 1523 (Griolet, not. de Barjac); 1549 (arch. départ. C. 1330). — *Le prieuré Sainct-Estienne de Fons-sur-Lussan*, 1620 (insin. eccl. du dioc. d'Uzès); 1715 (J.-B. Nolin, *Carte du dioc. d'Uzès*).

Fons-sur-Lussan faisait partie, avant 1790, de la viguerie et du diocèse d'Uzès, doyenné de Navacelle. — Le prieuré de Saint-Étienne de Fons-sur-Lussan était à la présentation du prieur de Goudargues et à la collation de l'évêque d'Uzès. — En 1384, ce village se composait seulement de 3 feux. — Il doit son nom à une source qui jaillit sur son

territ. et qui s'élève à près de trois mètres au-dessus du sol. — Ce lieu ressortissait au sénéchal d'Uzès; M. Chastanier en était seigneur, au XVIIIᵉ siècle. — Les armoiries de Fons-sur-Lussan sont : *de sable, à un pal losangé d'or et de sable.*

Font (La), f. c⁰ᵉ d'Arre. — 1549 (arch. dép. C. 1786).

Font (La), f. c⁰ᵉ de Cambo.

Font (La), f. c⁰ᵉ de Laval. — *La Fontaine*, 1715 (J.-B. Nolin, *Carte du dioc. d'Uzès*).

Font (La), source, c⁰ᵉ de Rogues. — *La Fon*, 1555 (arch. départ. C. 1772).

Fontagnac, f. c⁰ᵉ de Saint-Laurent-des-Arbres. — 1786 (arch. départ. C. 1666).

Fontainebleau, f. c⁰ᵉ d'Uzès. — *La métairie de Fontaibleau, commune de Saint-Firmin*, 1731 (arch. départ. C. 1473).

Fontaine-Bourbon, f. c⁰ᵉ de Saint-Chapte.

Fontaine d'Amour (La), source, c⁰ᵉ de Vauvert.

Fontaine de Bonnet, source, c⁰ᵉ de Clarensac.

Fontaine de Congéniès, source près du village de Congéniès.

Fontaine-de-Galargues, ruiss. qui prend sa source sur la c⁰ᵉ de Galargues et se jette dans le Razil sur le territ. de la même c⁰ᵉ. — *Fons Galazanicarum*, 1457 (Demari, not. de Calvisson). — *Fontaine Saint-Cosme*, 1789 (carte des États). — Voy. Saint-Cosme.

Fontaine-de-Goudargues, réunion de plusieurs sources très-belles et très-abondantes qui sourdent tout près du village de Goudargues et dont une partie se jette dans la Cèze, après avoir fait tourner un moulin, et dont l'autre forme la Gambionne : voy. ce nom.

Fontaine-de-Nimes (La), ruiss. qui prend sa source au pied de la colline de la Tourmagne, à Nimes, et se jette dans le Vistre sur le territ. de la même c⁰ᵉ. — NEMAVSVS (inscr. de Nimes, passim). — *Nemausus* (Auson., de cl. urb. XIX, 33). — *Cagantiolus*, 940 (cart. de N.-D. de Nimes, ch. 15). — *Fons-Major*, 957 (ibid. ch. 16); 993 (ibid. ch. 7). — *Riperia Superior*, 1273 (cart. de Saint-Sauveur-de-la-Font). — *Vistre-de-Nimes* (carte hydr. du Gard). — Parcours : 6 kilomètres — Voy. Agau (L').

Fontaine-des-Achonès, source, c⁰ᵉ de Générac.

Fontaine-de-Saint-Bonnet, ruiss. qui prend sa source sur la c⁰ᵉ de Saint-Bonnet et se jette dans le Gardon à Lafoux, c⁰ᵉ de Remoulins. — Parcours : 3,400 mètres.

Fontaine-de-Tavel, ruiss. qui prend sa source à la grotte de Malaven, c⁰ᵉ de Tavel, et se jette dans le Vallat-Blanc. — Parcours : 6,900 mètres.

Fontaine-de-Verfeuil, ruiss. qui prend sa source sur la c⁰ᵉ de Verfeuil et se jette dans l'Aguillon sur le territ. de la même commune.

Fontaine-de-Vers, ruiss. qui prend sa source sur la c⁻ᵉ de Vers et se jette dans le Gardon sur le territ. de la même c⁻ᵉ. — 1736 (arch. départ. C. 1303).

Fontaine du Groulhier, source, c⁻ᵉ de Saint-Laurent-le-Minier.

Fontaine-du-Roi, f. bois et source, c⁻ᵉ de Beaucaire. — La Font del Rey, 1554 (J. Ursy, not. de Nimes). — Fontaine-au-Roi, 1812 (notar. de Nimes). — La Font-du-Rey (carte géol. du Gard).

Fontaine-Gaillarde ou Font-Gaillard, ruiss. qui prend sa source sur la c⁻ᵉ de Souvignargues, traverse celle d'Aujargues et se jette dans la Corbière sur la c⁻ᵉ de Villevieille. — Ad Fontem-Galhard, in decimaria de Orinanicis, 1444 (arch. départ. G. 269). — Fonton et Font-Gaillarde, 1754 (plans de l'architecte G. Rollin). — Parcours : 8 kilomètres.

Fontaine Langlade, source, c⁻ᵉ de Milhau.

Fontake, f. c⁻ᵉ de Cendras.

Fontane, h. c⁻ᵉ de Saint-Hippolyte-de-Caton.

Fontane, f. c⁻ᵉ de Saint-Laurent-d'Aigouze.

Fontanelle, h. c⁻ᵉ de Monoblet.

Fontanelle, q. c⁻ᵉ de Saint-André-de-Majencoules. — 1551 (arch. départ. C. 1775).

Fontanes, h. c⁻ᵉ d'Aigaliers.

Fontanes, h. c⁻ᵉ de Saint-Paul-la-Coste. — Mansus de Fontayniis, in parrochia de Sancto-Paulo de Consta, 1376 (cart. de la seign. d'Alais, f° 48).

Fontanès, c⁻ᵉ de Sommière. — Fontanesium, 1292 (chap. de Nimes, arch. départ.). — Ecclesia de Fontanesio, 1314 (Rotul. eccl. munic. de Nimes). — Fontanesium, 1384 (dénombr. de la sénéch.). — Locus de Fontanesio, 1461 (reg.-cop. de lettr. roy. E, IV, f° 71). — Fontanez, 1548 (J. Ursy, not. de Nimes). — Le prieuré de Sainct-Martin de Fontanès, 1620 (insin. eccl. du dioc. d'Uzès). — La communaulté de Fontanès, au diocèse d'Uzès, 1616 (arch. commun. de Combas); 1633 (arch. départ. C. 1298). — Fontanès-de-Lecques, 1789 (carte des États).

Fontanès appartenait, avant 1790, à la viguerie et au diocèse d'Uzès, doyenné de Sauzet. — On n'y comptait que 2 feux en 1384. — Le prieuré régulier de Saint-Martin de Fontanès, uni à l'aumônerie du chapitre cathédral d'Uzès, était conféré par l'évêque. — On remarque sur une hauteur, à 1,500 mètres du village, les restes d'un ancien château, et, dans le bois de Prime-Combe, un ermitage où l'on va en dévotion le 8 septembre : voy. Notre-Dame-de-Prime-Combe. — Les armoiries de Fontanès sont : d'azur, à une barre losangée d'argent et de sinople.

Fontanès, f. c⁻ᵉ d'Aigremont. — St. de Fontanesio, loci de Fontanesio, parochiæ Sancti-Petri Acrimontis,

Uticensis diocesis, 1463 (L. Peladan, not. de Saint-Gen.-en-Malg.). — Fontaine, 1865 (notar. de Nimes).

Fontanès, h. c⁻ᵉ de Saint-Martin-de-Valgalgue.

Fontanès, h. c⁻ᵉ de Saint-Théodorit.

Fontanieu, h. c⁻ᵉ de Saint-André-de-Valborgne. — Mansus de Fontanerio, mandamenti castri de Fulhaquerio, 1376 (cart. de la seign. d'Alais, f° 48).

Fontanieu, h. c⁻ᵉ de Saint-Florent.

Fontanieu, h. c⁻ᵉ de Saint-Jean-de-Valerisclo.

Fontanieux, f. c⁻ᵉ de Saint-Just-et-Vaquières.

Fontanieux (Le), ruiss. qui a sa source sur la c⁻ᵉ de Salinelles et se jette dans le Vidourle sur le territ. de la même commune.

Fontanilhe (La), h. c⁻ᵉ de Sénéchas. — Fontanilhes, 1553, 1557 (J. Ursy, not. de Nimes). — Fontanille, dans le mandement de Peyremale, 1737 (arch. départ. C. 1490). — Fontanilles, 1812 (notar. de Nimes).

Fontanille, c⁻ᵉ de Calvisson, h. près d'une fontaine qui va se jeter dans le Rhony. — Voy. Cagabaule (La).

Fontanille, f. c⁻ᵉ du Caylar.

Fontanilles (Les), q. c⁻ᵉ de Peyrolles. — 1551 (arch. départ. C. 1771).

Fontanon (Le), h. c⁻ᵉ de Saint-André-de-Valborgne.

Fontanouille (La), ruiss. qui prend sa source à Cratoul, c⁻ᵉ de Saint-Christol-de-Rodières, et se jette dans la More sur le territ. de la même c⁻ᵉ. — La Fontanoille, 1773 (compoix de Saint-Christol-de-Rodières).

Fontarane, f. c⁻ᵉ de Saint-Cosme-et-Maruéjols.

Fontarane (La), ruiss. qui prend sa source à la f. de Fontarane et se jette dans le Rieutort sur le territ. de la c⁻ᵉ de Saint-Cosme-et-Maruéjols. — Fontaraine (carte géol. du Gard).

Fontarèche, c⁻ᵉ de Lussan. — Villa de Fonte-Erecto, 1211 (Gall. Christ. t. VI, p. 304). — Fontarecha, 1265 (arch. départ. H, 3). — Fons-Herectus, 1384 (dénombr. de la sénéch.). — Castrum de Fonte-Erecta, diocesis Uticensis, 1426 (bull. de la Soc. de Mende, t. XVII, p. 36). — Locus de Fontarecta, 1461 (reg.-cop. de lettr. roy. E, v). — Fontaresche, 1549 (arch. départ. C. 1330). — Fontareches, 1565 (J. Ursy, not. de Nimes). — Le prieuré Nostre-Dame-de-Fontarèche, 1620 (insin. eccl. du dioc. d'Uzès). — Fontaresche (Ménard, t. VII, p. 655).

Fontarèche faisait partie, avant 1790, de la viguerie et du diocèse d'Uzès, doyenné d'Uzès. — En 1384, ce village se composait de 3 feux et demi. — Le prieuré de Notre-Dame de Fontarèche était à la collation de l'évêque. — Ce lieu ressortissait au sénéchal d'Uzès; les Rossel de Fontarèche en étaient seigneurs. — Restes assez bien conservés d'un châ-

teau qui paraît remonter au XIII° siècle. — Fontarèche porte pour armoiries : *d'hermine, à une fasce
losangée d'or et de sinople.*

FONTARET, source, c°° de Blandas.

FONT-AUBARNE, ruiss. qui prend sa source dans les garrigues de Nimes, territ. de Courbessac, et se jette
dans le Vistre près de la f. de la Tour-l'Évêque, c°°
de Nimes. — *Rius de Albarna*, 971 (cart. de N.-D.
de Nimes, ch. 90). — *Ad fontem Albarnæ*, 1160
(Lay. du Tr. des ch. t. I, p. 91). — *Reyra de Corbessatz*, 1380 (comp. de Nimes). — *Font-Albarne*,
1479 (la Taula del Poss. de Nismes). — *Font-Aubarne*, 1671 (comp. de Nimes).

FONT-AUBE, source, c°° de Nimes. — 1479 (la Taula
del Poss. de Nismes).

FONTAUBE, f. c°° d'Aubaix, à la source de la Cubelle.

FONTAURON, source, c°° de Nimes.—*Ad Fontem-Auron*,
1380 (compoix de Nimes). — *Fontauron*, 1671
(ibid.).

FONT-AUROUX, ruiss. qui prend sa source sur la c°° de
Parignargues et se jette dans la rivière de Parignargues.

FONT-BARBARINE, ruiss. qui prend sa source sur la f.
de Bouchet, c°° de Bouillargues, et se perd dans le
bois de Signan. — *Fons Barbarinus, ultra Vistrum;
Font-Barbarina*, 1380 (comp. de Nimes). — *Font-
Barbarine*, 1479 (la Taula del Poss. de Nismes). —
Barbarine, 1547 (arch. départ. C. 1768); 1671
(comp. de Nimes).

FONT-BARBEN, source du Vallat-des-Crottes, sur la f. de
la Barben, c°° de Nimes, à la limite N.-O. des garrigues.

FONT-BARIELLE, source, c°° de Jonquières-et-Saint-Vincent.

FONT-BARJAUDE, source et bois, c°° de Castillon-du-
Gard. — *Fonbarjaude* (Rivoire, *Statist. du Gard*,
t. II, p. 544).

FONT-BERNADE, source, c°° du Vigan. — *Vallatum de
Bernadenca*, 1320 (pap. de la fam. d'Alzon). —
Font-Bernarde, 1550 (arch. départ. C. 1812).

FONT-BESSE, ruiss. qui prend sa source sur la c°° de
Laudun et se jette dans le Tave sur le territ. de la
même c°°. — 1862 (Ann. du Gard, p. 664).

FONTBONNE, f. c°° de Villevieille. — *Font-Sobeyroux-
lez-Sainct-Pancracy*, 1561 (J. Ursy, not. de Nimes).

FONT-BONNE, ruiss. qui prend sa source sur la f. précédente et se jette dans le Vidourle sur le territoire de
la c°° de Sommière.

FONT-BOUILLANT, source, c°° de Saint-Bresson.— 1548
(arch. départ. C. 1781).

FONT-BOUILLEN, f. c°° de Pommiers.

FONT-BOUILLEN, source et f. c°° de Sauve. — *Font-
Pouillen*, 1789 (carte des États).

FONT-BOUISSE, h. c°° de Souvignargues.

FONT-BOURÉLY, ruiss. qui prend sa source sur la c°° de
Valleraugue et se jette dans l'Hérault sur le territ.
de la même c°°.

FONT-BOUTEILLE, f. c°° de Nimes. — *Vilare Gordus*,
921 (cart. de N.-D. de Nimes, ch. 85; Ménard, I,
pr. p. 19, c. 1). — *Gors, Gorcs*, 1380 (compoix de
Nimes). — *Vendonia*, 1380 (ibid.). — *Odonels*,
1799 (la Taula del Poss. de Nismes). — *Gorps*,
1479 (ibid.). — *Odonez*, 1555 (J. Ursy, not. de
Nimes). — *Audonnels, sive Tines-de-Grézan*, 1608
(arch. hosp.). — *Odonels*, 1671 (comp. de Nimes).
— *Gors*, 1692 (arch. hosp.). — *Font-Bouteille*,
1774 (comp. de Nimes).

FONT-BOUTEILLE, ruiss. qui prend sa source sur la f.
précédente et se perd dans les fossés de la route de
Beaucaire. — *Font-de-Grézan*, 1695 (arch. munic.
de Nimes).

FONT-BRUNE, ruiss. qui prend sa source sur la c°° de
Crespian et se jette dans la Courme sur le territoire
de la même commune.

FONT-CARPIAN, source, c°° de Nimes, au q. dit Chemin-
Plan. — *Ad fontem Carpiani; Vallatum Carpiani*,
1233 (chap. de Nimes, arch. départ.). — *Subtus
Carrayronum de Carpiano; in Carpian, a las Perau-
bas (servit priori Sancti-Baudili)*, 1380 (comp. de
Nimes). — *Carpian et Camin-Plan*, 1479 (la Taula
del Poss. de Nismes). — *Crepian*, 1552 (J. Ursy,
not. de Nimes).

FONT-CAUDE, ruiss. qui prend sa source sur la f. de
Valensolle, c°° de Saint-Martin-de-Saussenac, et se
jette dans le Crieulon sur le territ. de la c°° de Durfort. — *Font-Caude* (Rivoire, *Statist. du Gard*).

FONT-CAVALIÉ, source du Canabou, c°° de Cabrières.

FONT-CHAPELLE, source, c°° de Nimes, au-dessus de la
fontaine de Calvas. — Se jette dans le ruiss. de Calvas. — 1671 (comp. de Nimes).

FONT-CHAUDE, f. c°° de Sumène.

FONT-CLAIRE, source, c°° de Thoiras. — 1542 (arch.
départ. C. 1803).

FONT-CLUZE, source médicinale, c°° de Meynes, célèbre
au XVI° et au XVII° siècle (E. Trenquier, *Mém. sur
Montfrin*).

FONT-CONTESTINE, source, c°° de Nimes, au mas des
Gardies. — *Fons Constantinus*, 1380 (compoix de
Nimes). — *Font-Contestine*, 1518 (arch. départ. G.
206). — *Font-Contrestine*, 1617 (Bruguier, not.
de Nimes).

FONT-COUCHADE, source, c°° de Nimes. — 1671 (comp.
de Nimes).

Font-Coudoulouse, source, c⁰ᵉ de Bellegarde. — *Fons Codolosus*, 1239 (Rech. hist. sur Beaucaire). — *Rivus de Bellagarda*, 1322 (cart. de Saint-Sauveur-de-la-Font). — *Font-des-Codes* (carte géol. du Gard).

Font-Couverte, f. cⁿᵉ d'Avejan. — 1774 (arch. départ. C. 1600).

Font-Couverte, h. cⁿᵉ de Barron. — *Fonscouverte*, 1715 (J.-B. Nolin, *Carte du dioc. d'Uzès*).

Font-Couverte, f. auj. détr. cⁿᵉ de Bellegarde. — *Fons-Cohopertus; Castellar de Fonte-Cohoperto*, 1293 (arch. départ. G. 277, 279).

Font-Couverte, f. cⁿᵉ de Nimes. — C'est l'ancien nom de la métairie du chapitre de Nimes appelée plus tard *la Bastide*; voy. ce nom.

Font-Couverte, f. cⁿᵉ de la Rouvière (le Vigan).

Font-Couverte, f. cⁿᵉ de Saint-Laurent-des-Arbres. — 1786 (arch. départ. C. 1666).

Font-Couverte, ruiss. qui prend sa source sur la cⁿᵉ de Saint-Sauveur-de-Crugières (Ardèche), entre dans le dépᵗ du Gard sur le territ. de la cⁿᵉ de Barjac et se jette dans le Roméjac sur le territ. de la cⁿᵉ de Saint-Privat-de-Champclos.

Font-Couverte, source sur le territ. de la cⁿᵉ de Jonquières-et-Saint-Vincent. — *Fons-Cohopertus*, 1096 (Hist. de Lang. II, pr. col. 343). — *Fons-Coopertus*, 1239 (Rech. hist. sur Beaucaire).

Font-Couverte, source, cⁿᵉ de Vellevieille. — 1547 (arch. départ. C. 1809).

Font-Cyngue, ruiss. cⁿᵉ de Saint-Gervais. — 1862 (Ann. du Gard, p. 664).

Font-Dames, f. et source, cⁿᵉ de Nimes. — *Rivo que vacant Banso*, 1050 (cart. de N.-D. de Nimes, ch. 45). — *Coudols, sive Font-Dams*, 1301 (arch. départ. G. 200). — *Ad Fontem-Damas*, 1380 (comp. de Nimes). — *Font-Dames*, 1479 (la Taula del Poss. de Nimes). — *Le Levandon, sive Font-Dames*, 1567 (J. Ursy, not. de Nimes). — *Lavandour, Lavadorium*, 1608 (arch. hosp. de Nimes).

Font-d'Anduze, ruiss. qui prend sa source sur les pentes de la Grande-Pallière, mont. de la commune de Thoiras, et va se jeter dans le Gardon un peu au-dessus d'Anduze. — *Fontaine-d'Anduze* (cart. hydr. du Gard).

Font-d'Aspouzes, q. cⁿᵉ de Milhau.

Font-d'Aujargues, source très-voisine du village d'Aujargues. — Se jette presque immédiatement dans la Corbière.

Font-de-Barret, source, cⁿᵉ de Fons-outre-Gardon. — *Agazan*, au cad. de cette cⁿᵉ.

Font-de-Bouillargues, source, cⁿᵉ de Bouillargues. — *Font-de-Massilhac, prope Bolhargues*, 1479 (la Taula del Poss. de Nismes). — *La Ryeire-de-Massillac*, 1671 (comp. de Nimes).

Font-de-Bouquet, source, cⁿᵉ d'Aspères.

Font-de-Bouquier, source, cⁿᵉ de Nimes. — *In valle Bocheria*, 1233 (chap. de Nimes, arch. départ.). — *Ad Fontem-Boquerii, servit priori Sancti-Martini de Arenis*, 1380 (comp. de Nimes). — *Font-de-Boquié*, 1479 (la Taula del Poss. de Nismes). — *Font-de-Bouquier*, 1671 (comp. de Nimes).

Font-de-Cabot (La), source, cⁿᵉ de Saint-Bauzély-en-Malgoirès. — *Usque ad terminium scitum inter fontem de Paparella et fontem de Cabot*, 1463 (L. Peladan, not. de Saint-Geniès-en-Malgoirès).

Font-de-Cabrit, source et bois, cⁿᵉ de Saint-Félix-de-Pallières.

Font-de-Césénac, source, cⁿᵉ de Montfrin (E. Trenquier, *Mém. sur Montfrin*).

Font-de-Clastre, source et bois, cⁿᵉ de Saint-Christol-de-Rodières. — 1750 (arch. départ. C. 1662).

Font-de-Courbessac, source, cⁿᵉ de Nimes, au territ. de Courbessac. — *Les Fontilles*, 1671 (compoix de Nimes); 1695 (*ibid.*).

Font-de-Fouzan, source, cⁿᵉ de Calvisson. — *Villa Felzane*, 1011 (cart. de N.-D. de Nimes). — *Fons de Feuzano*, 1263 (arch. départ. G. 290).

Font-de-Gisford, f. et source, cⁿᵉ d'Uzès. — *La fontaine de Gisford*, 1610 (arch. départ. C. 1301); 1846 (J. Teissier, *Les Eaux de Nîmes*). — *Le Mas-de-Gisfort*, 1855 (notar. de Nimes).

Font-de-Grazilhes, source, cⁿᵉ de Crespian. — Voy. Doulibre (Le).

Font-de-la-Bastide, source, cⁿᵉ de Saint-Sébastien-d'Aigrefeuille. — *Fons de Bastida, in parrochia Sancti-Sebastiani de Agrifolio*, 1508 (G. Calvin, not. d'Anduze).

Font-de-l'Aube, source, cⁿᵉ d'Aujargues. — Forme, en se réunissant avec le ruisseau de Fontaine-Gaillarde, le ruisseau de la Corbière.

Font-de-l'Euze, source et f. cⁿᵉ de Saint-André-de-Valborgne. — *Pont-de-l'Euze*, 1789 (carte des États).

Font-de-Linque, source sur le territ. de Montagnac, cⁿᵉ de Moulezan-et-Montagnac.

Font-de-Lissac, source, cⁿᵉ de Junas. — Elle se jette presque aussitôt dans le Rieu.

Font-de-l'Urne, source, cⁿᵉ de Valleraugue. — 1551 (arch. départ. C. 1806).

Font-de-Monteau, source, cⁿᵉ de Saint-Quentin. — *Font-du-Manteau*, 1858 (notar. de Nimes).

Font-de-Noalhac, source, cⁿᵉ de Roquedur. — *Fons de Noalhac*, 1323 (pap. de la fam. d'Alzon).

Font-de-Pène, source, près de la Bastide, cⁿᵉ de Nimes. — 1630 (arch. départ. G. 236).

Font-de-Pichon, q. c^ne de Saint-Cosme.

Font-des-Bœufs, source et f. c^ne d'Uzès.

Font-des-Chiens, source, c^ne de Nimes. — *Font-d'Es-*
pagne, 1671 (comp. de Nimes).

Font-des-Clavels, source, c^ne de Saze. — 1637 (Pitot, not. d'Aramon).

Font-des-Cleisoux, source, c^ne de Colias (E. Trenquier, *Not. sur quelques loc. du Gard*).

Font-de-Servières (La), source, c^ne de Saint-Laurent-
le-Minier. — 1550 (arch. départ. C. 1789).

Font-des-Hiruges, source, c^ne de Nimes.—*Fons de las*
Hereges, prope Turrim-Magnàm, 1380 (comp. de
Nimes). — *Font-des-Hyruges*, 1479 (la Taula del
Poss. de Nismes).

Font-des-Ladres, source à Caissargues, c^ne de Bouillargues, dans une terre qui appartenait à la léproserie de Nimes.

Font-d'Eure, source et h. c^ne de Cornillon. — *Rey-de-*
Lure, Rey-de-l'Ure, 1789 (carte des États).

Font-Dom, source, c^ne de Nimes, près des carrières
romaines de Barutel (Ménard, t. II, p. 188).

Font-Douce, ruiss. qui prend sa source sur la c^ne de
Valleraugue et va se jeter dans le Taleyrac, affluent
de l'Hérault, sur le territ. de la même c^ne. — *Font-*
Douze (cad. de Valleraugue).

Font-du-Bois (La), source, c^ne de Remoulins. — *A la*
font del Boys, 1474 (J. Brun, not. de Saint-Geniès-
en-Malgoirès). — *Font du Bouys* (cad. de Remoulins).

Font-du-Coou, source, c^ne de Villeneuve-lez-Avignon.

Font-du-Juste, source, c^ne de Générac.

Font-du-Loup, ruiss. qui prend sa source sur la c^ne de
Brouzet et se jette dans 'Alauzène sur le territoire
de la même commune.

Font-du-Loup, q. c^ne de Mars.

Font-du-Mas (La), source et f. c^ne de Saint-Dézéry.
— 1776 (arch. départ. C. 1665).

Font-du-More, source, c^ne de Vauvert. — *Font-*
Moure, 1557 (chapellenie des Quatre-Prêtres, arch.
hosp. de Nimes).

Font-du-Pigeon, source, c^ne de Manduel. — Se jette
dans le Bastardel.

Font-du-Robinet, source, c^ne de Nimes, sur le chemin
du Mas-Boulbon. — *Font-Amargalh,* 1479 (la
Taula del Poss. de Nismes).—*Font-Magalhe,* 1671
(comp. de Nimes).

Font-du-Roure, source et f. c^ne de Rousson.

Font-d'Ussac (La), source, c^ne de Ribaute.—*La Font-*
du-Sac, 1553 (arch. départ. C. 1774).

Font-du-Trou (La), source, c^ne de Saint-Mamet. —
Se jette bientôt dans le ruisseau des Lens. — *Terri-*
torio vocato en Fon-Curellii, in decimaria Sancti-
Gard.

Mameti, 1463 (L. Peladan, not. de Saint-Geniès-
en-Malgoirès).

Font-du-Vert (La), q. c^ne de Calvisson.

Font-du-Vert (La), source et f. c^ne de Durfort. —
Font-d'el-Vert, 1789 (carte des États).

Fontelles (Les), f. c^ne de Monoblet.

Font-Escalière, source, c^ne de Nimes. — *Clausum a*
Escalieyras, loco vocato Scalier, servit priori Sancti-
Baudilii, 1380 (comp. de Nimes).—*Font-Escalières,*
1505 (arch. hosp.).—*Puech de Font-Escalière,*1671
(comp. de Nimes).

Fontettes (Les), f. c^ne de Caveirac. — *La Combe de*
las Fontètes, 1503 (arch. hosp. de Nimes). — *Les*
Fontettes, 1671 (comp. de Nimes).

Fontézy, f. c^ne de Saint-Gervais. — *B. de Fontezeia,*
1261 (notes manusc. de Ménard, bibl. de Nimes,
n° 13,823).

Font-Fossat, ruiss. qui prend sa source sur la c^ne de
Thoiras et se jette dans le Gardon sur le territ.
de la même commune. — *La Font-Fossat,* 1763
(arch. départ. C. 552).

Font-Fougassière (La), source et f. c^ne d'Aubais.

Font-Fouillouse (La), source, c^ne de Saint-André-de-
Majencoules. — 1551 (arch. départ. C. 1775).

Font-Françon, source, c^ne de Nimes, près des carrières de Barutel (Ménard, t. II, p. 188).

Font-Frède, f. c^ne de Robiac. — *Fons-Frigidus,* 1227
(Mén. I, pr. p. 79, c. 2).

Font-Frège, f. c^ne de Sainte-Croix-de-Caderle.

Font-Frège, f. c^ne d'Uzès.

Font-Fresque, source et bois, c^ne de Mars.

Font-Froide, f. et source, c^ne de Nimes.

Font-Garonne, source, c^ne de Bouillargues.

Font-Granade, source, c^ne de Thoiras. — 1552 (arch.
départ. C. 1804).

Font-Grasse, f. c^ne de Vers.

Font-Grazade, source, c^ne de Nimes. — *Font-Grezade,*
1671 (comp. de Nimes).

Font-Guiraude, source, c^ne de Saint-Dézéry. — 1776
(arch. départ. C. 1664).

Fontiby, source, c^ne de Marguerittes; elle se jette dans
le Vistre au-dessus de la ferme de Brignon. — *Fon-*
tildis, 1191 (cart. de Franq.). — *Ad Fontem-Tibis,*
ad Fontem-Tibie, 1380 (comp. de Nimes). — *Fon-*
tibie, Font-d'Ivie, 1824 (notar. de Nimes). — *Fon-*
tiby ou *Font-d'Arequière* (cad. de Marguerittes).

Fontieule, f. c^ne de Vauvert. — *Fontieure,* 1827 (notar. de Nimes).

Fontilles (Les), f. c^ne de Nimes, territ. de Courbessac.
— *A Fontillas, prope Sanctum-Johannem de Corbes-*
sacio, 1380 (comp. de Nimes). — *Le Puech des Fon-*
tilhes, près l'église de Courbessac, 1470 (la Taula

12

del Poss. de Nismes). — *Le Mas-des-Fontilles*, 1671 (comp. de Nismes).

Font-Jauffray, source, c⁰ᵉ de Marguerittes; se jette dans le Vistre.

Font-Lauzade, h. c⁰ᵉ de Malons-et-Elze.

Font-Longue, ruiss. qui prend sa source sur la c⁰ᵉ de Saint-Brès et se jette dans la Cèze sur le territoire de la même commune.

Font-Longue (La), source, c⁰ᵉ de Saint-Julien-de-la-Nef. — 1549 (arch. départ. C. 1786).

Font-Loubaou (La), source, c⁰ᵉ de Saint-Christol-de-Rodières. — 1750 (arch. départ. C. 1662).

Font-Malautière, source médicinale, c⁰ᵉ de Montfrin. *Fons Maladeriæ* (E. Trenquier, *Mém. sur Montfrin*).

Font-Mangouline, source, c⁰ᵉ de Nimes; se jette dans le Cadereau. — *Ad Fontem de Migauria*, 1114 (cart. de N.-D. de Nimes, ch. 102). — *Ad fontem Megauriæ*, 1233 (chap. de Nimes, arch. départ.). — *Fons Megauriæ*, 1380 (comp. de Nimes). — *Megauria*, 1479 (la Taula del Poss. de Nismes). — *Font Mégaurie*, 1671 (comp. de Nimes).

Font-Massau, f. c⁰ᵉ de Saint-Clément.

Font-Nadariès, source, c⁰ᵉ de Serviers. — 1710 (arch. départ. C. 1669).

Font-Nègre, f. c⁰ᵉ d'Allègre.

Font-Paparelle, source, c⁰ᵉ de Saint-Bauzély-en-Malgoirès. — *Ad terminum scitum inter fontem Paparellam et fontem de Cabot*, 1463 (L. Peladan, not. de Saint-Geniès-en-Malgoirès).

Font-Perpinsot, source, c⁰ᵉ de Nimes. — 1479 (la Taula del Poss. de Nismes). — 1671 (compoix de Nimes).

Font-Pouride, source, c⁰ᵉ de la Capelle-et-Mamolène.

Font-Publique, ruiss. qui prend sa source sur la c⁰ᵉ de Massanes et va se jeter dans l'Allarenque sur le territ. de la même commune.

Font-Robert, ruiss. qui prend sa source dans les garrigues de Saint-Cosme-et-Maruéjols et se jette dans le Rieutort sur le territoire de la même commune. - *Font-de-Robert*, 1789 (carte des États). — Parcours : 300 mètres.

Font-Roquecourbe, source, à la f. de Roquecourbe, c⁰ᵉ de Marguerittes.

Fontrouch, f. c⁰ᵉ de Molières.

Font-Roze, source, c⁰ᵉ de Tornac. — 1552 (arch. départ. C. 1804).

Fonts (Les), h. et m⁰ⁿ, c⁰ᵉ d'Arre.

Fonts (Les), f. c⁰ᵉ de Bagnols.

Fonts (Les), ruiss. qui prend sa source sur la c⁰ᵉ de Connaux et se jette dans le Tave sur le territoire de la même commune.

Font-Saint-Martin, ruiss. qui a sa source dans le bois de Campagnes, c⁰ᵉ de Nimes, et se perd dans les fossés de la route de Saint-Gilles. — *Ad Fontem Sancti-Martini, in Terralba (servit Præposito Nemausensi)*, 1380 (comp. de Nimes). — *La Font Saint-Martin*, 1534 (arch. départ. G. 176).

Font-Saint-Pierre, ruiss. qui prend sa source dans les garrigues de Saint-Pierre-de-Vaquières, c⁰ᵉ de Parignargues, et se jette dans le Vallat-des-Crottes sur la c⁰ᵉ de Gajan. — *Fon-Sainct-Peyre*, 1555 (J. Ursy, not. de Nimes). — *Font-Saint-Peyre* (carte géol. du Gard).

Font-Sausse, ruiss. qui prend sa source sur la c⁰ᵉ de Saint-Martin-de-Saussenac et se jette dans le Carsonnaux sur le territ. de la même commune.

Fontsécur, source, c⁰ᵉ d'Arrigas.

Font-Septime, source, c⁰ᵉ de Redessan. — 1539 (arch. départ. C. 1773).

Font-Tany, source, c⁰ᵉ de Jonquières-et-Saint-Vincent. — Elle se jette dans l'étang de Jonquières. — *Font-de-Tany*, 1589 (comp. de Jonquières). - *Font-de-Tavy* (carte géol. du Gard).

Font-Temple, source, c⁰ᵉ de Nimes. - - *Font-Taupie*, 1479 (la Taula del Poss. de Nismes). — *Fontample*, 1671 (comp. de Nimes).

Font-Veiragub, source, c⁰ᵉ de Nimes. — *Font-Veirargues*, 1479 (la Taula del Poss. de Nimes). — *Combe de Font-Veirague*, 1671 (comp. de Nimes). — *Font-Virague* (cad. de Nimes). - *Font-Veyrague, sive Puech-Léonard*, 1865 (notar. de Nimes).

Font-Vendargues, ruiss. qui prend sa source à la f. d'Aubay, c⁰ᵉ de Nimes, et se jette dans le Vistre au-dessus du moulin Villard, même c⁰ᵉ. — *Font-de-Vendargues, sive Tres-Fons*, 1608 (arch. hosp. de Nimes).

Font-Vernonne, source, c⁰ᵉ de Blauzac.

Font-Vespière, ruiss. qui prend sa source dans les garrigues de Nimes, près la f. de Servas, et se jette dans un affluent de la Braüne. — *In loco qui dicitur ad Fontem-Vesparia*, 876 (cart. de N.-D. de Nimes, ch. 140; Mén. I, pr. p. 11, c. 1). — *Ad Fontem-Vespieira*, 1380 (comp. de Nimes).

Font-Vieille, bois, c⁰ᵉ de Bouquet.

Forêt (La), h. et bois, c⁰ᵉ de Portes. — *Foresta de Portis*, 1344 (cart. de la seign. d'Alais, f° 31). — *La Forest-de-Portes*, 1789 (carte des États).

Forêt-Saint-Martin (La), f. c⁰ᵉ de Valliguière.

Foris, f. c⁰ᵉ de Laval.

Formentières (Les), q. c⁰ᵉ de Saint-Bresson. — 1548 (arch. départ. C. 1781).

Fornelade (La), f. c⁰ᵉ de Soudorgues. — 1553 (arch. départ. C. 1802).

Fort (Le), c^te de Ponteils-et-Brésis. — 1766 (arch. départ. C. 1580).

Fortet, f. c^ne d'Aimargues.

Forton, f. c^te de Beaucaire. — *Fourton*, 1789 (carte des États).

Fortunier, f. c^ne de Cornillon.

Fossat (Le), f. c^ue de Beaucaire.

Fossat (Le), f. c^au de Concoules. — 1731 (arch. départ. C. 1474).

Fossat (Le), f. c^ne de Fourques.

Fosse (La), f. c^ne de Saint-Gilles. — 1549 (arch. dép. C. 774). — *Le domaine de la Fosse*, 1755 (*ibid.* C. 60).

Fosse (La), f. c^ne de Soudorgues.

Fossemale, ruiss. qui prend sa source au h. de Novis, c^ne de Vabres, et se jette dans la Salindres sur le territ. de la même commune. — Parcours : 3,900 mètres.

Foucart, f. c^ne d'Aiguesmortes. — *Foucard*, 1789 (carte des États).

Fougairolles, f. c^ne de Saint-Martial. — *Fouairolles*, 1789 (carte des États).

Fougasse (La), bois, c^ne de Castillon-du-Gard.

Fougasse (La), m. isolée, c^ne de Nimes. — *Plan-de-la-Fougasse*, 1671 (comp. de Nimes).

Fougassière (La), f. c^ne de Chamborigaud. — *Mansus de Fogasseriis*, *parrochiæ Beatæ-Mariæ de Clauso* (sic), 1345 (cart. de la seign. d'Alais, f° 33 et 42).

Fougerolles, f. c^ne de Colognac. — *Foucerolles*, 1789 (carte des États).

Fouiller (Le), bois, c^ue de Crespian.

Foule, f. c^ne de Clarensac.

Foule-Filouse, f. c^ne de Saint-Cosme-et-Maruéjols.

Four (Le), h. c^ne de Castillon-de-Gagnère. — *Le Four, paroisse de Castillon-de-Courry*, 1750 (arch. départ. C. 1531).

Four-à-Chaux (Le), f. c^ne d'Aiguesvives.

Four-à-Chaux (Le), q. c^ue de Saint-Geniès-en-Malgoirès. — *Loco vocato al Forc-Cauquier, in decimaria Sancti-Genesii de Mediogoto*, 1463 (L. Peladan, not. de Saint-Geniès-en-Malgoirès).

Four-Caussier (Le), q. c^ne de Sumène. — 1555 (arch. départ. G. 167).

Fourches (Les), ruiss. qui prend sa source près de la f. de la Rousse, c^ue de Malons-et-Elze, et se jette dans le Chassezac sur le territ. de la même commune. — Ce ruisseau fait la limite N.-E. entre le Gard et l'Ardèche.

Fourches (Les), q. c^ne de Saint-Hilaire-d'Ozilhan. — *Furcæ Sancti-Hilarii*, 1312 (arch. de la c^ne de Valliguière).

Fourcual, h. c^ne de Roquedur. — *Mansus de Forcoaldo*,

1513 (A. Bilanges, not. du Vigan). — *La Font de Forqual, paroisse de Saint-Pierre-de-Roquedur*, 1551 (arch. départ. C. 1796). — *Forqual*, 1789 (carte des États).

Four-de-Boirély (Le), f. c^ne de Nimes.

Four-de-Pignan (Le), f. auj. détruite, c^ne de Vergèze. — *Mas-de-Pignan*, 1730 (pap. de la fam. Séguret, arch. hosp. de Nimes).

Fournarié, f. c^ne de Saint-Hippolyte-du-Fort.

Fournel, h. c^ne de Revens. — *Le Fournet*, 1789 (carte des États).

Fournel (Le), h. c^ue de Saint-Jean-du-Gard. — *Les Fournels*, 1824 (Nomencl. des c^nes et h. du Gard).

Fournels (Les), f. et m^in, c^te d'Aujac.

Fournès, c^ne de Remoulins. — *Castrum de Fornesio*, 1211 (Gall. Christ. t. VI, p. 304). — *Fornesium*, 1312 (arch. comm. de Valliguière). — *Prioratus de Furnesio*, 1314 (Rotul. eccl. arch. munic. de Nimes). — *Fornesium*, 1384 (dénombr. de la sénéch.). — *Ecclesia Beati-Petri de Fornesio*, 1509 (cart. de Villeneuve-lez-Avignon). — *La communauté de Fournès*, 1551 (arch. départ. C. 1332); 1634 (*ibid.* C. 1297).

Fournès, avant 1790, appartenait à la viguerie de Beaucaire et au dioc. d'Uzès. — Le prieuré de Saint-Pierre de Fournès faisait partie du doyenné de Remoulins; il était uni au chapitre de Villeneuve-lez-Avignon. — On comptait à Fournès 12 feux en 1384, 20 feux et 150 habitants en 1744. — Il ne reste aujourd'hui qu'une tour d'un château fort détruit au xvie siècle. — Ce lieu ressortissait au sénéchal d'Uzès. — Fournès porte pour armoiries : *de sinople à un pal losangé d'argent et de sable.*

Fournettes (Les), f. c^ne de Durfort.

Fournier, f. c^ne de Beaucaire.

Fournier, f. c^ne de Saint-Martin-de-Valgalgue.

Fourniers (Les), f. c^ne du Cros.

Fourniguet, f. c^ne de Saint-Gilles. — *Le domaine de Fourniguet*, 1518 (arch. départ. G. 31). — *Forniguet*, 1563 et 1568 (J. Ursy, not. de Nimes). — *Fourniguet sive Boutugade*, 1770 (arch. départ. G. 259).

Le domaine de Fourniguet était un fief possédé au xvie siècle par Maurice Favier et, dès le milieu du xviie siècle, par Pierre Le Blanc, seigneur de la Rouvière, juge royal ordinaire de Nimes, qui en portait le nom.

Fourques, c^ne de Beaucaire. — *Ecclesia Sancti-Genesii, in pago Arelatensi*, 825 (cart. d'Aniane; Nouv. Rech. hist. sur Beaucaire, p. 400).— *Villa que dicitur Furcas*, 1070 (Hist. de Lang. II, pr. c. 277). — *Sanctus-Genesius*, 1160 (Mén. I, pr. p. 36,

c. 2). — *Furchæ*, 1179 (cart. de Franq.). — *Fur-cæ*, 1209 (arch. comm. de Montfrin). — *Ecclesia Sancti-Genesii de Argencia*, 1258 (arch. des Bouches-du-Rhône, ordre de Malte, Argence, 58). — *Ecclesia Sancti-Genesii de Furcis*, 1266 (Rech. hist. sur Beaucaire, p. 208). — *Forcæ*, 1383 (Mén. III, pr. p. 51, c. 2). — *Furchæ*, 1384 (dénombrem. de la sénéch.). — *Forques*, 1433 (Ménard, III, pr. p. 240, c. 1). — *Fourques*, 1435 (rép. du subs. de Charles VII). — *Furchæ*, 1436 (Mén. III, pr. p. 249, col. 2). — *Locus Furcharum*, 1461 (reg.-cop. de lettr. roy. E, IV, f° 6). — *Forques*, 1570 (J. Ursy not. de Nimes). — *Le fort de Fourques*, 1576 (arch. départ. C. 635). — *Fourques, viguerie de Beaucaire*, 1582 (Tar. univ. du diocèse de Nîmes). — *Ecclesia Sancti-Genesii-de-Columna*, 1591 (L. Jacquemin, *Guide du voy. dans Arles*, p. 398).

Fourques, avant 1790, faisait partie de la viguerie de Beaucaire et de l'archevêché d'Arles. — Le dénombrement de 1384 lui attribue 8 feux; on y comptait, en 1744, 157 feux et 650 habitants. — La terre de Fourques a eu pendant longtemps les mêmes seigneurs que Beaucaire et le reste du pays d'Argence; elle est ensuite passée du domaine royal à des seigneurs particuliers. — M. de Bon, premier président et intendant de Roussillon, était seigneur et baron de Fourques. — Les armoiries de Fourques sont: *d'argent, à une bande fuselée d'argent et d'azur*.

FOURS, h. c^ne de Sauveterre.

Il y avait un monastère de femmes fondé par Mabille d'Albaron. — On y a trouvé une inscription du XIIIe siècle, qui mentionne une éclipse de lune. — Voy. NOTRE-DAME-DES-FOURS.

FOUS (LA), h. c^ne de Saint-Martin-de-Corconac.

FOUS (LA), f. c^ne du Vigan. — *Mansus de la Fos, parochia de Pomeriis*, 1513 (A. Bilanges, not. du Vigan).

FOUS (LA), ruiss. qui prend sa source sur la c^ne de Roquedur et se jette dans l'Hérault sur le territ. de la même commune. — Parcours : 2,200 mètres.

FOUSETTES (LES), HAUTE et BASSE, h. c^ne d'Arre.

FOUSSAGUET, f. c^ne de Saint-Gilles. — *Fourraguet* (carte géol. du Gard).

FOUSSARGUES, h. c^ne d'Aigaliers. — *Faussargues*, 1715 (J.-B. Nolin, *Carte du dioc. d'Uzès*). — *Fossargues*, 1789 (carte des États). — *Faussargues*, 1824 (Nomencl. des comm. et ham. du Gard).

FOUSSARGUES, f. c^ne de Sainte-Anastasie. — 1547 (arch. départ. C. 1658).

FOUSSARGUES, étang, c^ne de Saint-Gilles.

FOUSSAT, f. c^ne de Soustelle. — *Le Fossac*, 1789 (carte des États).

FOUSSIGNARGUES, h. c^re de Castillon-de-Gagnère. — *Faussignargues*, 1698 (arch. départ. C. 1393). — *Fossignargues, paroisse de Castillon-de-Courri*, 1750 (*ibid.* C. 1531); 1789 (carte des États).

FOUZE (LE), abîme, c^ne de Saint-Gervasy. — *Le cros de la Fouze*, 1549 (arch. départ. C. 1785).

FOUZE (LE), f. et m^in, c^ne de Saint-Siffret. — *Le Fouse, paroisse de Saint-Siffret*, 1721 (bibl. du gr. sém. de Nîmes).

La justice de ce fief dépendait de l'ancien patrimoine du duché-pairie d'Uzès.

FOUZEDON (LE), abîme, c^ne de Saint-Gervasy.

FOUZES (LES), f. c^re d'Uzès. — *Le pré des Fuges*, 1520 (arch. commun. d'Uzès, GG. 7). — *Les Fouges*, 1863 (notar. de Nîmes).

Ce domaine, qui au XVIe siècle appartenait aux Cordeliers d'Uzès, est aujourd'hui la propriété de M. Chambon de Latour.

FOUZETTES (LES), f. c^ne d'Arre.

FRACH, f. c^ne de la Roque.

FRACHURES (LES), q. c^ne d'Arrigas.

FRAISSES (LES), q. c^ne de Vézenobre. — 1680 (arch. départ. G. 175).

FRAISSIGUIÈRES, ruiss. qui prend sa source dans les devois de la c^ne de Colias et se jette dans le Gardon sur le territ. de la même commune.

FRAISSINET (LE), f. c^ne d'Anduze.

FRAISSINET (LE), q. c^ne d'Aumessas.

FRAISSINET (LE), f. c^ne de Bordezac. *Fraissouetum*, 1251 (cart. de Franq.).

FRAISSINET (LE), f. c^ne de Sainte-Croix-de-Caderle.

FRAISSINET (LE), h. c^ne du Vigan. — *Mansus de Fraysseto* (sic), 1381 (pap. de la fam. d'Alzon). — *Fraysinetum*, 1444 (*ibid.*). — *Mansus de Fraxineto, parochiæ Vicani*, 1513 (A. Bilanges, not. du Vigan).

FRAISSINETTE (LA), h. c^ne de Mandagout.

FRASC, f. et m^in, c^ne de Sommière.

FRANCISQUE, f. c^ne d'Aumessas.

FRANQUEVAUX, f. c^ne de Beauvoisin, sur les ruines de l'ancienne abbaye de NOTRE-DAME-DE-FRANQUEVAUX (voy. ce nom). — *Locus qui dicitur Franca-Vallis*, 1143 (Hist. de Lang. II, pr. c. 502). — *Locus qui dicitur Libera-Vallis* (*ibid.* c. 502). — *Franquevaux*, 1549 (arch. départ. C. 774).

FRAY, f. c^ne de Sabran.

FRÉGE-FARINE, q. c^ne de Colias. — 1607 (arch. comm. de Colias).

FREISSINET (LE), f. c^ne de Méjanes-lez-Alais.

FRÈRE (LE), abîme, c^ne de Sauve.

FRESCARET, q. c^ne de Remoulins. — *Friscaret* (cad. de Remoulins).

FRESCATI, f. c^ne de Barjac.

Fressac, c⁰ⁿ de Sauve. — *Fressacium*, 1391 (Mén. III, pr. p. 109, c. 1).

_ Ce village devait faire partie de la viguerie de Sommière et du diocèse de Nimes, archiprêtré de Sauve ; et pourtant le nom de Fressac ne se rencontre jamais sur les listes de cette viguerie ni sur celles d'aucune autre viguerie de la sénéchaussée. — Fressac était cependant devenu communauté en 1694, alors qu'il reçut les armoiries suivantes : *d'argent, à une croix de gueules, chargée de cinq besants d'argent.*

Freton, f. cᵈᵉ de Clarensac.

Freyssenède (La), f. cⁿᵉ de Barjac. — 1657 (Griolet, not. de Barjac) ; 1741 (arch. départ. C. 1503).

Freyssinèdes (Les), ruiss. qui prend sa source sur la
• cⁿᵉ de Valleraugue et va se jeter dans l'Hérault sur le territ. de la même commune.

Freyssinet (Le), f. cⁿᵉ des Salles-du-Gardon.

Frézau, h. cⁿᵉ d'Anduze.

Frigolet, f. cⁿᵉ de Saint-Bresson. — 1548 (arch. dép. C. 1781).

Frigoulas (Le), f. cⁿᵉ de Saint-Alexandre.

Frigoule (La), h. cⁿᵉ de Saint-Sébastien-d'Aigrefeuille.
— *M. de Ferigola*, 1345 (cart. de la seign. d'Alais, f° 35).

Frigoulet, bois, cⁿᵉ de Combas.

Frigoulet, h. cⁿᵉ de Goudargues.

Frigoulet, h. cⁿᵉ de Saint-Christol-lez-Alais.

Frigoulière (La), ruiss. qui a sa source à la limite des cⁿᵉˢ de Bagard et de Ribaute et se jette dans le Liqueyrol sur le territ. de la même commune.

Frigoulière (La), f. cⁿᵉ de Bréau-et-Salagosse. — *Carnieu et Frigoulière* (cad. de Bréau).

Friguière (La), f. cⁿᵉ de Génolhac. — 1768 (arch. départ. C. 1646).

Friguière (La), f. cⁿᵉ de Laval. — 1731 (arch. dép. C. 1475).

Friguière (La), f. cⁿᵉ de Saint-Bonnet-de-Salindrenque. — 1552 (arch. départ. C. 1780).

Frizat, f. cⁿᵉ de Meynes.

Fromentières (Les), h. cⁿᵉ de Saint-Jean-du-Gard. — *Frumenteriæ*, 1310 (Mén. I, pr. p. 183, col. 1).

Frontal (Le), h. et mⁱⁿ, cⁿᵉ de Malons-et-Elze. — 1721 (bull. de la Soc. de Mende, t. XVI, p. 161).

Froumental (Le), f. cⁿᵉ de Saint-Roman-de-Codière. — *Le Formental*, 1553 (arch. départ. C. 1802).

Faugère (La), f. cⁿᵉ de Sumène.

Fumade (La), f. cⁿᵉ de Saint-Paulet-de-Caisson.

Fumades (Les), h. et sources minérales, cⁿᵉ d'Allègre. — *Les Femades*, 1715 (J.-B. Nolin, *Carte du dioc. d'Uzès*). — *Les Fumades*, 1732 (arch. départ. C. 1478).

Piscine antique dans laquelle on a trouvé des monnaies romaines (voir *Mém. de l'Acad. du Gard*, 1865-1866, p. 146).

Fumades (Les), ruiss. qui prend sa source sur la cⁿᵉ de Rousson et se jette dans l'Auzonnet sur le territoire de la même commune.

Fumades (Les), mont. à la limite des cⁿᵉˢ de Saint-Bresson et du Vigan. — *Las Fomadas*, 1300 (pap. de la famille d'Alzon). — *Le Serre-des-Fumades* (cad. du Vigan).

Fumades (Les), q. cⁿᵉ de Saint-Jean-du-Gard. — 1552 (arch. départ. C. 1784).

Fuméniau (Le), ruiss. qui prend sa source sur la cⁿᵉ de Manduel et se jette dans le Buffalon sur le territoire de la même commune.

Fungon, f. cⁿᵉ de Malons-et-Elze.

Furnet (Le), f. cⁿᵉ de Saint-Brès. — 1550 (arch. départ. C. 1782).

G

Gabot, mⁱⁿ, cⁿᵉ de Mons, sur la Droude.

Gabourdès, h. cⁿᵉ de Saint-Florent.

Gabriac, f. cⁿᵉ de Codognan.

Gabriélot, f. cⁿᵉ de Valabrègue. — *Gobrielot*, 1789 (carte des États).

Gachas (Le), bois, cⁿᵉ de Castillon-de-Gagnère.

Gache (La), f. cⁿᵉ de Goudargues.

Gache (La), ruiss. qui prend sa source sur la cⁿᵉ de Valleraugue et se jette dans l'Hérault sur le territ. de la même commune.

Gachette (La), h. cⁿᵉ de Pujaut.

Gadilhes (Les), grottes, cⁿᵉ de Cavillargues.

Gadilhes (Les), cⁿᵉ de Nimes, non loin du Cadereau d'Alais. — *Pont-des-Gadilhes*, 1754 (plans de l'archit. G. Rollin).

Gaffe-de-Goyran (La), gué du Gardon, cⁿᵉ de Remoulins.

Gages (Les), h. cⁿᵉ de Mandagout. — *Mansus de Gagiis, parochiæ de Mandagoto*, 1472 (A. Razoris, not. du Vigan). — *Gatges*, 1824 (Nomencl. des comm. et ham. du Gard).

Gagnage (Le), f. cⁿᵉ de Chamborigaud.

Gagne-Loup, q. cⁿᵉ du Vigan. — 1550 (arch. départ. C. 1812).

Gagnère (La), rivière qui prend sa source à Malons même, entre dans le dép[t] de l'Ardèche, où elle arrose les c[ted] de Brahic et de Malbos, et rentre dans le dép[t] du Gard par la c[ne] de Castillon-de-Gagnère, sur le territ. de laquelle elle se jette dans la Cèze.

Gailhan, c[ne] de Quissac. — *Terminium de Galienis*, 1157 (Lay. du Tr. des ch. t. I, p. 77). — *Le prieuré Sainct-Privat-de-Galian*, 1578 (insin. eccl. du dioc. de Nimes). — *Gaillan, viguerie de Saumières*, 1582 (Tar. univ. du dioc. de Nimes). — *Sainct-Privat-de-Gailhan*, 1695 (insin. eccl. du dioc. de Nimes).

Gailhan (non plus que Sardan, qui lui est aujourd'hui annexé) ne se rencontre, avant la fin du xvie siècle, sur aucune des listes de dénombrement de la sénéchaussée; il faisait cependant partie de la viguerie et de l'archiprêtré de Sommière, dioc. de Nimes. — Le prieuré de Saint-Privat de Gailhan, uni au xviie siècle au séminaire de Nimes, valait 1,000 livres. — Gailhan, réuni à Sardan par un décret du 15 février 1862, forme aujourd'hui la c[ne] de Gailhan-et-Sardan.

Gaillard, f. c[ne] de Comps.

Gaillard (Le), h. c[ne] de Chamborigaud.

Gaillardet, f. c[ne] de Sommière.

Gaillau, f. c[ne] de Montfrin. — *Fontaine-de-Galliaud*, 1790 (bibl. du gr. sém. de Nimes).

Gaisse (La), h. c[ne] de Valabrègue.

Gajan, c[ne] de Saint-Mamet. – *Gaians*, 957 (cart. de N.-D. de Nimes, ch. 201). — *Gaianum*, 1007 (*ibid.* ch. 114). — *Gajanum*, 1024 (*ibid.* ch. 32). — *Gajans*, 1096 (arch. départ. H. 3). — *G. de Gajanis*, 1151 (Lay. du Tr. des ch. t. I, p. 67). — *Locus de Gajanis*, 1170 (chap. de Nimes, arch. départ.). — *R. de Gajanis*, 1204 (cart. de Saint-Victor de Mars. ch. 960). — *Gajanum*, 1207 (Mén. I, pr. p. 44, c. 1). — *Locus de Guajanis, Uticensis diocesis*, 1300 (cart. de Psalm.); 1342 (chap. de Nimes, arch. départ.). — *Locus de Gajanis*, 1384 (dénombr. de la sénéch.). — *Locus de Gajanis, Uticensis diocesis*, 1463 (L. Peladan,' not. de Saint-Geniès-en-Malgoirès). — *Gajant*, 1620 (insin. eccl. du dioc. d'Uzès). — *Le prieuré de Notre-Dame-de-Gajans*, 1720 (insin. eccl. du dioc de Nimes). — *Gajans*, 1744 (mandem. du dioc. d'Uzès).

Gajan appartenait à la viguerie et au dioc. d'Uzès, doyenné de Sauzet. — Le prieuré séculier de Notre-Dame de Gajan était à la collation de l'évêque d'Uzès. — On a trouvé à Gajan une inscription romaine et des vestiges d'antiquité. — Ce village ne comptait que 2 feux en 1384. — Il ne reste de l'église de Notre-Dame que les fondements. — La seigneurie de Gajan appartenait pour une portion à M. de

Montclus. En 1721, MM. Causse, de Nimes, d'Albénas, de Sommière, et de Cambis, de Fons-outre-Gardon, y avaient des fiefs nobles. — Gajan porte pour armoiries: *d'hermine, à une fasce losangée d'or et de gueules.*

Gajannet, f. auj. détruite, c[ne] de Gajan.

Gajans, bois, c[ne] d'Euzet.

Gajans, f. c[ne] de Tresques. — *Gajani*, 1384 (dénombr. de la sénéch.; Ménard, t. VII, p. 652).

C'était alors une communauté indépendante, faisant partie de la viguerie de Bagnols, communauté peu considérable, il est vrai, puisqu'on n'y comptait alors qu'un feu.

Galand, château, c[ne] de Sumène. — *Le Château du Galant*, 1555 (arch. départ. G. 176). — *Galon*, 1824 (Nomencl. des comm. et ham. du Gard; Arman, *Tabl. milit. du Vigan*, p. xxvii).

Galargues, c[ne] de Vauvert, appelé autrefois *Galargues-le-Monteux* ou *le Grand-Galargues*, pour le distinguer du *Petit-Galargues*, dép[t] de l'Hérault. — *Villa Galacianicus*, 1007 (cart. de N.-D. de Nimes, ch. 114; Hist. de Lang. II, pr. col. 180). — *Galazanicus*, 1031 (cart. de N.-D. de Nimes, ch. 86). — *Villa que vocant Galazanicus*, 1115 (*ibid.* ch. 79). — 1 *Galadanicas*, 1148 (Lay. du Tr. des ch. t. I, p. 63). — *Galasanica*, 1155 (cart. de Psalm.). — *Ecclesia de Galadanicis, cum capellis suis Sancti-Guiraldi de Villatella, Sanctæ-Mariæ de Ponte-Ambrosio et Sancti-Cosmæ*, 1156 (cart. de N.-D. de Nimes, ch. 84). — *Galazanicæ*, 1217 (Mén. I, pr. p. 57, c. 2). — *Galazanègues*, 1219 (*ibid.* p. 67, c. 2). — *Castrum de Galargues*, 1226 (*ibid.* p. 70, c. 2). — *Galazanicæ*, 1310 (*ibid.* p. 190, c. 1). — *Gazalanicæ*, 1310 (*ibid.* p. 202, c. 1; p. 204, c. 2). — *Galasanicæ*, 1384 (dén. de la sénéch.). — *Ecclesia de Galazanicis*, 1386 (rép. du subs. de Charles VI). — *Galargues*, 1435 (rép. du subs. de Charles VII). — *Galasanicæ de Montusio*, 1457 (Demari, not. de Calvisson). — *Castrum regium Galargiæ de Montus*, 1461 (reg.-cop. de lettr. roy. E, v, f° 143). — *Galazanicæ de Montusio*, 1500 (Dapcheul, not. de Nimes). — *Sanctus-Martinus-de-Galazanicis*, 1539 (Mén. I, pr. p. 155, c. 2). — *Gallargues, viguerie de Massillargues*, 1582 (Tar. univ. du dioc. de Nimes). — *Galargues-le-Montueux*, 1606 (pap. de la fam. d'Olivier du Merlet). — *Le prieuré Saint-Martin de Galargues*, 1706 (arch. départ. G. 206).

Galargues faisait partie de la viguerie de Lunel (plus tard de Massillargues-Hérault) et du diocèse de Nimes, archiprêtré d'Aimargues. — C'était une communauté considérable lors du dénombrement de 1384, puisqu'on y comptait alors 30 feux. Son importance n'avait pas diminué en 1435, comme on peut en juger par la somme à laquelle elle fut imposée dans la répartition du subside accordé par les États de Languedoc à Charles VII. En 1789, Galargues est compté pour 356 feux. — C'était le siége d'une châtellenie royale dont Tanneguy du Châtel fut nommé titulaire en 1461, en même temps que de celle d'Aiguesmortes. — On y trouve une tour fort ancienne, qui a servi pendant la première moitié de ce siècle au télégraphe aérien, et un ouvrage de défense contre les inondations du Vidourle, qu'on appelle *Paret dei Sarrasis* (muraille des Sarrasins). — Galargues ressortissait au sénéchal de Montpellier. — Le prieuré simple et séculier de Saint-Martin de Galargues était uni à la mense capitulaire de Nimes et valait 2,400 livres.

GALARÉ, h. cⁿᵉ d'Arphy. — *Mansus de Galarino, parrochiæ de Aulacio*, 1417 (A. Montfajon, not. du Vigan); 1448 (*ibid.*). — *Mansus de Galari*, 1459 (pap. de la fam. d'Alzon).

GALATAS, mⁱⁿ, cⁿᵉ de Sauve, sur le Vidourle. — *Le molin bladier et drapier de Galatas, terroir de Salve*, 1557 (J. Ursy, not. de Nimes).

GALBIAC, f. sur l'emplacement d'une chapelle ruinée, cⁿᵉ de Quissac. — *Garbiacum*, 1256 (Mén. I, pr. p. 83, c. 1).— *G. de Galbiaco*, 1321 (pap. de la fam. d'Alzon). — *Galbiacum*, 1384 (dén. de la sén.). — *Galbiac*, 1435 (rép. du subs. de Charles VII). — *Galbiac, balhiage de Sauve*, 1582 (Tar. univ. du dioc. de Nimes). — *La communauté de Galbiac*, 1637 (arch. départ. C. 746); 1674 (*ibid.* C. 880). — C'était une communauté peu considérable de la viguerie de Sommière et de l'archiprêtré de Quissac, diocèse de Nimes. — On n'y comptait qu'un feu en 1384. — En 1734, la communauté de Galbiac, n'ayant ni curé ni consuls, et seulement quatre ou cinq habitants forains, n'eut aucun compte à remettre lors de la vérification générale des comptes des communautés du diocese de Nimes (arch. départ. C. 1028). — Voy. SAINT-PONS-DE-GALBIAC.

GALEIZON (LE), ruiss. qui prend sa source au Pendédis, cⁿᵉ de Saint-Michel-de-Dèzes (Lozère), entre dans le dépᵗ du Gard par la cⁿᵉ de la Melouse, traverse celle de Saint-Paul-la-Coste et se jette dans le Gardon sur le territ. de la cⁿᵉ de Cendras.

GALÈS, — GRAND et PETIT, — h. cⁿᵉ de Montclus.

GALIBERT, f. cⁿᵉ de Carsan.

GALINIAIRE (LA), ruiss. qui prend sa source sur la cⁿᵉ de Bréau et se jette dans le Coudouloux ou Rivière d'Aulas au Pont-d'Andou.

GALINIER (LE), f. cⁿᵉ de Saint-Privat-de-Champclos. — *Le mas de Galinier, paroisse de Saint-Jean-de-*

Maruéjols, 1761 (arch. départ. C. 1566).— *Le territoire de Galinier*, 1765 (*ibid.* C. 1725).

GALLICIAN, h. cⁿᵉ de Vauvert. — *Gallician*, 1568 (J. Ursy, not. de Nimes). — *Le Pont-de-Galichan*, 1779 (arch. départ. C. 164). — *Le Val-de-Galissian*. 1789 (carte des États). — *Le Pont-de-Galissian, à la Costière*, 1821 (notar. de Nimes). — *Mas-de-Galician*, 1828 (*ibid.*).

GALOFRES, f. cⁿᵉ de Nimes. — *Villa Fontis-Cooperte*, 1096 (cart. de N.-D. de Nimes, ch. 108). — *Ecclesia de Fonte-Cooperto*, 1156 (*ibid.* ch. 84). — *Mansus de Ro*, 1161 (Mén. I, pr. p. 36, c. 2). — *Mas-de-Rocq*, 1636 (pap. de la fam. de Rozel, arch. hosp. de Nimes). — *Le Mas-de-Font-Couverte*, 1696 (arch. départ. G. 239).

Le mas de Galofres est un démembrement du fief de Languissel, démembrement qui eut lieu en 1552 (Ménard, t. VII, p. 629).

GALONS (LES), f. cⁿᵉ d'Arpaillargues-et-Aureilhac.

GALOUBET, f. cⁿᵉ de Nimes, auj. détr. — *B. Galoubat*, 1268 (notes mss. de Mén. bibl. de Nimes, 13,823). — *Mas-de-Galoubet*, 1671 (comp. de Nimes).

GAMBIONNE (LA), ruiss. qui se détache de la Fontaine de Goudargues et se jette dans la Cèze, après avoir arrosé une partie de la cⁿᵉ de Goudargues.

GAMMAL, h. cⁿᵉ de Robiac.

GAMMALE (LA), ruiss. qui prend sa source sur la cⁿᵉ de Saint-Brès et se jette dans la Cèze sur le territoire de la même commune.

GANDON, f. cⁿᵉ de Beaucaire.

GAP-FRANCÈS, mⁱⁿ, cⁿᵉ de Sommière, à la limite des départements du Gard et de l'Hérault, sur le Vidourle. — *Unum molendinum quod construxit Dado, in ribaria de Vidorle, in locum que vocant Gadum-Franciscum*, 1108 (cart. de N.-D. de Nimes, ch. 183; Ménard, t. I, p. 266).

GARANAN, cⁿᵉ de Valleraugue. — C'est dans ce quartier que se trouvent les ruines du château de Castelcor ou Castelfort.

GARAULT (LA), h. cⁿᵉ de Bagnols.

GARDE (LA), f. cⁿᵉ de Moutdardier. — *La Gardie* (cad. de Montdardier).

GARDELLES (LES), f. cⁿᵉ de Saint-Gilles.

GARDE-MAGE (LA), f. cⁿᵉ de Vèzenobre. — 1542 (arch. départ. C. 1810).

GARDE-SCEAUX, bois, cⁿᵉ de Milhau. — *Bois-de-l'Évêque* (carte géol. du Gard).

GARDETTE (LA), f. cⁿᵉ de Colognac.

GARDIE (LA), h. cⁿᵉ de Rousson. — 1732 (arch. départ. C. 1478).

GARDIE (LA), mont. et bois, cⁿᵉ de Saint-Pons-de-la-Calm.

GARDIES (LES), h. c^{te} de Revens. — *Guill. de Gardia*, 1309 (cart. de N.-D. de Bonh. ch. 68).

GARDIES (LES), q. c^{ne} de Saint-Bresson. — 1543 (arch. départ. C. 1779).

GARDIES (LES), c^{re} de Saint-Nazaire-des-Gardies. — *Tres condomini de Guardiis*, 1345 (cart. de la seign. d'Alais, f° 35).

GARDIES (LES), bois, c^{ne} de Tharaux.

GARDIES (LES), f. c^{ne} de Vèzenobre. — *W. de Gardiis*, 1227 (Mén. I, pr. p. 82, c. 2).

GARDIOLE (LA), f. et m^{in}, c^{ne} d'Aulas.

GARDIOLE (LA), f. c^{ne} de Bez. — *Locus de la Gardiola*, 1407 (pap. de la fam. d'Alzon).

GARDIOLE (LA), f. c^{ne} de Montfrin (E. Trenquier, *Mém. sur Montfrin*, p. 168).

GARDON (LE), rivière formée de la réunion de plusieurs cours d'eau qui tous prennent leur source dans le département de la Lozère et qui, après s'être réunis successivement, vont se jeter dans le Rhône à Comps. — *Vardo* (Sid. Apollin. Epist. lib. II, ep. 9). — *Fluvius Gardo*, 914 (cart. de N.-D. de Nimes, ch. 187; Mén. I, pr. p. 17, c. 1). — *Quardones*, 984 (cart. de N.-D. de Nimes, ch. 186). — *Galdone*, 1096 (Hist. de Lang. II, pr. col. 343). — *Vardo*, 1150 (Breviar. Nem. leg. S. Verod.). — *Gartium*, 1156 (Hist. de Lang. II, pr. col. 551). — *Gardo*, 1262 (Gall. Christ. t. VI, p. 618).

On distingue :

1° *Le Gardon de Mialet*, qui prend sa source sur la c^{ne} de Molézon (Lozère), entre dans le dép^t du Gard par la c^{ne} de Mialet, qui lui donne son nom, traverse celle de Corbès et se réunit à la branche suivante un peu au-dessus d'Anduze. — *Ripperia Gardonis de Meleto*, 1437 (Et. Rostang, not. d'Anduze). — Parcours dans le département : 12 kilomètres.

2° *Le Gardon de Saint-Jean*, qui prend sa source à la Cam-de-l'Espitalet, c^{ne} de Bassurels (Lozère), entre dans le dép^t du Gard par la c^{ne} de Saint-André-de-Valborgne, traverse celles de Saint-Marcel-de-Fontfouillouse, Saumane, Saint-Martin-de-Corconac, Peyroles, Saint-Jean-du-Gard et Thoiras, et reçoit le Gardon-de-Mialet au-dessus d'Anduze. — Parcours dans le département : 35 kilomètres.

3° *Le Gardon d'Anduze*, résultant de la réunion des deux précédents et qui traverse les c^{nes} d'Anduze, Boisset-et-Gaujac, Tornac, Massillargues, Lézan, Cardet, Ribaute et Massanes, et se réunit, au-dessus de Ners, au suivant. — Parcours : 17 kilomètres.

4° *Le Gardon d'Alais*, qui prend sa source sur la c^{ne} de Saint-Maurice-de-Ventalon (Lozère), entre dans le dép^t du Gard par la c^{ne} de Blannaves, arrose celles de Sainte-Cécile-d'Andorge, la Grand'Combe, les Salles-du-Gardon, Laval, Soustelle, Saint-Julien-de-Valgalgue, Cendras, Alais, Saint-Jean-du-Pin, Saint-Christol-lez-Alais, Saint-Hilaire-de-Brethmas, Bagard, Vèzenobre et Deaux, et vient se réunir au Gardon d'Anduze sur la c^{ne} de Ners. — Parcours dans le département : 35 kilomètres.

5° *Le Gardon*, ou *Gard* proprement dit, formé par la réunion des deux Gardons d'Anduze et d'Alais, traverse les c^{nes} suivantes : Ners, Maruéjols-lez-Gardon, Boucoiran-et-Nozières, Cruviers-et-Lascours, Brignon, Domessargues, Moussac, Sauzet, Saint-Chapte, la Calmette, Dions, Russan, Sainte-Anastasie, Sanilhac, Colias, Vers, Remoulins, Fournès, Sernhac, Meynes, Théziers et Montfrin, et se jette dans le Rhône sur le territ. de la c^{ne} de Comps. — Parcours : 62,500 mètres.

GARDONNENQUE (LA). — Ce nom était spécialement donné, au moyen âge, à la partie inférieure de la viguerie appelée ENTRE-DEUX-GARDONS : voy. ce nom. — Depuis les guerres religieuses du XVIe siècle, on l'applique à toute la partie du département arrosée par les divers Gardons, c'est-à-dire à presque tout l'arrondissement d'Alais. Au sud, la Gardonnenque finit où commence la VAUNAGE : voy. ce nom. — *Vallis Gardonenigua*, 813 (Hist. de Lang. II, pr.). — *Vicaria que vocant Valle-Garcense*, 1038 (cart. de N.-D. de Nimes, ch. 158). — *Gardonenca*, 1120 (Mén. I, pr. p. 28, c. 2). — *Guardonica*, 1300 (cart. de Psalm.). — *Gardonnenque*, 1435 (rép. du subs. de Charles VII).

GARDONNETTE (LA), ruiss. qui prend sa source au h. de Montredon, c^{ce} de Génolhac, et se jette dans l'Hemol au h. des Allègres, sur le territ. de la même c^{ne}. — Parcours : 3 kilomètres.

GARDOSSEL, f. c^{ne} de Vèzenobre. — 1542 (arch. départ. C. 1810).

GARDOSSELS, f. c^{ne} de Saint-André-de-Valborgne. — *Gardussel*, 1552 (arch. dép. C. 1776). — *Gardezels*, 1789 (carte des États). — *Gardouzels* (carte géol. du Gard).

GARENNE (LA), f. c^{ne} de Nimes. — 1671 (comp. de Nimes).

GARENNE (LA), ruiss. qui prend sa source sur la c^{ne} de Lanuéjols et se jette dans la Dourbie sur le territ. de la c^{ne} de Revens.

GARGAS, f. c^{ne} de Bellegarde.

GARGATE, marais, c^{ne} de Saint-Gilles.

GARIDEL, h. c^{ne} de Saint-Julien-de-Peyrolas.

GARN (LE), c^{ne} du Pont-Saint-Esprit. — *Ecclesia de Algarno*, 1314 (Rotul. eccl. arch. mun. de Nimes). — *Parochia Nostræ-Dominæ de Garno, mandamenti Montis-Clusi*, 1522 (A. de Costa, not. de Barjac).

— *Le Garn*, 1550 (arch. départ. C. 1324). — *Le prieuré Nostre-Dame-du-Paradis, alias du Gard*, 1626 (insin. eccl. du dioc. d'Uzès). — *Le prieuré du Gard*, 1649 (H. Garidel, not. d'Uzès). — *Le Gard*, 1694 (armorial de Nimes). — *Notre-Dame-du-Garn*, 1789 (carte des États; Ménard, t. VII, p. 653).

Le Garn faisait partie, avant 1790, de la viguerie et du diocèse d'Uzès, doyenné de Cornillon. — Ce prieuré était à la collation de l'évêque d'Uzès. — Le nom de cette communauté ne se rencontre ni dans le dénombrement de 1384 ni dans la répartition de 1435. — Le territoire de cette c[me] est le point du dép[t] où l'on rencontre le plus de monuments celtiques. — Le Garn porte pour armoiries : *d'or, à une bande losangée d'or et de gueules.*

GARNERIE (LA), h. c[me] de Meyrannes.

GARNERIE (LA), h. c[te] de Valbres. — *La Garnarié*, 1549 (arch. départ. C. 1779).

GARONNE (LA), ruiss. qui prend sa source sur la c[te] de Monoblet et se jette dans le Contry ou Conturby sur le territ. de la même commune.

GARONNE (LA), torrent qui descend, par les grandes pluies, des collines de Garons sur la plaine de Saint-Gilles.

GARONS, c[on] de Nimes. — *Garons*, 1161 (Mén. I, pr. p. 38, c. 2). — *Garons*, 1226 (cart. de Psalm.). — *Garonis*, 1306 (Mén. I, pr. p. 163, c. 1). — *Garons*, 1548 (arch. départ. C. 1770).

Garons faisait partie de la viguerie et de l'archiprêtré de Nimes. — Le domaine de Garons fut donné en 1784 par l'évêque de Nimes Rémessaire à la mense épiscopale de Nimes (Ménard, I, p. 111): aussi le prieuré simple et séculier de Saint-Étienne de Garons est-il toujours resté uni à cette mense. — Ce prieuré valait 3,000 livres. — Les évêques de Nimes jouissaient, à Garons, de la haute, moyenne et basse justice. — Le village de Garons se composait, en 1744, de 20 feux et de 120 habitants. — Garons n'a été érigé en commune qu'en 1835 (ord. royale du 19 octobre); auparavant, ce n'était qu'une annexe de Bouillargues.

GARONS, f. c[ne] de Sainte-Anastasie. — 1547 (arch. départ. C. 1658).

GARRIGOUILLE, f. et chapelle ruinée, c[ne] d'Aubais. — *Villa Caragonia*, 923 (cart. de N.-D. de Nimes, ch. 66). — *Marissargues*, 1789 (carte des États).

Marissargues était une des cinq paroisses du marquisat d'Aubais.

GARRIGUE (LA), section du cadastre de Montfrin.

GARRIGUE (LA), q. c[ne] de Redessan. — *Locus qui dicitur Ad-Ipsa-Garriga, in villa Reditiano vel Villa-*

Gard.

Nova, 943 (cart. de N.-D. de Nimes, ch. 80). — *Les Garrigues*, 1539 (arch. départ. C. 1773).

GARRIGUES, c[on] de Saint-Chapte. — *Garricæ*, 1179 (cart. de Franq.); 1208 (Mén. I, pr. p. 44, c. 2). — *B. de Garricis*, 1210 (cart. de la seign. d'Alais, fol. 3). — *Locus de Garricis*, 1381 (charte d'Aubussargues). — *Garrigæ*, 1384 (dén. de la sén.). — *Garigues*, 1547 (arch. départ. C. 1314). — *Garrigues*, 1565 (J. Ursy, not. de Nimes). — *Le prieuré Saint-Michel de Garrigues*, 1695 (insin. eccl. du dioc. de Nimes). — *Guarigues*, 1715 (J.-B. Nolin, Carte du dioc. d'Uzès); 1737 (arch. départ. C. 2).

Garrigues faisait partie, avant 1790, de la viguerie et du diocèse d'Uzès, doyenné d'Uzès. — On y comptait 7 feux en 1384. — Le prieuré de Saint-Michel de Garrigues était à la collation de l'évêque d'Uzès. — On y trouve les restes d'un vieux château, ruiné en 1793. — Le duc d'Uzès était seigneur justicier de Garrigues en totalité. — Ce village a été réuni à Sainte-Eulalie par un décret du 10 décembre 1814 pour former la c[ne] de *Garrigues-et-Sainte-Eulalie*. — Les armoiries de Garrigues sont : *de sable, à un pal losangé d'or et de gueules.*

GARRIGUES, f. c[te] de Boisset-et-Gaujac.

GARRIGUES-PLANES (LES), q. c[te] de Beaucaire.

GARRIGUETTE (LA), f. c[ne] d'Uzès. — 1710 (arch. départ. C. 1669).

GARRIS (LE), île du Rhône, c[ne] de Beaucaire. — 1559 (arch. départ. C. 96).

GARRUT, f. c[ne] de Valleraugue.

GARUSE, bois, c[ne] de Colorgues.

GAS (LE), f. c[ne] de Ponteils-et-Brézis.

GASCARIÉ (LA), f. c[ne] du Vigan. — *Pratum vocatum de la Gasquaria*, 1326 (pap. de la fam. d'Alzon). — *Molendinum vocatum de la Gasquaria, in riperia de Sableriis*, 1472 (A. Razoris, not. du Vigan).

GASSAS (LE), ruiss. qui prend sa source sur la c[ne] de Montdardier et se jette dans la Vis sur le territoire de Saint-Laurent-le-Minier.

GASTETTE (LA), f. c[ne] d'Arre.

GATTIGUES, h. c[ne] d'Aigaliers. — *Gatigues*, 1634 (arch. départ. C. 1281). — *Guatiques*, 1715 (J.-B. Nolin, Carte du dioc. d'Uzès).

GAU (LE), h. c[ne] de Chamborigaud.

GAUFRÉZENT, q. c[ne] de Saint-Brès. — 1550 (arch. départ. C. 1782).

GAUJAC, c[on] d'Anduze. — *Gauiacum*, 1060 (cart. de N.-D. de Nimes, ch. 92). — *Ecclesia Sanctæ-Mariæ de Gauiaco, cum villa*, 1156 (ibid. ch. 84). — *Sancta-Maria de Gauiaco, villa*, 1249 (Hist. de Lang. II, pr. c. 564). — *Gaudiacum*, 1247 (chap. de Nimes, arch. dép.). — *Parrochia de Gaudiaco,*

13

1345 (cart. de la seign. d'Alais, f° 35). — *Gau-jacum*, 1384 (dén. de la sén.). — *Gaujac*, 1435 (rép. du subs. de Charles VII). — *Parrochia Beate-Marie de Gaudiaco*, 1437 (Et. Rostang, not. d'An-duze). — *Gauiac, Ganiac, viguerie d'Anduze*, 1582 (Tar. univ. du dioc. de Nîmes). — *Notre-Dame-de-Gaujac*, 1636 (arch. dép. G, 162, f° 40 r°). — *Les prieurés Sainte-Marie-de-Gaujac et Saint-Martin-de-Ligaujac réunis*, 1671 (ins. eccl. du dioc. de Nîmes).

Gaujac appartenait à la viguerie d'Anduze et au diocèse de Nîmes, archiprêtré d'Anduze. — On n'y comptait qu'un demi-feu en 1384. — Le prieuré de Saint-Martin-de-Ligaujac (voy. ce nom) fut réuni à celui de Notre-Dame de Gaujac au XVII° siècle. — Dès l'organisation du département en 1790, Gaujac fut réuni à Boisset pour former la c°° de Boisset-et-Gaujac. — Les armoiries de Gaujac sont : *d'azur, à un flambeau d'or, enflammé de gueules*. Ces armoiries sont identiques à celles de Conbès (voy. ce nom) : l'armorial (bibl. de Nîmes, fonds d'Aubais) lui-même le fait remarquer.

Gaujac, c°° de Bagnols. — *Gaudiacum*, 1249 (chap. de Nîmes, arch. départ.); 1308 (Mén. I, pr. p. 216, c. 1); 1384 (dénombr. de la sén.). — *Gaujac*, 1550 (arch. dép. C. 1322): 1628 (*ibid.* C. 1293). — *Le prieuré Saint-Théodorit-de-Gaujac*, 1733 (insin. eccl. du dioc. de Nîmes; Ménard, t. VII, p. 652).

Gaujac faisait partie de la viguerie de Bagnols et du diocèse d'Uzès, doyenné de Bagnols. — On y comptait 5 feux en 1384, en y comprenant Saint-Théodorit, son annexe (voy. Saint-Théodorit). — Le prieuré régulier de Saint-Théodorit de Gaujac était à la collation du prévôt du chapitre d'Uzès. — On donne le nom d'*Hôpital* aux restes du château de Gaujac, détruit en 1579. — Une montagne du nom de Saint-Michel renferme à sa base une grotte très-profonde; au sommet on voit encore des débris d'une commanderie de Templiers. — Gaujac porte : *d'or, à une bande losangée d'argent et de sable*.

Gaujac, h. c°° de Beaucaire. — *Gangiacus*, 825 (cart. d'Aniane, apud Forton, Nouv. Rech. hist. sur Beauc. p. 400). — *Gaudiacum*, 1391 (Mén. III, pr. p. 107, c. 2). — *Gaujas* (*ibid.* VII, p. 651).

C'était, au XVIII° siècle, un fief situé tout auprès de Beaucaire, dans un quartier qu'on appelle *les Cinq-Coins*. — Le château de Gaujac fut construit, d'après la tradition, au XV° siècle, par un prétendu cardinal de Chalençon, évêque du Puy (C. Blaud, Antiq. de la ville de Beauc. p. 32).

Gaujac, q. c°° de Vèzenobre. — *Gaujac ou Mauressargues, paroisse de Vèzenobres*, 1680 (arch. départ. G. 175).

Gaujac, h. c°° du Vigan. — *Honor de Gauiac, qui est Sancti-Petri de Vicano*, 1218 (cart. de Saint-Victor de Mars. ch. 1000). — *Serra de Gauiac* (*ibid.*). — *Mansus de Gaudiaco, parrochiæ Vicani*, 1430 (A. Montfajon, not. du Vigan). — *Mansus de Gaujac, parrochiæ Sancti-Petri de Vicano*, 1472 (A. Razoris, not. du Vigan).

Cette seigneurie fut acquise en 1605 par Étienne Sarran, avocat en la chambre de l'édit de Castres (insin. eccl. du dioc. de Nîmes).

Gaujargue, h. c°° de Cavillargues. — *Villa que dicitur Ananica, in pago Uzetico*, 924 (cart. de Saint-Victor de Mars. ch. 1040). — *Villa Agnaniga*, 965-967 (*ibid.* ch. 23).

Gaujouse, f. c°° d'Aiguesmortes.

Gaujouse, f. c°° d'Alais. — *Mansus Grisonii*, 1345 (cart. de la seign. d'Alais, f. 35).

Gaussargues, h. c°° de Goudargues. — *P. de Caussanicis*, 1376 (cart. de la seign. d'Alais, f° 11). — *Goussargues*, 1677 (arch. comm. de Goudargues).

Gaussen, h. c°° de Campestre-et-Luc.

Gaussen, f. c°° de Pariguargues.

Gavadon, f. c°° de Carsan.

Gavernes, f. c°° d'Aubais, sur l'emplacement du prieuré rural de Saint-Saturnin-de-Gavernes (voy. ce nom). — *Gavernæ*, 1539 (Mén. IV, pr. p. 154, c. 1). — *La communauté de Gavernes*, 1674 (arch. départ. C. 878).

Gaves (Les), h. c°° de Saint-Hippolyte-du-Fort.

Gavignan, f. c°° de Saint-Dézéry. — *Territorio vocato de Gavinhan, parrochiæ Sancti-Desiderii, Uticensis diocesis*, 1463 (L. Peladan, not. de Saint-Geniès-en-Malgoirès). — *Gavignan*, 1618 (arch. départ. C. 1664).

Gay (Le), f. c°° de Cézas. — 1789 (carte des États).

Gay (Le), f. c°° de Pujaut.

Gazargues, f. auj. détruite, c°° de Valliguière. — *In manso de Gasanengues, in tenemento Vallis-Aquarie*, 1287 (arch. comm. de Valliguière).

Gazay, f. et m°°, c°° de Nîmes. — *Pons-Major, sive Languena*, 920 (Mén. I, pr. p. 19, c. 1). — *Ad Pontem de Languena*, 1380 (comp. de Nîmes). — *La Languene*, 1479 (la Taula del Poss. de Nismes). — *Le Pont-de-Languène*, 1547 (arch. départ. C. 1769). — *Languène*, 1671 (comp. de Nîmes).

Gaze-de-Lussan, q. c°° de Saint-Gilles. — 1548 (arch. départ. C. 1787).

Gaze-du-Vert, f. c°° d'Aiguesmortes. — *Le Gué-du-Vert*, 1547 (arch. départ. C. 1788). — *Gas, cabane de la Pescherie du Vert*, 1789 (carte des États).

Gazel (Le), ruiss. qui prend sa source sur la c°° de Valleraugue et se jette dans l'Hérault sur le territ. de la même c^{ne}. — *Vallatum dal Gasel*, 1218 (cart. de Saint-Victor de Mars. ch. 1000). — *Vallatum del Guazel, del Gasel*, 1472 (A. Razoris, not. du Vigan).

GAZES (LES), f. c^{ne} de Bréau-et-Salagosse.

GAZETTES (LES), f. c^{ne} d'Aiguesmortes.

GAZORNES, q. c^{ne} de Savignargues. — *In Gazornias, in decimaria Sancti-Martini de Savinnanicis*, 1236 (chap. de Nimes, arch. départ.). — *In decimaria de Sivinhanicis, in Gazornias, juxta mansum Trissaudi*, 1315 (ibid.).

GELLY, f. c^{ne} d'Aiguesmortes, près de la chaussée de la Peyrade, où s'est embarqué le roi saint Louis.

GÉNÉRAC, c^{on} de Saint-Gilles. — *Generiacum*, 821 (cart. de Psalm.). — *Generacum villa*, 879 (Mén. I, pr. p. 12, c. 1). — *Ecclesia Sancti-Johannis de Geneiraco*, 957 (cart. de N.-D. de Nimes, ch. 201). — *Ecclesia Sancti-Johannis de Geneirago*, 1060 (ibid. ch. 200). — *De Generaco*, 1134 (ibid. ch. 167). — *Generacum*, 1135 (Hist. de Lang. II, pr. col. 502). — *Ecclesia de Genairaco*, 1156 (cart. de N.-D. de Nimes, ch. 84). — *Genairacum*, 1205 (cart. de Psalm.). — *Generacum*, 1322 (Mén. II, pr. p. 37, c. 1). — *Geneiracum*, 1370 (cart. de Franq.). — *Geneyracum*, 1384 (dénombr. de la sénéch.). — *Genayracum*, 1386 (rép. du subs. de Charles VI). — *Générac*, 1435 (rép. du subs. de Charles VII). — *Geneyracum, Generacum*, 1511 (arch. départ. G, 162, f° 133 r°). — *Sanctus-Johannes de Generaco*, 1539 (Mén. IV, pr. p. 155, c. 2). — *Geneirac*, 1650 (G. Guiran, *Style de la cour roy. ord. de Nimes*). — Le prieuré Saint-Jean de Générac, 1706 (arch. départ. G. 206).

Générac faisait partie de la viguerie et du diocèse de Nimes, archiprêtré d'Aimargues. — On y comptait en 1322, à l'époque de l'assise de Calvisson, 73 feux; mais 25 de ces feux étaient trop pauvres pour pouvoir être imposés à plus d'une pitte par feu. En 1384, Générac ne se composait plus que de 8 feux. Le recensement de 1744 lui donne 200 feux et 800 habitants. — La terre de Générac passa des comtes de Toulouse au domaine royal et ensuite à Guillaume de Nogaret. — En 1711, le grand-prieur de Saint-Gilles était seigneur de Générac (arch. départ. C. 796). — Le prieuré simple et séculier de Saint-Jean-Baptiste de Générac était uni à la mense capitulaire de Nimes et valait 2,000 livres.

GÉNÉRARGUES, c^{on} d'Anduze. — *Ecclesia de Generanicis*, 1276 (cart. de N.-D. de Bonh. ch. 106). — *Parrochia de Genayranicis, — de Gerayranicis*, 1345 (cart. de la seign. d'Alais, f° 35). — *Gereyranicæ*, 1384 (dénombr. de la sénéch.). — *Générargues*, 1435 (rép. du subs. de Charles VII). — *Generargues*,

viguerie d'Anduze, 1582 (Tar. univ. du diocèse de Nimes). — Le prieuré Nostre-Dame-de-Générargues, 1587 (insin. eccl. du diocèse de Nimes; Ménard, VII, p. 655).

Générargues appartenait, avant 1790, à la viguerie d'Anduze et au diocèse de Nimes (plus tard à celui d'Alais), archiprêtré d'Anduze. — On n'y comptait qu'un feu et demi en 1384. — Générargues porte pour armoiries : *d'azur, à une fasce d'argent chargée de trois lions de sable.*

GENESTEL, q. c^{ne} de Beaucaire.

GENESTIÈRE (LA), bois, c^{ne} de Saint-Christol-de-Rodières. — 1773 (compoix de Saint-Christol-de-Rodières).

GÉNOLHAC, chef-lieu de canton de l'arrond. d'Alais. — *Ginolacum*, 1176 (cart. de Franq.). — *Castrum de Genouillac*, 1199 (Gall. Christ. t. VI, p. 622). — *Junilhacum, Castrum de Junilhaco*, 1169 (généal. des Châteauneuf-Randon). — *Genoillaicum*, 1243 (cart. de Franq.). — *Genolhacum*, 1280 (généal. des Châteauneuf-Randon). — *Parrochia de Genulhaco*, 1345 (cart. de la seign. d'Alais, f° 31). — *La paroisse de Guinoac*, 1376 (ibid. f° 43). — *Junilhacum*, 1384 (dénombr. de la sénéch.). — *J. de Jinoliaco*, 1426 (bull. de la Soc. de Mende, t. XVII, p. 39). — *Genolhac*, 1433 (Mén. III, pr. p. 237. c. 2). — *Ginolhac*, 1434 (ibid. p. 238, c. 2); 1548 (arch. dép. C. 1318); 1634 (ibid. C. 1288). — *Genouillac*, 1715 (J.-B. Nolin, Carte du dioc. d'Uzès). — *Genolhac*, 1721 (bull. de la Soc. de Mende, t. XVI, p. 164).

Génolhac, qui faisait partie de la viguerie et du dioc. d'Uzès, doyenné de Sénéchas, était le centre d'une conférence ecclésiastique de ce diocèse. — Le prieuré de Génolhac était uni à la mense épiscopale d'Uzès. — On comptait à Génolhac 5 feux en 1384 et 349 en 1789. — Génolhac a porté le titre de ville jusqu'au XVIe siècle, puis celui de *baronnie de Saint-Jean de Genouilhac*, en 1650. — Il fut pris et ravagé en 1562. C'est de cette époque que date la démolition d'un couvent de Jacobins qui y avait été fondé en 1312 par les barons de Randon, avec un legs de 200 livres à prendre sur le péage de Villefort (arch. départ. C. 168). — Génolhac porte : *de sable, à un pal losangé d'argent et de gueules.*

GÉNOLHAGUE (LA), f. c^{ne} d'Uzès. — *La Génolhague*, métairie de la paroisse de Saint-Firmin, 1744 (arch. départ. C. 1512).

GERLE, nom d'une branche qui se détache du Vistre à l'embouchure de la Cubelle et forme les deux îles appelées GRAND-BAGAREL et PETIT-BAGAREL (voy. ces noms).

13.

Germau, h. c⁰ᵉ de Robiac. - - *Mansus de Girmanhaco*, 1345 (cart. de la seign. d'Alais, f° 34).

Germe (Le), q. c⁰ᵉ de Saint-Brès. - - 1552 (arch. département. C. 1782).

Gibenès, h. c⁰ᵉ de Chamborigaud.

Giberte (La), f. c⁰ᵉ de Mialet. — 1543 (arch. départ. C. 1778).

Gibol, h. c⁰ᵉ d'Allègre.

Gibouine (La), q. c⁰ᵉ de Laval. — *Le chemin de la Gibouine, paroisse de Notre-Dame de Laval*, 1741 (arch. départ. C. 1305).

Gicon, château et chapelle ruinés, c⁰ᵉ de Chusclan. — *Castrum de Jocone*, 1121 (Gall. Christ. t. VI, p. 304). — *Ecclesia de Jocone*, 1314 (Rotul. eccl. arch. munic. de Nîmes). — *Giconum*, 1485 (Mén. IV, pr. p. 38, c. 1; Eug. Trenquier, *Not. sur quelques loc. du Gard*). — Voy. Sainte-Madeleine-de-Gicon.

Giel (Le), f. c⁰ᵉ de Valleraugue.

Giginelle (La), bois, c⁰ᵉ de Saint-Marcel-de-Careiret.

Gille, f. c⁰ᵉ de Salindres.

Gimbert (Le), h. c⁰ᵉ du Cros. — Auparavant: *Mas-Bourguet*.

Ginestous, f. et mont. c⁰ᵉ de Bréau-et-Salagosse.

Ginestous (Le), ruiss. qui prend sa source sur la c⁰ᵉ de Bréau-et-Salagosse et se jette dans la Dourbie sur le territ. de la c⁰ᵉ de Dourbie.

Ginestoux (Les), h. c⁰ᵉ de Saint-André-de-Valborgne. — *Genestos*, 1247 (chap. de Nîmes, arch. départ.); 1256 (Mén. I, pr. p. 83, c. 2). — *Genestozum*, 1313 (chap. de Nîmes, arch. départ.). — *R. de Genestoso*, 1346 (pap. de la fam. d'Alzon).

Gipières (Les), h. c⁰ᵉ de Générargues.

Gipières (Les), h. c⁰ᵉ de Monoblet.

Gipières (Les), ruiss. qui prend sa source sur la c⁰ᵉ de Saint-Sébastien-d'Aigrefeuille et se jette dans l'Amous sur le territ. de la c⁰ᵉ de Générargues.

Girac, h. c⁰ᵉ de Bagard. — *J. de Giraco*, 1345 (cart. de la seign. d'Alais, f° 34). — *Le mas de Girac, paroisse de Saint-Saturnin de Bagard*, 1553 (arch. dép. C. 1799). — *Chirac*, 1866 (notar. de Nîmes).

Girau, f. c⁰ᵉ de Vauvert.

Giraudet, f. c⁰ᵉ de Beaucaire.

Giraudy, f. c⁰ᵉ de Roquemaure.

Girbat (Le), q. c⁰ᵉ de Saint-Bauzély-en-Malgoirès. — *In decimaria Sancti-Baudilii de Mediogoto, loco dicto lo Girbat*, 1463 (L. Peladan, not. de Saint-Geniès-en-Malgoirès).

Girbes, f. c⁰ᵉ de la Salle.

Girondelle (La), Haute et Basse, q. c⁰ᵉ de Calvisson.

Gisquet, f. c⁰ᵉ d'Alais.

Gissac, f. c⁰ᵉ de Saint-Laurent-des-Arbres. — *La seigneurie de Gissac*, 1461 (reg.-cop. de lettr. roy. E, IV, f° 108 r°; E. Germer-Durand, *le Prieuré et le Pont de Saint-Nicolas-de-Campagnac*, p. 24 et 119).

Gissac (Le), ruiss. qui prend sa source sur la c⁰ᵉ de Saint-Laurent-des-Arbres et se jette dans le Nizon sur le territ. de la même commune.

Gissières (Les), ruiss. qui prend sa source sur la c⁰ᵉ de Sumène et se jette dans l'Ensuinène ou Rieutort sur le territ. de la même commune.

Givalon, nom d'une section du cadastre de Montfrin.

Glacières (Les), f. c⁰ᵉ de Bréau-et-Salagosse.

Glaizade (La), emplacement de l'ancienne église de Sainte-Croix-de-Bories, c⁰ᵉ de Castelnau-et-Valence. — Voy. Sainte-Croix-de-Bories.

Gleisasse (La), f. c⁰ᵉ de Durfort.

Gleize, f. c⁰ᵉˢ de Beaucaire et de Bellegarde, sur l'emplacement de l'ancienne église rurale de Saint-Paul-de-Valon (voy. ce nom). — *Mas-de-Pillet*, 1789 (carte des États). — *Mas-de-Gleize*, 1865 (notar. de Nîmes).

Gleizette (La), f. c⁰ᵉ d'Aspères.

Glèpe (La), ruiss. qui prend sa source sur la c⁰ᵉ de Montdardier et se jette dans l'Arre sur le territoire de la c⁰ᵉ d'Avèze. — *Riperia de Glepa*, 1311 (pap. de la fam. d'Alzon). — *Riperia de Glipa*, 1513 (A. Bilanges, not. du Vigan).

Dans la partie supérieure de son cours, ce ruisseau porte, au cadastre de Montdardier, le nom de *Roveyrol*.

Glésiole (La), f. c⁰ᵉ de Saint-Marcel-de-Fontfouillouse. — 1553 (arch. départ. C. 1792).

Goguettes (Les), f. sur une montagne du même nom, c⁰ᵉ de Saint-Martin-de-Corconac.

Goudargues, c⁰ᵉ du Pont-Saint-Esprit. — *Gordanicus, cellula in pago Uzetico, super fluvium Cicer*, 815 (D. Bouquet, *Hist. de France*, diplôme de Louis le Déb.). — *Locus qui vocatur Gordanicus*, 837 (Hist. de Lang. I, pr.). — *Sancta-Maria ad Gordanicas*, 900 (ibid. II, pr. col. 41). — *Sancta-Maria ad Gordinicas*, 947 (ibid. c. 87). — *Abbatia Gordiniacensis*, 1065 (ibid. col. 249). — *Ecclesia de Gordanicis*, 1314 (Rotul. eccl. arch. munic. de Nîmes). — *Gordanicæ*, 1384 (dénombr. de la sénéch.). — *Godarnicæ*, 1523 (Griolet, not. de Barjac). — *Godargues*, 1550 (arch. départ. C. 1325). — *Le prieuré Saint-Christol* (sic) *de Goudargue*, 1620 (insin. eccl. du dioc. d'Uzès; Ménard, t. VII, p. 653).

Goudargues faisait partie de la viguerie et du diocèse d'Uzès, doyenné de Cornillon. Le prieuré conventuel de Notre-Dame-et-Saint-Michel de Goudargues était à la collation de l'abbé d'Aniane.

L'évêque d'Uzès ne conférait que la vicairie sur la présentation du prieur. — En 1384, ce village se composait de 7 feux. — Dès le IXᵉ siècle, le monastère de Goudargues appartenait à l'abbaye d'Aniane et n'a pas cessé de lui appartenir jusqu'en 1790; une partie des bâtiments de ce monastère subsiste encore, ainsi que l'église, qui remonte au XIIᵉ siècle. — Cette cᵐᵉ possède des bois considérables, dans lesquels se trouve un menhir. — Ce lieu ressortissait au sénéchal d'Uzès. — Au XVIIIᵉ siècle, la seigneurie de Goudargues appartenait à l'évêque de Riez et à son frère le marquis de Lachau-Montauban. — Goudargues porte pour armoiries : *d'argent, à un pal losangé d'argent et de gueules*.

GOUDET, h. cⁿᵉ d'Aujac.

GOUDON, h. cⁿᵉ de Saint-Julien-de-Peyrolas.

GOULÈZE (LE SERRE DE), mont. cᵉˢ d'Arrigas.

GOULSOU, mont. sur les cⁿᵉˢ d'Avèze et du Vigan. — *Territorium de Golsono*, 1430 (A. Montfajon, not. du Vigan).

GOURDERATE, h. cᵐᵉ de Méjanes-lez-Alais.

GOURDON, h. cⁿᵉ de Saint-Julien-de-la-Nef.

GOUR-FARALX (LE), ruiss. qui prend sa source à la ferme de Bétargues, cᵘᵉ de Saint-Nazaire-des-Gardies, et se jette dans le Baix sur le territ. de la cᵘᵉ de Puechredon. — *Gurges Asinerius*, 1260 (chap. de Nimes, arch. départ.). — *Vallis Azineria*, 1280 (Gall. Christ. t. VI, p. 629).

GOURGAS, f. cⁿᵉ de Monoblet.

GOURGASSET, f. cⁿᵉ de Monoblet.

GOURGE (LA), ruiss. qui prend sa source sur la cᵘᵉ de Salindres et se jette dans l'Avène sur le territoire de la même commune.

GOURG-GAUJAC, q. cⁿᵉ de Remoulins. — *Loco dicto en Gorc-Gauiac, in jurisdictione Remolinarum*, 1474 (J. Brun, not. de Saint-Geniès-en-Malgoirès).

GOURGON (LE), ruiss. qui prend sa source sur la cᵘᵉ de Nages et se jette dans l'Agau-de-Nages sur le territ. de la même commune. — *Font-de-Nages* (H. Rivoire, *Statist. du Gard*).

GOURGONNIER (LE), q. cᵘᵉ de Bouillargues, territ. de Caissargues. — C'est là qu'était située l'église rurale de NOTRE-DAME-DE-BETHLÉEM (voy. ce nom).

GOURNIE (LA), f. cⁿᵉ de Saint-Félix-de-Pallières.

GOURNIER, f. cⁿᵉ de Sainte-Anastasie.

GOURNIER, f. cⁿᵉ de Saint-Florent.

GOURNIER, f. cⁿᵉ de Vabres.

GOURNIER, mⁿ, cⁿᵉ d'Alais. — *Lou mas de Gorniëltz*, 1376 (cart. de la seign. d'Alais, fᵒ 43). — *Le Gournier, paroisse de Saint-Martin-de-Valgalgue*, 1731 (arch. départ. C. 1475).

GOURNIÈS, h. cⁿᵉ de Roquedur.

GOUSSETTE (LA), île du Rhône, cⁿᵉ de Valabrègue.

GOUTAJON (LE), torrent formé par les eaux que regorgent, après les grandes pluies, la FONT-FRANÇON et la FONT-DOM (voy. ces noms), et qui va se jeter dans la Braûne sur le territ. de la cⁿᵉ de la Calmette (Ménard, t. II, p. 188).

GOUTALS, f. cⁿᵉ de Saint-André-de-Valborgne.

GOUTE (LA), h. cⁿᵉ d'Alzon. — *Mansus de Guta*, 1371 (pap. de la fam. d'Alzon). *Mansus de Gota, parochia de Alzono*, 1466 (J. Montfajon, not. du Vigan). — *La Goute*, 1789 (carte des États).

GOUTE-NADAL, f. cⁿᵉ de Valleraugue.

GOUVELET, f. cⁿᵉ de Chamborigaud.

GOUVERNA, f. et mⁿ, cⁿᵉ de Saint-Laurent-de-Carnols. — *Le Guvernas*, 1789 (carte des États).

GOUZES, f. cⁿᵉ de Durfort.

GOUZOU, mont. cᵘᵉ de Sumène. — *Le Puech-de-Gouzou*, 1555 (arch. départ. G. 167).

GRABIEU (LE), ruiss. qui prend sa source sur la cⁿᵉ de Saint-Julien-de-Valgalgue et se jette dans le Gardon sur le territ. de la cⁿᵉ d'Alais. — 1701 (arch. départ. C. 1815).

GRADINHARGUES, f. auj. détruite, cⁿᵉ de Brouzet (le Vigan). — 1547 (J. Ursy, not. de Nimes).

GRAILHE, h. cⁿᵉ de Campestre-et-Luc. — *G. Gralhe*, 1309 (cart. de N.-D. de Bonh. ch. 3). — Près de là se trouve un dolmen.

GRAILLE, f. cⁿᵉ de Vauvert.

GRAMEHOUX, q. cⁿᵉ de Colias. — 1607 (arch. comm. de Colias).

GRANARIÉ (LA), h. cⁿᵉ de Ponteils-et-Brézis.

GRANATIÈRES (LES), h. cⁿᵉ de Saint-Julien-de-Peyrolas.

GRAND, f. cⁿᵉ d'Aimargues. — *Mas-d'Espion*, 1726 (carte de la baronnie du Caylar).

GRAND-BOIS (LE), f. cⁿᵉ de Chamborigaud.

GRAND-BOIS (LE), bois, cⁿᵉ de Vic-le-Fesq. — *Le Puech-Grand-Bois*, 1789 (carte des États).

GRAND-BOIS (LE), bois, cⁿᵉ du Vigan.

GRAND'COMBE (LA), chef-lieu de canton de l'arrondissement d'Alais.

Cette localité a été d'abord érigée en commune par une loi du 17 juin 1846, puis créée chef-lieu de canton par une autre loi du 18 mai 1858, qui a supprimé le canton de Saint-Martin-de-Valgalgue et attribué à la Grand'Combe la circonscription de cet ancien canton. — Par suite de l'agglomération des ouvriers mineurs sur ce point central des exploitations houillères de l'arrondissement d'Alais, la Grand'Combe compte aujourd'hui une population de 10,000 âmes.

GRAND'COMBE (LA), bois, cⁿᵉ de Fournès.

GRAND-DEVÈS (Le), bois, c᷄ᵉ de Colias.

GRAND-DRUX (Le), bois, cᵐᵉ de Tornac.

GRANDE-BORIE (La), f. cᵐᵉ de Soudorgues.

GRANDE-GRANGE (La), f. cⁿᵉ de Saint-Alexandre.

GRANDE-ÎLE (La), f. cⁿᵉ de Comps.

GRANDE-LAINCE (La), bois, cⁿᵉ de Beaucaire, auj. défriché. — *Boscus de Leca Aldesinda*, 1003 (cart. de Psalm.).

GRANDESSES (Les), — BASSE et HAUTE, — fermes, cᵗᵉ de Dourbie. - *La Grandès*, 1789 (carte des États).

GRANDE-TERRE (La), f. cⁿᵉ de Calvisson.

GRANDEUR (La), bois, cⁿᵉ du Vigan.

GRANDINELLE (La), f. cⁿᵉ de Saint-Roman-de-Codière.

GRAND-JARDIN (Le), f. cⁿᵉ d'Allègre.

GRAND-JARDIN (Le), f. cⁿᵉ de Fournès.

GRAND-LIDOU (Le), h. cⁿᵉ de la Rouvière (le Vigan).

GRAND-LOGIS (Le), f. cⁿᵉ de Vézenobre.

GRAND-MAS (Le), f. cⁿᵉ d'Arpaillargues-et-Aureillac.

GRANDS-PRÉS (Les), h. cⁿᵉ de Saint-Alexandre.

GRAND-TERME (Le), menhir, cⁿᵉ d'Allègre.

GRAND-TERME (Le), f. cⁿᵉ de Montclus. — 1780 (arch. départ. C. 1652).

GRAND-TERME (Le), q. cⁿᵉ de Villeneuve-lez-Avignon. — 1636 (arch. départ. C. 1299).

GRAND-TRAVERS (Le), bois, cⁿᵉ de Chusclan.

GRANGE (La), f. cⁿᵉ de Bonnevaux.

GRANGE (La), f. cⁿᵉ de Meynes.

GRANGE (La), nom d'une section du cadastre de Montfrin.

GRANGE (La), h. cⁿᵉ de Ponteils-et-Brézis. — 1731 (arch. départ. C. 1474).

GRANGE (La), f. cⁿᵉ de Saint-Brès.

GRANGE-DE-GENTIL (La), f. cⁿᵉ de Bagnols.

GRANGE-DE-L'AMOUREUX (La), f. cⁿᵉ d'Uzès.

GRANGE-DE-L'HÔPITAL (La), f. cⁿᵉ de Bagnols.

GRANGE-DE-MADAME (La), f. cⁿᵉ de Saint-Christol-de-Rodières. — *Les Granges*, 1773 (comp. de Saint-Christol-de-Rodières).

GRANGE-DE-PASCAL (La), f. cⁿᵉ de Saint-Laurent-des-Arbres.

GRANGE-DE-POMMIERS (La), f. cⁿᵉ de Pommiers. — Elle s'appelle encore *Aire-Vieille*.

GRANGE-DES-CROTTES (La), f. cⁿᵉ de Laudun.

GRANGE-DES-PREDS (La), f. cⁿᵉ de Barjac.

GRANGE-DES-RATS (La), f. cⁿᵉ de Saint-Laurent-des-Arbres.

GRANGE-DE-VERDIER (La), f. cⁿᵉ d'Uzès.

GRANGE-DU-CHÂTEAU (La), f. cⁿᵉ de Laudun.

GRANGE-DU-CHÂTEAU (La), f. cⁿᵉ de Vézenobre.

GRANGE-LYRA (La), f. cⁿᵉ de Vénéjan.

GRANGE-NÈGRE (La), f. cⁿᵉ de Connaux.

GRANGE-NEUVE (La), f. cⁿᵉ de Carsan.

GRANGE-NEUVE (La), f. cⁿᵉ de Saint-Michel-d'Euzet.

GRANGE-NEUVE (La), f. cⁿᵉ de Vénéjan.

GRANGE-NEUVE (La), f. cⁿᵉ de Villeneuve-lez-Avignon.

GRANGES (Les), h. cⁿᵉ de Castillon-de-Gagnère.

GRANGES (Les), h. cⁿᵉ de Goudargues.

GRANGETTE (La), f. cⁿᵉ de Saint-Paulet-de-Caisson.

GRANGETTES (Les), f. cⁿᵉ de Mars.

GRANIER, h. cⁿᵉ de Pommiers.

GRANIER, f. cⁿᵉ de Théziers.

GRANIÈRE (La), f. cⁿᵉ de Malons-et-Elze.

GRANIERS (Les), f. cⁿᵉ de Monoblet.

GRANON, f. cⁿᵉ de Nimes. — 1671 (comp. de Nimes).

GRANOUILLET (Le), ruiss. qui prend sa source sur la cⁿᵉ de Lirac et se jette dans le Nizon sur le territoire de la même cⁿᵉ. — 1786 (arch. départ. C. 1666). — Parcours : 3 kilomètres.

GRAS (Le), f. cⁿᵉ de Saint-Brès.

GRASARIÉ (La), f. cⁿᵉ de Saint-André-de-Majencoules. — *Mansus de la Grassaria*, 1280 (pap. de la fam. d'Alzon). — *Territorium de la Garisieyra*, 1391 (ibid.).

GRASILLE (La), f. cⁿᵉ de Saint-Martial.

GRASSANTIÈRE, q. cⁿᵉ de Sumène. — 1555 (arch. départ. G. 167).

GRATEFERRE, q. cⁿᵉ de Nimes. — 1391 (arch. départ. G. 235); 1700 (ibid. G. 200).

GRAU-DU-ROI (Le), vill. cⁿᵉ d'Aiguesmortes. — *Le grau d'Aiguesmortes*, 1762 (arch. départ. C. 74).

Le grau du Roi (près duquel ce village vient de se former par suite de l'affluence des baigneurs) a été creusé en 1725.

GRAU-NEUF (Le), cⁿᵉ d'Aiguesmortes, embouchure du Rhône-Mort. — *Gras-Neuf*, 1667 (Sanson, *Carte du comté de Provence*). — Appelé aussi *Redoute-du-Grau-Neuf*, *Redoute de Terre-Neuve*. — Ouvert en 1532 (arch. comm. d'Aiguesmortes). — Voy. Err. Desjardins, *Embouch. du Rhône*, p. 56, note.

GRAUSILLE (La), f. cⁿᵉ de Saint-Jean-du-Gard. — *S. de Grausellis*, 1345 (cart. de la seign. d'Alais, fᵒ 34). — *La Grauseille*, 1789 (carte des États).

GRAVAS (Le), f. cⁿᵉ de Bez-et-Esparron.

GRAVAT (Le), q. cⁿᵉ de Sernhac. — 1554 (arch. départ. C. 1801).

GRAVE (La), h. et mⁿ, sur l'Arre, cⁿᵉ de Bez-et-Esparron.

GRAVE (La), q. cⁿᵉ de Sainte-Anastasie. — 1547 (arch. départ. C. 1658).

GRAVE (La), f. et ruiss. cⁿᵉ du Vigan.

GRAVENTES (Les), f. cⁿᵉ de Saint-Martin-de-Corconac.

GRAVES (Les), f. cⁿᵉ de Saint-Hippolyte-du-Fort.

GRAVERON (Le), nom d'une section du cadastre de Montfrin.

GRAVESON (LE), q. c⁰ᵉ de Saint-Gervasy. — 1549 (arch. départ. C. 1785).

GRAVIL, f. c⁰ᵉ de Salazac. — Graville, 1781 (arch. départ. C. 1656).

GRAVILLARGUES, q. c⁰ᵉ de Sernhac. — 1554 (arch. départ. C. 1801).

GREFFEUILLE, f. c⁰ᵉ de Monoblet.

GREFFEULHE, f. c⁰ᵗ de Roquedur. — Villa que dicitur Agrifolio, in vicaria Arisense, 957 (cart. de N.-D. de Nimes, ch. 191). — Le mas d'Aigrefeuille, paroisse de Saint-Pierre de Roquedun, 1551 (arch. départ. C. 1796).

GREISSAC, h. c⁰ᵉ de Verfeuil. — Creysac, 1256 (Mén. I, pr. p. 83, c. 1). — Grisacum, 1365 (Gall. Christ. L VI, p. 637). — Castrum de Grisaco, 1461 (reg.-cop. de lettr. roy. E, ıv). — Grissac, 1789 (carte des États). — Graissat, 1824 (Nomencl. des comm. et ham. du Gard).

GRELOU, f. c⁰ᵉ de Ponteils-et-Brézis.

GREMEAU (LE), f. c⁰ᵉ de Pujaut.

GREMOULET, f. c⁰ᵉ du Vigan. — Mansus de Gremoleto, 1430 (A. Montfajon, not. du Vigan).

GRENEAU (LE), ruiss. qui prend sa source sur la c⁰ᵉ de Boisset-et-Gaüjac et se jette dans le Gardon sur le territ. de la même c⁰ᵉ. — Grimes (Rivoire, Statist. du Gard; Ann. du Gard, 1862, p. 662). — On le trouve aussi écrit Granaux.

GRENOUILLE (LA), f. c⁰ᵉ de Valleraugue.

GRENOUILLÈRES (LES), f. c⁰ᵉ de Beaucaire. — Grenolheriæ, 1495 (Mén. III, pr. p. 188, c. 2).

GRÈS (LE), h. c⁰ᵉ de Saint-Alexandre.

GRÈS (LES), q. c⁰ᵉ de Roquemaure. — 1695 (arch. départ. C. 1653).

GRESAC, h. c⁰ᵉ d'Uzès. — In introitu nundinarum loci Sancti-Firmini, a loco qui vertitur deversus Graziacum, 1344 (arch. munic. d'Uzès, BB 2, f. 17). — Le Grézat, paroisse de Saint-Firmin, 1731 (arch. départ. C. 1473).

GRESSAS (LE), f. c⁰ᵉ de Monoblet.

GRESSENTIS, f. c⁰ᵉ d'Alzon.

GREVOUL (LE), h. c⁰ᵉ de Soudorgues.

GREVOULET (LE), f. auj. détr. c⁰ᵉ de Saint-Paul-la-Coste. — Mansus de Agrevoleto, in parrochia Sancti-Pauli de Consta, 1349 (cart. de la seign. d'Alais, f⁰ 48).

GREVOULET (LE), c⁰ᵉ de Vabres. — Le Gravoulet, 1789 (carte des États).

GREVOULIÈRES (LES), f. c⁰ᵉ de Thoiras. — On dit aussi la Gravouillère.

GRÉZAL, f. c⁰ᵉ de Barjac. — Grasanicæ, 1554 (Griolet, not. de Barjac). — Grasans, 1633 (A. Griolet, not. de Barjac).

GRÉZAN, f. c⁰ᵉ de Calvisson, auj. détr. — Grezans,

1567 (Robin, not. de Calvisson). — Lo Grasan, 1623 (ibid.).

GRÉZAN, f. c⁰ᵉ de Nimes, auj. détruite. — Vilare Gragnano, 905 (cart. de N.-D. de Nimes, ch. 49). — In Gragnago, 936 (ibid. ch. 35). — Ubi vocant Gragnaco, 1030 (ibid. ch. 33; Mén. I, pr. p. 22, c. 2). — Gradanum, 1115 (ibid. ch. 36). — Granhac, Gresan, 1380 (comp. de Nimes). — Gresan, 1479 (la Taula del Poss. de Nismes); 1551 (J. Ursy, not. de Nimes). — Grezan, sive les Abeuradoux, 1671 (comp. de Nimes).

GRÉZEL (LE), ruiss. qui prend sa source sur la c⁰ᵉ de Montdardier et se jette dans le Gassas sur le territ. de la même commune.

GRÉZILLARGUES, q. c⁰ᵉ de Ribaute. — Grésillargues, 1553 (arch. départ. G. 1774).

GRIBARET, q. c⁰ᵉ d'Aumessas.

GRIMAL, f. c⁰ᵉ d'Arphy.

GRIMAL (LE), ruiss. qui prend sa source sur la c⁰ᵉ de Valleraugue et se jette dans l'Hérault sur le territ. de la même c⁰ᵉ. — Le Vallat-de-Grimal, 1812 (notar. de Nimes).

GRIMALS (LES), f. c⁰ᵉ de Valleraugue.

GRIOLET, f. c⁰ᵉ de Sommière.

GRIVOLDANICUS, lieu détr. c⁰ᵉ d'Aiguesmortes. — Quandam colonicam que dicitur Grivoldanicus, prope fores monasterii, 850 (cart. de Psalm.).

GNOS, f. c⁰ᵉ de Galargues.

GNOS-GAREN, h. c⁰ᵉ de Saint-Jean-du-Gard.

GNOS-GAY, f. c⁰ᵉ d'Alais.

GUASQUET (LE), dom. c⁰ᵉ de Valleraugue. — Le Gasquet, 1789 (carte des États).

GUÉRIN, f. c⁰ᵉ de Beaucaire, près du tunnel du chemin de fer.

GUÉRIN, f. c⁰ᵉ de Beaucaire, près du Rhône.

GUÉRIN, f. c⁰ᵉ de Monoblet.

GUÈS, f. c⁰ᵉ de Beaucaire.

GUIDON (LE), sommet du Serre-de-Bouquet, c⁰ᵉ de Bouquet.

GUILHAUMO, h. c⁰ᵉ de Pompignan. — Guillaumau, 1789 (carte des États).

GUILLEMERLE, bois, c⁰ᵉ de la Cadière.

GUINARD, f. c⁰ᵉ de Caveirac.

GUINET, f. c⁰ᵉ de Bréau-et-Salagosse. — La borie de Guinet (cad. de Bréau).

GUINGUETTE (LA), f. c⁰ᵉ de Brouzet.

GUIOLE (LA), f. c⁰ᵉ de Trèves. — Mansus de la Gleiola, 1229 (cart. de N.-D. de Bonh. ch. 28). — Mansus de la Glaiola, 1239 (ibid. ch. 23); 1244 (ibid. ch. 34). — In pertinentiis de la Gleyzola, 1321 (pap. de la fam. d'Alzon).

GUIRAUD, f. c⁰ᵉ de Beaucaire.

GUIRAUD, f. c^{ne} de Nimes.

GUIRAUD, f. c^{ne} de Saint-Mamet.

GUIRAUD, f. c^{ne} de Villevieille.

GUIRAUDET, f. c^{ne} de Saint-Martin-de-Valgalgue.

GUIRAUDIÉ (LA), f. c^{ne} de Tornac.

GUIRAUDON, f. c^{ne} de Nimes.— *Mas-de-Guiraudon*, 181 (notar. de Nimes).

GUY, f. c^{ne} d'Aiguesmortes.

GUYOT, f. c^{te} de Souvignargues. — *Guillot*, 1789 (carte des États).

H

HABIMES (LES), ruiss. qui prend sa source sur la c^{ne} de Rousson, traverse celle de Salindres et se jette dans l'Alauzène sur le territ. de la c^{ne} de Servas.

HALTAT (L'), f. c^{te} de Valleraugue.

HARDI (L'), f. c^{te} de Vézenobre.

HAURÈS, f. c^r de Tornac.

HAUTE-HABITABELLE, f. c^{ne} de Sauzet.

HAUT-MONTAGNON (LE), mont. c^{ne} de Saint-Mamet.

HENNY, f. c^{ne} de Carnas.

HÉRAULT (L'), fleuve qui a sa source au mont Aigoual, c^{ne} de Valleraugue, traverse celles de la Rouvière, Saint-André-de-Majencoules, Mandagout, Roquedur, Saint-Julien-de-la-Nef et Saint-Laurent-le-Minier et entre dans le département auquel il donne son nom pour aller se jeter à Agde dans la Méditerranée. — *Arauris* (Plin. *Hist. Nat.* Pomp. Mel. II, 5). — Άραύριος (Ptol. II, 10, 2). — Ράυραρις (Codd. Strab.). —Άραυρις (Strab. IV, 2, 82). — *Araldis, Eravus* (basse latinité). — *Flurius Eraur*, 1029 (Hist. de Lang. II, col. 185). — *Fluvius Lero*, 1157 (cart. de Franq.). — *Eraut*, 1247 (chap. de Nimes, arch. dép.). —*Airau*, 1415 (ibid.). — Parcours dans le dép^t : 27 kilomètres.

HERMES (LES), q. c^{ne} de Langlade. — *Campi-Heremi*, 1555 (chap. de Nimes, arch. départ.).

HERMET (L'), h. c^{ne} de Génolhac. — *L'Ermet*, 1515 (arch. départ. C. 1647). — *L'Hermet*, 1732 (ibid. C. 1478).

HERMITAGE (L'), chapelle ruinée, c^{ne} de Carsan. — *La désert de Notre-Dame-de-Carsan*, 1619 (insin. eccl. du dioc. d'Uzès).— *Eremus Beatæ-Mariæ de Carsan* (ibid.). — *L'Hermitage*, 1715 (J.-B. Nolin, *Carte du dioc. d'Uzès*; E. Germer-Durand, *le Prieuré de Saint-Nic.-de-Camp.* p. 86-88). — Voy. NOTRE-DAME-DE-CARSAN.

HERMITANE (L'), marais, c^{ne} de Saint-Gilles.— *Larmitane*, 1789 (carte des États).

HÉROS (LES), f. c^{ne} de Saint-Jean-de-Ceirargues.

HIENNET (L'), ruiss. qui prend sa source sur la c^{ne} de Génolhac et se jette dans la Gardonnette sur le territ. de la même c^{ne}. — Parcours : 1 kilomètre.

HIERLE (LA), f. c^{ne} de Laval-Saint-Roman.

HIERLE (LA), h. c^{ne} de Saint-Marcel-de-Fontfouillouse. — *Terra et baronia Arisdii*, 1357 (pap. de la fam. d'Alzon). — *Mansus de Arisdio, vulgariter vocatus Yrle*, 1371 (ibid.). — *Hierle*, 1618 (insin. eccl. du dioc. de Nimes).—*La Guierle*, 1789 (carte des États; Ménard, t. I, p. 298, 309 et 314).

Ce domaine a gardé le nom de la baronnie d'Hierle, dont il était le *mansus caput*, et qui était un démembrement de l'ancien *pagus Arisitensis* ou *Arisdium*. — La baronnie d'Hierle est entrée, au XVIIe siècle, dans la maison de Vissec. — Voy. ARISITUM.

HILLAIRE, f. c^{ne} d'Avèze.

HIVERNE, c^{ne} de Génolhac. — *Iverna*, 1384 (dén. de la sén.); 1548 (arch. dép. C. 1318). — *Hiverne*, 1634 (ibid. C. 1288). — *Iverne*, 1694 (armor. de Nimes). — *Yverne*, 1789 (carte des États).

Hiverne, qu'un décret du 8 octobre 1813 a réuni à Bonnevaux pour en faire la c^{ne} de *Bonnevaux-et-Hiverne*, était autrefois une petite communauté de la viguerie et du dioc. d'Uzès, doyenné de Sénéchas. — On n'y comptait qu'un feu en 1384. — Hiverne reçut, en 1694, pour armoiries : *d'hermine, à un chef losangé d'argent et de gueules.*

HOM (L'), h. et château, c^{ne} de Saint-Martin-de-Corconac. — *L'Homme*, 1789 (carte des États).

HOMME (L'), f. c^{ne} de Saint-Denis. — *Lhomme*, 1789 (carte des États).

HOMME-MORT (L'), f. anj. détr. c^{ne} d'Aramon. — 1637 (Pitot; not. d'Aramon).

HOMME-MORT (L'), f. c^{ne} de Nimes. — *Ad Ulmo*, 1165 (carte de N.-D. de Nimes, ch. 66). — *Le Mas-de-l'Ome*, 1704 (J.-G. La Baume, *Rel. inéd. de la rév. des Camisards*).

HOMME-MORT (L'), f. sur une mont. du même nom, c^{ne} de la Rouvière (le Vigan).

HOMOL (L'), ruiss. qui prend sa source au bois des Armes, c^{ne} de Concoules, traverse dans le dép^t de la Lozère la c^{ne} de Vialas, rentre dans le dép^t du Gard par la c^{ne} de Génolhac et se jette dans la Cèze sur le territ. de la c^{ne} de Sénéchas. — Parcours : 16,500 mètres.

Homs (Les), h. c^ne de Campestre-et-Luc. — *Mansus de Ulmis*, 1272 (pap. de la fam. d'Alzon). — *Mansus de Holmis*, 1330 (*ibid.*). — *Les Ons*, 1789 (carte des États).

Hondes (Les), f. c^ne de Saint-Martin-de-Corconac. — *Mas des Ondes*, 1812 (notar. de Nimes).

Hondes (Les), ruisseau qui prend sa source sur la commune de Saint-Martin-de-Corconac et va se jeter dans le Gardon sur le territoire de la même commune.

Hôpital (L'), f. c^ne de Garons. — *Carreria qua itur [de Argencia] versus mansum Hospitalis*, 1259 (arch. des Bouches-du-Rhône, ordre de Malte, Argence, n° 58; E. Germer-Durand, *le Prieuré de Saint-Nicolas-de-Campagnac*, p. 73).

Hort-de-Dieu (L'), f. c^ne de Saint-André-de-Valborgne. — *L'Ort-de-Dieu*, 1552 (arch. départ. C. 1777).

Hort-de-Dieu (L'), f. c^ne de Saint-Martin-de-Corconac. — 1553 (arch. départ. C. 1794).

Hort-de-Dieu (L'), f. et ruiss. c^ne de Valleraugue, sur une pente de l'Aigoual.

Hortoux, c^on de Quissac. — *Ortoli*, 1239 (chap. de Nimes, arch. départ.). — *Hortols*, 1517 (*ibid.*). — *Ortoux*, 1549 (arch. dép. C. 788). — *Notre-Dame d'Hortolz*, 1555 (J. Ursy, not. de Nimes). — *Le prieuré Notre-Dame d'Orthoux*, 1612 (insin. eccl. du dioc. de Nimes).

Hortoux était de la viguerie de Sommière (plus tard bailliage de Sauve) et du dioc. de Nimes, archiprêtré de Quissac. — Cependant le nom de ce village ne se rencontre dans aucun des dénombrements anciens. — Le prieuré simple et régulier de Notre-Dame d'Hortoux, qui valait 1,000 livres, était à la collation de l'abbé d'Aniane. — À l'époque de l'organisation du département du Gard, Hortoux fut réuni à Quilhan pour former la c^ne d'*Hortoux-et-Quilhan*.

Hortoux, h. c^ne de Tornac. — *Villa que vocant Ortusanicus*, *in castro Andusiense*, 984 (cart. de N.-D. de Nimes, ch. 185).

Horts (Les), f. c^ne d'Arrigas.

Horts (Les), f. c^ne de la Cadière. — 1549 (arch. départ. C. 1786).

Horts (Les), f. c^ne de Lussan. — *Ashorts*, 1789 (carte des États).

Horts (Les), f. et m^in, c^re de Mars.

Horts (Les), f. c^ne de Saint-Martial.

Horts (Les), h. c^ne de Soudorgues. — *Les Hortes*, 1789 (carte des États).

Horts (Les), ruiss. qui prend sa source sur la c^ne de Sabran et va se jeter dans l'Andiole ou Vionne sur le territ. de la même commune (Ann. du Gard, 1862, p. 664).

Horts (Les), ruiss. qui prend sa source aux pentes du mont Brion, sur la c^ne de Soudorgues, et se jette dans la Salindre sur le territ. de la même c^ne. — Parcours : 2,700 mètres.

Hournèze, f. auj. détruite, c^ne de Calvisson.

Housses-de-Silhol (Les), bois, c^ne de Méjanes-le-Clap.

Hubac (L'), mont. c^ne de Bréau (H. Rivoire, *Statist. du Gard*).

Hubac (L'), f. c^ne du Cros. — *La métairie d'Hubac*, 1647 (arch. départ. G. 275).

Hubac (L'), f. c^ne de Saint-André-de-Majencoules. — *Mansus de Ubaco, parochiæ Sancti-Andreæ de Majencolis*, 1472 (A. Razoris, not. du Vigan).

Hubac (L'), f. c^ne de Saint-Julien-de-la-Nef. — 1549 (arch. départ. C. 1786).

Hubac (L'), q. c^ne de Sumène. — 1555 (arch. départ. G. 167).

Hubac-du-Cayla (L'), q. c^ne de Valleraugue. — 1551 (arch. départ. C. 1807).

Hubacs (Les), f. c^ne de Colognac.

Hubagues (Les), ruiss. qui forme la limite des c^nes de Peyroles et de Saint-Jean-du-Gard et se joint au Gardon sur le territ. de la dernière c^ne. — *Vallatum dictum de las Hubagas, de summitate podii usque ad riperiam Gardonis*, 1461 (reg.-cop. de lettr. roy. E, IV).

Hubertarié (L'), f. c^ne de Trève.

Huliargues, f. c^ne de Blauzac. — *Le lieu d'Oulliac*, 1704 (C.-J. de La Baume, *Rel. inéd. de la rév. des Camisards*).

Hulias, h. c^ne de Saint-Christol-de-Rodières. — *Le mas de Hulias*, 1750 (arch. départ. C. 1662). — *Ulhias*, 1773 (comp. de Saint-Christol-de-Rodières).

I

Ibras, bois, c^ne de Saint-Christol-de-Rodières.

Icard, f. c^ne de Beaucaire. — *Icart*, 1789 (carte des États). — *Mas-de-Dicard*, 1812 (notar. de Nimes).

Icounenc, f. c^ne de Bréau-et-Salagosse, sur une mont. du même nom (H. Rivoire, *Statist. du Gard*).

Ile (L'), f. c^ne de Bagnols.

Ile (L'), f. c^{ne} de Remoulins. — *Insula de Garonia*, 1418 (arch. du chât. de Saint-Privat).

Par suite d'un changement du cours du Gardon, cette île est aujourd'hui rattachée au ténement de la COASSE : voy. ce nom.

Ile (L'), f. c^{ne} de Vénéjan.

Ile (LA GRANDE-), nom d'une section du cadastre de Montfrin. — 1790 (bibl. du gr. sém. de Nimes).

Ile (LA PETITE-), f. c^{ce} de Montfrin. — 1790 (bibl. du gr. sém. de Nimes).

Ile (LA PETITE-), f. c^{ne} de Roquemaure. — 1778 (arch. départ. C. 1654).

Ile-DE-LA-ROUBINE (L'), f. c^{ne} de Comps, dans une île formée par l'ancien lit du Gardon et par le Rhône.

Ile-DE-SAHUC (L'), f. c^{ne} de Sauveterre.

Ile-Neuve (L'), île du Rhône, c^{ne} de Valabrègue. — 1788 (arch. départ. C. 104).

Ilette (L'), f. c^{ce} de Montclus.

Illaire, f. c^{ne} du Vigan.—*Mas-d'Illaire* (cad. du Vigan).

Ilon (L'), f. c^{ce} de Vénéjan, dans une île du Rhône.

Imbres (Les), f. c^{ne} de Sabran.— *Embriæ*, 1619 (insin. eccl. du dioc. d'Uzès). — Voy. NOTRE-DAME-DES-EMBRES.

Impostaïne (L'), f. c^{ce} des Salles-du-Gardon. — *Lim-postaire*, 1715 (J.-B. Nolin, *Carte du dioc. d'Uzès*); 1789 (carte des États).

Inard, f. c^{ne} de Sommière.

Indérimes, h. c^{ne} de Sumène.—*Endrimes*, 1789 (carte des États).

Insolas (L'), château, c^{ne} de Villeneuve-lez-Avignon. — S'écrit aussi *Linsolas*.

Iouton, pic, c^{ne} de Beaucaire. — *Mont-Iouton* (carte géol. du Gard).

Iscle, marais, sur les c^{nes} de Vauvert et du Caylar. — *Le terroir des Iscles*, 1717 (arch. départ. C. 20).

Iscles (Les), f. c^{ce} de Saint-Gilles. — *Iscla*, 1146 (Lay. du Tr. des ch. t. I, p. 63).

Isis, source qui prend naissance sur le territ. d'Avèze, fournit à la ville du Vigan des eaux excellentes et se jette dans l'Arre sur le territoire de la c^{ne} du Vigan. — *Fons ille qui appellatur Ysa*, 1069 (pap. de la fam. d'Alzon). — *Fons cui nomen est Yza*, 1071 (ibid.). — *Fons d'Ysa*, 1325 (ibid.). — *A bedale d'Isa inferiori*, 1340 (ibid.). — *A bedali superiori fontis de Iza*, 1357 (ibid.); 1440 (A. Montfajon, not. du Vigan).

Issartas (L'), q. c^{ne} d'Aumessas.

Issartas (L'), bois, c^{ne} de Revens.

Issartat (L'), f. c^{ne} de Chambon. — *Lissartal*, 1789 (carte des États).

Issartiel (L'), bois, c^{ne} de Saint-Félix-de-Pallières.

Issartier (L'), f. c^{ne} de Sumène.

Issartines (Les), f. c^{ne} de Bez-et-Esparron.

Issartines (Les), ruiss. qui prend sa source sur la c^{ne} de Bez-et-Esparron et se jette dans le Merlençon sur le territ. de la même c^{ne}. — *Esartines* (cad. de Bez-et-Esparron).

Issartines (Les), ruiss. qui prend sa source sur la c^{ne} du Vigan et se jette dans l'Arre (rive gauche) sur le territ. de la même c^{ne}. — *Territorium vocatum de Issartinis*, 1367 (pap. de la fam. d'Alzon).

Issant-Long (L'), bois, c^{ne} de Saint-Laurent-le-Mi-nier.

Issants (Les), ruiss. qui prend sa source sur la c^{ne} de Cornillon et se jette dans la Cèze sur le territ. de la même c^{ne}. — Parcours : 3,500 mètres.

Isserts (Les), f. c^{ne} de Valleraugue. — *Le mas de l'Is-sert*, 1551 (arch. départ. C. 1806).

Isserts (Les), ruisseau qui prend sa source sur la c^{ne} de Valleraugue, près de la ferme des Isserts, et va se jeter dans l'Hérault sur le territoire de la même commune.

Isserviel-(L'), h. c^{ne} de Saint-Martial.

Issirac, c^{on} du Pont-Saint-Esprit. — *Parochia Beati-Stephani de Ysseraco, mandamenti Montis-Clusi*, 1522 (A. de Costa, not. de Barjac). — *Issirac*, 1550 (arch. départ. C. 1324). — *Le prieuré Saint-Blaize* (sic) *d'Issirac*, 1620 (insin. eccl. du dioc. d'Uzès). — *Issirac*, 1642 (arch. départ. C. 1283). — *Saint-Issirac* (sic), 1694 (armor. de Nimes). — *Issirac* (Ménard, t. VII, p. 653).

Issirac faisait partie de la viguerie et du diocèse d'Uzès, doyenné du Pont-Saint-Esprit; cependant on ne rencontre pas le nom de ce village sur les dénombrements anciens. — Le prieuré d'Issirac était à la collation de l'évêque d'Uzès. — L'église moderne d'Issirac a été reconstruite sur les fondements même de l'ancienne église de Saint-Étienne. — Rivoire (*Statist. du Gard*, t. II) prétend à tort qu'il y avait «un ancien couvent» à Issirac. — Issirac a reçu en 1694 les armoiries suivantes : *d'azur, à un pal losangé d'or et de sable*.

Ivagnas (Les), h. c^{ne} de Cornillon. — On trouve aussi les formes : *Jivagnas, Givagnas, Civagnas*, dans les actes notariés. La véritable orthographe est sans doute : *Les Vagnas*.

Ivernati, f. c^{ne} d'Aimargues. — *Hivernaty*, 1726 (carte de la bar. du Cailar).

Ivoulas, f. c^{ce} de Saint-Hippolyte-du-Fort. — *Ivolas*, 1789 (carte des États).

J

JALABERT, f. c^ne de Saint-Gilles.

JALON, f. c^ne de Fournès.— *B. de Gevolone,* 1180 (chap. de Nimes, arch. départ.). — *G. de Gevolon,* 1313 (Mén. II, pr. p. 7, c. 2). — *Terra de Fornesio et de Gevolon,* 1474 (J. Brun, not. de Saint-Geniès-en-Malgoirès). — *La terre de Jaulon, sur les bords du Gardon,* 1551 (arch. départ. C. 1332).— *Jalomp,* 1634 (*ibid.* C. 1297; E. Trenquier, *Not. sur quelques localités du Gard*). — Voy. SAINT-GEORGES-DE-GÉVOLON.

JALOT, f. c^ne de Quissac.

JALOUP, q. c^ne de Calvisson.

JAMBAL, f. c^ne de Sumène. — *Mas-de-Jambal,* 1827 (notar. de Nimes).

JANDON, f. c^ne de Saint-Jean-de-Maruéjols. — *Mas-de-Jandon,* 1789 (carte des États).

JARDIN-DE-NICOLAS (LE), f. c^ne de Sagriès.

JARDIN-DE-ROQUE (LE), f. c^ne de Sagriès.

JARDINE (LA), f. c^ne de Saint-Alexandre.

JARDINIER (LE), f. c^ne de Cassagnoles.

JARDINIER (LE), f. c^ne de Cornillon.

JARDIN-NOUVEL (LE), f. c^ne de Saint-Christol-lez-Alais.

JARDINS (LES), f. c^ne de Saint-Hippolyte-du-Fort.

JARNÈGUE, île du Rhône, entre Beaucaire et Tarascon, aujourd'hui réunie par atterrissement à la c^ne de Tarascon. — *Ugernia insula,* 1185 (Hist. de Lang. II, pr.). — *Vernia* (Guill. de Puylaurens, *Chron.* cap. 44). — *La Vergne* (Valois, *Not. Gall.* p. 601). — C'est dans cette île qu'eut lieu, en 1185, une entrevue du comte de Toulouse Raymond V et du roi d'Aragon Alphonse II. — En 1298, c'était encore une île. — En 1527, la porte de Tarascon du côté du Rhône s'appelait *Porte de Jarnègue.*

JARRAS, f. c^ne d'Aiguesmortes.

JARSIN, mont. c^ne de Connaux. — C'est de cette montagne que sort la source qui alimente les fontaines du village de Connaux.

JASSE (LA), f. c^ne d'Aiguesmortes. — *Bergeries de Terre-Neuve,* 1789 (carte des États).

JASSE (LA), f. c^ne d'Aramon.

JASSE (LA), f. c^ne d'Aubais.

JASSE (LA), f. c^ne de Chambon.

JASSE (LA), f. c^ne de Fontanès.

JASSE (LA), f. c^ne de Moulézan-et-Montagnac.

JASSE (LA), f. c^ne de Parignargues.

JASSE (LA), f. c^ne de Saint-Martin-de-Valgalgue.

JASSE (LA), f. c^ne de Soudorgues.

JASSE (LA), f. c^ne de Souvignargues.

JASSE-BRÛLÉE (LA), f. c^ne du Caylar.

JASSE-DE-BAGUET (LA), f. c^ne de Sommière.

JASSE-DE-BARRY (LA), f. c^ns de Vauvert.

JASSE-DE-BERNARD (LA), f. c^ne d'Alais.

JASSE-DE-CANDILLIA (LA), f. c^ne d'Aiguesmortes. — *La Jasse de Candillargues,* 1746 (arch. départ. C. 14).

JASSE-DE-MADAME (LA), f. c^ne d'Aiguesmortes.

JASSE-DE-VALAT (LA), f. c^ne de Vauvert.

JASSE-D'ISNABD (LA), f. c^ne du Caylar.

JASSE-GRANDE (LA), f. c^ns de Saint-Julien-de-Peyrolas. — *La Grande-Jasse,* 1789 (carte des États).

JASSE-NEUVE (LA), f. c^ne de Vauvert. — *Baude,* 1789 (carte des États).

JASSES (LES), f. c^ne de Caveirac.

JASSES (LES), f. c^ne de Saint-Mamet.

JASSE-TOMBADE (LA), f. c^ne de Saint-Victor-des-Oules.

JAUJARGUES, f. c^ns de Saint-Privat-de-Champclos. — 1624 (Griolet, not. de Barjac).

JAUMETON, f. c^ne de Calvisson.

JAUVERDE, f. c^ne de Roquedur. — *Territorium de Jalverta, infra parochiam de Rocaduno,* 1513 (A. Bilanges, not. du Vigan).

JAUVERTE, f. c^ne de Saint-Privat-des-Vieux.

JAVON, f. c^ne de Rochefort.

JEAN-GROS, f. c^ne de Montdardier. — *Le Mas-de-Jean-Gros* (Nomencl. des comm. et ham. du Gard).

JEANJEAN, f. c^ne de Bréau-et-Salagosse.

JÉRUSALEM, mont. c^ne du Vigan.

JÉSUITES (LES), f. c^ne de Valabrègue.

JOLS, h. c^ne de Saint-Laurent-de-Carnols. — *Mansus de Jaullo,* 837 (D. Bouquet, *Histor. de France,* diplôme de Louis le Débonnaire). — *Mas-de-Joux,* 1781 (arch. départ. C. 1656). — *Mas-du-Jol,* 1789 (carte des États).

JOLS, q. c^ne de Saint-Quentin.

JONCAS (LE), dom. de la c^ne de Saint-Maximin. — 1734 (arch. départ. C. 1791).

JONCAS (LES), f. c^ne de Saint-Christol-de-Rodières.

JONCQUET, f. c^ns d'Uzès.

JONCS (LES), source, c^ne de Parignargues. — Se jette dans la Font-Saint-Peyre.

JONESQUE (LA), q. c^ne de Saint-Marcel-de-Fontfouillouse. — 1553 (arch. départ. C. 1791).

JONNENQUE (LA), ruiss. qui prend sa source sur la c^ne de Salindres et se jette dans l'Avène sur le territ. de la même commune.

JONQUEIROLLES, f. c^{re} d'Uzès. — *Jonqueyroles*, 1520 (arch. comm. d'Uzès, GG. 7); 1705 (arch. départ. C. 1402).— *Jonquerolles*, 1715 (J.-B. Nolin, *Carte du dioc. d'Uzès*).

M. J.-F. de Laurans de l'Olive était seigneur de Jonqueirolles en 1694 (armorial de Nimes). — Les Cordeliers d'Uzès y avaient des propriétés. — Voy. SAINT-ANDRÉ-DE-JONQUEIROLLES.

JONQUEYROLES, q. c^{ne} de Nimes. — *Juncairola*, 1215 (cart. de Franq.). — *Ad Joncairolam*, 1235 (chap. de Nimes, arch. départ.). — *Jonqueyroles*, 1301 (*ibid.* G. 200).

Ce quartier a pris plus tard le nom de *Pont-de-la-Servie*.

JONQUIER (LE), f. c^{ne} de Chusclan, sur l'emplacement de l'ancien prieuré rural de SAINT-MARTIN-DU-JON-QUIER : voy. ce nom.

JONQUIÈRE (LA), h. c^{ne} de Sainte-Croix-de-Caderle.

JONQUIÈRE (LA), h. c^{ne} de Saint-Julien-de-Peyrolas.

JONQUIÈRE (LA), q. c^{er} de Sumène. — *La Joncuyère*, 1555 (arch. départ. G. 167).

JONQUIÈRES, c^{on} de Beaucaire. — *Juncaria*, 825 (Hist. de Lang. I, pr. col. 63). — *Juncariæ, Joncariæ*, 1102 (cart. de Psalm.). — *Sanctus-Vincencius de Juncariis, in pago Arelatensi*, 1128 (*ibid.*).— *Sanctus-Vincentius de Junqueriis*, 1208 (Gall. Christ. t. VI, pr. p. 624). — *Castrum Junqueriæ*, 1310 (Mén. I, pr. p. 225, c. 2). — *Prioratus Sanctorum Laurentii, Vincentii et Michaelis de Juncqueriis, Arelatensis diocesis*, 1461 (reg.-cop. de lettr. roy. E, IV, f° 61). — *Jonquieres, viguerie de Beaucaire*, 1555 (Tar. univ. du diocèse de Nimes). — *Le prieuré de Sainct-Laurens de Jonquières*, 1606 (insin. eccl. du dioc. de Nimes); 1612 (*ibid.*). — *Juncheriæ* (Ménard, VII, p. 646).

Jonquières appartenait dès le XIIe siècle à la viguerie de Beaucaire pour le temporel comme tout le reste du pays d'Argence, dont il faisait partie; cependant on ne trouve pas ce nom sur la liste de cette viguerie en 1435. Pour le spirituel, Jonquières a toujours relevé de l'archevêché d'Arles jusqu'en 1790. — La terre de Jonquières a eu les mêmes seigneurs que Beaucaire et le pays d'Argence; mais, en 1310, elle est parvenue à la maison de Calvisson, qui l'a possédée jusqu'à la Révolution. — En 1744, Jonquières était composé de 66 feux et de 250 habitants. — La voie Domitienne, qui traverse la c^{ne} de Jonquières, est, dans les parties basses et marécageuses, pavée en briques cuites, de cinq centimètres d'épaisseur. — L'étang de Jonquières n'a été complétement desséché que de nos jours. — Les armoiries de cette communauté sont: *d'argent, à une botte de joncs, de sinople, liée d'or, avec ces mots autour :* l'EN · TIENS · DEVX · MILLE, *en caractères de sable.*

JONQUIÈNES, h. c^{ne} de Soustelle.

JOSSAUD, f. c^{ne} de Villeneuve-lez-Avignon.

JOUBERT, f. c^{ne} d'Aimargues.

JOUFFE, h. et chapelle ruinée, c^{ne} de Montmirat. — *Devesium de Joffa*, 1361 (Gall. Christ. VI, p. 656). — *Carreria qua itur de Gajanis versus Joffam*, 1463 (L. Peladan, not. de Saint-Gen.-en-Malg.).— *Jouffe*, 1715 (J.-B. Nolin, *Carte du dioc. d'Uzès*). — Voy. NOTRE-DAME-DE-JOUFFE et VAL-DE-JOUFFE.

JUNAS, c^{on} de Sommière. — *Junassium*, 1384 (dénombr. de la sénéch.). — *Ecclesia de Junatio*, 1386 (rép. du subs. de Charles VI).— *Junas*, 1435 (rép. du subs de Charles VII). — *Jeunas*, 1566 (J. Ursy, not. de Nimes). — *Junas*, 1582 (Tar. univ. du dioc. de Nimes). — *Le prieuré de Sainct-Benoist de Junas*, 1605 (insin. eccl. du dioc. de Nimes).

Junas faisait partie, avant 1790, de la viguerie de Sommière et du diocèse de Nimes, archiprêtré de Sommière. — On y comptait 5 feux en 1384. — Le prieuré simple et régulier de Saint-Benoît de Junas était à la collation de l'abbé d'Aniane; ce prieuré valait 1,200 livres. — On voit encore, à peu de distance du village, une église ruinée : c'est l'ancienne église de Saint-Benoît. — Junas fut une des cinq paroisses qui formèrent le marquisat de Calvisson, créé en 1644.

JURADES (LES), ferme, c^{ne} de Rogues. — *S. de Jurada, parrochiæ de Rogis*, 1466 (J. Montfajon, not. du Vigan).

JUSTOU, f. c^{ne} d'Aubussargues. — *La Justonne*, 1750 (arch. départ. C. 1535).

JUVENEL, f. c^{ne} de Saint-Gilles. — Appelée aussi *Carreiron.*

K

KEMPE, f. c^{ne} d'Aiguesmortes, auj. détruite. — *Cabane de la Kempe*, 1789 (carte des États).

L

LABAU, f. et source, c⁰ᵉ d'Anduze. — *Labaho, Labahou,* 1823 (J. Viguier, *Notice sur Anduze*).

LAC (LE), f. cᵘᵉ de Laval.

LAC (LE), f. auj. détruite, cᵒᵉ de Peyrolles. — 1551 (arch. départ. C. 1771).

LAC (LE), f. cⁿᵉ de Ponteils-et-Brézis. — *Le Plan-du-Lac, métairie de la paroisse de Ponteils,* 1766 (arch. départ. C. 1580). — *Pont-du-Lac,* 1789 (carte des États). — *Plan-du-Lac,* 1812 (notar. de Nîmes).

LAC (LE), ruiss. qui prend sa source au Mas-Vanel, cⁿᵉ de Nîmes, et va se jeter dans la Braüne sur le territ. de la cⁿᵉ de la Calmette.

LACAN, f. et mont. cⁿᵉ d'Anduze. — *Mansus de Campo, parrochie de Tornaco,* 1437 (Et. Rostang, not. d'Anduze).

LACAN, f. cᵘᵉ de Laudun.

LACAN, h. cⁿᵉ de Saint-Julien-de-la-Nef.

LACAN, f. cⁿᵉ de Vabres. — *Lacamp,* 1789 (carte des États).

LACQUADOU (LE), q. cⁿᵉ de Saint-Brès. — 1559 (arch. départ. C. 1782). — Peut-être faudrait-il écrire *l'Aguadou.*

LACRE, f. cⁿᵉ de Monoblet.

LADRE (LA), f. cⁿᵉ d'Uzès.

LAFLAT, f. cⁿᵉ de Meyrannes.

LAFON, f. cⁿᵉ de Dourbie.

LAFONT, f. cⁿᵉ de Beaucaire.

LAFOUX, f. et mⁱⁿ sur la Vis, cᵐᵉ de Blandas. — *Les moulins de Lafous,* 1768 (arch. commun. de Blandas).

LAFOUX, f. cⁿᵉ de Lanuéjols. — *Mansus Fonsium,* 1174 (cart. de N.-D. de Bonh. ch. 51). — *Mansus qui vocatur de las Fons, qui est in parochia Sancti-Laurentii de Lanuejols,* 1239 (*ibid.* ch. 31). — *Mansus de Fontibus, qui est in parochia Sancti-Laurencii de Lanuejolz,* 1245 (*ibid.* ch. 16). — *Mansus de Fonte,* 1259 (*ibid.* ch. 18); 1309 (*ibid.* ch. 15).

LAFOUX, f. cᵘᵉ de Pompignan.

LAFOUX, h. et mⁱⁿˢ, cⁿᵉ de Remoulins. — *Le logis de Lafoux,* 1781 (arch. départ. C. 125).

LAFOUX, h. cⁿᵉ de Soudorgues.

LAGET, f. cⁿᵉ de Vénéjan.

LAGRE, f. auj. détruite et bois, cⁿᵉ de Lanuéjols. — *Mansus de Lagerie, in parochia Sancti-Laurenci de Lanuejolz,* 1228 (cart. de N.-D. de Bonh. ch. 29). — *El Agenc,* 1229 (*ibid.* ch. 30).

LAGRINIÉ, f. cⁿᵉ de Dourbie. — *Mansus de Agrinerio,* *parrochiæ de Durbia,* 1513 (A. Bilanges, not. du Vigan). — *Le masage de Lagrinié, paroisse de Dourbie,* 1709 (pap. de la famille d'Alzon). — *Lagrimé,* 1824 (Nomencl. des comm. et ham. du Gard).

LALABEL, f. cⁿᵉ de la Rouvière (arrond. du Vigan).

LALLE, h. et mines de houille, cⁿᵉ de Bessèges.

Une loi du 18 mai 1864 a détaché ce hameau de la cⁿᵉ de Bordezac, dont il faisait originairement partie, et l'a réuni à la cⁿᵉ de Bessèges.

LALLE, h. cⁿᵉ de Saint-Félix-de-Pallières.

LALLE, ruiss. qui prend sa source au h. du même nom, cⁿᵉ de Saint-Félix-de-Pallières, et se jette dans la Salindres sur le territ. de la cⁿᵉ de Thoiras.

LALLEMENT, f. cⁿᵉ d'Uzès.

LAMBERT, marais, cⁿᵉ de Saint-Gilles.

LAMBRUSQUIÈRE (LA), f. cⁿᵉ d'Arrigas. — *Mansus de Lambrusqueria,* 1263 (pap. de la fam. d'Alzon). — *Locus de Lambrusqueriis, parochiæ Arigassii,* 1513 (A. Bilanges, not. du Vigan).

LAMOLLE, f. cⁿᵉ de Laval.

LAMOUROUX, f. cⁿᵉ des Plans.

LAMOUROUX, f. cⁿᵉ de Théziers.

LAMPARE, bois, cᵘᵉ de Brouzet (arrond. d'Alais). — *Le fief et seigneurie du devois de Lampare,* 1721 (bibl. du gr. sém. de Nîmes).

M. Moreton de Chabrillan en était seigneur au XVIIIᵉ siècle.

LAMPÈZE (LA) f. auj. détruite, cᵘᵉ de Nîmes. — *Mansus de Lampade; servit sacristæ Beatæ-Mariæ Nemausi,* 1380 (comp. de Nîmes). — *La Lampeja* (*ibid.*). — *La Lampese,* 1479 (la Taula del Poss. de Nismes). — *La Lampèze,* 1671 (comp. de Nîmes).

Cet enclos, qui relevait du sacristain de la cathédrale de Nîmes, fournissait l'huile destinée à l'entretien de la lampe du Saint-Sacrement.

LANCISE, f. cⁿᵉ de Bagnols. — C'est là que se trouve la source des eaux minérales, déjà connues du temps des Romains, qui ont donné son nom à la ville de *Bagnols.* — Voy. BAGNOLS.

LANCISE, mont. cⁿᵉ de Barron.

LANCISE, f. cⁿᵉ de Concoules. — *L'Ausise,* 1731 (arch. départ. C. 1474). — *Lansise,* 1789 (carte des États).

LANCISE, mont. cᵘᵉ de Laudun.

LANCISE, f. cⁿᵉ de Saint-André-de-Roquepertuis.

LANCISE, h. c^{ne} de Tornac. — *Laussire*, 1789 (carte des États). — *Lanscise*, 1817 (notar. de Nimes).

LANDAS, f. c^{ne} de Rousson. — 1732 (arch. départ. C. 1478). — *Lendas* (carte géol. du Gard).

LANDER (LE), ruiss. qui prend sa source au versant S.-E. de la mont. de Pierremale, sur la f. du Mazelet, c^{ne} de Bagard, et se jette dans le Gardon d'Anduze sur le territ. de la c^{ne} de Boisset-et-Gaujac.

LANDES (LES), f. c^{ne} du Pont-Saint-Esprit. — 1731 (arch. départ. C. 1476).

LANDRE (LE), h. c^{ne} de Blandas. — *Mansus de Landro*, 1410 (pap. de la fam. d'Alzon). — *Mansus de Landro*, *parrochiæ de Blandacio*, 1513 (A. Bilanges, not. du Vigan). — *Mandement du Landre*, 1730 (arch. départ. C. 473). — *Cartel du Landre*, 1750 (arch. commun. de Blandas).

LANGEAC, f. c^{ne} d'Uzès.

LANGLADE, c^{ne} de Sommière. — *Anglata*, 1125 (Lay. du Tr. des ch. t. I, p. 44); 1161 (cart. de Franquevaux; Mén. I, pr. p. 38, c.1). — *Parochia Sancti-Juliani de Anglata*, 1165 (chap. de Nimes, arch. départ.); 1207 (Mén. I, pr. p. 42, c. 2). — *Ecclesia Sancti-Juliani de Anglada*, 1214 (*ibid.* p. 53, c. 2). — *Sanctus-Julianus de Anglada*, 1306 (cart. de Saint-Sauv.-de-la-Font). — *Anglata*, 1322 (Mén. II, pr. p. 34, c.1). — *Anglada*, 1384 (dénombr. de la sénéch.). — *Ecclesia de Anglada*, 1386 (rép. du subs. de Charles VI). — *L'Anglade*, 1435 (rép. du subs. de Charles VII). — *Locus de Anglada*, 1461 (reg.-cop. de lettr. roy. E, IV, f° 52). — *Le prieuré de Saint-Julien de Langlade*, 1569 (insin. eccl. du dioc. de Nimes). — *L'Anglade* (Ménard, t. VII, p. 604).

Langlade dépendait de la viguerie et du diocèse de Nimes, archiprêtré de Nimes. — A l'époque de l'Assise de Calvisson (1322), on y comptait 65 feux, dont 4 étaient qualifiés nobles. Le dénombrement de 1384 ne lui en donne plus que 5; celui de 1734, 58, et celui de 1744, 40 et 200 habitants. — Le prieuré de Saint-Julien de Langlade était uni à la mense épiscopale pour un quart et valait 2,000 livres. — Ce lieu était du ressort de la cour royale ordinaire de Nimes. — Les seigneurs de Calvisson possédaient à Langlade la haute et la basse justice; la moyenne appartenait à des seigneurs particuliers. — Le village de Langlade fut compris dans le marquisat de Calvisson, lorsqu'il fut créé en 1644. — De 1414 à 1790, la terre de Langlade fut possédée par des seigneurs qui en portaient le nom. — Langlade a pour armoiries : *d'argent, à trois échalas de sinople.*

LANGLADE, h. c^{ne} d'Aspères.

LANGLADE, f. c^{ne} de Saint-André-de-Valborgne. — 1552 (arch. départ. C. 1777).

LANGLADE, f. c^{ne} de Saint-Gilles.

LANGLADE, f. c^{ne} de Théziers.

LANGONIER, f. c^{ne} de Saint-André-de-Majencoules. — *Laugonier*, 1816 (notar. de Nimes).

LANGOT, f. c^{ne} de Peyremale.

LANGUEIRARGUES, f. c^{ne} de Quissac, auj. détruite. — *Langueyrargues*, 1547 (J. Ursy, not. de Nimes).

LANGUISSEL, ancien fief, c^{ne} de Nimes. — *Laguissellum*, 1258 (chap. de Nimes, arch. départ.). — *Langucellum*, 1338 (*ibid.*). — *Mansus de Languyssello*, 1380 (comp. de Nimes). — *La terre de Languissel*, 1527 (arch. départ. G. 237); 1596 (*ibid.* G. 187).

Ce fief fut possédé dès le milieu du XIIIe siècle par un jurisconsulte nimois du nom de Bernard, et ses descendants en prirent le nom. L'un de ses fils, Bertrand de Languissel, fut élu évêque de Nimes en 1280. — (Voir Ménard, I, pr. p. 9, c. 1; VII, p. 628.)

LANUÉJOLS, c^{ne} de Trève. — *Faissæ de Lanejol*, 1150 (cart. de N.-D. de Bonh. ch. 60). — *S. de Lanojol*, 1163 (*ibid.* ch. 57). — *Parochia Sancti-Laurentii de Noculis*, 1167 (*ibid.* ch. 53). — *G. de Lanogo*, 1174 (*ibid.* ch. 51). — *Parochia Sancti-Laurentii de Lanuejolz*, 1229 (*ibid.* ch. 28); 1240 (*ibid.* ch. 42). — *Ecclesia de Lanuejol*, 1241 (*ibid.* ch. 32). — *Parochia Sancti-Laurencii de Lanuejolz*, 1245 (*ibid.* ch. 16). — *Parochia de Laniejol*, 1247 (*ibid.* ch. 95). — *Villa de Nuojolis*, 1321 (pap. de la fam. d'Alzon). — *Villa de Nujulo*, 1332 (*ibid.*). — *Sanctus-Salvator* (sic) *de Lanuojolis*, 1384 (dénombr. de la sénéch.). — *Parrochia Sancti-Laurentii de Lanuojol*, 1391 (pap. de la fam. d'Alzon). — *Lanuejols*, 1435 (rép. du subs. de Charles VII). — *Parochia de Nujulo*, 1446 (J. Montfajon, not. du Vigan). — *La Nueiolz, viguerie du Vigan*, 1582 (Tar. univ. du dioc. de Nimes; Ménard, t. VII, p. 655).

Lanuéjols appartenait, avant 1790, à la viguerie du Vigan-et-Meyrueis et au diocèse de Nimes, archiprêtré de Meyrueis. — On y comptait 6 feux en 1384. — On a trouvé sur le territ. de cette c^{ne} des tombeaux antiques. — Elle possède des bois considérables.

LAPIERRE, f. c^{ne} de Bouillargues.

LAQUETS (LES), f. c^{ne} de Saint-Just-et-Vaquières. — *Le Laquet*, 1789 (carte des États).

LANGUIER, f. c^{ne} de Garons. — *Mansus d'En-Saus*, 1310 (Mén. II, pr. p. 43, c. 1). — *Mansus d'En-Sans*, 1380 (comp. de Nimes).

LARGUIER, f. cⁿᵉ de Monteils.

LARIALLE, f. cⁿᵉ de Gajan. — Doit sans doute s'écrire : *La Rialle.*

LARNAC, h, c⁰ʳ des Mages. — *Larna*, 1789 (carte des États).

LARNAC, h. cⁿᵉ de Montaren. — *Larnac-Cruviers*, 1715 (J.-B. Nolin, *Carte du dioc. d'Uzès*).

LARNAC, h. cⁿᵉ de Saint-Hilaire-de-Brethmas. — *Ecclesia de Arnaco*, 1314 (Rotul. eccl. arch. munic. de Nimes). — *Larnac-lez-Alais*, 1558 (J. Ursy, not. de Nimes).

*LARNAC (CANAL DE), c⁰ᵗ d'Alais.

LARZAC (LE), plateau fort élevé dont une partie se trouve à l'extrémité du dépᵗ du Gard, cⁿᵉ de Trève, et forme la ligne de séparation entre la Dourbie (Gard) et la Jonte (Aveyron).

LASCANAS, h. c⁰ᵉ d'Aumessas. — Il faudrait sans doute écrire *Las-Cannas.*

LASCEL, f. cⁿᵉ de Montaren.

LASCOMBES, f. cⁿᵉ des Salles-du-Gardon.

LASCOURS, c⁰ⁿ de Vézenobre. — *Curtes, villa in castro Andusiense*, 1003 (cart. de Psalm.); 1290 (*ibid.*). — *Mansus de Curtibus*, 1294 (Mén. I, pr.p. 132, c. 1). — *Curtes*, 1384 (dénombr. de la sénéch.). — *Locus de Curtibus*, 1461 (reg.-cop. de lettr. roy. E, v). — *Las Cours*, 1715 (J.-B. Nolin, *Carte du dioc. d'Uzès*). — *Las-Cours*, 1547 (arch. départ. C. 1314; Mén. I, pr. p. 10, c. 1; VII, p. 653).

Lascours faisait partie de la viguerie et du diocèse d'Uzès, doyenné de Sauzet. — On n'y comptait que 2 feux en 1384. — Cette petite communauté fut réunie à celle de Cruviers en 1790.

LASCOURS, f. c⁰ⁿᵉ d'Aulas. — *P. de Las Cors*, 1071 (pap. de la fam. d'Alzon). — *Mansus de Curtibus*, 1447 (*ibid.*). — *Territorium de las Cortes, in pertinenciis loci Aulacii*, 1513 (A. Bilanges, not. du Vigan).

LASCOURS, f. c⁰ⁿᵉ de Boisset-et-Gaujac.

LASCOURS, f. et château, c⁰ⁿᵉ de Laudun. — *Le chasteau de las Cours*, 1461 (reg.-cop. de lettr. roy. E, v).

LASCOURS, f. c⁰ⁿᵉ de Laval.

LASCOURS, quartier, c⁰ⁿᵉ de Saint-André-de-Valborgne. — *Territorium vocatum en las Cortz, in parrochia Sancti Andree Vallis-Bornie*, 1437 (Et. Rostang, not. d'Anduze).

LASTOURS, ruiss. qui prend sa source sur la c⁰ᵉ de Combas et se jette dans le Brié sur le territoire de la même commune.

LASTRAUS, f. c⁰ⁿᵉ de Saint-Jean-du-Gard. — *Lastrau*, 1789 (carte des États).

LASTRAUS, f. c⁰ⁿᵉ de Valleraugue.

LASTRENES, f. c⁰ⁿᵉ de Soudorgues.

LATGEIRE, f. c⁰ᵉ de Corbès. — Doit sans doute s'écrire *l'Atgère*.

LAUBARET, f. c⁰ⁿᵉ de Chamborigaud. — *L'Aubaret*, 1812 (notar. de Nimes).

LAUDUN, c⁰ⁿ de Bagnols. — *Laudunum*, 1088 (Hist. de Lang. II, pr. col. 325). — *Castrum de Lauduno*, 1121 (Gall. Christ. t. VI, p. 304). — *Ecclesia de Lauduno*, 1314 (Rotul. eccl. arch. mun. de Nimes). — *Laudunum*, 1355 (arch. comm. de Valliguière). — *Sanctus-Genesius de Lauduno*, 1384 (dén. de la sénéch.). — *Lodun*, 1461 (reg.-cop. de lettr. roy. E, IV). — *Laudun*, 1550 (arch. dép. C. 1326). — *Le prieuré Nostre-Dame-la-Nufve de Laudun*, 1620 (insin. eccl. du dioc. d'Uzès). — *Loudun*, 1627 (carte de la sénéch.). — *Le prieuré Sainct-Geniez de Laudun*, 1697 (insin. eccl. du dioc. de Nimes).

Laudun, ancien *vicus* gallo-romain, faisait partie de la viguerie de Bagnols et du diocèse d'Uzès, doyenné de Bagnols. — C'était, au moyen âge, une des petites villes les plus considérables que le diocèse d'Uzès possédât sur les bords du Rhône. A une époque où la sénéchaussée était appauvrie et dépeuplée par toutes sortes de fléaux, en 1384, on y comptait encore 52 feux ; en 1789, on en compte 428. — Le plateau dit de SAINT-PIERRE-DE-CASTRES (voy. ce nom), qu'on croit avoir été l'emplacement d'un ancien camp romain, est situé en partie dans la c⁰ᵉ de Laudun et en partie dans celle de Tresques. On y a trouvé de tout temps, en assez grande quantité, des inscriptions, des armures, des ustensiles, etc. — Un seigneur de Laudun, François, échanson du Dauphin qui devint plus tard Louis XI, reçut en 1437 le roi de France Charles VII dans son château de Laudun. — Vers la fin du XVIᵉ siècle, cette seigneurie est passée par mariage à la maison de Joyeuse. — Le prieuré de Notre-Dame-la-Neuve, dont l'église sert aujourd'hui de paroisse à Laudun, était uni, avant 1790, aux Célestins d'Avignon. L'évêque d'Uzès n'avait droit de collation que pour la vicairie de Notre-Dame et pour le prieuré de Saint-Geniès-hors-de-Laudun, devenu château. — Laudun portait : *de sable, à une bande losangée d'argent et de sinople.*

LAUDUN, f. c⁰ⁿᵉ de Fourques.

LAUPILLE, ruiss. qui prend sa source sur la c⁰ᵉ de Blannaves et se jette dans le Gardon d'Alais sur le territ. de la même commune.

LAUGNAC, f. c⁰ⁿᵉ de Lédenon, auj. détruite, sur les bords de l'étang du même nom. — *Villa de Leugnaco, in territorio civitatis Nemausensis*, 993 (cart. de N.-D. de Nimes, ch. 97). — *Villa de Lunacho*, 1146 (Hist. de Lang. II, pr. col. 514). — *P. de Launiaco*, 1196 (Lay. du Tr. des ch. t. I, p. 32–33).

— *Stangnum de Launhaco*, 1461 (reg.-cop. de lettr. roy. E, v). — *Locus de Lonhaco*, 1461 (*ibid.*). — *Le prieur de Laugnac*, 1711 (arch. départ. C. 1051; Mén. t. VII, p. 629). — *Lognac* (carte géol. du Gard).

Il y avait là, avant le xviᵉ siècle, un prieuré rural du titre de Saint-Pierre-ès-liens : voy. SAINT-PIERRE DE-LAUGNAC. — La terre de Laugnac a toujours eu la même suite de seigneurs que celle de Lédenon.

LAULANET, h. cⁿᵉ de Courry. — *Le mas de Laulanet*, 1768 (arch. départ. C. 1646). — *L'Aulanet*, 1789 (carte des États).

LAULMÈDE, h. cⁿᵉ de Roquedur. — *B. de Ulmeto*, 1160 (Mén. I, pr. p. 56, c. 2). — *L'Olmède, paroisse de Saint-Pierre-de-Roquedun*, 1551 (arch. départ. C. 1796). — *L'Aumède*, 1566 (J. Ursy, not. de Nîmes).

LAUNES (LES), f. cⁱˢ de Saint-Martial. — *Mansus de Launa, in pertinentiis mansi de Vallebona*, 1469 (A. Razoris, not. du Vigan). — Voy. VALBONNE.

LAUPIES (LES), h. cⁿᵉ de Dourbie. — *Mansus de Laupiis, parrochiæ Beatæ-Mariæ de Dorbia*, 1417 (A. Montfajon, not. du Vigan). — *Las Laupies*, 1514 (pap. de la fam. d'Alzon). — *Le mas des Laupies*, 1709 (*ibid.*).

LAUPIETTES (LES), h. cⁿᵉ de Dourbie. — *Mansus de las Laupiettes, parrochiæ Nostræ-Dominæ de Durbia*, 1514 (pap. de la fam. d'Alzon). — *Le masage des Laupiettes, paroisse de Dourbie*, 1709 (*ibid.*).

LAURADOR, q. cⁿᵉˢ de Manduel. — *L'Ouradou (Oratorium)*, 1540 (pap. de la fam. de Rozel, arch. hosp. de Nîmes).

LAURADOU (LE), q. cⁿᵉ de Saint-Christol-de-Rodières. — 1760 (arch. départ. C. 1663).

LALRAS, h. cⁿᵉ de Pompignan. — *Lauras*, 1817 (not. de Nîmes).

LAURENS, f. cⁿᵉ de Saint-Hippolyte-du-Fort.

LAURET (LE), f. cⁿᵉ de Saint-Jean-du-Gard. — *Lauretum*, 1405 (Mén. III, pr. p. 188, c. 2). — *Mansus de Laureto, parrochiæ Sancti-Johannis de Gardonica*, 1461 (reg.-cop. de lettr. roy. E, iv).

LAURET (LE), f. cⁿᵉ de Tornac.

LAURET (LE), ruiss. qui prend sa source sur la cⁿᵉ de Saint-Paul-la-Coste et se jette dans le Gardon sur le territ. de la cⁿᵉ de Mialet.

LAURIOL, f. cⁿᵉ de Saint-Jean-du-Gard.

LAURIOL, f. cⁿᵉ de Saint-Marcel-de-Fontfouillouse.

LAURIOL, ruiss. qui prend sa source dans les bois de la cⁿᵉ de Mauressargues et se jette dans le Gardon sur le territoire de la cⁿᵉ de Saint-Chapte. — *Ad ripariam d'Auriol*, 1237 (chap. de Nîmes, arch. départ.). — *Vallatum de Auruol, in territorio loci de*

Domessanicis, Uticensis diocesis, 1463 (L. Peladan, not. de Saint-Geniès-en-Malgoirès). — *L'Esquielle* (H. Rivoire, *Statist. du Gard*). — *Loriol* (carte hydr. du Gard). — Parcours : 4 kilomètres.

LAURON, h. cⁿᵉ de Lussan.

LAUSSOU, h. cⁿᵉ de Bez-et-Esparron. — *Mansus de Lhausono, parrochiæ Sancti-Martini de Bessio*, 1446 (P. Montfajon, not. du Vigan). — *Mansus de Lhaussac*, 1466 (J. Montfajon, not. du Vigan). — *Mas-de-Lausson*, 1555 (pap. de la fam. d'Alzon).

LAUSSOULS, f. cⁿᵉ d'Arphy. — *Laus-souls*, 1789 (carte des États).

LAUTANÈS, mont. cⁿᵉ de Bez-et-Esparron.

LAUTRE, h. cⁿᵉ de Saumane.

LAUVES, h. cⁿᵉ du Vigan. — *Villa Llauvatis, sub castro Exunatis, in agicem Ariense, in pago Nemausense*, 926 (cart. de N.-D. de Nîmes, ch. 193). — *Mansus de Loves, in parochia Sancti-Petri de Vicano*, 1430 (A. Montfajon, not. du Vigan). — *Mansus de Fayzis, alias de Loves, parochiæ Sancti-Petri de Vicano*, 1472 (Ald. Razoris, not. du Vigan). — *Loves*, 1828 (notar. de Nîmes).

LAUZAS (LE), ruiss. qui prend sa source sur la cⁿᵉ de Valleraugue et se jette dans le Rajal sur le territ. de la même commune.

LAUZE (LA), f. cⁿᵉ de Colognac.

LAUZE (LA), h. cⁿᵉ de Ponteils-et-Brézis. — 1626 (arch. départ. C. 1217); 1715 (J.-B. Nolin, *Carte du dioc. d'Uzès*). — *La Louze*, 1721 (bull. de la Soc. de Mende, t. XVI, p. 160).

LAUZE (LA), f. auj. détruite, cⁿᵉ de Rogues. — 1555 (arch. départ. C. 1772).

LAUZE (LA), f. cⁿᵉ de Saint-Dézéry. — *P. de Lauza*, 1239 (chap. de Nîmes, arch. départ.). — *La Lauze*, 1776 (arch. départ. C. 1665).

LAUZE (LA), f. cⁿᵉ de Sumène. — 1555 (arch. départ. C. 167).

LAUZER (LE), f. cⁿᵉ de Saint-André-de-Valborgne. — *Le Lauzère*, 1789 (carte des États). — *Le Lauzert* (carte géol. du Gard).

LAUZET (LE), h. cⁿᵉ de Saint-Théodorit. — Appelé aussi *la Lauzette*.

LAUZIÈRE (LA), f. cⁿᵉ d'Aiguesvives.

LAUZIÈRE (LA), f. cⁿᵉ de Chambon.

LAUZIÈRE (LA), f. cⁿᵉ de Saint-Dézéry. — 1618 (arch. départ. C. 1664).

LAUZIÈRES (LES), bois, cⁿᵉ de Nîmes, territ. de Courbessac. — *La Lauzière*, 1671 (comp. de Nîmes; H. Rivoire, *Statist. du Gard*).

LAVAGNE (LA), h. cⁿᵉ de Blandas. — *Mansus de Lavanhol*, 1391 (pap. de la fam. d'Alzon). — *Territorium de la Lavanha, in parochia de Blandassio*,

1513 (A. Bilanges, not. du Vigan). — *La Lavagne*, 1768 (arch. commun. de Blandas). — *La Lavaigne*, 1789 (carte des États).

LAVAL, c⁰ᵉ de la Grand'Combe.. — *Vallis*, 1099 (cart. de Psalm.). — *Ecclesia de Valle*, 1314 (Rotul. eccl. arch. munic. de Nimes). — *Parrochia de Valle*, 1345 (cart. de la seign. d'Alais, f° 33). — *Ecclesia de Valle*, 1386 (rép. du subs. de Charles VI). — *Parrochia Beatæ-Mariæ de Valle, Uticensis diocesis*, 1561 (J. Ursy, not. de Nimes). — *Le prieuré Nostre-Dame de La Val*, 1620 (insin. eccl. du dioc. d'Uzès). — *Notre-Dame-de-Laval-Gardon*, 1715 (J.-B. Nolin, *Carte du dioc. d'Uzès*). — *Notre-Dame de Laval*, 1789 (carte des États).

Notre-Dame de Laval appartenait, en 1384, à la viguerie et à l'archiprêtré d'Alais et faisait, en conséquence, partie du diocèse de Nimes. — Au xvi° siècle, nous le trouvons compris dans la viguerie et le diocèse d'Uzès, doyenné de Sénéchas, auxquels il a continué d'appartenir jusqu'en 1790. — On y comptait, en 1384, 6 feux. — Le prieuré de Notre-Dame de Laval, quoique enclavé dans le diocèse d'Uzès, était uni à la mense capitulaire d'Alais, mense d'Aiguesmortes, et valait 1,000 livres. — On trouve dans la c⁰ᵉ de Laval des mines de houille de basse qualité. — Les armoiries de Notre-Dame de Laval sont : *d'azur, à une fasce losangée d'argent et de sinople.*

LAVAL, f. c⁰ᵉ de Colias. — *Homines de Valle*, 1406 (arch. comm. de Colias).

Le village ou hameau de Laval, qui s'était formé non loin de la chapelle de SAINT-ÉTIENNE-DE-LAVAL (voy. ce nom), s'est dépeuplé dans le courant du xv° siècle et a été absorbé par l'importante communauté de Colias.

LAVAL, f. c⁰ᵉ de Nimes.

LAVALAS, f. c⁰ᵉ de Seynes.

LAVAL-SAINT-ROMAN, c⁰ⁿ du Pont-Saint-Esprit. — *Vallis* (Ménard, t. VII, p. 654). — *La communauté de Laval*, 1627 (arch. départ. C. 1292). — *Laval-Ardèche*, 1715 (J.-B. Nolin, *Carte du dioc. d'Uzès*).

Laval-Saint-Roman était sans doute de la viguerie et du diocèse d'Uzès, doyenné de Cornillon ; mais ce lieu ne devait pas être une communauté, puisqu'on n'en rencontre le nom sur aucune liste de dénombrement. — Dès avant 1790, le nom de Saint-Roman lui avait été adjoint pour le distinguer du Laval mentionné plus haut (canton de la Grand'Combe), tous deux faisant partie du même diocèse.— *Saint-Roman* est un vieux château dont les débris se voient encore sur le territ. de cette c⁰ᵉ, et qui était, au xiv° siècle, une commanderie de Templiers.

LAVENT, ruiss. qui prend sa source près du Mas-Dieu, c⁰ᵉ de Laval, traverse celle de Saint-Julien-de-Valgalgue et se jette dans le Grabieux sur la c⁰ᵉ de Saint-Martin-de-Valgalgue.

LAVES, f. c⁰ᵉ de Saint-Privat-des-Vieux.

LÈCHE (LA), h. c⁰ᵉ de Robiac.

LÉDENON, c⁰ⁿ de Marguerittes. — LETINNONES (inscr. trouvée à Lédenon, auj. encastrée dans un mur du jardin de la maison Séguier, à Nimes). — *Villa Letino*, 979 (cart. de N.-D. de Nimes, ch. 83). — *Ledenonum*, 1311 (arch. comm. de Colias); 1383 (Mén. III, pr. p. 15, c. 1). — *Ledeno*, 1384 (dénombr. de la sénéch.). — *Ecclesia de Ledenone*, 1386 (rép. du subs. de Charles VI). — *Ledenon*, 1435 (rép. du subs. de Charles VII). — *Locus de Ledenone*, 1461 (reg.-cop. de lettr. roy. E, v). — *Locus de Ledenone, Nemausensis diocesis*, 1474 (J. Brun, not. de Saint-Geniès-en-Malg.) ; 1494 (Dapchuel, not. de Nimes). — *Laidenon*, 1567 (J. Ursy, not. de Nimes). — *Le fort de Lédenon*, 1576 (arch. départ. C. 635). — *Le prieuré Sainct-Cérice de Lédenon*, 1579 (insin. eccl. du dioc. de Nimes). — *Le prieuré Saint-Céris et Sainte-Julhette de Lédenon*, 1624 (ibid. Ménard, VII, p. 630).

Lédenon appartenait à la viguerie et au diocèse de Nimes, archiprêtré de Nimes. — On y comptait 14 feux en 1384, 120 feux et 414 habitants en 1744. — Le premier seigneur connu de Lédenon est Pierre d'Aramon, qui prenait le titre de baron et vivait vers le milieu du xvi° siècle. Ses descendants ont possédé cette baronnie jusqu'en 1790. — Ce lieu ressortissait à la cour royale ordinaire de Nimes. — On remarque sur une hauteur les ruines du château. On ne trouve sur le territoire de cette commune aucuns restes du prieuré de Saint-Pierre-de-Laugnac, qui cependant y était situé. — Voy. LAUGNAC.

LÉDIGNAN, arrond. d'Alais. — *A. de Ladinhan*, 1037 (Hist. de Lang. II, pr. col. 201). — *Ledinhanum*, 1050 (ibid. col. 210). — *Ladinanum*, 1216 (Mén. I, pr. p. 55, c. 1). — *Parrochia de Ledinhaco, de Ledinhano*, 1345 (cart. de la seign. d'Alais, f° 35). — *Ledinhanum*, 1384 (dénombr. de la sénéch.); 1420 (J. Mercier, not. de Nimes). — *Ledignan*, 1435 (rép. du subs. de Charles VII). — *Ledinhanum*, 1486 (Mén. IV, pr. p. 53, c. 1). — *Ledinhan*, 1534 (ibid. p. 132, c. 1). — *Ledignan*, 1539 (ibid. p. 154, c. 1). — *Sanctus-Laurentius de Ledinhano*, 1539 (bulle de sécul. ap. Mén. IV, pr. p. 155, c. 2). — *Ladinhan*, 1555 (J. Ursy, not. de Nimes). — *Ladignan, viguerie d'Anduze*, 1582 (Tar. univ. du dioc. de Nimes). — *La communauté de Lédignan*,

1633 (arch. départ. C. 745). — *Le prieuré Saint-Laurent de Lédignan*, 1706 (*ibid.* G. 206).

Lédignan appartenait à la viguerie d'Anduze et au diocèse de Nimes, archiprêtré de Quissac. — On n'y comptait que 3 feux en 1384. — Le prieuré simple et séculier de Saint-Laurent de Lédignan, uni à la mense capitulaire de l'église cathédrale de Nimes, valait 2,000 livres. — Lédignan est regardé, depuis les guerres de religion, comme le chef-lieu de la Basse-Gardonnenque.

LÉDIGNAN, f. c^e de Fourques.

LÉDIGNAN, f. c^e de Jonquières-et-Saint-Vincent. — *Mas-de-Lédignan*, 1789 (carte des États).

LEFONTS, ruiss. qui prend sa source sur la c^ne de Pouzillac et se jette dans le Tave sur le territ. de la c^ne de Tresques (carte hydr. du Gard). — Parcours : 4 kilomètres.

LÉGAL, f. c^ne de Chamborigaud.

LÉGAL, f. c^ne de Martignargues. — *G. de Equali*, 1348 (cart. de la seign. d'Alais, f° 46).

LÈGUE (LA), f. c^ne du Cros.

LÈGUE (LA), h. c^ne de Saint-Hilaire-de-Brethmas. — *Lecca*, 1237 (chap. de Nimes, arch. départ.).

LEIDEMÈSE, f. c^ne d'Uzès. — *La Font-du-Ranc*, 1685 (P. Chalmeton, not. d'Uzès).

LEIROLLES, f. c^ne de Quissac.

LEMPÉRIE, f. c^e de Sumène.

Pincton de Chambrun, ministre protestant de Nimes à la fin du xvie siècle, s'intitulait *sieur de l'Empéry*.

LENDES, h. c^ne de Saint-Privat-de-Champclos. — *Lende*, 1780 (arch. départ. C. 1562).

LENGAS (LE), mont. sur les c^nes d'Arphy, de Dourbie et d'Arrigas. — *Prioratus de Lingua*, 1163 (cart. de N.-D. de Bonh. ch. 57). — *Lingas* (cadastre d'Aumessas).

LENGAS (LE), ruiss. qui prend sa source au mont Lengas, sur la c^ne d'Arphy, et se jette dans la Dourbie sur le territ. de la c^ne de Dourbie.

LENNE, f. c^ne de Rogues.

LENOIR, f. c^ne de Méjanes-lez-Alais.

LENS, bois et carrières de pierre, exploitées déjà du temps des Romains, c^ne de Saint-Mamet. — *Le bois de Lens*, 1636 (arch. départ. C. 1299); 1704 (C.-J. de La Baume, *Rel. inéd. de la rév. des Cam.*).

LENS (LES), ruiss. qui prend sa source dans les bois de Lens et se jette dans la Braune sur le territ. de la c^ne de Saint-Mamet.

LÈQUE (LA), f. c^ne de Beaucaire. — *Mas-de-Lègue*, 1817 (notar. de Nimes). — *Mas-de-Lèque*, 1866 (*ibid.*). — Voy. **COETLOGON**.

LÈQUE (LA), f. c^ne de Fressac.

LÈQUE (LA), h. c^ne de Lussan.

LÈQUES, c^ne de Sommière. — *Villa Licas*, 909 (cart. de N.-D. de Nimes, ch. 184). — *Licas*, 1022 (*ibid.* ch. 153); 1029 (*ibid.* ch. 182). — *Lecas*, 1092 (*ibid.* ch. 208). — *Castrum de Lequas*, *cum ecclesia*, 1156 (*ibid.* ch. 84). — *Castrum de Lecas*, 1157 (Hist. de Lang. II, pr. col. 564). — *Lecas*, 1175 (Lay. du Tr. des ch. t. I). — *Lecæ*, 1185 (Mén. I, pr. p. 40, c. 2). — *Lequæ*, 1227 (*ibid.* p. 71, c. 2). — *Lecræ*, 1256 (*ibid.* p. 83, c. 2). — *Castrum de Lecas*, 1269 (*ibid.* p. 90, c. 2). — *Leccæ*, 1273 (cart. de Franq.). — *Lecæ*, 1310 (Mén. I, pr. p. 164, c. 1); 1384 (dénombr. de la sénéch.). — *Leques*, 1435 (rép. du subs. de Charles VII). — *Liquas*, 1479 (Mén. III, pr. p. 337, c. 1). — *Leques*, *viguerie de Saumieres*, 1582 (Tar. univ. du dioc. de Nimes). — *Le prieuré Sainct-Estienne de Lèques*, 1589 (insin. eccl. du dioc. de Nimes). — *Saint-Estienne de Lecques*, 1658 (*ibid.*).

Lèques faisait partie, avant 1790, de la viguerie de Sommière et du diocèse de Nimes, archiprêtré de Sommière. — En 1384, ce village ne se composait plus que de 3 feux. — Le prieuré-cure de Saint-Étienne de Lèques, qui valait 500 livres, était à la collation de l'évêque de Nimes. — On voit encore à Lèques, dominant le village, le château (bien défiguré par des constructions modernes) du baron Abdias Chaumont de Bertichères, qui a joué un rôle important dans les guerres religieuses du Bas-Languedoc, à la fin du xvie siècle.

LÈQUE-SOUTERRAINE (LA), f. c^ne de Saint-Laurent-le-Minier. — 1550 (arch. départ. C. 1789).

LERS, château ruiné, dans une île du Rhône, c^ne de Roquemaure. — *Castrum de Lers*, 1331 (Gall. Christ. t. VI, p. 634). — *Castrum de Lercio*, 1485 (Mén. IV, pr. p. 37, c. 1). — *Lhers*, 1511 (arch. commun. de Montfrin). — *Lers*, 1587 (bibl. du gr. sém. de Nimes). — *La baronnie de l'Hers*, 1735 (arch. départ. C. 1485).

LESCRINS, f. c^ne de Chambon.

LESFIELS, f. c^ne de Sénéchas.

LESPÉNOUS, f. c^ne de Colognac.

LESPRIT, f. c^ne de Saint-Hippolyte-du-Fort.

LESQUEIROL, f. c^ne de Ribaute. — *L'Esqueyrol*, 1812 (notar. de Nimes).

LESTAGNEUX, bois, c^ne de Domazan.

LESTANG, f. c^ne de Bagnols.

LESTUNES, f. c^ne d'Aujac.

LETGER, f. c^ne de Bonnevaux-et-Hiverne.

LEUGNE (LA), f. c^ne de Vestric-et-Candiac.

LEUZIÈRE (LA), h. c^ne de la Rouvière (le Vigan). — *La ferme de Lauzière*, 1695 (arch. départ. G. 28).

Leuzière (La), f. cᵘᵉ de Saint-Roman-de-Codière.

Leuzières (Les), f. cⁿᵉ de Saint-Félix-de-Pallières.

Levàde (La), h. cⁿᵉ de Sainte-Cécile-d'Andorge.

Lèvezon, f. cⁿᵉ de Saint-Gilles, au bord de l'étang de Scamandre. — *Livido*, 821 (cart. de Psalm.). — *Levido*, 1165 (*ibid.*). — *Levezon*, 1273 (cart. de Franq.). — *Levezum*, 1276 (*ibid.*).

Lèvezon, chaîne de collines, cⁿᵉ de Saint-Sauveur-des-Poursils. — Le Lèvezon sépare les bassins de l'Hérault, de la Dourbie et de la Jonte.

Leyran, étang, cⁿᵉ d'Aiguesmortes.

Leyris, h. cⁿᵉ de Castillon-de-Gagnère.— *Lairic*, 1750 (arch. départ. C. 1531).

Leyris, f. cⁿᵉ de Quissac.

Leyrolles, f. cⁿᵉ de Génolhac.

Lézan, cᵒⁿ de Lédignan. — *Lezanum*, 1207 (Mén. I, pr. p. 44, c. 1); 1273 (cart. de Franquevaux). — *Locus de Lezano*, 1345 (cart. de la seign. d'Alais, f° 35). — *Sanctus-Petrus de Lezano*, 1380 (Mén. III, pr. p. 35, c. 2); 1384 (dénombr. de la sénéch.). — *Ecclesia de Lezano*, 1386 (rép. du subs. de Charles VI). — *Lezan*, 1435 (rép. du subs. de Charles VII). — *Parrochia Sancti-Petri de Lezano*, 1437 (Et. Rostang, not. d'Anduze). — *Locus de Lezan*, *Nemausensis diocesis*, 1463 (L. Peladan, not. de Saint-Geniès-en-Malgoirès). — *Lezan, viguerie d'Anduze*, 1582 (Tar. univ. du dioc. de Nimes). — *La communauté de Lezan*, 1633 (arch. départ. C. 745).

Lézan appartenait à la viguerie d'Anduze et au diocèse de Nimes, archiprêtré de Quissac. — On y comptait 7 feux en 1384. — Le prieuré simple et régulier de Saint-Pierre de Lézan, uni à la mense abbatiale de Sauve, valait 2,500 livres. — Les armoiries données à Lézan en 1694 sont ainsi blasonnées : *d'azur, à deux pilotis d'or, celui de dextre tournant vers l'angle du chef de l'écu et crénelé de sept créneaux d'or.*

Lhon, château, cⁿᵉ de Saumane.

Libac, f. cⁿᵉ de Cardet. — *Lubac* (?).

Libourdenque, q. cⁿᵉ d'Aumessas.

Lichère (La), f. cⁿᵉ de Saint-Paul-la-Coste. — *Mansus de Leca, in parrochia Sancti-Pauli de Consta*, 1376 (cart. de la seign. d'Alais, f° 48).

Licon, f. cⁿᵉ de Saint-Quentin. — 1731 (arch. départ. C. 1474).

Liènes (Les), f. cⁿᵉ de Saint-Bauzély-en-Malgoirès.

Lieures (Les), f. cⁿᵉ de Soudorgues. — 1553 (arch. départ. C. 1802).

Lieures (Les), h. cⁿᵉ de Sumène. — *Territorium vocatum de Costa-Plana, sive a las Licuras*, 1472 (A. Razoris, not. du Vigan). — *G. de Lieurre*, 1555

(arch. départ. G. 168). — *Les Liures*, 1789 (carte des États).

Ligaujac, lieu détruit, cⁿᵉ de Boisset-et-Gaujac. — *Licopiacum*, 1170 (cart. de Psalm.). — *La communauté de Ligaujac*, 1548 (arch. départ. C. 782).— Voy. Saint-Martin-de-Ligaujac.

Lignan, lieu détruit, cⁿᵉ de Manduel. — *Villa Isignacum*, 920 (cart. de N.-D. de Nimes, ch. 14). — *Ubi vocant Lausignano*, 923 (*ibid.* ch. 62). — *In terminium de villa Irignano; Irignanicus*, 1031 (*ibid.* ch. 87). — *Ad crucem de Erignano*, 1233 (chap. de Nimes, arch. départ.). — *Irinnanum*, 1274 (*ibid.*). — *Mansus Sanctœ-Mariœ, in parrochie de Mandolio*, 1180 (*ibid.*). — *Villa Beatœ-Mariœ de Lerinhano*, 1310 (Mén. I, pr. p. 162, c. 2). — *Lignan*, 1571 (pap. de la fam. de Rozel, arch. hosp. de Nimes). — Voy. Notre-Dame-de-Lignan.

Lignas (Le), bois, cⁿᵉ de Mars.

Limosine (La), f. cⁿᵉ de Villevieille. — 1547 (arch. départ. C. 1809).

Linsolas, château. — Voy. Insolas (L').

Lion-d'Or (Le), f. cⁿᵉ de Saumane.

Lios (Les), f. cⁿᵉ de Valleraugue.

Liouc, cᵒⁿ de Quissac. — *Leucensis villa*, 1108 (cart. de N.-D. de Nimes, ch. 164). — *Ecclesia de Leuco*, 1156 (*ibid.* ch. 84). — *Leucum*, 1174 (chap. de Nimes, arch. départ.); 1256 (Mén. I, pr. p. 83, c. 1).— *Lheucum*, 1384 (dénombr. de la sénéch.). — *Lhieuc*, 1435 (rép. du subs. de Charles VII). — *Lyouc, balhage de Sauve*, 1582 (Tar. univ. du dioc. de Nimes). — *Le prieuré Sainct-Blaise de Liouc*, 1695 (insin. eccl. du dioc. de Nimes); 1706 (arch. départ. G. 206).

Liouc faisait partie de la viguerie de Sommière (plus tard bailliage de Sauve) et du diocèse de Nimes, archiprêtré de Quissac. — Ce village ne se composait, en 1384, que de 2 feux et demi. — Le prieuré simple et séculier de Saint-Blaise de Liouc était uni à la mense capitulaire de la cathédrale de Nimes et valait 1,000 livres. — Il ne reste de l'ancien château de Liouc que les fondations et une voûte. — L'église paraît remonter au XIIIᵉ siècle.— Un décret de 1863 a réuni la cⁿᵉ de Liouc à celle de Brouzet. — Les armoiries de Liouc sont : *d'azur, à un lion d'or, accosté deux rochers de même.*

Liquemaille, h. cⁿᵉ de Malons-et-Elze. — *Mansus de Licta-Meaille*, 1294 (Mén. I, pr. p. 132, c. 1). — *Liquemiaille*, 1721 (bull. de la Soc. de Mende, t. XVI, p. 160); 1790 (notar. de Nimes).

Liquemaille, f. cⁿᵉ de Sainte-Anastasie. — *R. de Licquomalho*, 1533 (Fr. Arifon, not. d'Uzès). — *La Bégude-de-Liquemaille*, 1773 (arch. dép. C. 160).

Ancien fief des seigneurs de Banne-de-Montgros. —Vers 1750, Liquemaille appartenait à M. de Banne, baron d'Avejan (voy. E. Germer-Durand, *le Prieuré et le Pont de Saint-Nicolas-de-Campagnac*, p. 146, n. 1).

LIQUEMAILLE, f. c^{ne} de Thoiras. — *Mansus de Liqua-Mealha, parrochiæ de Toyracio*, 1376 (cart. de la seign. d'Alais, f° 48); 1542 (arch. départ. C.1803).

LIQUETTE (LA), f. c^{ne} de Cannes-et-Clairan.

LIQUEYROL (LE), f. c^{ne} de Ribaute. — *Territorium de la Licayrola, in parrochia Sancti-Salvatoris de Rippa-Alta*, 1437 (Et. Rostang, not. d'Anduze).

LIQUEYROL (LE), ruisseau qui prend sa source au pied de la mont. de Pierremale, c^{ne} de Bagard, et va se jeter dans le Gardon d'Anduze sur le territoire de Ribaute.

LIQUIÈRE (LA), f. c^{ne} d'Arrigas.

LIQUIÈRE (LA), mont. c^{ne} de Calvisson.

LIQUIÈRE (LA), f. c^{ne} de Montdardier.

LIQUIÈRE (LA), f. c^{ne} de Ribaute.—1553 (arch. départ. C. 1774).

LIQUIÈRE (LA), h. c^{ne} de Saint-Ambroix. — *Le moulin de la Liquière*, 1760 (arch. départ. C. 1562).

LIQUIÈRE (LA), q. c^{ne} de Saint-Bresson. — 1549 (arch. départ. C. 1779).

LIQUIÈRE (LA), f. c^{ne} de Sainte-Croix-de-Caderle.

LIQUIÈRE (LA), f. c^{ne} de Saint-Martin-de-Corconac.— 1553 (arch. départ. C. 1794).

LIQUIÈRE (LA), ruiss. c^{ne} de Saint-Sébastien-d'Aigrefeuille. — *Vallatum de Liqueria, confrontatum cum terris mansi de Carnolesio, parrochiæ Sancti-Sebastiani de Agrifolio*, 1402 (Dur. du Moulin, not. d'Anduze).

LIQUIÈRE (LA), h. c^{ne} de Servas. — *Le prieuré de la Liquière*, 1620 (insin. eccl. du dioc. d'Uzès); 1715 (J.-B. Nolin, *Carte du dioc. d'Uzès*).
C'était autrefois un prieuré régulier annexé au monastère de Cendras. — M. Guiraudet, d'Alais, était seigneur de la Liquière au xviiie siècle.

LIQUIÈRES (LES), f. c^{ne} de Saint-Laurent-des-Arbres. — 1786 (arch. départ. C. 1666).

LIRAC, c^{ne} de Roquemaure.— *Villa Leyracum*, in *vicaria Caroniensi*, 945 (Hist. de Lang. II, pr. col. 87). — *Ecclesia Sancti-Petri de Alliraco*, 1292 (Mén. I, pr. p. 116, c. 2). — *Alhiracum*, 1331 (chap. de Nimes, arch. départ.). — *Liracum*, 1384 (dénomb. de la sén.).— Lirac, 1550 (arch. départ. C. 1326). —*Sanctus-Petrus de Lyraco*, 1567 (chap. de Nimes, arch. départ.).— *Le prieuré de Liriac*, 1620 (insin. eccl. du dioc. d'Uzès). — *La communauté de Lirac*, 1633 (arch. départ. C. 1296).
Lirac faisait partie de la viguerie de Roquemaure

et par conséquent du diocèse d'Uzès pour le temporel; mais, pour le spirituel, il relevait d'Avignon, comme presque toute la viguerie de Roquemaure.
— Le prieuré de Saint-Pierre de Lirac était uni au chapitre collégial de Roquemaure. — On ne comptait que 3 feux à Lirac en 1384. — En 1154, le comte de Toulouse Alphonse II donna le château de Lirac à Isnard de Laudun, religieux de l'abb. bénédictine de Saint-André de Villeneuve et prieur de Saint-Pierre de Lirac. —On remarque sur cette c^{ne}, dans des blocs de rochers, quatre grandes excavations, dans l'une desquelles on a érigé en 1647, en l'honneur de la Sainte Vierge, un sanctuaire, qui est l'objet d'un pèlerinage pour les pays voisins. — Les armoiries de Lirac sont : *d'azur, à un saint Pierre d'or tenant en sa main dextre deux clefs de même.*

LIROX (LE), q. c^{ne} de Lézan. — *Territorium de Lirono, in parrochia Sancti-Petri de Lezano*, 1437 (Et. Rostang, not. d'Anduze).

LIRON (LE), mont. c^{ne} de Saint-Martin-de-Corconac.— *Le Puech de Liron*, 1532 (arch. départ. C. 1793).

LIROU (LE), h. c^{ne} de Saint-Martial. — *Liravicum*, 1039 (Hist. de Lang. II, pr. col. 183).

LIROU (LE GRAND-), h. c^{ne} de Soudorgues.

LISSIDE, h. c^{ne} de Lanuéjols. — *Domus de Leisida*, 1247 (cart. de N.-D. de Bonh. ch. 95, 96 et 97). — *Lyssida*, 1328 (pap. de la fam. d'Alzon). — *Yssida*, 1539 (*ibid.*).

LISTEL, f. c^{ne} d'Aiguesmortes. — *La bergerie du Listel*, 1735 (arch. départ. C. 754).

LISTERNE, f. c^{ne} de Vauvert. — *Le Laquet-de-Lolys*, 1822 (notar. de Nimes). — *Le Laquais-de-Loly*, 1828 (*ibid.*).

LITTORARIA, pays du diocèse de Nimes, comprenant la région marécageuse qui s'étend entre la Vaunage et la mer. — *In Litoraria, ad ecclesia Sancta-Maria que vocant Garrugaria*, 898 (cart. de N.-D. de Nimes, ch. 179). — *Via qui de Sancto-Saturnino* (Calvisson) *in Litoraria discurrit*, 918 (*ibid.* ch. 132). — *Via qui de Valle-Anagia in Litoraria discurrit*, 923 (*ibid.* ch. 66). — *In Litoraria, in territorio civitatis Nemausensis*, 944 (*ibid.* ch. 115). — *In Litoraria, in comutatu Nemausense*, 961 (*ibid.* ch. 112); 965 (*ibid.* ch. 113); 1007 (*ibid.* ch. 114); 1016 (*ibid.* ch. 115).

LIVIÈRES, h. c^{ne} de Calvisson, sur l'emplacement de l'ancien prieuré rural de Saint-Martin-de-Livières (voy. ce nom). — *Liveriæ*, 1112 (cart. de N.-D. de Nimes, ch. 141). — *Liveiras*, 1151 (Hist. de Lang. II, pr. col. 538). — *Liveriæ*, 1156 (cart. de N.-D. de Nimes, ch. 84); 1196 (Ménard, I, pr. p. 70,

c. u). — *Locus de Liveriis*, 1420 (J. Mercier, not. de Nimes). — *Livieyras*, 1567 (J. Ursy, not. de Nimes). — *Livieres*, 1582 (Tar. univ. du diocèse de Nimes); 1650 (G. Guiran, *Style de la cour roy. ord. de Nimes*; Ménard, II, p. 32).

Le village de Livières faisait partie de la viguerie et du diocèse de Nimes, archiprêtré de Sommière. — On y comptait 8 feux avant 1322; mais, à l'époque de l'Assise de Calvisson, Livières ne se composait plus que de 2 feux. — Le seigneur de Calvisson possédait en plein la haute justice à Livières, mais il n'y avait qu'un huitième de la basse. — En 1644, Livières fut un des cinq villages qui servirent à former le marquisat de Calvisson.

Liviers, f. c^ne de Saint-Gilles. — *Livercum*, 1115 (cart. de N.-D. de Nimes, ch. 71). — *Ecclesia de Liveriis*, 1156 (*ibid.* ch. 84). — *Ad Liveros*, 1332 (arch. départ. G. 278). — *Liverium*, 1642 (inscr. qui se trouve au mur de façade de la métairie de Liviers). — *La commanderie de Barbentane ou Mas-de-Liviers*, 1674 (rec. H. Mazer). — *L'Olivier*, 1789 (carte des États). — *Mas-de-Liviers*, 1812 (notar. de Nimes).

Le Mas-de-Liviers était le chef de la commanderie des chevaliers de Saint-Jean dite de Barbentane. — Richelieu y passa la nuit, en 1642, en revenant des Pyrénées, comme l'atteste encore aujourd'hui l'inscription citée plus haut. — Gilles d'Estoublon en était commandeur à la fin du xvii° siècle (arch. départ. C. 64).

Locre, f. c^ne de Saint-Cosme-et-Maruéjols. — *Paul-jardin* (sic), 1789 (carte des États).

Logrian, c^on de Sauve. — *Villa Logradano*, 1001 (cart. de N.-D. de Nimes, ch. 136). — *P. de Logriano*, 1161 (Hist. de Lang. II, pr.). — *Logrianus*, 1160 (Mén. I, pr. p. 46, c. 2); 1174 (chap. de Nimes, arch. départ.). — *B. de Logrians*, 1256 (cart. de N.-D. de Bonh. ch. 111); 1275 (*ibid.* ch. 108). — *Logrianum*, 1384 (dénombr. de la sénéch.); 1405 (Mén. III, pr. p. 188, c. 2). — *Logrian*, 1435 (rép. du subs. de Charles VII). — *Le prieuré Sainct-Martin de Logrian*, 1579 (insin. eccl. du dioc. de Nimes). — *Lougrian*, *balhage de Sauve*, 1582 (Tar. univ. du dioc. de Nimes). — *Lougrian*, 1789 (carte des États).

Logrian faisait partie, avant 1790, de la viguerie de Sommière et du diocèse de Nimes, archiprêtré de Quissac. — On n'y comptait qu'un feu et demi en 1384. — Le prieuré-cure de Saint-Martin de Logrian valait 800 livres; l'évêque de Nimes en était le collateur. — Une ordonnance royale du

22 novembre 1829 a réuni à Logrian les deux hameaux de Comiac et de Florian : aussi cette c^ne s'appelle-t-elle aujourd'hui *Logrian-et-Comiac-de-Florian*.

Lolm, h. c^ne de Saint-Christol-lez-Alais. — *L'Hom*, 1789 (carte des États).

Lombard (Le), abîme, c^ne de Méjanes-le-Clap.

Lombardarié (La), f. c^ne de Montdardier.

Lombardes (Les), f. c^ne de Castelnau-et-Valence.

Londe (La), q. c^ne d'Arrigas.

Lone (La), f. c^ne de Vauvert.

Lono, f. c^ne d'Alais.

Longue-Faïsse (La), q. c^ne d'Aiguesvives. — 1588 (arch. départ. G. 265).

Longuemon, h. c^ne de la Bruguière.

Lorieux, f. c^ne de Calvisson. — *Laurieu*, 1789 (carte des États).

Loubaou (Le), vallat ou ruiss. qui se détache du ruiss. de la Fontaine-de-Nimes avant l'arrivée de celui-ci au Vistre proprement dit; il se jette dans le Vistre au-dessous du moulin du Prieur, c^ne de Nimes. — *Fossa-Lobaria*, 956 (Hist. de Lang. II, pr. col. 98). — *Prope ipso fluvio quem vocant Toro, in terminium de villa Vinosole*, 1007 (cart. de N.-D. de Nimes, ch. 1). — *Loco vocato Valat-Lobaus*, 1380 (comp. de Nimes). — *Vallat-Lobau*, 1479 (la Taula del Poss. de Nismes). — *Le Valat dou Bâou* (H. Rivoire, *Statist. du Gard*).

Loubatière (La), f. c^ne de Colognac. — *Les Loubatières*, 1553 (arch. départ. C. 1802).

Loubemore, f. c^ne de Saint-Paul-la-Coste. — *Loubomorte*, 1789 (carte des États).

Loudes, f. c^ne de Saint-Gilles. — *Luva villa*, 879 (Mén. I, pr. p. 12, c. 1). — *Loa*, 1160 (*ibid.* p. 36, c. 2). — *La Loba*, 1332 (arch. départ. G. 278). — *Loubes*, 1546 (rec. H. Mazer). — *Loube*, 1828 (notar. de Nimes).

Loubiau, mont. c^ne d'Aumessas.

Loubière (La), h. c^ne d'Alais. — *B. de Loberia*, 1236 (cart. de N.-D. de Bonh. ch. 24). — *G. de Loberia*, 1256 (Mén. I, pr. p. 83, c. 1). — *Locus de Lobieyra*, 1492 (Sim. Benoît, not. de Nimes).

Loubière (La), h. c^ne de Concoules. — *Loberiæ*, 1144 (Hist. de Lang. II, pr. col. 512).

Lougagnes (Les), f. c^ne de Bréau-et-Salagosse.

Lougarel, f. c^ne d'Aumessas.

Lougogne (La), ruiss. qui prend sa source sur la c^ne de Bez-et-Esparron et se jette dans le Merlençou sur le territ. de la même commune.

Lougognes (Les), q. c^ne d'Arrigas.

Loules, bois, c^ne de Tornac.

Loup, h. c^ne de Conqueirac.

Loup (Le), q. c^{ne} de Sumène.—1555 (arch. dép. G. 167).

Lozière (La), h. c^{ne} de Peyremale. — S'écrit aussi *Lauzière*.

Lumières, île du Rhône, c^{ne} de Beaucaire. — 1559 (arch. départ. C. 96).

Luc, c^{on} d'Alzon. — *Pertinementum de Luco*, 1261 (pap. de la fam. d'Alzon). — *Territorium de Luco*, 1321 (*ibid.*). — *Nostra-Domina de Luco*, 1391 (*ibid.*).— *Lucum*, 1405 (Mén. III, pr. p. 190, c. 2). — *Capella Beatæ-Mariæ de Luco*, 1439 (pap. de la fam. d'Alzon).— *Notre-Dame de Luc*, 1612 (insin. eccl. du dioc. de Nîmes). — *Notre-Dame-de-Luq*, 1693 (*ibid.*).

Ce village, qui se compose aujourd'hui de deux hameaux, Luc-Bas et Luc-Haut, n'a jamais été une communauté considérable : aussi ne figure-t-il sur aucune liste de dénombrement ancien. — Il a été réuni à la c^{ne} de Campestre par un décret du 21 sept. 1812. C'était auparavant une communauté indépendante. — Il est connu aujourd'hui par une colonie pénitentiaire de jeunes détenus qu'y a établie l'honorable M. Marquès de Luc.

Luc (Le), h. c^{ne} de Nîmes, sur l'emplacement de l'ancien prieuré rural de Saint-Maurice-du-Luc (voy. ce nom). — *Decimas de terminio de villa Luco*, 921 (cart. de N.-D. de Nîmes, ch. 85 ; Mén. I, pr. p. 18, c. 1). —*Villa Luco*, 1003 (*ibid.* ch. 61). — *Lucum*, 1060 (*ibid.* ch. 92). — *Villa que vocatur Luco*, 1095 (*ibid.* ch. 81). — *Mansus juxta ecclesiam Sancti-Mauricii, in terminium de villa que vocant Lugeum*, 1109 (*ibid.* ch. 73). — *Lucum*, 1274 (chap. de Nîmes, arch. départ.); 1310 (Mén. pr. p. 163, c. 2). — *Mansus de Luco*, 1380 (compoix de Nîmes). — *Luc*, 1479 (la Taula del Poss. de Nismes). — *Lucum*, 1539 (Mén. IV, pr. p. 155, c. 2). — *Luc*, 1554 (J. Ursy, not. de Nîmes); 1671 (comp. de Nîmes).

L'existence du village du Luc au commencement du ve siècle est prouvée par l'acte de 921, cité en tête de cet article, et qui nous apprend que les dîmes du Luc étaient alors disputées par le prieur de Saint-Martin-de-Quart à celui de Saint-André-de-Costebalenc.—L'estimation des terres de l'Assise de Calvisson montre que le Luc existait encore comme village en 1322, puisqu'on y comptait alors 8 feux, en y comprenant ceux de Notre-Dame-de-l'Agarne.

Luc (Le), q. c^{ne} de Colias. — 1607 (arch. commun. de Colias).

Luc-Espinassieu (Le), bois, c^{ne} de Montdardier.

Luech (Le), ruiss. qui a sa source sur la c^{ne} de Saint-Maurice-de-Ventalon (Lozère), entre dans le dép^t du Gard par la c^{ne} de Chamborigaud, traverse celle

de Chambon et se jette dans la Cèze sur le territ. de la c^{ne} de Peyremale. — *La rivière de Luèche*, 1635 (arch. départ. C. 1291). — Parcours dans le dép^t : 14,700 mètres.

Luet (Le), h. c^{ne} du Garn.

Lugunanié (La), q. c^{ne} de Remoulins.

Lumenanié (La), q. c^{ne} de Colias. — 1607 (arch. commun. de Colias).

Lumineres (Les), h. c^{ne} de Sainte-Cécile-d'Andorge. — *Mansus de Lineriis* (sic), *in parrochia Sancte-Cecilie*, 1345 (cart. de la seign. d'Alais, f° 31). — *Les Lumières*, 1789 (carte des États). — *Les Luminaires*, 1860 (notar. de Nîmes).

Lunda (Le), ruiss. qui prend sa source sur la c^{ne} de Valleraugue et va se jeter dans le Taleyrac, affluent de l'Hérault.

Luquette (La), f. c^{ne} d'Alais.

Lussan, arrond. d'Uzès. — *P. de Luzano*, 1204 (Lay. du Tr. des ch. I, p. 188); 1210 (cart. de la seigneurie d'Alais, f° 3).—*Lussanum*, 1277 (Ménard, I, pr. p. 106, c. 1); 1331 (Gall. Christ. t. VI, p. 634); 1384 (dénombr. de la sénéch.). — *Locus de Lussano, Uticensis diocesis*, 1415 (J. Mercier, not. de Nîmes). — *Lussan*, 1549 (arch. départ. C. 1330). —*Le prieuré Sainct-Pierre de Lussan*, 1620 (insin. eccl. du dioc. d'Uzès).

Lussan était, avant 1790, de la viguerie et du diocèse d'Uzès, doyenné de Navacelle. — On y comptait 9 feux en 1384. — Le prieuré de Saint-Pierre de Lussan était à la collation de l'évêque d'Uzès. — On remarque sur le territ. de cette c^{ne} les cascades formées par la rivière de l'Aiguillon, un vieux château appelé *Fan* (H. Rivoire, *Stat. du Gard*, t. II, p. 625), et, dans le village même, le château habité jusqu'en 1792 par les descendants du duc de Melfort, émigré anglais sous le roi Jacques. — Les armoiries de Lussan sont : *de gueules, à un chef losangé d'argent et de sinople*.

Lussan, île du Rhône, c^{ne} de Beaucaire, emportée par le Rhône en 1527. — 1559 (arch. départ. C. 96). — *L'île de Lussan*, 1744 (arch. commun. de Beaucaire, BB. 62 ; Forton, *Nouv. Rech. hist. sur Beaucaire*, p. 308).

Cette île fut achetée au sieur Margallier par la communauté de Beaucaire, en 1775, au prix de 1,500 livres (arch. commun. de Beaucaire, BB. 76). — Le nom de *Lussan* est resté à une chaussée du Rhône réparée en 1727.

Luxenière, h. c^{ne} de Meyrannes.

Luzette (La), mont. c^{ne} de Valleraugue.

Luziers, h. c^{ne} de Mialet. — *Montluzier*, 1543 (arch. départ. C. 1778).—*Luziès*, 1789 (carte des États).

M

Macoul, mont. c^ne de Chusclan (E. Trenquier, *Not. sur quelques localités du Gard*).

Madarié (La), h. c^ue du Cros.

Madier, f. c^ne de Tharaux. — *Les Madiers*, 1731 (arch. départ. C. 1475).

Madière (La), h. c^ne de Saint-André-de-Majencoules.

Madières, h. c^ne de Rogues, sur la rive gauche de la Vis. — *Maderias*, 1084 (cart. de N.-D. de Nimes, ch. 179). — *Maderiæ*, 1102 (Hist. de Lang. II, pr.). — *Castrum de Maderiis*, 1294 (Mén. I, pr. p. 124, c. 1). — *Le Pont de Madières*, 1735 (arch. départ. C. 1825).

Magaille, Haute et Basse, f. auj. détr. c^ne de Nimes, a laissé son nom au cadastre. — *Mansus que vocant Magalia, in terminium de villa Vinosolo, in territorio civitatis Nemausensis*, 937 (cart. de N.-D. de Nimes, ch. 99; Mén. I, pr. p. 20, c. 2). — *Magalia, in terminium de villa Vinosolo*, 994 (ibid. ch. 48). — *In loco que vocant Magalia, in comutatu Nemausensi*, 1103 (ibid. ch. 101). — *Molendinum de Magail*, 1269 (Mén. I, pr. p. 91, c. 2). — *Magalha*, 1380 (comp. de Nimes). — *Magalhe*, 1479 (la Taula del Poss. de Nismes). — *Magalia Sobeyrana*, 1487 (arch. départ. G. 202). — *Magalhe*, 1534 (ibid. G. 176). — *Megalhe*, 1555 (J. Ursy, not. de Nimes). — *Magailhe*, 1613 (Bruguier, not. de Nimes; Ménard, t. I, p. 146).

Magalon, f. c^ne de Bagnols.

Magasin (Le), f. c^ne de Congéniès.

Magdeleine (La), h. c^ne de Tornac.

Mages (Les), c^ne de Saint-Ambroix. — *Locus vocatus als Malhs*, 1337 (cart. de la seign. d'Alais, f° 19). — *Les Mages*, 1715 (J.-B. Nolin, *Carte du dioc. d'Uzès*). — *Le Mage*, 1789 (carte des États). — *Les Mazes*, 1812 (notar. de Nimes).

Les Mages n'étaient qu'un hameau de la c^ne de Saint-Jean-de-Valcriscle. Une ordonnance royale du 25 septembre 1834 en a formé une communauté distincte.

Magnagnière (La), f. c^ne de Valleraugue.

Magnuil, f. c^ne de Marguerittes. — *Mas-de-Manduel*, 1479 (la Taula del Poss. de Nismes). — *Mas-de-Manuel*, 1812 (notar. de Nimes).

Magoufiès (Les), bois, c^ne de Saint-Sauveur-des-Poursils.

Maguelles, h. c^ne de Générargues. — 1725 (insin. eccl. du dioc. de Nimes).

Maigron, f. c^ne de Vèzenobre. — *Meigron*, 1789 (carte des États).

Mailhens (Les), h. c^ne de Gailhan-et-Sardan. — *Feudum Madalenum, in terminio de Galienis*, 1157 (Lay. du Tr. des ch. t. I, p. 77). — *Malenz*, 1162 (cart. de Saint-Sauveur-de-la-Font).

Maillac, f. c^ne d'Uzès. — *In jurisdictione Sancti-Firmini, loco dicto Maillac*, 1437 (arch. commun. d'Uzès, FF. 7). — *La métairie de Maillac, paroisse de Saint-Firmin*, 1744 (arch. départ. C. 1512).

Mainas, h. c^ne de Meyrannes. — *P. de Mayrassio*, 1463 (L. Peladan, not. de Saint-Geniès-en-Malgoirès).

Maison-Neuve (La), f. c^ne de Bréau-et-Salagosse.

Maison-Neuve (La), f. c^ne de Fressac.

Maison-Neuve (La), f. c^ne de Laval.

Maison-Rouge (La), f. c^ne de Sommière.

Maistre (Le), ruiss. qui prend sa source sur la c^ne de Saint-Dézéry et va se jeter dans le Gardon sur le territ. de la c^ne de Saint-Chapte. — *Le Vallat-Maistre*, 1776 (comp. de Saint-Dézéry).

Maistres (Les), h. c^ue de Courry. — 1768 (arch. départ. C. 1646).

Majencoule, f. et m^in, c^ne de Mialet.

Majes (Les), f. c^ne du Vigan.

Majinque (La), f. c^ne de Trèves. — *Territorium de la Majenca*, 1263 (pap. de la fam. d'Alzon). — *In capite de las Majencas*, 1371 (ibid.).

Malabouisse, f. c^ne de Saint-Paul-la-Coste, sur une montagne du même nom. — *Malbouisse*, 1789 (carte des États).

Maladières (Les), emplacement de la léproserie, c^ne de Nimes. — *Maladeriæ*, 1217 (chap. de Nimes, arch. départ.). — *Domus Sancti-Lazari*, 1282 (cart. de Saint-Sauveur-de-la-Font). — *La Malautière*, 1543 (J. Ursy, not. de Nimes). — *La Maladerie*, 1609 (arch. hosp. de Nimes).

Maladrerie (La), chapelle ruinée, c^ne de Bagnols, emplacement de la léproserie de Bagnols.

Malagarde, bois, c^ne de Bouquet.

Malaigue, h. c^ne de Blauzac. — *Aire-Vielhe*, 1532 (Sauv. André, not. d'Uzès). — *Le mas de Malaigue, sive d'Aireveille-lès-Blauzac, diocèse d'Uzès*, 1618 (arch. comm. de Colias).

Malamousque, q. c^ne d'Aiguesmortes.

Malansac, q. c^ne de Nimes. — *Loco ubi vocant Maladranicus*, 1006 (cart. de N.-D. de Nimes, ch. 39). — *Les Passes de Malensac*, 1380 (comp. de Nimes). — *Ma-*

lansac, 1479 (la Taula del Poss. de Nismes); 1671 (comp. de Nimes).

MALAPARADE, mont. c^{ne} de Valleraugue. — Ruisseau qui en descend et se jette dans le Cros, affluent de l'Hérault, sur le territ. de la même c^{ne}. — *Malparade*, 1551 (arch. départ. C. 1807).

MALAPLÈGE, q. c^{ie} de Bez-et-Esparron.

MALAPOUQUE, f. c^{ne} de Portes.

MALARÈDES (LES), h. c^{ne} de Blauzac.

MALARIE (LA), f. c^{ne} de Sagriès.

MALASSE (LA), f. c^{ne} de Monoblet.

MALATAVERNE, f. c^{ne} de Cendras. — *Maltaverne*, 1789 (carte des États).

MALATAVERNE, h. c^{ne} du Garn. — *Maletaverne*, 1715 (J.-B. Nolin, *Carte du dioc. d'Uzès*). — *Maltaverne*, 1789 (carte des États).

MALATAVERNE, h. c^{ne} de Lussan. — *Maletaverne*, 1715 (J.-B. Nolin, *Carte du dioc. d'Uzès*). — *Malataverne*, 1780 (arch. départ. C. 1652). — *Maltaverne*, 1789 (carte des États).

MALATAVERNE, h. c^{ne} de Saint-Hippolyte-du-Fort.

MALAULIÈRES (LES), f. c^{ne} d'Alais. — Emplacement de la léproserie d'Alais.

MALAUTIÈRE (LA), q. c^{ne} de Bellegarde. — 1332 (arch. départ. G. 278).

MALAUTIÈRE (LA), q. c^{ne} de Colias. — 1607 (arch. comm. de Colias).

MALAUTIÈRE (LA), source médicinale, c^{ne} de Montfrin (E. Trenquier, *Mém. sur Montfrin*).

MALAVAL, h. c^{ne} de Ponteils-et-Brézis. — 1708 (arch. départ. C. 1412).

MALBOIS, f. c^{ne} d'Aiguesmortes.

MALBOIS, bois, c^{ne} de Vauvert, auj. défriché. — *Malus-Boscus*, 1123 (cart. de Psalm.). — Le nom est resté au cadastre.

MALBOS, h. c^{ne} de Laval. — 1731 (arch. départ. C. 1475).

MALBOS, h. c^{ne} de Peyremale. — *Malebouche*, 1515 (arch. départ. C. 1647).

MALBOS, f. c^{ne} de Saint-Jean-du-Gard.

MALBOS, h. c^{ne} de Saint-Sauveur-des-Poursils. — *Mansus de Malbosc*, 1254 (cart. de N.-D. de Bonheur, ch. 21); 1257 (*ibid.* ch. 19). — *Mansus de Malo-Bosco*, 1309 (*ibid.* ch. 68). — *Le Mas-de-Malbosc*, 1514 (pap. de la fam. d'Alzon). — *Le masage de Malbosq*, *paroisse de Saint-Sauveur-des-Poursils*, 1709 (*ibid.*). — *Malbousquet*, 1812 (notar. de Nimes).

MALBOSQUET, bois, c^{ne} de Poulx.

MALBOUISSON, q. c^{ne} de Beaucaire. — *G. de Maloboisson*, 1227 (Mén. I, pr. p. 76, c. 2).

MALCAP, h. c^{ne} de Saint-Victor-de-Malcap. — *Locus de Malo-Catone*, 1384 (dénombr. de la sénéch.).

MALENCHES, h. et mⁱⁿ, c^{ne} de Sénéchas. — *Malenches*,

1715 (J.-B. Nolin, *Carte du dioc. d'Uzès*); 1750 (arch. départ. C. 1581).

MALENTRAN, f. c^{ne} de Sernhac. — *Le Pont-de-Malentrin*, 1769 (arch. commun. de Beaucaire, BB. 71). — *La Bégude-de-Malentrin*, 1789 (carte des États).

MALEPEYRE, f. c^{ne} de Saint-Martin-de-Saussenac. — 1550 (arch. départ. C. 1789).

MALÉRARGUES, f. c^{ne} de Saint-Bonnet-de-Salindrenque. — *Mansus de Melarnicis*, 1345 (cart. de la seign. d'Alais, f° 35).

MALESAN, q. c^{ne} de Vergèze. — 1548 (arch. dép. C. 1811).

MALES-HYÈRES (LES), f. auj. détr. c^{ne} de Génolhac. — 1515 (arch. départ. C. 1647).

MALESPELS, ferme, c^{ne} de Galargues. — *Villa Malum-Expelle*, 961 (Hist. de Lang. II, pr. col. 115). — *In terminio de villa Malum-Expelle*, 965 (cart. de N.-D. de Nimes, ch. 112). — *Villa Malum-Expellis*, *in Litoraria*, 1007 (*ibid.* ch. 114). — *Malaspel*, 1726 (carte de la bar. du Caylar). — *Malespels*, 1788 (Journal de Nismes, juillet). — Voy. SAINT-ROMAN-DE-MALESPELS.

MALESTRE, f. c^{ne} de Vabres. — *Malestre*, *paroisse de Saint-Pierre de La Salle*, 1533 (arch. dép. C. 1797).

MALET, f. c^{ne} de Saint-Hippolyte-du-Fort.

MALET, h. c^{ne} de Valleraugue. — *Le Mas-de-Mallet*, 1552 (arch. départ. C. 1806). — *Mallet*, 1789 (carte des États).

MALGOIRÈS (LE), pays du diocèse d'Uzès, borné au N. et à l'O. par le Gardon, au S. par la partie du territ. de Nimes connue sous le nom de *Garrigues*, et à l'E. par les collines qui séparent le bassin de la Courme de celui de la Braûne, rivière qui, avec ses affluents, arrose le Malgoirès. — Ce *pagus* formait, au xe siècle, une viguerie qui comprenait les villages suivants : Boucoiran, la Calmette, Dions, Domessargues, Fons-outre-Gardon, Gajan, Montignargues, Nozières, Parignargues, Roubiac, la Rouvière, Saint-Bauzély, Saint-Geniès, Saint-Mamet et Sauzet. — Cette circonscription est restée longtemps celle du doyenné de Sauzet, qui comprenait cependant, au xviiie siècle, une plus grande partie du diocèse d'Uzès ; ainsi, à la fin du xvie siècle, Parignargues a été détaché du diocèse d'Uzès et réuni à celui de Nimes ; par contre, Mauressargues, qui faisait partie de la viguerie de Sommière jusqu'au xvie siècle, a été incorporé à celle d'Uzès. — *Vallis Medio-Gontensis*, *in comitatu Uzetico*, 943 (cart. de N.-D. de Nimes, ch. 211). — *Vicaria Medio-Gontensis*, *in comitatu Uzetico*, 1016 (*ibid.* ch. 210). — *Ecclesia Sancti-Mameti de Medio-Gozes*, 1204 (cart. de Saint-Victor de Marseille, ch. 960). — *Medium-Gotum*, 1384 (dénombr. de la sénéch.).

MALGUE (LA), f. c^{ne} d'Aiguesmortes.

MALHERBE (LE GRAND-), f. c^{ne} du Caylar. — *Malherbe*, 1726 (carte de la bar. du Caylar); 1753 (arch. départ. C. 146). — *Le château de Malherbe*, 1768 (*ibid.* C. 1129).

La justice et fief de ce domaine appartenait, en 1721, à M. Fontanès, trésorier de France (bibl. du gr. sém. de Nîmes).

MALHERBE (LE PETIT-), f. c^{ne} du Caylar. — *Méterie de M. de Rochemore*, 1726 (carte de la bar. du Caylar).

MALIBAUD, f. c^{ne} de Barjac. — *Malibeau*, 1789 (carte des États).

MALIGNAS, m^{in}, c^{ne} de Saint-Félix-de-Pallières.

MALIGNON, f. c^{ne} de Bagnols.

MALIGNOS, f. c^{ne} de Fressac.

MALIMBERT, f. c^{ne} de Beaucaire.

MALINE (LA), f. c^{ne} de Saint-Jean-du-Gard.

MALITIÈRE (LA), h. c^{ne} de Génolhac.

MALLIAC, f. c^{ne} de Roquemaure. — *Maillac*, 1778 (arch. départ. C. 1654).

MALLIÈS, f. c^{ne} de Laval.

MALMONT, bois, c^{ne} de Valliguière.

MALONS, c^{on} de Génolhac. — *Villa de Malon*, 1121 (Gall. Christ. t. VI, p. 304). — *Ecclesia de Malono*, 1314 (Rotul. eccl. arch. munic. de Nîmes). — *Malons*, 1384 (dénombr. de la sénéch.). — *Prioratus Sancti-Petri de Malons*, 1461 (reg.-cop. de lettr. roy. E, v, f° 122). — *Sainct-Pierre de Malons*, 1461 (*ibid.* f° 121); 1548 (arch. départ. C. 1318). — *Malons*, 1634 (*ibid.* C. 1288). — *Malone* (sic), 1721 (bull. de la Soc. de Mende, t. XVI, p. 160); 1752 (arch. départ. C. 1309).

Malons faisait partie de la viguerie et du diocèse d'Uzès, doyenné de Gravières (Ardèche). — On y comptait, en 1384, 3 feux et demi. — Le prieuré de Saint-Pierre de Malons était à la collation de l'évêque d'Uzès. — Sur un des pics les plus élevés de la mont. de Barre, dont le sommet forme sur ce point la limite du Gard et de l'Ardèche, on voit les restes d'un ancien fort qui remonte au XIVe siècle. — Une voie romaine traversait le territ. de la c^{ne} de Malons; on en retrouve les traces en plusieurs endroits, et surtout au lieu dit *la croix de Malons*. — Le duc d'Uzès était seigneur de Malons pour un cinquième, en vertu de l'échange fait avec le roi en 1721. — Le lieu ressortissait au sénéchal d'Uzès. — Les armoiries de Malons sont : *de sable, à un chef losangé d'or et de gueules*.

MALPAS, f. c^{ne} d'Aumessas.

MALPAS (LE), q. c^{ne} de Ribaute. — 1553 (arch. départ. C. 1774).

MALPAS (LE), h. c^{ne} de Saint-André-de-Majencoules. —

Gard.

Territorium de Malpas; Vallatum de Malpas, 1331 (pap. de la fam. d'Alzon).

MALPAS (LE). — Voy. ROQUE-SOUMAGNE.

MALPERTUS (LE), h. c^{ne} de Dourbie. — *Le mas de Malpert, paroisse de Dourbie*, 1514 (pap. de la fam. d'Alzon). — *Le masage de Malpertus, paroisse de Dourbie*, 1709 (*ibid.*). — *Mas-Pertuis*, 1824 (Nomencl. des comm. et ham. du Gard).

MALTRÈS (LE), ruiss. qui prend sa source sur la c^{ne} de la Rouvière-en-Malgoirès et se jette dans l'Esquielle ou Lauriol sur le territ. de la même commune.

MAL-USAGE, q. c^{ne} de Saint-Bonnet. — 1552 (arch. départ. C. 1780).

MALVALLIN, q. c^{ne} de Colias. — *Costa de Malvalhin*. *Cumba de Malvalhin*, 1311 (arch. commun. de Colias).

MAMOLÈNE, c^{on} d'Uzès. — *Castrum de Mommolena*, 1121 (Gall. Christ. t. VI, p. 304). — *Mamolena*, 1237 (chap. de Nîmes, arch. départ.); 1333 (arch. munic. d'Uzès); 1384 (dénombr. de la sénéch.). — *Sanctus-Petrus de Mamolena, Uticensis diocesis*, 1461 (reg.-cop. de lettr. roy. E, v, f° 193). — *Locus de Magmolena*, 1488 (Sauv. André, not. d'Uzès). — *Mamolène*, 1549 (arch. départ. C. 1328). — *La seigneurie de Maulmoleyne*, 1565 (lettres pat. de Charles IX). — *Le prieuré Saint-Pierre de Mamolène*, 1620 (ins. eccl. du dioc. d'Uzès). — *Masmolène*, 1744 (mandem. de l'évêque d'Uzès). — *Mamolène et La Capelle, au diocèse d'Uzès*, 1785 (arch. départ. C. 605). — *Mamolène* (Ménard, VII, p. 653).

Mamolène faisait partie, avant 1790, de la viguerie et du diocèse d'Uzès, doyenné d'Uzès. — Ce village ne se composait que de 5 feux en 1384. — Le prieuré de Saint-Pierre de Mamolène était à la collation de l'évêque d'Uzès. — Réuni dès avant 1790 au village de la Capelle, Mamolène en fut séparé par un arrêté consulaire du 11 messidor an x (30 juin 1801). Un décret de 1814 réunit de nouveau ces deux villages, qui forment depuis lors la c^{ne} dite de *la Capelle-et-Mamolène*. — La seigneurie de Mamolène appartenait, en 1721, à un seigneur du nom de Carrière. — Pour les armoiries de ces deux communautés réunies, voy. CAPELLE (LA). — La véritable orthographe de ce nom de lieu est sans doute *Mammolène*.

MANCHAUDE (LA), f. c^{ne} de Rochefort.

MANDAGOUT, c^{on} du Vigan. — *Mandagot*, 1088 (Hist. de Lang. II, pr. col. 298). — *Castrum de Mandagot*, 1224 (cart. de N.-D. de Bonh. ch. 43). — *R. de Mandagotio*, 1233 (*ibid.* ch. 17). — *Sanctus-Martinus* (sic) *de Mandagoto*, 1280 (pap. de la fam. d'Alzon). — *Mandagotum*, 1294 (Mén. I, pr. p. 120,

16

c. 2). — *Castrum de Mandagoto*, 1314 (Guerre de Fl. arch. munic. de Nimes). — *Sanctus-Gregorius de Mandagoto*, 1384 (dénombr. de la sénéch.). — *Mandagoth*, 1435 (rép. du subs. de Charles VII). —*Mandajol*, *Mandegol*, 1582 (Tar. univ. du dioc. de Nimes).— *Le prieuré Saint-Grégoire de Mandagout*, 1632 (insin. eccl. du dioc. de Nimes). — *Mandagoust*, 1694 (armor. de Nimes).

Mandagout appartenait à la viguerie du Vigan-et-Meyrueis et au diocèse de Nimes, archiprêtré d'*Arisdium* ou du Vigan. — On y comptait 3 feux et demi en 1384. — On trouve sur le territ. de cette c^{ne} des restes de deux anciens châteaux, celui de Mandagout et celui de Costubague. — Cette c^{ne} se compose, comme il arrive d'ordinaire en pays de montagne, d'un grand nombre de hameaux et d'écarts et n'a point de chef-lieu proprement dit. -- Les armoiries de Mandagout sont : *d'azur, à un dragon d'or, avec un chef d'argent chargé de trois tourteaux de sable.*

Mandajors, h. et chapelle ruinée, c^{ne} de Saint-Paul-la-Coste. — *Parrochia de Mandajores*, 1345 (cart. de la seign. d'Alais, f° 33). — *Mandagors*, 1384 (Mén. III, pr. p. 66, c. 2).

Mandelle (la), ruiss. qui prend sa source sur la c^{ne} de Saint-Bresson et se jette dans la Vis sur le territ. de Saint-Laurent-le-Minier.

Mandiargues, h. c^{ne} de Saint-Hippolyte-du-Fort. — *Mansus de Mandilhargues*, *parochiæ Sancti-Ypoliti*, 1472 (A. Razoris, not. du Vigan). — *Mandiargues*, 1549 (arch. départ. C. 1790).

Manduel, c^{on} de Marguerittes. — *In terminium de villa Mandolio*, 943 (cart. de N.-D. de Nimes, ch. 80).— *Mandolium*, 1180 (chap. de Nimes, arch. départ.); 1248 (Mén. I, pr. p. 81, c. 1).— *Mandolium*, 1384 (dénombr. de la sénéch.). — *Ecclesia de Mandolio*, 1386 (rép. du subs. de Charles VI). — *Manduoth*, 1433 (Mén. III, pr. p. 237, c. 1). — *Mandueil*, 1435 (rép. du subs. de Charles VII). — *Locus de Mandolio*, 1494 (Dapchuel, not. de Nimes).— *Mandueil*, 1582 (Tar. univ. du diocèse de Nimes).— *Le prieuré Sainct-Genieys-de-Manduel*, 1615 (insin. eccl. du dioc. de Nimes).

Manduel était de la viguerie et du diocèse de Nimes, archiprêtré de Nimes. — On y comptait 106 feux en 1322, 16 seulement en 1384, 140 feux et 600 habitants en 1744.— La terre de Manduel est du nombre de celles sur lesquelles furent assignées les rentes données par le roi Philippe le Bel à Guillaume de Nogaret. — La haute et basse justice de Manduel appartenait au domaine royal. — Cette terre a eu la même succession de seigneurs que celle de Calvisson. — Le village de Manduel a succédé à une localité plus ancienne située non loin de là, et qui portait le nom de *Lignan* (voy. ce nom). — Ce lieu ressortissait à la cour royale ordinaire de Nimes. — Le prieuré simple et régulier de Saint-Geniès de Manduel était uni à la mense du chapitre des chanoines réguliers de Saint-Ruf de Valence, et le revenu en était de 3,500 livres. — L'armorial de 1694 blasonne ainsi les armoiries de Manduel : *d'or, à une bande fuselée d'argent et de sinople.* D'après M. H. Rivoire (*Statist. du Gard*, t. II, p. 629), «les armoiries de Manduel représentaient *une main ouverte et deux yeux*. Ces armoiries étaient peintes sur le drapeau des consuls, et n'ont subi depuis aucune altération.» C'était alors un rébus héraldique : Man-d'ieulr.

Manéchal, f. c^{ne} de Bagnols.

Mangabelle (la), f. c^{ne} de Saint-Paulet-de-Caisson.

Mannas, h. c^{ne} de Saint-Jean-de-Maruéjols. — *Prioratus de Mannassio*, 1470 (Sauv. André, not. d'Uzès). — *Mansus de Mannacio*, 1498 (A. de Costa, not. de Barjac). — *Le prieuré Sainct-Martin de Mannac*, 1620 (insin. eccl. du dioc. d'Uzès). — *Mannas*, 1715 (J.-B. Nolin, *Carte du dioc. d'Uzès*); 1731 (arch. départ. C. 1474).

Le prieuré simple de Saint-Martin de Mannas, du doyenné de Saint-Ambroix, était à la collation de l'évêque d'Uzès.

Mantes, f. c^{ne} de Lédignan. — *Manthes*, 1789 (carte des États).

Maquepéjoul, f. c^{ne} de Valleraugue.

Maranau, h. c^{ne} de Roquemaure.

Maransan, f. cⁿ de Bagnols, sur l'emplacement de l'ancien prieuré rural de Saint-Tince-de-Maransan (voy. ce nom). — *Marausan*, 1375 (Gall. Christ. t. VI, p. 657).

Maraux, h. c^{ne} de Soustelle. — *Mas-Raoux*, 1789 (carte des États).

Maraval, f. c^{ne} de Saint-Jean-de-Valériscle.

Marcassargues, h. c^{ne} de Sainte-Croix-de-Caderle.

Marcel, h. c^{ne} de Saint-Marcel-de-Careiret.

Marcellin, f. c^{ne} de Navacelle.

Marchand, f. c^{ne} de Saint-Félix-de-Pallières.

Marchande (la), f. c^{ne} de Castillon-de-Gagnère.

Marcon, f. c^{ne} de Saint-Gilles.

Marconet, f. c^{ne} de Génolhac.

Marcouly, f. c^{ne} de Saint-Martin-de-Valgalgue.

Marderic, f. c^{ne} de Saint-Laurent-des-Arbres. — 1786 (arch. départ. C. 1666).

Mardieuil, montagne, c^{ne} de Saint-Bonnet. — *Puech-Marduel* (E. Trenquier, *Not. sur quelques localités du Gard*).

MARETTE (LA), étang, c⁰ᵉ d'Aiguesmortes. — 1434 (arch. dép·rt. C. 55).

MABEUIL, château, c⁰ᵉ du Vigan. — *Mareil* (cad. du Vigan).

MARGALIER, f. c⁰ᵉ de Beaucaire. — *Margailler*, 1527 (Forton, *Nouv. Rech. histor. sur Beaucaire*).—*Margalié*, 1549 (arch. départ. C. 775). — *Marguiller* (C. Blaud, *Antiq. de la ville de Beauc.* p. 35).

Bien qu'enclavé dans la seigneurie de Beaucaire, qui relevait directement du roi, Margalier était un fief particulier appartenant aux Porcellets. — C'est là qu'est établi aujourd'hui le petit séminaire du diocèse de Nimes.

MARGAN, f. c⁰ᵉ d'Aiguesmortes.

MARGAROT, f. c⁰ᵉ de Parignargues.

MARGEROLLES, f. c⁰ᵉ de Saint-Paul-la-Coste. — *Le Mas-de-Margeroles*, 1541 (arch. départ. C. 1795).

MARGUE (LA), f. c⁰ᵉ de Saint-Gilles, sur l'emplacement de l'ancienne église de SAINT-CYRGUE-DE-LA-MARGUE (voy. ce nom).—*Margines*, 1071 (cart. de Psalm.). — *Ecclesia de Margis*, 1125 (*ibid.*).

MARGUERITE (LA), f. c⁰ᵉ de Fourques.

MARGUERITTES, arrond. de Nimes. — *In terminium de villa Virgelosa, que vocant Margarita, loco ubi vocant Margarita, in territorio civitatis Nemausensis*, 979 (cart. de N.-D. de Nimes, ch. 83). — *Villa que nuncupatur Margaritæ*, 1031 (*ibid.* ch. 86). — *Castrum de Margaritas*, 1121 (Hist. de Lang. 1, pr. col. 419). — *Margaritæ*, 1208 (Ménard, I, pr.p. 46, c. 1); 1310 (*ibid.* p. 163, c. 1; p. 224, c. 1).—*Margarittæ*, 1384 (*ibid.* III, pr. p. 63, c. 1). — *Margaritæ*, 1384 (dénombr. de la sénéch.). — *Marguaridas*, 1433 (Mén. III, pr. p. 237, c. 1). — *Marguerites*, 1435 (rép. du subs. de Charles VII). — *Locus Marguaritarum*, 1466 (cart. de Saint-Sauv.-de-la-Font). — *Margarites*, 1565 (J. Ursy, not. de Nimes). — *Marguerites*, 1582 (Tar. univ. du dioc. de Nimes); 1650 (G. Guiran, *Style de la Cour roy. de Nimes*; Ménard, I, p. 142).

Margueritos faisait partie de la viguerie et du diocèse de Nimes, archiprêtré de Nimes. — On y comptait, en 1384, 35 feux, et en 1744, 250 feux et 1,000 habitants.—La terre de Marguerittes, qui appartenait avant le xıⁱᵉ siècle au comte d'Arles, a passé successivement aux vicomtes de Nimes, aux familles de Montlaur, de Lévis, d'Uzès, de Joyeuse, et, depuis la fin du xvıᵉ siècle, à des familles de robe attachées au présidial de Nimes. — La basse justice de Marguerittes a été possédée par divers particuliers. — Le chapitre de Saint-Didier d'Avignon possédait à Marguerittes des fiefs, censives et directes, qu'il vendit en 1738 à Antoine Teissier,

alors seigneur de Marguerittes. — Le prieuré de Saint-Pierre de Marguerittes appartenait au chapitre cathédral de Nimes, qui, par un acte du 17 août 1391 (arch. départ. G. 162), le délaissa au prévôt. Depuis cette époque, ce prieuré, qui valait 3,000 l., est demeuré uni au premier archidiaconat de l'église cathédrale de Nimes. — Les armoiries de Margueritos sont : *d'azur, à trois marguerites d'argent, rangées sur une terrasse de même, et un soleil d'or en chef.*

MARIELSES, f. c⁰ᵉ de Saint-Quentin. — *Locus de Mareugiis, Uticensis diocesis*, 1462 (reg.-cop. de lettr. roy. E, v).

MARIGNAC, h. c⁰ᵉ d'Aigaliers.

MARIGNAN, f. c⁰ᵉ de Saint-Gilles.

MARINE (LA), f. auj. détruite, c⁰ᵉ de Manduel.—1572 (J. Ursy, not. de Nimes). — La véritable orthographe doit être : *l'Amarine* ou *les Amarines.*

MARNIÈRE (LA), f. c⁰ᵉ de Vénéjan.

MARQUET, f. c⁰ᵉ de Beaucaire.

MARRE (LA), f. c⁰ᵉ de Saint-Martial. — Doit sans doute s'écrire : *La Mare.*

MARRICAMP, f. c⁰ᵉ de Barjac. — *Villa de Maricampo*, 1121 (Gall. Christ. t. VI, p. 304). — *Maricamp*, 1789 (carte des États).

MARRICAMP, f. c⁰ᵉ de Saint-Florent. — *Marican*, 1789 (carte des États).

MARRONNES (LES), q. c⁰ᵉ d'Arrigas.

MARS, c⁰ᵉ du Vigan. — *S. de Martio*, 1163 (cart. de N.-D. de Bonh. ch. 57).—*Mansus de Martio*, 1308 (pap. de la fam. d'Alzon). — *F. de Martio*, 1324 (*ibid.*). — *Mansus de Marcio*, 1417 (A. Montfajon, not. du Vigan); 1448 (*ibid.*).— *Mansus de Marcio, parrochiæ de Aulacio*, 1466 (J. Montfajon, not. du Vigan). — *La vallée de Mars*, 1653 (arch. départ. C. 927). — *Mardy*, 1694 (armor. de Nimes). — *Mars*, 1787 (arch. départ. C. 517).

Jusqu'au commencement du xvııᵉ siècle, Mars ne fut qu'un hameau de la paroisse d'Aulas : voilà pourquoi on ne rencontre ce nom sur aucun dénombrement ancien. — En 1654, Mars était uni à la communauté de Bréau-et-Bréaunesse (arch. départ. C. 659).— D'après M. H. Rivoire (*Statist. du Gard*, t. II, p. 634), Mars était autrefois construit auprès de la montagne du QUIEN (voy. ce nom), où l'on voit encore des ruines d'habitations en un quartier qui s'appelle *Mars-le-Vieux.* — Les armoiries données à cette communauté en 1694 sont : *d'azur, à une muraille d'argent, crénelée de cinq pièces, maçonnée de sable.*

MARSAL, f. c⁰ᵉ de Montaren-et-Saint-Médier.

MARSANNE, f. c⁰ᵉ de Bellegarde.

16.

Martignargues, c⁰ⁿ de Vézenobre.— *Martiniacumcolo-nica*, 85o (cart. de Psalm.). — *Ecclesia de Martin-hanicis*, 1314 (Rotul. eccl. arch. munic. de Nimes). — *Le lieu de Sainct-Martin de Martingnanges*, 1846 (cart. de la seign. d'Alais, f⁰ 43). — *Martinha-nicæ*, 1384 (dénombr. de la sénéch.). — *Martin-hargues*, 1547 (arch. départ. C. 1316).— *Le prieuré Sainct-Martin-de-Martinhargues*, 1620 (insin. eccl. du dioc. d'Uzès). — *Martignargues*, 1715 (J.-B. Nolin, *Carte du dioc. d'Uzès*).

Martignargues a toujours appartenu au diocèse d'Uzès, doyenné de Sauzet, pour le spirituel; cependant le dénombrement de 1384 le met dans la viguerie d'Alais, sur la liste de laquelle on ne le voit plus figurer, en 1435, à l'époque de la répartition du subside de Charles VII. — Le prieuré de Saint-Martin de Martignargues était conféré par l'évêque d'Uzès, sur la présentation du prieur de Vézenobre. — On ne comptait qu'un feu à Marti-gnargues en 1384. — Les armoiries de cette petite communauté sont : *de gueules, à un pal losangé d'argent et de sable.*

Martin, f. cⁿᵉ de Fourques.

Martin, f. cⁿᵉ de Galargues.

Martinas, f. cⁿᵉ de Gaujac.

Martine (La), f. cⁿᵉ du Pont-Saint-Esprit. — 1707 (arch. départ. C. 1410).

Martine (La), f. cⁿᵉ de Sumène. — 1555 (arch. dép. G. 167).

Martinenches (Les), h. cⁿᵉ de Sénéchas. — *Marti-nenche, mandement de Peiremale*, 1737 (arch. départ. C. 1490).

Martines (Les), f. cⁿᵉ de Ternac. — 1553 (arch. dép. C. 1774).

Martinet (Le), f. cⁿᵉ de Castillon-de-Gagnère.

Martinet (Le), f. cⁿᵉ de Concoules. — *Le Martinet-de-Brézis*, 1731 (arch. départ. G. 1474).

Martinet (Le), h. cⁿᵉ de Saint-Florent.

Martinet (Le), usine, cⁿᵉ de Saint-Sauveur-des-Poursils.

Martinet-du-Gravas (Le), h. cⁿᵉ de Génolhac.

Martinet-Neuf (Le), mⁱⁿ, cⁿᵉ de Chambon.

Martinolle (La), f. cⁿᵉ de Saint-Paul-la-Coste.

Martins (Les), h. cⁿᵉ de Belvézet.

Martissoù, q. c⁰ⁿ de Saint-Laurent-des-Arbres. — 1786 (arch. départ. C. 1666).

Maruéjols, c⁰ⁿ de Saint-Mamet. — *Maruiols*, 1169 (chap. de Nimes, arch. départ.).— *Marojolæ*, 1226 (Mén. 1, pr. p. 70, c. 2); 1384 (dénombr. de la sénéch.).— *Ecclesia de Marojolis*, 1386 (rép. du subs. fie Charles VI).— *Mareujolz*, 1435 (rép. du subs. de Charles VII). — *Locus de Maruejolis, Nemausensis*

diocesis, 1463 (L. Peladan, not. de Saint-Geniès-en-Malgoirès). — *Maruejolæ*, 1496 (Mén. IV, pr. p. 63, c. 1). — *Maruciouœ*, 1589 (Tar. univ. du dioc. de Nimes). — *Le prieuré Sainct-Pierre-ès-liens de Maruejols*, 1587 (insin. eccl. du dioc. de Nimes). — *Marueiolz*, 1650 (G. Guiran, *Style de la cour roy. ord. de Nimes*). — *Maruéjols*, 1704 (J.-C. de La Baume, *Rel. inéd. de la rév. des Cam.*).

Maruéjols (appelé quelquefois *Maruéjols-en-Vaunage*, pour le distinguer du précédent) était de la viguerie et du diocèse de Nimes, archiprêtré de Sommière. —On y comptait 18 feux en 1322, 2 feux et demi en 1384, 11 en 1734, et en 1744, 10 feux et 45 habitants. — Les seigneurs de Calvisson possédaient l'entière justice de ce lieu; depuis, elle est passée aux seigneurs de Saint-Cosme, dont Maruéjols est devenu une annexe. — Le prieuré-cure de Saint-Pierre-ès-Liens de Maruéjols valait 700 livres; l'évêque de Nimes en était le collateur. — Maruéjols fut compris dans le marquisat de Calvisson, lors de son érection, en 1644.

Maruéjols, h. cⁿᵉ de Mons. — *Maruéjols-les-bois*. 1789 (cart. des États).

Maruéjols (Le), ruiss. qui prend sa source sur la cⁿᵉ de Saint-Cosme-et-Maruéjols et se jette dans le Rieutort sur le territ. de la même commune.

Maruéjols-lez-Gardon, c⁰ⁿ de Lédignan. — *Marional-lus, quod est in valle Gardoniengua*, 813 (Hist. de Lang. I, pr.).— *R. de Marojolo*, 1160 (Mén. I, pr. p. 44, c. 2).— *Prioratus de Marojolis*, 1247 (chap. de Nimes, arch. dép.).— *Marojolæ*, 1384 (dén. de la sénéch.).— *Ecclesia de Marojolis*, 1386 (rép. du subs. de Charles VI).— *Locus de Maraiolis ripperie Gardonis*, 1389 (J. du Moulin, not. d'Anduze). — *Mareujolz-en-Anduze*, 1435 (rép. du subs. de Charles VII). — *Le prieuré Sainct-Sébastien de Maruéjols*, 1579 (insin. eccl. du dioc. de Nimes). — *Marueiolz, Marucioux, viguerie d'Anduze*, 1589 (Tar. univ. du dioc. de Nimes).

Maruéjols-lez-Gardon faisait partie de la viguerie d'Anduze et du diocèse de Nimes, archiprêtré de Quissac. — On n'y comptait qu'un feu et demi en 1384. — Le prieuré-cure de Saint-Sébastien de Maruéjols-lez-Gardon, qui valait 1,000 livres, était à la collation de l'évêque de Nimes (de celui d'Alais à partir de 1694). — Cette communauté porte pour armoiries : *parti, au premier, d'azur à une gerbe d'or, surmontée d'un G de même; au deuxième, d'or, à un lion de gueules, surmonté d'un M de même.*

Mas (Le), f. cⁿᵉ d'Avèze.

Mas (Le), f. cⁿᵉ de Castillon-de-Gagnère. — *B. de Manso*, 1345 (cart. de la seign. d'Alais, f⁰ 34).

Mas (Le), h. cᵉ de Dourbie. — *Mansus de Manso*, 1461 (reg.-cop. de lettr. roy. E, iv, f° 88). — *Lo mas del Mas, paroisse de Nostre-Dame-de-Dourbie*, 1514 (pap. de la fam. d'Alzon). — *Le masage du Mas, paroisse de Dourbie*, 1709 (*ibid.*).

Mas (Le), h. cᵉ de Monoblet.

Mas (Le), h. cⁿᵉ de Montmirat.

Mas (Le), f. cⁿᵉ de Peyremale. — *Mansus de Manso*, 1345 (cart. de la seign. d'Alais, f° 32).

Mas (Le), f. cᵉˢ de la Roque.

Mas (Le), h. cⁿᵉ de Saint-André-de-Majencoules.

Mas (Le), f. cⁿᵉ de Saint-Christol-de-Rodières. — 1773 (comp. de Saint-Christol-de-Rodières).

Mas (Le), f. cⁿᵉ de Saint-Cosme-et-Maruéjols.

Mas (Le), f. cᵉⁿ de Sainte-Croix-de-Caderle.

Mas (Le), f. cᵉˢ de Saint-Martin-de-Corconac. — *Ubi vocant Manso, villa in castro Andusiensi seu Salvien- si*, 1622 (cart. de N.-D. de Nimes, ch. 153).

Mas (Le), f. cⁿᵉ de Saint-Paulet-de-Caisson.

Mas (Le), f. cⁿᵉ de Tornac. — 1552 (arch. départ. C. 1804).

Mas (Le), f. cⁿᵉ d'Uzès.

Masagre (Le), f. cⁿᵉ de Saint-Dézéry, auj. détruite. — *Mazagres*, 1776 (comp. de Saint-Dézéry).

Mas-André, f. cⁿᵉ de Saint-André-de-Valborgne. — *Mansus Andree*, 1215 (Gall. Christ. t. VI, p. 626).

Mas-Anglade, f. cⁿᵉ de Roquedur. — *L'Anglade* (cad. de Roquedur).

Mas-Arnal, f. cⁿᵉ de Deaux. — *Airal*, 1789 (carte des États). — *Mas-Ayral*, 1824 (Nomencl. des comm. et ham. du Gard).

Mas-Arnal, f. cⁿᵉ de Montignargues.

Mas-Arnal, f. cⁿᵉ de Peyremale. — *Mazarmal*, 1789 (carte des États).

Mas-Arrentat, h. cⁿᵉ de Cassagnoles. — *Mas-Aranta*, 1789 (carte des États).

Mas-Auric, f. cⁿᵉ de Saint-André-de-Valborgne. — *St. de Manso-Aurico*, 1262 (G. de Burdin, Doc. hist. sur le Gév. t. II, p. 192). — *C. mansi Alrici, in montaneis*, 1463 (L. Peladan, not. de Saint-Geniès-en-Malgoirès). — *Mas-Aurie*, 1789 (carte des États). — *Mazaurie*, 1824 (Nomencl. des comm. et ham. du Gard).

Mas-Barbet, f. cⁿᵉ de Vauvert. — *Mas-de-Barbé*, 1821 (notar. de Nimes).

Mas-Baudan, f. cⁿᵉ de Nimes. — *Loco vocato Tres- Seros*, 1380 (compoix de Nimes). — *Les Trois- Sorettes*, 1671 (*ibid.*). — *Baudan*, 1789 (carte des États).

Mas-Beau, f. cⁿᵉ de Bouillargues. — *Mas-de-Baud*, 1671 (comp. de Nimes).

Mas-Belly, f. cⁿᵉ de la Rouvière (le Vigan).

Mas-Bernard, f. cⁿᵗ de Saint-André-de-Valborgne.

Mas-Bernard, f. cⁿᵉ de Saint-Denis.

Mas-Blanc, f. cⁿᵉ de la Calmette.

Mas-Blanc, f. cⁿᵉ de Codognan.

Mas-Blanc, f. cⁿᵉ de Fourques.

Mas-Blanc, f. cⁿᵉ de Montaren. — 1744 (arch. départ. C. 1512).

Mas-Blanc, f. cⁿᵉ de Saint-Gilles.

Mas-Bleu, f. cⁿᵉ de Bordezac.

Mas-Boulbon, f. et m. de camp., cⁿᵉ de Nimes, sur l'emplacement de l'ancien prieuré rural de Saint- Guilhem-de-Vignoles (voy. ce nom). — *Le Moulin- Bourbon*, 1534 (arch. départ. G. 176); 1700 (*ibid.* G. 200).

Ce domaine appartient auj. au grand séminaire de Nimes, auquel il a été donné par feu Mᵍʳ Petit- Benoît de Chaffoy.

Mas-Boyé, h. cⁿᵉ de Saumane.

Mas-Boyer, f. cⁿᵉ de Saint-André-de-Valborgne.

Mas-Bresson, f. cⁿᵉ de Fourques.

Mas-Bruguier, f. cⁿᵉ de Saumane. — *Mansus de Bru- guerio, parrochiæ Beatæ-Mariæ de Saumana*, 1606 (insin. eccl. du dioc. de Nimes).

Mas-Brun (Le), f. cⁿᵉ de Bez-et-Esparron.

Mas-Brun (Le), f. cⁿᵉ de Ribaute. — *Mansus Bru- nus, Mansus Ruphus*, 1437 (Et. Rostang, not. d'An- duze). — *Mas-Brun*, 1553 (arch. départ. C. 1774). — *Mas-Roux*, 1789 (carte des États).

Mas-Brunel, f. cⁿᵉ de Beaucaire.

Mas-Brunel, f. cⁿᵉ de Bezouce.

Mas-Brunel, f. cⁿᵉ de Domessargues.

Mas-Brunel, f. cⁿᵉ de Vauvert (à la Costière).

Mas-Brunet, f. cⁿᵉ d'Aulas.

Mas-Caminal, f. cⁿᵉ de Valleraugue.

Mas-Camus, f. cⁿᵉ de Manduel. — *Rosiers*, 1789 (carte des États).

Mas-Cansy, h. cⁿᵉ de Saint-Alexandre.

Mas-Carle, h. cⁿᵉ de Valleraugue.

Mas-Caron, f. cᵘᵉ de Revens. — 1550 (arch. départ. C. 1782).

Mas-Caron, f. cⁿᵉ de Ribaute. — 1553 (arch. départ. C. 1774).

Mas-Chabert, h. cⁿᵉ de Rousson. — 1732 (arch. dé- part. C. 1478).

Mas-Cheiron, f. cⁿᵉ de Nimes. — *Mas-Cheyron*, 1774 (comp. de Nimes).

Mas-Christol, f. cⁿᵉ d'Allègre.

Mas-Clauzel, f. cⁿᵉ de Rousson. — 1732 (arch. dép. C. 1478). — *Clauzolle*, 1789 (carte des États).

Mas-Clauzel, f. cⁿᵉ de Saint-Ambroix. — 1777 (arch. départ. C. 1606).

Mas-Clet, f. cⁿᵉ de Génolhac.

Mas-Comte, f. cne de Domessargues. — *Mas-Court*, 1824 (Nomencl. des comm. et ham. du Gard).

Mas-Conil, f. cne de Peyroiles. — 1551 (arch. dép. C. 1771).

Mas-Cony, h. cne du Pont-Saint-Esprit. — *Le Mas-Conil*, 1731 (arch. départ. C. 1476).

Mas-Coulondre, f. cne de Galargues.

Mas-Crémat, f. cne de Méjanes-le-Clap. — 1731 (arch. départ. C. 1475).

Mas-d'Aigaliers, f. cne de Navacelle.

Mas-d'Allègre, f. cne de Vauvert. — *Allègre*, 1789 (carte des États).

Mas-d'Amphoux, h. cne de Comps.

Mas-d'Andret, f. cne de Valleraugue.

Mas-d'Andrieu, f. cne de Blannaves. — *Mas-André*, 1565 (J. Ursy, not. de Nimes). — *Mas-Andrieu*, 1695 (insin. eccl. du dioc. de Nimes). — *Le Mas-Andrieux*, 1789 (carte des États).

Mas-d'Andron, f. sur les cnes de Bezouce, Meynes et Redessan. — *Andran* (carte géol. du Gard).

Mas-d'Angelin, f. cne de Vauvert.

Mas-Danjeu, f. cne d'Aujargues.

Mas-d'Antoine, f. cne de Beaucaire. — *Grand-Mas-d'Antoine*, 1863 (notar. de Nimes).

Mas-d'Anton, h. cne de Gaujac.

Mas-d'Aourouge, f. cne de Montpezat. — *Aurouze* (cart. géol. du Gard).

Mas-d'Arboux, f. cne de Roquedur.

Mas-d'Argence, — Grand et Petit, — f. cne de Bellegarde, sur l'emplacement de l'anc. village d'Argence, qui avait donné son nom à la terre d'Argence: voy. ce nom,

Mas-d'Argence (Le), f. cne de Rousson.—1732 (arch. départ. C. 1478).

Mas-d'Asport, f. cne de Fourques.

Mas-d'Asport, f. cne de Saint-Gilles.

Mas-d'Aspres (Le), f. cne de Thoiras. — 1552 (arch. départ. C. 1804).

Mas-d'Assac, f. cne de Beaucaire.

Mas-d'Assais, f. cne de Nimes. — *Dassas* (cart. géol. du Gard).

Mas-d'Augain, f. cne du Caylar. — 1726 (carte de la bar. du Caylar).

Mas-d'Aurengue (Le), f. cne de Verfeuil. — 1731 (arch. départ. C. 1474). — *Mas d'Auvergne*, 1787 (ibid. C. 1633).

Mas-d'Avic, f. cne de Vézenobre.

Mas-de-Bannières, f. cne de Saint-Dézéry. — *Mas-de-Banyère*, 1567 (J. Ursy, not. de Nimes). — *Le mas de Bannyeires*, 1618 (arch. départ. C. 1664).

Mas-de-Bernis, f. cne d'Aimargues.

Mas-de-Bertrand, f. cne de Cavillargues.

Mas-de-Bois, f. cne de Cendras.

Mas-de-Boisset, f. cne d'Aulas.

Mas-de-Boisset, f. cne de Manduel.

Mas-de-Boisset, f. cne de Ribaute. — 1553 (arch. départ. C. 1774).

Mas-de-Bongne, f. cne de Saumane.

Mas-de-Bonne, f. cne de Ribaute.

Mas-de-Bornier, f. cne d'Aimargues.

Mas-de-Bouat, f. cne d'Alais.

Mas-de-Boule, f. cne de Sommière.

Mas-de-Bouzanquet, f. cne de Vauvert (à la Costière).

Mas-de-Brémonde, f. cne de Beaucaire. — *Brémont* 1789 (carte des États).

Mas-de-Buffalon, f. cne de Redessan. — 1671 (comp. de Nimes).

Mas-de-Cabane (Le), f. cne de Saint-Martin-de-Saussenac. — 1550 (arch. départ. C. 1789).

Mas-de-Cabanis, f. cne de Sumène. — *Mansus de Cabanisxio*, 1323 (chap. de Nimes, arch. départ.).

Mas-de-Cabrier, f. cne de Saint-Théodorit. — *Mansus de Cabrier*, 1294 (Mén. I, pr. p. 132, c. 1).

Mas-de-Cabrières, f. cne de Saint-Césaire-de-Gauzignan.

Mas-de-Camp, f. cne de Sabran.

Mas-de-Campelle, f. cne du Vigan.

Mas-de-Cardet, f. cne du Vigan.

Mas-de-Carme, f. cne d'Uzès.

Mas-de-Carrière, h. cne de Pougnadoresse.

Mas-de-Cassagnon, f. cne de Laval. — 1731 (arch. départ. C. 1475).

Mas-de-Caulet, f. cne de Saint-Julien-de-Cassagnas.

Mas-de-Cavène, f. cne d'Aramon.

Mas-de-Christol, f. cne de Nimes, territ. de Courbessac.

Mas-de-Clair, f. cne de Redessan.

Mas-de-Clary, h. cne de Barron.

Mas-de-Comte, f. cne de Gajan. — *Le mas du Comte, paroisse de Gajans*, 1721 (bibl. du grand séminaire de Nimes). — *La métairie du Comte, paroisse de Gajan*, 1731 (arch. départ. C. 1473).

La justice de ce domaine dépendait de l'ancien patrimoine du duc d'Uzès.

Mas-de-Coste (Le), f. cne de Rousson. — 1732 (arch. départ. C. 1478).

Mas-de-Coulomb, f. cne de Bouillargues.

Mas-de-Coulon, h. cne de la Capelle-et-Mamolène.

Mas-de-Couret, f. cne de Théziers.

Mas-de-Coutelle, f. cne de Nimes, territ. de Courbessac.

Mas-de-Ferry, f. cne de Saint-Gilles.

Mas-de-Fevol, f. cne de Domessargues. — Voy. Mas-Sigaud.

Mas-de-Figaret, f. c^{ne} de Galargues.

Mas-de-Finot, f. c^{ne} de Beaucaire.

Mas-de-Galaguier, f. c^{ne} de Tornac. — 1552 (arch. départ. C. 1804).

Mas-de-Gardie, f. c^{ne} de Saint-Maurice-de-Cases-vieilles.

Mas-de-Gas, f. c^{ne} de Dions.

Mas-de-Gilles, f. c^{ne} de Comps.

Mas-de-Girard (Le), f. c^{ne} de Vézenobre. — 1542 (arch. départ. C. 1810).

Mas-de-Goubin, f. c^{ne} de Nimes.

Mas-de-Guin, f. c^{ne} de Vestric-et-Candiac. — Monplaisir, 1789 (carte des États).

Mas-de-Jean-Fournier (Le), f. c^{ne} de Saint-Brès. — 1550 (arch. départ. C. 1782).

Mas-de-Jossaud, f. c^{ne} de Nimes.

Mas-de-Jounnet, f. c^{ne} du Vigan.

Mas-de-Julien, h. c^{ne} de Cardet.

Mas-de-la-Baume, f. c^{ne} de Peyrolles. — 1551 (arch. départ. C. 1771).

Mas-de-la-Baume, f. c^{ne} d'Uzès, près de l'Alzon.

Mas-de-l'Abbé, f. c^{ne} de Beaucaire.

Mas-de-la-Borde, f. c^{ne} de Fourques.

Mas-de-la-Cabane, f. c^{ne} de Saint-Privat-de-Champclos.

Mas-de-la-Cabbette, f. c^{ne} de Montfrin (E. Trenquier, Mém. sur Montfrin).

Mas-de-la-Camp, f. c^{ne} de Saint-Jean-du-Gard. — 1552 (arch. départ. C. 1784).

Mas-de-la-Comtesse, f. c^{ne} de Valabrègue.

Mas-de-la-Coste, f. et m. de camp. c^{ne} de Nimes. — Mansus de Na-Costa, in itinere Bellicadri, 1380 (comp. de Nimes). — Mas-de-la-Costo, 1479 (la Taula del Poss. de Nismes). — Mas-de-la-Coste, 1671 (comp. de Nimes).

Le Mas-de-Cantarelle, plus tard Griolet, y fut réuni en 1753.

Mas-de-la-Croix, f. c^{ne} de Castillon-de-Gagnère.

Mas-de-la-Crompe, f. c^{ne} de Domazan.

Mas-de-Lafont, f. c^{ne} de Beaucaire.

Mas-de-la-Nouvelle, f. c^{ne} des Mages.

Mas-de-la-Pette, f. c^{ne} de Nimes.

Mas-de-l'Appétit, f. c^{ne} de Chambon. — Mas-de-la-Petit, 1783 (carte des États).

Mas-de-Larcy, f. c^{ne} d'Alzon.

Mas-de-las-Armes, f. auj. détruite, c^{ne} de Manduel. — 1553 (J. Ursy, not. de Nimes).

Mas-de-las-Tailles, f. c^{ne} d'Uzès. — Lastailles, 1789 (carte des États).

Mas-de-la-Teulière, f. c^{ne} de Castillon-de-Gagnère.

Mas-de-Laval, f. c^{ne} de Colias, près des ruines de l'ancien prieuré rural de Saint-Étienne-de-Laval : voy. ce nom.

Mas-de-la-Vaque, f. c^{ne} de Nimes. — Ranq-de-Caton, Jasse-de-la-Vaque, 1671 (comp. de Nimes).

Mas-de-la-Verrière, f. c^{ne} d'Euzet.

Mas-de-la-Vieille, f. c^{ne} d'Aubais.

Mas-del-Comte, f. et ruiss. c^{ne} de Valleraugue. — Mas-de-Conte (cad. de Valleraugue).

Mas-del-Court, f. c^{ne} de Pommiers.

Mas-de-l'Église, f. c^{ne} de Valleraugue, au hameau d'Ardaillics.

Mas-de-l'Escale, f. c^{ne} de Montdardier. — Mansus de Scala, parochiæ de Monte-Desiderio, 1513 (A. Bilanges, not. du Vigan).

Mas-de-l'Euze, f. c^{ne} de Saint-Gilles. — 1548 (arch. départ. C. 1787).

Mas-de-l'Hoste, f. c^{ne} de Saint-Martial.

Mas-de-Licon, f. c^{ne} de Saint-Quentin.

Mas-del-Mas, f. c^{ne} de Saint-Bresson. — Mansus de Manso, 1371 (pap. de la fam. d'Alzon). — Loco vocato lo Puech del Mas, supra vallatum de las Cieras, 1430 (A. Montfajon, not. du Vigan).

Mas-de-Lort, f. c^{ne} de Potelières.

Mas-de-Lussan, f. c^{ne} de Junas.

Mas-Delzas, f. c^{ne} de Saint-Félix-de-Pallières.

Mas-de-Mans, f. c^{ne} d'Avèze. — Mansus de Manso, parochiæ Beatæ-Mariæ de Aveza, 1466 (J. Montfajon, not. du Vigan).

Mas-de-Mas, f. c^{ne} de Sumène. — Mansus de Manso, parochiæ de Sumena, 1461 (reg.-cop. de lettr. roy. E, iv, f° 88).

Mas-de-Mase, f. c^{ne} de Servas.

Mas-de-Masse, f. c^{ne} de Meynes.

Mas-de-Masse, f. c^{ne} de Vauvert.

Mas-de-Melon, f. auj. détr. c^{ne} de Beaucaire.

Mas-de-Mercier, f. auj. détr. c^{ne} de Saint-Bresson.

Mas-de-Milieu, f. c^{ne} de Bréau-et-Salagosse.

Mas-de-Montaut (Le), f. c^{ne} de Saint-Martin-de-Saussenac. — 1550 (arch. départ. C. 1689).

Mas-de-Mus, f. c^{ne} de Saint-Privat-des-Vieux.

Mas-de-Nages, f. c^{ne} de Nimes.

Mas-de-Nivard, f. c^{ne} de Saint-Victor-des-Oules.

Mas-de-Pons (Le), f. c^{ne} de la Cadière. — 1549 (arch. départ. C. 1785).

Mas-de-Rogue, f. c^{ne} de Beauvoisin.

Mas-des-Agaces, f. c^{ne} de Saint-Gilles, auj. réunie au domaine de Loubes.

Mas-de-Sainte-Marie, f. c^{ne} d'Argilliers.

Mas-de-Saint-Martin, f. c^{ne} de Tresques.

Mas-de-Saint-Roman, f. c^{ne} de Jonquières-et-Saint-Vincent.

Mas-des-Aires (Le), f. c^{ne} de Saint-Bonnet-de-Salendrenque.

Mas-de-Sauvan, f. c^{ne} d'Aramon.

Mas-de-Sauze, f. c^{ne} de Saint-Denis.

Mas-des-Bayles, h. c^{ne} de Belvezet. — *Mas-du-Bayle* (carte géol. du Gard).

Mas-des-Boulles, f. c^{ne} d'Aimargues.—*Corbière*, 1789 (carte des États).

Mas-des-Brunettes, f. c^{ne} de Beaucaire. — *Brunette*, 1789 (carte des États).

Mas-des-Cailloux, f. auj. détr. c^{ne} de Beaucaire.

Mas-des-Caires, f. c^{ne} de Mons.

Mas-d'Escattes, f. c^{ne} d'Aujargues.

Mas-des-Charrières (Le), f. c^{ne} de Courry. — 1768 (arch. départ. C. 1646).

Mas-des-Courrèges (Le), f. c^{ne} d'Aulas.

Mas-de-Serre, sur la limite des c^{nes} des Mages et de Saint-Ambroix.

Mas-de-Serres (Le), f. c^{ne} de Saint-Jean-de-Serres. — 1549 (arch. départ. C. 1785).

Mas-de-Seynes (Grand-), f. c^{ne} de Nimes. — *Mandamentum de Seyna*, 1384 (dénombr. de la sénéch.). — *Gailh-Sosterrat*, 1503 (arch. hosp. de Nimes). Ce mas se rattachait alors à Sainte-Anastasie et faisait partie du dioc. d'Uzès.

Mas-de-Seynes (Petit-), f. c^{ne} de Nimes. — Détaché du précédent au xviiie siècle.

Mas-des-Fabres, h. c^{ne} de Barron.

Mas-des-Gardies, f. c^{ne} de Nimes. — 1632 (Bruguier, not. de Nimes).

Mas-des-Gruns, f. c^{ne} de Bellegarde. — *Terra in feudo des Grains*, 1314 (chap. de Nimes, arch. départ.). — Voy. Aigrun.

Mas-des-Iles, f. c^{ne} de Nimes. — *Mas-des-Isles*, 1671 (comp. de Nimes; Ménard, V, p. 96).

Mas-des-Juifs, f. c^{ne} de Nimes.

Mas-des-Mourgues, f. c^{ne} de Saint-Maurice-de-Cases-vieilles. — *La Rouquette*, 1789 (carte des États).

Mas-des-Mourgues, f. c^{ne} de Vauvert. — 1609 (chapell. des Quatre-Prêtres, arch. hosp. de Nimes).

Mas-de-Solié, f. c^{ne} de la Salle. — 1553 (arch. départ. C. 1797).

Mas-des-Planasses, f. c^{ne} de Saint-Just-et-Vaquières.

Mas-des-Prés, h. c^{ne} de Foissac.

Mas-de-Thérond, f. c^{ne} de Nimes.

Mas-de-Tieuloy, f. c^{ne} de Jonquières-et-Saint-Vincent.

Mas-de-Tribes (Le), f. c^{ne} de Portes. — 1731 (arch. départ. C. 1475).

Mas-d'Euzet (Le), f. c^{ne} de Bagard. — *Mansus de Euseto, in parrochia Sancti-Saturnini de Bagarnis*, 1403 (J. du Moulin, not. d'Anduze).

Mas-de-Valy, f. c^{ne} de Générac.

Mas-de-Verdier, f. c^{ne} de Belvezet. — 1650 (arch. départ. C. 1643).

Mas-de-Verdier, f. c^{ne} de Soudorgues.

Mas-de-Verdier, f. c^{ne} d'Uzès.

Mas-d'Éverlange, f. c^{ne} de Nimes (carte géol. du Gard).

Mas-de-Vianès, dom. sur les c^{nes} de Beaucaire, Jonquières, Manduel et Redessan.

Mas-de-Villages, f. c^{ne} de Bellegarde.

Mas-de-Villars, f. c^{ne} d'Avèze.

Mas-de-Ville, f. et m. de campagne, c^{ne} de Nimes. — *Mas-de-Boissonnette*, 1609 (J. Bruguier, not. de Nimes).

Mas-de-Ville, f. c^{ne} de Salazac. — 1781 (arch. départ. C. 1656).

Mas-d'Hortes, f. c^{ne} d'Hortoux-et-Quilhan.

Mas-Dieu (Le), vill. c^{ne} de Laval. — *Mansus Dei*, 1223 (généalog. des Châteauneuf-Randon). — *Le Mas-Dieu*, 1344 (cart. de la seign. d'Alais, f° 30). — *Carboneriæ Mansi-Dei*, 1345 (*ibid.* f° 32). — *Locus de Manso-Dei*, 1345 (*ibid. passim*). — *Mansus-Dei*, 1384 (dénombr. de la sénéch.) — *Le prieuré Sainct-Pierre-du-Mas-Dieu*, 1620 (insin. eccl. du dioc. d'Uzès). — *Le Mas-Dieu*, 1635 (arch. dép. C. 1291).

Le Mas-Dieu était, avant 1790, une communauté indépendante, faisant partie de la viguerie d'Alais et du diocèse d'Uzès, doyenné de Sénéchas. — Le prieuré de Saint-Pierre du Mas-Dieu était à la collation de l'évêque d'Uzès. — En 1384, on ne comptait au Mas-Dieu qu'un feu. — En 1694, cette petite communauté reçut les armoiries suivantes : *de sinople, à une face losangée d'or et d'azur.*

Mas-Dieu (Le), f. c^{ne} de Saint-Julien-de-la-Nef. — 1549 (arch. départ. C. 1786).

Mas-Dieu (Le), ruiss. qui prend sa source au Mas-Dieu, c^{ne} de Laval, et se jette dans le Gardon sur le territ. de la même c^{ne}. — Parcours : 2,600 mètres.

Mas-d'Ubac, f. c^{ne} de Barjac.

Mas-du-Bartas (Le), f. c^{ne} de Rousson. — 1732 (arch. départ. C. 1478).

Mas-du-Bayle, f. auj. détruite, c^{ne} de Milhau.

Mas-du-Bos, f. c^{ne} d'Anduze.

Mas-du-Bosc, f. c^{ne} de Beaucaire. — *Le Mas-du-Boys, commune de Saint-Paul-de-Beaucaire*, 1541 (arch. départ. C. 1795).

Mas-du-Bos, f. c^{ne} de Bellegarde.

Mas-du-Camp, f. c^{ne} de Saumane.

Mas-du-Carrossier, f. c^{ne} de Vauvert.

Mas-du-Chat, f. c^{ne} d'Allègre.

Mas-du-Château, f. c^{ne} de Ribaute.

Mas-du-Comte, f. c^{ne} de Beaucaire.

Mas-du-Cros, f. c^{ne} de Castillon-de-Gagnère.

Mas-du-Foudre (Le), f. c^{ne} d'Arre. — 1549 (arch. départ. C. 1785).

Mas-du-Four, f. cⁿᵉ de Belvezet. — 1650 (arch. départ. C. 1643).

Mas-du-Four, f. cⁿᵉ de Saint-Martial.

Mas-du-Grès, f. cⁿᵉ de Saint-Gilles.

Mas-du-Juge, f. cⁿᵉ de Beaucaire.

Mas-du-Maire, f. cᵘᵉ de Comps.

Mas-du-Moulin, f. cⁿᵉ de Ponteils-et-Brézis.

Mas-du-Pastre, f. cᵘᵉ de Nimes. — 1695 (pap. de la fam. Séguret, arch. hosp. de Nimes).

Mas-du-Poirier, f. cⁿᵉ de Saint-Christol-de-Rodières. — *Mas-du-Poirier, sive Calemendre*, 1773 (comp. de Saint-Christol-de-Rodières).

Mas-du-Pont, f. cⁿᵉ de Tornac.

Mas-du-Prat, f. cⁿᵉ de Mandagout. — 1551 (arch. départ. C. 1715). — *Mas-del-Prat*, 1824 (Nomencl. des comm. et ham. du Gard).

Mas-du-Prat, f. cⁿᵉ de Soudorgues.

Mas-du-Puech, f. cⁿᵉ de Saint-Martin-de-Corconac. — 1606 (insin. eccl. du dioc. de Nimes).

Mas-du-Quet (Le), f. cⁿᵉ d'Aumessas.

Mas-du-Ranq, h. cⁿᵉ de Valleraugue. — *Mas-Durant ou Roc-Noir*, 1865 (notar. de Nimes).

Mas-du-Razet, f. cⁿᵉ de Saint-Jean-du-Gard. — *Mas-del-Razet*, 1595 (pap. de la fam. Olivier du Merlet). — *Le Razet*, 1789 (carte des États).

Mas-du-Ron, f. cⁿᵉ de Saint-Brès.

Mas-du-Rozier, f. cⁿᵉ de Générac.

Mas-du-Sire, f. cⁿᵉ de Bragassargues.

Mas-du-Travers, f. cⁿᵉ de Générargues.

Maselle (La), f. cⁿᵉ de Saint-Roman-de-Codière. — 1550 (arch. départ. C. 1798).

Mases (Les), h. cⁿᵉ de Salinelles.

Mas-Figuière, h. cⁿᵉ de Valleraugue.

Mas-Flandin, f. cⁿᵉ de Redessan.

Mas-Flavart, f. cⁿᵉ de Saint-Jean-de-Serres. — 1549 (arch. départ. C. 1785).

Mas-Folit, f. cⁿᵉ de Cannes-et-Clairan. — *Mas-de-Folet*, 1824 (Nomenclature des comm. et ham. du Gard).

Mas-Fournier (Le), f. cⁿᵉ de Saint-Ambroix. — 1777 (arch. départ. C. 1606).

Mas-Frézol, h. cⁿᵉ de Valleraugue. — *Mas-Fréjon* (cad. de Valleraugue).

Mas-Garnier, f. cⁿᵉ de Pommiers.

Mas-Gautier, h. cⁿᵉ de la Bruguière.

Mas-Gibert, f. cⁿᵉ de Valleraugue. — *Mas-Guibert*, 1789 (carte des États).

Mas-Heretier, f. auj. détruite, cⁿᵉ de Savignargues. — *Quendam mansum vocatum Mansum-Heretier, scitum in decimaria Sancti-Martini de Savinhargues*, 1463 (L. Peladan, not. de Saint-Geniès-en-Malgoirès).

Mas-Hubert, f. cⁿᵉ de Sainte-Croix-de-Caderle.

Mas-Icard, f. cⁿᵉ de Ribaute. — 1542 (arch. départ. C. 1810).

Mas-Icard, h. cⁿᵉ de Saint-Sébastien-d'Aigrefeuille. — *Le Mazigard*, 1789 (carte des États).

Mas-Intrant. f. cⁿᵉ de Fressac. — *Mas-de-l'Intrade*, 1550 (arch. départ. C. 1789).

Mas-Janet, f. cᵇʳ d'Aiguesmortes.

Mas-Jaune, f. cⁿᵉ de Bagnols.

Mas-Jean, f. cⁿᵉ de Saint-Nazaire-des-Gardies.

Mas-Jourdan, f. auj. détruite, cⁿᵉ de Colorgues.

Mas-Jourdan, bois, cⁿᵉ de Moulézan-et-Montagnac.

Mas-Lautard, h. cⁿᵉ de Saint-Marcel-de-Fontfouillouse. — *Mas-Lautat*, 1789 (carte des États).

Mas-Légal, f. cⁿᵉ de Salindres.

Mas-Long, f. cⁿᵉ de Saint-Siffret.

Mas-Lozart (Le), f. cⁿᵉ de Barjac. — *Mas-Leujard*, 1618 (Griolet, not. de Barjac). — *Maslojar*, 1789 (carte des États).

Mas-Mailhan, f. cⁿᵉ de Bouillargues.

Mas-Malian (Le), f. cⁿᵉ de Nimes. — *Devesia Malianorum*, 1157 (Mén. I, pr. p. 35, c. 1). — *Mas-de-Bouis*, 1592 (Bruguier, not. de Nimes). — *Mas-Capdur*, 1603 (*ibid.*). — *Mas-Malhan*, 1623 (*ibid.*). — *Mayan* (carte géol. du Gard).

Le Mas-Malian faisait partie du mandement de Seynes. — Voy. Mas-de-Seynes (Grand-).

Mas-Marnier, domaine sur les cⁿᵉˢ de Saint-Martial et de Saint-Roman-de-Codière. — *Mas-Barnier*, 1860 (notar. de Nimes).

Mas-Martin, h. cⁿᵉ de Belvezet.

Mas-Maurin, f. cⁿᵉ de Saint-Jean-du-Gard. — *Mas-de-Maurin*, 1789 (carte des États).

Mas-Maurin, f. cⁿᵉ de Saint-Maurice-de-Casesvieilles.

Mas-Méger, f. cⁿᵉ de Boisset-et-Gaujac. — *Mas-Miger*, 1789 (carte des États).

Mas-Meizonnet, f. cⁿᵉ de Vauvert (à la Costière).

Mas-Méjan, f. cⁿᵉ d'Aujac, auj. détruite. — *Mansus-Medius, parrochiæ de Aujaco, Uticensis diocesis*, 1461 (reg.-cop. de lettr. roy. E, v).

Mas-Méjan, f. cⁿᵉ de Valleraugue. — *Castrum de Monte-Mejano*, 1174 (cart. de N.-D. de Bonheur, ch. 51). — *Mas-Méjan*, 1551 (arch. départ. C. 1806). — *Mauméjan*, 1812 (notar. de Nimes).

Mas-Melon, f. cⁿᵉ de Galargues.

Mas-Michel, f. cⁿᵉ de Saint-Gilles.

Mas-Michel, f. cⁿᵉ de Saint-Jean-de-Maruéjols. — 1731 (arch. départ. C. 1475); 1761 (*ibid.* C. 1566).

Mas-Miquel, h. cⁿᵉ de Blandas. — *Le Miquel*, 1789 (carte des États).

Mas-Miquel, f. cⁿᵉ de Valleraugue. — 1789 (carte des États).

17

Mas-Moléry, f. c^ne de Nimes.— 1671 (comp. de Nimes).

Mas-Monnier, dom. sur les c^nes de Beauvoisin et de Saint-Gilles.

Mas-Moureau, f. c^ue d'Uzès.

Mas-Mouret, f. c^ne de Valleraugue. — *Mas-Moulet* (cad. de Valleraugue).

Mas-Mourier, h. c^ne de Crespian.

Mas-Mourier, f. c^ne de Nimes.

Mas-Moussier, f. c^ne de Nimes.

Mas-Moutet, f. c^ne de Beaucaire.

Mas-Néblon, f. c^ne d'Aiguesmortes.

Mas-Neuf, f. c^ne d'Anduze.

Mas-Neuf, f. c^ne d'Aubais.

Mas-Neuf, f. c^ne de Beaucaire.

Mas-Neuf, f. c^ne de Meyrannes.

Mas-Neuf, f. c^ne de Nimes.

Mas-Neuf, f. c^ne de Parignargues.

Mas-Neuf, f. c^ne de Salindres. — *Preceptoria Mansi-Novi*, 1308 (Mén. I, pr. p. 204, c. 1).

Mas-Noel, f. c^ne de Bonnevaux-et-Hiverne.

Mas-Noel, f. c^ne de Générargues.

Mas-Noir (Le), f. c^ue de Saint-Privat-des-Vieux.—1731 (arch. départ. C. 1475).

Mas-Nouguier, f. c^ne de Saint-Césaire-de-Gauzignan. — *Le Manauguier*, 1789 (carte des États).

Mas-Nouvel, f. c^ne de Servas.

Mas-Novi, f. c^ne de Saint-Hilaire-de-Brethmas.

Mas-Palisse, h. c^ne du Pin.

Mas-Palitre, f. c^ne de Dourbie.

Mas-Parau, f. c^ne de Bouillargues.

Mas-Paris, f. c^ne de Montignargues.

Mas-Pascal, f. c^ne de Connaux.

Mas-Passeron, f. c^ne de Beaucaire.

Mas-Pattus, f. c^ne de Galargues.

Mas-Paul, f. c^ne de Saint-Cosme-et-Maruéjols.

Mas-Peiret, f. c^ne d'Aiguesmortes.

Mas-Pellier, h. c^ne de Barjac.

Mas-Perrier, f. c^ue de Domessargues.

Mas-Perrin, f. c^ne de Nimes. — Réuni, avant 1824, au Mas-de-la-Coste.

Mas-Perrissy, f. c^ne de Valabrègue.

Mas-Perron, f. c^ne de Cavillargues.

Mas-Petre, f. c^ne de Beaucaire. — *Canteperdrix*, 1630 (Forton, *Nouv. Rech. histor. sur Beaucaire*).

Mas-Pinel, f. c^ne de Saint-Dézéry.

Mas-Pipil, f. c^ne de Galargues. — *Pupil*, 1387 (chapell. des Quatre-Prêtres, arch. hosp. de Nimes). — *Pipene*, 1532 (*ibid.*).

Mas-plus-Bas (Le), f. c^ne de Bréau-et-Salagosse.

Masque (Vallat-de-la-), ruiss. qui prend sa source au-dessus de la f. de Ficou, c^ne du Vigan, et se jette dans l'Arre sur le territ. de la même commune.

Mas-Quet, f. c^ue de Castelnau-et-Valence. — *Mas-de-Quet*, 1812 (notar. de Nimes).

Mas-Raousset, f. c^ne de Fourques.

Mas-Rastel, f. c^ne de Dions.

Mas-Rat, f. c^ne de Beaucaire. — *Mas-de-Rat, sive Plagnol*, 1812 (notar. de Nimes).

Mas-Ratté, f. c^ne de Jonquières-et-Saint-Vincent.

Mas-Ravier, f. c^ne de Vauvert.

Mas-Rédanès, f. c^ne de Génolhac.

Mas-Rey, f. c^ne d'Arpaillargues-et-Aureillac.

Mas-Rieumal, f. c^ne de Saint-Martin-de-Corconac. — *Mas-de-Rieumal*, 1606 (ins. eccl. du dioc. de Nimes). Elle a pris son nom du ruisseau de Rieumal.

Mas-Rispe, f. c^ne de Bellegarde. — *Mas-de-Rispe*, 1609 (arch. départ. G. 282). — *Mas-de-Rispes*, 1828 (notar. de Nimes).

Mas-Roche, f. c^ue de Flaux.

Mas-Rolland, f. c^ne de Castillon-du-Gard.

Mas-Rose (Le), f. c^ne de Ribaute. — 1553 (arch. dép. C. 1774).

Mas-Roubet, f. c^ne de Saint-Gilles.

Mas-Rouge, f. c^ne de Bagard.

Mas-Rouge, f. c^ne de Fourques.

Mas-Rouge, f. c^ne de Galargues.

Mas-Rouge, maison isolée, c^ne de Nimes, auj. comprise dans l'enceinte de la promenade de la Fontaine de Nimes.

Mas-Rouge, f. c^ne de Sommière. - *L'ormeau du Mas-Rouge, limite des diocèses de Nimes et de Montpellier*, 1780 (arch. départ. C. 1166).

Mas-Rouquant, f. c^ne de Soustelle.

Mas-Roure, f. c^ne de Bellegarde.

Mas-Rouveirol, f. c^ne de Saint-Césaire-de-Gauzignan.

Mas-Rouvillac, f. c^ne d'Aiguesvives. — *In terminium de Ubilionicas, in Valle-Anagia, in hunc comitatum Nemausense*, 895 (cart. de N. D. de Nimes, ch. 149). — *Roubillargues*, 1551 (chapellenie des Quatre-Prêtres, arch. hosp. de Nimes). — *Roubillac*, 1789 (carte des États).

Mas-Roux, f. c^ne de Saint-Bauzély-en-Malgoirès.

Massacre (Le), bois, c^ne de Vauvert. — *La Massaco*, 1641 (chapell. des Quatre-Prêtres, arch. hosp. de Nimes).

Mas-Sadoul, f. auj. détr. c^ne d'Alzon. — *Mas-Sadol*, 1410 (pap. de la fam. d'Alzon).

Massagne (La), ruiss. qui prend sa source sur la c^ue de Montpesat et se jette dans l'Aigalade à la limite du territ. de la même c^ne. — *La Marsande*, 1812 (notar. de Nimes). — *La Massagnes* (carte hydr. du Gard). — Parcours : 4,700 m.

Mas-Saint-Jean, f. c^ne de Bellegarde. — *Mansus de*

Sancto-Johanne, 1239 (Rech. hist. sur Beaucaire, p. 207).

Ancienne commanderie de Templiers.

Mas-Saint-Privat, f. c^ne de Cabrières.

Massalerie (La), h. c^be de Sumène.

Massan, f. c^ne de Brouzet (le Vigan).

Mas-Sanaret, h. c^ne de Sumène.

Massane, f. c^ce de Saint-Félix-de-Pallières.

Massanes, c^on de Lédignan. — *Villa que vocant Marzanicus*, *in vicaria que vocant Valle-Garcense*, 1038 (cart. de N.-D. de Nimes, ch. 158). — *Villa Marsanicus*, *in comitatu Nemausensi*, 1066 (*ibid.* ch. 157). — *Marsane*, 1435 (rép. du subs. de Charles VII). — *Massanes, Massannes, viguerie d'Anduze*, 1582 (Tar. univ. du dioc. de Nimes). — *Massanes*, 1694 (armor. de Nimes). — *Le prieuré Saint-Baudile de Massanes*, 1706 (arch. départ. G. 206). — *Le château de Massanes*, 1784 (*ibid.* C. 701). — *Massanœ* (Ménard, t. VII, p. 655).

Massanes faisait partie de la viguerie d'Anduze et du diocèse de Nimes, archiprêtré de Quissac. — Cette communauté ne figure pas dans le dénombrement de 1384. — La somme à laquelle elle est imposée, en 1435, dans la répartition du subside accordé à Charles VII par les États de Languedoc permet de conclure qu'elle ne se composait alors que de 2 feux. — Le prieuré simple et séculier de Saint-Baudile de Massanes était uni au troisième archidiaconat de l'église cathédrale de Nimes et valait 1,200 livres. — Les armoiries de Massanes sont : *d'azur, à un chevron d'or, accompagné en chef de deux gerbes de même et en pointe d'un rocher d'argent.*

Massanne, q. c^ce de Sommières.

Mas-Sabazin, f. c^ue de Nimes.

Massard, f. c^be de Saint-Julien-de-Valgalgue.

Massargues, h. c^ue de Carnas.

Massargues, f. c^ue de Saint-Martin-de-Saussenac. — 1550 (arch. départ. C. 1789).

Massargues, q. c^ne de Saint-Quentin. — *Marsanicæ*, 1215 (Gall. Christ. t. VI, p. 626).

Massas (Les), h. c^ne de Bagnols.

Masseblau, f. c^ce d'Aumessas.

Massebœuf, f. c^ue d'Aramon. — 1637 (Pitot, not. d'Aramon).

Elle appartenait, avant 1790, à la Chartreuse de Valbonne.

Masseborie, f. c^ce de Ponteils-et-Brézis. — *La Masseborin*, 1721 (bull. de la Société de Mende, t. XVI, p. 160).

Mas-Séguy, f. c^ne de Saumane. — 1606 (insin. eccl. du dioc. de Nimes).

Mas-Séjan, f. c^ne de Comps, sur l'emplacement d'une ancienne chapelle déjà ruinée en 1462. — La ferme elle-même a été emportée par le Rhône en 1676 (E. Trenquier, *Mém. sur Montfrin*).

Massepas, f. et bois, c^ne de Saint-Laurent-la-Vernède. — *Le devois de Massepas*, 1721 (bibl. du gr. sém. de Nimes).

Le fief de Massepas, au XVIIIe siècle, appartenait à M. de Cuny.

Masses (Les), h. c^ne de Castelnau-et-Valence. — *Les Mases*, 1812 (notar. de Nimes).

Masses (Les), f. c^ue de Portes.

Massias, f. c^ue d'Aiguesmortes.

Massiès, h. c^ne de Thoiras. — *Molendinum de Maceriv*, 1349 (cart. de la seign. d'Alais, f° 48).

Mas-Sigaud, f. c^be de Domessargues. — *Mansus ille qui dicitur mansus Feuol, vel Mansus-Sigaudi*, 1237 (chap. de Nimes, arch. dép.). — *Dictus ab antiquo Mansus de Guerra-Vetula* (*ibid.*).

Massillac, lieu auj. détruit, c^ue de Bouillargues. — *Villa que vocant Marceglago*, 941 (cart. de N.-D. de Nimes, ch. 50). — *Marciliachum*, 1146 (Hist. de Lang. II, pr. col. 514). — *Marcellacum*, 1146 (*ibid.* col. 515). — *Marsillacum*, 1200 (chap. de Nimes, arch. départ.). — *Massilhac*, 1479 (la Tanla del Poss. de Nismes); 1548 (arch. dép. C. 1770).

Massillac existait encore en 1744; on y comptait alors 20 feux et 70 habitants. Il dépendait de la paroisse de Bouillargues. C'était un petit fief, dont la justice appartenait, ainsi que celle de la Costille (voy. ce nom), à la maison de Calvisson, qui, vers le commencement du XVIIIe siècle, l'inféoda à François Huc du Merlet, conseiller au présidial de Nimes. Celui-ci la vendit à son tour, vers 1750, à Guillaume Daunant, lieutenant laïc de la sénéchaussée de Nimes.

Massillargues, c^on d'Anduze. — *Parrochia Sancti-Marcelli*, 1345 (cart. de la seign. d'Alais, f° 35). — *Castrum et mandamentum de Massilianicis*, 1345 (*ibid.*). — *Marcilhanicæ*, 1384 (dénombr. de la sénéch.). — *Castrum de Marcilhanicis, parrochia Sancti-Petri de Cirinhaco*, 1402 (Dur. du Moulin, not. d'Anduze). — *Massillargues-en-Anduze*, 1435 (rép. du subs. de Charles VII). — *P. de Marcilhanicis, dominus castri de Marcilhanicis, parrochie de Cirinhaco*, 1437 (Et. Rostang, not. d'Anduze). — *Marcelhanicæ*, 1485 (Ménard, IV, pr. p. 27, c. 1). — *Masilhargæ*, 1525 (arch. munic. de Nimes). — *Marcilhargues*, 1568 (J. Ursy, not. de Nimes). — *Marcilhargues, viguerie d'Anduze*, 1582 (Tar. univ. du dioc. de Nimes). — *Massillargues-lez-Anduze*, 1618 (arch. dép. C. 759). — *Marsillargues*, 1789 (carte des États).

17.

Massillargues faisait partie de la viguerie d'Anduze et du diocèse de Nimes, archiprêtré d'Anduze. — On n'y comptait qu'un feu en 1384. — Dès le xvii° siècle, par suite de la réunion du ham. d'Attuech, cette communauté portait le nom de *Massillargues-et-Attuech.* — Depuis 1790 jusqu'en 1834, la c°° de Massillargues-et-Attuech a fait partie du c°° de Sauve et de l'arrondissement du Vigan; une loi du 29 mai 1834 l'en a distraite pour la rattacher au canton d'Anduze et à l'arrondissement d'Alais. — Cette communauté reçut, en 1694, les armoiries suivantes : *d'azur, à une main dextre d'argent tenant une massue d'or.*

Massillargues, f. c°° de Saint-Maximin. — 1778 (arch. départ. C. 1669).

Mas-Solayre (Le), f. c°° de Saint-André-de-Valborgne. — 1552 (arch. départ. C. 1776).

Massongues, ruiss. qui prend sa source sur la c°° de Saint-Félix-de-Pallières et se jette dans le Crieulon sur le territ. de la c°° de Durfort.

Mas-Soubeyran, f. c°° de Mialet.

Mas-Soubeyran, h. c°° de Saint-André-de-Valborgne. — *J. de Manso-Superiori*, 1284 (pap. de la fam. d'Alzon). — *Mansus-Superior, mandamenti castri de Folhaquerio*, 1349 (cart. de la seign. d'Alais, f° 48). — *Mas-Supérieur*, 1824 (Nomencl. des comm. et ham. du Gard).

Mas-Soubeyran, f. c°° de Sainte-Croix-de-Caderle. — *Terræ de Solerio, parrochiæ Sancti-Petri de Sala*, 1461 (reg.-cop. de lettr. roy. E, iv, f° 91). — *Le Sollier*, 1828 (notar. de Nimes).

Mas-Souveyran, f. c°° de Blannaves.

Mas-Théaulon, f. c°° d'Aiguesmortes.

Mas-Troimas, f. c°° de Saint-Jean-du-Gard.

Mas-Tringat, f. c°° de Villevieille. — 1547 (arch. dép. C. 1809).

Mas-Tupany, f. c°° de Ners.

Mas-Valat, f. c°° de Valleraugue, au h. d'Ardaillès. — *Mas-Valat*, 1789 (carte des États). — *Mas-Valat ou Clavas*, 1863 (notar. de Nimes).

Mas-Vanel, f. c°° de Nimes.

Mas-Velt, f. c°° de Valleraugue.

Mas-Verdier, f. c°° d'Aiguesmortes.

Mas-Verdier, f. c°° de Nimes. — *Cugoletum*, 1380 (comp. de Nimes). — *Cogolet*, 1479 (la Taula del Poss. de Nismes). — *Couguioulet*, 1671 (comp. de Nimes). — *Mas-Verdier*, 1790 (notar. de Nimes).

Mas-Voyer, château, c°° de Saumane.

Mat (Le), f. c°° de Mandagout.

Matafera (Turris). — La tour Matafère, construite au milieu des étangs et non loin du bord de la mer, était la seule fortification qui défendît le pays

avant la fondation d'Aiguesmortes. On croit que la tour de Constance a été élevée sur les fondements de la tour Matafère. — *Turris Matafera*, 791 (cart. de Psalm.; Ménard, t. I, p. 111).

Matas (Le), bois, c°° d'Euzet.

Mates (Les), q. c°° de Bagard. — 1553 (arch. départ. C. 1769).

Mathe (La), f. c°° d'Orsan.

Mathe (La), f. c°° de Saint-Ambroix.

Mathe (La), h. c°° de Saint-Laurent-le-Minier. — *P. de Mata*, 1178 (chap. de Nimes, arch. départ.). — *La Mate*, 1550 (arch. départ. C. 1789). — *La Nathe*, 1824 (Nomenclature des comm. et ham. du Gard).

Mats (Les), f. c°° de Ribaute.

Matte (La), f. c°° de Bordezac.

Mattes (Les), dolmen, c°° de Montdardier.

Matthieu, f. c°° de Gailhan-et-Sardan.

Matthieu, f. c°° de Saint-Hippolyte-de-Caton.

Maubourguet, q. c°° de Remoulins. — *In jurisdictione Remolinarum, a Malborget*, 1474 (J. Brun, not. de Saint-Geniès-en-Malgoirès).

Mauressargues, c°° de Lédignan. — *B. de Mauressargues*, 1211 (cart. de N.-D. de Bonh. ch. 33). — *Maurussanègues*, 1216 (Mén. I, pr. p. 54, c. 2). — *Maurensanicæ*, 1216 (cart. de Franq.). — *Maurussanicæ*, 1247 (chap. de Nimes, arch. départ.). — *Ecclesia de Mauressanicis*, 1314 (Rotul. eccl. arch. munic. de Nimes). — *Maurissargues*, 1574 (J. Ursy, not. de Nimes). — *Le prieuré de Mauressargues*, 1620 (insin. eccl. du dioc. d'Uzès). — *Le prieuré de Mourissargues*, 1660 (insin. eccl. du dioc. de Nimes). — *Moressargues*, 1694 (armor. de Nimes). — *Maurensargues*, 1715 (J.-B. Nolin, Carte du dioc. d'Uzès).

Mauressargues faisait partie de la viguerie de Sommière et du diocèse d'Uzès, doyenné de Sauzet. — On n'y comptait qu'un feu en 1384. — Le prieuré simple et séculier de Mauressargues, annexé avant le xvii° siècle à celui de Montagnac, était à la collation de l'évêque d'Uzès. — Le comte de Narbonne-Pelet était seigneur de Mauressargues en 1734 (arch. départ. C. 1258). — Mauressargues porte pour armoiries : *de vair, à un chef losangé d'argent et de sinople.*

Mauize, f. c°° de Valleraugue.

Maussan, f. c°° de Saint-Laurent-des-Arbres. — 1786 (arch. départ. C. 1666).

Maussan, f. c°° de Vergèze. — 1730 (pap. de la fam. Séguret, arch. hosp. de Nimes).

Mauturaire, f. c°° d'Anduze.

Mauvalat, carrière de pierre, c°° de Sommière. —

C'est cette carrière qui a fourni la pierre tendre employée dans la construction des Arènes de Nimes.

Mauvallat (Le), ruiss. qui a sa source sur la c^ne de Beauvoisin et se jette dans le Vistre sur le territoire de la c^ne de Vestric-et-Candiac.

Mauvinettes (Les), dom. sur les c^nes du Caylar et de Vauvert. — *Mauvinède*, 1812 (notar. de Nimes).

Mayan, f. c^ne de Fourques.

Mayelles, h. c^ne de Saint-Paul-la-Coste. — *Mansus de Mayguillis, in parrochia de Sancto-Paulo de Consta*, 1349 (cart. de la seign. d'Alais, f° 48). — *Mayelles*, 1789 (carte des États).

Mayen, f. c^ne de Beaucaire. — *Maillan*, 1789 (carte des États).

Maylet (Le), h. c^ne de Sainte-Croix-de-Caderle.

Mayral (Le), h. c^ne de Sainte-Croix-de-Caderle. — *Locus de Mayroliis*, 1345 (cart. de la seign. d'Alais, f° 35).

Mayran, hermitage et chapelle ruinée, c^ne de Saint-Victor-la-Coste. — Voy. Notre-Dame-de-Mayran.

Mayrargues, f. c^ne de Colorgues.

Maystre, f. c^ne d'Aiguesmortes.

Mazac, f. c^ne de Lédignan. — *Maza* (carte géol. du Gard).

Mazac, h. c^ne de Saint-Privat-des-Vieux. — *Majac*, 1620 (insin. eccl. du dioc. d'Uzès). — Voy. Saint-Alban.

Mazade, f. et m^in, c^ne de Gambo.

Mazade, f. c^ne de Castillon-de-Gagnère.

Mazade-de-l'Ardalié (La), f. c^ne de Saumane. — 1539 (arch. départ. C. 1773).

Mazade-de-Montredon (La), f. c^ne de Saint-André-de-Valborgne. — 1552 (arch. départ. C. 1776).

Mazarde (La), f. c^ne de Bordezac.

Mazaudière (La), f. c^ne de Peyremale.

Mazel (Le), f. c^ne d'Alzon. — *Mansus de Macello*, 1271 (pap. de la fam. d'Alzon). — *Molendinum et mansus de Macello, dictus de Terrassia*, 1410 (ibid.). — *Mansus de Mazello, parochiæ de Alzono*, 1466 (J. Montfajon, not. du Vigan). — *Le Mazet*, 1789 (carte des États).

Mazel (Le), f. auj. détruite, c^ne de Belvezet.

Mazel (Le), f. c^ne de Mialet.

Mazel (Le), h. c^ne de la Rouvière (le Vigan). — *Marquésy ou le Mazel*, 1864 (notar. de Nimes).

Mazel (Le), f. c^ne de Saint-Bonnet-de-Salendrenque. — 1552 (arch. départ. C. 1780).

Mazel (Le), f. c^ne de Sainte-Croix-de-Caderle.

Mazel (Le), f. c^ne de Saint-Marcel-de-Fontfouillouse.

Mazel (Le), f. c^ne de Valleraugue.

Mazelet (Le), f. c^ne de Bagard.

Mazelet (Le), f. c^ne de Tornac.

Mazelet (Le), f. c^ne de Vabres.

Mazémal, f. c^ne de Peyremale.

Mazer (Le), h. c^ne de Barjac. — *Locus de Manso-Heremo*, 1578 (Andr. de Costa, not. de Barjac).

Mazeran, f. et m^in, c^ne de Saint-Cosme-et-Maruéjols. — *Villa Macerano, in Valle-Anagia, in territorio civitatis Nemausensis*, 964 (cart. de N.-D. de Nimes, ch. 164). — *Mazeran*, 1548 (J. Ursy, not. de Nimes). — *Mazeran*, 1550 (ibid.).

Mazet (Le), h. c^ne de Peyremale. — *Le Mazier*, 1733 (arch. départ. C. 1481). — *Le Mazer*, 1750 (ibid. C. 1531). — On trouve le nom de ce hameau aussi écrit *Mas-Herm*.

Mazes (Les), — Haut et Bas —, h. c^ne d'Aspères.

Mazes (Les), h. c^ne de Blauzac.

Mazes (Les), f. c^ne d'Hortoux-et-Quilhan.

Mazes (Les), f. c^ne de Lanuéjols. — *Mansus de Jonb*, 1461 (reg.-cop. de lettr. roy. E, v).

Mazes (Les), f. c^ne du Vigan.

Mazet (Le), f. c^ne d'Aiguesmortes.

Mazet (Le), f. c^ne d'Aramon.

Mazet (Le), f. c^ne du Cros.

Mazet (Le), f. c^ne de Deaux.

Mazet (Le), f. c^ne de Dions.

Mazet (Le), h. c^ne de Dourbie. — *Mansus de Maseto, in parrochia Nostræ-Dominæ de Durbia*, 1514 (pap. de la fam. d'Alzon). — *Le mas del Mazet*, 1514 (ibid.). — *Le masage del Mazet, paroisse de Dourbie*, 1709 (ibid.). — *Les Mazets, Haut et Bas*, 1789 (carte des États).

Mazet (Le), h. c^ne de Laval.

Mazet (Le), h. c^ne de Mandagout. — *Le Mazel*, 1789 (carte des États).

Mazet (Le), f. c^ne de Redessan. — *Loco ubi vocant Tabernulæ, in villa Rediciano, in comitatu Nemausense*, 909 (cart. de N.-D. de Nimes, ch. 198). — *Tavernulæ, in terminium de villa Reditiano vel Villa-Nova, in comitatu Nemausense*, 943 (ibid. ch. 80). — *Les Tavernolles*, 1553 (J. Ursy, not. de Nimes). — *Tavernole* (cad. de Redessan).

Mazet (Le), f. c^ne de Revens.

Mazet (Le), f. c^ne de Saint-Gilles. — *Les Mazets*, 1827 (notar. de Nimes).

Mazet (Le), f. c^ne de Saint-Jean-du-Gard. — *Vitrac* (carte géol. du Gard).

Mazet (Le), h. c^ne de Saint-Roman-de-Codière.

Mazet (Le), f. c^ne de Survas.

Mazet (Le), f. c^ne de Soudorgues.

Mazet (Le), f. c^ne d'Uzès.

Mazot (Le), f. c^ne du Vigan. — *Mas-de-Majot* (cad. du Vigan).

Mazuc, f. c⁰ᵉ de Cardet.

Médecine (La), f. c⁰ᵉ de Carsan.

Médessargues, f. c⁰ᵉ de Saint-Maximin. — 1778 (arch. départ. C. 1669).

Mégaurie, lieu détr. c⁰ᵉ de Nimes. — *In terminium de villa Mica-Arrida, in comitatu Nemausense*, 1030 (cart. de N.-D. de Nimes, ch. 75). — *Villa que vocatur Migauria*, 1060 (*ibid.* ch. 100). — *Villa Migauria*, 1114 (*ibid.* ch. 102). — *W. de Megauria*, 1210 (Lay. du Tr. des ch. t. I, p. 355-356). — *Megauria*, 1218 (Mén. I, pr. p. 63, c. 1). — *Meyauria*, 1274 (*ibid.* p. 100, c. 1). — *Megauris, sive ad Boysseriam, a las Boissieyras; ad Boysseriam Sancti-Cezarii*, 1380 (comp. de Nimes). — *Megaulie, sive Boissiere de Sant-Sezari*, 1479 (la Taula del Possess. de Nismes). — *Mégaurie*, 1551 (J. Ursy, not. de Nimes). — *Plan de la Boissière*, 1671 (comp. de Nimes). — Le nom de *Mégaurie* est resté à un quartier cadastral.

Mèges (Les), f. et m⁰, c⁰ᵉ du Vigan.

Mégiers (Les), h. c⁰ᵉ de Sabran. — *Mégrin*, 1715 (J.-B. Nolin, *Carte du dioc. d'Uzès*).

Méjan, quartier de l'intérieur de Nimes, au moyen âge. — *Mejanum*, 1270 (Mén. I, pr. p. 94, c. 1). — Voy. Notre-Dame-de-Méjan.

Méjan, f. c⁰ᵉ de Salazac. — *Méjan ou les Loubarèdes*, 1781 (arch. départ. C. 1656).

Méjan (Le), ruiss. qui prend sa source sur la c⁰ᵉ de Valleraugue et se jette dans l'Hérault sur le territ. de la même commune.

Méjanel (Le), q. c⁰ᵉ de Vézenobre. — 1542 (arch. départ. C. 1810).

Méjanes-le-Clap, c⁰ⁿ de Barjac. — *Mejanæ*, 1570 (A. de Costa, not. de Barjac). — *Le prieuré Sainct-André de Méjanes*, 1620 (ins. eccl. du dioc. d'Uzès). — *Méjanes-et-Leclat*, 1694 (armor. de Nimes). — *Méjanes-et-Louclap*, 1715 (J.-B. Nolin, *Carte du dioc. d'Uzès*).

Méjanes-le-Clap faisait partie de la viguerie et du diocèse d'Uzès, doyenné de Navacelle. — Ce lieu n'était pas encore une communauté à la fin du xivᵉ siècle, puisqu'il ne figure pas dans le dénombrement de 1384. — Le prieuré de Saint-André de Méjanes, uni à la précentorie du monastère du Pont-Saint-Esprit, était à la collation du prieur de ce monastère; l'évêque d'Uzès ne conférait que la vicairie, sur la présentation du prieur de Méjanes. — A l'extrémité du territ. de cette c⁰ᵉ, on trouve les ruines d'une ancienne chapelle, qui devait être celle de Saint-André. — En 1694, la communauté de Méjanes-le-Clap reçut pour armoiries : *d'argent, à une bande losangée d'or et de gueules*.

Méjanes-lez-Alais, c⁰ⁿ d'Alais. — *Mejanæ*, 1217 (Mén. I, pr. p. 59, c. 2). — *Le lieu de Mesjanes*, 1346 (cart. de la seign. d'Alais, f° 43). — *Mejanæ*, 1384 (dénombr. de la sén.). — *Mejanes-lez-Alais*, 1548 (arch. départ. C. 78 r). — *Le prieuré Nostre-Dame-de-Méjanes*, 1620 (ins. eccl. du dioc. d'Uzès). — *Méjanes-des-Allais*, 1715 (J.-B. Nolin, *Carte du dioc. d'Uzès*).

Méjanes-lez-Alais faisait partie de la viguerie d'Alais en 1384 et relevait, pour le spirituel, du diocèse d'Uzès, doyenné de Navacelle. Ce village fut plus tard incorporé définitivement à ce diocèse, même pour le temporel. — En 1384, Méjanes-lez-Alais ne se composait que d'un feu et demi. — Le prieuré de Notre-Dame de Méjanes-lez-Alais était à la collation de l'évêque d'Uzès. — Les armoiries de cette communauté sont : *d'hermine, à un pal losangé d'argent et de sinople*.

Méjannel (Le), h. c⁰ᵉ de Valleraugue. — *Le Méjeanel* (cad. de Valleraugue).

Mélarède (La), ruiss. qui prend sa source sur la c⁰ᵉ de Sainte-Cécile-d'Andorge et se jette dans le Gardon sur le territ. de la même c⁰ᵉ. — *Melareda*, 1345 (cart. de la seigneurie d'Alais, f° 31). — Voy. Péreirol (Le).

Melhier (Le), h. c⁰ᵉ des Mages. — *Le Millen*, 1789 (carte des États). — *Neillens*, 1824 (Nomencl. des comm. et ham. du Gard).

Mellias, f. c⁰ᵉ de Rousson. — *Le mas de Méliasse*, 1777 (arch. départ. C. 1606). — *Meillias*, 1789 (carte des États).

Melouse (La), c⁰ⁿ de la Grand'Combe. — *Ecclesia Sancte-Cecilie de Melosa, que est sita in vicaria de Valle-Dedas*, 1092 (Mén. I, pr. p. 23, c. 2). — *Parrochia de Melosa*, 1345 (cart. de la seign. d'Alais, f° 33). — *Melosa*, 1384 (dénombr. de la sénéch. baill. du Gévaudan). — *Parrochia de Melosa, Mimatensis diocesis*, 1439 (Mén. III, pr. p. 261, c. 2). — *Parrochia Sanctæ-Cœciliæ de Melosa, diocesis Mimatensis*, 1508 (G. Calvin, not. d'Anduze). — *La Melouze*, 1728 (G. de Burdin, *Doc. hist. sur le Gévaudan*).

Avant 1790, cette paroisse appartenait au diocèse de Mende. — On n'y comptait que 2 feux en 1384; et 112 habitants, dont 28 seulement imposables, en 1728. — Le prieuré-cure de Sainte-Cécile de la Melouse était à la collation de l'évêque de Mende et ne valait que 401 livres. — La Melouse ressortissait, pour la justice, au sénéchal de Nimes. — M. de la Melouse, habitant à Branoux (auj. ham. de la c⁰ᵉ de Blannaves), était seigneur de ce village au xviiiᵉ siècle.

MÉNARGUES, h. c⁰ᵉ de Pujaut. — *Meynargues*, 1818 (notar. de Nimes).

MÉNEIDIELS, h. c⁰ᵉ de Corbès. — *Mansus de Meneriis, in parrochia Sancti-Sebastiani de Agrifolio*, 1389 (J. du Moulin, not. d'Anduze). — *Mansus de Menerio, in parrochia Sancti-Sebastiani de Agrifolio*, 1402 (Dur. du Moulin, not. d'Anduze). — *Menerieu*, 1789 (carte des États).

MÉNESCHAL (LE), f. c⁰ᵉ de Valleraugue.

MENGUI, f. c⁰ᵉ de Nimes. — *Mengué* (carte géol. du Gard).

MÉNIER (LE), f. c⁰ᵉ de Valleraugue.

MÉNARDE, f. c⁰ᵉ de Beaucaire. — *Ménarde*, 1789 (carte des États). — *Les Meyrardes ou les Ségonnaux*, 1865 (notar. de Nimes).

MERCADE, h. c⁰ᵉ d'Alais.

MERCIER, f. c⁰ᵉ de Bonnevaux-et-Hiverne. — *Le Mercier*, 1789 (carte des États).

MERCOIRE, h. c⁰ᵉ de Peyremale. — *Mercorde* (sic), 1737 (arch. départ. C. 1490).

MERCOIRE, h. c⁰ᵉ de Portes. — 1733 (arch. départ. C. 1481).

MERCOIRET (LE), f. c⁰ᵉ de Saint-Martin-de-Corconac. — *Mercoyret*, 1553 (arch. départ. C. 1794).

MERCOIROL, — HAUT et BAS —, h. c⁰ᵉ de Saint-Florent.

MERCOU (LE), f. auj. détruite, c⁰ᵉ d'Arre.

MERCOU (LE), h. c⁰ᵉ de Saint-Julien-de-la-Nef. — *Castrum de Mercurio*, 1121 (Gall. Christ. t. VI, p. 304). — *G. del Mercor*, 1237 (cart. de N.-D. de Bonh. ch. 25). — *G. de Mercurio*, 1244 (ibid. ch. 38). — *Mansus del Mercor*, 1294 (Mén. I, pr. p. 132, c. 1).

MERCOU (LE), mont. c⁰ᵉ de Soudorgues.

MERCOULINE (LA), f. c⁰ᵉ de Canaules-et-Argentières. — *La Mercorine, paroisse de Saint-Nazaire-des-Gardies*, 1612 (insin. eccl. du dioc. de Nimes). — *La Mère-Couline*, 1789 (carte des États).

MERCOULY, h. c⁰ᵉ de Saint-Martin-de-Valgalgue.

MERDANSON (LE), ruiss. qui prend sa source sur la c⁰ᵉ de Cézas, en arrose le territ. et sort du département pour aller se jeter dans l'Hérault à Ganges.

MERDANSON (LE), ruiss. qui prend sa source au-dessus de la f. de Rouvergat, c⁰ᵉ de Salindres, et se jette dans l'Auzonnet en face d'Auzon, c⁰ᵉ d'Allègre.

MÈRE-DE-DIEU (LA), ruiss. qui prend sa source à la ferme de Prime-Combe, c⁰ᵉ de Lèques, et se jette dans le Vidourle sur le territ. de la même commune.

MÉRIC, f. c⁰ᵉ de Brignon.

MÉRIGNARGUES, f. c⁰ᵉ de Nimes, sur l'emplacement de l'anc. église rurale de Notre-Dame-de-Mérignargues (voy. ce nom). — *In terminium de villa Mirigna-*

nicus, in territorio civitatis Nemausensis, 927 (cart. de N.-D. de Nimes, ch. 89). — *Villa Merignanicus, in territorio civitatis Nemausensis*, 994 (ibid. ch. 87). — *Mansus de Marignanicis*, 1060 (ibid. ch. 205). — *Honor Mirignanici*, 1112 (ibid. ch. 74). — *Merinhanicæ*, 1139 (chap. de Nimes, arch. départ.). — *Marinhanicæ*, 1395 (Ménard, III, pr. p. 136, c. 2). — *Mirinhargues*, 1479 (la Taula del Poss. de Nismes); 1669 (arch. départ. G. 236). — *Mérignargues*, 1671 (comp. de Nimes).

Le lieu de Mérignargues était du nombre de ceux qui furent compris, en 1322, dans l'Assise de Calvisson. — Il se composait alors de 6 feux, et la haute justice en appartenait au seigneur de Manduel.

MÉRIGOUT, mont. c⁰ᵉ de Vissec. — *Roc-Mérigout* (carte géol. du Gard).

MERLANÇON (LE), ruiss. qui prend sa source dans le bois de la Roque, sur la c⁰ᵉ de Saint-André-d'Olérargues, et se jette dans l'Aguillon à l'extrémité du territ. de la même commune.

MERLE (LE), f. c⁰ᵉ de Conqueirac. — *Locus de Merulo, Nemausensis diocesis*, 1461 (reg.-cop. de lettr. roy. E, v).

MERLENÇON (Le), ruiss. qui prend sa source sur le territ. de la c⁰ᵉ de Bez-et-Esparron et se jette dans l'Arre sur le territ. de la même c⁰ᵉ. — *Merdasso*, 1590 (comp. de Bez-et-Esparron).

MERLIÈRE (LA), h. c⁰ᵉ d'Aumessas.

MERLIÈRE (LA), ruiss. qui descend du Cap-des-Mourèses, c⁰ᵉ du Vigan, et se jette dans l'Arre, à l'extrémité du pré de la Condamine, sur le territ. de la même c⁰ᵉ. — *La Merlière*, 1550 (arch. départ. C. 1812). — *Le Vallat de la Merlière*, 1687 (pap. de la fam. d'Alzon).

MERQUEIL, h. c⁰ᵉ de Verfeuil.

MESLANÇON (LE), ruiss. qui prend sa source sur le territ. de la Capelle-et-Mamolène et se jette dans l'Alzon sur le territ. de la c⁰ᵉ de Saint-Quentin. — Parcours : 6,500 mètres.

MESTRE, f. c⁰ᵉ de Sommière.

MÉTAIRIE-DES-VACHERS (LA), f. et mont. c⁰ᵉ de Bréau-et-Salagosse. — *Serre de la métairie des Vachers* (cad. de Bréau).

METGES (LES), h. c⁰ᵉ de Sumène.

MEYNARGUES, q. c⁰ᵉ de Villeneuve-lez-Avignon.

MEYNERI, f. c⁰ᵉ de Sumène.

MEYNERIÉ-DU-FESC (LE), q. c⁰ᵉ de Saint-André-de-Valborgne. — 1552 (arch. départ. C. 1776).

METNES, c⁰ᵉ d'Aramon. — *Villa que nominatur Medenis*, 960 (arch. départ. H. 3). — *Sanctus-Maximus de Medenis*, 973 (ibid.). — *Medianas, villa in Argentia*,

1034 (cart. de Saint-Victor de Mars. ch. 255). — *Medenas*, 1096 (cart. de N.-D. de Nimes, ch. 108). — *Medinæ*, 1161 (Mén. I, pr. p. 38, c. 1). — *Mezinæ*, 1220 (*ibid.* p. 68, c. 2). — *Mezenæ*, 1233 (cart. de Franquev.). — *Medenæ*, 1308 (Mén. I, pr. p. 219, c. 1); 1384 (dénombr. de la sénéch.). — *Locus de Medenis, dyocesis Arelatensis*, 1400 (arch. comm. de Colias). — *Medenæ*, 1406 (J. Mercier, not. de Nimes). — *Meynes*, 1435 (rép. du subs. de Charles VII). — *Meynes, viguerie de Beaucaire*, 1582 (Tar. univ. du dioc. de Nimes).

Meynes appartenait à la viguerie de Beaucaire et au diocèse d'Arles. — On y comptait 15 feux en 1384. — Le village de Meynes dépendait de la terre d'Argence; il fut cependant possédé dès le xie siècle par des seigneurs particuliers, mais sous la suzeraineté de l'archevêque d'Arles. La terre de Meynes passa ensuite aux maisons d'Albaron et d'Arpajon. En 1598, elle fut donnée par Marguerite d'Arpajon à son cousin Mary de Monteynard, et elle est restée jusqu'à la Révolution dans la famille Monteynard. — On trouve auprès de Meynes une fontaine dont les eaux minérales avaient autrefois une grande réputation; Louis XIII les prit pendant son séjour à Montfrin, en 1642, à son retour du camp de Perpignan. — Les armoiries de Meynes sont : *d'argent, à une bande fuselée d'argent et de gueules.*

MEYNIÈRE (LA), f. cne de Bordezac. — *Mansus de Meneria*, 1345 (cart. de la seign. d'Alais, fos 32 et 41).

MEYNIERS (LES), h. cne de Castillon-de-Gagnère.

MEYRANES, con de Saint-Ambroix. — *Villa que vocatur Mairanichos*, 961 (Hist. de Lang. II, pr.). — *Mairanigues*, 1037 (*ibid.* col. 201). — *S. de Mayranis*, 1210 (cart. de la seigneurie d'Alais, fo 3). — *Ecclesia de Mayranicis*, 1314 (Rotul. eccl. arch. munic. de Nimes). — *Meyrannes*, 1549 (arch. départ. C. 1320). — *Meyranes*, 1634 (*ibid.* C. 1289). — *Meirane*, 1694 (armor. de Nimes). — *Meiranes*, 1715 (J.-B. Nolin, *Carte du dioc. d'Uzès*).

Meyranes faisait partie de la viguerie et du dioc. d'Uzès, doyenné de Saint-Ambroix. — Le nom de ce village ne se rencontre pas dans les listes de 1384, tandis qu'on y trouve celui de Montalet, auquel Meyranes fut annexé, au xviie siècle, pour former une communauté. — La communauté de Meyranes-et-Montalet reçut, en 1694, les armoiries suivantes : *d'azur, à une fasce losangée d'or et de sinople.*

MEZEIRAC, q. cne de Marguerittes.

MÉZÉRAC, f. cne de Saint-Paulet-de-Caisson. — *Villa Mezeria, in vicaria Cazoniensi*, 945 (Hist. de Lang. II, pr. col. 87). — *Mézera*, 1707 (arch. départ. C. 1410). — *Mézeyrat*, 1781 (*ibid.* C. 1556).

MÉZERIÉ-DE-LA-BRUCAUDE (LA), f. cne de Saint-Marcel-de-Fontfouillouse. — 1553 (arch. dép. C. 1791).

MIALET, con de Saint-Jean-du-Gard. — *H. de Meleto*, 1294 (Mén. I, pr. p. 132, c. 1). — *Meletum; parrochia de Meleto, in vicaria Andusie*, 1345 (cart. de la seign. d'Alais, fos 34 et 35). — *Meletum*, 1384 (dénombr. de la sénéch.). — *Mellet*, 1435 (rép. du subs. de Charles VII). — *Meletum*, 1437 (Et. Rostang, not. d'Anduze). — *Mialet*, 1545 (J. Ursy, not. de Nimes). — *Le prieuré de Saint-André de Méallet-lez-Anduze*, 1562 (*ibid.*). — *Mellet, viguerie d'Anduze*, 1582 (Tar. univ. du dioc. de Nimes). — *Le prieuré Saint-André de Mialet*, 1615 (insin. eccl. du dioc. de Nimes). — *Le pont de Mialet*, 1717 (arch. départ. C. 1820).

Mialet faisait partie de la viguerie d'Anduze et du diocèse de Nimes, archiprêtré d'Anduze. — Ce village se composait de 3 feux en 1384 et de 319 en 1789. — On trouve sur cette commune deux grottes à ossements; la plus grande est celle du mont Roucou. — Mialet porte pour armoiries : *d'azur, à une épée d'or mise en pal.*

MICHALARIÉ (LA), f. auj. dét. cne de Boisset-et-Gaujac. — *Mansus de Michaleria, in parrochia Sancti-Saturnini de Buxetis*, 1437 (Et. Rostang, not. d'Anduze).

MICHEL, f. cne de Roquemaure.

MIÉGE-SOL, f. cne du Vigan.

MIÉLON, f. cne de Rochefort.

MIÉNARD, île du Rhône, cne de Roquemaure.

MIÉPLAN, bois, cne de Belvezet.

MILANGE, min sur l'Hérault, cne de Valleraugue.

MILHAU, con de Nimes. — *Amiliau, Amiliavum*, 1112 (Hist. de Lang. II, pr. col. 270). — *Ecclesia de Amiglau, cum villa que est in podio*, 1156 (cart. de N.-D. de Nimes, ch. 84). — *Amiglavum*, 1161 (Mén. I, pr. p. 38, c.1). — *Amilau*, 1232 (chap. de Nimes, arch. départ.). — *Ameglavum*, 1245 (*ibid.*). — *Milhavum*, 1325 (cart. de Saint-Sauveur-de-la-Font). — *Mellavum*, 1381 (Mén. III, pr. p. 32, c. 1). — *Ameglavum*, 1384 (dénombr. de la sén.). — *Meillau*, 1435 (rép. du subs. de Charles VII). — *Locus de Amelhavo secus Nemausum*, 1461 (reg.-cop. de lettr. roy. E, iv, fo 52). — *Milhau, viguerie de Nimes*, 1582 (Tar. univ. du dioc. de Nimes); 1650 (G. Guiran, *Style de la cour royale ord. de Nimes*). — *Milhaud*, 1694 (armor. de Nimes).

Milhau faisait partie de la viguerie et du dioc. de Nimes, archiprêtré de Nimes. — On y comptait, en 1384, 13 feux, et en 1744, 220 feux et 880 habitants. — Le prieuré de Saint-Saturnin de Milhau, uni à la mense épiscopale de Nimes, valait, en 1693, 5,000 livres, et au xviiie siècle, seulement 1,000 l.

— La terre de Milhau appartenait d'abord aux comtes de Toulouse, avec la vicomté de Nimes, dont elle était une dépendance. Elle passa ensuite à Simon de Montfort et enfin au domaine épiscopal de Nimes (Ménard, t. VII, p. 624). — Les évêques de cette ville en ont joui jusqu'en 1790. Ils y avaient autrefois un château accompagné de tours et de fossés, qui fut détruit au XVI° siècle. — Cette communauté députait aux États de Languedoc. — L'armorial de 1694 donne à Milhau les armoiries suivantes : *d'argent, à une bande fuselée d'argent et de sinople.* — L'Annuaire du Gard de 1864 (p. 230), d'après Gastelier de La Tour, les blasonne ainsi : *d'or, à quatre pals de gueules, à la bande d'azur brochant sur les pals, au chef de France.*

MILIACENSIS (VALLIS), vallée du Tave, dans le *Comitatus Uzeticus,* avait pris son nom d'*Amilhacum,* lieu qui se trouve à la source même du Tave. — *In valle Milcianense, in comitatu Uzetico,* 1010 (cart. de Saint-Victor de Marseille, ch. 198). — *In villa Bonoiolo, sive Sancta-Maria de Pinu, in Valle-Milcianense, in comitatu Uzetico,* 1047-1060 (*ibid.* ch. 1070). — *In valle Miliacense, in comitatu Uzetico,* v. 1050 (*ibid.* ch. 193). — Voy. AMILHAC.

MILLIÉRINE, f. c°° de Saint-Martin-de-Corconac. — *Les Melhayrines,* 1553 (arch. départ. C. 1794). — *La Melleyrines,* 1606 (insin. eccl. du dioc. de Nimes).

MILLIÉRINE (LA), ruiss. qui prend sa source au mont Liron, c°° de Saint-Martin-de-Corconac, et se jette dans le Gardon de Saint-Jean sur le territoire de la même c°°. — *Le Milliérieux* (carte hydr. du Gard). — Parcours : 2,400 mètres.

MILORD, f. c°° de Beaucaire.

MINES (LES), bois, c°° de Saint-Félix-de-Pallières.

MINIER (LE), f. c°° de Bréau-et-Salagosse, sur une montagne appelée le *Col-du-Minier.*

MINIMES (LES), f. et île du Rhône, c°° du Pont-Saint-Esprit.

MINTEAU, f. c°° de Beauvoisin. — *Minteau, sive Capelle,* 1789 (carte des États).

MIQUELS (LES), f. auj. détruite, c°° de Saint-Paul-la-Coste. — *Mansus vocatus dels Miquels, in parrochia de Sancto-Paulo de Consta,* 1349 (cart. de la seign. d'Alais, f° 48).

MIQUEL, bois, c°° de Saint-Sauveur-des-Poursils.

MIRABEL, château, c°° de Pompignan. — *Castrum de Mirabel,* 1237 (cart. de Saint-Sauveur-de-la-Font); *Mirabel* (Ménard, I, pr. p. 123, c. 1). — II. *de Mirabello,* 1349 (cart. de la seigneurie d'Alais, f° 7). — *Le château de Mirabel,* 1618 (arch. départ. C. 759; A. Arman, *Tabl. milit. de l'arrondissement du Vigan,* p. XXVIII).

Gard.

MIRANDOLE (LA), f. c°° du Pont-Saint-Esprit. — 1731 (arch. départ. C. 1476).

MIRMAN, f. et m. de camp. c°° de Nimes. — *Miramond* (carte géol. du Gard).

MIRMAND, f. c°° de Bouillargues.

MISSANÈGES (LES), f. c°° de Saint-Dézéry, auj. détruite. — 1776 (comp. de Saint-Dézéry).

MITTAU, île du Rhône, c°° de Montfrin.

MITTAU, bois, c°° de Nimes. — *Mitaldum,* 1144 (Mén. I, pr. p. 32, c. 1): 1185 (*ibid.* p. 40, c. 2); 1195 (*ibid.* p. 41, c. 2). — *Mitaut,* 1380 (compoix de Nimes). — *Mittaudum,* 1463 (Ménard, III, pr. p. 314, c. 1 et 2). — *Mittaut, Mittau,* 1671 (comp. de Nimes). — *Le devois de Mittaud,* 1706 (arch. départ. G. 206).

MODESSE, h. c°° de Saint-Laurent-le-Minier. — *La Maudesse,* 1789 (carte des États).

MOILLES (LES), h. et m°°, c°° de Concoules.

MOINA (LE), h. c°° de Sondorgues.

MOINAS (LE), h. c°° des Mages.

MOINAS (LE), f. et m°°, c°° de Thoiras.

MOINE (LE), f. et chapelle ruinée, c°° de Chuselan. — *La Mone,* 1789 (carte des États; E. Trenquier, *Not. sur quelques localités du Gard*).

MOINIER, h. c°° de Blannaves.

MOINIÈS, mont. c°° d'Anduze. — (Viguier, *Notice sur Anduze.*)

MOISSAC, f. c°° de Villevieille.

MOLAGNES, f. c°° de Nimes, auj. détr. — *Molatous,* 1255 (chap. de Nimes, arch. départ.). — *Molatoux,* 1478 (Sim. Benoit, not. de Nimes). — *Molatons, apres le camin soteiran de la Justice, itineris Avinionis,* 1479 (la Taula del Poss. de Nismes). — *Moulagnes, sive Molettes, près des Fourches du Chemin d'Avignon,* 1692 (arch. hosp. de Nimes).

MOLE, f. c°° de Liouc.

MOLETRACH (LE GRAND- et LE PETIT-), f. c°° du Pont-Saint-Esprit. — 1731 (arch. départ. C. 1476).

MOLIÈRE, q. c°° de Belvezet.

MOLIÈRE, q. c°° de Durfort.

MOLIÈRE, q. c°° de Saint-Bonnet-de-Salendrenque. — *La Mollière,* 1552 (arch. départ. C. 1780).

MOLIÈRE (LA), bois, c°° d'Alzon.

MOLIÈRE, bois, aujourd'hui défriché, c°° de Blannaves. — *Nemus de Moleria, in parrochia Sancti-Petri de Blannavis,* 1349 (cart. de la seigneurie d'Alais, f° 48).

MOLIÈRES, c°° du Vigan. — *Ecclesia Sancti-Johannis de Molieyriis,* 1162 (cart. de N.-D. de Bonh. ch. 54); 1274 (*ibid.* ch. 92 et 93). — *Villa seu castrum de Moleriis,* 1301 (somm. du fief de Caladon). — *Locus de Moleriis,* 1314 (Guerre de Flandre, arch.

18

munic. de Nimes). — *Locus de Molleriis*, 1381 (ch. d'Aubuss. cab. de M. de Valfons). — *Moleriæ*, 1384 (dénombr. de la sénéch.). — *Molières*, 1435 (rép. du subs. de Charles VII). — *Prioratus Sancti-Johannis de Moleriis*, 1579 (insin. eccl. du dioc. de Nimes). — *Mollières, viguerie du Vigan*, 1582 (Tar. univ. du dioc. de Nimes). — *L'esglize Sainct-Jehan de Mollières*, 1584 (insin. eccl. dioc. de Nimes).

Molières faisait partie de la viguerie du Vigan-et-Meyrueis et du dioc. de Nimes, archiprêtré d'Arisdium ou du Vigan. — On y comptait 3 feux et demi en 1384. — Les armoiries de Molières sont : *d'argent, à une fasce d'azur, chargée de trois besans d'or.*

Molières, h. c^ne de Meyranes. — *Mollières*, 1633 (arch. départ. C. 1290).

Molières, h. c^ne de Saint-Laurent-le-Minier.

Molières (Les), q. c^ne de Montfrin.

Molières (Les), h. c^ne de Valleraugue.

Molinasse (La), q. c^ne de Saint-Paul-la-Coste. — 1541 (arch. départ. C. 1795).

Molines, f. c^ne de Nimes.

Molinus-Adalbertencus, m^in auj. détruit, sur le canal de la Fontaine-de-Nimes. — 1112 (cart. de N.-D. de Nimes, ch. 74).

Mollières (Les), f. c^ne d'Arrigas.

Mollières (Les), q. c^ne d'Aujargues.

Mollières (Les), f. c^ne d'Aumessas.

Monac, f. c^ne de Bagard. — *Maunac*, 1789 (carte des États).

Monastier, f. et m^in, c^ne de Tornac. — *Le Monastère*. 1789 (carte des États).

Monéry, f. c^ne de Beaucaire.

Monézille (La), ruiss. qui prend sa source sur la c^ne de la Rouvière-en-Malgoirès et se jette dans le Gardon sur le territ. de la c^ne de Dions.

Moniers (Les), h. c^ne de Saint-Jean-du-Gard.

Monna (Le), f. c^ne de Bréau-et-Salagosse. *Le Mounna*, 1798 (carte des États). — *Le serre de Monna* (cad. de Bréau).

Monna (Le), f. c^ne de la Rouvière (le Vigan).

Monna (Le), ruiss. qui prend sa source près de la f. du Monna, c^ne de la Rouvière, et se jette dans la Valniéretto sur le territ. de la même c^ne. — Parcours : 5,300 mètres.

Monoblet, c^on de la Salle. — *Sanctus-Johannes* (sic) *de Monoguleto*, 1320 (pap. de la famille d'Alzon). — *Monogletum*, 1384 (dénombr. de la sénéch.). — *Monoblet*, 1435 (rép. du subs. de Charles VII). — *Monobletum*, 1484 (Mén. IV, pr. p. 59, c. 1). — *Manoublet, balliage de Sauve*, 1582 (Tar. univ. du dioc. de Nimes). — *Saint-Martin de Monoblet, prieuré de l'Ordre de Saint-Benoist*, 1598 (insin.

eccl. du dioc. de Nimes). — *Manoblet*, 1789 (carte des États).

Monoblet faisait partie de la viguerie de Sommière et du diocèse de Nimes, archiprêtré de la Salle. — On y comptait 5 feux en 1384. — On montre à Monoblet un vieux château ou plutôt les ruines d'une église située au sommet du rocher de Saint-Amand : voy. Saint-Amand-des-Deux-Vierges. — Monoblet porte pour armoiries : *d'argent, à un griffon de gueules.*

Monplaisir, f. c^ne de Langlade.

Monplaisir, f. c^ne de Monoblet.

Mons, c^on d'Alais. — *Villa de Montibus*, 1156 (Hist. de Lang. II, pr. col. 561). — *Le Mas de Montes*, 1346 (cart. de la seign. d'Alais, f° 43). — *Montes*, 1384 (dénombr. de la sénéch.). — *Le prieuré Sainct-Pierre de Montz*, 1620 (insin. eccl. du dioc. d'Uzès). — *Monts*, 1628 (Mém. de Rohan, t. I, p. 382). — *Le château de Mons*, 1640 (arch. départ. C. 759). — *Monts*, 1694 (armor. de Nimes); 1715 (J.-B. Nolin, *Carte du dioc. d'Uzès*).

Mons appartenait à la viguerie et au diocèse d'Uzès, doyenné de Navacelle. — Le prieuré de Saint-Pierre de Mons était à la collation de l'évêque d'Uzès. — Ce village, en 1384, se composait de 7 feux. — Les armoiries de Mons sont : *d'or, à un pal losangé d'or et de sable.*

Mons, lieu auj. inconnu, c^ne de Nages-et-Solorgues. — *Mansus de Mons*, 1169 (chap. de Nimes, arch. départ.).

Monseigne, f. c^ne de Fontanès.

Montaffreux, q. c^ne de Colorgues. — *Le Rajal-de-Montaffreux*, 1812 (not. de Nimes).

Montagnac, c^on de Saint-Mamet. — *Montanhacum*. 1384 (dénombr. de la sénéch.). — *Prioratus de Montanhaco*, 1470 (Sauv. André, not. d'Uzès). — *Le prieuré Sainct-Cosme et Sainct-Damian de Montanhac*, 1620 (insin. eccl. du dioc. d'Uzès). — *La communauté de Montagnac*, 1636 (arch. départ. C. 1299). — *Le prieuré de Montagnac*, 1660 (insin. eccl. du dioc. de Nimes).

Montagnac faisait partie de la viguerie de Sommière et du dioc. d'Uzès, doyenné de Sauzet. — On n'y comptait qu'un feu en 1384. — Le prieuré simple et séculier de Saint-Cosme-et-Saint-Damien de Montagnac était à la collation de l'évêque d'Uzès. — Dès la fin du xvie siècle, il eut pour annexe celui de Mauressargues (voy. ce nom). — C'est sur le territ. de cette c^ne qu'est située la carrière de pierre de Lens. — On y trouve aussi une grotte d'une très-grande profondeur, que l'on nomme *Davau*. — Un décret du 23 janvier 1815 a réuni Montagnac à

Moulézan, pour en faire la c⁰ᵉ de *Moulézan-et-Montagnac.* — Montagnac porte : *d'azur, à une fasce losangée d'argent et d'azur.*

Montagnac, h. cⁿᵉ de Meyranes. — *Homines mansi de Montanhaco, mandamenti de Monte-Aleno,* 1345 (cart. de la seign. d'Alais, f⁰ˢ 32 et 41).

Montagnac, f. cⁿᵉ de Saint-Christol-lez-Alais. — *Montanhac,* 1565 (J. Ursy, not. de Nîmes).

Montagnon (Le), montagne située entre les communes de Montpezat et de Parignargues et les Garrigues de Nîmes. — *Mons-Goticus,* 876 (Mén. I, pr. p. 11, c. 1). — *Mons-Goticus, prope Vallem-Longam,* 893 (cart. de N.-D. de Nîmes, ch. 140). — *Medium-Gotum,* 1384 (dénombr. de la sénéch.).

Montaigu, f. cⁿᵉ d'Anduze, sur une montagne du même nom. — *G. Montis-Acuti,* 1320 (cart. de la seign. d'Alais, f⁰ 18).

Montaigu, h. cⁿᵉ de Carsan. — *Castrum de Monte-Acuto,* 1204 (Gall. Christ. t. VI, p. 305). — *Mansus de Monte-Acuto,* 1294 (Mén. I, pr. p. 132, c. 1). — *Montagut,* 1550 (arch. départ. C. 1324). — *Montagu,* 1715 (J.-B. Nolin, *Carte du diocèse d'Uzès*).

Montal, f. cⁿᵉ d'Alais.

Montalet, h. cⁿᵉ de Meyranes. — *Castrum de Monte-Aleno,* 1121 (Gall. Christ. t. VI, p. 304). — *Castrum de Montalen,* 1252 (généal. des Châteauneuf-Randon). — *Mandamentum castri de Monte-Aleno,* 1345 (cart. de la seign. d'Alais, f⁰ˢ 31, 32, etc.). — *Locus de Monte-Aleno,* 1384 (dénombr. de la sén.). — *Montalen,* 1549 (arch. départ. C. 1320). — *Le prieuré Nostre-Dame de Montalen,* 1620 (insin. eccl. du dioc. d'Uzès). — *Montalet,* 1634 (arch. départ. C. 1289). — *Montalet,* 1715 (J.-B. Nolin, *Carte du dioc. d'Uzès*).

C'était autrefois une communauté de la viguerie et du dioc. d'Uzès, doyenné de Saint-Ambroix, dont le prieuré était conféré par l'évêque d'Uzès. — On y comptait 2 feux en 1384. — Voy. pour les armoiries, Meyranes.

Montals, bois, cⁿᵉˢ de Valleraugue et de Dourbie.

Montaren, cⁿᵉ d'Uzès. — *Mons-Helenus,* 1151 (Mén. I, pr. p. 33, c. 1). — *Mons-Arenus,* 1277 (*ibid.* p. 103, c. 2). — *Mons-Alenus,* 1290 (chap. de Nîmes, arch. départ.). — *Castrum de Monte-Areno,* 1294 (Mén. I, pr. p. 119, c. 1). — *Locus de Monte-Areno,* 1381 (ch. d'Aubuss. cab. de M. de Valfons). — *Locus de Monte-Areno,* 1384 (dénombr. de la sénéch.). — *Locus de Monte-Areno, Uticensis diocesis,* 1461 (reg.-cop. de lettr. roy. E, iv). — *Monteran-lès-Uzès,* 1514 (Robichon, not. d'Uzès). — *Le prieuré Sainct-Eméthéry de Monterand,* 1620 (insin. eccl. du dioc.

d'Uzès). — *Montaren,* 1715 (J.-B. Nolin, *Carte du dioc. d'Uzès*); 1752 (arch. départ. C. 1308).

Montaren faisait partie de la viguerie et du diocèse d'Uzès, doyenné d'Uzès. — L'archiprêtre de la cathédrale d'Uzès était prieur de Saint-Médier de Montaren, ainsi que des chapellenies de Saint-Pierre et de Saint-Antoine du même lieu. — En 1384, Montaren se composait de 7 feux. — L'ancien château de Montaren subsiste encore, en partie réparé et transformé en habitation moderne. — Une portion de la justice de cette localité dépendait de l'ancien patrimoine du duché-pairie d'Uzès. MM. Folcher, d'Albon, d'Aubussargues, de Roche et de Roche-Laubaret y avaient des fonds nobles. — Montaren ressortissait au sénéchal d'Uzès. — Un décret du 28 septembre 1815 a réuni à Montaren le village de Saint-Médier (voy. ce nom), pour en faire la c⁰ᵉ de *Montaren-et-Saint-Médier.* — Montaren porte : *d'or, à un pal losangé d'argent et de sinople.*

Montaury, l'une des sept collines de Nîmes, auj. en dehors de la ville. — *In Monte-Aureo, infra ipsam civitatem Nemausi,* 1080 (cart. de N.-D. de Nîmes, ch. 34). — *Podium-Aurium,* 1093 (Mén. I, pr. p. 23, c. 2). — *In Monte-Aurio,* 1114 (cart. de N.-D. de Nîmes, ch. 102). — *Mons-Aureolus,* 1115 (chap. de Nîmes, arch. départ.). — *Ad Montem-Auri,* 1380 (comp. de Nîmes). — *Montauri,* 1479 (la Taula del Poss. de Nîsmes); 1534 (arch. départ. G. 176); 1552 (J. Ursy, not. de Nîmes). — *Montaury,* 1671 (comp. de Nîmes).

Montaut, f. cⁿᵉ d'Anduze

Montautet, bois, cⁿᵉ de Laval.

Montbel, montagne, cⁿᵉ de Vézenobre. — 1542 (arch. départ. C. 1810).

Montbonoux, h. cⁿᵉ de Monoblet.

Montcalm, f. cⁿᵉ d'Aiguesmortes.

Montchamp, f. cⁿᵉ de Barjac.

Montclus, cⁿᵉ du Pont-Saint-Esprit. — *Mons-Serratus,* 1265 (Gall. Christ. t. VI, p. 308). — *Castrum de Monte-Cluso,* 1275 (gén. des Châteauneuf-Randon). — *Castrum Montis-Clusi,* 1376 (cart. de la seign. d'Alais, f⁰ 20). — *Mons-Clusus, cum mandamento,* 1384 (dén. de la sénéch.). — *Monasterium Montis-Serrati, diocesis Uticensis,* 1424 (Gall. Christ. t. VI, instr. Utic. eccl., col. 309; E. G.-D., *le Prieuré de Saint-Nic.-de-Camp.* p. 9, note) — *Castrum, terra et baronia de Monte-Cluso,* 1462 (reg.-cop. de lettr. roy. E, v). — *Mandamentum Montis-Clusi,* 1522 (Andr. de Costa, not. de Barjac). — *Montclus,* 1550 (arch. départ. C. 1324).

Montclus appartenait à la viguerie et au diocèse d'Uzès, doyenné de Cornillon. — Cette communauté, en y comprenant ses nombreuses annexes, comptait 17 feux en 1384. — La c[ne] de Montclus possède des bois très-considérables. — On remarque non loin de la Cèze, aux flancs d'une montagne, une grotte citée pour sa beauté et sa profondeur. — On trouve sur le territ. de Montclus les restes d'un ancien château fort et d'un couvent. — Montclus porte : *de vair, à un pal losangé d'or et de sinople.*

Montcouvis, q. c[ne] d'Aramon.

Montdardier, c[ne] du Vigan. — *Parrochia de Monte-Desiderio*, 1255 (cart. de N.-D. de Bonh. ch. 35). — *In stari caminatæ de Monte-Desiderio*, 1257 (ibid. ch. 19). — *P. de Monte-Desiderio*, 1261 (pap. de la fam. d'Alzon); 1308 (ibid.). — *Locus de Monte-Desiderio*, 1314 (Guerre de Flandre, arch. munic. de Nîmes). — *Bor. de Montdardier*, 1321 (pap. de la fam. d'Alzon). — *Mons-Desiderius*, 1384 (dénombr. de la sén.). — *Montdardier*, 1435 (rép. du subs. de Charles VII). — *Locus de Monte-Desiderio*, 1461 (reg.-cop. de lettr. roy. E, iv, f° 79). — *Mondardier, viguerie du Vigan*, 1582 (l'ar. univ. du dioc. de Nîmes). — *Le prieuré Sainct Martin de Montdardier*, 1590 (insin. eccl. du dioc. de Nîmes).

Montdardier faisait partie de la viguerie du Vigan-et-Meyrueis et du diocèse de Nîmes, archiprêtré d'Arisdium ou du Vigan. — Il se composait de 8 feux en 1384. Le pic Dangean (ou d'Anjou), dans lequel se trouve la grotte d'Anjou, fait partie de cette c[ne]. — On trouve sur son territoire plusieurs dolmens.

Les armoiries de Montdardier sont : *de gueules, à un chevron d'or, accompagné en chef d'une flèche couchée, de même, et en pointe d'une montagne d'or.*

Monte, h. c[ne] de la Salle. — *La Moute*, 1824 (Nomenc. des comm. et ham. du Gard).

Monteau, f. c[ne] d'Alais. — *Montaut*, 1789 (carte des États).

Monteau, f. c[ne] de Baguols.

Monteau, f. c[ne] de Saint-Félix-de-Pallières. — *Montaut*, 1789 (carte des États).

Monteil, q. c[ne] de Galargues. — *Ad Montillium*, 1423 (arch. munic. de Nîmes, E. iii).

Monteil, h. c[ne] de Montclus. — *Montilium*, 1107 (M.-n. l, pr. p. 28, c. 1). — *Monteils*, 1780 (arch. départ. C. 1652).

Monteil, h. c[ne] de Saint-Julien-de-Peyrolas.

Monteil (Le), ruiss. qui prend sa source sur la c[ne] de Monteils et se jette dans le Gardon sur le territoire de la même commune.

Monteiller, h. c[ne] de Belvezet.

Monteils, c[on] de Vézenobre. — *Castrum de Montillis*, 1191 (Gall. Christ. t. VI, p. 304). — *Montillæ*, 1384 (dénombr. de la sénéch.). — *Prioratus de*

Montillis, 1470 (Sauv. André, not. d'Uzès). — *Monteilz*, 1547 (arch. départ. C. 1316). — *Le prieuré Sainct-Salvert* (sic) *de Monteils*, 1620 (insin. eccl. du dioc. d'Uzès). — *Montels*, 1694 (armor. de Nîmes). — *Monteils*, 1752 (arch. départ. C. 1308).

. Monteils appartenait à la viguerie et au diocèse d'Uzès, doyenné de Navacelle. — Le prieuré simple de Saint-Sauveur de Monteils était à la collation de l'évêque d'Uzès. — On comptait 3 feux à Monteils en 1384. — Ce lieu ressortissait au sénéchal d'Uzès. — Au xviiie siècle, M. Georges Pontanel y possédait un fief, et M. Julien de Malérargues, des droits nobles. — C'est sur le territ. de cette c[ne] que se trouvent les ruines d'une ville ancienne (Vatrute), peut-être d'un oppidum celtique; elles couvrent une superficie de plus de deux hectares, et elles sont connues dans la contrée sous le nom de Vié-Cioutat (*Vetus Civitas*). — Les armoiries de Monteils sont : *d'azur, à une barre losangée d'argent et d'azur.*

Monteils, h. c[ne] de Saint-Marcel-de-Fontfouillouse. - *Mansus de Montillis, parochiæ Sancti-Marcelli de Fonte-Folloso*, 1513 (A. Bilanges, not. du Vigan).

Monteirargues, h. c[ne] de Saint-Christol-lez-Alais. - *A. de Montusanicis*, 1345 (cart. de la seign. d'Alais, f° 35). — *G. de Monteyrargues*, 1474 (J. Brun, not. de Saint-Geniès-en-Malgoirès).

Montels, q. c[ne] d'Aiguesvives. — *Montels*, 1169 (cart. de N.-D. de Nîmes, ch. 127). — *Loco dicto Montelz*, 1189 (chap. de Nîmes, arch. départ.).

Montels, hameau, c[ne] d'Aspères. — *Montiliæ*, 1208 (chap. de Nîmes, arch. départ.); 1292 (cart. de Psalm.).

Montels, f. c[ne] de Carnas. — *In terminium de villa Montilius, in Valle-Anagia*, 979 (cart. de N.-D. de Nîmes, ch. 125). — *In terminium de villa que vocant Montillis, in comitatu Nemausense*, 1060 (ibid. ch. 50).

Montels, h. c[ne] de Roquedur. — *Mansus de Montels; — de Montelhs; — de Montellis*, 1308 (pap. de la famille d'Alzon). — *Mansus de Montillis, parochiæ Sancti-Petri de Anolhano*, 1466 (J. Montfajon, not. du Vigan). — *Montelz*, 1563 (J. Ursy, not. de Nîmes).

Montels (Les), ruiss. qui prend sa source sur la c[ne] de Valleraugue et va se jeter dans l'Hérault sur le territ. de la même commune.

Montet, f. c[ne] de Beaucaire. — *Mas-de-Moutet*, 1865 (notar. de Nîmes).

Montet (Le), h. c[ne] de Dourbie. — *Le mas del Montet, paroisse de Dourbie*, 1514 (pap. de la fam. d'Alzon). — *Le masage du Montet, paroisse de Dourbie*, 1709 (ibid.).

MONTEZARGUES, f. c^{te} de Tavel. — *Montairanicœ* (D. Chantelou, *Hist. de Rochefort*). — *Montezargues*, 1780 (arch. départ. C. 1671).

C'était une propriété du sémin. de Montpellier.

MONTÈZE, h. c^{ne} de Verfeuil.

MONTÈZES (LES), h. c^{ct} de Mouoblet.

MONTÈZES (LES), h. c^{ne} de Saint-Christol-lez-Alais. — *Monthesiæ*, 1384 (dénombr. de la sénéch.). — *Montezéz*, 1435 (rép. du subs. de Charles VII). — *Mansus de Monteziis*, 1437 (Et. Rostang, not. d'Anduze). — *Mansus de Montesiis, parochiæ Sancti-Christofori prope Alestum, Nemausensis diocesis*, 1463 (L. Peladan, not. de Saint-Geniès-en-Malgoirès).

C'était autrefois une communauté peu considérable de la viguerie d'Alais. — Les Montèzes ne sont imposés que pour 1 feu en 1384.

MONTEZORGUES, h. c^{ne} de Saint-Jean-du-Gard. — *Mansus Bernardi de Montissanicis*, 1249 (cart. de N.-D. de Bonh. ch. 20). — *Montusanicæ*, 1277 (Mén. I, pr. p. 107). — *Podium de Montusanicis*, 1345 (cart. de la seign. d'Alais, f° 35). — *H. de Montuzanicis*, 1346 (pap. de la fam. d'Alzon); 1391 (Mén. III, pr. p. 141, c. 2). — *Notre-Dame de Montezorgues, en Cévennes*, 1620 (insin. eccl. du dioc. de Nimes).

MONTFAJON, grotte, c^{ne} de Montdardier.

MONTFAUCON, c^{on} de Roquemaure. — *Locus de Monte-Falcone*, 1384 (dénombr. de la sénéch.); 1435 (Mén. III, pr. p. 249, c. 2). — *Mont-Faulcon*, 1461 (reg.-cop. de lettr. roy. E, v). — *Locus Montis-Falconis*, 1478 (Sauv. André, not. d'Uzès). — *Mons-Falco*, 1484 (Mén. III, pr. p. 309, c. 1). — *Montfaulcon*, 1550 (arch. départ. C. 1320). — *Le prieuré de Montfalcon*, 1620 (insin. eccl. du dioc. d'Uzès). — *La communauté de Monfaucon*, 1633 (archives départ. C. 1296).

Bien que compris dans la viguerie de Roquemaure et par suite dans le diocèse d'Uzès pour le temporel, Montfaucon relevait, pour le spirituel, du dioc. d'Avignon. — C'était un prieuré uni au chapitre collégial de Roquemaure. — On comptait à Montfaucon 3 feux en 1384. — On trouve sur le territ. de cette c^{ne} les restes d'une église rurale dédiée à saint Martin. — Montfaucon porte : *d'hermine, à un chef losangé d'or et de sable.*

MONTFAUCON, q. c^{ne} de Nimes. — 1692 (arch. hosp. de Nimes). — Faisait partie de la dîmerie de Saint-Césaire.

MONTFAUCON, q. c^{ne} de Saint-Bresson. — 1548 (arch. départ. C. 1781).

MONTFERRAND, mont. c^{ne} de Vézenobre. — 1542 (arch. départ. C. 1810).

MONTFERRÉ, f. c^{or} de Barjac.

MONTFERRIER, f. c^{ne} d'Aiguesmortes. — *Monferrier* (carte géol. du Gard).

MONTFESCAU, h. et chât. ruiné, c^{ne} de Thoiras.

MONTFRIN, c^{on} d'Aramon. — *Castrum de Montfrin*, 1156 (Hist. de Lang. II, pr.); 1169 (*ibid.*). — *A. de Montefrino*, 1218 (Mén. I. pr. p. 64, c. 1); 1310 (*ibid.* p. 177, c. 1); 1384 (dénombr. de la sénéch.). — *Locus Montis-Frini*, 1461 (reg.-cop. de lettr. roy. E, iv). — *Locus Montisfreni, Uticensis diocesis*, 1474 (J. Brun, not. de Saint-Geniès-en-Malgoirès). — *Montfrin*, 1551 (arch. départ. C. 1333). — *Le prieuré de Montfrin*, 1620 (insin. eccl. du dioc. d'Uzès). — *La communauté de Montfrin*, 1634 (arch. départ. C. 1297).

Montfrin appartenait à la viguerie de Beaucaire et au diocèse d'Uzès, doyenné de Remoulins. Placé sur la limite du pays d'Argence, il n'en faisait point partie. — On y comptait 59 feux en 1384; en 1744, 260 feux et 1,100 habitants; en 1789, 514 feux. — La terre de Montfrin a eu depuis le xive siècle jusqu'en 1790 les mêmes seigneurs que celle de MEYNES (voy. ce nom). — C'était d'abord une baronnie, qui dès la fin du xve siècle avait droit d'entrée aux États de Languedoc. En 1652, la terre de Montfrin fut érigée en marquisat en faveur d'Hector de Monteynard : ce marquisat se composait des paroisses et fiefs suivants : Montfrin, Meynes, Théziers et Bassargues. — Voici les armoiries de Montfrin, d'après l'Armorial de Nimes : *d'argent à un monde d'azur, ceinturé et croisé d'or.* — Gastelier de la Tour les donne autrement : *d'azur, à un monde surmonté d'une croix fleuronnée, d'or, dont le montant porte en sautoir le chrisme.*

MONTGRAND, q. c^{ur} de Verfeuil.

MONTGRANIER, f. c^{ne} de Sommière. — *Montgrenier*, 1789 (carte des États).

MONTGROS, q. c^{ne} de Barjac. — 1557 (J. Ursy, not. de Nimes).

MONTICAUD, bois, c^{ne} de Bezouce. Il appartenait à l'évêque de Nimes.

MONTICAUD, mont. c^{ne} de Chusclan. — *Montico* (Eug. Trenquier, *Not. sur quelq. local. du Gard*).

MONTIERS (LES), f. c^{ne} de Vénéjan.

MONTIGNARGUES, c^{on} de Saint-Chapte. — *Montinanègues*, 1169 (chap. de Nimes, arch. départ.). — *Ecclesia Sancti-Michaelis de Montinchanicis*, 1342 (*ibid.*). — *Montinhanicæ*, 1384 (dén. de la sén.). — *Locus de Montinhanicis de Mediogoto, Uticensis diocesis*, 1463 (L. Peladan, not. de Saint-Geniès-en-Malgoirès). — *Montinhargues*, 1547 (arch. dép. C. 1314). — *Le prieuré Sainct-Michel de Monti-*

gnargues, 1579 (insin. eccl. du dioc. de Nimes). — *Le prieuré de Montignarges*; 1620 (insin. eccl. du dioc. d'Uzès). — *Montiniargues*, 1715 (J.-B. Nolin, *Carte du dioc. d'Uzès*; Ménard, t. I, p. 158).

Montignargues appartenait à la viguerie et au diocèse d'Uzès, doyenné de Sauzet. — Le prieuré de Saint-Michel de Montignargues, annexé dès 1419 au prieuré de Saint-Martin de la Rouvière-en-Malgoirès (arch. départ. G. 301), était uni au chapitre cathédral de Nimes. — On comptait 2 feux et demi à Montignargues en 1384. — La justice de ce lieu dépendait de l'ancien patrimoine du duché-pairie d'Uzès.

MONTILLE-DE-GAY (LA), f. c^{ne} d'Aiguesmortes. — 1726 (carte de la bar. du Caylar).

MONTILLES (LES), q. c^{et} de Beaucaire. — *Loco dicto de Montillis*, 1227 (Mén. I, pr. p. 107, c. 1). — *Les Montilles*, 1812 (notar. de Nimes).

MONTJARDIN, h. c^{ne} de Lanuéjols. — *Fisca de Montejardino*, 1224 (cart. de N.-D. de Bonh. ch. 15). — *Locus de Monte-Jardino*, 1247 (*ibid.* ch. 97); 1314 (Guerre de Flandre, arch. munic. de Nimes). — *Castrum Montis-Jardini*, 1321 (pap. de la fam. d'Alzon). — *Causse de Monte-Jardino*, 1321 (*ibid.*). — *Locus de Monte-Jardino, parochiæ de Nugulo*, 1466 (J. Montfajon, not. du Vigan).

MONTJOIE, f. c^{ne} de Saint-Jean-de-Serres. — 1549 (arch. départ. C. 1785).

MONTLAU, f. c^{ne} de Dourbie.

MONTLOUVIER, f. c^{ne} d'Aumessas.

MONTLOUVIER, q. c^{ne} de Saint-Martin-de-Saussenac. — *Mont-Loubier*, 1550 (arch. départ. C. 1789).

MONTLOUVIER, ruiss. qui prend sa source à la f. du même nom, c^{ne} d'Aumessas, et va se jeter dans le Bavezou ou rivière d'Aumessas.

MONTMAL, mont. c^{ne} de Parignargues.

MONTMAL, mont. c^{ne} de Trèves.

MONTMALET, ferme, c^{ce} de Parignargues. — *Montmalet, sive Plan-Rouget, sive Canabières*, 1861 (notar. de Nimes).

MONTMARTE, q. c^{ne} de Nimes. — C'est là que saint Baudile fut martyrisé.

MONTMAUX, mont. c^{ne} de Saint-Mamet. — 1812 (notar. de Nimes).

MONTMIRAT, c^{on} de Saint-Mamet. — *Mons-Miratus*, 1145 (Mén. I, pr. p. 32, c. 2); 1188 (cart. de Franquevaux); 1207 (Mén. I, pr. p. 42, c. 2). — *Monmirat*, 1237 (cart. de St-Sauveur-de-la-Font). — *Mons-Miratus*, 1292 (cart. de Psalm.); 1384 (dén. de la sén.). — *Montmirac*, 1601 (insin. eccl. du dioc. de Nimes). — *Le terroir et juridiction de Montmirat*, 1616 (arch. commun. de Combas). —

1636 (arch. départ. C. 1299); 1704 (C.-J. de La Baume, *Rel. inéd. de la rév. des Cam.*).

Montmirat faisait partie de la viguerie de Sommière et du diocèse d'Uzès, doyenné de Sauzet. On y comptait 3 feux en 1384. — Avant 1711, Montmirat était uni à la paroisse de Crespian; c'est seulement alors qu'il fut érigé en paroisse. — Au XVIIIe siècle, le fief de Montmirat appartenait à la famille d'Esponchès, de Nimes. — Armoiries de Montmirat : *de vair, à une fasce losangée d'or et de sinople.*

MONTMORIAC, h. c^{ne} de Saint-Christol-lez-Alais. — *Locus de Mormoyraco*, 1294 (Mén. I, pr. p. 132, c. 1). — *Locus de Malmoyraco*, 1345 (cart. de la seign. d'Alais, f° 33); 1376 (*ibid.*). — *Locus de Malmayraco*, 1461 (reg.-cop. de lettr. roy. E, v). — *Malmoyracum*, 1484 (Mén. III, pr. p. 310, c. 1). — *Mormoyrac*, 1567 (J. Ursy, not. de Nimes). — *Mourmoyrac*, 1507 (*ibid.*).

MONTORDE, bois, c^{ne} de Saint-Clément.

MONTPEZAT, c^{on} de Saint-Mamet. — *Villa Alsatis*, 994 (cart. de N.-D. de Nimes, ch. 70). — *Sanctus-Sebastianus de Alsatis*, 1119 (bullaire de Saint-Gilles). — *Castrum Montis-Pesati*, 1156 (cart. de N.-D. de Nimes, ch. 84). — *Castrum de Monte-Pesato*, 1269 (Mén. I, pr. p. 91, c. 2). — *B. de Monte-Pezato*, 1310 (*ibid.* p. 164, c. 2); 1381 (*ibid.* III. p. 48, c. 1); 1384 (dénombr. de la sénéch.). — *Parrochia Sancti-Sebastiani de Montepesato*, 1437 (Et. Rostang, not. d'Anduze). — *Mont-Pesat*, 1435 (rép. du subs. de Charles VII). — *Montpesat-lès-Nismes*, 1462 (reg.-cop. de lettr. roy. E, v). — *Mons-Pesatus*, 1485 (Mén. IV, pr. p. 37, c. 1). — *Montpesac, viguerie de Saumieres*, 1582 (Tar. univ. du dioc. de Nimes). — *La baronnie de Montpezat*, 1616 (arch. comm. de Combas). — *Prioratus Sanctorum Fabiani et Sebastiani de Monte-Pesato*, 1627 (insin. eccl. du diocèse de Nimes). — *Montpezac*, 1704 (C.-J. de La Baume, *Rel. inéd. de la rév. des Camis.*). — *Le château de Montpezat*, 1711 (arch. départ. C. 796).

Montpezat faisait partie de la viguerie de Sommière et du diocèse de Nimes, archiprêtré de Sommière. — Ce village se composait de 4 feux en 1384. — Le prieuré simple et séculier de Saint-Sébastien de Montpezat, qui valait 2,000 livres, était à la collation de l'abbé de Saint-Gilles. — Montpezat porte pour armoiries : *d'azur, à un mont pesé avec un poids de sanctuaire, dans une balance abattue, le tout d'or.*

MONTPLAN, q. c^{ne} de Montfrin. — (E. Trenquier, *Mém. sur Montfrin.*)

MONTREDON, h. c^{ne} de Concoules.

MONTREDON, h. c^ne de Laval. — 1733 (arch. départ. C. 1480).

MONTREDON, h. c^ne de Saint-André-de-Valborgne. — Monredon, 1789 (carte des États).

MONTREDON, h. c^ne de Saint-Roman-de-Codière. — Mansus de Monte-Rotundo, parochiæ Sancti-Romani de Coderiis, 1513 (A. Bilanges, not. du Vigan).

MONTREDON, h. et chât. ruiné, c^ne de Salinelles.—Mons-Rotundus, 1094 (cart. de Psalm.); 1121 (Hist. de Lang. II, pr. col. 420); 1125 (cart. de Psalm.); 1126 (Mén. I, pr. p. 70, c. 2); 1283 (chap. de Nimes, arch. départ.); 1310 (Mén. I, pr. p. 224, c. 1). — Castrum de Monte-Rotundo, cum mandamento, 1384 (dénombr. de la sénéch.). — Ecclesia de Monte-Rotundo, 1386 (rép. du subs. de Charles VI). —Montredont, 1435 (rép. du subs. de Charles VII). —Mandamentum Montis-Rotundi, secus Sumidrium, 1461 (reg.-cop. de lettr. roy. E, v). — Monredon; Mouredon, viguerie de Saumières, 1582 (Tar. un. du dioc. de Nimes). — La communauté de Montredon, 1673 (arch. départ. C. 731). — Le prieuré de Saint-Julien de Montredon-et-Salinelles, 1695 (insin. eccl. du dioc. de Nimes).

Le mandement de Montredon, qui faisait partie de la viguerie de Sommière et du diocèse de Nimes, archiprêtré de Sommière, comptait, en 1384, 26 feux, y comprenant ceux de Salinelles. — Le prieuré de Saint-Julien de Montredon, ainsi que celui de Salinelles, son annexe, était uni à l'archidiaconat d'Alais, et les deux valaient 2,000 livres. — Montredon était une baronnie. Les seigneurs de Montredon s'étant mis en révolte contre l'autorité royale, leur forteresse fut démolie et leur fief réuni au domaine royal, dont il a fait partie jusqu'au moment (6 juin 1772) où Louis XV le donna, en supplément d'échange de la principauté de Dombes, au comte d'Eu, qui le vendit bientôt après au président de Montclas (arch. départ. C. 1). — Il reste de belles ruines de l'ancien château seigneurial.

MONTREDON, h. c^ne de la Salle.

MONTREDON, bois, c^ne de Saint-André-de-Majencoules.

MONTREDON, bois, c^ne de Saint-Jean-de-Ceyrargues.

MONTREDON, f. c^ne de Saint-Marcel-de-Fontfouillouse. — 1553 (arch. départ. C. 1791).

MONTROBIER, q. c^ne de Marguerittes.

MONTROND, h. c^ne de Bagnols.

MONTS (LES), h. c^ne de Saint-Sauveur-des-Poursils. — Le masage des Monts, paroisse de Saint-Sauveur des Poursils, 1709 (pap. de la fam. d'Alzon).

MONT-SAINT-JEAN, f. auj. détr. c^ne de Sanilhac. — 1686 (pap. de la fam. de Rozel).

MONTSAUVE, h. et m^in, c^ne de Générargues. — Locus de Monte-Salvio (Hist. de Lang. II, pr. col. 420).

MONTSELGUES, h. c^ne de Ponteils-et-Brézis. — B. de Monte-Securo, 1345 (cart. de la seigneurie d'Alais. f° 35).

MONTUZOLGUES, f. c^ne de Durfort. — B. de Montusanicis, 1280 (chap. de Nimes, arch. départ.); 1553 (J. Ursy, not. de Nimes).

MONTVAILLANT, f. et château, c^ne de Thoiras.

MONTVAL, f. c^be de Garons.

MORE (LA), ruiss. qui prend sa source sur la c^ne de Salazac, sort du département à l'extrémité N. et va se jeter dans l'Ardèche. — Rieu-de-Moze (H. Rivoire. Statist. du Gard). — Parcours : 7,800 mètres.

MOTHE (LA), île du Rhône, c^ne de Villeneuve-lez-Avignon. — La Motte, 1740 (arch. départ. C. 1500).

MOTTE (LA), château ruiné, c^ne de Saint-Gilles, sur le bord du Petit-Rhône. — Mota, 1169 (chap. de Nimes, arch. départ.). — G. prior de Mota, 1292 (Mén. I, pr. p. 117, c. 1). — La Mocte, 1433 (ibid. III, pr. p. 244, c. 1). — Castrum Motæ, xv° siècle (dalle tumul. dans la crypte de Saint-Gilles). — Dimaria de Mota nuncupata, 1539 (Mén. IV, pr. p. 155, c. 1). — La Motte, 1549 (arch. départ. C. 774). — La Motta, 1558 (Mén. IV, p. 22). — La tour de Lamotte, 1573 (arch. départ. C. 634 et 635); 1592 (ibid. C. 638 et 842). — Saint-Laurent de La Motte, 1618 (chap. de Nimes, arch. départ.); 1627 (ibid. C. 643); 1656 (ibid. C. 661). — La seigneurie de La Motte, appartenant à M. le chevalier de Nogaret, 1717 (arch. départ. C. 164).

MOTTE (LA), f. c^ne de Saint-Jean-de-Valériscle. — 1731 (arch. départ. C. 1474).

MOTTEFER, f. c^ne de Saint-Brès.

MOUILLEVOIX, q. c^ne de Nimes. — Medullivum, 1172 (chap. de Nimes, arch. départ.). — Madalianum, 1204 (ibid.); 1265 (Gall. Christ. t. VI, p. 308). — R. de Muralano, 1310 (Mén. I, pr. p. 224, c. 1).

MOULIS, f. c^ne de Saint-Jean-du-Gard. — Le Molas, 1552 (arch. départ. C. 1783).

MOULAS, h. c^ne de Verfeuil.

MOULÉZAN, c^ne de Saint-Mamet. — Ecclesia Sancte-Crucis de Molasano, 1119 (bull. de Saint-Gilles; Mén. I, pr. p. 28, c. 2). — Molazanum, 1383 (Mén. III, pr. p. 49, c. 1). — Molesanum, 1384 (dénombr. de la sénéch.). — Molasanum, 1405 (Mén. III, pr. p. 191, c. 1). — Locus de Molesano, 1463 (L. Peladan, not. de Saint-Geniès-en-Malgoirès). — Locus de Molasano, Uticensis diocesis, 1506 (Et. Brun, not. de Saint-Geniès-en-Malgoirès). — Molezan, 1565 (J. Ursy, not. de Nimes). —

Le prieuré Saint-Extienne (sic) *de Molezant*, 1620
(insin. eccl. du dioc. d'Uzès). — *La communauté de
Moulezan*, 1636 (arch. départ. C. 1299). — *Molesan*, 1715 (J.-B. Nolin, *Carte du dioc. d'Uzès*). —
Le prieuré Sainte-Croix de Moulezan, 1720 (insin.
eccl. du dioc. de Nîmes).

Moulézan faisait partie de la viguerie de Sommière et du diocèse d'Uzès, doyenné de Sauzet. —
Ce village n'était compté, en 1384, que pour 3 feux.
— Le prieuré de Sainte-Croix de Moulézan était à
la collation de l'abbé de Saint-Gilles; l'évêque d'Uzès
en conférait seulement la vicairie, sur la présentation
du prieur. — Un décret du 23 janvier 1815 a
réuni Moulézan à Montagnac, pour en faire la commune de *Moulézan-et-Montagnac*. — Les armoiries
de Moulézan sont : *d'argent, à un pal losangé d'or
et de sable.*

Moulezargues, f. c⁰⁰ de Tavel. — 1731 (arch. départ.
C. 1476).

Moulèze, h. c⁰⁰ de Bagard.

Moulière (La), f. c⁰⁰ de Génolhac.

Moulière (La), f. c⁰⁰ de Tornac. — *Le lieu de la Moulière, paroisse de Saint-Pierre-de-Civignac, commune
de Tornac*, 1790 (notar. de Nîmes).

Moulière (La), f. c⁰⁰ de Valleraugue.

Moulières (Les), h. c⁰⁰ d'Anduze. — *Mansus de Moleriis, parochia Andusie*, 1508 (G. Calvin, not.
d'Anduze). — *La Molière*, 1863 (notar. de Nîmes).

Moulières (Les), h. c⁰⁰ d'Arphy. — *Le lieu des Mouil-
lières, paroisse d'Aulas*, 1501 (arch. dép. G. 270).

Moulières (Les), section du cad. de Montfrin.

Moulières (Les), q. c⁰⁰ de Mus. — 1760 (arch. départ.
G. 266).

Moulin (Le), f. c⁰⁰ de Bréau-et-Salagosse.

Moulin (Le), h. c⁰⁰ de Générargues.

Moulin (Le), h. c⁰⁰ de Mialet.

Moulinas (Le), f. et m⁰⁰, c⁰⁰ de Robiac. — *Molinas*,
1715 (J.-B. Nolin, *Carte du dioc. d'Uzès*).

Moulinas (Le), f. c⁰⁰ de Sumène. — *Molinas*, 1555
(arch. départ. G. 167).

Moulin-à-Vent (Rocher du), bois, c⁰⁰ de Castillon-du-
Gard.

Moulin Baguet, moulin à vent, c⁰⁰ de Saint-Gilles,
sur le Serre-Brugal.

Moulin Bargeton, c⁰⁰ d'Uzès.

Moulin Bès, c⁰⁰ de Verfeuil, au confluent de l'Aguillon et de la Cèze. — 1731 (arch. départ. C. 1474).

Moulin Bèze, c⁰⁰ de Sabran, au confluent de l'Andiole
et de la Cèze.

Moulin-Bouisson, f. et m⁰⁰, c⁰⁰ du Cros.

Moulin Bragaresse, c⁰⁰ de Sommière.

Moulin Calvière, c⁰⁰ de Nîmes, sur les fossés de la
ville, hors de la porte des Carmes. — 1695 (arch.
munic. de Nîmes).

Moulin Campagnan, c⁰⁰ de Nîmes, sur l'Agau. — *Mou-
lin-de-l'Agau, autrement appelé Moulin-Canourgues,
puis Campagnan*, 1598 (arch. départ. G. 190). —
Moulin-Campagnan, 1612 (arch. hosp. de Nîmes).
Détruit en 1744, par suite des travaux de l'ingénieur Maréchal. — Il appartenait au chapitre de la
cathédrale de Nîmes.

Moulin Carrière, c⁰⁰ d'Aiguesvives, sur le Vidourle.

Moulin Carrière, c⁰⁰ de Colias, sur le Gardon, auj.
détruit. — *Molendinum scitum in jurisdictione Sancti-
Stephani de Valle, in ripperia Gardonis, dictum vulgariter de Carrieyras*, 1472 (Sauv. André, not.
d'Uzès).

Moulin Carrière, c⁰⁰ d'Uzès, sur l'Alzon. — *Lo cap-
resclaus molendini de Carieyras, in ripperia Alzonis*,
1488 (Sauv. André. not. d'Uzès).

Moulin Caveirac, c⁰⁰ de Saint-Jean-de-Maruéjols.

Moulin Coumoulet, c⁰⁰ de Sommière.

Moulin d'Argnac, c⁰⁰ de Nages, sur le Rhôny. —
Mansus de Armadanicis, 1165 (chap. de Nîmes,
arch. départ.). — *Moulin-d'Argnac* (carte géol. du
Gard).

Moulin d'Arlende, c⁰⁰ d'Allègre. — *Molendinus d'Arlende*, 1462 (reg.-cop. de lettr. roy. E, v). — *Moulin-d'Arlinde*, 1731 (arch. départ. C. 1474).

Moulin-d'Arnauld, f. et m⁰⁰, c⁰⁰ de Saint-Félix-de-
Pallières. — *Moulin d'Arnaud ou de Moulignas*,
1866 (notar. de Nîmes).

Moulin d'Arrial, c⁰⁰ d'Aulas, sur le Coudouloux.

Moulin d'Auquier, m⁰⁰ à vent, c⁰⁰ de Clarensac.

Moulin de Capel, m⁰⁰ à vent, auj. détr. c⁰⁰ de Nages.

Moulin de Jean-de-Lion, c⁰⁰ de Boissières, sur le
Rhôny. — *Johannes de Leono* (sic), 1306 (cart. de
Saint-Sauveur-de-la-Font).

Moulin de la Baume, c⁰⁰ de Sanilhac, sur le Gardon.
— *Molendinum Bertrandi de Balma, condomini de
Sanilhaco, situm in ripperia Gardonis, in ejus juris-
dictione propria, quæ contiguatur jurisdictioni de
Pulis*, 1461 (reg.-cop. de lettr. roy. E, iv, f° 7).

Moulin de la Baume, c⁰⁰ d'Uzès, sur l'Alzon.

Moulin de la Bécède, c⁰⁰ de Valleraugue, sis au confluent de la Pieyre et de l'Hérault. — *Molendinum
del Bequet*, 1472 (A. Razoris, not. du Vigan).

Moulin de la Clotte, c⁰⁰ de Sommière.

Moulin de la Corbière, c⁰⁰ de Junas.

Moulin de la Crotte, c⁰⁰ de Corbès.

Moulin de Laroux, c⁰⁰ de Laval. — 1731 (arch. départ.
C. 1475).

Moulin de la Grave, c⁰⁰ de Sommière, sur le Vidourle.
— 1760 (arch. départ. C. 1152).

MOULIN DE LA LEVADE, cⁿᵉ de Vauvert, sur le Vistre. —
1726 (carte de la bar. du Caylar).

MOULIN DE LA RESSE, mᶦⁿ ruiné, sur le ruisseau de la
RESSE (voy. ce nom), au-dessus de la chapelle de
Notre-Dame-de-Bonheur.

MOULIN DE LA ROQUETTE, cⁿᵉ de Laval-Saint-Roman.

MOULIN DE LA TOUR, cⁿᵉ de Bagnols.

MOULIN DE LA TOUR, cⁿᵉ de Laval. — 1731 (arch. départ.
C. 1475).

MOULIN DE LA TOUR, cⁿᵉ d'Uzès.

MOULIN DE LA TOURILLE, cⁿᵉ de Saint-Cosme-et-Maruéjols.

MOULIN DE LAUDUN, cⁿᵉ de Laudun, sur le Tave.

MOULIN DE L'AURE, cⁿᵉ de Vestric-et-Candiac, sur le
Vistre.

MOULIN DE L'AUSSELON, cⁿᵉ de Vauvert, sur le Vistre.

MOULIN DE LA VABRETTE, auj. détruit, cⁿᵉ de Gajan. —
Iter de Gajanis versus molendinum de la Vabreta,
1463 (L. Peladan, not. de Saint-Geniès-en-Malgoirès).

MOULIN DE LA VILLE, moulin à vent, sis cⁿᵉ d'Aiguesmortes.

MOULIN DEL GUA, cⁿᵉ du Vigan, sur l'Arre. — Molendinum al Gua, in parrochia de Vicano, 1310 (pap. de
la fam. d'Alzon).

MOULIN DE L'ÉVÊQUE, cⁿᵉ de Saint-Gervasy. — 1549
(arch. départ. C. 1785).

MOULIN DE L'HÔPITAL, cⁿᵉ de Saint-Christol-de-Rodières,
auj. détruit.

MOULIN DE LIQUIS, cⁿᵉ de Galargues, sur le Vidourle.
— Molendinum Lequiœ, 1422 (arch. munic. de
Nimes, E. 3).

MOULIN DE L'OBSERVANCE-DE-SAINT-GILLES, cⁿᵉ de Bouillargues. — 1695 (arch. munic. de Nimes). —
Moulin-Villard (carte géol. du Gard).

MOULIN DE LORIOL, cⁿᵉ de Vic-le-Fesq. — 1731 (arch.
départ. C. 1476).

MOULIN DE MALARTE, cⁿᵉ de Saint-Laurent-des-Arbres.
— 1731 (arch. départ. C. 1476).

MOULIN DE MASSILLARGUES, cⁿᵉ d'Aimargues, sur le
Vidourle.

MOULIN DE MONTDARDIER, cⁿᵉ de Pommiers, sis sur
la Glèpe.

MOULIN D'ENTRAIGUES, cⁿᵉ de Valleraugue, sur le Cros.

MOULIN DES ADAMS, cⁿᵉ d'Anduze.

MOULIN DE SAINT-MICHEL-DE-VABANÈGUES, cⁿᵉ d'Aimargues. — 1775 (arch. départ. C. 1177). — Voy.
SAINT-MICHEL-DE-VABANÈGUES.

MOULIN DES CARMES, mᶦⁿ à vent, cⁿᵉ de Nimes, sur le
Puech-Ferrier.

MOULIN DES COMMANDEURS, cⁿᵉ de Montfrin, au confluent du Gardon et du Bornègre.

MOULIN DES FILLES, cⁿᵉ d'Aramon. — 1637 (Pitot,
not. d'Aramon).

MOULIN-DES-GUIS (LE), h. et mᶦⁿ détruit, cⁿᵉ de Carsan.

MOULIN DES MALADES, cⁿᵉ de Bouillargues, sur le Vistre.
— Molendinus Infirmorum, 1380 (comp. de Nimes).
— Molin des Malautes, 1479 (la Taula del Poss. de
Nimes). — Moulin des Malades, 1671 (compoix
de Nimes). — Moulin de l'Hôpital, 1695 (arch.
munic. de Nimes).
A toujours appartenu à l'hôpital de Nimes.

MOULIN DES QUATRE-PRÊTRES, cⁿᵉ de Vauvert, sur le
Vistre. — Lo Molin-Domenegal, 1374 (chapell. des
Quatre-Prêtres, arch. hosp. de Nimes). — Le moulin des Quatre-Capellans, 1656 (arch. commun. de
Vauvert).
Ce moulin fut acheté, en 1374, au seigneur de
Posquières par le cardinal d'Albanie, et par lui
donné à la chapellenie des Quatre-Prêtres, lorsqu'il
la fonda en 1379.

MOULIN D'ÉTIENNE, cⁿᵉ de Vauvert, sur le Vistre. — Lo
Molin d'Estève, 1557 (chapell. des Quatre-Prêtres,
arch. hosp. de Nimes). — Moulin d'Estienne, 1726
(carte de la bar. du Caylar).

MOULIN DE VEINDRAN, cⁿᵉ de Galargues, sur le Vidourle.
— Appelé aussi Vaudran.

MOULIN DE VIDIL, mᶦⁿ à vent, cⁿᵉ de la Bastide-d'Engras.

MOULIN DE VITON, cⁿᵉ de Vabres, sur le ruisseau de
Lalle.

MOULIN D'HÉLIAS, mᶦⁿ à vent, cⁿᵉ de Théziers. —
1637 (Pitot, not. d'Aramon).

MOULIN D'IVOLET, cⁿᵉ de Marguerittes, sur le Canabou.

MOULIN DU FOUR, cⁿᵉ de Saint-Siffret. — 1731 (arch.
départ. C. 1474).

MOULIN DU MAS-NÈVE, cⁿᵉ de Foissac, sur le Bourdiguet.

MOULIN DU PIN, cⁿᵉ de Nimes, sur le Vistre. — 1614
(arch. départ. G. 36).
Le moulin du Pin rapportait, en 1693, à l'évêché de Nimes 500 livres de rente annuelle, 6 chapons, 6 canards et 200 anguilles.

MOULIN DU PONT, cⁿᵉ d'Uzès, sur l'Alzon.

MOULIN DU PONT, cⁿᵉ du Vigan, sur l'Arre. — Molendinum de Ponte, 1430 (A. Montfajon, not. du
Vigan).

MOULIN DU PONT-DE-QUART, cⁿᵉ de Nimes, sur le Vistre.
— Molino quos vocant Sedicata, usque in ipso pontilio qui est in via qui de Carto ad Costaballenes discurrit, 921 (cart. de N.-D. de Nimes, ch. 85).

MOULIN DU PRIEUR, cⁿᵉ de Nimes, sur le Vistre. —

Molendinus Prioris, 1230 (chap. de Nimes, arch. départ.). — *Molin del Prior*, 1479 (la Taula del Poss. de Nismes).

MOULIN DU PRIEUR, cⁿᵉ de Vézenobre. — *Via que ducit a Venedubrio ad molendinum Prioris*, 1230 (chap. de Nimes, arch. départ.). — *Molendinum prioris de Vicenobrio*, 1437 (Et. Rostang, not. d'Anduze).

MOULIN DU TOURNAL, cⁿᵉˢ d'Uzès:

MOULIN DU TRAU, cⁿᵉ de Saint-Laurent-d'Aigouze. — 1595 (arch. départ. C. 901; Ménard, IV, pr. journaux, p. 4, c. 1; V, p. 14).

MOULINE (LA), f. cⁿᵉ de Concoules. - - 1731 (arch. départ. C. 1474).

MOULINE (LA), h. cⁿᵉ de Lanuéjols. — *Mansus de la Mouline, parrochie Sancti-Laurencii de Lanuejol*, 1514 (pap. de la fam. d'Alzon).

MOULINE (LA), h. cⁿᵉ de Saint-Paul-la-Coste.

MOULINE (LA), f. cⁿᵉ de Sommière.

MOULINET (LE), h. cⁿᵉ de Saint-Ambroix. — *Le Moulinet, paroisse de Saint-Jean-de-Valeriscle*, 1731 (arch. départ. C. 1474).

MOULINET (LE), mⁱⁿ détruit, cⁿᵉ de Sumène.

MOULINET (LE), f. cⁿᵉ de Valleraugue.

MOULIN FLAMÉJAL, sur le canal de la Fontaine de Nimes. — 1175 (arch. départ. G. 195). — *Moulin de M. d'Albenas*, 1675 (arch. munic. de Nimes; anc. plans, bibl. de Nimes, suppl. 2,576).

C'était le second des quatre moulins situés sur le canal de la Fontaine, entre sa source et son entrée dans la ville. Il fut détruit, en 1744, par suite des travaux de l'ingénieur Maréchal.

MOULIN FOUCARAN, cⁿᵉ de Vestric-et-Candiac, sur le Vistre.

MOULIN FOUQUET, cⁿᵉ d'Aubord, sur le Vistre. — *Molendinus Fulcheti*, 1233 (chap. de Nimes, arch. départ.). — *Molin Foucquet, la prada de Faucquet*, 1595 (comp. d'Aubord). — *Le moulin Fouquet*, 1779 (arch. départ. C. 150).

MOULIN GABRIEL, cⁿᵉ de Manduel.

MOULIN GARANEL, cⁿᵉ de Sommière, sis sur le Vidourle.

Il appartenait en 1712 à l'abbé de Rouvière du Dions, marquis de Montpezat, dont l'hôpital de Nimes fut légataire.

MOULIN GAVAGNAC, sur le canal de la Fontaine de Nimes. — 1282 (arch. départ. G. 195). — *Molin-Gavanhac*, 1479 (la Taula del Poss. de Nismes). — *Moulin-Gavanhac ou Besson*, 1573 (arch. départ. G. 190). — *Le moulin du Chapitre*, 1695 (arch. munic. de Nimes).

C'était le quatrième, et le plus rapproché de la ville, des moulins situés sur le canal, à partir de sa

source. Il fut supprimé, comme le moulin Flaméjal, en 1744, par suite des travaux d'embellissement exécutés par l'ingénieur Maréchal.

MOULIN GAVOT, cⁿᵉ d'Uzès, sur l'Alzon.

MOULIN GUIRAUD, cⁿᵉ de Marguerittes, sur le Canabou.

MOULIN HAUT, cⁿᵉ d'Aumessas, près de Cornier.

MOULIN JALOT, cⁿᵉ de Calvisson, sur le ruisseau d'Escattes.

MOULIN JANET, mⁱⁿ à vent, cⁿᵉ de Saint-Dézéry, détruit en 1790. — 1776 (comp. de Saint-Dézéry).

MOULIN JOLICLERC, cⁿᵉ de Colias.

MOULIN JUVÉNAL, cⁿᵉ de Galargues, sis sur le Vidourle. — *Molendinus vocatus Juvenal, situs in rippariam Viturli, prope pontem Lunelli*, 1423 (arch. munic. de Nimes, E. III). — Détruit en 1491.

MOULIN MAGNIN, cⁿᵉ de Nimes, sur le ruisseau de la Fontaine, au-dessous de la ville. — *Moulin de Chantal ou de Vidal*, 1485 (arch. départ. G. 198). — *Moulin de M. d'Aigremont*, 1671 (comp. de Nimes). — *Moulin à eau de M. de Rochemore, près le pont de Vidal*, 1695 (arch. munic. de Nimes).

Acheté par la ville en 1862, il vient d'être détruit pour l'alignement du quai Roussy.

MOULIN MALUAN, cⁿᵉ de Nimes, sur les fossés de la ville, entre la porte de la Madeleine et la porte Saint-Antoine. — *Moulin de Maillan*, 1586 (arch. départ. G. 190). — Détruit en 1744.

MOULIN MALVALETTE, cⁿᵉ d'Aramon. — 1637 (Pitot, not. d'Aramon).

MOULIN MARTINET, cⁿᵉ de Castillon-de-Gagnère, sur la Gagnère.

MOULIN NÈGRE, cⁿᵉ de Saint-Dionisy. — *Ad Molendinum-Nigrum*, 1382 (arch. départ. G. 305); 1548 (ibid. C. 1781).

MOULIN-NEUF (LE), q. cⁿᵉ d'Alais. — (J.-M. Marette, *Rech. hist. sur Alais*.)

MOULIN NEUF, cⁿᵉ de Bourdic, sis sur le Bourdiguet.

MOULIN NEUF, cⁿᵉ de Saint-Bonnet. — 1552 (arch. départ. C. 1780).

MOULIN-NEUF (LE), f. et mⁱⁿ, sur l'Alzon, cⁿᵉˢ de Saint-Quentin et de Saint-Siffret. — 1731 (arch. départ. C. 1474).

MOULIN PASQUIER, cⁿᵉ de Roquemaure.

MOULIN PATO, cⁿᵉ de Clarensac, sur le Rhôny.

MOULIN PERROCHEL, cⁿᵉ de Colias, sur le Gardon.

MOULIN PEZOUILLOUX, cⁿᵉ de Nimes. — *Molendinus Pedoilosus*, 1116 (cart. de Notre-Dame de Nimes, ch. 31). — *Le molin Pezolhos*, 1394 (arch. départ. G. 161). — *Moulin-Pezouilloux*, 1562 (ibid. G. 162).

Ce moulin était situé dans Nimes, contre le mur intérieur du rempart, à gauche, à l'entrée du canal de l'Agau. C'est là que se réunirent en 1569, pour envahir la ville, les religionnaires entrés par la grille de la Bouquerie (voy. Ménard, t. V, note de la p. 10). Il fut détruit en 1744, par suite des travaux de Maréchal.

MOULIN PORTAL, c⁰ᵉ de Saint-Césaire-de-Gauzignan, sur le Gardon.

MOULIN RASPAL, mᶦⁿ à vent, cᵉ de Nimes, dans la plaine du Vistre. — *Molendinum de Magal,* 1175 (Lay. du Tr. des ch. t. I). — *Molendinus Crematus; Molin-Crémat,* 1380 (comp. de Nimes). — *Béulaigue ou le Crémat,* 1534 (arch. départ. G. 176). — *Molin-Crémat, en Colobre ou Magalhe,* 1613 (Bruguier, not. de Nimes). — *Moulin-Raspal,* 1695 (arch. munic. de Nimes).

MOULIN RAZOUX, cᵉ de Vestric-et-Candiac, sur le Vistre.

MOULIN REY, cᵉ de Nimes. — (Anc. plans, bibl. de Nimes, suppl. 2,576.)

C'était le troisième sur le canal de la Fontaine de Nimes. Il était situé sur la rive gauche, à la hauteur du pont de Vierne. — Détruit en 1744.

MOULIN ROUPT, mᶦⁿ aujourd'hui détruit, cᵉ de Parignargues. — *Le Moulin-Rout,* 1551 (arch. départ. C. 1771).

MOULINS (LES), q. cᵉ de Beauvoisin.

MOULINS (LES), h. cⁿᵉ de Thoiras. — 1542 (arch. dép. C. 1803).

MOULIN SABELLE, cᵉ de Vestric-et-Candiac, sur le Vistre.

MOULINS DE CAVEIRAC (LES), — HAUT et BAS —, cᵉ de Caveirac, sur le Rhôny.

MOULINS DE FERRAGUT (LES), cᵉ de Remoulins, sur le Gardon.

MOULINS DE PASCALET (LES), l'un à eau et l'autre à vent, cⁿᵉ de Calvisson.

MOULINS DE SAINT-BONNET (LES), cᵉ de Saint-Bonnet. — *Molini Sancti-Boniti,* 994 (cart. de Psalm.).

MOULINS DE SAINT-JEAN (LES), mᶦⁿˢ à eau, cⁿᵉ de Bellegarde. — 1674 (rec. H. Mazer).

Ils dépendaient de la commanderie de Liviers ou de Barbentane.

MOULINS DU GRAS-AGNEAU (LES), mᶦⁿˢ auj. détruits, cᵉ de Beaucaire.

MOULIN SUPÉRIEUR, cᵉ de Nimes, sur le bassin des bains romains de la fontaine de Nimes. — *Molendinus superior de Fonte, prope monasterium,* 1162 (cart. de Saint-Sauveur-de-la-Font); 1170 (*ibid.*); 1209 (Ménard, I, pr. p. 47, c. 2). — *Le moulin des dames religieuses de Beaucaire,* 1695 (arch.

munic. de Nimes). — *Le Moulin-Suprème* (anc. plans, bibl. de Nimes, suppl. 2,576).

C'était le premier des quatre moulins qui se trouvaient sur le canal de la Fontaine entre sa source et son entrée dans la ville. Il fut détruit en 1744.

MOULIN SUPRÈME, cᵉ de Valliguière, sur la Valliguière. — *Molendinus Supremus,* 1287 (arch. comm. de Valliguière). — *Molin-Suprème,* 1515 (*ibid.*).

MOULIN VÉDEL, cᵉ de Nimes, sur le Vistre. — *Molendinus Vedelli,* 1380 (compoix de Nimes); 1412 (chap. de Nimes, arch. départ.); 1499 (arch. départ. G. 241); 1596 (*ibid.* G. 187). — *Moulin-Védel,* 1706 (*ibid.* G. 206).

MOULON (LE), f. cⁿᵒ d'Aramon. — *Le Moullon,* 1637 (Pitot, not. d'Aramon). — *Le Mas-de-Moulon,* 1850 (notar. de Nimes).

MOUNIER, bois, cⁿᵉ de Pompignan. — Voy. NOTRE-DAME-DE-MOUNIER.

MOURADE (LA), f. bois et chap. ruinée, cᵉ d'Aimargues. — *La commanderie de la Mourade,* 1711 (arch. dép. C. 795); 1726 (carte de la bar. du Caylar).

MOURADE (LA), f. cⁿᵉ de Saint-Christol-de-Rodières. — 1750 (arch. départ. C. 1662).

MOURASSE (LA), bois, cⁿᵉ de Bouquet.

MOURAT, f. cⁿᵉ du Vigan. — *Mansus de Murada,* 1391 (pap. de la fam. d'Alzon).

MOURDIÈRE (LA), montagne, cⁿᵉ de Fournès. — (Rivoire, *Statist. du Gard.*)

MOUREFRECH, q. cⁿᵉ de Nimes. — *Morefrech,* 1380 (compoix de Nimes); 1632 (pap. de la fam. Valette, arch. hosp. de Nimes); 1671 (*Mourefrech,* 1671 (compoix de Nimes). — *Mourefrais,* 1818 (notar. de Nimes).

MOURES (LES), bois, cⁿᵉ de Bouquet. — (Rivoire, *Statist. du Gard.*)

MOURETON, f. cⁿᵉ de Valleraugue.

MOURÈZES (LES), montagne, cⁿᵉ du Vigan. — *Honor de Morese, in parochia Sancti-Petri de Vicano,* 1218 (cart. de Saint-Victor de Marseille, ch. 1000); 1219 (*ibid.* ch. 1119). — *Moreviæ,* 1347 (cart. de Saint-Sauveur-de-la-Font).

MOURGUES, f. cⁿᵉ de Beaucaire. — *Le Mas-de-Mourgues,* 1822 (notar. de Nimes).

MOURGUES, h. cⁿᵉ de Castillon-de-Gagnère. — *Mas-de-Mourgues,* 1759 (arch. départ. C. 1708).

MOURGUES (LES), q. cᵉ de Nimes. — *Ad Monacum-Album,* 1380 (comp. de Nimes). — *Morgue-Blanc,* 1479 (la Taula del Poss. de Nismes).

MOURGUES (LES), h. cⁿᵉ de la Rouvière (le Vigan).

MOURGUES (LES), q. cⁿᵉ de Sainte-Anastasie. — 1547 (arch. départ. C. 1658).

MOURGUES (LES), q. cⁿᵉ de Vergèze.

Mourier (Le), f. cne de Dourbie. — *Mansus vocatus lo mas del Morier*, 1513 (A. Bilanges, not. du Vigan). — *Le mas du Morier*, 1514 (pap. de la fam. d'Alzon).

Mourier (Le), h. cne d'Hortoux-et-Quilhan.

Mourier (Le), h. cne de Soudorgues.

Mourtissoun, q. cne de Roquemaure.

Mousoulès, h. cne de Mars. — *Maussoil*, 1695 (cad. d'Aulas). — *Mouzoulès*, 1833 (cad. de Mars).

Moussac, cne de Saint-Chapte. — *Mozac*, 1169 (cart. de Saint-Sauveur-de-la-Font). — *Mozacum*, 1169 (chap. de Nimes, arch. départ.). — *Mociacum*, 1228 (cart. de Psalm.). — *Villa de Mociaco*, 1254 (bibl. du grand séminaire de Nimes). — *Ecclesia de Mossiaco*, 1314 (Rot. eccl. arch. munic. de Nimes). — *Mossacum, Mossacensis*, 1363 (Gall. Christ. t. VI, p. 637). — *Mossiacum*, 1384 (dénombr. de la sénéch.). — *Mossacum*, 1385 (Mén. III, pr. p. 61, c. 2). — *Locus de Mossaco, Uticensis diœcesis*, 1463 (L. Peladan, not. de Saint-Geniès-en-Malgoirès). — *Moussac*, 1547 (arch. départ. C. 1314). — *Le prieuré Saint-Nazaire de Moussac*, 1733 (insin. eccl. du dioc. de Nimes).

Moussac appartenait à la viguerie et au diocèse d'Uzès, doyenné de Sauzet. — On y comptait 10 feux en 1384. — Le prieuré de Saint-Nazaire de Moussac était uni à la mense épiscopale d'Uzès. — M. de La Tour, d'Arles, possédait à Moussac, en 1721, des fonds et fiefs nobles. — Les armoiries de Moussac sont : *de sable, à un pal losangé d'or et d'azur*.

Mousse (La), f. cne de Valleraugue.

Moussiniels (Les), h. cne de Sainte-Croix-de-Caderle. — *Les Moziniels*, 1789 (carte des États).

Moustarde, f. cne de Sainte-Anastasie.

Moutarde (La), f. cne de Sernhac. — 1554 (arch. départ. C. 1801).

Moutet (Le), h. cne de Cannes-et-Clairan.

Moutet (Le), h. cne de la Capelle-et-Mamolène.

Mouton (Le), h. cne de Verfeuil.

Mouton (Le Grand- et le Petit-), îles du Rhône, cne d'Aramon. — 1304 (arch. départ. C. 99); 1734 (ibid. C. 1261).

Mouvinède (La), bois, cne du Caylar. — *La Mauvinède*, 1726 (carte de la bar. du Caylar).

Mugues (Les), bois, cne de Combas.

Mule (La), f. cne de Tornac.

Mulnière (La), q. cne de Redessan. — *Ad ipsos Salices, ubi vocant Mulnaricia, in ipsa villa Redituano*, 943 (cart. de N.-D. de Nimes, ch. 80). — *La Mulnière*, 1671 (comp. de Nimes).

Municiagum, lieu inconnu, cne de Roquedur. — *Villa que vocatur Municiago, sub castro Exunatis, in pago Nemausense*, 875 (cart. de N.-D. de Nimes). — *In terminium de villa Mozago, in suburbio castro Exunatus*, 929 (ibid. ch. 192).

Murat, f. cne de Fourques. — *Mérard*, 1789 (carte des États).

Murias, f. cne de Manduel. — *Bonnisse*, 1671 (comp. de Nimes); 1733 (pap. de la fam. Séguret, arch. hosp. de Nimes).

Mus, cne de Vauvert. — *Murs, villa in Valle-Anagia*, 1060 (cart. de Notre-Dame de Nimes, ch. 150); 1094 (cart. de Psalm.). — *Perreria de Muris*, 1165 (ibid.). — *Prioratus Sancti-Johannis de Muris*, 1224 (arch. départ. G. 263). — *Muri*, 1384 (dénombr. de la sénéch.). — *Ecclesia de Muris*, 1386 (rép. du subs. de Charles VI). — *Murs*, 1435 (rép. du subs. de Charles VII). — *Le prieuré Saint-Pierre de Mus*, 1589 (ins. eccl. du dioc. de Nimes). — *Le prieuré Saint-Jean-Baptiste* (sic) *de Mus*, 1729 (pouillé du dioc. de Nimes, arch. départ.).

Mus faisait partie, avant 1790, de la viguerie et du dioc. de Nimes, archiprêtré d'Aimargues. — Ce village se composait, en 1384, de 2 feux, et en 1744, de 40 feux et de 160 habitants. — La terre de Mus était du nombre de celles qui furent comprises dans l'*Assise* de Calvisson. — En 1644, la paroisse de Mus fut une de celles qui contribuèrent à former le marquisat de Calvisson. — Ce lieu ressortissait à la cour royale ordinaire de Nimes. — Le prieuré de Saint-Pierre (d'après les insin. eccl. du diocèse de Nimes), de Saint-Jean (d'après le pouillé de 1729 et Ménard, t. VI, success. chronol. p. 48) de Mus était à la collation de l'évêque de Nimes et valait 1,200 livres.

Mus, ruines d'une villa gallo-romaine, cne de Conqueirac. — *D. de Villa-Veteri, parochie Sancti-Ypoliti*, 1321 (chap. de Nimes, arch. départ.). — *La ville de Mus* (Viguier, *Notice sur Anduze*).

Muscadelle (La), f. cne de Roquemaure. — 1695 (arch. départ. G. 1653).

Muzette (La), f. cne de Saint-Laurent-d'Aigouze. — *La Muzète*, 1768 (arch. départ. C. 16).

Ce domaine appartenait alors à M. le marquis de Calvière.

N

NADILHE, f. cⁿᵉ de Saint-Félix-de-Pallières.

NADUEL (LE), ruisseau qui prend sa source près du hameau de la Sanguinède, cⁿᵉ de Montdardier, et va se jeter dans la Creuse au hameau de l'Arboussine, cⁿᵉ de Saint-Laurent-le-Minier. — Parcours : 3,100 mètres.

NAGES, cᵒⁿ de Sommière. — *Villa Anagia*, 895 (cart. de N.-D. de Nimes, ch. 149); 1024 (Hist. de Lang. II, pr.); 1077 (cart. de N.-D. de Nimes, ch. 144). — *Ecclesia de Anagia*, 1156 (ibid. ch. 84). — *Villa de Anagia*, 1265 (chap. de Nimes, arch. départ.); 1384 (dénombr. de la sénéch.). — *Ecclesia de Anagia*, 1386 (rép. du subs. de Charles VI); 1396 (chap. de Nimes, arch. départ.). — *Anages*, 1435 (rép. du subs. de Charles VII). — *Locus de Anagüs*, 1482 (Mén. IV, pr. p. 23, c. 2). — *Villa de Nagüs; Sanctus-Saturninus de Nagüs*, 1539 (ibid. p. 154 et 155, c. 2). — *Naiges*, 1554 (J. Ursy, notaire de Nimes). — *Nages de Serorgues*, 1582 (Tar. univ. du dioc. de Nimes). — *Nages et Solorgues*, 1650 (G. Guiran, *Style de la Cour royale ord. de Nimes*). — *Le prieuré Sainct-Saturnin de Nages*, 1659 (insin. eccl. du dioc. de Nimes); 1706 (arch. départ. G. 206).

Nages appartenait, avant 1790, à la viguerie et au diocèse de Nimes, archiprêtré de Nimes. — En 1384, on y comptait 8 feux, et en 1744, 80 feux et 320 habitants. — La terre de Nages fut possédée jusqu'en 1555 par les mêmes seigneurs que celle d'Aubais; elle passa ensuite aux familles nimoises de Pavée, de Barrière, de Rochemore, de Bérard et du Caylar, puis dans celle de La Rochefoucauld. — Au sommet de la colline sur le flanc de laquelle Nages est bâti, on trouve les restes de l'oppidum celtique qui a précédé la localité gallo-romaine, dont le nom est resté au pays de LA VAUNAGE (voy. ce nom). — Le prieuré de Saint-Saturnin de Nages, uni à la mense capitulaire de Nimes, valait 2,200 livres. — Dès la fin du xviiᵉ siècle, le village de Solorgues, réuni à Nages, formait la communauté de *Nages-et-Solorgues*. — Cette communauté portait pour armoiries : *d'or, à une rivière de sinople, dans laquelle nage un dauphin d'argent.*

NAIGRE, f. cⁿᵉ de Sommière.

NAND, f. cⁿᵉ de Galargues. — *Villa Nemptis*, 994 (cart. de Psalm.). — *Naud* (carte géol. du Gard).

NAUGIER, f. cⁿᵉ de Laudun.

NAVACELLE, cᵒⁿ de Saint-Ambroix. — *Nova-Cella*, 1384 (dénombr. de la sénéch.). — *Locus de Nova-Cella, Uticensis diocesis*, 1462 (reg.-cop. de lettr. roy. E, v). — *Novacelle*, 1549 (arch. départ. C. 1320). — *Novecelle*, 1558 (J. Ursy, not. de Nimes). — *Le prieuré Sainct-Pierre de Navacelle*, 1602 (J. Gentoux, not. d'Uzès). — *Navacelles* (carte géol. du Gard).

Navacelle appartenait, avant 1790, à la viguerie et au diocèse d'Uzès, et ne se composait que de 4 feux en 1384. — C'était, au xviiᵉ siècle, le chef-lieu de l'un des neuf doyennés de ce diocèse. — Le prieuré de Saint-Pierre de Navacelle était à la collation de l'évêque d'Uzès. — Ce village ressortissait au sénéchal d'Uzès. — M. Roustang, de Saint-Quentin, en était seigneur au xviiiᵉ siècle. — Les armoiries de Navacelle sont : *de sinople, à un chef losangé d'or et de sable.*

NAVAS, h. cⁿᵉ de Montdardier. — *P. de Navas*, 1262 (cart. de N.-D. de Bouh. ch. 41). — *P. de Navacio*, 1271 (pap. de la fam. d'Alzon). — *Mansus de Navassio, parochiæ de Monte-Desiderio*, 1466 (J. Montfajon, not. du Vigan).

NAVIÈRES (LES), f. cⁿᵉ de Saint-Martial.

NAVOUS, h. cⁿᵉ de Mandagout. — *Navesium, parrochiæ de Mandagoto*, 1472 (A. Razoris, not. du Vigan). — *Mansus de Navolis, parrochiæ de Mandagoto*, 1472 (ibid.).

NAYZADE (LA), f. cⁿᵉ de Tornac. — 1552 (arch. départ. C. 1804).

NAZARY, f. cⁿᵉ de Tornac.

NEBLON, f. cⁿᵉ d'Aiguesmortes.

NÉGADES (LES), q. cⁿᵉ de Sernhac. — *Les Néguades*, 1554 (arch. départ. C. 1801).

NÉGADICES (LES), q. cⁿᵉ d'Aubord. — *Le vallat des Négadices*, 1750 (pap. de la fam. Séguret, arch. hosp. de Nimes).

NÈGRE (LE), f. cⁿᵉ de Laval.

NÈGRE (LE), bois, cⁿᵉ de Souvignargues.

NÈGUE-SAUME, q. cⁿᵉ de Vestric-et-Candiac. — *In Negua-Sauma*, 1380 (comp. de Nimes); 1479 (la Taula del Poss. de Nismes). — *Nègue-Saume, sive Pont-des-Anches*, 1862 (notar. de Nimes).

NÉMAUSENC (LE), NÉMOZÈS (LE), représentait le *pagus Nemausensis*. Il comprenait l'Andusenque, le Salavès ou pays de Sauve, l'ancien *pagus Arisitensis* ou l'archiprêtré du Vigan, la viguerie de Nimes, une partie de celle de Beaucaire et la Vaunage. — *Nemausensis pagus*, 816 (cart. de Psalm.).— *Nemausensis comitatus, diocesis Septimaniæ*, 817 (D. Bouquet, *Hist. de Fr. dipl. de Louis le Déb.*). — *Pagus Nemausensis*, 876 (Ménard, I, pr. p. 11, c. 2). — *Pagus Nemausensis, in finibus Gothiæ*, 879 (*ibid.* p. 15, c. 1). — *Territorium civitatis Nemausensis; comitatus Nemausensis*, 916 (cart. de N.-D. de Nimes, ch. 67 et 68). — *Pagus Nemausensis*, 978 (*ibid.* ch. 96).—*Civitas Nemausensis*, 1050 (Ménard, I, pr. p. 11 et 12).— — *Territorium Neumausense*, 1058 (cart. de Saint-Victor de Marseille, ch. 834). — *Comitatus Nemausensis*, 1080 (cart. de N.-D. de Nimes, ch. 63). — *Episcopatus Neumasensis*, 1081 (cart. de Saint-Victor de Marseille, ch. 859).

NERS, c^{on} de Vézenobre. — *Castrum de Ners*, 1121 (Gall. Christ. t. VI, p. 304). — *Nercium*, 1247 (chap. de Nimes, arch. départ.); 1384 (dénombr. de la sénéch.). — *Ners*, 1547 (arch. départ. C. 1316); 1557 (J. Ursy, not. de Nimes).— *Le prieuré Sainct-Saulveur de Ners*, 1620 (insin. eccl. du dioc. d'Uzès). — *L'église de Ners*, 1736 (arch. départ. C. 1307). — *Le pont de Ners*, 1781 (*ibid.* C. 118).

Ners faisait partie, avant 1790, de la viguerie d'Uzès et du doyenné de Sauzet, diocèse d'Uzès. — On y comptait 3 feux en 1384. — Le prieuré de Saint-Sauveur de Ners était à la collation de l'évêque d'Uzès. — Un pont romain traversait le Gardon près de Ners : J.-Fr. Séguier assure que, de son temps, on voyait encore les premières assises de plusieurs piles de ce pont dans le lit du Gardon. — Ners ressortissait au sénéchal d'Uzès. — M. le marquis de Calvières en était seigneur au xvIII° siècle.

— Les armoiries de Ners sont : *de sable, à une fasce losangée d'or et de sinople.*

NIBLE (LA), f. c^{ne} de la Salle. — *Las Nibles*, 1789 (carte des États).

NICOLAS, f. c^{ne} de Montpezat.

NIDAUSSELS, h. c^{ne} de Ponteils-et-Brézis. — *Nis-Daussel*, 1791 (bull. de la Soc. de Mende, t. XVI, p. 160).

NIMES, chef-lieu du département. — NMY (Boudard, *Numism. celtib.*). — NEMAY, NAMAΣAT (De La Saussaye, *Num. de la Gaule Narb.*). — COL*onia* NEM*ausus* (Méd. impér. colon.). — NAMAYΣIKABO (inscr. celt. du Nymphée de Nimes). — NAMAYCATIC (inscr. celt. de Vaison, au musée d'Avignon). — RES·PVBLICA· NEMAVSESIVM (inscr. monum. au Nymphée de Nimes). — NEMAVSENSES (inscr. de Nimes, passim). — *Nemausum* (Plin. *Hist. Nat.* III, 4). — Νέμαυσος (Strab. IV, 1, 186). — NEMAYCOC (inscr. ap. Ménard, t. VII, 268). — Νεμαύσιος,

Νεμαυσΐνος (Steph. Byz.). — *Nemausus* (Pomp. Mela, II, 5). — *Nemausum* (Itin. Ant.; Itin. a Gad. Rom.; Itin. Hier.). — *Nemausus* (Auson. de Clar. Urb.). — *Nemausus urbs* (Greg. Tur.). — *Nemausensis ecclesia*, 589 (D. Bouquet, *Excerpt. e concil.*). — *Nemis seu Nemauso* (D. Bouquet, *Divis. prov. Narb. dum Gothis parebat*). — *Nemausa civitas*, 814 (D. Bouquet, *Hist. de Fr. dipl. de Louis le Débonn.*). — *Nemausiacus* (Theodulf. Aurel. ep. *Carm.*). — *Nemausus civitas*, 876 (Mén. I, pr. p. 10, c. 1). — *Nemosus*, 950 (Hist. de Lang. II, pr. col. 10). — *Nemausus, Gothiæ urbs*, 1084 (*ibid.* col. 319). — *Nimis*, 1090 (Lay. du Tr. des ch. t. I, p. 32). — *Civitas Nemausus*, 1114 (Mén. I, pr. p. 12, c. 1). — *Nemausensis moneta*, 1149 (Lay. du Tr. des ch. t. I, p. 64). — *Nemse*, 1168 (Hist. de Lang. II, pr. col. 607). — *Nimes*, 1357 (Mén. II, pr. p. 187, c. 2). — *Nemse, Nimez* (*ibid.*). — *Nymes*, 1386 (Mén. III, pr. p. 89, c. 1). — *Nysmes*, 1426 (*ibid.* p. 222, c. 1). — *Nemse*, 1428 (*ibid.* p. 228, c. 1). — *Ecclesia Nemensis*, 1511 (prem. Missel imprimé de Nimes, ap. Ménard, IV, note 1, p. 4). — *Nymes*, 1568 (*ibid.* pr. p. 327).

L'évêché de Nimes, quatrième suffragant de l'archevêché de Narbonne, supprimé en 1791, devint à l'époque de son rétablissement, en 1821, l'un des suffragants de l'archevêché d'Avignon. De 798 (époque de l'adjonction de l'évêché d'*Arisitum*) jusqu'en 1694 (création de l'évêché d'Alais), le diocèse de Nimes se composait des onze archiprêtrés suivants : Aimargues, Alais, Anduze, Meyrueis, Nimes, Quissac, Saint-Hippolyte, la Salle, Sommière, Sumène et le Vigan ou *Arisitum*, et il embrassait les vigueries d'Aiguesmortes, Alais, Anduze, Beaucaire (en partie), Nimes, Sommière et le Vigan. — Une bulle du 17 mai 1694 en détacha les archiprêtrés d'Alais, Anduze, Meyrueis, Saint-Hippolyte, la Salle, Sumène et le Vigan, pour en former le diocèse d'Alais, et ne lui laissa que quatre archiprêtrés : Aimargues, Nimes, Quissac et Sommière. — En 1791, Nimes devint le siége d'un évêché *constitutionnel*, qui eut les mêmes limites que le département du Gard. — Par le concordat de 1802, l'évêché de Nimes fut supprimé et incorporé au diocèse d'Avignon, jusqu'en 1821, époque à laquelle il fut rétabli.

La population de Nimes se composait, en 1384, de 400 feux; en 1722, de 4,725 feux et de 18,141 habitants; en 1734, de 5,844 feux et de 20,225 habitants; et en 1789, de 9,212 feux. — On y comptait 1,738 maisons en 1722; 1,967 maisons en 1726.

En 892, le comté de Nimes appartenait aux comtes

de Toulouse, dans la maison desquels il devint héré-
ditaire. — La vicomté de Nîmes passa en 956 aux
Trencavel; en 1226, elle fut réunie au domaine
royal. — La plus ancienne charte qui parle de l'organisation du consulat de Nîmes est de 1144.

Nîmes était le siége de la sénéchaussée de Beaucaire et de Nîmes, qui se composait des vigueries suivantes : Aiguesmortes (*vicaria Aquarum-Mortua-
rum*); Alais (*vicaria et villa Alesti*); Anduze (*vicaria
et villa Andusie*); Bagnols (*vicaria ressorti Balneolá-
rum*); Beaucaire (*vicaria et villa Bellicadri*); Lunel
(*vicaria et villa Lunelli*); Nîmes (*vicaria et civitas
Nemausi*); Roquemaure (*vicaria et villa Ruppis-
Mauræ*); Saint-André-de-Villeneuve-lez-Avignon
(*vicaria Sancti-Andree*); Saint-Saturnin-du-Port,
aujourd'hui le Pont-Saint-Esprit (*vicaria Sancti-
Saturnini-de-Portu*); Sommière (*vicaria et villa
Sumidrii*); Uzès (*vicaria et villa Ucecie*); le Vigan-
et-Meyrueis (*vicaria et loci Vicani et Mayrosii*). Il
faut y ajouter : 1° Montpellier (*Mons-Pessulanus,
baronia et rectoria ejus*); 2° le bailliage de Gévaudan
(*bajulia Marologii et bailliagium Gaballitani*); 3° le
bailliage du Velay (*bailliagium Vellaviæ*); 4° enfin
le bailliage du Vivarais (*bailliagium Vivariense*).

Nîmes fut encore le siége d'un présidial, créé en
mars 1551-1552, dont la juridiction s'étendait sur
toute la circonscription de la sénéchaussée. — Il y
avait de plus une cour royale ordinaire, dont le ressort n'allait pas au delà des limites de la viguerie de
Nîmes, et enfin un tribunal particulier connu sous
le nom de *Conventions royaux*, créé en 1272, avec
sceau royal et authentique, comme celui du Petit-
Scel de Montpellier.

En 1790, lors de l'organisation du département
du Gard, Nîmes devint le chef-lieu d'un district qui
comprenait les cantons d'Aiguesmortes, Aimargues,
Marguerittes, Nîmes, Saint-Gilles et Vauvert. —
Le canton de Nîmes était composé des communes de
Bouillargues, Garons, Milhau et Nîmes.

Les armoiries de Nîmes étaient, au moyen âge,
un simple champ de gueules. En 1516, François Ier
accorda aux consuls les armoiries suivantes : *de
gueules, à un taureau d'or passant à dextre*. — En
1535, les consuls obtinrent de François Ier de prendre pour blason de la communauté les insignes de
la médaille de la colonie romaine. Voici comment
elles sont données par l'armorial de 1694 : *de
gueules, à un palmier de sinople, au tronc duquel est
attaché, avec une chaîne d'or, un crocodile passant,
aussi de sinople, et une couronne d'or liée d'un ruban
de même, posée au premier canton du chef de l'écu.*
— Gastelier de La Tour les blasonne ainsi : *de

gueules, au palmier de sinople, au crocodile enchaîné
et contourné, d'azur, la chaîne d'or en bande, une couronne de laurier, aussi de sinople, attachée à dextre
du palmier, avec ces mots, d'or, en abrégé* : COL·
NEM.

NIPLE, f. c[ne] de Saint-Roman-de-Codière.

NIQUET, f. c[no] de Meynes.

NISSE, bois auj. défriché, c[ne] de Nîmes, territ. de Courbessac. — *Mansus que vocant Nizezio*, 1016 (cart.
de N.-D. de Nîmes, ch. 37). — *Le devois de Nisse*,
ou *Biscolage*, 1560 (Mén. t. V, pr.). — *Lou Nays*.
1608 (arch. hosp. de Nîmes). — *Naïzes*, 1671
(comp. de Nîmes).

NISSOLE, f. c[ne] de Saint-Roman-de-Codière.

NIVALLE, bois, c[ne] de Saint-Marcel-de-Carreiret.

NIVERETTE (LA), ruiss. qui prend sa source sur la c[ne]
de Ponteils-et-Brézis et se jette dans la Cèze sur le
territ. de la même commune.

NIZON (LE), ruiss. qui prend sa source sur la c[ne] de
Pouzilhac et se jette dans le Rhône sur le territoire de la c[ne] de Montfaucon. — LE PONT DE
NIZON (inscript. de 1588, à Laudun). — Parcours : 8,300 mètres.

NOALHE, f. auj. détr. c[ne] de Roquedur. — *Mansus de
Noalhe*, 1323 (pap. de la fam. d'Alzon). — Voy.
SAINT-PIERRE-DE-NOALHAN.

NOBLE (LE), bois, c[ne] de Fontanès.

NOE, f. c[ne] de Tresques.

NOELS (LES), h. c[ne] de Ponteils-et-Brézis.

NOGAIROLS, q. c[ne] de Nîmes. — *Territorium de Nogai-
rolo*, 1215 (cart. de Franq.). — *Nogueirol*, 1258
(*ibid.*). — *Nougayrolas*, 1301 (arch. dép. G. 200).
— *Nogayrols, ad carrayronum de Nogayrolis*, 1380
(comp. de Nîmes). — *Nougairols, autrement Chemin-Plan*, 1608 (arch. hosp. de Nîmes). — *Nou-
gairolz*, 1671 (comp. de Nîmes).

NOGARÈDE (LA), f. c[ne] de Bragassargues.

NOGARÈDE (LA), f. c[ne] de la Salle. — *Mansus de Nogareda, parochiæ Nostræ-Dominæ de Sodorgiis*, 1525
(A. Bilanges, not. du Vigan).

NOGARÈDE (LA), f. c[ne] de Vabres.

NOGARÈDE (LA), f. c[ne] de Valleraugue. — 1551 (arch.
départ. C. 1806).

NOGARET, h. c[ne] de Saint-André-de-Valborgne. — *Nogaretum*, 1243 (cart. de Franq.). — *G. de Nogua-
reto*, 1294 (Mén. I, pr. p. 123, c. 2). — *Mansus
de Nogareto, parochiæ Sancti-Andreæ Vallisbornie*,
1461 (reg.-cop. de lettr. roy. E, IV, f° 10). — *La
Nogarède*, 1552 (arch. départ. C. 1776).

NOGEIROLS, h. c[ne] de Ponteils-et-Brézis.

NOGUÉRET (LE), f. c[ne] de Saint-Martial. — 1552 (arch.
départ. C. 1793).

Noguiers (Les), q. c⁰ᵉ d'Uzès. — 1520 (arch. comm. d'Uzès, GG. 7).

Les Cordeliers d'Uzès y avaient des propriétés.

Noir (Le), f. c⁰ᵉ de Saint-Privat-des-Vieux.

Nojaret, h. c⁰ᵉ de Bonnevaux-et-Hiverne. — *Mansus de Nogareto, sive de Sancta-Cecilia*, 1345 (cart. de la seigneurie d'Alais, f° 31). — *Nojaret*, 1721 (bull. de la Soc. de Mende, t. XVI, p. 162). — *Nougaret*, 1824 (Nomencl. des comm. et ham. du Gard).

Nones (Les), f. c⁰ᵉ de la Grand'Combe.

Norat (Le), ruiss. qui prend sa source sur la c⁰ᵉ de Balmelle (Lozère), sert de limite entre le Gard et la Lozère et se jette dans le Chassezac sur le territ. de la c⁰ᵉ de Malons-et-Elze.

Notre-Dame, église ruinée, c⁰ᵉ de Gajan. — *Le prieuré Nostre-Dame de Gajant*, 1620 (insin. ecclés. du dioc. d'Uzès); 1715 (J.-B. Nolin, *Carte du diocèse d'Uzès*).

Le prieuré de Notre-Dame de Gajan était à la collation de l'évêque d'Uzès.

Notre-Dame-d'Anglas, chapelle ruinée, c⁰ᵉ de Vauvert. — *Beata-Maria de Anglata*, 1102 (cartulaire de Psalm.).

Ce prieuré, qui s'est appelé aussi Saint-Benoît-d'Anglas et Saint-Martin-d'Anglas (voy. ces noms), appartenait d'abord au monastère de Psalmody; il devint plus tard prieuré simple et séculier. Au xviiᵉ siècle, il valait 600 livres et faisait partie de l'archiprêtré de Nimes. — Voy. Anglas.

Notre-Dame-de-Beaulieu, église démolie en 1845, c⁰ᵉ de Fournès. — *Beata-Maria de Bello-Loco*, 1340 (archives communales de Montfrin). — 1586 (Combes, not. de Montfrin; Trenquier, *Notice sur Fournès*).

Notre-Dame-de-Beaulieu, église du principal hameau de la c⁰ᵉ de Mandagout. — G., *rector ecclesiæ de Bello-Loco*, 1318 (pap. de la fam. d'Alzon). — *Ecclesia Beatæ-Mariæ de Bello-Loco*, 1466 (J. Montfajon, not. du Vigan). — *Iter quo itur ab ecclesia Beatæ-Mariæ de Bello-Loco versus Navesium*, 1472 (A. Razoris, not. du Vigan).

Notre-Dame-de-Beauregard, église de Beaucaire, construite en 1682, démolie en 1810 (Forton, *Nouv. Rech. hist. sur Beaucaire*).

Notre-Dame-de-Bethléem, prieuré rural, c⁰ᵉ de Nimes. — *Beata-Maria de Bethleem*, 1428 (chap. de Nimes, arch. départ.). — *La gleisa de Betllem*, 1479 (la Taula del Poss. de Nismes). — *Nostre-Dame de Bethlem*, 1547 (arch. départ. C. 1768). — *Le prieuré Sainct-Sauveur* (sic) *de Bellem*, 1637 (insin. eccl. du dioc. de Nimes).

L'église était ruinée dès le xviᵉ siècle. — Une fondation faite, en 1546, par le prieur Antoine Valat, dans l'église de Caissargues, a rattaché le titre de cette église détruite au prieuré rural (qui en était fort voisin) de Saint-Sauveur de Caissargues. De 1546 à 1790, ce dernier prieuré a porté le titre de Notre-Dame-et-Saint-Sauveur.

Notre-Dame-de-Bonheur, église ruinée, c⁰ᵉ de Valleraugue. — *Monasterium Boni-Hominis*, 1145 (cart. de N.-D. de Bonh. ch. 59). — *Ecclesia et domus de Bonaheur*, 1150 (ibid. ch. 46). — *Locus Sanctæ-Mariæ de Bonaur*, 1156 (cart. de N.-D. de Nimes, ch. 84). — *Ecclesia Beatæ-Mariæ de Bonahur, de Bonaheur*, 1163 (cart. de N.-D. de Bonh. ch. 57). — *Ecclesia et domus de Bonahuc de Ozillone; de Bonnahuc*, 1224 (ibid. ch. 43). — *Domus, prioratus de Bonahur, de Bonhur*, 1229 (ibid. ch. 28). — *Domus Beatæ-Mariæ de Bonahur*, 1233 (ibid. ch. 17). — *Canonicus de Bonaur*, 1256 (Mén. I, pr. p. 85, col. 1). — *Domus Beatæ-Mariæ dictæ de Bonahuc, de Bonhuc*, 1257 (cart. de N.-D. de Bonheur, ch. 18). — *De Bona-Aura*, 1292 (cart. de Psalm.). — *Ecclesia de Bonauro*, 1307 (cart. de N.-D. de Bonh. ch. 7, 9, 12 et passim). — *Canonici ecclesiæ Beatæ-Mariæ de Bonaur, de Bonaheur, ordinis S. Augustini*, 1436 (insin. eccl. du diocèse de Nimes). — *Montaneuc de Bonahur*, 1478 (ibid.). — *Domus canonicorum de Bonaheur*, 1512 (pap. de la fam. d'Alzon). — *Sancta-Maria de Bonaura*, 1606 (insin. eccl. du diocèse de Nimes). — *L'église collégiale de Bonheur*, 1660 (ibid.).

Fondé vers le milieu du xiiᵉ siècle par les libéralités des seigneurs de Roquefeuil, comme maison de secours aux voyageurs égarés sur ces hautes montagnes, le monastère de Bonheur appartenait au chapitre cathédral de Nimes, qui l'échangea, en 1249, avec son évêque Raymond contre les prieurés de Saint-André de Clarensac, Saint-Étienne d'Alverne et Saint-Martin de Cinsens. — L'église de Notre-Dame-de-Bonheur, plusieurs fois ruinée, subsiste encore à l'état de bergerie, et l'on peut en faire remonter la construction jusqu'au xiiᵉ siècle.

Notre-Dame-de-Bonne-Aventure, ancienne chapelle dans Beaucaire, démolie en 1830 (Forton, *Nouv. Rech. hist. sur Beaucaire*).

Notre-Dame-de-Bon-Voyage, ancienne chapelle dans Beaucaire, détruite en 1804 (Forton, *Nouv. Rech. hist. sur Beaucaire*).

Notre-Dame-de-Bruris, chapelle ruinée, c⁰ᵉ d'Aigaliers. — *Notre-Dame de Bruyès*, 1789 (carte des États).

Notre-Dame-de-Carrugières, église totalement ruinée

et disparue, c^{ne} d'Aiguesvives. — *Ecclesia Sancta-Maria quæ vocant Garrugaria*, 898 (cart. de N.-D. de Nîmes, ch. 179). — *Carugaria*, 920 (*ibid.* ch. 14). — *Carrugarias*, 1027 (*ibid.* ch. 72). — *Villa Karrugarias*, 1031 (*ibid.* ch. 109). — *Carrugueriæ*, 1115 (*ibid.* ch. 79). — *Ecclesia de Carrugeriis*, 1156 (*ibid.* ch. 84). — *Beata-Maria de Carrugaria; Mansus de Carrugeriis*, 1169 (chap. de Nîmes, arch. départ.); 1260 (*ibid.*); 1308 (arch. départ. G. 266). — *L'église Nostre-Dame-de-la-Place*, située dans la dixmerie *d'Olozargues*, 1547 (Auz. Robin, not. de Calvisson).

Les églises rurales de Saint-Vincent-d'Olozargues et de Notre-Dame-de-Carrugières ou de la Place avaient été annexées l'une à l'autre dès 1260, et elles étaient desservies par un des chanoines de l'église cathédrale de Nîmes, comme le prouve la bulle d'Alexandre IV (arch. départ.).

Notre-Dame-de-Cendras, abbaye ruinée, c^{ne} de Cendras. — *Monasterium Sendracense*, 1141 (Mén. I, pr. p. 9, c. 2). — *Sendracensis abbas*, 1157 (*ibid.* p. 36, c. 1). — *Le moustier de Saindras, paroisse Nostre-Dame de Cendras*, 1346 (cart. de la seign. d'Alais, f° 43; Gall. Christ. t. VI, instr. col. 519). — Voy. Saint-Martin-de-Cendras.

Notre-Dame-de-Chausse, église ruinée, c^{ne} de Chamborigaud. — *La paroisse de Chausoy* (sic), 1346 (cart. de la seign. d'Alais, f° 43). — *Parochia Beatæ-Mariæ de Chaussio*, 1373 (dénombrem. des feux app. à la fam. de Grimoard). — *Parrochia Beatæ-Mariæ de Chausses*, 1461 (reg.-cop. de lettr. roy. E, iv). — *Chausses*, 1552 (arch. départ. C. 793). — *Chausse*, 1557 (J. Ursy, not. de Nîmes). — *Chausses*, 1715 (J.-B. Nolin, Carte du diocèse d'Uzès). — *Notre-Dame-des-Chausses*, 1789 (carte des États).

Les ruines de cette église se voient encore au h. de Chausse.

Notre-Dame-de-Consolation, chapelle ruinée, c^{ne} de Montfrin. — Elle avait été bâtie en 1625. — (Trenquier, *Mém. sur Montfrin*, p. 68.)

Notre-Dame-de-Dassargues, église détruite, c^{ne} d'Aiguesmortes. — *Sancta-Maria de Adacianicus*, 791 (cart. de Psalm.); 815 (*ibid.*). — *Villa Athatianica, ecclesia Sancte-Marie*, 1099 (*ibid.*). — *Ecclesia de Andacianicis*, 1125 (*ibid.*). — *Ecclesia de Dansanicis*, 1386 (rép. du subs. de Charles VI). — Voy. Dassargues.

Notre-Dame-de-Franquevaux, monastère ruiné, c^{ne} de Beauvoisin. — *Locus qui dicitur Franca-Vallis*, 1143 (Hist. de Lang. II, pr. col. 501). — *Libera-Vallis*, 1143 (*ibid.* col. 502). — *Francæ-Valles*,

1169 (cart. de Franq.). — *Beata-Maria de Franchis-Vallibus*, 1173 (Hist. de Lang. II, pr. col. 503). — *Francæ-Valles*, 1237 (chap. de Nîmes, arch. départ.). — *Conventus Francarum-Vallium*, 1448 (Mén. III, pr. p. 269, c. 1).

Cette abbaye, fondée avant 1143 sur le bord de l'étang de Scamandre, relevait de Clairvaux, filiation de Morimond. — Florissante au XIIe et au XIIIe siècle, elle avait alors des hôtels (*hospitia*) à Nîmes, à Sommière, à Lunel. — Mise en commende en 1482, elle fut démolie par les calvinistes en 1562, moins l'église, qui le fut en 1622 par les ordres du duc de Rohan. — Réparée en 1650, elle fut détruite de nouveau par les Camisards en 1703. — Les religieux y revinrent en 1705, et ils en furent définitivement dépouillés en 1791. — L'église, dont il reste quelques pans de muraille, avait été consacrée en 1209.

Notre-Dame-de-Gattigues, église détruite, c^{ne} d'Aigaliers. — *Le prieuré Notre-Dame-de-Gatigue*, 1620 (insin. eccl. du dioc. d'Uzès).

C'était un prieuré régulier, à la collation de l'abbé de la Chaise-Dieu. L'évêque d'Uzès était collateur de la vicairie, sur la présentation du prieur du lieu.

Notre-Dame-de-Grâce, monastère de l'ordre de Saint-Benoît, c^{ne} de Rochefort. — *Podium-Reynaudi; Pech-Reynaud* (D. Chantelou, *Hist. de Rochefort*). — *Beata-Maria de Ruppe-Forti*, 1410 (arch. comm. de Valliguière). — *Notre-Dame de Roque-Vermeille* (Un P. Mariste, *Hist. de Notre-Dame de Rochefort*, 1861).

Ce monastère, but d'un pèlerinage très-assidûment fréquenté, est occupé aujourd'hui par des PP. Maristes.

Notre-Dame-de-Jouffe, église ruinée, c^{ne} de Montmirat. — *Ecclesia de Iofa*, 1260 (chap. de Nîmes, arch. départ.). — *Ecclesia de Ioffa*, 1314 (Rot. eccl. arch. munic. de Nîmes). — *Prioratus sive beneficium Beatæ-Mariæ de Ioffa, Uticensis diocesis*, 1463 (L. Peladan, not. de Saint-Geniès-en-Malgoirès). — *Prioratus de Iofa*, 1492 (Bourély, not. du Vigan). — *Le prieuré Nostre-Dame de Jouffe*, 1620 (insin. eccl. du dioc. d'Uzès).

Le prieuré de Notre-Dame-de-Jouffe était à la collation du prieur du Pont-Saint-Esprit; la vicairie seulement était à la collation de l'évêque d'Uzès, sur la présentation du prieur.

Notre-Dame-de-l'Agarne, église détruite, c^{ne} de Marguerittes. — *Ecclesia in villa Aquarna, fundata in honore Sancte-Marie*, 921 (cart. de N.-D. de Nîmes, ch. 85). — *Sancta-Maria de Egarna*, 1031 (*ibid.* ch. 86). — *Ecclesia de Agarna, extra civitatem Nemausi*, 1146 (*ibid.* ch. 84). — *Decimaria ecclesie*

Beate-Marie de Agarna, 1301 (arch. dép. G. 200).
— *Notre-Dame de l'Agarne*, 1550 (J. Ursy, not. de Nimes); 1706 (arch. départ. G. 206).

Le prieuré simple et séculier de Notre-Dame-de-l'Agarne était uni à la mense capitulaire de Nimes et valait 2,000 livres.

Notre-Dame-de-la-Pitié, chapelle de confrérie, c⁷ᵉ de Montfrin.

Bâtie en 1609, fermée en 1792, elle fut rendue aux Pénitents noirs de Montfrin en 1814 (Trenquier, *Mém. sur Montfrin*).

Notre-Dame-de-Lignan, église détruite depuis longtemps, c⁷ᵉ de Manduel.— *Beata-Maria de Lerignano*, 1310 (Ménard, I, pr. p. 162, c. 2). — *Nostre-Dame-de-Lignan*, 1530 (pap. de la fam. de Rozel, arch. hosp. de Nimes). — *La gleize de Herignan*, de *Herignan*, 1540 (*ibid.*). — *Le Péron de Heringnan*, 1545 (*ibid.*). — *Notre-Dame-de-Lésignan* (Ménard, VII, p. 269). — *La gléiza de Lignan* (Rivoire, *Statist. du Gard*).

Le nom de *Lignan* est resté à un quartier cadastral de la c⁷ᵉ de Manduel.

Notre-Dame-de-Maïran, chapelle rurale, c⁷ᵉ de Saint-Victor-la-Coste.

Notre-Dame-de-Méjan, hôpital dans Nimes, sur la place de la Trésorerie, auj. place de l'Hôtel-de-Ville. — *Hospicium Beatæ-Mariæ-de-Mejano*, 1484 (arch. hosp. de Nimes).

Notre-Dame-de-Mérignargues, église rurale, c⁷ᵉ de Nimes, détruite dès le xvıᵉ siècle. — *Ecclesia de Melignanicis*, 1124 (arch. départ. G. 233); 1156 (cart. de N.-D. de Nimes, ch. 84). — *Ecclesia Sancte-Marie de Merignanicis*, 1170 (chap. de Nimes, arch. départ.). — *Ecclesia de Merenhianicis*, 1386 (rép. du subs. de Charles VI).— *Beata-Maria de Merignanicis*, 1388 (arch. départ. G. 162). — *Nostre-Dame de Mérinhargues*, 1567 (J. Ursy, not. de Nimes); 1754 (arch. départ. G. 206; Ménard, II, notes, p. 19).

Le prieuré simple et séculier de Notre-Dame-de-Mérignargues était uni à la mense capitulaire de Nimes et valait 2,000 livres, en y comprenant Saint-Pierre-de-Signan, son annexe.

Notre-Dame-de-Mounier, chapelle ruinée, c⁷ᵉ de Pompignan.

Notre-Dame-de-Nimes, église cathédrale de Nimes. — *Ecclesia Sancte-Marie et Sancti-Baudilii*, 808 (Mén. t. I, p. 115). — *Ecclesia Sancta-Maria, sedem principalem*, 889 (cart. de N.-D. de Nimes, ch. 190). — *Ecclesia Sancte-Marie*, 956 (Lay. du Tr. des chartes, t. I, p. 14). — *Locus sacer sanctæ Dei ecclesiæ, qui est situs in Nemauso civitate, constructus in honore sanctæ ac perpetuæ Virginis Mariæ*, 909 (*ibid.* ch. 198); 927 (*ibid.* ch. 89); 937 (*ibid.* ch. 99); 965 (*ibid.* ch. 112); 996 (*ibid.* ch. 134). — *Sancta Maria, sede principale, qui est fundata in Nemauso civitate*, 1007 (*ibid.* ch. 114). — *Sancta-Maria sedis nemausensis*, 1060 (*ibid.* ch. 123). — *Beatæ Virginis Mariæ nemausensis ecclesia*, 1096 (Hist. de Lang. II, pr. col. 343). — *La gleiza de Sancta-Maria de Nemse*, 1174 (Mén. VII, p. 720).

L'église de Notre-Dame, bâtie dès le vᵉ ou le vıᵉ siècle, sur les débris d'un édifice païen, fut reconstruite à la fin du xıᵉ siècle, consacrée solennellement par Urbain II, épousée et dotée par le comte Raymond de Toulouse. — Démolie deux fois pendant les guerres de religion, elle a cependant conservé sa façade du xıᵉ siècle et une de ses deux tours. — Au xvıııᵉ siècle, on ajouta au vocable de Notre-Dame celui de *Saint-Castor*.

Notre-Dame-de-Palmesalade, chapelle ruinée, c⁷ᵉ de Portes. — *Prioratus Beatæ-Mariæ de Palmasalata, Uticensis diocesis*, 1461 (reg.-cop. de lettr. roy. E, v). — *Le prieuré de Palmesallade*, 1620 (insin. eccl. du dioc. d'Uzès).

Notre-Dame-de-Piété, église ruinée, c⁷ᵉ de Sauve. — *Nostre-Dame de Piété, hors les murs de Sauve*, 1667 (insin. eccl. du dioc. de Nimes).

Cette église avait été construite en 1655. Elle fut ruinée à l'époque de la Révolution.

Notre-Dame-de-Pont-Ambroix, chapelle ruinée, c⁷ᵉ de Galargues. — *Capella Sanctæ-Mariæ de Ponte-Ambrosio*, 1156 (cart. de N.-D. de Nimes, ch. 84). — *Sanctus-Ambrosius*, 1423 (châtell. de Galargues, arch. départ.).

Cette chapelle était construite au milieu du pont romain d'*Ambrussum*, dont il reste encore deux piles et sur lequel la voie Domitienne traversait le Vidourle.

Notre-Dame-de-Primecombe, église rurale, c⁷ᵉ de Fontanès. — *Bassinum Beatæ-Mariæ de Prima-Cumba*, 1463 (L. Peladan, not. de Saint-Geniès-en-Malgoirès). — *L'esglize appelée Nostre-Dame de Prima-Combe*, 1616 (arch. comm. de Combas). — *Notre-Dame de Prime-Combe*, 1789 (carte des États).

Cette église est encore aujourd'hui le but d'un pèlerinage très-fréquenté.

Notre-Dame-de-Psalmody, chapelle détruite. — *Ecclesia Beatæ-Mariæ de Psalmodio, situata in cimiterio dicti monasterii*, 1300 (cart. de Psalm.).

Elle avait été construite au centre du cimetière de l'abbaye de Psalmody, à la fin du xıııᵉ siècle.

Notre-Dame-des-Fonts, monastère ruiné, c⁷ᵉ de Saint-Julien-de-Valgalgue. — *Monasterium Beatæ-Mariæ de Fontibus prope Alestum*, 1462 (reg.-cop. de lettr. roy. E, v). — *Le monastère de Nostre-Dame des Fonts lez Alès*, 1536 (Quitt. orig. en ma possession). — *Notre-Dame-des-Fonts d'Alais*, 1705 (arch. départ. C. 932).

Cette abbaye de femmes, située au diocèse d'Uzès, fut transportée dès le XIVᵉ siècle à Alais. On lui annexa bientôt l'abbaye de Sainte-Claire d'Alais, et elle devint l'abbaye royale de Saint-Bernard et Sainte-Claire d'Alais (ins. eccl. du dioc. de Nimes, 1660. — Cf. *Rech. hist. sur Alais*, p. 245).

Notre-Dame-des-Fours, monastère de femmes, auj. ruiné, cⁿᵉ de Sauveterre. — MONASTERIVM DE FVRNIS (inscr. du XIIIᵉ siècle). — *Monasterium Beatæ-Mariæ de Furnis, Avinionensis diocesis*, 1388 (Baluze, *Vit. pap. Aven.* t. II, col. 1021).

Notre-Dame-des-Imbres, chapelle ruinée, cⁿᵉ de Cavillargues. — *Prioratus Beatæ-Mariæ Embriarum, Uticensis diocesis*, 1619 (ins. eccl. du dioc. d'Uzès). — *Notre-Dame du Saint-Sépulcre*, 1789 (carte des États).

Ce prieuré fut annexé dès le commencement du XVIIᵉ siècle à l'ermitage de Notre-Dame-de-Carsan. — Voy. Carsan.

Notre-Dame-des-Pommiers, église principale de Beaucaire. — *Beata-Maria de Pomeriis*, 1095 (Hist. de Lang. t. II, pr.). — *Ecclesia Sanctæ-Mariæ*, 1276 (arch. départ. G. 277).

Fondée le 4 février 856 par Bernard, comte de Narbonne, marquis de Gothie et duc de Septimanie, pillée par les Hongrois en 924, cette église fut restaurée en 1095 par Raymond de Saint-Gilles et donnée par lui à l'abbaye de la Chaise-Dieu. — En 1604, elle fut érigée en collégiale, puis rebâtie, en 1735, sur l'ancien emplacement.

Notre-Dame-d'Estauzen, monastère de femmes, depuis longtemps ruiné, cⁿᵉ de Nimes. — *Prioratus de Baritello*, 1208 (Mén. I, pr. p. 44, c. 2). — *Moniales de Esteuzenh*, 1358 (Mén. II, pr. p. 205, c. 2). — *Moniales monasterii Beatæ-Mariæ de Stauzenco*, 1393 (Mén. III, pr. p. 167, c. 1). — *Le prieuré Sainct-Jean* (sic) *d'Esteuzenc*, 1620 (ins. eccl. du dioc. d'Uzès). — *Notre-Dame d'Estouzins*, 1660 (ins. eccl. du dioc. de Nimes). — *Notre-Dame de Stauzen* (Mén. II, p. 188; III, p. 84).

Le prieuré de Notre-Dame-d'Estauzen était situé à l'extrémité nord des garrigues de Nimes, dans le devois d'Estauzen, sur la montagne de Barutel. C'était un prieuré simple et régulier, qui avait dépendu du monastère bénédictin de Saint-Sauveur-de-la-Font, de Nimes. — Compris dès la fin du XVIᵉ siècle dans le diocèse d'Uzès, doyenné de Sau-

zet, il était à la collation de l'évêque d'Uzès et à la présentation de l'abbesse de Saint-Sauveur-de-la-Font.

Notre-Dame-de-Vie, chapelle dans Beaucaire, rue de la Condamine. — *Beata-Maria de Via*, 1595 (Forton, *Nouv. Rech. hist. sur Beaucaire*).

Elle fut démolie en 1774, et reconstruite presque sur le même emplacement (J.-V. Donat, *Documents hist. pour servir à l'histoire de Beaucaire*).

Notre-Dame-d'Olozargues. — Voy. Saint-Vincent-d'Olozargues.

Notre-Dame-du-Colombier, église ruinée, cⁿᵉ d'Aigremont. — *Beata-Maria de Columberio*, 1174 (chap. de Nimes, arch. départ.). — *Sancta-Maria de Columbario*, 1242 (Gall. Christ. t. VI, p. 628). — *Parrochia Beatæ-Mariæ de Columberio*, 1345 (cart. de la seign. d'Alais, f° 35). — *Prioratus Nostræ-Dominæ de Columberio, diocesis Uticensis* (sic), 1461 (reg.-cop. de lettr. roy. E, v). — *Prioratus sive beneficium Beatæ-Mariæ de Columberiis, Nemausensis diocesis*, 1463 (L. Peladan, not. de Saint-Geniès-en-Malgoirès). — *Le Colombier, parcisse d'Aigremont*, 1549 (arch. dép. C. 776). — *Notre-Dame de Colombier lès Gramond ou Aigremont*, 1579 (insin. eccl. du dioc. de Nimes). — *Collombiers et Aigremont, viguerie d'Anduze*, 1582 (Tarif univ. du dioc. de Nimes). — *Colombier lès Gramont*, 1664 (insin. eccl. du dioc. de Nimes); 1707 (*ibid.*).

Ce prieuré était, en 1620, à la collation de l'évêque d'Uzès.

Notre-Dame-du-Sablon, église dans Aiguesmortes. — *Beata-Maria de Sabulo*, 1183 (cart. de Psalm.); 1592 (ins. eccl. du dioc. de Nimes). — *Notre-Dame du Sablon*, 1703 (arch. départ. C. 932).

Cette église fut érigée en collégiale après l'abandon du monastère de Psalmody et incorporée, en 1694, au chapitre cathédral d'Alais.

Notre-Dame-la-Neuve, église de Laudun. — Voy. Laudun.

Notre-Dame-la-Neuve, église d'Uzès, détruite au XVIᵉ siècle. — *Où souloyt estre la porte de l'esglize Nostre-Dame-la-Neufve, de présent ruynée et desmolie, à raison des guerres civilles*, 1602 (J. Gentoux, not. d'Uzès).

Nougarède (La), h. cⁿᵉ d'Alzon. — *Mansus de Nogareda et de Taisonieiras, in parrochia Sancti-Martini de Alzono*, 1284 (pap. de la fam. d'Alzon). — *Mansus de la Nogareda*, 1333 et 1371 (*ibid.*). — *Mansus de Nogareda, parochiæ de Alzono*, 1466 (J. Montfajon, not. du Vigan).

Nougarède (La), q. cⁿᵉ de Bellegarde. — 1330 (arch. départ. G. 279).

Nouguier, f. c^{ne} de Vestric-et-Candiac.

Nourriguier, f. c^{ne} de Beaucaire. — *Pont-de-Nourri-guier*, 1812 (notar. de Nimes). — *Nourriguet, la Costière de Nourriguet*, 1828 (*ibid.*).

Nouveau, f. c^{ne} de Génolhac.

Nouvelle (La), h. c^{ne} de Castillon-de-Gagnère.

Nouvelles, q. c^{ne} de Nimes. — *Ubi vocant Novellas, in territorio civitatis Nemausensis*, 923 (cart. de N.-D. de Nimes, ch. 62); 991 (*ibid.* ch. 18). — *Apud Novellas*, 1254 (bibl. du gr. sémin. de Nimes). — *Novelles*, 1479 (la Taula del Poss. de Nismes). — *Nouvelles*, 1648 (arch. hosp. de Nimes); 1671 (comp. de Nimes).

Novis, f. c^{ne} de Saint-Hilaire-de-Brethmas.

Novis, h. c^{ne} de Vabres.

Nouzières (Les), montagne, c^{ne} de Bréau-et-Salagosse (Rivoire, *Statist. du Gard*, t. II).

Nozières, c^{ne} de Lédignan. — *R. de Noderiis*, 1218 (cart. de la seigneurie d'Alais, f° 3). — *Nuzeriæ*, 1237 (chap. de Nimes, arch. départ.). — *Nozeriæ*, 1384 (dénombr. de la sénéch.). — *Locus de Noze-riis, Uticensis diocesis*, 1463 (L. Peladan, not. de Saint-Geniès-en-Malgoirès). — *Nouzières*, 1557 (J. Ursy, not. de Nimes). — *Le prieuré Sainct-Jean de Nozières*, 1620 (insin. eccl. du dioc. d'Uzès; Ménard, VII, p. 654).

Nozières faisait partie, avant 1790, de la viguerie et du diocèse d'Uzès, doyenné de Sauzet. — Le prieuré de Saint-Jean-de-Nozières était à la collation de l'évêque d'Uzès. — On n'y comptait qu'un feu et demi en 1384. — Au XVIIIe siècle, la justice de Nozières appartenait au marquis de Calvière. M. de La Tour, d'Arles, y avait des fonds et fiefs nobles. — Nozières ressortissait au sénéchal d'Uzès. — C'était autrefois une communauté indépendante, quoique peu considérable; une ordonnance du 18 janvier 1813 l'a réunie à Boucoiran, pour en faire la c^{ne} de *Boucoiran-et-Nozières*. — Armoiries : *de vair, à un chef losangé d'argent et de gueules.*

Nuols, f. c^{ne} de Sommière.

O

Ode, f. c^{ne} de Remoulins.

Oiselay, île du Rhône, c^{ne} de Roquemaure. — *La baronie d'Oiselay*, 1757 (arch. départ. C. 1343). — *L'île d'Oiselet, péage appartenant à M. le marquis de Beauregard*, 1787 (*ibid.* C. 165).

Olidou, f. c^{ne} de Chambon.

Olivel (L'), q. c^{ne} de Calvisson. — *Locus dictus Oli-veda-Cazaldenca, in decimaria de Calvicione*, 1172 (Lay. du Tr. des ch. t. I, p. 76). — *Al Olivel*, 1684 (comp. de Calvisson).

Olivet, f. c^{ne} de Vabres.

Olivelles (Les), q. c^{ne} de Congéniès. — *Ad Olivellos*, 1249 (arch. départ. G. 328).

Olivettes (Les), mont. c^{ne} de Bréau.

Olivier, f. et mⁱⁿ, c^{ne} de Sommière.

Olivier (L'), f. c^{ne} de Bagard. — *Mansus de Oliverio, parrochiæ Andusiæ*, 1437 (Et. Rostang, not. d'Anduze); 1553 (arch. départ. C. 1799).

Olivier (L'), h. c^{ne} de Cendras. — *Mansus de Oliveda, in parrochia Sancti-Pauli de Costa*, 1349 (cart. de la seign. d'Alais, f° 48).

Olivier (L'), f. c^{ne} de Roquemaure. — 1778 (arch. départ. C. 1654).

Olivier (L'), h. c^{ne} de Servas.

Ollivier, ferme, c^{ne} d'Uzès (anc. cad. arch. munic. de Nimes).

Olmède (L'), f. c^{ne} de Saint-Marcel-de-Fontfouillouse. — *G. de Ulmeto*, 1149 (Ménard, VII, p. 720). — *L'Olmède*, 1553 (arch. départ. C. 1792).

Olmède (L'), q. c^{ne} de Savignargues. — 1517 (arch. départ. G. 285).

Onmières (Les), f. c^{ne} d'Arre.

Olympie, f. et mⁱⁿ, c^{ne} de Saint-Paul-la-Coste. — *Olinpiæ*, 1308 (Mén. I, pr. p. 176, c. 1).

Oms, h. c^{ne} de Campestre-et-Luc. — *Mansus de Hulmis : de Ulmis, parochiæ de Campestrio*, 1466 (J. Montfajon, not. du Vigan).

Orgeas, f. c^{ne} de Domazan.

Orgne (L'), f. c^{ne} de Comps.

Onone (L'), ruisseau qui prend sa source sur la ferme précédente et se jette dans le Rhône un peu au-dessus de la chapelle ruinée de Saint-Étienne-de-l'Herme, c^{ne} de Comps. — *Le Réal* (Rivoire, *Statist. du Gard*).

Onane (L'), abîme, près de l'étang de Jonquières, c^{ne} de Jonquières-et-Saint-Vincent. — *Euricus*, 825 (cart. d'Aniane, apud Forton, *Nouv. Rech. hist. sur Beaucaire*, p. 402). — *Trou de l'Orgue* (carte géol. du Gard).

Oriens (Les), f. c^{ne} de Bagnols.

Orniols, source qui jaillit très-abondante au pied d'un monticule sur lequel est bâti le village de la Bastide-d'Orniols, c^{ne} de Goudargues, et va presque immédiatement se jeter dans la Cèze. — *Orniolæ*, 1588

(Andr. de Costa, not. de Barjac). — Voy. BASTIDE-D'ORNIOLS. (LA).

ORSAN, c⁰ⁿ de Bagnols. — *Orsanum*, 1310 (Mén. I, pr. p. 163, c. 1). — *Sanctus-Martinus de Orsano*, 1384 (dén. de la sén.). — *Le lieu d'Orsan*, 1462 (reg.-cop. de lettr. roy. E, v). — *Orssanum*, 1485 (Mén. IV, pr. p. 37, c. 1). — *Territorium Sancti-Martini de Orssano*, 1485 (ibid. p. 38, c. 2). — *Orsan*, 1550 (arch. départ. C. 1323). — *Orsan*, 1600 (ibid. C. 1210). — *Le prieuré Sainct-Martin d'Orssant*, 1620 (insin. eccl. du dioc. d'Uzès). — *Orsan*, 1627 (arch. départ. C. 1294). — *Oursan*, 1716 (J.-B. Nolin, *Carte du dioc. d'Uzès*); 1752 (arch. départ. C. 1309).

Orsan appartenait au dioc. d'Uzès, viguerie et doyenné de Bagnols. — Le prieuré de Saint-Martin d'Orsan, uni à la chapellenie des Quatre-Chanoines de Bagnols, était à la collation de l'évêque d'Uzès. — On comptait à Orsan 6 feux en 1384. — Ce village a été pris et repris plusieurs fois pendant les guerres de religion, au xvıᵉ siècle. — Les armoiries d'Orsan sont : *d'hermine, à un chef losangé d'or et de gueules*.

ORTES (LES), f. cⁿᵉ d'Orsan. — *Mansus de Ortolis; mansus de Ortis, prope Orssanum*, 1321 (Mén. VII, p. 732).

ORTE-SOUTEYRANE (L'), q. cⁿᵉ de Bellegarde. — *Orta Sotayrana*, 1350 (arch. départ. G. 230).

ORTOLAN (L'), q. cⁿᵉ de Parignargues. — 1551 (arch. départ. C. 1771).

ORTS (LES), f. cⁿᵉ d'Aumessas. — *Mansus de Ortis, prope Calatorium*, 1380 (pap. de la fam. d'Alzon).

ORTS (LES), f. cⁿᵉ de Saint-André-de-Valborgne. — 1552 (arch. départ. C. 1776).

ORTS-DE-LA-RIVIÈRE (LES), f. cⁿᵉ de Ribaute. — 1553 (arch. départ. C. 1774).

OUFAN, f. cⁿᵉ de Redessan.

OULES (LES), q. cⁿᵉ de Congéniès. — 1808 (notar. de Nimes).

OULES (LES), h. cⁿᵉ de Laval.

OULES (LES), q. cⁿᵉ de Saint-Marcel-de-Fontfouillouse. — 1563 (arch. départ. C. 1791).

OURADOU (L'), q. cⁿᵉ de Beaucaire, où se trouve un oratoire couvert, à la rencontre de plusieurs chemins. — *L'Oratoire, ou la Grand-Ribe*, 1862 (notar. de Nimes). — *L'Ouradou ou la Croix-Couverte* (C. Blaud, *Antiq. de la ville de Beauc.* p. 32).

C'est un joli monument gothique du xvᵉ siècle, situé au S.-E. de Beaucaire. Il a été construit par le cardinal de Chalençon, en même temps que le château de Gaujac et le pont de Charenconne.

OURADOU DU CHEMIN-DE-VAUVERT (L'), oratoire détr. cⁿᵉ de Nimes. — *Ad Oratorium Montis-Pelii*, 1380 (comp. de Nimes).

Cet oratoire était situé sur le chemin de Montpellier, à peu près à l'endroit où ce chemin est coupé actuellement par le viaduc du chemin de fer.

OURADOUR (L'), oratoire détruit, cⁿᵉ de Vers. — *Prope magnum iter per quod tenditur de Bellicadro apud Ucetiam, et prope socam cujusdam Oratorii*, 1428 (arch. du château de Saint-Privat).

OURADOUR (L'). — Voy. PANISSIÈRE (LA).

OURDIDOU (L'), f. cⁿᵉ de Valleraugue.

OURNE (L'), ruisseau qui prend sa source au château de Saint-Félix-de-Pallières, traverse les cⁿᵉˢ d'Anduze et de Tornac et se jette dans le Gardon sur le territoire de la cⁿᵉ de Massillargues-et-Attuech. — VRNIA (inscr. de Nimes). — *Sp. de Ornes*, 1157 (chap. de Nimes, arch. départ.). — *L'Hourme* (Rivoire, *Statist. du Gard*). — *L'Ourne* (carte géol. du Gard). — Parcours : 7,400 mètres.

OURNÈZE, f. cⁿᵉˢ de Calvisson. — *G. de Ornezes*, 1170 (Lay. du Tr. des ch. t. I, p. 96). — Voy. HOUN-NÈZE.

OURTIGUÈS (L'), ruiss. qui prend sa source sur la cⁿᵉ de Bréau-et-Salagosse et se jette dans le ruisseau des Souls sur le territ. de la même commune.

OUSTALET (L'), h. cⁿᵉ de Castillon-de-Gagnère.

OUSTAL-NAU (L'), f. cⁿᵉ de Chambon.

OUSTAL-NAU (L'), f. cⁿᵉ de Mialet. — 1789 (carte des États).

OUSTAL-NAU (L'), f. cⁿᵉ de Saint-Roman-de-Codière.

OUVIGNIÈRES (LES), q. cⁿᵉ de Bréau-et-Salagosse.

P

PACIEUX, f. cⁿᵉ d'Aimargues.

PADENS (LES), f. cⁿᵉ de Saint-André-de-Majencoules. — *Mas de las Padens*, 1818 (notar. de Nimes).

PAGÈS, f. cⁿᵉ de Beaucaire.

PAGÈS, f. cⁿᵉ de Meynes.

PAGÈS, h. cⁿᵉ de Mialet.

PAGÈS (LE), h. cⁿᵉ de Sumène.

PAGÈS (LE), h. cⁿᵉ de Thoiras.

PAILLASSE (LA), h. cⁿᵉ de Carsan. — 1743 (arch. dép. C. 1510).

PAILLASSES (LES), f. c^{ne} de Valleraugue.

PAILLASSONNE, f. c^{ne} de Sommière.

PAILLERAS (LE), f. c^{ne} de Saint-Hilaire-de-Brethmas.

PAILLÈRE (LA), f. c^{te} de Laval. — 1733 (arch. départ. C. 1482).

PAILLÈRE (LA), h. c^{ne} de Soustelle. — *Pallières*, 1731 (arch. départ. C. 1475). — *Palières*, 1789 (carte des États).

PAILLEYROLS, h. c^{ne} du Vigan. — *Mansus de Palliairols; Fons de Palliairols*, 1243 (pap. de la fam. d'Alzon). — *Mansus de Palhayrols*, 1310 (ibid.). — *Mansus de Palhayrolis, parrochiæ de Vicano*, 1430 (A. Montfajon, not. du Vigan). — *Paillerot*, 1761 (Nicolas, not. de Nimes). — *Paliérols*, 1812 (notar. de Nimes).

PAILLIÈRE (LA GRANDE-), ruisseau qui prend sa source sur la c^{ne} de Thoiras et se jette dans le Gardon sur le territ. de la même commune.

PAILLOTTE (LA), f. c^{ne} de Saint-André-de-Valborgne. — *Mas de la Paillole*, 1552 (arch. dép. C. 1777).

PAISINE (LA), q. c^{ne} de Bouillargues, 1620 (arch. dép. G. 284).

PAJOULAS, q. c^{ne} de Calvisson.

PALANQUIER (LE), q. c^{ne} de Calvisson. — *La Palanquine*, 1827 (notar. de Nimes).

PALIÈRES, h. c^{ne} de Thoiras.

PALIÈS, h. c^{ne} de Monoblet.

PALISSE (LA), q. c^{ne} de Mialet. — 1543 (arch. départ. G. 1778).

PALISSE (LA), f. c^{ne} de Théziers.

PALLION (LE), f. c^{te} de Chamborigaud. — 1731 (arch. départ. C. 1475).

PALME (LA), q. c^{ne} de Calvisson. — *Ad Palmam*, 1260 (arch. départ. G. 300).

PALMESALADE, h. c^{ne} de Portes. — *Menerie ferri in tenemento de Palma-Salada*, 1345 (cart. de la seign. d'Alais, f° 31). — *Locus de Palma-Salada* (ibid. f° 32 et 42). — *Palmesalade*, 1715 (J.-B. Nolin, *Carte du diocèse d'Uzès*). — Voy. NOTRE-DAME-DE-PALMESALADE.

PALME-VIEILLE (LA), q. c^{ne} de Calvisson. — *Ad Palmam-Veterem*, 1260 (arch. départ. G. 300).

PALOUQUIS, f. c^{ne} de Chambon.

PALUN (LA), f. c^{ne} de Théziers. — 1734 (arch. départ. C. 1257).

PALUNETTE (LA), f. et marais, c^{ne} de Beaucaire. — 1746 (Forton, *Nouv. Rech. hist. sur Beaucaire*).

PALUS, h. c^{ne} de Saint-Victor-la-Coste.

PALUSETS (LES), f. c^{ne} de Redessan. — *Les Paluzetz*, 1560 (pap. de la fam. de Rozel).

PAMMARÈDE, f. c^{ne} de Mialet. — *Pommarède*, 1812 (notar. de Nimes).

PANASSAC, quartier, c^{ne} de Vauvert. — 1827 (notar. de Nimes).

PANDECOUSTE, h. c^{ne} de Laval-Saint-Roman.

PANÉLY, f. c^{ne} de Pouzilhac. — *Panéry*, 1731 (arch. départ. C. 1476).

PANISCOÜLS, f. c^{ne} de Bagnols. — 1789 (carte des États).

PANISSIÈRE (LA), f. c^{ne} d'Anduze.

PANISSIÈRE (LA), bois, c^{ne} de Domazan (Rivoire, *Statist. du Gard*).

PANISSIÈRE (LA), oratoire ou croix couverte, auj. détr. c^{ne} de Manduel, sur la route de Beaucaire. — *Ad crixem* (sic) *de Paniceriis, in parrochia de Mandolio; Crux Panisseriæ*, 1180 (chap. de Nimes, arch. dép.). — *La Croux de la Panissière, sive l'Ouradour*, 1553 (J. Ursy, not. de Nimes). — *Cante-Perdrix, autrement la Croix-de-la-Panissière*, 1689 (arch. départ. G. 166).

PANISSIÈRE (LA), hameau, c^{ne} de Rousson. — *Les Panissières*, 1732 (arch. départ. C. 1478); 1789 (carte des États).

PANPERDU, f. c^{ne} d'Aiguesmortes. — *Rubina quæ dicitur Panperdut*, 1150 (cart. de Saint-Victor de Mars. ch. 156).

PANPERDU, q. c^{ne} du Vigan.

PAPARET, f. c^{ne} de Logrian-et-Comiac-de-Florian.

PARADE (LA), f. c^{ne} d'Anduze.

PARADE (LA), f. c^{ne} de Générargues.

PARADE (LA), f. c^{ne} de Sumène. — 1555 (arch. dép. G. 167).

PARADÈS, f. c^{ne} de Saint-Jean-du-Gard. — 1552 (arch. départ. C. 1783).

PARADIS (LE), q. c^{ne} de Bellegarde. — 1660 (arch. départ. G. 283).

PARADIS (LE), f. c^{ne} de Domazan.

PARADIS (LE), f. c^{ne} de Saint-Paulet-de-Caisson.

PARADOU (LE), f. c^{ne} du Vigan, auj. détr. — 1557 (J. Ursy, not. de Nimes).

PARAGUIS, f. et bois, c^{ne} de Saint-Paul-la-Coste. — *Le Paraguis*, 1817 (notar. de Nimes).

PARANÈTE (LA), f. c^{ne} de Montdardier.

PARANS (LES), f. c^{ne} de Ponteils-et-Brézis.

PARASFALDE (LE), ruisseau qui prend sa source sur la c^{ne} de Valleraugue et se jette dans le Cros, affluent de l'Hérault, sur le territ. de la même commune.

PARC (LE), f. c^{ne} de Comps.

PARELOUP, q. c^{ne} de Nimes. — *Pareloup, sive Porte-Cancière*, 1468 (arch. hosp. de Nimes). — *Puech de Pela-Loba*, 1503 (ibid.). — *Pareloup, ou Chemin d'Alais*, 1671 (comp. de Nimes).

PARELOUP, q. c^{ne} de Saint-Hippolyte-du-Fort. — *Parbalupis, sive Argentessa*, 1321 (chap. de Nimes, arch. départ.).

Parets (Les), f. c^{ne} de Saint-Jean-du-Gard.

Parignargues, c^{on} de Saint-Mamet. — *Petroniacum, in pago Uzetico*, 812 (cart. de Psalm.). — *Ecclesia quæ est in comitatum Nemausense, in terminium de villa Paironianicus, et est fundata in honore Sancte-Marie*, 898 (cart. de N.-D. de Nimes, ch. 179). — *Villam quam nominant Pedrognanicus, in vicaria Valle-Anagia, in territorio civitatis Nemausensis*, 931 (ibid. ch. 121). — *Parinnanicæ*, 1108 (ibid. ch. 176). — *Pairinnanicæ*, 1205 (cart. de Saint-Sauveur-de-la-Font). — *Ecclesia de Parinanicis*, 1249 (cart. de N.-D. de Bonheur, ch. 20). — *Villa de Parinha-nicis*, 1310 (Mén. I, pr. p. 164, c. 1); 1384 (dén. de la sénéch.). — *Périnhargues*, 1435 (rép. du subs. de Charles VII). — *Parignargues*, 1551 (arch. départ. C. 1771). — *Parinhargues*, 1577 (J. Ursy, not. de Nimes). — *Le prieuré Notre-Dame de Pari-gnargues*, 1610 (insin. eccl. du dioc. de Nimes).

Parignargues appartenait d'abord, pour le temporel, à la viguerie d'Uzès; mais, pour le spirituel, il relevait de l'archiprêtré de Sommière, diocèse de Nimes. — On y comptait 2 feux en 1384. — Ce lieu ressortissait à la cour royale ordinaire de Nimes. — Le prieuré de Notre-Dame de Parignargues, qui valait 1,000 livres, fut uni, vers le milieu du xviie siècle, au collège des Jésuites de Nimes. — Dès 1582, la communauté de Parignargues avait été incorporée, même pour le temporel, au diocèse de Nimes. — Les armoiries de Parignargues sont : *d'azur, à trois pommes d'or, posées 2 et 1.*

Paris, bois, c^{ne} de Saint-Clément.

Parlonguerie (La), h. c^{ne} de Saint-Bresson.

Parlonguerie (La), ruisseau qui prend sa source au hameau précédent et se jette dans la Mandelle sur le territ. de la même commune.

Paro (La), f. c^{ne} de Blandas.

Paro (La), f. auj. comprise dans le hameau du Pradal, c^{ne} de Malons-et-Elze. — *Laparo*, 1812 (notar. de Nimes).

Paro (La), f. c^{ne} de Valleraugue. — *La Paro, sive la Margalière*, 1827 (notar. de Nimes).

Paro-de-Cabanis (La), f. c^{ne} de Mars.

Paro-de-Pelon (La), f. c^{ne} de Mars.

Paroisse-du-Vigan (La), c^{on} du Vigan. — *La paroisse du Vigan*, 1435 (rép. du subs. de Charles VII). — *Parrochia de Vicano*, 1462 (reg.-cop. de lettr. roy. E, v). — *La Paroisse du Viguan*, 1582 (Tar. univ. du dioc. de Nimes). — *La commune des Monts*, 1793 (arch. comm. du Vigan).

On comprenait sous ce nom un certain nombre de hameaux disséminés autour du Vigan, et de la réunion desquels on avait formé, au commencement du xve siècle, une circonscription communale, supprimée et réunie au Vigan par une loi du 6 juillet 1860. — A en juger par la somme à laquelle elle fut imposée en 1435, cette communauté ne devait se composer, à cette époque, que de 4 ou 5 feux. — La Paroisse-du-Vigan reçut, en 1694, les armoiries suivantes : *d'azur, à un sautoir d'or, accompagné de trois étoiles de même.*

Parquette (La), f. c^{ne} d'Arrigas.

Parran (La), f. c^{ne} de Roquemaure. — 1778 (arch. départ. C. 1654).

Parran (La), q. c^{ne} de Saint-Dionisy. — 1502 (arch. départ. G. 310).

Parrans (Les), f. c^{ne} de Saint-Marcel-de-Fontfouillouse. — 1553 (arch. départ. C. 1701).

Parro (La), f. c^{ne} de Molières, sur la Tessone. — *Mansus de Parrane, in Tessona, parochiæ de Moleriis*, 1309 (cart. de N.-D. de Bonh. ch. 3, 9, 76). — *Mansus de la Parran, parochiæ de Moleriis*, 1368 (somm. du fief de Caladon).

Partisan-de-Lagoy (Le), f. c^{ne} de Beaucaire. — 1747 (arch. départ. C. 1191).

Pas (Le), h. c^{ne} de Saint-Victor-la-Coste.

Pasanal (Le), f. c^{ne} de Saint-Martin-de-Corconac. — 1553 (arch. départ. C. 1794).

Pascal, f. et mⁱⁿ, c^{ne} de Générac.

Pascalet, f. et mⁱⁿ à vent, c^{ne} de Calvisson.

Pas-de-Bodel (Le), f. c^{ne} de Saint-Brès. — 1550 (arch. départ. C. 1782).

Pas-de-Dieu (Le). — Voy. Saint-Pierre-du-Pas-de-Dieu.

Pas-de-Pharaon (Le), q. c^{ne} de Remoulins.

Passadoires (Les), quartier, c^{ne} de Colias. — *Les Passadouyres*, 1607 (arch. comm. de Colias).

Passegrié, f. c^{ne} de Saint-Jean-du-Gard.

Passenons (Les), f. c^{ne} de Beaucaire.

Passes (Les), ruiss. qui prend sa source sur la c^{ne} de Mars et se jette dans la rivière de Mars sur le territ. de la même commune.

Passes-de-Galjac (Les), f. c^{ne} de Serviers. — 1710 (arch. départ. C. 1669).

Pataquière (La Rotte de la) : elle va d'Aiguesmortes à l'étang de Mauguio (E. Dumas, *Carte géolog. du Gard*).

Pataran, f. c^{ne} d'Aiguesvives. — *Pataranum*, 1434 (Mén. III, pr. p. 246, c. 1).

Patarasse, q. c^{ne} de Sommière.

Pateau, f. c^{ne} de Valleraugue.

Patéras (Le), île du Rhône, c^{ne} de Villeneuve-lez-Avignon. — 1717 (arch. départ. C. 547 et 549). — *Patiras*, 1783 (ibid. C. 105).

PATIS (LES), f. c^ne de Beaucaire. — *Le Paty*, 1789 (carte des États).

PATRON, château, c^ne de Brouzet (le Vigan). — *Le Patron, paroisse de Saint-Vincent-de-Brouzet*, 1745 (insin. eccl. du dioc. de Nîmes).

PATUS, f. c^ne de Galargues.

PATUS (LE), q. c^ne de Nîmes. — 1534 (arch. départ. G. 176).

PAUCOU, h. c^ne de Blannaves.

PAULARIÉ (LA), f. c^ne de Conqueyrac.

PAULHAN, f. et château ruiné, c^ne de Boisset-et-Gaujac. — *Mansus de Polhano, parrochiæ de Buxetis*, 1349 (cart. de la seign. d'Alais, f° 48).

PAUSE (LA), h. c^ne d'Aiguesmortes.

PAUSE (LA), h. c^ne des Mages.

PAUSES (LES), h. c^ne d'Aujac.

PAUSES (LES), q. c^ne de Bréau-et-Salagosse.

PAUSES (LES), q. c^ne de Domessargues. — *Pausas*, 1247 (chap. de Nîmes, arch. départ.).

PAUSES (LES), h. c^ne de Saint-André-de-Majencoules. — *Mansus de Pausis, parrochiæ Sancti-Andreæ de Magencolis*, 1287 (cart. de Notre-Dame-de-Bonheur, ch. 110).

PAUSSANET (LE), h. c^ne de Mialet. — *Mansus de Posanella*, 1345 (cart. de la seign. d'Alais, f° 35). — *Possanel* (carte géol. du Gard).

PAUSSANT, h. c^ne de Mialet. — *Il. de Paussano*, 1345 (cart. de la seign. d'Alais, f° 33). — *Mansus de Paussano, parrochie de Meleto*, 1389 (J. du Moulin, not. d'Anduze); 1508 (G. Calvin, not. d'Anduze). — *Possant* (carte géol. du Gard).

PAUTIER (LE), ruisseau qui prend sa source dans les collines de Pautier, c^ne de Clarensac, et se jette dans le Rhôny sur le territ. de la même c^ne. — 1647 (chapell. des Quatre-Prêtres, arch. départ.).

PAUVRE-MÉNAGE, f. c^ne de Beaucaire.

PAUZE (LA), q. c^ne d'Arre. — *Loco dicto la Pauza*, 1309 (pap. de la fam. d'Alzon).

PAUZE (LA), h. c^ne de Monoblet.

PAUZES (LES), f. c^ne de Saint-Christol-de-Rodière. — 1750 (arch. départ. C. 1662).

PAVIEL, f. c^ne d'Aimargues.

PAVILLON (LE), f. c^ne d'Aiguesmortes.

PAVILLON (LE), f. c^ne de Montfrin.

PAVILLON (LE), f. et m^in, c^ne de Saint-Bonnet.

PAYROLIÉ (LE), q. c^ne de Roquedur. — 1551 (arch. départ. C. 1796).

PAYZAC, f. c^ne de Meynes. — *La métairie de Paza*, 1775 (plans de G. Rollin, archit.). — *Pazac-de-Bas*, 1789 (carte des États).

PÉAGE (LE), q. c^ne de la Calmette. — 1247 (chap. de Nîmes, arch. départ.).

PÉAGE (LE), f. c^ne de Saint-Laurent-de-Carnols. — 1789 (carte des États).

PECCAIS, h. et chapelle ruinée, c^ne d'Aiguesmortes. — *Salinæ de Peccaysio*, 1461 (reg.-cop. de lettr. roy. E, IV). — *Salins de Peccays*, 1462 (ibid. E, V). — *Pecays*, 1535 (J. Ursy, not. de Nîmes).

C'est là aussi que se trouve le fort de Peccais, qui donne son nom à une roubine reliée à la mer par le canal de Sylvéréal.

PÉGAIROLLES, h. c^ne de Mialet. — *Pigueiroles*, 1789 (carte des États).

PÉGAYROL, q. c^ne de Saint-Geniès-de-Comolas.

PEILAREN, h. c^ne d'Euzet.

PEIRAUBE, f. c^ne de Laval.

PEIRAUBE, q. c^ne de Saint-André-de-Majencoules. — 1790 (notar. de Nîmes).

PEIRAUBE, f. c^ne de Saint-Hilaire-de-Brethmas.

PEIRAUBE, f. c^ne de Soustelle. — *Peyraube*, 1789 (carte des États).

PEIREFORT, f. c^ne de Blannaves. — *G. de Petra-Forti*, 1357 (pap. de la fam. d'Alzon). — *Locus de Petra-Forti*, 1461 (reg.-cop. de lettr. roy. E, V).

PEIREGUIS, q. c^ne de Calvisson. — 1282 (arch. dép. G. 305).

PEISSONNIÈRE (LA), f. c^ne de Roquemaure.

PÉLEGRIN, f. c^ne de Connaux.

PÉLEGRINES (LES), f. c^ne de Chamborigaud. — 1731 (arch. départ. C. 1475).

PELET, f. c^ne d'Alais.

PÉLICAN (LE), bois, c^ne de Saint-Bonnet.

PELLUCARIÉ (LA), h. c^ne d'Aumessas. — *Mansus de Pelecaria, parochiæ de Ohnessacio*, 1513 (A. Bilanges, not. du Vigan). — *Pellocarié*, 1747 (cad. d'Aumessas).

PELOUTARIÉ (LA), f. c^ne de Dourbie. — On dit aussi *la Paloutarié*.

PÉLUCARIÉ (LA), f. c^ne de Montdardier.

PÉNARIÉ (LA), f. auj. détruite, c^ne d'Alzon. — *Terre de la Penarie*, 1263 (pap. de la famille d'Alzon). — *Mansus de Penaria, parrochiæ de Alzono*, 1410 (ibid.).

PÉNARIÉ (LA), h. c^ne de Lanuéjols.

PÉNARIÉ (LA), f. c^ne de Quissac.

PÉNARIÉ (LA), f. c^ne de Saint-Martin-de-Corconac. — 1553 (arch. départ. C. 1794).

PÉNARIÉ (LA), f. c^ne de Saint-Nazaire-des-Gardies.

PÉNARIÉ (LA), f. c^ne de Sainte-Cécile-d'Andorge. — 1789 (carte des États); 1812 (notar. de Nîmes).

PÉNARIÉ (LA), f. c^ne de Valleraugue. — 1552 (arch. départ. C. 1806).

PÉNARIS, f. c^ne de Saint-Marcel-de-Fontfouillouse. — 1553 (arch. départ. C. 1792).

PENDOULE (LA), ruiss. qui prend sa source sur la c^ue de Bez-et-Esparron et se jette dans le Merlençon sur le territ. de la même commune.

PENSION (LA), f. c^ne de Mons.

PEPIN, f. c^ne de Saint-Pons-la-Calm.

PEPIN (LE), ruisseau qui prend sa source sur la c^ne de Sabran et se jette dans le Tave sur le territ. de la c^ne de Tresques.

PÉRACHE (LA), f. c^ne de Monoblet.

PÉRADE (LA), bois, c^ne d'Orsan.

PÉRADE (LA), bois, c^ne de Saint-Just-et-Vaquières.

PÉRATRINE (LA), f. c^ue de Blandas.

PERDIGUIER, f. c^ne de Saint-Jean-de-Crieulon.

PERDUS (LES), section cadastrale de la c^ne de Saint-Laurent-d'Aigouze. — *Les Perdus, sive Feuillères*, 1812 (notar. de Nimes).

PÈRE (LE), abîme, c^ne de Conqueyrac. — Voy. AVEN.

PÉRÉOUIS, q. c^ne de Saint-Bonnet. — 1552 (arch. dép. C. 1780).

PÉREIROL, f. c^ne de Sainte-Cécile-d'Andorge. — *Mansus de Melareda; de Milareda; de Millareda, parochie de Sancta-Cecilia*, 1345 (cart. de la seign. d'Alais, f°s 31, 32 et 41).

PÉREIROL (LE), ruisseau, c^ne de Sainte-Cécile-d'Andorge. — *Le ruisseau de Perrérol*, 1635 (arch. dép. C. 1291). — Voy. MÉLARÈDE (LA).

PÉREIROL (LE), f. c^ne de Saint-Hippolyte-du-Fort. — *Le Péreyrol*, 1549 (arch. départ. C. 1790).

PÉRET, f. auj. détr. c^ne de Sagriès. — *Territorium de Pereto, usque ad molendinum Claudii*, 1495 (L. Borrafin, not. d'Uzès). — *La forest de Peret*, 1565 (lettres pat. de Charles IX). — *Péret, paroisse de Sagriers*, 1721 (bibl. du gr. sémin. de Nimes).

La forêt de Péret, qui appartenait avant la Révolution au duc d'Uzès, est située sur les c^nes de Saint-Maximin et de Sanilhac-et-Sagriès, sur la pente septentrionale des collines qui bordent la vallée de l'Alzon. — Sur la partie comprise dans le territ. de Saint-Maximin existe une maison de campagne appartenant à la famille Goirand de La Baume.

PÉRIDIER, f. c^ne de Saint-Roman-de-Codière. — *G. de Peyrederio*, 1472 (Ald. Razoris, not. du Vigan).

PÉRIER (LE), montagne, c^ne d'Alais.

PÉRIÈRES (LES), f. c^ne d'Arrigas.

PÉRIÈRES (LES), h. c^ne de Goudargues. — *Locus de Peireiras*, 1162 (Gall. Christ. t. VI, p. 620).

PÉRIÉRETS (LES), h. c^ne de la Melouse.

PÉRIÈS, f. c^ne de Concoules.

PÉRIÈS, h. c^ne de Soustelle. — *Mansus de Pererio, in parrochia Sancti-Petri de Sostella*, 1349 (cart. de la seigneurie d'Alais, f° 48).

PERJURADE (LA), ferme, c^ne de Saint-Martin-de-Cor-
Gard.

conac. — *La Borie de Perjurade*, 1860 (notar. de Nimes).

PERLE (LA), q. c^ne de Marguerittes. — 1759 (arch. comm. de Marguerittes).

PERNILLE, f. c^ne de Tharaux.

PÉROLS, q. c^ne de Savignargues. — 1517 (arch. départ. G. 285).

PÉRON (LE), h. c^ne de Saint-Brès.

PÉROUSE, f. c^ne de Saint-Gilles. — *Villa quæ dicitur Agals, in terminio de villa Sancti-Egidii, in comitatu Nemausense*, 1064 (cart. de Saint-Victor de Mars. ch. 168). — *Trudel*, 1789 (carte des États).

PERPIGNAN, f. c^ne d'Uzès. — *Le moulin de Perpignan, paroisse de Saint-Firmin*, 1731 (arch. dép. C. 1473).

PERRET, h. c^ne de Robiac.

PERRIER, f. et salins, c^ne d'Aiguesmortes.

PERRIER (LE), f. c^ne d'Aiguesmortes.

PERRIER (LE), f. c^ne de Montpezat.

PERRIER (LE), q. c^ne de Sumène. — *Le Périé*, 1555 (arch. départ. G. 167).

PERRIER (LE), f. c^ne de Valleraugue.

PERRIÈRES (LES), carrières, c^ne d'Aujargues.

PERRIÈRES (LES), bois, c^ne de Saint-Gervais.

PERRIERS (LES), f. c^ne du Vigan. — *Mansus de Perreriis, parrochiæ Vicani*, 1469 (Razoris, not. du Vigan).

PERRON-DU-BOUSQUET (LE), f. c^ne de Saint-Laurent-d'Aigouze. — 1547 (arch. départ. C. 1788).

Elle appartenait au prieur de Mauressargues.

PERRUSSE, f. c^ne d'Alais. — *P. de Peyrussa*, 1348 (cart. de la seign. d'Alais, f° 46).

PERRY, f. c^ne de Chamborigaud.

PERTUJARIÉ (LA), h. c^ne de Robiac.

PÉRY, f. c^ne de Barjac.

PESANTI, h. c^ne de Saint-Florent.

PESQUIER (LE), q. c^ne d'Aramon. — 1637 (Pitot, not. d'Aramon).

PESQUIER (LE), h. c^ne de Sauveterre.

PESSERIER, f. c^ne de Tresques.

PESSÈTE (LA), bois, c^ne de Laval.

PESSOLE (LA), f. c^ne de Chamborigaud.

PÉTIÉ, f. c^ne d'Orsan.

PETIT, f. c^ne de Nimes.

PETIT-DREUX (LE), bois, c^ne de Tornac.

PETITE-ILE (LA), f. c^ne de Comps.

PETITE-PANISSE (LA), f. c^ne de Saint-Laurent-d'Aigouze. — 1547 (arch. départ. C. 1788).

PETIT-JEAN, f. c^ne de Théziers.

PETIT-TERME (LE), f. c^ne de Saint-Privat-de-Champclos. — 1780 (arch. départ. C. 1652).

PETIT-MAZET (LE), f. c^ne de Saint-Laurent-d'Aigouze.

PEYRAGE, f. c^ne de Vauvert. — *La ferme de Peyrage*, 1726 (carte de la bar. du Caylar).

21

PEYRARIÉ (LA), f. c^{ne} de Peyroles.

PEYRASSON, f. c^{ce} du Pont-Saint-Esprit. — 1731 (arch. départ. C. 1476).

PEYRAUBE, h. c^{ne} d'Arrigas. — *U. de Petra-Alba*, 1225 (cart. de N.-D. de Bonh. ch. 36). — *R. de Peyra-Alba*, 1244 (ibid. ch. 37). — *Dominium de Petra-Alba*, 1296 (ibid.). — *Mansus de Petra-Alba*, 1337 (ibid.).

PEYRE (LA), f. c^{ne} d'Arrigas.

PEYRE (LA), h. c^{ne} de Mandagout. — *Mansus de Petra, jurisdictionis et parrochiæ de Mandagoto*, 1472 (A. Razoris, not. du Vigan). — *Mansus del Peyro* (ibid.).

PEYRE (LA), f. c^{ne} de Saint-Christol-de-Rodière. — 1750 (arch. départ. C. 1662).

PEYRE (LA), f. c^{ne} de Saint-Marcel-de-Fontfouillouse. — 1553 (arch. départ. C. 1791).

PEYRE (LA), h. c^{ne} de Saumane.

PEYRE (LA), f. c^{ne} de Sumène. — 1555 (arch. départ. G. 167).

PEYREBESSE, q. c^{ne} d'Arrigas.

PEYRE-CABUSSELADE (LA), dolmen à la limite des c^{nes} d'Arre et de Blandas. — *Peyre-Alsade*, 1646 (compoix d'Arre).

PEYRE-ÉQUALLIÈRE, q. c^{ne} de Roquedur. — 1551 (arch. départ. C. 1796).

PEYREFICADE (LA), q. c^{ne} de Saint-André-de-Valborgne. — *Le vallat de Peyre-Ficade*, 1552 (arch. départ. C. 1777).

PEYREFICADE (LA), f. c^{ce} de la Salle.

PEYREFICHE, f. c^{ne} d'Arphy.

PEYREFICHE, menhir, c^{ne} de Goudargues.

PEYREFICHE, f. c^{ne} de Mandagout. — *Mansus de Peyra-Ficha, confrontatur a capite cum lapide plantato, infra parochiam de Mandagoto*, 1472 (A. Razoris, not. du Vigan).

PEYREFICHE, q. c^{ne} de Pommiers. — *Territorium de Peyraficada*, 1314 (pap. de la fam. d'Alzon).

PEYREFICHE, f. c^{ne} de Valleraugue, près d'Ardaillès. — *Pierrefiche*, 1551 (arch. départ. C. 1897) — *Peyreficade*, 1862 (notar. de Nimes).

PEYREFIO, q. c^{ne} de Laudun. — 1817 (notar. de Nimes).

PEYREFIO, h. c^{ne} de Saint-Julien-de-Peyrolas.

PEYREGROSSE, h. c^{ne} de Saint-André-de-Majencoules. — *A. de Petragrossa*, 1233 (cart. de N.-D. de Bonheur, ch. 17); 1256 (ibid. ch. 111). — *P. de Petragrossa*, 1307 (pap. de la fam. d'Alzon). — *Mansus de Petra-Grossa, parochiæ Sancti-Andreæ de Majencolis*, 1472 (A. Razoris, not. du Vigan). — *Peyregrosse, paroisse de Saint-André de Majencoules*, 1709 (pap. de la fam. d'Alzon). — *Le pont de Peyregrosse*, 1755 (arch. départ. C. 1830). — Voy. CASTELBOC.

PEYRÉGUIL, menhir, c^{ne} de Saint-Christol-de-Rodière.

PEYRÉGUIL (LE), f. c^{ne} de Saint-Dézéry. — 1776 (comp. de Saint-Dézéry).

PEYREILLES, f. c^{ne} d'Arre.

PEYRELADE, q. c^{ne} de Thoiras. — 1542 (arch. départ. C. 1803).

PEYRE-LÉBOU, q. c^{ne} de Blandas. — *Peyre-Loubou*. 1760 (arch. commun. de Blandas). On y a trouvé des débris de sépultures gallo-romaines.

PEYRELOUBE, f. c^{ne} de Caveirac.

PEYREMALE, c^{ne} de Génolhac. — *Castrum de Petra-Mala*, 1050 (Hist. de Lang. II, pr. col. 219); 1121 (Gall. Christ. t. VI, p. 304); 1238 (cart. de Franquevaux); 1310 (Ménard, I, pr. p. 192, c. 1). — *Petra-Malesia*, 1345 (cart. de la seigneurie d'Alais, f° 31 et 41). — *Mansus de Petra-Mala, in baronnia de Portis*, 1345 (ibid. f° 35 et 41). — *Locus de Pierremala, Uticensis diocesis*, 1461 (reg.-cop. de lettr. roy. E, IV). — *Le prieuré Nostre-Dame de Peyremalle*, 1690 (insin. eccl. du dioc. d'Uzès). — *Peyremale*, 1635 (arch. départ. C. 1291).

Peyremale faisait partie de la viguerie et du diocèse d'Uzès, doyenné de Sénéclas. — Le prieuré de Notre-Dame-de-Peyremale était à la collation de l'évêque d'Uzès. — En 1384, on ne comptait en ce lieu que 3 feux et demi, y compris Robiac, alors son annexe, et qui fait partie aujourd'hui du canton de Saint-Ambroix. — Les armoiries de Peyremale sont : *d'azur, à un cor de chasse, lié d'argent, accompagné de 3 molettes de même, 2 en chef et une en pointe.*

PEYREMALE, h. et montagne, c^{ne} de Bagard. — G. de *Petra-Mala*, 1210 (cart. de la seign. d'Alais, f° 45). — *Territorium de Petra-Mala, in parrochia Sancti-Saturnini de Buxetis*, 1437 (Et. Rostang, not. d'Anduze). — *Pierremale* (carte géol. du Gard).

PEYRE-PLANTADE, menhir, mandement du Landre, c^{ne} de Blandas.

PEYRE-PLANTADE, q. territ. de Comprieu, c^{ne} de Lanuéjols.

PEYRE-PLANTADE, f. c^{ne} de Saint-Julien-de-Valgalgue.

PEYRE-PLANTADE, f. c^{ne} de Saint-Martial.

PEYRES (LES) f. c^{ne} de Bréau-et-Salagosse.

PEYRET (LE), f. c^{ne} de Blannaves. — *Mansus de Petra*, 1345 (cart. de la seign. d'Alais, f° 32 et 41).

PEYRE-TOURTE (LA), bois, c^{ne} de Rogues. — 1555 (arch. départ. C. 1772).

PEYRIER (LE), f. c^{ne} de la Rouvière (le Vigan). — *Mansus del Perier, parochiæ Sancti-Andreæ de Magencolis*, 1472 (A. Razoris, not. du Vigan).

PEYRIER (LE), f. c⁰ᵉ de Saumane. — *Le Peirier*, 1789 (carte des États).

PEYRIÈRES (LES), q. c⁰ᵉ de Calvisson. — *Ad Peyrerias*, 1320 (arch. départ. G. 303).

PEYRIVIÉ, f. c⁰ᵉ de Saint-Roman-de-Codière.

PEYROLAS (LE), q. c⁰ᵉ de Peyrolles. — 1551 (arch. départ. C. 1771).

PEYROLLE, f. c⁰ᵉ d'Allègre. — *Grangia de Peyrola*, *prope castrum de Alegrio*, 1310 (Mén. I, pr. p. 193, c. 1).

PEYROLLES, c⁰ⁿ de Saint-André-de-Valborgne — *Parrochia de Payrola*, 1345 (cart. de la seign. d'Alais, f° 35). — *Peyrola*, 1384 (dén. de la sénéch.). — *Peyrole*, 1435 (rép. du subs. de Charles VII). — *Peyrolles*, 1551 (arch. dép. C. 1771). — *Peyrolles*, *viguerie d'Anduze*, 1582 (Tar. univ. du dioc. de Nimes). — *Le prieuré de Sainte-Marguerite de Peyroles*, 1625 (insin. eccl. du dioc. de Nimes).

Peyrolles faisait partie de la viguerie d'Anduze et du diocèse de Nimes, archiprêtré d'Anduze. — On n'y comptait qu'un feu en 1384. — Ses armoiries sont : *de sable, à trois chaudrons d'or, posés 2 et 1*.

PEYRON, f. c⁰ᵉ de Nimes. — *Aurelianicus*, 986 (cart. de N.-D. de Nimes, ch. 55); 1031 (*ibid.* ch. 94); 1109 (*ibid.* ch. 98). — *Peironum de Aurelhanicis*, 1183 (chap. de Nimes, arch. départ.). — *Perronum*, 1233 (*ibid.*). — *Peyronum d'Aurelhargues*, 1380 (comp. de Nimes). — *Peyron d'Orilhargues*, 1479 (la Taula del Poss. de Nismes). — *Pilon d'Aurilhargues*, 1608 (arch. hosp. de Nimes). — *Peyron d'Aurilhargues*, 1692 (*ibid.*).

PEYROUSES (LES), h. c⁰ᵉ de Saint-Florent.

PÉZIÈRES (LES), f. c⁰ᵉ de Valleraugue. — *La Pézière*, 1824 (Nomencl. des comm. et ham. du Gard).

PHÉLIBERT, f. c⁰ᵉ de Sauveterre.

PHÉLIP, f. c⁰ᵉ de Rochefort.

PIALADE, f. c⁰ᵉ de Sumène.

PIALOUZET, h. c⁰ᵉ de Malons-et-Elze. — *Locus de Pialusec*, 1212 (généal. des Châteauneuf-Randon).

PIAN, f. c⁰ᵉ de Moulézan-et-Montagnac.

PIBART, f. c⁰ᵉ de Tornac. — 1552 (arch. départ. C. 1804).

PIBOULETTE (LA), île du Rhône, c⁰ᵉ de Codolet. — 1627 (cart. de la princip. d'Orange). — *Le mas de la Piboulette*, 1762 (arch. départ. C. 1569).

PIC, h. c⁰ᵉ de Courry.

PICARD, f. c⁰ᵉ de Saint-Bonnet-de-Salendrenque. — *Le mas du Picard*, 1552 (arch. départ. C. 1780).

PICARD, f. c⁰ᵉ de Saint-Gilles.

PICARD, f. c⁰ᵉ de Sumène.

PIC-DEULIER, h. c⁰ᵉ de Pompignan.

PICHANDRAOU, bois, c⁰ᵉ d'Aigaliers.

PIECHAIGU, f. c⁰ᵉ de Bréau-et-Salagosse, sur une montagne du même nom. — *Mansus de Podio-Acuto*, *in parochia de Aulacio*, 1461 (reg.-cop. de lettr. roy. E, IV, f° 16). — *Mansus de Podio-Aguto*, *parochiæ Vallis-Heraugiæ* (sic), 1513 (A. Bilanges, not. du Vigan). — *Puechgut* (cad. de Bréau).

PIÉCOURT, h. c⁰ᵉ de Saint-Julien-de-la-Nef.

PIED-BOUQUET, bois, c⁰ᵉ de Brouzet.

PIED-DE-LA-COSTE (LE), h. c⁰ᵉ de Saint-Jean-du-Gard. *Locus apud Pedem-de-Costa*, *in parochia Sancti-Johannis de Gardonica*, 1345 (cart. de la seign. d'Alais, f° 35).

PIED-LONG, f. c⁰ᵉ de Saint-Nazaire-des-Gardies.

PIED-MÉJAN, montagne, c⁰ᵉ de Mars. — 1818 (notar. de Nimes).

PIED-POUBRI, bois, c⁰ᵉ de Pouix.

PIED-PUGET, q. c⁰ᵉ de Bourdic.

PIÉGAREN, f. c⁰ᵉ de Sumène. — *G. de Podio-Garenco*, 1233 (cart. de N.-D. de Bonh. ch. 17). — *Puech-Garen*, 1789 (carte des États).

PIÉREDON, montagne, c⁰ᵉ de Chusclan. — *Podium-Rotundum; Puechredon* (Eug. Trenq. *Not. sur quelques localités du Gard*).

PIERRE-BLADIÈNE, q. c⁰ᵉ de Valleraugue. — 1552 (arch. départ. C. 1806).

PIERREFEU, q. c⁰ᵉ de la Calmette. — *A Peyrafuc*, 1288 (arch. départ. G. 315).

PIERREFEU, q. c⁰ᵉ de Peyrolles. — 1551 (arch. départ. C. 1771).

PIERREGROS, f. c⁰ᵉ de Courry. — 1768 (arch. départ. C. 1646).

PIERRELONG, h. c⁰ᵉ de Mialet.

PIERREMORTE, h. c⁰ᵉ de Courry. — *La Peiremorte*, 1768 (arch. départ. C. 1646).

PIERRE-REDONNE (LA), f. c⁰ᵉ de Saint-Martin-de-Corconac. — 1553 (arch. départ. C. 1794).

PIERRE-ROUGE (LA), f. c⁰ᵉ des Mages.

PIERRÉSEC, f. c⁰ᵉ de Tresques.

PIERRON, montagne, c⁰ᵉ de Portes.

PIERRON (LE), ruiss. qui prend sa source sur la c⁰ᵉ de Gajan et va se jeter dans la Braüne sur le territoire de la même commune.

PIEY-LONG, f. c⁰ᵉ de Dourbie.

PIEY-LONG (LE), ruiss. qui prend sa source sur la c⁰ᵉ de Bréau-et-Salagosse et se jette dans la Dourbie à la limite de cette commune.

PIEYRE, f. c⁰ᵉ de Nimes. — *Mas-de-Pieyre*, 1825 (notar. de Nimes).

PIEYRE (LA), h. c⁰ᵉ de Valleraugue. — *Mansus de la Pieyra*, *parochiæ Vallis-Heraugiæ*, 1513 (A. Bilanges, not. du Vigan).

PIEYRE (LA), ruiss. qui prend sa source sur la c⁰ᵉ de

Valleraugue, au hameau précédent, et se jette dans l'Hérault au moulin de la Bécède, sur le territ. de la même commune.

PIGALIÈRE (LA), f. c^{ne} de Saint-Hilaire-de-Brethmas. — *La Gigalière*, 1789 (carte des États).

PIGEONNIER (LE), f. c^{ne} de Saint-Clément.

PIGIÈRE (LA), q. c^{ne} de Colias. — 1607 (arch. comm. de Colias).

PIGNARGUES, q. c^{ne} de la Capelle-et-Mamolène.

PIGNET, f. c^{ne} de Sauve.

PIGNOTELLE, q. c^{ne} de Castillon-de-Gagnère. — 1811 (notar. de Nîmes).

PUAUD, f. et bois, c^{ne} de Bagnols.

PUAUDON, f. c^{ne} de Bagnols. — *Pijodon*, 1789 (carte des États).

PILET, f. et île, c^{ne} de Beaucaire.

PILES (LES), q. c^{ne} d'Aiguesvives. — *Ad Pilas*, 1203 (arch. départ. G. 265).

PILLES-LOIN, f. et source, c^{ne} de Vauvert. — 1726 (carte de la bar. du Caylar).

PILLES-PRÈS, source, plus voisine de Vauvert que la précédente.

PILOT, f. c^{ne} de Sernhac, avec une source qui se jette dans le Gardon.

PIN (LE), c^{on} de Bagnols. — *In villa Bonoilo; Bonoiolo, sive Sancta-Maria de Pino, in valle Miliacense, in comitatu Uzetico*, 1047-1060 (cart. de Saint-Victor de Mars. ch. 1070). — *Locus de Pinu*, 1384 (dénombr. de la sénéch.). — *Lo Pin*, 1523 (A. de Costa, not. de Barjac). — *Le prieuré du Pin et de Cadens*, 1619 (insin. eccl. du dioc. d'Uzès). — *Le prieuré Notre-Dame du Pin*, 1620 (ibid.).

Le Pin faisait partie de la viguerie et du diocèse d'Uzès, doyenné de Bagnols. — A la fin du xvie siècle, le prieuré de Notre-Dame du Pin reçut pour annexe celui de Saint-Clément-de-Cadens : voir ce nom. — Après avoir appartenu pendant le moyen âge à l'abbaye de Saint-Victor de Marseille, ce prieuré était en 1619 à la collation de l'évêque d'Uzès. — L'église et le château de ce village sont anciens. — Ce lieu ressortissait au sénéchal d'Uzès. — La seign. du Pin, au xviiie siècle, appartenait à M. d'Entraigues. — Les armoiries du Pin sont : *d'azur, à une bande losangée d'argent et de gueules.*

PINAULARIÉ (LA), f. c^{ne} de Montdardier. — *In terminium de Pino, sub castro Exunatis, in aice Arisense, in pago Nemausense*, 928 (cart. de N.-D. de Nîmes, ch. 195).

PINÈDE (LA), f. et bois, c^{ne} d'Aiguesmortes. — 1755 (arch. départ. C. 60).

PINÈDE (LA), bois, c^{ne} de Saint-André-de-Valborgne. — 1552 (arch. départ. C. 1777).

PINÈDE (LA), q. c^{ne} de Trève.

PINES, h. c^{ne} de Mialet.

PINET (LE), bois, c^{ne} de Saint-Gilles. — 1548 (arch. départ. C. 1787).

PINOCH, h. c^{ne} de Sumène.

PINS (LES), bois, c^{ne} de Dourbie.

PINS (LES), bois, sur les c^{nes} de Lanuéjols et de Saint-Sauveur-des-Poursils.

PINTARD (LE), h. c^{ne} de la Salle.

PIOT, île du Rhône, c^{ne} des Angles. — 1782 (arch. départ. C. 106).

Avant 1790, cette île appartenait aux Chartreux de Villeneuve-lez-Avignon. — Une loi du 10 juillet 1856 a distrait cette île du département du Gard pour la réunir à celui de Vaucluse.

PISE (LA), f. c^{ne} de Dourbie. — *Mansus de Pisis, parochiæ de Durbia*, 1513 (A. Bilanges, not. du Vigan).

PISES (LES), f. c^{ne} de Martignargues.

PISSE-GERBES, q. c^{ne} de Saint-Dionisy. — *En Pixa-Garbas*, 1164 (arch. départ. G. 333).

PISSE-SAUME, q. c^{ne} de Villevieille. — 1547 (arch. départ. C. 1809).

PISSEVIN, q. c^{ne} de Nîmes. — *Pissabins*, 1380 (comp. de Nîmes). — *Cros de Savoie, sive Pissevins*, 1479 (la Taula del Poss. de Nismes). — *Pisse-Vin*, 1534 (arch. départ. G. 176); 1547 (ibid. C. 1768); 1557 (J. Ursy, not. de Nîmes); 1700 (arch. départ. G. 200).

PISSEVIN, q. c^{ne} de Saint-Mamet. — 1812 (notar. de Nîmes).

PISTOU, f. c^{ne} de Bonnevaux-et-Hiverne.

PIVOULIÈRE (LA), montagne et bois, c^{ne} de Bordezac.

PIZOUROUX, bois, c^{ne} de Castillon-du-Gard.

PLACE (LA), f. c^{ne} de Roquedur.

PLACE (LA), f. c^{ne} de Soudorgues.

PLACETTE (LA), f. c^{ne} de Valleraugue.

PLAGNOL (LE), f. c^{ne} de Chamborigaud. — *Plagniol*, 1731 (arch. départ. C. 1475).

PLAGNOL (LE), h. c^{ne} de Ponteils-et-Brézis. — *La seigneurie du Plagnol*, 1733 (insin. eccl. du dioc. de Nîmes).

PLAGNOL (LE), h. c^{ne} de Saint-Paul-la-Coste. — *Locus de Planholis*, 1308 (Mén. I, pr. p. 220, c. 2).

PLAGNOL (LE GRAND-), q. c^{ne} de Bellegarde. — 1827 (notar. de Nîmes).

PLAGOS, q. c^{ne} d'Aumessas.

PLAINE (LA), bois, c^{ne} de Cornillon.

PLAINE-DES-ANNIERS (LA), q. c^{ne} de Salazac. — 1781 (arch. départ. C. 1656).

PLAINES (LES), h. c^{ne} de Saint-Jean-du-Gard.

PLAINES-DE-COSTE (LES), bois, c^{ne} de Moulézan-et-Montagnac.

PLAISANCE, f. c^ne de Calvisson.

PLAISSE (LA), h. c^ne de Malons-et-Elze.

PLAIZOR, f. c^ne de la Grand'Combe.

PLAN (LE), h. c^ne d'Aspères.

PLAN (LE), f. c^ne de Bréau. — *Apud Planum de Aulacio*, 1245 (cart. de N.-D. de Bonh. ch. 16). — *Mansus de Plano, parrochiœ Sancti-Martini de Aulatio*, 1472 (A. Razoris, not. du Vigan).

PLAN (LE), f. c^ne de la Calmette. — 1547 (arch. dép. C. 1313).

Elle appartenait au seigneur de Dions.

PLAN (LE), q. c^ne de Montfrin. — *Le terroir du Plan*, 1634 (arch. départ. C. 1297). — *Le plan Saint-Martin* (Eug. Trenquier, *Mém. sur Montfrin*).

PLAN (LE), q. c^ce de Sanilhac-et-Sagriès.

PLAN-ALLODIAL (LE), q. c^ne de Montfrin.

Emporté par le Rhône en 1665 (Eug. Trenquier, *Mém. sur Montfrin*).

PLANAS (LE), h. c^ne de Monoblet.

PLANAS (LE), bois, c^ne de Tharaux.

PLANCHER, f. c^ne de Saint-Pons-la-Calm.

PLAN-DE-BONJOUR (LE), f. c^ne de Roquemaure. — 1695 (arch. départ. C. 1653).

PLAN-DE-FONTCOUVERTE (LE), q. c^ne de Jonquières-et-Saint-Vincent. — *Planum de Fonte-cohoperto*, 1371 (arch. commun. de Beaucaire).

PLAN-DE-LA-MOUSQUE (LE), f. c^ne de Pommiers.

PLAN-DE-LA-VAQUE (LE), bois, c^ne de Nîmes.

PLAN-DE-MONTAGNAC (LE), q. c^ne de Montfrin. — *Bois-Rostang; Gor de Saint-Michel* (E. Trenquier, *Mém. sur Montfrin*).

PLAN-DE-PEYRE (LE), f. c^ne d'Aiguesmortes.

PLAN-DES-AYRES (LE), f. c^ne de Vézenobre.

PLAN-DE-VERS (LE), q. c^ne de Vers. — *Rasa de Versio*, 1428 (arch. du château de Saint-Privat).

PLAN-DU-SAUZE (LE), h. c^ne de Saint-Paul-la-Coste. — *Le plan du Souze*, 1789 (carte des États).

PLANE (LA), f. c^ne d'Aigremont.

PLANE (LA), f. c^ne d'Aujac.

PLANES (LES), f. c^ue de Goudargues. — *Castrum Planitium*, 815 (D. Bouquet, *Histor. de Fr. Dipl. de Louis le Déb.*). — *Gordanicus, in vicaria Planzes*, 900 (Hist. de Lang. II, pr. col. 41). — *Les Planes*, 1731 (arch. départ. C. 1474).

PLANES (LES), f. c^ne de la Grand'Combe.

PLANES (LES), bois, c^ne de Saint-Hippolyte-de-Montaigu. — 1734 (arch. départ. C. 1260).

PLANET (LE), f. c^ne de Saint-Martin-de-Corconac. — 1553 (arch. départ. C. 1794).

PLANQUE (LA), h. c^ne de Mandagout. — *Mansus de Planqua, parochia de Mandagoto*, 1472 (A. Razoris, not. du Vigan).

PLANQUE (LA), f. c^ue de Quissac. — *Le mas de Planque*. 1632 (arch. départ. G. 287).

PLANQUE (LA), f. c^ne de Saint-André-de-Valborgne.

PLANQUE (LA), f. c^ne de Saint-Brès. — 1550 (arch. départ. C. 1782).

PLANQUE (LA), f. c^ne de Saint-Laurent-le-Minier.

PLANQUE (LA), f. c^ne de Thoiras. — 1542 (arch. dép. C. 1803).

PLANQUES (LES), f. c^ne d'Aiguesmortes.

PLANQUETTE (LA), h. c^ne d'Aulas.

PLANQUETTE (LA), f. c^ne de Saint-Hippolyte-du-Fort. 1549 (arch. départ. C. 1790).

PLANQUIS, f. c^ne de Chambon.

PLANS (LES), c^on d'Alais. — *Plana*, 1384 (dénombr. de la sénéch.). — *Locus de Planis*, 1461 (reg.-cop. de lettr. roy. E, IV, f° 8); 1476 (Mén. III, pr. p. 335, c. 1.) — *Le prieuré de Saint-Martin-des-Plans*. 1561 (J. Ursy, not. de Nîmes); 1620 (insin. eccl. du dioc. d'Uzès).

Le village des Plans n'était qu'une communauté peu considérable de la viguerie et du diocèse d'Uzès, doyenné de Navacelle. — En 1384, elle ne se composait que d'un feu. — Le prieuré régulier de Saint-Martin des Plans était à la collation de l'abbé de la Chaise-Dieu, en Auvergne. L'évêque d'Uzès conférait la vicairie sur la présentation du prieur. — Il reste encore une partie de l'ancien château des Plans. — Ce lieu ressortissait au sénéchal d'Uzès. — M. Faucon de Lagette y possédait, au XVIIIe siècle, un domaine noble. — Les armoiries sont : *de sinople, à un chef losangé d'argent et de gueules.*

PLAN-SAINT-ÉTIENNE (LE), q. c^ne de Savignargues. — 1517 (arch. départ. G. 285).

PLANSONÈDE (LA), q. c^ne de Saint-Martin-de-Corconac. — 1553 (arch. départ. C. 1794).

PLANTAT, f. c^ne de Bragassargues.

PLANTIER (LE), f. c^ne de Saint-Jean-du-Gard.

PLANTIER-DE-RAIMBAUD (LE), q. c^ne de la Calmette. — *Ad Planterium Rimbaldi*, 1288 (arch. départ. G. 315).

PLANTIÈRE (LA), bois, c^ne de Saint-Paul-la-Coste.

PLANTIERS (LES), q. c^ne de Bellegarde. — *Ad Planterios*, 1376 (arch. départ. G. 280).

PLANTIERS (LES), h. c^ne de Cendras.

PLANTIERS (LES), h. c^ne de Saint-Marcel-de-Fontfouillouse. — *Mansus de Planteriis, parrochia Sancti-Marcelli de Fonte-Folioso*, 1466 (J. Montfajon, not. du Vigan). — *Les Plantiés*, 1590 (insin. eccl. du dioc. de Nîmes).

PLANTIERS (LES), f. c^ne du Vigan. — *Mansus de Planteriis, parochia Vicani*, 1468 (A. Razoris, not. du Vigan); 1513 (A. Bilanges, not. du Vigan).

Plan-Viel (Le), f. c^{ne} de Saint-André-de-Valborgne.
— 1552 (arch. départ. C. 1776).

Plâtriers (Les), h. c^{ne} de Monoblet.

Plauzolles, f. c^{ne} de Laudun.

Plauzolles, h. c^{ne} de Meyrancs. — *Plauzoles*, 1715
(J.-B. Nolin, *Carte du dioc. d'Uzès*). — *Plauzelle*,
1789 (carte des États).

Plauzolles, h. c^{ne} de Ponteils-et-Brézis. — *Plan-
sollæ*, 1290 (chap. de Nimes, arch. départ.). —
Plauzoles, 1721 (bull. de la Soc. de Mende, t. XVI,
p. 160).

Plaveisset, f. c^{ne} d'Aujac.

Pleindoux, f. c^{ne} de Langlade.

Plesautier (Le), h. c^{ne} de Saint-Victor-la-Coste.

Plo (Le), h. c^{ne} de Courry. — *Le mas du Plo*, 1768
(arch. départ. C. 1646).

Plo (Le), h. c^{ne} de Mars.

Plombières, q. c^{ne} d'Uchau. — 1548 (arch. départ. C.
1805).

Plos (Les), f. c^{ne} de Blandas. — *Mas-del-Fesc*, 1734
(arch. comm. de Blandas). — *Les Plods*, 1768
(*ibid.*).

Plos (Les), — Haut et Bas, — f. c^{ne} de Génolhac.

Plos (Les), h. c^{ne} de Saint-Jean-du-Pin. — *Mansus
de Planis, parrochiæ de Pinu*, 1508 (Gauc. Calvin,
not. d'Anduze).

Plo-Vidal (Le), h. c^{ne} du Vigan. — *Mansus de Podio-
Vitalis, parrochiæ Sancti-Petri de Vicano*, 1430 (A.
Montfajon, not. du Vigan). — *Puech-Vidal*, 1550
(arch. départ. C. 1812).

Pluzon, f. c^{ne} d'Aumessas.

Polinsargues, q. c^{ne} de Marguerittes.

Poltret, f. c^{ne} de Beaucaire. — *Poltraict*, 1789 (carte
des États).

Polverières, f. et chapelle ruinée, c^{ne} de Bouillargues,
sur l'emplacement de l'ancien prieuré rural de Saint-
Jean-de-Polvelières : voy. ce nom. — *In terminio
de villa Pulvérarias*, 1024 (cart. de N.-D. de Nimes,
ch. 32). — *Vulpilarias*, 1031 (*ibid.* ch. 94). —
In terminio de Vulpelerias, sub civitate Nemauso,
1116 (*ibid.* ch. 31).—*Polveriæ*, 1146 (Hist. de Lang.
II, pr. col. 514). — *Pulvereriæ*, 1214 (chap. de
Nimes, arch. dép.). — *In territorio de Polvereriis*,
1380 (comp. de Nimes). — *Polvericyras*, 1479 (la
Taula del Poss. de Nismes). — *Poulverières*, 1558
(J. Ursy, not. de Nimes). — *Polveriès*, 1789 (carte
des États).—*Pavoulière* (carte géologique du Gard).

Le hameau de Polverières faisait partie des terres
de l'Assise de Calvisson. — Le seigneur de Manduel
en avait la haute et basse justice. — En 1322,
d'après l'estimation des terres de cette *assise*, ce
hameau ne se composait que de 2 feux.

Polverières, q. c^{ne} de Saint-Geniès-en-Malgoirès. —
J. de Pulvereriis, loci de Calmeta, 1234 (chap. de
Nimes, arch. départ.).— *A Polvericyras*, 1288 (arch.
départ. G. 315). — *In decimaria Sancti-Genesii, territorio vocato de Polverieyras*, 1463 (L. Peladan,
not. de Saint-Geniès-en-Malgoirès).

Pomarède (La), h. c^{ne} de Laval.

Pomarèdes (Les), h. c^{ne} de Saint-Jean-du-Gard.

Pomaret, f. c^{ne} de Colognac. — 1757 (arch. départ.
C. 1338).

Pomaret, f. c^{ne} de Saint-André-de-Majencoules. —
*Territorium de Pomaredis, in parrochia Sancti-
Andreæ de Magencolis*, 1430 (A. Montfajon, not. du
Vigan).

Pomaret, h. c^{ne} de Saint-André-de-Valborgne.—*Mansus
de Pomareto; podium vocatum de Pomaret, in parrochia Sancti-Andree Vallis-Bornie*, 1437 (Et. Rostang, not. d'Anduze). — *La Mazade de Pomaret*,
1552 (arch. départ. C. 1777). — *La Poumarède*,
1824 (Nomencl. des comm. et ham. du Gard). —
Pommaret (carte géol. du Gard).

Pommiers, f. c^{ne} de Fontanès.

Pommiers, c^{on} du Vigan. — *Ecclesia de Pomaribus*,
1269 (Mén. I, pr. p. 93, c. 1). — *Locus de Pomeriis*, 1314 (Guerre de Fl. arch. munic. de Nimes).
— *Villa de Pomeriis*, 1357 (pap. de la fam. d'Alzon).
— *Locus de Pomeriis*, 1384 (dén. de la sén.). —
Pommiers, 1435 (répart. du subs. de Charles VII);
1551 (arch. dép. C. 1771). — *Pommiers, viguerie
du Vigan*, 1582 (Tar. univ. du dioc. de Nimes). —
Le prieuré de Saint-André de Pommiers, 1589 (ins.
eccl. du dioc. de Nimes; Ménard, t. V, p. 412).

Pommiers faisait partie de la viguerie du Vigan-
et-Meyrueis et du diocèse de Nimes, archiprêtré
d'Arisdium ou du Vigan. — Il ne se composait que
de 2 feux en 1384. — Ses armoiries sont : *d'or, à
un pommier de sinople, fruité au naturel.*

Pommiers (Les), f. c^{ne} d'Alais.

Pompignan, c^{on} de Saint-Hippolyte-du-Fort. — *Sanctus-Saturninus Vallis-Pompinianæ*, 1384 (dénombr.
de la sén.). — *Pompignan*, 1435 (rép. du subs. de
Charles VII); 1557 (arch. départ. C. 1852). —
Pompignan, balhiage de Sauve, 1582 (Tar. univ.
du dioc. de Nimes). — *Le prieuré Sainct-Saturnin
de la Val de Pompignan*, 1690 (insin. eccl. du diocèse de Nimes).

Pompignan appartenait à la viguerie de Sommière
(plus tard bailliage de Sauve) et au diocèse de
Nimes, archiprêtré de Sauve. — On y comptait
8 feux en 1384. — Sur le sommet de la montagne
de Saint-Jean, à l'est de Pompignan, on trouve les
ruines de l'ancienne église de Saint-Jean. — Les

armoiries de Pompignan sont : *d'azur, à un pont de deux arches, d'argent, maçonné de sable.*

POMPIGNAN, f. c^ne de Valleraugue.

PONCET, f. c^ne d'Aimargues.

PONCHES (LES), h. c^ne de Sainte-Cécile-d'Andorge. — *Lesponches*, 1789 (carte des États). — *Pouches* (carte géol. du Gard).

PONDRE, h. c^ne de Villevieille. — *Villa de Pondra et Sancti-Pancracii*, 1310 (Mén. I, pr. p. 164, c. 1). — *Pondra*, 1384 (dénombr. de la sénéch.). — *Pondre*, 1435 (rép. du subs. de Charles VII). — *Les Pondres*, 1547 (arch. départ. C. 1809). — *Le château de Pondres*, 1576 (*ibid.* C. 635). — *Pondre, paroisse de Villevielle*, 1698 (insin. eccl. du dioc. de Nimes).

Pondre n'était, au XIVe et au XVe siècle, qu'une annexe d'Aujargues, comme on le voit par le dénombrement de 1384 et la répartition de 1435. — Au XVIIe siècle, c'était une paroisse qui comptait parmi celles dont se composa (1644) le marquisat de Calvisson; mais, vers la fin du même siècle, Pondre était annexé à la paroisse de Villevieille.

PONDRE, lieu détruit, c^ne de Milhau. — *Via que vocant Polvereria*, 941 (cart. de N.-D. de Nimes, ch. 50). — *Ubi vocant Podraginco*, 1030 (*ibid.* ch. 33). — *Podragincum*, 1055 (Mén. I, pr. p. 22, c. 2). — *A Puraginco*, 1114 (cart. de N.-D. de Nimes, ch. 14). — *Via quæ vocatur Pondra, et quæ discurrit de Cavciraco usque ad villam Sancti-Cesarii*, 1144 (Mén. I, pr. p. 32, c. 1); 1185 (*ibid.* p. 40, c. 1); 1195 (*ibid.* p. 41, c. 2). — *Pondra; Juncayra Pondra*, 1380 (compoix de Nimes). — 1479 (la Taula del Poss. de Nismes). — *Pondres*, 1547 (arch. départ. C. 1768); 1671 (compoix de Nimes).

PONDRE (LA), ruisseau qui prend sa source sur la c^ne de Cavcirac et se joint au Vistre sur le territ. de la c^ne de Milhau. — *Reyra de Ameglavo*, 1369 (cart. de Saint-Sauveur-de-la-Font). — *Reyra de Pondra*, 1380 (compoix de Nimes). — *Le vallat de Pondre*, 1613 (Bruguier, not. de Nimes). — *Rieyre de Milhaud ou Rieu de Jéaulon*, 1698 (arch. hosp. de Nimes). — *L'Arrière de Milhaud, ou le Fossé de la Pondre*, 1812 (notariat de Nimes). — *Rianze* (H. Rivoire, *Statist. du Gard*).

PONDRE-VIEILLE, h. c^ne de Fontanès. — *Pondres-Vieille* (carte géol. du Gard).

PONGE, f. c^ne de Nimes. — *Mas-de-Ponge* (carte géol. du Gard).

PONT (LE), h. c^ne d'Alzon.

PONT (LE), h. c^ne de Dourbie.

PONT (LE), h. c^ne de Saint-Brès.

PONT (LE), h. c^ne de Saint-Jean-de-Maruéjols.

PONT (LE), h. c^ne de Tharaux. — *P. de Ponte*, 1292 (bibl. du gr. sémin. de Nimes).

PONT (LE), ruiss. qui prend sa source sur la c^ne de la Melouse et se jette dans le Galeizon sur le territ. de la même commune.

PONT à LUC, passerelle sur le Vistre-de-Cabrières, à la limite des c^nes de Nimes et de Marguerittes. — *Loco vocato ad Pontem-de-Luco, in decimaria ecclesiæ Beatæ-Mariæ de Agarna*, 1301 (chap. de Nimes, arch. départ. G. 200). — *Ad Pontem de Luc*, 1380 (comp. de Nimes). — *Ponteluc*, 1555 (J. Ursy, not. de Nimes).

PONT AMBROIX, restes du pont romain sur lequel la *Via Domitia* traversait le Vidourle avant d'arriver à la station d'*Ambrussum*. — *Ad viam Sancti-Ambrosii*, 1423 (arch. munic. de Nimes, E, III). — *Pont-Ambroys*, 1664 (arch. départ. G. 336). — *Pont-Embrieu*, 1789 (carte des États).

PONT ARNAUD, pont sur le Cadereau, au chemin de Montpellier, c^ne de Nimes. — *Pons Arnaudæ*, 1380 (comp. de Nimes). — *Pont-Arnaud*, 1671 (*ibid.*).

PONT-DANDON, pont et f. c^ne de Molières. — *Ad pontem Razado, a las Egalieyras, infra parrochiam de Moleriis*, 1301 (somm. du fief de Caladon). — *Ad Pontem-Dando*, 1430 (A. Montfajon, not. du Vigan). — *Le Pont-d'Andou*, 1606 (arch. départ. C. 864). — *Pont-d'Andon* (carte géol. du Gard).

PONT-D'ARRE (LE), h. c^ne d'Arre. — *Le pont-d'Arre*, 1605 (arch. départ. C. 864).

C'était le titre d'une baronnie.

PONT D'ASPORT, sur le Rhôny, c^ne d'Aimargues. — 1726 (carte de la bar. du Caylar).

PONT-DE-FIZE (LE), f. c^ne de Montpezat.

PONT DE FUSTE, sur la rivière de Salagosse, c^ne de Bréau-et-Salagosse.

PONT DE GARONNE, c^ne de Quissac. — 1740 (plans de J. Rollin, archit.).

PONT DE LA CROIX, sur l'Arre, c^ne du Vigan.

PONT DE LA POUJADE, sur le Rieu, c^ne de Bréau-et-Salagosse.

PONT DE LA REYNETTE, c^ne de Nimes, sur le ruiss. de la Fontaine, au delà du viaduc du chemin de fer. — *Ad pontem de Regineta*, 1380 (compoix de Nimes). — *Au moulin de la Reynette*, 1671 (*ibid.*)

PONT DE LAUZE, sur le Vistre, c^ne du Caylar. — 1726 (carte de la bar. du Caylar).

PONT DE L'ELZE, sur le Gardon, c^ne de Saint-André-de-Valborgne.

PONT-DE-L'HÔPITAL (LE), f. c^ne d'Aimargues, près du pont de ce nom, sur le Rhôny. — 1760 (arch. départ. C. 1196).

Pont-de-Livier (Le), q. c⁾ᵉ de Bellegarde. — *Ad pontem a⁾ Livero, in Bariaco*, 1350 (arch. départ. G. 280).

Pont-de-Lunel (Le), f. et auberge, c⁾ᵉ d'Aimargues.

Pont-de-Maupas (Le), q. c⁾ᵉ de Fons. — *Ad pontem Mali-Passi*, 1454 (arch. départ. G. 334).

Pont de Quart, sur le Vistre, c⁾ᵉ de Nimes. — *Le Pont-de-Cart*, 1547 (arch. départ. C. 1679).

Pont de Rieu-Maché, c⁾ᵉ de Mars, sur la riv. de Mars.

Pont-de-Riou (Le), q. c⁾ᵉ d'Alzon.

Pont des Arcs, c⁾ᵉ de Bellegarde. — *Pons Aerarius, Ararius* (Itin. Burdig.). — *Pont-des-Arcs*, 1755 (plans de J. Rollin, archit.).

Pont des Cabettes, c⁾ᵉ d'Uzès, sur l'Alzon.

Pont des Iles, c⁾ᵉ de Nimes, sur le Vistre. — Voy. Mas-des-Iles.

Pont-de-Vallongue (Le), h. c⁾ᵉ de Saint-Martin-de-Corconac.

Pont-d'Hérault (Le), h. et pont sur l'Hérault, c⁾ᵉ de Saint-André-de-Majencoules. — *Mansus Pontis-Eravi*, 1513 (A. Bilanges, not. du Vigan). — *Pont-d'Hérault*, 1605 (arch. départ. C. 864); 1714 (*ibid.* C. 1819).

Pont du Clarou, c⁾ᵉ de Valleraugue, sur le Clarou.

Pont-du-Caos (Le), f. c⁾ᵉ de Cassagnoles. — 1541 (arch. départ. C. 1795).

Pont du Gard, c⁾ᵉ de Remoulins, sur le Gardon. — *Pons de Gartio*, 1295 (Mén. t. VII, p. 687, c. 2; p. 689, t. 1 et 2).

C'est le nom qu'on donne à cette partie de l'aqueduc romain qui traverse le Gardon pour amener à Nimes les eaux de la fontaine d'Eure. Même après la destruction de l'aqueduc, au v⁾ᵉ siècle, cette partie fut respectée, et elle servit de pont pendant tout le moyen âge et même encore longtemps après. — En 1628, le duc de Rohan en fit une forteresse. Les dégâts que l'aqueduc subit alors ont été réparés de nos jours, sous la direction de M. Questel, architecte des monuments historiques. — Sur le revenu du péage du pont du Gard au xiii⁾ᵉ siècle, voir E. Germer-Durand, *le Prieuré et le Pont de Saint-Nicolas-de-Campagnac*, p. 60, note 3.

Pont-du-Portalet (Le), f. c⁾ᵉ de Concoules. — 1634 (arch. départ. C. 1288).

Pont-du-Rastel (Le), h. c⁾ᵉ de Génolhac. — *Pons de Rastello*, 1212 (généal. des Châteauneuf-Randon). — *Pont-du-Rastel*, 1697 (insin. eccl. du dioc. de Nimes). — *Le Mas-Pont-du-Rastel*, 1715 (J.-B. Nolin, *Carte du dioc. d'Uzès*). — *Le Pont-du-Rastel*, 1732 (arch. départ. C. 1478).

Ponteil (Le), h. c⁾ᵉ de Monoblet.

Ponteil (Le), f. c⁾ᵉ de Saint-Christol-de-Rodières. — 1750 (arch. départ. C. 1662).

Ponteils, c⁾ᵉ de Génolhac. — *Villa de Pontels*, 1121 (Gall. Christ. t. VI, p. 304). — *Pontilie*, 1239 (chap. de Nimes, arch. départ.). — *Beata-Maria de Pontilliis*, 1384 (dén. de la sén.). — *Ponteils*, 1548 (arch. dép. C. 1318). — *Le prieuré Nostre-Dame-de-Pontel*, 1620 (insin. eccl. du dioc. d'Uzès). — *Ponteils*, 1634 (arch. départ. C. 1288). — *Pontels*, 1694 (armor. de Nimes). — *La paroisse de Ponteils*, 1721 (bull. de la Soc. de Mende, t. XVI, p. 160). — *Le Ponteils* (Mén. VII, p. 955).

Ponteils faisait partie de la viguerie et du diocèse d'Uzès, doyenné de Gravières (Ardèche). — Le prieuré régulier de Notre-Dame de Ponteils était à la collation de l'abbé de Saint-Ruf. L'évêque d'Uzès conférait la vicairie, sur la présentation du prieur. — La communauté de Ponteils n'est imposée, en 1384, qu'à raison de 3 feux et demi. — Un décret du 4 mai 1812 réunit Brézis à Ponteils, qui est devenu depuis lors la commune de *Ponteils-et-Brézis.* — Les armoiries de Ponteils sont : *d'hermine, à un chef losangé d'or et de sinople.*

Ponteils (Les), q. c⁾ᵉ de Valleraugue. — 1551 (arch. départ. C. 1807).

Pontel (Le), f. c⁾ᵉ de Saint-Jean-du-Gard.

Pontet (Le), f. c⁾ᵉ de Galargues.

Pontet (Le), f. c⁾ᵉ de Saint-André-de-Majencoules. — *Mansus et molendinum vocatum del Pontelh, in parochia Sancti-Andreæ de Magencolis*, 1472 (A. Razoris, not. du Vigan).

Pontier, f. c⁾ᵉ de Domazan.

Pontieu (Le), ruiss. qui prend sa source sur la c⁾ᵉ de Vergèze et se jette dans le Vistre entre le m⁾ⁱⁿ des Quatre-Prêtres et celui de l'Ausselon, c⁾ᵉ de Vauvert. — *Le vallat de Pontieu*, 1726 (carte de la bar. du Caylar).

Pontil (Le), h. c⁾ᵉ de la Grand'Combe. — *Mansus de Villanova-de-Pontilio, parochiæ Sancti-Andeoli de Trulhacio*, 1345 (cart. de la seign. d'Alais, f⁾ᵒˢ 32 et 42). — *Le Pontel*, 1789 (carte des États).

Pont-Marès (Le), h. c⁾ᵉ de Saint-André-de-Valborgne. — *Territorium vocatum al Plo-del-Pon, in parrochia Sancti-Andres Vallis-Bornie*, 1437 (Et. Rostang, not. d'Anduze).

Pontmartin, f. c⁾ᵉ de Rochefort. — *Paumartin*, 1789 (carte des États).

Pont Neuf, c⁾ᵉ du Caylar, sur le Rhôny. — 1726 (carte de la bar. du Caylar).

Pont Neuf, c⁾ᵉ de Vestric-et-Candiac, sur le Vistre. — 1551 (arch. départ. C. 1809).

Pont-Roupt (Le), q. c⁾ᵉ d'Aiguesvives. — *Loco vocato ad Pontem-Ruptum; ad Pontem-Fractum*, 1299 (arch. départ. G. 264).

PONT-SAINT-ESPRIT (LE), arrond. d'Uzès. — *Vallis-Clara*, ve siècle. — *Ecclesia Sancti-Saturnini*, 945 (Hist. de Lang. II, pr. col. 87). — *Pedagium Sancti-Saturnini*, 1172 (Lay. du Tr. des ch. t. I, p. 103). — *Pons Sancti-Saturnini*, 1217 (chap. de Nimes, arch. départ.). — *Sanctus-Saturninus de Portu*, 1310 (Mén. I, pr. p. 165, c. 1). — *Vicaria Sancti-Saturnini de Portu* (dénombr. de la sénéch.). — *Mandamentum Sancti-Saturnini de Portu; Pont-Sainct-Espérit*, 1461 (reg.-cop. de lettr. roy. E, iv). — *Villa Pontis-Sancti-Spiritus* (ibid. E, v). — *Sant-Espérit*, 1485 (Mén. IV, pr. p. 37, c. 1). — *La communauté de Pont-Saint-Esprit*, 1550 (arch. départ. C. 1325). — *Sainct-Esprict*, 1557 (J. Ursy, not. de Nimes). — *Saint-Sprict*, 1567 (ibid.). — *Pont-sur-Rhône*, 1793 (arch. départ. L. 393).

Le Pont-Saint-Esprit, qui doit son origine au prieuré de Saint-Saturnin, fondé ou relevé en 945 par les bénédictins de Cluny, et qui porta plus tard le nom de Saint-Pierre, appartenait au diocèse d'Uzès, doyenné de Bagnols. — L'église paroissiale de Saint-Saturnin avait un collège de 8 chapelains dits *agrégés*. — Cette petite ville était au xive siècle le chef-lieu d'une viguerie royale, composée uniquement de la ville du Pont-Saint-Esprit et de la Chartreuse de Valbonne. — Le pont fut commencé en 1269 et terminé en 1309. — Le Pont-Saint-Esprit comptait, en 1384, 110 feux, chiffre considérable pour l'époque; en 1789, ce chiffre s'était élevé à 1,045. — La justice du Pont-Saint-Esprit appartenait en 1721 : 1° pour le Port-d'Ardèche, à MM. de Lisle-Roy, de Gasté et du Noyer ; 2° pour le droit de leude, aux religieuses de la Visitation, à Mme la marquise de Grave et à M. de Monteil. — En 1790, le Pont-Saint-Esprit devint le chef-lieu d'un district qui comprenait les cantons de Bagnols, Barjac, Cornillon, le Pont-Saint-Esprit et Roquemaure. — Le canton du Pont-Saint-Esprit se composait des communes suivantes : Aiguèze, Carsan, le Pont-Saint-Esprit, Saint-Alexandre, Saint-Julien-de-Peyrolas, Saint-Paulet-de-Caisson et Vénéjan. — Armoiries du Pont-Saint-Esprit, d'après l'armorial de Nimes : *d'azur, à un pont de plusieurs arches d'or sur une rivière d'argent, sommé d'une croix haussée posée au milieu du pont et de deux petits bâtiments, celui à dextre avec une girouette; la croix accostée de deux fleurs de lis d'or et surmontée d'une colombe d'argent volante de haut en bas.* — D'après Gastelier de La Tour : *de gueules, à un pont de six arches posé sur une rivière d'argent, chargé d'une croix haute fleuronnée, d'or, accolée de deux fleurs de lis, de même; aux extrémités du pont, deux tours crénelées,*

d'or, couvertes d'argent; sur le haut de la croix, un Saint-Esprit, de même.

PONT-SAINT-NICOLAS. — Voy. SAINT-NICOLAS-DE-CAM-PAGNAC.

PONT-SAINT-MARTIN, bois, c^{ne} de Bouquet.

PONT-SOLLIER, f. c^{ce} de Saint-Bonnet-de-Salendrenque. — 1552 (arch. départ. C. 1780).

PONT-SOUS-PLAUZOLLES, h. c^{ce} de Ponteils-et-Brézis.

PORQUIER, f. c^{ne} d'Aspères.

PORT (LE), f. c^{ce} de Saint-Gilles.

PORTAL (LE), h. c^{ne} d'Aumessas. — *Le Portail*, 1789 (carte des États).

PORTAL (LE), f. c^{ne} de Souvignargues.

PORTALÈS (LE), h. c^{ne} de Saint-André-de-Majencoules.

PORTES, c^{ce} de Génolhac. — *Castrum et villa de Portis*, 1102 (Hist. de Lang. II, pr. col. 589). — *Castrum de Portis*, 1177 (généal. des Châteauneuf-Randon); 1275 (ibid.). — *Ad Portas*, 1294 (Mén. I, pr. p. 132, c. 1). — *Terra Portarum; Castrum de Portis; Castrum de Portis-Bertrandi; la baronnie des Portes-Bertrand*, 1344-1346 (cart. de la seign. d'Alais, *passim*). — *Baronia de Portis*, 1384 (Mén. III, pr. p. 66, c. 2; p. 74, c. 2). — *Portes*, 1426 (ibid. p. 219, c. 2). — *Locus de Portis*, 1461 (reg.-cop. de lettr. roy. E, iv, f° 21). — *Portes*, 1548 (arch. départ. C. 1318); 1635 (ibid. C. 1291). — *Le prieuré Notre-Dame de Portes*, 1697 (insin. eccl. du dioc. de Nimes).

Portes faisait partie de la viguerie et du diocèse d'Uzès, doyenné de Sénéchas. — C'était, à l'époque du dénombrement de 1384, une baronnie du Gévaudan, députant aux États particuliers de cette province, qui se tenaient tantôt à Mende, tantôt à Marvejols (G. de Burdin, *Doc. histor. sur le Gévaudan*, t. I, p. 38, 49 et passim). Aussi cette localité ne figure-t-elle pas dans ce dénombrement. — On y trouve des traces très-apparentes de la voie romaine de Nimes au Puy. — Ce qui reste du château de Portes appartient à deux époques différentes, le xive et le xviie siècle. — Le prieuré de Notre-Dame de Portes relevait du monastère de Saint-Pierre de Sauve. — Portes était le siége d'une conférence ecclésiastique du diocèse d'Uzès (voy. l'Introduction). — Par une loi du 24 juillet 1860, une partie du territ. de la c^{ce} de Portes a été réunie à celle de la Grand'Combe. — La communauté de Portes avait pour armoiries : *d'or, à une bande losangée d'argent et de gueules.*

PORTIEN, h. c^{ce} de Saint-Théodorit.

PONT-VIEIL, q. c^{ne} de Saint-Laurent-d'Aigouze.

PONT-VIEIL, marais, c^{ne} de Saint-Gilles. — *Portus-Vetus*, 1102 (cart. de Psalm.).

Possac, f. c^{te} de Nimes. — *Campus canonicus*, 1380 (comp. de Nimes). — *Camp-Canorgue*, 1479 (la Taula del Poss. de Nismes). — *Cancanourgue*, 1634 (pap. de la fam. Valette, arch. hosp. de Nimes). — *Petite-Camp-Canourgue*, 1671 (comp. de Nimes); 1706 (arch. départ. G. 206). — *Poussac*, 1789 (carte des États).

Poste (La), f. c^{ne} de Saint-Bonnet.

Poste (Le), f. c^{ne} de Saint-Gilles. — *Je M'en-Repens*, 1789 (carte des États).

Poste-de-l'Abbé (Le), f. c^{ne} d'Aiguesmortes. — *Pont-l'Abbé*, 1789 (carte des États).

Poste-du-Pin-de-Fer (Le), f. c^{ne} d'Aiguesmortes.

Potellières, c^{on} de Saint-Ambroix. — *Ecclesia de Puttelleriis*, 1314 (Rot. eccl. arch. munic. de Nimes). — *Potilheriæ*, 1384 (dén. de la sén.). — *Potelières*, 1549 (arch. départ. C. 1320). — *Le prieuré Sainct-Pierre de Poutellières*, 1620 (insin. eccl. du dioc. d'Uzès). — *Potellières*, 1669 (arch. dép. C. 1287). — *Poutelières*, 1694 (armor. de Nimes). — *Potelières*, 1715 (J.-B. Nolin, *Carte du dioc. d'Uzès*).— *Poutellières*, 1789 (carte des États).

Potellières faisait partie, avant 1790, de la viguerie et du diocèse d'Uzès, doyenné de Saint-Ambroix. — Saint-Pierre de Potellières était un prieuré régulier à la collation du prieur du monastère du Pont-Saint-Esprit. L'évêque d'Uzès conférait la vicairie sur la présentation du prieur. — Cette communauté n'était imposée que pour un feu, en 1384. — Potellières ressortissait au sénéchal d'Uzès. — Le marquis de Montalet en était seigneur. Les consuls de Saint-Jean-de-Valeriscle y avaient des droits nobles. — Les armoiries sont : *d'azur, à trois pals d'or et un chef d'argent, chargé de trois feuilles de lierre de sinople*.

Poucheau, q. c^{ne} de Saze. — 1637 (Pitot, not. d'Aramon).

Pouchonnet, f. c^{te} d'Avèze.

Pouget (Le), f. c^{ne} de Belvezet.

Pouget (Le), h. c^{ne} du Cros. — *Pogetum*, 1347 (cart. de Saint-Sauveur-de-la-Font).

Pouget (Le), q. c^{ne} de Redessan. — 1539 (arch. dép. C. 1773).

Pouget (Le), h. c^{ne} de Sumène.

Pougnadoresse, c^{on} de Lussan. — *Castrum de Pugnaduritia*, 1156 (Hist. de Lang. II, pr. col. 561).— *Castrum de Pougna-Durissia*, 1331 (Gall. Christ. t. VI, p. 625). — *Locus de Pugna-Duricia*, 1384 (dén. de la sénéch.). — *La seigneurie de Pougnadoresses*, 1565 (lettr. pat. de Charles IX). — *Pougnadoresse*, 1634 (arch. départ. C. 1285).

Pougnadoresse, avant 1790, faisait partie de la viguerie et du dioc. d'Uzès, doyenné de Bagnols. — Ce village se composait, en 1384, de 3 feux et demi. On y trouve un château du xvie siècle, d'ailleurs peu remarquable. — M. Le Chantre, sénéchal d'Uzès, en était seigneur en 1721. — Les armoiries de Pougnadoresse sont : *d'azur, à un pal losangé d'argent et de gueules*.

Pougnadoresse, f. c^{ne} d'Aramon. — *Mas-de-Pougnadoresse*, 1789 (carte des États).

Pougnau, f. c^{ne} de Logrian.

Pouguet, q. c^{ne} de Bréau-et-Salagosse.

Poujade (La), f. c^{ne} de Bréau-et-Salagosse.

Poujade (La), q. c^{ne} de Cassagnoles. — *La Pojada, in territorio de Cassanholis*, 1522 (chap. de Nimes, arch. départ.).

Poujade (La), h. c^{ne} de Saint-Césaire-de-Gauzignan.

Poujade (La), h. c^{ne} de Saint-Christol-lez-Alais. — *G. de Podiata*, 1272 (arch. départ. G. 245).

Poujade (La), f. c^{ne} de Tornac. — *Le mas de Pogade*, 1552 (arch. départ. C. 1804).

Poujol, f. c^{ne} de Blandas.

Poujol (Le), f. c^{ne} de Roquedur. — *Locus de Pojolis, mandamenti de Rocaduno*, 1314 (Guerre de Fl. arch. munic. de Nimes). — *Mansus del Pojol*, 1469 (A. Razoris, not. du Vigan). — *Territorium de Frigoleto, alias Pojols*, 1525 (pap. de la fam. d'Alzon).

Poujol (Le), h. c^{ne} de Saint-Martin-de-Corconac. — *P. de Pojolis*, 1345 (cart. de la seigneurie d'Alais, f° 35).

Poujol (Le), f. c^{ne} de Valleraugue. — *Mas-Pujol*, 1863 (notar. de Nimes).

Poujol-du-Serre (Le), h. c^{ne} de Saumane. — *Le Poujol*, 1789 (carte des États).

Poujols, vill. c^{ne} de Gailhan-et-Sardan. — *La communauté de Poujols*, 1549 (arch. départ. C. 788); 1596 (*ibid.* C. 851). — *Pouiols, viguerie de Saumières; Poiotz* (sic), 1582 (Tar. univ. du dioc. de Nimes); 1609 (arch. départ. C. 743); 1640 (*ibid.* C. 839); 1711 (*ibid.* C. 797). — *Poujols-et-Sardan*, 1757 (*ibid.* C. 801).

Poujoulas, q. c^{ne} de Gajan. — *In decimaria Beatæ-Mariæ de Gajanis, loco vocato al Poiolari*, 1463 (L. Peladan, not. de Saint-Geniès-en-Malgoirès).

Poujoulasses (Les), f. c^{ne} de Conqueyrac.

Pouline (La), m. isolée, c^{ne} de Milhau. — *Poulines*, 1671 (comp. de Nimes).

Poulitou (Le), f. c^{ne} de Fressac. — *Le Poulitou*, 1789 (carte des États).

Poulon, f. c^{ne} de Nimes.

Poulox, q. c^{ne} de Remoulins.

Poulourat, f. c^{te} de Beaucaire.

POLLVEREL, montagne, c^ne d'Anduze.

POULVEREL, f. c^ne de Sernhac. — 1554 (arch. départ. C. 1801).

POULX, c^on de Marguerittes.— *Locus de Sancto-Michaele*, 1209 (Mén. I, pr. p. 59, c. 1). — *Sanctus-Michael de Pullis*, 1274 (chap. de Nimes, arch. départ.). — *Villa de Pullis*, 1295 (Ménard, VII, p. 725). — *Pulli*, 1310 (*ibid.* II, pr. p. 43, c. 1); 1384 (dén. de la sénéch.). — *Ecclesia de Pullis*, 1386 (rép. du subs. de Charles VI). — *Polz*, 1435 (rép. du subs. de Charles VII). — *Jurisdictio de Pulis*, 1461 (reg.-cop. de lettr. roy. E, IV, f° 7). — *Pulli*, 1491 (arch. hosp. de Nimes). — *Le prieuré Saint-Michel de Poulx*, 1658 (insin. eccl. du diocèse de Nimes).

Poulx faisait partie, avant 1790, de la viguerie et du diocèse de Nimes, archiprêtré de Nimes. — On y comptait 29 feux en 1295 et 3 feux et demi seulement en 1384. En 1744, la paroisse de Poulx se composait de 40 feux et de 160 habitants. — Le prieuré-cure de Saint-Michel de Poulx, qui valait 1,200 livres, était à la nomination de l'évêque de Nimes. — La terre de Poulx a eu de bonne heure ses seigneurs particuliers. Depuis le commencement du XVIe siècle jusqu'en 1790, elle est demeurée dans la famille nimoise de Brueis. — Ce lieu ressortissait à la cour royale ordinaire de Nimes.

POURCARESSES, q. c^ne de Saint-Bresson. — 1548 (arch. départ. C. 1781).

POURCAYRARGUES, h. c^ne de Laval. — *Fiscum de Porcayranegues*, 1146 (Lay. du Tr. des chartes, t. I, p. 62). — *D. de Porcayranicis*, 1345 (cart. de la seign. d'Alais, f° 35). — *Pourqueyrargues*, 1733 (arch. départ. C. 1481); 1789 (carte des États).

POURCHARESSES, h. c^ne de Peyremale. — *Pourchères*, 1789 (carte des États).

POUSTERLE (LA), rocher sur lequel est bâti le village de Saint-Bonnet.

POUSTOLY, f. c^ne d'Aubord.

POUZAQUE, f. c^ne de Théziers.

POUZARANC, q. c^ne d'Aiguesvives. — *Possarang*, 1300 (arch. départ. G. 265).

POUZARANQUES (LES), f. c^ne de Saint-Dézéry. — 1776 (arch. départ. C. 1665).

POUZILHAC, q. c^ne de Remoulins. — *Castrum de Posilhac*, 1121 (Gall. Christ. t. VI, p. 301). — *Villa de Posiliaco*, 1176 (Lay. du Tr. des ch. t. I, p. 110). — *Posilhanum*, 1258 (arch. commun. de Valliguière). — *Posilhacum*, 1355 (*ibid.*). — *Pozilhacum*, 1384 (dénombr. de la sénéch.). — *G. de Posilliaco*, 1426 (bull. de la Soc. de Mende, t. XVII, p. 39). — *Locus de Posilhaco*, 1461 (reg.-cop. de lettr. roy.

E, V). — *Pousilhac*, 1550 (arch. départ. C. 1327). — *La seigneurie de Pouzilhac*, 1565 (lettr. pat. de Charles IX). — *Pozilhac*, 1577 (J. Ursy, not. de Nimes). — *La seigneurie du lieu de Pousilhac et Ribaultes, au dioceze d'Uzès*, 1590 (J. Ursy, not. de Nimes). — *Le prieuré Saint-Privat de Pouzilhac*, 1620 (insin. eccl. du dioc. d'Uzès). — *La communauté de Pouzilhac*, 1626 (arch. départ. C. 1295).

Pouzilhac appartenait à la viguerie de Roquemaure et au diocèse d'Uzès, doyenné do Remoulins. — Le prieuré de Saint-Privat de Pouzilhac, uni à l'infirmerie du monastère de Saint-André de Villeneuve-lez-Avignon, était à la collation de l'abbé de Saint-André. — Ce village se composait de 8 feux en 1384. — L'abbé du Plessis, prieur de Vers, était seigneur de Pouzilhac en 1721. — Pouzilhac devint, en 1790, le chef-lieu d'un canton (bientôt supprimé) du district d'Uzès, comprenant les c^nes suivantes : la Capelle, Mamolène, Pouzilhac, Saint-Victor-la-Coste et Valliguière. — Les armoiries de Pouzilhac sont : *de sable, à une fasce losangée d'argent et de sinople.*

POUZOLS, f. c^ne de Bellegarde.

PRACOUSTAL, h. c^ne d'Arphy. — *Mansus de Prat-Custanol, parochiæ Aulacii*, 1513 (A. Bilanges, not. du Vigan).

PRADAL (LE), q. c^ne de Calvisson. — 1332 (arch. dép. G. 305).

PRADAL (LE), h. c^ne de Malons-et-Elze. — 1721 (bull. de la Soc. de Mende, t. XVI, p. 161).

PRADAL (LE), f. c^ne de Peyrolles. — 1551 (arch. dép. C. 1771).

PRADAL (LE), f. c^ne de Saumane. — 1539 (arch. dép. C. 1773).

PRADAREL (LE), h. c^ne de Trève.

PRADAU, f. c^ne de Saint-Gilles.

PRADE (LA), h. c^ne de Lussan. — *Prades*, 1789 (carte des États).

PRADE (LA), f. c^ne de Saint-Paulet-de-Caisson. — *Pravido, in vicaria Caxoniensi*, 945 (Hist. de Lang. II, pr. col. 87).

PRADEL (LE), h. c^ne d'Anduze. — *B. de Pradello*, 1345 (cart. de la seign. d'Alais, f° 33).

PRADEL (LE), h. c^ne de Laval. — *Mansus de Pradello, parochiæ de Valle*, 1345 (cart. de la seigneurie d'Alais, f° 35). — *Les Pradels*, 1715 (J.-B. Nolin, Carte du dioc. d'Uzès). — *Le Pradel*, 1733 (arch. départ. C. 1481).

PRADELLE (LA), h. c^ne de Thoiras. — *Locus de Pradellis*, 1313 (cart. de Saint-Sauveur-de-la-Font). — *Les Pradelles*, 1566 (J. Ursy, not. de Nimes).

PRADELS (LES), q. c^ne de Gajan. — *In decimaria de*

Gajanis, als Pradels, prope iter quo itur de Gajanis versus Clarenciacum, 1463 (L. Peladan, not. de Saint-Geniès-en-Malgoirès).

PRADELS (LES), f. c^ne de Molières. — *Territorium dels Pradels, infra parrochiam de Moleriis*, 1488 (somm. du fief de Caladon).

PRADEN, f. c^ne de Marguerittes.

PRADES (LES), h. c^ne de Montmirat.

PRADES (LES), h. c^ne de Thoiras. — 1551 (arch. dép. C. 1771). — *La seigneurie, chasteau et domaine de Prades, paroisse de Toiras, diocèse d'Alais*, 1736 (pap. de la fam. du Merlet).

PRADINAS, h. c^ne de Mialet. — *Les Pradines*, 1543 (arch. départ. C. 1778).

PRADINE, f. c^ne de Lanuéjols.

PRADINE, f. c^ne de Saumane.

PRADINES, f. auj. détr. c^ne d'Alzon. — *Mansus de Pradinas*, 1391 (pap. de la fam. d'Alzon).

PRADIRET, f. c^ne de Saint-Roman-de-Codière.

PRADOU (LE), f. c^ne de Colognac.

PRAIRIE (LA), faubourg d'Alais. — *Les Jardins*, 1789 (carte des États).

PRALONG, bois, c^ne de Castillon-du-Gard.

PRAT (LE), f. c^ne de Saint-André-de-Majencoules. — *Mansus de Prato, in parochia Sancti-Andreæ de Magencolis*, 1513 (A. Bilanges, not. du Vigan). — *Lous Prats*, 1776 (comp. de Saint-André-de-Majencoules).

PRAT-FRANC (LE), f. c^ne d'Anduze.

PRAT-LAT (LE), f. c^ne de Dourbie. — *Mansus de Prat-Lat, in parrochia Nostræ-Dominæ de Durbia*, 1514 (pap. de la fam. d'Alzon). — *Le masage de Prat-Lat, paroisse de Dourbie*, 1709 (*ibid.*).

PRAT-LONG, q. c^ne de Lanuéjols, territ. de Camprieu.

PRAT-NOUVEL (LE), f. c^ne de Chamborigaud. — 1731 (arch. départ. C. 1475).

PRAT-VIEL (LE), q. c^ne de Clarensac. — *Ad Pratum-Vetus, in parrochia de Clarenzac*, 1165 (chap. de Nimes, arch. départ.). — *Pratviel*, 1555 (*ibid.*).

PRÊCHEURS (LES), monastère de dominicains, auj. détruit, qui a donné son nom à un faubourg de Nimes.—*Conventus Fratrum Predicatorum Nemausi*, 1263 (Mén. I, notes, p. 102, c. 1). — *Burgus Predicatorum; Perpresia Predicatorum extra urbem; Perpresia sive doga Predicatorum*, 1380 (comp. de Nimes). — *Les Prezicadous*, 1608 (Ménard, VII, p. 737).

PRÉ-DE-LA-CARRIÈRE (LE), f. c^ne de Bréau-et-Salagosse.

PRÉ-LONG (LE), f. c^ne de Saint-Martial.

PRÉMONT, f. c^ne de Beaucaire. — *La chaussée de Prémont*, 1757 (arch. commun. de Beaucaire, BB. 64). — *Presmont*, 1789 (carte des États).

C'était, en 1668, un fief particulier enclavé dans la seigneurie de Beaucaire, laquelle relevait du roi (Forton, *Nouv. Rech. hist. sur Beaucaire*).

PRENTEGARDE, m. is. c^ne de Moulézan-et-Montagnac.

PRÉ-REDON (LE), f. c^ne d'Aumessas.

PRÉS (LES), h. c^ne de Foissac.

PRÉS (LES), f. c^ne du Vigan. — *Lous Prats* (cad. du Vigan).

PRÉS-DE-SAINT-SAUVEUR (LES), f. c^ne du Caylar.— 1618 (chapellen. des Quatre-Prêtres, arch. départ.). — Voy. SAINT-SAUVEUR-DE-VÉDRINES.

PRÉS-DES-PILES (LES), domaine, au bord du canal du Midi, c^ne de Beaucaire.

PRÈS-L'ÉGLISE, q. c^ne de Malons-et-Elze.

PRÉVÔTAT (LA), q. c^ne de Maruéjols-lez-Gardon (arch. départ. G. 319).

PRIME-COMBE, f. et hermitage, c^ne de Fontanès. — Voy. NOTRE-DAME-DE-PRIMECOMBE.

PRIOLAS (LE), q. c^ne d'Aiguesvives. — 1300 (chap. de Nimes, arch. départ. G. 265).

PRIVADIÈRE (LA), h. c^ne de Garrigues-et-Sainte-Eulalie. — *Privadières*, 1721 (bibl. du gr. sémin. de Nimes); 1730 (arch. départ. C. 1471 et 1473).

La justice de ce fief appartenait, au xviiie siècle, à M. d'Escombiés.

PRIVAS, f. c^ne de Barjac.

PRIVAT, f. c^ne de Beaucaire.

PRIVAT, h. c^ne de Cornillon.

PRIVAT, f. c^ne de Fourques.

PRIVATS (LES), h. c^ne de Blannaves.

PROBIAC, h. c^ne de Barron.

PROUVESSAC, bois et abime, c^ne de Montpezat. — *Puits-de-Revessac* (carte géol. du Gard). — *Grouvessac*, 1863 (notar. de Nimes). — Voy. AIGALADE (L').

PROVENÇAL, h. et chât. ruiné, c^ne de Saint-Jean-du-Bin.

PROVENCHÈRE, f. auj. détr. c^ne d'Alzon. — *Mansus de Provenqueyra*, 1263 (pap. de la fam. d'Alzon). — *Mansus de Provenqueria*, 1371 (*ibid.*).

PRUGNERON, f. c^ne de Gajan. — *In decimaria Beatæ-Mariæ de Gajanis, loco vocato en Prunayron*, 1463 (L. Peladan, not. de Saint-Geniès-en-Malgoirès). — *Prounyérou*, 1731 (arch. départ. C. 1473). — *Premiéront*, 1789 (carte des États).

PRUGNERON, q. c^ne de Saint-Césaire-de-Gauzignan.

PRUNARET, h. c^ne de Dourbie. — *B. de Prunareto*, 1309 (cart. de N.-D. de Bonh. ch. 68). — *Mansus de Prunareto, in parrochia Nostræ-Dominæ de Durbia*, 1514 (pap. de la fam. d'Alzon). — *Le masage du Prunáret*, 1709 (*ibid.*).

PRUNEIROLES, f. c^ne de Chamborigaud. — 1731 (arch. départ. C. 1475).

Prunet, h. c^{ne} de Chamborigaud. — *Prunetum*, 1277 (Mén. I, pr. p. 107, c. 2). — *H. de Prunesio*, 1348 (cart. de la seigneurie d'Alais, f° 46). — *Le Prunct*, 1731 (arch. départ. C. 1475).

Pruniers (Les), h. c^{ne} de Trève. — *Les Prunières*, 1789 (carte des États). — *Les Pruniers*, 1863 (notar. de Nimes).

Prunieyviel, f. c^{ne} de Valleraugue.

Psalmody, f. c^{ne} d'Aiguesmortes, sur l'emplacement de l'abbaye de Saint-Pierre-de-Psalmody. — *San-Mosi*, 1547 (arch. départ. C. 1788). — Voy. Saint-Pierre-de-Psalmody.

Pucelle (La), h. c^{ne} de Cambo.

Puech (Le), q. c^{ne} d'Aiguesvives. — 1588 (arch. dép. G. 265).

Puech (Le), h. c^{ue} de Bouquet. — *Le Piu*, 1789 (carte des États).

Puech (Le), h. c^{ne} de Cendras. — *Mansus de Podio*, 1345 (cart. de la seign. d'Alais, f° 35).

Puech (Le), f. c^{ne} de Chamborigaud. — *Le Pech*, 1715 (J.-B. Nolin, *Carte du dioc. d'Uzès*).

Puech (Le), q. c^{ne} de Colias.

Puech (Le), h. c^{ne} de Concoules.

Puech (Le), h. c^{ne} de Mars.

Puech (Le), f. c^{ne} de Monoblet.

Puech (Le), h. c^{ne} de Peyremale. — 1737 (arch. départ. C. 1490). — *Le Puch*, 1789 (carte des États).

Puech (Le), f. c^{ne} de Rogues.

Puech (Le), f. c^{ne} de Saint-André-de-Valborgne.

Puech (Le), f. c^{ne} de Saint-Bonnet-de-Salendrenque.

Puech (Le), h. c^{ne} de Saint-Paul-la-Coste.

Puech (Le), h. c^{ne} de Thoiras. — *Locus de Podio, parrochiæ Sancti-Jacobi de Toyrassio, Nemausensis diocesis*, 1462 (reg.-cop. de lettr. roy. E, v).

Puech (Le Petit), bois, c^{ne} de Valérargues.

Puech-Aguime, h. c^{ne} de Saint-Roman-de-Codière.

Puech-Agut, f. c^{ne} de Saint-Jean-du-Gard. — 1552 (arch. départ. C. 1784).

Puech-Ameulier, bois, c^{ne} de Nimes. — *Puech-Amellier*, 1671 (comp. de Nimes).

Puech-Anilier, montagne, c^{ne} de Blandas. — *Puech-Agnili*, 1739 (arch. commun. de Blandas).

Puech-Arbutier, bois, auj. défriché, c^{ne} de Nimes. — *Podium Arboterium*, 1220 (chap. de Nimes, arch. départ.). — *Puech-Herbetier, secus et juxta iter de Pullis*, 1505 (arch. hosp. de Nimes). — *Nemus Arbeterium*, 1525 (ibid.). — *Puech-Arbutier*, 1671 (comp. de Nimes).

Puech-Archimbaud, bois, auj. défriché, c^{ne} de Nimes. — *Boscus Archimbaudi*, 1144 (Mén. I, pr. passim).

Puech-Arnal, h. c^{ne} de Mandagout. — *Podium Arnaldi*, 1303 (pap. de la fam. d'Alzon). — *Mansus*

de Puech-Arnals, jurisdictionis et parrochiæ de Mandagoto, 1472 (Ald. Razoris, not. du Vigan).

Puech-Astre, bois, auj. défriché, c^{ne} de Redessan. — *Pogium Astrigilium*, 909 (cart. de N.-D. de Nimes, ch. 198). — *Podium Astre, Podium Aspre*, 1380 (comp. de Nimes). — *Puech-Astre; Pégastre*, 1671 (ibid.). — *Péjastre* (cad. de Nimes).

Puech-Aurion, q. c^{ne} de Saint-Gilles. — 1548 (arch. départ. C. 1787).

Puech-Beau, bois, auj. défriché, c^{ne} de Nimes. — *Divisia Vitulorum*, 1144 (Mén. I, pr. p. 32, c. 1). — *Devesia Vitulorum*, 1185 (ibid. p. 40, c. 2). — *Devesia Vituli*, 1463 (ibid. III, pr. p. 314, c. 1). — *Puech-Vau, Puech-Beau*, 1671 (comp. de Nimes).

Puech-Benet, montagne, c^{ne} de Saint-Marcel-de-Fontfouillouse. — 1553 (arch. départ. C. 1792).

Puech-Bertrand, bois, c^{ne} d'Alais. — 1734 (arch. départ. C. 462).

Puech-Bousquet, f. et chât. c^{ne} de Sommière. — *Mas-de-Gajan*, 1744 (arch. hosp. de Nimes). — *Pioch-Bousquet*, 1812 (notar. de Nimes). — *Pied-Bouquet* (carte géol. du Gard).

Puech-Cabrier, q. c^{ne} d'Uchau. — *Puech-Cabrier* ou *Beauplane* (cad. d'Uchau).

Puech-Camp, montagne, c^{ne} de Sauve.

Puech-Caremaux, bois, auj. défriché, c^{ne} de Nimes. — *Boscum Arenale, Nemus Carenals*, 1380 (compoix de Nimes). — *Puech-Careinal*, 1479 (la Taula del Poss. de Nismes). — *Puech-Carmau*, 1672 (arch. hosp. de Nimes).

Puech-Chicard, montagne, c^{ne} de Saint-Gervasy.

Puech-Clairon, montagne, c^{ne} de la Salle. — 1553 (arch. départ. C. 1797).

Puech-Cocon, f. et tumulus celtique, c^{ne} de Générac. — *Coco, villa*, 879 (Mén. I, pr. p. 12, c. 1). — *Loco vocato Podio-Cogos, prope villam Sancti-Ægidii*, 1337 (cart. de Saint-Sauveur-de-la-Font).

Les Templiers y possédaient un château, auj. entièrement détruit.

Puech-Cogul, montagne, c^{ne} de Remoulins, dans les bois de la Coasse.

Puech-Coguol, montagne, c^{ne} de Ribaute. — 1553 (arch. départ. C. 1774).

Puech-Couton, h. c^{ne} du Cros.

Puech-Crémat, l'une des sept collines enfermées dans l'enceinte du Nimes romain. — *Podium-Crematum*, 1380 (comp. de Nimes). — *Cremat*, 1479 (la Taula del Poss. de Nismes). — *Le Crémat*, 1547 (arch. départ. C. 1679). — *Puech-Crémat, sive Tres-Fons*, 1671 (comp. de Nimes).

Puech-Culier, h. c^{ne} de Pompignan.

Puech-d'Anjou, montagne, c[ne] de Saint-Laurent-le-Minier, à 852 mètres au-dessus du niveau de la mer. — Pic Dangeau (carte géol. du Gard).

Puech-d'Anton (Le), bois, auj. défriché, c[ne] de Saint-Dézéry. — 1776 (comp. de Saint-Dézéry).

Puech-Dardailhon, q. c[ne] de Générac.

Puech-d'Auzan, montagne avec moulin à vent, c[te] de Langlade.

Puech-de-Fabre, montagne, c[te] d'Alais. — 1728 (arch. départ. C. 1823).

Puech-Deilaud : c'est la plus élevée des collines des garrigues de Nimes. — 215 mètres au-dessus du niveau de la mer.

Puech-de-la-Colonne, bois, auj. défriché, c[ne] de Nimes, sur la route de Nimes à Montpellier. — Puech de la Colonne, sive Pontiby, 1671 (comp. de Nimes). — Puech-de-la-Grue, Pied-de-la-Grue (cad. de Nimes). Son nom lui vient d'une colonne milliaire de la voie Domitienne, qu'on voit encore aujourd'hui au pied de la colline.

Puech-de-la-Cozelle, bois, c[ne] de Nimes, auj. défriché. — Nemus de Cozels, Boscus de Tosellis, 1380 (comp. de Nimes). — Cozels, 1479 (la Taula del Poss. de Nismes). — Puech-de-Cazelles, 1671 (comp. de Nimes).

Puech-de-la-Galine, bois, c[ne] de Vauvert. — Gallinera, 1256 (cart. de Franquevaux). — Puech-de-la-Galine, 1573 (chapell. des Quatre-Prêtres, arch. hosp. de Nimes). — Roc-des-Poulets, 1812 (notar. de Nimes).

Puech-de-Mars, montagne, c[ne] de Saint-Hippolyte-du-Fort. — 1549 (arch. départ. C. 1790).

Puech-de-Queyrol (Le), f. c[ne] de Saint-Roman-de-Codière. — 1550 (arch. départ. C. 1798).

Puech-de-Rey, mont. c[ne] de Bréau-et-Salagosse.

Puech-des-Colombes (Le), montagne, c[ne] de Ribaute. — 1553 (arch. départ. C. 1774).

Puech-des-Fourques (Le), q. c[ne] de Bellegarde. — 1660 (arch. départ. G. 283).

Puech-de-Toutes-Aures (Le), montagne, c[ne] de Saint-Bauzély-en-Malgoirès. — Podium de Totas-Auras, sive de las Forcas, infra terram Sancti-Baudilii, 1463 (L. Peladan, not. de Saint-Geniès-en-Malgoirès).

Puech-d'Euzière (Le), f. c[ne] de la Salle. — 1553 (arch. départ. C. 1797).

Puech-Devès (Le), bois, auj. défriché, c[ne] de Nimes. — Podium Devesii, 1144 (Mén. I, pr. p. 32, c. 1); 1185 (ibid. p. 40, c. 2); 1195 (ibid. p. 41, c. 2). — Podium Deves, 1261 (ibid. p. 86, c. 1). — Pes Nemoris, Podium Devesii, 1380 (compoix de Nimes). — Podium Deves, 1463 (Mén. III, pr.

p. 314, c. 1 et 2). — Puech-du-Boys, Puech-de-Bouys, Puech-du-Buis ou Combe-de-Tourtou, 1671 (compoix de Nimes). — Puech-des-Bouysses, sive Camplanier, 1774 (compoix continué de Nimes).

Puech-du-Teil (Le), bois, auj. défriché, c[ne] de Souvignargues.

Puech-du-Teil (Le), bois, auj. défriché, c[ne] de Nimes. Ad Pedem-de-ipso-Tello, foris Portam-Hispanam, 1080 (cart. de N.-D. de Nimes, ch. 34). — Subtus monte que vocant Tello, 1092 (ibid. ch. 172). — In Telho, 1380 (comp. de Nimes). — Al Telh, 1479 (la Taula del Poss. de Nismes). — Au Telh, 1508 (cart. de Saint-Sauveur-de-la-Font). — Puech-du-Telh, 1547 (arch. départ. C. 1768). — Puech-d'Auteilh, 1671 (compoix de Nimes). — Puech d'Autel (cad. de Nimes; Ménard, II, p. 299; III, p. 33).

Puech-Ferrier, f. c[te] de Saint-Gilles. — Puech-Férié, 1789 (carte des États). — Puechfériè (carte géol. du Gard).

Puech-Ferrier, l'une des sept collines enfermées dans l'enceinte du Nimes romain. — Podium Ferrarium, 1144 (Mén. I, pr. p. 32, c. 1); 1185 (ibid. p. 40, c. 2); 1195 (ibid. p. 41, c. 2). — Podium Ferre, 1380 (compoix de Nimes). — Podium-Ferrarium, 1463 (Mén. III, pr. p. 314, c. 1 et 2). — Pied-Ferrier, 1671 (compoix de Nimes). — Puech-Ferrier, sive Puech des Moulins-à-vent, 1695 (pap. de la fam. Séguret, arch. hosp. de Nimes).

Puech-Flavard, h. c[ne] de Saint-Jean-de-Serres. — Puech-Flauard, balhiage de Sauve, 1582 (Tar. univ. du dioc. de Nimes). — La communauté de Puech-Flavart, 1669 (arch. départ. C. 730). — Voy. Puechredon.

Puech-Frézel, q. c[ne] de Montfrin (Trenquier, Mém. sur Montfrin).

Puech-Grevoul, montagne, c[ne] de Puechredon. — Podium vocatum de Grevul, situm in parrochia de Podiis-Flavardis, 1501 (chap. de Nimes, arch. départ.).

Puech-Haut, montagne, c[ne] de Fontanès. — 1616 (arch. commun. de Combas).

Puech-Imbert, bois, auj. défriché, c[ne] de Nimes. — Posium Ymberti, Boscus Nemus Ymberti, 1380 (comp. de Nimes). — Puech-Imbert, 1671 (ibid.). — Puech-Lambert, 1692 (arch. hosp. de Nimes).

Puech-Jésiou, l'une des sept collines enfermées dans l'enceinte du Nimes romain. — Poium Judaicum, 1030 (cart. de N.-D. de Nimes, ch. 33); 1055 (Mén. I, pr. p. 22, c. 2). — Podium Judeum, 1380 (compoix de Nimes). — Puech Juzieu, 1479 (la Taula del Poss. de Nismes). — Puech-Jéziou, 1671 (compoix de Nimes). — *Puy-Jasieu* (Ménard, III, p. 33).

C'est là que les juifs de Nimes avaient leur cimetière au moyen âge, comme l'ont prouvé les épitaphes hébraïques qu'on y a rencontrées au XVII° siècle. — C'est aujourd'hui une promenade publique plantée depuis quelques années, et qui porte le nom de *Mont-Duplan.* — On vient de découvrir au pied de cette colline (janvier 1867), à 8 mètres de profondeur, une galerie de refuge creusée avec beaucoup de soin dans une puissante couche de sable.

Puech-Lébrautier, bois, c°° de Saint-Dézéry. — 1776 (comp. de Saint-Dézéry).

Puech-Léonard, bois, c°° de Nimes. — *Podium Lunar,* 1261 (Mén. I, pr. p. 86, c. 1). — *Podium Lunardum,* 1380 (comp. de Nimes). — *Puech-Lyonard,* 1479 (la Taula del Poss. de Nismes). — *Puech-Léonard,* 1671 (comp. de Nimes; Mén. II, p. 99). — Voy. Font-Veiracue.

Puech-Long, montagne, c°° de Nimes. — *Puech-Long, sive Ranq-de-Caton,* 1671 (comp. de Nimes).

Puech-Long, montagne, c°° de Saint-Martin-de-Valgalgue. — 1816 (notar. de Nimes).

Puech-Long, q. c°° de Vergèze. — 1548 (arch. départ. C. 1811).

Puech-Loubier, q. c°° de Langlade. — *Loco vocato Podium-Loberii, in decimaria Sancti-Juliani de Anglata,* 1306 (cart. de Saint-Sauveur-de-la-Font).

Puech-Magnon, mont. c°° de Lirac. — *Loco vocato Podium dels Manhons, infra territorium loci de Alhiraco,* 1332 (chap. de Nimes, arch. départ.).

Puech-Majeur (Le), q. c°° de Savignargues. — *Puech-Maior,* 1456 (arch. départ. G. 285).

Puech-Mal (Le), montagne, c°° de Saint-Marcel-de-Fontfouillouse. — 1553 (arch. départ. C. 1791).

Puech-Méjan, bois, c°° de Nimes. — *Podium Meianum,* 1144 (Mén. I, pr. p. 22, c. 1; p. 40, c. 2, et passim). — *Garrigues de Puech-Méjan,* 1596 (arch. départ. G. 187). — *Devois de Puechméjan,* 1704 (C.-J. de la Baume, *Rel. inéd. de la rév. des Camis.*); 1706 (arch. départ. G. 206).

Puech-Méjan, h. c°° de Saint-André-de-Majencoules. — *Podium de Maajoanna,* 1218 (cart. de Saint-Victor de Marseille, ch. 1000).

Puech-Méjan, montagne, c°° de Saint-Jean-de-Serres. — 1549 (arch. départ. C. 1785).

Puech-Méjet (Le), f. c°° de Valleraugue, près d'un ruis. du même nom qui se jette dans le Cros, affluent de l'Hérault, sur le territ. de la même commune.

Puech-Mendil (Le), montagne, c°° de Milhau. — *Pied-Mendil,* 1863 (notar. de Nimes).

Puech-Mézel (Le), montagne, c°° de Nimes, dans le bois des Espeisses. — *Medium Leprosum,* 1144 (Mén. I, pr. p. 32, c. 1). — *Medium Mezel,* 1185 (*ibid.* p. 40, c. 2); 1195 (*ibid.* p. 86, c. 1). — *Miech-Mezel,* 1380 (comp. de Nimes). — *Medium-Mezel,* 1463 (Mén. III, pr. p. 314, c. 1 et 2). — *Puech-Mazel,* 1596 (arch. départ. G. 187). — *Puech-Mazel, Puech-Mendil,* 1671 (comp. de Nimes). — Voy. Espeisses (Les).

Puech-Nuech, q. c°° de Milhau. — *Pied-Nieux,* 1671 (comp. de Nimes).

Puech-Nuech, h. c°° de Saint-Hippolyte-du-Fort. — *Puech-de-Nuit,* 1789 (carte des États).

Puech-Ollivier (Le), f. c°° de Belvezet. — *Le mas de Puech-Ollivier,* 1650 (arch. départ. C. 1643).

Puech-Ouiller (Le), f. c°° de Théziers. — *La méthe-rie de Puech-Ouillier,* 1637 (Pitot, not. d'Aramon).

Puech-Plo, montagne, c°° de Saint-Martin-de-Corconac. — 1553 (arch. départ. C. 1794).

Puech-Pommier, montagne, dans les garrigues de Nimes. — 1547 (arch. départ. C. 1770); 1671 (comp. de Nimes).

Puech-Rascas, montagne, c°° d'Anduze. — 1783 (arch. départ. C. 429). — 1823 (Viguier, *Notice sur Anduze*).

Puechredon, c°° de Sauve. — *Ecclesia de Podiis,* 1156 (cart. de N.-D. de Nimes, ch. 84). — *Parrochia Sancti-Andree de Podiis-Flavardis,* 1174 (chap. de Nimes, arch. départ.); 1280 (*ibid.*). — *Podia Flavardi,* 1384 (dénombr. de la sénéch.). — *Locus de Podiis-Flavardis,* 1420 (J. Mercier, not. de Nimes). — *Puyflavars,* 1435 (rép. du subs. de Charles VII). — Les Puech-Favlard, 1490 (Mén. IV, pr. p. 52, c. 2). — *Sanctus-Andreas de Podiis-Flavardis,* 1539 (*ibid.* I, p. 155, c. 2); 1625 (arch. départ. G. 285). — Le prieuré de Saint-André de Puech-Flavard ou Puechredon, 1706 (*ibid.* G. 206); 1736 (insin. eccl. du dioc. de Nimes).

Puechflavard (plus tard Puechredon) faisait partie, avant 1790, de la viguerie de Sommière et du diocèse de Nimes, archiprêtré de Quissac. — On n'y comptait qu'un feu en 1384. — Le prieuré de Saint-André de Puechflavard ou Puechredon, avec celui de Saint-Martin de Savignargues, son annexe, était uni à la mense capitulaire de la cathédrale de Nimes et valait 1,200 livres. — L'église, aujourd'hui ruinée, de Puechflavard paraît dater du XIV° siècle. — La communauté de Puechredon porte pour armoiries : *d'or, à une bande fuselée d'argent et de sable.*

Puechredon, q. c°° de Nimes. — *A Monte-Rotundo citra,* 1261 (Mén. I, pr. p. 86, c. 1). — *Subtus Montem-Rotundum,* 1380 (comp. de Nimes).

PUECHREDON, f. c^ne de Serviers-et-la-Baume. — 1710 (arch. départ. C. 1669).

PUECHREDON, montagne, c^ne de Vergèze. — *Podium de Vallimaus, super ecclesia de Verzesa*, 1154 (Lay. du Tr. des ch. t. I, p. 73). — *Puechredon*, 1548 (arch. départ. C. 1811).

PUECH-RIGAL, montagne, c^ne de Blandas.

PUECH-RODIER (LE), montagne, c^ne de Galargues. — 1450 (arch. départ. G. 336).

PUECH-ROUGE, f. c^ne de Saint-Mamet.

PUECH-ROUSSIN, montagne, c^ne de Générac. — 1829 (notar. de Nîmes).

PUECHS (LES), f. c^ne de Saint-Martial.

PUECH-SIGAL (LE), h. c^ne de la Rouvière (le Vigan). — *Mansus de Podio-Sigaldi*, 1466 (J. Montfajon, not. du Vigan). — *Les habitans de Puech-Sigal*, 1596 (arch. départ. C. 851). — *La communauté de Puech-Sigal*, 1634 (*ibid.* C. 439). — *Puechigal*, 1863 (notar. de Nîmes).

PUECH-VESTRIC, f. c^ne de Vestric-et-Candiac.

PUGET (LE), h. c^ne de Belvezet. — *Le mas du Puget*, 1650 (arch. départ. C. 1643). — *Le Pujet*, 1740 (Novy, not. de Nîmes).

PUGET (LE), f. c^ne de Saint-Bonnet-de-Salendrenque. — 1552 (arch. départ. C. 1780).

PUGET (LE), h. c^ne de Sumène.

PUGETTE (LA), f. c^ne de Serviers-et-la-Baume. — 1710 (arch. départ. C. 1669).

PUINEUF (LE), f. c^ne de Monoblet.

PUITS-D'ANDUZON (LE), q. c^ne de Valliguière. — *Ad puteum Andusionis*, 1312 (arch. comm. de Valliguière).

PUITS DE CLAUSONNE (LE), abîme, c^ne de Meynes. — Appelé aussi *Font-en-Gour*.

PUITS DE SAINT-CÉSAIRE (LE), source, dans le village même de Saint-Césaire, c^ne de Nîmes. — Se déverse dans le Cadereau de Saint-Césaire : voy. CADEREAU, 4°. — *Font-Césarine*, 1671 (comp. de Nîmes). — *Le Valladet*, 1695 (arch. hosp. de Nîmes).

• Le Valladet est encore le nom qu'on donne auj. au ruisseau, parfois considérable, formé par l'écoulement de cette source. — Voy. VALLADET.

PUITS-DES-BŒUFS (LE), q. c^ne de Savignargues. — 1517 (arch. départ. G. 285).

PUITS-DES-HORTS (LE), h. c^ne de Saint-Victor-la-Coste.

PUITS-DU-SOULIER (LE), puits antique, près de Saint-Christophe, c^ne de Castillon-du-Gard (Trenquier, *Not. sur quelques localités du Gard*).

PUITS-SABLONNIÈRE (LE), f. c^ne de Tavel. — 1780 (arch. départ. C. 1671).

PUJADES (LES), f. c^ne de Cassagnoles. — 1541 (arch. départ. C. 1795).

PUJAUT, c^on de Villeneuve-lez-Avignon. — *Castrum Podü-Alti*, 1175 (cart. de Saint-André-de-Villeneuve). — *Podium-Altum*, 1226 (Mén. I, pr. p. 70, c. 1). — *Mons-Altus*, 1287 (arch. commun. de Valliguière). — *R. de Podio-Alto*, 1316 (mss d'Aubais, bibl. de Nîmes, 13,855). — *Beata-Maria de Monte-Alto*, 1347 (D. Chantelou, *Hist. de Rochefort*). — *Podium-Altum*, 1384 (dén. de la sén.). — *Pujault*, 1551 (arch. départ. C. 1331). — *Le prieuré de Pudjaud*, 1620 (insin. eccl. du dioc. d'Uzès). — *La communauté de Pujault*, 1633 (arch. dép. C. 1296). — *Pijaud*, 1694 (armor. de Nîmes). — *Pujault*, 1737 (arch. départ. C. 1307). — *Peujaut*, 1789 (carte des États).

Pujaut faisait partie, avant 1790, de la viguerie de Roquemaure et du diocèse d'Uzès, pour le temporel; mais, pour le spirituel, il relevait de l'archevêché d'Avignon. — Le prieuré de Notre-Dame de Pujaut était uni au monastère de Saint-André de Villeneuve. — Le pitancier de ce monastère en était prieur. — Lors du dénombrement de 1384 on comptait à Pujaut 18 feux. — L'étang de Pujaut, qui, d'après D. Chantelou (*Hist. de Rochefort*), portait, au XIVe siècle, le nom de *Stagnum de Privaderiis*, fut desséché en 1630 par les soins des Chartreux de Villeneuve-lez-Avignon. — La communauté de Pujaut avait pour armoiries : *de gueules, à un puy d'argent, surmonté de trois fleurs de lis d'or rangées en chef*.

PUJILASSE (LA), f. c^ne de Conqueyrac. — *La métairie de la Pujilasse*, 1618 (arch. départ. G. 329).

PUJOL (LE), h. c^ne de Castillon-de-Gagnère.

PUJOL (LE), h. c^ne de Robiac.

PUJOL (LE), f. c^ne de Saint-Pons-la-Calm.

PUJOL (LE), f. c^ne de Saint-Victor-la-Coste.

PUJOLAS, f. c^ne de Saint-Jean-de-Serres. — 1549 (arch. départ. C. 1785).

PUJOLAS, q. c^ne de Sernhac. — 1554 (arch. départ. C. 1801).

PUPELIN, h. c^ne de Saint-Victor-la-Coste.

PUY (LE), f. c^ne de Saint-Florent.

PUY-DE-LA-RIVIÈRE (LE), q. c^ne de Cassagnoles. — 1618 (arch. départ. G. 320).

PUY-DU-CERF (LE), mont. c^ne de Bagard. — *Ad fontem de Podio-Serverio*, 1352 (arch. départ. G. 356). — *Le Puits-du-Cerf, paroisse de Saint-Pierre de Vermeils*, 1551 (*ibid.* C. 1796).

Q

QUARRADE (LA), f. c⁰ᵉ de Courry. — *Le mas de la Quarrade*, 1768 (arch. départ. C. 1646).

QUART, lieu détruit, cⁿᵉ de Nimes. — *Villa Quarto*, 921 (cart. de N.-D. de Nimes, ch. 85). — *Cartum*, 1092 (*ibid.* ch. 208). — *Villa de Carto*, 1200 (chap. de Nimes, arch. départ.). — Voy. SAINT-MARTIN-DE-QUART.

C'était un village dès le xᵉ siècle. — Ménard (t. VII, p. 630) pense, avec toute raison, que la position de ce village, qui se trouvait placé au quatrième milliaire, *ad quartum lapidem*, sur la voie Domitienne de Nimes à *Ugernum* (Beaucaire), lui a fait donner ce nom de *Quart*.

QUARTE (LA), f. cⁿᵉ de Saint-Bonnet-de-Salendrenque. — 1552 (arch. départ. C. 1780).

QUARTIER (LE), f. cⁿᵉ de Bagnols.

QUARTIER-DE-CINQ-SOLS (LE), q. cⁿᵉ de Saint-Dionisy.— 1553 (arch. départ. C. 1781).

QUARTOSS-DE-SAINT-GENIÈS (LES), q. cⁿᵉ de Fourques. — *A rubina Sancti-Ægidii, quæ appellatur Pharaonis, usque ad Sanctum-Genesium*, 1157 (Mén. I, pr. p. 36, c. 2). — *Terra dels Cartons*, 1180 (chap. de Nimes, arch. départ.).

QUATRE-CAPELANS (LES), chapitre collégial composé de quatre prêtres, fondé dans l'église de Vauvert par le cardinal d'Albanie en 1379.

QUATRE-CHEVALIERS (CHAPELLE DES), à Nimes, au coin de la rue de la Magdeleine et de la rue de l'Étoile.— *Hospitale Beatæ-Mariæ, infra portale Magdalenæ*, 1380 (comp. de Nimes); 1733 (insin. eccl. du dioc. de Nimes). — *Hôpital de la Magdeleine* (Ménard, t. IV, p. 11).

C'est aujourd'hui une maison particulière.

QUATRE-PILONS (LES), q. cⁿᵉ de Sommière.

QUEYROL (LE), q. cⁿᵉ de Serviers-et-la-Baume.—1710 (arch. départ. C. 1669).

QUEYROLLE (LA), f. cⁿᵉ de Mandagout.

QUICHASET (LE), bois, cⁿᵉ de Bouquet.

QUIERS (LE), f. et montagne, cⁿᵉ de Mars.

QUILBAN, cⁿ de Quissac. — *In terminium de villa Quiliano, in Valle-Iufica, in fluvio Vidosoli*, 938 (cart. de N.-D. de Nimes, ch. 174). — *In terminium de villa Quillano, in Valle-Iufica, in pago Uzetico, ecclesia que est fundata in honore Sancti-Firmini*, 963 (*ibid.* ch. 73). — *Ecclesia de Quillano, in Uticensi episcopatu*, 1156 (*ibid.* ch. 84). — *La communauté de Quilhan*, 1636 (arch. départ. C. 1299). — *Le*

prieuré *Sainct-Firmin d'Aquilhan*, 1693 (insin. eccl. du dioc. de Nimes). — *Le prieuré Sainct-Firmin d'Aguilhan*, 1696 (*ibid.*). — *Quillan*, 1789 (carte des États).

Quilhan, placé sur la limite du diocèse de Nimes et de celui d'Uzès, faisait partie de la viguerie de Sommière; mais son nom ne se rencontre sur aucune liste de dénombrement. — Cette communauté appartenait pour le temporel au diocèse de Nimes, et pour le spirituel elle relevait du diocèse d'Uzès, doyenné de Sauzet. — Le prieuré de Saint-Firmin de Quilhan était à la présentation de l'abbé de Saint-Pierre de Sauve et à la collation de l'évêque d'Uzès. — Dès 1790, le village de Quilhan a été réuni à celui d'Hortoux pour former la commune d'*Hortoux-et-Quilhan*. — Quilhan portait pour armoiries : *de vair, à une fasce losangée d'or et de gueules*.

QUINCANDON, f. cⁿᵉ d'Aiguesmortes.—*Cincardon*, 1789 (carte des États).

QUINSAC, f. cⁿᵉ des Plans.

QUINTANEL (LE), h. cⁿᵉ de Blandas. — *Mansus de Quintanello, parochiæ Blandacii*, 1391 (pap. de la famille d'Alzon); 1513 (A. Bilanges, not. du Vigan).

QUINTANEL (LE), f. cⁿᵉ de Pompignan.

QUINTE (LA), f. et source, cⁿᵉ de Bréau-et-Salagosse.

QUINTI, f. cⁿᵉ de Roquedur.

QUINTIGNARGUES, f. auj. détruite, cⁿᵉ de Nimes, au territ. de Caissargues. — *Villa Quintignanicus, in territorio civitatis Nemausensis*, 994 (cart. de N.-D. de Nimes, ch. 70). — *Quintinhanicæ*, 1380 (compoix de Nimes). — *Quintinhargues*, 1479 (la Taula del Poss. de Nismes).—*Cantinhargues*, 1671 (comp. de Nimes).

QUINTINIÈRE (LA), f. cⁿᵉ de Montdardier. — *La Quinquinière* (cad. de Montdardier).

QUIQUIÉ (LA), f. cⁿᵉ de Goudargues. — 1731 (arch. départ. C. 1474).

QUIQUILHAN (LE), ruisseau qui prend sa source au bois de Paris, cⁿᵉ de Carnas, et se jette dans le Vidourle sur le territ. de la cⁿᵉ de Lèques. — *Cuquilhan*, 1734 (pap. de la fam. Séguret, arch. hosp. de Nimes). — *Coquilhan* (carte hydr. du Gard). — Parcours : 10,400 mètres.

QUIQUILHON (LE), q. cⁿᵉ de Vergèze. — 1548 (arch. départ. C. 1811).

Gard.

QUIRONNETTE (LA), île du Rhône, c^{ne} de Laudun. — 1627 (carte de la princip. d'Orange).

QUISSAC, arrond. du Vigan. — *Quintiacum*, 1274 (chap. de Nîmes, arch. départ.). — *Quinciacum*, 1384 (dén. de la sénéch.). — *Quissac*, 1435 (rép. du subs. de Charles VII). — *Quissac, ba'hiage de Sauve*, 1582 (Tar. univ. du dioc. de Nîmes). — *Les trois bourgs de Quissac*, 1764 (arch. départ. C. 147). Quissac faisait partie de la viguerie de Sommière et du diocèse de Nîmes. C'était le chef-lieu d'un des quatre archiprêtrés auxquels fut réduit ce diocèse, à partir de 1694, par suite de la formation du diocèse d'Alais. — On y comptait 6 feux en 1384 et 349 en 1789. — Le prieuré simple et régulier des SS. Faustin-et-Jovite de Quissac était uni à la mense abbatiale du monastère de Saint-Pierre de Sauve; il était à la nomination du roi et valait 2,500 livres. — Quissac, au XVIIIe siècle, ressortissait au sénéchal de Montpellier. — La seigneurie de Quissac appartenait au roi (arch. départ. C. 1030). — En 1790, Quissac devint le chef-lieu d'un des cinq cantons du district de Sommière. Ce canton comprenait les quinze communes suivantes : Bragassargues, Brouzet, Cannes, Carnas, Corconne, Gailhan, Hortoux, Liouc, Quilhan, Quissac, Rauret, Saint-Jean-de-Roque, Saint-Théodorit, Sérignac et Vic-le-Fesc. — Quissac porte pour armoiries : *d'argent, à un saule de sinople, et un pont de gueules à sept arches, maçonné de sable, brochant sur le tout; et, en pointe, une rivière ondée de sinople.*

QUITARDES (LES), f. c^{ne} de Bez-et-Esparron. — *Lasquitardes* (comp. de Bez-et-Esparron).

QUITARDES (LES), h. c^{ne} du Garn. — *Lasquitardes*. 1789 (carte des États).

R

RABASSE (LA), h. c^{ne} de Remoulins. — *R. de Rabasse*, 1356 (arch. commun. de Remoulins). — *Le château de Rabasse*, 1639 (*ibid.*).

RABASSE (LA), f. sur les c^{nes} de Saint-Julien-de-la-Nef et de Roquedur.

RABASSIÈRES (LES), f. c^{ne} de Valleraugue, et ruisseau du même nom, qui se jette dans l'Hérault sur le territ. de la même c^{ne}. — *Les Ramassières* (cad. de Valleraugue).

RABASTE (LA), bois, c^{ne} de Goudargues.

RABEYRAS (LE), ruiss. qui prend sa source sur le territ. de la c^{ne} de Valleraugue et se jette dans le ruisseau de Bonheur sur le territ. de la même commune.

RADASSEL, bois, c^{ne} de Saint-Gervasy.

RADELLE (CANAL DE LA), fait communiquer le canal de Beaucaire à Aiguesmortes avec l'étang de Mauguio (Hérault). — Il est également en communication avec le Vistre et le Vidourle.

RADIER (LE), f. c^{ne} de Saint-Brès. — 1550 (arch. départ. C. 1782).

RAFFALERIE (LA), f. c^{ne} de Thoiras. — 1542 (arch. départ. C. 1803).

RAFIN, f. c^{ne} de Villeneuve-lez-Avignon.

RAINAUD, f. c^{ne} de Vauvert. — *Méterie de M. de Rainaud*, 1726 (carte de la bar. du Caylar).

RAJAL (LE), ruiss. formé par la réunion du Vallat-de-la-Boissonne et du Lauzas (voy. ce nom); il se jette dans l'Hérault sur le territ. de la commune de Valleraugue.

RAJALS (LE), ruiss. qui prend sa source sur le c^{ne} de Saint-Laurent-le-Minier et se jette dans la Vis sur le territ. de la même c^{ne}. — *Razal*, 1812 (notar. de Nîmes).

RAMADE (LA), q. c^{ne} de Saint-Christol-de-Rodières. — 1750 (arch. départ. C. 1662).

RAMASSES (LES), f. c^{ne} de Mars.

RAMEL, f. c^{ne} de Blannaves.

RAMIÈRE (LA), f. c^{ne} de Roquemaure. — 1695 (arch. départ. C. 1653).

RANC (LE), f. c^{ne} d'Aujac.

RANC (LE), f. et mⁱⁿ, c^{ne} de Générargues.

RANC (LE), h. c^{ne} de Ponteils-et-Brézis. — *Rancum*, 1308 (Mén. I, pr. p. 202, c. 2). — *R. de Ranco*. 1482 (cart. de Franquevaux).

RANC (LE), h. c^{ne} de Saint-Marcel-de-Fontfouillouse.

RANC (LE), h. c^{ne} de Saint-Sébastien-d'Aigrefeuille.— *Rancum*, 1461 (reg.-cop. de lettr. roy. E, IV, f° 79-80).

RANC (LE), f. c^{ne} de Valleraugue.

RANCAIZE (LE), ruiss. qui prend sa source sur la c^{ne} de Mars et s'y jette dans le Rat.

RANCASSE (LA), q. c^{ne} de la Cadière. — 1549 (arch. départ. C. 1786).

RANC-DE-LA-NIBLE (LE), montagne, c^{ne} de Peyrolles. — 1551 (arch. départ. C. 1771).

RANCUIN, f. c^{ne} de Montaren. — *Mas-de-Ranchin*, 1671 (comp. de Nîmes).

RANC-QUART (LE), q. c^{ne} de Saint-Brès. — 1552 (arch. départ. C. 1782).

RANDAVEL, f. c^{re} de Lanuéjol. — *Mansus Maurellus*, 1294 (cart. de N.-D. de Bonh. ch. 15). — *Mansus del Mas-Maurel, qui est in parochia de Treve*, 1227 (*ibid.* ch. 44); 1228 (*ibid.* ch. 29 et 3o, et passim).

RANDAVEL, f. c^{ne} de la Rouvière (le Vigan).

RANDAVEL, f. c^{ne} de Valleraugue. — *Le Randonnel*, 1551 (arch. départ. C. 1806).

RANDON (LE), f. c^{ne} de Saint-Roman-de-Codière. — 1550 (arch. départ. C. 1798).

RANDONNIÈRE (LA), f. c^{re} de Mandagout.

RANGLI, f. c^{ne} de Beaucaire. — *Ranguis*, 1789 (carte des États). — *Le mas de Ranguis* (C. Blaud, *Antiq. de la ville de Beaucaire*, p. 18).

RANQ (LE), f. c^{ne} de Saint-Christol-de-Rodières. — 1776 (comp. de Saint-Christol-de-Rodières).

RANQUABÈDE (LA), f. c^{es} de Saint-Martin-de-Corconac. — 1553 (arch. départ. C. 1794).

RANQUET (LE), f. c^{ne} d'Aigremont. — *Les terres du Ranquet*, 1521 (arch. départ. G. 376).

RANQUET (LE), h. c^{ne} de Corbès.

RANQUET (LE), h. c^{ne} de Génolhac.

RAPATEL, f. c^{ne} de Saint-Gilles.

RAPATELET, f. c^{ne} de Saint-Gilles.

RASCAS (LE), h. c^{ne} de Monoblet. — *Raschas*, 1461 (reg.-cop. de lettr. roy. E, IV, f° 41).

RASPE (LA), ruiss. qui se jette dans le Gardon à la limite des c^{nes} de Colias et de Sanilhac. — *Crosum de Rapa*, *Vallatum de Rapa*, 1311 (arch. commun. de Colias).

RASTEL (LE), q. c^{ne} de Saint-Gilles. — 1548 (arch. départ. C. 1787).

RAT (LE), h. c^{ne} de Cendras.

RAT (LE), f. c^{ne} de Rodilhan. — *Ratium*, 1205 (cart. de Saint-Sauveur-de-la-Font). — *Mas-du-Rat*, 1660 (arch. départ. G. 283).

RAT (LE), ruiss. qui prend sa source sur la c^{ne} de Bréau-et-Salagosse et se jette dans la rivière de Mars sur le territ. de la même commune.

RATTÉ, f. c^{ne} d'Aubord.

RAURET, h. c^{ne} d'Hortoux-et-Quilhan. — *Villa quæ vocatur Rohoretum*, 1125 (arch. départ. G. 379). — *Villa de Rovoreto, in Uticensi episcopatu*, 1156 (cart. de N.-D. de Nimes, ch. 84). — *Rouretum*, 1190 (chap. de Nimes, arch. départ.). — *Ecclesia de Roureto*, 1314 (Rot. eccl. arch. munic. de Nimes). — *Le domaine de Rouret*, 1665 (arch. départ. G. 40). — *Le prieuré Saint-Michel de Rauret*, 1747 (insin. eccl. du dioc. de Nimes). — *Roret*, 1863 (notar. de Nimes).

Rauret faisait partie de la viguerie de Sommière, bien que ce nom n'apparaisse pas sur les listes de dénombrement.—Ce village appartenait au diocèse d'Uzès pour le temporel, et pour le spirituel à celui de Nimes. — Le prieuré-cure de Saint-Michel de Rauret, compris dans l'archiprêtré de Quissac, était à la collation de l'évêque de Nimes et valait 300 livres. — En 1790, lors de la formation du canton de Quissac, Rauret y figure encore comme commune.

RAUSILLE (LA), q. c^{ne} de Saint-Julien-de-la-Nef. — 1549 (arch. départ. C. 1786).

RAVEL, h. c^{ne} de la Bruguière.

RAYMONVILLE, f. c^{ne} de Sommière.

RAYNES, f. c^{er} de Montdardier. — *Reynes*, 1789 (carte des États).

RAZIC, lieu détruit, c^{ne} d'Aiguesvives. — *Radirum*, 1011 (cart. de N.-D. de Nimes, ch. 137); 1125 (Lay. du Tr. des chartes, t. I, p. 63). — *Razicum*, 1384 (dénomb. de la sénéch.). — *Le Razil*, 1588 (arch. départ. G. 265). — Voy. SAINTE-EULALIE-DE-RAZIL.

Ce hameau dépendait autrefois du *consulat* de Calvisson; et dans l'assise de 1322, ses feux, ainsi que ceux de Bizac et de Cinsens, sont compris dans le chiffre de ceux de Calvisson.

RAZIL (LE), ruiss. formé par la réunion de trois sources descendant des collines boisées qui séparent Aiguesvives de Congéniès, et qui s'appellent en languedocien *les Ouilles* (les Eulalies), parce qu'elles prennent naissance sur le territ. de l'ancien prieuré de Sainte-Eulalie-de-Razil. Après avoir traversé les vignobles d'Aiguesvives et de Galargues, le Razil va se jeter dans la Cubelle au lieu appelé *la Dîme*, c^{ne} d'Aimargues. — *Le ruisseau de Razil*, 1781 (arch. départ. C. 1156).

RÉAL (LE), q. c^{ne} de Montfrin. — 1637 (Pitot, not. d'Aramon); 1790 (bibl. du grand séminaire de Nimes).

REBEJOUX (LE), ruiss. qui prend sa source sur la c^{ne} de Saint-Jean-de-Maruéjols et se jette dans la Claisse sur le territ. de la même commune.

REBEYRETTE (LA), ruiss. qui prend sa source au h. du Crouzat, c^{ne} de Chamborigaud, et se jette dans la Luech sur le territ. de la même c^{ne}. — Parcours : 1,000 mètres.

REBOUL, f. c^{ne} d'Aiguesmortes.

REBOUL, f. c^{ne} de Barjac. — *Matronacum*, 1567 (A. de Costa, not. de Barjac). — *Matronas*, 1789 (carte des États).

REBOUL, h. c^{ne} de Courry. — *Reboul, paroisse de Castillon-de-Courry*, 1750 (arch. départ. C. 1531).

Par ordonnance royale du 5 juin 1844, le hameau de Reboul, qui faisait partie de la c^{ne} de Castillou-de-Gagnère, en a été distrait pour être rattaché à Courry.

Rebouls (Les), f. c^{ne} de Mars.

Rebudel, q. c^{ne} de Colias. — 1428 (arch. du château de Saint-Privat); 1607 (arch. commun. de Colias).

Recargon, q. c^{ne} de Bréau-et-Salagosse.

Recès (Le), q. c^{ne} de Bréau-et-Salagosse.

Recodier, f. et filature, c^{ne} de Sumène. — *La Colongue-de-Riucodié*, 1555 (arch. départ. G. 167).

Recodier (Le), ruiss. qui prend sa source à Saint-Roman-de-Codière et se jette dans le Rieutort ou Ensumène à Sumène. -- *Riucoderius*, 1323 (chap. de Nîmes, arch. départ.). — *La Recoudière* (carte hydr. du Gard).

Récollets (Les), monastère de Frères Mineurs, en dehors et près des murs de Nîmes. — *Fratres Minores conventus Nemausi*, 1222 (Mén. I, notes, p. 101, c. 1). — *Perpresia Fratrum Minorum*, 1380 (comp. de Nîmes).

La chapelle de ce monastère était devenue, après la Révolution, l'ancienne église paroissiale de Saint-Paul, démolie il y a vingt ans, et qui a laissé son nom à la place Saint-Paul.

Récollets (Les), ancien couvent, hors des murs de Bagnols.

Reculan, f. c^{ne} de Saint-Gilles. — *Reculant*, 1546 (J. Ursy, not. de Nîmes). — *Reculans*, 1789 (carte des États).

Rédanès, f. c^{ne} de Génolhac.

Rédanès (Le), f. c^{ne} de Vabres.

Redessan, c^{on} de Marguerittes. -- *Villa Rediciano, in comitatu Nemausense*, 909 (cart. de N.-D. de Nîmes, ch. 197). — *In terminium de villa Rediciano, in territorio civitatis Nemausensis*, 936 (ibid. ch. 57). — *Reditiano*. 943 (ibid. ch. 80). -- *Itedeciano*, 963 (ibid. ch. 82). — *Redazanum*, 1208 (Mén. I, pr. p. 64, c. 1). — *Redessanum*, 1306 (ibid. p. 63, c. 1); 1322 (ibid. II, pr. p. 34, c. 1); 1384 (dén. de la sénéch.). — *Ecclesia de Redessano*, 1386 (rép. du subs. de Charles VI). — *Redessan*, 1435 (rép. du subs. de Charles VII); 1539 (arch. départ. G. 1773). — *Le prieuré Saint-Jean-Baptiste de Redessan*, 1658 (insin. eccl. du dioc. de Nîmes).

Redessan faisait partie de la viguerie et du dioc. de Nîmes, archiprêtré de Nîmes. — On y comptait 28 feux en 1323, 6 en 1384, et en 1744, 50 feux et 240 habitants. — La terre de Redessan était du nombre de celles qui furent données à Guillaume de Nogaret. — La haute et basse justice en appartenait au seigneur de Manduel. — Ce lieu ressortissait à la Cour royale ordinaire de Nîmes.—
Redessan porte : *d'argent, à une tour de gueules*

crénelée, maçonnée de sable, surmontée d'un bras armé, de même, sénestrée d'un ruisseau ondé de gueules, mis en pal.

Redier, f. c^{ne} de Sommière.

Redonnel (Le), h. c^{ne} de Mandagout. — *Mansus de Redonello, jurisdictionis et parrochiœ de Mandagoto*, 1472 (A. Razoris, not. du Vigan). — *Redonnet*, 1789 (carte des États).

Redonnel (Le), f. c^{ne} de Pommiers.

Redonnels (Les), h. c^{ne} de la Rouvière (le Vigan). - *Redonnel*, 1789 (carte des États).

Redoussas, h. c^{ne} de Laval. — *Mansus de Redusassio*, 1345 (cart. de la seign. d'Alais, f° 35).— *Redoussas*, 1733 (arch. départ. C. 1481).

Regagnas, h. c^{ne} de Vissec. — *Mansus de Reganhacio, parrochiœ de Viridisicco*, 1468 (A. Razoris, not. du Vigan). — *Mansus de Reganhata*, 1513 (A. Bilanges, not. du Vigan).

Régal (Le Vallat-de-), ruiss. qui prend sa source sur la c^{ne} d'Arre et se jette dans l'Arre sur le territ. de la même commune.

Réganart (Le), q. c^{ne} de Fontanès. — 1356 (arch. départ. G. 335).

Regen (Le), f. c^{ne} de Saint-Alexandre.

Réginarié (La), h. c^{ne} de Tornac.

Régis, f. c^{ne} du Vigan. — *Mansus de Regis; Traversia de Regis, parrochiœ de Vicano*, 1513 (A. Bilanges, not. du Vigan).

Régordane (La), forêt, c^{nes} de Portes et de Génolhac, traversée par la voie romaine qui allait de *Nemausus* à *Gabalum*. — *Sylva quœ vocatur Regudana, ad Portas*, 1050 (Hist. de Lang. II, pr. col. 210). -- *P. de Recordana*, 1157 (Mén. I, pr. p. 36, c. 1). — *Merces quœ vehuntur in Alestum per Regordanam*, 1349 (cart. de la seign. d'Alais, f° 48).

Régos, montagne, c^{ne} de Blandas. — *M. Regossa*, 1238 (Lay. du Tr. des ch. t. II, p. 318). — *Pic-Regnon* (cad. de Montdardier). — Emplacement d'un oppidum celtique.

Reille, f. c^{ne} de Crespian.

Remoulins, arrond. d'Uzès. — *Castrum de Remolinis*, 1121 (Gall. Christ. t. VI, p. 304). — *P. de Remolinis*, 1149 (Ménard, t. VII, p. 720). — *R. de Remolinis*, 1210 (cart. de la seign. d'Alais, f° 3). — *P. de Remolinis*, 1241 (cart. de N.-D. de Bonh. ch. 32). — *Locus Remolinarum*, 1376 (arch. comm. de Remoulins). — *Locus de Remolinis*, 1383 (Mén. III, pr. p. 54, c. 2); 1384 (dénombr. de la sénéch.); 1391 (Mén. III, pr. p. 106, c. 1); 1420 (J. Mercier, not. de Nîmes). — *Locus de Remolinis, Uciensis diocesis*, 1474 (J. Brun, not. de Saint-Geniès-en-Malgoirès). — *Ecclesia Nostræ-Dominæ de Betlhem* *de Remolinis*, 1474 (*ibid.*). — *Remoulins*, 1551 (arch. départ. C. 1332). — *La seigneurie de Re-molins*, 1567 (lettr. pat. de Charles IX). — *Le prieuré Sainct-Martin de Remoullins*, 1620 (insin. eccl. du dioc. d'Uzès). — *La communauté de Remoulins*, 1620 (arch. départ. C. 1298). — *Remolins*, 1694 (Armor. de Nimes).

Remoulins faisait partie de la viguerie de Beau-caire et du diocèse d'Uzès. — C'était le chef-lieu d'un des neuf doyennés de ce diocèse. — Le prieuré de Remoulins était uni au chapitre de Saint-Didier d'Avignon. Il avait pour annexe Saint-Frédémou (voy. SAINT-VÉRÉDÈME). — On comptait à Remou-lins 12 feux en 1384, et en 1744, 85 feux et 400 habitants. — La terre de Remoulins faisait ori-ginairement partie du domaine royal; elle passa ensuite à l'ancienne maison d'Uzès, puis à celle de Crussol. — Remoulins devint, en 1790, le chef-lieu d'un canton du district d'Uzès qui ne compre-nait que quatre communes : Castillon-du-Gard, Fournès, Remoulins et Saint-Hilaire-d'Ozilhan. — Les armoiries de Remoulins sont, d'après l'Armo-rial de Nimes : *de sable, à un pal losangé d'argent et d'azur*; et d'après Gastelier de la Tour : *de gueules, à un orneau de sinople entre deux tours; le mot* REMO-ULIN *partagé.*

REMOULIS, f. c^ne de Saint-Julien-de-la-Nef.

RENARDIÈRE (LA), bois, c^ne de Rogues. — 1555 (arch. départ. C. 1772).

RENÉGADE (LA), f. c^ne de Montdardier.

RENQUE (LA), q. c^ne de Cassagnoles. — 1571 (arch. départ. G. 318).

REPAUSSET (LE), étang, c^ne d'Aiguesmortes. — Il est traversé par le canal de la Roubine, qui le divise en deux parties appelées le Ponent et le Levant.

REPAUX (LE), étang, c^ne d'Aiguesmortes. — *Le Repos* (carte géol. du Gard).

REPOS (LE), f. c^ne d'Aramon.

RESANSOU, f. c^ne de Dourbie.

RESCLAUSE (LA), q. c^ne de Nimes. — 1547 (arch. dé-part. C. 1768).

RESCLAUZE (LA), f. c^ne d'Aiguesmortes.

RESPESSA, f. c^ne de Mons.

RESSAYRE (LE), f. c^ne de Saint-Dézéry. — *Peyrefioc*, 1773 (comp. de Saint-Dézéry).

RESSE (LA), ruiss. qui prend sa source sur la c^ne de Meyrueis (Lozère), dans les bois de l'Aigoual, et se jette dans la rivière de Bonheur un peu au-dessus de la chapelle de Notre-Dame-de-Bonheur.

RESTAURAND, f. c^ne de Carsan.

RESTOUBLE (LA), f. c^ne de Saint-Roman-de-Codière.— *Les Restoubles*, 1552 (arch. départ. C. 1793).

RETORS (LE), q. c^he de Seruhac. — 1554 (arch. dép. C. 1801).

REVENS, c^ne de Trève. — *Rodens*, 1157 (Mén. I, pr. p. 36, c. 1). — *R. de Reven*, 1262 (pap. de la fam. d'Alzon). — *Ecclesia Sancti-Petri da Reveheu*, 1289 (cart. de N.-D. de Bonh. ch. 103). — *Revent*, 1435 (rép. du subs. de Charles VII). — *Raven, viguerie du Vigan*, 1582 (Tar. univ. du dioc. de Nimes).— *Saint-Pierre de Reven*, 1605 (insin. eccl. du dioc. de Nimes).

Revens faisait partie de la viguerie du Vigan-et-Meyrueis et du diocèse de Nimes, archiprêtré de Meyrueis. — Le nom de ce village ne se rencontre pas dans le dénombrement de 1384, et dans la ré-partition de 1435 Revens n'est mentionné que comme une annexe de Trève. — Les armoiries de Revens sont : *d'argent, à un sautoir de gueules, ac-compagné de quatre tourteaux de même.*

REVÈS (LE), q. c^ne du Vigan. — 1550 (arch. départ. C. 1812).

REVÉTY, f. c^ne de Castillon-de-Gagnère. — *Recély*. 1789 (carte des États).

REY (LE), h. c^ne de Monoblet.

REY (LE), h. c^ne de Saint-André-de-Majencoules. — *Mansus de Raix*, 1224 (cart. de N.-D. de Bonh. ch. 43). — *Mansus de Rege*, 1172 (A. Razoris, not. du Vigan). — *Le Mas-du-Roi*, 1551 (arch. dép. C. 1775).

REY (LE), ruiss. qui prend sa source sur la c^ne d'Ar-phy, traverse celle de Mandagout, et se jette dans l'Arre au hameau du Rey, c^ne de Saint-André-de-Majencoules. — On l'appelle aussi *la Courbière* ou *Corbière*. — *Riperia de Corbieyra*, 1172 (A. Razo-ris, not. du Vigan).

REYANNE (LA), ruiss. qui prend sa source sur la c^ne de Saint-Théodorit et se jette dans le Baix un peu au-dessus de l'Argentière, c^ne de Canaules-et-Argen-tières.

REYLAC, f. c^ne de Thoiras.

REYNARD, f. c^ne de Bellegarde.

REYNARD, f. c^ne de Quissac.

REYNAUD, f. c^ne de Saint-Étienne-des-Sorts.

REYNUS (LE), ruiss. qui prend sa source sur la c^ne de Valleraugue et se jette dans la Taleyrac, affluent de l'Hérault, sur le territ. de la même commune.

REYRANGLADE (LA), f. c^ne de Fourques. — 1706 (arch. départ. C. 936).

REYRE-VIALA (LE), q. c^ne de Saint-Brès. — 1550 (arch. départ. C. 1782).

RHODIÈRES, f. c^ne de Cornillon.

RHÔNE (LE). — Ce fleuve borne, à l'est, le départe-ment du Gard depuis le Pont-Saint-Esprit jusqu'à

Fourques. Dans ce parcours, il reçoit l'Arnave, la Cèze, le Nizon, le Truel, le Vallat-Blanc, le Devès, le Briançon, le Gardon et la Roubine-de-Johquières. — *Rodanus fluvius*, 1080 (cart. de N.-D. de Nimes, ch. 69).

Rhône (Le Petit-) se détache du Grand-Rhône à Fourques et sert de limite au département du Gard jusqu'au fort de Peccais, c⁰ᵉ d'Aiguesmortes. — *Rodanunculus*, 1031 (cart. de N.-D. de Nimes, ch. 24). — *Rhodanus minor*, 1102 (cart. de Psalmody). — *Bracceolus Rodani*, 1174 (*ibid.*). — *Rhodanctus*, 1583 (cart. de Franquevaux).

Du Petit-Rhône se détachait autrefois, au-dessous de Saint-Gilles, un bras qui traversait les étangs de Scamandre, de l'Hermitane et de la Souteyrane, passait au-dessus d'Aiguesmortes et allait se jeter à l'ouest dans l'étang de Mauguio (Ern. Desjardins, *Embouch. du Rhône*, pl. XXI). — La Rigole de Trop-Long (voy. ce nom) recueille aujourd'hui la plus grande partie de ces eaux.

Du Petit-Rhône se détache encore aujourd'hui, au fort de Sylvéréal, une autre branche qui est devenue le *Rhône-Mort*. — *Rosemort*, 1434 (arch. départ. C. 55).

Le Rhône-Mort alimente : 1° le canal de Sylvéréal ; 2° la Roubine de Peccais. — Il se jette dans la mer au Grau-Neuf et s'appelle :

Le *Rhône-Vif*, à partir de Montferrier jusqu'à son embouchure (Dumas, *carte géol. du Gard*).

Du Rhône-Mort se détachent :

1° Le *Rhône-Mort de la Ville*, qui va de l'étang du Repaux à la Roubine de Peccais ;

2° Le *Rhône-Mort de Saint-Roman*, qui part de Montferrier et va se perdre dans les sables au-dessous de l'étang du Repaux.

Rhôny (Le), rivière. — On donne le nom de *Rhôny* à un cours d'eau formé de la réunion de six ou sept ruisseaux descendant des collines de Clarensac et qui, après avoir traversé toute la Vaunage, va se jeter dans le Vistre au Caylar. — *Saraonicus*, 960 (cart. de N.-D. de Nimes, ch. 142). — *Le Rouanis de Alverns*, 1350 (chap. de Nimes, arch. départ.). — *Roanis*, 1547 (Demari, not. de Calvisson). — *Le Ronis*, 1548 (arch. départ. C. 1811). — *La rivière de Ronis*, 1567 (J. Ursy, not. de Nimes).

On distingue :

1° Le *Grand-Rhôny*, qui prend sa source sur la c⁰ᵉ de Caveirac, à la Font-d'Arque ;

2° Le *Rhôny-Vert* ou *del Vern*, à gauche du précédent, dans lequel il se jette sur le territoire de la c⁰ᵉ de Saint-Dionisy ;

3° Le *Rhôny de Saint-André*, qui traverse le ter-

ritoire de Clarensac et se jette dans le premier Rhôny, presque au même point que le Rhôny-Vert ;

4° Le *Rhôny de Saint-Roman*, ainsi appelé parce qu'il prend sa source sur l'ancien prieuré rural de Saint-Romain-en-Vaunage ;

5° Le *Rhôny de Saint-Cosme*, qui prend son nom du village de Saint-Cosme :

6° La *Font-de-Robert*. — *Robent*, 1789 (carte des États) ;

7° Le *Rhôny de Rieutort*.

Riac (Le), f. c⁰ᵉ de Saint-Bauzély-en-Malgoirès.

Rial (Le), q. c⁰ᵉ de Mars. — (Rivoire, *Statist. du Gard.*)

Rial (Haut- et Bas-), f. c⁰ᵉ de Montdardier.

Riale (La), ruiss. c⁰ᵉ de Saint-Gervais.

Riasse (La), q. c⁰ᵉ de Beauvoisin.

Riasse (La), f. c⁰ᵉ de Mamolène. — *La Ryasse*, 1556 (arch. départ. C. 1651).

Riasse-de-la-Bieyre (La), q. c⁰ᵉ de Combas. — *La Riasse de la Rière*, 1616 (arch. comm. de Combas).

Riasses (Les), q. c⁰ᵉ de Montfrin. — (Trenquier, *Mém. sur Montfrin.*)

Riau, f. c⁰ᵉ de Liouc.

Ribaldès, q. c⁰ᵉ d'Aumessas.

Ribard, f. c⁰ᵉ de Bréau-et-Salagosse. — *Mas-Ribard* (cad. de Bréau-et-Salagosse).

Ribas, f. c⁰ᵉ de Générargues.

Ribas, h. c⁰ᵉ de Laudun, avec moulin sur le Tavion. — *Mansus de Ribacio*, 1295 (Ménard, t. VII, p. 725).

Ribasse (La), bois, c⁰ᵉ de Saint-Gilles.

Ribauriès, f. c⁰ᵉ de Saint-Sauveur-des-Poursils.

Ribaute, c⁰ᵉ d'Anduze. — *G. de Ripa-Alta*, 1151 (Lay. du Trésor des ch. t. I, p. 67). — *Ribalta*, 1265 (arch. dép. H. 3). — *Ribauta*, 1279 (cart. de Franquevaux). — *Rippa-Alta*, 1310 (Mén. I, pr. p. 195, c. 1). — *Parrochia de Ruppe-Alta*, 1345 (cart. de la seign. d'Alais, f° 35). — *Locus de Ruppe-Alta*, 1384 (dénombr. de la sénéch.). — *Ecclesia de Ripa-Alta*, 1316 (rép. du subs. de Charles VI). — *Ripaulta*, 1405 (Mén. III, pr. p. 190, c. 1). — *Ribeaute*, 1435 (rép. du subs. de Charles VII). — *Parrochia Sancti-Salvatoris de Rippa-Alta*, 1437 (Et. Rostang, not. d'Anduze). — *Prioratus Sancti-Salvatoris de Rippa-Alta*, 1579 (insin. eccl. du dioc. de Nimes). — *Ribeaulte ; Ribehaulte, viguerie d'Anduze*, 1582 (Tar. univ. du dioc. de Nimes). — *Saint-Saulveur de Ribaute*, 1618 (insin. eccl. du dioc. de Nimes).

Ribaute faisait partie de la viguerie d'Anduze et du diocèse de Nimes (plus tard d'Alais), archiprêtré d'Anduze. — On y comptait 5 feux en 1384. — Ancien château. — Les armoiries de Ribaute sont : *de gueules, à trois fasces d'argent*.

RIBAUTE, q. c^{ne} de Saint-Cosme. — 1670 (arch. dép. G. 330).

RIBAUTES, f. auj. détr. c^{ne} de Pouzilhac. — *La seigneurie du lieu de Pouzilhac et Ribautes, au diocèse d'Uzès*, 1590 (J. Ursy, not. de Nîmes).

Demoiselle Catherine de Lauberge était propriétaire de cette seigneurie au xvi° siècle.

RIBEIRET (LE), bois, c^{ne} de Fons-sur-Lussan et de Rivières-de-Theyrargues. — *Ryberet*, 1667 (arch. départ. C. 1353).

RIBEIRETTE (LA), f. c^{ne} de Génolhac. — 1732 (arch. départ. C. 1478).

RIBEIRETTE (LA), f. c^{ne} de Portes. — 1731 (arch. départ. C. 1475).

RIBES (LES), f. c^{ne} de Brouzet-et-Liouc. — 1678 (arch. départ. G. 286).

RIBES (LES), h. c^{ne} de Courry. — 1574 (J. Ursy, not. de Nîmes).

RIBES (LES), h. c^{ne} de Laval. — *Le mas de Ribas, de la paroisse de Val*, 1346 (cart. de la seigneurie d'Alais, f° 43). — *Ribes*, 1733 (arch. départ. C. 1481).

RIBEYRAL (LE), q. c^{ne} de Brouzet-et-Liouc. — 1678 (arch. départ. G. 286).

RIBIÈRE, f. c^{ne} de Bagnols.

RIBIÈRE, nom d'une section du cadastre de Montfrin.

RIBIÈRE, q. c^{ne} de Sainte-Anastasie. — 1547 (arch. départ. C. 1658).

RIBOTS (LES), h. c^{ne} de Saint-Florent. — *Ribot*, 1789 (carte des États).

RIBOU, f. c^{ne} du Cros.

RICARD, f. c^{ne} de Saint-Théodorit.

RICARDERIE (LA), f. c^{ne} de Thoiras. — *La Ricardarié*, 1542 (arch. départ. C. 1803).

RICAUT, f. c^{ne} de Villeneuve-lez-Avignon.

RICHARDE (LA), f. auj. détr. c^{ne} de Génolhac.

RIEU (LE), f. c^{ne} d'Alais.

RIEU (LE), f. c^{ne} d'Aubais.

RIEU (LE), f. c^{ne} de Barjac. — *Mas-de-Rieu*, 1790 (notar. de Nîmes).

RIEU (LE), ruiss. qui prend sa source sur la c^{ne} de Bréau et se jette dans la rivière de Salagosse sur le territ. de la même commune.

RIEU (LE), f. c^{ne} de Chamborigaud.

RIEU (LE), ruiss. qui prend sa source sur la c^{ne} de Congénies, arrose celles de Junas et d'Aubais et se jette dans le Vidourle sur le territ. de cette dernière c^{ne}. — *Rieu d'Aubais* (carte hydr. du Gard). — Parcours : 3,500 mètres.

RIEUFRAIX (LE), ruiss. qui prend sa source sur la c^{ne} de Claret (Hérault), entre dans le département du Gard sur le territ. de la c^{ne} de Corconne et rentre dans le département de l'Hérault pour se jeter dans le Brestalou. — *Riufraix* (carte géol. du Gard).

RIEUMAL, h. c^{ne} de la Salle. — *Mansus de Rivo-Malo*, 1345 (cart. de la seign. d'Alais, f° 35).

RIEUMASSEL (LE), ruiss. qui prend sa source sur la c^{ne} de Pompignan et se jette dans l'Artigue sur le territ. de la même c^{ne}. — *Rieumacel*, 1779 (arch. départ. C. 150).

RIEUNIÈS, h. c^{ne} de Molières. — *Mansus de Rieunies, parrochiæ Sancti-Johannis de Moleriis*, 1301 (somm. du fief de Caladon). — *G. de Rivo-Nerio; G. de Rivonies*, 1309 (cart. de N.-D. de Bonh. ch. 3, 4, 5 et passim). — *Mansus de Rionerio*, 1336 (pap. de la fam. d'Alzon).

RIEU-OBSCUR (LE), ruiss. qui prend sa source sur la f. de Bauzy, c^{ne} de Saint-Martin-de-Corconac, et va se jeter dans le Gardon sur le territ. de la même commune.

RIEU-PUBLIC (LE), ruiss. qui a sa source à la Font-des-Codes, c^{ne} de Bellegarde, et se perd dans le canal de Beaucaire à Aiguesmortes. — Parcours : 6,100 m.

RIEUSSEC, h. c^{ne} d'Arrigas.

RIEUSSET (LE), ruiss. de Ponteils-et-Brézis. — 1721 (Bull. de la Soc. de Mende, t. XVI, p. 160); 1731 (arch. départ. C. 1474).

RIEUSSET (LE), ruiss. qui prend sa source sur la c^{ne} de Soustelle et se jette dans le Galeizon sur le territ. de la même commune.

RIEUTORT (LE), ruiss. qui prend sa source au mont Liron, traverse le territ. de Sumène et sort du département pour aller se jeter dans l'Hérault à Ganges. — *Riperia de Valnieira sive de Sumeneta*, 1513 (A. Bilanges, not. du Vigan). — *Le Vallat-du-Tors*, 1553 (arch. départ. C. 1792). — *La Torte*, dans son cours supérieur, *l'Ensumène*, dans son cours inférieur (carte géol. du Gard). — On l'appelle aussi, dans le pays, la rivière de *Sanissac* (voy. ce nom). — Parcours : 17,300 mètres.

RIEU-TRÉMOL (LE), q. c^{ne} de Vézenobre. — 1550 (arch. départ. G. 319).

RIEYRE-DE-CAMPAGNES (LA), ruiss. qui naît et se perd dans le bois de Campagnes, c^{ne} de Nîmes. — 1671 (comp. de Nîmes).

RIEYRE-DE-SIGNAN (LA), ruiss. qui prend sa source sur le mas Bouchet, c^{ne} de Nîmes, et se perd dans le bois de Signan. — *Restanclières*, 1671 (comp. de Nîmes).

RIGALDARIÉ (LA), h. c^{ne} de Blandas. — *Mansus de Rigaldaria, parrochiæ Blandacii*, 1513 (A. Bilanges, not. du Vigan).

RIGOLE DES FONTANILLES (LA) fait communiquer le canal de Sylvéréal avec celui de la Capette.

Rigole de Trop-Long (La) \a du Petit-Rhône au canal de Beaucaire, en traversant les marais de Saint-Gilles, de Scamandre, de l'Hermitane et de la Souteyrane. Elle suit la direction d'un bras du Petit-Rhône qui s'en détachait autrefois pour aller se jeter dans l'étang de Mauguio (Hérault). — Voy. Rhône (Le Petit-).

Rimbal, h. c^ne de Malons-et-Elze. — Reinba, Rimba, (Bull. de la Soc. de Mende, t. XVI, p. 161).

Rimbal, q. c^ne de la Salle.

Riou (Le), q. c^ne de Calvisson. — 1440 (arch. départ. C. 307).

Riotet, f. c^ne de Saint-André-de-Valborgne. — 1552 (arch. départ. C. 1776).

Rivensol (Le), ruiss. qui prend sa source à la f. de Chirac, c^ne de Bagard, et se jette dans le Carréol près de Vermeils, h. de la même c^ne. — Ribe-en-Sol, 1553 (arch. départ. C. 1774).

Rives-Escanpades (Les), q. c^ne de Saint-Mamet, au terroir de Robiac. — Rire-Ecorchée, 1828 (notar. de Nîmes).

Rivière (La), f. c^ne de Bonnevaux-et-Hiverne.

Rivière (La), f. auj. détr. c^ne de Saint-André-de-Majencoules. — Mansus de la Ribieyra, qui est situs in manso de Vilareto, parochiæ Sancti-Andreæ de Majencolis, 1469 (A. Razoris, not. du Vigan). — Voy. Villaret (Le).

Rivière (La), h. c^ne de Saint-Martin-de-Corconac.

Rivière-de-Mars (La), ruiss. formé de la réunion du Rat, du Seingle et des Passes : voy. ces noms.

Rivière de Parignargues (La) prend sa source à la fontaine des Joncs, sur le territ. de la c^ne de Parignargues, et se jette dans le Vallat-des-Crottes sur le territ. de la c^ne de Gajan.

Rivières (Les), h. c^ne de Castillon-de-Gagnère. — Le mas des Rivières, paroisse de Courry, 1768 (arch. départ. C. 1646).

Rivières (Les), h. c^ne de Saint-Hippolyte-du-Fort.

Rivières-de-Theyrargues, c^ne de Barjac. — Ecclesia de Riperiis, 1314 (Rot. eccl. arch. munic. de Nîmes). — Homines de Ripperiis; villa de Ripperiis, 1345 (cart. de la seign. d'Alais, f° 32 et 42). — Locus de Ripperiis, 1384 (dénombr. de la sénéch.). Saint-Privat de Rivière, 1560 (arch. départ. C. 1321); 1552 (ibid. C. 793). — Saint-Privat-de-Ribières, 1694 (armor. de Nîmes et d'Uzès).

Rivières faisait partie de la viguerie et du diocèse d'Uzès, doyenné de Saint-Ambroix. — Le prieuré simple de Saint-Privat de Rivières était à la présentation de la marquise de Portes et à la collation de l'évêque d'Uzès. — En 1384, ce village était composé de 6 feux, y compris ceux de Rochegude, qui

lui était alors annexé. — Le nom de Rivières lui a été donné à cause de sa situation au confluent de l'Auzon et de la Cèze; on y a ajouté plus tard celui de Theyrargues, à cause du château de Theyrargues, dont il reste encore trois tours, et qui se trouve sur son territ. — On remarque dans le village de Rivières un vieil édifice dont les sculptures indiquent le xvie siècle, et qu'on appelle le château du Nard. — En 1790, Rivières-de-Theyrargues devint le chef-lieu d'un canton (bientôt supprimé) du district d'Uzès qui comprenait Mannas, Méjanes-le-Clap, Potellières, Rivières-de-Theyrargues, Saint-Denys, Saint-Jean-de-Maruéjols, Saint-Victor-de-Malcap et Tharaux. — Rivières a pour armoiries : d'argent, à un pal losangé d'or et de gueules.

Rivoire (La), f. c^ne de Villevieille.

Robert, f. c^ne de Chamborigaud.

Robert, f. c^ne de Courry. — Le Mas-des-Roberts, 1768 (arch. départ. C. 1646).

Robert, f. c^ne de Générargues, avec m^in sur l'Amoux. — Mansus vocatus Robin, 1402 (Et. Rostang, not. d'Anduze).

Roberts (Les), f. c^ne de Saint-Julien-de-Valgalgue.

Robiac, c^ne de Saint-Ambroix. — Ecclesia Sancti-Andeoli de Robiaco, 1119 (bullaire de Saint-Gilles). — Villa de Robiaco, 1121 (Gall. Christ., t. VI, p. 304). — Parrochia de Robiaco, 1345 (cart. de la seign. d'Alais, f° 31). — Locus de Robiaco, 1384 (dénombr. de la sénéch.). — Locus de Rubiaco, 1461 (reg.-cop. de lettr. roy. E. iv, f° 21). — La paroisse de Roubiac, 1462 (ibid. E. v). — Ecclesia Sancti-Andeoli de Rubiaco, 1538 (Gall. Christ. t. VI, instr. col. 206). — Robiac, 1549 (arch. départ. C. 1320). — Beneficium Sancti-Andeoli de Robiaco, 1633 (rec. H. Mazer). — Robiac, 1634 (arch. départ. C. 1289). — Roubiac, 1715 (J.-B. Nolin, Carte du dioc. d'Uzès). — Saint-Andéol de Robiac, 1789 (carte des États).

Robiac faisait partie de la viguerie et du diocèse d'Uzès, doyenné de Saint-Ambroix. — En 1384, Robiac ne se composait que de 3 feux et demi, en y comprenant Peyremale. — Ce lieu ressortissait au sénéchal d'Uzès. — Au xviiie siècle, M. de Villars, du Vigan, en était seigneur, à l'exception de la portion appartenant à l'évêque d'Uzès. — Le prieuré de Saint-Andéol de Robiac appartenait à l'abbaye de Saint-Gilles. — L'évêque d'Uzès nommait à la vicairie, sur la présentation du prieur. — La chapelle et une partie des bâtiments de l'ancien prieuré conventuel subsistent encore.

Robiac, h. c^ne de Saint-Mamet. — Robiacum, 1384 (dénomb. de la sénéch.). — Le prieuré Sainct Pierre de Robiac, 1620 (insin. eccl. du dioc. d'Uzès).

Robiac était, en 1384, une annexe de Saint-Mamét, comme il l'est encore aujourd'hui. — Le prieuré de Saint-Pierre de Robiac était à la collation de l'évêque d'Uzès.

RONICES, f. c⁰ᵉ de Saint-André-de-Valborgne.

ROC (LE), q. c⁰ᵉ de Saint-Gilles. — 1548 (arch. départ. C. 1787).

ROC (LE), h. c⁰ᵉ de Thoiras.

ROCALIE, f. et chapelle ruinée, c⁰ᵉ d'Aiguesmortes. — Roca-Alta, 1180 (cart. de Franquev.). — Rocalde, 1789 (carte des États).

ROCASSON, bois, c⁰ᵉ de Saze.

ROC-CASTEL, q. c⁰ᵉ de Montdardier.

ROCHE (LA), f. c⁰ᵉ d'Aubais.

ROCHE (LA), f. c⁰ᵉ de Fourques. — Mansus de Rocheta, super fluvium Rhodani, 1040 (cart. de Saint-Victor de Marseille, ch. 179).

ROCHE (LA), f. c⁰ᵉ de Jonquières-et-Saint-Vincent.

ROCHE (LA), f. c⁰ᵉ de Roquemaure.

ROCHEBELLE, h. devenu faubourg d'Alais.

ROCHEBELLE, h. c⁰ᵉ d'Avèze. — Beauséjour, 1812 (notar. de Nîmes).

ROCHEBELLE, h. c⁰ᵉ de Blandas.

ROCHEBELLE, f. c⁰ᵉ de Nîmes.

ROCHEFERRAND, f. c⁰ᵉ d'Uzès.

ROCHEFORT, c⁰ⁿ de Villeneuve-lez-Avignon. — Roca-Fortis, 1169 (cart. de Franquevaux). — B., prior Rupis-Fortis, 1292 (Mén. I, pr. p. 117, c. 1). — Castrum de Rupe-Forti, 1312 (arch. commun. de Valliguière). — Terra et baronia Ruppis-Fortis, 1329 (ibid.). — Locus de Ruppe-Forti, 1384 (dénombr. de la sénéch.). — Rochefort, 1551 (arch. départ. C. 1331). — Le prieuré de Roquefort, 1620 (insin. eccl. du dioc. d'Uzès). — La communauté de Rochefort, 1633 (arch. départ. C. 1296); 1736 (ibid. C. 1307). — Podium-Raynaudi; Pech-Reynaud; Notre-Dame-de-Grâce; Notre-Dame de Roque-Vermeille (D. Chantelou, Hist. de Rochefort).

Rochefort faisait partie de la viguerie de Roquemaure et du diocèse d'Uzès pour le temporel; mais pour le spirituel il appartenait au diocèse d'Avignon. — Le prieuré de Rochefort était uni à l'abbaye de Saint-André de Villeneuve-lez-Avignon; le pitancier de ce monastère en était prieur. — Ce lieu se peuplait, en 1384, de 25 feux. — Rochefort était le siége d'une baronnie qui comprenait : Domazan, Estézargues, Fournès, Pujaut, Saint-Hilaire-d'Ozilhan, Saze, Tavels et Valliguière. — La chapelle de Notre-Dame-de-Grâce est toujours le but d'un pèlerinage très-fréquenté. — Le prieuré de Saint-Bertulphe (en languedocien, Saint-Bardoux), église paroissiale de Rochefort, fut uni en

1410 à Notre-Dame de Rochefort. — Les armoiries de Rochefort sont : d'azur, à une bande losangée d'or et de gueules.

ROCHEGUDE, c⁰ⁿ de Barjac. — B. de Rupe-Acuta, 1121 (cart. de Psalmody). — Castrum de Rocaguda, 1121 (Gall. Christ. t. VI, instr. col. 304). — Castrum de Ruppe-Acuta et ejus mandamentum, 1345 (cart. de la seign. d'Alais, fᵒˢ 32, 41 et 42). — Locus de Ruppe-Acuta, 1384 (dénombr. de la sénéch.). — Castrum de Ruppe-Acuta, 1461 (reg.-cop. de lettr. roy. E, IV, fᵒ 50). — Rochegude, 1550 (arch. départ. C. 1321).

Rochegude faisait partie de la viguerie et du diocèse d'Uzès, doyenné de Saint-Ambroix. — Le dénombrement de 1384 lui attribue 6 feux, en y comprenant ceux de Rivières. — Rochegude reçut, en 1694, les armoiries suivantes : d'argent, à un pal losangé d'or et d'azur.

ROCHEPOS, f. c⁰ᵉ d'Arrigas.

ROCHESADOULE, h. c⁰ᵉ de Robiac. — Locus de Rocha-Sadola, 1042 (Hist. de Lang. II, pr. col. 201). — De Rocha-Saduli, 1049 (ibid.). — Mansus de Castaneta, sive de Roca-Sadolha, 1345 (cart. de la seign. d'Alais, fᵒˢ 32 et 41). — Locus de Ruppe-Sedali, 1461 (reg.-cop. de lettr. roy. E, v). — Roquesadouille, 1715 (J.-B. Nolin, Carte du dioc. d'Uzès). — Voy. SAINT-LAURENT-DE-ROCHESADOULE.

ROCHETTE (LA), f. c⁰ᵉ de Nîmes. — Roqueta, 1233 (Mén. I, pr. p. 73, c. 1); 1237 (cart. de Saint-Sauveur-de-la-Font).

ROCOULES, h. c⁰ᵉ de Saint-Marcel-de-Fontfouillouse. — Racoules, 1824 (Nomencl. des comm. et ham. du Gard).

ROC-TRAUCAT, q. c⁰ᵉ de Sauveterre.

RODE (LA), f. c⁰ᵉ de Saint-Félix-de-Pallières. — Mas de la Rode, 1754 (pap. de la fam. du Merlet).

RODES (LES), h. c⁰ᵉ de Générargues. — P. de Rodis, 1164 (cart. de N.-D. de Bonh. ch. 61).

RODIER (LE), f. c⁰ᵉ de la Salle.

RODIÈRE (LA), ruiss. qui prend sa source sur le c⁰ᵉ de Cornillon et se jette dans la Cèze sur le territoire de la même c⁰ᵉ. — Parcours : 3 kilomètres.

RODILHAN, village, c⁰ᵉ de Bouillargues. — Rodilanum, 1108 (cart. de N.-D. de Nîmes, ch. 176). — Rodillanum, 1169 (chap. de Nîmes, arch. départ.). — Rodeillanum, 1187 (cart. de Franquevaux). — Rodellanum, 1246 (Hist. de Lang. II, pr. col. 514). — Rodilhanum, 1306 (Mén. I, pr. p. 163, c. 1). — Rodiglano, 1380 (comp. de Nîmes). — Rodelhanum, 1405 (Mén. III, pr. p. 191, c. 1). — Rodilhan, 1479 (la Taula del Possess. de Nismes). — Rodilianum, 1539 (Mén. IV, pr. p. 155, c. 1). —

Rodilhan, 1671 (comp. de Nimes). — Saint-Jean-Baptiste de Rodilhan, 1706 (arch. départ. G. 206 et 377). — Roudilhan (Ménard, t. VII, p. 625).

Rodilhan, comme Bouillargues dont il est aujourd'hui l'annexe, faisait jadis partie du taillable et consulat de Nimes. — On y comptait 18 feux en 1322, et en 1744, 14 feux et 60 habitants. — La justice, haute et basse, de Rodilhan est comprise parmi les terres de l'Assise de Calvisson qui dépendaient du seigneur de Manduel. — La maison de Calvisson inféoda plus tard la haute justice de Rodilhan à Joseph de Fabrique, conseiller au présidial de Nimes.

RODILHES, q. cⁿᵉ de Beauvoisin.

ROGER, f. cⁿᵉ d'Aulas. — Mas-Roger (cad. d'Aulas).

ROGÈNES (LES), q. cᵇᵉ de Calvisson. — 1382 (arch. départ. G. 305).

ROCÈS, f. cⁿᵉ de Lanuéjols. — Mansus qui appellatur Rogier, 1163 (cart. de N.-D. de Bonh. ch. 55). — Mansus Rotgerius, 1167 et 1211 (ibid. ch. 53 et 33). — Mansus de Rotgues, 1236 (ibid. ch. 23). — Mansus de Rogies, 1241 et 1245 (ibid. ch. 32 et 16). — Caucium et territorium de Rotgues, 1257 (ibid. ch. 18). — Grangia de Rogeriis, 1309 (ibid. ch. 62). — La ferme de Rogiers, dans la paroisse de Trèves, 1604 (arch. départ. G. 29).

ROGIER, f. cⁿᵉ de Meynes.

ROGUES, cᵒⁿ du Vigan. — Ecclesia Sancti-Felicis, sub castro Exunate, in Arissiense, 889 (cart. de N.-D. de Nimes, ch. 190). — Villa Rogas, sub castro Exunas, in vicaria Arisensi, in comitatu Nemausensi, 938 (Hist. de Lang. II, pr. col. 85). — Sanctus-Felix de Rogis, 1384 (dénombr. de la sén.). — Roques, 1435 (rép. du subs. de Charles VII). — Transversia de Rogis, parochiæ Sancti-Felicis de Rogis; locus sive transversia de Rogis, 1466 (J. Montfejon, not. du Vigan). — Sanctus-Felix de Rogiis, 1539 (Mén. IV, pr. p. 155, c. 2). — Le prieuré Sainct-Félix de Rogues, 1579 (insin. eccl. du dioc. de Nimes). — Rogues, Roques, viguerie du Vigan, 1582 (Tarif univ. du dioc. de Nimes).—Saint-Phélix de Rogues, 1587 (insin. eccl. du dioc. de Nimes). — La communauté de Rogues, 1674 (arch. départ. C. 879). — Le château de Rogues, 1701 (ibid. C. 480).

Rogues appartenait à la viguerie du Vigan-et-Meyrueis et au diocèse de Nimes (plus tard d'Alais), archiprêtré d'Arisdium ou du Vigan. — En 1384, ce village se composait de 4 feux. — L'ancien château de Rogues a été réparé. — On trouve encore dans la cave du presbytère attenant à l'église actuelle un mur de grand appareil qui doit remonter au xiᵉ siècle. — Les armoiries de Rogues sont : d'azur,

à un chevron d'or, accompagné de trois ciseaux ouverts en sautoir, d'argent, 2 en chef et 1 en pointe.

ROI (ÉTANG DU), cⁿᵉ d'Aiguesmortes.

ROLAND, f. cⁿᵉ de Roquemaure. — 1778 (arch. départ. C. 1654).

ROMAN, h. cⁿᵉ de Cornillon.

ROME, f. cⁿᵉ de Goudargues. — La métairie de Rome, paroisse de Goudargues, 1731 (arch. dép. C. 1474).

ROMEGUIERS (LES), q. cⁿᵉ d'Aiguesvives. — 1397 (arch. départ. G. 263).

ROMÉJAC (LE), ruisseau qui prend sa source sur la cⁿᵉ de Bessas (Ardèche), entre dans le département du Gard, traverse les cⁿᵉˢ de Barjac et de Saint-Privat-de-Champclos et se jette dans la Cèze près de Saint-Ferréol, h. de cette dernière cⁿᵉ. — Rieu-Méjan, 1614 (Griolet, not. de Barjac). — Labaurie (Rivoire, Statist. du Gard). — Laborie (carte hydr. du Gard). — Parcours dans le département : 7,800 mètres.

ROMEJOUX (LES), q. cⁿᵉ de Saint-Marcel-de-Fontfouillouse. — 1553 (arch. départ. C. 1792).

ROMIGUIÈNES (LES), h. cⁿᵉ de Laval. — Romegueriæ, 1207 (Mén. I, pr. p. 44, c. 1). — Mansus de Romegos, in parrochia Sancti-Petri de Sostella, 1349 (cart. de la seign. d'Alais, f° 48).

ROMPUDES (LES), f. cⁿᵉ de Peyremale.

ROND, f. cⁿᵉ de Bellegarde. — Matz de Roncq, 1166 (arch. départ. G. 165). — Mansus de Ron, 1273 (cart. de Saint-Sauveur-de-la-Font). — Paludes de Ron, 1293 (arch. départ. G. 278).

RONZE, bois, cⁿᵉ de Barjac.

RONZIER (LE), bois, cⁿᵉ de Blandas.

ROQUE (LA), cᵒⁿ de Bagnols. — Castrum de Roccha, 1156 (Hist. de Lang. II, pr. col. 561). — Locus de Ruppe, 1384 (dén. de la sén.). — Locus Sancti-Michaelis de la Roca, 1462 (reg.-cop. de lettr. roy. E. v, f° 303). — Sainct-Michel de la Roque, diocèse d'Uzès, 1462 (ibid. f° 304). — La Roque, 1549 (arch. départ. C. 1330). — Le château de la Roque, 1564 (ibid. C. 1861). — Le prieuré Sainct-Pierre (sic) de la Roque, 1620 (insin. ecclés. du dioc. d'Uzès).

La Roque faisait partie de la viguerie de Bagnols et du diocèse d'Uzès, doyenné de Cornillon. — Le prieuré de la Roque était uni à celui de Saint-Laurent-de-Carnols. — Le dénombrement de 1384 n'attribue que 4 feux à la Roque, en y comprenant Saint-Laurent-de-Carnols. — On y remarque un pont de douze arches, sur la Cèze, qui remonte au xiiiᵉ siècle, et un château en assez bon état. — La Roque a pour armoiries : d'or, à une bande losangée d'or et de sable.

Roque (La), f. c⁰ᵉ d'Anduze. — *Mansus de Roqueta,
in parrochia Sancti-Martini de Legoiaco,* 1403 (J.
du Moulin, not. d'Anduze). — *Mansus de la Roqueta,* 1437 (Et. Rostang, not. d'Anduze).

Roque (La), h. c⁰ᵉ de Bez-et-Esparron.

Roque (La), f. c⁰ᵉ de Comps.

Roque (La), h. c⁰ᵉ de Peyroles. — *Locus de Rocha,*
1212 (généal. des Châteauneuf-Randon). — *Le
mas de la Roque,* 1551 (arch. départ. C. 1771).

Roque (La), f. c⁰ᵉ de Saint-Julien-de-Valgalgue.

Roque (La), f. c⁰ᵉ de Saint-Martial.

Roque (La), f. c⁰ᵉ de la Salle.

Roque (La), ruiss. qui prend sa source sur la c⁰ᵉ de
Sainte-Cécile-d'Andorge et se jette dans l'Andorge
sur le territ. de la même commune.

Roquebrune, montagne et bois, c⁰ᵉ de Saint-Alexandre.

Roque-Coquillère (La), bois, c⁰ᵉ de Rivières-de-
Theyrargues. — 1637 (arch. départ. C. 1286).

Roquecourbe, f. c⁰ᵉ de Marguerittes. — *Roca-Serveria,* 1144 (Mén. I, pr. p. 32, c. 1). — *G. de Roca-
cerveria,* 1149 (Mén. VII, p. 720. — *Roca,* 1157
(*ibid.* I, pr. p. 35, c. 1). — *Rocha-Cerveria,* 1185
(*ibid.* p. 40, c. 1).— *Devesa vetera de Roca-Serveyra,*
1195 (*ibid.* p. 41, c. 2). — *Roca-Cervaria,* 1226
(bibl. du gr. sémin. de Nimes). — *Rocha-Cerveria,* 1254 (Gall. Christ. t. VI, p. 305). — *Roque-
Cervière,* 1543 (J. Ursy, not. de Nimes). — *Roque-
courbe,* 1671 (arch. départ. C. 669).

A Roquecourbe se trouve une des sources du
Canabou.

Roque-d'Acier (La), f. c⁰ᵉ de Roquemaure.

Roque-d'Alais (La), f. c⁰ᵉ de Saint-Hippolyte-du-
Fort. — *Roquedalais,* 1789 (carte des États).

Roque-d'Aubais (La), montagne, c⁰ᵉ d'Aubais. — 1755
(arch. départ. C. 159).

Roque-de-Bane (La), montagne, c⁰ᵉ de Sumène.

Roque-des-Veyres (La), montagne, c⁰ᵉ de Saint-Jean-
du-Gard.

Roque-de-Viou (La), montagne, c⁰ᵉ de Saint-Dionisy.

Roquedur, c⁰ᵉ de Sumène. — Se compose de deux
localités distinctes : Roquedur-Bas et Roquedur-
Haut.

Roquedur-Bas, village composé de nombreux
écarts et hameaux ayant pour centre l'ancienne
église rurale de Saint-Pierre de Nolhan, mise au
xviᵉ siècle sous le vocable de Notre-Dame. — *Ecclesia de Rocaduno,* 1156 (cart. de N.-D. de Nimes,
ch. 84). — *Sanctus-Petrus de Anolhano,* 1384
(dénombr. de la sénéch.). — *Anolhan,* 1435 (rép.
du subs. de Charles VII). — *Parrochia Sancti-Petri de Anolhano,* 1468 (A. Razoris, not. du Vigan).

— *Ecclesia Beatæ-Mariæ, castri de Rocaduno,* 1472
(*ibid.*). — *Parrochia Sancti-Petri de Anolhano,*
1502 (A. de Masseporcs, not. du Vigan). — *Ecclesia Sancti-Petri de Nolhano, alias Beatæ-Mariæ de
Rocaduno,* 1539 (Mén. IV, pr. p. 155, c. 2). —
Saint-Pierre de Roquedur, 1551 (arch. départ. C.
1796). — *Roqueduq, viguerie du Vigan,* 1582
(Tar. univ. du dioc. de Nimes). — *Notre-Dame de
Roquedur,* 1652 (insin. eccl. du dioc. de Nimes).

Roquedur-Haut, village groupé au pied du rocher escarpé qui porte encore les ruines du vieux
château démantelé par ordre de saint Louis. — *Villa
que vocant Roedun, in vicaria que dicitur Arisito,* 875 (cart. de N.-D. de Nimes, ch. 149).
— *Castrum Exunatis, in pago Nemausense,* 885
(*ibid.* ch. 196). — *Castrum Exunate, in Arissiense,*
889 (*ibid.* ch. 190); 912 (*ibid.* ch. 194); 921
(*ibid.* ch. 177). — *Castrum Exunatis, in agicem
Arissense,* 926 (*ibid.* ch. 193). — *Castrum Exce-
natis* (mauv. lecture), *in vicaria Arisensi, in comitatu Nemausense,* 938 (Hist. de Lang. II, pr.
col. 85). — *Castrum Exunatis, in agice Arissense,*
1009 (cart. de N.-D. de Nimes, ch. 189). — *B.
de Exunaz* (mauv. lecture), 1050 (Hist. de Lang.
II, pr. col. 217). — *B. de Eixunas,* 1174 (Mén.
VII, p. 721). — *Fortericia Rocaduni, in terra Aris-
die; castrum et villa Rocaduni,* 1243 (*ibid.* I, pr.
p. 75, c. 2). — *Mandamentum de Rocaduno,* 1314
(Guerre de Fl., arch. munic. de Nimes). — *Locus
de Roquaduno,* 1420 (J. Mercier, not. de Nimes).
— *Castrum de Rocaduno,* 1502 (A. de Masseporcs,
not. du Vigan). — *Roquedun,* 1545 (J. Ursy, not.
de Nimes).

Roedun paraît avoir été, de la fin du ixᵉ siècle au
commencement du xiiiᵉ, le centre féodal de la *Vicaria Arisiensis.* — Roquedur faisait partie, avant
1790, de la viguerie du Vigan-et-Meyrueis et du
diocèse de Nimes (plus tard d'Alais), archiprêtré
d'*Arisdium* ou du Vigan. — En 1384, on n'y comptait que 2 feux. — Le prieuré de Saint-Pierre de
Nolhan ou de Notre-Dame de Roquedur, quoique
enclavé dans l'évêché d'Alais à partir de 1694,
était demeuré uni à la mense capitulaire de Nimes.
— Roquedur porte pour armoiries : *d'azur, à un
duc d'or, sur un rocher d'argent.*

Roquefeuil, château ruiné, sur le mont Saint-Guiral, aux limites des c⁰ᵉˢ de Dourbie, d'Arrigas et
d'Alzon. — *Castrum de Rochafolio, in diocesi Nemausensi,* 1225 (Lay. du Tr. des ch. t. II, p. 17). —
Castrum de Rocafolio, 1263 (Hist. de Lang. II, pr.
col. 558). — *Castrum et baronia de Rocaffolio,* 1308
(pap. de la fam. d'Alzon); 1323 (*ibid.*).

24.

Ce château avait appartenu à saint Fulcrand, évêque de Lodève, qui le légua à l'abbé de Saint-Pierre de Nant (Hist. de Lang. t. II, p. 82).

ROQUEFEUILLE, f. c⁰ᵉ de Mialet. — *Roquefiet*, 1789 (carte des États).

ROQUEFEUILLE, ruiss. qui prend sa source sur la c⁰ᵉ de Mialet et se jette dans le Lauret, près de la ferme de Roquefeuille, sur le territ. de la même commune.

ROQUE-FORCADE, q. c⁰ᵉ de Villevieille. — 1547 (arch. départ. C. 1809).

ROQUEFORT, q. c⁰ᵉ de Vèzenobre. — 1542 (arch. départ. C. 1810).

ROQUELONGUE, f. et montagne, sur les c⁰ᵉˢ d'Arrigas et d'Aumessas.

ROQUEMAILLÈRE, f. et carrière, c⁰ᵉ de Nîmes. — *Roca-Maleria*, 1144 (Mén. I, pr. p. 32, c. 1). — *Rocha-Meleria*, 1185 (ibid. p. 40, c. 2); 1195 (ibid. p. 41, c. 2). — *Ruppes-Moleria; Roqua-Melieyra*, 1380 (comp. de Nîmes). — *Roca-Meleria*, 1463 (Mén. III, pr. p. 314, c. 1 et 2). — *Roque-Melieyre*, 1479 (la Taula del Possess. de Nismes). — *Roquemalière*, 1547 (arch. départ. C. 1768). — *Roque-Mallière ou de l'Esche*, 1789 (carte des États).

ROQUEMAULE, h. c⁰ᵉ de Saint-Laurent-le-Minier. — *Peyra-Bruna*, 1203 (pap. de la famille d'Alzon). — *Mansus de Roca-Maura*, 1380 (ibid.).

Roquemaule (qui devrait s'écrire *Roquemaure*) était autrefois de la c⁰ᵉ de Montdardier.

ROQUEMAURE, arrond. d'Uzès. — *Roca-Maura*, 1096 (Hist. de Lang. II, pr. col. 343); 1107 (Mén. I, pr. p. 26, c. 2); 1187 (cart. de Franquevaux). — *Ad Ruppem-Mauram*, 1220 (Lay. du Tr. des ch. t. I, p. 512). — *Castrum de Rupe-Maura*, 1258 (Mén. I. pr. p. 85, c. 1). — APVD ⫶ RVPPEM-MAVRAM ⫶ NEMAVCEN ⫶ DYOC., 1314 (épit. du tomb. du pape Clément V, dans l'église d'Uzeste). — *Roca-Maura; Vicaria Ruppis-Maure*, 1355 (arch. commun. de Valliguière). — *Locus de Ruppe-Maura*, 1384 (dénombr. de la sénéch.). — *Locus Ruppis-Maure; de Roca-Maura*, 1461 (reg.-cop. de lettr. roy. E, IV). — *Ruppis-Maura*, 1496 (Mén. IV, pr. p. 66, c. 1). — *Roquemaure*, 1550 (arch. départ. C. 1327). — *Le chapitre de Rocamore*, 1620 (insin. eccl. du dioc. d'Uzès). — *La communauté de Roquemaure*, 1626 (arch. départ. C. 1295).

Malgré l'assertion contraire de l'épitaphe de Clément V (M. de Castelnau d'Essenault, *Rev. des Soc. savantes*, nov. 1867), Roquemaure n'a jamais été du diocèse de Nîmes : il appartenait pour le temporel au diocèse d'Uzès, et pour le spirituel, à celui d'Avignon. — Un chapitre collégial y avait été créé par les papes d'Avignon, sous le vocable de Saint-Jean-Baptiste. — Roquemaure était, au XIVᵉ siècle, le chef-lieu d'une viguerie du diocèse d'Uzès, qui comprenait quatorze villages : Les Essarts, Lirac, Montfaucon, Pouzilhac, Pujaut, Rochefort, Roquemaure, Saint-Geniès-de-Comolas, Saint-Hilaire-d'Ozilhan, Saint-Laurent-des-Arbres, Sauveterre, Saze, Tavels et Valliguière. — En 1384, Roquemaure se composait de 5 feux, et en 1789, de 929. — En 1790, lors de l'organisation du département, Roquemaure est devenu le chef-lieu d'un canton, dont la circonscription a été modifiée depuis, mais qui comprenait alors : Codolet, Laudun, Montfaucon, Orsan, Roquemaure, Saint-Geniès-de-Comolas et Saint-Laurent-des-Arbres. — Armoiries de Roquemaure, d'après l'Armorial de Nîmes : *de gueules, à trois rocs d'échiquier, d'or, posés 2 et 1, avec un chef cousu d'azur, chargé de trois fleurs de lis d'or;* — d'après Gastelier de La Tour : *d'argent, à trois rocs d'échiquier de sable.*

ROQUENOUSE, h. c⁰ᵉ de Vissec.

ROQUEPARTIDE, carrière de pierre, c⁰ᵉ de Beaucaire. — 1617 (arch. départ. C. 642). — *Roquou-Partidou* (C. Blaud, *Antiq. de la ville de Beauc.* p. 7).

ROQUE-PERTUSE (LA), q. c⁰ᵉ du Vigan. — *Mansus de Rocapertus*, 1309 (pap. de la fam. d'Alzon). — *Roque-Pertuse*, 1550 (arch. départ. C. 1812).

ROQUE-ROUGE (LA), f. c⁰ᵉ d'Avèze.

ROQUE-ROUGE (LA), ruisseau qui prend sa source sur la c⁰ᵉ de Valleraugue et va se jeter dans le Cros, affluent de l'Hérault, sur le territoire de la même commune.

ROQUE-ROUSSE (LA), f. c⁰ᵉ de Valliguière. — *Roca-Rossa*, 1312 (arch. commun. de Valliguière).

ROQUES (LES), montagne avec bois, sur le territ. des c⁰ᵉˢ d'Anduze et de Saint-Martin-de-Corconac.

ROQUES-AUBES (LES), f. c⁰ᵉ de Valleraugue. — 1819 (notar. de Nîmes).

ROQUE-SOUMAGNE (LA), grand rocher à pic, au bord du Gardon, c⁰ᵉ de Vers. — *Roca-Somana, sive Malus-Passus*, 1428 (arch. du chât. de Saint-Privat). — (G. Charvet, *le Chât. de Saint-Privat,* p. 5.)

ROQUES-VIEILLES (LES), h. c⁰ᵉ de Pommiers.—*Mansus de Rocas-Viellas, parochiæ de Pomeriis*, 1263 (pap. de la famille d'Alzon); 1314 (ibid.). — *Mansus de Roquas-Bielhas, parrochiæ de Pomeriis*, 1430 (A. Montfajon, not. du Vigan).

ROQUETTE (LA), f. c⁰ᵉ de Calvisson.

ROQUETTE (LA), f. château et grotte à ossements, c⁰ᵉ de Conqueyrac. — *Mansus de Roca, parochiæ de Conqueyraco*, 1472 (A. Razoris, not. du Vigan).

ROQUETTE (LA), f. c⁰ᵉ de Générac.

Roquette (La), f. cᵉ de Mialet. — 1543 (arch. dé-part. C. 1778).

Roquette (La), f. cⁿᵉ de Sainte-Croix-de-Caderle.

Roquette (La), f. cⁿᵉ de Sernhac.

Roquette (La), f. cⁿᵉ d'Uzès.

Roquier (Le), f. cⁿᵉ de Sainte-Croix-de-Caderle.

Rosarié (La), q. cⁿᵉ de Saint-André-de-Valborgne. — 1552 (arch. départ. C. 1777).

Rose (La), f. cⁿᵉ de Pommiers.

Rosel, f. cⁿᵉ de Milhau.

Rosier, f. cⁿᵉ de Sommière. — Cusson, 1789 (carte des États).

Rosiers (Les), h. cⁿᵉ de Saint-Julien-de-Valgalgue.— La terre de Rozier, 1776 (arch. départ. C. 156).

Rosignaret, f. cⁿᵉ de Saint-Hippolyte-de-Montaigu.

Rossières (Les), h. cⁿᵉ de Lussan.

Rossilhargues, q. cⁿᵉ de Saint-Dézéry. — Loco vocato a Rossilhargues, in parrochia Sancti-Desiderii, Uti-censis diocesis, 1463 (L. Peladan, not. de Saint-Geniès-en-Malgoirès).

Rostide (La), f. cⁿᵉ de Beaucaire.

Rou (Le), ruisseau qui prend sa source sur la cⁿᵉ de Crugières (Ardèche), entre dans le département du Gard sur la cⁿᵉ de Saint-Jean-de-Maruéjols et s'y jette dans la Claisse près du moulin de Caveirac, même cⁿᵉ.

Rouanesse, lieu détruit, cⁿᵉ de Beaucaire, sur l'emplacement de l'ancienne chapelle de Saint-Montan. — U. de Roanissa, 1209 (arch. commun. de Montfrin). — La chapelle de Rouanesse, 1780 (arch. commun. de Beaucaire, BB. 45). — Rouanesse, Rouanessac (C. Blaud, Antiq. de la ville de Beauc. p. 18 et 20). — Voy. Saint-Montan.

Rouas, h. cⁿᵉ de Mandagout. — Mansus de Roassyeira, jurisdictionis et parrochiæ de Mandagoto, 1472 (A. Razoris, not. du Vigan).

Rouasset, h. cⁿᵉ de Mandagout.

Roubaud, f. cⁿᵉ de Vauvert. — Mas-de-Robault, 1557 (chapellen. des Quatre-Prêtres, arch. hosp. de Nimes).

Roubeirolle (La), f. cⁿᵉ de Sainte-Croix-de-Caderle.

Roubiéret (Le), ruiss. qui prend sa source sur la cⁿᵉ de Valleraugue et se jette dans l'Hérault sur le territ. de la même commune.

Roubieux, f. cⁿᵉ de Pommiers. — Mansus de Robiono, loci de Pomeriis, 1513 (A. Bilanges, not. du Vigan). — Mas-Séguier, 1789 (carte des États).

Roubillac, f. cⁿᵉ d'Aiguesvives. — Rovinanegue, 1203 (chap. de Nîmes, arch. départ. G. 265). — Roumillac, 1824 (Nomencl. des communes et hameaux du Gard).

Roubine (Canal de la Grande-), fait suite au canal de

Beaucaire à Aiguesmortes et mène directement d'Aiguesmortes à la mer. — Pont de bois sur la Grande-Roubine, 1637 (arch. départ. C. 746).

Roubine (La), f. cⁿᵉ de Carsan.

Roubine (La), f. cⁿᵉ de Montfrin.

Roubine de Bagarel (La), branche du Vistre qui s'en détache à l'embouchure de la Cubelle. — 1726 (carte de la bur. du Caylar).

Roubine de Barbut (La), fait communiquer le marais de Port-Vieil avec le Vidourle.

Roubine de Canavère (La), fait communiquer le marais des Iscles avec le Petit-Rhône. — Canavaire, 1549 (arch. départ. C 774).

Roubine de Jonquières (La), ruisseau qui prend sa source à la bergerie de la Devèze, cⁿᵉ de Jonquières-et-Saint-Vincent, traverse l'étang de Jonquières et se jette dans le Rhône. — Parcours : 4 kilomètres.

Roubine de Peccais (La), fait communiquer le Rhône-Vif avec le canal de Sylvéréal et le canal du Bourgidou.

Roubine du Marquis (La), traverse le marais de Port-Vieil et aboutit au canal de la Radelle.

Roubine du Mas-Blanc (La), va du Mas-Blanc, cⁿᵉ de Fourques, au Petit-Rhône.

Roucabié, h. cⁿᵉ de Trève. — Mansus de Rocabiela, parrochiæ de Trivio, 1466 (J. Montfajon, not. du Vigan). — Lo mas de Rocabiale, 1514 (pap. de la fam. d'Alzon). — Le masage de Roucabié, parroisse de Trève, mandement de Valgarnide, 1709 (ibid.).

Roucan, f. cⁿᵉ de Générargues, avec mⁱⁿ sur le Gardon. — Territorium del Rocali, sive de Medianis, 1429 (Dur. du Moulin, not. d'Anduze).

Roucan, f. cⁿᵉ de Soustelle.

Roucarié (La), h. cⁿᵉ de Lanuéjols.

Roucassis, f. cⁿᵉ de Roquemaure.

Roucaut, montagne, cⁿᵉ de Mialet.

Roucaute, montagne et bois, cⁿᵉ de Quissac.

Roucaute, q. cⁿᵉ de Saint-Martial. — Rocauta, 1461 (reg.-cop. de lettr. roy. E, v, f° 54).

Rouchant, f. cⁿᵉ de Portes.

Roucou, h. cⁿᵉ de Saint-Martin-de-Corconac.

Roudergues, f. cⁿᵉ de Valleraugue.

Roudillouse, q. cⁿᵉ de Bréau-et-Salagosse.

Roudoulouse, f. cⁿᵉ du Vigan.

Rouffaniel, f. cⁿᵉ de Valleraugue.

Rougeresque, f. cⁿᵉ de Saint-André-de-Valborgne.

Rouic, f. cⁿᵉ de Blandas.

Rouis, f. cⁿᵉ de Sénéchas. — Rouix, dans le mandement de Peiremale, 1737 (arch. départ. C. 1490).

Roujouze, f. cⁿᵉ de Laval. — Mansus de Roviodo, 1345 (cart. de la seign. d'Alais, f° 32 et 41). — Le

Rouvillou, 1789 (carte des États). — *La Rouvillouse*, 1824 (Nomencl. des comm. et ham. du Gard). — *Rouviouse* (carte géol. du Gard).

ROULET, f. c^ne de Bagard.

ROUMAGÈRE (LA), f. c^ne de Chamborigaud. — 1731 (arch. départ. C. 1475). — *Roumigou*, 1816 (notar. de Nimes).

ROUMANÈS, nom d'une section du cadastre de Montfrin.

ROUNIOUS, f. c^ne de Roquedur.

ROUQUET (LE), f. c^ne de Saint-Martial.

ROUQUETTE (LA), f. c^ne de Bréau-et-Salagosse.

ROUQUETTE (LA), f. c^ne de Saint-Hilaire-de-Brethmas.

ROUREFORT, q. c^ne de Chamborigaud, au h. de Chausse. — 1818 (notar. de Nimes).

ROURE-SOUBEYRAN (LE), q. c^ne de Fontanès. — *Ad Royre-Sobeyranum*, 1356 (arch. départ. G. 336).

ROURET, h. c^ne des Mages. — *Rouré*, 1789 (carte des États).

ROUSSARIÉ (LA), h. c^ne de Sainte-Croix-de-Caderle.

ROUSSAS, f. c^ne de Meyrannes. — 1706 (arch. départ. C. 1406).

C'était un petit fief appartenant à la famille de l'antiquaire nimois J.-F. Séguier.

ROUSSE (LA), h. c^ne de Malons-et-Elze. — 1721 (Bull. de la Soc. de Mende, t. XVI, p. 164).

ROUSSEL (LE), bois, c^ne de la Cadière. — 1714 (arch. départ. G. 274).

ROUSSEL (LE), f. c^ne de Portes.

ROUSSEL (LE), h. c^ne de Soudorgues. — *La Rosselle*, 1568 (J. Ursy, not. de Nimes). — *Roussol*, 1789 (carte des États).

ROUSSELARIÉ (LA), h. c^ne de Chambon.

ROUSSELINE, f. c^ne d'Aiguesmortes.

ROUSSET (LE), f. c^ne de Mandagout.

ROUSSET (LE), f. c^ne de Tresques.

ROUSSET (LE), ruiss. qui prend sa source sur la c^ne de Valleraugue et se jette dans l'Hérault sur le territ. de la même commune.

ROUSSETTES (LES), f. c^ne de Bellegarde.

ROUSSIGNAC, bois, c^ne de Laudun.

ROUSSON, c^on d'Alais. — *Castrum de Rosone*, 1156 (Hist. de Lang. II, pr. col. 561); 1208 (généal. des Châteauneuf-Randon). — *Rossonum*, 1239 (chap. de Nimes, arch. départ.). — *Castellum de Rosson*, 1241 (Gall. Christ. t. VI, p. 628). — *Rossonum*, 1310 (Mén. I, pr. p. 77, c. 2). — *Locus de Rossono*, 1376 (cart. de la seign. d'Alais, f° 44); 1384 (dén. de la sénéch.). — *Le lieu de Saint-Martin de Rousson*, 1535 (A. du Solier, not. d'Uzès). — *Le prieuré Sainct-Martin de Rousson*, 1620 (insin.

eccl. du dioc. d'Uzès). — *Le château de Rousson*, 1634 (arch. départ. C. 1288).

Rousson faisait partie de la viguerie et du dioc. d'Uzès, doyenné de Sénéchas. — Le prieuré séculier de Saint-Martin de Rousson était uni au chapitre collégial d'Alais. La vicairie était à la collation de l'évêque et à la présentation du prieur. — Ce village se composait de 5 feux en 1384. — Il était du ressort du sénéchal d'Uzès. — Au xviiie siècle, Mme de Castillon, seigneur de Saint-Julien-de-Cassagnas, y possédait un domaine noble. — Sur le sommet d'une montagne conique qui occupe le centre de cette c^ne, on voit les ruines de l'ancien château, qu'on appelle *le Castelas*. — Au pied de cette montagne est l'église, qui remonte au xiiie s^e. — Les armoiries de Rousson sont : *d'hermine, à une fasce losangée d'or et d'azur*.

ROUSTAN, f. c^ne de Beaucaire. — *Rostan*, 1789 (carte des États). — *Mas-de-Roustan*, 1863 (notar. de Nimes).

ROUVAYROLLE (LA), q. c^ne de Saint-Geniès-en-Malgoirès. — *Loco vocato a la Rovayrola, in decimaria Sancti-Genesii de Mediogoto*, 1463 (L. Peladan, not. de Saint-Geniès-en-Malgoirès).

ROUVÈGNES, f. et montagne, c^ne de Saint-Martin-de-Valgalgue. — *Jouvergue*, 1789 (carte des États).— *Rouvergue* (carte géol. du Gard).

ROUVEIRAC, h. c^ne de la Salle. — *Rouveirac, paroisse de Saint-Pierre de la Salle*, 1553 (arch. départ. C. 1797).

ROUVEIRAC, h. c^ne de Thoiras. — *Le Plan-de-Rouveirac*, 1789 (carte des États).

ROUVERELLE (LA), h. c^ne de Peyremale.

ROUVERGAT, f. c^ne de Salindres.

ROUVERGUE (LA), ruiss. qui prend sa source sur la c^ne de Laval et se jette dans le Gardon sur le territ. de la même c^ne. — Parcours : 2,500 mètres.

ROUVIÈRE (LA), c^on de Valleraugue. — *Castrum de Pausis, in diocesi Nemausensi*, 1225 (Lay. du Tr. des ch. t. II, p. 17). — *Roveria*, 1384 (dénombr. de la sénéch.). — *La Rovière*, 1435 (répartit. du subs. de Charles VII). — *Locus Beatæ-Mariæ de Roveria*, 1472 (Ald. Razoris, not. du Vigan). — *La Rouyere, viguerie du Vigan*, 1582 (Tar. univ. du dioc. de Nimes). — *Notre-Dame de la Rovière*, 1583 (insin. eccl. du dioc. de Nimes). — *Sainte-Marie de la Rouvière*, 1596 (arch. départ. C. 851). — *La Rouvière-et-Puechaigal*, 1694 (armor. de Nimes).— *Notre-Dame-de-la-Rouvière*, 1789 (carte des États).

La Rouvière faisait partie de la viguerie du Vigan-et-Meyrueis et du diocèse de Nimes (plus tard d'Alais), archiprêtré de Sumène. — En 1384, ce village se composait de 2 feux. — C'est dans cette commune que se trouve le mont Lirou, presque aussi élevé que l'Aigoual. — Les restes du vieux château appelé *château des Pauses* sont placés en partie sur la c⁰ᵉ de la Rouvière, en partie sur celle de Saint-André-de-Majencoules. — Au xvıı⁰ siècle, le hameau du Puech-Sigal fut adjoint à la communauté de la Rouvière, qui prit alors le nom de la Rouvière-et-Puechsigal. — Cette communauté reçut en 1694 les armoiries suivantes : *d'or, à trois chênes de sinople, posés 2 et 1.*

Rouvière (La), f. c⁰ᵉ de Barjac.

Rouvière (La), f. c⁰ᵉ de Colognac.

Rouvière (La), bois, c⁰ᵉ de Connaux.

Rouvière (La), f. c⁰ᵉ du Cros.

Rouvière (La), f. c⁰ᵉ de Dourbie. — *Le mas de la Rouvière, paroisse de Dourbie,* 1733 (pap. de la fam. d'Alzon).

Rouvière (La), f. c⁰ᵉ de Gaujac.

Rouvière (La), h. c⁰ᵉ de Liouc. — 1678 (arch. départ. G. 285).

Rouvière (La), h. c⁰ᵉ de Logrian-et-Comiac-de-Florian. — *Roeria,* 1185 (Mén. I, pr. p. 40, c. 2). — *Roveria de Sevignanicis,* 1253 (chap. de Nîmes, arch. départ.). — *Roveria Savinanega,* 1275 (*ibid.* G. 285). — *Roveria Civinhanenca,* 1335 (*ibid.*). — *Mansus de Roveria, in decimaria Sancti-Martini de Savinhanicis,* 1463 (L. Peladan, not. de Saint-Geniès-en-Malgoirès).

Rouvière (La), h. c⁰ᵉ de Malons-et-Elze.

Rouvière (La), bois, c⁰ᵉ de Mialet.

Rouvière (La), f. c⁰ᵉ de Nîmes. — *La Rovoira,* 1015 (cart. de N.-D. de Nîmes, ch. 45). — *Mas de la Rouvière, sive Combe-Sourde,* 1671 (compoix de Nîmes).

Rouvière (La), f. c⁰ᵉ de Pompignan. — *Mansus de Rovayrargues, in parochia de Conqueyraco, versus locum de Pompinhano,* 1472 (A. Razoris, not. du Vigan).

Rouvière (La), f. c⁰ᵉ de Saint-Hippolyte-du-Fort. — *Mansus vocatus de Roveria, alias de Rebullo, parrochiæ Sancti-Ypoliti de Ruppefurcata,* 1461 (reg.-cop. de lettr. roy. E, v). — *Ribière* (carte géol. du Gard).

Rouvière (La), f. c⁰ᵉ de Saint-Jean-du-Gard.

Rouvière (La), h. et abîme, c⁰ᵉ de Saint-Julien-de-Valgalgue. — *G. de Roveria, parochiæ de Valle,* 1345 (cart. de la seign. d'Alais, f° 33). — *G. de Roveria-Longa,* 1376 (*ibid.* f° 21). — *Rouvelong,* 1733 (arch. départ. C. 1481).

Rouvière (La), bois, c⁰ᵉ de Saint-Just-et-Vaquières.

Rouvière (La), bois, c⁰ᵉ de Saint-Pons-la-Calm.

Rouvière (La), f. c⁰ᵉ de Salinelles.

Rouvière (La), h. c⁰ᵉ de Sumène.

Rouvière (La), f. c⁰ᵉ de Sumène.

Rouvière-de-Domazan (La), forêt, sur les c⁰ᵉˢ de Domazan et de Rochefort. — *Roveria Cautalis; Bois-Cottal* (Trenquier, *Not. sur quelques localités du Gard*).

Rouvière-en-Malgoirès (La), c⁰ⁿ de Saint-Chapte. — *Ecclesia Sancti-Martini de la Roveria,* 1108 (cart. de N.-D. de Nîmes, ch. 176). — *Villa de Roveria,* 1121 (Gall. Christ. t. VI, p. 304). — *Ecclesia de Roveria, in Uticensi episcopatu,* 1156 (cart. de N.-D. de Nîmes, ch. 84). — *Sanctus-Martinus de Roveria,* 1239 (bibl. du gr. sémin. de Nîmes). — *Locus de Roveria,* 1294 (Mén. I, pr. p. 135, c. 2); 1384 (dénombr. de la sén.). — *Locus de Roveria, Uticensis diocesis,* 1463 (L. Peladan, not. de Saint-Geniès-en-Malgoirès). — *La Rouvière-en-Malgoirès,* 1547 (arch. départ. C. 1374). — *La Rovière,* 1576 (J. Ursy, not. de Nîmes). — *Saint-Martin de la Rouvière,* 1617 (insin. eccl. du dioc. de Nîmes. — (Ménard, t. IV, p. 205).

La Rouvière-en-Malgoirès faisait partie de la viguerie et du diocèse d'Uzès, doyenné de Sauzet. — Le prieuré de Saint-Martin de la Rouvière, ainsi que celui de Saint-Michel de Montignargues, son annexe, était uni au chapitre de Nîmes, qui en était collateur. — On comptait à la Rouvière 4 feux en 1384. — La justice de ce lieu appartenait en 1791 à M. Chambon, de Saint-Ambroix. — La Rouvière ressortissait au sénéchal d'Uzès. — Les armoiries de cette communauté étaient : *d'hermine, à une fasce losangée d'or et de sable.*

Rouvière-Plane (La), q. c⁰ᵉ de Savignargues. — 1517 (arch. départ. G. 285).

Rouvière-Raoux (La), h. c⁰ᵉ de Saint-André-de-Majencoules. — *Mansus de Roviere, in parochia Sancti-Andreæ de Magencolis,* 1224 (cart. de N.-D. de Bonh. ch. 43). — *La Rouvière-de-Raoux,* 1866 (notar. de Nîmes).

Rouvière-Sèche (La), bois, c⁰ᵉ de Saint-Marcel-de-Fontfouillouse. — 1555 (arch. départ. C. 1791).

Rouvière-Souteirane (La), bois, c⁰ᵉ de Cassagnoles. — 1613 (arch. départ. C. 321).

Rouviérette (La), f. c⁰ᵉ de Bagard. — 1553 (arch. départ. C. 1799).

Rouviérette (La), h. c⁰ᵉ de Saint-André-de-Majencoules.

Rouvignac, f. c⁰ᵉ de Roquedur. — *Mansus de Rovignaco, parrochiæ Sancti-Petri de Anolhano,* 1430 (A. Montfajon, not. du Vigan).

Rouvilles, h. c^{ne} de Saint-Jean-du-Gard. — *Mansus de Rovillas*, 1345 (cart. de la seign..d'Alais, f° 35).

Roux, f. c^{ne} de Quissac.

Roux, f. c^{ne} de Sagriès.

Roux (Le), h. c^{ne} de Lussan.

Ruph, f. et bois, c^{ne} de Méjanes-le-Clap. — *B. Radulphi*, 1210 (cart. de la seign. d'Alais, f° 3).

Russan, village, c^{ne} de Sainte-Anastasie. — *Locus de Russano, Uticensis diocesis*, 1463 (L. Peladan, not. de Saint-Geniès-en-Malgoirès). — *Russan*, 1547 (arch. départ. C. 1658); 1715 (J.-B. Nolin, *Carte du dioc. d'Uzès*).

Russargues, h. c^{ne} de Saint-Privat-de-Champclos. — 1637 (Griolet, not. de Barjac).

S

Sabatal, q. c^{te} de la Salle. — 1553 (arch. départ. C. 1797).

Sabatié, f. c^{ne} de Ribaute. — *Sabatier*, 1789 (carte des États).

Sabatié, f. c^{ne} de Villevieille.

Sabatié (La), f. c^{ne} de Tornac.

Sabatier, f. et château, c^{ne} de Quissac.

Sabes, f. c^{ne} de Montclus. — 1780 (arch. dép. C. 1652).

Sables (Les), île du Rhône, c^{ne} de Fourques.

Sablier (Le), ruiss. qui prend sa source sur la c^{ne} de Salazac, traverse celle de Saint-Julien-de-Peyrolas et va se jeter dans l'Ardèche à la limite du département. — Parcours : 7,400 mètres.

Sablière (La), h. c^{ne} de Saint-Julien-de-Peyrolas.

Sablières (Les), c^{ne} de Rogues. — 1555 (arch. départ. C. 1772).

Sablières (Les), ruiss. qui prend sa source sur la c^{ne} de Saint-Bresson et, parvenu sur la c^{ne} du Vigan, prend le nom de ruisseau de *Coularou* (voy. ce nom). — *Ripperia de Sableriis, prope Campicium*, 1326 (pap. de la fam. d'Alzon). — *Riperia de Sableriis, in manso de Podio-Vitalis*, 1430 (A. Montfajon, not. du Vigan). — *Riperia de la Gasquaria*, 1472 (A. Razoris, not. du Vigan).

Sablières (Les), q. c^{ne} de Serviers-et-la-Baume. — 1710 (arch. départ. C. 1669).

Sablon (Le), f. c^{ne} de Roquemaure. — 1695 (arch. départ. C. 1653).

Sabonadière, h. c^{ne} d'Issirac. — *Locus de Sabonadieres*, 1522 (Andr. de Costa, not. de Barjac).

Sabran, c^{ne} de Bagnols. — *Sabranum*, 1029 (Hist. de Lang. II, pr. col. 182); 1060 (cart. de N.-D. de Nimes, ch. 200); 1096 (*ibid.* ch. 108). — *G. de Sabrano*, 1152 (Lay. du Tr. des ch. t. I, p. 69). — *Castrum de Sabrano*, 1156 (Hist. de Lang. II, pr. col. 561); 1178 (cart. de Franquevaux). — *Ecclesia de Sabrano*, 1314 (Rot. eccl. arch. munic. de Nimes). — *Sabranum, cum mandamento*, 1384 (dén. de la sénéch.). — *Sabran*, 1550 (arch. départ. C. 1323). — *Le prieuré Saincte-Agate de Sabran*, 1620 (insin.

eccl. du dioc. d'Uzès. — *Sabran*, 1627 (arch. départ. C. 1294).

Sabran faisait partie de la viguerie de Bagnols et du diocèse d'Uzès, doyenné de Bagnols. — Le prieuré de Sainte-Agathe de Sabran fut, au XVIe s^e, uni au chapitre de Tresques, collège de quatre prêtres fondé par le seigneur de Tresques; il fut dès lors à la présentation de ce chapitre et à la collation de l'évêque d'Uzès. — En 1384 on comptait 9 feux à Sabran, en y comprenant ceux des hameaux qui formaient le mandement de Sabran. — On voit encore, sur une montagne qui domine la Sabranenque, les ruines du vieux château de Sabran. — La fontaine d'Auzigue jaillit horizontalement des flancs de la colline qui porte le même nom. — Sabran porte : *de vair, à un chef losangé d'or et de sinople*.

Sabranenque (La), petit pays de l'Uzége. — *Mandamentum castri de Sabrano*, 1518 (Blisson, not. de Bagnols). — *La baronie de Sabran*, 1702 (arch. commun. de Saint-André-d'Olérargues).

Sadourrau, f. c^{ne} de Saint-Quentin.

Saduran, f. c^{ne} de Bagnols, sur l'emplacement de l'ancien prieuré rural de Saint-Martin-de-Saduran : voy. ce nom.

Sagats (Les), montagne, c^{ne} d'Arrigas.

Sagne (La), montagne, c^{ne} de Saint-Jean-du-Pin. — *Collum de Sanha, in parrochia Sancti-Johannis de Pinu*, 1402 (Dur. du Moulin, not. d'Anduze).

Sagnèdes (Les), f. c^{ne} de Monoblet.

Sagnes (Les), f. c^{ne} de Carsan. — *P. de Sagnis*, 1348 (cart. de la seign. d'Alais, f° 46).

Sagnien, f. c^{ne} de Nimes.

Sagriès, c^{ne} d'Uzès. — *Villa Segrerii*, 1096 (Hist. de Lang. II, pr. col. 344). — *Villa de Sacrario*, 1156 (*ibid.* col. 561). — *La paroisse de Sagriès*, 1535 (Sauv. André, not. d'Uzès). — *Prioratus de Sancto-Sylvestro, alias Sagries*, 1654 (ordonn. synod. du diocèse d'Uzès). — *Sagriers*, 1744 (mandem. de l'évêque d'Uzès).

Sagriès faisait partie de la viguerie et du dioc. d'Uzès, doyenné d'Uzès. — Le prieuré de Saint-Sylvestre de Sagriès était uni à la mense capitulaire d'Uzès; l'évêque en était collateur, et l'aumônier du chapitre en était prieur. — Ce village ne figure pas sur les anciennes listes de dénombrement. — La justice et fief de Sagriès était de la mouvance du duc d'Uzès, en vertu de l'échange de 1721. — Sagriès ressortissait au sénéchal d'Uzès. — Une ordonnance du 10 décembre 1814 a réuni Sagriès à Sanilhac, pour en faire la commune de Sanilhac-et-Sagriès. — Ce village fut un de ceux que Raymond de Saint-Gilles donna, en 1096, à l'église du Puy.

SAGRIÈS, h. cⁿᵉ de Gaujac.

SAILLENS, h. cⁿᵉ de Saint-Jean-du-Gard. — Mansus de Selhens, 1346 (cart. de la seign. d'Alais, f° 48). — Salhans, 1548 (cart. de Franquevaux). — Saillons, 1840 (notar. de Nimes). — Salien (carte géol. du Gard).

SAINT-AGRICOL, chapelle rurale ruinée, cⁿᵉ de Sauveterre. — Sanctus-Agricola de Alberedo, 1119 (bull. de Saint-Gilles). — Sant-Adreco, en languedocien. Cette chapelle, d'après la tradition du pays, aurait appartenu aux Templiers.

SAINT-ALBAN, village, cⁿᵉ de Saint-Privat-des-Vieux.— Sanctus-Albanus, 1284 (chap. de Nimes, arch. départ.); 1384 (dén. de la sénéch.). — La communauté de Saint-Alban, 1552 (arch. départ. C. 793). — Sainct-Aulban, 1579 (J. Ursy, not. de Nimes). — Sainct-Auban-de-Majac, 1620 (insin. eccl. du dioc. d'Uzès). — Auban-les-Allais, 1715 (J.-B. Nolin, Carte du dioc. d'Uzès). — Alban, 1793 (arch. dép. L. 393).

Saint-Alban faisait partie de la viguerie d'Alais et du diocèse d'Uzès, doyenné de Navacelle. — On n'y comptait qu'un feu en 1384. — Le prieuré de Saint-Alban était à la collation de l'abbé de Cendras. — Saint-Alban était, au xvıııᵉ siècle, le siége d'une conférence du diocèse d'Uzès. — Il devint, en 1790, le chef-lieu d'un canton du district d'Alais comprenant les communes suivantes : Cendras, Rousson, Saint-Alban-et-Mazac, Saint-Julien-de-Valgalgue, Saint-Martin-de-Valgalgue, Saint-Privat-des-Vieux, Salindres et Servas. — Un décret du 3 décembre 1813 réunit Saint-Alban à la cⁿᵉ de Saint-Privat-des-Vieux. — La communauté de Saint-Alban avait pour armoiries : d'azur, à une fasce losangée d'or et de sable.

SAINT-ALEXANDRE, cⁿ du Pont-Saint-Esprit. — Prioratus Sancti-Alexandri, 1265 (Gall. Christ. t. VI, p. 308). — Locus de Sancto-Alexandro, 1384 (dén. de la sén.). — Saint-Alexandre, 1550 (arch. départ.

C. 1324). — Le prieuré de Saint-Alexandre, 1620 (insin. eccl. du dioc. d'Uzès). — La communauté de Saint-Alexandre, 1627 (arch. départ. C. 1292). — Prioratus de Sancto-Alexandro, 1654 (ordonn. synod. de l'évêque d'Uzès). — Saint-Alexandre-de-la-Croix, 1789 (carte des États). — Roquebrune, 1793 (arch. départ. L. 393). — (Ménard, VII, p. 652.)

Saint-Alexandre faisait partie de la viguerie de Bagnols et du diocèse d'Uzès, doyenné de Bagnols. — Le prieuré de Saint-Alexandre était à la collation de l'évêque d'Uzès. — En 1384, ce village se composait de 3 feux et demi. — Les armoiries de Saint-Alexandre sont : de sable, à une fasce losangée d'argent et d'azur.

SAINT-AMANS, vill. et église ruinés, cⁿᵉ de Sommière. — Amantianicus, colonica, 850 (cart. de Psalmody). — Ecclesia Sancti-Amantii, 1119 (bull. de Saint-Gilles). — Ecclesia Sancti-Amantii, cum villa, 1384 (dénombr. de la sén.). — Ecclesia Sancti-Amantii, 1386 (rép. du subs. de Charles VI). — Prioratus Sancti-Amantii, prope et extra muros oppidi Simmodrii, Nemausensis diocesis, 1538 (Gall. Christ. t. VI, instr. col. 206). — Le prieuré Saint-Amans et Saint-Pons de Sommière, 1707 (insin. eccl. du dioc. de Nimes). — Malevirade, 1789 (carte des États).

Le prieuré de Saint-Amans appartenait à l'abbaye de Saint-Gilles. — Au xvııᵉ siècle, il fut annexé au prieuré de Saint-Pons-de-Sommière. — Voy. SAINT-PONS-DE-SOMMIÈRE.

SAINT-AMANS, anc. église rurale, cⁿᵉ de Théziers. — Ecclesia parochialis Sancti-Amancii de Tezier, 1113 (cart. de Saint-Victor de Marseille, ch. 848). — Cella Sancti-Amancii, in episcopatu Uzetico, 1135 (ibid. ch. 844).

Cette église, dont les grosses œuvres subsistent encore ainsi que le portail, paraît être antérieure au xıᵉ siècle. — Le prieuré de Saint-Amans de Théziers était uni à la mense capitulaire d'Uzès. Il était à la collation de l'évêque; le précenteur ou capiscol de la cathédrale en était prieur, ainsi que des chapelles de Saint-Grégoire et de Sainte-Croix, du même lieu.

SAINT-AMANS-DES-DEUX-VIERGES, église et château ruinés, cⁿᵉ de Monoblet. — Castrum que dicitur Duæ-Virgines, 1096 (Hist. de Lang. II, pr. col. 296). — G. de Sancto-Amancio, 1345 (cart. de la seign. d'Alais, f° 38). — R. de Duabus-Virginibus, 1391 (pap. de la fam. d'Alzon). — Le prieuré rural Saint-Amans des Deux-Vierges, 1694 (insin. eccl. du dioc. de Nimes).

Ce prieuré s'appelait aussi, par altération populaire, *Saint-Chinian*. — (Rivoire, *Statist. du Gard;* L.-A. d'Hombres-Firmas, *Mélanges.*)

Saint-Ambroix, arrond. d'Alais. — *Mons Sancti-Ambrosii*, 1156 (Hist. de Lang. II, pr. col. 561). — *Castrum Sancti Ambrosii*, 1199 (Gall. Christ. t. VI, p. 622). — *P. de Sancto-Ambrosio*, 1344 (arch. munic. d'Uzès, BB. 2, f° 17). — *Locus de Sancto-Ambrosio*, 1384 (dén. de la sénéch.). — *Sant-Ambrueyx*, 1433 (Mén. III, pr. p. 237, c. 2). — *Saint-Ambroys*, 1485 (*ibid.* IV, pr. p. 137, c. 1). — *Saint-Ambroix*, 1549 (arch. dép. C. 1319); 1669 (*ibid.* C. 1287). — *Pont-Cèze*, 1793 (*ibid.* L. 393).

Saint-Ambroix faisait partie de la viguerie et du diocèse d'Uzès. — C'était le chef-lieu d'un des neuf doyennés de ce diocèse. — Ce lieu se composait, en 1384, de 30 feux, et en 1789, de 568. — L'évêque d'Uzès était seigneur de Saint-Ambroix, et le prieuré de Saint-Ambroix était uni à la mense épiscopale. — En 1790, Saint-Ambroix devint le chef-lieu d'un canton du district d'Alais comprenant : Courry, Meyrannes, Peyremale, Portes, Robiac, Saint-Ambroix, Saint-Brès, Saint-Florent et Saint-Jean-de-Valeriscle. — On remarque à Saint-Ambroix un puits antique, creusé dans le roc, de 3 mètres de diamètre et de 24 mètres de profondeur. — Armoiries, d'après l'armorial de 1694 : *d'azur, à un château crénelé, d'argent, ajouré d'une porte et de deux fenêtres, de sable, flanqué de deux grosses tours, crénelées aussi, d'argent, ajourées chacune d'une fenêtre de sable;* — d'après Gastelier de la Tour : *d'azur, au château antique à deux tours, d'argent, maçonné de sable, entouré d'un orle du second émail.*

Saint-Andéol-de-Trouillas, village, c°° de Laval. — *Parrochia Sancti-Andioli de Trulhacio*, 1345 (cart. de la seigneurie d'Alais, f° 32 et 33). — *Locus de Sancto-Andeolo*, 1384 (dén. de la sén.). — *Sainct-Anduol de Trolhas*, 1568 (J. Ursy, not. de Nimes). — *Saint-Andéol-de-Trouillas*, 1635 (arch. dép. C. 1291); 1744 (mand. de l'évêque d'Uzès). — *Saint-Andiol de Trouillas*, 1715 (J.-B. Nolin, *Carte du dioc. d'Uzès*). — *Le Pradel*, 1793 (arch. départ. L. 393).

Saint-Andéol-de-Trouillas faisait partie de la viguerie d'Alais et du diocèse d'Uzès, doyenné de Sénéchas. — Ce village ne se composait que d'un feu et demi en 1384. — Le prieuré de Saint-Andéol-de-Trouillas était à la collation de l'évêque d'Uzès, ainsi que la chapellenie de Notre-Dame-la-Neuve, qui y avait été fondée, dès les premières années du XVII° siècle, par noble Jacques de Martinailles, seigneur de Saint-Andéol-de-Trouillas. —

Cette communauté avait pour armoiries : *de gueules. à un saint Andéol vêtu en diacre, d'or.*

Saint-André, chapelle ruinée, c°° de Connaux.

Saint-André, montagne, c°° de Saint-André-de-Valborgne.

Saint-André, église ruinée, c°° de Saint-Hippolyte-de-Montaigu.

Saint-André, église ruinée, c°° de Valabrègue.

Elle fut emportée par le Rhône en 1645 (Trenquier, *Mém. sur Montfrin*).

Saint-André-de-Camarignan, f. sur l'emplacement d'une ancienne église rurale, c°° de Saint-Gilles. — *Campus-Marignani*, 821 (cart. de Psalmody); 879 (Mén. I, pr. p. 12, c. 1). — *Sanctus-Andreas de Campo-Marignano*, 1119 (bullaire de Saint-Gilles). — *Prioratus Sancti-Andreæ de Campomarignano*, 1538 (Gall. Christ. t. VI, instr. col. 206). — *Saint-André de Cammarignan*, 1605 (insin. eccl. du dioc. de Nimes). — *Saint-André de Camp-Marignan*, 1625 (*ibid.*); 1741 (arch. départ. C. 18).

Le sieur Pieyre en était seigneur en 1741.

Le prieuré simple et régulier de Saint-André-de-Camarignan était uni, ainsi que celui de Sainte-Colombe, son annexe, à l'office d'infirmier de l'abbaye de Saint-Gilles. — Ces deux prieurés réunis valaient 1,200 livres. Ils étaient à la collation de l'abbé de Saint-Gilles.

Saint-André-de-Codols, église ruinée, c°° de Nimes. — *Presbiteratus Sancti-Andreæ de Codolis*, 1092 (cart. de N.-D. de Nimes, ch. 172); 1108 (*ibid.* ch. 93). — *Ecclesia de Codolis*, 1156 (*ibid.* ch. 84). — *Sanctus-Andreas de Codolis*, 1380 (comp. de Nimes; arch. départ. G. 192).

Saint-André-de-Costebalen, église ruinée, c°° de Nimes. — *Ecclesia de Costabalenes*, 921 (cart. de N.-D. de Nimes, ch. 85). — *Ecclesia Sancti-Andreæ de Costebalens*, 1108 (*ibid.* ch. 164). — *Parrochia de Costabalenis*, 1149 (Ménard, VII, p. 719); 1232 (arch. départ. G. 232); 1446 (*ibid.* G. 178).

Saint-André-d'Entrevignes, église ruinée, c°° de Vergèze. — 1615 (insin. eccl. du dioc. de Nimes).

Le chœur de cette église, démolie en 1570, subsistait encore en 1615. — Le quartier où se trouvait Saint-André-d'Entrevignes est connu dans le pays sous le nom de *Saint-Fescau*.

Saint-André-de-Jonqueirolles, église rurale, auj. détruite, c°° d'Uzès. — 1620 (insin. eccl. du dioc. d'Uzès).

Le prieuré de Saint-André-de-Jonqueirolles, uni à l'office d'infirmier du chapitre d'Uzès, était à la collation du prévôt de ce chapitre.

Saint-André-de-Majencoules, c^{on} de Valleraugue. — *Parrochia Sancti-Andreæ de Magencolis*, 1224 (cart. de N.-D. de Bonh. ch. 43); 1323 (pap. de la fam. d'Alzon). — *Locus de Magencolis*, 1384 (dén. de la sénéch.). — *Magencoles*, 1435 (rép. du subs. de Charles VII). — *Parrochia Sancti-Andreæ de Magencolis*, 1472 (A. Razoris, not. du Vigan). — *Sainct-André-de-Magencolles, viguerie du Vigan*, 1582 (Tar. univ. du dioc. de Nimes). — *Le prieuré de Sainct-André de Majencoules*, 1605 (insin. eccl. du dioc. de Nimes). — *Saint-André-de Majencoules*, 1644 (arch. départ. C. 436). — *Majencoules*, 1793 (*ibid.* L. 393).

Saint-André-de-Majencoules appartenait, avant 1790, à la viguerie du Vigan-et-Meyrueis et au diocèse de Nimes (puis d'Alais), archiprêtré d'*Arisdium* ou du Vigan. — Le prieuré de Saint-André-de-Majencoules était uni au collège des Jésuites de Nimes (Ménard, t. VI, p. 194). — On y comptait 5 feux en 1384 et 330 en 1789. — La seigneurie de Saint-André relevait directement du roi, comme faisant partie de la baronnie de Meyrueis. — On remarque sur cette commune les ruines du vieux château *des Pauses*. — Voy. Rouvière (La).

Saint-André-de-Roquepertuis, c^{on} du Pont-Saint-Esprit. — *Sanctus-Andreas trans Rocam*, 1121 (Gall. Christ. t. VI, p. 304). — *Locus Sancti-Andreæ de Roca-Pertusa*, 1461 (reg.-cop. de lettr. roy. E, v). — *Prioratus Sancti-Andreæ de Rocapertusio*, 1484 (Sauv. André, not. d'Uzès). — *Saint-André*, 1550 (arch. départ. C. 1324). — *Saint-André de Ropertuis*, 1789 (carte des États). — *Roquepertuis*, 1793 (arch. départ. L. 393). — (Ménard, VII, p. 652.)

Saint-André-de-Roquepertuis appartenait à la viguerie et au diocèse d'Uzès, doyenné de Cornillon. — Le prieuré était à la présentation du prieur de Goudargues et à la collation de l'évêque d'Uzès. — Le nom de Saint-André-de-Roquepertuis ne se rencontre sur aucune liste de dénombrement. — L'église de ce village a tous les caractères d'une église-forteresse. — Les armoiries sont : *d'azur, à une bande losangée d'or et de sable.*

Saint-André-de-Sanatière, chapelle ruinée, c^{ce} du Pont-Saint-Esprit. — *Ecclesia de Centanerio*, 1314 (Rot. eccl. arch. municip. de Nimes). — *Saint-André de Sanatière*, 1620 (insin. ecclés. du dioc. d'Uzès).

C'était un prieuré séculier, à la collation de l'évêque d'Uzès.

Saint-André-des-Avinières, église ruinée, c^{ce} de Cendras. — *Paroisse de Saint-Andrieu-des-Evières*, 1346 (cart. de la seign. d'Alais, f° 43). — *Saint-André-des-Avinières* (Rech. hist. sur Alais).

Saint-André-de-Valborgne, arrond. du Vigan. — *Parrochia Sancti-Andreæ de Vallebornes; de Vallebornhe; de Vallebornia*, 1275 (cart. de N.-D. de Bonh. ch. 108 et 109). — *Parrochia Vallis-Bornie*, 1345 (cart. de la seign. d'Alais, f° 35). — *Locus de Valle-Bornia*, 1384 (dénombr. de la sénéch.). — *Valborgne*, 1435 (rép. du subs. de Charles VII). — *Sanctus-Andreas Vallis-Borniæ*, 1461 (reg.-cop. de lettr. roy. E, iv, f° 16). — *Sainct-André de Valleborne*, 1579 (insin. eccl. du dioc. de Nimes). — *Sainct-André de Valborgnie, viguerie d'Anduze*, 1582 (Tar. univ. du dioc. de Nimes). — *Prioratus Sancti-Andreæ de Valbornia, alias Beatæ-Mariæ de Planis*, 1598 (*ibid.*). — *Sainct-André de Balbornye, prieuré de l'ordre de Sainct-Benoist*, 1612 (*ibid.*). — *Valborgnes-du-Gard*, 1793 (arch. départ. L. 393).

Saint-André-de-Valborgne faisait partie de la viguerie d'Anduze et du diocèse de Nimes (puis d'Alais), archiprêtré d'Anduze. — On y comptait 6 feux en 1384 et 388 en 1789. — Saint-André-de-Valborgne devint, en 1790, le chef-lieu d'un canton du district du Vigan, qui ne se composait alors que de deux communes : Saint-André-de-Valborgne et Saint-Marcel-de-Fontfouillouse. — On trouve sur cette commune les ruines des châteaux de la Fare et du Follaquier. — C'est seulement au xi° siècle que ce canton, jusque-là inhabité, fut défriché par les Bénédictins. — Saint-André-de-Valborgne porte : *d'azur, à un sautoir alezé, d'argent.*

Saint-André-d'Olérargues, c^{on} de Lussan. — *Sanctus-Andreas de Olosanicis*, 1384 (dén. de la sénéch.). — *Saint-André d'Oleirargues*, 1549 (arch. départ. C. 1330). — *Sainct-André d'Ollerages*, 1620 (insin. eccl. du dioc. d'Uzès). — *Saint-André d'Oleyrargues*, 1694 (armor. de Nimes et d'Uzès); 1702 (arch. comm. de Saint-André d'Olérargues). — *Saint-André d'Oulérargues*, 1715 (J.-B. Nolin, *Carte du dioc. d'Uzès*). — *Saint-André d'Oleirargues*, 1744 (mandem. de l'évêque d'Uzès). — *Oleyrargues*, 1793 (arch. départ. L. 393).

Saint-André-d'Olérargues faisait partie de la viguerie et du diocèse d'Uzès, doyenné de Cornillon. — On n'y comptait que 2 feux en 1384. — Le prieuré de Saint-André-d'Olérargues était à la collation de l'évêque d'Uzès. — On voit encore sur cette commune un château bien conservé, avec ses quatre tours. — Les armoiries sont : *d'azur, à un pal losangé d'or et d'azur.*

Saint-Antelme, f. et chapelle ruinée, c^ne de Roche-fort. — *La métairie Saint-Anselme de l'Étang*, 1730 (arch. départ. C. 1472). — *Saint-Antelme*, 1789 (carte des États).

Saint-Antoine, commanderie de Saint-Antoine-de-Viennois, à Alais, détruite en 1668. — *Enclos des Pères de Saint-Antoine*, 1750 (plans de l'archit. J. Rollin).

Cette commanderie a laissé son nom à une rue d'Alais (Rech. hist. sur Alais).

Saint-Antoine, chapelle ruinée, c^ne de Carsan.

Saint-Antoine, commanderie de Saint-Antoine-de-Viennois, à Nimes, a donné son nom à une porte de Nimes qui débouchait sur l'emplacement du *Campus-Martius* du Nimes romain. Cette porte s'appelait, en 1249, *Portale de Garrigis*; sur le compoix de 1380, elle est appelée *Portale Sancti-Anto-nii*. — Cette commanderie possédait certains biens dans le territoire de Nimes. — *Hermassium precep-torie Sancti-Antonii, in territorio Nemausi dicto Al Telh*, 1508 (cart. de Saint-Sauv.-de-la-Font). — *Heremus Sancti-Anthonii*, 1517 (*ibid.*). — *Saint-Antoine*, 1601 (Ménard, VII, p. 736).

Saint-Antoine, f. c^ne de Saint-Gilles. — 1729 (pouillé du dioc. de Nimes, arch. départ.).

Saint-Aulary, q. c^ne de Vergèze, près de l'anc. cimetière.

Saint-Baudile, monastère ruiné, en dehors des murs de Nimes. — *Sanctus-Baudilius, cellula*, 817 (D. Bouquet, *Histor. de Fr.* dipl. de Louis le Déb.); 956 (Lay. du Tr. des ch. t. I, p. 14). — *Sanctus-Baudilius*, 995 (cart. de N.-D. de Nimes, ch. 2); 1024 (*ibid.* ch. 32). — *P., abbas Sancti-Baudilii*, 1050 (Mén. I, pr. p. 22, c. 1). — *Ecclesia Sancti-Baudilii, que est juxta muros civitatis*, 1149 (*ibid.* VII, p. 719). — *Saint-Bauzile*, 1436 (arch. dép. G. 200). — *Prioratus Sancti-Baudilii secus Nemausum*, 1461 (reg.-cop. de lettr. roy. E, v). — *Saint-Bauzile*, 1479 (la Taula del Poss. de Nismes). — *Saint-Bauzilly*, 1606 (insin. eccl. du dioc. de Nimes).

Saint-Baudile de Nimes, au XVIIIe siècle, n'était plus qu'un prieuré commendataire de l'ordre de Saint-Benoît, d'un revenu de 6,000 livres.—L'abbé de la Chaise-Dieu en était collateur.

Saint-Baudile, chapelle ruinée, c^ne de Sommière. — *Ecclesia Sancti-Baudilii de Somerio*, 1119 (bullaire de Saint-Gilles). — *Ecclesia Sancti-Baudilii*, 1386 (rép. du subs. de Charles VI).

Le prieuré de Saint-Baudile de Sommière était annexé à celui de Saint-Pons de la même ville. — Tous deux étaient unis au doyenné de Saint-Gilles

et valaient 3,000 livres. — L'abbé de Saint-Gilles en était collateur.

Saint-Bauzély-en-Malgoirès, c^on de Saint-Mamet. — *Ecclesia de Sancto-Baudilio*, 1314 (Rot. eccl. arch. municip. de Nimes). — *Locus de Santo-Baudilio de Medio-Goto*, 1384 (dén. de la sén.). — *Decimaria Sancti-Baudilii de Mediogoto*, 1463 (L. Peladan, not. de Saint-Geniès-en-Malgoirès). — *Sanctus-Baudilius ultra Guardonem*, 1478 (Sauv. André, not. d'Uzès). — *Saint-Beauzély*, 1635 (arch. départ. C. 1279). — *Saint-Bauzély-outre-Gardon*, 1789 (carte des États). — *Bauzélly*, 1793 (arch. départ. L. 393).

Saint-Bauzély-en-Malgoirès faisait partie de la viguerie et du diocèse d'Uzès, doyenné de Sauzet. — Ce village était compté pour 8 feux et demi en 1384. — L'ancienne église de Saint-Bauzély sert actuellement de temple. — La justice de Saint-Bauzély dépendait de l'ancien patrimoine du duché-pairie d'Uzès. — Les armoiries de Saint-Bauzély sont : *d'azur, à une fasce losangée d'argent et de gueules.*

Saint-Bénézet, f. c^re de Saint-Gilles.

Saint-Bénézet-de-Cheyran, c^on de Lédignan. — *Villa Sancti-Benedicti de Octodano*, 1031 (cart. de N.-D. de Nimes, ch. 156). — *Sanctus-Benedictus*, 1226 (bibl. du grand sémin. de Nimes); 1292 (*ibid.*). —*Parochia Sancti-Benedicti*, 1345 (cart. de la seign. d'Alais, f° 35). — *Locus de Sancto-Benedicto*, 1384 (dénombr. de la sénéch.). — *Ecclesia Sancti-Benedicti*, 1386 (rép. du subs. de Charles VI). — *Saint-Bénézet*, 1435 (rép. du subs. de Charles VII).— *Locus Sancti-Benedicti de Uchesano, Nemausensis diocesis*, 1463 (L. Peladan, not. de Saint-Geniès-en-Malg.). — *Sainct-Benezet, viguerie d'Anduze*, 1589 (Tar. univ. du dioc. de Nimes). — *Sainct-Bénézet de Cheyran*, 1605 (insin. eccl. du dioc. de Nimes).— *Sainct-Benoît près Gorian*, 1620 (insin. eccl. du dioc. d'Uzès). — *La communauté de Saint-Bénézet*, 1633 (arch. départ. C. 745).— *Saint-Bénézet-de-Cheyran*, 1747 (insin. eccl. du dioc. de Nimes). — *Saint-Bénézet-du-Cheyran*, 1789 (carte des États). — *Bellevue-la-Montagne*, 1793 (arch. départ. L. 393).

Saint-Bénézet, ainsi que Cheyran, qui lui fut plus tard annexé, appartenait, en 1384, à la viguerie d'Anduze et au diocèse de Nimes, archiprêtré de Quissac; il se composait alors d'un feu et demi, et Cheyran, de 2. — Le prieuré-cure de Saint-Bénézet-de-Cheyran valait 1,000 livres; il était à la collation de l'évêque de Nimes, et la vicairie à celle de l'évêque d'Uzès. — Saint-Bénézet porte pour armoiries : *d'argent, à un olivier de sinople, surmonté*

*d'une croix de gueules et accompagné en chef des
deux lettres S et B de même.*

Saint-Benoît-d'Anglas, église ruinée, c^ce de Vauvert. —
Sanctus-Benedictus de Anglars, 1102 (cart. de Psalmody). — *Duas ecclesias de Anglars*, 1149 (Ménard, VII, p. 719).

Ce prieuré rural, qui relevait jadis de l'abbaye de
Psalmody, a porté aussi, au xvie siècle, les titres
de Saint-Martin et de Notre-Dame. — Le prieuré de
Saint-Benoît, auquel fut annexé de bonne heure
celui de Saint-Martin-d'Anglas, faisait partie de
l'archiprêtré d'Aimargues et valait 600 livres.

Saint-Bernard, abbaye de femmes, à Alais (Rech. hist.
sur Alais, p. 245 et 357). — Voy. Notre-Dame-des-
Fonts.

Saint-Blancard, f. c^ne d'Aimargues. — *Saint-Blancart*,
1726 (carte de la bar. du Cayla). — *Saint-Brancard*, 1812 (notar. de Nîmes).

Saint-Bonnet, c^on d'Aramon. — *Sanctus-Bonitus*, 994
(cart. de Psalmody); 1042 (Hist. de Lang. II,
pr.); 1060 (cart. de N.-D. de Nîmes, ch. 200);
1125 (cart. de Psalmody). — *Ecclesia Sancti-Boniti*, 1156 (cart. de N.-D. de Nîmes, ch. 84). —
Castrum Sancti-Boniti, 1157 (Hist. de Lang. II,
pr. col. 564). — *Lo Castel de San-Bonnet*, 1174
(Ménard, VII, p. 720). — *Sanctus-Bonitus*, 1233
(*ibid.* I, pr. p. 73, c. 1). — *Castrum Sancti-Boniti*,
1269 (*ibid.* VII, p. 720); 1384 (dénombr. de la
sénéch.). — *Ecclesia Sancti-Boniti*, 1386 (rép.
du subs. de Charles VI). — *Saint-Bonnet*, 1435
(rép. du subs. de Charles VII). — *Jurisdictio Sancti-
Boneti*, 1474 (J. Brun, not. de Saint-Geniès-en-
Malgoirès). — *La seigneurie de Saint-Bonnet*, 1567
(lettr. pat. de Charles IX). — *Sainct-Bonet, viguerie de Beaucaire*, 1582 (Tar. univ. du dioc. de
Nîmes). — *Bonnet-du-Gard*, 1793 (arch. départ.
L. 393).

Saint-Bonnet faisait partie de la viguerie de Beaucaire et du diocèse de Nîmes, archiprêtré de Nîmes.
— On y comptait 8 feux en 1384, et en 1744,
80 feux et 350 habitants, — La terre de Saint-
Bonnet appartenait anciennement au domaine royal.
Bermond d'Uzès l'acquit par échange en 1290. C'est
de ces premiers seigneurs d'Uzès qu'elle arriva à la
famille de Crussol. — Le prieuré de Saint-Bonnet,
annexé à la prévôté d'Alais, mense d'Aiguesmortes,
valait, au xviiie siècle, 1,500 livres; il était à la
nomination du roi. — Saint-Bonnet portait pour
armoiries: *d'argent, à un chiffre de sable, composé
des lettres S et B.*

Saint-Bonnet-de-Salendrenque, c^on de la Salle. —
Sanctus-Bonitus, 1301 (Rech. hist. sur Alais). —

Mandamentum Sancti-Boniti de Salandrenca, 1345
(cart. de la seign. d'Alais, f° 35). — *Locus de Sancto-
Bonito de Salandrenca*, 1384 (dén. de la sénéch.). —
Saint-Bonnet de Salendrenque, 1435 (rép. du subs.
de Charles VII). — *Saint-Bonnet, diocèse d'Alais*,
1705 (arch. départ. C. 483). — *Mont-Bonnet*, 1793
(*ibid.* L. 393).

Saint-Bonnet-de-Salendrenque faisait partie de la
viguerie d'Anduze et du diocèse de Nîmes (puis
d'Alais), archiprêtré de la Salle. — On n'y comptait
qu'un feu en 1384. — Il n'y a dans cette commune que des maisons isolées, sauf les deux petits
hameaux de la Capelle et de la Moulière, qui se
touchent presque et forment le chef-lieu de la c^ne. —
On y trouve un vieux château avec tours, créneaux
et tourelles. — Les armoiries de Saint-Bonnet sont :
de gueules, à un lion d'or.

Saint-Boudoux, q. c^ne d'Uchau. — 1821 (notar. de
Nîmes).

Saint-Baûs, c^on de Saint-Ambroix. — *Locus de Sancto-
Bressono*, 1384 (dén. de la sénéch.). — *Prioratus
Sancti-Brixii, Uticensis diocesis*, 1470 (Sauv. André,
not. d'Uzès). — *Saint-Brès*, 1549 (arch. départ. C.
1319); 1634 (*ibid.* C. 1289). — *Sanctus-Brissus*
(Ménard, VII, p. 653). — *Saint-Brest*, 1715
(J.-B. Nolin, *Carte du dioc. d'Uzès*). — *Montusèze*
(sic, sans doute pour : *Mont-sur-Cèze?*), 1793
(arch. départ. L. 393).

Saint-Brès appartenait, avant 1790, à la viguerie
et au diocèse d'Uzès, doyenné de Saint-Ambroix. —
On n'y comptait que 2 feux en 1384. — Le prieuré
de Saint-Brès était à la collation de l'évêque d'Uzès.
— Les armoiries de cette communauté sont : *de
gueules, à un chef losangé d'argent et de gueules.*

Saint-Baûs, église ruinée, c^ne de la Salle.

Saint-Bresson, c^on de Sumène. — *Ecclesia Sancti-
Brixii de Ariedio*, 1248 (cart. de N.-D. de Bonh. ch.
105). — *Locus de Sancto-Brixio*, 1314 (Guerre de
Flandre, arch. munic. de Nîmes). — *Locus de Sancto-
Brissio*, 1384 (dénombr. de la sénéch.). — *Saint-
Brès-d'Irle*, 1435 (rép. du subs. de Charles VII). —
Territorium de Sancto-Bressone, 1531 (pap. de la
fam. d'Alzon). — *Sainct-Bresson, viguerie du Vigan*,
1582 (Tar. univ. du dioc. de Nîmes). —*Saint-Brès-
d'Hierle ou Saint-Bresson*, 1694 (armor. de Nîmes).
—*Mont-Truffier*, 1793 (arch. commun. du Vigan).

Saint-Bresson faisait partie de la viguerie du
Vigan-et-Meyrueis et du diocèse de Nîmes (puis
d'Alais), archiprêtré d'Arisdium ou du Vigan. — Ce
lieu ne se composait que d'un feu et demi en 1384.

—Saint-Bresson porte pour armoiries: *d'azur, semé
de fleurs de lis d'argent.*

Saint-Balno, f. et église ruinée, c⁽ᵉ⁾ de Pujaut.
Saint-Capraix, chapelle ruinée, c⁽ᵉ⁾ de Castillon-du-Gard. — *Ecclesia Sancti-Caprasii*, 896 (Gall. Christ. t. VI, instr. col. 294).
Saint-Castor, village, c⁽ᵉ⁾ de Sabran. — 1789 (carte des États).

Saint-Castor était encore une communauté indépendante en 1790, lors de la formation du canton de Cavillargues, dont elle fit partie.

Saint-Castor-et-Notre-Dame, église cathédrale de Nîmes. — Voy. Notre-Dame-de-Nîmes.
Saint-Caus, q. c⁽ᵉˢ⁾ d'Aumessas et d'Arre. — *Saint-Cau* (cad. d'Arre).
Saint-Celse-et-Saint-Nazaire, ancienne église paroissiale de Beaucaire. — *Ecclesia Sancti-Nazarii*, 1102 (Hist. de Lang. II, pr.); 1276 (arch. départ. G. 276. — (Forton, *Nouvelles Recherches historiques sur Beaucaire.*)

Ce prieuré fut donné à l'abbaye de la Chaise-Dieu, en 1095, par Raymond de Saint-Gilles, et sécularisé en 1597.

Saint-Césaire-de-Gauzignan, c⁽ᵒⁿ⁾ de Vézenobre. — *Villa Sancti-Cesarii*, 1295 (Ménard, VII, p. 724). — *Grasilhanum*, 1310 (ibid. I, pr. p. 190, c. 1). — *Sanctus-Cesarius*, 1384 (dén. de la sénéch.). — *Le prieuré Sainct-Cézary de Gaussignane*, 1620 (insin. eccl. du dioc. d'Uzès). — *Saint-Césaire*, 1694 (armor. de Nîmes). — *Saint-Césaire de Gausignan*, 1744 (mandem. de l'évêque d'Uzès); 1757 (arch. départ. C. 1345). — *Saint-Césaire-de-Graisignan*, 1789 (carte des États).

Saint-Césaire-de-Gauzignan faisait partie de la viguerie et du diocèse d'Uzès, doyenné de Sauzet. — On y comptait 53 feux en 1295, et seulement 4 feux et demi en 1384. — Le prieuré était uni au chapitre collégial de Beaucaire (Notre-Dame-des-Pommiers). — Au xviiiᵉ siècle, Saint-Césaire-de Gauzignan était le siége d'une conférence ecclésiastique du diocèse d'Uzès. — Ce lieu ressortissait au sénéchal d'Uzès. — Le marquis de Calvière en était seigneur. — Cette communauté portait pour armoiries : *de gueules, à un pal losangé d'argent et de sinople.*

Saint-Césaire-lez-Nîmes, vill. c⁽ᵉ⁾ de Nîmes. — *Terra Sancto-Cesario*, 1031 (cart. de N.-D. de Nîmes, ch. 75). — *P. Sancti-Cesarii*, 1149 (Ménard, VII, p. 720). — *In decimaria Sancti-Cesarii, ad clausum de Selsa sive de Cella, juxta caminum Montispessulani et rivum Sancti-Cesarii*, 1151 (Lay. du Tr. des ch. t. I, p. 68). — *Villa de Sancto-Cesario*, 1201 (Mén. I, pr. p. 86, c. 1); 1255 (chap. de Nîmes, arch. départ.). — *Decimaria Sancti-*

Cesarii, 1380 (comp. de Nîmes). — *Ecclesia Sancti-Cesarii*, 1386 (rép. du subs. de Charles VI). — *Sanctus-Cesarius*, 1391 (Mén. III, pr. p. 119, c. 1). — *Locus Sancti-Sezarii secus Nemausum*, 1461 (reg.-cop. de lettr. roy. E, iv). — *Sant-Sézary*, 1479 (la Taula del Possess. de Nismes).

Saint-Césaire dépendait du *taillable et consulat* de Nîmes. — Ce village, qui se composait de 55 feux et de 220 habitants en 1744, existait dès le xᵉ siècle; c'était alors le siége d'une dimerie dont jouissait le chapitre de Nîmes, qui la céda ensuite à l'évêque; celui-ci en était possesseur en 1603. — Le prieuré de Saint-Césaire était uni à la mense épiscopale de Nîmes et valait 6,000 livres. — La terre de Saint-Césaire n'était point comprise dans l'Assise de Calvisson; elle a presque toujours été possédée par les seigneurs de Caveirac.

Saint-Chapte, arrond. d'Uzès. — *Villa Sancta-Agatha*, 1121 (Gall. Christ. t. VI, instr.). — *Villa de Sancta-Agatha*, 1283 (Mén. I, pr. p. 109, c. 2). — *Villa seu castrum Sanctæ-Agathæ*, 1310 (ibid. p. 164, c. 2). — *Ecclesia Sanctæ-Agathes*, 1327 (chap. de Nîmes, arch. départ.). — *Locus Sancta-Agatha*, 1384 (dénomb. de la sénéch.). — *Locus Sanctæ-Agathæ*, 1517 (arch. hosp. de Nîmes). — Le lieu de Saincte-Agate, 1535 (A. du Solier, not. d'Uzès); 1547 (arch. départ. C. 1313). — *Le prieuré de Saint-Chates*, 1615 (insin. eccl. du dioc. de Nîmes). — *Le prieuré de Sainte-Agathe, vulgo Saint-Chatte*, 1698 (ibid.). — *Saint-Chattes*, 1715 (J.-B. Nolin, *Carte du dioc. d'Uzès*).— *Saint-Chapte*, 1736 (arch. départ. C. 1303 et 1307).— *Beauregard*, 1793 (ibid. L. 393).

Saint-Chapte faisait partie de la viguerie et du diocèse d'Uzès, doyenné d'Uzès. — On y comptait 4 feux et demi en 1384. — Le prieuré de Saint-Chapte était à la collation de l'évêque d'Uzès. — Saint-Chapte devint, en 1790, le chef-lieu d'un canton du district d'Uzès; ce canton comprenait les six communes suivantes : Castelnau, Garrigues, Moussac, Saint-Chapte, Saint-Dézéry et Sainte-Eulalie. Le canton actuel en comprend seize. — La seigneurie appartenait, depuis le xviᵉ siècle, à la famille de Brueys. La justice était, en 1721, à M. de Baguet. — Saint-Chapte portait pour armoiries : *de vair, à un pal losangé d'argent et de sinople.*

Saint-Chapte, chapelle détruite, c⁽ᵉ⁾ de Sumène. — *Sancta-Agatha*, 1208 (Mén. I, pr. p. 44, c. 1).

Les noms de Sainte-Catte et de Saint-Chapte sont restés au cadastre.

Saint-Charles, chapelle d'un couvent de Doctrinaires, devenue l'une des cinq églises paroissiales de Nimes.

SAINT-CHRISTOL, h. c⁰ᵉ de Lussan. — *Castrum Sancti-Christofori*, 1316 (manuscr. d'Aubais, bibl. de Nimes, 13,855).

SAINT-CHRISTOL-DE-RODIÈRES, c⁰ⁿ du Pont-Saint-Esprit. — *Locus de Sancto-Christoforo*, 1384 (dénombr. de la sénéch.). — *Saint-Cristol de Rodière*, 1550 (arch. départ. C. 1324). — *Saint-Christol de Rodières*, 1694 (armor. de Nimes). — *Saint-Christol-de-Rhodières*, 1773 (comp. de Saint-Christol-de-Rodières). — *Rodières*, 1793 (arch. départ. L. 393).

Saint-Christol-de-Rodières appartenait, avant 1790, à la viguerie et au diocèse d'Uzès, doyenné de Cornillon. — Ce village se composait de 4 feux en 1384. — Le bois de Rodières, qui fait partie de la forêt de Valbonne, avait été vendu aux Chartreux de Valbonne par les habitants de Saint-Christol. — Cette communauté avait pour armoiries : *d'or, à un pal losangé d'or et de gueules.*

SAINT-CHRISTOL-LEZ-ALAIS, c⁰ⁿ d'Alais. — *Ecclesia Sancti-Christofori*, 1264 (cart. de N.-D. de Bonh. ch. 41). — *Parrochia de Sancto-Christoforo*, 1345 (cart. de la seign. d'Alais, f° 33). — *Le lieu de Saint-Christofle près d'Alest*, 1346 (*ibid.* f° 43). — *Locus de Sancto-Christoforo*, 1384 (dénombr. de la sénéch.). — *Parrochia de Sancto-Christoforo*, 1429 (Et. Rostang, not. d'Anduze). — *Saint-Christofle*, 1435 (rép. du subs. de Charles VII).—*Sainct-Christol, viguerie d'Allez*, 1582 (Tar. univ. du dioc. de Nimes).— *Le prieuré de Saint-Christol*, 1598 (insin. eccl. du dioc. de Nimes). — *Saint-Christol*, 1674 (arch. départ. C. 878).— *L'étoile de Saint-Christol*, 1773 (*ibid.* C. 1837 et 1838). — *Pont-Auzon*, 1793 (*ibid.* L. 393).

Saint-Christol-lez-Alais appartenait à la viguerie d'Alais et au diocèse de Nimes (puis d'Alais), archiprêtré d'Alais. — En 1384, on y comptait 5 feux. — Cette communauté ne reçut sans doute point d'armoiries en 1694 : son nom ne se rencontre pas dans l'armorial de Nimes.

SAINT-CHRISTOPHE, chapelle ruinée, c⁰ᵉ de Castillon-du-Gard. — *Saint-Christol* (Trenquier, *Not. sur quelq. local. du Gard*).

Le prieuré rural de Saint-Christophe dépendait du prieuré conventuel de Saint-Pierre du Pont-Saint-Esprit.

SAINT-CHRISTOPHE-DES-TRESTOULIÈRES, chapelle du xvᵉ siècle, au h. des Trestoulières : voy. ce nom.

SAINT-CLÉMENT, c⁰ⁿ de Sommière. — *Saint-Clément*, 1435 (rép. du subs. de Charles VII). — *Prioratus*

Sancti-Clementis de Sancto-Clemente, 1579 (insin. eccl. du dioc. de Nimes). — *La communauté de Saint-Clément*, 1673 (arch. départ. C. 731). — *Clément*, 1793 (*ibid.* L. 393).

Saint-Clément n'est point nommé dans le dénombrement de 1384 ; mais on voit, par la répartition de 1435, qu'il appartenait à la viguerie de Sommière. — La somme à laquelle ce village fut alors imposé indique qu'il ne se composait, à cette époque, que de 2 feux. — Le prieuré-cure de Saint-Clément faisait partie de l'archiprêtré de Sommière et valait 600 livres ; l'évêque de Nimes en était collateur. — Saint-Clément n'a point reçu d'armoiries en 1694.

SAINT-CLÉMENT-DE-CADENS, église ruinée, c⁰ᵉ de la Bastide-d'Engras. — *Locus qui dicitur Criders, in val de Milcianense, in comitatu Ucetico*, 1150 (cart. de Saint-Victor de Marseille, ch. 193). —*Ecclesia de Cadens*, 1314 (Rot. eccl. arch. munic. de Nimes). — *Le prieuré du Pin et de Cadens*, 1619 (insin. eccl. du dioc. d'Uzès).

Le prieuré de Saint-Clément-de-Cadens, qui fut annexé vers la fin du xvıᵉ siècle à celui de Notre-Dame-du-Pin, faisait partie du diocèse d'Uzès, doyenné de Bagnols. — L'église rurale de Saint-Clément, dont les derniers débris viennent d'être dispersés, avait été bâtie sur l'emplacement d'une villa romaine et remontait au delà du xᵉ siècle.

SAINT-COSME, c⁰ⁿ de Saint-Mamet. — *Sanctus-Cosmas*, 1146 (Lay. du Tr. des ch. t. I, p. 63). — *Ecclesia de Sancto-Cosma*, 1156 (cart. de N.-D. de Nimes, ch. 84). — *Decinaria Sancti-Cosmæ*, 1206 (chap. de Nimes, arch. départ.); 1265 (*ibid.*).— *Locus de Sancto-Cosma*, 1384 (dénombr. de la sénéch.).— *Ecclesia Sancti-Cosmæ*, 1386 (rép. du subs. de Charles VI). — *Saint-Cosme*, 1435 (rép. du subs. de Charles VII). — *Locus Sancti-Cosmæ, Nemausensis diocesis*, 1463 (L. Peladan, not. de Saint-Geñ.-en-Malg.).— *Sainct-Cosme*, 1582 (Tar. univ. du dioc. de Nimes); 1650 (G. Guiran, *Style de la cour royale ord. de Nimes*). — *Le prieuré de Saint-Cosme*, 1654 (insin. eccl. du dioc. de Nimes); 1706 (arch. départ. G. 206). — *Cosme*, 1793 (*ibid.* L. 393).

Saint-Cosme faisait partie de la viguerie et du diocèse de Nimes, archiprêtré de Nimes. — On y comptait 6 feux en 1384, et en 1744, 100 feux et 400 habitants. — Le prieuré simple et séculier de Saint-Cosme était uni à la mense capitulaire de Nimes et valait, au xvıııᵉ siècle, 2,300 livres. — En 1710, la cure de Maruéjols-en-Vaunage fut unie à celle de Saint-Cosme. — La terre de Saint-Cosme était un arrière-fief des seigneurs de Calvisson; elle avait appartenu, en 1322, au seigneur de Montpezat. Au XVIᵉ siècle, la maison de Calvière la possédait. Elle passa ensuite aux Rochemore, qui l'ont gardée jusqu'à la Révolution. Par lettres patentes du 19 novembre 1759, elle fut érigée en marquisat sous le nom de *Rochemore-Saint-Cosme* (arch. départ. C. 707 et 720). — Ce marquisat comprenait : Ardessan, Maruéjols-en-Vaunage et Saint-Cosme.

SAINT-COSME, chapelle détruite, près de la fontaine de Saint-Cosme, cⁿᵉ de Galargues. — *Ecclesia de Galadanicis, cum capella Sancti-Cosmæ*, 1156 (cart. de N.-D. de Nimes, ch. 84).

SAINT-COSME, mⁱⁿ, cⁿᵉ de Vauvert. — 1726 (carte de la bar. du Caylar).

SAINT-CRÉPIN, chapelle de confrérie, sur la basse place de Saint-Jean, à Alais (Rech. hist. sur Alais, p. 265).

Elle appartint, jusqu'en 1698, à la corporation des cuiratiers et cordonniers d'Alais.

SAINT-CYRGUE-DE-LA-MARGUE, église ruinée, cⁿᵉ de Saint-Gilles. — *Saint-Cirice de Marges*, 1741 (arch. dép. G. 373).

SAINT-DENYS, cⁿ de Saint-Ambroix. — *Sanctus-Dionysius*, 1121 (Gall. Christ. t. VI, p. 304). — *P. de Sancto-Dioniso*, 1346 (cart. de la seign. d'Alais, fᵒ 4). — *Locus de Sancto-Dyonisio*, 1384 (dénombr. de la sénéch.). — *Saint-Denys*, 1549 (arch. départ. G. 1319); 1552 (*ibid.* C. 793); 1669 (*ibid.* C. 1287). — *Saint-Daunis*, 1694 (armor. de Nimes). — *Saint-Denys*, 1736 (arch. départ. C. 1307). — *Caramaule*, 1793 (*ibid.* L. 393).

Saint-Denys faisait partie de la viguerie et du diocèse d'Uzès, doyenné de Saint-Ambroix. — C'était un des prieurés unis à la mense épiscopale d'Uzès. L'évêque d'Uzès était collateur de la vicairie de Saint-Denys. — On comptait 3 feux dans ce village en 1384. — Cette communauté avait pour armoiries : *d'azur, à une gerbe d'or, liée de même, surmontée en chef d'une colombelle volante en barre de haut en bas, tenant en son bec un rameau d'or.*

SAINT-DENYS, chapelle détruite, sur les bords du Rhône, cⁿᵉ de Beaucaire. — *Locus ubi dicunt Laxa-Jovis, in territorio de villa Adavo, in agro Argentea, in comitatu Arelatense*, 1021 (cart. de Saint-Victor de Marseille, ch. 187); 1720 (Forton, *Nouv. Rech. hist. sur Beaucaire*).

SAINT-DENYS, chapelle ruinée, cⁿᵉ de Laudun.

SAINT-DENYS-DE-VENDARGUES, église rurale, aujourd'hui détruite, cⁿᵉ de Bouillargues. — *Ecclesia de Sancto-Dionisio*, 1156 (cart. de N.-D. de Nimes, ch. 84); 1210 (arch. départ. G. 283). — *Sanctus-Dionisius de Vendranicis*, 1380 (comp. de Nimes). — *Ecclesia de Venranicis*, 1386 (rép. du subs. de Charles VI). — *Saint-Dionis*, 1479 (la Taula del Possess. de Nismes). — *Sanctus-Dionisius de Vendranicis*, 1539 (Mén. IV, pr. p. 155, c. 2). — *Saint-Denys de Vendargues*, 1547 (arch. départ. C. 1768); 1706 (*ibid.* G. 208 et 284).

Le prieuré simple et séculier de Saint-Denys-de-Vendargues était uni, comme celui de Saint-Félix de Bouillargues, dont il était l'annexe, à la mense capitulaire de Nimes et valait, à lui seul, 1,100 livres.

SAINT-DÉZÉRY, cⁿ de Saint-Chapte. — *Sanctus-Desiderius*, 1101 (Mén. I, pr. p. 38, c. 1); 1310 (*ibid.* p. 223, c. 1). — *Locus de Sancto-Desiderio*, 1384 (dénombr. de la sénéch.). — *Parochia Sancti-Desiderii, Uticensis diocesis*, 1463 (L. Peladan, not. de Saint-Gen.-en-Malgoirès). — *Sainct-Dézéry*, 1547 (arch. départ. C. 1313). — *Le prieuré de Saint-Drézéry*, 1698 (insin. eccl. du dioc. de Nimes). — *Saint-Dazéry*, 1715 (J.-B. Nolin, *Carte du diocèse d'Uzès*). — *Saint-Dézéry*, 1736 (arch. départ. C. 1303).

Saint-Dézéry appartenait à la viguerie et au diocèse d'Uzès, doyenné d'Uzès. — Le prieuré de Saint-Dézéry était à la collation de l'évêque et à la présentation de M. de Saint-Chapte. — En 1384, on comptait dans ce village 7 feux. — Les justice et fief de Saint-Dézéry appartenaient au duc d'Uzès en vertu de l'échange de 1721. Les sieurs Bresson, de Nimes, et Jean Barre y possédaient des fiefs nobles. — Saint-Dézéry ressortissait au sénéchal d'Uzès. — Les armoiries sont : *de vair, à un chef losangé d'or et de sable.*

SAINT-DIDIER, q. cⁿᵉ de Nimes. — 1755 (arch. départ. G. 262).

SAINT-DIONISY, cⁿ de Sommière. — *In terminium de villa Veo, in Valle-Anagia, in comitatum Nemausense*, 895 (cart. de N.-D. de Nimes, ch. 149). — *In villa quam nominant Veia, in vicaria Valle-Anagia, in territorio civitatis Nemausensis*, 931 (*ibid.* ch. 121). — *Veum; villa Veum*, 954 (*ibid.* ch. 130). — *In terminium de villa Veo, in Valle-Anagia, in comitatu Nemausensis*, 1020 (*ibid.* ch. 131). — *Mansus de Veu*, 1165 (chap. de Nimes, arch. départ.) — *Locus de Sancto-Dyonisio*, 1384 (dénombr. de la sénéch.). — *Ecclesia Sancti-Dyonisii*, 1386 (rép. du subs. de Charles VI); 1396 (chap. de Nimes, arch. départ.). — *Saint-Dionise*, 1435 (rép. du subs. de Charles VII). — *Le mas de Vieu*, 1450 (arch. dép. G. 352). — *Locus Sancti-Dionisii, Nemausensis diocesis*, 1463 (L. Peladan, not. de Saint-Geniès-en-Malgoirès),

— *Sanctus-Dionisius in Vallenagia*, 1539 (Mén. IV, pr. p. 155, c. 2). — *Sainct-Dionys*, 1578 (J. Ursy, not. de Nimes). — *Sainct-Dionisi*, 1582 (Tar. univ. du dioc. de Nimes). — *Le prieuré de Saint-Denys en Vaunages*, 1618 (arch. départ. G. 296). — *Sainct-Dionysi*, 1650 (G. Guiran, *Style de la cour royale ord. de Nimes*). — *Le prieuré de Saint-Dionisy*, 1706 (arch. départ. G. 206). — *Dionisy*, 1793 (*ibid.* L. 393).

Saint-Dionisy faisait partie de la viguerie et du diocèse de Nimes, archiprêtré de Nimes. — En 1384, ce village se composait de 4 feux, et en 1744, de 40 feux et de 160 habitants. — Le prieuré simple et séculier de Saint-Dionisy était uni à la mense capitulaire de Nimes et valait 1,400 livres. — Saint-Dionisy était compris, pour l'entière justice (haute, moyenne et basse), parmi les villages sur lesquels furent assignées les rentes données à Guillaume de Nogaret par Philippe le Bel. — Il a continué d'être jusqu'en 1790 une des dépendances de la terre de Calvisson : aussi fut-il compris, en 1644, dans le marquisat de ce nom. — L'ancienne dénomination, *Veum*, se retrouve encore aujourd'hui sous le nom de la montagne au pied de laquelle est bâti le village actuel, et qu'on nomme dans le pays *la Roque-de-Viou*. — Saint-Dionisy porte : *d'argent, à un olivier de sinople.*

SAINT-DONAT, f. et église ruinée, c⁰ᵉ de Cardet. — *Mas-de-l'Église* (carte géolog. du Gard).

SAINT-DORYTE, église ruinée, c⁰ᵉ de Bonnevaux. — *Saint-Adoryte*, 1547 (J. Ursy, not. de Nimes). C'est une altération de Saint-Théodorit.

SAINTE-AGATHE, église détruite, c⁰ᵉ d'Aimargues. — *Sancta-Agatha, in villa Varanegues*, 1102 (cart. de Psalmody).

SAINTE-AGATHE, église détruite, c⁰ᵉ d'Alais. Elle était située près du pont Vieux, où est à présent une tuilerie. — (Rech. hist. sur Alais, p. 266.)

SAINTE-AGNÈS, chapelle ruinée, c⁰ᵉ de Saint-Paulet-de-Caisson.

SAINTE-ANASTASIE, c⁰ᵉ de Saint-Chapte. — *Marbacum*, 896 (Gall. Christ. t. VI, instr. col. 293). — *Castrum de Sancta-Anastasia*, 1156 (Hist. de Lang. II, pr. col. 561). — *Sancta-Anastasia*, 1254 (Gall. Christ. t. VI, instr. col. 306); 1383 (Mén. III, pr. p. 51, c. 1). — *Locus de Sancta-Anastasia, cum mandamento de Seyna*, 1384 (dénombr. de la sénéch.). — *Locus Sanctæ-Anestaziæ, Uticensis diocesis*, 1463 (L. Peladan, not. de Saint-Geniès-en-Malgoirès). — *Sainte-Nestazie*, 1553 (J. Ursy, not. de Nimes). — *La communauté de Sainte-Anastasie*, 1547 (arch. départ. C. 1313). — *Le château de*

Saint-Anastazie, 1582 (*ibid.* C. 636); 1610 (*ibid.* C. 641). — *Montauri*, 1793 (*ibid.* L. 393).

Sainte-Anastasie faisait partie de la viguerie et du diocèse d'Uzès, doyenné d'Uzès. — Le prieuré était uni à la mense épiscopale d'Uzès. — On comptait 20 feux dans ce village en 1384, en y comprenant ceux du mandement de Seynes. — Le château de Sainte-Anastasie a joué un rôle important dans les guerres du xviᵉ siècle. — Le village de Sainte-Anastasie, autrefois groupé autour du château, n'existe plus ; mais le nom en est resté à la réunion de trois petits villages fort voisins l'un de l'autre : Aubarne, Russan et Vic. — Le mandement de Sainte-Anastasie reçut pour armoiries en 1694 : *d'argent, à un pal losangé d'or et de sable.*

SAINTE-ANNE, q. c⁰ᵉ d'Aramon. — 1637 (Pitot, not. d'Aramon).

SAINTE-BAUME (LA), ermitage, c⁰ᵉ de Lirac. — 1780 (arch. départ. C. 1650). — Voy. LIRAC.

SAINTE-CATHERINE, chapelle aujourd'hui détruite, c⁰ᵉ de Nimes. — 1519 (arch. départ. C. 887).

Elle était située à Nimes, dans la rue Caguensol, aujourd'hui rue Guizot.

SAINTE-CÉCILE-D'ANDORGE, c⁰ᵉ de Génolhac. — *Parochia Sanctæ-Ceciliæ*, 1345 (cart. de la seign. d'Alais, fᵒ 31). — *Sancta-Cecilia de Andorgia*, 1346 (*ibid.* fᵒ 33). — *Locus de Sancta-Cecilia de Andorgia*, 1384 (dénombr. de la sénéch.). — *Locus Sanctæ-Ceciliæ de Andorgia*, 1461 (reg.-cop. de lettr. roy. E, iv, fᵒ 76). — *Sainte-Cécile-d'Andorge*, 1547 (arch. départ. C. 1317). — *Sainte-Cessille d'Andorges*, 1620 (insin. eccl. du dioc. d'Uzès). — *Sainte-Cécile*, 1635 (arch. départ. G. 1291). — *Sainte-Cécile-d'Endorge*, 1694 (armor. de Nimes). — *Andorge-le-Gardon*, 1793 (arch. départ. L. 393).

Sainte-Cécile-d'Andorge appartenait, en 1384, à la viguerie d'Alais et au diocèse d'Uzès, doyenné de Sénéchas ; l'on n'y comptait alors qu'un feu et demi. — Le prieuré de Sainte-Cécile-d'Andorge était à la collation de l'évêque d'Uzès et à la présentation du seigneur de Portes. — Dès avant 1435, ce village fut incorporé à la viguerie d'Uzès, et il en a fait partie jusqu'en 1790. — Les armoiries de Sainte-Cécile-d'Andorge sont : *d'or, à un pal losangé d'argent et de sable.*

SAINTE-CÉCILE-D'ESTAGEL, église détruite, c⁰ᵉ de Saint-Gilles. — *Ecclesia Sanctæ-Cæciliæ*, 879 (Mén. I, pr. p. 12, c. 1). — *Ecclesia Sanctæ-Cæciliæ cum villa*, 1119 (bullaire de Saint-Gilles). — *Ecclesia Estagello*, 1386 (rép. du subs. de Charles VI). — *Prioratus Sanctæ-Cæciliæ de Stagello, sine cura*, 1538 (Gall. Christ. t. VI, instr. col. 206).

Le prieuré rural de Sainte-Cécile-d'Estagel appartenait à l'archiprêtré de Nimes; mais il était à la collation de l'abbé de Saint-Gilles.

Sainte-Claire, monastère de femmes, à Alais (Gall. Christ. t. VI, p. 524). — Voy. Notre-Dame-des-Fonts.

Sainte-Claire, monastère de femmes, hors des murs de Nimes, non loin de la porte Saint-Antoine, sur l'emplacement actuel de l'hôpital général. — Domus Sanctæ-Claræ, 1240 (Gall. Christ. t. VI, p. 480; Ménard, I, p. 312). — Perpresia Sanctæ-Claræ, 1380 (comp. de Nimes).

Sainte-Colombe, lieu détruit, cⁿᵉ de Sernhac. — 1554 (arch. départ. C. 1801).

Le lieu de Sainte-Colombe fut un de ceux que Bermond d'Uzès acquit, en 1290, par échange avec le roi Philippe le Bel (Ménard, VII, p. 644). — La chapelle de Sainte-Colombe existait encore en 1522. — Les débris antiques qu'on y a trouvés en grand nombre font penser qu'elle avait été bâtie sur les ruines d'une villa ou d'une statio gallo-romaine. — On voyait encore en 1750, sur le Gardon, les piles d'un pont antique qui aboutissait à cette statio (Ménard, VII, p. 651).

Sainte-Colombe, f. et église ruinée, cⁿᵉ de Saint-Gilles. — Ecclesia Sanctæ-Columbæ, cum media villa, 1119 (bullaire de Saint-Gilles). — Prioratus Sanctæ-Columbæ, in territorio oppidi Sancti-Egidii, 1538 (Gall. Christ. t. VI, instr. col. 206). — Le prieuré Sainte-Colombe de Camarignan, 1605 (insin. ecclés. du dioc. de Nimes).

Le prieuré de Sainte-Colombe faisait partie de l'archiprêtré de Nimes. — Vers la fin du XVIᵉ siècle, il fut annexé à celui de Saint-André-de-Camarignan et uni à l'office claustral d'infirmier de l'abbaye de Saint-Gilles. — Tous deux ensemble valaient 1,200 livres; ils étaient à la collation de l'abbé de Saint-Gilles.

Sainte-Colombe, q. cⁿᵉ de Générac.

Sainte-Croix, église ruinée, à Aimargues. — Le titre en a été transporté à l'église paroissiale actuelle.

Sainte-Croix, église ruinée, aux Prés-Rasclaux, cⁿᵉ d'Alais. — (Rech. hist. sur Alais, p. 265.)

Sainte-Croix, chapelle ruinée, cⁿᵉ du Pont-Saint-Esprit.

Sainte-Croix, h. cⁿᵉ de Saint-Hippolyte-de-Caton. — Barraque de Sainte-Croix (carte géol. du Gard).

Sainte-Croix, chapelle ruinée, cⁿᵉ de Théziers. — 1637 (Pitot, not. d'Aramon).

Sainte-Croix-de-Caderle, cⁿᵉ de la Salle. — Villa Caderila, 890 (cart. de N.-D. de Nimes, ch. 139). — Sancta-Crux de Caderlio, 1384 (dén. de la sén.).

— Sainte-Croix de Caderlas, 1435 (rép. du subs. de Charles VII). — Locus Sanctæ-Crucis de Caderlis, 1513 (A. Bilanges, not. du Vigan). — Sainte-Croix de Caderles, viguerie d'Anduze, 1582 (Tar. univ. du dioc. de Nimes). — Le prieuré de Saincte-Croix de Capderles, 1606 (insin. eccl. du dioc. de Nimes). — La seigneurie et terre de Sainte-Croix de Caderles, au diocèse d'Allaix, 1736 (pap. de la fam. du Merlet). — Mont-Bise, 1793 (arch. dép. L. 393).

Cette communauté faisait partie de la viguerie d'Anduze et du diocèse de Nimes (puis d'Alais), archiprêtré de la Salle. — On n'y comptait qu'un feu en 1384. — Les armoiries de Sainte-Croix-de-Caderle sont : d'azur, à une croix d'or cantonnée de quatre croisettes de même.

Sainte-Croix-des-Bories, ou de Borias, église ruinée, cⁿᵉ de Castelnau-et-Valence. — Ecclesia de Sancta-Cruce, 1314 (Rot. eccl. arch. munic. de Nimes). — Sancta-Crux, 1384 (dénombr. de la sén.). — La méterie de Sainte-Croix, paroisse de Castelnau, 1731 (arch. départ. C. 1473). — La Gléizado (Rivoire, Statist. du Gard, t. II, p. 542).

Sainte-Croix figure dans le dénombrement de 1384 comme annexe de Saint-Maurice-de-Casesvieilles. Ces deux villages réunis se composaient alors de 9 feux. — Le prieuré de Sainte-Croix-des-Bories faisait partie du doyenné de Navacelle.

Sainte-Croix-de-Valvendus, chapelle ruinée, cⁿᵉ de Montfrin. — (Trenquier, Mém. sur Montfrin.)

Sainte-Élisabeth, chapelle, auj. détruite, à Beaucaire. — Elle existait dans le cloître des Cordeliers de Beaucaire, dont la chapelle est à présent l'église paroissiale de Saint-Paul; elle était adossée à l'église de ce monastère (Forton, Nouv. Rech. hist. sur Beaucaire, p. 394).

Sainte-Eugénie, église succursale, à Nimes, auj. occupée par des ateliers. — In vicinio de Sancta-Eugenia, infra ipsa civitate, 956 (cart. de N.-D. de Nimes, ch. 20). — Subtus Sancta-Eugenia, infra ipsa civitate, 995 (ibid. ch. 2). — Ecclesia Sanctæ-Eugeniæ, infra muros ipsius civitatis, 1156 (ibid. ch. 84). — Terra ecclesiæ Sanctæ-Eugeniæ, 1217 (Mén. I, pr. p. 59, c. 1). — Ecclesia Sanctæ-Eugeniæ, 1270 (ibid. p. 94, c. 1). — Ad Sanctam-Eugeniam 1380 (comp. de Nimes); 1466 (chap. de Nimes, arch. départ.). — Le prieuré ou rectorie de l'église Saincte-Eugénie de Nimes, 1482 (ibid.). — Sainte-Uzénie, 1747 (Séguret, not. de Nimes). — (Mén. I, p. 217; IV, p. 190.)

Sainte-Eulalie, cⁿᵉ de Saint-Chapte. — Locus de Sancta-Olha, 1384 (dénombr. de la sénéch.). — Sainte-Eulalie, 1547 (arch. départ. C. 1313). — Le *prieuré de Saintes-Oulhes*, 1620 (insin. eccl. du dioc. d'Uzès). — *Sainte-Ouille*, 1694 (armor. de Nimes). —*Saintes-Ouilles*, 1715 (J.-B. Nolin, *Carte du dioc. d'Uzès*); 1744 (mandem. de l'évêque d'Uzès). — *Canteperdrix*, 1793 (arch. départ. L. 393).

Sainte-Eulalie faisait partie, avant 1790, de la viguerie et du diocèse d'Uzès, doyenné d'Uzès. — On y comptait 2 feux en 1384. — Le prieuré de Sainte-Eulalie (en languedocien *Sainte-Oulhe*, et par corruption *Saintes-Oulhes*) était uni à la prévôté du chapitre cathédral d'Uzès. — Une ordonnance du 10 septembre 1814 a réuni Sainto-Eulalie à Garrigues, pour en faire la c^ne de *Garrigues-et-Sainte-Eulalie*. — La communauté de Sainte-Eulalie avait pour armoiries: *de sable, à un pal losangé d'or et de sable*.

SAINTE-EULALIE-DE-RAZIL, église détruite, c^ne d'Aiguesvives. — *Ecclesia de Radico*, 1149 (Ménard, VII, p. 719). — *Ecclesia de Radico*, 1180 (cart. de Franquevaux). — *Ecclesia de Rasico*, 1386 (répart. du subs. de Charles VI). — *Saincte-Aulalie*, 1567 (J. Ursy, not. de Nimes). — *Saincte-Aulanie de Razis*, 1589 (insin. eccl. du diocèse de Nimes). — *Prioratus Sancti-Alalii de Barbasto; Saincte-Aulalye de Barbaste*, 1605 (*ibid.*). — *Saincte-Aulalie*, 1729 (*ibid.*).

En 1729, le prieuré simple et séculier de Sainte-Eulalie-de-Razil fut annexé à celui de Saint-Jean-Baptiste de Mus; les deux réunis valaient 1,200 liv.; ils étaient à la collation de l'évêque de Nimes. — L'église de Sainte-Eulalie-de-Razil était déjà détruite en 1605.

SAINTE-FOY, chapelle et château ruinés, c^ne de Blannaves. — *Castrum de Serveria; castrum de Salveria, in parrochia Sancti-Petri de Blannavis*, 1345 (cart. de la seign. d'Alais, *passim*).

SAINTE-INIÈRE, q. c^ne de Congéniès. — *Pont-de-Saint-Inière*, 1863 (notar. de Nimes).

SAINTE-MAGDELEINE, chapelle ruinée, c^ne de Saint-Alexandre.

SAINTE-MAGDELEINE, église détruite, c^ne de Saint-Gilles. — *Prioratus Beatæ-Mariæ Magdalenæ*, 1538 (Gall. Christ. t. VI, instr. col. 206). — *Le prieuré de la Madeleine*, 1549 (arch. départ. C. 774).

Le prieuré rural de la Magdeleine de Saint-Gilles ne valait que 250 livres; il était à la collation de l'abbé de Saint-Gilles.

SAINTE-MAGDELEINE, chapelle ruinée, c^ne de Tresques. — *La Magdeleine*, 1789 (carte des États).

SAINTE-MAGDELEINE-DE-GICON, chapelle ruinée du château de Gicon, c^ne de Chusclan. — *Ecclesia de Jocone*, 1314 (Rot. eccl. arch. munic. de Nimes). — Voy. GICON.

L'église de Sainte-Magdeleine-de-Gicon, qui appartenait au doyenné de Bagnols, a cessé d'exister comme prieuré vers le milieu du xve siècle.

SAINTE-MAGDELEINE-DE-LANCISE, chapelle ruinée, c^ne de Barron, sur la montagne de Lancise. — (H. Rivoire, *Statist. du Gard*, t. II, p. 502.)

SAINTE-MARIE-MAGDELEINE, église aujourd'hui détruite, c^ne de Nimes; plus connue sous le nom de *la Magdeleine*. — C'était un prieuré rural hors des murs de Nimes, qui avait donné son nom à l'une des portes de la ville. — *Via que discurrit a Sancta-Maria-Magdalene*, 1060 (cart. de N.-D. de Nimes, ch. 22). — *Ecclesia Sancte-Marie-Magdalene, infra muros ipsius civitatis*, 1156 (*ibid.* ch. 84); 1217 (Mén. I, pr. p. 59, c. 1). — *La Magdelène*, 1563 (J. Ursy, not. de Nimes).

SAINTE-MARTHE, q. c^ne d'Aramon. — *Sous le terme de Sainte-Marthe*, 1637 (Pitot, not. d'Aramon).

SAINTE-PASQUE, église entièrement disparue aujourd'hui, à Beaucaire. Elle était située près de Notre-Dame-des-Pommiers. — *Ecclesia Sancte-Pasche*, 1095 (Hist. de Lang. II, pr. col. 245); 1222 (Forton, *Nouv. Rech. hist. sur Beaucaire*); 1276 (arch. dép. G. 276).

SAINTE-PÉRONELLE, q. c^ne de Boissières.

SAINTE-PERPÉTUE, église détruite, c^ne de Nimes. — *Ecclesia Sancta-Perpetua*, 905 (cart. de N.-D. de Nimes, ch. 49). — *Sancta-Perpetua*, 926 (*ibid.* ch. 5); 994 (*ibid.* ch. 48). — *Ecclesia Sancta-Perpetua*, 1114 (*ibid.* ch. 102). — *Ecclesia de Sancta-Perpetua*, 1156 (*ibid.* ch. 84); 1221 (chap. de Nimes, arch. départ.); 1301 (arch. départ. G. 200). — *Sancta-Perpetua, a Vinosols*, 1380 (comp. de Nimes); 1479 (la Taula del Possess. de Nismes). — (Arch. départ. G. 192.)

Ruinée au xvie siècle, cette église rurale, bâtie presque entièrement avec des débris de tombeaux et de monuments romains, remontait au delà du xe siècle. — Le titre en a été transféré à l'une des paroisses de la ville de Nimes.

SAINT-ESPRIT, chapelle de confrérie, à Beaucaire, sur la place de l'église paroissiale de Notre-Dame-des-Pommiers.

Elle appartenait à l'œuvre du Mont-de-piété. Le bureau de cette œuvre, détruite par la Révolution et rétablie en 1820, tenait ses séances dans une salle située au-dessus de cette chapelle (Forton, *Nouv. Rech. hist. sur Beaucaire*, p. 397).

SAINT-ESTÈVE, chapelle ruinée, c^ne de Laudun. — 1627 (carte de la princip. d'Orange).

SAINT-ÉTIENNE, église paroissiale, à Anduze. — *Ecclesia Sancti-Stephani, qui est fundatus juxta castro*

Andusie, ad ipso Mercato, 927 (Mén. I, pr. p. 20, c. 1).

Saint-Étienne, chapelle ruinée, c^ne de Saint-Hilaire-d'Ozilhan. — *Saint-Hilaire-le-Vieux* (Trenquier, *Not. sur quelques localités du Gard*).

Saint-Étienne, église paroissiale dans Uzès, détruite au XVIe siècle et rebâtie au XVIIe. — *Abbatia Sancti-Stephani*, 1156 (Hist. de Lang. II, pr. col. 561; Gall. Christ. t. VI, instr. col. 654). — *Ad portale Sancti-Stephani civitatis Ucaciæ*, 1344 (arch. mun. d'Uzès, BB. 2, f° 17). — *Ecclesia Sancti-Stephani*, 1443 (arch. commun. d'Uzès, FF. 8). — *L'endroit où souloyt estre la porte principalle de l'esglize parrochielle de Saint-Estienne, en la ville d'Uzès*, 1602 (J. Gentoux, not. d'Uzès). — *L'église paroissiale de Saint-Étienne*, 1605 (arch. commun. d'Uzès); 1684 (*ibid.* CC. 135).

Le sacristain de la cathédrale d'Uzès en était prieur.

Saint-Étienne-d'Alensac, h. c^ne d'Alais. — *Sanctus-Stephanus de Lensaco*, 1170 (chap. de Nimes, arch. départ.). — *Le prieuré Nostre-Dame* (sic) *d'Allensa*, 1620 (insin. eccl. du dioc. d'Uzès). — *Le prieuré Sainct-Estève de Lensac*, 1721 (insin. eccl. du dioc. de Nimes). — *Saint-Étienne-d'Alensac*, 1783 (arch. départ. C. 516).

Le prieuré de Saint-Étienne-d'Alensac appartenait au diocèse d'Uzès, doyenné de Navacelle. — Uni au monastère de Saint-Bernard-et-Notre-Dame-des-Fonts d'Alais, il était à la collation de l'abbesse de ce monastère.

Saint-Étienne-d'Alvernes, village et église détr. territ. de Clarensac. — *In villa Alevernes*, 841 (cart. de Psalmody). — *Villa quam vocant Alvernis*, 931 (cart. de N.-D. de Nimes, ch. 121). — *Villa Alvernis, in Valle-Anagia*, 1009 (*ibid.* ch. 127). — *Villa Sancti-Stephani de Alverno*, 1027 (*ibid.* ch. 126). — *Via publica quæ de Cavairaco ad Alverno discurrit*, 1060 (ibid. ch. 123). — *Sanctus-Stephanus de Alverno*, 1075 (Hist. de Lang. II, pr. col. 288). — *Saint-Etienne-d'Alverne, ou del Vern*, 1249 (arch. départ. G.). — *Saint-Estève* (cad. de Clarensac).

C'est une des trois églises que l'évêque de Nimes Raymond donna à son chapitre cathédral en échange de Notre-Dame-de-Bonheur.

Saint-Étienne-de-Capdueil, église entièrement ruinée, à Nimes. — *De Sancto-Stephano ad ipso Capitolio*, 1007 (cart. de N.-D. de Nimes, ch. 1). — *Ecclesia Sancti Stephani que est juxta Capitolium*, 1149 (Ménard, VII, p. 719). — *Ecclesia Sancti-Stephani de Capitolio*, 1156 (cart. de N.-D. de

Nimes, ch. 84); 1466 (arch. départ. G. 162); 1534 (*ibid.* G. 176). — *L'église Saint-Etienne du Capdueil*, située près de la *Maison-Carrée*, 1560 (Ménard, IV, p. 256); 1599 (*ibid.* V, p. 301). — *Saint-Etienne près du Capitole ou de la Maison-Carrée* (*ibid.* I, p. 188 et 216; IV, p. 190).

Cette église avait été donnée au monastère de Saint-Baudile vers 1060, avant son union à l'abbaye de la Chaise-Dieu (1084); l'abbé de la Chaise-Dieu l'avait ensuite cédée à l'évêque de Nimes Raymond (Hist. de Lang. II, pr. col. 352).

Saint-Étienne-de-la-Serre, église détruite, c^ne de Cendras. — *La paroisse Saint-Estienne de la Serre*, 1346 (cart. de la seign. d'Alais, f° 43). — *Saint-Etienne*, 1733 (arch. départ. C. 1481).

Saint-Étienne-de-Laval, ermitage et chapelle ruinée, c^ne de Colias. — *Le prieuré Sainct-Extienne de Laval*, près Collias, 1620 (insin. eccl. du dioc. d'Uzès). — *Le prieuré Nostre-Dame-et-Saint-Etienne-de-Laval*, 1630 (insin. eccl. du dioc. de Nimes). — *Saint-Vincent-de-Laval*, 1715 (J.-B. Nolin, *Carte du dioc. d'Uzès*).

Saint-Étienne-de-l'Herme, chapelle ruinée, c^ne de Montfrin. — *Sanctus-Stephanus de Eremo*, 1018 (cart. de Psalmodi). — *Sanctus-Stephanus de Ermo*, 1123 (*ibid.*). — *Prioratus Sancti-Stephani deiz Herms; de Heremis, diocesis Arelatensis*, 1474 (J. Brun, notaire de Saint-Geniès-en-Malgoirès). — *Saint-Etienne* ou la Réal (Trenquier, *Mémoire sur Montfrin*).

Saint-Étienne-de-l'Olm, c^on de Vézenobre. — *Villa Sancti-Stephani de Ulmo*, 1121 (Gall. Christ. t. VI, p. 304). — *Via que ducit de Venedubrio ad Sanctum-Stephanum*, 1230 (chap. de Nimes, arch. dép.). — *Sanctus-Stephanus de Ulmo*, 1384 (dénombr. de la sén.). — *Locus Sancti-Stephani de Ulmo. Uticensis diocesis*, 1462 (reg.-cop. de lettr. roy. E, v). — *Sainct-Estienne-de-l'Olm*, 1544 (J. Ursy, not. de Nimes). — *Sainct-Estienne-de-l'Olm*, 1694 (armor. de Nimes). — *Saint-Estève de Lons*, 1715 (J.-B. Nolin, *Carte du dioc. d'Uzès*). — *Étienne-de-Long*, 1793 (arch. départ. L. 393).

Saint-Étienne-de-l'Olm faisait partie, avant 1790, de la viguerie et du diocèse d'Uzès, doyenné de Sauzet. — On n'y comptait que 2 feux et demi en 1384. — Ce lieu ressortissait au sénéchal d'Uzès. Le marquis de Calvière en était seigneur, au XVIIIe siècle. — Les armoiries sont : *d'azur, à un ormeau de sinople.*

Saint-Étienne d'Escattes, lieu détruit et église ruinée, c^ne de Souvignargues. — *B. de Scata*, 1174 (Mé-

nard, VII, p. 721). — *Prioratus Sancti-Stephani de
Scata*, 1242 (arch. départ. G. 366). — *Ecclesia
de Scata*, 1386 (rép. du subs. de Charles VI). —
Sanctus-Stephanus de Scata, 1496 (Mén. IV, pr.
p. 63, c. 1). — *Le prieuré Saint-Estienne d'Escate*,
1609 (insin. eccl. du dioc. de Nimes). — *Saint-
Estienne-d'Escats*, 1634 (arch. départ. C. 742);
1670 (insin. eccl. du dioc. de Nimes). — *Saint-
Estienne de Castes*, 1704 (C.-J. de La Baume, Rel.
inéd. de la rév. des Camisards). — *Saint-Estienne-
d'Esclate*, 1756 (Fontaine, not. de Nimes). —
Saint-Étienne-d'Escate, 1768 (arch. départ. G. 376).

Le prieuré-cure de Saint-Étienne-d'Escattes faisait partie du diocèse de Nimes, archiprêtré de
Sommière. Il valait 700 livres et était à la nomination de l'évêque de Nimes. — En 1582, le lieu
d'Escatte a son présage commun avec celui de Souvignargues. — Voy. ESCATTES.

SAINT-ÉTIENNE-DE-SERMENTIN, village, cⁿᵉ de Saint-
Victor-de-Malcap. — *Prioratus Sancti-Stephani de
Sermentinis*, 1470 (Sauv. André, not. d'Uzès). —
Saint-Estève; le château de Saint-Estève (Trenquier,
Notices sur quelques localités du Gard).

La seigneurie appartenait, au xvıııᵉ siècle, à
M. Chambon, de Saint-Ambroix. Le marquis de
Saint-Victor y avait des fiefs nobles.

SAINT-ÉTIENNE-DES-SORTS, cᵒⁿ de Bagnols. — *Ecclesia de
Sancto-Stephano de Sors*, 1314 (Rot. eccl. arch.
munic. de Nimes); 1384 (dénombr. de la sénéch.);
1550 (arch. départ. C. 1322). — *La communauté de
Saint-Estienne des Sorts*, 1627 (ibid. C. 1294). —
Saint-Estève de Sors, 1715 (J.-B. Nolin, Carte du
dioc. d'Uzès). — *Saint-Étienne-des-Sorts*, 1756 (arch.
départ. C. 577). — *Sorts*, 1793 (ibid. L. 393).

Saint-Étienne-des-Sorts, avant 1790, faisait
partie de la viguerie de Bagnols et du diocèse d'Uzès,
doyenné de Bagnols. — On y comptait 3 feux et
demi en 1384. — C'était un prieuré régulier, relevant
d'abord de Cluny, et uni plus tard à la sacristie
du chapitre collégial de Saint-Martial d'Avignon.
La vicairie du lieu était à la présentation du prieur
et à la collation de l'évêque d'Uzès. — Cette communauté avait pour armoiries : *d'hermine, à un pal
losangé d'argent et de gueules.*

SAINT-ÉTIENNE-DU-CHEMIN, église entièrement ruinée,
à Nimes. — *Sanctus-Stephanus de Camino*, 1410
(chap. de Nimes, arch. départ.); 1425 (ibid.);
1466 (ibid.); 1510 (ibid.); 1544 (ibid.). —*Sainct-
Estienne du Chemin*, 1734 (insin. eccl. du dioc. de
Nimes). — *La Traverse de Sainct-Estienne du Chemin*, 1700 (arch. départ. G. 215).

Cette église, ruinée depuis le xvıᵉ siècle, était

située dans une ruelle, auj. disparue, qui allait de la
porte latérale de la cathédrale à la rue des Lombards
et qui s'appelait *Carreria de Camino* ou la *traverse de
Saint-Étienne du Chemin* (arch. départ. G. 214).

SAINT-ÉTIENNE-ENTRE-DEUX-ÉGLISES, église entièrement
ruinée, à Nimes. — *Ad Sancto-Stephano inter duas
ecclesias*, 1114 (cart. de N.-D. de Nimes, ch. 102).
— *Ecclesia Sancti-Stephani infra* (sic) *duas ecclesias*,
1156 (ibid. ch. 84). — *Ecclesia Sancti-Stephani inter duas ecclesias*, 1270 (Mén. I, pr. p. 94,
c. 2, et p. 217).

Cette église, qui appartenait au chapitre de
Nimes, était située à l'extrémité de la rue Fresque,
du côté de la rue de la Magdeleine. Jusqu'à la Révolution, un arceau en était demeuré enclavé dans
une maison; ce qui avait fait donner à cette partie
de la rue Fresque le nom d'*Arc-de-Saint-Étienne*. —
Le nom de cette église lui venait de ce qu'elle était
située sur le parcours direct entre l'église de Sainte-
Eugénie et celle de la Magdeleine.

SAINT-EUGÈNE, h. et église ruinée, cⁿᵉ de Saint-Maximin. — *Villa Sancti-Eugenii, Uticensis diocesis*,
1156 (Hist. de Lang. II, pr. col. 561).

On voit encore les ruines de cette église adossées
à une maison d'exploitation rurale (G. Charvet, *le
château de Saint-Privat*, p. 7).

SAINTE-URSULE, monastère d'Ursulines, dans Nimes. Il
prit le nom de *Grand Couvent* quand l'évêque Cohon
eut fondé un second couvent d'Ursulines hors de
la ville, en face de l'amphithéâtre des Arènes. —
C'est ce monastère (aujourd. le petit Temple protestant) qui a donné son nom à la rue du Grand-
Couvent.

SAINT-EUZÉBY, église rurale, auj. ruinée, sur le chemin du Vigan à Avèze. — *Mansus de Sancto-Euze-
bio, in parrochia Sancti-Petri de Vicano*, 1310 (pap.
de la famille d'Alzon). — *Via publica qua itur de
Vicano versus Sanctum-Euzebium*, 1430 (A. Montfajon, not. du Vigan). — *Saint-Eusèbe*, 1550 (arch.
départ. C. 1812).

SAINTE-VICTOIRE-ET-SAINTE-BRUNE, chapelle ruinée.

Elle était située sur un rocher au pied duquel
la tradition veut que se soient ralliés les Sarrazins
battus par Charles Martel.

SAINT-FÉLIX, h. cⁿᵉ de Saint-Martin-de-Valgalgue. —
A. de Sancto-Felice, 1376 (cart. de la seign. d'Alais,
fᵒ 47).

SAINT-FÉLIX-DE-PALLIÈRES, cᵒⁿ de la Salle. — *Villa
que vocant Patellaco, in vicaria Selindrinca, in castro
Andusiense, in comitatu Nemausense*, 959 (cart. de
N.-D. de Nimes, ch. 161). — *Sanctus-Felix de Paleria*, 1384 (dénombr. de la sénéch.). — *Saint-Félix*

de Paillières, 1435 (rép. du subs. de Charles VII). — *Locus Sancti-Felicis de Palheria, Nemausensis diocesis*, 1461 (reg.-cop. de lettr. roy. E, v).—*R. Clareti, dominus Sancti-Felicis de Paleria, Nemausensis diocesis*, 1463 (L. Peladan, not. de Saint-Geniès-en-Malgoirès). — *Sanctus-Felix de Paleria*, 1508 (G. Calvin, not. d'Anduze). — *Sainct-Phelip* (sic) *de Palliere, balhage de Sauve*, 1582 (Tar. univ. du dioc. de Nimes). — *Mont-Félix de Paillières*, 1793 (arch. départ. L. 393).

Le village de Saint-Félix-de-Pallières appartenait, avant 1790, à la viguerie de Sommière et au diocèse de Nimes (plus tard d'Alais), archiprêtré de la Salle. — En 1384, il ne se composait que de 2 feux. — On a trouvé dans les mines de cette commune des preuves qu'elles avaient été exploitées du temps des Romains. — On remarque l'ancienne chapelle du château de Saint-Félix. — La communauté de Saint-Félix portait : *d'azur, à un levrier rampant d'argent, accolé de gueules, bouclé d'or*.

Saint-Félix-d'Espeiran, église détruite, c^{ne} de Saint-Gilles. — *Sanctus-Felix de Aspirano*, 1119 (bullaire de Saint-Gilles). — *Ecclesia de Espeyrano*, 1386 (rép. du subs. de Charles VII). — *Prioratus Sancti-Felicis Despeyrano, sine cura*, 1538 (Gall. Christ. t. VI, instr. col. 206).

Le prieuré rural de Saint-Félix-d'Espeiran appartenait à l'abbaye de Saint-Gilles.

Saint-Féraud, abîme, c^{ne} de Campestre-et-Luc.

Saint-Ferréol, chapelle ruinée, c^{ne} de Saint-Privat-de-Champclos. — *Sanctus-Ferreolus*, 1121 (Gall. Christ. t. VI, p. 304).

Saint-Ferréol, église détruite, c^{ne} d'Uzès. — *Ecclesia Sanctorum Apostolorum Petri et Pauli, a parte septentrionali prope civitatem Ucetiœ a B. Ferreolo constructa*, 896 (Gall. Christ. t. VI, instr. col. 294). — *Abbatia Sancti-Ferreoli*, 1156 (Hist. de Lang. II, pr. col. 561). — *Sanctus-Ferreolus*, 1226 (bibl. du grand séminaire de Nimes). — *L'église de Saint-Ferréol*, 1520 (arch. commun. d'Uzès, GG. 7). — *Le prieuré de Sainct-Ferriol*, 1620 (insin. eccl. du dioc. d'Uzès).

Le prieuré de Saint-Ferréol était uni à l'ouvrerie de la cathédrale d'Uzès.

Saint-Firmin-lez-Uzès, village auj. incorporé à la c^{ne} d'Uzès. — *Abbatia et villa Sancti-Firmini*, 1156 (Hist. de Lang. II, pr. col. 561). — *Nundinæ loci Sancti-Firmini*, 1344 (arch. commun. d'Uzès, BB. 2, f° 17). — *Villa Sancti-Firmini*, 1358 (bibl. du grand séminaire de Nimes). — *Sainct-Fermin-lez-Uzez*, 1502 (Rech. hist. sur Beaucaire,

p. 170). — *Saint-Firmin*, 1549 (arch. départ. G. 1329). — *La communauté de Saint-Firmin*, 1671 (arch. commun. d'Uzès, CC. 100). — *La maladrerie de Saint-Firmin-lez-Uzès*, 1727 (arch. départ. C. 1218). — *Saint-Firmin*, 1752 (Nicolas, not. de Nimes). — *Le château de Saint-Firmin* (Ménard, V, p. 134).

Le prieuré de Saint-Firmin était uni à la prévôté du chapitre cathédral d'Uzès. — Il se tenait en ce lieu, au moyen âge, une foire célèbre, au sujet de laquelle eut lieu, en 1358, une transaction entre le prévôt de la cathédrale et les consuls d'Uzès. — En 1578, le lieu de Saint-Firmin ayant été démoli, la foire fut, par autorisation du roi, transférée dans l'intérieur de la ville d'Uzès. — La communauté de Saint-Firmin portait : *de sable, à un pal losangé d'argent et de sable*.

Saint-Florent, c^{ne} de Saint-Ambroix. — *Sanctus-Florentius*, 1157 (Gall. Christ. t. VI, p. 620). — *Castrum Sancti-Florencii et mandamentum ejus*, 1345 (cart. de la seign. d'Alais, f° 33). — *Parrochia Sancti-Florencii (ibid. f° 33). — Castrum et villa Sancti-Florencii (ibid. f° 41). — Sanctus-Florentius*, 1384 (dén. de la sénéch.). — *Saint-Florens*, 1694 (armor. de Nimes). — *Le prieuré de Saint-Florent*, 1698 (insin. eccl. du dioc. de Nimes); 1736 (arch. départ. C. 1307). — *Mont-Mayard*, 1793 (*ibid.* L. 393).

Saint-Florent appartenait, en 1384, à la viguerie d'Alais et au diocèse de Nimes; on y comptait alors 2 feux et demi. — Dès avant l'an 1435, ce village était incorporé à la viguerie et au diocèse d'Uzès, doyenné de Saint-Ambroix. — Le prieuré de Saint-Florent était à la collation de l'évêque d'Uzès. — On a trouvé en ce lieu des sépultures gallo-romaines. — Les armoiries de Saint-Florent sont : *d'argent, à une bande losangée d'or et de sinople*.

Saint-Gellis, f. et chapelle ruinée, c^{ne} de Fontanès.

Saint-Gély, h. c^{ne} de Cornillon.

Saint-Geniès, église ruinée, c^{ne} d'Uzès. — *Villa Sancti-Genesii*, 1156 (Hist. de Lang. II, pr. col. 561). — *La métérie de Saint-Geniez*, 1770 (anc. compoix, arch. mun. de Nimes).

Église romane du commencement du XIIe siècle, dont il ne reste plus que le chevet. On remarque dans le mur extérieur deux épitaphes qui datent de l'époque carlovingienne.

Saint-Geniès-de-Comolas, c^{ne} de Roquemaure. — *Sanctus-Genesius de Comolacio*, 1384 (dénombr. de la sén.). — *Saint-Geniez*, 1550 (arch. départ. C. 1326). — *Le prieuré Sainct-Geniès de Comilas*, 1620 (insin.

eccl. du dioc. d'Uzès). — *La communauté de Saint-Geniez de Comolas*, 1633 (arch. départ. C. 1296). — *Comolas*, 1694 (armor. de Nimes). — *Montclos*, 1793 (arch. départ. L. 393).

Saint–Geniès-de-Comolas faisait partie de la viguerie de Roquemaure et du diocèse d'Uzès pour le temporel; mais, pour le spirituel, il relevait du diocèse d'Avignon. — Le prieuré était à la collation du chapitre collégial de Roquemaure. — On comptait 13 feux à Saint-Geniès-de-Comolas en 1384. — Les armoiries de cette communauté sont : *d'hermine, à un chef losangé d'argent et d'azur.*

SAINT-GENIÈS-DE-LAUDUN, église ruinée, c^{ne} de Laudun. — *Le prieuré Sainct-Geniais de Laudun, en plaine*, 1620 (insin. eccl. du dioc. d'Uzès). — Voy. LAUDUN.

SAINT-GENIÈS-EN-MALGOIRÈS, c^{on} de Saint-Chapte. — *Sanctus-Genesius de Mediogozes*, 1119 (bullaire de Saint-Gilles). — *Ecclesia de Sancto-Genesio*, 1314 (Rotul. eccl. arch. munic. de Nimes). — *Sanctus-Genesius de Medio-Guoto*, 1381 (Mén. III, pr. p. 34, c. 1). — *Sanctus-Genesius de Medio-Goto*, 1384 (dénombr. de la sénéch.). — *Sanctus-Genesius de Malgorio*, 1461 (reg.-cop. de lettr. roy. E, IV, f° 32). — *Locus Sancti-Genesii de Mandegoto*, 1461 (*ibid.* E, v). — *Castrum Sancti-Genesii*, 1463 (L. Peladan, not. de Saint-Geniès-en-Malgoirès). — *Saint-Geniès de Malgoirès*, 1547 (arch. départ. C. 1314). — *La seigneurie de Saint-Giniers*, 1567 (lettr.-pat. de Charles IX). — *Sainct-Genieys de Malgoirès*, 1697 (insin. eccl. du dioc. de Nimes); 1752 (arch. départ. C. 1308). — *Mont-Esquielle*, 1793 (*ibid.* L. 393).

Saint-Geniès-en-Malgoirès faisait partie, avant 1790, de la viguerie et du diocèse d'Uzès, doyenné de Sauzet. — Le prieuré était à la collation de l'abbé de Saint-Gilles; l'évêque d'Uzès n'avait que la collation de la vicairie sur la présentation du prieur du lieu. — En 1384, on comptait 8 feux à Saint-Geniès-en-Malgoirès. — La justice de ce lieu dépendait de l'ancien patrimoine du duché-pairie d'Uzès. — Saint-Geniès était, au XVIIIe siècle, le chef-lieu d'une conférence ecclésiastique du dioc. d'Uzès. — En 1790, cette communauté devint le chef-lieu d'un canton du district d'Uzès, composé de six communes : La Calmette, Dions, Montignargues, la Rouvière, Saint-Geniès et Sauzet. — Saint-Geniès-en-Malgoirès ne reçut point d'armoiries en 1694.

SAINT-GEORGES, f. c^{be} d'Arrigas.

SAINT-GEORGES, chapelle ruinée, c^{ne} de Théziers.

SAINT-GEORGES-DE-GÉVOLON, h, détruit et chapelle ruinée, c^{ne} de Fournès. — *B. de Geolon*, 1249 (cart.

de N.-D. de Bonh. ch. 20). — *Sanctus-Georgius de Gevolono*, 1416 (E. Trenquier, *Not. sur quelques localités du Gard*).

SAINT-GEORGES-DE-VÉNÉJAN, h. c^{ue} de Vénéjan. — 1715 (J.-B. Nolin, *Carte du dioc. d'Uzès*).

SAINT-GÉRAUD-DE-ROQUEFEUIL, chapelle auj. détruite, qui a donné son nom au mont Saint-Guiral (voy. ce nom). — *Capella Sancti-Geraldi de Rocafolio*, 1135 (bulle d'Innocent III). — *Capella de Rocafoli*, 1156 (cart. de N.-D. de Nimes, ch. 84). Cette chapelle relevait de l'église de N.-D. de Dourbie.

SAINT-GERMAIN-DE-CÈZE, h. c^{ne} de Saint-Ambroix. — *Mas Chaber*, 1866 (notar. de Nimes).

SAINT-GERMAIN-DE-MONTAIGU-LEZ-ALAIS, h. et chapelle ruinée, c^{ne} d'Alais. — *R. prior Sancti-Germani*, 1149 (Ménard, VII, p. 720). — *Castrum de Mont-Agut*, 1208 (Généalogie des Châteauneuf-Randon). — *Domus Sancti-Germani*, 1226 (chap. de Nimes, arch. départ.). — *Ecclesia Sancti-Germani*, 1237 (*ibid.*). — *Domini de Monte-Acuto*, 1294 (Mén. I, pr. p. 131, c. 1). — *Ecclesia Sancti-Germani de prope Alestum*, 1437 (Et. Rostang, not. d'Anduze). — *Prioratus Sancti-Germani de Alesto, in ecclesia Nemausensi*, 1461 (reg.-cop. de lettr. roy. E, v). — *Sanctus-Germanus de Monte-Acuto prope Alestum*, 1539 (Mén. IV, pr. p. 155, c. 1). — *Sainct-Germain sur Alez*, 1554 (J. Ursy, not. de Nimes). — *Prioratus secularis Sancti-Germani de Monte-Acuto prope Alestum*, 1695 (insin. ecclés. du diocèse de Nimes).

Bien qu'enclavé dans le diocèse d'Alais depuis 1694, ce prieuré continua d'appartenir au chapitre de Nimes, dont le troisième archidiacre prenait le titre de seigneur de Saint-Germain-de-Montaigu. — (Ménard, IV, p. 155.)

SAINT-GERVAIS, c^{on} de Bagnols. — *Sanctus-Gervasius*, 1384 (dénombr. de la sénéch.). — *Saint-Gervais*, 1550 (arch. départ. C. 1323). — *Le prieuré Sainct-Gervas*, 1620 (insin. eccl. du dioc. d'Uzès). — *La communauté de Saint-Gervais*, 1627 (arch. départ. C. 1294). — *Gervais-lez-Bagnols*, 1793 (*ibid.* L. 393).

Ce village, qui faisait partie du diocèse d'Uzès, viguerie et doyenné de Bagnols, ne se composait, en 1384, que de 2 feux. — Le prieuré de Saint-Gervais était à la collation de l'évêque d'Uzès. L'ancien château existe encore dans l'intérieur du village. — Saint-Gervais portait : *de sinople, à un pal losangé d'argent et d'azur.*

SAINT-GERVASY, c^{on} de Marguerittes. — *Villa Sancti-Gervasii*, 1157 (Hist. de Lang. II, pr.). — *Sanc-*

tus-Gervasius, 1207 (Mén. I, pr. p. 44, c. 1). — *Locus de Sancto-Gervasio*, 1321 (Ménard, VII, p. 727); 1384 (dénombr. de la sén.). — *Saint-Gervaise*, 1435 (rép. du subs. de Charles VII). — *Locus Sancti-Gervasii*, 1494 (Dapchuel, not. de Nimes). — *Sainct-Gervais*, 1582 (Tar. univ. du dioc. de Nimes). — *Sainct-Gervasi*, 1650 (G. Guiran, *Style de la Cour roy. ord. de Nimes*). — *Belleniste*, 1793 (arch. départ. L. 393).

Saint-Gervasy faisait partie de la viguerie et du diocèse de Nimes, archiprêtré de Nimes. — On y comptait 8 feux en 1384, et en 1744, 70 feux et 280 habitants. — Le prieuré simple et séculier de Saint-Gervais de Saint-Gervasy était uni à la mense épiscopale de Nimes et valait 2,000 livres. — La haute, moyenne et basse justice de ce village appartenait à l'évêque de Nimes.

SAINT-GILLES, arrond. de Nimes. — *Monasterium Sancti-Petri, in Valle-Flaviana*, 813 (Mén. I, pr. p. 3, c. 1).—*Sanctus-Petrus, in Valle-Flaviana*, 817 (D. Bouquet, *Historiens de France*). — *In Valle-Flaviana, in comitatu Nemausense, ad fines Septimaniæ*, 878 (bull. de Saint-Gilles). — *Monasterium Sancti-Petri, in quo quiescit corpus B. Ægidii, in Valle-Flaviana, in pago Nemausense, in finibus Gothiæ*, 879 (Mén. I, pr. p. 11, c. 2). — *Sanctus-Ægidius*, 1024 (cart. de N.-D. de Nimes, ch. 32). — *Ægidiensis (moneta)*, 1095 (Hist. de Lang. II, pr. col. 336). — *Villa Sancti-Ægidii*, 1256 (Mén. I, pr. p. 81, c. 2). — *Sanctus-Ægidius*, 1384 (dénombr. de la sénéch.).—*Sainct-Gille*, 1435 (rép. du subs. de Charles VII). — *Le fort de Saint-Gilles*, 1533 (arch. départ. C. 902). — *Sainct-Gelly*, 1558 (Mén. IV, notes, p. 22). — *Sainct-Gilles*, 1650 (G. Guiran, *Style de la Cour roy. ord. de Nimes*). — *Héraclée*, 1793 (arch. départ. L. 393).

Saint-Gilles faisait partie de la viguerie et du dioc. de Nimes.—En 1384, on y comptait 40 feux, en y comprenant ceux d'Estagel, son annexe. Le recensement de 1744 lui donne 600 feux et 3,500 habitants; celui de 1789, 1,181 feux. — Saint-Gilles, bâti près de l'emplacement d'une ville antique (que plusieurs ont crue être Héraclée), doit son origine et son accroissement à la dévotion des chrétiens pour le tombeau de saint Gilles, qui y fut inhumé en 721. — En 1231, saint Gilles comprenait sept paroisses. — Le premier grand-prieuré de Saint-Jean-de-Jérusalem fondé en Europe le fut à Saint-Gilles, par Raymond IV, au commencement du XIIe siècle. — Quatre conciles ont été tenus à Saint-Gilles. — L'abbaye de Saint-Gilles, sécula-

risée par une bulle du pape Paul III en 1538, était à la nomination du roi; elle valait 18,000 livres. — En 1790, lors de la première organisation du département, Saint-Gilles devint le chef-lieu d'un canton du district de Nimes. Ce canton ne se composait que de la ville de Saint-Gilles et de ce qu'on appelait son taillable, c'est-à-dire les villages ou hameaux de Sieure, d'Espeiran, de Saint-André-de-Camarignan et de Sainte-Colombe. — Saint-Gilles porte : *d'azur à une biche percée d'une flèche, avec cette devise* : IN. VIRTVTE. DECOR — IN. LABORE. QVIES.

SAINT-GILLES, f. cne de Beaucaire. — *Les Jardins de Saint-Gilles*, 1828 (notar. de Nimes).

SAINT-GILLES, église ruinée, dans le cimetière actuel de la cne de Marguerittes. — *Sanctus-Ægidius*, 974 (cart. de N.-D. de Nimes, ch. 60). — *Sanctus-Ægidius de Margarita*, 1031 (*ibid.* ch. 86); 1141 (arch. départ. G. 364). — *Ecclesia Sancti-Ægidii, loci Marguaritarum*, 1466 (cart. de Saint-Sauv.-de-la-Font). — *Sanctus-Ægidius de Margarita*, 1539 (Mén. IV, pr. p. 155, c. 1). — *Saint-Gilles hors les murs de Marguerittes*, 1617 (insin. eccl. du dioc. de Nimes). — *Le prieuré Saint-Gilles de Marguerittes*, 1706 (arch. départ. G. 206).

Le prieuré simple et séculier de Saint-Gilles de Marguerittes fut de bonne heure annexé à l'église de Saint-Pierre de Marguerittes. Tous deux étaient unis au premier archidiaconat de l'église cathédrale de Nimes et valaient ensemble 3,000 livres. — Les débris qui restent encore debout, et qui sont du plus pur roman, permettent de faire remonter cet édifice au XIIe siècle.

SAINT-GILLES, église ruinée, cne de Portes. — *Ecclesia Sancti-Ægidii, in sylva quæ vocatur Regudana, ad Portas*, 1050 (Hist. de Lang. II, pr. col. 210).— *Saint-Gilles de Portes*, 1450 (arch. départ. G. 399). — *Le prieuré Sainct-Gilles de Portes*, 1620 (insin. eccl. du dioc. d'Uzès).

Le prieuré de Saint-Gilles de Portes était à la collation du chapitre de Saint-Germain de Montpellier. L'évêque d'Uzès en conférait seulement la vicairie, sur la présentation du prieur.

SAINT-GILLES-LE-VIEUX, prieuré aujourd'hui détruit, cne du Caylar. — *Ecclesia Sancti-Egydii de Missiniaco*, 1119 (bull. de Saint-Gilles). — *Villa Sancti-Egidii veteris*, 1202 (Lay. du Tr. des ch. t. I, p. 237). — *Sanctus-Ægidius*, 1308 (arch. départ. G. 267). — *Le prieuré de Saint-Gilles-le-Vieux*, 1546 (*ibid.* 338). — *Saint-Gilles-le-Viel, sur le grand chemin du pont de Lunel à Beaucaire, dont les vestiges paroissent sur une petite éminence de terre*, 1696 (procès-verbal d'une visite épisc. de Fléchier, arch. départ. G. 373). — *Saint-Gély*, 1760 (*ibid.*).

Ce prieuré, qui s'appelait aussi *Saint-Gilles de Missargues*, était une annexe du prieuré de Saint-Étienne du Caylar et relevait originairement de l'abb. de Saint-Gilles, et plus tard du chapitre collégial de Saint-Pierre de Montpellier.

SAINT-GUILHEN-DE-L'ESPÉROU, église ruinée dès le xve siècle, au h. de l'Espérou. — *Ecclesia Sancti-Guilhermi de Esperone*, 1436 (insin. eccl. du dioc. de Nimes).

Cette église, qui dépendait de l'abbaye de Saint-Guilhem-du-Désert, diocèse de Lodève, fut unie en 1436 à la sacristie du chapitre collégial de Notre-Dame-de-Bonheur.

SAINT-GUILHEN-DE-VIGNOLES, église détruite, cne de Nimes. — *Ecclesia fundata in honore Sancti-Wilelmi, in villa que nuncupant Vinosolo, in parochia Sancta-Perpetua, in territorio civitatis Nemausensis*, 1050 (cart. de N.-D. de Nimes, ch. 166). — *Sanctus-Guillelmus de Vinozols*, 1380 (comp. de Nimes). — *Saint-Guilhen de Vignoles, sive Magaille*, 1426 (arch. départ. G. 200); 1477 (*ibid.* G. 205). — *Sainct-Guilhem de Vignoles*, 1608 (J. Bruguier, not. de Nimes. — (Ménard, V, p. 293.)

SAINT-GUIRAL, ermitage, sur les ruines de la chapelle de Saint-Géraud-de-Roquefeuil (voy. ce nom), sur la montagne de Saint-Guiral, à la limite des communes de Dourbie et d'Arrigas.

SAINT-HILAIRE-DE-BRETHMAS, cen d'Alais. — *La paroisse de Saint-Ylari de Britomant*, 1376 (cart. de la seign. d'Alais, fo 43). — *Sanctus-Ylarius de Breto-Manso*, 1384 (dénomb. de la sénéch.). — *Ecclesia Sancti-Ylarii*, 1386 (rép. du subs. de Charles VI). — *Saint-Ylaire de Brethmas*, 1435 (rép. du subs. de Charles VI). — *Sainct-Ylaire, viguerie d'Allez*, 1582 (Tar. univ. du dioc. de Nimes). — *Saint-Hilaire-de-Brethmas*, 1674 (arch. départ. C. 878); 1698 (*ibid.* C. 1849). — *Bretmas-Avesnes*, 1793 (*ibid.* L. 393).

Saint-Hilaire-de-Brethmas faisait partie de la viguerie d'Alais et du diocèse de Nimes (Alais), archiprêtré d'Alais. — Ce village se composait de 5 feux en 1384. — La commune de Saint-Hilaire-de-Brethmas est bornée à l'est par la rivière d'*Avène*. — Nous ne lui connaissons pas d'armoiries. — Voy. VIÉ-CIOUTAT.

SAINT-HILAIRE-D'OZILHAN, cen de Remoulins. — *Castrum Sancti-Hilarii*, 1121 (Gall. Christ. t. VI, instr. col. 304). — *Locus de Sancto-Ylario*, 1312 (arch. commun. de Valliguière). — *Sanctus-Ylasius* (sic),

1384 (dénombr. de la sénéch.). — *Locus Sancti-Yllarii de Ausilhano, Uticensis diocesis*, 1474 (J. Brun, not. de Saint-Geniès-en-Malgoirès). — *Prioratus Sancti-Hillarii de Ozilhano*, 1480 (cart. de Saint-André de Villeneuve-lez-Avignon). — *Saint-Hilaire-d'Ozilhan*, 1551 (arch. départ. C. 1332). — *Le prieuré Sainct-Illaire-d'Ouzilhant*, 1620 (insin. eccl. du dioc. d'Uzès). — *La communauté de Saint-Hilaire d'Ozilhan*, 1633 (arch. départ. C. 1296).

Saint-Hilaire-d'Ozilhan faisait partie, avant 1790, de la viguerie de Roquemaure et du diocèse d'Uzès, doyenné de Remoulins. — On y comptait 7 feux en 1384. — Ce village est encore aujourd'hui entouré de remparts du côté du nord et de l'est. — Ses armoiries sont : *de gueules, à un pal losangé d'or et d'azur*.

SAINT-HILAIRE-LE-VIEUX, église ruinée, cne de Saint-Hilaire-d'Ozilhan (Trenquier, *Not. sur quelq. local. du Gard*). — Voy. SAINT-ÉTIENNE.

SAINT-HIPPOLTTE-DE-CATON, cen de Vézenobre. — *Villa Sancti-Yppoliti de Catone*, 1295 (Ménard, VII, p. 725). — *Sanctus-Ypolitus de Catone*, 1384 (dén. de la sénéch.) — *Sainct-Ipolite de Caton*, 1544 (J. Ursy, not. de Nimes). — *Saint-Ypolite de Caton*, 1547 (arch. départ. C. 1314). — *Sainct-Hypolite de Caton*, 1565 (J. Ursy, not. de Nimes). — *Le prieuré Sainct-Ipollite de Caton*, 1620 (insin. eccl. du dioc. d'Uzès). — *Hypolite-de-Caton*, 1793 (arch. départ. L. 393).

Ce village faisait partie de la viguerie et du diocèse d'Uzès, doyenné de Navacelle. — Il se composait, en 1295, de 33 feux, et en 1384, de 8 seulement. — Le prieuré était à la collation de l'abbé de la Chaise-Dieu. L'évêque d'Uzès ne pouvait disposer que de la vicairie, sur la présentation du prieur. — Ce lieu (qui a pris son nom d'une montagne de son territoire) ressortissait au sénéchal d'Uzès. — M. de Montolieu, de Nimes, en était seigneur au xviiie siècle. — On y a trouvé des inscriptions et d'autres antiquités. — Saint-Hippolyte-de-Caton portait : *de gueules, à un pal losangé d'argent et d'azur*.

SAINT-HIPPOLYTE-DE-MONTAIGU, cen d'Uzès. — *Ecclesia de Sancto-Ypolito, prope Flaucium*, 1314 (Rot. eccl. arch. munic. de Nimes). — *Sanctus-Ypolitus de Monte-Acuto*, 1384 (dénombr. de la sénéch.). — *Le prieuré Sainct-Ipollite de Montagut*, 1620 (insin. eccl. du diocèse d'Uzès). — *Saint-Hypolite-de-Montaigu*, 1715 (J.-B. Nolin, *Carte du dioc. d'Uzès*); 1744 (mandem. de l'évêque d'Uzès); 1761 (arch. départ. C. 582). — *Polithe-Montaigu*, 1793 (*ibid.* L. 393).

Gard.

Saint-Hippolyte-de-Montaigu faisait partie de la viguerie et du diocèse d'Uzès, doyenné d'Uzès. — Ce prieuré était à la collation de l'évêque. — En 1384, ce village ne comptait que 2 feux et demi.— Il doit son surnom à la montagne, de forme conique, au pied de laquelle il est bâti. — Les armoiries de Saint-Hippolyte-de-Montaigu sont : *de sinople, à une fasce losangée d'argent et de sinople.*

SAINT-HIPPOLYTE-DU-FORT, arrond. du Vigan. — *Prioratus Sancti-Ypoliti de Rupe-Furcata*, 1227 (arch. départ. G. 350). — *Sanctus-Ypolitus*, 1321 (chap. de Nimes, arch. départ.); 1384 (dénombr. de la sénéch.). — *Saint-Ypolite*, 1435 (répartition du subs. de Charles VII). — *Sanctus-Ypolitus de Ruppe-Furcata*, 1461 (reg.-cop. de lettr. roy. E, v). — *Sanctus-Yppolitus*, 1485 (Mén. IV, pr. p. 37, c. 1). — *Sainct-Yppolite*, *balhiage de Sauve*, 1582 (Tarif univ. du dioc. de Nimes). — *Saint-Hippolite-de-Roquefourcade*, 1617 (ins. eccl. du dioc. de Nimes). — *Mont-Polite*, 1793 (arch. départ. L. 393).

Saint-Hippolyte-du-Fort faisait partie de la viguerie de Sommière et du diocèse de Nimes jusqu'en 1694, et ensuite de celui d'Alais. — On y comptait 12 feux en 1384.— Le prieuré de Saint-Hippolyte-de-Roquefourcade, tout en faisant partie du diocèse d'Alais à partir de 1694, continua de demeurer uni à la mense épiscopale de Nimes. — Saint-Hippolyte était cependant le siége d'un des sept archiprêtrés du diocèse d'Alais. — En 1790, à l'époque de la première organisation du département, Saint-Hippolyte devint le chef-lieu d'un district qui comprenait les cantons suivants : Monoblet, Saint-Hippolyte, la Salle et Sauve. — Le canton de Saint-Hippolyte fut composé de neuf communes : Agusan, la Cadière, Cézas-et-Cambo, Conqueyrac, Cros, Pompignan, Saint-Hippolyte, Saint-Roman-de-Codière et Seyrac (Ceyrac). — La dénomination de Saint-Hippolyte-*du-Fort* date de la fin du xviie siècle, un fort, dont une partie subsiste encore et sert de caserne, y ayant été bâti, en 1687, sur les plans du maréchal de Vauban. — Au commencement du xviiie siècle et à l'occasion des troubles des Cévennes, cette petite ville devint le siége d'une garnison militaire. — Les armoiries de Saint-Hippolyte-du-Fort sont, d'après l'Armorial de 1694 : *de gueules, à un château d'or sur une montagne d'argent, bâtie de deux tours inégales à trois créneaux, chacune maçonnée de sable, celle du flanc dextre plus élevée que l'autre ;* et d'après Gastelier de La Tour : *de gueules, à un château d'argent, sommé de deux tours crénelées, celle à dextre plus élevée que l'autre ; le château fondé sur une montagne d'argent.*

SAINT-HIPPOLYTE-LE-VIEUX, h. c^{ne} de Saint-Hippolyte-du-Fort.

SAINT-JACQUES, église aujourd'hui détruite, dans Saint-Gilles (Rivoire, *Statist. du Gard*, t. II, p. 595).

SAINT-JACQUES, q. c^{ne} de Vergèze. — *Le claux de Saint-Jacques*, 1730 (pap. de la fam. Séguret, arch. hosp. de Nimes).

SAINT-JACQUES-DE-PORTE-COUVERTE, église auj. disparue, c^{ne} de Nimes.— *Hospitale militum*, *a Porta-Cuberta*, 1492 (Sin. Benoît, not. de Nimes). — *Saint-Jacques de Porte-Couverte*, 1548 (J. Ursy, not. de Nimes); 1671 (comp. de Nimes).

Elle était bâtie sur la porte romaine maintenant appelée *porte de France.*

SAINT-JAOUME, bois, c^{ne} de Tornac.

SAINT-JEAN, f. c^{ne} d'Aiguesmortes. — *Le domaine de Saint-Jean*, 1755 (arch. départ. C. 60). — *Salins de Saint-Jean* (carte géol. du Gard).

On y a trouvé des monnaies romaines et des antiquités. — Ancienne commanderie du grand-prieuré de Saint-Gilles. — Église ruinée.

SAINT-JEAN, église collégiale (et plus tard cathédrale), dans Alais. — *Ecclesia Sancti-Johannis de Alesto*, 1376 (cart. de la seign. d'Alais, f° 18). — *L'église collégielle de Sainct-Jehan d'Alès*, 1536 (quittance originale en ma possession).

SAINT-JEAN, f. c^{ne} de Bellegarde. — *Mas Saint-Jean*, 1609 (arch. départ. G. 283). — *La métairie de Saint-Jean de Bellegarde*, 1674 (Rec. H. Mazer).— *Mas de Saint-Jean*, 1846 (notar. de Nimes).

C'était une annexe de la commanderie de Barbentane ou Mas-de-Liviers.

SAINT-JEAN, q. c^{ne} de Cassagnoles. — *Le camp Saint-Jean*, 1550 (arch. départ. C. 319).

SAINT-JEAN, égl. détruite, c^{ne} de Montfrin.

Ancienne commanderie (Trenquier, *Mém. sur Montfrin*).

SAINT-JEAN, égl. ruinée, c^{ne} de Pompignan.

SAINT-JEAN, égl. ruinée, c^{ne} de Vézenobre.

SAINT-JEAN-DE-BEAUVOIR, égl. rurale, c^{ne} de Beaucaire. — (Forton, *Nouv. Rech. hist. sur Beaucaire.*)

SAINT-JEAN-DE-CEIRARGUES, c^{ne} de Vézenobre. — *Seyranègues*, 1237 (chap. de Nimes, arch. départ.). *Sanctus-Johannes de Ceyranicis*, 1247 (ibid.). — *Villa Sancti-Johannis de Seyranicis*, 1295 (Ménard, VII, p. 724). — *Sanctus-Johannes de Seyranicis*, 1384 (dénombr. de la sén.). — *Saint-Jean*, 1542 (arch. départ. C. 1810). — *Ceyrargues*, 1547 (ibid. C. 1315). — *Sainct-Jehan-de-Seirargues*, 1563 (J. Ursy, not. de Nimes). — *Saint-Jean-de-Ceyrargues*, 1694 (armor. de Nimes). — *Saint-Jean-de-Sairargues*, 1715 (J.-B. Nolin, *Carte du dioc. d'Uzès*).

Saint-Jean-de-Ceyrargues faisait partie de la viguerie et du diocèse d'Uzès, doyenné de Navacelle. — Dans l'assise de 1295 (Ménard, VII, p. 725), Saint-Jean-de-Ceyrargues est compté pour 47 feux; le dénombrement de 1384 lui en attribue 3. — Le prieuré de Saint-Jean-de- Ceyrargues était à la collation de l'évêque d'Uzès. — Le château ne date que de la fin du XVIᵉ siècle. — Ce lieu ressortissait au sénéchal d'Uzès. — M. de Montolieu, de Nimes, en était seigneur en 1721. — Cette communauté avait pour armoiries : *de gueules, à un pal losangé d'or et de sable.*

SAINT-JEAN-DE-CRIEULON, cᵒⁿ de Sauve. — *Sainct-Iean-de-Cruolon, balhage de Sauve*, 1582 (Tar. univ. du dioć. de Nimes). — *La communauté de Saint-Jean-de-Crieulon*, 1637 (arch. départ. C. 746). — *Le prieuré de Saint-Jean-de-Criolon-de-Villesèque*, 1674 (insin. eccl. du dioc. de Nimes). — *Prieuré-cure de Saint-Jean-de-Cruclon-et-Villesèque*, 1737 (Séguier, not. de Nimes). — *Crieulon*, 1793 (arch. départ. L. 393).

La communauté de Saint-Jean-de-Crieulon ne se rencontre pas sur les listes de 1384 et de 1435; ce village n'apparaît que vers la fin du XVIᵉ siècle. En 1520, il fait partie, avec Saint-Martin-de-Saussenac et Villesèque, de la baronnie de Vibrac.— Il appartenait à la viguerie de Sommière (plus tard au bailliage de Sauve) et au diocèse de Nimes, archiprêtré de Quissac.— Le prieuré de Saint-Jean-de-Crieulon était à la collation de l'évêque de Nimes et valait 1,200 livres.

SAINT-JEAN-DE-JÉRUSALEM, église entièrement détruite aujourd'hui, hors des murs de Nimes, au midi de la ville. — *Domus hospitalis Sancti-Johannis Jerosolimitani, apud Nemausum*, 1298 (A. Germain, *Hist. du commerce de Montp.* t. I, p. 326). — *Saint-Jean-de-Jérusalem*, 1311 (Ménard, I, p. 466).— *Puits de Saint-Jean; Jardins de Saint-Jean*, 1671 (compoix de Nimes).

Cette église appartint d'abord aux Templiers, puis aux Hospitaliers de Saint-Jean-de-Jérusalem. Elle occupait, avec toutes ses dépendances, l'emplacement actuel de *l'institution de l'Assomption* et des maisons qui, avec elle, forment l'île comprise entre les rues de la Servie, de la Luzerne (auj. Pradier), de Monjardin, et le côté ouest de l'avenue Feuchères.

SAINT-JEAN-DE-LA-COURTINE, église auj. entièrement détruite, à Nimes. — *Sanctus-Johannes*, 1024 (cart. de N.-D. de Nimes, ch. 32). — *Ecclesia Sancti-Johannis, infra muros ipsius civitatis*, 1156 (ibid. ch. 84).— *Ecclesia Sancti-Johannis de Cortina*, 1217 (chap. de Nimes, arch. départ.). — *Sanctus-Johan-*

nes, 1380 (comp. de Nimes). — *Sanctus-Johannes de Cortina*, 1466 (arch. départ. G. 162, fᵒ 35).— *Sainct-Jehan de la Courtine, de Nimes*, 1525 (*ibid.* G. 287); 1644 (insin. eccl. du dioc. de Nimes). — (Ménard, IV, p. 131 et 190.)

Cette église était située dans l'enclos du Chapitre; il en existait encore un pan de mur en 1644. — En 1694, elle fut annexée, comme chapellenie, à l'église Saint-Adrien de Caveirac (insin. eccl. du dioc. de Nimes).

SAINT-JEAN-DE-MARUÉJOLS, cᵒⁿ de Barjac.—*Villa Sancti-Johannis de Marojolis*, 1226 (bibl. du gr. sémin. de Nimes).— *Villa Sancti-Johannis de Marugolz*, 1254 (Gall. Christ. t. VI, p. 305). — *Sanctus-Johannes de Marojolis*, 1274 (Mén. I, pr. p. 101, c. 1); 1384 (dénombr. de la sénéch.). — *Saint-Jean-de-Maruéjols*, 1550 (arch. départ. C. 1321).—*Sainct-Jehan-de-Maruejols*, 1577 (J. Ursy, not. de Nimes).— *Sainct-Jehan-des-Asneaux*, 1620 (Griolet, not. de Barjac). — *Saint-Jean-de-Maruéjols*, 1633 (arch. départ. C. 1290). — *Saint-Jean-de-Maruéjols, ou des Anels*, 1684 (*ibid.* G. 32). — *Maruejols-les-Anels*, 1793 (*ibid.* L. 393).

Saint-Jean-de-Maruéjols faisait partie, avant 1790, de la viguerie et du diocèse d'Uzès, doyenné de Saint-Ambroix. — Le prieuré était à la nomination de l'évêque d'Uzès. — On y comptait 6 feux en 1384. — Saint-Jean-de-Maruéjols était le siège d'une justice, supprimée en 1725 par suite d'un échange fait alors entre le roi et la maison de Crussol d'Uzès; même après l'échange, Mᵐᵉ de Fournès y possédait encore, vers 1750, la haute justice. — Ce lieu ressortissait au sénéchal d'Uzès. — Saint-Jean-de-Maruéjols porte : *de sinople, à une fasce losangée d'or et de gueules.*

SAINT-JEAN-DE-POLVELIÈRES, chapelle rurale, cⁿᵉ de Bouillargues. — *Ecclesia de Polveleriis*, 1156 (cart. de N.-D. de Nimes, ch. 84); 1256 (arch. départ. G. 376); 1386 (rép. du subs. de Charles VI). — *Saint-Jean-de-Pavoulière*, 1547 (arch. départ. C. 1768). — *Le prieuré Saint-Jean-de-Poulvelières*, 1606 (ins. eccl. du dioc. de Nimes.

L'église rurale de Saint-Jean-de-Polvelières était déjà en ruines en 1541. — Le titre en fut transporté à l'église du village de Rodilhan au commencement du XVIIᵉ siècle. — Au XVIIIᵉ, le prieuré simple et séculier de Saint-Jean-de-Rodilhan valait 3,000 livres.

SAINT-JEAN-DE-ROQUE, vill. cⁿᵉ de Quissac. — *Locus de Roqua*, 1384 (dénombr. de la sénéch.). — *Roque*, 1435 (rép. du subs. de Charles VII). — *Sainct-Jehan-de-Roques*, 1550 (J. Ursy, not. de Nimes).—

27.

Sainct-Jean-de-Roque, bailliage de Sauve, 1582 (Tar. univ. du dioc. de Nimes). — Sainct-Jean-de-Roques, 1602 (cart. de Saint-Sauv.-de-la-Font). — La communauté de Saint-Jean-de-Roques, 1637 (arch. dép. C. 746). — Le prieuré Saint-Jean-de-Roques, 1734 (insin. eccl. du dioc. de Nimes).

Ce lieu appartenait originairement à la viguerie de Sommière (il fit ensuite partie du bailliage de Sauve) et au diocèse de Nimes, archiprêtré de Quissac. — En 1384, il ne se composait que d'un feu. — En 1734, lors de la vérification générale des comptes des communes du diocèse de Nimes, Saint-Jean-de-Roque, n'ayant d'autres habitants que les fermiers de quatre domaines dont les propriétaires résidaient à Sauve, n'eut aucun compte à remettre. — Cependant, en 1790, lors de la division du département en districts, Saint-Jean-de-Roque est encore compté comme une commune du canton de Quissac, district de Sommière. L'existence communale lui fut bientôt retirée. — Cette communauté portait : d'or, à une bande fuselée d'or et de sinople.

Saint-Jean-de-Rousigue, chapelle ruinée, sur le plateau de Laudun. — Sainte-Foy, 1789 (carte des États).

Saint-Jean-de-Rozilhan, chapelle ruinée, cne de Gaujac.

Saint-Jean-de-Serres, con de Lédignan. — Parrochia Sancti-Johannis de Serris, 1345 (cart. de la seign. d'Alais, f° 35). — Locus de Sancto-Johanne de Serris, 1384 (dénombr. de la sénéch.). — Saint-Jehan-de-Serres, 1435 (rép. du subs. de Charles VII). — Parrochia Sancti-Johannis de Serris, 1437 (Et. Rostang, not. d'Anduze). — Locus de Sancto-Johanne de Serris, 1461 (reg.-cop. de lettr. roy. E, v). — Parrochia Sancti-Johannis de Serris, 1463 (L. Peladan, not. de Saint-Gen.-en-Malg.). — Sanctus-Johannes de Serris, 1485 (arch. départ. G. 376). — Sainct-Iean-de-Serres, viguerie d'Anduze, 1582 (Tar. univ. du dioc. de Nimes). — Le prieuré de Sainct-Jean-de-Serres, 1612 (insin. eccl. du dioc. de Nimes). — Serres-la-Coste, 1793 (arch. départ. L. 393).

Saint-Jean-de-Serres faisait partie de la viguerie d'Anduze et du diocèse de Nimes, archiprêtré de Quissac. — L'église de Saint-Jean-de-Serres, dont la construction primitive paraît remonter au xe siècle, vient d'être heureusement restaurée. — On y comptait 2 feux et demi en 1384. — Le prieuré-cure de Saint-Jean-de-Serres valait 1,200 livres; il était à la collation de l'évêque de Nimes.

Saint-Jean-des-Vignes, égl. rurale, auj. détruite, cne de Montfrin. — (E. Trenquier, Mém. sur Montfrin.)

Saint-Jean-de-Valerisclf, con de Saint-Ambroix. —

Castrum Sancti-Johannis de Valariscle, 1345 (cart. de la seign. d'Alais, f° 32 et 33). — Castrum Sancti-Johannis de Valencele (sic), 1376 (ibid. f° 41 et 42). — Locus de Sancto-Johanne de Variscle, 1384 (dén. de la sénéch.). — Saint-Jean-de-Valériscle, 1549 (arch. départ. C. 1320); 1669 (ibid. C. 1287). — Le prieuré Saint-Jean-de-Valriscle, 1696 (insin. eccl. du dioc. de Nimes). — Valériscle, 1793 (arch. départ. L. 393).

Saint-Jean-de-Valeriscle faisait partie de la viguerie et du diocèse d'Uzès, doyenné de Saint-Ambroix. — On y comptait 5 feux en 1384. — C'était, au xviie siècle, un prieuré séculier à la collation de l'évêque d'Uzès et à la présentation de la marquise de Portes. — Il y a sur cette commune un château qui a appartenu au prince de Conti. — Les armoiries de Saint-Jean-de-Valeriscle sont : de sinople, à trois oignons renversés d'argent, posés 2 et 1.

Saint-Jean-de-Valgarnide, chapelle ruinée, cne de Dourbie. — Capella Sancti-Johannis de Vallegarnita, 1135 (bulle d'Innocent III). — Capella de Valle-Garnita, 1156 (cart. de N.-D. de Nimes, cli. 84).

Saint-Jean-d'Orgeuolles, égl. ruinée, cne de la Bastide-d'Engras. — Le prieuré Sainct Jean-d'Orgeyrolles, 1620 (insin. eccl. du dioc. d'Uzès). — Saint-Jean, 1789 (carte des États).

Ce prieuré était à la collation de l'évêque d'Uzès.

Saint-Jean-du-Gard, arrond. d'Alais. — Sanctus-Johannes de Gardonenca, cum villa, 1119 (bull. de Saint-Gilles). — Sanctus-Johannes de Guardonica, 1300 (cart. de Psalm.). — Locus Sancti-Johannis de Gardonica, 1314 (Guerre de Flandre, arch. munic. de Nimes). — Parrochia, villa Sancti-Johannis de Gardonica, 1345 (cart. de la seign. d'Alais, f° 34 et 35); 1384 (dénombr. de la sénéch.). — Saint-Jehan-de-Gardonnenque, 1435 (rép. du subs. de Charles VII). — Prioratus Sancti-Johannis de Gardonenca, 1538 (Gall. Christ. t. VI, instr. col. 286). — Sainct-Ian-de-Gardonnainque, viguerie d'Anduze, 1582 (Tarif univ. du dioc. de Nimes). — Brion-du-Gard, 1793 (arch. départ. L. 393).

Saint-Jean-du-Gard faisait partie de la viguerie et de l'archiprêtré d'Anduze, diocèse de Nimes (et plus tard d'Alais). — On y comptait 13 feux en 1384 et 586 en 1789. — Le prieuré de Saint-Jean-de-Gardonenque appartenait à l'abbaye de Saint-Gilles. — En 1790, Saint-Jean-du-Gard devint le chef-lieu d'un canton du district d'Alais composé seulement des trois communes suivantes : Corbès, Mialet et Saint-Jean-du-Gard.

Saint-Jean-du-Pin, con d'Alais. — Parrochia de Pinu, 1345 (cart. de la seign. d'Alais, f° 33). — Locus de

Pinu, 1384 (dénombr. de la sénéch.). — *Ecclesia de Pinu*, 1386 (répart. du subs. de Charles VI). — *Parochia Sancti-Johannis de Pinu*, 1429 (Dur. du Moulin, not. d'Anduze). — *Le Pin*, 1435 (rép. du subs. de Charles VII). — *Parrochia Sancti-Johannis de Pinu, prope Alestum*, 1463 (L. Peladan, not. de Saint-Geniès-en-Malg.). — *Sainct-Iean-du-Pin, viguerie d'Allez*, 1582 (Tarif univ. du diocèse de Nimes). — *Saint-Jean-du-Pin*, 1634 (arch. départ. C. 1285); 1674 (*ibid*. C. 878). — *Le prieuré de Saint-Jean-du-Pin*, 1692 (insin. ecclés. du diocèse de Nimes). — *Saint-Jean-du-Pin*, 1789 (carte des États). — *Pin*, 1793 (arch. départ. L. 393).

Saint-Jean-du-Pin faisait partie, avant 1790, de la viguerie et de l'archiprêtré d'Alais, dans le dioc. de Nimes (et plus tard d'Alais). — Ce village ne se composait, en 1384, que d'un feu et demi. — Le prieuré de Saint-Jean-du-Pin, quoique enclavé dans l'évêché d'Alais depuis 1694, continua de demeurer uni au troisième archidiaconat de la cathédrale de Nimes (Ménard, IV, p. 157).

Saint-Jean-et-Saint-Louis-entre-deux-Fossés, église rurale, aujourd'hui détruite, près de la Terre-des-Ports (voy. ce nom), à la limite des départements du Gard et de l'Hérault. — 1618 (insin. eccl. du dioc. de Nimes); 1631 (*ibid*.).

Saint-Jean-l'Évangéliste, église ruinée, dans Saint-Gilles. — (Rivoire, *Statist. du Gard*, t. II, p. 595.)

Saint-Joseph, chapelle rurale, cⁿᵉ de Beaucaire, à peu de distance au midi du bassin du canal. — (Forton, *Nouv. Rech. hist. sur Beaucaire*, p. 397.)

Elle appartient à la famille de Clausonette.

Saint-Joseph, f. et chapelle ruinée, cⁿᵉ du Pont-Saint-Esprit.

Saint-Joseph, chapelle ruinée, cⁿᵉ de Rochefort. — 1778 (arch. départ. C. 1775). — (Trenq. *Notice sur Rochefort*.)

Saint-Julian, ruiss. qui prend sa source sur la cⁿᵉ de Sabran et se jette dans la Cèze sur le territ. de la même commune. — *Pompié* (Annuaire du Gard, 1863, p. 663). — Parcours : 5,200 mètres.

Ce ruisseau a pris son nom du village de Saint-Julien-de-Pistrins, qu'il traverse.

Saint-Julien, chapelle ruinée, cⁿᵉ d'Anduze. — *Sanctus-Julianus, in terra et vicaria Andusie*, 1345 (cart. de la seign. d'Alais, fᵒ 34).

Cette chapelle a donné son nom à la montagne sur laquelle elle est située.

Saint-Julien, égl. ruinée, cⁿᵉ de Chusclan. — (Trenquier, *Notice sur Chusclan*.)

Elle dépendait du chapitre conventuel du Pont-Saint-Esprit.

Saint-Julien, église rurale, cⁿᵉ de Nimes. — *Ecclesia Sancti-Juliani, que est juxta muros civitatis*, 1149 (Ménard, VII, p. 719). — *Ecclesia Sancti-Juliani*, 1150 (Gall. Christ. t. II, instr. col. 441). — *Saint-Julien*, 1671 (comp. de Nimes). — *Saint-Julien-de-Crémat*, 1755 (Nicolas, not. de Nimes).

Cette église existait dès le viiᵉ siècle, puisqu'en 640 l'évêque Rémessaire y fut enterré (Ménard, I, p. 84 et 211). — Elle était située sous les murs et peut-être dans l'enclos du monastère de Saint-Baudile. Il en reste encore un pan de mur.

Saint-Julien, égl. dans l'enceinte d'Uzès. — *Ecclesia Sancti-Juliani*, 897 (Gall. Christ. t. VI, instr. col. 654). — *Abbatia Sancti-Juliani*, 1156 (Hist. de Lang. II, pr. col. 561). — *Prioratus Sancti-Juliani Ucecie*, 1488 (Sauv. André, not. d'Uzès). — *L'église Saint-Julien*, 1605 (arch. comm. d'Uzès, DD. 4); 1610 (arch. départ. C. 1301).

Cette église existe encore, mais elle a été vendue à la Révolution et elle sert aujourd'hui de maison d'écoles. — Elle avait donné son nom à l'une des portes de la ville d'Uzès. — Le prieuré de Saint-Julien était à la collation de l'évêque.

Saint-Julien-de-Cassagnas, cᵒᵒ de Saint-Ambroix. — *Villa Sancti-Juliani de Cassagnas*, 1121 (Gall. Christ. t. VI, p. 304). — *Parrochia de Cassanacio*, 1314 (Guerre de Fl. arch. munic. de Nimes). — *Locus de Sancto-Juliano de Cassanhacio*, 1384 (dénombr. de la sénéch.). — *Saint-Jullien de Cassagnas*, 1549 (arch. départ. C. 1320); 1669 (*ibid*. C. 1287). — *Cassagnas*, 1793 (*ibid*. L. 393).

Cette communauté faisait partie de la viguerie et du diocèse d'Uzès, doyenné de Saint-Ambroix. — Le prieuré de Saint-Julien-de-Cassagnas était à la collation de l'évêque d'Uzès. — En 1384, ce village ne se composait que de 2 feux et demi. — La famille de Gardies, de Nimes, en possédait la seigneurie au xviiiᵉ siècle. — Saint-Julien-de-Cassagnas avait pour armoiries : *de sable, à une fasce losangée d'argent et de sable*.

Saint-Julien-de-la-Nef, cᵒⁿ de Sumène. — *Ecclesia Sancti-Juliani de Navi*, 1248 (cart. de N.-D. de Bonh. ch. 105). — *Locus de Navi*, 1384 (dénombr. de la sénéch.). — *S. Julian de la Nef*, 1435 (rép. du subs. de Charles VII). — *Prioratus Sancti-Juliani de Navi*, 1446 (P. Montfajon, not. du Vigan). — *Sanctus-Julianus de Nave*, 1485 (Mén. IV, pr. p. 37, c. 1). — *Sainct-Iullien de la Nau, viguerie du Vigan*, 1582 (Tar. univ. du dioc. de Nimes). — *Saint-Julien de Naux*, 1636 (arch. départ. G. 378).

Saint-Julien-de-la-Nef appartenait à la viguerie d'*Arisdium* ou du Vigan et au diocèse de Nimes, archiprêtré de Sumène. — Ce lieu n'était compté que pour un feu en 1384. — On remarque sur cette c⁰ᵉ la cascade d'*Aiguesfolles*, au h. de Tomerolles. — Saint-Julien-de-la-Nef porte pour armoiries: *d'azur, à un navire équipé d'argent, flottant sur une mer de même, et un chef d'argent chargé de ce mot:* Sᵗ JVLIEN, *de même.*

Saint-Julien-de-Peyrolas, cᵒⁿ du Pont-Saint-Esprit.— *Sanctus-Julianus de Campaneis*, 1384 (dénombr. de la sénéch.). — *Locus de Peyrolacio; locus Sancti-Juliani de Peyrolacio, Uticensis diocesis*, 1461 (reg.-cop. de lettr. roy. E, v). — *Saint-Julien-de-Peyrolas*, 1550 (arch. départ. C. 1325); 1555 (J. Ursy, not. de Nimes); 1627 (*ibid.* C. 1292). — *S.-Julien-de-Peyrolas*, 1715 (J.-B. Nolin, *Carte du dioc. d'Uzès*). — *Saint-Julien-de-Peyrolas*, 1749 (arch. départ. C. 1309). — *Peyrolas*, 1793 (*ibid.* L. 393).

Cette communauté faisait partie de la viguerie de Bagnols et du diocèse d'Uzès, doyenné de Cornillon. — L'évêque d'Uzès nommait au prieuré de Saint-Julien-de-Peyrolas.— Ce lieu se composait de 4 feux en 1384. — C'était, au xviᵉ siècle, une seigneurie appartenant à la famille de Biordon, du Pont-Saint-Esprit. — Les armoiries de Saint-Julien-de-Peyrolas sont : *d'argent, à un pal losangé d'argent et d'azur.*

Saint-Julien-de-Pistrins, vill. cⁿᵉ de Bagnols.— *Sanctus-Julianus de Pistrinis*, 1241 (Gall. Christ. t. VI, p. 618). — *Sanctus-Julianus de Pistrinis*, 1342 (chap. de Nimes, arch. départ.). — *Le prieuré Sainct-Julien-de-Pestrin*, 1620 (insin. eccl. du dioc. d'Uzès.— *La communauté de Saint-Julien-de-Pistrin*, 1627 (arch. départ. C. 1294).—*S.-Julien-de-Pestrin*, 1715 (J.-B. Nolin, *Carte du dioc. d'Uzès*). — *Saint-Julien-de-Pistrins*, 1744 (mandem. de l'évêque d'Uzès); 1789 (arch. départ. C. 1308); 1789 (carte des États).

Saint-Julien-de-Pistrins faisait partie de la viguerie de Bagnols et du diocèse d'Uzès, doyenné de Bagnols. — Le prieuré de Saint-Julien-de-Pistrins était devenu une annexe du prieuré de Saint-Jean de Bagnols, comme lui uni à l'office de vestiaire de la cathédrale d'Uzès. L'évêque d'Uzès en était le collateur. — Ce lieu n'est mentionné ni dans les dénombrements ni dans l'armorial de 1692 ; cependant, en 1790, il est compté comme une des huit communes qui forment alors le canton de Bagnols.

Saint-Julien-d'Escosse, ermitage et chapelle rurale, cⁿᵉ d'Alais. — *Castrum de Sancto-Juliano*, 1235 (généal. des Châteauneuf-Randon). —*Sanctus-Julianus de Scozia*, 1697 (insin. eccl. du dioc. de Nimes).—

L'Hermitage, 1789 (carte des États). — *Saint-Julien-des-Causses* (Rech. hist. sur Alais).

Le prieuré simple et séculier de Saint-Julien-d'Escosse fut annexé à celui de Saint-Germain-de-Montaigu, et uni comme lui au troisième archidiaconat de la cathédrale de Nimes.

Saint-Julien-de-Valgalgue, cⁿ d'Alais. — *Ecclesia de Sancto-Juliano de Vallegualga*, 1314 (Rotul. eccl. arch. munic. de Nimes). — *Parrochia Sancti-Juliani de Vallgalga*, 1345 (cart. de la seign. d'Alais f° 33). — *Locus de Sancto-Juliano Vallis-Galgue*, 1384 (dénombr. de la sénéch.). — *Saint-Julien-de-Valgalgue*, 1633 (arch. départ. C. 1290).— *Saint-Julien-de-Valgagne*, 1692 (armor. de Nimes). — *Julien-les-Mines*, 1793 (arch. départ. L. 393).

Saint-Julien-de-Valgalgue faisait partie de la viguerie d'Alais et du diocèse d'Uzès, doyenné de Navacelle. — Ce lieu ne se composait, en 1384, que d'un feu et demi.— Le prieuré de Saint-Julien-de-Valgalgue était à la collation de l'évêque d'Uzès et à la présentation de l'abbé de Cendras. — C'est sur le territoire de cette cⁿᵉ que se trouvait l'ancienne abbaye de femmes de Notre-Dame-des-Fonts (voy. ce nom). — Saint-Julien-de-Valgalgue avait pour armoiries: *d'azur, à une fasce losangée d'argent et de sable.*

Saint-Just, cⁿ de Vézenobre.— *Locus de Sancto-Justo*, 1310 (Mén. I, pr. p. 195, c. 1). — *Ecclesia de Sancto-Justo*, 1314 (Rot. eccl. arch. munic. de Nimes). — *R. de Sancto-Justo*, 1344 (arch. comm. d'Uzès, BB. 2, f° 17). — *Locus de Sancto-Justo*, 1384 (dénombr. de la sénéch.). — *Sanctus-Justus de Barthanavis*, 1461 (reg.-cop. de lettr. roy. E, ii, f° 8). — *Saint-Just*, 1547 (arch. départ. C. 1316). — *Le prieuré Sainct-Just de Bertannavé*, 1620 (ins. eccl. du dioc. d'Uzès). — *Bertanave*, 1793 (arch. départ. L. 393).

Saint-Just faisait partie, avant 1790, de la viguerie et du diocèse d'Uzès, doyenné de Navacelle. — On y comptait 2 feux et demi en 1384. — Le prieuré de Saint-Just, auquel était annexé celui de Notre-Dame de Vaquières, était à la collation de l'évêque d'Uzès.— Le village de Vaquières était, dès le xviⁱᵉ siècle, uni à celui de Saint-Just ne formait avec lui qu'une communauté. Il en est encore de même aujourd'hui. — Cette communauté reçut pour armoiries, en 1692 : *de sable, à un chef losangé d'or et de sable.*

Saint-Ladras, source, cⁿᵉ de Goudargues, près de la Cèze. — *Fons Sancti-Ledracii*, 1523 (A. de Costa, not. de Barjac).

Saint-Laurent, église paroissiale dans Saint-Gilles,

entièrement ruinée aujourd'hui. — (Rivoire, *Statist. du Gard*, t. II, p. 595.)

L'emplacement de cette église porte le nom de *Planet-de-Saint-Laurent*.

Saint-Laurent, église paroissiale à Uzès, aujourd'hui ruinée. — *La petite église de Saint-Laurent*, 1623 (arch. comm. d'Uzès, CC. 101). — *Chapelle sous le titre de Saint-Laurent*, 1639 {Journal d'Uzès, 23 févr. 1668); 1681 (arch. comm. d'Uzès, DD.* 2); 1703 (*ibid.* CC. 116); 1729 (*ibid.* CC. 131); 1755 (*ibid.* DD. 6. — Voir aussi *ibid.* GG. 28, 29 et 30).

Saint-Laurent, q. c⁰ᵉ de Vauvert. — 1810 (notar. de Nîmes). ·

Saint-Laurent-d'Aigouze, c⁰ⁿ d'Aiguesmortes. — *Sanctus-Laurentius de Segatis; Sanctus-Laurentius de Panissa*, 1121 (cart. de Psalm.). — *Castrum Sancti-Laurentii*, 1310 (Mén. I, pr. p. 223, c. 1).—*Sanctus-Laurentius*, 1384 (dénombr. de la sénéch.). — *Ecclesia Goze*, 1386 (rép. du subs. de Charles VI). — *Saint-Laurens*, 1435 (rép. du subs. de Charles VII). — *Sanctus-Laurentius de Goza*, 1495 (chap. de Nîmes, arch. départ.). — *Sainct-Laurens*, viguerie *d'Eymargues*, 1582 (Tar. univ. du dioc. de Nîmes). — *Le prieuré de Saint-Laurent de Gouze*, 1695 (insin. ecclés. du diocèse de Nîmes). — *Aigouze*, 1793 (arch. départ. L. 393).

Saint-Laurent-d'Aigouze appartenait à la viguerie d'Aiguesmortes (appelée plus tard d'Aimargues) et au dioc. de Nîmes, archiprêtré d'Aimargues. — On y comptait 6 feux en 1384. — Le prieuré simple et séculier de Saint-Laurent-d'Aigouze, uni à la mense épiscopale d'Alais, valait 2,000 livres. — Sur le territoire de cette commune on remarque le château de *Calvière*, ainsi appelé du nom de deux membres de la famille de Calvière qui se succédèrent comme abbés commendataires de Psalmody. Ce château, qui remonte au xiiᵉ siècle, a appartenu aux comtes de Toulouse. — Saint-Laurent-d'Aigouze portait : *d'argent, à un gril de sable*.

Saint-Laurent-de-Carnols, c⁰ⁿ de Bagnols. — *Sanctus-Laurentius de Ultibus*, 1384 (dénombr. de la sén.). — *Sanctus-Laurentius de Carnyolis*, 1523 (A. de Costa, not. de Barjac).— *Saint-Laurent-de-Carnols*, 1550 (arch. départ. C. 1325). — *Le prieuré de Carnolz*, 1620 (insin. eccl. du dioc. d'Uzès); 1627 (arch. départ. C. 1292). — *Carnols*, 1793 (*ibid.* L. 393).

Saint-Laurent-de-Carnols faisait partie de la viguerie de Bagnols et du diocèse d'Uzès, doyenné de Cornillon. — Ce prieuré avait celui de Saint-Michel de la Roque pour annexe: voy. Roque (La). L'évêque

d'Uzès en conférait la vicairie sur la présentation du prieur du lieu.— En 1384, Saint-Laurent-de-Carnols ne comptait que 4 feux, en y comprenant ceux de la Roque, son annexe. — Cette communauté avait pour armoiries : *d'or, à une bande losangée d'argent et d'azur.*

Saint-Laurent-de-Jonquières, église rurale, c⁰ᵉ de Jonquières-et-Saint-Vincent. — *Parochia Sancti-Laurentii*, 1310 (Mén. I, pr. p. 225, c. 2).— *Sanctus-Laurentius de Junqueriis*, 1412 (cart. de Psalm.).

Le prieuré de Saint-Laurent-de-Jonquières, qui relevait du diocèse d'Arles, appartenait à l'abbaye de Psalmody.

Saint-Laurent-de-la-Motte, château ruiné. — Voy. Motte (La).

Saint-Laurent-de-Malhac, égl. ruinée, c⁰ᵉ de Barjac. —*Le prieuré Sainct-Laurent de Malhac, sive Bargac*, 1620 (insin. eccl. du dioc. d'Uzès); 1634 (Griolet, not, de Barjac).

C'était un prieuré régulier à la collation de l'abbé de la Chaise-Dieu, en Auvergne. L'évêque d'Uzès, n'avait que la collation de la vicairie, dont la présentation appartenait au prieur du lieu.

Saint-Laurent-de-Rochesadoule, église ruinée, c⁰ᵉ de Robiac.

Le prieuré de Saint-Laurent-de-Rochesadoule était du doyenné de Saint-Ambroix.

Saint-Laurent-des-Arbres, c⁰ⁿ de Roquemaure. — *Locus Sancti-Laurentii de Arboribus*, 1321 (Ménard, VII, p. 732). — *Locus de Sancto-Laurencio de Arboribus*, 1332 (chap. de Nîmes, arch. départ.); 1384 (dénombr. de la sénéch. Ménard, III, pr. p. 77, c. 1). — *Sanctus-Laurentius de Arboribus, diocesis Avinionensis*, 1461 (reg.-cop. de lettr. roy. E, iv). — *Saint-Laurent-des-Arbres*, 1550 (arch. départ. C. 1326); 1462 (*ibid.* E, v). — *Le prieuré Sainct-Laurens des Arbres*, 1620 (insin. eccl. du diocèse d'Uzès). — *Laurent-des-Arbres*, 1793 (arch. dép. L. 393).

Saint-Laurent-des-Arbres appartenait à la viguerie de Roquemaure et au diocèse d'Uzès pour le temporel, mais pour le spirituel au diocèse d'Avignon, comme le chapitre collégial de Saint-Jean de Roquemaure, auquel ce prieuré était uni. — En 1384, cette communauté, relativement beaucoup plus considérable alors qu'aujourd'hui, ne comptait pas moins de 30 feux. — L'archevêque d'Avignon était prieur et seigneur de Saint-Laurent-des-Arbres. — Ce lieu était une place assez forte; une partie des fortifications subsiste encore. — Saint-Laurent-des-Arbres portait pour armoiries : *d'azur, à un arbre d'or, et un S. Laurent de même, posé de front et brochant sur le tout, tenant de sa main dextre un gril d'argent, et de sa sénestre une palme d'or.*

SAINT-LAURENT-DU-MAZEL, égl. rurale auj. détruite, c⁵ᵉ de Nimes. — *Ecclesia Sancti-Laurentii infra muros ipsius civitatis* 1156 (cart. de N.-D. de Nimes, ch. 84). — *Sanctus-Laurentius extra Nemausum*, 1466 (chap. de Nimes, arch. départ.). — *Saint-Laurent-del-Mazel*, 1479 (la Taula del Poss. de Nismes). — *Sanctus-Laurentius juxta Cadavaucium*, 1480 (Mén. III, pr. p. 306, c. 1). — *Saint-Laurent-du-Mazel*, 1529 (arch. départ. G. 8). — *Sainct-Laurens*, 1576 (J. Ursy, not. de Nimes); 1604 (arch. départ. G. 204). — *Saint-Laurens et les Pilles*, 1692 (arch. hosp. de Nimes). — *Saint-Laurent près le Cadereau*, 1810 (notar. de Nimes). — (Ménard, I, p. 216; IV, p. 190.)

SAINT-LAURENT-LA-VERNÈDE, cᵒⁿ de Lussan. — *Villa Sancti-Laurentii*, 1121 (Gall. Christ. VI, instr. col. 304). — *Ecclesia de Sancto-Laurencio de Verneda*, 1314 (Rot. eccl. arch. munic. de Nimes). — *Sanctus Laurencius de Verneda*, 1384 (dén. de la sénéch.). — *Laurent-de-la-Vernède*, 1793 (arch. départ. L. 393).

Saint-Laurent-la-Vernède faisait jadis partie de la viguerie et du dioc. d'Uzès, doyenné d'Uzès. — On y comptait 3 feux et demi en 1384. — Le prieuré régulier de Saint-Laurent-la-Vernède était uni à la mense capitulaire de la cathédrale d'Uzès. — Remparts et fort du xvᵉ siècle. — On a trouvé sur le territoire de cette cⁿᵉ des inscriptions romaines et des débris d'antiquité. — M. de Thomas, ancien avocat et primicier d'Avignon, était le seigneur de Saint-Laurent-la-Vernède en 1750. — Ce village ressortissait au sénéchal d'Uzès. — L'ordre militaire de Saint-Jean-de-Jérusalem y avait une commanderie. — Les armoiries de cette communauté sont : *de sable, à un chef losangé d'or et d'azur.*

SAINT-LAURENT-LE-MINIER, cᵒⁿ de Sumène. — *Locus de Sancto-Laurencio*, 1314 (Guerre de Fl. arch. mun. de Nimes). — *Sanctus-Laurentius de Menerio*, 1320 (pap. de la fam. d'Alzon). — *Sanctus-Laurencius de Arisdio*, 1384 (dénomb. de la sénéch.). — *Sanctus-Laurentius de Minerio sive de Arisdio*, 1417 (A. Montfajon, not. du Vigan). — *Saint-Laurens du Minier*, 1435 (rép. du subs. de Charles VII). — *Sainct-Laurens du Meynier, viguerie du Vigan*, 1582 (Tar. univ. du dioc. de Nimes). — *Le pont de Saint-Laurent*, 1605 (arch. départ. C. 864).

Saint-Laurent-le-Minier appartenait, avant 1790, à la viguerie du Vigan et au diocèse de Nimes, archiprêtré de Sumène. — On y comptait 3 feux en 1384.

— En 1790, lors de l'organisation du département en districts, Saint-Laurent-le-Minier devint le chef-lieu d'un canton composé des cinq communes qui suivent : Montdardier, Pommiers, Rogues, Saint-Bresson, Saint-Laurent-le-Minier. — Château construit en 1690. — Mines d'or et d'argent exploitées au xiiiᵉ siècle. — Cette communauté porte : *de gueules, à un S. Laurent vêtu en diacre, d'argent, la tête diadémée d'or, tenant en sa main dextre une palme de même et en sa sénestre un gril de sable.*

SAINT-LAZARE, emplacement de l'ancienne léproserie d'Alais, au quartier de Boujac, sur les bords du Grabieu.

SAINT-LAZARE, égl. ruinée, hors des murs de Beaucaire.

Le prieuré de Saint-Lazare dépendait du prieuré des SS. Nazaire et Celse, de Beaucaire (Forton, *Nouv. Rech. hist. sur Beaucaire*, p. 370).

SAINT-LAZE, q. cⁿᵉ de Sommière.

Emplacement de l'ancienne léproserie de Sommière. — Saint-Laze dépendait du prieuré de Saint-Amans de Sommière. (Em. Boisson, *De la ville de Sommière.*)

SAINT-LÉGER, chapelle ruinée, cⁿᵉ de Laudun.

SAINT-LOUIS-ENTRE-DEUX-FOSSÉS, église détruite. — Voy. SAINT-JEAN-ET-SAINT-LOUIS-ENTRE-DEUX-FOSSÉS.

SAINT-LOUP, h. cⁿᵉ de Roquedur.

SAINT-LOUP, f. et égl. ruinée, cⁿᵉ de Tresques. — 1715 (J. B. Nolin, *Carte du dioc. d'Uzès*).

SAINT-LOUP (LE), ruiss. qui prend sa source sur la cⁿᵉ de Roquedur, au h. de Saint-Loup, et se jette dans l'Hérault sur le territ. de la même commune.

SAINT-LOUP-DE-CERVESANE, église rurale auj. détr. cⁿᵉ d'Uzès. — *Saint-Loupt de Cervejant*, 1620 (insin. eccl. du dioc. d'Uzès).

C'était un prieuré à simple tonsure, à la collation de l'évêque d'Uzès.

SAINT-MAMET, arrond. de Nimes. — *Sancti-Mammetis cella, in episcopatu Ucetico*, 1095 (cart. de Saint-Victor de Marseille, ch. 840). — *Ecclesia parochialis Sancti-Mammetis, in episcopatu Uzetico*, 1113 (ibid. ch. 848). — *Cella Sancti Mammetis, in episcopatu Uzetico*, 1185 (ibid. ch. 844). — *Ecclesia Sancti-Mameti*, 1138 (cart. de Saint-Sauv.-de-la-Font). — *Ecclesia Sancti-Mameti de Medio-Gozes*, 1204 (cart. de Saint-Victor de Marseille, ch. 960). — *Prioratus Sancti-Mameti, Nemausensis* (sic) *diocesis*, 1337 (ibid. ch. 1131). — *Locus de Sancto-Mameto*, 1384 (dénomb. de la sénéch.). — *Locus Sancti-Mameti, Uticensis diocesis*, 1463 (L. Peladan, not. de Saint-Gen.-en-Malgoirès). — *Le prieuré de Sainct-Mamet*, 1620 (insin. ecclés. du diocèse d'Uzès). — *Saint-Mamet*, 1694 (armor. de Nimes); 1715 (J.-B. Nolin,

Carte du dioc. d'Uzès).—*Mamert*, 1793 (arch. dép.
L. 393).

Saint-Mamet faisait partie de la viguerie et du
diocèse d'Uzès, doyenné de Sauzet. — C'était un
prieuré qui, après avoir appartenu à l'abbaye de
Saint-Victor de Marseille, fut, à la fin du xvi° siècle,
uni au chapitre cathédral de Saint-Pierre de Montpellier. L'évêque d'Uzès n'avait droit de collation
que pour la vicairie, sur la présentation du prieur.
— En 1384, ce village, en y comprenant Robiac,
son annexe, ne se composait que de 3 feux. — En
1790, Saint-Mamet devint le chef-lieu d'un canton
du district de Sommière comprenant 11 communes :
Combas, Crespian, Fons-outre-Gardon, Gajan-et-
Vallongue, Montagnac, Montmirat, Montpezat,
Moulézan, Parignargues, Saint-Bauzély et Saint-
Mamet.—La communauté de Saint-Mamet portait :
d'azur, à un agneau pascal d'or.

SAINT-MARC, hôpital à Nimes, devenu au xvi° siècle le
petit temple des protestants et au xvii° le collège
des Jésuites. — 1263 (arch. départ. G. 191).

SAINT-MARC, f. c°° de Sauveterre.

SAINT-MARCEL-DE-CARREIRET, c°° de Lussan. — *Villa
Sancti-Marcelli*, 1121 (Gall. Christ. VI, instr. col.
304). — *Ecclesia de Marcellano*, 1314 (Rot. eccl.
arch. mun. de Nimes). — *Ecclesia de Sancto-Mar-
cello de Carreyreto*, 1331 (chap. de Nimes, arch.
départ.). — *Sanctus-Marcellus de Carreyreto*, 1384
(dénombr. de la sénéch.). — *Vionne-Marcel*, 1793
(arch. départ. L. 393).

Saint-Marcel-de-Carreiret faisait partie, avant
1790, de la viguerie et du diocèse d'Uzès, doyenné
de Bagnols. — Le prieuré de Saint-Marcel était à la
collation de l'évêque d'Uzès.—En 1384, on comptait 5 feux dans ce village.—Les armoiries de Saint-
Marcel-de-Carreiret sont : *de sable, à une fasce losangée d'argent et de gueules.*

SAINT-MARCEL-DE-FONTFOUILLOUSE, c°° de Saint-André-
de-Valborgne. — *Ecclesia Sancti-Marcelli-de-Fonte-
Folhoso*, 1249 (cart. de N.-D.-de-Bonh. ch. 20).
— *Parrochia Sancti-Marcelli-de-Fonte-Folioso*, 1345
(cart. de la seign. d'Alais, f° 35). — *B. de Fonte-
Folhosio*, 1377 (cart. de Psalm.). — *Locus Sancti-
Marcelli de Fonte-Folioso*, 1384 (dénombr. de la
sénéch.).—*Podium Sancti-Marcelli*, 1437 (Et. Rostang, not. d'Anduze). — *Sanctus-Martinus* (sic) *de
Fonte-Folhoso*, 1461 (reg.-cop. de lettr. roy. E, iv,
f° 16).— *Parrochia Sancti-Marcelli de Fonte-Folioso,*
1466 (J. Montfajou, not. du Vigan). — *Sainct-
Marcel, viguerie d'Anduze*, 1582 (Tarif univ. du
dioc. de Nimes).—*Les Plantiers-de-Fontfouillouse*,
1793 (arch. départ. L. 393).

Gard.

Saint-Marcel-de-Fontfouillouse, avant 1790, faisait partie de la viguerie d'Anduze et du diocèse de
Nimes, archiprêtré de la Salle. — On y comptait
5 feux en 1384. — On trouve sur cette commune les
ruines du château de *Monteils* et la tour, encore assez
bien conservée, du château des *Plantiers-d'Alcy-
rac.* — Cette communauté avait pour armoiries :
*d'azur, à une fontaine d'argent, accostée de deux
arbres d'or, sur une terrasse de sinople.*

SAINT-MARTIAL, c°° de Sumène. — *Castrum Sancti-Martialis*, 1156 (Hist. de Lang. II, pr. col. 564). — *Et
castel de San-Marsal*, 1175 (Lay. du Tr. des ch. t. I,
p. 108). — *Lo castel de San-Marsal*, 1178 (Ménard,
VII, p. 720). — *Locus de Sancto-Martiali*, 1256
(*ibid.* I, pr. p. 82, c. 2). — *Ecclesia Sancti-Martialis*, 1289 (cart. de N.-D. de Bonh. ch. 102, 103).
— *Locus de Sancto-Martiali, et ejus mandamentum*,
1354 (Guerre de Fl. arch. munic. de Nimes). —
Sanctus-Martialis, 1384 (dénombr. de la sénéch.).
— *Locus Sancti-Marcialis*, 1430 (A. Montfajon,
not. du Vigan). — *Saint-Marsal*, 1435 (rép. du
subs. de Charles VII).— *Locus de Sancto-Martiale,*
1461 (reg.-cop. de lettr. roy. E, iv). — *Sanctus-
Marcialis de Serris*, 1513 (A. Bilanges, not. du
Vigan). — *Sainct-Marsal*, 1557 (J. Ursy, not. de
Nimes).—*Sainct-Marsan, Sainct-Marsault, viguerie
du Vigan*, 1582 (Tar. univ. du dioc. de Nimes).
—*Saint-Martial*, 1596 (arch. départ. C. 851). —
Mont-Liron, 1793 (*ibid.* L. 393).

Saint-Martial appartenait à la viguerie du Vigan
et au diocèse de Nimes (plus tard d'Alais), archiprêtré de Sumène.—On y comptait 4 feux et demi
en 1384. — Les restes de l'ancien château des
évêques de Nimes se voient encore à côté de l'église.
— Saint-Martial portait pour armoiries : *d'azur, à
un S. Martial, évêque, d'or.*

SAINT-MARTIN, chapelle ruinée, c°° d'Aramon.—*Saint-
Martin, sive le Puech*, 1637 (Pitot, not. d'Aramon).

SAINT-MARTIN, q. c°° de Congéniès.

SAINT-MARTIN, chapelle ruinée, c°° de Tresques. —
Sanctus-Martinus de Jussano, 1485 (Ménard, IV,
p. 24; pr. p. 38, c. 1).

SAINT-MARTIN, chapelle ruinée, c°° de Pouzilhac.

SAINT-MARTIN, chapelle rurale, c°° de Remoulins. —
Saint-Martin de Ferléry (Gr. Charvet, *Topogr. de
Remoulins*).

SAINT-MARTIN, égl. détruite à Saint-Gilles. — *Sanctus-
Martinus apud Sanctum-Egidium*, 1150 (Lay. du Tr.
des ch. t. I, p. 60). — *L'église Saint-Martin*, 1549
(arch. départ. c. 774); 1736 (insin. ecclés. du
diocèse de Nimes).— (Rivoire, *Statist. du Gard*, II,
p. 595.)

SAINT-MARTIN, forêt, c^ne de la Capelle-et-Mamolène.
— *La forest de Saint-Martin*, 1565 (lett. pat. de
Charles IX). — *La Forêt Saint-Martin, paroisse de
la Capelle*, 1725 (bibl. du gr. sémin. de Nîmes).
Elle dépendait de l'ancien patrimoine du duché-
pairie d'Uzès.

SAINT-MARTIN-D'ANGLAS, église ruinée. — Voy. SAINT-
BENOÎT-D'ANGLAS.

SAINT-MARTIN-D'ARÈNES, vill. c^ne d'Alais. — *Harenæ*,
1214 (chap. de Nîmes, arch. départ.); 1276 (*ibid.*).
— *Locus de Arenis*, 1384 (dénombr. de la sénéch.).
— *Ecclesia de Arenis*, 1386 (répart. du subs. de
Charles VI). — *Aurennes*, 1435 (répart. du subs.
de Charles VII). — *Le prieuré de Saint-Martin
d'Arènes*, 1630 (insin. ecclésiast. du diocèse de
Nîmes).
Saint-Martin-d'Arènes appartenait à la viguerie
d'Alais et au diocèse de Nîmes, archiprêtré d'Alais.
— Ce lieu, peu considérable au xive siècle, puisqu'il
ne se composait que d'un demi-feu en 1384, n'était
déjà plus une communauté en 1790.

SAINT-MARTIN-DE-CAMPAGNES, chapelle rurale, auj.
détruite, c^ne de Nîmes.— *Sanctus-Martinus de Cam-
paniis*, 1116 (chap. de Nîmes, arch. départ.).—
Saint-Martin-de-Campagnes, 1598 (*ibid.*).

SAINT-MARTIN-DE-CENDRAS, abbaye ruinée, c^ne de Cendras. — *Abbatia de Scenderatis*, 1012 (cart. de N.-D.
de Nîmes, ch. 54). — *Sanctus-Martinus de Sende-
ratis*, 1031 (*ibid.* ch. 41). — *Cendracense monasterium*, 1050 (Hist. de Languedoc, II, pr. col. 16).
— *Cendracensis abbatia*, 1156 (cart. de N.-D. de
Nîmes, ch. 84).— *Monasterium Cendracense*, 1243
(Mén. I, pr. p. 79, c. 2). — *Abbas de Cendras,
abbas Cendracii*, 1349 (cart. de la seign. d'Alais,
f° 35). — *Abbas Cendraci*, 1386 (rép. du subs. de
Charles VI). — *Notre-Dame-et-Saint-Martin de Cendras, abbaye de l'ordre de S. Benoist*, 1667 (insin.
eccl. du diocèse de Nîmes; Gall. Christ. VI, instr.
col. 519). — Voy. NOTRE-DAME-DE-CENDRAS.
Cette abbaye fut donnée par Innocent II à Aldebert, évêque d'Uzès; mais elle demeura néanmoins
sous l'autorité des évêques de Nîmes.

SAINT-MARTIN-DE-CINSENS, égl. détruite, c^ne de Calvisson.
— *Sanctus-Martinus de Sinthiano*, 1119 (bull. de
Saint-Gilles). — *Ecclesia de Sinsano*, 1386 (rép. du
subs. de Charles VI). — *Le prieuré Saint-Martin de
Sinsans*, 1706 (arch. départ. G. 206); 1707 (insin.
eccl. du dioc. de Nîmes).
Le prieuré de Saint-Martin-de-Cinsens était uni
à la mense capitulaire de la cathédrale de Nîmes et
valait 600 livres. — Il avait appartenu d'abord à
l'abbaye de Saint-Gilles.

SAINT-MARTIN-DE-CORCONAC, c^on de Saint-André-de-Valborgne. — *Mansus de Corsenaco*, 1345 (cart. de la
seign. d'Alais, f° 35). — *Locus de Corconaco*, 1384
(dénombr. de la sénéch.).— *Corconac*, 1435 (rép.
du subs. de Charles VII). — *Prioratus Sancti-Martini de Corquonaquo*, 1444 (P. Montfajon, not. du
Vigan). — *Sainct-Martin de Corconat*, 1582 (Tar.
univ. du dioc. de Nîmes).—*Le prieuré Saint-Martin
de Corconac*, 1654 (insin. eccl. du dioc. de Nîmes).
— *Corconac*, 1793 (arch. départ. L. 393).
Saint-Martin-de-Corconac appartenait, avant
1790, à la viguerie d'Anduze et au diocèse de Nîmes
(plus tard d'Alais), archiprêtré de la Salle. — Ce
lieu ne se composait que d'un feu en 1384. — Cette
communauté portait pour armoiries : *d'azur, à un
S. Martin à cheval, d'or*.

SAINT-MARTIN-DE-LA-CAMP, église ruinée, c^ne d'Anduze.

SAINT-MARTIN-DE-LIGAUJAC, égl. ruinée et lieu détruit,
c^ne de Boisset-et-Gaujac. — *Villa quæ dicitur Lucoiacus, in suburbio castro Andusiense; Locogiacus*,
925 (cart. de N.-D. de Nîmes, ch. 162). — *Parrochia de Legeraco*, 1345 (cart. de la seign. d'Alais,
f° 35). — *Logonhacum*, 1384 (dénombr. de la sén.).
— *Ecclesia de Legosaco*, 1386 (rép. du subs. de
Charles VI).—*Sanctus-Martinus de Legoiaco*, 1403
(J. du Moulin, not. d'Anduze). — *Logoiac*, 1435
(rép. du subs. de Charles VII).—*Sanctus-Martinus
de Legojaco*, 1437 (Et. Rostang, not. d'Anduze).—
Sainct-Martin de Legaujac (sic, pro *Legauiac*), 1582
(Tar. univ. du dioc. de Nîmes). — *Le prieuré Saint-
Martin de Ligaujac*, 1637 (insin. eccl. du dioc. de
Nîmes).
Saint-Martin-de-Ligaujac faisait jadis partie de la
viguerie d'Anduze et du diocèse de Nîmes (plus tard
d'Alais), archiprêtré d'Anduze. — Ce lieu n'est
compté que pour un demi-feu dans le dénombrement
de 1384.—Le prieuré de Saint-Martin-de-Ligaujac
fut réuni à celui de Notre-Dame de Gaujac (voy.
GAUJAC), le 7 mai 1637, par une ordonnance de
l'évêque A.-D. Cohon.

SAINT-MARTIN-DE-LIVIÈNES, égl. détruite, c^ne de Calvisson. — *Liverias*, 1112 (cart. de N.-D. de Nîmes,
ch. 141). — *Ecclesia de Liveriis*, 1386 (*ibid.* ch. 84);
1386 (rép. du subs. de Charles VI). — *Sanctus-Martinus de Liveriis*, 1539 (Mén. IV, pr. p. 155, c. 2).
Le prieuré de Saint-Martin-de-Livières, annexé,
ainsi que celui de Notre-Dame de Bizac, au prieuré
de Saint-Saturnin de Calvisson, était uni à la mense
capitulaire de la cathédrale de Nîmes.

SAINT-MARTIN-DE-MONTEILS, égl. ruinée, c^ne de Carnas.
— *Sanctus-Martinus de Montiliis*, 1579 (insin. eccl.

du dioc. de Nîmes). — *Le prieuré Saint-Martin de Montels*, 1747 (*ibid.*).

Ce prieuré faisait partie de l'archiprêtré de Sommière. Il était annexé au prieuré simple et régulier de Saint-Jean-Baptiste de Carnas, et tous deux réunis valaient 1,000 livres.

SAINT-MARTIN-DE-QUART, égl. détr. c^ne de Bouillargues. — *Sanctus-Martinus, qui est in villa Quarto*, 921 (cart. de N.-D. de Nîmes, ch. 85; Ménard, I, pr. p. 18, c. 1). — *Sanctus-Martinus de Cartz*, 1380 (comp. de Nîmes). — *Ecclesia de Carto*, 1386 (rép. du subside de Charles VI). — *Sanctus-Martinus de Quarto*, 1420 (J. Mercier, not. de Nîmes). — *Ecclesia de Carto*, 1539 (Mén. IV, pr. p. 155, c. 2.) — *Saint-Martin*, 1547 (arch. départ. C. 1768).

SAINT-MARTIN-DE-SADURAN, égl. rurale, c^ne de Bagnols. — *P. de Sadoirano, rector ecclesiæ de Sadoirano*, 1254 (bibl. du gr. sém. de Nîmes). — *Ecclesia de Sadoyrano*, 1314 (Rot. eccl. arch. munic. de Nîmes). — *Sanctus-Martinus de Sadurano*, 1518 (Blisson, not. de Bagnols).

Le prieuré de Saint-Martin-de-Saduran appartenait au diocèse d'Uzès, doyenné de Bagnols.

SAINT-MARTIN-DES-ARÈNES, égl. auj. détruite, à Nîmes. — *Ecclesia Sancti-Martini, fundata in castro Arenarum*, 1100 (Hist. de Languedoc, II, pr. col. 352; Ménard, I, p. 188). — *Ecclesia Sancti-Martini*, 1149 (Ménard, VII, p. 719).

Elle était située dans la grande galerie du premier étage de l'amphithéâtre romain, où l'on en retrouve encore les traces, du côté du palais de justice. — Elle avait été donnée à Pierre Guy, abbé du monastère de Saint-Baudile, par la vicomtesse Ermengarde et par Bernard Athon, son fils. — Elle passa avec ce monastère à l'abbaye de la Chaise-Dieu, qui la céda, le 6 janvier de l'an 1100, à Raymond, évêque de Nîmes.

SAINT-MARTIN-DE-SAUSSENAC, c^on de Sauve. — *In terminium de villa Somniaco, in castro Andusiense, in territorio civitatis Nemausensis*, 969 (cart. de N.-D. de Nîmes, ch. 155). — *Parochia Sancti-Martini, in terminio Andusanico*, 1037 (Hist. de Lang. II, pr. col. 201). — *Locus de Socenaco*, 1384 (dénombr. de la sénéch.). — *Soussenac*, 1435 (répart. du subs. de Charles VII). — *Saint-Martin de Saussenac*, 1548 (arch. départ. C. 789). — *Sainct-Martin de Saussenac, balhage de Sauve*, 1582 (Tar. univ. du dioc. de Nîmes). — *Saint-Martin de Vibrac*, 1694 (armor. de Nîmes). — *Saint-Martin de Saussenac*, 1789 (carte des États). — *Saussenac*, 1793 (arch. départ. L. 393).

Saint-Martin-de-Saussenac faisait autrefois partie

de la viguerie de Sommière, et dépendit plus tard du baill. de Sauve, diocèse de Nîmes, archiprêtré de Sauve. — On y comptait 2 feux en 1384. — Saint-Martin-de-Saussenac était une des paroisses de la baronnie de Vibrac (voy. SAINT-JEAN-DE-CRIEULLON) : voilà pourquoi le nom de *Vibrac* fut substitué pendant la seconde moitié du XVIIᵉ siècle à celui de *Saussenac*. — L'église de ce village, incendiée par les Camisards, est encore aujourd'hui un monceau de ruines. — La commune de Saint-Martin-de-Saussenac a été réunie à celle de Durfort par un décret du 7 novembre 1862. — Cette communauté avait pour armoiries : *d'azur, à un S. Martin à cheval, coupant la moitié de son manteau pour la donner à un pauvre, le tout d'or.*

SAINT-MARTIN-DE-TRÉVILS, égl. rurale, auj. détruite, c^ce de Montfrin. — *Ecclesia Sancti-Martini de Trevils; fratres de Templo de Trevils, sive ad Monfrin*, 1161 (bibl. du gr. sémin. de Nîmes).

Cette église dépendait du prieuré de Saint-Privat (E. Trenquier, *Mém. sur Montfrin*). — C'est encore aujourd'hui le nom d'une section cadastrale de la commune de Montfrin.

SAINT-MARTIN-DE-VALGALGUE, c^on de la Grand'Combe. — *La parroisse de Saint-Martin-de-Valdegalde*, 1346 (cart. de la seign. d'Alais, f° 43). — *Sanctus-Martinus Vallis-Galgue*, 1384 (dénombr. de la sén.). — *Le prieuré Sainct-Martin-de-Valgalgé*, 1620 (insin. eccl. du dioc. d'Uzès). — *Saint-Martin-de-Valgalgue*, 1633 (arch. départ. C. 1990). — *Saint-Martin-de-Valgagne*, 1694 (armor. de Nîmes). — *Saint-Martin-de-Valgalgue*, 1715 (J.-B. Nolin, *Carte du dioc. d'Uzès*). — *Valgalgues*, 1793 (arch. départ. L. 393).

Saint-Martin-de-Valgalgue appartenait en 1384 à la viguerie d'Alais et au diocèse de Nîmes; mais dès avant 1435 ce lieu avait cessé d'en faire partie, et il avait été incorporé à la viguerie et au diocèse d'Uzès, doyenné de Navacelle. — Le prieuré de Saint-Martin-de-Valgalgue, uni à l'abbaye de Cendras, était à la collation de l'abbé de ce monastère; l'évêque d'Uzès ne conférait que la vicairie, sur la présentation de l'abbé de Cendras. — Ce village se composait, en 1384, de 2 feux et demi. — Église ancienne et bien conservée. — Armoiries : *d'or, à une fasce losangée d'or et d'azur.*

SAINT-MARTIN-DE-VALRUFE, h. et chapelle ruinée, c^ce de Bréau-et-Salagosse. — *Las Faïssas de Sainct-Marti, prope ecclesiam Sancti-Martini de Vallerufa, in parrochia Aulacii*, 1448 (Montfajon, not. du Vigan). — *Sainct-Martin de Valruf, paroisse d'Aulas*, 1507 (*ibid.*). — *La chapelle de Saint-Martin de Val-*

220   DÉPARTEMENT DU GARD.

ruf, tènement d'Aulas, 1693 (Ant. Tessier, not. du Vigan).

SAINT-MARTIN-DE-VALZ, église ruinée. — Voy. SAINTE-CROIX-DES-BORIES et VALZ.

SAINT-MARTIN-DU-JONQUIER, égl. rurale, auj. en ruines, cᵐᵉ de Montfaucon. — *Ecclesia de Sancto-Martino de Jonqueria*, 1314 (Rot. eccl. arch. munic. de Nimes). — (Rivoire, *Statist. du Gard*, II, p. 645.)

Le prieuré de Saint-Martin-du-Jonquier appartenait au doyenné de Bagnols; il était uni à l'ouvrerie de la cathédrale d'Uzès (insin. eccl. du dioc. d'Uzès).

SAINT-MAURICE, chapelle ruinée, cᵐᵉ de Saint-Laurent-des-Arbres.

SAINT-MAURICE-DE-CASESVIEILLES, cᵒⁿ de Vézenobre. — *Castrum Sancti-Mauricii*, 1295 (Ménard, VII, p. 725). — *Sanctus-Mauricius*, 1384 (dénombr. de la sénéch.). — *Prioratus Sancti-Maurisii de Casis-Veteribus*, 1470 (Sauv. André, not. d'Uzès). — *Sanctus-Mauricius de Casis-Veteribus*, 1562 (J. Ursy, not. de Nimes). — *Saint-Maurice-de-Cazevielhe*, 1694 (armor. de Nimes). — *Maurice-de-Rocher*, 1793 (arch. départ. L. 393).

Saint-Maurice-de-Casesvieilles appartenait à la viguerie et au diocèse d'Uzès, dans le doyenné de Sauzet. — Ce prieuré était séculier et à la collation de l'évêque. — En 1295, on y comptait 72 feux, en y comprenant ceux de Valence, et, en 1384, 9 feux seulement, en y comprenant ceux de Sainte-Croix-des-Bories (voy. ce nom), village qui dès lors lui était annexé. — En 1790, Saint-Maurice-de-Casesvieilles devint le chef-lieu d'un canton du district d'Uzès composé des communes suivantes : Colorgues, Saint-Césaire-de-Gauzignan, Saint-Jean-de-Ceyrargues, Saint-Maurice-de-Casesvieilles et Valence.— Les Templiers y avaient une résidence en 1118.— Église dont le chœur remonte au XIIIᵉ siècle. — Ce lieu ressortissait au sénéchal d'Uzès. — La seigneurie appartenait, en 1721, au commandeur de Saint-Christol.— Les armoiries de cette communauté sont : *de gueules, à un pal losangé d'or et de sinople.*

SAINT-MAURICE-DU-LUC, égl. détruite, cᵐᵉ de Marguerittes. — *Mansus de Luco, juxta ecclesiam Sancti-Mauricii*, 1095 (cart. de N.-D. de Nimes, ch. 73).

SAINT-MAXIMIN, cᵒⁿ d'Uzès. — *Castrum Sancti-Marini* (sic), 1156 (Hist. de Languedoc, II, pr.col. 561). — *Locus de Sancto-Maximino*, 1384 (dénombr. de la sénéch.). — *Locus Sancti-Maximini*, 1488 (Sauv. André, not. d'Uzès).—*Saint-Maximin*, 1549 (arch. départ. C. 1328). — *Maximin-la-Coste*, 1793 (*ibid.* L. 393).

Saint-Maximin faisait partie de la viguerie et du diocèse d'Uzès, doyenné d'Uzès. — Ce village se composait de 5 feux en 1384. — Le prieuré de Saint-Maximin était uni à la sacristie du chapitre d'Uzès et à la collation de l'évêque. — Le château de Saint-Maximin fut cédé, en 1156, par le roi Louis VII à l'évêque d'Uzès. — La seigneurie de Saint-Maximin appartenait, en 1721, à M. de Sconin d'Argenvilliers. — Cette communauté portait pour armoiries : *de sinople, à une fasce losangée d'argent et de sable.*

SAINT-MÉDIER, cᵒⁿ d'Uzès. — *Sanctus-Meterius*, 1265 (Gall. Christ. VI, p. 308).—*Locus de Sancto-Emeterio*, 1384 (dénombr. de la sénéch.). — *Saint-Médier*, 1549 (arch. départ. C. 1328). — *Saint-Médiers*, 1694 (armor. de Nimes).—*Saint-Midiers*, 1715 (J.-B. Nolin, *Carte du dioc. d'Uzès*). — *Vitacité*, 1793 (arch. départ. L. 393). — *Saint-Melhier* (Ménard, IV, p. 24).

Saint-Médier appartenait, avant 1790, à la viguerie et au diocèse d'Uzès, doyenné d'Uzès. — On n'y comptait qu'un feu et demi en 1384. — La justice de ce lieu dépendait de l'ancien patrimoine du duché-pairie d'Uzès. — On trouve sur cette commune une tour bien conservée, appelée la *tour d'Arbeyre.*— Saint-Médier a été réuni à Montaren en vertu d'une ordonnance du 28 septembre 1815. — Cette communauté portait pour armoiries : *d'or, à une croix losangée d'argent et d'azur.*

SAINT-MICHEL, f. cⁿᵉ de Beaucaire. — 1562 (Forton, *Nouv. Rech. hist. sur Beaucaire*).

SAINT-MICHEL, f. cⁿᵉ de Beaucaire. Différente de la précédente.

SAINT-MICHEL, chapelle ruinée, cⁿᵉ de Meynes.—(Trenquier, *Mém. sur Montfrin.*)

SAINT-MICHEL, chapelle du château royal, à Nimes, auj. détruite. — *Capella fundata in honorem Sancti-Michaelis*, 1395 (Test. de Geoffroy Paumier). — (Ménard, III, p. 39.)

SAINT-MICHEL-DE-CONNILHIÈRES, chapellenie. — Voy. CONNILLÈRE.

SAINT-MICHEL-D'EUZET, cᵒⁿ de Bagnols. — *Sanctus-Michael-de-Heuseto*, 1384 (dénombr. de la sénéch.). — *Sanctus-Michael-de-Euseto*, 1485 (Mén. IV, pr. p. 38, c. 1). — *Saint-Michel-d'Euzet*, 1550 (arch. départ. C. 1323). — *Sainct-Michel-d'Yeuzet*, 1620 (insin. eccl. du dioc. d'Uzès). — *La communauté de Saint-Michel-d'Euzet*, 1627 (arch. départ. C. 1294). — *Euzet*, 1793 (*ibid.* L. 393).

Saint-Michel-d'Euzet faisait partie de la viguerie de Bagnols et du diocèse d'Uzès, doyenné de Cornillon. — On y comptait 8 feux en 1384. — Ce prieuré était à la collation de l'évêque d'Uzès. — On a trouvé sur le territoire de cette commune un *dolium* romain d'une très-grande dimension. — Saint-Michel-d'Euzet portait : *de sinople, à un pal losangé d'argent et de gueules.*

SAINT-MICHEL-DE-VARANÈGUES, f. bois et égl. détruite, c^{ne} d'Aimargues. — *Sanctus-Michael, villa apud Teilan; condamina de Venraneges,* 1146 (Lay. du Tr. des ch. t. I, p. 63). — *Ecclesia de Sancto-Michaele de Venranicis,* 1149 (Mén. VII, p. 719). —*Ecclesia Sancti-Michaelis,* 1386 (rép. du subs. de Charles VI). — *Bois de Saint-Michel,* 1726 (carte de la bar. du Caylar). —*Saint-Michel-de-Varanègues,* 1741 (arch. départ. G. 373). — *Saint-Michel, de Vasanègues* (Mén. VI, *Success. chron.* p. 47).

Le prieuré de Saint-Michel-de-Varanègues faisait partie du diocèse de Nîmes, archiprêtré d'Aimargues.

— Il était uni depuis 1694 à la mense capitulaire de la cathédrale d'Alais, mense d'Aiguesmortes, et valait 1,500 livres. — La justice et fief de Saint-Michel appartenait, en 1721, à M. le marquis de Vibrac.

SAINT-MICHELET, égl. ruinée, c^{ne} de Goudargues, sur une hauteur escarpée, au pied de laquelle coule la Cèze. — C'est le centre primitif de ce village.

SAINT-MONTAN, f. et chapelle ruinée, c^{ne} de Beaucaire. — *Raimessa,* 825 (cart. d'Aniane, apud Forton, *Nouv. Rech. hist. sur Beauc.* p. 399). — *La chapelle de Rouanesse,* 1777 (archiv. commun. de Beaucaire, BB. 77). — *Rouanesse,* 1789 (carte des États).

Emplacement probable de la ville grecque de *Rhodanusia.* On y a trouvé de tout temps de nombreuses antiquités. — Voy. ROUANESSE.

SAINT-MONTANT, f. c^{ne} de Fourques.

SAINT-NABOR, chapelle détr. c^{ne} de Cornillon.

SAINT-NAZAIRE, égl. rurale et h. c^{ne} d'Aubais. — *Prioratus Sancti-Nasarii,* 1350 (arch. départ. G. 358). — *Ad viam Sancti-Nazarii,* 1423 (arch. munic. de Nîmes, E. 111). — *Saint-Nazaire,* 1550 (arch. dép. C. 1323). — *La communauté de Saint-Nazaire,* 1635 (*ibid.* c. 1292); 1746 (*ibid.* c. 14). — *Pont-Saint-Nazaire,* 1789 (carte des États).

Saint-Nazaire fut compté, à l'époque de la création du marquisat d'Aubais, comme une des cinq paroisses dont il fut formé.

SAINT-NAZAIRE, c^{on} de Bagnols. — *Locus de Sancto-Nazario,* 1384 (dénombr. de la sén.). — *Le prieuré de Sainct-Nazaire,* 1620 (insin. ecclés. du diocèse d'Uzès). — *Nazaire-lez-Bagnols,* 1793 (arch. dép. L. 393).

Saint-Nazaire était de la viguerie de Bagnols et du diocèse d'Uzès, doyenné de Bagnols. — C'était un prieuré séculier à la collation de l'évêque d'Uzès. — En 1384, on comptait à Saint-Nazaire 3 feux et demi.

— Les armoiries de cette communauté étaient : *de sable, à une fasce losangée d'or et d'azur.*

SAINT-NAZAIRE, égl. à Beaucaire. — Voy. SAINT-CELSE-ET-SAINT-NAZAIRE.

SAINT-NAZAIRE-DES-GARDIES, c^{on} de Sauve. — *W. de Gardiis,* 1223 (Mén. I, pr. p. 73, c. 1). —*Sanctus-Nazarius,* 1254 (*ibid.* p. 83, c. 2). — *Parrochia Sancti-Nazarii de Gardis,* 1345 (carte de la seign. d'Alais, f° 35). — *Locus de Sancto-Nazario de Gardiis,* 1384 (dén. de la sénéch.). — *Saint-Nazaire des Gardes,* 1435 (rép. du subs. de Charles VII). — *Sainct-Nazari des Gardies,* viguerie d'Anduze, 1582 (Tar. univ. du dioc. de Nîmes). — *Saint-Nazaire,* 1633 (arch. départ. C. 744). — *Prioratus de Sancto-Nazario,* 1733 (insin. eccl. du dioc. de Nîmes). — *Nazaire-de-Gardies,* 1793 (arch. départ. L. 393).

Saint-Nazaire-des-Gardies faisait partie de la viguerie d'Anduze et du diocèse de Nîmes, archiprêtré de Quissac. — On y comptait 4 feux et demi en 1384. — Le prieuré-cure de Saint-Nazaire-des-Gardies, ainsi que celui de Canaules, son annexe, était uni au prieuré commendataire de Saint-Sauveur-et-Saint-Étienne de Tornac, ordre de Cluny, et valait 3,500 livres. — On remarque dans cette commune l'ancien château des Gardies.

SAINT-NICOLAS, église détr. dans Saint-Gilles. — (Rivoire, *Statist. du Gard,* t. II, p. 595.)

SAINT-NICOLAS-DE-CAMPAGNAC, f. et couvent ruiné, c^{ne} de Sainte-Anastasie. — *Prioratus Sancti-Nicolai de Campagnaco,* 1156 (Hist. de Lang. II, pr. c. 561). — *Monasterium Sancti-Nicholay de Campannaco,* 1258 (arch. des Bouches-du-Rhône, ordre de Malte, Argence, n° 58). — *Ad pontem Sancti-Nicolay,* 1261 (Notes mss de Ménard, bibl. de Nîmes, 13,823). — *Monasterium Sancti-Nicolai de Campanhac,* 1290 (Gall. Christ. t. VI). — *Pedagium Sancti-Nicholai, cum traversa castri de Dyon,* 1295 (Ménard, VII, p. 725). — *Prioratus Sancti-Nicholay,* 1314 (Rot. eccl. arch. munic. de Nîmes). —*Sainct-Nicholas de Campagnac, mandement de Sainte-Anastasie,* 1554 (J. Ursy, not. de Nîmes). — *Le prieuré conventuel de Saint-Nicollas de Campagnac,* 1620 (insin. ecclés. du dioc. d'Uzès).

C'est sous les murs de ce couvent, en grande partie conservé comme bâtiment d'exploitation rurale, qu'aboutit le beau pont du XIII° siècle jeté sur le Gardon et connu sous le nom de *pont de Saint-Nicolas* (voy. E. Germer-Durand, *le Prieuré et le Pont de Saint-Nicolas-de-Campagnac*). — Le prieuré de Saint-Nicolas portait : *d'azur, à un S. Nicolas crossé et mitré, d'or, portant une aumônière à trois bourses. de même, sur un pont à trois arches, aussi d'or, maçonné de sable, et en pointe une rivière d'argent.*

SAINT-PANCRACE, q. c^ne de Pompignan.

SAINT-PANCRACE, chapelle ruinée, c^ne du Pont-Saint-Esprit.

Elle dépendait du prieuré conventuel de Saint-Pierre du Pont-Saint-Esprit.

SAINT-PANCRACE, église ruinée, c^ne de Villevieille. — *Sanctus-Pancracius de Pondra*, 1310 (Mén. I, pr. p. 164, c. 1). — *Sainct-Pancrace*, 1561 (J. Ursy, not. de Nimes).

SAINT-PANTALÉON, chapelle des Pénitents blancs, à Nimes. — 1660 (arch. départ. G. 203).

Elle fut bâtie au XVIIe siècle sur l'emplacement de l'ancien réfectoire des chanoines de la cathédrale. C'est aujourd'hui la halle au poisson.

SAINT-PASTOUR, f. et chapelle détr. c^ne de Vergèze. — *Prioratus Sanctorum Pastoris et Victoris, in territorio de Vistrenca*, 1538 (Gall. Christ. t. VI, instr. col. 206). — *Le prieuré des SS. Pastour et Victour*, 1569 (J. Ursy, not. de Nimes).

Saint-Pastour et Saint-Victour étaient deux petits bénéfices annexés à la précentorie de Saint-Gilles; ils valaient réunis 1,500 livres. — Ils faisaient partie de l'archiprêtré d'Aimargues. L'abbé de Saint-Gilles en était le collateur.

SAINT-PAUL, église paroissiale à Beaucaire.

C'est l'ancienne chapelle des Cordeliers : de là vient qu'on l'appelle aussi *Saint-François*. — (Forton, *Nouv. Rech. hist. sur Beaucaire.*)

SAINT-PAUL, mont. c^ne du Vigan. — *Podium de Sancto-Paulo*, 1312 (pap. de la fam. d'Alzon). — *Podium Sancti-Pauli, confrontatum cum riperia de Croalono*, 1430 (A. Montfajon, not. du Vigan).

SAINT-PAUL-DE-MONTAGNAC, chapelle ruinée, c^ne de Montfrin. — *Ecclesia Sancti-Pauli de Montanhac; Fratres de Templo de Montanhac, sive ad Monfrin*, 1178 (bibl. du gr. sémin. de Nimes).

Cette église fut donnée, en 1178, aux Templiers par l'évêque d'Uzès (Trenquier, *Mém. sur Montfrin*). — *Montagnac* est encore aujourd'hui le nom d'une section du cadastre de Montfrin.

SAINT-PAULET-DE-CAISSON, c^ne du Pont-Saint-Esprit. — *Sanctus-Paulus de Caysson*, 1209 (Gall. Christ. t. VI, p. 624). — *Sanctus-Paulus de Cayssono*, 1384 (dénombr. de la sénéch.). — *Locus Sancti-Pauleti de Caysson*, 1461 (reg.-cop. de lettr. roy. E, v). — *Prioratus Sancti-Pauleti*, 1470 (Sauv. André, not. d'Uzès). — *Saint-Paulet-de-Caisson*, 1550 (arch. départ. C. 1325). — *Le prieuré Sainct-Paulle de Casson et Conturier, son annexe*, 1620

(insin. eccl. du dioc. d'Uzès). — *Le prieuré Sainct-Paulet-de-Caysson*, 1649 (II. Garidel, not. d'Uzès). — *La communauté de Saint-Paulet-de-Caisson*, 1736 (arch. départ. C. 1307). — *Caisson*, 1793 (*ibid.* L. 393).

Ce lieu faisait partie de la viguerie de Bagnols et du diocèse d'Uzès, doyenné de Bagnols. — Le prieuré régulier de Saint-Paulet-de-Caisson était à la collation du prévôt de la cathédrale d'Uzès. — C'est le seul village de la *Vicaria Caxoniensis* qui en ait conservé le nom : voy. CAXONIENSIS (VALLIS). — On y comptait 10 feux en 1384. — L'église est antérieure au XVe siècle. — D'après M. Rivoire (*Statist. du Gard*, t. II, p. 678), Saint-Paulet-de-Caisson aurait été, pendant quelques années, le chef-lieu d'un canton du district du Pont-Saint-Esprit, composé de six communes. Le procès-verbal du *département* du Gard, en date du 17 janvie. 1790, que nous avons consulté aux Archives départementales, fait de Saint-Paulet-de-Caisson une des huit communes qui composent le canton du Pont-Saint-Esprit. — Cette communauté avait reçu, en 1694, les armoiries suivantes : *de gueules, à un pal losangé d'or et de gueules.*

SAINT-PAUL-LA-COSTE, c^ne d'Alais. — *Parochia Sancti-Pauli de Costa*, 1345 (cart. de la seign. d'Alais, f° 33). — *La paroisse de Saint-Pol de la Coste*, 1346 (*ibid.* f° 43). — *Parochia Sancti-Pauli de Consta*, 1349 (*ibid.* f° 48). — *Locus de Sancto-Paulo*, 1384 (dénombr. de la sénéch.). — *Ecclesia Sancti-Pauli de Costa*, 1386 (rép. du subs. de Charles VI). — *Saint-Pol de la Coste*, 1435 (rép. du subs. de Charles VII). — *Sainct-Pol la Coste, viguerie d'Allez*, 1582 (Tar. univ. du diocèse de Nimes); 1674 (arch. départ. C. 878). — *La Coste*, 1793 (*ibid.* L. 393).

Saint-Paul-la-Coste faisait partie de la viguerie d'Alais et du diocèse de Nimes (plus tard d'Alais), archiprêtré d'Alais. — Ce village ne se composait, en 1384, que de 2 feux et demi. — On remarque encore sur cette commune le vieux château de *Mandajors*.

SAINT-PAUL-LEZ-CONNAUX, vill. c^ne de Connaux. — *Villa Sancti-Pauli*, 1121 (Gall. Christ. t. VI, p. 304). — *Le prieuré Sainct-Pol de Gajaverty (sic)*, 1620 (insin. eccl. du dioc. d'Uzès). — *Saint-Paul*, 1770 (arch. départ. C. 1865).

En 1790, Saint-Paul fut une des cinq communes qui formèrent le canton de Connaux, l'un de ceux du district d'Uzès. — Le prieuré de Saint-Paul était annexé à celui de Connaux, et, comme lui, uni au monastère de Saint-Pierre du Pont-Saint-Esprit.

SAINT-PAUL-VALOR, f. et égl. détr. c^ne de Beaucaire. — *Ecclesia Sancti-Pauli*, 1180 (cart. de Saint-Sauv.-de-la-Font). — *Villa Sancti-Pauli*, 1209 (Mén. I, pr. p. 46, c. 2). — *Decimaria Sancti-Pauli*, 1215 (cart. de Saint-Sauv.-de-la-Font). — *In Vallorciis, in decimaria Sancti-Pauli*, 1252 (*ibid.*). — *Jurisdictio ville Sancti-Pauli, que est inter Bellamgardam et Bellicadrum*, 1304 (Mén. VII, p. 732). — *Le Valort, commune de Saint-Paul de Beaucaire*, 1541 (arch. départ. C. 1795). — *Saint-Paul*, 1549 (*ibid.* C. 775). — *Saint-Paul de Nimes*, 1558 (*ibid.* C. 791). — *Saint-Paul-Valor*, 1562 (pap. de la fam. de Rozel, arch. hosp.). — *Sainct-Pol, viguerie de Beaucaire*, 1582 (Tar. univ. du dioc. de Nimes).

Ce village, depuis longtemps détruit, fut donné en 1209 au monastère de Saint-Sauveur-de-la-Font, de Nimes, par Raymond VI, comte de Toulouse, qui s'y réserva la justice criminelle et les chevauchées. Cette donation fut confirmée par le roi Philippe le Bel dans une charte donnée à Nimes en 1304.

SAINT-PEYRE, q. c^ne d'Arrigas.

SAINT-PEYRE, f. c^ne de Parignargues.

SAINT-PIERRE, chapelle ruinée, c^ne de Fournès.

SAINT-PIERRE, chapelle ruinée, c^ne de Saint-Étienne-des-Sorts.

SAINT-PIERRE, égl. auj. détruite, dans Saint-Gilles. — *Sanctus-Petrus de Pulchro-Loco*, 1211 (Lay. du Tr. des ch. t. I, p. 288). — *Sanctus-Petrus de Via-Sacra*, 1538 (Gall. Christ. t. VI, instr. col. 306). — (Rivoire, *Statist. du Gard*, t. II, p. 595.)

Cette église était unie à la sacristie de l'abbaye de Saint-Gilles.

SAINT-PIERRE, chapelle ruinée, c^ne de Valliguière.

SAINT-PIERRE, chapelle ruinée, c^ne de Vénéjan.

SAINT-PIERRE-DE-CAMP-PUBLIC, f. et égl. détruite, c^ne de Beaucaire. — *Villa Campo-Publico*, 825 (cart. d'Aniane, apud Forton, *Nouv. Rech. hist. sur Beaucaire*). — *Sanctus-Petrus de Ripis*, 1294 (Gall. Christ. t. VI). — *Sanctus-Petrus de Campo-Publico*, 1463 (Rech. hist. sur Beauc.). — *Tour Saint-Pierre* (carte géol. du Gard).

C'était, avant 1790, une commanderie de l'ordre de Malte, qui dépendait du grand-prieuré de Saint-Gilles. — Saint-Pierre-de-Camp-Public avait été donné, en 1193, aux Templiers par Imbert, archevêque d'Arles. Ceux-ci ne tardèrent pas à y construire le château dont quelques débris subsistaient encore il y a soixante ans (C. Blaud, *Antiq. de la ville de Beaucaire*, p. 31).

SAINT-PIERRE-DE-CASTRIES, chapelle ruinée, c^ne de Laudun, sur le plateau dit *Camp de César*. — *Saint-*

Pierre de Castres (L. Alègre, *le Camp de César à Laudun*).

SAINT-PIERRE-DE-FONT-DE-VERS, chapelle rurale, c^ne de Vers. — *La chapelle Saint-Pierre*, 1607 (arch. commun. de Colias). — (Forton, *Nouv. Rech. hist. sur Beaucaire*, p. 372.)

SAINT-PIERRE-DE-GAJAN, ermitage, c^ne de Rochefort.

SAINT-PIERRE-DE-MÉJAN, chapelle détruite, c^ne de Saint-Gilles. — *Mejanum*, 1169 (cart. de Psalm.). — *Sanctus-Petrus de Mejanis, in braccolo Rhodani*, 1187 (cart. de Franquevaux).

SAINT-PIERRE-DE-PSALMODY, abbaye détr. c^nes d'Aigues-mortes et de Saint-Laurent-d'Aigouze. — *Monasterium Psalmodiense*, 788 (D. Mabillon, *de Re Dipl.* t. II, p. 605). — *Monasterium Psalmodii*, 813 (Mén. I, pr. p. 3, c. 1). — *Psalmodium insula, in diocesi Nemausensi*, 817 (D. Bouquet, *dipl. Lud. Pii*). — *Monasterium Sancti-Petri in Gothia*, 904 (Mén. I, pr. p. 16, c. 1). — *Sanctus-Petrus de Salmodio*, 1024 (carte de N.-D. de Nimes, ch. 32). — *Monasterium Sancti-Petri de Psalmodio, in episcopatu Nemaucensi*, 1081 (cart. de Saint-Victor de Marseille, ch. 841).— *Monasterium Psalmodiense Sancti-Petri*, 1090 (*ibid.* ch. 3); 1095 (*ibid.* ch. 840). — *Psalmodium*, 1243 (Mén. I, pr. p. 76, c. 2). — *Salmosi*, 1243 (*ibid.* p. 78, c. 2). — *Monasterium Psalmodiense* (*ibid.* p. 79, c. 2).

L'abbaye de Psalmody fut unie, en 1694, à la mense épiscopale d'Alais. — Elle était à la collation du roi et valait 20,000 livres.

SAINT-PIERRE-DES-ARÈNES, égl. auj. détr. c^ne de Nimes. — *Ecclesia Sancti-Petri, in castro Arenarum*, 1100 (Hist. de Lang. II, pr. col. 352). — *Ecclesia que fuit Sancti-Petri*, 1149 (Ménard, VII, p. 719). — *Stare de Arenis, in quo est ecclesia Sancti-Petri*, 1175 (Lay. du Tr. des ch. t. I, p. 109; Ménard, I, p. 188).

Cette église était bâtie dans l'amphithéâtre romain. — Elle avait été donnée, avec celle de Saint-Martin-des-Arènes (voy. ce nom), par la vicomtesse Ermengarde et son fils Bernard Athon, à Pierre Guy, abbé de Saint-Baudile. Par un accord du 6 janvier 1100, l'abbé de la Chaise-Dieu, à qui ces deux églises appartenaient alors par suite de l'union de Saint-Baudile à la Chaise-Dieu, la céda à Raymond, évêque de Nimes.

SAINT-PIERRE-DE-SIGNAN, égl. transformée en bâtiments d'exploitation rurale, c^ne de Bouillargues. — *Sanctus-Petrus de Signano*, 1539 (Ménard, IV, pr. p. 155, c. 2); 1706 (arch. départ. G. 206).

Le prieuré simple et séculier de Saint-Pierre-de-Signan, compris dans l'archiprêtré de Nimes, était uni à la mense capitulaire de Nîmes. Avec son annexe Notre-Dame-de-Mérignargues, il valait 2,000 livres. — Voy. SIGNAN.

SAINT-PIERRE-DE-SIGNARGUES, église ruinée, c⁷ᵉ de Domazan.

SAINT-PIERRE DE-SIVIGNAC, h. et église ruinée, cⁿᵉ de Tornac. — *Parrochia Sancti-Petri de Civinhaco*, 1402 (Et. Rostang, not. d'Anduze); 1437 (*ibid.*). — *Parrochia Sancti-Petri de Civinhaco*, 1445 (*ibid.*). — *Saint-Pierre*, 1552 (arch. départ. C. 1804). — *Le prieuré Saint-Pierre de Sivigniac de Tornac*, 1727 (insin. eccl. du dioc. de Nîmes). — *Saint-Pierre de Civignac*, 1790 (notar. de Nîmes).

A l'époque de la première organisation du département, en janvier 1790, Saint-Pierre-de-Sivignac, joint à Massillargues, fut compté comme une des six communes du canton de Sauve, district de Saint-Hippolyte.

SAINT-PIERRE-DE-VAQUIÈRES, égl. détruite, cⁿᵉ de Parignargues. — *Sanctus-Petrus de Vaqueriis*, 1514 (arch. départ. G. 389); 1539 (Ménard, IV, pr. p. 155, c. 2). — *Saint-Pierre*, 1551 (arch. départ. C. 1771). — *Saint-Pierre de Vacquières*, 1706 (*ibid.* G. 208).

SAINT-PIERRE-DU-PAS-DE-DIEU, f. et égl. ruinée, cⁿᵉ de Saint-Jean-du-Gard, à la limite du Gard et de la Lozère. — *Le prieuré de Saint-Pierre du Pas-de-Dieu*, 1605 (insin. eccl. du dioc. de Nîmes). — *La côte de Saint-Pierre*, 1783 (arch. départ. C. 429).

On appelle aujourd'hui cet endroit *le Signal-Saint-Pierre*.

SAINT-PIERRE-DU-TERME, égl. ruinée, cⁿᵉ d'Aramon. — 1637 (Pitot, not. d'Aramon).

Cette église était ainsi appelée parce qu'elle était située à la limite des diocèses d'Uzès et d'Avignon. — C'était une des 17 paroisses que l'évêché d'Avignon comptait en Languedoc.

SAINT-PIERRE-ÈS-LIENS-DE-LAUGNAC, égl. ruinée, cⁿᵉ de Lédenon. — *Ecclesia Sancti-Petri de Launiaco*, 1119 (bull. de Saint-Gilles; Mén. I,, pr. p. 29, c. 1). — *Ecclesia de Launaco*, 1310 (Mén. I, pr. p. 203, c. 1). — *Ecclesia de Liaunhiaco*, 1386 (rép. du subs. de Charles VI); 1496 (Dapchuel, not. de Nîmes). — *Ecclesia Sancti-Petri de Lenihaco*, 1538 (Gall. Christ. t. VI, instr. col. 206). — *Sanctus-Petrus de Leoniaco; de Leygniaco*, 1579 (insin. eccl. du dioc. de Nîmes).

Le prieuré simple et séculier de Saint-Pierre-de-Laugnac valait 1,000 livres; il était à la nomination de l'abbé de Saint-Gilles.

SAINT-PIERRE-ET-SAINT-VÉRÉDÈME, chapelle au bord du Gardon, cⁿᵉ de Sanilhac, en face du moulin de la Baume. — ECCLESIA.SCI.PETRI (inscr. du xiᵉ siècle existant encore dans cette petite chapelle). — *Lou cami de San-Fredemou*, 1488 (Sauv. André, not. d'Uzès). — Cette chapelle vient d'être restaurée.

SAINT-PONS, égl. paroiss. dans Villeneuve-lez-Avignon. — (Arch. départ. C. 1352.)

C'était une des 17 paroisses que l'évêché d'Avignon possédait en Languedoc.

SAINT-PONS-DE-GALBIAC, égl. ruinée, cⁿᵉ de Quissac. — *Sanctus-Poncius de Galbiaco*, 1579 (insin. eccl. du diocèse de Nîmes). — *Saint-Pol* (sic) *de Gaubiac*, 1605 (*ibid.*)

Le prieuré de Saint-Pons-de-Galbiac fut, au xviᵉ siècle, annexé au prieuré de Saint-Étienne-de-Bragassargues, et tous deux réunis valaient 2,000 livres; l'évêque de Nîmes en était collateur. — Il faisait partie de l'archiprêtré de Quissac.

SAINT-PONS-DE-SOMMIÈRE, égl. auj. détruite, cⁿᵉ de Sommière. — *Prioratus Sancti-Baudilii et Sancti-Pontii, oppidi Simmodrii*, 1538 (Gall. Christ. t. VI, instr. col. 206). — *Le prieuré de Sainct-Pons de Somyeres*, 1592 (insin. eccl. du dioc. de Nîmes).

Ce prieuré, ainsi que celui de Saint-Baudile-de-Villevieille, son annexe, était, uni au doyenné de Saint-Gilles. — Voy. VILLEVIEILLE.

SAINT-PONS-DE-TRANSY, chapelle rurale, auj. détr. cᵈᵉ de Nîmes. — *Sanctus-Pontius in Drauciniis*, 1180 (Hist. de Lang. II, pr. col. 515). — *Ad Sanctum-Pontium de Darausin*, 1388 (comp. de Nîmes).

SAINT-PONS-LA-CALM, cⁿ de Bagnols. — *Villa Sancti-Pontii*, 1254 (Gall. Christ. t. VI, instr. col. 305). — *Sanctus-Poncius de la Calm*, 1384 (dén. de la sénéch.). — *Sanctus-Pontius*, 1384 (Mén. III, pr. p. 66, c. 1). — *Saint-Pons-la-Calm*, 1634 (arch. départ. C. 1285). — *Saint-Pons de Lacamp*, 1694 (armor. de Nîmes). — *Saint-Pons de la Camp*, 1715 (J.-B. Nolin, *Carte du dioc. d'Uzès*).

Saint-Pons-la-Calm faisait partie de la viguerie et du diocèse d'Uzès, doyenné de Bagnols. — Ce prieuré était à la collation de l'évêque d'Uzès, lequel était en outre seigneur du lieu. La communauté de Saint-Pons-la-Calm payait à son seigneur une redevance annuelle de 150 livres (arch. dép. C. 1352). — Ce village se composait de 4 feux en 1384. — On y a trouvé récemment, en réparant l'église, une inscription romaine. — Cette communauté avait pour armoiries : *d'hermine, à un pal losangé d'argent et de sable.*

SAINT-PRIVAT, église ruinée, cⁿᵉ de Pouzilhac, dans le cimetière.

C'est l'église primitive de ce village. — Voy. POUZILHAC.

Saint-Privat, église détruite, dans Saint-Gilles. — *Ecclesia Sancti-Privati, infra muros veteres oppidi Sancti-Egidii sita*, 1538 (Gall. Christ. t. VI, instr. col. 206.) — (Rivoire, *Statist. du Gard*, t. II, p. 595.)
Saint-Privat, chapelle ruinée, c^{ne} de Valliguière.
Saint-Privat-de-Champclos, c^{on} de Barjac. — *Sanctus-Privatus de Campo-Clauso*, 1384 (dénombr. de la sénéchaussée). — *Saint-Privat-de-Champclos*, 1550 (arch. départ. C. 1321); 1634 (*ibid.* C. 1290). — *Saint-Privat de Champclaux*, 1694 (armorial de Nîmes). — *Champclos*, 1793 (arch. dép. L. 393). — Saint-Privat-de-Champclos appartenait jadis à la viguerie et au diocèse d'Uzès, doyenné de Saint-Ambroix. — Ce prieuré séculier était à la collation de l'évêque, mais les barons d'Avejan prétendaient avoir droit de présentation. — On comptait 6 feux à Saint-Privat-de-Champclos en 1384. — Sur le territoire de cette commune on remarque le château ruiné et l'ermitage de Saint-Ferréol. — Cette communauté portait : *d'argent, à une bande losangée d'or et de sable*.
Saint-Privat-de-Rivières, ancien prieuré. — Voy. Rivières-de-Theyrargues.
Saint-Privat-des-Vieux, c^{on} d'Alais. — *Sanctus-Privatus de Vielh*, 1121 (Gall. Christ. t. VI, instr. col. 304). — *R. de Sancto-Privato*, 1210 (cart. de la seign. d'Alais, f° 3). — *Ecclesia de Sancto-Privato de Veteribus*, 1314 (Rotul. eccl. munic. de Nîmes). — *La paroisse de Sainct-Privat de Vieux*, 1376 (cart. de la seigneurie d'Alais, f° 43). — *Locus de Sancto-Privato*, 1384 (dénombr. de la sénéch.). — *Saint-Privat-des-Vieux*, 1633 (arch. dép. C. 1290). — *Saint-Privat le Vieux*, 1715 (J.-B. Nolin, *Carte du dioc. d'Uzès*). — *Privat-des-Vieux*, 1793 (arch. dép. L. 393).
Saint-Privat-des-Vieux, au XIVe siècle, appartenait à la viguerie d'Alais et au diocèse de Nîmes; en 1435, nous le trouvons incorporé au diocèse d'Uzès, dont il ne cessa de faire partie jusqu'en 1790. — C'était un prieuré uni au chapitre cathédral d'Uzès, et à la collation de l'évêque. Ce prieuré faisait partie du doyenné de Navacelle. — En 1384, ce village se composait de 3 feux. — Les armoiries de cette communauté sont : *de vair, à une fasce losangée d'argent et de gueules*.
Saint-Privat-du-Gard, h. c^{ne} de Vers. — *Villa Sancti-Privati*, 1121 (Gall. Christ. t. VI, instr. col. 304). — *Abbatia Sancti-Privati de Gartio*, 1156 (Hist. de Lang. II, pr. col. 561). — *Villa Sancti-Privati*, 1211 (bibl. du gr. sém. de Nîmes). — *Locus de Sancto-Privato*, 1384 (dénombr. de la sénéch.). — *La terre de l'Abadye, dans le territoire de Sainct-Privat*, 1459

(arch. du château de Saint-Privat). — *Le prieuré Sainct-Privat de Garno* (sic), 1620 (insin. eccl. du dioc. d'Uzès). — *Saint-Privat*, 1715 (J.-B. Nolin, *Carte du dioc. d'Uzès*). — (G. Charvet, *le Château de Saint-Privat*, p. 17.)
Saint-Privat-du-Gard faisait partie de la viguerie et du diocèse d'Uzès, doyenné de Remoulins. — Ce prieuré était jadis uni au chapitre collégial de Saint-Didier, d'Avignon. — En 1384, on ne comptait qu'un feu et demi à Saint-Privat-du-Gard. — D'après Rivoire (*Statist. du Gard*, t. II), Saint-Privat aurait appartenu aux Templiers; mais rien ne vient à l'appui de cette assertion (voy. G. Charvet, *le Château de Saint-Privat*, p. 8). — Au XVIIIe siècle, les marquis de Fournès étaient seigneurs de Saint-Privat.
Saint-Quentin, c^{on} d'Uzès. — *Castrum Sancti-Quintini*, 1156 (Histoire de Lang. II, pr. col. 561); 1212 (Généal. des Châteauneuf-Randon). — *Sanctus-Quintinus*, 1267 (Gall. Christ. t. VI, p. 629); 1294 (Ménard, I, pr. p. 28, c. 2); 1325 (cart. de Saint-Sauv.-de-la-Font). — *Locus de Sancto-Quintino*, 1384 (dénombr. de la sénéch.). — *Saint-Quintin*, 1550 (arch. départ. C. 1328). — *La seigneurie de Saint-Quintin*, 1565 (lettr. pat. de Charles IX). — *Saint-Quentin*, 1715 (J.-B. Nolin, *Carte du diocèse d'Uzès*). — *Saint-Quentin*, 1736 (arch. départ. C. 1307). — *Quintin-la-Poterie*, 1793 (*ibid.* L. 393).
Saint-Quentin, avant 1790, appartenait à la viguerie et au diocèse d'Uzès, doyenné d'Uzès. — Le prieuré de Saint-Quentin était uni à la mense épiscopale d'Uzès. — Ce lieu se composait, en 1384, de 21 feux, et en 1789, de 369 feux. — La justice de Saint-Quentin appartenait, en 1721, à MM. de Lisleroy, de Saint-Mamet et de Valabrix. — Le duc d'Uzès en avait la vingt-quatrième partie, M. Roustang un douzième, et M. Carrière, d'Uzès, un vingt-quatrième. — Les consuls du lieu y avaient droit de ban, de four et de consulat. — Ce lieu ressortissait au séchéal d'Uzès. — En 1790, Saint-Quentin devint le chef-lieu d'un canton du district d'Uzès composé de huit c^{ses} : la Bruguière, Flaux, Fontarèche, Saint-Hippolyte-de-Montaigu, Saint-Quentin, Saint-Siffret, Saint-Victor-des-Oules et Valabrix. — Ruines du vieux château de Saint-Quentin appelées la Biscontat (la Vicomté). — Tour de Cantadure.
Les armoiries de Saint-Quentin sont données deux fois par l'Armorial de 1694, et chaque fois d'une manière différente : 1° *de sable, à un chef losangé d'argent et de sinople*; 2° *d'hermine, à un pal losangé d'or et de gueules*.
Saint-Remy, f. c^{ne} d'Aimargues, sur l'emplacement d'une église détruite. — *Sanctus-Remigius*, 896

(Gall. Christ. t. VI, instr. col. 294). — *Mas-de-Touche*, 1726 (carte de la bar. du Caylar). — *Le prieuré de Saint-Remy*, 1747 (insin. eccl. du dioc. de Nimes). — *Domaine de Saint-Remy*, 1866 (notar. de Nimes).

Ce domaine appartient aujourd'hui à M. Lagorce.

Saint-Romain-en-Vaunage, f. et église détruite, c^ne de Clarensac. — *Prior de Sancto-Romano*, 1440 (arch. départ. G. 307). — *Le prieuré de Saint-Romain en Vaunage*, 1502 (chap. de Nimes, arch. départ.). — *Saint-Roman* (carte géol. du Gard).

Ce prieuré était à la collation du prévôt de la cathédrale de Nimes.

Saint-Roman, chapelle et chât. ruinés, c^ne du Cros.

Saint-Roman, h. c^ne de Laval-Saint-Roman.

Saint-Roman, chapelle ruinée, c^ne de Tornac. — *Locus Sancti-Romani*, 1345 (cart. de la seign. d'Alais, f° 35). — *Mansus de Sancto-Romano, parrochiæ Sancti-Petri de Civinbaco*, 1437 (Et. Rostang, not. d'Anduze). — *Le prieuré de Saint-Roman dels Plans*, 1612 (insin. eccl. du dioc. de Nimes).

Ce prieuré, annexé depuis le commencement du xviie siècle à celui de Massillargues, a donné son nom à la montagne sur laquelle est située l'église, dont on voit encore les ruines.

Saint-Roman-de-Codière, c^on de Sumène. — *Ecclesia Sancti-Romani*, 1156 (cart. de N.-D. de Nimes, ch. 84). — *G. de Sancto-Romano*, 1178 (chap. de Nimes, arch. départ.). — *Sanctus-Romanus de Codeyra*, 1384 (dén. de la sénéch.). — *Saint-Roman de Codière*, 1435 (rép. du subs. de Charles VII). — *Sanctus-Romanus de Coderiis*, 1455 (pap. de la fam. d'Alzon); 1513 (A. Bilanges, not. du Vigan). — *Sainct-Roman de Codyère*, 1548 (arch. départ. G. 790). — *Sainct-Roman de Codieres, balhage de Sauve*, 1582 (Tar. univ. du diocèse de Nimes). — *Le prieuré Saint-Roman de Codières*, 1617 (insin. eccl. du dioc. de Nimes); 1736 (*ibid.*). — *Mont-du-Vidourle*, 1793 (arch. départ. L. 393).

Saint-Roman-de-Codière faisait jadis partie de la viguerie de Sommière (plus tard du baill. de Sauve) et du diocèse de Nimes, archiprêtré de Sumène. — On y comptait 3 feux en 1384. — On y voit encore une tour carrée, débris d'un vieux château construit sur un des points les plus élevés des Cévennes. — Saint-Roman-de-Codière portait : *palé d'hermine et de gueules, de 6 pièces, et une fasce d'or brochant sur le tout.*

Saint-Roman-de-l'Aiguille, château et prieuré ruinés, c^ne de Beaucaire. — *Sanctus-Romanus*, 1008 (cart. de Psalm.). — *Sanctus-Romanus de Aculeia*, 1103 (Hist. de Lang. II, pr.). — *Sanctus-Romanus, in*

pago Arelatensi, 1125 (cart. de Psalm.). — *Decimaria, Prioratus Sancti-Romani de Acu*, 1275 (arch. commun. de Montfrin). — *Locus de Sancto-Romano*, 1325 (Ménard, VII, p. 731). — *Mossen de Saint-Roman*, 1480 (arch. commun. de Beauc. CC, 4). — *Saint-Roman*, 1549 (arch. départ. C. 775). — *Le fort de Saint-Roman*, 1576 (*ibid.* C. 635). — *Saint-Roman de la Grilhe* (sic), 1612 (insin. eccl. du dioc. de Nimes). — *Saint-Romans de l'Eguille*, 1755 (arch. départ. C. 159). — (Ménard, V, p. 96.)

L'abbaye primitive de Saint-Roman fut unie, en 1103, à celle de Psalmody par Gibelin, archevêque d'Arles. — En 1568, les religieux de Psalmody échangèrent contre quelques maisons sises à Aiguesmortes le château de Saint-Roman avec un habitant d'Aiguesmortes nommé François de Conseil (Ménard, VII, p. 648). — De cette famille de Conseil le château de Saint-Roman passa à celle des Porcellets, ensuite à celle de Brancas-Rochefort, puis à la famille Forbin des Issards, et enfin à Mme de Lascaris-Vintimille, sœur de M. de Forbin, qui le possédait encore en 1819 (voy. C. Blaud, *Antiq. de la ville de Beaucaire*, p. 32).

Saint-Roman-de-Malespels, égl. détruite, c^ne de Calargues. — *Sanctus-Romanus de Malas-Pelles*, 1125 (chap. de Nimes, arch. départ.). — *Ecclesia de Malaspels*, 1149 (Ménard, VII, p. 719). — *Ecclesia Malarum-Pellium*, 1308 (*ibid.* I, pr. p. 224, c. 1). — *Ecclesia de Malis-Pellibus*, 1386 (rép. du subs. de Charles VI). — *Le prieuré de Saint-Roman*, 1711 (arch. départ. C. 795). — *Dîme de Malaspel*, 1726 (carte de la baronnie du Caylar). — *Saint-Roman de Malespel*, 1741 (arch. départ. G. 373).

Ce prieuré était uni à la mense capitulaire de la cathédrale d'Alais, mense d'Aiguesmortes, et valait 1,500 livres. — Voy. Malespels.

Saint-Saturnin, chapelle rurale, c^ne d'Allègre.

Saint-Saturnin, égl. ruinée, c^ne de Gaujac.

Saint-Saturnin, égl. ruinée, c^ne de Sainte-Anastasie.

Saint-Saturnin-de-Cheyran, anc. vill. — Voy. Cheyran.

Saint-Saturnin-de-Gavernes, prieuré ruiné, c^ne d'Aubais. — *Gavernæ*, 1178 (cart. de Franquevaux); 1216 (Ménard, I, pr. p. 55, c. 1). — *Ecclesia de Gavernis*, 1264 (cart. de N.-D. de Bonh. ch. 41); 1386 (rép. du subs. de Charles VI). — *Prioratus Sancti-Saturnini de Gavernis*, 1488 (arch. départ. G. 344). — *Saint-Saturnin de Gaverne*, 1566 (J. Ursy, not. de Nimes); 1706 (*ibid.* G. 206).

Le prieuré de Saint-Saturnin-de-Gavernes était uni à la mense capitulaire de la cathédrale de Nimes et valait 1,000 livres.

Saint-Saturnin-de-Nodels, égl. détr. c^ne d'Aimargues.

— *Sanctus-Saturninus de Nozdellis*, 788 (D. Mabillon, *de Re Dipl.* VI, n° 203). — *Sanctus-Saturninus, cimiterium de Armazanicis*, 1204 (Lay. du Tr. des ch. t. I, p. 288). — *Saint-Adornin*, 1548 (arch. départ. C. 785). — *Saint-Saturnin*, 1726 (carte de la baronnie du Caylar).

Le prieuré de Saint-Saturnin-de-Nodels était uni au monastère de Saint-Ruf de Valence (arch. dép. C. 795).

SAINT-SATURNIN-DE-SIEURE, égl. détruite, c⁰ⁿ de Saint-Gilles. — *Ecclesia Sancti-Saturnini*, 879 (Mén. I, pr. p. 12, c. 1). — *Via qui a Sancto-Saturnino discurrit*, 916 (cart. de N.-D. de Nimes, ch. 68). — *Ecclesia Sancti-Saturnini de Seura, cum villa*, 1119 (bullaire de Saint-Gilles). — *Ecclesia de Sieura*, 1386 (rép. du subs. de Charles VI). — *Prioratus Sancti-Saturnini de Siora*, 1538 (Gall, Christ. t. VI, instr. col. 206). — *Le prieuré Sainct-Saturnin de Sieure*, 1635 (insin. eccl. du dioc. de Nimes).

Ce prieuré valait 2,000 livres; il était à la collation de l'abbé de Saint-Gilles.

SAINT-SAUVEUR, chapelle rurale, c⁰ de Cornillon, sur une montagne du même nom.

SAINT-SALVEUR, hôpital à Uzès. — 1639 (L. Rochetin, *État des biens, droits et facultés de la ville d'Uzès*).

SAINT-SALVEUR, f. et chapelle détruite, c⁰ de Vénéjan.

SAINT-SALVEUR-DE-LA-FONT, abbaye de bénédictines, hors des murs de Nimes. — *Monasterium Sancti-Salvatoris de Fonte*, 1141 (Hist. de Lang. II, pr. col. 11). — *Monasterium Sancti-Salvatoris*, 1149 (Ménard, VII, p. 719). — *Monasterium Sancti-Salvatoris de Fonte, infra muros ipsius civitatis*, 1156 (cart. de N.-D. de Nimes, ch. 84); 1175 (arch. départ. G. 196). — B., *abbatissa monasterii S. Salvatoris de Fonte*, 1303 (Ménard, VII, p. 732). — *Les dames de Saint-Benoît* (Forton, *Nouv. Rech. hist. sur Beaucaire*, p. 395).

L'abbaye de femmes de Saint-Sauveur-de-la-Font, fondée par Frotaire Ier, évêque de Nimes, était établie dans les ruines des bains romains, près de la source même. Le monastère fut détruit en 1577 par les calvinistes, et les religieuses se réfugièrent sur le territoire de Beaucaire, où elles possédaient le village de SAINT-PAUL-VALOR (voy. ce nom). — L'abbaye de Saint-Sauveur ne valait plus que 1,000 livres au XVIIIe siècle; elle était à la nomination du roi.

SAINT-SAUVEUR-DES-POURSILS, c⁰ⁿ de Trève. — *Parochia Sancti-Salvatoris*, 1224 (cart. de N.-D. de Bonh. ch. 43). — *Parochia Sancti-Salvatoris de Porcillis*, 1309 (ibid. ch. 87). — *Locus de Sancto-Salvatore*, 1314 (Guerre de Fl. arch. munic. de Nimes). — *Sanctus-Salvator de Pojolis*, 1384 (dénombr. de la

sénéch.). — *Saint-Salvador de Portilz*, 1435 (rép. du subs. de Charles VII). — *Locus et mandamentum Sancti-Salvatoris de Porsilis, de Porsulis*, 1461 (reg.-cop. de lettr. roy. E, v). — *Sainct-Saluador, viguerie du Vigan*, 1582 (Tar. univ. du dioc. de Nimes). — *Le prieuré Saint-Sauveur des Pourcilz*, 1673 (insin. ecclés. du diocèse de Nimes). — *Saint-Sauveur des Pourcilz*, 1694 (armor. de Nimes).

Cette communauté faisait partie, avant 1790, de la viguerie du Vigan et du diocèse de Nimes, archiprêtré de Meyrueis. — On n'y comptait que 2 feux en 1384. — Saint-Sauveur-des-Poursils portait: *d'azur, à un Jésus de carnation, vêtu d'or, étendant ses deux bras*.

SAINT-SAUVE-R-DE-VÉDRINES, égl. détruite, c⁰ de Vauvert. — VIRINX (inscript. du musée de Nimes). — *Sanctus-Salvator de Verinis*, 1579 (insin. eccl. du diocèse de Nimes). — *Sainct-Sauveur del Vernies*, 1591 (ibid.). — *Saint-Sauveur du Caylar*, 1697 (ibid.); 1726 (carte de la baronnie du Caylar). — *La Verrine, paroisses de Vauvert et du Cayla* (Mén. VI, *Success. chronol.*). — Voy. VÉDRINES.

Le prieuré de Saint-Sauveur-de-Védrines faisait partie de l'archiprêtré d'Aimargues; il valait 1,500 livres. L'évêque d'Alais en était collateur. — Cette église rurale fut détruite en 1570; il en subsistait encore quelques pans de murs en 1615. — On y a trouvé des inscriptions romaines.

SAINT-SÉBASTIEN, h. c⁰ de Castillon-de-Gagnère.

SAINT-SÉBASTIEN, f. et chât. ruiné, c⁰ de Saint-Sébastien-d'Aigrefeuille.

SAINT-SÉBASTIEN, f. et chapelle détr. c⁰ de Vauvert. — *Sanctus-Sebastianus*, 1099 (cart. de Psalmody).

SAINT-SÉBASTIEN-D'AIGREFEUILLE, c⁰ⁿ d'Anduze. — *Parochia Sancti-Sebastiani de Agrifolio*, 1345 (cart. de la seign. d'Alais, f⁰ 33 et 35). — *Locus de Sancto-Sebastiano de Agrefolio*, 1384 (dénombr. de la sénéch.). — *Ecclesia Sancti-Sebastiani*, 1386 (rép. du subs. de Charles VI). — *Parochia Sancti-Sebastiani de Agrifolio*, 1429 (Dur. du Moulin, not. d'Anduze). — *Saint-Sébastien d'Aigrefeuil*, 1435 (rép. du subs. de Charles VII). — *Locus de Agrifolio; de Agrofulha*, 1461 (reg.-cop. de lettr. roy. E, IV, f⁰ 45). — *Sainct-Sebastien, viguerie d'Anduze*, 1582 (Tar. univ. du dioc. de Nimes). — *Le prieuré Saint-Sébastien d'Aigrefeuille*, 1587 (insin. eccl. du dioc. de Nimes; 1743 (arch. départ. C. 422). — *Sébastien-la-Montagne*, 1793 (ibid. L. 393).

Saint-Sébastien-d'Aigrefeuille appartenait, avant 1790, à la viguerie d'Anduze et au dioc. de Nimes, archiprêtré d'Anduze. — Ce lieu ne se composait que d'un feu en 1384. — La seigneurie de Saint-

Sébastien appartenait, en 1743, à noble Jacques de Rozel de Bossuge. — Cette communauté avait pour armoiries : *d'azur, à un S. Sébastien attaché à un arbre, d'or, percé de cinq flèches d'argent.*

SAINT-SIFFRET, c⁰ⁿ d'Uzès. — *Sanctus-Suffredus*, 1384 (dénombr. de la sénéch.). — *Saint-Siffret*, 1549 (arch. départ. C. 1329). — *Saint-Siffred*, 1634 (ibid. C. 1285). — *Saint-Sufret*, 1694 (armor. de Nimes). — *Pomeyron*, 1793 (arch. dép. L. 393). Saint-Siffret faisait partie, avant 1790, de la viguerie et du diocèse d'Uzès, doyenné d'Uzès. — On y comptait 4 feux en 1384. — Le prévôt de la cathédrale d'Uzès était prieur et en même temps seigneur de Saint-Siffret. — Cette communauté portait pour armoiries : *d'hermine, à un chef losangé d'or et d'azur.*

SAINT-SISINNI-DE-VILLENOUVETTE, égl. détruite, c^{ᵘᵉ} de Vauvert. — *Sainte-Senéche*, 1557 (Collets de Vauvert, arch. dép.). — *Saint-Sicini de Villenouvette*, 1601 (insin. eccl. du dioc. de Nimes). — *Le prieuré Saint-Sessiny de Villenouvette*, 1612 (ibid.). — *Saint-Cessiny de Villenouvette*, 1637 (ibid.). — *Saint-Sini* (sic) *de Villenouvette*, 1637 (ibid.). — *Saint-Ciris* (sic) *de Villeneuve* (sic), 1698 (ibid.). Ce prieuré, qui avait appartenu originairement à l'abbaye de Psalmody, valait 800 livres; il était à la collation de l'évêque d'Alais depuis 1694. — En 1601, il restait encore sur l'emplacement quelques vestiges de l'ancienne église, détruite en 1570.

SAINT-SIXTE-DE-LA-ROQUE, église détruite, c^{ᵉ} de Beaucaire. — *Ecclesia Sancti-Sixti*, 1102 (Hist. de Lang. II, pr.). — *Dixmerie de Saint-Sixte*, 1548 (J. Ursy, not. de Nimes). — *L'ermitage de Saint-Sixte*, 1595 (arch. commun. de Beauc. CC, 16). — (Forton, *Nouv. Rech. hist. sur Beaucaire.*)

SAINT-SULPICE, église depuis longtemps détruite, dans Uzès. — *Abbatia Sancti-Sulpitii, in Ucetia civitate*, 1156 (Hist. de Lang. II, pr. col. 561).

SAINT-SYLVESTRE-DE-SIGNARGUES, égl. détr. c^{ᵉ} de Domazan. — (Trenquier, *Not. sur quelq. localités du Gard*: Rivoire, *Statist. du Gard*, t. II, p. 565.)

SAINT-SYLVESTRE-DE-TEILLAN, église détruite, c^{ᵉ} d'Aimargues. — *Ecclesia Sancti-Sylvestri de Telliano*, 1075 (cart. de Psalm.). — *Ecclesia de Teillano*, 1149 (Ménard, VII, p. 719). — *Ecclesia de Teliano*, 1386 (rép. du subs. de Charles VI). — *Decimaria Sancti-Sylvestri de Telano*, 1462 (reg.-cop. de lettr. roy. E, v). — *Saint-Sylvestre de Teillan*, 1726 (carte de la baronnie du Caylar). — *Le prieuré de Teillan, dépendant du chapitre d'Aiguesmortes*, 1741 (arch. départ. G. 373). Ce prieuré fut uni, en 1694, à la mense capitu-

laire de la cathédrale d'Alais, mense d'Aiguesmortes : il valait 3,000 livres.

SAINT-THÉODORIT, lieu détruit et église ruinée, c^{ᵉ} de Bagnols. — *Sanctus-Theodoritus*, 1384 (dénombr. de la sénéch.). — *Le prieuré Saint-Théodorit de Gajac* (sic), 1620 (insin. eccl. du dioc. d'Uzès). Saint-Théodorit faisait partie de la viguerie de Bagnols et du diocèse d'Uzès, doyenné de Bagnols. — Ce prieuré, uni à celui de Gaujac depuis le xvi^{ᵉ} siècle, était à la collation du prévôt du chapitre de la cathédrale d'Uzès. — En 1384, on comptait à Saint-Théodorit 5 feux, en y comprenant ceux de Gaujac, qui lui était alors annexé.

SAINT-THÉODORIT, c⁰ⁿ de Quissac. — *Villa Sancti Theodoriti*, 1121 (Gall. Christ. t. VI, instr. col. 304). — *Sanctus-Theodoritus de Agrimonte*, 1273 (chap. de Nimes, arch. départ.). — *Sanctus-Theodorit* (sic), 1384 (dénombr. de la sénéch.). — *Saint-Théodorit*, 1549 (arch. départ. C. 788). — *Le prieuré Sainct-Théodorite de Généra* (sic), 1620 (insin. eccl. du dioc. d'Uzès). — *La communauté de Saint-Théodorit*, 1636 (arch. départ. C. 1299). — *Sainte-Théodorite*, 1789 (carte des États). — *Théodorite*, 1793 (arch. départ. L. 393). Saint-Théodorit faisait partie de la viguerie de Sommières et du diocèse d'Uzès, doyenné de Sauzet. — Le prieuré de Saint-Théodorit était uni au monastère de Saint-Pierre de Sauve. — L'évêque d'Uzès n'avait que la collation de la vicairie, sur la présentation du prieur. — On ne comptait que 2 feux à Saint-Théodorit en 1384. — Cette communauté portait pour armoiries : *d'azur, à un pal losangé d'or et de sinople.*

SAINT-THÉODORIT, église paroissiale d'Uzès, ancienne cathédrale. — *Sanctus-Theodoritus, Ucetiæ sedes*, 896 (Gall. Christ. t. VI, instr. col. 293). — *Ecclesia Beati-Theodoriti*, 1344 (arch. commun. d'Uzès, BB. 2, f° 17). Elle est surtout remarquable par son campanile, qui a été classé parmi les monuments historiques.

SAINT-THÉODORIT-D'AYROLLES, égl. ruinée, c^{ᵉ} de Dions. — *Ayrolæ*, 1226 (bibl. du gr. sémin. de Nimes). — *Ecclesia de Ayrolis*, 1314 (Rotul. eccl. arch. munic. de Nimes). — *In decimaria de Sancto-Etoriti* (sic) *territorio vocato a Layrolo*, 1463 (L. Peladan, not. de Saint-Gen.-en-Malg.). — *Sainte-Adoryte d'Eyrolles*, 1553 (J. Ursy, not. de Nimes). Le prieuré de Saint-Théodorit-d'Ayrolles appartenait au diocèse d'Uzès, doyenné de Sauzet. — C'était un prieuré à simple tonsure, à la collation de l'évêque d'Uzès.

SAINT-THOMAS, égl. ruinée, c^{ᵉ} de Durfort.

SAINT-THOMAS, égl. détruite, dans Nimes. — *Ecclesia Sancti-Thome, quœ est in muro civitatis*, 1149 (Mén. VII, p. 719). — *Ecclesia Sancti-Thome, infra muros ipsius civitatis*, 1156 (cart. de N.-D. de Nimes, ch. 84). — *L'église de S. Thomas* (Mén. I, p. 216).

Elle était située non loin du Présidial, aujourd'hui le Palais de justice, et s'appuyait sur l'ancien mur romain. — Elle occupait une partie de l'emplacement circonscrit par la rue Régale, le boulevard de l'Esplanade et la rue Saint-Thomas, qui en a gardé le nom.

SAINT-THOMAS-DE-COLOURES, égl. détruite, c⁰ᵉ de Marguerittes. — *Ecclesia quœ est fundata in honore Sancti-Thomœ Apostoli, infra villa Colonicis, in territoriæ civitatis Nemausensis*, 928 (cart. de N.-D. de Nimes, ch. 197). — *Ecclesia de Colozes*, 1386 (rép. du subs. de Charles VI). — *Saint-Thomas de Colioure* (Ménard, VI, *Success. chronol.* p. 43).

Le prieuré simple et séculier de Saint-Thomas-de-Coloures était uni à la mense capitulaire de Villeneuve-lez-Avignon et valait 1,500 livres.

SAINT-TYRCE-DE-MARANSAN, h. et chapelle ruinée, c⁰ᵉ de Bagnols. — *Ecclesia de Maransano*, 1314 (Rotul. eccl. arch. munic. de Nimes). — *Ecclesia Sancti-Tyrcii de Maranssano*, 1518 (Blisson, not. de Bagnols).

Le prieuré de Saint-Tyrce-de-Maransan appartenait au diocèse d'Uzès, doyenné de Bagnols. — Il avait été uni en 1375, par le pape Grégoire XI, à l'abbaye de Valsauve, transférée cette année-là à Bagnols.

SAINT-VÉRÉDÈME, chapelle. — Voy. SAINT-PIERRE-ET-SAINT-VÉRÉDÈME.

SAINT-VÉRÉDÈME, chapelle ruinée, c⁰ᵉ de Pujaut. — *Sant-Vérimé*, 1640 (arch. commun. de Pujaut). — *Saint-Véridim*, 1789 (carte des États).

C'était un prieuré uni à la pitancerie du monastère des Bénédictins de Saint-André de Villeneuve-lez-Avignon.

SAINT-VÉRÉDÈME, chapelle auj. détruite, c⁰ᵉ de Remoulins. — *Ecclesia Sancti-Veredemi*, 1459 (arch. du château de Saint-Privat). — (G. Charvet, *le Chât. de Saint-Privat*, p. 17.)

SAINT-VICTOR-DE-CASTEL, égl. et chât. ruinés, sur une montagne, c⁰ᵉ de Bagnols.

SAINT-VICTOR-DE-MALCAP, c⁰ⁿ de Saint-Ambroix. — *Sanctus-Victor de Malo-Catone*, 1384 (dénombr. de la sénéch.). — *Sainct-Victor de Malcap*, 1549 (arch. dép. C. 1320). — *La communauté de Sainct-Victor*, 1552 (ibid. C. 793). — *Le prieuré Sainct-Victor de Malcapt*, 1620 (insin. ecclés. du diocèse

d'Uzès); 1669 (arch. départ. C. 1287). — *Victor-de-Malcap*, 1793 (ibid. L. 393).

Ce village appartenait, avant 1790, à la viguerie et au diocèse d'Uzès, doyenné de Saint-Ambroix. — Le prieuré de Saint-Victor-de-Malcap était à la collation de l'évêque d'Uzès. — Cette communauté, qui se composait de 4 feux en 1384, ressortissait au sénéchal d'Uzès. — Elle reçut pour armoiries en 1694 : *d'azur, à la figure de S. Victor, vêtu à la romaine, la tête entourée de rayons, tenant sa main dextre appuyée sur sa poitrine, et de sa main sénestre une palme, et ayant à ses pieds un casque de profil, le tout d'or, sur une terrasse de même.*

SAINT-VICTOR-DES-OULES, c⁰ⁿ d'Uzès. — *Villa Sancti-Victoris*, 1121 (Gall. Christ. t. VI, instr. col. 804). — *Ecclesia de Orlis*, 1314 (Rotul. eccl. arch. munic. de Nimes). — *Sanctus-Victor de Ollis*, 1384 (dénombr. de la sénéch.); 1461 (reg.-cop. de lettr. roy. E, iv). — *Sanctus-Victor de Olis*, 1462 (ibid. E, v). — *Sainct-Victour*, 1546 (J. Ursy, not. de Nimes). — *Sainct-Victor*, 1549 (arch. départ. C. 1329); 1634 (ibid. C. 1285). — *Saint-Victor-des-Oules*, 1715 (J.-B. Nolin, *Carte du dioc. d'Uzès*). — *Victor-des-Oules*, 1793 (arch. départ. L. 393).

Saint-Victor-des-Oules faisait partie de la viguerie et du diocèse d'Uzès, doyenné d'Uzès. — On y comptait 2 feux et demi en 1384. — La dénomination *des Oules* vient des poteries que, de temps immémorial, on fabrique en grande quantité dans ce village. — Armoiries : *d'hermine, à un pal losangé d'or et de sable.*

SAINT-VICTOR-LA-COSTE, c⁰ⁿ de Roquemaure. — *Ad Sanctum-Victorem*, 1220 (Lay. du Tr. des ch. t. I, p. 512). — *Sanctus-Victor de Costa*, 1384 (dén. de la sénéch.). — *Saint-Victor de la Coste*, 1550 (arch. départ. C. 1327). — *Le prieuré Sainct-Victor de la Coste*, 1620 (insin. eccl. du dioc. d'Uzès). — *La seigneurie de Bacoume et de Saint-Victour de la Coste*, 1637 (Pitot, not. d'Aramon). — *Serre-la-Coste*, 1793 (arch. départ. L. 393).

Saint-Victor-la-Coste faisait partie de la viguerie de Bagnols et du diocèse d'Uzès, doyenné de Bagnols. — Le prieuré de Saint-Victor était un prieuré régulier, uni au chapitre cathédral d'Uzès; le prévôt de ce chapitre en était collateur. — Au xivᵉ siècle, Saint-Victor-la-Coste était, après Bagnols et Laudun, la communauté la plus considérable de la viguerie de Bagnols, puisqu'on y comptait 16 feux en 1384. — C'était le chef-lieu des domaines de la maison de Sabran. — Les armoiries de Saint-Victor-la-Coste sont : *de gueules, à une fasce losangée d'argent et de sinople.*

Saint-Victour, chapelle détr. c^{ne} de Vauvert. — *Cella Sancti-Victoris de Armarens; de Armareis*, 1113 (cart. de Saint-Victor de Marseille, ch. 848). — *Cella Sancti-Victoris de Amareys, in episcopatu Nemausensi*, 1135 (*ibid.* ch. 844). — *Armaregues; Almazarches; Armaregns* (*ibid.* passim). — *Dimerie de Saint-Victour*, 1726 (carte de la baronnie du Caylar). — Voy. Saint-Pastour.

Saint-Vincent, chapelle ruinée, c^o de Gaujac.

Saint-Vincent, égl. rurale, auj. détruite, près des murs antiques de Nîmes. — *In vicinio Sancto-Vincencio, in territorio civitatis Nemausensis, infra ipsam civitatem*, 991 (cart. de N.-D. de Nîmes). — *Ecclesia S. Vincensii*, 1149 (Méuard, VII, p. 719). — *Ecclesia Sancti-Vincentii*, 1156 (*ibid.* ch. 84). — *Ad Sanctum-Vincentium*, 1380 (comp. de Nîmes). — *Sant-Vincent et les Murs-Vielhz*, 1479 (la Taula del Poss. de Nismes). — *Saint-Vincens*, 1671 (comp. de Nîmes). — *L'église de Saint-Vincent*, 1707 (insin. eccl. du dioc. de Nîmes). — (Ménard, IV, p. 190.)

Saint-Vincent-de-Broussan, égl. ruinée, c^{ne} de Bellegarde. — *Ecclesia de Brociano*, 1156 (cart. de N.-D. de Nîmes, ch. 84). — *Ecclesia de Brossano*, 1256 (chap. de Nîmes, archives départ.). — *L'église de Broussan*, 1609 (arch. départ. G. 283). — *Saint-Vincent de Broussan* (Ménard, VI, *Success. chronol.* p. 43).

Le prieuré de Saint-Vincent-de-Broussan était annexé dès 1261 au prieuré de Saint-Jean de Bellegarde, et tous deux réunis ensemble valaient, au xviiie siècle, 800 livres. — Ils étaient unis à la mense capitulaire de Nîmes.

Saint-Vincent-de-Cannois, village, c^{ne} de Jonquières-et-Saint-Vincent. — *Ecclesia Sancti-Vincentii de Cannois*, 1102 (Hist. de Lang. II, pr. col. 358). — *Villa Sancti-Vincentii*, 1310 (Mén. I, pr. p. 225, c. 2). — *Canois*, 1384 (*ibid.* III, pr. p. 67, c. 1). — *Vincent-du-Gard*, 1793 (arch. départ. L. 393).

Le prieuré de Saint-Vincent-de-Cannois dépendait de l'archevêché d'Arles et faisait partie du pays d'Argence.

Saint-Vincent-d'Olozargues, égl. détr. c^{ne} de Codognan. — *Sanctus-Vincentius*, 1031 (cart. de N.-D. de Nîmes, ch. 109); 1115 (*ibid.* ch. 79). — *R. de Olonzanicis*, 1145 (Lay. du Trésor des ch. t. I, p. 60). — *Ecclesia de Olodanicis*, 1156 (cart. de N.-D. de Nîmes, ch. 84). — *Ecclesia Sancti-Vincencii de Olozanicis*, 1308 (arch. départ. G. 266). — *Ecclesia de Olozanicis*, 1386 (rép. du subs. de Charles VI). — *Prioratus Beatæ-Mariæ de Olozanicis*, 1482 (cart. de Franquevaux). — *Sanctus-Vincentius de Holozanicis*, 1539 (Mén. IV, pr. p. 155,

c. 2). — *Le prieuré Saint-Vincent d'Olozargues*, 1706 (arch. départ. G 206); 1741 (*ibid.* G. 373).

Le prieuré de Notre-Dame-et-Saint-Vincent-d'Olozargues était uni à la mense capitulaire de Nîmes et valait 2,400 livres.

Salabert, h. c^{ne} de Saint-André-de-Valborgne.

Saladon, f. c^{ne} du Pont-Saint-Esprit. — 1731 (arch. départ. C. 1476).

Salagosse, vill. c^{on} du Vigan. — *G. de Faragocia*, 1161 (Mén. I, pr. p. 38, c. 1). — *G. de Farragossia*, 1175 (*ibid.* p. 39, c. 2). — *D. de Sarragosse*, 1263 (pap. de la fam. d'Alzon). — *Le mas de Salagozes*, 1507 (*ibid.*). — *Salagosse*, 1634 (arch. départ. C. 447); 1669 (*ibid.* C. 668). — *Salagoces*, 1694 (armor. de Nîmes). — *Salagoze*, 1789 (carte des États).

Salagosse n'est nommé dans aucun dénombrement ancien, sans doute parce que ce lieu n'était alors qu'un *mansus*, un hameau sans importance. — Au xviie siècle, c'est une communauté de la viguerie du Vigan. — Une ordonnance du 13 mai 1818 réunit Salagosse à Bréau, pour en faire la commune de *Bréau-et-Salagosse*. — Ce village reçut pour armoiries en 1694 : *d'azur, à un château ouvert et sommé de trois tours, d'argent, maçonné de sable.*

Salavas, bois, c^{ne} de Sanilhac. — *Le devoir de Salavas, terroir de Sanilhac*, 1721 (bibl. du gr. sémin. de Nîmes).

Ce fief appartenait au xviiie siècle à M. de Massureau-Sanilhac.

Salaver, h. c^{ne} des Salles-du-Gardon. — *Salavert*, 1733 (arch. départ. C. 1481).

Salavès (Le) ou pays de Sauve. — *Castrum Salavense, in territorio civitatis Nemausensis*, 959 (cart. de N.-D. de Nîmes, ch. 152). — *Castrum Salavense*, 1020 (Hist. de Lang. II, pr. col. 178). — *En Salaves*, 1175 (Lay. du Tr. des ch. t. I, p. 108). — *Salavesium*, 1269 (Ménard, I, pr. p. 91, c. 2). — *Salvesium (Salavès)*, 1269 (Ménard, VII, p. 721 et 722).

Le Salavès, ou pays de Sauve, fut compris, au xiiie siècle, dans la viguerie de Sommière, dont il fit depuis la plus grande partie.

Salazac, c^{on} du Pont-Saint-Esprit. — *Solasacum*, 1384 (dénombr. de la sénéch.). — *Salasac*, 1550 (arch. départ. C. 1325). — *Le prieuré Sainct-Clément de Sallezac*, 1620 (insin. eccl. du dioc. d'Uzès). — *La communauté de Salazac*, 1635 (arch. dép. C. 1292). — *Salezac*, 1694 (armor. de Nîmes). — *Salazac*, 1715 (J.-B. Nolin, Carte du dioc. d'Uzès).

Salazac appartenait, avant 1790, à la viguerie de Bagnols et au diocèse d'Uzès, doyenné de Cornillon.

— Le prieuré de Salazac était alors à la présentation du prieur du Pont-Saint-Esprit et à la collation de l'évêque d'Uzès. — Ce village ne se composait, en 1384, que de 4 feux. — Les armoiries de Salazac étaient : *d'or, à un pal losangé d'or et d'azur.*

Salbous, bois, c^ne de Campestre-et-Luc. — *Salbois*, 1307 (pap. de la fam. d'Alzon). — *Salbox*, 1314 (*ibid.*).

Salcède (La), q. c^ne de Valleraugue. — 1551 (arch. départ. C. 1807).

Saleica, h. détruit, c^ne d'Aumessas. — 1747 (comp. d'Aumessas).

Salelles (Les), f. c^ne d'Allègre. — *P. de Salellis*, 1278 (chap. de Nimes, arch. départ.). — *Les Salelles*, 1731 (arch. départ. C. 1474).

Salexdre (La), rivière qui prend sa source au mont Liron, traverse les c^nes de Soudorgues, la Salle, Saint-Bonnet-de-Salendrenque, Vabres, et se jette dans le Gardon sur le territ. de la c^ne de Thoiras. — *Pont-de-Salindres*, 1704 (arch. départ. C. 1816). — *La Salindrenque* (carte géol. du Gard). — Parcours : 17,300 mètres.

Salendrenque (La), c^on de l'Andusenque, comprenant la vallée de la Salendre et ayant la Salle pour chef-lieu. — *Vicaria Selindrenca, in castro Andusiense*, 959 (cart. de N.-D. de Nimes, ch. 161). — *R. de Celendrenca*, 1167 (cart. de N.-D. de Bonh. ch. 56). — *Dominus de Salendrenca*, 1345 (cart. de la seign. d'Alais). — *Salandrenca*, 1384 (dénombr. de la sénéch.). — *Salindrenque*, 1435 (répartit. du subs. de Charles VII).

Salendres, f. c^ne de Soudorgues. — 1840 (notar. de Nimes).

Salin de l'Abbé (Le), c^ne d'Aiguesmortes.

Salin des Quarante-Sous (Le), c^ne d'Aiguesmortes.

Salindres, c^on d'Alais. — *Villa de Salindris*, 1121 (Gall. Christ. t. VI, instr. col. 304). — *Locus de Salindris*, 1384 (dén. de la sénéch.). — *Prioratus de Salindris*, 1470 (Sauv. André, not. d'Uzès). — *La communauté de Salindres*, 1552 (arch. départ. C. 793). — *Le prieuré de Sallindres*, 1620 (insin. eccl. du dioc. d'Uzès).

Salindres faisait partie, avant 1790, de la viguerie et du diocèse d'Uzès, doyenné de Navacelle. — Ce lieu ne se composait que d'un feu en 1384. — On remarque sur le territoire de cette commune une vieille tour attenant à une enceinte, restes d'un château. — Armoiries de Salindres : *d'or, à une fasce losangée d'or et de gueules.*

Salindrèze (La), ruisseau qui prend sa source au h. de l'Espinassonnet, c^ne de Saint-Martin-de-Boubaux (Lozère), entre dans le départ. du Gard sur la c^ne

de Saint-Paul-la-Coste et se jette dans le Galeizon sur le territ. de la même commune.

Salinelles, c^on de Sommière. — *Salignellum villa, in pago Magalonense*, 816 (cart. de Psalm.). — *Salignantum*, 1099 (*ibid.*). — *Salinhelles*, 1435 (rép. du subst. de Charles VII). — *Sallinelles, viguerie de Saumières*, 1582 (Tar. univ. du dioc. de Nimes). — *Salinelles*, 1636 (arch. départ. C. 2).

Salinelles appartenait primitivement au diocèse de Maguelone : aussi le nom de ce lieu ne se rencontre-t-il pas dans le dénombrement de 1384. — En 1435, il fait partie de la viguerie et de l'archiprêtré de Sommière. — Annexé au prieuré simple et séculier de Saint-Julien de Montredon, le prieuré de Salinelles était, comme lui, uni à l'archidiaconat d'Alais ; tous deux ensemble valaient 2,000 livres. — Salinelles faisait partie de la baronnie de Montredon.

Salle (La), chef-lieu de canton, arrond. du Vigan. — *G. de Sala*, 1256 (Mén. I, pr. p. 83, c. 2). — *Ecclesia de la Salle*, 1274 (cart. de N.-D. de Bonh. ch. 93). — *Locus de Sancto-Petro de Sala*, 1384 (dénombr. de la sénéch.). — *Saint-Pierre de la Sale*, 1435 (rép. du subs. de Charles VII). — *Sainct-Pierre de la Salle, viguerie d'Anduze*, 1582 (Tar. univ. du dioc. de Nimes). — *Le prieuré Saint-Pierre de la Salle*, 1598 (insin. eccl. du dioc. de Nimes) ; 1618 (arch. départ. C. 759) ; 1695 (insin. eccl. du dioc. de Nimes).

La Salle faisait partie de la viguerie d'Anduze et du diocèse de Nimes. — On y comptait 6 feux en 1384 et 473 en 1789. — C'était le chef-lieu d'un archiprêtré du diocèse de Nimes d'abord, puis de celui d'Alais. — En 1790, la Salle devint le chef-lieu d'un canton du district de Saint-Hippolyte composé des neuf communes suivantes : Colognac, Peyroles, Saint-Bonnet-de-Salendrenque, Sainte-Croix-de-Caderle, Saint-Martin-de-Corconac, la Salle, Saumane, Soudorgues et Thoiras. — La Salle avait pour armoiries : *de gueules, à un château d'or.*

Salle (La), h. c^ne de Bez-et-Esparron. — *Mansus de Sala, parochiæ de Bessio*, 1466 (J. Montfajon, not. du Vigan).

Salle (La), h. c^ne de Peyroles.

Salle (La), h. c^ne de Roquedur. — *Mansus de Sala, parochiæ Sancti-Petri de Anolhano*, 1469 (Ald. Razoris, not. du Vigan).

Salle (La), h. c^ne de Saumane. — 1606 (insin. eccl. du dioc. de Nimes).

Salle (La), f. c^ne de Tornac. — 1552 (arch. départ. C. 1804).

Salle (La), f. c^ne du Vigan.

Sallelles (Les), h. c^ne de Salindres. — *Salellæ*, 1223 (Généal. des Châteauneuf-Randon).

Salles (Les), f. c^ne de Fourques.

Salles (Les), h. c^ne de Laval.

Salles (Les), h. c^ne de la Melouse.

Salles (Les), h. c^ne de Vallerangue. — *G. de Salis*, 1348 (cart. de N.-D. de Bonh. ch. 105) — *La Salle* (cad. de Vallerangue).

Salles-de-Gagnère (Les), h. c^ne de Castillon-de-Gagnère. — *Mansus de Salis, prope castrum Castillionis*, 1345 (cart. de la seign. d'Alais, f° 32). — *Les Salles*, 1733 (arch. départ. C. 1481).

Salles-de-Gours (Les), h. c^ne de Saint-Hippolyte-du-Fort.

Salles-du-Gardon (Les), c^on de la Grand'Combe. — *Mansus de Salis*, 1345 (cart. de la seign. d'Alais, f° 42). — *Saint-Vincent de la Salle du Gardon*, 1695 (insin. eccl. du dioc. de Nimes). — *Les Salles-du-Gardon, proche Alais*, 1721 (Bullet. de la Soc. de Mende, XVI, p. 164). — *Les Salles, hameau, commune de Notre-Dame-de-Laval*, 1733 (arch. départ. C. 1481).

Ce village appartenait autrefois à la c^ne de Laval; il n'en a été distrait, pour être érigé en commune, que par une ordonnance royale du 2 février 1825.

Sallesons, h. c^ne de la Rouvière.

Sallette (La), f. c^ne de Saint-Jean-du-Gard. — 1552 (arch. départ. C. 1784).

Sallette (La), f. c^ne de Thoiras.

Sallettes (Les), h. c^ne de Saint-Gervais.

Sallières (Les), bois, c^ne de Campestre-et-Luc.

Salve-Croze, f. c^ne de Saint-Marcel-de-Fontfouillouse. — 1553 (arch. départ. C. 1792).

Salve-Longue, bois, c^ne de Saint-Paul-la-Coste. — 1541 (arch. départ. C. 1795).

Salve-Plane, h. c^ne d'Aujac. — *Locus de Silva-Plana*, 1223 (Généal. des Châteauneuf-Randon). — *Locus de Silvaplana, parrochie de Aujaco, Uticensis diocesis*, 1462 (reg.-cop. de lettr. roy. E, v).

Salve-Plane, bois, c^ne de Vabres. — 1549 (arch. départ. C. 1779).

Salvy (La), f. c^ne de Rogues. — 1555 (arch. départ. C. 1772).

Salze, h. c^ne de Campestre-et-Luc. — *Mansus de Salice*, 1371 (pap. de la fam. d'Alzon); 1439 (*ibid.*); 1513 (A. Bilanges, not, du Vigan).

Salzet, h. c^ne de Malons-et-Elze. — 1721 (Bullet. de la Soc. de Mende, XVI, p. 161).

Sambuc (Le), f. c^ne de Cologuac; 1551 (arch. départ. C. 1771).

Sambuc (Le), f. c^ne de Tornac.

Sambuc (Le), ruiss. qui prend sa source sur la c^ne de Bréau-et-Salagosse et se jette dans le Ginestous sur le territ. de la même commune.

Samièces, bois, c^ne de Goudargues.

Sancufry, h. c^ne de Cornillon.

Sandeyran, tour ruinée, c^ne de Tornac. — *La tour et mas de Saint-d'Eyran*, 1549 (arch. départ. C. 1770).

Sanguignol, q. c^re de Saint-Bonnet. — 1552 (arch. départ. C. 1700).

Sanguinède, h. c^ne de Montlardier. — *Mansus de Sanguineda, parochia de Monte-Desiderio*, 1513 (A. Bilanges, not. du Vigan).

Sanguinède (La), q. c^ne de Sumène.

Sanguinet (Le), h. c^ne de Trève.

Sanilhac, c^on d'Uzès. — *Castrum de Sennilhach*, 1156 (Hist. de Lang. II, pr. col. 561). — *Castrum de Senilhaco*, 1311 (arch. comm. de Colias). — *Senilhacum*, 1381 (Mén. III, pr. p. 49, c. 1); 1384 (dénombr. de la sénéch.). — *Locus de Sanilhaco*, 1461 (reg.-cop. de lettr. roy. E, iv, f° 7); 1495 (Dapichuel, not. de Nimes). — *Sanilhac*, 1549 (arch. départ. C. 1329). — *Le prieuré Sainct-Laurent-de-Sanilhac*, 1620 (insin. eccl. du dioc. d'Uzès). — *Sanilhac*, 1694 (armor. de Nimes). — *Sanilhac*, 1735 (arch. départ. C. 1304); 1744 (mand. de l'évêque d'Uzès).

Sanilhac faisait partie de la viguerie et du diocèse d'Uzès. — Le prieuré de Saint-Laurent-de-Sanilhac était à la collation de l'évêque d'Uzès (voy. Saint-Laurent-de-Valségane). — On comptait 9 feux à Sanilhac en 1384. — On trouve sur le territoire de cette commune les restes d'une tour du xi° siècle dite *tour Vieille* et un château ruiné du xiv° siècle. — Ce lieu ressortissait au sénéchal d'Uzès. — Armoiries : *d'hermine, à une fasce losangée d'argent et de sinople*.

Sanissac, h. c^ne de Sumène. — *Les Orts de Sanissac*, 1510 (arch. départ. G. 383). — *Sauissac*, 1555 (*ibid.* G. 167). — *Senissac*, 1789 (carte des États).

Santy, f. c^ne de Nimes.

Sarcalier (La), f. c^ne de la Salle.

Sardan, c^on de Quissac. — *La communauté de Sardan et Gailhan*, 1609 (arch. départ. C. 743). — *Sardans*, 1742 (insin. eccl. du dioc. de Nimes).

Sardan n'était, au xvii° siècle, qu'une dépendance de la paroisse de Saint-Privat de Gailhan. — Un décret du 15 février 1862 a de nouveau réuni Sardan à la commune de Gailhan.

Sardonarié (La), f. c^ne de Boisset-et-Gaujac. — *Mansus de Cardonna*, 1345 (cart. de la seign. d'Alais).

Sarette, f. c^ne de Cendras.

Sarette, f. c^ne de Massillargues.

Sarralière (La), f. c^ne de Montclus.

SARRANS (LES), q. c^ne de Saint-Bresson.—1549 (arch. départ. C. 1779).

SARRIÈRE (LA), ruiss. qui prend sa source sur la c^ne de Colorgues et se jette dans le Gardon sur le territ. de la même commune.

SARROT, f. c^ne de Bréau-et-Salagosse.—*Le Mas-Sarrot* (cad. de Bréau).

SARTRE (LE), f. c^ne de Saint-Martin-de-Corconac. — *Sartres*, 1208 (Ménard, I, pr. p. 41, c. 2). — *Le Saltre*, 1789 (carte des États).

SAUCLIÈRES (LES), q. c^ne de Saint-Jean-du-Gard. — 1552 (arch. départ. C. 1784).

SAUCLIÉRETTES, h. c^ne de Saint-Bresson.

SAUJAN, village ruiné, c^ne de Fourques.— *Salatianum*, 825 (cart. d'Aniane, apud Forton, *Nouv. Rech. hist. sur Beaucaire*, p. 402). — *Saujan*, 1674 (arch. communales de Beaucaire, BB. 40); 1730 (*ibid.* BB. 59).— *La chapelle de Saujan*, 1777 (*ibid.* BB. 44).— *Saujan*, 1789 (carte des États). — *Saujan* (Ménard, VII, p. 651).

SAULES (LES), f. c^ne de Fourques.

SAUMADE (LA), h. c^ne de Vallcraugue.

SAUMANAS, h. c^ne du Garn. — *U. de Somannas*, 1174 (Lay. du Tr. des ch. I, p. 108 et 288). — *Mansus de Somanassio, parochiæ Nostræ-Dominæ de Garno, mandamenti Montis-Clusi*, 1522 (A. de Costa, not. de Barjac).— *Saumanas*, 1780 (arch. départ. C. 1652).

SAUMANE, c^ne de Saint-André-de-Valborgne. — *Cella Sancte-Marie de Saumanna, in episcopatu Nemausensi*, 1079 (cartul. de Saint-Victor de Marseille, ch. 843).— *Ecclesia parochialis Sancte-Marie de Saumanna; de Sauviana*, 1113 (*ibid.* ch. 848).— *Cella Sancte-Marie de Savanna, in episcopatu Nemausensi*, 1135 (*ibid.* ch. 844). — *Prioratus de Saumana, Nemausensis diocesis*, 1337 (*ibid.* ch. 1131).— *Locus de Saumana*,1384 (dénombr. de la sénéch.). — *Saumane*, 1435 (rép. du subs. de Charles VII). — *Notre-Dame de Saumane*, 1539 (arch. départ. C. 1773).— *Saumane, viguerie d'Anduze*, 1582 (Tarif univ. du dioc. de Nimes). — *Le pont de Saumane*, 1622 (arch. départ. C. 856).

Saumane, avant 1790, faisait partie de la viguerie d'Anduze et de l'archiprêtré de la Salle, diocèse de Nimes et plus tard d'Alais. — On y comptait 2 feux et demi en 1384. — *Le Castelas*, château ruiné, sur un rocher escarpé.—Les armoiries de Saumane sont : *d'azur, à une Notre-Dame d'or.*

SAUMANETTE, f. c^ne de Saumane.

SAUMIÈRE (LA), f. c^ne de Roquemaure. — 1778 (arch. départ. C. 1654).

SAUNIER (LE), h. c^ne de Castillon-de-Gagnère.

SAURINE (LA), f. c^ne de Bagnols.

SAURY (LE), h. c^ne de Saint-André-de-Majencoules. — *Le Sauri*, 1789 (carte des États).—On l'appelle aussi *Roc-Nègre*.

SAUSSE, f. c^ne de Chusclan.— *Les îles de Saussac*,1740 (arch. départ. C. 1500). — *Saussas*, 1743 (*ibid.* C. 6).

M. Marcel, de Cavaillon, en était seign. en 1740.

SAUSSINE, h. c^ne de Bouquet. — *Sausine*, 1715 (J.-B. Nolin, *Carte du dioc. d'Uzès*).

SAUSSINE, f. c^ne de Saint-Laurent-des-Arbres.

SAUTADET (LE), m^in sur la Cèze, c^ne de la Roque.

SAUTADOU (LE), h. c^ne de Saint-Jean-du-Gard.

SAUTE-LOUPS, q. c^ne de Valleraugue. — 1551 (arch. départ. C. 1807).

SAUVAGE (LE), f. c^ne de Laudun.

SAUVAGES, f. c^ne d'Alais. — *P. de Salvage*, 1321 (Ménard, VII, p. 725). — *G. de Salvaticis, mansi de Raureto, parrochie Sancti-Christofori prope Alestum*, 1437 (Et. Rostang, not. d'Anduze).

SAUVAGNAC, h. c^ne de Saint-Martin-de-Valgalgue.— 1781 (arch. départ. C. 1475). — *Savagnac* (carte géol. du Gard).

SAUVAJOL, f. c^ne de Logrian-et-Comiac-de-Florian.

SAUVANS (LES), h. c^ne d'Issirac.

SAUVARDAIGNE (LA), f. c^ne de Mialet. — 1543 (arch. départ. C. 1778).

SAUVARESSE (LA), f. c^ne de Bréau-et-Salagosse.

SAUVE, chef-lieu de canton, arrond. du Vigan. — *Sambia*, 675 (Duchesne, *Franc. script.* I, p. 850).— *Salviensis moneta*, 1010 (Lég. des den. bernardins).— *Castrum quod dicitur Salveis*, 1029 (Hist. de Languedoc, II, pr. col. 182). — *Salve*, 1035 (*ibid.* col. 195).— *Sanctus-Petrus de Salve; Sanctus-Petrus Salviensis; Salvium*, 1050 (*ibid.* col. 203). — *Salve*, 1157 (chap. de Nimes, arch. départ.).— *Ecclesia Sancti-Petri de Salve*, 1175 (*ibid.*); 1218 (Mén. I, pr. p. 64, c. 1). — *Salves*, 1220 (*ibid.* p. 68, c. 1). — *Castrum et villa Salvie*, 1243 (*ibid.* p. 78, c. 1).— *Salvium*, 1310 (*ibid.* p. 164, c. 1); 1384 (dénombr. de la sénéchaussée); 1434 (Mén. III, pr. p. 249, c. 2). — *Salves*, 1435 (rép. du subs. de Charles VII). — *Monasterium Sancti-Petri de Salvio*, 1462 (reg.-cop. de lettr. roy. E, v). — *Salvium*, 1482 (cart. de Franq.); 1490 (Mén. IV, pr. p. 37, c. 1).— *Saulve*, 1560 (*ibid.* p. 152, c. 2). — *Le balhiage de Sauue, au diocese de Nismes*, 1582 (Tar. univ. du dioc. de Nimes). — *L'abbaye de Saint-Pierre-de-Sauve*, 1667 (insin. eccl. du dioc. de Nimes).

Sauve faisait originairement partie de la viguerie de Sommière et du diocèse de Nimes. — On y comptait 45 feux en 1384. — Vers la fin du xvie siècle, cette petite ville devint le chef-lieu d'un bailliage composé de soixante-cinq communautés détachées pour la plupart de la viguerie de Sommière, et dont un certain nombre relevaient au spirituel des diocèses d'Uzès et de Montpellier. — Sauve fut l'un des sept archiprêtrés qui servirent à former, en 1694, le diocèse d'Alais. — En 1790, Sauve devint le chef-lieu d'un canton du district de Saint-Hippolyte-du-Fort composé des six communes suivantes : Logrian, Pucchredon-et-Savignargues, Saint-Jean-de-Crieulon, Saint-Nazaire-des-Gardies, Saint-Pierre-de-Sivignac-et-Massillargues et Sauve. — Les seigneurs de Sauve, au moyen âge, étaient en même temps seigneurs d'Anduze. — Le monastère de Saint-Pierre de Sauve fut fondé en 1029. — La baronnie de Sauve donnait entrée aux États de Languedoc. — Armoiries de Sauve, d'après l'Armorial de Nimes : *de gueules, à un mont ou rocher d'argent à six coupeaux arrondis mis en pyramide, accostés de deux tours crénelées et maçonnées de sable, appuyées sur chaque côté du rocher, du sommet duquel sort une plante de sauge, de sinople, avec ces mots : SAL-SAL;* — d'après Gastelier de La Tour: *d'argent, à une montagne de sable ; au sommet, une plante de sauge, de sinople, à trois branches ; une muraille crénelée avec deux tours carrées, mouvante du bas de l'écu, le tout d'or, brochant sur la montagne ; en chef : SAL-SAL.*

SAUVEPLANE, q. cⁿᵉ d'Aumessas.
SAUVEPLANE, f. cⁿᵉ de Bez-et-Esparron. — *Mansus de Salvaplana, parrochiæ de Bessio*, 1518 (A. Bilanges, not. du Vigan).
SAUVEPLANE, f. cⁿᵉ de Vabres.
SAUVETERRE, cⁿ de Roquemaure. — *Salvaterra*, 1384 (dénombr. de la sénéch.). — *Sauveterre*, 1735 (arch. départ. C. 1485).
Sauveterre appartenait à la viguerie de Roquemaure et au diocèse d'Uzès pour le temporel, mais à celui d'Avignon pour le spirituel. — C'est sur le territoire de cette cⁿᵉ que se trouvait le monastère de femmes de *Notre-Dame-des-Fours*, fondé dans les premières années du xiiiᵉ siècle par Mabille d'Albaron, et c'est à Sauveterre qu'on a retrouvé son épitaphe, où se trouve mentionnée, à la date du 4 juin 1239, une éclipse de *soleil*, et non de *lune*, comme il a été dit par erreur à l'article Fours. — Avant 1790, il y avait à Sauveterre un bureau de fermes. — On y comptait 6 feux en 1384. — Sauveterre devint, en 1790, une annexe de Roquemaure. — Une loi du 21 mars 1850 a de nouveau érigé ce village en commune.
SAUVIÉ, f. cⁿᵉ de Saint-Hippolyte-du-Fort.

SAUZÈDE (LA), f. cⁿᵉ de Génolhac. — 1515 (arch. départ. C. 1647).
SAUZET, cⁿ de Saint-Chapte. — *Villa de Salzeto*, 1121 (Gall. Christ. VI, p. 304). — *Sauzetum*, 1252 (chap. de Nimes, arch. départ.). — *Villa de Sauzeto, cum tenemento de Calverio*, 1310 (Mén. I, pr. p. 164, c. 1). — *Sauretum* (sic), 1384 (dénombr. de la sénéch.). — *Parrochia Sancti-Andreæ de Sauzeto*, 1437 (Et. Rostang, not. d'Anduze). — *Prioratus de Sauzeto*, 1470 (Sauv. André, not. d'Uzès). — *Locus de Sauseto, Uticensis diocesis*, 1506 (Et. Brun, not. de Saint-Geniès-en-Malg.). — *Le lieu de Sauzet*, 1547 (arch. départ. C. 1314). — *Sauzet*, 1557 (J. Ursy, not. de Nimes). — *Le prieuré Saint-André de Saulzet*, 1620 (insin. eccl. du dioc. d'Uzès).
Sauzet faisait partie de la viguerie et du diocèse d'Uzès. C'était, avant la Révolution, le chef-lieu d'un des neuf doyennés de ce diocèse. Le prieuré de Saint-André de Sauzet était à la collation de l'évêque d'Uzès. — On comptait à Sauzet 50 feux en 1310 et 4 et demi seulement en 1384. — La justice de Sauzet appartenait, en 1721, à M. de Lamon. — Ce lieu ressortissait au sénéchal d'Uzès. — Les armoiries de Sauzet étaient : *d'or, à une croix losangée d'argent et de sinople.*
SAUZET (LE), b. cⁿᵉ du Cros.
SAUZET (LE), f. cⁿᵉ de Tresques.
SAUZÈTE (LA), f. cⁿᵉ de Bellegarde. — *La Sauzette*, 1660 (arch. départ. G. 283). — *La métairie de Sauzède*, 1721 (bibl. du grand sémin. de Nimes). — *Sauzet*, 1789 (carte des États).
En 1721, M. de Lahondès, alors conseiller au présidial de Nimes, était seigneur en toute justice du domaine de la Sauzète.
SAUZOU (LE), bois, cⁿᵉ de Saint-Christol-le-Rodières.
SAVELOUS (LE), f. cⁿᵉ de Saint-Martial. — *Sabelous*, 1789 (carte des États).
SAVIGNARGUES, cⁿ de Sauve. — *Salvanangue*, 1138 (chap. de Nimes, arch. dép.). — *Ecclesia de Savinnanicis*, 1156 (cart. de N.-D. de Nimes, ch. 84). — *Sanctus-Martinus de Savinnanicis*, 1174 (chap. de Nimes, arch. dép.). — *Castrum de Salvinanicis*, 1175 (Ménard, VII, p. 721; Lay. du Tr. des ch. I, p. 108). — *Ecclesia de Cevegnanicis*, 1212 (ibid. G. 285). — *Sevignanicæ*, 1258 (ibid.). — *Sanctus-Martinus de Cirinnanicis* (sic), 1275 (ibid.). — *Sevinchanicæ*, 1283 (ibid.). — *Cirinhargues*, 1312 (ibid.). — *Parochia de Savinhanicis*, 1345 (cart. de la seign. d'Alais, fᵒ 35). — *Sanctus-Martinus de Sevinhanicis*, 1384 (dénombr. de la sén.). — *Sevinhargues*, 1435 (rép. du subs. de Charles VII). — *Decimaria Sancti-Martini de Savinhargues.*

1463 (L. Peladan, not. de Saint-Geniès-en-Malgoirès). — *Sanctus-Martinus de Savinnanicis*, 1475 (arch. départ. G. 376). — *Salvinhanicæ*, 1490 (Mén. IV, pr. p. 13, c. 1). — *Sanctus-Martinus de Cirinhanicis*, 1539 (*ibid.* p. 155, c. 2). — *Sauvignargues, Savignargues, viguerie d'Anduze*, 1582 (Tarif univ. du diocèse de Nimes). — *Sauvignargues*, 1741 (arch. départ. C. 761). •

Savignargues appartenait à la viguerie d'Anduze et au diocèse de Nimes, archiprêtré de Sauve. — Ce lieu n'est compté que pour un demi-feu en 1384. — Le prieuré de Saint-Martin de Savignargues fut annexé, dès les dernières années du xv° siècle, au prieuré de Saint-André de Puechflavard, aujourd'hui Puechredon.

SAZE, c⁰⁰ de Villeneuve-lez-Avignon. — *G. de Sado*, 1100 (cart. de Saint-Victor de Mars. ch. 1096). —*Sadum*, 1170 (cart. de Franq.).— *Locus de Sado*, 1384 (dénombr. de la sénéch.). — *Sazum*, 1386 (Mén. III, pr. p. 90, c. 1). — *Locus de Sadone*, 1461 (reg.-cop. de lettr. roy. E, v).—*Sazes*, 1551 (arch. départ. C. 1331). — *Le prieuré de Saize*, 1620 (insin. eccl. du dioc. d'Uzès). — *La communauté de Saze*, 1633 (arch. départ. C. 1296). — *Tenementum de Sadons* (Trenquier, *Not. sur quelq. loc. du Gard*).

Saze faisait partie de la viguerie de Roquemaure et du diocèse d'Uzès pour le temporel, tandis que pour le spirituel il appartenait au diocèse d'Avignon. — Le prieuré de Saze était uni au chapitre de Notre-Dame-des-Doms d'Avignon. — On comptait 9 feux à Saze en 1384. — Cette communauté avait pour armoiries : *de vair, à un chef losangé d'or et de gueules.*

SCAMANDRE (LE), étang, c⁰⁰ de Saint-Gilles. — *Scamandrum*, 1102 (cart. de Psalmody). — *In ripa Scamandri*, 1156 (Hist. de Lang. II, pr. col. 555). — *L'Escamandre*, 1557 (J. Ursy, not. de Nimes).— *L'étang d'Escamandre*, 1747 (arch. départ. C.571).

SÉBÈNE, f. c⁰⁰ de Sauve. — *B. de Sevena*, 1174 (Ménard, VII, p. 721).

SÉGALAS (LE), q. c⁰⁰ de Saint-Laurent-le-Minier. — 1550 (arch. départ. C. 1789).

SÉGALIÈRES (LES), q. c⁰⁰ de Saint-Jean-du-Pin. — *Territorium de Segaleriis, confrontatum cum terris mansi de Tribus-Montibus, in parrochia Sancti-Johannis de Pinu*, 1402 (Et. Rostang, not. d'Anduze).

SÉGONNAUX (LES), q. c⁰⁰ de Beaucaire. — *Les Ségeaunaux* (C. Blaud, *Antiq. de la ville de Beauc.* p. 18).

SÉGOUSSAS, h. c⁰⁰ de Rousson. — *Ségoussac*, 1732 (arch. départ. C. 1478).

SÉGOUSSE, f. c⁰⁰ de Mandagout.

SÉGRIEN, f. c⁰⁰ de Lirac.

SÉGUISSON (LE), ruiss. qui prend sa source sur la c⁰⁰ de Bouquet et va se jeter dans l'Alauzène sur le territ. de la c⁰⁰ de Navacelle. —Parcours : 8 kilomètres.

SÉGURAN, f. c⁰⁰ d'Alais.

SEINGLE (LE), ruiss. qui prend sa source sur le c⁰⁰ de Mars et se jette dans celui de las Passes sur le territ. de la même commune.

SELVE, f. c⁰⁰ de Sauve. —*Seuve*, 1789 (carte des États).

SÉNAS, f. c⁰⁰ de Sauveterre.

SÉNÉCHAS, c⁰⁰ de Génolhac. — *Villa de Chaneschas*, 1211 (Gall. Christ. t. VI, p. 304). — *Ecclesia de Chaneschas*, 1314 (Rotul. eccl. arch. munic. de Nimes). — *La paroisse de Chanesches*, 1461 (reg.-cop. de lettr. roy. E, iv). —*Locus de Chaneschassiu, Uticensis diocesis*, 1462 (*ibid.* E, v). — *Seneschas*, 1549 (arch. dép. C. 1320). — *Le prieuré Nostre-Dame de Channeschas*, 1620 (insin. eccl. du diocèse d'Uzès). — *La communauté de Sénéchas*, 1634 (arch. départ. C. 1289).

Sénéchas appartenait, avant 1790, à la viguerie et au diocèse d'Uzès. — C'était, au xvii° siècle, le chef-lieu d'un doyenné considérable de ce diocèse. — Le prieuré de Notre-Dame de Sénéchas était à la collation de l'évêque d'Uzès et à la présentation de Mᵐᵉ de Ribaute. — Sénéchas ne figure point sur la liste de dénombrement de 1384.

SÉNAYRÈDE (LA), m. isolée, c⁰⁰ de Valleraugue. — *La Serareda*, 1150 (cart. de N.-D. de Bonh. ch. 46).— *La Ceiraiede; La Ceiraieda*, 1238 (*ibid.* ch. 45). — *La Serayrede*, 1265 (*ibid.* ch. 47). — *La Sérairède* (carte géol. du Gard).

SERBONNET, mont. c⁰⁰ d'Uzès. — On trouve aussi la forme *Sarbonnet* et *Serrebonnet*.

SÉREYROL (LE), ruiss. qui prend sa source sur le c⁰⁰ de Valleraugue et se jette dans l'Hérault sur le territ. de la même commune.

SÉRIGNAC, h. c⁰⁰ d'Hortoux-et-Quilhan.— *H. de Cirinhaco*, 1254 (bibl. du gr. sém. de Nimes). — *Sereinhacum, cum mandamento*, 1384 (dénombr. de la sénéch.). — *Locus de Serinhaco*, 1461 (reg.-cop. de lettr. roy. E, iv).—*Portale fortalicii de Serignaco*, 1463 (L. Peladan, not. de Saint-Geniès-en-Malg.). — *Civignac*, 1568 (J. Ursy, not. de Nimes).— *Le prieuré Sainct-Martin de Sarinhac*, 1620 (insin. eccl. du dioc. d'Uzès). — *Sérignac*, 1715 (J.-B. Nolin, *Carte du dioc. d'Uzès*).

Sérignac appartenait, avant 1790, à la viguerie de Sommière (plus tard bailliage de Sauve) et au diocèse d'Uzès, doyenné de Sauzet. — Le prieuré de Saint-Martin de Sérignac était à la collation de l'évêque d'Uzès et à la présentation de M. de Fons. — En 1384, on comptait à Sérignac 5 feux, y compris ceux des hameaux qui formaient son mandement. — En 1790, Sérignac est encore une des quinze communes composant le canton de Quissac, l'un de ceux du district de Sommière.

SERLE, f. c^ne de Saint-Bresson.

SERMEIL, h. c^ne de Saint-Martin-de-Valgalgue.

SERNEN, q. c^ne de Puechredon. — *Loco vocato a Sernen, in parrochia Sancti-Andree de Podiis-Flavardis*, 1322 (chap. de Nimes, arch. départ.).

SERNHAC, c^on d'Aramon. — *Sarnacum*, 1169 (chap. de Nimes, arch. départ.). — *Ecclesia Sancti-Salvatoris de Sernhaco*, 1260 (E. Trenquier, *Not. sur quelq. loc. du Gard*). — *Ecclesia de Sarnhaco*, 1310 (Mén. I, pr. p. 182, c. 1). — *Locus de Sarnhaco*, 1321 (*ibid.* VII, p. 727). — *Sarnhacum*, 1383 (*ibid.* III, pr. p. 51, c. 2). — *Locus de Sarnhaco*, 1384 (dénombr. de la sén.). — *Ecclesia de Sarnhiaco*, 1386 (rép. du subs. de Charles VI). — *Locus de Sernihaco, dyocesis Nemausensis*, 1406 (arch. comm. de Colias). — *Sarnhac*, 1435 (rép. du subs. de Charles VII). — *Locus de Sarhaco; de Sarnhaco, diocesis Nemausensis*, 1474 (J. Brun, not. de Saint-Geniès-en-Malgoirès). — *Locus de Sarniaco*, 1497 (Daphnel, notar. de Nimes). — *Sarnhac*, 1551 (arch. départ. C. 1333). — *Saranhac*, 1557 (J. Ursy, not. de Nimes). — *Sargnac, viguerie de Beaucaire*, 1582 (Tar. univ. du dioc. de Nimes). — *Le prieuré Sainct-Saulveur de Sargnac*, 1598 (insin. eccl. du dioc. de Nimes).

Sernhac faisait partie de la viguerie de Beaucaire et du diocèse de Nimes, archiprêtré de Nimes. — En 1384 on y comptait 20 feux, et en 1744 180 feux et 820 habitants. — Le prieuré simple et régulier de Saint-Sauveur de Sernhac, uni au collége des chanoines de Saint-Ruf de Montpellier depuis 1468 jusqu'en 1780, époque à laquelle il passa à l'évêque de Nimes, valait 4,000 livres. — La terre de Sernhac appartenait au duc d'Uzès. — Sernhac portait pour armoiries : *d'azur, à une lettre S d'or*.

SERNADE-DU-PONT (LA), q. c^ne de Revens. — 1550 (arch. départ. C. 1782).

SERRAS (LE), h. c^ne de Courry. — *Le mas du Serrat*, 1786 (arch. départ. C. 1646).

SERRE, f. c^ne de Sommière.

SERRE (LA), f. c^ne de Cendras. — Voy. SAINT-ÉTIENNE-DE-LA-SERRE.

SERRE (LA), f. c^ne de Rogues. — *J. de Serra*, 1164 (cart. de N.-D. de Bonh. ch. 61).

SERRE (LA), f. c^ne de Saint-Martin-de-Valgalgue. — *B. de Serra*, 1376 (cart. de la seign. d'Alais, f° 17).

SERRE (LE), f. c^ne d'Arrigas.

SERRE (LE), f. c^ne de Colognac.

SERRE (LE), f. c^ne du Cros.

SERRE (LE), f. c^ne de Fressac.

SERRE (LE), h. c^ne de Mandagout. — *Mansus de Serro; del Serre, jurisdictionis et parrochie de Mandagoto*, 1472 (Ald. Razoris, not. du Vigan).

SERRE (LE), f. c^ne de Montclus.

SERRE (LE), h. et m^in, sur la Cèze, c^ne de Peyremale.

SERRE (LE), f. c^ne de Peyroles.

SERRE (LE), h. c^ne de Ponteils-et-Brézis. — *Le Serre, paroisse de Malons*, 1721 (Bullet. de la Société de Mende, t. XVI, p. 161).

SERRE (LE), f. c^ne de Saint-André-de-Valborgne.

SERRE (LE), f. c^ne de Saint-André-d'Olérargues.

SERRE (LE), q. c^ne de Saint-Mamet. — *Al Seyres*, 1214 (arch. départ. G. 334).

SERRE (LE), f. c^ne de Saint-Martin-de-Corconac.

SERRE (LE), f. c^ne de Soudorgues.

SERRE-BLAQUIÈRE (LE), q. c^ne de Saint-Gervasy. — 1549 (arch. départ. C. 1785).

SERRE-BRUGAL (LE), mont. et bois, c^ne de Saint-Gilles. — *Le bois de Mademoiselle*, 1822 (notar. de Nimes).

SERRE-DE-BOUQUET (LE), mont. et bois, c^ne de Saint-Just-et-Vaquières.

SERRE-DE-BRIENNE (LE), mont. c^ne de Brignon. — Appelé aussi *le Puy-Saint-Jean*.

SERRE-DE-CAMPATOUR (LE), f. et montagne, c^ne d'Aumessas. — *La Terre de Campatour* (cad. d'Aumessas).

SERRE-DE-CASTELAS (LE), hauteur dominant le Gardon, c^ne de Saint-André-de-Valborgne.

SERRE-DE-CAVEIRAC (LE), q. c^ne de Milhau.

SERRE-DE-CROIX (LE), bois, c^ne de Bouquet.

SERRE-DE-LA-MOUSQUE (LE), q. c^ne d'Arrigas.

SERRE-DE-LA-SÉPULTURE (LE), mont. c^ne de Saint-Hippolyte-du-Fort. — 1549 (arch. départ. C. 1790).

SERRE-DE-LA-TOURELLE (LE), mont. à la limite des c^nes de Mars et d'Aumessas.

SERRE-DE-LA-TUNE (LE), mont. c^n d'Arre.

SERRE-DE-GUY (LE), mont. c^ne de Blandas. — 1739 (arch. comm. de Blandas).

SERRE-DEL-LY (LE), mont. c^ne de Saint-Bresson. — 1548 (arch. départ. C. 1781).

SERRE-DE-L'OUSTALET (LE), f. c^ne de la Rouvière.

SERRE-DEL-REY (LE), montagne et bois, c^ne de Saint-Privat-de-Champclos. — (Rivoire, *Statist. du Gard*.)

SERRE-DE-PASCAL (LE), mont. et bois, c^ne de Maruéjols-lez-Gardon.

SERRE-DE-SOULIER (LE), mont. c^ne de Valleraugue.

SERRE-DE-TARTINE (LE), mont. et bois, c^ne de Bouquet.

SERRE-DU-MOULIN (LE), f. c^ne de Saint-Martial. — 1551 (arch. départ. C. 1793).

Serre-Font (Le), q. c^ne de Nages-et-Solorgues. — 1548 (arch. départ. C. 1800).

Serre-Fourné (Le), mont. et bois, c^ne d'Allègre.

Serrel, f. c^ne de Robiac.

Serrelion, h. c^ne de Belvezet.

Serre-Long (Le), mont. et bois, c^ne de Boisset-et-Gaujac.

Serre-Mège (Le), mont. c^ne de Saint-Marcel-de-Fontfouillouse. — 1553 (arch. départ. C. 1792).

Serre-Nègre (Le), mont. c^ne d'Arrigas.

Serre-Rouge (Le), f. c^re de Saint-Just-et-Vaquières.

Serres, h. c^ne de Bréau-et-Salagosse. — *Mansus de Sarris, parrochiæ Sancti-Martini de Aulacio*, 1434 (Ant. Montfajon, notaire du Vigan). — *El mas de Serras*, 1488 (Ant. Galhard, not. du Vigan).

Serres (Les), f. c^ne de Corbès.

Serres (Les), f. c^ne de Laval. — 1733 (arch. départ. C. 1481).

Serret (Le), f. c^ne de Peyrolles. — *Serret*, 1551 (arch. départ. C. 1771). — *Le Pont-du-Serret*, 1723 (*ibid.* C. 1851).

Serrillon (Le), bois, c^ne de Saint-Gervasy.

Sensénade (La), f. c^ne de Saint-Marcel-de-Fontfouillouse. — 1553 (arch. départ. C. 1792).

Servaret, h. c^ne de Sumène.

Servas, c^ne d'Alais. — *Ecclesia de Cervacio*, 1314 (Rot. eccl. arch. munic. de Nimes). — *Servacium*, 1384 (dénombr. de la sénéch.). — *Locus de Servacio*, 1461 (reg.-cop. de lettr. roy. E, v). — *Servas*, 1555 (J. Ursy, not. de Nimes). — *Le prieuré Saint-Jean de Servas*, 1620 (insin. eccl. du dioc. d'Uzès). — *La communauté de Servas*, 1736 (arch. départ. C. 1307).

Servas faisait jadis partie de la viguerie et du diocèse d'Uzès, doyenné de Navacelle. — Le prieuré de Saint-Jean-de-Servas était uni au monastère du Pont-Saint-Esprit. L'évêque d'Uzès en conférait la vicairie sur la présentation du prieur. — En 1384, on comptait 3 feux à Servas, en y comprenant la Sorbière, son annexe. — Ce lieu ressortissait au sénéchal d'Uzès. — M. Hostalier, d'Alais, en était seigneur au XVIIIe siècle. — Armoiries : *d'or, à une fasce losangée d'or et de sinople.*

Servas, bois, c^ne de Corbès.

Servas, h. c^ne de Malons-et-Elze.

Servas, f. c^ne de Nimes.

Serveirol, f. c^ne de Saint-Hippolyte-du-Fort.

Servel, f. c^ne de Sommière.

Servel, m^in, c^ne de Sumène, sur l'Ensumène.

Servezanne, f. c^ne d'Uzès. — Sur l'emplacement du prieuré rural de Saint-Loup-de-Cervesane. — Voy. ce nom.

Serviel, f. c^ne de Saint-Roman-de-Codière. — Probablement *Serre-Viel.*

Servier, f. c^ne de Chamborigaud.

Serviers, c^ne d'Uzès. — *Ecclesia Sancti-Martini de Cervario*, 1119 (bullaire de Saint-Gilles). — *Castrum de Cerverio*, 1121 (Gall. Christ. t. VI, p. 619). — *Serverium*, 1237 (chap. de Nimes, arch. départ.); 1384 (dénombr. de la sénéch.). — *Locus de Serveriis*, 1461 (reg.-cop. de lettr. roy. E, IV, f° 67). — *Locus de Serviers*, 1461 (*ibid.* E, V). — *Ecclesia Sancti-Martini de Serviers*, 1538 (Gall. Christ. t. VI, instr. col. 206). — *Le prieuré Saint-Martin de Serviers*, 1602 (J. Gentoux, not. d'Uzès). — *Le château de Serviers*, 1626 (arch. départ. C. 1215). — *Serviez*, 1694 (armorial de Nimes). — *Serviès*, 1715 (J.-B. Nolin, *Carte du dioc. d'Uzès*).

Serviers appartenait à la viguerie et au diocèse d'Uzès, doyenné d'Uzès. — On y comptait 7 feux en 1384. — Le prieuré régulier de Saint-Martin de Serviers était à la collation de l'abbé de Saint-Gilles. — L'évêque d'Uzès conférait la vicairie sur la présentation du prieur. — Le château de Serviers est, dans ses parties anciennes, de la fin du XVe siècle ; il a été partiellement démoli, en 1626, par ordre de Rohan, ensuite reconstruit sur les ruines de l'ancien. — Ce lieu ressortissait au sénéchal d'Uzès. — M. Causse, de Nimes, en était seigneur au XVIIIe s^e. — Le prieur du lieu y possédait un fief. — En 1790, Serviers est compté comme une des six communes du canton de Montaren, district d'Uzès. Il forme aujourd'hui une commune avec *la Baume*, qui lui a été réuni plus tard. — Armoiries : *de sable, à un chef losangée d'or et d'azur.*

Servillène (La), f. c^ne de Lanuéjols. — *Grangia de Sevelicriis*, 1461 (reg.-cop. de lettr. roy. E, v).

Servon, f. c^ne de Bragassargues.

Sessaut (Le Bas- et le Haut-), hameaux, c^ne de Peyremale.

Sévérac, q. c^ne de Sanilhac-et-Sagriès. — *G. de Seveiraco*, 1174 (Ménard, VII, p. 721).

Sévérargues, f. c^ne de Durfort.

Seylan, f. c^ne du Vigan.

Seynes, c^ne de Vézenobre. — statvmae (inscr. du musée de Nimes). — *Seyna*, 1384 (dénombr. de la sén.). — *Seyne*, 1535 (J. Ursy, not. de Nimes). — *Seynes*, 1547 (arch. départ. C. 1316). — *Le fort d'Aisènes*, 1560 (Ménard, V, p. 365). — *Le prieuré Saint-Bausille de Ceynes et Augustins*, 1620 (insin. eccl. du dioc. d'Uzès). — *Seines*, 1694 (armorial de Nimes). — *Seine*, 1715 (J.-B. Nolin, *Carte du dioc. d'Uzès*).

Seynes faisait partie de la viguerie et du diocèse d'Uzès, doyenné de Navacelle. — Le prieuré de

Saint-Baudile-de-Seynes, uni au couvent des Augustins (voy. Augustins [les]), était à la collation de l'abbé de Cîteaux. — Ce lieu ne se composait que d'un feu et demi en 1384. — Il ressortissait au sénéchal d'Uzès. — M. de Saussines, de Seynes, en était seigneur au xviii° siècle. — Armoiries : *d'or, à un pal losangé d'or et de sinople.*

Seynes (La), ruisseau qui prend sa source près du h. de Vaurargues, c^{ne} de Seynes, traverse les c^{nes} de Belvezet, Serviers, Montaren, Arpaillargues-et-Aureillac, et se jette dans l'Alzon sur le territ. de la c^{ne} de Sanilhac-et-Sagriès. — *La rivière des Seynes; l'Eyssènes*, 1844 (notar. de Nîmes). — Parcours : 10 kilomètres.

Sicard, f. c^{ne} de Jonquières-et-Saint-Vincent.

Sicard, f. c^{ne} de Villeneuve-lez-Avignon.

Siége, h. c^{ne} d'Anduze.

Siéges (Les), h. c^{ne} de Mars.

Sieure, f. c^{ne} de Saint-Gilles. — *Seura, villa*, 879 (Mén. I, pr. p. 12, c. 1). — *Siura*, 1157 (*ibid.* p. 36, c. 1). — *Sieura*, 1170 (cart. de Franq.). — *Syeura*, 1521 (*ibid.*). — *Scieure*, 1529 (*ibid.*). L'abbaye de Saint-Gilles, qui possédait cette terre, l'inféoda, à partir du xvi° siècle, à divers particuliers.

Sigal (Le), h. c^{ne} de Saint-André-de-Majencoules. — *Mansus de Sigallo, parrochiæ Sancti-Andreæ de Majencolis*, 1513 (A. Bilanges, not. du Vigan). — *Le Sigal, paroisse de Saint-André-de-Majencoules*, 1551 (arch. départ. C. 1775). — *Le Sigal*, 1737 (*ibid.* C. 524); 1789 (carte des États). — *Le Cigal*, 1812 (notar. de Nîmes).

Sigalas (Le), h. c^{ne} de Pompignan.

Sigalière (La), h. c^{ne} de Carnas.

Signac, f. c^{ne} de Bagnols.

Signaije (La), f. c^{ne} de Saint-Jean-du-Gard.

Signan, f. et bois, c^{ne} de Bouillargues. — *Garica Signanese, in terminium de villa Campania superiore*, 916 (cart. de N.-D. de Nîmes, ch. 68). — *Vallis de Sinano*. 1115 (chap. de Nîmes, arch. départ.). — *Venus de Sinhano*, 1310 (Mén. II, pr. p. 43, c. 1). — *Vallis Sinnani*, 1317 (chap. de Nîmes, arch. départ.). — *Boscus Senheynencus*, 1519 (arch. hosp. de Nîmes, B. 16). — *Devesium de Sinhano*, 1530 (*ibid.* B. 36). — *La terre et seigneurie de Signan*, 1609 (arch. départ. G. 249). — *Signan*, 1706 (*ibid.* G. 206). C'était un fief appartenant aux chanoines de la cathédrale de Nîmes.

Signargues, h. c^{ne} de Saint-Privat-de-Champclos.

Sillargues, h. c^{ne} de Saint-Nazaire-des-Gardies. — *Sillan*. 1579 (J. Ursy, not. de Nîmes).

Siméonnette (La), f. c^{ne} de Pujaut.

Simonnet, f. c^{ne} de la Salle.

Sindic (Le), f. c^{ne} de Montfrin.

Singla, f. c^{ne} de Conqueyrac.

Siolle (La), f. c^{ne} de Saint-Paulet-de-Caisson.

Siourre, q. c^{ne} de Fontanès.

Sire (Le), f. et bois, c^{ne} de Quissac.

Sivelon (Le), f. c^{ne} de Saint-Félix-de-Pallières.

Six-Deniers, f. c^{ne} de Saint-Marcel-de-Carreiret.

Socoutier (Le), bois, sur les c^{nes} de Moulézan-Montagnac et de Mauressargues.

Sœur (La), abîme, c^{ne} de Sauve.

Solages (Les), f. c^{ne} de Saint-Hippolyte-du-Fort. — 1549 (arch. départ. C. 1790).

Solan, bois, c^{ne} de Comps.

Solan, f. et bois, c^{ne} de Saint-Laurent-la-Vernède. — *Solanum*, 1207 (Mén. I, pr. p. 44, c. 1). — *Le devois de Solans, terroir de La Bastide*, 1721 (bibl. du gr. sémin. de Nîmes). Le fief de Solan appartenait, au xviii° siècle, à M. de Cuny.

Soleillade (La), q. c^{ne} de Saint-André-de-Majencoules. — 1551 (arch. départ. C. 1775).

Solettes (Les), f. c^{ne} d'Aumessas.

Solier (Le), h. c^{ne} de Saint-Martin-de-Valgalgue. — *Mansus de Solerio*, 1294 (Mén. I, pr. p. 132, c. 1). — *G. de Solayrato*, 1321 (*ibid.* VII, p. 727). — *Mansus de Soleyreto, extra Alestum*, 1345 (carte de la seign. d'Alais, f° 33). — *Saliès*, 1715 (J.-B. Nolin, *Carte du dioc. d'Uzès*). — *Le Soulier* (carte géol. du Gard).

Solier (Le), f. c^{ne} de Soudorgues. — *Mansus de Solerio*, 1308 (pap. de la fam. d'Alzon).

Soliers (Les), ham. c^{ne} de Soustelle. — *Mansus de Solerio, in parrochia Sancti-Petri de Sostella*, 1346 (cart. de la seign. d'Alais, f° 48).

Solomiac, h. c^{ne} de Goudargues. — *Solommiac*, 1152 (Hist. de Lang. II, pr. col. 538).

Solorgues, c^{ne} de Sommière. — *Villa quæ vocatur Saravonicos, in suburbio Nemausensi*, 960 (cart. de N.-D. de Nîmes, cb. 142). — *Mansus de Saravonicos*, 1031 (*ibid.* ch. 143). — *Villa de Saraonegues*, 1112 (*ibid.* ch. 140). — *Mansus de Saraonicis*, 1169 (chap. de Nîmes, arch. départ.). — *S. de Sarovonegues*, 1169 (*ibid.*). — *Sereonicæ*, 1396 (*ibid.*). — *Serorgues*, 1435 (rép. du subs. de Charles VII). — *Solorgues*, 1555 (J. Ursy, not. de Nîmes). — *Sororgues*, 1582 (Tar. univ. du dioc. de Nîmes). — *Sérorgues*, 1696 (insin. ecclés. du diocèse de Nîmes). Le lieu de Sérorgues ou Solorgues est, dès le xv° siècle, annexé à la communauté de Nages, avec laquelle il forme encore aujourd'hui la cⁿᵉ de *Nages-et-Solorgues*. — Il faisait partie de la viguerie et du diocèse de Nimes, archiprêtré de Nimes. — La terre de Solorgues a eu les mêmes seigneurs que celle de Nages. — Pour les armoiries, voy. Nages.

Somiac, q. et ruiss. cⁿᵉ de Lézan. — *Podium Somiacum; ad rivum de Somiaco*, 1352 (arch. départ. G. 356).

Sommière, arrond. de Nimes.—*Sumerium*, 1039 (Hist. de Languedoc, II, pr. col. 182). — *Someire*, 1035 (*ibid.* col. 195). — *Somerium*, 1086 (cart. de Psalmody). — *Saumerium*, 1094 (*ibid.*). — *Somerium*, 1119 (Mén. I, pr. p. 29, c. 1). — *P. de Sumeire*, 1149 (*ibid.* VII, p. 720). — *B. de Somerio*, 1151 (Lay. du Tr. des ch. t. I, p. 67). — *Summidrium*, 1210 (*ibid.* p. 51, c. 1). — *Castrum et villa Sumidrü*, 1243 (*ibid.* p. 76, c. 1). — *Sumidria*, 1266 (*ibid.* p. 190, c. 2). — *Vicaria Sumidrü*, 1294 (*ibid.* p. 120, c. 1). — *Villa Sumidrü*, 1384 (dénombr. de la sénéch.). — *La ville de Sommieres*, 1435 (rép. du subs. de Charles VII). — *Sumidrium*, 1461 (reg.-cop. de lettr. roy. E, iv, fᵒ 26). — *Oppidum Simmodrium*, 1538 (Gall. Christ. t. VI, instr. col. 206). — *Somyeres*, 1557 (J. Ursy, not. de Nimes). — *Saumieres*, 1582 (Tarif univ. du dioc. de Nimes).

Sommière devint, dès le xiiiᵉ siècle, le chef-lieu d'une des vigueries les plus considérables de la sénéchaussée, qui comprenait 74 communautés. — Au xviᵉ siècle, la création du bailliage de Sauve forma, dans cette viguerie, une subdivision composée de 60 communautés, 14 seulement étant restées à la viguerie de Sommière proprement dite (voy. l'Introduction). — Sommière était aussi le siége d'un archiprêtré du dioc. de Nimes, composé de 14 prieurés séculiers, de 4 prieurés-cures et de 3 prieurés réguliers. — En 1384 on comptait à Sommière 95 feux, 703 en 1734 et 1,039 en 1789. — Le prieuré de Saint-Pons-et-Saint-Amans de Sommière était uni au doyenné de Saint-Gilles et valait 3,000 livres. L'abbé de Saint-Gilles en était collateur. — Au xviiiᵉ siècle, Sommière ressortissait au sénéchal de Montpellier. — En 1790, Sommière devint le chef-lieu d'un des huit districts du département du Gard. Ce district comprenait les cinq cantons suivants : Aiguesvives, Calvisson, Quissac, Saint-Mamet et Sommière. — Le canton de Sommière se composait de dix communes, savoir : Aspères, Aujargues, Fontanès, Junas, Lèques, Saint-Clément, Salinelles-et-Saint-Julien (Montredon), Sommière, Souvignargues et Villevieille. — Armoiries de Sommière, d'après l'Armorial de 1694 : *de gueules, à un pont à cinq arches, d'argent, maçonné de sable, sur une*

rivière d'argent ombrée d'azur, supportant une croix d'argent accostée de deux tours crénelées de même et maçonnées de sable.

Sorbien (Le), f. cⁿᵉ de Saint-Christol-de-Rodières. — 1760 (arch. départ. C. 1663).

Sorbière (La), q. cⁿᵉ de Sernhac. — *In jurisdictione de Sarnhaco, loco dicto a la Sorbieyra*, 1474 (J. Brun. not. de Saint-Geniès-en-Malgoirès).

Sorbière (La), h. cⁿᵉ de Servas. — *Sorbeira*, 1384 (dénombr. de la sénéch.). — *La Sorbiere*, 1462 (registre-cop. de lettr. roy. E, v). — *Sorbiere*, 1566 (J. Ursy, not. de Nimes); 1771 (arch. dép. C. 1386).

M. Hostalier, d'Alais, en était seigneur au xviiiᵉ siècle. — Voy. Servas.

Soubaou-de-Sant-Frédémou (Le), grotte au bord du Gardon, cⁿᵉ de Colias.

D'après la tradition, elle aurait été habitée par saint Vérédème, dont elle porte le nom (Eug. Trenquier, *Notices sur quelques localités du Gard*: G. Charvet, *Monogr. de Remoulins*).

Soubeiran, f. cⁿᵉ de Saint-Geniès-de-Comolas.

Soubeirane (La), q. cⁿᵉ de Remoulins.

Soubeirane (La), q. cⁿᵉ de Sernhac. — 1554 (arch. départ. C. 1801).

Soubeiranettes (Les), q. cⁿᵉ de Remoulins.

Soubeirol, f. cⁿᵉ d'Aumessas.

Soubire, f. cⁿᵉ de Saint-Laurent-de-Carnols.

Soucanton, chât. ruiné, cⁿᵉ de Saint-Jean-du-Pin. — *A. de Soquantono*, 1174 (Ménard, VII, p. 721). — *G. de Souchantone*, 1265 (Gall. Christ. t. VI, instr. col. 624). — *Soquanton, Soquantonum, Suquanton, Soucanton*, 1345 (cart. de la seigneurie d'Alais, passim). — *P. de Succotone, condominus de Succotone et de Arenis*, 1403 (J. du Moulin, not. d'Anduze). — *Sous-Canton* (Rivoire, *Statist. du Gard*, t. II, p. 606).

Souche (La), f. cⁿᵉ de Corbès.

Souchon, h. cⁿᵉ de la Bruguière.

Soudier (Le), q. cⁿᵉ de Bellegarde. — 1660 (arch. départ. G. 283).

Soudorgues, cᵒⁿ de la Salle. — *Sardonicæ*, 1146 (Hist. de Lang. II, pr. col. 512). — *P. de Sordonicis*, 1178 (chap. de Nimes, arch. départ.). — *Ecclesia apud Sardonicos*, 1249 (cart. de N.-D. de Bonh. ch. 20). — *Locus de Sordanicis*, 1384 (dénombr. de la sénéch.). — *Sodorgues*, 1435 (rép. du subs. de Charles VII). — *Ecclesia parochialis de Sordanicis*, 1461 (reg.-cop. de lettr. roy. E, v). — *Parochia Beatæ-Mariæ de Sordanicis, Nemausensis diocesis*, 1463 (L. Peladan, not. de Saint-Geniès-en-Malg.). — *Parrochia Nostræ-Dominæ de Sodorgiis*, 1513

(A. Bilanges, not. du Vigan). — *Le prieuré de Nostre-Dame de Soudorgues*, 1579 (insin. eccl. du dioc. de Nimes). — *Sodorgues, viguerie d'Anduze*, 1582 (Tar. univ. du diocèse de Nimes). — *Notre-Dame de Sodorgues*, 1624 (insin. eccl. du dioc. de Nimes).

Soudorgues faisait partie de la viguerie d'Anduze et du diocèse de Nimes, archiprêtré de la Salle. — On y comptait 13 feux en 1384. — On remarque sur le territoire de cette c⁹ le château de *Peyre*, en ruines, et celui de *Beauvoir*, récemment restauré. — Les armoiries de Soudorgues sont : *d'azur, à une fleur de lis, soutenue d'un croissant d'argent.*

Soujol, q. cⁿᵉ de Saint-Martin-de-Saussenac.

Soulages, f. cⁿᵉ de Gailhan-et-Sardan.

Soulanou, h. cⁿᵉ de Sumène. — *Sounalou* (carte géol. du Gard).

Soulas, f. cⁿᵉ de Barron.

Soulatges, h. cⁿᵉ de la Salle. — *B. de Solaticis*, 1345 (cart. de la seigneurie d'Alais, f° 34). — *Mansus de Solaticis, parrochiæ Sancti-Petri de Sala*, 1461 (reg.-cop. de lettr. roy. E, iv, f° 91). — *Solaygges*, 1491 (Sim. Benoît, not. de Nimes). — *Le Mas-de-Solage*, 1551 (arch. départ. C. 1771 et 1797). — *Solages*, 1789 (carte des États).

Souldan (Le), ruiss. qui prend sa source sur le cⁿᵉ de Valleraugue et se jette dans l'Hérault sur le territ. de la même commune.

Soule (La), f. cⁿᵉ de Saint-Martin-de-Corconac.

Soulié, f. cⁿˢ de Saint-Roman-de-Codière.

Soulien, f. cⁿᵉ de Bellegarde.

Soulien, f. cⁿᵉ de Sabran.

Soulien (Le), h. cⁿᵉ de Castillon-de-Gagnère. — *Solerium*, 1381 (charte d'Aubussargues, cab. de M. le marquis de Valfons).

Soulien (Le), f. cⁿᵉ de Saint-Félix-de-Pallières.

Soulien (Le), h. cⁿᵉ de Saumane. — *Solerium*, 1391 (Mén. III, pr. p. 107, c. 2). — *Mas-de-Solier, paroisse de Saumane*, 1606 (insin. eccl. du diocèse de Nimes).

Soulien (Le), h. cⁿᵉ de Tornac. — *Solarium*, 1162 (cart. de Saint-Sauveur-de-la-Font). — *Solerium*, 1273 (cart. de Franq.). — *Le Mas-de-Solié*, 1552 (arch. départ. C. 1804).

Souliers (Les), h. cⁿᵉ de Saint-Marcel-de-Fontfouillouse. — *Mansus de Soleriis, mandamenti castri de Folhaquerio*, 1346 (cart. de la seigneurie d'Alais, f° 49). — *Le Mas-de-Solier*, 1553 (arch. départ. C. 1792).

Souliers, ham. cⁿᵉ de Valleraugue. — *Le Soulier* (cad. de Valleraugue). — *Souliès* (carte géolog. du Gard).

Souliès, f. cⁿᵉ de Mandagout. — *Mansus del Solie; de Solerio, jurisdictionis et parochiæ de Mandagoto*, 1472 (Ald. Razoris, not. du Vigan).

Souls (Les), ruiss. qui a sa source au Minier, cⁿᵉ de Bréau-et-Salagosse, et se jette dans le Coudouloux ou rivière d'Aulas à la limite du territ. de Bréau.

Il porte dans la partie inférieure de son cours le nom de rivière de Salagosse, puis celui de Bréaunèze (voy. ce nom).

Soupian, f. cⁿᵉ de Saint-Paulet-de-Caisson.

Souquet (Le), mont. et bois, cⁿᵉ de Trève. — *Suquet*, 1789 (carte des États).

Sourban, q. cⁿᵉ de Milhau. — 1579 (J. Ursy, not. de Nimes).

Sourbinoix (Les), q. cⁿᵉ de Sanilhac-et-Sagriès.

Sourelaire (La), f. cⁿᵉ d'Anduze. — *Mansus de Solairolio*, 1437 (Et. Rostang, not. d'Anduze). — *Sourailière*, 1789 (carte des États).

Sous-Cadignac, f. cⁿᵉ de Sabran.

Sous-le-Pas, montagne, cⁿᵉ de Valleraugue.

Sous-les-Fourches, q. cⁿᵉ de Bellegarde. — *Sot-las-Forcas*, 1330 (arch. départ. G. 279).

Soustelle, cⁿ d'Alais, 1277 (chap. de Nimes, arch. départ.) — *Parrochia Sancti-Petri de Sostella*, 1345 (cart. de la seigneurie d'Alais, f° 33 et 43). — *Sanctus-Petrus de Sostella*, 1349 (ibid. f° 48). — *Sostella*, 1384 (dénombr. de la sénéchaussée). — *Ecclesia de Soltella*, 1386 (rôp. du subs. de Charles VI). — *Soustelle*, 1435 (rôp. du subs. de Charles VII). — *Soustelle, viguerie d'Allez*, 1582 (Tar. univ. du dioc. de Nimes). — *Le prieuré Saint-Pierre de Soustelle*, 1663 (insin. eccl. du dioc. de Nimes).

Soustelle faisait partie de la viguerie d'Alais et du diocèse de Nimes (plus tard d'Alais), archiprêtré d'Alais. — On n'y comptait, en 1384, qu'un feu et demi. — Soustelle n'a point reçu d'armoiries en 1694.

Soutaynane (La), marais, cⁿᵉ de Saint-Gilles. — *Fosseta, vel Souteirana* (E. Trenquier, *Not. sur quelques localités du Gard*).

Souteiranne (La), marais appartenant par moitié aux cⁿᵉˢ d'Aimargues et du Caylar. — 1734 (arch. dép. C. 1026).

Souterraine (La), f. cⁿᵉ de Saint-Laurent-d'Aigouze. — 1547 (arch. départ. C. 1788).

Souvignargues, cⁿ de Sommière. — *In terminium Sancti-Andreæ de Silvagnanicus, in ripa de Aqua-Lata, in comitatu Nemausensis*, 1031 (cart. de N.-D. de Nimes, ch. 213). — *Villa Salviniaca*, 1123 (cart. de Psalm.). — *Salvionanegues*, 1125 (ibid.). — *Salvanhanicæ*, 1384 (dénombr. de la sénéch.).

Salvanhargues, 1435 (rép. du subs. de Charles VII). — *Salvinhargues*, 1461 (reg. cop. de lettr. roy. E, IV, f° 71). — *Sauvahargues*, 1548 (cart. de Franquevaux). — *Sorinhargues*, 1557 (J. Ursy, not. de Nimes). — *Saulvinhargues*, 1563 (*ibid.*). — *Sauinhargues*; *Sauinhargues et Escatte, viguerie de Saumieres*, 1582 (Tar. univ. du dioc. de Nimes). — *Sauvagnargues*, 1616 (arch. comm. de Combas). — *Souviniargues*, 1704 (J.-C. de La Baume, *Rel. inéd. de la rév. des Camis.*).

Souvignargues faisait partie de la viguerie de Sommière et du diocèse de Nimes, archiprêtré de Sommière. — On y comptait 6 feux en 1384. — Le prieuré de Saint-André de Souvignargues était à la collation de l'évêque de Nimes et valait 1,000 livres. — L'église est du XVI° siècle. — On remarque sur le territ. de cette commune un château ruiné et une grotte dite *le Bézal.*

Souvignargues, f. c°e de Laval. — 1733 (arch. dép. C. 1481).

Spènes, h. c°e de Saint-Martin-de-Saussenac. — *P. de Asperes*, 1253 (chap. de Nimes, arch. départ.).

Sube (La), mont. c°° de Courry (carte géol. du Gard). — Altitude : 500 mètres.

Subreville, f. c°e de Bréau-et-Salagosse.

Suc (Le), mont. c°e de Saint-Jean-du-Gard. — *B. de Succó*, 1253 (chap. de Nimes, arch. départ.). — *Le Suc*, 1552 (arch. départ. C. 1783).

Sucaret (Le), f. c°e d'Anduze.

Sueil (Le), h. c°e de Sabran. — *La tour de Sueilhe*, 1645 (arch. départ. C. 650).

Suels (Les), h. c°° de Saint-André-de-Majencoules. — *Les Essuels*, 1862 (notar. de Nimes).

Sujol, f. c°° de Sauve. — *Soujol*, 1789 (carte des États).

Sumanisse, q. c°° de Vézenobre. — 1550 (arch. dép. G. 319).

Sumène, arrond. du Vigan. — *Ante altare Beatæ-Mariæ de Sumena*, 1150 (cart. de N.-D. de Bonheur, ch. 52). — *Sumena*, 1174 (cart. de Psalmody). — *Beata-Maria de Sumenis*, 1297 (arch. dép. G. 382). — *Locus de Sumena*, 1314 (Guerre de Fl. arch. munic. de Nimes). — *Sumena*, 1384 (dénombr. de la sénéch.). — *Sumene*, 1435 (rép. du subs. de Charles VII); 1485 (Ménard, IV, pr. p. 37, c. 1). — *Sumene, viguerie du Vigan*, 1582 (Tar. univ. du dioc. de Nimes). — *Le prieuré Notre-Dame de Sumène*, 1697 (insin. eccl. du dioc. de Nimes).

Sumène faisait partie de la viguerie du Vigan-et-Meyrueis et du diocèse de Nimes. — C'était un des sept archiprêtrés qui, en 1694, contribuèrent à former le diocèse d'Alais. — En 1384 on comptait à Sumène 17 feux, et 418 en 1789. — Le prieuré simple et séculier de Notre-Dame de Sumène, de 1687 à 1787, possédait un collège de quatre prêtres, dont les places étaient conférées par les chanoines hebdomadiers de la cathédrale de Nimes (arch. dép. G. 385). — Ce prieuré, tout en faisant partie du diocèse d'Alais, était demeuré uni à la mense capitulaire de la cathédrale de Nimes. — En 1790, Sumène devint le chef-lieu d'un canton du Vigan, composé des quatre communes suivantes : Roquedur, Saint-Julien-de-la-Nef, Saint-Martial et Sumène. — Les armoiries de Sumène sont : *de gueules, à une tour crénelée d'argent.*

Suquet (Le), mont. c°° de Mialet. — 1543 (arch. départ. C. 1778).

Surville, f. c°e de Saint-Gilles. — Voy. Vallecombe.

Suzon, h. c°° de Bouquet. — Segustones (inscript. du musée de Nimes). — *Le prieuré de Sainct-Jean de Suzon*, 1620 (insin. ecclés. du diocèse d'Uzès). — *Suson*, 1715 (J.-B. Nolin, *Carte du diocèse d'Uzès*).

C'était un prieuré régulier, uni, comme le prieuré voisin de Notre-Dame d'Arlende, à la sacristie du monastère de Goudargues. — L'évêque d'Uzès le conférait sur la présentation du prieur de Goudargues.

Sylvain, f. c°° de Soustelle.

Sylve-Godesque, bois, sur les c°°° de Saint-Gilles et d'Aiguesmortes. — *Pineta ipsi monasterio vicina*, 850 (cart. de Psalm.). — *Sylva Gotica*, 1054 (*ibid.*). — *In Silva, apud Anglars*, 1146 (Lay. du Tr. des ch. t. I, p. 63). — *Ecclesia de Silva*, 1149 (Ménard, VII, p. 719). — *Sylva Godesca*, 1174 (*ibid.*). — *Silvegodesque*, 1258 (arch. départ. C. 50). — *La Pinède de Saint-Jean*, 1726 (carte de la bar. du Caylar).

La Sylve-Godesque se divisait en *Pinède de l'Abbé*, ou *de l'évêque d'Alais*, appartenant au monastère de Psalmody, qui passa plus tard à l'évêché d'Alais ; et *Pinède de Saint-Jean*, ou *du Grand-Prieur*, qui appartenait au grand-prieuré de Saint-Gilles.

Sylvéréal, h. et fort, c°° de Vauvert. — *Loco qui dicitur Silva-Regis*, 1184 (cart. de Franquevaux; Gall. Christ. t. VI, instr. col. 197). — *Silvéréal*, 1713 (arch. départ. C. 95).

Sylvéréal (Canal de). — Ce canal met le Petit-Rhône en communication avec la Roubine de Peccais.

TESSONNE (LA), mont. et bois, cⁿᵉ de Molières. — *Locus qui vocatur Tessonaria*, 1150 (cart. de N.-D. de Bonh. ch. 52). — *In terminio Tessonæ*, 1164 (*ibid.* ch. 6). — *Territorium de Tessona*, 1251 et 1262 (*ibid.* ch. 27 et 40). — *In Tessona*, 1309 (*ibid.* ch. 5, 6, 12, 76 et 77). — *En Tessona de Parrane*, 1309 (*ibid.* ch. 3). — *Mons de Tessona*, 1513 (A. Bilanges, not. du Vigan).

TEULE (LA), h. cⁿᵉ de Saint-Marcel-de-Fontfouillouse. — *La Téoule*, 1789 (carte des États).

TEULIÈRE (LA), f. cⁿᵉ d'Alais.

TEULIÈRE (LA), q. cⁿᵉ de Colias. — 1607 (arch. comm. de Colias).

TEULIÈRE (LA), f. cⁿᵉ de Saint-Ambroix.

TEULIÈRE (LA), f. cⁿᵉ de Saint-Hilaire-d'Ozilhan.

TEULIÈRE (LA), f. cⁿᵉ de Saint-Hippolyte-du-Fort. — 1549 (arch. départ. C. 1790).

TEULIÈRE (LA), f. cⁿᵉ de Saint-Jean-du-Pin.

TEULIÈRE (LA), f. cⁿᵉ de Saint-Martin-de-Valgalgue.— 1731 (arch. départ. C. 1475).

TEULON (LE), q. cⁿᵉ d'Arrigas.

TEYSSIER, f. cⁿᵉ de Saint-Julien-de-Valgalgue.

TEYSSIÈRES (LES), q. cⁿᵉ de Calvisson. — 1266 (arch. départ. G. 300).

THARAUX, cᵒⁿ de Barjac. — *Taraus*, 1099 (cart. de Psalmody). — *Honor de Tarans*, 1121 (Gall. Christ. VI, instr. col. 304). — *Taravum*, 1192 (cart. de Franquevaux). — *R. de Taraucio*, 1212 (bibl. du gr. sémin. de Nimes). — *Ecclesia de Taraucio*, 1314 (Rot. eccl. arch. munic. de Nimes). — *Taraussium*, 1384 (dénombr. de la sénéch.). — *Castrum de Taraucio*, 1461 (reg.-cop. de lettr. roy. E, IV). — *Taraux*, 1550 (arch. départ. C. 1321). — *Le prieuré Sainct-Pierre* (sic) *de Taraux*, 1620 (insin. eccl. du dioc. d'Uzès). — *Tharau*, 1715 (J.-B. Nolin, *Carte du diocèse d'Uzès*). — *Tharaux*, 1735 (arch. départ. C. 1321).

Tharaux faisait partie, avant 1790, de la viguerie et du diocèse d'Uzès, doyenné de Saint-Ambroix. — On y comptait 5 feux en 1384. — Le prieuré séculier de Saint-Georges (ou Saint-Pierre?) de Tharaux était à la collation de l'évêque d'Uzès.—La seigneurie de Tharaux, au xviiⁱᵉ siècle, appartenait pour un quart à M. de la Boric. — On cite une grotte située sous le village même, et qui renferme des stalactites remarquables.—Armoiries de Tharaux : *d'argent, à un pal losangé d'or et de sable.*

THÉLISSES, h. cⁿᵉ de Thoiras.— *Villa que vocant Tillirias, quæ est in pago Nemausense, in gace* (sic, pro *agice*) *Andusiense*, 915 (cart. de N.-D. de Nimes, ch. 187). — *Tellizas*, 1207 (Mén. I, pr. p. 44,

c. 1). — *Mansus de Tellicis*, 1294 (*ibid.* p. 132, c. 1). — *Telleciæ*, 1302 (Rech. histor. sur Alais). — B. de *Telliciis*, 1346 (Notes mss de L. Ménard, bibl. de Nimes, n° 13,823).

THÉRAUBE, f. cⁿᵉ de Redessan. — *Terralba*, 1258 (cart. de Franquevaux). — *Carreria que vocatur de Terra-Alba*, 1269 (Ménard, VII. p. 720); 1380 (comp. de Nimes).

THÉRON (LE), f. cⁿᵉ d'Alais.

THÉRON (LE), f. cⁿᵉ de Bréau-et-Salagosse.

THÉROND (LE), h. cⁿᵉ de Ponteils-et-Brézis.—*Le Terron*, 1721 (Bull. de la Société de Mende, XVI, p. 160). — *Terrond*, 1789 (carte des États).

THÉROND (LE), f. cⁿᵉ de Saint-Martin-de-Valgalgue.

THEULON (LE), h. cⁿᵉ de Saint-Roman-de-Codière.

THEYRARGUES, h. cⁿᵉ de Rivières-de-Theyrargues. — 1715 (J.-B. Nolin, *Carte du diocèse d'Uzès*).

THÉZAN, q. cᵒⁿ de Saint-Laurent-des-Arbres.

THÉZIERS, cᵒⁿ d'Aramon. — TEDYSIA (inscr. du musée de Nimes). — *Sanctus-Amantius de Tezoir*, 1113 (cart. de Saint-Vict. de Mars. ch. 848).—*Tezeriæ*, 1314 (arch. commun. de Valliguière). — *Ecclesia de Teserio*, 1314 (Rotul. eccl. arch. municip. de Nimes). — *Tizeræ*, 1380 (Mén. II, pr. p. 22, c. 1). — *Thezeriæ*, 1384 (dénombr. de la sénéch.) — *Téziers*, 1551 (arch. dép. C. 1333). — *Tésiés*, 1577 (arch. commun. de Valliguière). — *La communauté de Théziers*, 1634 (arch. dép. C. 1297).—*Le prieuré de Théziers*, 1649 (H. Garidel, not. d'Uzès).

Théziers faisait partie de la viguerie de Beaucaire, et cependant appartenait au diocèse d'Uzès, doyenné de Remoulins. — On y comptait 10 feux en 1384, en y comprenant ceux de Volpelières (*Orpilleriæ*), son annexe; et en 1744, 50 feux et 240 habitants (voy. SAINT-AMANS-DE-THÉZIERS). — La terre de Théziers a eu les mêmes seigneurs que celle de Meynes; elle était une des dépendances du marquisat de Montfrin. — Théziers portait pour armoiries *d'hermine, à une fasce losangée d'argent et de gueules.*

THIBAUD, f. cⁿᵉ de Sabran.

THIBES, f. cⁿᵉ de Tresques.

THOIRAS, cᵒⁿ de la Salle. — *Villa Torias*, 890 (cart. de N.-D. de Nimes, ch. 139). — *Parrochia de Toyracio*, 1345 (cart. de la seign. d'Alais, f° 35). — *Locus de Toyracio*, 1384 (dénombr. de la sénéch.). — *Thoiras*, 1435 (rép. du subs. de Charles VII). — *Saint-Jacques-de-Toyras*, 1462 (reg.-cop. de lettr. roy. E, v, f° 247). — *Toyras, viguerie d'Anduze*, 1582 (Tar. univ. du dioc. de Nimes). — *Le prieuré Saint-Jacques-de-Toyras*, 1601 (insin. eccl. du dioc. de Nimes).

Thoiras faisait partie de la viguerie d'Anduze et du dioc. de Nimes (plus tard d'Alais), archiprêtré de la Salle. — On n'y comptait que 2 feux en 1384. — Le vieux château de Thoiras, possédé longtemps par l'illustre famille de St-Bonnet de Thoiras, subsiste encore. — Cette communauté portait pour armoiries : *d'or, à trois fers de cheval de sable, posés 2 et 1.*

THOMASES (LES), h. cⁿᵉ de Bonnevaux-et-Hiverne. — *Les Thoanes* (sic), 1791 (Bulletin de la Société de Mende, XVI, p. 162).

THOMASES (LES), h. cⁿᵉ de Courry. — 1768 (arch. départ. C. 1648).

THOMASSES (LES), h. cⁿᵉ de Malons-et-Elze.

THORAS, f. cⁿᵉ d'Aiguesmortes, près de la Terre-des-Ports, sur le bord du Vidourle.

THORAS, f. cⁿᵉ du Caylar. — *Toiras*, 1726 (carte de la baronnie du Caylar).

TIBAUX (LES), h. cⁿᵉ de Sainte-Cécile-d'Andorge.

TIEURES (LES), f. cⁿᵉ de Saint-Jean-de-Valeriscle.

TIGNARGUES, q. cⁿᵉ de la Cadière.

TILLOY, f. cⁿᵉ de Beaucaire. — *Tieuloy*, 1789 (carte des États).

TINEL, f. cⁿᵉ de Nimes.

TINELLI, mⁱⁿ, cⁿᵉ de la Rouvière-en-Malgoirès, sur la Braûne. — 1576 (J. Ursy, not. de Nimes). — *Tinellis*, 1709 (arch. départ. C. 1414).

TIOURE, f. cⁿᵉ de Saint-Paul-la-Coste.

TOMBAREL (LE), ruiss. qui prend sa source dans les bois de Lens, cⁿᵉ de Combas, et se jette dans le Brié sur le territ. de la même commune.

TOMBARELLES (LES), ruiss. qui prend sa source sur la cⁿᵉ de Valleraugue et se jette dans l'Hérault sur le territ. de la même commune.

TOMBE (LA), q. cⁿᵉ de Congéniès.

TOMBE (LA), q. cⁿᵉ de Souvignargues. — *La Tombe, sive Saint-Andrieu*, 1827 (notar. de Nimes).

TOMBES (LES), f. et marais, cⁿᵉ d'Aiguesmortes. — 1434 (arch. départ. C. 59).

Emplacement d'un hôpital bâti par saint Louis.

TOMBES (LES), f. cⁿᵉ de Langlade. — *Loquo qui vocatur Sepulturas, in terminio de Colonicis, in decinaria Sancti-Juliani de Anglata*, 1160 (chap. de Nimes, arch. départ.).

TOMBES (LES), q. cⁿᵉ de Saint-Théodorit. — 1357 (arch. départ. G. 388).

TOMEROLLES ou TOUMEIROLLES, h. et f. cⁿᵉ de Saint-Julien-de-la-Nef. — *Mansus de Thomayrolis, parochiæ Sancti-Juliani de Navi*, 1466 (J. Montfajon, not. du Vigan). — On remarque dans ce lieu la cascade d'Aiguesfolles.

TORNAC, cⁿ d'Anduze. — *Tornagus*, 814 (Hist. de Lang. I, pr.). — *Cellula Tornagus Sancti-Stephani*,

817 (D. Bouquet, *Histor. de France, Dipl. de Louis le Déb.*). — *Tornacus*, 922 (Hist. de Lang. II, pr.). — *Abbatia Tornacensis*, 1150 (*ibid.*). — *Prior de Tornaco*, 1152 (Mén. I, pr. p. 33, c. 1). — *Tornacense monasterium*, 1156 (cart. de N.-D. de Nimes, ch. 84). — *Al monestier de Tornac*, 1174 (Ménard, VII, p. 721). — *Monasterium de Tornaco*, 1269 (*ibid.* I, pr. p. 91, c. 2; II, p. 721). — *Parrochia de Tornaco; prior de Tornaco*, 1345 (cart. de la seign. d'Alais, f° 35). — *Tornacum*, 1384 (dénombr. de la sénéch.). — *Tornac*, 1435 (rép. du subs. de Charles VII). — *Parrochia Sancti-Baudilii de Tornaco*, 1437 (Et. Rostang, not. d'Anduze). — *Monasterium de Tornaco, ordinis Cluniacensis*, 1463 (L. Peladan, not. de Saint-Gen.-en-Malg.) — *Tournac*, 1554 (J. Ursy, not. de Nimes). — *Saint-Sauveur et Saint-Etienne de Tornac*, 1579 (insin. eccl. du dioc. de Nimes). — *Tournac, viguerie d'Anduze*, 1582 (Tar. univ. du diocèse de Nimes). — *Saint-Bauzille de Tornac*, 1660 (insin. eccl. du dioc. de Nimes). — *Saint-Sauveur de Tornac*, 1673 (*ibid.*).

La communauté de Tornac faisait partie de la viguerie d'Anduze et du diocèse de Nimes (plus tard d'Alais), archiprêtré d'Anduze. — Ce vill. ne se composait, en 1384, que d'un feu et demi. — L'abb. de Tornac eut d'abord pour patron saint Étienne. Au xviᵉ siècle, devenue un simple prieuré conventuel de l'ordre de Cluny, elle prit le double vocable de Saint-Étienne-et-Saint-Sauveur. — Saint Baudile était le patron de la paroisse. — La communauté de Tornac avait pour armoiries : *d'argent, à trois tours de gueules, rangées sur une terrasse de sinople.*

TOROSELLE, bois et île du Vistre. — *Torrozella*, 1094 (cart. de Psalm.). — *Toroselle*, 1726 (carte de la baronnie du Caylar). — *Trouzelle*, 1866 (notar. de Nimes).

TORTUGUE (LA), f. cⁿᵉ d'Alais.

TOULEZ, f. cⁿᵉ de Saint-Christol-de-Rodière. — *Le mas de Toulair*, 1750 (arch. départ. C. 1662). — *Mas-de-Toulais*, 1775 (compoix de Saint-Christol-de-Rodière). — *Touleix*, 1789 (carte des États).

TOULON (LE), ruiss. qui a sa source dans le bois de Lens, cⁿᵉ de Moulézan-et-Montagnac, traverse celles de Fons-outre-Gardon et de Saint-Bauzély-en-Malgoirès et se jette dans la Braûne sur le territ. de la cⁿᵉ de Gajan. — Parcours : 6,100 mètres.

TOUMEIROLLES, h. et f. — Voy. TOMEROLLES.

TOUPIAN, h. cⁿᵉ de Goudargues. — *Ecclesia de Topiano*, 1314 (Rotul. eccl. arch. munic. de Nimes). — *La métairie de Toupian, paroisse de Goudargues*, 1731 (arch. départ. C. 1474).

Il ne reste plus trace de ce prieuré, qui devait,

comme Goudargues, appartenir au doyenné de Cornillon.

Toupiargues, h. c^ne de Gailhan-et-Sardan.

Tour (La), h. c^re d'Alzon.

Tour (La), f. c^ne d'Aramon. — *Le mas de la Tour*, 1866 (notar. de Nîmes).

Tour (La), f. c^ne d'Aubord. — *La Torre*, 1592 (comp. d'Aubord).

Tour (La), f. c^ne d'Aumessas. — *Mansus de Turnis*, 1269 (pap. de la fam. d'Alzon). — *Mansus de Torns*, parrochiœ Sancti-Ylarii de Olmessacio, 1502 (A. de Masseporcs, not. du Vigan).

Tour (La), château ruiné, c^ne de Bellegarde. — *Tor Monacharum, alias Nich-Rat*, 1322 (cart. de Saint-Sauveur-de-la-Font). — *La Tour*, 1660 (arch. départ. G. 283).

Tour (La), f. sur les c^nes de Beaucaire et de Bellegarde. — *Mas-de-Latour*, 1827 (notar. de Nîmes).

Tour (La), f. c^ne de Lanuéjols.

Tour (La), h. et chapelle ruinée, c^ne de Laval. — *Le chastiau de la Tour*, 1346 (cart. de la seign. d'Alais, f° 43). — *La Tourasse de Valfons*, 1566 (J. Ursy, not. de Nîmes). — *Le prieuré Sainct-Pierre de la Tour*, 1620 (insin. eccl. du dioc. d'Uzès). — *La dame de la Tour*, 1674 (arch. départ. C. 878). — *La Tour, ferme*, 1733 (ibid. C. 1481).

Le prieuré de Saint-Pierre de la Tour était un prieuré à simple tonsure, à la collation de l'évêque d'Uzès.

Tour (La), f. c^ne de Montaren.

Tour (La), f. et château, c^ne de Saint-Chapte. — *G. de Turri*, 1316 (Test. de Raymond Gaucelin, vicomte d'Uzès, mss d'Aubais). — *Terre et métairie de la Tour, terroir de Saint-Chapte*, 1706 (arch. départ. C. 314).

Tour (La), q. c^ne de Saint-Gilles. — *Le tènement de la Tour*, 1548 (arch. départ. C. 1787).

Tour (La), q. c^ne de Saint-Laurent-le-Minier. — 1550 (arch. départ. C. 1789).

Tour (La), bois, c^ne de Thoiras.

Tour (La), f. c^ne d'Uzès. — *La métairie de la Tour, communauté de Saint-Firmin*, 1731 (arch. départ. C. 1473); 1744 (ibid. C. 1512).

Tour (La), faubourg et tour de défense, sis à l'entrée du pont jeté sur le Rhône, c^ne de Villeneuve-lez-Avignon.

Tour (Le), f. c^ne d'Aujac.

Tour (Le), h. c^ne de Belvezet.

Tour (Le), h. c^ne de Mandagout. — *Mansus de Turno*, parrochiœ de Mandagoto, 1472 (Ald. Razoris, not. du Vigan).

Tourache (La), f. c^ne de Saint-Paulet-de-Caisson.

Tourasse (La), f. et m^ie, c^ne de Saint-Hippolyte-de-Montaigu.

Tour Banastière (La), l'une des tours de l'enceinte fortifiée de Remoulins. — *Turris Banasteria, supra Gardonem*, 1356 (arch. commun. de Remoulins). — (Gr. Charvet, *Topogr. de Remoulins*.)

Tour Banastière (La), l'une des tours de défense d'Uzès. — *Turris Banasteria*, 1366 (arch. comm. d'Uzès, FF. 5; ibid. DD. 2).

Tour Carbonnière (La), c^ne d'Aiguesmortes. — *Le péage de la Tour-Carbonnière*, 1661 (arch. départ. C. 664); 1731 (ibid. C. 162).

Tour d'Anglas (La), tour ruinée, c^ne de Vauvert, au bord du marais de Port-Vieil. — 1726 (carte de la baronnie du Caylar).

C'était une dépendance du prieuré de Saint-Martin-d'Anglas.

Tour de Béraud (La), f. et tour ruinée, c^ne de Beaucaire. — (Forton, *Nouv. Rech. histor. sur Beauc.*)

Cette tour, située à une lieue S.-O. de Beaucaire, fut sans doute construite à la fin du XIVe siècle, à l'époque des ravages des Tuchins (C. Bland, *Antiq. de la ville de Beauc.* p. 33).

Tour-de-Billot (La), f. c^ne de Bagard.

Tour-de-Peyre (La), chât. ruiné, c^ne de Sondorgues.

Tour des Cornus (La), l'une des tours de l'enceinte fortifiée de Nîmes, au moyen âge. — *Turris cornutorum*, 1157 (Hist. de Lang. II, pr. col. 563).

Tour-du-Figuier, q. c^ne de Saint-Mamet.

Tour-du-Pintard (La), f. c^ne de Combas. — *La Tour du Pintard, autrement appellée terroir d'Arenac*, 1550 (arch. commun. de Combas). — *Le terroir de Pintard*, 1616 (ibid.).

Tourel (Le), f. c^ne de Bordezac.

Tourelle (La), f. c^ne de Beaucaire. — *La métherie de Tourrèle*, 1734 (cart. de Saint-Sauveur-de-la-Font). — *La Tourette*, 1789 (carte des États).

Tourette (La), q. c^ne de Calvisson.

Tourette (La), f. c^ne de Clusclan.

Tourette (La), f. c^ne du Cros.

Tourette (La), f. c^ne de Fourques.

Tourette (La), f. c^ne de Saumane.

Tour-Fontbelle (La), f. c^ne de Bagnols.

Tourgueille (La), f. c^ne de Saint-Marcel-de-Fontfouilleuse. — *Mansus de Torguella, parochiœ Sancti-Martini* (sic pro Marcelli) *de Fonte-Folhoso*, 1461 (reg.-cop. de lettr. roy. E, IV, f° 16). — *La Torgnole*, 1552 (arch. départ. C. 1777).

Tourgueillette, f. c^ne de Saint-André-de-Valborgne. — *Tourgueillet*, 1789 (carte des États).

Tour-l'Évêque (La), f. c^ne de Nîmes. — *Bastida Episcopi, prope pontem de la Languena*, 1380 (comp.

de Nîmes). — *Bastida Episcopi*, 1400 (Mén. III, pr. p. 149, c. 1); 1436 (arch. départ. G. 209). — *La Tour-l'Évêque*, 1561 (*ibid*. G. 32).

Tour l'Évêque (La), l'une des tours de l'enceinte fortifiée de Nîmes, au moyen âge, et qui appartenait à l'évêque. — *Turris episcopalis; Turris quæ Guillelmus de Turre ab Episcopo tenet*, 1157 (Hist. de Lang. II, pr. col. 563).

Tourmagne (La), tour antique, c^ne de Nîmes. — *Castrum Turris-Magnæ*, 1155 (Lay. du Tr. des ch. t. I, ch. 140). — *Turris-Magna*, 1176 (Ménard, VI, p. 103). — *Prope Turrim-Magnam, supra fontem Nemausi*, 1303 (cart. de Saint-Sauv.-de-la-Font). — *Tourremaigne*, 1561 (chap. de Nîmes, arch. départ.).

En 1155, Bernard-Athon V, vicomte de Nîmes, inféoda à Bermond de Vèzenobre le château de la Tourmagne avec ses appartenances et diverses terres situées dans la dîmerie de Saint-Césaire. — En 1179, son fils Bernard-Athon VI remit à Alphonse II, roi d'Aragon, et reprit de lui en fief plusieurs châteaux et forteresses, au nombre desquels figure la Tourmagne.

Tour Matafère (La), anc. tour. — Voy. Matafera (Turris).

Tournal (Le), m^in et tour, c^ne d'Uzès.

Les consuls d'Uzès en avaient la juridiction (L. Rochetin, *Journal d'Uzès*, 21 oct. 1866).

Tourneisen, f. c^ne de Meynes.

Tourniaire, île du Rhône et f. c^ne de Beaucaire. — *L'île des hoirs Tournaire*, 1752 (arch. dép. C. 155). — *Tournière* (carte géol. du Gard).

Touroucelles (Les), ruisseau formé par la réunion de la Rivière de Parignargues et du Vallat-des-Crottes. — Il se jette dans la Braûne sur le territ. de la c^ne de Gajan.

Tourre (La), bois, c^ne de Puechredon. — 1768 (arch. départ. G. 375).

Tourrelles (Les), f. c^ne de Peyremale.

Tourres (Les), h. c^ne de Pompignan.

Tourrette (La), h. c^ne de Ponteils-et-Brézis.

Tourraves, f. c^ne de Génolhac.

Tourriès, ruisseau qui prend sa source au Mas d'Ezort, sur la c^ne de Souvignargues, et se jette dans l'Aigalade sur le territ. de la même commune.

Tours-des-Bergers (Les), f. c^ne d'Aubais.

Tourton, f. c^ne de Goudargues.

Tourtou, source, c^ne du Vigan, sous Gaujac.

Tour Usclade (La), l'une des tours de l'enceinte fortifiée d'Uzès. — 1623 (arch. comm. d'Uzès, CC. 191).

Tour-Vieille (La), h. et chapelle ruinée, c^ne de Soustelle. — *La Tour* (carte géol. du Gard).

Toutason, q. c^ne d'Aubais. — *Toutasor, sive Font-Fougassière*, 1866 (notar. de Nîmes).

Touzelle (La), f. c^ne de Redessan. — *In terminium de villa Reditiano, ubi vocant Trozellos*, 1031 (cart. de N.-D. de Nîmes, ch. 82). — *Le domaine de Thozel*, 1866 (notar. de Nîmes).

Trabuc, f. c^ne de Mialet.

Tragagnadoyres (Les), q. c^ne de Colias. — 1607 (arch. commun. de Colias).

Tra-le-Puy ou le Truel, h. c^ne de Roquemaure. — *Tras-le-Puy*, 1778 (arch. départ. C. 1654). — *Trans-le-Puy*, 1822 (notar. de Nîmes). — Voy. Truel (Le).

Tranquelin, f. c^ne de Saint-Dézéry. — 1618 (arch. dép. C. 1664).

Traquette (La), f. c^ne d'Alais.

Tras-les-Orts, q. c^ne de Redessan. — *In loco qui dicitur Trans-ipsos-Ortos, in villa Reditiano vel Villa-Nova*, 943 (cart. de N.-D. de Nîmes, ch. 80). — *Tras-les-Orts*, 1539 (arch. départ. C. 1773).

Tras-lou-Serre, f. c^ne de Chamborigaud. — 1731 (arch. départ. C. 1475).

Tras-Montels, q. c^ne de Saint-Dézéry. — 1618 (arch. départ. C. 1664).

Traucade (La), château ruiné, c^ne de Saint-Jean-du-Pin. — *La Trauquade*, 1789 (carte des États).

Traus (Les), h. c^ne de Valleraugue. — *Las Traous* (cad. de Valleraugue).

Travers (Le), h. c^ne d'Aumessas, formé de la réunion des fermes appelées la Tour ou les Tours, Ferrières et Pellucarié. — Voy. ces noms.

Travers (Le), f. c^ne de Montclus.

Travers (Le), f. c^ne de Robiac. — 1750 (arch. départ. C. 1531).

Travers (Le), f. c^ne de Thoiras.

Travers (Les), bois, c^ne de Cavillargues.

Travers-du-Perthus (Le), f. c^ne de Mialet. — 1543 (arch. départ. C. 1778).

Traverses (Les), q. c^ne de Saint-Sébastien-d'Aigrefeuille. — *Territorium de Trabessiis, in parrochia Sancti-Sebastiani de Agrifolio*, 1402 (Et. Rostang, not. d'Anduze).

Traverses (Les), f. c^ne de Valleraugue.

Traversière (La), q. c^ne de Calvisson. — *Loco dicto ad Traverseriam*, 1260 (arch. dép. G. 300 et 302).

Travesses (Les), f. c^ne d'Arrigas.

Trébolines (Les), q. c^ne de Colias. — 1607 (arch. comm. de Colias).

Trédon, f. c^ne de Chamborigaud.

Trédoul, h. c^ne de Barjac.

Treille (La), f. c^ne de Saint-Laurent-des-Arbres. — 1786 (arch. départ. C. 1666).

TREILLES (LES), q. c^{ne} de Cassagnoles. — 1571 (arch. départ. G. 318).

TREILLES (LES), q. c^{ne} de Saint-Bresson. — 1549 (arch. départ. C. 1779).

TRÉLIS, h. c^{ne} de Bessèges. — *Trélys*, 1789 (carte des États).

TRÉMOLADE (LA), q. c^{ne} de Valleraugue. — 1551 (arch. départ. C. 1806).

TRÉMONT, h. c^{ne} de Saint-Jean-du-Pin. — *Mansus de Tresmons, parrochiæ Sancti-Johannis de Pinu*, 1402 (Dur. du Moulin, not. d'Anduze). — *Locus de Tribus-Montibus*, 1432 (Et. Rostang, not. d'Anduze). — *Mansus de Tremons*, 1508 (Gauc. Calvin, not. d'Anduze).

TRENTAL (LE), f. c^{ne} de Sainte-Croix-de-Caderle.

TRÉPALOUPS, q. c^{ne} de Saint-Bresson. — 1548 (arch. départ. C. 1781).

TRÉPELOUP, f. — Voy. CRÈPELOUP.

TRÉPODOME, abîme, c^{ne} de Méjanes-le-Clap.

TRESCOL, h. c^{ne} de Portes. — *Trescol*, 1733 (arch. départ. C. 1481). — *Trescouau*, 1789 (carte des États).

TRESCOL, f. c^{ne} de Saint-Bresson. — *Mansus del Tresel, parochiæ Sancti-Brixii*, 1513 (A. Bilanges, not. du Vigan).

TRESCOUVIEUX, h. c^{ne} de Salazac. — 1781 (arch. dép. C. 1656).

TRES-FONTS (LES) ou TRESFONS, source et chapelle détruite, sous les murs de Nimes, lieu du martyre de saint Baudile. — *B. de Tribus-Fontibus*, 1345 (cart. de la seign. d'Alais, f° 34). — *Les Trois-Fonts*, 1548 (arch. départ. C. 1770).

TRÉSON (LE), q. c^{ne} de Sanilhac.

TRESPAUX, f. et bois, c^{ne} de Mons. — *Mansus de Transpons, extra villam de Alesto*, 1345 (cart. de la seign. d'Alais, f° 33).

TRESQUES, c^{on} de Bagnols. — *Castrum quod vocatur Trescas*, 1060 (cart. de N.-D. de Nimes, ch. 200). — *Castrum de Treschas*, 1121 (Gall. Christ. t. VI, p. 304). — *Locus de Tressis*, 1384 (Mén. III, pr. p. 66, c. 1). — *Tresquæ*, 1384 (dén. de la sénéch.). — *Tresques*, 1550 (arch. départ. C. 1323). — *Le prieuré Nostre-Dame de Tresque*, 1620 (insin. eccl. du dioc. d'Uzès). — *La communauté de Tresques*, 1627 (arch. départ. C. 1294).

Tresques faisait partie de la viguerie de Bagnols et du diocèse d'Uzès, doyenné de Bagnols. — Le prieuré de Notre-Dame de Tresques était uni à la chartreuse de Villeneuve-lez-Avignon ; l'évêque d'Uzès n'en conférait que la vicairie, sur la présentation du prieur. — On comptait 10 feux à Tresques en 1384. — Au XVIe siècle, les Montcalm, qui étaient seigneurs de Tresques, obtinrent l'érection d'un chapitre collégial de quatre prêtres. — Les armoiries de Tresques sont : *de sinople, à une fasce losangée d'or et de sable*.

TRESSOUILLÈRE, q. c^{ne} de Saze. — 1637 (Pitot, not. d'Aramon).

TRESTAULIÈRES (LAS), f. c^{ne} d'Arre. — *Mansus de las Tristaoulieyras*, 1391 (pap. de la fam. d'Alzon). — *Les Trétoulieires*, 1789 (carte des États). — *Tres-Toullières* (cad. d'Arre).

Tout près de cette ferme se trouve une chapelle rurale, aujourd'hui convertie en grange, à laquelle les anciens du pays donnent le nom de *Saint-Christophe*.

TREUIL, f. c^{ne} de Tornac. — *Mas-Neuf*, 1789 (carte des États).

TRÈVE, arrond. du Vigan. — *Parochia de Treve*, 1227 (cart. de N.-D. de Bonh. ch. 15). — *Ecclesia de Treve*, 1244 (*ibid.* ch. 21). — *Villa de Treve ; ecclesia de Treve*, 1262 (*ibid.* ch. 41). — *Claustrum Beatæ-Mariæ de Trevens*, 1289 (*ibid.* ch. 103). — *Apud Trivium*, 1289 (*ibid.* ch. 102). — *Locus, parochia de Trivio*, 1309 (*ibid.* ch. 62 et 74). — *Villa et vallis de Trivio, et ejus mandamentum*, 1321 (pap. de la famille d'Alzon). — *Trebe*, 1432 (Ménard, III, pr.). — *Treves*, 1435 (répartit. du subs. de Charles VII). — *Treues, viguerie du Vigan*, 1582 (Tar. univ. du dioc. de Nimes). — *Le prieuré de Sainte-Marie de Treves*, 1612 (insin. eccl. du dioc. de Nimes).

Trève faisait partie de la viguerie du Vigan-et-Meyrueis et du diocèse de Nimes (plus tard d'Alais), archiprêtré de Meyrueis. — Trève ne figure pas dans le dénombrement de 1384, mais on le trouve dans la répartition de 1435, avec Revens pour annexe. La somme à laquelle ces deux lieux sont imposés ensemble indique qu'ils ne durent être comptés, en 1384, que pour 3 feux. — On trouve sur cette c^{ne} les ruines d'un château connu sous le nom de *Saint-Firmin* et une grotte curieuse également appelée Saint-Firmin. — D'après M. Rivoire (*Statist. du Gard*, t. II), on y aurait découvert des inscriptions antiques. — Trève reçut pour armoiries en 1694 : *d'azur, à une fasce d'or, accompagnée de trois haches d'argent posées en pal, 2 en chef et 1 en pointe*.

TREVEZEL (LE), ruisseau qui prend sa source à l'Espérou, traverse les c^{nes} de Saint-Sauveur-des-Poursils et de Trève et sort du dép^t du Gard pour aller se jeter dans la Dourbie sur le territ. de la c^{ne} de Nant (Aveyron). — *Riparia de Treve*, 1248 (cart. de N.-D. de Bonh. ch. 105). — *Aqua de Treve*,

1276 (*ibid.* ch. 106). — *Flumen de Treve*, 1289 (*ibid.* ch. 103). — *Riparia de Trevezello*, 1309 (*ibid.* ch. 63 et 68). — Parcours dans le département : 10 kilomètres.

TRIAL (LE), q. c^ne de Saint-Gervasy. — 1549 (arch. départ. C. 1785).

TRIAL (LE), f. c^ne de Tornac.

TRIBE (LE), q. c^ne de Calvisson. — *Al Tribe, in decimaria de Bizaco*, 1299 (arch. départ. G. 301 et 305).

TRIBE (LE), q. c^ne de la Salle. — 1553 (arch. départ. C. 1797).

TRIBES (LES), q. c^ne de Vers. — *Loco dicto Als-Tribes, prope magnum iter per quod tenditur de Bellicadro apud Ucetiam*, 1428 (arch. du château de Saint-Privat).

TRIBIES, h. c^ne de Saint-Hilaire-de-Brethmas. — *Locus de Tribiis*, 1230 (chap. de Nîmes, arch. départ.). — *Tribes*, 1812 (notar. de Nîmes).

TRIBLE (LA), q. c^ne de Bagard. — 1553 (arch. départ. C. 1799).

TRIDE (LA), f. c^ne de Bréau-et-Salagosse. — *Roc de la Tride* (cad. de Bréau).

TRINCOU-VEDEL, h. c^ne de Tavels. — *Trenquevedel*, 1731 (arch. départ. C. 1476).

TRIPE-LAVADE, montagne, c^ne de Beaucaire.

TRIVE, f. c^ne d'Aumessas.

TROCHE (LA), f. c^ne des Salles-du-Gardon. — *La Tronche* (carte géol. du Gard).

TROIS-ANGLES (LES), q. c^ne d'Uchau. — 1548 (arch. départ. C. 1805).

TROIS-COMBETTES (LES), bois, c^ne de Chusclan.

TROIS-FONTAINES (LES), f. c^ne de Bouillargues. — *Trois-Fonts*, 1671 (comp. de Nîmes).

TROIS-FONTAINES (LES), l'une des sources de l'Hérault, sur l'Aigoual, c^ne de Valleraugue.

TROIS-PERDRIX (LES), f. c^ne de Vèzenobre.

TROIS-PILONS (LES), ancien oratoire, ou croix couverte, aujourd'hui en ruines, sur le chemin de Sauve, c^ne de Nîmes.

TROIS-PRIEURS (LES), ruiss. qui prend sa source sur la c^ne de Montdardier et se jette dans la Creuse sur le territoire de la même c^ne. — *Le vallat des Trois-Prieurs* (cad. de Montdardier).

Ainsi nommé parce qu'il part d'un terme qui se trouve à la limite commune des trois paroisses d'Arre, de Montdardier et de Blandas.

TRON (LE), f. c^ne de Chusclan.

TRONCHE (LA), ruisseau qui prend sa source sur la c^ne de Portes et va se jeter dans le Gardon sur le territoire de la c^ne des Salles-du-Gardon. — Voy. TROCHE (LA).

TRONQUIS (LE), h. c^ne de Saint-André-de-Majencoules.

TRONQUISE (LA), h. c^ne de la Rouvière.

TROUCHAUD, f. et chapelle ruinée, c^ne d'Aiguesmortes. — *Conseil*, 1789 (carte des États).

TROU-DU-MULET (LE), q. c^ne de la Grand'Combe. — (Ann. du Gard, 1862, p. 691.)

TROUILHAS, f. c^ne de Saint-Hilaire-de-Brethmas. — *Mansus Trollatis*, 1273 (chap. de Nîmes, arch. départ.).

TROUILHASSE (LA), f. c^ne du Pont-Saint-Esprit. — 1731 (arch. départ. C. 1476).

TROUILLAS, h. c^ne de Pontoils-et-Brézis. — *Locus de Trolhacio*, 1461 (reg.-cop. de lettr. roy. E, iv, f° 36). — *Mas du Trouillas*, 1789 (carte des États).

TROUILLAS, f. c^ne de Saint-Hippolyte-du-Fort. — 1549 (arch. départ. C. 1790).

TROUILLAT, f. c^ne de Saumane. — *Le Troulhan*, 1812 (notar. de Nîmes).

TROULHAS, h. c^ne de Rousson. — *Troliœ*, 1272 (Mén. I, pr. p. 98, c. 1). — *Trolliœ*, 1834 (ibid. III, pr. p. 71, c. 1). — *Trolhas*, 1405 (ibid. p. 190, C. 2). — *Troulhas*, 1732 (arch. départ. C. 1478).

TROULIAS, f. c^ne de Canaules-et-Argentières. — *Trollas*, 1260 (chap. de Nîmes, arch. départ.).

TROUNE (LA), ruiss. qui prend sa source sur la c^ne de Seynes et se jette dans l'Alauzène sur le territoire de la même commune.

TRUCAL (LE), f. c^ne de Laval.

TRUC-DE-LA-TOURELLE (LE), montagne, c^ne de Mars.

TRUC-DE-MONTAGUT (LE), f. c^ne de Valleraugue.

TRUEL (LE), f. c^ne de Bréau-et-Salagosse.

TRUEL (LE), h. c^ne de Mars.

TRUEL (LE), h. c^ne de Roquemaure. — 1778 (arch. départ. C. 1654). — Voy. TRA-LE-PUY.

C'était, avant 1790, une des 17 paroisses que le diocèse d'Avignon comptait en Languedoc.

TRUEL (LE), ruisseau qui prend sa source sur la c^ne de Roquemaure et va se jeter dans le Rhône sur le territ. de la même commune. — *Truel* ou *Tras-le-Puy*, 1862 (Ann. du Gard, p. 664). — Parcours : 3,500 mètres.

TRUELS, q. c^ne de Bellegarde. — *En Truels*, 1270 (arch. départ. G. 279).

TRUQUETTE (LA), f. c^ne de Valleraugue. — 1551 (arch. départ. C. 1807).

TRYADE (LA), q. c^ne de Saint-Roman-de-Codière. — 1550 (arch. départ. C. 1798).

TUECH, domaine, c^ne de Bouquet. — *Tuech, mandement de Bouquet*, 1721 (bibl. du grand sémin. de Nîmes).

M. Guiraud, avocat d'Uzès, en était seigneur au xviiie siècle.

Tude (La), montagne, c^ne de Montdardier. — *Mons de Tuda*, 1444 (P. Montfajon, not. du Vigan).

Tueys (Le), f. c^ne de Valleraugue.

Tufany, f. c^ne de Ners.

Tuilerie (La), q. c^ne de Saint-Hippolyte-du-Fort.

Tuilerie (La), q. c^ne de Saint-Mamet. — *Ad Teuleriam*, 1450 (arch. départ. G. 334).

Tuilerie (La), ferme dépendant de la c^ne de Villeneuve-lez-Avignon.

Tuileries (Les), f. c^ne d'Aubais. — *Les Tuileries de Maunier*, 1789 (carte des États).

Tuileries (Les), f. c^ne de Meynes.

Tuileries (Les), f. c^ne de Montfrin. — 1790 (bibl. du gr. sémin. de Nimes).

Tuileries (Les), f. c^ne de Saint-Victor-la-Coste.

Tuileries (Les), h. c^ne de Villeneuve-lez-Avignon.

Tuilière (La), f. c^ne de Castillon-de-Gagnère.

Turon (Le), q. c^ne de Sernhac.

U

Ubertariés (Les), h. c^ne de Causse-Bégon.

Uchau, c^on de Vauvert. — *In terminium de villa Octabiano, in comutatu Nemausense*, 945 (cart. de N.-D. de Nimes, ch. 105).—*Octobianum villa*, 956 (Lay. du Tr. des ch. t. I, p. 14). — *In terminium de villa Octabiano, in territorio civitatis Nemausensis*, 984 (cart. de N.-D. de Nimes, ch. 104).—*Octabianum*, 1060 (*ibid.* ch. 103).—*Villa quæ vocatur Octavo, in comutatu Nemausense*, 1060 (*ibid.* ch. 107). — *Ecclesia de Octavo*, 1149 (Ménard, VII, p. 719). — *P. de Ochau*, 1170 (Lay. du Tr. des ch. t. I, p. 98). — *Ochavum*, 1214 (chap. de Nimes, arch. dép.). — *Uchavum*, 1380 (comp. de Nimes); 1384 (dén. de la sén.). — *Uschavum; ecclesia de Ochavo*, 1386 (rép. du subs. de Charles VI). — *Huchaut*, 1435 (rép. du subs. de Charles VII). — *Locus de Huchavo*, 1461 (reg.-cop. de lettr. roy. E, IV). — *Uchau*, 1474 (Ménard, III, pr. p. 6. c. 1). — *Territorium et decimaria loci Sancti-Pauli Uchavi, Nemausensis diocesis*, 1497 (J. Brun, not. de Saint-Geniès-en-Malg.). — *Uchau*, 1575 (J. Ursy, not. de Nimes). — *Huchau*, 1577 (*ibid.*). — *Vchault, riguerie de Nismes*, 1582 (Tar. univ. du dioc. de Nimes). — *Vchas* (mauv. lect. pour *Vchau*), 1628 (Rohan, *Mémoires*). — *Vchaud*, 1650 (G. Guiran, *Style de la Cour roy. ord. de Nimes*).

Uchau faisait partie de la viguerie et du diocèse de Nimes, archiprêtré d'Aimargues.—On y comptait 8 feux en 1384, et en 1744, 120 feux et 500 habitants. — Le prieuré simple et séculier de Saint-Paul d'Uchau était uni pour un quart à la mense épiscopale de Nimes et valait 1,000 livres. — La terre d'Uchau a eu la même suite de seigneurs que celles d'Aubord et de Bernis. — Uchau fut une des paroisses du marquisat de Calvisson, lors de son érection en 1644.

Uglas, f. c^ne de Mialet. — *G. de Uglas*, 1029 (Hist. de Lang. II, pr. col. 184).

Unas, f. c^ne de Monoblet. — *Unies*, 1789 (carte des États).

Ursulines (Les), second monastère d'Ursulines, à Nimes.

Fondé par l'évêque A.-D. Cohon, il était situé en face de l'amphithéâtre des Arènes. — La chapelle de ce monastère sert aujourd'hui de remise à une entreprise de roulage.

Usac, f. c^ne de la Cadière.

Usclades (Les), q. c^ne d'Aramon. — 1637 (Pitot, not. d'Aramon).

Usclades (Les), q. c^ne de Mars.

Usclades (Les), q. c^ne de Saint-Bresson. — 1548 (arch. départ. C. 1781).

Ussel, h. c^ne de Goudargues. — 1731 (arch. départ. C. 1474).

Uzas, f. c^ne de Barjac. — *Le Mas-d'Uzas*, 1862 (notar. de Nimes).

Uzège (L') ou Uzégeois, anc. pays. — *Territorium Uceticum*, 812 (cart. de Psalm.). — *Pagus Uzeticus*, 816 (*ibid.*) — *Uzecensis*, 818 (D. Bouquet, *Histor. de France*, Transl. SS. Georg. Aur. et Nath.). — *Comitatus Uzeticus*, 923 (cart. de N.-D. de Nimes, ch. 62). — *Pagus Uzeticus*, 938 (*ibid.* ch. 171).— *Comitatus Uzeticus*, 945 (Hist. de Lang. II, pr. col. 87); 955 (cart. de N.-D. de Nimes, ch. 175). —*Pagus Uzeticus*, 963 (*ibid.* ch. 173). — *Comitatus Uzeticus*, 1027 (*ibid.* ch. 206). — *Comitatus Uzeticensis*, 1031 (*ibid.* ch. 213). — *Civitas Uticensis*, 1096 (Hist. de Lang. II, pr. col. 344). — *Uzeticensis episcopatus*, 1121 (Mén. I, pr. p. 30, c. 1). —*Uzetisca civitas*, 1146 (Lay. du Tr. des ch. t. I, p. 60). — *Uticensis episcopatus*, 1156 (cart. de N.-D. de Nimes, ch. 84). — *Uzeticum*, 1160 (Lay. du Tr. des ch. t. I, p. 122). — *Uticensis diocesis*, 1295 (Mén. I, pr. p. 135, c. 1). — *Vicaria Uzetici*, 1345 (cart. de la seign. d'Alais, f° 34). — *Uzeticensis episcopatus*, 1378 (Mén. II, pr. p. 15.

col. 1).—*Uzeticum*, 1381 (charte d'Aubussargues).
— *Pays d'Uzége*, 1440 (Mén. III, pr. p. 263,
c. 1).—*Uzeticum; Civitas Uceciæ; Uticensis diocesis*,
1461 (reg.-cop. de lettr. roy. E, iv, *passim*). —
Uticensis metropolitana, 1512 (Mén. IV, pr. p. 90,
c. 2).

L'Uzège ou diocèse d'Uzès était un peu plus
étendu sous le rapport administratif que sous le rapport ecclésiastique : deux de ses vigueries (celle de
Roquemaure et celle de Villeneuve-lez-Avignon) dépendaient, au spirituel, de l'archevêché d'Avignon.
— Le pays d'Uzège était partagé en cinq vigueries
d'importance fort inégale : 1° la viguerie d'Uzès,
comprenant 199 communautés, lieux ou villages ;
2° la viguerie de Bagnols, qui n'en possédait que
25 ; 3° la viguerie de Roquemaure, composée seulement de 14 ; 4° celle du Pont-Saint-Esprit,
comprenant la ville du Pont-Saint-Esprit et la chartreuse de Valbonne ; 5° celle de Villeneuve-lez-Avignon, formée de Villeneuve et du village des Angles.
—En 1790, au moment où l'on découpait la France
par départements, 19 communautés furent distraites
de la viguerie d'Uzès pour être attribuées au département de l'Ardèche et 4 furent annexées à celui
de la Lozère.

Uzès, chef-lieu d'arrondissement. — Vocetio (De La
Saussaye, *Numism. de la Gaule Narb.*). — Vcetia
(inscr. du musée de Nimes). — *Castrum Ucetiense*
(Not. prov. Gall.). — *Ucetia*, 506 (D. Bouquet,
Excerpt. e concil.). — *Uzecia, urbs Occitaniæ*, 826
(Præf. Manualis Dodæ). — *Ucetia*, 878 (Hist. de
Lang. II, pr. col. 3) ; 896 (*ibid.* col. 30). —
Eutica, 1099 (D. Bouquet, *Histor. de France*,
t. XV, p. 17).—*Uzetica*, 1107 (Hist. de Lang. II,

pr. col. 371). — *Ucetia*, 1156 (*ibid.* col. 561). —
Uzez, 1157 (*ibid.* col. 566). — *Ucecia*, 1158 (*ibid.*
col. 565). — *Uzes*, 1160 (Mén. I, pr. p. 37, c. 1).
—*Uzecium*, 1160 (*ibid.*). — *Ussecia*, 1363 (*ibid.* II,
pr. p. 276, c. 1). — *Villa Ucecie*, 1384 (dén. de
la sén.). — *Usès*, 1474 (Mén. III, pr. p. 17, c. 1).
— *Ucecia*, 1485 (*ibid.* IV, pr. p. 37, c. 1). —
Villa Ucetiæ, 1505 (*ibid.* p. 81, c. 2).—*Uzez*, 1532
(*ibid.* p. 109, c. 2).

Uzès était le siége de la viguerie et de l'évêché de
ce nom. — On y comptait 120 feux en 1384 et
1,650 en 1789. — Au xviii° siècle, la moitié de la
justice d'Uzès dépendait de l'ancien patrimoine du
duché-pairie d'Uzès ; le reste appartenait aux maire
et consuls et à l'hôpital. A l'origine, elle appartenait tout entière à l'évêque (voy. A. de Lamothe,
Introd. à l'invent. somm. des arch. mun. d'Uzès). —
En 1790, Uzès devint le chef-lieu du district le plus
considérable du dép[t] et qui se composait des 18 cantons suivants : Argilliers, Blauzac, Boucoiran, Cavillargues, Connaux, Euzet, Lussan, Montaren,
Navacelle, Pouzilhac, Remoulins, Rivières-de-Theyrargues, Saint-Chapte, Saint-Geniès-en-Malgoirès,
Saint-Maurice-de-Casevicilles, Saint-Quentin, Uzès
et Vers. — Le canton d'Uzès comprenait seulement la ville d'Uzès et le village de Saint-Firmin,
qui lui était depuis longtemps incorporé. — La
vicomté d'Uzès a été d'abord érigée en duché en
1565, puis en duché-pairie en 1572, en faveur
d'Antoine de Crussol. — Les consuls d'Uzès, seigneurs d'Uzès pour un tiers, avaient entrée aux États
de Languedoc. — La ville d'Uzès porte pour armoiries : *fascé d'argent et de gueules, de six pièces, et
un chef d'azur, chargé de trois fleurs de lis d'or.*

V

Vabre (La), q. c[ne] de Colorgues. — *La Côte-de-la-
Vabre*, 1866 (notar. de Nimes).
Vabre (La), f. c[ne] de Rochefort.
Vabre (La), f. c[ne] de Saint-Jean-de-Serres.— *Territo-
rium vocatum la Vabre et les Bayletz, in parrochia
Sancti-Johannis de Serris*, 1437 (Et. Rostang, not.
d'Anduze). — 1549 (arch. départ. C. 1785).
Vabreille (La), q. c[ne] de la Calmette.— *Ad Vabrillam*,
1288 (arch. départ. G. 315).
Vabreille (La), q. c[ne] de Colorgues.
Vabreille (La), h. c[ne] de Saint-Martin-de-Valgalgue.
— *Vabrella*, 1283 (chap. de Nimes, arch. dép.). —
Mansus de Vabrella, 1294 (Mén. I, pr. p. 132,

c. 1). — *Lou mas de Vabrilie*, 1346 (cart. de la
seign. d'Alais, f° 43).
Vabreille (La), q. c[ne] de Savignargues.—*In territorio
de Vabrellecha, in decimaria Sancti-Martini de Se-
vinchanicis*, 1284 (chap. de Nimes, arch. départ.).
—*Ad Vabrillam, in decimaria de Sivinhanicis*, 1315
(*ibid.* G. 285).
Vabres, c[on] de la Salle. — *Sanctus-Andreas de Vabris*,
1099 (cart. de Psalmody). — *Vabra*, 1360 (chap.
de Nimes, arch. départ.).—*Locus de Sancto-Andrea
de Vabris*, 1384 (dén. de la sén.). — *Vabres*, 1435
(rép. du subs. de Charles VII). — *Saint-André-de-
Vabres*, 1549 (arch. départ. G. 1779). — *Vabre* ;

32.

Vabrez, viguerie d'Anduze, 1582 (Tar. univ. du dioc. de Nimes).

Vabres faisait partie de la viguerie d'Anduze et du diocèse de Nimes (plus tard d'Alais), archiprêtré de la Salle. — Ce lieu ne comptait que pour un feu en 1384. — A proprement parler, cette c⁰ᵉ n'a pas de chef-lieu, et se compose de plusieurs hameaux et d'un certain nombre de mas ou métairies. — La communauté de Vabres reçut pour armoiries en 1694 : *d'azur, à un chevron d'or, accompagné de trois roses d'argent, tigées et feuillées de même.*

VACHES (LES), h. cⁿᵉ de Salazac.

VAGNIÉRETTE (LA), ruisseau qui prend sa source au mont Liron et se jette dans l'Hérault sur le territoire de la cⁿᵉ de la Rouvière. — *La Valniérette*, 1789 (carte des États). — Le parcours de ce cours d'eau est de 6,500 mètres.

VAILLEY (LE), h. cⁿᵉ de Saint-Alexandre.—*Le Vaillant*, 1789 (carte des États).

VALABRAT, f. aujourd'hui détruite, cⁿᵉ de Boisset-et-Gaujac.—*Mansus de Valabrat*, 1437 (Et. Rostang, not. d'Anduze).

VALABRÈGUE, cⁿ d'Aramon. — *Volobrega*, 1102 (cart. de Psalmody). — *Castrum de Volobreca*, 1121 (Gall. Christ. t. VI, p. 304). — *M. de Volobrica*, 1160 (Mén. I, pr. p. 46, c. 2).—*P. de Volubrica*, 1176 (Lay. du Tr. des ch. t. I, p. 111).—*Locus de Volobrica*, 1208 (*ibid.* p. 47, c. 1).—*Volobrienses*, 1218 (*ibid.* p. 64, c. 1).—*Volobrica*, 1247 (chap. de Nimes, arch. départ.); 1275 (*ibid.*); 1384 (dén. de la sénéch.). — *Volebrague*, 1435 (Mén. III, pr. p. 254, c. 2). — *Prioratus Sancti-Andreæ de Volobrica*, 1461 (reg.-cop. de lettr. roy. E, v). — *Volobregue*, 1485 (Mén. IV, pr. p. 37, c. 1). — *Valobrica; Valobregue*, 1496 (*ibid.* p. 65, c. 2).— *Vallabregue*, 1551 (arch. départ. C. 1333). — *Le prieuré Sainct-André de Vallebrègue*, 1620 (insin. eccl. du dioc. d'Uzès).

Valabrègue appartenait à la viguerie de Beaucaire et au diocèse d'Uzès, doyenné de Remoulins. — On y comptait 43 feux en 1384; en 1744, 240 feux et 1,200 habitants; et en 1789, 504 feux. — Le prieuré régulier de Saint-André de Valabrègue était à la collation de l'évêque d'Uzès. — La terre de Valabrègue avait d'abord été possédée par la maison de Toulouse. Réunie ensuite au domaine royal, elle fut donnée en *assise*, par Philippe le Bel, au cardinal Nicolas de Freauville, et a été depuis possédée par les mêmes seigneurs que celle d'Aramon. Elle a été un moment baronnie, ayant droit d'entrée aux États de Languedoc. — Armoiries de Valabrègue : 1° d'après l'Armorial de 1694 : *d'argent, à une fasce*

losangée d'or et d'azur; — 2° d'après Gastelier de La Tour : *d'or, au dragon de sinople.*

VALABRIX, cⁿ d'Uzès. — *Villa de Valabricio*, 1295 (Ménard, t. VII, p. 724). — *Volobricium*, 1384 (dén. de la sénéch.). — *Valabrix*, 1549 (arch. dép. C. 1329); 1566 (J. Ursy, not. de Nimes). — *Le prieuré Sainct-Estienne de Vallabrix*, 1620 (insin. eccl. du dioc. d'Uzès). — *Vallabrix*, 1634 (arch. départ. C. 1285). — *Valabrix*, 1694 (armor. de Nimes). — 1715 (J.-B. Nolin, *Carte du diocèse d'Uzès*).

Valabrix faisait partie de la viguerie et du diocèse d'Uzès, doyenné d'Uzès. — Le prieuré de Saint-Étienne de Valabrix était à la nomination de l'évêque. — En 1295, Valabrix se composait de 68 feux; on n'en comptait plus que 5 en 1384. — Ce lieu ressortissait au sénéchal d'Uzès. — La seigneurie appartenait, depuis le XVIᵉ siècle, à la famille Bargeton, d'Uzès. — Armoiries : *d'hermine, à un pal losangé d'or et de sinople.*

VALAURIE, bois et montagne, cⁿᵉ d'Anduze. — *Valorie* (J. Viguier, *Not. sur Anduze*).

VALAURIE, q. cⁿᵉ de Sainte-Anastasie. — 1547 (arch. départ. C. 1658).

VALAURIÈRE (LA), q. cⁿᵉ d'Aramon. — 1637 (Pitot, not. d'Aramon).

VALAURIÈRE (LA), q. cⁿᵉ d'Arrigas. — *La Balaurière* (cad. d'Arrigas).

VALAURIÈRE (LA), q. cⁿᵉ de Colias.

VALAURIÈRE (LA), ermitage et chapelle détruits, cⁿᵉ de Remoulins. — *In heremitagio scito a la Valauriera, jurisdictionis loci Sancti-Privati, prope capellam*, 1451 (arch. du chât. de Saint-Privat).

VALAUZIÈRE (LA), h. cⁿᵉ du Pin.

VAL-BESSÈDE (LE), q. cⁿᵉ de Saumane. — 1539 (arch. départ. C. 1773).

VALBONNE, h. et fontaine, cⁿᵉ de Saint-André-de-Majencoules. — *G. de Vallebona*, 1256 (cart. de N.-D. de Bonh. ch. 111). — *A. de Vallebona*, 1430 (A. Montfajon, not. du Vigan). — *Mansus de Vallebona, parochiæ Sancti-Andreæ de Magencolis*, 1466 (J. Montfajon, not. du Vigan). — *Fons de Vallobona*, 1472 (Ald. Razoris, not. du Vigan). — *La ferme de Valbonne*, 1695 (arch. départ. G. 28).

VALBONNE, chartreuse et bois, cⁿᵉ de Saint-Paulet-de-Caisson. — *Vallis-Bona*, 1485 (Mén. IV, pr. p. 37, c. 1).

Les bois dits *de Valbonne* s'étendent sur les cⁿᵉˢ de Saint-Julien-de-Peyrolas, Saint-Laurent-de-Carnols, Saint-Michel-d'Euzet, Saint-Paulet-de-Caisson et Salazac. — La chartreuse de Valbonne a été fondée en 1204 par Guillaume de Vénéjan, évêque d'Uzès

(Gall. Christ. t. VI). — Au xvᵉ siècle, un autre évêque d'Uzès, Nicolas de Maugras, ajouta deux chapelles à l'antique oratoire. L'église et le couvent actuels ont été reconstruits au xviiᵉ siècle (L. Alègre, *Not. sur Nic. de Maugras*, apud Mém. de l'Acad. du Gard, 1865-1866, p. 180).

VALCALDE, f. cⁿᵉ d'Arrigas. — *Baucalde* (cad. d'Arrigas).

VALCROSE, h. cⁿᵉ d'Alzon.—*Mansus de Valcrosa*, 1261 (pap. de la fam. d'Alzon), — *Mansus de Vallecrosa*, 1271 (*ibid.*).— *Vallatum et territorium de Valcrosa*, 1308 (*ibid.*); 1323 (*ibid.*). — *Ripperia de Vallecrosa*, 1473 (*ibid.*).

VALCROSE, q. cⁿᵉ de Bréau-et-Salagosse.

VALCROSE, village, cⁿᵉ de Lussan. — *Ecclesia de Vallecrosa*, 1314 (Rotul. eccl. arch. munic. de Nimes). — J. *Vallis-Croze*, 1376 (cart. de la seign. d'Alais, fᵒ 23). — *Prioratus de Vallecrosa*, 1470 (Sauv. André, not. d'Uzès). — *La paroisse de Vaucroze; Vaulcroze*, 1535 (Ant. du Solier, not. d'Uzès). — *Le prieuré Sainct-André de Valcroze*, 1620 (ins. eccl. du dioc. d'Uzès).

Valcrose ne figure pas dans le dénombrement de 1384. — C'était cependant, avant 1790, une paroisse et une communauté du diocèse d'Uzès. — Le prieuré séculier de Notre-Dame-et-Saint-André de Valcrose, du doyenné de Navacelle, était à la nomination de l'évêque d'Uzès. — Sur les excès commis à Valcrose en 1703 par les Camisards, voir Arch. munic. d'Uzès, FF. 28. — En 1790, Valcrose est compté comme une des cinq communes qui composent le canton de Lussan.

VALCROSE, cⁿᵉ de Saint-André-de-Valborgne.—1552 (arch. départ. C. 1774).

VAL-DAS-TOURS (LE), f. cⁿᵉ de Valleraugue. — Elle a pris son nom d'un ruisseau qui y a sa source et qui se jette dans le Taleyrac, affluent de l'Hérault.

VAL-DE-BANE (LE), q. cⁿᵉ de Nimes. — *In valle de la Bana, ultra Vistrum*, 1380 (comp. de Nimes). — *Valdebane*, 1479 (la Taula del Poss. de Nismes). — *Val-de-Bane*, 1547 (arch. départ. C. 1768). — *Valdebane, terroir de Caissargues*, 1564 (J. Ursy, not. de Nimes); 1671 (comp. de Nimes); 1700 (arch. départ. G. 209).

VALDEBOUSE, h. cⁿᵉ de Trève. — *Vallis-Lobosa*, 1233 (cart. de N.-D. de Bonh. ch. 177). — *R. de Vallelibosa*, 1262 (pap. de la fam. d'Alzon). — *R. de Valle-Luposa*, 1289 (cart. de N.-D. de Bonh. ch. 103). —*S. de Valleboza, parochiæ de Trivio*, 1466 (J. Montfajon, not. du Vigan).—*Le mas de Vallibouze*, 1514 (pap. de la fam. d'Alzon). — *Le masage de Valdebouze, paroisse de Trève*, 1709 (*ibid.*).

VAL-DE-FRÉZOL, q. cⁿᵉ de Saint-André-de-Majencoules. —1551 (arch. départ. C. 1775).

VAL-DE-GOURS, q. cⁿᵉ de Nimes.—*Subtus vilare Gordo, in terminum Costaballenes*, 921 (cart. de N.-D. de Nimes, ch. 85). — *Vallis de Gores*, 1261 (Mén. I, pr. p. 86, c. 1). — *Val-de-Gorps*, 1380 (comp. de Nimes). — *Val-de-Gores*, 1479 (la Taula del Poss. de Nismes). — *Valdegours*, autrement le *Roure*. 1550 (arch. hosp. de Nimes).—*Val-de-Gourg*, 1692 (*ibid.*). — *Val-de-Gour*, 1700 (arch. départ. G. 200).

Val-de-Gours était compris, en 1345, dans la dîmerie de l'église de Saint-Gilles de Marguerittes. — Voy. FONT-BOUTEILLE.

VALDEIRON (LE), h. cⁿᵉ de Valleraugue. — *In valle Laurona*, 1309 (cart. de N.-D. de Bonh. ch. 73). — *Vallis-Layrona*, 1381 (pap. de la fam. d'Alzon). — *Le Valdéron*, 1551 (arch. départ. C. 1806).

VAL DE JOUFFE (LE), subdivision du *pagus Uzeticus*. — *In Valle-Iufica, in fluvio Vidosoli*, 938 (cart. de N.-D. de Nimes, ch. 174). — *In Valle-Iufica, in pago Uzetico*, 963 (*ibid.* ch. 73). — *Vallis de Joffa*. 1463 (L. Peladan, not. de Saint-Gen.-en-Malg.).

La vallée de Jouffe était un canton du diocèse d'Uzès, compris dans la vallée de la Courme, dont l'église de Notre-Dame-de-Jouffe (voy. ce nom) occupait le point culminant. — Le val de Jouffe fut plus tard englobé dans la circonscription du doyenné de Sauzet.

VALDOURBIE, ruiss. qui descend de la côte d'Aulas, cⁿᵉ du Vigan, et se jette dans l'Arre sur le territ. de la même commune. — *Territorium de Valdorbis*, 1331 (pap. de la fam. d'Alzon). — *Ruisseau de Valdourbie*, 1571 (arch. commun. du Vigan). — *Vallat de la Coupelle* (cad. du Vigan).

VALENCE, cⁿᵉ de Vézenobre. — *Valencia*, 1277 (Mén. I, pr. p. 107, C. 2). — *Villa de Valencia*, 1295 (Mén. VII, p. 725). — *Valencia*, 1384 (*ibid.* III, pr. p. 75, c. 2). — *Locus de Valencia*, 1384 (dén. de la sén.).—*Valence*, 1547 (arch. départ. C. 1316). — *Valence-du-Gardon*, 1734 (*ibid.* C. 1303).—*Valence, diocèse d'Uzès*, 1758 (Vidal, not. de Nimes).

Valence appartenait à la viguerie et au diocèse d'Uzès, doyenné de Sauzet. — On y comptait plus de 30 feux en 1295 et 4 seulement en 1384. — Le prieuré de Saint-Pierre de Valence, uni au chapitre d'Uzès, était à la collation de l'évêque. — La justice de Valence appartenait, en 1721, à M. le commandeur de Saint-Christol. — En 1790, Valence est encore compté comme l'une des communes qui forment le canton de Saint-Maurice-de-Casevieilles. Un décret du 21 septembre 1813 l'a réuni à Castelnau pour en faire la commune de *Castelnau-et-Valence*. — Armoiries de Valence : *de sinople, à un pal losangé d'or et de gueules.*

VALENDRAS, bois, c^{ne} de Domessargues.

VALENSOLE, f. c^{ne} de Saint-Martin-de-Saussenac. — *Balansols*, 1550 (arch. départ. C. 1789).

VALENSOLE, bois, c^{ne} de Tornac.

VALENTINE, f. c^{ne} de Puechredon. — *J. de Valentina*, 1322 (chap. de Nimes, arch. départ.). — *Mansus de Valentina, parrochiæ Sancti-Andræ de Podiis-Flavardis*, 1501 (*ibid.*).

VALENTINE (LA), ruiss. qui prend sa source à la f. du même nom, c^{ne} de Puechredon, et se jette dans le Claou sur le territ. de la même c^{ne}. — *Ripperia de Revella-Cays*, 1280 (chap. de Nimes, arch. départ.).

VALÉRARGUES, c^{on} de Lussan. — *G. de Valleyranega*, 1261 (Notes mss de Ménard, bibl. de Nimes, n° 13,823). — *Ecclesia de Valayranicis*, 1314 (Rotul. eccl. arch. munic. de Nimes). — *Vallis-Ayranica*, 1384 (dén. de la sénéch.). — *Valérargues*, 1549 (arch. départ. C. 1330). — *Le prieuré Sainct-Christofle de Valérargues*, 1620 (ins. eccl. du dioc. d'Uzès). — *Valérargues*, 1692 (arch. départ. C. 9).

Valérargues faisait partie de la viguerie et du diocèse d'Uzès. — Le prieuré de Saint-Christol de Valérargues était à la collation de l'évêque. — On comptait dans ce lieu 5 feux en 1384. — La justice de Valérargues appartenait, en 1721, au marquis d'Aulan. Le prieur du lieu y possédait un fief. — Valérargues ressortissait au sénéchal d'Uzès et avait pour armoiries : *de vair, à un pal losangé d'argent et de gueules.*

VALÉRAUBE, f. c^{ne} de Saint-Félix-de-Pallières. — *Valerianicus*, 927 (Mén. I, pr. p. 20, c. 1).

VALERGUES, f. c^{ne} de Roquemaure. — 1778 (arch. départ. C. 1654).

VALÈS, f. c^{ne} de Saint-Christol-lez-Alais. — *Mansus de Valhelis*, 1345 (cart. de la seign. d'Alais, f° 35).

VALESCURE, f. c^{ne} de Bellegarde. — *Val-Escure, commune de Saint-Paul-de-Beaucaire*, 1541 (arch. départ. C. 1795). — *Vallescure*, 1579 (pap. de la fam. de Rozel). — *Valobscure* (Ménard, VII, p. 651).

C'était un petit fief possédé, dès la fin du XVI° siècle, par la famille nimoise de Rozel. Il fut vendu en 1758 à M. de Cray, avocat de Nimes.

VALESCURE, q. c^{ne} de Chusclan. — (E. Trenquier, *Not. sur quelq. loc. du Gard.*)

VALESCURE, h. c^{ne} de Saint-Martin-de-Corconac.

VALESCURE, f. c^{ne} de Saint-Roman-de-Codière.

VALESPUES, h. c^{ne} du Pin.

VALESTALIÈRE, h. c^{ne} de Monoblet.

VALESTORIÈRE, q. c^{ne} de Sumène. — *Mayonnette, ou Valestorieyre ou bois de Larnaud*, 1555 (arch. départ. G. 167).

VALETTE (LA), h. et château, c^{ne} de Bez-et-Esparron. — *Mansus de Valleta, parrochiæ de Berssio*, 1391 (pap. de la fam. d'Alzon). — *Mansus de Valleta, parrochiæ Sancti-Martini de Bessio*, 1444 (P. Montfajon, not. du Vigan). — *Château d'Assas* (comp. de Bez).

VALETTE (LA), f. c^{ne} de Bréau-et-Salagosse. — *La borie de Valette* (cad. de Bréau).

VALETTE (LA), f. c^{ne} de Gailhan-et-Sardan.

VALETTE (LA), h. c^{ne} de Robiac. — *Mansus de la Valeta*, 1462 (reg.-copie de lettr. roy. E, v).

VALETTE (LA), h. c^{ne} de Valleraugue. — *Mansus de Valleta, parochiæ Vallis-Heraugiæ*, 1280 (pap. de la fam. d'Alzon); 1513 (A. Bilanges, not. du Vigan).

VALETTE (LA), f. c^{ne} du Vigan, sur la rive droite de l'Arre. — *Château de la Valette*, 1692 (pap. de la fam. d'Alzon).

VAL-FÉLICE, q. c^{ne} d'Aiguesvives. — *In Valle-Felici*, 1299 (chap. de Nimes, arch. départ.). — *Vallis-Felis ou les Cabanes*, 1588 (arch. départ. G. 265).

VALFONT, f. c^{ne} de Sauve. — *B. de Valle-Fontis*, 1037 (Hist. de Lang. II, pr. col. 201).

VALFRÈGE, q. c^{ne} d'Aubord. — *Las Combas de Vaufreza; de Gaufreza*, 1598 (comp. d'Aubord).

VALGARDE, château ruiné, c^{ne} de Saint-André-de-Valborgne.

VALGARNIDE, chât. ruiné, c^{ne} de Dourbie. — *R. de Valgarnida*, 1239 (cart. de N.-D. de Bonh. ch. 31). — *B. de Valle-Garnita*, 1247 (*ibid.* ch. 95). — *Mandamentum castri Vallis-Garnitæ*, 1262 (pap. de la fam. d'Alzon). — *Castrum Vallis-Garnitæ, cum ejus mandamento*, 1321 (*ibid.*). — *Le chasteau et mandement de Valgarnide*, 1514 (*ibid.*). — *Le mandement du château de Valgarnide, juridiction du marquisat de Roquefeuil, au diocèse d'Alais*, 1709 (*ibid.*). — Voy. SAINT-JEAN-DE-VALGARNIDE.

VALGRAND (LA), q. c^{ne} de Saint-Marcel-de-Fontfouillouse. — 1553 (arch. départ. C. 1791).

VAL-GRÉGOIRE, q. c^{ne} de Vauvert. — *In valle Gregoria*, 1390 (chapellenie des Quatre-Prêtres, arch. dép.). — *Val de Grégori*, 1559 (*ibid.*).

VALINES (LES), q. c^{ne} de Saint-Gilles. — 1548 (arch. départ. C. 1787).

VALLADET (LE), ruisseau qui prend sa source au vill. de Saint-Césaire, c^{ne} de Nimes, et se jette dans le Cadereau sur le territ. de la même c^{ne}. — *Juxta rivum Sancti-Cesarii*, 1151 (Lay. du Tr. des ch. t. I, p. 68); 1671 (comp. de Nimes).

VALLAMON (LE), h. c^{ne} du Vigan. — *Le Valamont* (cad. du Vigan).

VALLAT, f. c^{ne} de Sabran.

VALLAT (LE), f. c^{ne} de Saint-André-de-Majencoules.

VALLAT (LE), f. c^{ne} de Saint-Marcel-de-Carreiret.

VALLAT (LE), f. c^{ne} de Saint-Martin-de-Corconac.

VALLAT (LE GRAND-), ruiss. qui prend sa source sur la c^{ne} de Castelnau-Valence et se jette dans la Droude sur le territ. de la même commune.

VALLAT-BLANC (LE), ruiss. qui prend sa source sur la commune de Tavels et se jette dans le Rhône sur le territ. de la commune de Pujaut. — Parcours : 13 kilomètres.

VALLAT-D'AIGUES-VENTOUSES (LE), ruiss. qui prend sa source sur la c^{ne} d'Arre et se jette dans l'Arre sur le territ. de la même commune.

VALLAT-DE-BONAVENTURE (LE), ruiss. qui prend sa source sur la c^{ne} de Montdardier et va se jeter dans la Creuse sur le territ. de la même commune.

VALLAT-DE-COMBE-PRIGONNE (LE), ruiss. qui prend sa source dans les collines de Clarensac et se jette dans le Rhôny sur le territ. de la même commune.

VALLAT-DE-LA-CROIX (LE), q. c^{ne} de Caveirac. — In vallato de Croisa, 1199 (arch. départ. G. 324).

VALLAT-DE-LA-LOUBIÈRE (LE), q. c^{ne} de Saint-André-de-Valborgne. — 1552 (arch. départ. C. 1776).

VALLAT-DE-LA-RIASSE (LE), q. et ruiss. c^{ne} de Colias. — Valat Peyronel, 1428 (arch. du chât. de Saint-Privat). — Vallat-de-la-Riasse, 1607 (arch. commun. de Colias).

VALLAT-DE-RICARD (LE), ruiss. qui prend sa source sur la c^{ne} de Valleraugue et se jette dans l'Hérault sur le territ. de la même commune.

VALLAT-DES-BERNADELLES (LE), ruisseau qui prend sa source à las Trestaulières, c^{ne} d'Arre, et se jette dans l'Arre au village d'Arre.

VALLAT-DES-CANNES (LE), q. c^{ne} de Sernhac. — In jurisdictione Sarnhaci, vallatum de las Cannas, 1474 (J. Brun, not. de Saint-Geniès-en-Malgoirès).

VALLAT-DES-COMBES (LE), ruiss. qui prend sa source sur la c^{ne} de Langlade et se jette dans le Vistre sur le territ. de la c^{ne} de Bernis.

VALLAT-DES-COMBES (LE), ruiss. qui prend sa source sur la c^{ne} de Sabran et se jette dans l'Andiole ou Vionne sur le territ. de la même commune.

VALLAT-DES-CROTTES (LE), ruiss. c^{ne} de Gajan. — Il se réunit à la rivière de Parignargues pour former le ruisseau des Tourouceiles.

VALLAT-DU-COL-DE-L'ELZE (LE), ruiss. qui prend sa source sur la c^{ne} de Valleraugue et se jette dans l'Hérault sur le territ. de la même commune.

VALLATOUGES, h. c^{ne} de Saint-Hippolyte-du-Fort. — Valentoges, Vallalonges, 1824 (Nomencl. des comm. et ham. du Gard).

VALLAT-SEC (LE), q. c^{ne} de Saint-Roman-de-Codière. — 1550 (arch. départ. C. 1798).

VALLECOMBE, f. c^{ne} de Saint-Gilles. — Valcombe, 1789 (carte des États). — Surville (carte géol. du Gard). — Voy. SURVILLE.

VALLERAUGUE, arrond. du Vigan. — Castrum de Valarauga, in diocesi Nemausensi, 1225 (Lay. du Tr. des ch. t. II.). — Vallis-Araugia, 1228 (chap. de Nîmes, arch. départ.) — Vallarauga, 1247 (ibid.). — Ecclesia de Varalauga (sic), 1249 (cart. de N.-D. de Bonh. ch. 20). — S. de Baralauge, 1262 (pap. de la fam. d'Alzon). — Ecclesia Vallis-Eraugæ, 1265 (cart. de N.-D. de Bonh. ch. 47). — Valarauga. 1309 (ibid. ch. 73). — Locus de Valle-Araugia, 1314 (Guerre de Flandre, arch. munic. de Nîmes). — Bajulia Vallis-Eraugie, 1314 (ibid.). — Vallis-Arauria, 1314 (ibid.). — Vallis-Araugia, 1384 (dén. de la sén.). — Valeraugue, 1435 (rép. du subs. de Charles VII). — Sanctus-Martinus Vallis-Heraugiæ, 1461 (reg. - cop. de lettr. roy. E, IV, f° 16). — Valaraugue, viguerie du Vigan, 1582 (Tar. univ. du dioc. de Nîmes). — Le prieuré Saint-Martin de Valleraugue, 1610 (ins. eccl. du dioc. de Nîmes). — Le château de Valleraugue, 1634 (arch. dép. C. 436).

Valleraugue faisait partie de la viguerie du Vigan et du diocèse de Nîmes (plus tard d'Alais), archiprêtré de Sumène. — On y comptait 7 feux en 1384 et 572 en 1789. — Au commencement du XIIIe siècle, Valleraugue appartenait à la maison de Roquefeuil ; il fit ensuite partie de la baronnie de Meyrueis, et ne fut définitivement réuni à la couronne que vers 1780. — Valleraugue devint, en 1790, le chef-lieu d'un canton du district du Vigan qui comprenait seulement trois communes : la Rouvière, Saint-André-de-Majencoules et Valleraugue. — Les armoiries de Valleraugue sont : de gueules, à une croix d'or.

VALLIER (LE), ruiss. qui prend sa source sur la c^{ne} de Castillon-du-Gard et se jette dans la Valliguière sur le territ. de la c^{ne} de Saint-Hilaire-d'Ozilhan. — Parcours : 4,400 mètres.

VALLIGUIÈRE, c^{on} de Remoulins. — Villa de Valle-Aqueria, 1156 (Hist. de Languedoc, II, pr. c. 561). — Pedagium Vallis-Aquarie, 1172 (Lay. du Tr. des ch. t. I, p. 103). — A Valle-Aquaria, 1290 (ibid. p. 512). — Castrum de Valle-Aquaria, 1254 (Gall. Christ. t. VI, p. 305). — Vallis-Aquaria, 1287 (arch. commun. de Valliguière). — Ecclesia Sancti-Juliani loci de Valle-Aqueria, 1361 (ibid.). — Vallis-Aqueria, 1384 (dén. de la sén.). — Locus de Valle-Aqueria, Uticensis diocesis, 1474 (J. Brun, not. de Saint-Geniès-en-Malgoirès). — Valliguières, 1551 (arch. départ. C. 1332). — *Le prieuré Sainct-Julien de Valleguière*, 1620 (ins. eccl. du dioc. d'Uzès). — *La communauté de Valliguière*, 1626 (arch. départ. C. 1295).— *Val-Eiguière*, 1694 (armor. de Nîmes).

Valliguière faisait partie de la viguerie de Roquemaure et du diocèse d'Uzès, tant au spirituel qu'au temporel. — Le prieuré de Saint-Julien de Valliguière, du doyenné de Remoulins, était à la collation de l'évêque d'Uzès. — Le prévôt de la cathédrale d'Uzès était seigneur de Valliguière. — On comptait 10 feux dans cette communauté en 1384. — Elle était comprise dans la baronnie de Rochefort. — Les armoiries de Valliguière sont : *d'or, à une croix losangée d'argent et de gueules.*

VALLIGUIÈRE (LA), ruiss. qui prend sa source sur la c^ne de Valliguière, traverse celles de Saint-Hilaire-d'Ozilhan et de Remoulins et se jette dans le Gardon sur le territ. de cette dernière commune. — *Riperia de Valle-Aqueria*, 1287 (arch. commun. de Valliguière). — *Rivus de Valle-Aqueria*, 1474 (J. Brun, not. de Saint-Geniès-en-Malgoirès). — *La Rivié*, 1587 (arch. comm. de Valliguière).— Parcours : 12 kilomètres.

VALLIOUGUÈS (LE), ruiss. qui prend sa source au mas de Listerne, c^ne de Vauvert, et se perd dans le marais de Scamandre. — *Valhounnès ; Vallorguès ; Vallognetz*, 1557 (chapellenie des Quatre-Prêtres, arch. hosp. de Nîmes).

VALLOMBRIGOUSE, q. c^ne de Nîmes. — 1672 (arch. hosp. de Nîmes).

VALLONGUE, q. c^ue de Bernis.

VALLONGUE, domaine, c^ue de Nîmes. — *Vallis-Longa*, 893 (cart. de N.-D. de Nîmes, ch. 140); 1377 (Mén. III, pr. p. 340, c. 1). — *Vallongue*, 1479 (la Taula del Poss. de Nismes); 1534 (arch. départ. G. 176); 1558 (J. Ursy, not. de Nîmes); 1583 (arch. départ. G. 389); 1671 (comp. de Nîmes). — *La Vallongue*, 1704 (J.-C. de la Baume, *Rel. inéd. de la rév. des Camis.*). — (Mén. VII, p. 52.)

VALLONGUE, f. c^ne de Pommiers.

VALLONGUE, q. c^ne de Sainte-Anastasie. — 1547 (arch. départ. G. 1658).

VALLONGUE, f. c^ne de Saint-Hippolyte-du-Fort. — *Le mas de Vallongue*, 1549 (arch. départ. C. 1790).

VALLONGUE, f. c^ne de Saint-Martin-de-Corconac. — 1553 (arch. départ. C. 1794).

VALLONGUETTE (LA), f. c^ne de Nîmes. — 1503 (arch. hosp. de Nîmes); 1671 (comp. de Nîmes).

VALLONNIÈRE (LA), f. c^be de Sabran. — *La Balounière*, 1866 (notar. de Nîmes).

VALLONNIN, f. c^ne de Valleraugue. — (On prononce, dans le pays, *Balounen*.)

VALLORGUES, q. c^ne de Junas.

VALLORGUES, f. et ruiss. c^ne de Saint-Quentin. — (Annuaire du Gard, 1862, p. 664.)

VALLOUBIÈRE (LA), f. c^er de Cézas.— 1660 (ins. eccl. du dioc. de Nîmes).

VALLOUBIÈRE (LA), q. c^ne de Colias. — *Vallobière*, 1607 (arch. commun. de Colias).

VALMALE, h. qui donne son nom à un ruisseau, c^ne de Chamborigaud.— *La Vaumalle*, 1731 (arch. départ. C. 1475). — *Vammale*, 1789 (carte des États).

VALMALE, q. c^ne de Remoulins. — *Vallatum Vallis-Male, in jurisdictione Remolinarum*, 1474 (J. Brun, not. de Saint-Geniès-en-Malgoirès).

VALMALE, q. c^ne de la Salle. — 1553 (arch. dép. C. 1797).

VALMALE, f. c^r de Saumane. — *La combe de Valmale*, 1539 (arch. départ. C. 1773).

VALMALE, h. c^ne de Soustelle. — *Vammale*, 1789 (carte des États).

VALMALE, h. et ruiss. c^ne du Vigan. — *Riperia de Valmala*, 1472 (A. Razoris, not. du Vigan). — *Valmalle*, 1567 (J. Ursy, not. de Nîmes).

VALMERCHAN, q. c^ne de Colias.—1607 (arch. commun. de Colias).

VALMY, f. c^ne de Nîmes, près du chemin de Sauve.

VALMY (LA HAUTE- et LA BASSE-), h. c^ne de Saint-Martin-de-Corconac.

VALNARIÉ (LA), f. c^ne de Sainte-Croix-de-Caderle.

VALNIÈRE (LA), h. c^ne de Saint-Martial. — *Mansus de Valnieyra, parrochiæ Sancti-Martialis*, 1462 (reg.-cop. de lettr. roy. E, v). — *La Vallinière*, 1634 (arch. départ. C. 439).

VALNIÈRE (LA), ruisseau. — Voy. RIEUTORT (LE).

VAL-OBSCUR, montagne, c^ne de Chusclan.

VALOR, f. et égl. détruite. — Voy. SAINT-PAUL-VALOR.

VALOUSSIÈRE, h. c^ne de Sainte-Cécile-d'Andorge. — *Le ruisseau de Valoussière*, 1635 (arch. dép. C. 1291).

VALOUZE, h. c^ne de Malons-et-Elze.

VALPLANE (LA), q. c^ne d'Uchau. — 1548 (arch. départ. C. 1805).

VALPROVEYRE, q. c^ne de Valliguière. — *In territorio de Valle-Aqueria, loco vocato Val-Proveyre*, 1370 (arch. commun. de Valliguière).

VALSAINTE, q. c^ne de Nîmes.— On appelle ainsi la combe de Saint-Baudile, qui va des Tres-Fonts à l'ancien monastère de Saint-Baudile.

VALSAUVE, f. sur l'emplacement et dans les bâtiments du monastère de Notre-Dame-de-Valsauve, c^ne de Verfeuil. — *Prioratus de Valle-Salva*, 1121 (Gall. Christ. t. VI, p. 304). — *Monasterium Vallis-Silvæ* (sic), 1287 (Généal. des Châteauneuf-Randon). — *Conventus Vallis-Salvæ, dyocesis Uticensis*, 1294

(Mén. I, pr. p. 135, c. 2). — *Monasterium Beatæ-Mariæ Vallis-Salvæ*, 1294 (*ibid.*). — *Monasterium Vallis-Salvæ, diocesis Uticensis*, 1461 (reg.-cop. de lettr. roy. E, v). — *L'abbesse de Valsauve de Bagnols*, 1665 (arch. départ. C. 1224). — *Valsauve*, 1704 (*ibid.* C. 1400). — *Val-Sauve*, 1731 (*ibid.* C. 1474).

Cette abbaye de femmes fut, dès 1375, transférée à Bagnols. — La seign. de Valsauve appartenait à l'abbesse de Bagnols.

VALSÉGANE (LA), ruiss. qui a sa source sur la c^ne de Sanilhac et se jette dans le Gardon sur le territoire de la même commune. — *Le ruisseau de Varségane*, 1866 (Journ. d'Uzès, 23 février).

VALSÈNE, q. c^ne de la Rouvière-en-Malgoirès. — *Unam terram in Balssena, ad fontem Golloga*, 1239 (chap. de Nîmes, arch. départ.).

VALSET (LE), f. c^ne de Soudorgues.

VALUS (LA), f. c^ne de Valérargues. — *La Valus, paroisse de Bouquet*, 1721 (biblioth. du grand séminaire de Nîmes).

M. Julien de Malérargues était seigneur de ce lieu en 1721.

VALZ, f. c^ne des Mages.

VALZ, h. c^ne de Saint-Christol-lez-Alais.

VANEL, f. c^ne de Nîmes. — *Mas-de-Vannel*, 1860 (notar. de Nîmes).

VANILHES, q. c^ne de Colias. — 1607 (arch. commun. de Colias).

VAQUEIROLLES, bois, c^ne de Nîmes. — *Divisia de Vacairollis*, 1144 (Mén. I, pr. p. 32, c. 1). — *Devesia de Vacayrolis*, 1185 (*ibid.* p. 40, c. 2); 1195 (*ibid.* p. 41, c. 2). — *Vacayrolæ*, 1380 (compoix de Nîmes). — *Vacayroles*, 1463 (Mén. III, pr. p. 314, c. 1-2); 1479 (la Taula del Poss. de Nismes). — *Le devois de Vaqueirolles*, 1671 (compoix de Nîmes); 1692 (arch. hosp. de Nîmes); 1704 (J.-C. de La Baume, *Relation inéd. de la rév. des Camisards*). — *Le domaine de Vaqueirolles* (Ménard, VII, p. 52).

Vaqueirolles était un fief possédé au xviie siècle par la famille de Boisson, qui possédait en même temps le château de Caveirac. — Ce fief fut vendu ensuite à Azémar de Montfalcon, lieutenant du roi à Nîmes.

VAQUE-MENUDE, q. c^ne de Bellegarde. — *Vacca-Menuda*, 1350 (arch. départ. G. 280).

VAQUIÈRE, f. c^ne de Théziers. — *Mas de la Vacquière*, 1530 (Eug. Trenquier, *Notices sur quelques loc. du Gard*).

VAQUIÈRE (LA), q. c^ne de Valleraugue. — 1551 (arch. départ. C. 1806).

VAQUIÈRES, lieu détruit, c^ne de Parignargues. — *Divisia de Vacheriis*, 1140 (Ménard, I, pr. p. 32, c. 1);

Gard.

1149 (*ibid.* VII, p. 720). — *Vacqueriæ*, 1170 (cart. de Saint-Sauveur-de-la-Font). — *Devesiæ de Vacheriis*, 1185 (Ménard, I, pr. p. 40, c. 1); 1195 (*ibid.* p. 41, c. 2). — *Les Vacquières*, 1551 (arch. départ. C. 1771).

Le chapitre de Nîmes y avait une dîmerie dès le commencement du xiie siècle. — Voy. SAINT-PIERRE-DE-VAQUIÈRES.

VAQUIÈRES, c^au de Vézenobre. — *Mansus de Vaqueriis.* 1295 (Ménard, VII, p. 725). — *Ecclesia de Vacqueria*, 1314 (Rotul. eccl. arch. munic. de Nîmes). — *Locus de Vaquerііs*, 1384 (dén. de la sén.). — *Vacheriæ*, 1461 (reg.-cop. de lettr. roy. E, iv, f° 8). — *Locus de Vacheriis, Uticensis diocesis*, 1462 (*ibid.* E, v). — *Vacquières*, 1547 (arch. dép. C. 1316). — *Vacaria* (J.-A. de Thou, *Histor.*). — *La Vacarie* (Hist. de Lang. V, p. 638, not. 5). — *Le prieuré Notre-Dame de Vacquières*, 1620 (insin. eccl. du dioc. d'Uzès). — *Le prieuré Saint-Baudile* (sic) *de Vacquières*, 1632 (arch. départ. G. 289). — *La communauté de Vacquières*, 1633 (*ibid.* C. 745).

Vacquières faisait partie de la viguerie et du diocèse d'Uzès. — Le prieuré de Vaquières, réuni dès le xvie siècle à celui de Saint-Just, faisait partie du doyenné de Navacelle. Il était à la collation de l'évêque d'Uzès. — On comptait 3 feux à Vaquières en 1384.

— Cette communauté avait pour armoiries : *Une vache passante, d'argent, encornée, accolée, clarinée et onglée d'or.* (L'Armorial ne dit pas quel était le fond.)

VARADES (LES), q. c^ne de Bréau-et-Salagosse.

VARANGLES, f. c^ne de Montaren. — *La métairie de Varangles*, 1721 (bibl. du grand sémin. de Nîmes).

Elle appartenait, au xvie et au xviie siècle, à la famille nîmoise Galepin de Varangles. — En 1721, elle était possédée par M. de la Boissière, président au présidial de Nîmes.

VARCOUSES (LES), q. c^ne de Mars.

VARENNE (LA), f. c^ne de Carsan.

VASSAC, h. c^ne de Bez-et-Esparron. — *D. de Avarssaco*, 1275 (pap. de la fam. d'Alzon). — *Homines de Vessaco*, 1309 (cart. de N.-D. de Bonh. ch. 87). — *Al Barsa*, 1320 (pap. de la fam. d'Alzon). — *D. de Aversac*, 1337 (*ibid.*). — *Lavassac* (cad. de Bez-et-Esparron).

VASSONGUES (LA), ruiss. qui prend sa source sur la c^ne de Durfort et se jette dans le Crieulon. — Parcours : 3,900 mètres.

VAUGRAN, f. c^ne de Soustelle. — *Mansus de Valgran, in parrochia Sancti-Petri de Sostella*, 1349 (cart. de la seign. d'Alais, f° 48). — *Vaugrand*, 1541 (arch. départ. C. 1795).

Vaujus, q. c^ne de Rochefort. — *Vanjus sive Pesquier* (cad. de Rochefort).

Vauloubriac, f. c^ne de Barjac.

Vaulx, f. c^ne de Massillargues-et-Attuech. — 1612 (insin. eccl. du dioc. de Nimes).

Vaunage (La), portion du *pagus Nemausensis* située au-dessous de la Gardonnenque (*vallis Gardonica*) et qui la sépare de la région des Marais (*Litoraria*). — *Vallis Anagia*, 890 (cart. de N.-D. de Nimes, ch. 139). — *Via publica qui de Nemauso in Valle Anagia discurrit*, 893 (ibid. ch. 124). — *Vallis Anagia, in comitatum Nemausense*, 895 (ibid. ch. 149); 918 (ibid. ch. 132). — *Via qui de Valle Anagia in Litoraria discurrit*, 923 (ibid. ch. 66). — *In Valle Anagia, in territorio civitatis Nemausensis*, 926 (ibid. ch. 145). — *In vicaria Valle-Anagia*, 931 (ibid. ch. 121); 954 (ibid. ch. 130); 964 (ibid. ch. 148); 979 (ibid. ch. 125). — *Vallis Anagia*, 962 (ibid. ch. 136); 996 (ibid. ch. 134). — *In Valle-Anagia, in comitatu Nemausensis*, 1001 (ibid. ch. 135); 1009 (ibid. ch. 127); 1015 (ibid. ch. 129); 1021 (ibid. ch. 133); 1026 (cart. de Psalmody). — *In Valle quæ nuncupant Anagia, in comitatu Nemausense*, 1531 (cart. de N.-D. de Nimes, ch. 146); 1060 (ibid. ch. 78). — *Vallis Enagia*, 1060 (ibid. ch. 117); 1064 (ibid. ch. 77); 1092 (ibid. ch. 29). — *Valnajen*, 1112 (ibid. 141). — *Valnagia*, 1262 (Ménard, I, pr. p. 86, c. 1). — *Terra Vaunatgii*, 1310 (ibid. p. 160, c. 2).

Calvisson est regardé comme le chef-lieu de la Vaunage.

Vaurangues, f. et bois, c^ne de Seynes.

M. de Saussines, de Seynes, en était seigneur au XVIIIe siècle.

Vausset (La), montagne, c^ne de Saint-Théodorit. — *Podium de la Vauset, in decimaria Sancti-Etoriti* (sic), 1463 (L. Peladan, not. de Saint-Geniès-en-Malgoirès).

Vaussière (La), montagne, c^ne de Combas. — *La Serre de la Vaussière*, 1616 (arch. commun. de Combas).

Vauvert, arrond. de Nimes. — *Poscheriæ*, 1151 (Lay. du Tr. des ch. t. I, p. 67); 1224 (cart. de Psalmody). — *Vallis-Viridis*, 1308 (Mén. I, pr. p. 212, c. 2); 1383 (ibid. III, pr. p. 50, c. 2). — *Posqueria*, 1384 (dén. de la sén.). — *Vallis-Viridis*, 1384 (Mén. III, pr. p. 62, c. 2). — *Ecclesia de Posqueriis*, 1386 (rép. du subs. de Charles VI). — *Vauvert*, 1435 (rép. du subs. de Charles VII). — *Locus de Posqueriis, alias de Valle-Viridi*, 1462 (reg.-cop. de lettr. roy. E, v). — *Vallis-Viridis*, 1528 (chap. des Quatre-Prêtres, arch. hosp. de Nimes). — *Nostre-Dame de Valvert; Vauvert*. 1555 (J. Ursy,

not. de Nimes). — *Vauvert, viguerie d'Eymargues*. 1582 (Tar. univ. du dioc. de Nimes).

Vauvert appartenait à la viguerie d'Aiguesmortes (dite plus tard d'Aimargues) et au diocèse de Nimes, archiprêtré d'Aimargues. — On y comptait 42 feux en 1384 et 854 en 1789. — Le prieuré de Notre-Dame de Vauvert était uni à la prévôté de l'église cathédrale de Nimes (arch. départ. G. 206) et valait 4,700 livres. — Le fief de Posquières fut donné en 810 par Raymond, duc d'Aquitaine, à l'abbaye de Saint-Thibéry. — Dans le commencement du XIIe siècle, ce fief est possédé par les seigneurs d'Uzès et d'Aimargues. — Les seigneurs de Vauvert, à partir de 1437, ont eu entrée aux États de Languedoc. — En 1790, Vauvert devint le chef-lieu d'un canton du district de Nimes composé seulement des c^nes de Beauvoisin, de Générac et de Vauvert. — Vauvert a reçu en 1694 les armoiries suivantes : *d'argent, à un veau de gueules passant, sur une terrasse de sinople, accosté d'un saule de même*.

Vébron, f. c^ne des Mages.

Vébron (Le), ruiss. qui prend sa source au flanc du mont Bannassac, sur la c^ne de Saint-Ambroix, traverse le territ. de cette commune et celui de la c^ne des Mages, entre lesquels il sert de limite, et se jette dans la Cèze un peu au-dessus du ham. de Saint-Germain-de-Cèze.

Védelin, f. c^ne de Nimes. — *Boscus Vedelencus*, 1380 (compoix de Nimes). — *Vedelen*, 1671 (ibid.). — *Claux-Vedelene*, 1692 (arch. hosp. de Nimes). — *Métorie de Vedelenc*, 1695 (insin. eccl. du dioc. de Nimes). — *Vedelen*, 1704 (J.-C. de La Baume, *Rel. inéd. de la rév. des Camisards*).

C'était un fief possédé en 1630 par Claude de la Farelle, avocat au présidial de Nimes, qui en prenait le titre.

Védrines, lieu détruit, c^ne de Vauvert. — *Virinæ* (inscr. du Musée de Nimes). — *Virunæ*, 1094 (cart. de Psalm.); 1099 (ibid.). — *Virinæ*, 1115 (ibid.). — *Veyrunæ*, 1123 (ibid.). — *Verunæ*, 1125 (ibid.). — Voy. Saint-Sauveur-de-Védrines.

Veinariès, f. c^ne de Bordezac. — *Les Verreries*, 1824 (Nomencl. des comm. et ham. du Gard).

Veinerie (La), h. c^ne d'Euzet. — *La Verrerie*, 1824 (Nomencl. des comm. et ham. du Gard). — *Mas de la Verrière* (cart. géol. du Gard).

Venarigues, chât. et f. c^ne de Nimes. — *Villa Venarianicus, in territorio civitatis Nemausensis*, 924 (cart. de N.-D. de Nimes, ch. 53). — *Villa quæ vocatur Venranichos*, 961 (Hist. de Lang. I, pr.). — *Villa Venaranicus*, 1024 (cart. de N.-D. de Nimes, ch. 32). — *Venranicæ*, 1102 (cart. de Psalmody). — *Villa de*

Vendranicis, 1110 (arch. départ. G. 284). — *Via publica quæ discurrit de Caisanicis ad Vendranicas*, 1114 (cart. de N.-D. de Nimes, ch. 65). — *Venravègues*, 1115 (cart. de Psalmody). — *Venranicæ*, 1146 (Hist. de Lang. II, pr. c. 514). — *Honor quem tenet G., ad Venranicas*, 1233 (chap. de Nimes, arch. départ.). — *Mansus apud Vendranicas*, 1380 (comp. de Nimes). — *Ecclesia de Venranicis*, 1386 (rép. du subs. de Charles VI). — *Sanctus-Dionisius de Vendranicis, prioratus ruralis et sine cura*, 1461 reg.-cop. de lettr. roy. E, iv). — *La teullière de Sainct-Dannys de Vendargues*, 1553 (J. Ursy, not. de Nimes). — Cf. Ménard, t. II, p. 32.

Vendargues était, en 1322, une des dépendances dont le seigneur de Manduel avait la haute et basse justice. — Les consuls de Nimes y possédaient une portion du *ban*. — Le domaine de Vendargues a été plus tard inféodé à des particuliers. Au XVII⁰ siècle, il était possédé par une famille nimoise du nom de Richard.

VENDRAN, f. et m^in, c^ne de Galargues. — *Vendrain*, 1423 (chap. de Nimes, arch. départ.). — *Vendram*, 1423 (arch. munic. de Nimes, E. iii). — *Vindran*, 1789 (carte des États).

VÉNÉJAN, c^on de Bagnols. — *Castrum de Venejano*, 1121 (Gall. Christ. t. VI, p. 304). — *Venejanum*, 1384 (dén. de la sén.). — *J. de Venejano*, 1522 (chap. de Nimes, arch. départ.). — *Venejan*, 1550 (arch. départ. C. 1323). — *Le prieuré Sainct-Jean de Vénéjant*, 1620 (insin. eccl. du dioc. d'Uzès). — *Vénéjan*, 1627 (arch. départ. C. 1292).—*Vénéjean*, 1694 (armor. de Nimes). — *Vénéjan*, 1743 (arch. départ. C. 6).

Vénéjan était de la viguerie de Bagnols et du diocèse d'Uzès, doyenné de Bagnols. — On y comptait 6 feux en 1384. — Le prieuré de Saint-Jean de Vénéjan était à la collation de l'évêque d'Uzès. — Il y avait un château remarquable mentionné par Mme de Sévigné; il a été détruit en 1792, et il n'en reste plus que des pans de murailles. — Les armoiries de Vénéjan sont : *d'or, à une bande losangée d'argent et de sinople.*

VENTAJOLS, f. c^te de Saint-Hilaire-de-Brethmas.

VENTE-FARINE, q. c^ne de Rochefort.

VENTILLAC, h. c^ne de la Rouvière.

VER (LE), f. c^ne de Monoblet.

VERBROUCK, h. c^ne de Portes.

VERDEILLE, f. c^ne d'Anduze.

VERDEILLE, h. c^ne de Monoblet.

VERDIER, f. c^ne de Sommière.

VERDIER, f. c^ne d'Uzès. — (Anc. compoix, arch. munic. de Nimes.)

VERDIER (LE), f. c^ne d'Alzon. — 1567 (pap. de la fam. d'Alzon).

VERDIER (LE), q. c^ne de la Calmette. — *Ad Viridarium*, 1304 (arch. départ. G. 316).

VERDIER (LE), q. c^ne de Marguerittes. — *Ad Viridarium, in decimaria Sancti-Egidii, loci Margaritarum*, 1466 (cart. de Saint-Sauveur-de-la-Font).

VERDIER (LE), f. c^ne de Saint-Hippolyte-du-Fort. — 1549 (arch. départ. C. 1790).

VERDIER (LE), q. c^ne d'Uchau. — *Verderium*, 1384 (chapell. des Quatre-Prêtres, arch. hosp. de Nimes).

VERDIERS (LES), h. c^ne de Belvezet.

VERDU, un des pics du Saint-Guiral. — *Verdu mons*, 1263 (pap. de la fam. d'Alzon). — *Territorium de Verdu*, 1268 (*ibid.*).

VERFEUIL, c^on de Lussan. — *Castrum de Viridi-Folio*, 1121 (Gall. Christ. t. VI, p. 304). — *Locus de Viridi-Folio*, 1281 (Mén. I, pr. p. 108, c. 1); 1384 (dén. de la sénéch.). — *Mandamentum de Viridi-Folio*, 1461 (reg.-cop. de lettr. roy. E, v). — *Le prieuré Sainct-Pierre de Verfuel*, 1620 (insin. eccl. du dioc. d'Uzès). — *Le prieuré Saint-Pierre de Verfel, ordre de Saint-Benoist*, 1697 (insin. eccl. du dioc. de Nimes).

Verfeuil faisait partie de la viguerie et du diocèse d'Uzès, doyenné de Cornillon. — Le prieuré de Saint-Pierre de Verfeuil était uni au monastère de Saint-Ruf de Valence. — On comptait 5 feux à Verfeuil en 1384. — On trouve une tour carrée du XIII⁰ siècle dans un bois voisin de cette c^ne, et dans le village un château du XVI⁰ siècle. — Verfeuil ressortissait au sénéchal d'Uzès. — Au XVIII⁰ siècle, la seigneurie appartenait à M. de la Tour-du-Pin, de Bagnols, et à M. d'Ornac, de Saint-Marcel-de-Carreiret. — Les armoiries de Verfeuil sont : *de vair, à un pal losangé d'argent et de sable.*

VERGÈRE (LA), f. c^ne de Beaucaire. — *Vergière*, 1789 (carte des États).

VERGÈZE, c^on de Vauvert. — *Vergeda*, 1125 (Lay. du Tr. des ch. t. I, p. 44). — *Ecclesia de Verzesa*, 1154 (*ibid.* p. 73). — *Locus de Vergesiis*, 1384 (dén. de la sén.). — *Ecclesia de Vergezas*, 1386 (rép. du subside de Charles VI). — *Vergezas*, 1433 (Mén. III, pr. p. 237, c. 1). — *Vergères*, 1435 (rép. du subside de Charles VII). — *Vergezes*, 1557 (J. Ursy, not. de Nimes). — *Vergeses; Vergeizes, viguerie de Nismes*, 1582 (Tar. univ. du dioc. de Nimes). — *Vergesses*, 1650 (G. Guiran, *Style de la cour roy. ord. de Nimes*).

Vergèze faisait partie de la viguerie et du diocèse de Nimes, archiprêtré d'Aimargues. — On y comptait 54 feux en 1322, 8 seulement en 1384, et en

1744, 230 feux et 1,000 habitants. — Le prieuré simple et séculier de Saint-Félix de Vergèze valait 1,800 livres; il était uni, pour deux tiers, à la mense épiscopale de Nîmes. — La terre de Vergèze passa du domaine royal à Guillaume de Nogaret par suite du don de Philippe le Bel, et resta aux seigneurs de Calvisson, auxquels appartenait l'entière justice de ce lieu.

VERGIER (LE), q. cⁿᵉ de Domessargues. — *Terre que sunt ad Vergerium*, 1237 (chap. de Nîmes, arch. départ.).

VERMEILLET, f. cⁿᵉ de Bagard.

VERMEILS, h. cⁿᵉ de Bagard. — *P. de Vermel*, 1149 (Ménard, VII, p. 720). — *Vermelli*, 1265 (Gall. Christ. t. VI, p. 305). — *Ecclesia de Vermels*, 1276 (cart. de N.-D. de Bonh. ch. 106). — *Parrochia de Vermiliis*, 1345 (cart. de la seign. d'Alais, f° 35). — *Locus de Vermelis*, 1384 (dén. de la sén.). — *Parrochia de Vermelis; prioratus de Vermellis*, 1429 (Et. Rostang, not. d'Anduze). — *Vermeilz*, 1435 (rép. du subs. de Charles VII). — *Ecclesia Sancti-Petri de Vermellis, Nemausensis diocesis*, 1436 (L. Peladan, not. de Saint-Geniès-en-Malg.). — *Saint-Pierre-de-Vermeils*, 1551 (arch. départ. C. 1796). — *Vermel; Vermeil, viguerie d'Anduze*, 1582 (Tar. univ. du dioc. de Nîmes).

La communauté de Vermeils faisait partie de la viguerie d'Anduze et du diocèse de Nîmes, archiprêtré d'Anduze. — Ce lieu ne se composait que d'un demi-feu en 1384.

VERN (LE), h. cⁿᵉ de Chambon. — *Ver*, 1715 (J.-B. Nolin, *Carte du dioc. d'Uzès*). — *Bert*, 1737 (arch. départ. C. 1490).

VERNADELLE (LA), q. cⁿᵉ de Saint-André-de-Valborgne. — 1552 (arch. départ. C. 1777).

VERNARÈDE (LA), h. cⁿᵉ de Portes.

VERNASSAU, f. cʳᵉ de Durfort.

VERNÈDE (LA), domaine, sur les cⁿᵉˢ d'Aramon et des Angles.

VERNÈDE (LA), f. cⁿˢ de Domazan.

VERNÈDE (LA), f. cˡᵉ de Générargues.

VERNÈDE (LA), f. cⁿᵉ de la Rouvière.

VERNÈDES (LES), f. cⁿᵉˢ d'Aumessas.

VERNÈDES (LES), h. cⁿᵉ de Saint-Martial.

VERNÈDES (LES), q. cⁿᵉ de Sumène.

VERNES, h. cⁿᵉ d'Arrigas. — *Mansus de Vernis, parrochiæ Sancti-Genesii de Arigacio*, 1502 (A. de Masseporcs, not. du Vigan). — *Verne*, 1828 (notar. de Nîmes).

VERNET (LE), f. cⁿᵉ de Saint-Bresson. — *J. de Verneto*, 1265 (cart. de N.-D. de Bonheur, ch. 47). — *Le Vernet*, 1551 (arch. départ. C. 1796).

VERNIÈRE (LA), h. cⁿᵉ de Soudorgues.

VERNE (LA), ruiss. qui prend sa source sur la cⁿᵉ de Corconne et se jette dans le Brestalou sur le territ. de la cⁿᵉ de Brouzet. — *La Vère*, 1789 (carte des États). — Parcours : 4,800 mètres.

VERNERIE (LA), h. cⁿᵉ de Rousson. — *La Verrière*, 1732 (arch. départ. C. 1478).

VERNERIE (LA), bois, cⁿᵉ de Saint-Just-et-Vaquières. — *La Verrière*, 1731 (arch. départ. C. 1473).

VERNIÈRE (LA), f. cⁿᵉ de Conqueyrac.

VERNIÈNE (LA), f. cⁿᵉ de Trève.

VERS, cⁿᵉ de Remoulins. — *Villa de Vers*, 1254 (Gall. Christ. t. VI, p. 305). — *Ecclesia de Vercio*, 1292 (bibl. du gr. sémin. de Nîmes). — *Pedagium ville de Verssio, cum traversia de Castilione*, 1295 (Mén. VII, p. 725). — *Vercium*, 1384 (dén. de la sén.). — *La seigneurie de Vez*, 1567 (lettres patentes de Charles IX). — *Le prieuré Sainct-Pierre de Vers*, 1620 (insin. eccl. du dioc. d'Uzès). — *Saint-Pierre de Vers*, 1625 (Forton, *Nouv. Rech. hist. sur Beauc.* p. 372). — *Vers*, 1637 (arch. départ. C. 1286). — 1715 (J.-B. Nolin, *Carte du diocèse d'Uzès*).

Vers faisait partie de la viguerie et du diocèse d'Uzès, doyenné de Remoulins. — On y comptait 14 feux en 1384. — Le prieuré de Saint-Pierre de Vers était uni au chapitre collégial de Notre-Dame de Beaucaire. — Vers était, au XVIIIᵉ siècle, le siége d'une conférence ecclésiastique du diocèse d'Uzès. — La haute justice de Vers, à cette époque, appartenait à Mᵐᵉ Drome; elle passa à M. Ferrand, de Nîmes. — Mᵐᵉ de Fournès y possédait aussi un fief. — En 1790, Vers devint le chef-lieu d'un canton du district d'Uzès; ce canton ne se composait que de deux cⁿᵉˢ : Colias (alors appelé *Montpezat-lez-Uzès* ou *la Chapelle*) et Vers. — Les ruines de l'aqueduc romain qui conduisait à Nîmes les eaux de la fontaine d'Eure ceignent, au N. et à l'E., le territ. de Vers. Le Pont du Gard se trouve également sur le territ. de cette cⁿᵉ. — Armoiries : *d'azur, à un pal losangé d'or et de gueules.*

VERSADOU (LE), f. cⁿᵉ de Saint-Gilles.

VERSAILLES, f. cⁿᵉ de Domazan.

VERT (LE), ruiss. qui prend sa source sur la cⁿᵉ de Valleraugue et se jette dans l'Hérault sur le territ. de la même commune.

VÉRUNE (LA), f. cⁿᵉ de Colognac. — *D. de Veruna*, 1345 (carte de la seign. d'Alais, f° 7).

VÉRUNE (LA), h. cⁿᵉ de Cornillon. — *Locus de Veruna*, 1461 (reg.-cop. de lettr. roy. E, IV).

VÉRUNE-HAUTE (LA), ruiss. qui prend sa source sur la cⁿᵉ de Montpezat et se jette dans la Braïne sur le territ. de la cⁿᵉ de Parignargues.

VÉRUNES (LES), q. c^{ne} de Saint-Laurent-des-Arbres. — 1786 (arch. départ. C. 1666).

VESSOS (LA), h. c^{ne} de Bragassargues. — *H. de Vixosis*, 1345 (cart. de la seign. d'Alais, f° 39). — *Vessou*, 1789 (carte des États).

VESTIDE (LA), q. c^{ne} de Vestric-et-Candiac. — 1548 (arch. départ. C. 1809).

VESTRIC, c^{on} de Vauvert. — *Vistricum*, 1099 (cart. de Psalmody). — *Vestricum*, 1310 (Mén. I, pr. p. 165, c. 1). — *Vistricum*, 1384 (*ibid.* III, pr. p. 72, c. 1). — *Vestricum*, 1384 (dénombr. de la sénéch.). — *Vistricum*, 1386 (rép. du subs. de Charles VI). — *Vestric*, 1435 (rép. du subs. de Charles VII). — *Locus Vistrici, Nemausensis diocesis*, 1506 (J. Brun, nót. de Saint-Geniès-en-Malgoirès). — *Vestric, viguerie de Nimes*, 1582 (Tar. univ. du dioc. de Nimes). — *Vestric*, 1650 (G. Guiran, *Style de la cour roy. ord. de Nimes*).

Vestric appartenait à la viguerie et au diocèse de Nimes, archiprêtré d'Aimargues. — On y comptait 70 feux en 1322, 8 seulement en 1384, et en 1744, 12 feux et 50 habitants. — Le prieuré simple et séculier de Notre-Dame de Vestric était uni, pour un quart, à la mense épiscopale de Nimes; il valait 1,000 livres. — Les territoires de Vestric et de Candiac ont été réunis en une seule commune par arrêté préfectoral du 24 mars 1808. — Vestric était du nombre des terres de l'*assise* de *Calvisson*. Le seigneur de Calvisson en avait la haute justice, et quelques particuliers la moyenne. — Depuis le milieu du XVIIe siècle, une branche de la famille nimoise des Baudan a possédé ce fief jusqu'en 1790.

VEYRAC, f. c^{ne} d'Anduze. — *Mansus de Vayracio*, 1345 (cart. de la seign. d'Alais, f°s 32 et 42). — *Vayrac*, 1554 (J. Ursy, not. de Nimes). — *Veirac* (carte géol. du Gard).

Ce fief était possédé, au XVIe siècle, par un seigneur du nom d'Étienne d'Anduze.

VEYRAC (LE), ruiss. qui prend sa source sur la c^{ne} de Sainte-Croix-de-Caderle et se jette dans le Gardon sur le territ. de la même commune. — Parcours : 2 kilomètres.

VEYRE (LA), ruiss. qui prend sa source sur la c^{ne} de la Bastide-d'Engras et se jette dans le Tave sur le territ. de la c^{ne} de Tresques.

VEYRIÈRE (LA), f. c^{ne} de Saint-Ambroix. — 1777 (arch. départ. C. 1606).

VEYSSIÈRE (LA), q. c^{ne} de la Cadière. — 1549 (arch. départ. C. 1786).

VÈZÈNOBRE, arrond. d'Alais. — *Vezenobrium*, 1050 (Hist. de Lang. II, pr. col. 210). — *Vedenobrensis*, 1100 (*ibid.* col. 353). — *P. de Vicenobrio*, 1149

(Mén. VII, p. 720). — *Vedenobrium*, 1151 (*ibid.* I, pr. p. 33, c. 1). — *P. de Vedenobrio*, 1174 (*ibid.* VII, p. 721). — *P. de Vidinobrio*, 1176 (Lay. du Tr. des ch. t. I, p. 111). — *Vedenobre*, 1180 (cartul. de Psalmody). — *Vicenobrium*, 1208 (Mén. I, pr. p. 44, c. 1). — *Vicinobrium*, 1237 (chap. de Nimes, arch. départementales). — *Venedubrium*, 1239 (*ibid.*). — *Vicinobrium*, 1277 (Mén. I, pr. p. 107). — *Castrum de Vicenobrio*, 1295 (*ibid.* VII, p. 724). — *Lou chastel de Verzenobre*, 1346 (cart. de la seign. d'Alais, f° 43). — *Vicenobrium*, 1383 (Mén. III, pr. p. 50, c. 1); 1384 (dén. de la sén.). — *Ecclesia de Vicenobrio*, 1386 (rép. du subs. de Charles VI). — *Vizenobre*, 1435 (rép. du subs. de Charles VII). — *Locus de Vicenobrio: le lieu de Visenobre*, 1461 (reg.-cop. de lettr. roy. E, IV). — *Le lieu de Voyzenobre*, 1462 (*ibid.* E, V). — *Le prieuré Sainct-André de Vezenobre*, 1579 (ins. eccl. du dioc. de Nimes). — *Vezenobre, viguerie d'Allez*, 1582 (Tar. univ. du diocèse de Nimes). — *Venezobre*, 1715 (J.-B. Nolin, *Carte du diocèse d'Uzès*).

Vèzenobre appartenait à la viguerie d'Alais et au diocèse d'Uzès, doyenné de Sauzet. — En 1384, on y comptait 24 feux. — On a trouvé sur le territoire de Vèzenobre des inscriptions romaines et des antiquités. — On y voit les restes d'une forteresse que l'on dit remonter au VIIIe siècle. — En 1790, Vèzenobre est devenu le chef-lieu d'un canton du district d'Alais composé de neuf c^{nes} : Deaux, Martignargues, Méjanes-lez-Alais, Mons, Monteils, Saint-Étienne-de-l'Olm, Saint-Hilaire-de-Brethmas, Saint-Hippolyte-de-Caton et Vèzenobre. — Les armoiries de Vèzenobre sont : *d'argent, à un château de gueules.*

VÈZÈNOBRE, q. c^{ne} de Soudorgues. — *Le Vallat-de-Vèzenobre*, 1553 (arch. départ. C. 1802).

VÈZÈNOBRE, f. c^{ne} du Vigan. — *Mansus de Vezenobre*, 1410 (pap. de la fam. d'Alzon). — *Vèzenobre*, 1550 (arch. départ. C. 1802).

VÈZÈNOBRE (LE), ruiss. qui prend sa source sur la c^{ne} de Pommiers et se jette dans l'Arre sur le territ. de la c^{ne} d'Avèze. — *Ripperia de Vizenobrio*, 1293 (pap. de la fam. d'Alzon). — *Vallatum de Vicenobrio*, 1430 (Ant. Montfajon, not. du Vigan). — Parcours : 3,500 mètres.

VÉZOLLES, h. c^{ne} de Malons-et-Elze. — *Vesolum*, 1310 (Mén. I, p. 171, c. 2). — *Versolæ*, 1310 (*ibid.* p. 203, c. 2).

VIALA, f. c^{ne} de Vauvert.

VIALA (LE), h. c^{ne} de Campestre-et-Luc. — *Mansus de Vilario, in causse de Campestre*, 1321 (pap. de la fam. d'Alzon). — *Mansus del Vilar*, 1468 (Ald. Razoris, not. du Vigan). — *Mansus de Villa (sic)*, *parochiæ de Campestrio*, 1513 (A. Bilanges, not. du Vigan).

VIALA (LE), h. cⁿᵉ de Dourbie. — *I. de Vilari*, 1262 (pap. de la fam. d'Alzon). — *Le mas du Vilar, paroisse de Dourbie*, 1514 (ibid.). — *Le masage du Viala*, 1709 (ibid.).

VIALA (LE), h. cⁿᵉ de Générargues. — *Mansus de Vilario*, 1345 (cart. de la seign. d'Alais, f° 35). — *Mansus del Vielar, parrochiæ de Geneyranicis*, 1403 (J. du Moulin, not. d'Anduze).

VIALA (LE), h. cⁿᵉ de Saint-Martial.

VIALA (LE), h. cⁿᵉ de Soudorgues.

VIALA (LE), f. cⁿᵉ de Sumène. — 1555 (arch. départ. G. 167).

VIALA (LE), h. cⁿᵉ de Vissec.

VIALAS (LE), h. cⁿᵉ de Robiac. — *J. de Villaribus*, 1295 (Ménard, VII, p. 726). — *Homines de Vilaribus; mansus de Vilaribus*, 1345 (cart. de la seign. d'Alais, f° 31). — *Le Viala, paroisse de Robiac*, 1721 (bibl. du grand sémin. de Nimes); 1733 (arch. départ. C. 1481).

VIALE (LA), h. cⁿᵉ d'Aumessas. — *Mansus de Villa, parrochia Olmessacii*, 1513 (A. Bilanges, not. du Vigan).

VIBRAC, château et ferme, cⁿᵉ de Saint-Martin-de-Saussenac.

VIC, village, cⁿᵉ de Sainte-Anastasie. — *Vic*, 1208 (Mén. I, pr. p. 44, c. 2). — *P. de Vico*, 1295 (ibid. VII, p. 725). — *Vicus*, 1310 (ibid. I, pr. p. 165, c. 1). — *Vic*, 1547 (arch. départ. C. 1658). — *Le lieu de Vic, paroisse de Sainte-Anastasie*, 1563 (J. Ursy, not. de Nimes).

VIC-LE-FESC, cⁿᵉ de Quissac. — *Vicus*, 1384 (dén. de la sén.). — *Locus de Vico, Uticensis diocesis*, 1463 (L. Peladan, not. de Saint-Geniès-en-Malgoirès). — *Vic-le-Fesq*, 1549 (arch. départ. C. 788). — *Le terroir et juridiction de Vic*, 1616 (arch. comm. de Combas). — *Le prieuré Sainct-Jean de Vic-et-lou-Fez*, 1620 (insin. eccl. du dioc. d'Uzès). — *La communauté de Vic-le-Fesc*, 1636 (arch. départ. G. 1299). — *Vic-le-Fesq*, 1715 (J.-B. Nolin, *Carte du dioc. d'Uzès*).

Vic faisait partie de la viguerie de Sommière et du diocèse d'Uzès, doyenné de Sauzet.—Le prieuré régulier de Saint-Jean de Vic était à la collation de l'abbé de Saint-Pierre de Sauve. — L'évêque d'Uzès n'en conférait que la vicairie, sur la présentation du prieur. — En 1384, on comptait 3 feux à Vic. — Même avant 1790, Vic et le Fesc avaient été réunis en une seule communauté. — Les armoiries de Vic-le-Fesc sont : *de vair, à une fasce losangée d'argent et d'azur.*

VIDAL, f. cⁿᵉ de Bellegarde. — *Planchut*, 1789 (carte des États).

VIDE-BOUTEILLE, f. cⁿᵉ de Durfort.

VIDOURLE, h. cⁿᵉ de Sainte-Croix-de-Caderle. — *Vidourles*, 1789 (carte des États).

VIDOURLE (LE), f. cⁿᵉ de Saint-Roman-de-Codière.

VIDOURLE (LE), fleuve qui prend sa source au-dessus de la f. du Vidourle, cⁿᵉ de Saint-Roman-de-Codière, traverse les cⁿᵉˢ du Cros, de Cambo, Saint-Hippolyte-du-Fort, Conqueirac, Sauve, Quissac, Liouc, Hortoux-et-Quillan, Gaillan-et-Sardan, Vic-le-Fesc, Lèques, Fontanès, Salinelles, Sommière, Aubais, Aiguesvives, Galargues, Aimargues, Saint-Laurent-d'Aigouze, et se jette dans l'étang de Repausset sur le territ. de la cⁿᵉ d'Aiguesmortes. — *Vitovsvalo* (inscr. du musée archéol. de Montpellier). — *In fluvio Vidosoli*, 938 (cart. de N.-D. de Nimes, ch. 174). — *Super fluvium Vidosole*, 963 (ibid. ch. 173). — *Vitusulus*, 994 (cart. de Psalmody); 1003 (ibid.). — *Vidurlus*, 1025 (Hist. de Languedoc, II, pr. col. 180). — *Viturnellus*, 1054 (cart. de Psalmody). — *Aqua Vitusilis*, 1060 (cart. de N.-D. de Nimes, ch. 178).—*Ribaria de Vidorle*, 1108 (ibid. ch. 83).—*Vidorle*, 1163 (Lay. du Tr. des ch. t. I, p. 88). — *Viturlus*, 1292 (cart. de Psalmody). — *Riperia Viturli*, 1310 (Mén. I, pr. p. 164, c. 2).—*Vitturlus*, 1423 (chap. de Nimes, arch. départ.). — *Inundatio aquarum fluvii Viturli*, 1423 (arch. munic. de Nimes, E. III). — *Ultra Viturlium*, 1480 (arch. départ. G. 350). — Parcours : 76 kilomètres.

VIÉ-CIOLTAT, lieu détruit, sur les cⁿᵉˢ de Monteils et de Saint-Hilaire-de-Brethmas. — *Vatavte* (inscr. du musée de Nimes). — *Sanctus-Ylarius de Breto-Manso*, 1384 (dénombr. de la sénéch.).

Ruines d'un oppidum celtique (et plus tard gallo-romain), dont on retrouve encore l'enceinte.

VIEILLE (LA), f. cⁿᵉ de Mandagout. — *Mansus de la Vielha, jurisdictionis et parrochiæ Sancti-Gregorii de Mandagoto; vallatum de la Vielha*, 1472 (Ald. Razoris, not. du Vigan). — *Les Vieilles*, 1789 (carte des États). — *Le domaine des Vieilles ou de Vertamont, sur les communes de Mandagout et de Valleraugue*, 1866 (notar. de Nimes).

VIEILLES-AIRES (LES), q. cⁿᵉ de Bellegarde.—*Ad Veteres-Areas*, 1350 (arch. départ. G. 280).

VIEILLES-PASSES (LES), h. cⁿᵉ d'Aigremont. — *Villa-Esparsa*, 1200 (cart. de Franquevaux). — *Locus de Villis-Passantibus*, 1461 (reg.-cop. de lettr. roy. E, v). — *Mansus de Villis-Passis, parrochiæ Sancti-*

Petri Acrimontis, Uticensis diocesis, 1463 (L. Peladan, not. de Saint-Geniès-en-Malg.). — *Villespaces,* 1789 (carte des États).

VIÈLE (LA), f. c^ne de Soudorgues.

VIELLE (LA), f. c^ne de Saint-Victor-la-Coste.

VIELLE (LA), source, c^ne de Sauzet. — *La fontaine dite de la Vielle, dans la paroisse de Sauzet,* 1752 (arch. départ. C. 1308).

VIGAN (LE), chef-lieu d'arrondissement. — AVICANTVS (inscr. de Nimes). — *Civitas Arisitana,* 542 (Vit. S. Germ.). — *Vicus Arisitensis; Arisitum* (Greg. Turon. *Hist. Franc.* l. V, c. 5). — *Locus de Vicano,* 1050 (Hist. de Lang. II, pr. col. 216). — *Monasterium Sancti-Petri de Vicano,* 1069 (pap. de la fam. d'Alzon). — *Cella Sancti-Petri de Vicano, in episcopatu Nemausensi,* 1079 (cart. de Saint-Victor de Mars. ch. 843). — *Ecclesia parochialis Sancti-Petri de Vicano, in episcopatu Nemausensi,* 1113 (ibid. ch. 848). — *Cella Sancti-Petri de Vicano, in episcopatu Nemausensi,* 1135 (ibid. ch. 844). — *Monasterium Sancte-Marie et Sancti-Petri de Vicano,* 1160 (ibid. ch. 1105). — *M., prior de Vicano,* 1212 (ibid. ch. 905 et 907). — *Villa de Vigano,* 1318 (ibid. ch. 1000). — *Vicanum,* 1314 (Guerre de Fl. arch. munic. de Nimes). — *Prioratus de Vicano, Nemausensis diocesis,* 1337 (cart. de Saint-Victor de Mars. ch. 1131). — *Villa Vicani,* 1357 (pap. de la fam. d'Alzon); 1384 (dénombr. de la sénéch.); 1386 (Mén. III, pr. p. 91, c. 1). — *Locus de Vicano,* 1410 (ibid. p. 203, c. 2). — *Le Vigan,* 1435 (rép. du subs. de Charles VII). — *Le prieuré Sainct-Pierre du Vigan,* 1579 (insin. eccl. du dioc. de Nimes).

Le Vigan fut d'abord le siége du diocèse d'*Arisitum* (voy. ce nom). — Réuni au diocèse de Nimes vers 798, il en devint un archiprêtré, qui porte constamment pendant tout le moyen âge le nom d'*archipresbiteratus Arisdii.* — Cet archiprêtré fut détaché du diocèse de Nimes, en 1694, pour contribuer à la formation du diocèse d'Alais. — Au moyen âge, et jusqu'en 1790, le Vigan était le chef-lieu d'une viguerie, qui se composait de 29 communautés en 1384, de 33 en 1435 et de 37 en 1582. — La ville du Vigan comptait, en 1384, 37 feux, et en 1789, 685 feux. — Vers 1050 il y fut fondé un prieuré, sous le titre de Saint-Pierre, qui fut donné à l'abbaye de Saint-Victor de Marseille. — Le Vigan était, au XVIIe et au XVIIIe siècle, la résidence d'un subdélégué de l'intendance et du gouvernement de Languedoc pour toutes les Cévennes. — En 1790, cette petite ville devint le chef-lieu d'un des huit districts du département du Gard. Ce district comprenait les huit cantons suivants : Alzon,

Aulas, Dourbie, Saint-André-de-Valborgne, Saint-Laurent-le-Minier, Sumène, Vallerangue et le Vigan. — Le canton du Vigan se composait de trois communes : Avèze, Mandagout et le Vigan. — Armoiries du Vigan, d'après l'Armorial de 1694 : *de gueules, à deux lettres V, dont l'une est renversée, et toutes deux entrelacées ensemble, d'argent, pour signifier : Vive Vigan!* accompagnées, en chef, de trois étoiles d'or et, en pointe, d'un croissant ; — d'après Gastelier de La Tour : *d'azur, à deux V consonnés, d'argent, dont un renversé et entrelacé avec l'autre, signifiant : Vive le Vigan!*

VIGÈNE (LA), q. c^ne de Sumène.

VIGIÈNE (LA), q. c^ne de Castillon-de-Gagnère. — 1812 (notar. de Nimes).

VIGIÈNE (LA), q. c^ne de Remoulins.

VIGIÈNE (LA), domaine, c^ne de Saint-Chapte. — *La Vigière,* 1721 (bibl. du gr. sémin. de Nimes). — *La Vigère,* 1734 (arch. départ. C. 1259).

La justice de ce domaine, au XVIIIe siècle, appartenait à M. d'Escombiès.

VIGNAL (LE), f. c^ne de Bagard. — *Le Vignal, paroisse de Saint-Pierre-de-Verneils,* 1551 (arch. départ. C. 1796).

VIGNAL (LE), h. c^ne de Saint-André-de-Majencoules. — *Mansus vocatus dels Vinhals, in parochia Sancti-Andreæ de Magencolis,* 1472 (Ald. Razoris, not. du Vigan).

VIGNAL (LE), q. c^ne de Savignargues. — *Ad Vineale, in decimaria Sancti-Martini de Savinnanicis,* 1236 (chap. de Nimes, arch. départ.).

VIGNALES (LES), f. c^ne de Gondargues. — 1731 (arch. départ. C. 1474).

VIGNALS (LES), h. c^ne d'Arphy.

VIGNASSE (LA), f. c^ne d'Arre.

VIGNASSE (LA), q. c^ne de Puechredou. — 1768 (arch. départ. G. 374).

VIGNASSE (LA), f. c^ne de Saint-Bonnet-de-Salendrenque.

VIGNASSES (LES), f. c^ne de Chamborigaud.

VIGNASSOLLES (LES), f. c^ne du Vigan.

VIGNAUD, f. c^ne de Poulx.

VIGNAUDS (LES), f. c^ne de Crespian.

VIGNE (LA), h. c^ne de Saint-Sébastien-d'Aigrefeuille. — *Mansus de Vinea, parrochie Sancti-Sebastiani de Agrifolio,* 1508 (Gauc. Calvin, not. d'Anduze).

VIGNE-LONGUE, h. c^ne de Saint-André-de-Valborgne.

VIGNE-OBSCURE (LA), q. c^ne de Maruéjols-lez-Gardon. — 1550 (arch. départ. G. 319).

VIGNEROL (LE), h. c^ne de Saumane. — *Vignerot* (carte géol. du Gard).

VIGNEROL (LE), ruiss. qui prend sa source sur la c^ne de

Soumane et se jette dans le Gardon sur le territ. de la même commune.

Vignerols (Les), f. c⁰ˢ du Vigan.

Vignerons (Les), q. cᵇᵉ de Combas. — 1828 (notar. de Nimes).

Vignoles, lieu détruit, cⁿᵉ de Nimes. — *Vinosolus*, 838 (Hist. de Lang. I, pr.). — *In terminium de villa Vinosolo*, 905 (cart. de N.-D. de Nimes, ch. 49); 937 (*ibid.* ch. 99). — *In terminium de villa Vinosule*, 961 (*ibid.* ch. 3); 985 (*ibid.* ch. 4). — *Villa Vinosolo*, 994 (*ibid.* ch. 48). — *Villa Vinosole*, 1007 (*ibid.* ch. 1). — *Villa Vinosolo*, 1050 (*ibid.* ch. 166). — B. *de Vignoliis*, 1174 (Ménard, VII, p. 721). — *Crozum de Vinosolz*, 1221 (chap. de Nimes, arch. départ.). — *Vinozols*, 1380 (comp. de Nimes). — *Vignoles*, 1479 (la Taula del Poss. de Nismes).

Vignoles (Les), h. cⁿᵉ de Cologuac. — *Vinholles*, 1557 (J. Ursy, not. de Nimes).

Vignolles, f. cⁿᵉ de Nimes. — *Mas de M. des Vignolles*, 1611 (arch. hosp. de Nimes).

Vignon, f. cⁿᵉ de Barjac. — *Le Mas de Vignon*, 1741 (arch. départ. C. 1503).

Vigoutnès (Le), f. cⁿᵉ de Saint-André-de-Valborgne.

Vigoutnès (Le), f. cⁿᵉ de Verfeuil. — 1731 (arch. départ. C. 1474).

Viguier (Le), q. cⁿᵉ de Lézan. — 1726 (arch. départ. G. 357).

Viguière (La), q. cⁿᵉ de Saint-Laurent-d'Aigouze. — 1548 (arch. départ. C. 1788).

Vila (Le), f. cⁿᵉ de Sommière.

Vilate (La), h. cⁿᵉ de Corconne.

Villacuel, f. cⁿᵉ de Rochefort.

Village (Le), h. cⁿᵉ de Castelnau-Valence.

Village (Le), h. cⁿᵉ du Cros.

Village (Le), h. cⁿᵉ de Peyremale.

Village (Le), h. cⁿᵉ de Rogues. — *Villa Mirtiagum*, *sub castro Exunate*, *in Arissiense*, *in strata publica que discurrit ad ecclesiam Sancti-Felicis*, 889 (cart. de N.-D. de Nimes, ch. 190).

Villard, f. cⁿᵉ de Vauvert.

Villaret (Le), ruisseau qui prend sa source au mont Saint-Guiral, sur la commune d'Arrigas, et se jette dans la Vis sur le territoire de la commune d'Alzon.

Villaret (Le), h. cⁿᵉ d'Arrigas. — *Mansus de Villareto*, 1263 (pap. de la fam. d'Alzon). — *Locus de Vilari*, 1314 (Guerre de Fl. arch. munic. de Nimes). — *Mansus de Vilareto, parochiæ Arigassii*, 1513 (A. Bilanges, not. du Vigan).

Villaret (Le), f. cⁿᵉ de Montdardier. — *Vilaret* (cad. de Montdardier).

Villaret (Le), h. cⁿᵉ de Saint-André de Majencoules.

— *Mansus de Vilareto, parrochiæ Sancti-Andreæ de Magencolis*, 1472 (Ald. Razoris, not. du Vigan).

Villaret (Le), h. cⁿᵉ de Sainte-Cécile-d'Andorge. — *Locus de Vilario*, 1300 (cart. de Psalmody). — *Le Vilaret*, 1789 (carte des États).

Villaret (Le), h. cⁿᵉ de Saint-Jean-de-Crieulon.

Villaret (Le), h. cⁿᵉ de Saint-Paul-la-Coste. — *Mansus de Vilareto, in parrochia Sancti-Pauli de Consta*, 1349 (cart. de la seign. d'Alais, fᵒ 48).

Villaret (Le), f. cⁿᵉ de la Salle. — *Mansus de Retro-Vilari, parrochiæ Sancti-Petri de Sala*, 1461 (reg. cop. de lettr. roy. E, iv, fᵒ 91). — *Le Mas de Villaret, paroisse de Saint-Pierre-de-la-Salle*, 1553 (arch. départ. C. 1797).

Villaret (Le), h. cⁿᵉ de Sumène. — *Mansus de Villario*, 1298 (arch. départ. G. 383). — *Mansus de Vilareto, parrochiæ de Sumena*, 1466 (J. Montfajon, not. du Vigan).

Villaret (Le), h. cⁿᵉ de Trève. — *Mansus de Villareto*, 1244 (cart. de N.-D. de Bonh. ch. 21). — *Mansus de Villareto, parochiæ de Trivio*, 1309 (*ibid.* ch. 73 et 74).

Villaret (Le), f. cⁿᵉ de Vabres.

Villaret (Le), f. cⁿᵉ de Valleraugue. — *Mansus de Vilari, baylivie Vallis-Araunriæ*, 1314 (Guerre de Fl. arch. munic. de Nimes).

Villat, f. cⁿᵉ de Salinelles.

Ville (Étang de la), cⁿᵉ d'Aiguesmortes.

Villemagne, f. cⁿᵉ de Carsan.

Villemagne, f. cⁿᵉ de Saint-Sauveur-des-Poursils.

Villeneuve, q. cⁿᵉ de Colias. — *Vilenefve*, 1607 (arch. comm. de Colias).

Villeneuve, q. cⁿᵉ de Congéniès. — *Ad Villam-Novam*, 1373 (arch. départ. G. 328).

Villeneuve, f. auj. détr. cⁿᵉ de Lézan. — *Mansus de Villanova, parrochiæ Santi-Petri de Lesano*, 1437 (Ét. Rostang, not. d'Anduze).

Villeneuve, f. cⁿᵉ de Portes. — Voy. Pontil (Le).

Villeneuve, f. cⁿᵉ de Saint-Bresson. — 1548 (arch. départ. C. 1781).

Villeneuve, f. cⁿᵉ de Saint-Paul-la-Coste. — *Mansus dictus de Vilanova, parrochiæ Sancti-Pauli de Consta*, 1349 (cart. de la seign. d'Alais, fᵒ 48).

Villeneuve-lez-Avignon, arrond. d'Uzès. — *Monasterium Sancti-Andreæ Apostoli, quod est fundatum in cacumine montis qui nuncupatur Andaoni, super fluvium Rhodani*, 999 (Hist. de Languedoc, II, pr. col. 156). — *Monasterium Sancti-Andreæ, quod est situm juxta Avinionem, in monte Andaone, in ulteriore parte fluminis*, 1075 (cart. de Saint-Victor de Mars. ch. 533). — *Monasterium Sancti-Andreæ; monasterium Andaonense*, 1088 (Hist. de Lang. II, pr. col. 325). — *Monasterium Sancti-Andreæ, secus Avinionem*, 1175 (chap. de Nimes, arch. départ.). — *Monasterium Sancti-Andreæ, ante civitatem Avenionis*, 1292 (Mén. I, pr. p. 114, col. 2). — *Villanova prope Avenionem*, 1384 (*ibid.* III, pr. p. 76, col. 1). — *Vicaria Sancti-Andreæ*, 1384 (dén. de la sén.). — *Vila-Nova*, 1433 (Mén. III, pr. p. 237, col. 2). — *Ecclesia Beatæ-Mariæ de Villanova prope Avinionem*, 1446 (cart. de Villeneuve). — *Conventus domus Vallis-Benedictionis, ordinis Cartusiensis, de Villanova secus Avinionem*, 1461 (reg.-cop. de lettr. roy. E, v). — *Villenove près Avignon*, 1496 (Mén. IV, pr. p. 65, col. 2). — *Saint-Pons de Villeneuve*, 1579 (insin. eccl. du dioc. de Nimes).

Villeneuve-lez-Avignon était, en 1384, le chef-lieu d'une viguerie du diocèse d'Uzès, qui ne se composait que de cette ville elle-même avec le village des Angles. — Le dénombrement de cette époque ne nous donne point le chiffre des feux que l'on comptait à Villeneuve, mais il devait être relativement considérable; en 1789, il était de 730. — La viguerie de Villeneuve-lez-Avignon, bien qu'appartenant au diocèse d'Uzès pour le temporel, relevait pour le spirituel du diocèse d'Avignon. — Outre le monastère de Saint-André, qui a donné son nom à cette ville jusqu'au XIVᵉ siècle, et le fort de Saint-André, bâti par Duguesclin en 1366, il y avait à Villeneuve deux paroisses (Saint-Pons et Notre-Dame-de-Belvezet), une chartreuse et d'autres établissements religieux (voy. D. Chantelou, *Histor. monasterii Sancti-Andreæ Villæ-Novæ secus Avinionem*). — Villeneuve était le siège d'une officialité de l'archevêché d'Avignon pour les 17 paroisses que ce diocèse possédait en Languedoc, et dont voici la liste : Saint-Pons, Notre-Dame-de-Belvezet (à Villeneuve), Saint-Joseph (dans l'île de la Barthelasse), les Angles, les Issarts, Lirac, Montfaucon, Pujaut, Rochefort, Roquemaure, Saint-Geniès-de-Comolas, Saint-Laurent-des-Arbres, Saint-Pierre-du-Terme (près d'Aramon), Sauveterre, Saze, Tavels, Truel. — En 1790, Villeneuve devint le chef-lieu d'un canton du district de Beaucaire comprenant les neuf communes suivantes : les Angles, la Barthelasse et l'île d'Oiselay, Lirac, Pujaut, Rochefort, Sauveterre, Saze, Tavels et Villeneuve-lez-Avignon. — Une loi du 10 juillet 1856 a distrait l'île de la Barthelasse du canton de Villeneuve-lez-Avignon et du département du Gard pour la rattacher à Avignon. — Les armoiries de Villeneuve sont : *d'argent, à trois fleurs de lis d'or, posées 2 et 1, parti de gueules à un sautoir d'or*.

VILLENOUVETTE, lieu détruit, cⁿᵉ de Vauvert. — *Villa-Noveta*, 1031 (cart. de Psalmody). — *Villa-Nova*, 1157 (Lay. du Tr. des ch. t. I, p. 78-79). — *Territorium de Villa-Nova*, 1184 (cart. de Franq. Gall. Christ. VI, instr. col. 196). — *Villa-Nova, in castrum Armacianicus*, 1198 (cart. de Psalmody). — *Villa-Nova*, 1384 (arch. hosp. de Nimes); 1517 (*ibid.*). — *Villenove*. 1557 (*ibid.*). — Voy. SAINT-SISINNI-DE-VILLENOU-VETTE.

Villenouvette était située dans la partie du territoire de la cⁿᵉ de Vauvert qui avoisine le château de Beck.

VILLESÈQUE, q. cʳᵉ de Nimes. — *Vila-Sequa*, 1380 (comp. de Nimes).

VILLESÈQUE, h. cⁿᵉ de Saint-Jean-de-Crieulon. — *Villa-Sieca*, 1292 (cart. de Psalmody). — *Le prieuré Saint-Jean-de-Criolon-de-Villesèque*, 1673 (insin. eccl. du diocèse de Nimes). — Voy. SAINT-JEAN-DE-CRIEULON.

VILLEVERDE, lieu détruit, cʳᵉ de Nimes. — *Villa-Viridis*, 1218 (chap. de Nimes, arch. départ.); 1380 (comp. de Nimes). — *Villeverte*, 1479 (la Taula del Poss. de Nimes). — *La dîme du Plan, ou de Villeverde*, 1534 (arch. départ. G. 177). — *Le Plan, ou Villeverde*, 1548 (*ibid.* C. 1770).

Villeverde était, dès le XIIᵉ siècle, un lieu des garrigues de Nimes, centre d'une dîmerie dont jouissait le chapitre de la cathédrale. — Le prieuré de Villeverde fut de bonne heure annexé au prieuré de Saint-Castor du Plan-de-Nimes; tous deux réunis valaient 1,500 livres; ils étaient unis à la mense capitulaire de Nimes.

VILLEVIEILLE, cᵒⁿ de Sommière. — *Villa-Vetus*, 1321 (chap. de Nimes, arch. départ.); 1384 (dén. de la sénéch.). — *Villevieille*, 1435 (rép. du subs. de Charles VII). — *Locus Ville-Veteris, Nemausensis diocesis*, 1463 (L. Peladan, not. de Saint-Gen.-en-Malg.). — *Villa-Vetus*, 1496 (Mén. IV, pr. p. 63, col. 1). — *Prioratus Sanctæ-Crucis Villæveteris*, 1538 (Gall. Christ. VI, col. 206). — *Saint-Bauzély*, 1547 (arch. départ. C. 1809). — *Le prieuré Sainct-Bauzély de Villevielhe*, 1580 (ins. eccl. du dioc. de Nimes). — *Villevieille; viguerie de Saumières*, 1582 (Tar. univ. du dioc. de Nimes). — *Le château de Villevieille*, 1613 (arch. départ. C. 855).

Villevieille faisait partie de la viguerie de Sommière et du diocèse de Nimes, archiprêtré de Sommière. — On y comptait 12 feux en 1384. — Le prieuré de Saint-Baudile-et-Sainte-Croix de Villevieille était une annexe du prieuré de Saint-Pons de Sommière; tous deux étaient unis au doyenné de Saint-Gilles et valaient ensemble 3,000 livres. L'abbé de Saint-Gilles en était collateur. — Villevieille, comme son nom l'indique et comme l'attestent les débris d'antiquité que le sol a rendus, a été bâtie sur l'emplacement d'un oppidum celtique et ensuite gallo-romain dont le nom est perdu. On a conjecturé que ce nom était *Midrium*, à cause de celui de la ville plus moderne (*Summidrium*) qui a été bâtie au moyen âge près du Vidourle, à l'issue d'un pont romain, au pied de la hauteur où est assis le village actuel de Villevieille, et où l'on distingue encore l'enceinte gallo-romaine. — Villevieille a conservé une partie de ses remparts du xv° siècle et un château de la Renaissance en assez bon état. — Les armoiries de Villevieille sont : *de gueules, à quatre tours crénelées d'argent, maçonnées de sable.*

VILLEVIEILLE, q. c^ne de Nimes, territ. de Courbessac.

VILONGE, f. c^ne d'Avèze.

VINCENT, f. c^ne de Sainte-Cécile-d'Andorge.

VINCENTE (LA), f. c^ne de Boisset-et-Gaujac.

VINETTE (LA), q. c^ne de Calvisson. - *Ad Vinetam*, 1267 (arch. départ. G. 301).

VINSENET, f. c^ne de Saint-Brès.

VIOLE (LA), q. c^ne de Bagard. — 1553 (arch. départ. G. 1799).

VION, f. c^ne de Rochefort.

VIONNE (LA), ruisseau. — Voy. ANDIOLE (L').

VIRENQUE (LA), portion du *pagus Arisitensis* arrosée par la Vis et la Virenque et qui comprenait les villages de Campestre-et-Luc, Vissec, Blandas, Rogues et Saint-Laurent-le-Minier. — *In valle que vocant Virenca, in pago Nemausense*, 1084 (cart. de N.-D. de Nimes, ch. 169).

VIRENQUE (LA), ruiss. affluent de la Vis, prenant sa source au mont Saint-Guiral, sur la f. des Fournes, c^ne de Sauclières (Aveyron). — Ce ruisseau borne à l'est et au sud le territoire de la commune de Campestre-et-Luc, qu'il sépare des départements de l'Aveyron et de l'Hérault, et se jette dans la Vis sur le territ. de la commune de Vissec. — *Fluvius vocatus Virs, circa finem diocesis Lodovensis, versus diocesim Nemausensem*, 1294 (Mén. I, pr. p. 194, c. 1). — *Ripperia de Burla*, 1420 (pap. de la fam. d'Alzon): 1595 (*ibid.*).

VIRE-VENTRE, f. c^ne d'Aiguesmortes.

VIS (LA), rivière qui prend sa source au mont Saint-Guiral, sur les fermes de la Fabrié et du Villaret, c^ne d'Arrigas, traverse les communes d'Alzon, Campestre-et-Luc, Blandas, Rogues et Saint-Laurent-le-Minier, et se jette dans l'Hérault sur le territ. de cette dernière commune. — *Flumen seu aqua de Alzona*, 1261 (pap. de la fam. d'Alzon). — *Ripperia fluminis Alzonis*, 1263 (*ibid.*). — *Flumen Alzonen-*

cum, 1271 (*ibid.*). — *Flumen de Alzono*, 1308 (*ibid.*). — *Ripperia de Villareto*, 1310 (*ibid.*). — *Rivus Alzonis; riperia Alzonis*, 1320, 1323 (*ibid.*). — *Rivière d'Alzon; rivière d'Alzonenque*, 1530 (*ibid.*). — Parcours : 27,800 mètres.

VISAN, château ruiné, c^ne de Fournès. — *Avisanum castrum*, 1450 (E. Trenquier, *Not. sur quelq. loc. du Gard*).

VISSEC, c^on d'Alzon. — *Ecclesia que vocant Viro-Sicco, quæ est fundata in honore Beatæ-Mariæ, in valle que vocant Virenca, in pago Nemausense*, 1084 (cart. de N.-D. de Nimes, ch. 169). — *Ecclesia de Virseco*, 1156 (*ibid.* ch. 84). — *Terra de Virisicco*, 1275 (pap. de la fam. d'Alzon). — *Locus de Viridisicco*, 1314 (Guerre de Fl. arch. munic. de Nimes). — *Castrum de Viridisicco*, 1357 (Gall. Christ. VI, p. 661); 1384 (dén. de la sén.). — *G. de Viridisicco*, 1410 (pap. de la fam. d'Alzon). — *Vissec*, 1435 (rép. du subs. de Charles VII). — *Prioratus Beatæ-Mariæ de Viridisicco*, 1504 (arch. départ. G. 162, f° 30). — *Notre-Dame de Vissec*, 1548 (J. Ursy, not. de Nimes). — *Vissec, viguerie du Vigan*, 1582 (Tar. univ. du diocèse de Nimes). — *La communauté de Vissec*, 1590 (arch. départ. C. 841). — *Le prieuré de Vissec*, 1725 (*ibid.* G. 394).

Vissec faisait partie du Vigan et du diocèse de Nimes, archiprêtré d'Arisidium ou du Vigan. — On y comptait 2 feux en 1384. — Le prieuré simple et séculier de Notre-Dame de Vissec, quoique enclavé en 1694 dans l'évêché d'Alais, était demeuré uni à la mense capitulaire de Nimes. — Les armoiries de Vissec sont : *d'argent, à un lion de sable, et un chef d'azur chargé du mot vissec en caractères d'or.*

VISTRE (LE), fleuve qui prend sa source sur la c^ne et tout près du village de Bezouce, puis traverse les communes de Saint-Gervasy, Margueritte, Nimes, Bouillargues, Milhau, Bernis, Aubord, Uchau, Vestric-et-Candiac, Vauvert, le Caylar et Saint-Laurent-d'Aigouze, et se jette dans le canal de la Radelle près de la f. de Vire-Ventre, commune d'Aiguesmortes. — *Fluvius quem vocant Vister*, 941 (cart. de N.-D. de Nimes, ch. 50). — *Vister*, 1003 (cart. de Psalmody). — *Fluvius Guistre*, 1078 (cart. de N.-D. de Nimes, ch. 106). — *Aqua quæ vocatur Vister; flumen Vistri*, 1112 (*ibid.* ch. 74). — *Bizangui* (sic), 1209 (cart. de Psalmody). — *Vistre*, 1261 (Mén. I, pr. p. 86, col. 1). — *Vister fluvius*, 1398 (*ibid.* III, pr. p. 148, col. 2). — *Le Vistre*, 1557 (chapellenie des Quatre-Prêtres, arch. hosp. de Nimes).

VISTRE-DE-CABRIÈRES (LE), affluent du Vistre qui prend sa source sur la commune de Cabrières et se jette dans la branche principale du Vistre un peu au-dessous de Colourès, c^{ne} de Marguerittes.

VISTRE-DE-NIMES (LE), ruisseau. — Voy. FONTAINE DE NIMES.

VISTREXQUE (LA). — On appelle ainsi la plaine au-dessous de Nîmes, arrosée par le Vistre. — *Territorium de Vistrenca*, 1538 (Gall. Christ. VI, instr. col. 206).

VIVIER (LE), q. c^{ne} de Bourdic.

VOL (LA), h. c^{ne} de Boucoiran. — *La Vru*, 1546 (J. Ursy, not. de Nîmes). — *La Vou*, 1558 (*ibid.*). — *Lavaur*, 1715 (J.-B. Nolin, *Carte du dioc. d'Uzès*). — *Lavul*, 1789 (carte des États). — *Avolt*, 1824 (Nomencl. des comm. et ham. du Gard). — *Lavol* (carte géol. du Gard).

La véritable forme est sans doute *la Voulte*.

VOLE (LA), f. c^{ne} de Liouc.

VOLPELIÈRE (LA), f. c^{ne} de Valleraugue. — 1551 (arch. départ. C. 1806).

VOLPELIÈRES, q. c^{ne} de Sumène. — *Ad Volpilleiras*, 1297 (arch. départ. G. 382).

VOLPELIÈRES, lieu détruit, c^{ne} de Théziers. — *Ecclesia parochialis Sancti-Petri de Vulpileriis, de Vulperrries, in episcopatu Uzetico*, 1113 (cart. de Saint-Victor de Mars. ch. 848). — *Cella Sancti-Petri de Vulpibus*, 1136 (*ibid.* ch. 844). — *P. de Volpilheriis*, 1345 (cart. de la seign. d'Alais, f° 34). — *Orpilheriæ*, 1384 (dénombr. de la sénéch.).

Volpelières faisait partie de la viguerie de Beaucaire et du diocèse d'Uzès, comme Théziers, dont il n'était qu'une annexe. — Voy. THÉZIERS.

VOLS, lieu détruit, c^{ne} de Bouillargues. — *In terminium de villa Vols*, 913 (cart. de N.-D. de Nîmes, ch. 52). — *De Voles-Minores usque in ipsa Lengana*, 920 (Mén. I, pr. p. 19, col. 1). — *Villa Vols*, 927 (cart. de N.-D. de Nîmes, ch. 51); 941 (*ibid.* ch. 50). — *Prior de Volz*, 1310 (Mén. I, pr. p. 224, col. 1). — *A Bolz, in territorio de Polvereriis*, 1380 (compoix de Nîmes). — *Vols*, 1479 (la Taula del Poss. de Nismes). — *Chemin de Vols*, 1671 (comp. de Nîmes).

Le prieuré de Saint-Jean de Polvelières s'appelait aussi prieuré de Vols, parce qu'il était situé sur cette partie du territ. de Bouillargues.

VOULÈDE (LA), f. c^{ne} de la Salle.

VOURNÈZE, q. c^{ne} de Saint-Quentin.

VOÛTE (LA), f. c^{ne} de Saumane. — 1539 (arch. départ. C. 1773).

Y

YEBLE, q. c^{at} de Saint-Chapte. — (Journal d'Uzès, 10 février 1867.)

YEBLE (LA), f. c^{ne} de Vézenobre. — 1542 (arch. dép. C. 1810.)

YONNET (L'), ruiss. qui prend sa source au h. des Plos, c^{ne} de Saint-Jean-du-Pin, et se jette dans le Gardon sur le territ. de la même commune.

YRUIÈNES (LES), f. c^{ne} de Saint-Christol-de-Rodières. — *Les Hythierves*, 1773 (comp. de Saint-Christol-de-Rodières). — *La Bironnière*, 1773 (*ibid.*).

TABLE DES FORMES ANCIENNES.

Amaline; Ameliac. *Amilhac.*
Amantianicus. *Saint-Amans.*
Amaregs. *Saint-Victour.*
Ameglau; Ameglavum; Amilau; Amiglavum. *Milhau.*
Amelliès. *Ameliers (Les).*
Amilianum; Amiliavum; Amiliau; Amelhavum. *Milhau.*
Amiliens (Les). *Ameillens (Les).*
Anagia; Anagiæ; Anages. *Nages.*
Ananica villa. *Gaujargues.*
Andacianicæ. *Dassargues.*
Andaon. *Villeneuve-lez-Avignon.*
Andon. *Pont-Dandon.*
Andorgia; Andorchia; Andorge-le-Gardon. *Sainte-Cecile-d'Andorge.*
Andrau. *Mas-d'Andron.*
Andusianenve; Andusianicum; Andusense; Andusoncum. *Anduzenque (L').*
Andusio. *Anduson.*
Anovsin; Andusia; Anduza. *Anduze.*
Anels (Les); les Asucaux. *Saint-Jean-de-Maruéjols.*
Anges (Les). *Angles (Les).*
Angladas (Las). *Angladas (Les).*
Anglarium; Anglars. *Anglas.*
Anglata; Anglada. *Langlade.*
Anglaviel. *Angliviela.*
Anguli. *Angles (Les).*
Angusanum. *Aguzan.*
Anissianum. *Dassargues.*
Anjou. *Angeau.*
Anolhanum; Anolhan. *Roquedur.*
Antre-duos-Quardones. *Entre-deux-Gardons.*
Apostolicum; Appostoli. *Apostoly (L').*
Aqua-Bella. *Aiguebelle.*
Aqua-Bona. *Aiguebone.*
Aqua de Calmrieu, de Calnriu. *Bonheur.*
Aquæ-Mortuæ. *Aiguesmortes.*
Aqua-Lata. *Aigalade (L').*
Aqualis. *Agau (L').*
Aqualis-Mortuus. *Agual-Mort (L').*
Aqua-Viva; Aquæ-Vivæ. *Aiguesvives.*
Aquilerium. *Aigaliers.*
Aquilhan. *Quilhan.*
Arabes (Les). *Arables (Les).*
Araldis. *Hérault.*
Aramo; Aramonum; Ara-Montis. *Aramon.*
Ἄραυρις; Ἀραύριος; Arauris. *Hérault.*
Arbeyre (Tour d'). *Saint-Médier.*
Arbosserium. *Arboussier (L').*
Arbousset; Arbussetum. *Colombier.*
Arbez (El). *Arboux (L').*

Arbucium. *Arbousse.*
Arbusium. *Arboux (L').*
Arc-de-Saint-Étienne. *Saint-Étienne-entre-deux-Églises.*
Archas. *Arques (Les).*
Arehe-de-Cavairaco. *Arque (L').*
Ardalié. *Ardailliès.*
Ardelenæ; Ardeleriæ. *Ardaillès.*
Ardenancum; Arderrneum; Arderagum; Ardesanum. *Ardessan.*
Area-Ventosa. *Aire-Ventouse.*
Arénae. *Tour-de-Pintard.*
Arenaeum. *Arénas.*
Aronæ. *Arènes.*
Arenæ. *Arènes (L'amphithédtre des).*
Arenæ. *Saint-Martin-d'Arènes.*
Arenariæ. *Arénas.*
Arènes. *Alzon (L').*
Arènes. *Saint-Martin-des-Arènes, église dans l'amphithédtre de Nimes.*
Aréniers; Arényès. *Arénas.*
Areniès-Vieilhes. *Arénas.*
Areolæ. *Ayrolles.*
Arfinum. *Arphy.*
Argelegos. *Eyzac.*
Argeliès. *Argilliers.*
Argencia; Argentia. *Argenre.*
Argenteriæ. *Argentières.*
Argentessa. *Argentesse.*
Argentessa. *Pareloup.*
Argentia. *Adavum.*
Argentum-Clausum. *Argentan.*
Argilarii. *Argiliquière (L').*
Argilleriæ; Argileriæ. *Argilliers.*
Argnac. *Moulin-Dargnac.*
Aribal (L'). *Arival (L').*
Arigadetum; l'Arigadet. *Arrigas (L').*
Arigaz; Arigag; Ariges. *Arrigas.*
Arigilio. *Argiliquière (L').*
Ariguas; Arigas; Arigae; Arigacium; Arigatium. *Arrigas.*
Arisdium. *Hierle (La).*
Arisiense; Arisitana civitas; Pagus Arisitensis; Arisidium; Arisde. *Arisitum; le Vigan.*
Arlempdes; Arlendium; Arlendie. *Arlendes.*
Armacianicus; Armadanicæ; Armasanicæ; Armatianicus; Armargues. *Aimargues.*
Armaregus; Armarègues; Armareis; Armarens. *Saint-Victour.*
Armont. *Aramon.*
Arnacum. *Larnac.*
Arnas (Les). *Arnals (Les).*
Arnaudarié (L'). *Coculade.*
Arnavez (Les). *Arnavesses (Les).*
Arnende. *Moulin d'Arlende.*

Arpalhanicæ; Arpallanicæ; Arpallnatgues. *Arpaillargues.*
Arquas. *Arques (Les).*
Arret (L'). *Estelle (L').*
Arrière-de-Milhau (L'). *Poudre.*
Arrière-de-Nages (L'). *Agau-de-Nages (L').*
Arrigassium. *Arrigas.*
Arrium. *Arre.*
Arsas. *Assas.*
Arsaz; Arssacinm. *Assas.*
Arsy. *Arphy.*
Arzilerium. *Argilès.*
Arziliers. *Argilliers.*
Aselier (Col-de-l'). *Aselie (Col de l').*
Ashorts. *Horts (Les).*
Aspcræ. *Aspères.*
Aspériès. *Espéries.*
Aspiranum. *Espegran.*
Astris; Astrit. *Astriès.*
Atgère (L'). *Latgeive.*
Athatianicus; Athatyanica; Attasseyanica. *Dassargues.*
Atogiæ. *Attuech.*
Atrica. *Ardèche.*
Aubagnac. *Aubignac.*
Auburet (L'). *Laubaret.*
Aubaron (L'). *Boissière (La).*
Aubenas. *Aubanas.*
Auberts (Les). *Aubertes (Les).*
Aubes (Las). *Aube (L').*
Aubessargues. *Aubussargues.*
Aubinhacum. *Aubignac.*
Aubussac; Aubussas. *Aubessas.*
Auchebien. *Auchabian.*
Audabiac. *Andabiac.*
Audana; les Audens; Mas-des-Audens. *Affourtit.*
Audiole. *Andiole (L').*
Audonuels. *Pont-Bouteille.*
Angényes. *Augène.*
Auguigne. *Acène.*
Aujacum; Aviacum. *Aujac.*
Aujarguet. *Aujaguet.*
Aulacium; Aulatium; Aulato. *Aulas.*
Aulanet (L'). *Laulanet.*
Aulzon. *Auzon.*
Aumède (L'). *Laumède.*
Aurayrolæ. *Airoles.*
Aurelbacum; Aureilbac. *Aureillac.*
Aurelianicus; Aurelbanicæ; Aurelhargues. *Peyron.*
Aurennes. *Saint-Martin.*
Aureriæ. *Aurières (Les).*
Aurotum. *Lauret.*
Auriac; Aurias. *Clos-d'Auriac (Le).*
Auriach; Aurillac. *Aureillac.*
Auriasse. *Auriasses (Les).*

Bethléem ; Betlen. *Notre-Dame-de-Bethléem.*

Béulaigue. *Moulin-Crémat.*

Bezaz. *Bessases.*

Bezos ; Bezocia ; Bezousia ; Bezossa. *Bezouce.*

Bezous ; Besou. *Bezon.*

Bezucum. *Bézuc.*

Bianliech. *Beaulieu.*

Bidugum. *Bizac.*

Bidiliane ; Bitilianum. *Bédilhan.*

Biducia. *Bezouce.*

Bieuchayre ; Bicuquaire *Beaucaire.*

Bigettière (La). *Bizettière* (La).

Bimardes. *Bimard.*

Bionum ; Bion. *Bions.*

Biolum. *Baix (Le).*

Bironnière (La). *l'hières (Les).*

Bisa. *Bizes.*

Biscontat. *Saint-Quentin.*

Bizagum ; Bisagium ; Bizacum. *Bizac.*

Bizangui. *Vistre (Le).*

Blacon. *Blacoux.*

Blagnaces ; Blanhias. *Blanhas.*

Blanavie ; Blannavæ ; Blannavez. *Blannaves.*

Blancafort ; Blanchefort. *Blanquefort.*

Blandacum ; Blandiacum ; Blaxath ; Blauzach. *Blauzac.*

Blandacum ; Blandatium ; Blandatis. *Blandas.*

Blanqueria. *Blaquière (La).*

Blanquié (Mansus del). *Blaquière (La).*

Blaqueria. *Blachère (La).*

Blaqueria. *Blaquière (La).*

Blaqueriæ. *Bauquiés.*

Blaudiac. *Blauzac.*

Blaudier. *Blandier.*

Blauzacum ; Blauzat. *Blauzac.*

Blauzague. *Bauzeille.*

Boargas. *Bourges.*

Bobals. *Boubaux.*

Bocheria. *Font-de-Bouquier.*

Bochetum ; Bochet. *Bouquet.*

Bocoiranum ; Bocoyranum ; Bocqueyran ; Bocoyran. *Boucoiran.*

Bodichæ ; Bodigæ. *Bouzigues (Les).*

Bogarella. *Bougarelle.*

Boilanicæ ; Boillanicæ ; Bolianicus ; Bolianicæ ; Bolhanicæ. *Bouillargues.*

Boilioderiæ. *Bolbedières.*

Bois-Cottal. *Rouvière-de-Domazan.*

Bois-de-Du. *Bosc-de-Dun.*

Bois-de-l'Évèque. *Garde-Sceaux.*

Bois-do-Mademoiselle. *Serre-Brugal.*

Bois-Rostang. *Plan-de-Montagnac.*

Boixeræ. *Boissières.*

Bolegium ; Bolesium. *Bouliech.*

Bolbargues. *Bouillargues.*

Bolhidos (Fon-de-). *Boulidou (Le).*

Bolsegur. *Boulségure.*

Boiz. *Vols.*

Bombacul. *Bombecul.*

Bona-Aura ; Bonaur ; Bonneure ; Bonahuc ; Bonhur ; Bouhuc. *Notre-Dame-de-Bonheur.*

Bonæ-Valles. *Bonnevaux.*

Bonaldia. *Bonnets.*

Bonantianicus. *Boulouzargues.*

Bona-por-forsa. *Aiguesmortes.*

Bone-Aure. *Bonnaure.*

Bonnal ; Bonnalis ; Bonels. *Bonnels.*

Bonnet-du-Gard. *Saint-Bonnet.*

Bonnisse. *Murjas.*

Boquetum. *Bouquet.*

Bord (Le) ; le Born. *Aubord.*

Borde. *Bord.*

Bordelianum. *Bourdéliac.*

Bordellum. *Bordel.*

Bordesa ; Bordesacum. *Bordezac.*

Bordicum ; Bordic. *Bourdic.*

Borian. *Bouriant.*

Borias. *Castelnau.*

Borie-de-Gras (La). *Borie-de-Cros (La).*

Boric-de-Perjurade (La). *Perjurade (La).*

Born. *Bord.*

Bornavetæ. *Bournavettes.*

Borsyera. *Boissière (La).*

Bosanquet. *Bousanquet.*

Bosc-d'Embarbo. *Embarbes.*

Boschet. *Bouchet.*

Boscum ; Bosquetum. *Bosc (Le).*

Boscum-Arenale. *Puech-Caremaux.*

Boscus-Archimbaudi. *Puech-Archimbaud.*

Boscus-Comitalis. *Bois-Comtal.*

Boscus-de-Tozellis. *Puech-de-la-Cozelle.*

Boscus-Ymberti. *Puech-Imbert.*

Bosigas ; Bosigiæ ; Bosigues. *Bouzigues (Les).*

Bosigiæ. *Bouziges (Les).*

Bosquet. *Bousquet.*

Bosseriæ ; Boysseriæ. *Boissières.*

Bossugues. *Boussugues (Les).*

Botugal. *Boutugade.*

Boucairan ; Bouqueyran. *Boucoiran.*

Boudes (Los). *Boudres (Les).*

Boudilhan. *Bourdillan.*

Boudoune. *Boudonne.*

Bouilhès ; Boulhie. *Bouliech.*

Bourbon. *Boulbon.*

Bourdeille. *Bourdéliac.*

Bourdezat. *Bordezac.*

Bourdiguette (La). *Bourdiguet (Le).*

Bourdit ; Bourdy. *Bourdic.*

Bournègre. *Bégude-de-Sernhac.*

Bournol. *Bornol.*

Boutugade. *Fourniguet.*

Bouzac. *Boujac.*

Boycheriæ. *Boissières.*

Boyrian. *Castelnau.*

Boyseria. *Boissière (La).*

Boyssayroliæ. *Boisscrolles.*

Boysset-lez-Anduse. *Boisset.*

Bozena ; Bozène. *Bouzène.*

Bozigas (Las). *Boussugues.*

Braceolus-Rhodani. *Rhône (Le Petit-).*

Bragancianicus ; Braganzanicæ ; Braguessargues. *Bragassargues.*

Braby. *Brahic.*

Branoscum ; Branascum. *Branoux.*

Branuho. *Braune.*

Braschа. *Brasque.*

Brassière (La). *Brasserie (La).*

Brauhne ; Brauna. *Braüne.*

Brémont. *Mas-de-Brémonde.*

Brena. *Brennes.*

Brenoux. *Branoux.*

Breone ; Breonum ; Breou. *Bréau.*

Breonça *Bréaunèze (La).*

Breselié. *Bresselier.*

Bressola. *Bressouillande.*

Bretmas-Avesnes. *Saint-Hilaire-de-Brethmas.*

Bretone ; Bretoux. *Breton.*

Bretus-Mansus. *Saint-Hilaire-de-Brethmas ; Vié-Cioutat.*

Breyne. *Brennes.*

Bricium ; Brisilium. *Brézis.*

BRIGNNONES. *Brignon.*

Brim. *Brin.*

Brinno ; Brinnonum ; Brinhonum ; Brinionum. *Brignon.*

Brion-du-Gard. *Saint-Jean-du-Gard.*

Brisicum ; Brizitium. *Brézis.*

Britomant. *Saint-Hilaire-de-Brethmas.*

Brizepon. *Brisepain.*

Broas. *Broue (La).*

Brocianum ; Brossanum ; Brozanum ; Brosaniensis, *Broussan ; Saint-Vincent-de-Broussan.*

Brodetum ; Broditum ; Brozetum. *Brouzet (Quissac).*

Brolium. *Bruel (Le).*

Brossanicæ. *Boussargues.*

Brosselhandes. *Bressouillande.*

Brouil. *Brouilhet (Le).*

Brouzens ; Brouzel ; Brodetum ; Broditum ; Brozetum. *Brouzet (Vézénobre).*

Brucianum. *Broussan.*

Campus-Meianus. *Camp-Méjan.*

Campus-Publicus. *Saint-Pierre-de-Camp-Public.*

Campus-Rivus; Camporivus. *Camprieu.*

Campus-Rotundus. *Campredon.*

Campus-Rubeus. *Camp-Vermeil.*

Camsevi; Campsavy. *Campsévy.*

Canaberiæ. *Canavères.*

Canabières. *Montmalet.*

Canacum. *Canau.*

Cavaguière. *Cavaguière.*

Canalz; Canaux (Chemin de). Voy. *Chemins anciens.*

Canavaire. *Roubine de Canavère.*

Canavellæ. *Canaules.*

Candiacum; Candiat. *Candiac.*

Gaudomergal. *Cantemerle.*

Gaudus. *Candoule.*

Candazorgues. *Candesorgues.*

Canna; Cannès; Cannetum. *Cannes.*

Cannarilles. *Bousquillet.*

Canniacum. *Cannac.*

Cannois; Canois. *Saint-Vincent-de-Cannois.*

Canolæ. *Canaules.*

Canon-de-Razic (Le). *Canton-de-Razic (Le).*

Canorga. *Canourgue (La).*

Canroc. *Conroc.*

Canta-Cogul. *Cante-Cogul.*

Cantadure (Tour de). *Saint-Quentin.*

Canlaperdrix. *Canteperdrix.*

Canteperdrix. *Mas-Peyre.*

Canteperdrix. *Panissière (La).*

Canteperdrix. *Sainte-Eulalie.*

Canterannas. *Canteranne.*

Cantignargues. *Quintignargues.*

Cantocorpus; Cante-Corpz. *Cantecorps.*

Cap-de-Rioussel. *Cap-de-Rieusset.*

Capderles. *Sainte-Croix-de-Caderle.*

Cap-du-Devès. *Bécoucles.*

Capdueil; Capitolium. *Saint-Étienne-de-Capdueil.*

Capella-Sernhaqueti. *Capelle (La).*

Capelle (La). *Minteau.*

Capelle-des-Arènes (La). *Arènes.*

Cap-Méjean. *Camp-Méjan.*

Capoutrille. *Caporic.*

Capraria; Capresiæ; Capreriæ. *Cabrières.*

Capra-Vaira. *Cabrevaire.*

Caprideric. *Cabridarié (La).*

Caragonia. *Garrigouille.*

Caranaule. *Saint-Denys.*

Caral. *Caval.*

Carbonnière. *Tour Carbonnière (La).*

Cardonna. *Sordonarie.*

Carensanum. *Carsan.*

Carevicille; Cara-Vielha. *Cazevieille.*

Carlon. *Carlong.*

Carnacium. *Carnas.*

Carne. *Carme.*

Carnolæ; Carnolesium. *Carnoulès.*

Carnolz; Carniolæ. *Saint-Laurent-de-Carnols.*

Carnove. *Casenove.*

Carpianum. *Font-Carpian.*

Carraoux-de-Bizac (Les). *Carroux.*

Carreiron. *Juvenel.*

Carreria. *Carrière (La).*

Carreria. Voy. *Chemins anciens.*

Carreyretum. *Saint-Marcel-de-Carreirot.*

Carreyrol-de-Fournès. *Bouscaras.*

Carrière-Crosc. Voy. *Chemins anciens.*

Carrière-Française (La). *Chemin-François (Le).*

Carriolus; Carriol. *Carréol (Le).*

Carsanum. *Carsan.*

Carsenas. *Cassanas.*

Cart; Cartum; Cartz. *Saint-Martin-de-Quart.*

Cartayrada. *Cartairade.*

Carton. *Confine.*

Cartons. *Quartons (Les).*

Casabona; Cazebonne. *Casebonne.*

Casa-Cremada. *Cases-Vieilles.*

Casæ-Veteres. *Saint-Maurice-de-Cases-vieilles.*

Casæ-Vielhæ; Casæ-Veteres. *Cases-vieilles.*

Casanova. *Caseneuve.*

Casa-Vehela; Casa-Vielha; Casa-Vetus. *Casevieille.*

Casales. *Cazaux (Les).*

Casalicium. *Casalis.*

Casellas. *Chazel.*

Caslarium. *Caylar (Le).*

Caslup; Castluz. *Caylou (Le).*

Cassagne; Cassanhe. *Cassande (La).*

Cassanhe; Casanhæ. *Cassagne.*

Cassanhacium; Cassanacium. *Saint-Julien-de-Cassagnas.*

Cassanicœ; Casanicæ. *Caissargues.*

Cassanolæ; Cassainolæ; Cassauholæ; Cassanhiolæ. *Cassagnoles.*

Casson. *Saint-Paulet-de-Caisson.*

Castanet-Perdut (Le); Castanet-des-Perdutz. *Castanet (Le).*

Castanctum. *Castanet.*

Castanetum. *Rochesadoule.*

Castelas (Le). *Colias.*

Castellaris; Caslar; Castlar; Castlarium; Caylaretum; Caïlaret. *Caylaret (Le).*

Castellio; Castillio; Castilion-de-Courry. *Castillon-de-Gagnère.*

Castellio; Castillio; Castilio; Castillio; Castilhon. *Castillon-du-Gard.*

Castellus; Castellare; Castlarium; Castlar. *Caylar (Le).*

Castes. *Saint-Étienne-d'Escatte.*

Castinhargues. *Castignargues.*

Castrum-Novum. *Castelnau.*

Cathedra. *Cadière (La).*

Cato. *Saint-Hippolyte-de-Caton.*

Catonica. *Caxoniensis (Vallis).*

Caucalat; Caucalon. *Caucalan.*

Caucoles. *Concoules.*

Caumon. *Chaumont.*

Caussanicæ. *Gaussargues.*

Caussanilhæ. *Caussonilhes.*

Causses. *Saint-Julien-d'Escosse.*

Cauverglanicæ. *Cavillargues.*

Cauvisson; Caulvisson. *Calvisson.*

Cavairacum; Cavairagum; Cavayriacum; Cavariacum; Caveyrac. *Caveirac.*

Cavaleis; Cavalessa; Cavaletz. *Cavalet.*

Cavallacum; Cavalac; Cavallac. *Cavaillac.*

Cavarrocas. *Féron.*

Caveyrargues; Cavayrargues. *Caveirargues.*

Cavilhanicæ; Cavilhargæ; Cavilhargues; Caviliargues. *Cavillargues.*

Caxanicus; Caxanicæ. *Caissargues.*

Caylar (Le). *Cayla (Le).*

Cayre (El). *Cairier (Le).*

Cayssanum; Cayssonum. *Saint-Paulet-de-Caisson.*

Cazebonne. *Casebonne.*

Cebenna. *Cévennes (Les).*

Cela. *Celle (La).*

Celendrenca. *Salendrenque (La).*

Célestes (Les). *Celletes (Les).*

Cendracum; Cendracensis; Cendracium. *Cendras et Saint-Martin-de-Cendras.*

Centancrium. *Saint-André-de-Sanatière.*

Centenaria; Centaneria; Centinières; Centenières. *Feuillade (La).*

Centenier (Le). *Amarines (Les).*

Cerayeda; la Ceiraiède. *Sérayrède (La).*

Cercles (Les). Voy. *Chemins anciens.*

Cervacium. *Servas.*

Cervarium; Cerverium. *Serviers.*

Cervejant. *Saint-Loup-de-Cervezane.*

Cessenatium. *Cessenas.*

Cessou. *Cessour.*

Ceyne. *Seynes.*

Ceyranicæ. *Saint-Jean-de-Ceyrargues.*
Cezacium. *Cézas.*
Cezarenca. *Cèze.*
Cézerac. *Césérac (Bas-).*
Chabanis. *Cabanis (Le).*
Chabot. *Chabotte (La).*
Chabriac. *Cabriac.*
Chalençon. *Charenconne.*
Chalzaje; Chalzère. *Chalraze.*
Chamberigaus. *Chamborigaud.*
Chambonetum-Rigaudi; Chambourrigault; Chambourigaud. *Chamborigaud.*
Chambonetz. *Chambonnet.*
Chambourdon. *Chamboredon.*
Chamin Romieu. Voy. *Chemins anciens.*
Champclaux. *Saint-Privat-de-Champclos.*
Champon-Regaut. *Chamborigaud.*
Chaneschacium; Chanesches; Channeschas. *Sénéchas.*
Chapeau (Le). *Chapel.*
Chapelle-lez-Uzès (La). *Colias.*
Charamaule. *Caramaule.*
Charvanas; Charnavès. *Charnavas.*
Chaseneuve. *Chazeneuve.*
Chasily. *Choisity.*
Chassacum; Chasac. *Chassac.*
Chassanholæ. *Cassagnoles.*
Château-Barnier. *Barnier.*
Châteauneuf-de-Boyrian. *Castelnau.*
Château-Vieux. *Castellas (Le).*
Chaucium; Chaussium; Chaussy. *Chausses.*
Chauron. *Charron.*
Chausclanum. *Chusclan.*
Chausoy. *Notre-Dame-de-Chausses.*
Chavagnac. *Chavaniac.*
Chaveneuve. *Chazeneuve.*
Cheizelan. *Chusclan.*
Chemin d'Alais. *Pareloup.*
Chemin des Cercles. Voy. *Chemins vieux.*
Chemin des Marais. Voy. *Chemins vieux.*
Chemin des Vaches. Voy. *Chemins vieux.*
Chemin-Plan. *Font-Carpian.*
Chevanas. *Chavaniac.*
Cheyla (Le); Castlar. *Cheylard (Le).*
Cheylone (La). *Cheilone (La).*
Chirac. *Girac.*
Cibelle. *Cybèle.*
Cicer; Cicers; Cisser. *Cèze (La).*
Cigal (Le). *Sigal (Le).*
Cincardon. *Quincandon.*
Cincianum. *Cinsan.*
Cinq-Coins (Les). *Gaujac (Beaucaire).*

Cirignac; Cirinhacum. *Sérignac.*
Cirinhanicæ; Cirinhargues; Cirinnanicæ. *Savignargues.*
Civagnas. *Ivagnas (Les).*
Clamoux. *Clamont.*
Clapier (Le). *Barraque (La).*
Clapissæ. *Clappices.*
Clarentiacum; Clarenzagum; Clarenzacum; Clarenzac. *Clarensac.*
Clausona; Clausonna. *Clausonne.*
Clausum. *Chausses.*
Clausum - Claustrum; Champclos. *Chamclaus.*
Clausum-d'En-Auriac; Clausum de Noriac; Clos-de-l'Auriac. *Clos-d'Auriac (Le).*
Claux-de-Largillas (Le). *Argelas (Les).*
Claux-de-Saint-Jacques (Le). *Saint-Jacques.*
Clauzolle. *Mas-Clauzel.*
Clayracum. *Clairac.*
Clément. *Saint-Clément.*
Clerenciacum. *Clarensac.*
Cleyranum; Clairanum. *Clairan.*
Clos de la Bénédiction. *Clos-de-Saint-André (Le).*
Clusellum; Cluselli. *Clauzels (Les).*
Coco. *Puech-Cocon.*
Codbois. *Chaudebois.*
Codeyra. *Saint-Roman-de-Codière.*
Codoledo; Codollié. *Codolier.*
Codoletum; Codelet. *Codolet.*
Codolonis; Codolloux; Codolos. *Coudouloux.*
Codolum; Codolz; Coudolz; Codoli. *Codols.*
Codonia. *Coudonier (Le).*
Codonianum; Codonhanum; Coudonhan. *Codognan.*
Cofolin. *Coffolen.*
Coforsals. *Coffours (Le).*
Cogné-de-Taboul. *Césérac (Bas-).*
Cogolet. *Mas-Verdier.*
Cogosacum; Cogasacum; Cogozac; Cogociacum; Cougoussat. *Congoussac.*
Cohassa. *Coasse (La).*
Coiranum. *Coyral (Le).*
Colaro. *Coularou.*
Colia. *Calais.*
Coliacum; Coliatz; Coliaz; Coillas; Colliacum; Coulhas. *Colias.*
Colissas. *Coulisse.*
Collogon. *Coetlogon.*
Colobre. *Magaille.*
Colonges. *Colongres.*
Colongue-de-Rieucodier. *Recodier.*
Colonicæ; Collorgues. *Colorgues (Saint-Chapte).*

Colonicæ; Colonices; Colonègues; Coulouzes. *Colorgues* (Langlade).
Colonicæ; Colonizes; Colunzes; Colonices; Colozes; Coulouzets; Colioure; Couloure. *Coloures et Saint-Thomas-de-Coloures.*
Columbarium; Columberium; Columberiæ. *Notre-Dame-du-Colombier.*
Columberiæ. *Colombiers.*
Columberium. *Campestre.*
Columberium-del-Arbosset, — de Arbussolo. *Colombier (Le).*
Comba-Cauda. *Combecaude.*
Combæ. *Combes (Les).*
Combajagua. *Combajargues.*
Combutium; Combaz; Combussium. *Combas.*
Combe-Alvert. *Combalbert.*
Combe-d'Auriac. *Clos-d'Auriac (Le).*
Combe-de-las-Fontètes. *Fontettes (Les).*
Combe-de-Tombevif. *Combe-de-Tombe-Écrite (La).*
Combe-Doria. *Combe-d'Auriac (La).*
Combe-Mézière. *Combe-Migère (La).*
Combe-Sourde. *Rouvière (La).*
Combettes (Les). *Combes-de-Valliguière (Les).*
Combe-dou-Seugle (La). *Arènas.*
Comeyras; Cumairacum; Commeyras; Comairas. *Comeiras.*
Comiacum. *Comiac.*
Commeiro; Comayro. *Comeyro.*
Comolacium; Comolas; Comilas. *Saint-Geniès-de-Comolas.*
Coms. *Comps.*
Conau; Conaussium; Conaut; Connaux. *Connaux.*
Concayracum; Concayrac; Conqueyracum; Concayratum; Conquerac. *Conqueyrac.*
Concolæ; Concolles. *Concoules.*
Condamina; Condomina. *Condamine (La).*
Condansargues. *Contensargues.*
Conduzonicæ. *Conduzorgues.*
Conférin. *Camférin.*
Congeniæ; Congieniæ; Congègne; Conjeniæ. *Congéniès.*
Conilheria; Conilhère; Conilheriæ. *Connillière.*
Connaussium. *Connaux.*
Conquæ. *Conques (Les).*
Conquas (Las). *Conques (Les).*
Conroci. *Féron.*
Conseil. *Trouchaud.*
Consta; la Coste. *Saint-Paul-la-Coste.*
Constance (Tour du). *Matafère (Tour).*

Garisicyra. *Grasarié* (*La*).
Garnum. *Garn* (*Le*).
Garoni; Garonz. *Garons.*
Garonia. *Coasse* (*La*).
Garricæ; Garrigæ. *Garrigues.*
Garriga. *Garrigue* (*La*).
Garrugaria. *Notre-Dame-de-Carrugières* et *Littoraria.*
Gartium. *Saint-Privat-du-Gard.*
Gas. *Gaze-du-Vert.*
Gasanengues. *Gazargues.*
Gasquaria; Gascaria. *Gascarié* (*La*).
Gasquet. *Guasquet.*
Gatges. *Gages* (*Les*).
Gaubiac. *Saint-Pons-de-Galbiac.*
Gaudiacum; Gauiacum; Gauiac. *Gaujac.*
Gaufreza. *Valfrège.*
Gaujas. *Gaujac.*
Gaussignane. *Saint-Césaire-de-Gauzignan.*
Gavernæ. *Gavernes.*
Gavinban. *Gavignan.*
Gayranum. *Clairan.*
Gazaldenca. *Olivel* (*L'*).
Gazorniæ. *Gazornes.*
Gebonia; Gebennæ; Gebennici montes. *Cévennes* (*Les*).
Genairacum; Generiacum; Geneiragum; Geneiracum. *Générac.*
Genescanicus. *Chusclan.*
Genestos; Genestozum. *Ginestoux.*
Geneyranicæ; Generanjcæ; Genayranicæ. *Générargues.*
Genoillacum; Genolhacum; Genulhacum; Genouilhac. *Génolhac.*
Gentilhomme (Le). *Barraque* (*La*).
Gerayranicæ; Gercyranicæ. *Générargues.*
Gervais-lez-Bagnols. *Saint-Gervais.*
Gevolanum; Geolon. *Saint-Georges-de-Gévolon.*
Gevolone; Gevolon. *Jalon.*
Giconum. *Gicon.*
Gigalière (La). *Pigalière* (*La*).
Ginolhac; Ginolacum. *Génolhac.*
Girmanhacum. *Germaux.*
Gisoneria. *Cousines* (*Les*).
Givagnas. *Ivagnas* (*Les*).
Glaiola; Gleiola; Gleizola. *Guiole* (*La*).
Gleiza-de-Herignan, de Lignan. *Notre-Dame-de-Lignan.*
Gleizado (La). *Sainte-Croix-des-Bories.*
Glipa; Glepa. *Glèpe* (*La*).
Gobriélot. *Gabriélot.*
Godargues; Godarnicæ. *Goudargues.*
Goils (Les). *Aigoual* (*L'*).
Golloga. *Valsène.*

Golsonum. *Goulsou.*
Gordanicus; Gordanicæ; Gordinicæ; Gordiniacensis Abbatia. *Goudargues.*
Gor-de-Leyrac. *Aleyrac.*
Gor-de-Saint-Michel. *Plan-de-Montagnac.*
Gordus; Gors; Gorps; Gores. *Font-Bouteille.*
Gorian. *Saint-Bénézet-de-Cheyran.*
Gornielz. *Gournier.*
Gosinaria. *Cousines* (*Les*).
Gota. *Goute* (*La*).
Gothia. Voy. *Saint-Gilles* et *Saint-Pierre-de-Psalmody.*
Goussargues. *Gaussargues.*
Goza; Goze; Gouze. *Saint-Laurent-d'Aigouze.*
Gradanum; Gragnacum; Granhac. *Grézan.*
Graisignan. *Saint-Césaire-de-Gauzignan.*
Graissat. *Greissac.*
Gralhe. *Grailhe.*
Granaux. *Groneau* (*Le*).
Granges (Les). *Grange-de-Madame* (*La*).
Grangia-de-Peyrola. *Peyrolles.*
Gras (La Bastide-d'En-). *Bastide-d'Engras* (*La*).
Gras (La Borie-de-). *Boric-de-Cros* (*La*).
Grasilhanum. *Saint-Césaire-de-Gauzignan.*
Grassaria. *Grasarié* (*La*).
Grausellæ. *Grauzille* (*La*).
Gravonlet. *Grevoulet* (*Le*).
Grazan (Lo); Grezons; Grazanicæ. *Grézan.*
Graziacum. *Grézac.*
Gremoletum. *Gremoulet.*
Grenolhcriæ. *Grenouillères.*
Grilhe (La). *Saint-Roman-de-l'Aiguille.*
Grimoudy. *Argiliquière* (*L'*).
Grimes. *Greneau* (*Le*).
Griolet. *Mas-de-la-Coste.*
Grisacum; Grissat. *Greissac.*
Grisonii (Mansus). *Gaujouse.*
Grossetum. *Crouzet.*
Grouvessac. *Prouvessac.*
Gruns (Les). *Aigrun.*
Gua (El-). *Moulin del Gua.*
Guajan; Guajani. *Gajan.*
Guardiæ. *Gardies* (*Les*).
Guardia-Monedilis. Voy. *Chemins anciens.*
Guardonica. *Gardonnenque* (*La*).
Guardonica. *Saint-Jean-du-Gard.*
Guatiques. *Gatigues.*
Guazel. *Gazel* (*Lo*).
Guó-du-Vert (Le). *Gaze-du-Vert.*

Guet (Mas-du-). *Affourtit.*
Guierle (La). *Hierle* (*La*).
Guillaumo. *Guilhaumo.*
Guinoac. *Génolhac.*
Guisonia; Guisonaria. *Cousines* (*Les*).
Guistre. *Vistre* (*Le*).
Gurges Asincrius. *Gour-Faraux* (*Le*).
Guta. *Goute* (*La*).
Guvernas. *Gouvernat.*

H

Harenæ. *Arène* (*L'*).
Harenæ. *Saint-Martin-d'Arènes.*
Harcolæ. *Ayrolles.*
Harnède (La). *Arnède* (*L'*).
Helzeria. *Elzière* (*L'*).
Héraclée. *Saint-Gilles.*
Hérignan; Héringnan. *Notre-Dame-de-Lignan.*
Hermassons (Les). *Armas* (*Les*).
Hermitage (L'). *Saint-Julien-d'Escosse.*
Heusctum. *Euzet.*
Heusctum. *Saint-Michel-d'Euzet.*
Hivernaty. *Ivernati.*
Holmessacium. *Aumessas.*
Holmi. *Homs* (*Les*).
Holonzanicus. *Boulouzargues.*
Holozanicæ. *Saint-Vincent-d'Olozargues.*
Hom (L'). *Lolm.*
Horloli; Hortolz. *Hortoux.*
Hortus-Dei. *Hort-de-Dieu* (*L'*).
Hourme. *Ourme.*
Hournèze. *Vournèze.*
Hubagas (Las). *Hubagues* (*Les*).
Huchavnm; Huchaut. *Uchau.*
Hulmi. *Oms.*
Hypolite-de-Caton. *Saint-Hippolyte-de-Caton.*
Hythières (Les). *Ythières* (*Les*)

I

Ierle. *Camp-d'Ierle.*
Ieuset. *Euzet.*
Ilex; Illex; Illix. *Elze.*
Inde-Vieille. *Endevieille.*
Infirmorum (Molendinus). *Moulin des Malades.*
Iofa; Ioffa. *Notre-Dame-de-Jouffe.*
Ipsos-Alodes (Ad). *Dominargues.*
Irignanum; Irinnanum; Irignanicus. *Lignan.*
Irle. *Hierle* (*La*).
Isa. *Isis.*
Iscla. *Iscles* (*Les*).
Isignacum. *Lignan.*

Issartinæ. *Issartines* (*Les*).
Issarts (Les). *Essarts* (*Les*).
Iter-Ferratum. Voy. *Chemins anciens*.
Iverne. *Hiverne*.
Ixe. *Isis*.

J

Jaliquieyra (La). *Argiliquière* (*L'*).
Jalomp ; Joulou. *Jalon*.
Jolverta. *Jauverde*.
Jardins (Les). *Prairie* (*La*).
Jardins-de-Saint-Gilles. *Saint-Gilles*.
Jardins-de-Saint-Jean. *Saint-Jean-de-Jérusalem*.
Jasse-de-la-Vaque. *Mas-de-la-Vaque*.
Jasses (Les). *Escattes*.
Jaullum. *Jols*.
Je-m'en-repens. *Poste* (*Le*).
Jérusalem (Vellat-de-). *Favarol* (*Le*).
Jeunas. *Junas*.
Jinoliacum. *Génolhac*.
Jivagnas. *Ivagnas*.
Juco. *Gicon* et *Sainte-Magdeleine-de-Gicon*.
Jofa; Joffa. *Jouffe*.
Joncairola; Juncairola. *Jonqueyrolles*.
Jonquerium; Junquerium. *Saint-Martin-du-Jonquier*.
Joton. *Iouton*.
Jouvergue. *Rouvergne*.
Jovis (Laxa). *Adavum*.
Julien-les-Mines. *Saint-Julien-de-Valgalgue*.
Junassium; Junatium. *Junas*.
Juncariæ; Joncariæ; Juncheriæ; Junqueriæ. *Jonquières*.
Juncayra-Pondræ. *Pondre*.
Junilhacum. *Génolhac*.
Jurada. *Jurades* (*Les*).
Jussanum. *Saint-Martin-de-Jussan*.
Justices (Les). *Camféren*.
Justonne (La). *Juston*.

K

Karrugariæ. *Notre-Dame-de-Carrugières*.
Kassanguis. *Caissargues*.
Κέμμενον ὄρος. *Cévennes* (*Les*).

L

Labaho; Labalou. *Labau*.
Labanrie; Laborie. *Roméjac*.
Labric. *Abric* (*L'*).
Lacamp. *Lacan*.
Lacamp. *Saint-Pons-de-la-Calm*.

Lacombe. *Combe* (*La*).
Lacoste. *Coste* (*La*).
Ladiuhan; Ladinanum. *Lédignan*.
Lafenadou. *Fenadou* (*Le*).
Lagerie. *Lagre*.
Lagrimé. *Lagrinié*.
Laguilador. *Aguilador* (*L'*).
Laguissellum. *Languissel*.
Laidenon. *Lédenon*.
Lairolle. *Airolle* (*L'*).
Lambrusqueriæ; Lambrusquer. *Lambrusquier*.
Lampade (Mansus de); Lampeja; Lampeza. *Lampèze* (*La*).
Landrum. *Landre* (*Le*).
Lanejol; Lanojol; Lanicjol; Laneujols. *Lanuéjols*.
Langana; Languena; Languène. *Gazay*.
Languecellum. *Languissel*.
Lanogum. *Lanuéjols*.
Lanscise. *Lancise*.
Lanuojoli. *Lanuéjols*.
Laparo. *Paro* (*La*).
Laquet-de-Lolys; Laquais-de-Loly. *Listerne*.
Lardeilliers. *Ardailliés*.
Lardoise. *Ardoise*.
Largeliquière. *Argiliquière* (*L'*).
Largentière. *Argentière*.
Largillas. *Argelas* (*Les*).
Laribal. *Arival*.
Larmitane. *Hermitane* (*L'*).
Larnaud. *Lestorière*.
Larniers. *Arnier* (*L'*).
Larque-de-Baron. *Arcque*.
Larriget. *Arriget* (*L'*).
Laserre. *Aserre*.
Laspe. *Aspe*.
Lasquitardes. *Quitardes* (*Les*).
Lastailles. *Mas-de-las-Tailles*.
Laudunum. *Laudun*.
Laugentet. *Augentet* (*L'*).
Laugonnier. *Langonnier*.
Launa. *Launes* (*Les*).
Launacum; Launiacum; Launhacum. *Laugnac*.
Laupiæ. *Laupies* (*Les*).
Lauquin. *Auquier*.
Laurent-la-Vernède. *Saint-Laurent-la-Vernède*.
Lauretum. *Lauret*.
Lauriac. *Clos-d'Auriac* (*Le*).
Laurieu. *Lorieux*.
Lauriol. *Aériol* (*L'*).
Lausignanum. *Lignan*.
Laussire. *Lancise*.
Lauzas. *Lauras*.
Lauzère; Lauzert. *Lauzer*.

Lauzière (La). *Lozière* (*La*).
Lavaigne; Lavanba; Lavanhol. *Lavragne* (*La*).
Laval-Ardèche. *Laval-Saint-Roman*.
Lavandour; Lavadorium. *Font-Dames*.
Lavassac. *Vassac*.
Laval; Lavul. *Vol* (*La*).
Laxa-Jovis. *Adavum*.
Layrolum. *Layrolle*.
Lazari (Domus Sancti-). *Maladières* (*Les*).
Leca. *Lichère* (*La*).
Leca-Aldesinda. *Grande-Lainee* (*La*).
Lecæ; Leccæ; Lequæ; Lexræ; Lecques. *Lèques*.
Lecca. *Lèque* (*La*).
Ledeno; Ledenonum. *Lédenon*.
Ledinhanum; Lédinhan. *Lédignan*.
Logosacum; Legeracum. *Saint-Martin-de-Ligaujac*.
Leisida. *Lisside*.
Lelzière. *Elzière* (*L'*).
Lendas. *Landas*.
Lendrune. *Endrune* (*L'*).
Leusac. *Saint-Étienne-d'Aleusac*.
Leodinhacum. *Lédignan*.
Leoniacum; Leyniacum; Leuniacum. *Laugnac* et *Saint-Pierre-ès-Liens-de-Laugnac*.
Lequiæ. *Moulin de Liquis*.
Lercium. *Lers*.
Lerinhanum; Lésignan. *Notre-Dame-de-Lignan*.
Lero. *Hérault* (*L'*).
Lesanum; Lezannum. *Lezan*.
Lescalette. *Escalette* (*L'*).
Lespero. *Espérou*.
Lespigarié. *Espigarié*.
Lesponches. *Ponches* (*Les*).
Letinnones; Letino. *Lédenon*.
Leucensis (Villa); Leucum. *Liour*.
Leugnacum. *Laugnac*.
Levandon (Le). *Font-Dames*.
Levant (Le). *Repausset* (*Le*).
Levesum; Levido. *Lévezou*.
Lexæ; Lexeæ. *Lèques*.
Leyracum; Liracum. *Lirac*.
Leysida. *Lisside*.
Lhausonum; Lhaussac. *Laussou*.
Lhers. *Lers*.
Lheucum; Lhieuc. *Liouc*.
Lhomme. *Homme* (*L'*).
Liaubiacum. *Saint-Pierre-de-Laugnac*.
Libera-Vallis. *Franquevaux*.
Licæ; Liquæ. *Lèques*.
Licayrola. *Liqueyrol* (*Le*).
Liconiacum. *Liganjac*.
Licquomalho. *Liquemaille*.

Licta-Meaïlle ; Liquemiaille. *Lique-maille.*

Lieuras ; Liures. *Lieures.*

Limpostaïre. *Impostaire* (*L'*).

Lineriis (Mansus de). *Luminières* (*Les*).

Lingua. *Lengas.*

Linsoïas. *Insolas* (*L'*).

Liqua-Mealha ; Liqueria. *Liquière* (*La*).

Liravicum. *Lirou* (*Le*).

Liriac. *Lirac.*

Lironum. *Liron.*

Lissartal. *Issartat* (*L'*).

Livercum ; Liverium ; Liveriæ. *Liviers.*

Liveriæ ; Liver ; Liveiræ ; Livieyræ. *Li-vières.*

Liveriæ ; Liverias. *Saint - Martin - de - Livières.*

Livido. *Lévezon.*

Llauvatis (Villa). *Lauves.*

Loa. *Loubes.*

Lobau ; Lobaus. *Loubaou* (*Le*).

Loberia ; Lobieyra. *Loubière* (*La*).

Loberiæ. *Loubières.*

Locogiacus ; Logonhacum. *Ligaujac.*

Lodun. *Laudun.*

Logis (Le). *Bégude* (*La*).

Logrodunum ; Logrianum. *Logrian.*

Loïy ; Lolys. *Listerne.*

Lonhacum ; Lonachum. *Laugnac.*

Loriol. *Lauriol.*

Lothe. *Loubes.*

Loubomorto. *Loubemore.*

Loudun. *Laudun.*

Lougriun. *Logrian.*

Loves. *Lauves.*

Lubacv *Libac.*

Lucoiacus. *Ligaujac.*

Lucum ; Lugcum. *Luc.*

Lucum ; Luquetum. *Luc.*

Lucum. *Saint-Maurice-de-Luc*

Lumières ; Luminiaires. *Luminières.*

Lunachum. *Laugnac.*

Lussanum ; Luzanum. *Lussan.*

Luva. *Loubes.*

Luziès. *Luziers.*

Lyracum. *Lirac.*

Lyssida. *Lisside.*

M

Macellum. *Mazel* (*Le*).

Maceranum. *Mazeyran.*

Macorium. *Massiès.*

Madalanum (Feudum). *Mailhens* (*Les*).

Mademoiselle (Bois de). *Serre-Brugal.*

Maderiæ. *Madières.*

Magalia ; Magail ; Magalha. *Magaille.*

Magdeleine (La). *Sainte-Magdeleine.*

Gard.

Mage. *Mages* (*Les*).

Magmolena. *Mamolène.*

Mailhan. *Mas-Mailhan.*

Mailhan. *Mayan.*

Mainteau. *Minteau.*

Mairanegues ; Mairanichos. *Meyrannes.*

Maison-de-l'Abadi. *Abadi* (*L'*).

Majac. *Saint-Alban.*

Majenea. *Majinque* (*La*).

Majencolæ ; Majencoules. *Saint-André-de-Majencoules.*

Maladeriæ ; Malautière ; Maladerie. *Ma-ladières* (*Les*).

Maladranicus. *Malansac.*

Malaspel ; Malæ-Pelles. *Malospels.*

Malboisson. *Malbouisson.*

Malbouisse. *Malabouisse.*

Malbousquel. *Malbosc.*

Malcapt. *Saint-Victor-de-Malcap.*

Male-Carrière. *Clos-d'Auriac* (*Le*).

Maleins (Les) ; les Malins. *Émalins* (*Les*).

Malenches. *Malanches.*

Malenz. *Mailhens.*

Maletaverne. *Malataverne.*

Malevirade. *Saint-Amans* (Sommière).

Malgorium. *Saint-Geniès-en-Malgoirès.*

Malhs (Als). *Mages* (*Les*).

Maliani. *Mas-Malian* (*Le*).

Malmayracum ; Malmoyracum. *Mont-moirac.*

Malo-Bosco (Mansus de). *Malbosc.*

Malo-Catone (De). *Malcap.*

Malonum. *Malons.*

Maltaverne. *Malataverne.*

Malum-Expelle. *Malospels.*

Malus-Boscus. *Malbois.*

Malus-Cato. *Saint-Victor-de-Malcap.*

Malus-Passus. *Soumagne.*

Mamert. *Saint-Mamet.*

Manauguier (Le). *Mas-Nouguier.*

Mandagot ; Mandagotum ; Mandagoust. *Mandagout.*

Maudajores. *Mandajors.*

Mandamentum de Seyna. *Mas-de-Seynes* (Grand-).

Mandilhargues. *Mandiargues.*

Mandolium ; Manduelh ; Manduoil. *Manduel.*

Mannac ; Mannacium ; Mannassium. *Mannas.*

Manoblet. *Monoblet.*

Mansus-Auricus. *Mas-Auric.*

Mansus Begonis. *Causse-Bégon.*

Mansus Brunus. *Mas-Brun* (*Le*).

Mansus de Brugueria. *Bruguière* (*La*) (Arrigas).

Mansus de Bruguerio. *Mas-Bruguier.*

Mansus de Cabanissio. *Mas-de-Cabanis.*

Mansus de Cabrier. *Mas-de-Cabrier.*

Mansus de Combis. *Combette* (*La*).

Mansus de Ecclesia. *Église* (*L'*).

Mansus de Euseto. *Mas-d'Euzet* (*Le*).

Mansus de Fabrica. *Fabrègue* (*La*).

Mansus de Fara. *Fare* (*La*).

Mansus de Fayzis. *Laures.*

Mansus de Fontibus. *Fons* (*Las*).

Mansus de Guerra-Vetula. *Mas-Sigand.*

Mansus Dei. *Mas-Dieu* (*Le*).

Mansus de Jaullo. *Jols.*

Mansus de Joab. *Mazes* (*Les*).

Mansus de la Mouline. *Mouline* (*La*).

Mansus de Lampade. *Lampèze* (*La*).

Mansus de las Padens. *Padens* (*Les*).

Mansus de Lavanhol. *Lavagne* (*La*).

Mansus del Boisson. *Boisson.*

Mansus del Mercor. *Mercou* (*Le*).

Mansus de Mannacio. *Mannas.*

Mansus de Manso. *Mas* (*Le*) (Dourbie).

Mansus de Marcio. *Mars.*

Mansus de Maseto. *Mazet* (*Le*).

Mansus de Na-Costa. *Mas-de-la-Coste.*

Mansus d'En Barbe. *Embarbes.*

Mansus d'En Sans. *Larguier.*

Mansus de Podio-Acuto. *Piechaigu.*

Mansus de Rebullo. *Rouvière* (*La*).

Mansus de Retro-Vilari. *Rouveirac.*

Mansus de Rivo-Malo. *Rieumal.*

Mansus de Ron, de Roncq. *Rond.*

Mansus de Roveria. *Rouvière* (*La*).

Mansus de Sancto-Johanne. *Mas-Saint-Jean.*

Mansus de Scala. *Mas-de-l'Escale.*

Mansus de Ylice. *Elze.*

Mansus Feualz. *Mas-de-Feuol.*

Mansus Fonsium ; Mansus de Fonti-bus. *Lafoux.*

Mansus Heremus. *Mazer* (*Le*).

Mansus Hospitalis. *Hôpital* (*L'*).

Mansus Hugonis. *Camphigoux.*

Mansus Maurellus. *Randavel.*

Mansus Medius. *Mas-Méjan.*

Mansus Monacorum. *Calvas.*

Mansus Novus. *Mas-Neuf.*

Mansus Ruphus. *Mas-Brun* (*Le*).

Mansus Sancti-Baudilii. *Calvas.*

Mansus Sigaudi. *Mas-Sigaud.*

Mansus-Superior. *Mas-Soubeyran.*

Maraiolæ. *Maruéjols-lez-Gardon.*

Maransanum. *Saint-Thyrse-de-Maran-san.*

Marbacum. *Sainte-Anastasie.*

Marceglagum ; Marciliachum ; Marcel-lachum ; Marsillacum. *Massillac.*

Marcellanicæ ; Marcilhargues ; Mar-cilhanicæ. *Massillargues.*

Montaut. *Monteau.*
Montayranicæ. *Montezargues.*
Mont-Bise. *Sainte-Croix-de-Caderle.*
Mont-Bonnet. *Saint-Bonnet-de-Salendrenque.*
Montclos. *Saint-Geniès-de-Comolas.*
Mont-du-Vidourle. *Saint-Roman-de-Codière.*
Montellis; Montelli; Montelz. *Montels.*
Mouteran-lez-Uzez. *Montaren.*
Montes; Monts; Montz. *Mons.*
Montes. *Montels.*
Montesez; Mouthesiæ; Montesiæ. *Montézes (Les).*
Mont-Esquielle. *Saint-Geniès-de-Comolas.*
Mont-Falcon; Mont-Faulcon. *Montfaucon.*
Mont-Félix-de-Paillières. *Saint-Félix-de-Pallières.*
Mont-Féron. *Féron.*
Montignages. *Montignargues.*
Montiliæ. *Montels.*
Montiliæ. *Saint-Martin-de-Monteils.*
Montilium; Montillum. *Monteil.*
Montilius. *Montels.*
Montillæ. *Montilles (Les).*
Montilli; Montels; Montelz. *Monteils.*
Montinanegues; Montinchanicæ; Montinhanicæ; Montiniargues. *Montignargues.*
Mont-Iouton. *Iouton.*
Montissanicæ; Montusanicæ; Montuzanicæ. *Montezorgues.*
Mont-Mayard. *Saint-Florent.*
Montmirac. *Montmirat.*
Montpezac. *Montpesat.*
Montpezat-les-Usez. *Colias.*
Mont-Polite. *Saint-Hippolyte-du-Fort.*
Montredont. *Montredon.*
Monts (Les). *Paroisse-du-Vigan (La).*
Mont-Truffier. *Saint-Bresson.*
Montusanicæ. *Monteirargues.*
Montusèze. *Saint-Brès.*
Morese; Moreriæ. *Mourèscs (Les).*
Moressargues. *Mauressargues.*
Morgue-Blanc. *Mourgues (Les).*
Mormoyracum; Mormoirac; Mourmoyrac. *Montmoirac.*
Mossiacum. *Moussac.*
Mota. *Motte (La).*
Moulin-Bourbon (Le). *Mas-Boulbon.*
Moulin-de-Janet (Le). *Beauregard.*
Moulin de l'Hôpital. *Moulin des Malades.*
Mounna. *Monna (Le).*
Mouredon. *Montredon.*
Mourissargues. *Mauressargues.*

Mozac; Mozacum. *Moussac.*
Mozagum. *Municiagum.*
Mozinicls. *Moussiniels (Les).*
Mulnaricia. *Mulnière (La).*
Murat. *Mérard.*
Muri; Murs. *Mus.*
Mus (Ville de). *Durfort.*

N

Naiges. *Nages.*
NAMAΣAT; NAMAYCA-TIC; NAMAVΣ. *Nimes.*
Nard (Château de). *Rivières-de-Theyrargues.*
Nathe (La). *Mathe (La).*
Naud. *Nand.*
Navacium; Navassium. *Navas.*
Navesium; Navolæ. *Navous.*
Navis; Nef. *Saint-Julien-de-la-Nef.*
Nazaire-lez-Bagnols. *Saint-Nazaire.*
Neillens. *Meilhier.*
Nemausa civitas; Nemausiacus. *Nimes.*
Νεμαύσιος, Νεμαυσῖνος. *Nimes.*
Nemausum. *Nimes.*
NEMAVSVS; NEMAVSENSES. *Nimes.*
NEMAVSVS; Nemausus. *Fontaine de Nimes (La).*
NEMIS; Nemauso. *Nimes.*
Nemosenses. *Nimes.*
Nemosus. *Nimes.*
Nemozès (Le). *Nemausenc (Le).*
Nemptis. *Nand.* •
Nemse; Nemze. *Nimes.*
Nemus-Arbeterium. *Puech-Arbutier.*
Nemus-Arenale. *Puech-Carémaux.*
Nemus-de-Corels. *Puech-de-la-Cazelle.*
Nemus-Ymberti. *Puech-Imbert.*
Nercium. *Ners.*
Nich-Rat. *Tour (La).*
Nimis civitas. *Nimes.*
Niple. *Nible.*
Nismes. *Nimes.*
NMY. *Nimes.*
Noculum; Noculi. *Lanuéjols.*
Nogairolum; Nogayrols; Nogayrolæ. *Nogairol.*
Noderiæ; Noizières. *Nozières.*
Nogareda. *Nougarède (La).*
Nogaretum. *Nogaret.*
Noriac. *Clos-d'Auriac (Le).*
Notre-Dame. Voy. *Aiguèze, Arlende, Arre, Aubais, Aureillac, Avèze; Beaulieu, Bizac, Blauzac, Bonheur, Boucoiran, Brueis; Cannes, Carsan, Cendras, Chausses, Colorgues, Comps, Congéniès; Dassargues,*

Dourbie; Fontarèche, Fours; Gajan, Garn (le), Gattigues, Gaujac, Générargues, Goudargues; Hermitage (l'), Hortoux; Laval, Lignan, Luc; Mejanes-lez-Alais, Mérignargues, Montalet, Montezorgues; Olozargues; Parignargues, Peyremale, Pin (le), Ponteils, Portes, Prime-Combe, Pujaut; Rochefort, Roquedur, Rouvière (la); Saumane, Sénéchas, Soudorgues, Sumène; Tresques, Trève; Valsauve, Vaquières, Vauvert, Villeneuve-lez-Avignon, Vissec.
Notre-Dame-de-Bethléem. *Caissargues; Remoulins.*
Notre-Dame-de-Colombier-les-Gramond. *Notre-Dame-du-Colombier (Aigremont).*
Notre-Dame-de-Grâce. *Rochefort.*
Notre-Dame-de-la-Place. *Notre-Dame-de-Carrugières.*
Notre-Dame-de-Laval. *Saint-Étienne-de-Laval.*
Notre-Dame-de-Laval-Gardon. *Laval.*
Notre-Dame-de-Lésignan. *Notre-Dame-de-Lignan.*
Notre-Dame-de-Roquevermeille. *Rochefort.*
Notre-Dame-des-Anges. *Aureillac.*
Notre-Dame-des-Plans. *Saint-André-de-Valborgne.*
Notre-Dame-du-Paradis. *Le Garn.*
Notre-Dame-du-Sépulcre. *Notre-Dame-des-Imbres.*
Notre-Dame-la-Neuve. *Laudun; Uzès.*
Nougaret. *Nojaret.*
Novalia-Argentiæ. *Argence.*
Novellæ. *Nouvelles.*
Nozdelli. *Saint-Saturnin-de-Nodels.*
Nozeriæ; Nouzières. *Nozières.*
Nugulum; Nujulum; Nuojolæ. *Lanuéjols.*
Nuzeriæ. *Nozières.*
Nymes; Nysmes. *Nimes.*

O

Octabianum; Octobianum; Octavum; Ochavum. *Uchau.*
Octodanum. *Saint-Bénézet-de-Cheyran.*
Oden; Odennus superior et subterior. *Affourtit.*
Odjerno. *Beaucaire.*
Odonels; Odonez. *Font-Bouteille.*
Odonencus mansus. *Affourtit.*
Olæ; Ollæ. *Saint-Victor-des-Oules.*
Oleyrargues; Ollerages. *Saint-André-d'Olérargues.*

Psalmodium; Psalmodiense monaste-
rium. *Notre-Dame-de-Psalmody* et
Saint-Pierre-de-Psalmody.
Puch (Le). *Puech* (*Le*).
Pudjaud. *Pujaut.*
Puech (Le). *Saint-Martin* (Aramon).
Puech-Aspre. *Puech-Astre.*
Puech-Canteduc. *Ardisson.*
Puech - Carémal ;   Puech - Carmau.
  Puech-Carémaux.
Puech-Combret. *Canteduc.*
Puech-d'Auteilh ; Puech-d'Autel. *Puech-
du-Teil* (*La*).
Puech-de-Cazelles. *Puech-de-la-Cozelle.*
Puech-de-Cendras. *Cendras.*
Puech-de-Font-Escalière. *Font-Esca-
lière.*
Puech-de-la-Galine. *Combe-Migère.*
Puech-de-la-Grue.   *Puech-de-la-Co-
lonne.*
Puech-del-Mas. *Mas-Delmas.*
Puech-de-Nuit. *Puech-Nuech.*
Puech-des-Fouilles. *Fontilles* (*Les*).
Puech-des-Moulins-à-vent. *Puech-Fer-
rier.*
Puech - du - Boys ; Puech - de - Bouys ;
  Puech-des-Bouysses. *Puech-Devès.*
Puech-Flavard. *Puechredon.*
Puech-Garen. *Piégaren.*
Puech-Grand-Bois. *Grand-Bois.*
Puech-Herbetier. *Puech-Arbutier.*
Puechigal. *Puech-Sigal* (*Le*).
Puech-Juzieu ; Puech-Jezioa ; Puy-Ja-
zieu. *Puech-Jésiou.*
Puech-Lambert. *Puech-Imbert.*
Puech-Léonard. *Font-Veirague.*
Puech-Marduel. *Mardieuil.*
Puech-Mazel. *Espeisses* (*Les*).
Puech-Mendil. *Puech-Mezel* (*Le*).
Puech-Petilhan. *Bedilhan.*
Puech-Vau ; Puech-Veau. *Puech-Beau.*
Pugna-Duricia ; Pugnaduritia. *Pougna-
doresse.*
Puits - de - Fontanes ; Puits - des - Anti-
quailles. *Aigue-Boulide* (*L'*).
Puits-de-Revessac. *Prouvessac.*
Puits-de-Saint-Jean. *Saint-Jean-de-Jé-
rusalem.*
Pujault. *Pujaut.*
Puli ; Pulli. *Poulx.*
Pulverariæ ; Pulvereriæ. *Polverières.*
Pupil. *Mas-Pipil.*
Puragineum. *Pondre.*
Putelleriæ. *Potellières.*
Puteus - Andusionis.   *Puits - d'Andu-
zon* (*Le*).
Puy-Flavars. *Puechredon.*
Pystrinæ. *Saint-Julien-de-Pistrins.*

Q

Quanals. Voy. *Chemins anciens.*
Quardones. *Gardons* (*Les*).
Quartum ; Quart. *Saint-Martin.*
Quentin-la-Poterie. *Saint-Quentin.*
Quessargues. *Caissargues.*
Quilianum ; Quillanum. *Quilhan.*
Quinciacum ; Quintiacum. *Quissac.*
Quintanellum. *Quintanel* (*Le*).
Quintignanicus ; Quintinhanicæ ; Quin-
tinhargues. *Quintignargues.*

R

Racoulès. *Rocoules.*
Radicum. *Razic.*
Radulphi (Boscus). *Ruph.*
Raimossa. *Saint-Montant.*
Raiz (Mansus de). *Rey* (*Le*).
Ramassières. *Rabassières.*
Rancum. *Ranc ; Rang.*
Raudonnel. *Randavel.*
Rauq - de - Gaton. *Mas - de - la - Vaque ;
  Puech-Long.*
Rapa. *Raspe* (*La*).
Rasa-de-Versio. *Plan-de-Vers* (*Le*).
Raschas. *Rascas.*
Ratium. *Rat.*
Ραύραρις. *Hérault.*
Rauretum. *Sauvages.*
Razal (Le). *Rajals* (*Le*).
Razel (Le). *Mas-du-Razet.*
Razicum ; Razil ; Razis. *Sainte-Eulalie-
de-Razil.*
Réal (Le). *Orgne* (*L'*)
Réal (Le). *Saint-Étienne-de-l'Herme.*
Rebullum. *Rouvière* (*La*).
Recoudière (La). *Recodier* (*Le*).
Redazanum ; Redassanum ; Redecia-
num ; Redicianum ; Reditianum.
Redessan.
Redonellum ; Redounet. *Redonnel* (*Le*).
Redorsacum ; Redossatium ; Redorsas.
Redoussas.
Redoute du Grau-Neuf ; Redoute de
Terre-Neuve. *Grau-Neuf* (*Le*).
Redussassium. *Redoussas.*
Reganhacium ; Reganhata. *Reyagnas.*
Rege (Mansus de). *Rey* (*Le*).
Regordana (Sylva) ; Recordana (Via) ;
Regudana. *Regordane* (*La*).
Reinba. *Rimbal.*
Remolini ; Remolins ; Remoullins. *Re-
moulins.*
Repos (Le). *Repaux* (*Le*).
Restanclières. *Rieyre-de-Signan* (*La*).

Retro-Vilaro. *Villaret* (la Salle).
Revchen ; Reven ; Revent. *Revens.*
Revelha-Cays. *Valentine.*
Revély. *Revély.*
Rey - de - Lure ; Rey - de - l'Ure. *Font-
d'Eure.*
Reynes. *Raynes.*
Reyra de Ameglavo. *Pondre* (*La*).
Reyra de Corbessatz. *Font-Auberne.*
Reyra de Pondra. *Pondre* (*La*).
Rhodanetus ; Rhodanus minor. *Petit-
Rhône* (*Le*).
Rhodanusia. *Saint-Montant ; Rouanesse.*
Rialle. *Larialle.*
Ribas. *Ribes.*
Ribaula ; Ribeaute. *Ribaute.*
Ribe-en-sol. *Rivensol.*
Ribière. *Rouvière* (*La*).
Ribières. *Bousquet* (*Le*).
Ribières. *Rivières-de-Theyrargues.*
Ribieyra. *Rivière* (*La*).
Ribot. *Ribots* (*Les*).
Ribou (Le). *Cazalet* (*Le*).
Rieucodié (Le). *Recodier* (*Le*).
Rieu-d'Aubais (Le). *Rieu* (*Le*).
Rieu-de-Jéaulon (Le). *Pondre* (*La*).
Rieu-de-Moze (Le). *More* (*La*).
Rieu-Méjan. *Roméjac* (*Le*).
Rieyre-de-Massillac (La). *Font - de-
Bouillargues.*
Rieyre-de-Milhau (La). *Pondre* (*La*).
Rieyre-de-Nages (La). *Agau-de-Nages*
(*L'*).
Rigaldaria. *Rigaldarié* (*La*).
Rimbu. *Rimbal.*
Rionerium. *Rieuniès.*
Ripa-Alta ; Rippa-Alta ; Ripaulta. *Ri-
baute.*
Ripæ. *Saint-Pierre-de- Camp-Public.*
Riperia ; la Rivié. *Valliguière* (*La*).
Riperia-d'Em-Biot. *Baix* (*Le*).
Riperiæ ; Ripperiæ. *Rivières-de-They-
rargues.*
Riperia Superior. *Fontaine de Nimes*
(*La*).
Riucoderius. *Recodier.*
Riufraix. *Rieufraix.*
Rius-de-Albarna. *Font-Aubarne.*
Rive-Écorchée. *Rives-Escarpades.*
Rivière-d'Alzon ; rivière Alzonenque.
Vis (*La*).
Rivoniès ; Rivus-Nerius. *Rieuniès* (*Le*).
Rivus. *Agau* (*L'*).
Rivus - de - Bellagarda. *Font - Coudou-
louse.*
Roanis (Le). *Rhôny* (*Le*).
Roanissa. *Rouanesse.*
Roassieyra. *Rouas.*

Robent (Le). *Font-de-Robert.*
Robiacum. *Robiac.*
Robin. *Robert.*
Robionum. *Roubieux.*
Roca; Rocca. *Roque (La).*
Roca. *Roquette.*
Roca-Alta; Rocalde. *Rocalte.*
Rocabiale; Rocabiela. *Roucabié.*
Roca-Cerveria; Roque-Cervière. *Roque-courbe.*
Roca-Cortet. *Aurières (Les).*
Rocadunum. *Roquedur.*
Rocaffolium; Rocafolium. *Roquefeuil.*
Roca-Fortis. *Rochefort.*
Rocaguda. *Rochegude.*
Rocali. *Roucan.*
Roca-Maleria; Roca-Meleria; Roqua-Melleyre; Roquemalière. *Roque-maillère.*
Roca-Maura. *Roquemaule.*
Roca-Maura; Rocamore. *Roquemaure.*
Rocapertus. *Roquepertuse (La).*
Roca-Pertusa; Rocpertuis. *Saint-André-de-Roquepertuis.*
Rocarossa. *Roquerousse.*
Roca-Sadolha. *Rochesadoule.*
Roca-Serveria; Roca-Serveyra. *Roque-courbe.*
Roca-Somana. *Roque-Soumagne.*
Rocaula. *Roucaute.*
Roc-des-Poulets. *Puech-de-la-Galine.*
Roedun. *Roquedur.*
Rocha. *Roque (La).*
Rocha-Sadola; Rocha-Sadulis. *Roche-sadoule.*
Rochemore (Moulin de). *Moulin Magnin.*
Rocheta. *Roche (La).*
Roc-Mérigout. *Mérigout.*
Roc-Nègre. *Saury.*
Rodanunculus. *Petit-Rhône (Le).*
Rodanus. *Rhône (Le).*
Rodens. *Revens.*
Rodi. *Rodes (Les).*
Rodières. *Saint-Christol-de-Rodières.*
Rodilanum; Rodeillanum; Rodella-num; Rodilhanum; Rodiglanum; Rodelhanum; Rodilianum. *Rodilhan.*
Rodossas. *Curel (Le).*
Roeria. *Rouvière (La).*
Rogi; Rogæ; Rogiæ. *Rogues.*
Rogiers; Rogiès; Rogerii. *Rogès.*
Romegos; Romegueriæ. *Romiguières.*
Roqua; Roques. *Saint-Jean-de-Roques.*
Roquadunum. *Roquedur.*
Roquas-Biellas; Rocas-Viellas. *Roques-Vieilles (Les).*
Roquebrune. *Saint-Alexandre.*

Roquecervière; Rocha-Cerveria. *Roque-courbe.*
Roquedalais. *Roque-d'Alais (La).*
Roque-Dégolade. *Cros (Le).*
Roque-de-Viou. *Saint-Dionisy.*
Roquedun. *Roquedur.*
Roqueflet. *Roquefeuille.*
Roquefort. *Rochefort.*
Roquefourcade. *Saint-Hippolyte-du-Fort.*
Roquemaule. *Roquemaure.*
Roquepertuis. *Saint-André-de-Roquepertuis.*
Roques. *Bellebarre.*
Roques. *Rogues.*
Roquesadouille. *Rochesadoule.*
Roqueta. *Roche (La).*
Roqueta. *Rochette (La).*
Roquette (La). *Conqueirac.*
Roquevermeille. *Notre-Dame-de-Rochefort.*
Roqueyrol. *Codols.*
Roret. *Rauret.*
Rosemort (Lou). *Rhône-Mort (Le).*
Rosiers (Les). *Mas-Camus.*
Rosone; Rossonum. *Rousson.*
Rosselle (La). *Roussel (Le).*
Rostan. *Roustan.*
Rotgerii; Rotguès. *Rogès.*
Rouanesse. *Saint-Montant.*
Rouanis (Le). *Rhôny (Le).*
Roubiac. *Robiac.*
Roubillargues. *Rouvillac.*
Roucou. *Mialet.*
Roudilian. *Rodilhan.*
Roumigou. *Roumagère (La).*
Rouquette (La). *Mas-des-Mourgues.*
Rouretum; Roveretum. *Rouret.*
Roussol. *Roussel (Le).*
Rouvelong; Roveria-Longa. *Rouvière (La).*
Rouvergue. *Rouvègnes.*
Rouvillac; Rovinanègue. *Roubillac.*
Rouvillou; Rouvillouse; Rouviouse. *Roujouzo.*
Rouzier. *Rosiers (Les).*
Rovayrargues (Mansus de). *Rouvière (La).*
Rovayrola. *Rouvayrolle (La).*
Roveria; Rovière; la Rouvière-et-Puechsigal. *Rouvière (La).*
Roveria; Roveira; Rovière. *Rouvière-en-Malgoirès (La).*
Roveria-Civinhaneuca; Roveria-Savinanègue. *Rouvière (La).*
Roveria-Contalis. *Rouvière-de-Domazan (La).*
Rovière. *Rouvière-Raoux (La).*

Rovignacum. *Rouvignac.*
Rovoira. *Rouvière (La).*
Rubiacum. *Robiac.*
Rubina. *Panperdu.*
Rubina-Pharaonis. *Canal de Beau-caire.*
Rubina-Sancti-Ægidii. *Quartons-de-Saint-Geniès.*
Ruppes. *Roque (La).*
Ruppes-Acuta. *Rochegude.*
Ruppes-Alta. *Ribaute.*
Ruppes-Fortis; Rupes-Fortis. *Rochefort.*
Ruppes-Furcata. *Saint-Hippolyte-du-Fort.*
Ruppes-Maura. *Roquemaure.*
Ruppes-Moleria. *Roquemaillère.*
Ruppes-Sadulis; Ruppes-Sedalis. *Rochesadoule.*
Russanum. *Russan.*
Ryasse (La). *Riasse (La).*
Ryberet (Le). *Ribeiret (Le).*

S

Sabainatis. *Cévennes (Les).*
Sabelous. *Savelous.*
Sableriæ. *Gascarie (La); Sablières.*
Sabranum. *Sabran.*
Sabulum. *Notre-Dame-du-Sablon.*
Sacrarium. *Sagriès.*
Sado; Sadons; Sadum. *Saze.*
Sadoiranum; Sadoyranum; Saduranum. *Saint-Martin-de-Saduran.*
Sagnæ. *Sagnes (Les).*
Saillons. *Saillens.*
Saindras. *Cendras.*
Saint-Adornin. *Saint-Saturnin-de-Nodels.*
Saint-Adoryte. *Saint-Théodorit.*
Saint-Adrien. *Caveirac.*
Saint-Alexandre-de-la-Croix. *Saint-Alexandre.*
Saint-Andéol; Saint-Andiol; Saint-Anduol. *Robiac; Trouillas.*
Saint-André. *Bernis, Bezouce; Clarensac, Codognan, Codols, Congéniès, Conqueirac; Méjanes-le-Clap, Mialet; Pommiers, Puechredon; Sauzet, Souvignargues; Vabres, Valabrègue, Valcroze, Vézenobre, Villeneuve-lez-Avignon.*
Saint-Andrieu. *Tombe (La).*
Saint-Andrieu-de-Bernis. *Bernis.*
Saint-Andrieu-des-Évières. *Saint-André-des-Avinières.*
Saint-Anselme-de-l'Étang. *Saint-Antelme.*

Saint-Augen. *Saint-Eugène.*
Saint-Aulban. *Saint-Alban.*
Saint-Bardoux. *Rochefort.*
Saint-Baudile. *Blandas; Costille (la), Cruviers; Massanes; Seynes; Tornac; Villevieille.*
Saint-Bausille-de-Ceynes-et-Augustins. *Seynes.*
Saint-Bauzile; Saint-Bauzilly. *Saint-Baudile.*
Saint-Beauzély-outre-Gardon. *Saint-Bauzély-en-Malgoirès.*
Saint-Bénézet-de-Cheyran. *Saint-Bénézet.*
Saint-Benoît. *Anglas; Junas.*
Saint-Bernard. *Notre-Dame-des-Fonts.*
Saint-Blaise. *Issirac; Liouc.*
Saint-Brancard. *Saint-Blancard.*
Saint-Brès. *Brès (Le).*
Saint-Brès-d'Hierle; Saint-Brès-d'Irle. *Saint-Bresson.*
Saint-Brice. *Colognac; Combas.*
Saint-Césaire-de-Graizignan; Saint-Cézary-de-Gauzignan. *Saint-Césaire-de-Gauzignan.*
Saint-Cessiny-de-Villenouvette. *Saint-Sisinni-de-Villenouvette.*
Saint-Chaite; Saint-Chates. *Saint-Chapte.*
Saint-Chély. *Saint-Gilles.*
Saint-Chinian. *Saint-Amans-des-deux-Vierges.*
Saint-Clément. *Cadens; Saint-Clément; Salazac.*
Saint-Cosme. *Galargues.*
Saints-Cosme-et-Damian. *Montagnac.*
Saint-Cristofle; Saint-Christofle. *Castillou-du-Gard; Saint-Christol-lez-Alais; Valérargues.*
Saint-Christol. *Arpaillargues; Goudargues.*
Saint-Cirgue. *Margue (La).*
Saint-Ciris-de-Villeneuve. *Saint-Sisinni-de-Villenouvette.*
Saint-Cyrice-et-Sainte-Julitte. *Boissières; Lédenon,*
Saint-Daunis; Saint-Dannis. *Saint-Denys.*
Saint-Denys. *Aiguèze; Vendargues.*
Saint-d'Eyran. *Sandeyran.*
Saint-Doryte. *Saint-Théodorit-d'Ayrolles.*
Saint-Drézéry. *Saint-Dézéry.*
Saint-Dyonis. *Saint-Dionisy.*
Sainte-Aulalye-de-Barbaste; Sainte-Aulanie-de-Razis. *Sainte-Eulalie-de-Razil.*
Sainte-Catte. *Saint-Chapte.*

Sainte-Cécile. *Brouzet (Vézenobre); Estagel; Melouse (la).*
Sainte-Cécile-d'Endorge. *Sainte-Cécile-d'Andorge.*
Sainte-Colombe-de-Camarignan. *Sainte-Colombe.*
Sainte-Croix. *Castelnau; Moulézan.*
Sainte-Foy. *Saint-Jean-de-Rousigue.*
Sainte-Lucie. *Conillières.*
Sainte-Marguerite. *Peyroles.*
Saint-Émétéry. *Montaren.*
Sainte-Nestazie. *Sainte-Anastasie.*
Sainte-Ouille; Saintes-Ouilles. *Sainte-Eulalie.*
Sainte-Sénèche. *Saint-Sisinni-de-Villenouvette.*
Saint-Estève-de-Lensac. *Saint-Étienne-d'Alensac.*
Saint-Estève-de-Lon; Saint-Estève-de-Lons. *Saint-Étienne-de-l'Olm.*
Saint-Estève-de-Sors. *Saint-Étienne-des-Sorts.*
Saint-Étienne. *Bragassargues; Caylar (le), Comiac, Concoules, Corconne; Domessargues; Fons-sur-Lussan; Issirac; Laval, Lèques; Moulézan; Tornac; Valabrix.*
Saint-Eugène. *Courbessac.*
Saint-Eusèbe. *Foissac.*
Sainte-Uzénie. *Sainte-Eugénie.*
Saint-Fabien. *Montpesat.*
Saint-Félix. *Bouillargues; Espeyran; Rogues.*
Saint-Ferréol. *Tavel.*
Saint-Fescau. *Saint-André-d'Entrevignes.*
Saint-Firmin. *Quillan.*
Saint-François. *Saint-Paul (Beaucaire).*
Saint-Frédémou. *Saint-Vérédème.*
Saint-Gelly; Saint-Gellis; Saint-Gély. *Saint-Gilles.*
Saint-Geniais; Saint-Genieys. *Saint-Geniès-en-Malgoirès.*
Saint-Geniès. *Arrigas; Bruguière (la); Fourques; Laudun; Manduel; Tharaux.*
Saint-Georges. *Gaujac; Tharaux.*
Saint-Gérard. *Estézargues.*
Saint-Géraud. *Roquefeuil (Saint-Guiral).*
Saint-Gilles. *Ceyrac.*
Saint-Grégoire. *Mandagout.*
Saint-Guillen. *Espérou (L'); Vignoles.*
Saint-Hilaire. *Aumessas.*
Saint-Hilaire-le-Vieux. *Saint-Étienne.*
Saint-Ipollite. *Saint-Hippolyte-de-Montaigu.*

Saint-Jacques. *Thoiras.*
Saint-Jean. *Alais; Bagnols, Barron, Bellegarde, Bourdic; Cabrières, Campestre, Carnas; Esteuzen; Générac; Molières, Monoblet, Mus; Nozières; Redessan, Rodilhan; Servas, Suzon; Vénéjan, Vic-le-Fesq.*
Saint-Jean-des-Ancls; Saint-Jean-des-Asneaux. *Saint-Jean-de-Maruéjols.*
Saint-Jean-de-Valariscle; Saint-Jean-de-Valancelle. *Saint-Jean-de-Valeriscle.*
Saint-Julien. *Calmette (La); Langlade; Montredon; Valliguière.*
Saint-Julien-de-Crémat. *Saint-Julien (Nimes).*
Saint-Julien-de-Peiroles. *Saint-Julien-de-Peyrolas.*
Saint-Julien-des-Causses. *Saint-Julien-d'Escosse.*
Saint-Jung. *Saint-Jonq.*
Saint-Just-de-Bertannavé. *Saint-Just.*
Saint-Laurent. *Bastide-d'Orniols (La), Bruguière (la); Jonquières; Lanuéjols, Lédignan; Mothe (la); Sanilhac; Rochesadoule.*
Saint-Laurent-de-Barjac. *Saint-Laurent-de-Malhac.*
Saint-Laurent-du-Mazel. *Saint-Laurent (Nimes).*
Saint-Lazare. *Maladières (Les).*
Saint-Mamet. *Enclos-de-Saint-Mamet (L').*
Saint-Marsal. *Saint-Martial.*
Saint-Martin. *Aguzan, Alzon, Anglas, Arènes de Nimes (les), Arrigas, Aubord, Aujac, Aujargues, Aulas; Bez; Cassagnoles, Cendras, Cézas, Cinsens; Deaux; Euzet; Galargues; Lèques, Livières, Logrian; Mandagout, Mannas, Martignargues, Monoblet, Montdardier; Orsan; Plans (les); Remoulins, Rousson, Rouvière-en-Malgoirès (la); Savignargues, Sérignac, Serviers; Tresques; Valleraugue.*
Saint-Martin-de-Ferléry. *Saint-Martin (Remoulins).*
Saint-Martin-de-Ligaujac. *Gaujac.*
Saint-Martin-de-Vibrac. *Saint-Martin-de-Saussenac.*
Saint-Maurice. *Luc.*
Saint-Maxime. *Meynes.*
Saint-Médéric; Saint-Médier. *Montaren.*
Saint-Melhier. *Saint-Médier.*
Saint-Michel. *Cadière (La), Codolet, Conillières, Corbès; Garrigues, Gau-*

Sancta-Maria de Ruppe-Forti. *Notre-Dame-de-Rochefort.*

Sancta-Maria de Sabulo. *Notre-Dame-du-Sablon.*

Sancta-Maria de sede principali Nemausense. *Notre-Dame-de-Nimes.*

Sancta-Maria de Stauzenco. *Notre-Dame-d'Esteuzen.*

Sancta-Maria-Magdalene. *Sainte-Magdeleine* (Nimes).

Sancta-Maria-Magdalene. *Sainte-Magdeleine* (Saint-Gilles).

Sancta-Olha. *Sainte-Eulalie.*

Sancta-Pascha. *Sainte-Pasque.*

Sancta-Perpetua. *Sainte-Perpétue.*

Sanctus - Ægidius. *Saint - Gilles* (Marguerittes).

Sanctus-Ægidius. *Saint-Gilles* (Portes).

Sanctus-Ægidius, monasterium. *Saint-Gilles.*

Sanctus-Agricola de Alberedo. *Saint-Agricol.*

Sanctus-Alalius de Barbasto. *Sainte-Eulalie-de-Razil.*

Sanctus-Albanus. *Saint-Alban.*

Sanctus-Alexander. *Saint-Alexandre.*

Sanctus-Amancius de Tezeir. *Saint-Amans* (Théziers).

Sanctus-Amantius. *Saint-Amans* (Sommière).

Sanctus-Amantius de Duabus-Virginibus. *Saint-Amans-des-Deux-Vierges.*

Sanctus-Ambrosius. *Notre-Dame-de-Pont-Ambroix.*

Sanctus-Ambrosius. *Saint-Ambroix.*

Sanctus-Andeolus. *Robiac.*

Sanctus-Andeolus; Sanctus-Andiolus. *Saint-Andéol-de-Trouillas.*

Sanctus-Andreas. *Colorgues.*

Sanctus-Andreas de Campo-Marignano. *Saint - André - de - Camarignan.*

Sanctus-Andreas de Codolis. *Saint-André-de-Codols.*

Sanctus-Andreas de Costabaleues. *Saint-André-de-Costebalen.*

Sanctus-Andreas de Magencolis. *Saint-André-de-Majencoules.*

Sanctus-Andreas de Olosaniciis. *Saint-André-d'Olérargues.*

Sanctus-Andreas de Roca-Pertusa; Sanctus Andreas de Rocapertusio; Sanctus-Andreas trans Rocam. *Saint-André-de-Roquepertuis.*

Sanctus-Andreas-Vallis-Borniæ. *Saint-André-de-Valborgne.*

Sanctus-Anthonius. *Saint-Antoine.*

Sanctus-Augen. *Courbessac.*

Sanctus-Baudilius. *Condamine* (La).

Sanctus-Baudilius. *Saint-Baudile* (Sommière).

Sanctus – Baudilius, monasterium. *Saint-Baudile* (Nimes).

Sanctus – Baudilius de Medio-Goto. *Saint-Bauzély-en-Malgoirés.*

Sanctus-Benedictus de Anglars. *Saint-Benoît-d'Anglas.*

Sanctus – Benedictus de Octodano; Sanctus-Benedictus de Coyrano; Sanctus-Benedictus de Uchesano. *Saint-Bénézet-de-Cheyran.*

Sanctus – Bonitus ; Sanctus – Bonetus. *Saint-Bonnet.*

Sanctus-Bonitus de Salindrenca. *Saint-Bonnet-de-Salendrenque.*

Sanctus – Brissius ; Sanctus – Brixius ; Sanctus-Bressonus; Sanctus-Brissus. *Saint-Drès.*

Sanctus-Brixius de Arisdio; Sanctus-Bressius. *Saint-Bresson.*

Sanctus – Cæsarius; Sanctus – Sezarius secus Nemausum. *Saint-Césaire-lez-Nimes.*

Sanctus-Caprasius. *Saint-Capraix.*

Sanctus – Cezarius. *Saint - Césaire - de-Gauzignan.*

Sanctus-Christoforus. *Saint - Christol* (Lussan).

Sanctus-Christoforus. *Saint - Christol-de-Rodières.*

Sanctus-Christoforus. *Saint - Christol-lez-Alais.*

Sanctus-Clemens de Sancto-Clemente. *Saint-Clément.*

Sanctus-Cosmas. *Saint-Cosme.*

Sanctus-Desiderius. *Saint-Dézéry.*

Sanctus-Dionisius; Sanctus-Dyonisius. *Saint-Denys.*

Sanctus-Dionisius de Vendranicis. *Saint-Denys-de-Vendargues.*

Sanctus-Dionisius in Valle-Anagia. *Saint-Dionisy.*

Sanctus Egydius. *Saint-Gilles-le-Vieux.*

Sanctus-Emeterius. *Saint-Émétéry.*

Sanctus-Emeterius. *Saint-Médier.*

Sanctus-Etorytus a Layrolo. *Saint-Théodorit-d'Ayroles.*

Sanctus-Eugenius. *Saint-Eugène.*

Sanctus-Euzebius. *Saint-Euzéby.*

Sanctus-Felix de Espeyrano. *Saint-Félix-d'Espeyran.*

Sanctus-Felix de Paleria. *Saint-Félix-de-Pallières.*

Sanctus-Felix de Rogis. *Rogues.*

Sanctus-Ferreolus. *Saint-Ferréol.*

Sanctus-Firminus. *Saint-Firmin.*

Sanctus-Florencius; Sanctus-Florentius. *Saint-Florent.*

Sanctus-Genesius de Columna. *Fourques.*

Sanctus-Genesius de Comolacio. *Saint-Geniés-de-Comolas.*

Sanctus-Genesius de Medio-Guoto; Sanctus-Genesius de Mandeguto; Sanctus - Genesius de Malgorio. *Saint-Geniès-en-Malgoirés.*

Sanctus-Georgius de Gevolano. *Saint-Georges-de-Géolon.*

Sanctus-Germanus de Alesto; Sanctus-Germanus de Monte-Acuto. *Saint-Germain-de-Montaigu-lez-Alais.*

Sanctus-Gervasius. *Saint-Gervais.*

Sanctus-Gervasius. *Saint-Gervasy.*

Sanctus - Guilhermus de Esperone. *Saint-Guilhen-de-l'Espérou.*

Sanctus-Guillelmus de Vinosolz. *Saint-Guilhen-de-Vignoles.*

Sanctus-Johannes de Cortina. *Saint-Jean-de-la-Courtine.*

Sanctus-Johannes de Gardonenca. *Saint-Jean-de-Gardonenque.*

Sanctus-Johannes de Marojolis. *Saint-Jean-de-Maruéjols.*

Sanctus-Johannes de Pinu. *Saint-Jean-du-Pin.*

Sanctus-Johannes de Polvereriis. *Saint-Jean-de-Polvelières.*

Sanctus-Johannes de Serris. *Saint-Jean-de-Serres.*

Sanctus-Johannes de Seyranicis. *Saint-Jean-de-Ceirargues.*

Sanctus - Johannes de Vallegaruita. *Saint-Jean-de-Valgarnide.*

Sanctus-Johannes de Variscle. *Saint-Jean-de-Valériscle.*

Sanctus - Johannes Jerosolimitanus. *Saint-Jean-de-Jérusalem.*

Sanctus-Jonquus. *Saint-Jonq.*

Sanctus-Julianus. *Saint-Julien.*

Sanctus-Julianus de Campaneis. *Saint-Julien-de-Peyrolas.*

Sanctus-Julianus de Cassanassio. *Saint-Julien-de-Cassagnas.*

Sanctus-Julianus de Nave. *Saint-Julien-de-la-Nef.*

Sanctus-Julianus de Pistrinis. *Saint-Julien-de-Pistrins.*

Sanctus-Julianus de Scozia. *Saint-Julien-d'Escosse.*

Sanctus-Julianus de Vallegualga. *Saint-Julien-de-Valgalgue.*

Sanctus-Julianus Ucecie. *Saint-Julien* (Uzès).

ADDITIONS ET CORRECTIONS.

P.   3, c. 1, l. 10. c. 688 — lisez : C. 688.

P.   3, c. 1, l. 17. c. 1308 — lisez : C. 1308.

P.   3, c. 1, l. 30. Ajoutez : *Locus de Aygladis; Mansus de Aygladinis, parrochie Sancti-Andree de Meleto,* 1508 (G. Calvin, not. d'Anduze).

P.   5, c. 1, l. 29, et c. 2, l. 15. c. 1474 — lisez : C. 1474.

P.   5, c. 2, l. 49. La ville d'Alaisy envoyait — lisez : La ville d'Alais y envoyait.

P.   6, c. 2, l. 31. c. 1478 — lisez : C. 1478.

P.   7, c. 2, l. 26. c. 1473 — lisez : C. 1473.

P.   8, c. 2, l.   2. composé de 20 paroisses — lisez : composé de 13 paroisses.

P.   8, c. 2, l. 27. Ajoutez : *Villa de Angulis,* 1088 (Gall. Christ. instr. eccl. Aven. n° x); 1133 (Hist. de Lang. t. II, p. 412).

P. 11, c. 2, l. 50. par apocope — lisez par aphérèse.

P. 12, c. 1, l.   6. la seigneurie de Sommière — lisez : la viguerie de Sommière.

P. 12, c. 2, l. 47. dans le Rhône — lisez : dans le Rhôny.

P. 17, c. 2, l. 18. Nîmes — lisez Nimes.

P. 18, c. 2, l. 40. *Riperia d'Emi-Biot* — lisez : *Riperia d'Em-Biot.*

P. 19, c. 2, l. 13 et 40; p. 21, c. 2, l. 2; p. 51, c. 1, l. 25 et 30; p. 62, c. 2, l. 7; p. 63, c. 2, l. 46; p. 75, c. 1, l. 13; p. 85, c. 1, l. 36; p. 103, c. 2, l. 47; p. 119, c. 2, l. 25; p. 142, c. 1, l. 37. Trèves — lisez Trève.

P. 22, c. 2, l. 38; p. 29, c. 2, l. 35; p. 33, c. 1, l. 1; p. 34, c. 1, l. 11 et 50; p. 38, c. 1, l. 13; p. 46, c. 1, l. 14; p. 49, c. 2, l. 43 et 52; p. 52, c. 2, l. 5; p. 63, c. 2, l. 23; p. 68, c. 2, l. 22. Saint-Roman-de-Codières — lisez : Saint-Roman-de-Codière.

P. 24, c. 1, l. 22. Supprimez : BIΔIΛΛΛΝΟ (inscr. celt. du Nymph. de Nimes).

P. 26, c. 1.   A l'article BESSÈGES ajoutez : Voy. l'Introduction, p. xxvi, note.

P. 26, c. 2, l. 44. Ajoutez : BISVCO·VICO (monn. mérov.).

P. 30, c. 2, l. 50; p. 47, c. 2, l. 25; p. 48, c. 2, l. 26; p. 59, c. 2, l. 3; p. 80, c. 1 (lettre F), l. 20: p. 81, c. 2, l. 9; p. 120, c. 2, l. 8. Salindrenque — lisez : Salendrenque.

P. 36, c. 1, l. 25. Dans le Rhône — lisez : dans un ancien bras du Gardon.

P. 42, c. 2, l. 18 et 32. Cinsans — lisez : Cinsens.

P. 52, c. 1, l. 37. *lsangée* — lisez : *losangée.*

P. 52, c. 1, l. 49. Le Cayla, f. — lisez : Le Cayla, h.

P. 55, c. 1, l. 2. Le Chapeua — lisez : Le Chapeau.

P. 63, c. 1, l. 22. La Cumba-de-Campanhalos — lisez : la Cumba-de-Campanholas.

P. 77, c. 1, l. 36. Sommier du fief de Caladon — lisez : somm. (sommaire) du fief de Caladon.

P. 86, c. 2, l. 4. Supprimez cette ligne.

P. 90, c. 1, l. 15. Ajoutez : — Voy. Font-Cluze.

P. 95, c. 1, l. 50. Au Pont-d'Andou — lisez : au Pont-Dandon.

P. 104, c. 2, l. 1. Mas-de-Guiraudon, 181 — lisez : Mas-de-Guiraudon, 1812.

P. 120, c. 1, l. 22. Malaulières — lisez : Malautières.

P. 122, c. 2, l. 34, et p. 229, c. 1, l. 23 et 28. Saint-Tyrce-de-Maransan — lisez : Saint-Thyrse-de-Maransan.

P. 124, c. 2, l. 10. du précédent — lisez : de Maruéjols-lez-Gardon.

P. 133, c. 1, l. 49. Mazel (Le), f. — lisez : Mazel (Le), h.

P. 138, c. 1, l. 38. 1798 (carte des États) — lisez : 1789 (carte des États).

P. 143, c. 2, l. 37-38. Supprimez : Madalianum, 1204 (ibid.).

P. 160, c. 1, l. 10; p. 161, c. 1, l. 17; p. 170, c. 2, l. 43; p. 188, c. 2, l. 48; p. 238, c. 2, l. 4. Conqueyrac — lisez Conqueirac.

P. 169, c. 2, l. 43. Supprimez : (voyez l'Introduction).

P. 188, c. 1, l. 1. saint Fulcrand — lisez : S. Fulcran.

P. 195, c. 1, l. 16-17. archiprêtré du Vigan — lisez : archiprêtré de Sumène.

P. 195, c. 2, l. 22. archiprêtré d'Anduze — lisez : archiprêtré de la Salle.

P. 205, c. 2, l. 41. chapelle ruinée — ajoutez : cⁿᵉ de Valabrix.

P. 206, c. 1, l. 13-14. archiprêtré de la Salle — lisez : archiprêtré d'Anduze.

P. 211, c. 1, l. 19. Séguier — lisez : Séguin.

P. 215, c. 2, l. 26. Ajoutez : (Voy. Rochesadoule).

P. 217, c. 2, l. 42; p. 246, c. 2, l. 6. Topogr. de Remoulins — lisez : Monogr. de Remoulins.

P. 227, c. 1, l. 12. Supprimez : Via qui a Sancto-Saturnino discurrit (cart. de N.-D. de Nimes, ch. 68).